VOLUME 2

CCNA 網路認證教戰手冊

CCNA Certification Study Guide

EXAM 200-301

Todd Lammle 著

SYBEX
A Wiley Brand

感謝您購買旗標書，記得到旗標網站
www.flag.com.tw
更多的加值內容等著您…

<請下載 QR Code App 來掃描>

- FB 官方粉絲專頁：旗標知識講堂
- 旗標「線上購買」專區：您不用出門就可選購旗標書！
- 如您對本書內容有不明瞭或建議改進之處，請連上旗標網站，點選首頁的 聯絡我們 專區。

若需線上即時詢問問題，可點選旗標官方粉絲專頁留言詢問，小編客服隨時待命，盡速回覆。

若是寄信聯絡旗標客服 email，我們收到您的訊息後，將由專業客服人員為您解答。

我們所提供的售後服務範圍僅限於書籍本身或內容表達不清楚的地方，至於軟硬體的問題，請直接連絡廠商。

學生團體　訂購專線：(02)2396-3257 轉 362
　　　　　傳真專線：(02)2321-2545

經銷商　服務專線：(02)2396-3257 轉 331
　　　　將派專人拜訪
　　　　傳真專線：(02)2321-2545

國家圖書館出版品預行編目資料

CCNA 網路認證教戰手冊 Exam 200-301 / Todd Lammle 著；林慶德、陳宇芬 譯. -- 臺北市：旗標, 2020.09　面；公分

譯自：CCNA Certification Study Guide, Volume 2: Exam 200-301

ISBN 978-986-312-636-2 (平裝)

1. 通訊協定　2. 電腦網路　3. 考試指南

312.16　　109009211

作　者／Todd Lammle

譯　者／林慶德、陳宇芬

發 行 所／旗標科技股份有限公司

台北市杭州南路一段15-1號19樓

電　話／(02)2396-3257(代表號)

傳　真／(02)2321-2545

劃撥帳號／1332727-9

帳　戶／旗標科技股份有限公司

監　督／陳彥發

執行企劃／陳彥發

執行編輯／林佳怡

美術編輯／林美麗

封面設計／林美麗

校　對／林佳怡

新台幣售價：1200 元

西元 2023 年 6 月初版 4 刷

行政院新聞局核准登記-局版台業字第 4512 號

ISBN 978-986-312-636-2

謝詞

CCNA 新書能在 2019 與 2020 年間完成，要感謝許多人的協助。首先，謝謝 Kenyon Brown 協助彙整了這套書的方向，並且負責處理 Wiley 的內部編輯作業，真的非常感謝 Ken 這麼多日子的持續努力，才讓這套書能逐步成形。另外要謝謝 Wiley 與我合作超過十年的製作編輯 Christine O'Connor，以及表現出色的助理編輯 Judy Flynn。另外還要感謝 Kim Wimpsett 的校對，以及 Todd Montgomery 的技術校對。

本書的共同作者 Donald Robb 來自加拿大。他協助我完成無線的兩章內容，並且獨力完成 DevNet 的三章 (21-23)。他對該主題的瞭解出類拔萃，令我十分驚喜！您也會喜愛他的作品的。要聯繫 Donald，可以連到他的部落格 https://www.reddit.com/r/ccna/。

在 CCNA 這一系列中合作的頂尖編輯群包括：Troy McMillan，他反覆閱讀整個系列的每一章，在技術上和編輯上都有很驚人的發現。Todd Montgomery 是 CCNA 這兩本書最棒的技術編輯。此外，Monica Lammle 一讀再讀每個章節，並且在編輯的過程中持續協助我進行整合，這件事可不容易！

關於作者

Todd Lammle 是 Cisco 認證與互連網路方面的權威，並且取得 Cisco 大多數認證的證照。他是全球知名的作者、講師與顧問。Todd 在 LAN、WAN 和大型企業的無線網路方面，具有超過 30 年的經驗，最近則投身於使用 Firepower/FTD 與 ISE 來實作大型的 Cisco 安全網路。

Todd Lammle 將豐富的實作經驗融入書裡，他不僅是位網路技術作家，也是資深網路工程師，具有在全球最大型網路工作的實務經驗，所服務的公司包括：全錄、Hughes Aircraft、Texaco、AAA、Cisco 與 Toshiba 等。Todd 出版超過 60 本書，包括非常受歡迎的「CCNA：Cisco Certified Network Associate Study Guide、CCNA Wireless Study Guide、CCNA Data Center Study Guide、SSFIPS (Firepower) 以及 CCNP Security」等，全由 Sybex 出版。

目前他在科羅拉多經營一家國際性的顧問和教育訓練機構，閒暇時則與他的黃金獵犬徜徉在當地山區。您可以透過他的網站 www.lammle.com 跟他聯繫。

簡要目錄

目錄

第 1 章 網路基礎知識

第 2 章 TCP/IP

第 6 章 開放式最短路徑優先協定 (OSPF)

第 7 章 第 2 層交換

第 8 章 虛擬區域網路 (VLAN) 與跨 VLAN 遶送

第 9 章 高等交換技術

第 10 章 存取清單

第 11 章 網路位址轉換 (NAT)

第 12 章 IP 服務

第 13 章 安全性

第 14 章 第一中繼站冗餘協定 (FHRP)

第 15 章 虛擬私密網路 (VPN)

第 16 章 服務品質 (QoS)

第 17 章 網際網路協定第 6 版 (IPv6)

第 18 章 IP、IPv6 和 VLAN 的故障檢測

第 19 章 無線技術

第 20 章 設定無線技術

第 21 章 虛擬化、自動化、可程式化

第 22 章 SDN 控制器

第 23 章 組態管理

附錄 習題解答

簡介

簡介

歡迎來到 Cisco 認證的有趣世界！如果您選擇本書是希望能擁有一個更好、更穩固的工作來改善生活，那您可是做了一項正確的選擇！無論您是要進入快速變化且蓬勃發展的 IT 產業，或者是想要強化您的技能並且提升您的位階，取得 Cisco 認證都有助於達成您的目標！

Cisco 認證是通往成功的有力工具，同時也能大幅地改善您對互連網路各層面的掌握。當您逐步深入本書時，您將會建立網路的基礎知識，而不侷限於 Cisco 的設備。讀完本書，您會深入瞭解不同的網路拓墣和技術，如何形成與我們今日生活息息相關的網路運作。您所取得的知識與專業，將是任何網路相關工作的基礎；這也是為什麼 Cisco 認證如此受到重視的原因，即使是在只有幾台 Cisco 裝置的公司中。

要取得 Cisco 認證的最新資訊和其他的練習工具、複習題和補充教材，請連上 Todd Lammle 的網站和論壇：www.lammle.com/ccna。

Cicso 網路認證

話說 1998 年，取得 CCNA 認證是 Cisco 系列認證的第一級目標，也是官方對進階認證的先決要求。但是到了 2007 年，Cisco 宣布了 CCENT 認證。而在 2016 年 5 月，Cisco 再次更新了 CCENT 和 CCNA 遶送與交換 (R/S) 測驗。現在，Cisco 認證又迎來一波巨大的改變。

2019 年 7 月，Cisco 對認證流程進行了過去 20 年來前所未有的變動！所有的新認證從 2020 年 2 月開始，這可能也是為什麼您要讀這本書的原因。

那麼有哪些異動呢？首先，取消了 CCENT 課程和考試 (ICND 1 和 ICND 2)，甚至連遶送與交換這個詞也不見了 (重新更改為企業 Enterprise)。最重要的是，CCNA 不再是任何較高階認證的先決要求了，這表示您可以直接去考 CCNP，而不必先參加新的 CCNA 考試。

圖 I.1 是新的認證路徑。

入門級 針對那些有興趣要開啟網路專業職涯的個人起始點	工程師級(associate) 專精有回報的職涯所需的必要技能，並能以最新進的技術來擴展您的工作機會	專業級 選擇特定核心技術專業及其專業等級的認證	專家級 全球公認在這個技術領域聲望最高的認證	架構師級 最高等級的認證，承認其網路設計師的架構師專業
CCT	DevNet 助理	DevNet 專業	CCDE	CCAr
	CCNA	CCNP 專業	CCIE 企業基礎建設 CCIE 企業無線	
		CCNP 協作	CCIE 協作	
		CCNP 資料中心	CCIE 資料中心	
		CCNP 安全	CCIE 安全	
		CCNP 服務供應商	CCIE 服務供應商	

圖 I.1 Cisco 認證路徑

首先，您不值得把時間花在入門級的 CCT 認證上。相對的，您應該要利用本書和 www.lammle.com/ccna 上面的豐富資源，直接去取得 CCNA 認證。

從本書開始的 Todd Lammle CCNA 計畫是您開始研讀 CCNA 的強力工具，在您征服其他任何認證之前，確實瞭解本書和 www.lammle.com/ccna 上的教材內容是非常重要的。

本書內容

本書涵蓋您通過新 CCNA 認證考試所需的所有內容。不論您選擇哪種途徑，唯一的成功之道就是投注大量時間研讀，以及使用路由器或模擬程式來練習。

本書涵蓋下列資訊：

- **第 1 章 網路基礎知識**：本章複習 Cisco 三層模型和網域網路。討論了乙太網路線，包括光纖。結尾也簡介了 PoE。結束之前別忘了習題，測試您對教材的了解。
- **第 2 章 TCP/IP**：本章講解 TCP/IP 協定。從 TCP/IP 的 DoD 版本開始，比較該版本與早先討論過之 OSI 參考模型的協定。最後進入 IP 定址的世界，以及今日網路使用之不同級別的 IP 位址。結束之前別忘了習題，測試您對教材的了解。
- **第 3 章 子網路切割**：本章就從前一章離開的部分開始，繼續討論 IP 定址的世界，告訴您如何切割 IP 網路。要能很快且正確地切割子網路是很具挑戰性的，好好地準備吧！利用習題來測試您是否真的了解子網路切割，也可以利用 www.lammle.com/ccna 的補充教材。
- **第 4 章 IP 位址的檢修**：本章涵蓋 IP 位址檢修，專注於 Cisco 建議的 IP 網路檢修步驟。研讀本章也會磨練您對 IP 定址和網路通訊的了解，提煉您到目前為止已經學到的重要技能。
- **第 5 章 IP 遶送**：本章討論的是無所不在之 IP 遶送流程的核心主題。對網路通訊而言這是不可或缺的，因為絕大部分的路由器和組態都會用到它。基本上 IP 遶送就是利用路由器將一個封包從一個網路移動到另一個網路的流程，本章將深入討論 IP 遶送。
- **第 6 章 開放式最短路徑優先協定 (OSPF)**：OSPF 是到目前為止最常使用也最受歡迎的遶送協定，所以很重要，我們花一整章來討論它。一如整本書的做法，我們會從基礎開始，讓您先完全熟悉重要的 OSPF 術語。

- **第 7 章 第 2 層交換**：本章更詳細地討論了第 2 層交換，確定您完全了解它如何運作。您應該已經知道我們靠交換將較大的碰撞網域切割成較小的碰撞網域，而碰撞網域就是兩部或更多部裝置共享相同頻寬的網段。交換器已經改變了網路設計和實作的方式，如果好好地設計一個純粹的交換式網路，其結果將會是一個乾淨、CP 值高、且彈性大的互聯網路。

- **第 8 章 虛擬區域網路 (VLAN) 與跨 VLAN 遶送 (IVR)**：本章討論如何在一個純粹的交換式互聯網路中切割廣播網域；我們藉由建立虛擬區域網路來達成。VLAN 是一個邏輯的網路使用者與資源的群組，以交換器上管理性定義的埠加以連結。本章將讓您真的了解 VLAN 和 IVR 的基礎和組態設定。

- **第 9 章 高等交換技術**：本章先介紹 STP 協定，然後進入 STP 的基礎觀念，包括它的模式和各種 VTP 類型。本章也涵蓋了 VLAN、主幹和故障檢測，最後還有 PortFast。

- **第 10 章 存取清單**：本章涵蓋安全性，以及路由器上用來過濾網路的存取清單；詳細說明了 IP 標準式、延伸式和命名式存取清單。

- **第 11 章 網路位址轉換 (NAT)**：本章將進入 NAT、動態 NAT、埠位址轉換、以及所謂的 NAT 超載。當然，也會告訴您所有的 NAT 命令。

- **第 12 章 IP 服務**：本章告訴您如何利用 Cisco 專屬協定 CDP 和業界標準 LLDP 來找尋鄰居裝置資訊，討論裝置如何利用 NTP 來讓它們的時間同步，展示了 SNMP 和傳送給 NMS 的告警類型。您也會學到非常重要的 Syslog 存錄和組態。最後則是教您如何設定 SSH。

- **第 13 章 安全性**：本章一開始介紹了安全程式要素。也涵蓋了用戶帳號、密碼安全性、以及使用者認證方法。最後說明了在 Cisco 設備上設定密碼的方法。

- **第 14 章 第一中繼站冗餘協定 (FHRP)**：一開始先告訴您為什麼需要第三層冗餘協定，然後討論如何利用您可能已經有的路由器，平順地在您的網路中建置冗餘和負載平衡的功能。當您知道如何設定與使用 HSRP 之後，其實不需要額外購買昂貴的負載平衡裝置。

- **第 15 章 虛擬私密網路 (VPN)**：本章深入探討 VPN。您將學到一些聰明的解決方案，幫助您因應公司在公司外的網路存取需求，讓這些網路利用 IP 安全性，經由含 IPSec 之 VPN 的網際網路，在公眾網路上提供安全的通訊。本章也會展示如何利用 GRE 來產生隧道。

- **第 16 章 服務品質 (QoS)**：QoS 關心的是資源的管控方式，以維護服務的品質。本章將說明 QoS 如何藉由分類與標記工具、管制、塑形和重新標記，提供壅塞管理與排程工具，來解決問題，並且最終連結到特定的工具。

- **第 17 章 網際網路協定第 6 版 (IPv6)**：這是很有趣的一章，包含大量的資訊。IPv6 並不像大多數人想的一樣，是個龐大、邪惡、而且嚇人的生物，而且，它還是近來考試的重要標的，所以請細心地研讀本章，千萬不要只是淺嚐而已。

- **第 18 章 IP、IPv6 和 VLAN 的故障檢測**：本章將涵蓋檢測的細節，因為這是 Cisco CCNA 認證目標的主要重點，所以要確保您的技術是很扎實的。內容會深入的說明 IP、IPv6 和 VLAN 的故障檢測，而您必須具備 IP 和 IPv6 的基礎，以及 VLAN 的知識。

- **第 19 章 無線技術**：我知道您已經解決了前面幾章的內容了，尤其是前面關於交換和 VLAN 的那兩章，如果還沒有，請先回顧它們。首先讓我們定義基本的無線網路和無線原理。我們將討論不同類型的無線網路，建立簡單無線網路所需的最少裝置，以及一些基本的無線技術。之後，將討論 WPA、WPA2 和 WPA3 的基本安全性討論。

- **第 20 章 設定無線技術**：讀完 19 章之後您應該已經知道無線的運作原理。本章將從頭到尾教您如何設定無線網路的組態。首先討論如何讓 Cisco 無線區域網路控制器 (Wireless LAN Controller，WLC) 運作，再說明如何將 AP 加入新的 WLC 中。接著我們會深入鑽研如何設定 WLC，以支援無線網路。在本章最後，我們會將實際的端點加入到無線區域網路中。

- **第 21 章 虛擬化、自動化、可程式化**：本章要介紹虛擬技術的基本觀念以因應今日的一些挑戰，包括它的常見元件和功能，並且比較目前市面上的一些虛擬化商品。接著探索重要的自動化概念和元件，做為後續 SDN 和組態管理章節的基礎。

- **第 22 章 SDN 控制器**：雖說自動化已經逐漸普遍到連 CCNA 認證也開始將它納入，甚至還有自己的 Devnet 認證軌道。但儘管如此，大多數企業還沒有厲害到能完全透過在共用磁碟上的 Python 腳本，來管理它們的網路。所以更好的解決方案是使用所謂的**軟體定義網路** (Software Defined Networking，SDN) 控制器，來集中管理和監控網路，而不是手動執行所有的工作；這正是本章要談的內容。
- **第 23 章 組態管理**：我們現在將正式接觸整個 DNA 中心，深入探討它的組態管理工具，如 Ansible、Puppet 和 Chef。這些很棒的功能幾乎可以讓您將基礎建設的所有工作自動化。我們將探索 Ansible、Puppet 和 Chef。
- **附錄 習題解答**：本附錄提供每章習題的解答。

互動式線上學習環境和試題庫

伴隨 CCNA 認證研讀指引的互動式線上學習環境提供了試題庫和研讀工具，幫助您準備認證考試，提升您第一次就能通過認證的機會。試題庫包括以下的項目：

- **測驗範例**：提供書中的所有題目，包括**評鑑測試**，以及每章結束之前的習題。此外，還有兩份測驗題。您可以利用這些問題來測試對這些指引教材的了解。線上試題庫可以在多種裝置上執行。
- **電子閃卡**：這些閃卡包含快速參考，是可很棒的工具可讓您學到快速知識。您甚至可將這些當作額外的簡單練習題，其實它們實質上就是。
- **術語表**：這是個 PDF 檔案，涵蓋本書所用的術語 (**英文介面**)。

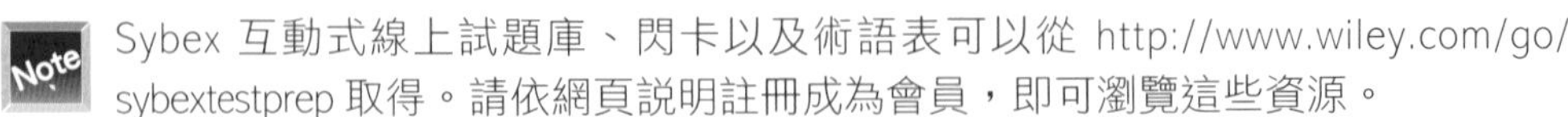

Sybex 互動式線上試題庫、閃卡以及術語表可以從 http://www.wiley.com/go/sybextestprep 取得。請依網頁說明註冊成為會員，即可瀏覽這些資源。

除了線上試題庫所提供的教材之外，您也可以到 Todd Lammle 的網站得到其他有用的資源。

- **Todd Lammle 的補充教材和實驗**：請務必檢視 www.lammle.com/ccna 上關於如何下載最新補充教材的說明，特別是那些幫助您研讀 CCNA 認證的教材。

- **Todd Lammle 視訊教材**：作者設計了一整套的 CCNA 視訊教材，可以從 www.lammle.com/ccna 購買。

CCNA 測驗概觀

Cisco 已經設計了一個新的 CCNA 計畫，讓您準備好擔當今日 IT 技術的助理層級職位。現在 CCNA 包括安全性和自動化與可程式化，甚至還有新的 CCNA DevNet 認證。這個新的 CCNA 計畫有一個認證，涵蓋範圍很廣的 IT 職涯基礎。

新的 CCNA 認證涵蓋大量的主題，包括：

- 網路基本原理
- 網路存取
- IP 的連結
- IP 服務
- 安全性基本原理
- 無線
- 自動化與可程式化

CCNA 考試需要任何先決條件嗎？

其實沒有，但經驗絕對是有幫助的。Cisco 沒有替 CCNA 認證訂立正式的先決條件，但在您參加考試之前，應該要了解考試的主題。

CCNA 候選人經常也會有：

- 一或多年實作與管理 Cisco 解決方案的經驗
- IP 定址的基本知識
- 對網路基本原理有相當程度的理解

如何使用本書？

如果您想要擁有通過 CCNA 測驗的紮實基礎，本書是您的最佳選擇。作者已經花了許多精力編出這本書，唯一的目的就是希望幫助您通過 Cisco 認證考試，並且學會如何正確地設定 Cisco 路由器與交換器。本書富含高價值的資訊，如果您瞭解它的編排方式，將有助於增進您的研讀效果。

為了從本書獲取最大的效益，建議您依循以下的研讀方式：

1. 讀完**簡介**之後馬上進行**評鑑測試** (答案就在該測試後面)。如果您不知道答案，沒有關係，這也就是為什麼您要購買本書的原因，對吧！請小心地研讀您無法正確回答的問題說明，並注意它屬於哪一章，這資訊可幫助您規劃出您的讀書計畫。

2. 仔細地研讀每一章，確定您瞭解其中的資訊，與每章開頭所列的檢定主題。對於您在**評鑑測試**中無法回答的問題，請特別付出額外的精力在涵蓋該問題的章節上。

3. 回答每章的習題 (答案就在**附錄**)。注意困惑您的問題，並再次研讀與它有關的章節。請不要跳過這些問題！確定您完全瞭解每個答案的說明。請注意這些並不就是認證考試裡的問題，主要目的是為了幫助您瞭解該章的內容。

4. 親自練習線上的實作練習，這些題目只出現在http://www.wiley.com/go/sybextestprep 上。記得要檢查 www.lammle.com/ccna 網站上最新的 Cisco 認證模擬考題、視訊、動手做實驗和 Todd Lammle 訓練營等。

5. 利用所有的電子閃卡 (也可從前項連結下載) 來測驗自己。這些是全新修訂的電子閃卡，幫助您準備 CCNA 考試，是非常棒的研讀工具！

要學習本書所涵蓋的所有素材，必須規律地、有計畫地研讀，請試著在每天安排出固定時段，選擇舒適安靜的地方來進行。如果您這麼努力用功，將會驚訝地發現您的學習速度是如何地驚人。

如果您依循以上所列的步驟，並且真的研讀，每天練習動手做實驗，並利用其中的習題、測驗練習、Todd Lammle 的視訊教材、電子閃卡與書面實驗，不想通過 Cisco 認證考試都很難！不過，準備 Cisco 認證考試就像健身一樣，如果您不每天到體育館報到，怎麼可能得到健美的身材！

如何參加認證？

您可以在 Pearson VUE 授權的任何測驗中心參加 CCNA 或其他任何的 Cisco 認證；相關資訊請參考 www.vue.com。

Cisco 認證的註冊步驟：

1. 找出要參加的考試編號。(CCNA 是 200-301)
2. 在最近的 Pearson VUE 測驗中心註冊。您必須先繳交認證費用。您最早可以在六週前、最晚則是當天安排認證時間。但是如果沒有通過，則必須在至少五天後才可以重考。如果因故必須取消或重新安排認證時間，必須在至少 24 小時前通知 Pearson VUE。
3. 在約定認證時間的時候，您也會同時取得完整的預約、取消流程、ID 要求，以及測驗中心位置等資訊。

參加認證考試的小秘訣

Cisco 認證的測驗大約有 50 或更多道題目，必須在 90 分鐘左右完成，但每次考試可能會有變動。您必須得到大約 85% 才算通過，不過同樣地，這個數字可能每次考試都不同。

考試中許多題目的答案選項乍看之下好像都一樣，特別是有關語法的題目！記住一定要小心地閱讀每個選項。如果您選擇次序不對的命令，或者忘了一個不起眼的字元，那就答錯了。因此，要好好練習做每章結尾的習題，一遍又一遍，直到您答題時變得很直覺為止。

此外，不要忘了所謂對的答案就是 Cisco 的答案，許多時候適合的答案可能不只一個，但唯有 Cisco 建議的才是正確的答案。考試中一定會告訴您答案要選擇 1、2 或 3 個答案，絕對不會有 "選擇所有適合的" 這種方式。Cisco 認證考試可能包括以下的測驗格式：

- 單選題
- 複選題
- drag-and-drop
- 路由器模擬

在 Cisco 實施的路由器模擬考試並不會展示完成路由器介面設定所要依循的步驟，他們會允許部份的命令回應，例如：**show config** 或 **sho config** 或 **sh conf** 都是可接受的，**Router#show ip protocol** 或 **router#show ip prot** 也都可接受。

以下是一些通過考試的一般性秘訣：

- 早一點抵達考試中心，這樣才能放鬆並複習您的研習教材。
- 仔細地閱讀題目，不要直接跳去做結論，確定您很清楚每個題目所要問的。「讀兩遍、回答一遍」是作者的作答秘訣。
- 回答您不確定的複選題時，用剔除法，篩去明顯不對的答案，這樣即使要猜，命中率也會提高許多。
- Cisco 考試期間不能在試題前後跳來跳去，所以選答之前務必再檢查一次，因為之後就不能更改。

完成考試之後，馬上就可以得到通知：通過或失敗、通過或失敗的考試分數報告、以及各段試題的考試結果 (測驗官會發給您列印出來的分數報告)。

測驗分數會自動在 5 天內送給 Cisco，不必您送。如果您通過考試，通常會在 2 到 4 週內收到 Cisco 的確認，不過有時需要更久的時間。

CCNA 認證考試 200-301 的目標

目標	參考章節
1.0 網路基本原理	1, 2, 3, 4, 7, 17, 18, 19, 20, 21, 22
1.1 描述企業網路中各基礎元件的角色與功能	1
1.1.a 路由器	1
1.1.b L2 和 L3 交換器	1
1.1.c 下一代防火牆與 IPS	1
1.1.d 存取點	
1.1.e 控制器 (Cisco DNA 中心和 WLC)	20, 22
1.1.f 端點	
1.1.g 伺服器	
1.2 描述網路拓樸架構的特徵	1
1.2.a 二層式	1
1.2.b 三層式	1
1.2.c Spine-leaf 式	1
1.2.d WAN (廣域網路)	1
1.2.e SOHO 式 (Small office／home office)	1
1.2.f 本地和雲端	
1.3 比較實體介面和接線類型	1
1.3.a 單模態光纖、多模態光纖、銅線	1
1.3.b 連線 (乙太網路共享媒介和點對點)	1
1.3.c PoE 觀念	1
1.4 識別介面和纜線問題 (碰撞、錯誤、不匹配的雙工或速度)	18
1.5 比較 TCP 和 UDP 協定的差異	2

目標	參考章節
1.6 設定並驗證 IPv4 位址與子網路切割	2, 3, 4, 18
1.7 說明私有 IPv4 位址的必要性	2
1.8 設定與驗證 IPv6 的位址和前綴	17, 18
1.9 比較 IPv6 位址類型	17
1.9.a 全域單點傳播	17
1.9.b 唯一的本地	17
1.9.c 鏈路本地	17
1.9.d 任意點傳播	17
1.9.e 多點傳播	17
1.9.f 修訂的 EUI 64	17
1.10 檢查客戶端作業系統（Windows、Mac OS、Linux）的 IP 參數	4, 18
1.11 說明無線原理	19
1.11.a 非重疊無線頻道	19
1.11.b SSID	19
1.11.c RF	19
1.11.d 加密	19
1.12 說明虛擬化基本原理	21
1.13 說明交換觀念	7
1.13.a MAC 學習與時效	7
1.13.b 訊框交換	7
1.13c 訊框氾濫	7
1.13.d MAC 位址表	7

目標	參考章節
2.0 網路存取	8, 9, 12, 18, 19, 20
2.1 設定與查驗 VLAN (一般範圍) 的擴展多重交換器	8
2.1.a 存取埠 (資料與語音)	8
2.1.b 預設 VLAN	8
2.1.c 連線	8
2.2 設定與查驗跨交換器連線	8, 18
2.2.a 主幹埠	8, 18
2.2.b 802.1Q	8, 18
2.2.c 原生 VLAN	8, 18
2.3 設定與查驗第 2 層發現協定 (Cisco 發現協定 CDP 和 LLDP)	12
2.4 設定與查驗 (第 2 層/第 3 層) EtherChannel (LACP)	9
2.5 說明快速 PVST+ 擴展樹的必要性及基本運作	9
2.5.a 根埠、根橋接器 (主要/次級) 及其他埠名	9
2.5.b 埠狀態 (轉送/凍結)	9
2.5.c PortFast 的效益	9
2.6 比較 Cisco 無線架構與 AP 模式	19
2.7 說明 WLAN 元件 (AP、WLC、存取/主幹埠與 LAG) 的實體基礎建設連線	19
2.8 說明 AP 與 WLC 管理存取連線 (Telnet、SSH、HTTP、HTTPS、控制台以及 TACACS+/RADIUS)	19
2.9 設定無線區域網路存取元件，以提供客戶端連線，在 GUI 執行諸如建立 WLAN、安全性設定、服務品質側寫 (profile)、以及進階的 WLAN 設定	20

目標	參考章節
3.0 IP 的連結	5, 6, 14, 17
3.1 解釋路徑表的組成	5
3.1.a 遶送協定編碼	5
3.1.b 前置位址	5
3.1.c 網路遮罩	5
3.1.d 下一中繼站	5
3.1.e 管理性距離	5
3.1.f 衡量指標	5
3.1.g 最後一站閘道	5
3.2 判斷路由器如何根據預設做轉送決策	5
3.2.a 最長的匹配	5
3.2.b 管理性距離	5
3.2.c 遶送協定衡量指標	5
3.3 設定與查驗 Ipv4 和 Ipv6 的靜態遶送	5, 17
3.3.a 預設路徑	5
3.3.b 網路路徑	5
3.3.c 主機路徑	5
3.3.d 浮動靜態	5
3.4 設定與查驗單一區域 OSPFv2	6
3.4.a 鄰居緊鄰關係	6
3.4.b 點對點	6
3.4.c 廣播 (DR/BDR 選舉)	6
3.4.d 路由器 ID	6
3.5 說明 FHRP 的目的	14

目標	參考章節
4.0 IP 服務	2, 5, 11, 12, 16
4.1 使用靜態與儲備池來設定與查驗內部來源 NAT	11
4.2 在主從式模式下設定與查驗 NTP 的運作	12
4.3 說明 DHCP 和 DNS 在網路中扮演的角色	2, 5
4.4 說明 SNMP 在網路運作中的功用	12
4.5 說明 syslog 的使用和等級	12
4.6 設定與查驗 DHCP 客戶端與中繼	5
4.7 說明 QoS 的個別中繼站轉送行為 (PHB)，例如分類、標記、佇列、壅塞、管制、塑形	16
4.8 設定網路裝置使用 SSH 進行遠端存取	12
4.9 說明 TFTP/FTP 的功能	2

目標	參考章節
5.0 安全性基本原理	7, 10, 13, 15, 19, 20
5.1 定義重要安全性觀念 (威脅、弱點、漏洞利用與緩解技術)	13
5.2 說明安全計畫要素 (使用者安全意識、教育訓練與實體存取控制)	13
5.3 使用本地密碼設定裝置存取控制	13
5.4 說明安全密碼政策要素，例如管理、複雜度與密碼替代選擇 (多重要素認證、憑證與生物辨識技術)	13
5.5 描述遠端存取與站對站 (site-to-site) VPN	15
5.6 設定與查驗存取控制清單	10
5.7 設定第 2 層安全性功能 (DHCP 位址欺騙、動態 ARP 檢查與埠安全性)	7, 13
5.8 區分認證、授權與記帳的觀念	13
5.9 說明無線安全協定 (WPA、WPA2、WPA3)	19
5.10 在 GUI 中使用 WPA2 PSK 設定 WLAN	20

目標	參考章節
6.0 自動化與可程式化	21, 22, 23
6.1 說明自動化如何衝擊網路管理	21
6.2 比較傳統網路與以控制器為基礎的網路	22
6.3 說明以控制器為基礎和軟體定義的架構 (overlay、underlay、fabric)	22
6.3.a 控制平面和資料平面的分離	22
6.3.b 北向與南向 API	22
6.4 比較傳統園區裝置管理與 Cisco DNA 中心促成的裝置管理	22
6.5 說明 REST API 的特徵 (CRUD、HTTP verb (動詞) 和資料編碼)	21
6.6 瞭解組態管理機制 Puppet、Chef 與 Ansible 的能力	23
6.7 解答 JSON 編碼資料	21

評鑑測試

評鑑測試

1. 什麼是 BPDU 的 sys-id-ext 欄位？

   A. 它是插入乙太網路訊框中的 4 位元欄位，用來定義交換器間的主幹資訊。

   B. 它是插入乙太網路訊框中的 12 位元欄位，用來定義 STP 實例中的 VLAN。

   C. 它是插入非乙太網路訊框中的 4 位元欄位，用來定義 EtherChannel 選項。

   D. 它是插入乙太網路訊框中的 12 位元欄位，用來定義 STP。

2. 您的交換器間有 4 條 RSTP PVST+ 鏈路，並且希望結合它們的頻寬，您會使用什麼解決方案？

   A. EtherChannel　　B. PortFast

   C. BPDU Channel　　D. VLANs

   E. EtherBundle

3. LACP 要形成頻道，則交換器間的哪些組態參數必須設定為相同？(選擇 3 個答案)

   A. 虛擬 MAC 位址　　B. 通訊埠速度

   C. 雙工　　D. 開啟 PortFast

   E. VLAN 資訊

4. 您使用 0x2101 的組態暫存器設定來重載路由器，則該路由器在重載時會做什麼？

   A. 路由器進入裝配模式
   B. 路由器進入 ROM 監控模式
   C. 路由器啟動 ROM 中的迷你 IOS
   D. 路由器將快閃記憶體中的第一個 IOS 解開到 RAM 中

5. 下列哪個命令會提供路由器的產品 ID 和序號？

   A. show license
   B. show license feature
   C. show version
   D. show license udi

6. 下列哪個命令可以檢視路由器上支援的技術選項、授權和一些狀態變數？

   A. show license
   B. show license feature
   C. show license udi
   D. show version

7. 您需要查閱 DNA 中心有關過去的網路資料，您可以回溯多久的 DNA 快照？

   A. 1 天
   B. 3 天
   C. 5 天
   D. 1 星期
   E. 1 個月

8. 您想將控制台訊息送到 syslog 伺服器，但是只想傳送狀態 3 (含) 以下的訊息，應該使用哪個命令？

   A. logging trap emergencies
   B. logging trap errors
   C. logging trap debugging
   D. logging trap notifications
   E. logging trap critical
   F. logging trap warnings
   G. logging trap alerts

9. 下列何者是 Code Preview 功能的用途？

   A. 進行 DNA 中心的 beta 升級

   B. 在執行 DNA 中心時檢視程式碼

   C. 使用您所選擇的腳本語言產生簡單的程式碼片段以呼叫 Restful API 資源

   D. 檢視 DNA 中心應用的原始程式碼

10. 您想連到虛擬伺服器組中一台遠端的 IPv6 伺服器。您可以連到 IPv4 伺服器，但是連不到那台需要的 IPv6 伺服器。根據下列輸出，可能是什麼問題？

```
C:\>ipconfig
   Connection-specific DNS Suffix  : localdomain
   IPv6 Address. . . . . . . . . . : 2001:db8:3c4d:3:ac3b:2ef:1823:8938
   Temporary IPv6 Address. . . . . : 2001:db8:3c4d:3:2f33:44dd:211:1c3d
   Link-local IPv6 Address . . . . : fe80::ac3b:2ef:1823:8938%11
   IPv4 Address. . . . . . . . . . : 10.1.1.10
   Subnet Mask . . . . . . . . . . : 255.255.255.0
   Default Gateway . . . . . . . . : 10.1.1.1
```

   A. 全域位址位於錯誤的子網路。

   B. 沒有從路由器接收到 IPv6 的預設閘道，或是沒有設定。

   C. 鏈路本地位址沒有完成解析，所以主機無法與路由器溝通。

   D. 設定了兩個 IPv6 全域位址，必須從組態中移除一個。

11. 下列哪個命令可以檢視 Cisco 路由器上的 IPv6 對 MAC 位址解析表？

   A. show ip arp

   B. show ipv6 arp

   C. show ip neighbors

   D. show ipv6 neighbors

   E. show arp

12. 有一個 IPv6 ARP 項目的狀態顯示為 REACH，則您對 IPv6-MAC 的位址對應可以得到什麼結論？

    A. 這個介面與鄰居位址間有溝通，而且是目前的對應。

    B. 這個介面沒有在可達時間內進行溝通。

    C. 這個 ARP 項目已經逾時。

    D. IPv6 可以連到鄰居位址，但該位址尚未完成解析。

13. 何種組態管理解決方案需要代理 (agent)？(選擇 2 個答案)

    A. Puppet　　B. Ansible

    C. Chef　　D. Cisco IOS

14. 以下何者是以 Ruby 為基礎的組態管理工具，利用客製化的 manifest 檔案來設定裝置組態。

    A. Ansible　　B. Puppet

    C. Chef　　D. Manifold

15. 以下何者是以 Ruby 為基礎的組態管理工具，利用 cookbooks 檔案來設定組態。

    A. Ansible　　B. Puppet

    C. Chef　　D. Manifold

16. 您有兩台直接設定 OSPF 的路由器並沒有形成緊鄰關係。您應該檢查什麼？(選擇 3 個答案)

    A. 程序 ID　　B. Hello 與 Dead 計時器

    C. 鏈路成本　　D. 區域

    E. IP 位址/子網路遮罩

17. 兩台緊鄰路由器何時會進入雙向狀態？

A. 在雙方都收到 Hello 資訊後

B. 在交換拓樸資料庫之後

C. 當它們只連到 DR 或 BDR 時

D. 在它們必須交換 RID 資訊的時候

18. 命令執行器 (command runner) 可以做甚麼？

A. 推送 OSPF 組態

B. 推送 **Show** 命令，並檢視結果

C. 推送 ACL 組態

D. 推送介面組態

E. 推送標題訊息組態

19. fabric 網路要靠哪一種交換器來完成？

A. 第 2 層　　B. 第 3 層

C. 第 4 層　　D. 第 7 層

20. 下列關於 CRE 的敘述何者有誤？

A. GRE 無狀態，且無流量控制

B. GRE 具有安全性

C. GRE 對隧道封包需要至少 24 位元組的額外資料負擔

D. GRE 在標頭使用協定型態欄位，所以任何第三層協定都可以用來穿越隧道

21. 當一個會談使用超過所分配的頻寬時，哪一種 QoS 機制會丟棄交通？

A. 壅塞管理 (Congestion Management)

B. 塑形 (Shaping)

C. 管制 (Policing)

D. 標記 (Marking)

22. Corp 路由器上有 IPv6 單點傳播遶送的運作。**show ipv6 int brief** 命令會顯示下列哪個位址？

```
Corp#sh int f0/0
FastEthernet0/0 is up, line protocol is up
Hardware is AmdFE, address is 000d.bd3b.0d80 (bia 000d.bd3b.0d80)
[output cut]
```

A. FF02::3c3d:0d:bdff:fe3b:0d80

B. FE80::3c3d:2d:bdff:fe3b:0d80

C. FE80::3c3d:0d:bdff:fe3b:0d80

D. FE80::3c3d:2d:ffbd:3bfe:0d80

23. 主機會傳送一種 NDP 訊息，提供被請求的 MAC 位址。它傳送的是哪種 NDP？

A. NA　B. RS　C. RA　D. NS

24. IPv6 位址的每個欄位有幾個位元？

A. 4　B. 16　C. 32　D. 128

25. 下列何者可用來開啟 OSPFv3？

A. Router(config-if)#**ipv6 ospf 10 area 0.0.0.0**

B. Router(config-if)#**ipv6 router rip 1**

C. Router(config)#**ipv6 router eigrp 10**

D. Router(config-rtr)#**no shutdown**

E. Router(config-if)#**ospf ipv6 10 area 0**

26. 在 **routerA(config)#line cons 0** 命令之後可以接著執行什麼？

A. 設定 telnet 密碼　B. 關閉路由器

C. 設定控制台密碼　D. 關閉控制台連線

27. 下列哪 2 個敘述可以描述 IP 位址 10.16.3.65/23？(選擇 2 個答案)

A. 子網路位址為 10.16.3.0 255.255.254.0

B. 子網路的最低主機位址為 10.16.2.1 255.255.254.0

C. 子網路的最後一個有效位址為 10.16.2.254 255.255.254.0

D. 子網路的廣播位址為 10.16.3.255 255.255.254.0

E. 該網路並沒有做子網路分割

28. 您會在下列哪個介面為交換器設定 IP 位址？

A. int fa0/0　　B. int vty 0 15

C. int vlan 1　　D. int s/0/0

29. 下列何者是 IP 位址所屬子網路的有效主機範圍？

A. 192.168.168.129 - 190　　B. 192.168.168.129 - 191

C. 192.168.168.128 - 190　　D. 192.168.168.128 - 192

30. 下列何者在轉換後會被視為是包含在主機位址之中？

A. 內部區域　　B. 外部區域

C. 內部全域　　D. 外部全域

31. 您的內部區域位址沒有轉換為內部全域位址。下列哪個命令可以顯示您的內部全域是否能使用 NAT 位址儲備池？

```
ip nat pool Corp 198.18.41.129 198.18.41.134 netmask 255.255.255.248
ip nat inside source list 100 int pool Corp overload
```

A. debug ip nat　　B. show access-list

C. show ip nat translation　　D. show ip nat statistics

32. 當您使用 12 埠交換器來切割網路時，會建立多少個碰撞網域？

A. 1　　B. 2　　C. 5　　D. 12

33. 下列哪個命令可以在 Cisco 路由器上設定 telnet 密碼？

A. line telnet 0 4　　B. line aux 0 4

C. line vty 0 4　　D. line con 0

34. 下列哪個路由器命令可以檢視所有存取清單的完整內容？

A. show all access-lists　　B. show access-lists

C. show ip interface　　D. show interface

35. VLAN 可以做什麼？

A. 做為通往所有伺服器的最快速埠

B. 在一個交換埠上提供多個碰撞網域

C. 在第 2 層交換互連網路上分割廣播網域

D. 在單一碰撞網域中提供多個廣播網域

36. 如果您想刪除儲存在 NVRAM 的組態，要輸入什麼命令？

A. erase startup　　B. delete running

C. erase flash　　D. erase running

37. 哪個協定可以用來將目標網路未知的訊息回傳給原本的主機？

A. TCP　　B. ARP

C. ICMP　　D. BootP

38. 哪種 IP 位址等級提供 15 位元的子網路分割？

A. A　　B. B　　C. C　　D. D

39. 為了讓 AP 能自動找到 WLC，您需要建立甚麼樣的 DNS 記錄？

A. CISCO-WLC-CONTROLLER

B. WLC-CONTROLLER

C. CISCO-AP-CONTROLLER

D. CISCO-DISCOVER-CONTROLLER

E. CISCO-CAPWAP-CONTROLLER

40. 下列關於 VLAN 何者為真？

A. 所有 Cisco 交換器預設為 2 條 VLAN。

B. 只有在完全是 Cisco 的交換互連網路上，VLAN 才能運作。其他品牌的交換器是不能使用的。

C. 在相同的 VTP 網域中，不應該有超過 10 台的交換器。

D. 您需要在交換器之間設定主幹鏈路，以傳送超過一個 VLAN 的相關資訊。

41. 下列哪兩個命令會將網路 10.2.3.0/24 放在區域 0？(選擇 2 個答案)

A. router eigrp 10

B. router ospf 10

C. router rip

D. network 10.0.0.0

E. network 10.2.3.0 255.255.255.0 area 0

F. network 10.2.3.0 0.0.0.255 area0

G. network 10.2.3.0 0.0.0.255 area 0

42. Ansible 使用甚麼命令來檢視模組？

A. Ansible-doc

B. Ansible-execute

C. Ansible-Playbook

D. Run-Playbook

43. 如果單一區域的路由器都設定相同的優先權，路由器在沒有 loopback 介面時，會使用什麼做為 OSPF 的路由器 ID？

A. 任何實體介面的最低 IP 位址

B. 任何實體介面的最高 IP 位址

C. 任何邏輯介面的最低 IP 位址

D. 任何邏輯介面的最高 IP 位址

44. 什麼協定會用來設定交換器上的主幹？(選擇 2 個答案)

A. VLAN Trunking Protocol　　B. VLAN

C. 802.1q　　D. ISL

45. WLAN 的預設佇列是甚麼？

A. 黃金級　　B. 白金級

C. 青銅級　　D. 白銀級

E. 鑽石級

46. 集線器位於 OSI 模型中的哪裡？

A. 會談層　　B. 實體層

C. 資料鏈結層　　D. 應用層

47. 什麼是最主要的兩種存取控制清單 (ACL)？(選擇 2 個答案)

A. 標準式　　B. IEEE

C. 延伸式　　D. 特殊式

48. TACACS+ 使用哪個埠號來進行所有的記帳？

A. UDP 49　　B. UDP 1645

C. UDP 1812　　D. UDP 1813

E. TCP 49

49. 下列哪個命令會用來建立備援組態？

A. copy running backup

B. copy running-config startup-config

C. config mem

D. wr net

50. 1000BASE-T 是 IEEE 的哪個標準？

A. 802.3f B. 802.3z C. 802.3ab D. 802.3ae

51. DHCP 在傳輸層使用下列哪個協定？

A. IP B. TCP C. UDP D. ARP

52. 以下何者最適合用來描述 Rsetful API 中的資源？

A. 要透過 API 存取之資源的特定路徑

B. 請求的安全性代符

C. 請求的過濾選項

D. 完整的 URL

53. 下列哪個命令可以用來判斷特定介面是否有啟用存取清單？

A. show access-lists B. show interface

C. show ip interface D. show interface access-lists

54. 下列關於 ISL 和 802.1q 的敘述何者為真？

A. 802.1q 會使用控制資訊封裝訊框；ISL 會插入 ISL 欄位及標籤控制資訊。

B. 802.1q 是 Cisco 專屬協定。

C. ISL 會使用控制資訊封裝訊框；802.1q 會插入 802.1q 欄位及標籤控制資訊。

D. ISL 是個標準。

55. PDU (協定資料單元) 是以何種順序完成封裝？

A. 位元、訊框、封包、資料段、資料

B. 資料、位元、資料段、訊框、封包

C. 資料、資料段、封包、訊框、位元

D. 封包、訊框、位元、資料段、資料

56. 根據下面組態，下列敘述何者為真？

```
S1(config)#ip routing
S1(config)#int vlan 10
S1(config-if)#ip address 192.168.10.1 255.255.255.0
S1(config-if)#int vlan 20
S1(config-if)#ip address 192.168.20.1 255.255.255.0
```

A. 這是多層級交換器

B. 這 2 個 VLAN 位於相同子網路

C. 必須設定封裝

D. VLAN 10 是管理 VLAN

57. 您的老闆在研究 WPA3，希望您能跟他解釋，WPA3 使用下列何種改良來取代預設的開放式認證？

A. AES

B. OWL

C. OWE

D. TKIP

58. 下列哪種 AP 模式會服務無線交通 (選擇 2 項)？

A. 本地

B. 監控

C. FlexConnect

D. 監聽

E. SE-Connect

59. 下列何者是 Restful API 中代符的最佳定義？

A. 用來過濾來自 Restful API 服務的回應

B. 用來儲存來自 Restful API 服務的輸出

C. 用來授權對 Restful API 服務的存取

D. 用來進行對 Restful API 服務的認證

60. 下列何者是 Code Preview 功能的用途？

A. 進行 DNA 中心的 beta 升級

B. 在執行 DNA 中心時檢視程式碼

C. 使用您選擇的腳本語言產生簡單的程式碼片段以呼叫 Restful API 資源

D. 檢視 DNA 中心應用的原始程式碼

評鑑測試解答

1. B. 要讓 PVST+ 運作，必須在 BPDU 插入欄位來容納延伸的系統 ID，以便讓 PVST+ 在每個 STP 實例上設定根橋接器。延伸的系統 ID (VLAN ID) 是 12 位元欄位，使用 **show spanning-tree** 命令可以看到這個欄位的內容。請參考第 9 章。

2. A. Cisco 的 EtherChannel 可以將交換器間最多 8 個埠綁在一起，以提供彈性和更多的頻寬。請參見第 9 章。

3. B, C, E. 交換器間每條鏈路兩端的所有埠必須有完全相同的設定，否則無法運作。速度、雙工和允許的 VLAN 都必須符合。請參考第 15 章。

4. C. 2100 會將路由器開機為 ROM 監測模式，2101 會從 ROM 中載入迷你 IOS，而 2102 是預設，並且會從快閃記憶體載入 IOS。請參考第 12 章。

5. D. **show license udi** 命令會顯示路由器的 UDI (唯一裝置識別子)，包含產品 ID (PID) 和路由器序號。請參考第 12 章。

6. B. **show license feature** 命令可以檢視路由器上支援的技術套件授權和功能授權，以及關於軟體啟用和授權的幾項狀態變數 (包含授權及未授權功能)。請參考第 12 章。

7. D. DNA 中心儲存一個星期的網路快照。請參考第 22 章。

8. B. trap 共有 8 個等級。如果您選擇等級 3，則會顯示等級 0 到 3。請參考第 13 章。

9. C. 程式碼預覽功能可以用多種程式語言來產生簡單的程式碼片段，您可以很快地將它加入您的腳本程式中。請參考第 22 章。

10. B. 此處沒有 IPv6 預設閘道，這是路由器介面的鏈路區域位址，透過路由器通告傳送給主機。在主機接收到路由器位址之前，它只會使用 IPv6 在區域子網路上進行通訊。請參考第 17 章。

11. D. **show ipv6 neighbors** 命令會提供路由器的 ARP 快取。請參考第 17 章。

12. A. 當介面沒有在可達時間範圍內鄰居溝通時，它的狀態為 STALE。下次鄰居溝通時，狀態會成為 REACH。請參考第 17 章。

13. A, C. Puppet 和 Chef 要先在節點上安裝代理，才能讓組態伺服器管理它們。請參考第 23 章。

14. B. Puppet 是以 Ruby 為基礎的組態管理工具，利用客製化的 manifest 檔案來設定裝置組態。請參考第 23 章。

15. C. Chef 是以 Ruby 為基礎的組態管理工具，利用 cookbooks 檔案來設定組態。請參考第 23 章。

16. B, D, E. 兩台 OSPF 要建立緊鄰關係，Hello 和 Dead 計時器必須符合，並且必須設定為相同區域和相同子網路。請參考第 6 章。

17. A.　流程從傳送 Hello 封包開始。每個聆聽中的路由器接著會將來源路由器加入鄰居資料庫中。回應的路由器會回覆所有的 Hello 資訊，讓來源路由器可以將它們加入它自己的鄰居表中。此時就會達到雙向狀態，只有特定路由器會超越這個狀態。請參考第 6 章。

18. B.　命令執行器是個好用的工具，可推送 **show** 命令到裝置上，並檢視其結果。請參考第 22 章。

19. B.　fabric 網路完全只由第 3 層交換器組成。請參考第 22 章。

20. B.　GRE 沒有內建安全機制。請參考第 15 章。

21. C.　當交通超過所配置的速率時，管制器可以採取 2 種措施：丟棄封包，或者重新將它標記為另一種服務等級。新的等級通常會有較高的丟棄率。請參考第 16 章。

22. B.　如果您忘了將 MAC 位址第 1 個位元組的第 7 個位元反向，這就會是個很難的問題！在研讀 Cisco R/S 的時候，一定要檢查第 7 個位元，在使用 EUI-64 的時候，記得將它反向。EUI-64 自動組態設定接著會在 48 位元 MAC 位址的中間加入 FF:FE，以建立唯一的 IPv6 位址。請參考第 17 章。

23. A.　NDP 鄰居通告 (NA) 中包含 MAC 位址。鄰居召喚 (NS) 會先送出，詢問 MAC 位址。請參考第 17 章。

24. B.　IPv6 欄位的長度都是 16 位元，總長度是 128 位元。請參考第 17 章。

25. A.　要開啟 OSPFv3，要在介面層級開啟協定 (如同 RIPng)。它的命令為 **ipv6 ospf process-id area area-id.**。請參考第 17 章。

26. C.　**line console 0** 命令會出示提示列，可以用來設定控制台的使用者模式密碼。請參考第 13 章。

27. B, D. 用於 A 級位址的遮罩 255.255.254.0 (/23) 代表有 15 個子網路位元和 9 個主機位元。在第 3 個位元組的區塊長度為 2 (256-254)。所以子網路可以從 0、2、4、6……一直到 254。主機 10.16.3.65 是位於 2.0 子網路。下個子網路是 4.0，所以 2.0 子網路的廣播位址為 3.255。有效的主機位址為 2.1 到 3.254。請參考第 3 章。

28. C. IP 位址是設定在邏輯介面，稱為管理網域或 VLAN 1。請參考第 8 章。

29. A. 256 - 192 = 64，所以區塊大小為 64。以 64 為單位遞增，可以找出子網路為 64 + 64 = 128，128 + 64 = 192。子網路為 128，廣播位址為 191，有效主機範圍為 129 到 190。請參考第 3 章。

30. C. 內部全域位址在轉換後被視為是主機在私有網路上的 IP 位址。請參考第 11 章。

31. B. 一旦建立了位址儲備池，必須使用 **ip nat inside source** 命令來允許使用儲備池。在本題中，我們必須檢查存取清單 100 的設定是否正確，所以 **show access-list** 是最佳答案。請參考第 11 章。

32. D. 第 2 層交換會為每個埠建立個別的碰撞網域。請參考第 7 章。

33. C. **line vty 0 4** 命令會出示提示列，可以設定或變更 telnet 密碼。請參考第 13 章。

34. B. 要檢視所有存取清單的內容，請使用 **show access-lists** 命令。請參考第 10 章。

35. C. VLAN 會切割第 2 層的廣播網域。請參考第 8 章。

36. A. **erase startup-config** 命令會刪除儲存在 NVRAM 中的組態。請參考第 12 章。

37. C. ICMP 是網路層用來回傳訊息給來源路由器的協定。請參考第 2 章。

38. A. A 級位址提供 22 位元的主機位址，B 級提供 16 位元，但只有 14 位元可以用來作子網路切割。C 級只提供 6 個位元作子網路。請參考第 3 章。

39. E. 要使用 DNS 方法，必須為 CISCO-CAPWAP-CONTROLLER 建立 **DNS A** 記錄，指向 WLC 管理 IP。請參考第 20 章。

40. D. 除非設定成主幹鏈路，否則交換器只會透過它傳送一個 VLAN 的資訊。請參考第 8 章。

41. B, G. 要啟用 OSPF，必須先使用程序 ID 啟動 OSPF。這個編號無關緊要；只要是介於 1 到 65,535 之間即可。在啟動 OSPF 程序後，必須在要啟動 OSPF 的介面上，使用 **network** 命令搭配通配字元，並指定區域。答案 F 錯誤是因為在參數區域之後及區域編號之前必須有空白分開。請參考第 6 章。

42. A. Ansible 使用 **ansible-doc** 命令來檢視模組和如何使用它。請參考第 23 章。

43. B. 在 OSPF 程序啟動時，任何作用中介面的最高 IP 位址會成為路由器的路由器 ID。如果有設定 loopback 介面 (邏輯介面)，則會覆蓋介面 IP 位址，並且自動成為路由器的 RID。請參考第 6 章。

44. C, D. VTP 不對，因為它除了透過主幹傳送 VLAN 資訊外，與主幹無關。802.1q 和 ISL 封裝是用來設定埠上的主幹。請參考第 8 章。

45. D. WLAN 預設是使用白銀級佇列。這相當於是沒有使用 QoS。請參考第 20 章。

46. B. 集線器會做電子訊號再生，這是規範在實體層。請參考第 1 章。

47. A, C. 標準和延伸式存取控制清單 (ACL) 是用來設定路由器上的安全性。請參考第 10 章。

48. E. TACACS+ 使用 TCP 49 來進行所有的動作。請參考第 20 章。

49. B. 在路由器上備援組態的命令為 **copy running-config startup-config**。請參考第 12 章。

50. C. IEEE 802.3ab 是在雙絞線上 1Gbps 的標準。請參考第 1 章。

51. C. UDP 是在傳輸層的非連線導向式網路服務，而 DHCP 則是使用這個非連線式服務。請參考第 2 章。

52. A. URI 的資源段會指到該特定路徑。請參考第 21 章。

53. C. **show ip interface** 命令會顯示具有離開或進入存取清單的所有介面。請參考第 12 章。

54. C. 802.1q 會新增 802.1q 欄位和標籤控制資訊，而 ISL 則會使用控制資訊封裝訊框。請參考第 8 章。

55. C. PDU 封裝方法會定義資料穿越 TCP/IP 模型每一層時的編碼方式。資料會在傳輸層切割，在網路層建立封包，在資料鏈結層成為訊框，最後在實體層將 1 和 0 編碼為數位訊號。請參考第 1 章。

56. A. 在多層交換器中，開啟 IP 遶送，並且使用 **interface vlan number** 命令為每個 VLAN 建立邏輯介面，就會在交換器基板上進行跨 VLAN 遶送。請參考第 8 章。

57. C. 802.11 的開放式認證已經被 OWE 改良取代，這是一種改良，而非必要的認證設定。請參考第 19 章。

58. A, C. 本地和 FlexConnect 這兩種 AP 模式服務無線交通。請參考第 20 章。

59. D. 代符可認證您去存取 Restful API 服務。Restful API 並不支援授權。請參考第 21 章。

60. C. 程式碼預覽功能可以用多種程式語言來產生簡單的程式碼片段，您可以很快地將它加入您的腳本程式中。請參考第 22 章。

網路基礎知識

1
Chapter

本章涵蓋的 CCNA 檢定主題

1.0 網路基本原理

1.1 描述企業網路中各基礎元件的角色與功能

- 1.1.a 路由器
- 1.1.b L2 與 L3 交換器
- 1.1.c 下一代防火牆與 IPS

1.2 描述網路拓樸架構的特徵

- 1.2.a 二層式
- 1.2.b 三層式
- 1.2.c Spine-leaf 式
- 1.2.d WAN (廣域網路)
- 1.2.e SOHO 式 (Small office／home office)

1.3 比較實體介面和接線類型

- 1.3.a 單模態光纖、多模態光纖、銅線
- 1.3.b 連線 (乙太網路共享媒介與點對點)
- 1.3.c PoE 觀念

本章主要是互連網路的回顧，著重在如何使用 Cisco 路由器及交換器來連結網路，協助您真正了解網路互連的基本原理。筆者撰寫本章時，假設您已經具備簡單的網路互連基本知識，或是已經讀過『CCNA 網路認證先修班』一書的第一章。也就是說，本章並非是全新的內容，但即使您已經是有經驗的網路工作者，還是應該讀完所有章節，以確定了解認證目前涵蓋的完整範圍。

首先，我們將定義何謂**互連網路** (internetwork)：當您透過路由器將兩個或更多的網路連在一起，並且使用 IP 或 IPv6 之類的協定來設定邏輯網路位址結構時，就創造了一個互連網路。

接著，我們將介紹路由器和交換器等網路元件，並且定義所謂的 SOHO 網路 (Small Office Home Office Network)。最後，會討論下一代防火牆 (Next Generation Firewall，NGFW) 和網路架構模型、乙太網路概論，以及在區域網路 (Local Area Network，LAN) 和廣域網路 (Wide Area Network，WAN) 中所使用的接線方式。

本書額外補充的教材、作者提供的教學影片、練習題和實作題，請參考 www.lammle.com/ccna。

1-1 網路元件

為什麼學習 Cisco 互連網路 (internetworking) 技術這麼重要呢？

網路與網路連線在近 20 年來有指數性的成長，它們必須以光速成長，才能跟得上使用者的基本需求，例如共用資料與印表機，以及多媒體的遠端簡報與視訊會議等更大的負擔。除非每個需要共享網路資源的人都位於相同的辦公室區域 (這種情況越來越不普遍)，否則最大的問題是如何將許多相關的網路連在一起，讓所有使用者都能共享所需的各類服務與資源。

圖 1.1 是一個利用集線器連結的基本 LAN (區域網路)，而所謂的**集線器** (hub)，基本上就只是個把纜線連在一起的古老設備，通常用於 SOHO 網路中。像這樣的簡單 SOHO 網路，通常都是一個碰撞網域跟一個廣播網域。

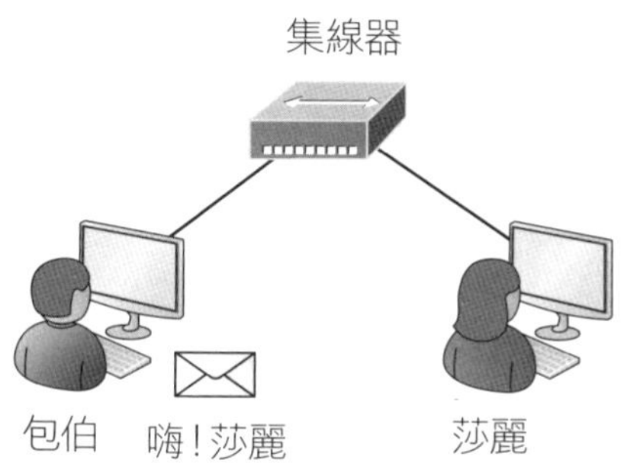

圖 1.1 非常基本的 SOHO 網路

雖然在一些家用網路中仍然可以看到這樣的組態，但是在這個時代，即使是許多家用網路和最小型的企業網路，都比這個要複雜得多。

讓我們先回到圖 1.1 的網路，以及下面這個情境：包伯希望傳送檔案給莎麗，在這種網路下要完成這個目標，只需要廣播說他正在尋找莎麗，效果就相當於對著網路大喊。

您可以想像這樣的畫面：包伯在一條稱為「混亂市集」的大街上大吼，希望能連絡到莎麗。如果他們是那邊的「唯二」居民，這可能可行，但是如果那邊充滿了房舍，而且所有居民都習慣像包伯一樣在街上對著鄰居大聲喊叫，這樣做可能就會有問題了。然而，即使「混亂市集」真的「街」如其名，所有的居民都隨時準備「吶喊」，網路事實上仍舊可以用這種方式運作到某個程度！

如果可以選擇的話，您要繼續住在「混亂市集」？或是換換運氣搬到全新、現代化的「寬頻巷」，提供舒適的空間給所有居民，可以處理目前和未來的所有交通？大家都知道哪一個是比較好的選擇。莎麗也不例外，她現在過著更安靜的生活，從包伯那邊收到信件 (封包)，而不是頭疼！

路由器、交換器和 SOHO！

圖 1.2 是一個利用交換器來分割的網路，其中每個連接交換器的網段都成為個別的碰撞網域。這可以減少大量的喊叫！

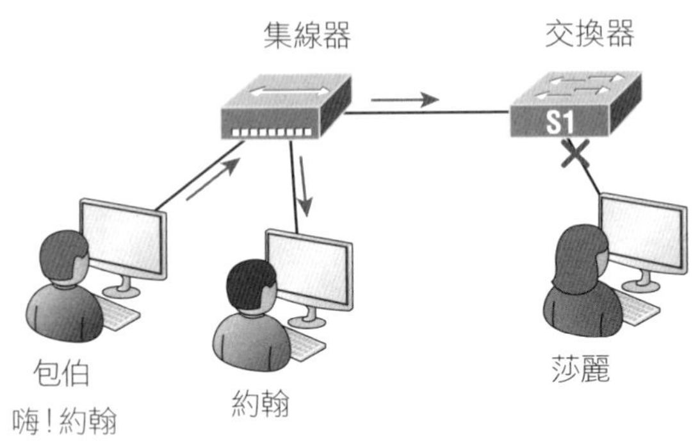

圖 1.2　交換器可以分割碰撞網域

請注意，這個網路仍然只是一個單一的廣播網域，這意味著我們只是減少、而沒有完全避免掉嘶吼和吶喊。

例如，有某個全社區都必須知道的重要公告，它仍舊可以「大聲」地說出來！您可以看到圖 1.2 所使用的集線器是從交換器的連接埠延伸出一個碰撞網域。所以約翰會收到包伯的資料，但是莎麗則很開心地不會收到。這樣的結果很不賴，因為包伯只想直接跟約翰聊聊，如果他必須透過廣播，則包括莎麗的所有人都會收到，而且可能會造成不必要的壅塞。

以下列出造成 LAN 上交通壅塞的常見原因：

- 廣播網域中有太多主機。
- 廣播風暴。
- 太多的多點傳播 (multicast)。
- 低頻寬。
- 在網路上連結更多的集線器。
- 大量 ARP 廣播。

讓我們再次檢視圖 1.2，您有發現圖 1.1 的主要集線器已經取代成交換器嗎？這樣做的理由是因為集線器不能切割網路，只是將網段連結在一起而已。所以基本上集線器只是為了要將幾部 PC 連在一起，所採取的一種比較便宜的方案，適合家用與檢修時使用。

當我們規劃中的社區開始成長，就必須增加更多包含有交通管制、甚至基本保全能力的道路。我們透過增加路由器來達成這個目標，因為路由器的作用是要將網路連在一起，並且將資料封包從一個網路遶送至另一個網路。由於 Cisco 路由器產品的品質好、選擇眾多、並且提供優質服務，所以已經成為業界公認的標準。根據預設，路由器是用來有效率地分割**廣播網域** (broadcast domain)，也就是指位於相同網段上，能夠聽到該網段上所有廣播的所有裝置。

圖 1.3 顯示我們成長中的網路上有一部路由器，它產生了一個互連網路，並且分割了廣播網域。

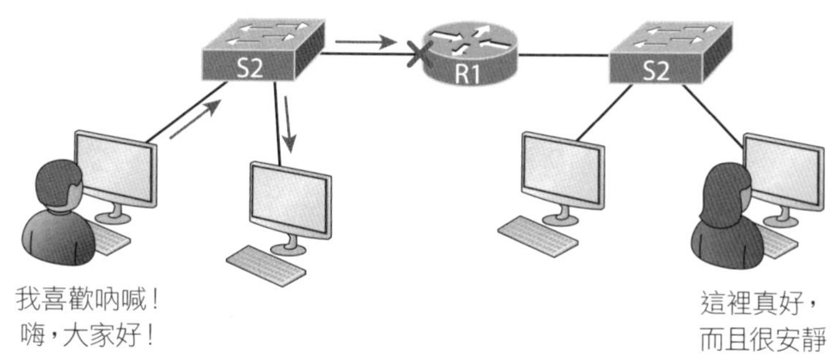
S2
R1
S2
我喜歡吶喊！
嗨，大家好！
這裡真好，
而且很安靜

圖 1.3 路由器建立互連網路

圖 1.3 中的網路是個非常酷的小網路。因為有了交換器，每部主機都連到自己的碰撞網域，而且路由器還建立了 2 個廣播網域。所以現在莎麗很開心而安靜地生活在一個完全不同的區域，不必再忍受包伯不時的喊叫。如果包伯想要跟莎麗說話，必須傳送目標位址為莎麗 IP 位址的封包，包伯不能再廣播給她！

此外，路由器還提供經由序列介面對 **WAN** (Wide Area Network，廣域網路) 服務的連線，特別是 Cisco 路由器上的 V.35 實體介面。

當主機或伺服器傳送網路廣播時，網路上的所有裝置都必須讀取並處理該廣播 (除非其中有路由器)，所以分割廣播網域非常重要。當路由器的介面接收到廣播時，它基本上可以回應：「謝啦！但是到此為止。」然後把廣播丟棄，不再轉送到其他網路。即使大家都知道路由器預設就會分割廣播網域，請務必記住，它們也同樣會分割碰撞網域。

在網路中使用路由器有 2 大優點：

- 根據預設，它們不會轉送廣播。
- 它們可以根據第 3 層 (網路層) 的資訊 (亦即 IP 位址) 來過濾網路。

相反地，我們並不使用第 2 層的交換器來建立互連網路，因為它們預設不會分割廣播網域，而是用來提升 LAN 的功能。交換器的主要目的是要讓 LAN 運作得更好，藉由最佳化其效能，提供更多的頻寬給 LAN 用戶。交換器也不會像路由器一樣轉送封包到其他網路，而只是將訊框從一個埠交換到同一網路的另一個埠。您可能會覺得困惑：**訊框** (frame) 和**封包** (packet) 是什麼東西啊？本章稍後就會介紹它們。您可以先將封包視為是包含資料的一個「包裹」。

根據預設，交換器會分割**碰撞網域** (collision domain)。乙太網路用碰撞網域來描述下列情境：當一個裝置在網段上傳送封包時，相同網段上的其他裝置都必須注意。此時，若有不同的裝置試圖傳送資料，則會導致碰撞，造成兩者都必須重新傳送，且一次只能有一台進行。這實在不是很有效率！這種情況在集線器環境中非常常見，因為每個主機網段都連到代表同一個碰撞網域與廣播網域的集線器上。反之，交換器的每個埠都各自代表一個碰撞網域，讓網路交通能更順暢地流動。

第 2 層的交換是以硬體為基礎的橋接，因為它使用的是稱為 ASIC (application-specific integrated circuit) 的專屬硬體。ASIC 最高能夠以 10 億位元 (gigabit) 的速度運作，並且具有很低的延遲率。

延遲 (latency) 是指訊框從某個埠進入，到從某個埠離開的時間差距。

交換器會讀取經過它的每個訊框，這些第 2 層裝置會將來源的硬體位址放入過濾表中，並且記錄該訊框的接收埠。這些登錄在橋接器或交換器過濾表中的資訊，能夠協助該機器判斷特定傳送裝置的位置。

圖 1.4 中有互連網路中的交換器，以及約翰正在傳送封包到網際網路，而處在不同碰撞網域的莎麗則沒有聽到他的訊框。目標訊框會直接送到預設的閘道路由器，而莎麗甚至不會看到約翰的通訊。

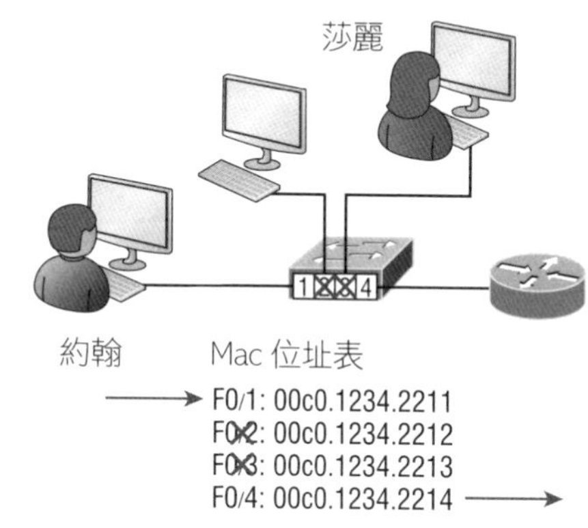

圖 1.4 在第 2 層運作的交換器

第 2 層與第 3 層裝置最關鍵的就是位置，雖然兩者都必須協助讓網路暢通，但它們關心的是不同的部份。基本上，第 3 層的機器 (例如路由器) 必須找出特定的網路，而第 2 層的機器 (交換器與橋接器) 則必須找出特定的裝置。同樣地，路由器具有對應互連網路的路徑表，而交換器與橋接器則具有對應個別裝置的過濾表。

第 2 層裝置建立過濾表後，就只會將訊框轉送到目的硬體位址所在的網段。當交換器在過濾表中找不到所收到之訊框的目的硬體位址時，就會將該訊框轉送至所有相連的網段。如果該「神祕訊框」要前往的未知裝置回應了這個轉送行動時，交換器就更新過濾表中關於該裝置的位置。但是如果所傳送訊框的目的位址是廣播位址時，交換器的預設動作是轉送廣播到每個相連的網段上。

所有收到轉送廣播的裝置都被視為是位於相同的廣播網域，這可能會造成問題：第 2 層裝置傳播第 2 層的廣播風暴會害慘網路的效能。唯一能夠阻止廣播風暴在互連網路中傳播的方式就是，使用第 3 層裝置 —— 路由器。

1-2 下一代防火牆和 IPS

安全性是現今網路不可或缺的一環。隨著網路的成長，需要的防護也隨之增加。就像最初只是在房子的門窗上加鎖，然後又開始做個鐵門，再加上圍牆、……等等。

我所稱的下一代防火牆 (Next Generations Firewall，NGFW)，指的是可以對完整 7 層提供近似立即 (很少延遲) 的檢查。當然，每家公司 (包括 Cisco) 都宣稱自己的裝置正是如此。

圖 1.5 描繪的是一個小型網路中的各種裝置，以及 1 台基本的防火牆或 NGFW 如何在此網路中提供安全防護。

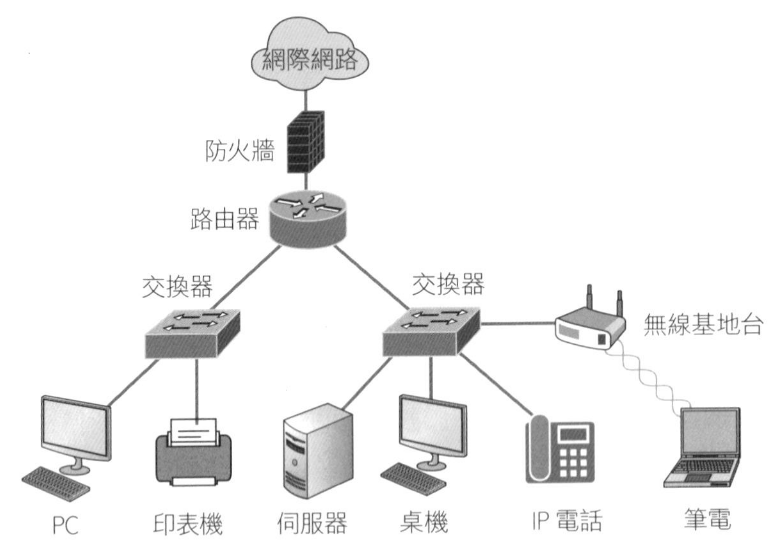

圖 1.5 網路的實體元件

防火牆和 NGFW 的設計可能相當複雜，在此先不詳述。因為本書是以 Cisco 為主，所以我們將專注在 Cisco 的防火牆技術。Cisco 的 NGFW 稱為 Firepower，是 2013 年併購 SourceFire 公司後取得的技術。

此處僅簡短介紹 NGFW 和**入侵防護系統** (Intrusion Prevention System，IPS)。筆者另有出版兩本關於 SCNF (CCNP Security Securing Cisco Network Firewall) 系列的書，裡面有超過 1,500 頁關於這個主題的深入探討。防火牆的相關資訊太多，此處先淺嚐即止。

現在我們先定義何謂 NGFW，以及它和入侵防護系統 (IPS) 的關係。NGFW 被認為是第 3 代的防火牆技術，提供完整的封包重組和直到第 7 層的深度封包檢查。NGFW 能夠提供應用可見性與控制 (Application Visibility and Control，AVC)，並且提供 IPS 政策，來協助尋找針對已知客戶端弱點的攻擊。這項技術並不便宜，例如，可以提供 SSL 解密的防火牆，聽起來簡單，但是若希望有夠快的處理速度，就必須使用硬體的加密加速能力，這可就相當昂貴了。

現今的 NGFW 功能五花八門，各家廠商競爭之下可以說是使出渾身解數。下面是 1 台 NGFW 至少必須具備的功能：

- 具備路由器和交換器的相容性 (L2/L3)。
- 必須具有 IPS 和惡意軟體檢視能力的封包過濾功能。
- 提供網路位址轉換 (Network Address Translation，NAT)。
- 允許狀態式 (stateful) 檢視。
- 允許**虛擬私有網路** (Virtual Private Network，VPN)。
- 提供 URL 和應用系統過濾。
- 實作 QoS。
- 第三方整合。
- 支援 REST API。

這份清單並不短，而且每一項都是必備的，因為 NGFW 必須具有重磅的安全力，才能保護好現代網路的安全。

圖 1.6 是 Cisco Firepower NGFW 正在阻擋利用網路弱點進行的攻擊。從圖中可以看到大量的攻擊。

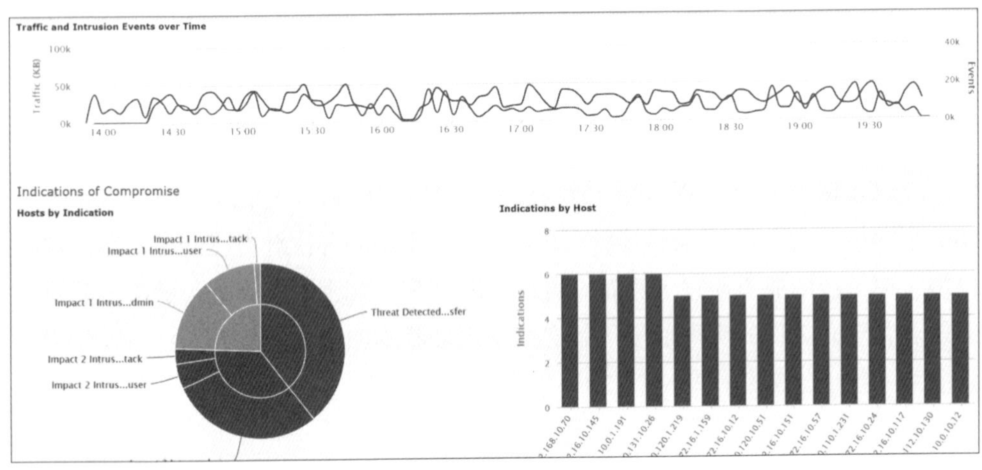

圖 1.6 NGFW 可以即時阻止攻擊

現在讓我們深入看看 Cisco Firepower NGFW 如何透過 IPS 政策，阻擋圖 1.6 的這些攻擊。圖 1.7 顯示 Cisco Firepower 所捕捉到的一些事件。

Overview | Analysis | Policies | Devices | Objects — System | Help ▾ | Global

Context Explorer | Connections ▾ | Intrusions ▸ Events | Files ▾ | Hosts ▾ | Users ▾ | Correlation ▾ | Advanced ▾ | Search

Bookmark This Page | Report Designer | Dashboard | View

Events By Priority and Classification (switch workflow)

Drilldown of Event, Priority, and Classification › Table View of Events › Packets

2019-10-01 13:54:00 -

No Search Constraints (Edit Search)

Jump to... ▾

Message	Priority	Classification
SERVER-WEBAPP PHP xmlrpc.php post attempt (1:3827:15)	high	Web Application Attack
SERVER-WEBAPP Kaseya VSA uploader.aspx PathData directory traversal attempt (1:36330:2)	high	Web Application Attack
SERVER-IIS +.htr code fragment attempt (1:1725:24)	high	Web Application Attack
SERVER-IIS web agent chunked encoding overflow attempt (1:17705:9)	high	Web Application Attack
POLICY-OTHER PHP uri tag injection attempt (1:23111:11)	high	Web Application Attack
SERVER-WEBAPP Visual Mining NetCharts saveFile.jsp directory traversal attempt (1:34605:3)	high	Web Application Attack
SERVER-WEBAPP WordPress pingback gethostbyname heap buffer overflow attempt (1:39925:2)	high	Web Application Attack

圖 1.7 Cisco IPS 政策的救援

從圖 1.7 中可以看到，其中有些是相當嚴重的攻擊。圖 1.8 顯示的是所有被丟棄的封包。

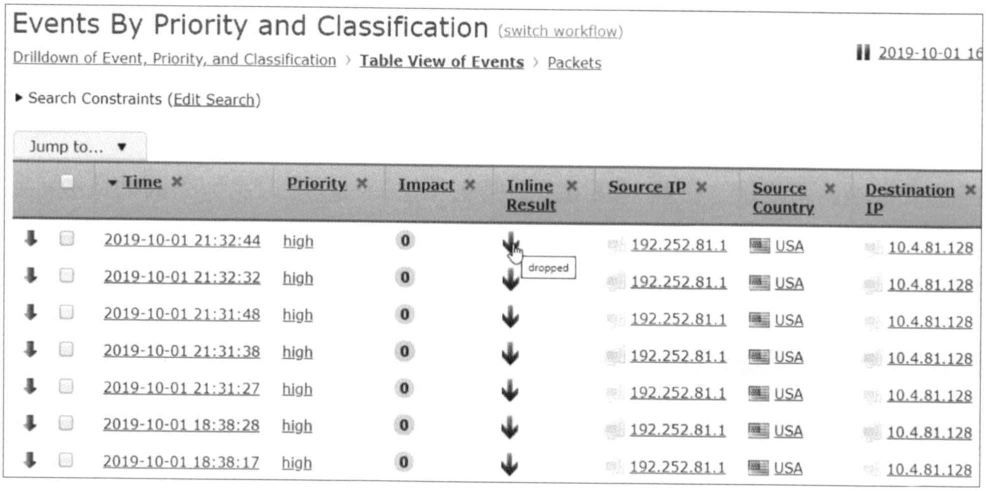

Events By Priority and Classification (switch workflow)

Drilldown of Event, Priority, and Classification › Table View of Events › Packets

2019-10-01 16

▸ Search Constraints (Edit Search)

Jump to... ▾

		Time	Priority	Impact	Inline Result	Source IP	Source Country	Destination IP
⬇	☐	2019-10-01 21:32:44	high	0	⬇ dropped	192.252.81.1	USA	10.4.81.128
⬇	☐	2019-10-01 21:32:32	high	0	⬇	192.252.81.1	USA	10.4.81.128
⬇	☐	2019-10-01 21:31:48	high	0	⬇	192.252.81.1	USA	10.4.81.128
⬇	☐	2019-10-01 21:31:38	high	0	⬇	192.252.81.1	USA	10.4.81.128
⬇	☐	2019-10-01 21:31:27	high	0	⬇	192.252.81.1	USA	10.4.81.128
⬇	☐	2019-10-01 18:38:28	high	0	⬇	192.252.81.1	USA	10.4.81.128
⬇	☐	2019-10-01 18:38:17	high	0	⬇	192.252.81.1	USA	10.4.81.128

圖 1.8 Cisco Firepower IPS 政策丟棄了惡意送來的封包

相對於傳統的防火牆，NGFW 提供了更深層的檢視。因此，狀態式 ASA 已經逐漸被新的 Firepower 威脅防禦 (Firepower Threat Defense，FTD) 裝置所取代。

1-3 網路拓樸架構

階層對網路設計有許多好處。當使用得宜時，它能夠讓網路更有可預測性，並且協助我們定義哪些區域應該執行哪些功能。同樣地，您也可以在階層式網路的特定階層使用存取清單等工具，然後在其他階層避開它們。

大型網路可能極為複雜，使用多重協定、精細的組態設定與不同的技術。階層能協助我們將一堆複雜的細節摘要為易瞭解的模型，然後模型會根據特定的組態需要，指示適當的應用方式。

Cisco 三層式階層模型

Cisco 階層式模型能協助您設計、實作與維護一個可擴充、穩定且具成本效益的階層式互連網路。Cisco 所定義的三層階層，稱為**三層式網路架構** (3-tier network architecture)，如圖 1.9 所示，每層各有其特定的功能。

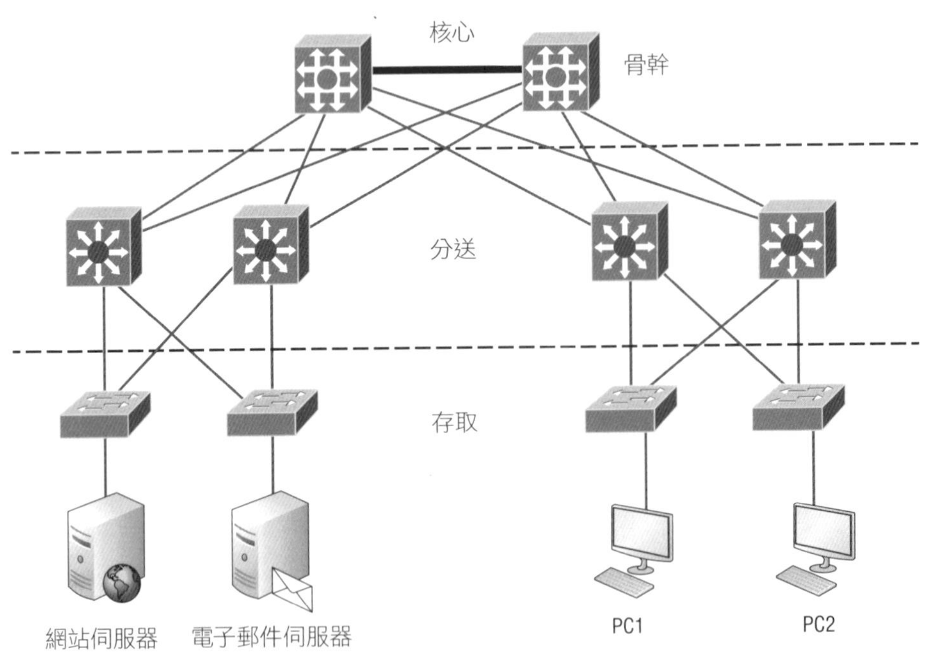

圖 1.9 Cisco 階層式模型

每一層有其特定的職責，不過請務必記住：這 3 層是邏輯性、而未必是實體性的裝置，就像 OSI 模型也是邏輯性的階層；它的 7 層描述了功能，但未必是協定。有時一個協定對應到 OSI 模型的好幾層，有時一層中有多個協定在溝通。同樣地，建立階層式網路的實體實作時，可能在一層中有許多裝置，也可能有一個裝置執行 2 層的功能。再強調一遍：**階層的定義是邏輯性、而非實體性的**。現在，讓我們更詳細地檢視每一層吧！

核心層

核心層就是網路的核心，位於階層的最上方，負責可靠且迅速地傳送大量的交通。網路核心層的唯一目的就是要盡快地交換交通。大多數使用者的交通傳輸都會經過核心，但是請記住，使用者資料是在**分送層**處理，由它視需要將請求轉送到核心層。

如果核心層發生問題，每個使用者都可能受到影響。因此，容錯能力是這一層的重要議題。核心層可能會遇到大量的交通，所以速度與延遲是它的主要考量。根據前述的核心層功能，我們現在可以開始考慮一些設計細節。下面是我們不希望在核心層進行的一些事情：

- 不要做任何會減緩交通的事，包括使用存取清單、在虛擬區域網路 (VLAN) 間進行遶送、實作封包過濾等。
- 不要在此支援工作群組的存取。
- 當互連網路擴大時，要避免擴充核心層 (例如新增路由器)。如果核心層的效能發生問題，升級會比擴充好。

下面是我們在設計核心層時希望做到的事，包括：

- 設計高可靠性的核心層。考慮能同時促進速度與冗餘的資料鏈結技術，例如具有冗餘鏈結的高速乙太網路、甚至是 10 Gigabit 以上的乙太網路。
- 設計時要將速度謹記在心，核心層的延遲應該要非常小。
- 選擇收斂時間較短的遶送協定。如果路徑表很爛，快速與冗餘的資料鏈結連線也幫不上忙。

分送層

分送層又稱為**工作群組層** (workgroup layer) 或**聚合層** (Aggregation)，是存取層與核心層之間的通訊點。分送層的主要功能是提供遶送、過濾與 WAN 的存取，以及根據需要來判斷封包該如何存取核心層。分送層必須決定出處理網路服務請求的最快方式，例如如何將檔案請求轉送給伺服器。在分送層決定最佳路徑後，如果有需要，它會將請求轉送給核心層。核心層接著會快速地將請求傳送給正確的服務。

分送層是實作網路政策 (policy) 的地方。此處的網路運作可以有很大的彈性。分送層通常應該提供下列幾種行動：

- 遶送。
- 工具 (例如存取清單)、封包過濾與佇列的實作。
- 安全與網路政策的實作，包括位址轉換與防火牆。
- 遶送協定 (包括靜態遶送) 間的重分送 (redistribution)。
- VLAN 與其他工作群組支援功能間的遶送。
- 廣播與多點傳播網域的定義。

在分送層要避免的事，就是那些屬於其他 2 層的功能。

存取層

存取層會控制使用者與工作群組對互連網路資源的存取，有時又稱為**桌面層** (desktop layer)。大多數使用者需要的網路資源都可以在當地取得，而遠方服務的交通則是由分送層處理。下面是存取層必須包含的功能：

- 延續自分送層的存取控制與政策。
- 建立獨立的碰撞網域 (網路分割)。
- 連結工作群組與分送層。
- 連結設備。

- 彈性與安全性服務。
- 高階技術能力 (例如語音/視訊等)。
- QoS 標記。

存取層常見的技術包括 Gigabit 與快速乙太網路交換。這裡也看得到靜態遶送 (而非動態遶送協定)。如前所述，3 個獨立的階層並不意謂著 3 台獨立的裝置，您可能有更多或更少。請記住：這是分層式的做法。

整合式核心 (二層式)

整合式核心 (collapsed Core) 設計也稱為二層式設計，因為它只有 2 個層級。但是在觀念上，它與三層式非常相似，只是比較便宜，並且適用於較小的企業。它的設計目標是要最大化網路的效能和可用性，同時能允許逐步的設計擴充性。在二層式網路中，分送層與核心層被合而為一，如圖 1.10。

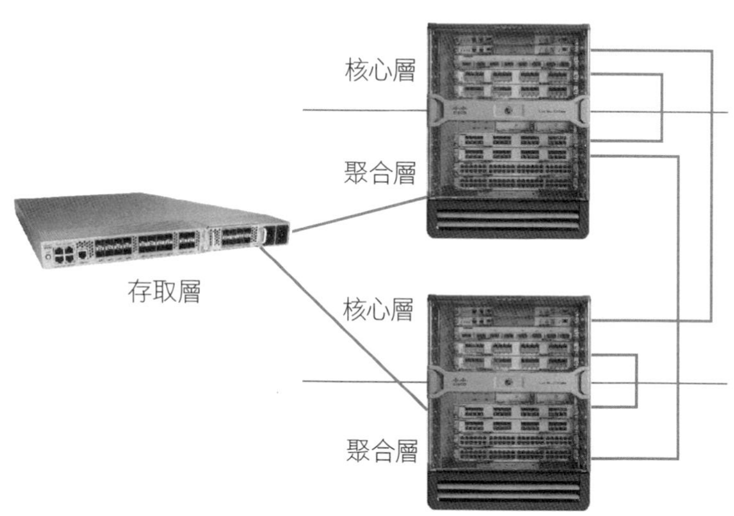

圖 1.10　真實生活中的整合式核心 (二層式) 圖

核心層和分送層 (也稱為聚合層，Aggregation) 都是在相同的大型企業交換器上運行。存取層交換器只透過定義的聚合埠連到企業交換器。

這種設計比較經濟實惠，並且在不會成長為龐大網路 (如校園) 的環境中可以運行的很好。因為它把分送層和核心層的功能實作在單一裝置上，所以稱為**整合式核心**設計。整合式核心設計的主要原因是為了降低網路成本，同時保有三層式階層模型的大部分優點。

骨幹 (Spine) —— 葉片 (Leaf)

Cisco 的三層式網路設計已經行之久遠，但是現今的資料中心需要新的設計，最終脫穎而出的是相當優秀的 leaf-and-spine 拓樸。這個設計的出現其實也有點時間了，不過還沒有幾十年這麼久！

它的運作方式如下：典型資料中心裡面都是塞滿伺服器的機架。在 leaf-and-spine 設計中，每個連接這些伺服器的機架頂部都有交換器，而每台伺服器都有冗餘的連線連接每一台交換器。這種交換器位於機架頂端的設計稱為 ToR (top-of-rack) 設計，如圖 1.11。

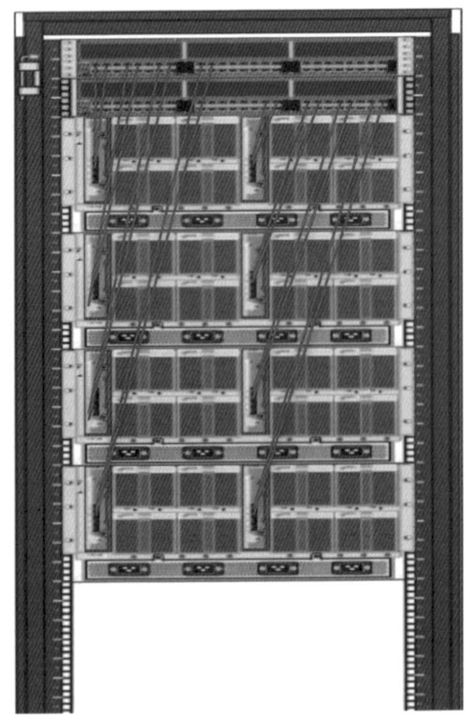

圖 1.11 ToR 網路設計

ToR 交換器扮演 leaf-and-spine 技術中的葉片部分，葉片 (leaf) 交換器上的埠會連結到機架上的伺服器、防火牆、負載平衡裝置，或是資料中心對外的路由器，以及骨幹 (spine) 交換器，如圖 1.12。

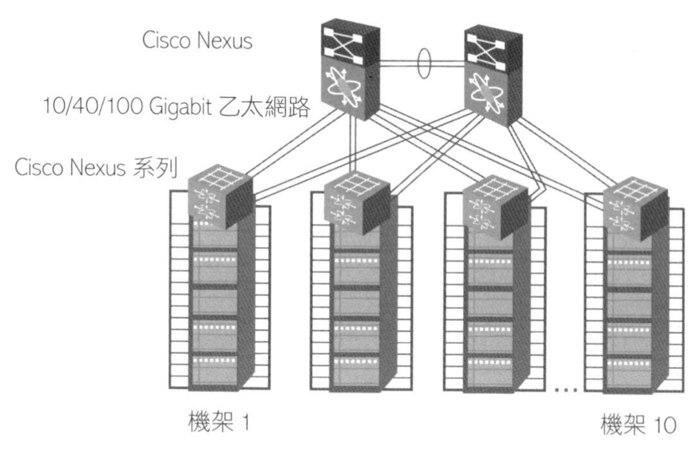

圖 1.12 Spine-Leaf 設計

圖中每台葉片交換器都連到每台骨幹交換器，這樣可以免除交換器間的大量連結。請記住骨幹只會連到葉片裝置，而不會連結伺服器或終端裝置。有趣的是，當使用 leaf-and-spine 拓樸來連接 ToR 資料中心交換器時，所有交換器與其它交換器間的距離，都是一個交換器中繼 (hop)。

WAN

廣域網路 (Wide Area Network，WAN) 與**區域網路** (Local Area Network，LAN) 的差異是什麼呢？距離是第一個令人想到的觀點，但目前無線的區域網路可以涵蓋相當範圍的區域！所以是頻寬嗎？同樣地，很多地方都建置了大量的頻寬；所以這兩者都不是。那到底是什麼呢？

也許區分區域網路與廣域網路最好的方法就是：通常您會擁有區域網路的基礎建設，但卻會從服務供應商租用廣域網路的基礎建設。雖然現代的技術甚至也漸漸地模糊了這個定義，但至少在 Cisco 認證中這個定義還非常適用。

企業需要 WAN 通常有幾個原因。雖然 LAN 技術提供驚人的速度(10/25/40/1000 Gbps 現在都已經十分普遍)，並且相當便宜。但這類方案只能在小區域中運作。您的通訊環境還是需要 WAN，因為某些商業需求必須要能連結到遠方，例如：

- 企業分公司或辦事處的人必須能夠進行溝通與分享資料。
- 組織常需要與遠距的其他組織分享資訊。
- 出差的員工需要經常存取位於企業網路內的資訊。

下面是 WAN 的三項主要特徵：

- WAN 所連接的裝置距離，通常會遠大於 LAN 的服務範圍。
- WAN 會使用電信公司、有線電視、衛星系統或網路供應商等服務供應商所提供的服務。
- WAN 會使用各種序列連線來提供大範圍地理區域的頻寬存取。

瞭解廣域網路技術的關鍵是要熟悉各種廣域網路的拓樸、術語，以及服務供應商用來連結您網路的連線類型。

定義廣域網路術語

在您從服務供應商訂購某種 WAN 服務之前，最好先瞭解以下的術語，如圖 1.13 所示，而且這些術語是服務供應商經常使用的。

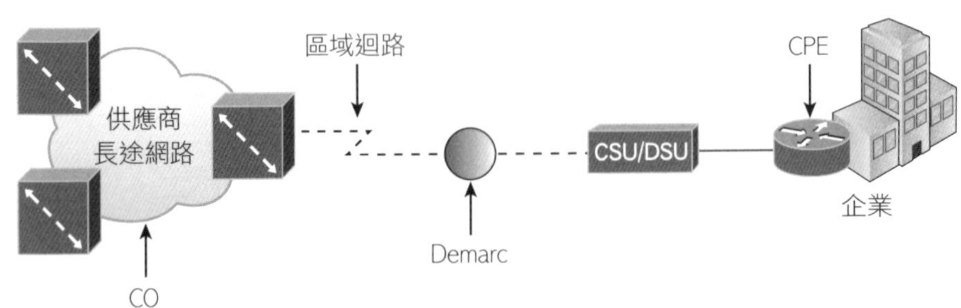

圖 1.13 WAN 術語

- **用戶端設備 (Customer Premises Equipment，CPE)**：用戶端設備一般是 (但非一定) 由用戶擁有，且位於用戶場所的設備。

- **頻道服務單元/資料服務單元 (Channel Service Unit/Data Service Unit，CSU/DSU)**：CSU/DSU 是用來將資料終端設備 (DTE) 連接到數位電路，例如 T1/T3 專線。如果一台裝置是數位資料的來源或目的地，就會被視為是 DTE，例如 PC、伺服器和路由器。在圖 1.13 中，路由器被認為是 DTE，因為它會將資料傳送給 CSU/DSU，由 CSU/DSU 再轉送給服務供應商。雖然 CSU/DSU 是使用電話線或同軸電纜 (如 T1 或 E1 線路) 連接到服務供應商的基礎建設，但它對路由器的連線則是使用序列式纜線。在 CCNA 認證中，務必記住 CSU/DSU 會提供對路由器線路的時脈。您必須對此有完全的瞭解。

- **責任分界點 (Demarcation Point)**：責任分界點 (簡稱 Demarc) 是服務供應商責任終了、而 CPE 的責任開始的分界，一般是一個放在由電信公司所擁有與安裝的通訊箱中的一個裝置。用戶要負責從這個箱子接線到 CPE，它通常是一條連到 CSU/DSU 的連線。

- **區域迴路 (Local Loop)**：區域迴路連接責任分界點到最近的一個中央機房的交換機房。

- **中央機房 (Central Office，CO)**：這個點連結用戶網路與供應商的交換網路，中央機房有時又稱為 POP (Point of Presence)。

- **長途網路 (Toll Network)**：長途網路是 WAN 供應商網路內部的主幹鏈路。這個網路由一群 ISP 擁有的交換機與設備所組成。

- **光纖轉換器 (Optical fiber converter)**：雖然圖 1.13 中沒有特別畫出這個裝置，但其實在光纖線路端點都有光纖轉換器，負責光學訊號與電子訊號間的轉換。您也可以將轉換器實作為路由器或交換器的模組。

熟悉這些術語的意義，以及它們在圖 1.13 的位置是很重要的，因為這些術語對於瞭解廣域網路技術非常重要。

WAN 線路頻寬

以下介紹 WAN 線路的頻寬術語：

- **數位信號 0 (Digital Signal，DS0)**：這是基本的數位信號速率 64 Kbps，相當於一條通道。歐規使用 E0，而日規則使用 J0 來參考相同的通道速率。對於典型的 T 型載波傳輸而言，這是一些多工數位載波系統所使用的通用術語，而且是最小容量的數位電路。一個 DS0 就等於一條語音/資料電路。
- **T1**：又稱為 DS1，包含 24 條束在一起的 DS0 電路，總頻寬是 1.544 Mbps。
- **E1**：歐規的 T1，包含 30 條束在一起的 DS0 電路，總頻寬是 2.048 Mbps。
- **T3**：又稱為 DS3，包含 28 條束在一起的 DS1 電路或 672 條 DS0，總頻寬是 44.736 Mbps。
- **OC-3**：OC-3 是光纖負載 3 (Optical Carrier 3) 的縮寫，這種電路使用光纖，由 3 條束在一起的 DS3 組成，包含 2,016 條 DS0，總頻寬是 155.52 Mbps。
- **OC-12**：OC-12 是光纖負載 12 (Optical Carrier 12) 的縮寫，這種電路使用光纖，由 4 條束在一起的 OC-3 組成，包含 8,064 條 DS0，總頻寬是 622.08 Mbps。
- **OC-48**：OC-48 是光纖負載 48 (Optical Carrier 48) 的縮寫，這種電路使用光纖，由 4 條束在一起的 OC-12 組成，包含 32,256 條 DS0，總頻寬是 2488.32 Mbps。

1-4 實體介面與接線

乙太網路最早是由稱為 DIX (Digital、Intel 與 Xerox) 的團體實作出來的。他們建立並實作了第一份的乙太網路 LAN 規格，之後 IEEE 將此規格用來建立 IEEE 802.3 委員會。它是在同軸電纜上運作的 10Mbps 網路，後來移至雙絞線與光纖的實體媒介上。

IEEE 將 802.3 委員會延伸為 3 個新委員會，分別是 802.3u (FastEthernet) 與 802.3ab (類別 5 上的 Gigabit Ethernet)，最後還有 802.3ae (光纖與同軸電纜上的 10Gbps)。現在幾乎每天都有更多的標準出現，例如新的 100Gbps 乙太網路 (802.3ba)！

在設計 LAN 的時候，必須先瞭解有哪些可以用的乙太網路類型。當然，如果能在每台桌上型電腦上執行 10Gbps 乙太網路，並且在交換器間有 100Gbps，那當然很棒，但這種網路成本在今天來說，還相當不划算。不過如果您混合使用目前可用的各種乙太網路媒介方法，就能夠得到具有成本效益，且運作良好的網路解決方案。

EIA/TIA (電子產業聯盟：Electronic Industries Alliance，與較新的電信產業聯盟：Telecommunications Industry Association) 是建立乙太網路實體層規格的標準單位。EIA/TIA 規範了乙太網路在**無遮蔽雙絞線** (Unshielded Twisted-Pair，UTP) 上使用的 RJ-45 接頭。業界也把它叫做 8 腳位的模組連接器。

EIA/TIA 所指定的每種乙太網路纜線都會衰減 (attenuation)，它的定義是信號經過特定長度纜線後所減弱的強度，以 dB 為單位。企業與家用市場所使用的纜線是以類別 (category) 來衡量；越高品質的纜線會具有較高的類別等級和較低的衰減。例如類別 5 就比類別 3 要好，因為類別 5 纜線每呎的繞線密度較高，因此產生的**串音** (crosstalk) 干擾也較少。所謂**串音**是指纜線中相鄰的成對銅線間所造成的信號干擾。

以下列出常見的 IEEE 乙太網路標準，從 10 Mbps 乙太網路開始：

- **10Base-T (IEEE 802.3)**：10 Mbps 使用類別 3 的 UTP 線材。與 10Base2 及 10Base5 網路不同的是，每個裝置都必須連到集線器或交換器，且每個網段或纜線只能有一台主機。使用 RJ-45 接頭 (8 腳位的模組連接器)，實體星狀拓樸與邏輯匯流排。

- **100Base-TX (IEEE 802.3u)**：即俗稱的**快速乙太網路** (Fast Ethernet)。它使用 EIA/TIA 類別 5、5E 或 6 的 UTP 兩對佈線，每個網段一對。最大長度 100 米，使用 RJ-45 接頭，實體星狀拓樸與邏輯匯流排。

- **100Base-FX (IEEE 802.3u)**：使用 62.5/125 微米的多模態光纖 (multimode fiber)，點對點拓樸，最長可達 412 米。使用 ST 或 SC 接頭，屬於**媒體介面接頭** (Media-interface connector，MIC)。

- **1000Base-CX (IEEE 802.3z)**：使用稱為 twinax 的銅軸雙絞線 (平衡的同軸對偶)，最多只有 25 米長。使用**高速序列資料接頭** (HSSDC，High Speed Serial Data Connector) 的 9 個腳位接頭。應用在 Cisco 的資料中心技術。

- **1000Base-T (IEEE 802.3ab)**：使用類別 5，共四對的 UTP，最長可達 100 米，最高速率為 1 Gbps。

- **1000Base-SX (IEEE 802.3z)**：使用多模態光纖 (MMF，Multimode Fiber) 來取代雙絞銅線的 1 Gigabit 乙太網路實作，搭配短波雷射。MMF 使用 62.5 與 50 微米芯線，搭配 850 奈米的雷射；62.5 微米芯線的長度可達 220 米，而 50 微米芯線的長度可達 550 米。

- **1000Base-LX (IEEE 802.3z)**：使用 9 微米芯線的單模態光纖，以及 1300 奈米的雷射，長度能夠從 3 公里到 10 公里。

- **1000BASE-ZX (Cisco 標準)**：1000BaseZX (或寫做 1000Base-ZX) 是 Cisco 為 Gigabit 乙太網路通訊所指定的標準。1000BaseZX 在一般單模態的光纖鏈結上運作，最遠範圍為 43.5 英里 (70 公里)。

- **10GBase-T (802.3an)**：10GBase-T 是由 IEEE 802.3an 所定義的標準，在傳統 UTP (類別 5e、6、7 纜線) 上提供 10Gbps 的連線。10GBase-T 讓乙太網路可以使用傳統的 RJ-45。並且支援區域網路所指定的 100 米距離內的信號傳輸。

1-5 乙太網路佈線

乙太網路佈線是十分重要的課題，特別是要進行 Cisco 考試的時候。現有的乙太網路纜線種類包括：

- **直穿式** (Straight-Through) 纜線
- **交叉式** (Crossover) 纜線
- **滾製式** (Rolled) 纜線

稍後會分別討論這些纜線。但首先，讓我們先瞭解一下今日最常見的乙太網路纜線：類別 5 (CAT5，category 5) 加強型無遮蔽雙絞線 (UTP，Unshielded Twisted Pair)，如圖 1.14。

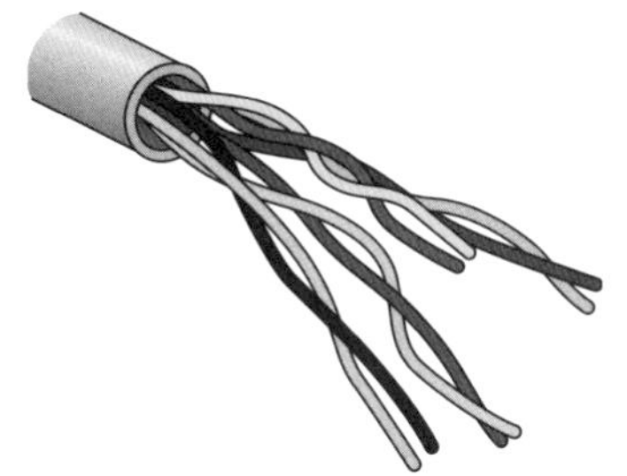

圖 1.14 CAT 5 加強型 UTP 纜線

CAT 5 加強型 UTP 纜線可以應付 Gigabit 的速度，以及最高 100 公尺的距離。通常這種纜線是用於 100 Mbps，而 CAT 6 則是用於 Gigabit，但是 CAT 5 加強型可以用在 Gigabit 的速度，而 CAT 6 則可高達 10 Gbps！

直穿式纜線

直穿式 (straight-through) 纜線是用來連結：

- 主機到交換器或集線器。
- 路由器到交換器或集線器。

直穿式纜線中使用 4 條導線來連結乙太網路裝置。要建構這種線材相當簡單。圖 1.15 是在直穿式乙太網路線中所使用的 4 條導線。

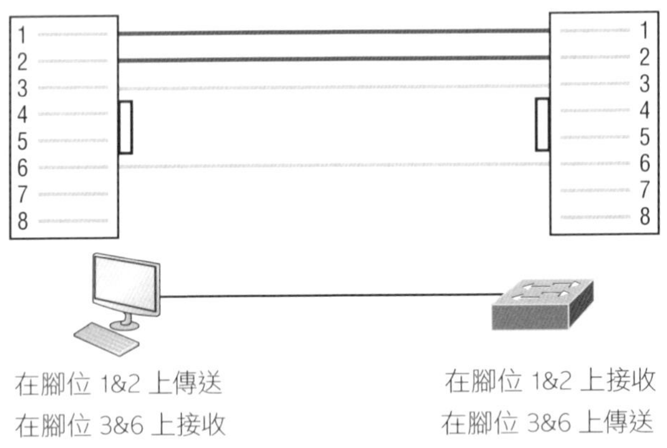

圖 1.15 直穿式乙太網路線

請注意其中只用到腳位 1、2、3、6，將「1 連到 1」，「2 連到 2」，「3 連到 3」，「6 連到 6」，網路就可以用了。不過這種線只能用於乙太網路，而不能用在語音或其它 LAN 或 WAN 等技術中。

交叉式纜線

交叉式 (crossover) 纜線可以用來連接：

- 交換器到交換器。
- 集線器到集線器。
- 主機到主機。
- 集線器到交換器。
- 路由器直接連到主機。
- 路由器到路由器。

這種纜線跟直穿式同樣使用 4 條導線，但是腳位的連結方式不同。圖 1.16 顯示這 4 條線在交叉式乙太網路線中的用法。

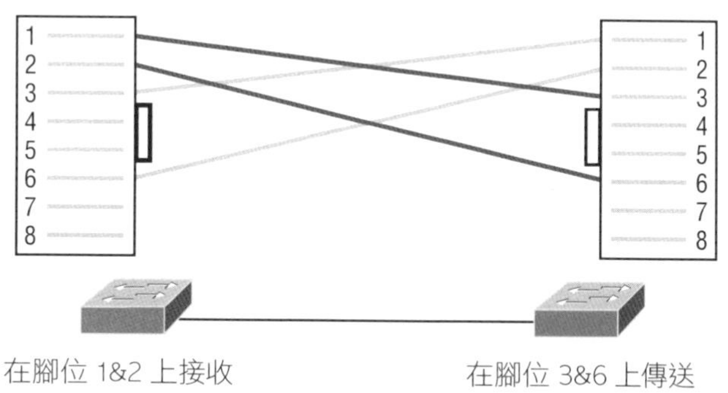

圖 1.16 交叉式乙太網路線

請注意它不再將相同腳位相連，而是將纜線兩端的腳位「1 連到 3」，「2 連到 6」。圖 1.17 是直穿式及交叉式纜線的一些典型用法。

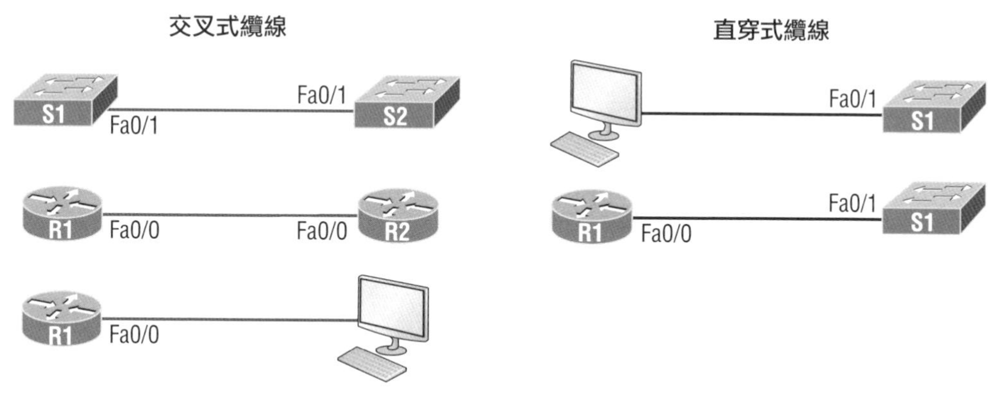

圖 1.17 直穿式及交叉式纜線的典型用法

圖 1.17 的交叉式範例是交換器埠到交換器埠，路由器乙太網路埠到路由器乙太網路埠，以及 PC 乙太網路到路由器乙太網路埠。在直穿式範例中，包含 PC 乙太網路到交換器埠，以及路由器乙太網路埠到交換器埠。

Tip 在兩台交換器間，可能因為存在有稱為 auto-mdix 的自動偵測機制，讓直穿式纜線也有可能運作。但是在 CCNA 的認證中，通常假設裝置間不存在有效的自動偵測機制。

UTP Gigabit 纜線 (1000Base-T)

在前述 10Base-T 和 100Base-T 的 UTP 範例中，只有使用到 2 對導線，但是對 Gigabit 的 UTP 傳輸而言，並不夠完善。

1000Base-T 的 UTP 纜線 (圖 1.18) 需要 4 對導線，並且使用更先進的電子技術，讓纜線中的每對導線都可以同時傳輸。即使如此，Gigabit 纜線跟稍早的 10/100 範例仍舊非常相似，只是會用到另外 2 對導線。

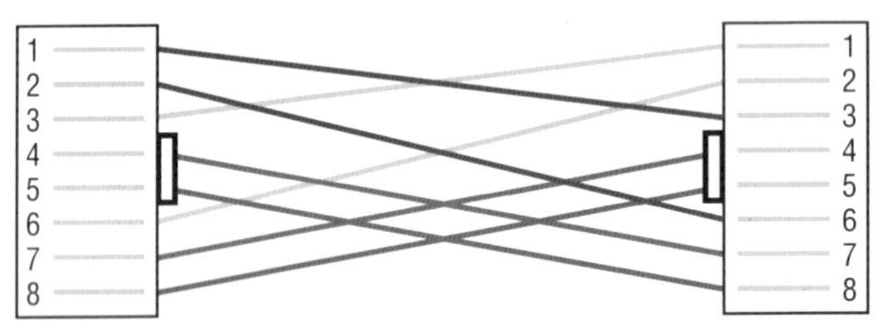

圖 1.18 UTP Gigabit 交叉式乙太網路纜線

在直穿式纜線方面，仍舊是「1 對 1」、「2 對 2」、直到「8 對 8」。在建立 Gigabit 的交叉式纜線時，也還是將「1 連到 3」、「2 連到 6」，只是加上了「4 到 7」，以及「5 到 8」。

光纖

光纖纜線已經出現多年，並且已經有一些很不錯的標準了。這種以玻璃 (或甚至塑膠) 製成的纜線可以進行高速的資料傳輸。光纖非常細，在 2 個端點間扮演光的導波管。如跨國連線等非常長距離的連線很早就已經使用光纖，但是因為它所提供的速度，加上沒有 UTP 的干擾問題，現在在乙太網路的 LAN 中也越來越常見到光纖。

這種纜線的主要元件有**核心** (core) 及**外殼** (cladding)。光線在核心中傳導，外殼則會將光線限制在核心中。外殼越緊，核心越小，傳送的光線也越少，但是就可以傳得更快、更遠。

在圖 1.19 中，可以看到一個 9 微米 (micron)、非常小的核心。相對來說，人的頭髮則有 50 微米。

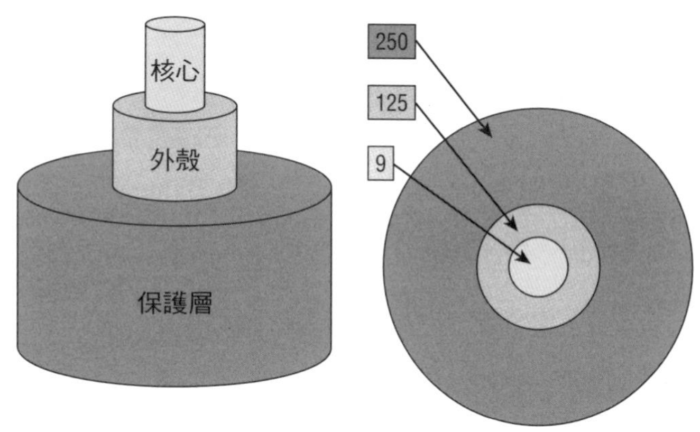

圖 1.19 典型的光纖，單位：微米 (10^{-6} 米) *非等比例縮放

外殼是 125 微米，這是光纖的標準規格，讓製造商可以為所有光纖纜線製造連接頭。最後的保護層則是用來保護脆弱的玻璃。

光纖主要有 2 種：單模態及多模態光纖。圖 1.20 是多模態及單模態光纖間的差異。

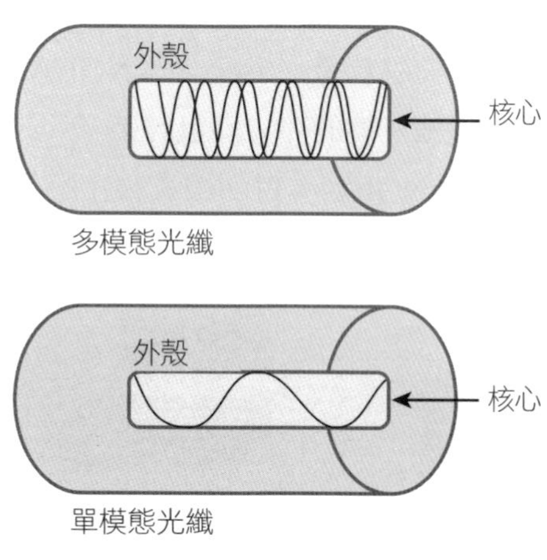

圖 1.20 多模態及單模態光纖

單模態比較昂貴，具有較緊的外殼，而且傳送距離比多模態更遠。兩者的差異來自於外殼的緊度；較小的核心只允許光以單一模態沿著光纖傳播。多模態具有較大的核心，可以讓多重的光線粒子沿著玻璃前進。接收端必須再把這些光子聚在一起，所以它的距離小於只允許少量光子前進的單模態光纖。

目前約有 70 種不同的光纖連接頭，而 Cisco 使用其中幾種不同的接頭。

乙太網路供電 (802.3af、802.3at)

乙太網路供電 (Power over Ethernet，PoE 與 PoE+) 技術規範的是在乙太網路的標準纜線上，除了傳送資料之外，用來傳輸電力的系統。對於插電式 IP 電話 (VoIP)、無線區域網路存取點、網路相機、遠端網路交換器、嵌入式電腦和其他裝置等而言，這項技術都非常有用。在這些情境中，獨立供電都非常不便、昂貴、甚至是不可行的。這主要是因為電力的佈線必須由合格的電工來執行，以確保符合法律和保險上的要求。

IEEE 針對 PoE 建立了 802.3af 標準；針對 PoE+ 則是 802.3at。這些標準精確地說明了如何偵測要供電的裝置，並且定義了兩種透過乙太網路將電力傳輸到需要供電裝置的方法。PoE 與 4 芯 Gigabit 乙太網路相容，功率為 30W；而 PoE+ 標準 (802.3at) 傳輸的電力則大於 802.3af。

它的做法有兩種：從交換器 (或其他有此能力的裝置) 的乙太網路埠上接收電力，或是透過電源注入器 (power injector) 接收。但兩者不能併用，否則可能會產生嚴重的問題。

圖 1.21 是 Cisco 的 NGFW (Next Generation Firewall)。它有 8 個可以繞送或交換的埠，而且埠號 7 與 8 被標示為 0.6A 的 PoE 埠。這是 1 台很棒的 NGFW，目前被我放在個人的辦公室中使用。

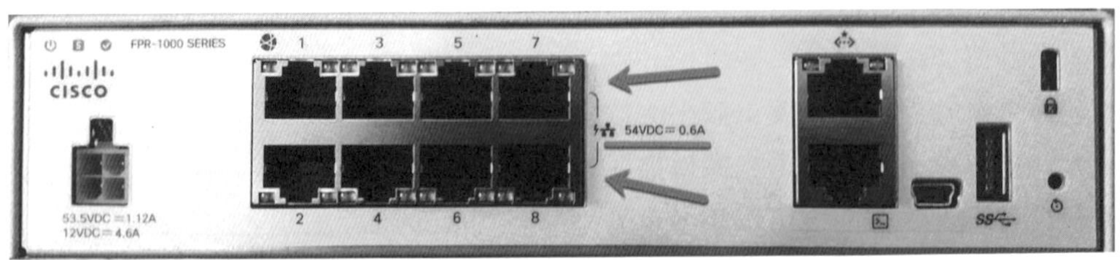

圖 1.21 提供 PoE 的 NGFW 埠

請記住，如果沒有具有 PoE 的交換器，也可以使用電源注入器。

在使用外接的電源注入器時務必要非常小心！請確認電源注入器得要匹配設備的電壓要求。

1-6 摘要

本章一開始先定義了何謂互連網路：透過路由器將兩個以上的網路相連結，並且使用 IP 或 IPv6 之類的協定來設定邏輯網路定址架構，這樣所建立的網路就是互連網路。

接著我們討論了網路元件，如路由器、交換器，並且定義了 SOHO 網路。之後，簡單介紹了下一代防火牆 (NGFW)，Cisco 的三層和兩層式設計架構，以及 spine-leaf 架構。最後，我們完整介紹了乙太網路、區域網路 (LAN) 的佈線，並且討論了廣域網路 (WAN)。

1-7 考試重點

- **瞭解交換器與路由器間的差異**：交換器是在 OSI 模型第 2 層上運作，並且讀取訊框中的訊框硬體位址來進行交換決策。路由器則是讀取第 3 層資訊，並且使用繞送的 (邏輯) 位址來轉送封包。

- **瞭解 SOHO 是什麼**：SOHO 是小型辦公室／家用辦公室的縮寫，所以是個小型網路，用來將一位或少數使用者連結到網際網路和辦公室資源，如伺服器與印表機。通常 SOHO 網路只有 1 台路由器、1 或 2 台交換器，加上防火牆。

- **定義 3 層式架構**：Cisco 階層式模型能協助您設計、實作和維護一個可靠、可擴充、且有成本效益的階層式互連網路。Cisco 定義 3 層的階層，稱為 **3 層式網路架構**，包含**核心層**、**分送層**和**存取層**，每層都有各自的功能。

- **定義 2 層式架構**：2 層式架構因為只有 2 層，也稱為**整合式核心設計**。這種設計的目的是要將網路的效能和使用者可用性最大化，同時提供成長的設計擴充性。在 2 層式架構中，分送層與核心層被合而為一。

- **定義 spine-leaf**：也稱為 leaf-and-spine 拓樸。在此設計中，每個機架頂部有交換器連結到架上的伺服器，而每台伺服器都會連到每台交換器以提供冗餘性。因為交換器都位於機架頂部，故又稱為 **ToR (top-of-rack)** 設計。

1-8 習題

習題解答請參考附錄。

(　　) 1. 下列 Cisco 3 層式設計中，關於核心層的敘述何者為真？

A. 不要做任何會減緩交通的事情。包括確認不要使用存取清單，在虛擬區域網路間進行遶送，或是實作封包過濾。

B. 最好在此支援工作群組存取。

C. 強烈建議在互連網路成長、而必須擴展時的第一步，是擴展核心，也就是增加路由器。

D. 核心的所有接線都必須連到 TOR。

(　　) 2. 下列何者最適合用來描述 SOHO 網路？

A. 使用 ff:ff:ff:ff:ff:ff 作為第 2 層的單點傳播位址，所以讓它在小型網路上更有效率。

B. 它在傳輸層只使用 UDP 協定，以節省小型網路的頻寬。

C. 只有一位或少數幾位使用者，連到 1 台交換器，加上 1 台路由器提供對網際網路的連線。

D. SOHO 是從存取層連到 TOR 的網路接線。

(　　) 3. 下列哪兩者描述的是 3 層式網路設計中的存取層？

A. 微分割 (Microsegmentation)

B. 廣播控制

C. PoE

D. 對 TOR 的連線

(　　) 4. 哪種光纖是 Cisco 標準，並且具有超過 40 英里的距離？

A. 1000Base-SX

B. 1000Base-LX

C. 1000Base-ZX

D. 10GBase-T

(　　) 5. T3 的速度是多少？

A. 1.544 Mbps

B. 2.0 Mbps

C. 100 Mbps

D. 44.736 Mbps

(　　) 6. 今日的 NGFW 沒有提供下列何者？

A. IPS 檢測

B. 第 2 層深度封包檢測

C. 應用可見性與控制 (AVC)

D. 網路位址轉換 (NAT)

(　　) 7. 下列何者是 PoE+ 的標準？

A. 802.3P

B. 802.3af

C. 802.3at

D. 802.3v6

(　　) 8. 下列何者是 2 層式設計？

A. 存取層連到分送層，這兩層再連結到核心層

B. 分送層與核心層合併為一

C. 2 層式最適合支援工作群組的存取

D. 核心層的所有接線都必須連到 2 層式的 TOR 上

(　　) 9. 802.3an 標準的速度為何？

A. 100Mbps

B. 1Gbps

C. 10Gbps

D. 100Gbps

(　　)10. 在 spine-leaf 設計中，下列何者為真？

A. 每台機架頂端的交換器會連到機架的伺服器

B. 分送層與核心層合併

C. 存取層連到分送層，然後這 2 層連結到核心層

D. 核心的所有接線必須連到葉片交換器，而葉片交換器則連到葉片裝置

TCP/IP

2
Chapter

本章涵蓋的 CCNA 檢定主題

1.0 網路基本原理

- 1.5 比較 TCP 與 UDP 協定的差異
- 1.6 設定並驗證 IPv4 位址與子網路切割
- 1.7 說明私有 IPv4 位址的必要性

4.0 IP 服務

- 4.3 說明 DHCP 和 DNS 在網路中扮演的角色
- 4.9 說明 TFTP/FTP 的功能

傳輸控制協定/網際網路協定 (Transmission Control Protocol/Internet Protocol，TCP/IP)，這個協定組是由美國國防部 (Department of Defense，DoD) 設計出來的，其設計目的是為了確保資料的完整性，以及在戰爭中還能維持通訊的能力。所以只要能正確地設計與實作，TCP/IP 網路其實是一種非常可靠、復原能力很強的網路。

本章先帶您了解 TCP/IP 協定，透過全書的完整介紹，您將學會利用 Cisco 路由器和交換器，建立可靠的 TCP/IP 網路。首先，我們要探討美國國防部版本的 TCP/IP，並與 OSI 參考模型進行比較。

瞭解 DoD 模型各層所用的協定後，接著會深入說明 IP 定址方法，以及今日網路中所用的各種不同級別 (class) IP 位址。因為理解各種 IPv4 位址類型，對於瞭解 IP 定址及子網路切割非常重要，所以在本章的最後，將涵蓋您必須瞭解的各種 IPv4 定址類型，以便繼續之後各章的閱讀。

2-1 TCP/IP 簡介

TCP/IP 是網際網路與企業內網路運作的核心成員，所以您一定要詳細且深入地研究。我們先說明 TCP/IP 的背景知識，以及它的誕生過程。然後描述其原始設計者定義的重要技術目標，進行 TCP/IP 與理論模型 OSI 的比較。

TCP/IP 簡史

TCP/IP 首先出現於 1973 年。在 1978 年，它被分割成兩個不同的協定：TCP 與 IP。在 1983 年，TCP/IP 取代了網路控制協定 (Network Control Protocol，NCP)，並且被授權為連結到 ARPAnet 上任何裝置的正式資料傳輸方法。ARPAnet 是美國國防部先進研究專案處 (Advanced Research Projects Agency) 於 1957 年，為了因應蘇聯發射人造衛星所建立的網路。ARPA 很快被重新命名為 DARPA，並且於 1983 年分割為 ARPAnet 與 MILNET；不過，兩者最後都在 1990 年煙消雲散。

然而，大多數的 TCP/IP 開發工作都是由北加州的柏克萊大學負責。同時，有一組科學家也正在開發 UNIX 的柏克萊版本，也就是不久後眾所周知的 BSD UNIX 版本。當然，因為 TCP/IP 實在運作得很好，所以被放入 BSD UNIX 後續的版本中，並且提供給購買這套系統的大學與機構。因此，BSD Unix 最初是以共享軟體的形式，將 TCP/IP 提供給學術圈，最終則成為今日網際網路以及私有的企業網路大幅成長與成功的基礎。

和往常一樣，一開始只是一小群 TCP/IP 的愛好者發起一些演進，接著美國政府制定了一個計劃來測試新公布的標準，並且確保它能通過某些規範條件。這是為了保護 TCP/IP 的完整性，並且確保沒有開發人員做太大幅度的改變，或是加入任何專屬性功能。這種開放系統的做法，讓 TCP/IP 家族可以確保它的協定品質，保證各種硬體與軟體平台間的堅強連結，也維持了它的普及性。

2-2 TCP/IP 與 DoD 模型

DoD 模型基本上是一種 OSI 模型的濃縮版，它包括 4 層，而非 7 層：

- 處理/應用 (Process/Application) 層。
- 主機對主機 (Host-to-Host) 或傳輸層。
- 網際網路 (Internet) 層。
- 網路存取 (Network Access) 或鏈結層。

圖 2.1 顯示 DoD 模型與 OSI 參考模型的對照，這兩種模型在觀念上是非常相似的，但層級的數目與名稱都不一樣。Cisco 有時候會對同一層級使用不同的名稱，例如「網路存取層」或「鏈結層」都是用來描述最底層。

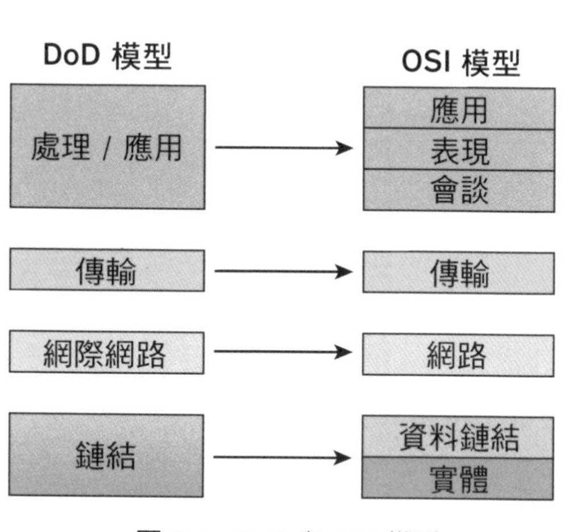

圖 2.1　DoD 與 OSI 模型

DoD 模型的「處理/應用層」結合了大量的協定，以整合那些分布於 OSI 最上面 3 層 (應用、表現、會談) 的各種活動與任務。稍後，我們即會詳述這些協定，「處理/應用層」定義了節點對節點 (node-to-node) 的應用通訊，並且控制使用者介面的規格。

「主機對主機層」或「傳輸層」類似 OSI「傳輸層」的功能，定義的協定在於建立應用服務的傳輸服務，它所面臨的議題包括建立可靠的端點對端點 (end-to-end) 通訊，以及資料是否正確無誤地傳遞。它會處理封包的順序並維護資料的完整性。

「網際網路層」對應 OSI 的「網路層」，其主要任務是如何在整個網路上進行封包的邏輯傳輸。它靠 IP 位址來為主機定址，而且要處理封包在多個網路中的**遶送** (routing) 活動。

DoD 模型的底部是「網路存取層」或「鏈結層」，負責監視主機與網路之間的資料交換。與 OSI 模型的「資料鏈結層」與「實體層」對應，「網路存取層」管理硬體的定址，並且定義資料的實體傳輸協定。TCP/IP 普及的原因在於它並沒有設定實體層的規格，所以可以執行在任何現有或未來的實體網路上。

DoD 與 OSI 模型在設計與觀念上相似，而且在類似的層級上也有相似的功能。圖 2.2 顯示 TCP/IP 協定組以及這些協定與 DoD 模型各層級的關聯。

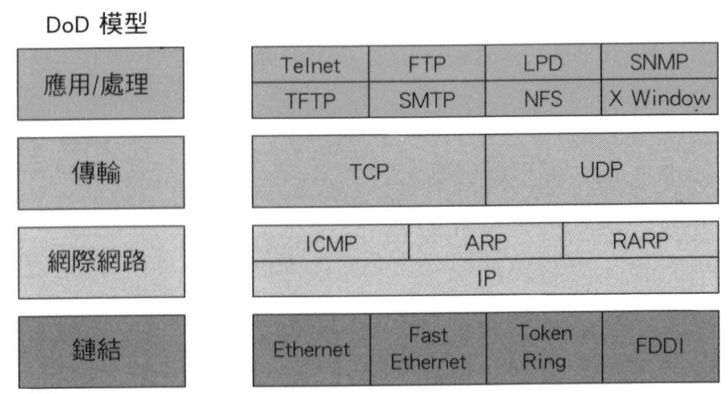

圖 2.2 TCP/IP 協定組

以下將從「處理/應用層」的協定開始，詳細說明這些協定。

處理／應用層協定

接著，將描述 IP 網路中經常使用的各種應用與服務。這裡的協定很多，但我們只討論與 CCNA 認證最相關的協定與應用，包括：

- Telnet
- SSH
- FTP
- TFTP
- SNMP
- HTTP
- HTTPS
- NTP
- DNS
- DHCP/BootP
- APIPA

Telnet

開發於 1969 年的 Telnet，是網際網路標準中的元老之一，它的專長是終端模擬。它讓一個在遠端客戶端機器上 (Telnet 客戶端) 的使用者可以存取另一部機器 (Telnet 伺服器) 的資源。Telnet 的運作是藉由在 Telnet 伺服器上找到一個客戶端，讓客戶端機器看起來就像它是直接連結到本地網路的終端機。這個設計其實是一種軟體，可以與遠端主機互動的虛擬終端機。Telnet 協定的缺點是沒有內含加密技術，所以所有東西都是以明文傳送，就連密碼也不例外。圖 2.3 是 Telnet 客戶端嘗試連線到 Telnet 伺服器端的範例。

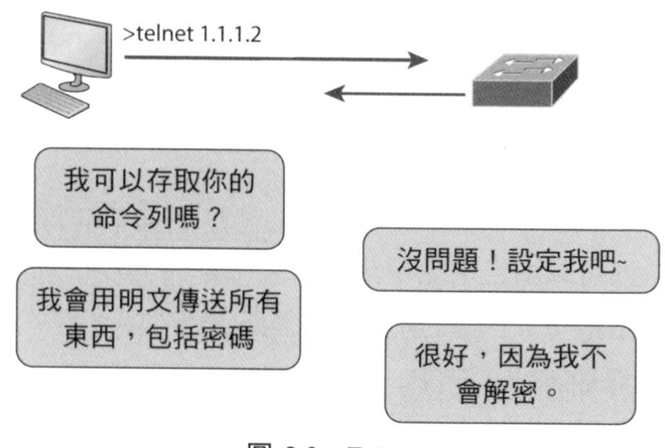

圖 2.3　Telnet

這些模擬的終端機屬於文字模式，但可以執行預先定義的程序，如顯示功能選單 (menu)，讓使用者能夠選擇功能選項，並存取伺服器上的應用。使用者執行 Telnet 客戶端軟體，以開啟一個 Telnet 會談，然後登入 Telnet 伺服器。Telnet 在 TCP 上使用位元組 (8 位元) 導向的資料連線。因為它非常簡單易用，額外的傳輸負擔低，所以直到今日都還在使用。但是因為它以明文傳送的特性，不建議在企業的正式工作環境中使用。

SSH (Secure Shell)

SSH 協定會在標準 TCP/IP 連線上建立一條安全的 Telnet 會談，並且用來進行登入系統、在遠端系統上執行程式、在系統間移動檔案等工作。它可以在執行這些任務的同時，維持一條強固、加密的良好連線。圖 2.4 是 SSH 客戶端嘗試連線到 SSH 伺服器端的範例，客戶端必須傳送經過加密的資料！

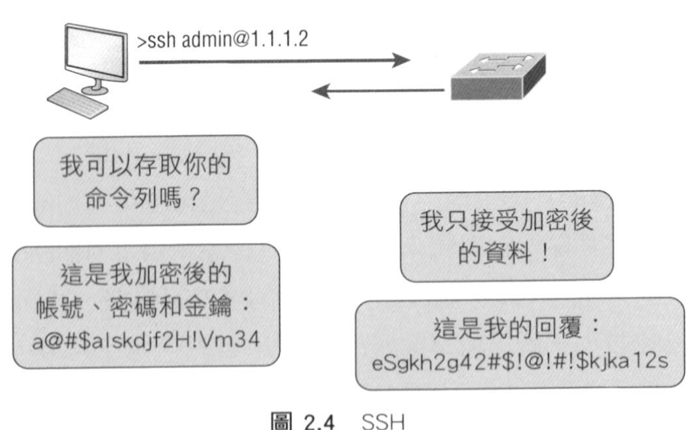

圖 2.4 SSH

SSH 可以視為是用來取代 rsh 與 rlogin，甚至是 Telnet 的新一代協定。

FTP (File Transfer Protocol)

檔案傳輸協定 (File Transfer Protocol，FTP) 是真正能讓我們傳送檔案的協定，任何兩部機器可以用它來互相傳送檔案。但 FTP 不只是一個協定，它也是一支程式。當作協定時，FTP 是供應用服務使用；當作程式時，FTP 供使用者手動執行檔案的傳輸工作。FTP 可用來存取目錄與檔案，以及完成特定類型的目錄動作，例如重新配置於不同的位置等 (如圖 2.5)。

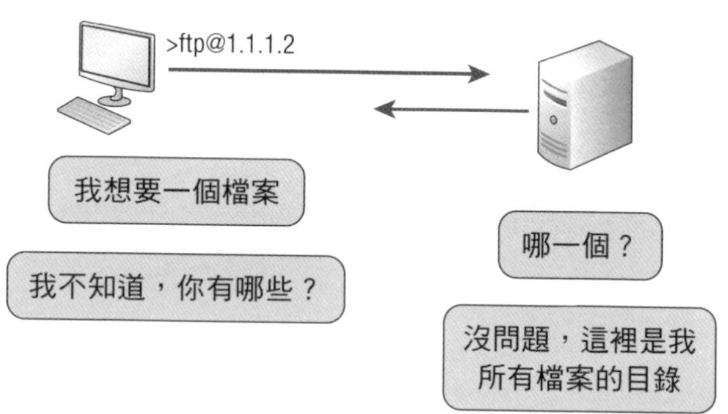

圖 2.5 FTP

雖然透過 FTP 存取主機只是第一步，使用者必須受到驗證登錄的管制，這可能是靠密碼與使用者名稱來保護的，也是系統管理員所建置出來限制存取用的。您也可能藉由接受匿名的使用者名稱 "anonymous" 來規避這個管制，不過所得到的存取權將會有所限制。

即使將 FTP 當作程式供使用者運用時，FTP 的功能也只能用來列出與操作目錄、列出檔案內容以及在主機之間複製檔案，而不能把遠端的檔案當作程式來執行。

TFTP (Trivial File Transfer Protocol)

簡易檔案傳輸協定 (Trivial File Transfer Protocol，TFTP) 是精簡版的 FTP。TFTP 非常容易使用，而且也非常快速，如果您已經明確地知道所想要的檔案以及它的位置，這時 TFTP 將會是上上之選。

TFTP 不像 FTP 提供那麼豐富的功能，它沒有瀏覽目錄的能力，只能進行檔案的傳送與接收 (如圖 2.6)。然而，它仍被廣泛使用在 Cisco 裝置上做為檔案管理之用。

這個精簡的小協定在資料量方面也比較節省，它傳送的資料區塊也比 FTP 小，而且不像 FTP 有驗證的機制，所以它是不安全的。因為安全風險的關係，所以很少有網站支援它。

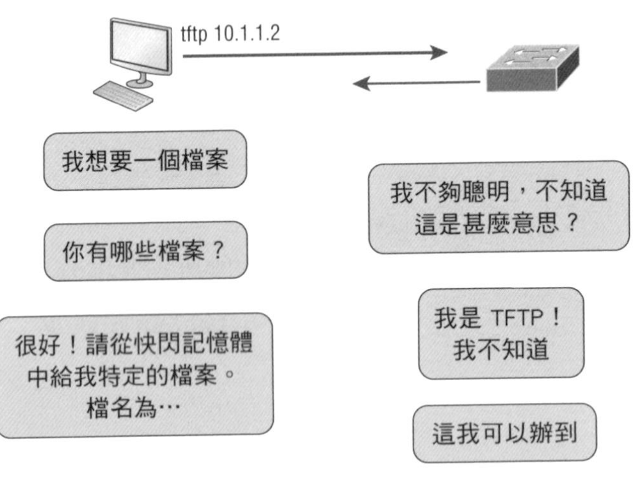

圖 2.6　TFTP

真實情境

何時應該使用 FTP？

如果您的舊金山辦公室需要您馬上以電子郵件傳送 50GB 的檔案過去，該怎麼辦？大部分的電子郵件伺服器都會拒絕這種郵件，因為他們通常都有大小限制。而且即使伺服器沒有限制郵件的大小，要傳送這麼大的檔案也得花一段相當長的時間。解救的方法就是 FTP！

如果您需要與某人傳送或接收大型檔案，FTP 是不錯的選擇。如果您有 DSL 或纜線數據機 (Cable Modem) 的頻寬，那麼比較小的檔案 (小於 5MB) 可以靠電子郵件來傳送，但是大部分的 ISP 都不容許您在電子郵件中附加大於 10MB 的檔案。所以如果您需要收送大檔案 (現在誰不是這樣？)，那麼 FTP 會是您應該要考慮的選擇。如果選擇 FTP，就需要在網際網路上建置一部 FTP 伺服器，以便分享檔案。

FTP 比電子郵件快，這也是用 FTP 來收送大檔案的另一個理由。此外，因為它使用 TCP，而且是連線導向式，所以如果會談曾經中斷，FTP 可以從它剛剛停止的地方繼續。試試您的電子郵件客戶端是否能辦到！

SNMP (Simple Network Management Protocol)

簡易網路管理協定 (Simple Network Management Protocol，SNMP) 會收集並處理有價值的網路資訊，如圖 2.7。SNMP 可以在固定間隔或任意的時間，從**網路管理工作站** (Network Management Station，NMS) 輪詢 (polling) 網路上的裝置來收集資料，要求它們揭露特定的資訊。此外，網路裝置也可以在發生問題時通知 NMS，以便對網路管理者示警。

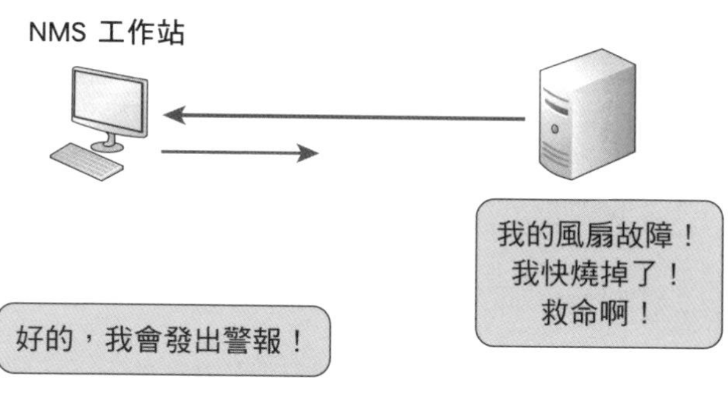

NMS 工作站
我的風扇故障！
我快燒掉了！
救命啊！
好的，我會發出警報！

圖 2.7 SNMP

當狀況正常時，SNMP 所接收的資料稱為**基準** (baseline)，用來界定網路健康時的運作特徵。這個協定也扮演網路看門狗的角色，有突發事件時會立刻通知管理員。這些網路看門狗稱為**代理者** (agent)，當有異常發生時，代理者會傳送「trap」警告給管理工作站。

SNMP 第 1、2、3 版

SNMP 的第一版與第二版都已經過時了。這並不表示未來您再也不會看到它們，但是 v1 真的很老舊。SNMPv2 在效能方面做了一些改善。但是最好的改善是它提供了 GETBULK 功能，讓主機能一次擷取大量的資料。不過 v2 其實從未在網路世界中真正受到採用。SNMPv3 是現在的標準，它可以使用 TCP 與 UDP，不像 v1，只能使用 UDP。V3 新增更多安全性、訊息完整性、驗證以及加密功能。

HTTP (Hypertext Transfer Protocol)

所有美觀的網站都包含了圖形、文字與鏈結等組合，這些都有賴 HTTP 的幫忙 (圖 2.8)。它是用來管理網站瀏覽器與網站伺服器間的通訊，並且在您點選鏈結時，開啟正確的資源，而不論該資源的實際位置在哪裡。

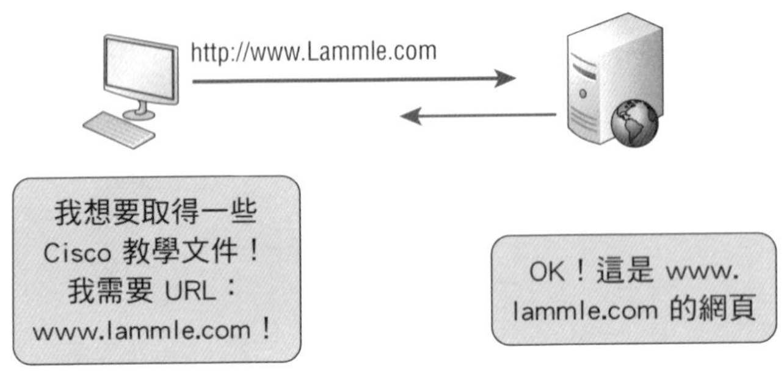

圖 2.8 HTTP

瀏覽器為了要顯示網頁，必須能找到有正確網頁的那台伺服器，還需要足以識別所請求資訊的精確細節，再將該資訊送回瀏覽器。現在，應該已經沒有只能顯示單一網頁的伺服器了。

URL (Uniform Resource Locator，統一資源定位器) 通常用來指網頁位址，例如 http://www.lammle.com/ccna 或 http://www.lammle.com/blog。基本上，每個 URL 定義了用來傳輸資料的協定、伺服器的名稱，以及伺服器上的特定網頁。因此，當您輸入 URL 時，瀏覽器可以瞭解您需要的是什麼。

HTTPS (Hypertext Transfer Protocol Secure)

HTTPS 也稱為 Secure Hypertext Transfer Protocol。它是使用 SSL (Secure Sockets Layer)。有時也被稱為 SHTTP 或 S-HTTP (這其實是略為不同的協定)，但是因為微軟支援 HTTPS，所以它已經成為網站通訊安全的業界標準。它代表 HTTP 的安全版本，配備了一些安全性工具，來保障網站瀏覽器與網站伺服器間交易 (transaction) 的安全。

當您在線上訂位、存取銀行帳戶或購物時，是由瀏覽器來填寫表單、登入、驗證並且為 HTTP 訊息加密。

2

NTP (Network Time Protocol)

這個簡便的協定是用來將電腦上的時鐘，與標準的時間來源 (通常是原子鐘) 進行同步 (如圖 2.9)。

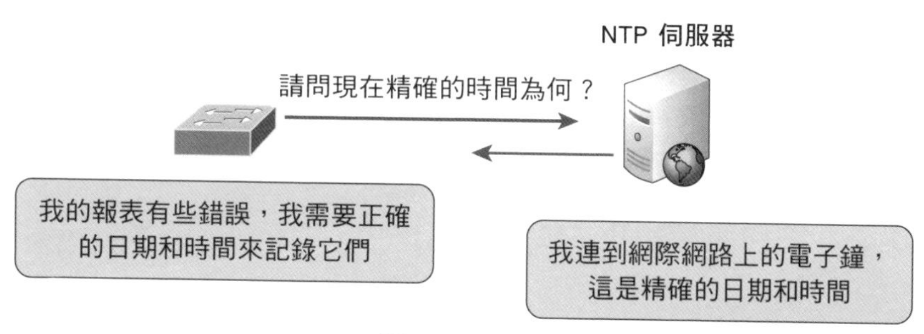

圖 2.9 NTP

NTP 藉由將裝置同步，以確保特定網路上的所有電腦都有相同的時間。這聽起來簡單，但是卻非常重要，因為現今世界裡的許多交易都包含有時間與日期戳印。例如您寶貴的資料庫。如果它與連線主機無法保持同步，即使只差幾秒 (例如當機)，也可能會把伺服器搞得很亂。當伺服器將交易發生時間記錄為 1:45AM 時，您就無法在 1:50AM 輸入這筆交易。因此，基本上 NTP 的運作是要防範因為 "時間倒轉" 造成的網路當掉，這真的非常重要。

DNS (Domain Name Service)

網域名稱服務 (Domain Name Service，DNS) 是要解析主機名稱，特別是網際網路名稱，例如 www.lammle.com。您不一定得用 DNS，也可以只輸入要連線裝置的 IP 位址，或是使用 Ping 程式來找出某個 URL 的 IP 位址。例如 >ping www.cisco.com 會回傳由 DNS 解析出來的 IP 位址。

IP 位址可用來識別網路與網際網路上的主機，然而 DNS 的設計是為了讓我們的生活更容易。想想看以下這種情況，如果您想要將網頁移到不同的網路服務供應商，會發生什麼事？IP 位址會異動，然後沒有人會知道新的位址。DNS 允許使用網域名稱來指定 IP 位址，所以您能如願地改變 IP 位址，而且不需要讓使用者知道這個改變。

要在主機上解析 DNS，通常是在瀏覽器中輸入 URL。瀏覽器會將資料送到應用層介面，以透過網路傳輸。它會查詢 DNS 位址，並且傳送 UDP 請求給 DNS 伺服器，以解析這個名稱，如圖 2.10。

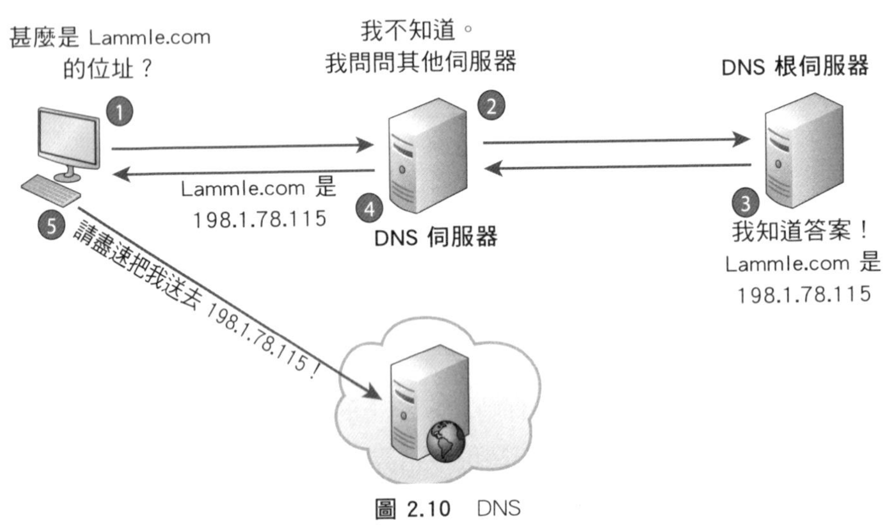

圖 2.10 DNS

如果您的第 1 台 DNS 伺服器不知道查詢的答案，它會轉送 TCP 請求給它的根 DNS 伺服器。一旦查詢解析完成，答案會傳送回最初的主機，主機現在可以向正確的網站伺服器請求資訊了。

DNS 被用來解析完全限定的網域名稱 (fully qualified domain name，FQDN)，例如 www.lammle.com 或 todd.lammle.com。FQDN 是階層式的，可根據它的網域識別碼邏輯地分析出一個系統的位置。

如果您想要解析 "todd"，可以輸入整個 FQDN —— todd.lammle.com，或要一部 PC 或路由器幫您加上網域名稱的字尾。例如，在一部 Cisco 路由器上使用 **ip domain-name lammle.com** 命令，為每個解析的請求附加 lammle.com 網域，否則您就得輸入整個 FQDN，才能叫 DNS 幫它解析。

Tip 關於 DNS，有件值得注意的重點是，如果您利用 IP 位址可以 ping 某個裝置，而用它的 FQDN 卻 ping 不到，這表示 DNS 的某些設定有問題。

DHCP/BootP

動態主機組態協定 (Dynamic Host Configuration Protocol，DHCP) 會設定 IP 位址給主機。它讓管理工作更容易，從小型到大型的網路環境都可運作得很好。可以當作 DHCP 伺服器的硬體很多，包括 Cisco 路由器。

DHCP 與 BootP 不同之處是，BootP 也會傳 IP 位址給主機，但主機的硬體位址必須手動地輸入到 BootP 表格中。您可以將 DHCP 想成是動態的 BootP，但 BootP 也可以用來傳送主機在開機時所需的作業系統，而 DHCP 卻不行。

當主機跟 DHCP 伺服器要求 IP 位址時，DHCP 同時可以提供許多的資訊給主機，包括：

- IP 位址。
- 子網路遮罩。
- 網域名稱。
- 預設閘道 (路由器)。
- DNS 伺服器位址。
- WINS 伺服器位址。

要發出「尋找 DHCP」訊息以請求 IP 位址的客戶端，會同時送出第 2 層與第 3 層的廣播。

- 第 2 層的廣播是全部為十六進位的 F，看起來類似 ff:ff:ff:ff:ff:ff。
- 第 3 層的廣播是 255.255.255.255，代表所有的網路與主機。

DHCP 是無連線式的，亦即它使用的是「傳輸層」(也就是「主機對主機層」) 的 UDP。假如您不相信，請看以下這份由分析儀產生的輸出：

```
Ethernet II, Src: 0.0.0.0 (00:0b:db:99:d3:5e), Dst: Broadcast(ff:ff:ff:ff:ff:ff)
Internet Protocol, Src: 0.0.0.0 (0.0.0.0), Dst: 255.255.255.255(255.255.255.255)
```

「資料鏈結層」與「網路層」都送出全方位的廣播，並且說：「幫幫忙啊，我不知道我的 IP 位址！」。

圖 2.11 顯示的是 DHCP 連線的主從關係流程。

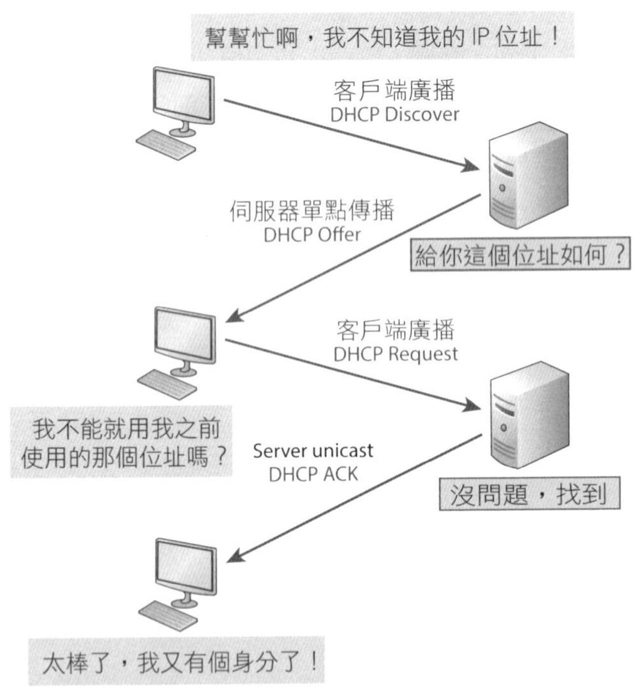

圖 2.11 DHCP 客戶端的四步驟流程

下面是客戶端從 DHCP 伺服器接收 IP 位址的四步驟流程：

1. DHCP 客戶端廣播 DHCP Discover 訊息來搜尋 DHCP 伺服器 (埠號 67)。
2. 接收到 DHCP Discover 訊息的 DHCP 伺服器，回傳單點傳播之 DHCP Offer 訊息給主機。
3. 客戶端接著廣播 DHCP Request 訊息給伺服器，請求所提供的 IP 位址和其他資訊。
4. 伺服器透過單點傳播的 DHCP 確認訊息來結束整個交換流程。

DHCP 衝突

當兩台主機使用相同的 IP 位址時，就會發生 DHCP 位址衝突。DHCP 伺服器在指派 IP 位址之前，會先使用 ping 程式來檢查衝突情況，以測試位址的可用性。這可幫助伺服器知道它所提供的是否是良好的位址，而主機則可以廣播自己的位址，以加強確保沒有發生 IP 衝突。

主機使用「免費 ARP」(Gratuitous ARP) 來協助避免可能重複的位址。DHCP 客戶端會使用新指派的位址，在本地 LAN 或 VLAN 中送出 ARP 廣播，以便在衝突發生前先加以解決。

因此，如果偵測到 IP 位址衝突，這個位址會從 DHCP 池 (pool) 中移除，並且在管理者人工解決掉衝突之前，該位址將不會再被指派。

自動私有 IP 定址 (APIPA，Automatic Private IP Addressing)

如果有數台主機透過交換器或集線器相連，但您沒有 DHCP 伺服器時，要怎麼辦呢？您可以手動加入 IP 資訊 (稱為固定 IP 定址)，但是較新版本的 Windows 作業系統中，也提供了自動私有 IP 定址 (APIPA) 功能。當沒有 DHCP 伺服器時，客戶端可以藉由 APIPA 自我設定 IP 位址與子網路遮罩 (主機通訊所需的基本 IP 資訊)。APIPA 的 IP 位址範圍是 169.254.0.1 到 169.254.255.254。客戶端還會將自己設定為預設的 B 級子網路遮罩 255.255.0.0。

然而，當您的企業網路有 DHCP 伺服器在運作，但是主機的 IP 位址卻落在上述範圍時，表示主機上的 DHCP 客戶端並沒有運作，或是 DHCP 伺服器已經當機，或是因為網路問題而無法連線。出現這種 IP 位址表示有麻煩了。

接下來要討論的是「傳輸層」，也就是 DoD 所謂的「主機對主機層」(host-to-host layer)。

主機對主機層協定

「主機對主機層」的主要目的是要隔離上層的應用服務，以免受到網路複雜性的影響。這一層會跟它的上層協定說：「只要給我你的資料流和指令，我就會整理這些資訊準備傳送」。

以下描述這一層的 2 個協定：

- **TCP (Transmission Control Protocol，傳輸控制協定)。**
- **UDP (User Datagram Protocol，使用者資料包協定)。**

此外，我們也會檢視幾個關於「主機對主機層」協定的重要觀念，以及埠號 (port number) 的觀念。

記住，這仍然被認為是第 4 層，而且 Cisco 真的很喜歡第 4 層可以使用確認、封包排序、流量控制的方式。

TCP (Transmission Control Protocol)

傳輸控制協定 (Transmission Control Protocol，TCP) 從應用程式接收很大一段的資訊，然後切割成**資料段** (segment)，並依序編號，讓目的端的 TCP 協定可以重新將資料段組成應用程式所要的順序。當資料段傳送出去之後，傳送端主機的 TCP 會等待接收端 TCP 的虛擬電路會談 (virtual circuit session) 所回應的確認，並重新傳送那些沒有收到確認的資料段。

傳送端主機在開始傳送資料段給模型的下一層之前，傳送端的 TCP 堆疊會聯繫目的端的 TCP 堆疊，以建立一條連線，所建立的連線就是我們所謂的**虛擬電路** (virtual circuit)。這類通訊稱為**連線導向式** (connection-oriented) 通訊。在一開始的斡旋階段，兩端的 TCP 層也會協議出，傳送端在收到接收端 TCP 回應的確認之前，可以傳送多少量的資訊。藉由事先就協議好所有事情，架設出一條能進行可靠通訊的邏輯線路。

TCP 是全雙工 (full-duplex)、連線導向式、可靠的以及準確的協定，但要建立這些特性與條件，再加上錯誤檢查等工作，並非小工程。TCP 非常複雜，而且無疑地會增加不小的網路負擔 (overhead)。因為今日的網路比以前可靠許多，所以它所增加的可靠性經常是不需要的。大部分的程式設計師都使用 TCP，因為這樣可以省去大量的程式，可是即時視訊與 VoIP 卻使用 UDP，因為它們受不了 TCP 的額外負擔。

TCP 資料段格式

因為網路上層只是將**資料串流** (data stream) 傳送給「傳輸層」的協定，所以圖 2.12 將說明 TCP 如何切割資料串流，準備成資料段給「網際網路層」，再由「網際網路層」將這些資料段裝成封包，在互連網路間遞送。這些資料段交給接收端主機的「主機對主機層」協定後，該協定會重建資料串流，再交給其上層的應用程式或協定。

圖 2.12 是 TCP 資料段的格式，顯示 TCP 標頭內的各個欄位。在 Cisco 認證目標中並不需要背誦這些欄位，但是它是非常基礎的資訊，您必須要真正地瞭解。

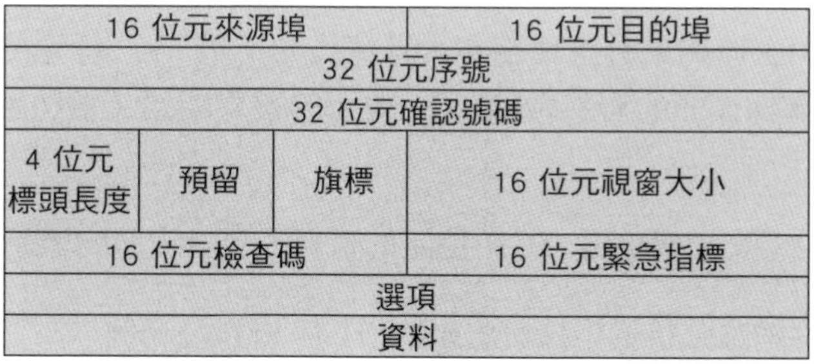

<table>
<tr><td colspan="3">16 位元來源埠</td><td>16 位元目的埠</td></tr>
<tr><td colspan="4">32 位元序號</td></tr>
<tr><td colspan="4">32 位元確認號碼</td></tr>
<tr><td>4 位元
標頭長度</td><td>預留</td><td>旗標</td><td>16 位元視窗大小</td></tr>
<tr><td colspan="3">16 位元檢查碼</td><td>16 位元緊急指標</td></tr>
<tr><td colspan="4">選項</td></tr>
<tr><td colspan="4">資料</td></tr>
</table>

圖 2.12　TCP 資料段格式

TCP 標頭的長度是 20 位元組，如果有選項存在的話，最多可達 24 位元組。您必須瞭解 TCP 資料段中每個欄位的意義，以建構堅實的知識基礎：

- **來源埠 (source port)**：資料傳送端主機應用程式的埠號 (稍後會解釋埠號的意義)。
- **目的埠 (destination port)**：目的主機上應用程式的埠號。

- **序號 (sequence number)**：TCP 藉由這個號碼，將資料組合回正確的順序，或重送遺失、損壞的資料。這是一種稱為序列化 (sequencing) 的程序。
- **確認號碼 (acknowledgement number)**：下次預期會收到的 TCP 位元組。
- **標頭長度 (header length)**：以字組 (32 個位元) 為單位的 TCP 標頭長度，顯示資料開始之處。TCP 標頭的長度一定是 32 位元的整數倍 (即使包括選項欄位)。
- **預留 (reserved)**：總是設為 0。
- **代碼位元 (code bits)/旗標**：用來控制會談的建立與終結。
- **視窗 (window)**：傳送端願意接收的視窗大小，以位元組為單位。
- **檢查碼 (checksum)**：循環冗餘查核 (cyclic redundancy check，CRC)，因為 TCP 並不信任下層，所以會檢查所有東西。此處的 CRC 會查核標頭與資料欄位。
- **緊急 (urgent)**：只有當**代碼位元**欄位中的緊急指標位元有設定時，這個欄位才有效；此時這個值表示非緊急資料的第一個資料段位置距離目前序號的位移 (以位元組為單位)。
- **選項 (option)**：可能是 0 或 32 位元的倍數。這表示選項不一定要出現 (長度為 0)，但如果有選項存在，且總長度不是 32 位元的倍數時，也要補 0，以確保後頭的資料會從 32 位元的邊界開始。這些邊界被稱為字組 (word)。
- **資料 (data)**：交給傳輸層 TCP 協定的資料，包括上層的標頭。

以下是個從網路分析儀中拷貝出來的 TCP 資料段範例：

```
TCP - Transport Control Protocol
Source Port: 5973
Destination Port: 23
Sequence Number: 1456389907
Ack Number: 1242056456
Offset: 5
Reserved: %000000
Code: %011000
```

```
Ack is valid
Push Request
Window: 61320
Checksum: 0x61a6
Urgent Pointer: 0
No TCP Options
TCP Data Area:
vL.5.+.5.+.5.+.5 76 4c 19 35 11 2b 19 35 11 2b 19 35 11
2b 19 35 +. 11 2b 19
Frame Check Sequence: 0x0d00000f
```

您是否注意到以上所陳述的內容都已涵括在這個資料段中。如同您所看到的，標頭欄位的數目這麼多，讓 TCP 產生了不少的額外負擔，但應用程式的開發者也可能會想要減少這些負擔，以取得較高的效率，而非可靠性。因此，傳輸層也定義了另一種替代的協定 —— UDP。

UDP

若拿**使用者資料包協定** (User Datagram Protocol，UDP) 與 TCP 相比，基本上 UDP 可以說是 TCP 縮減後的經濟版，有時我們稱它為精簡型協定。就像長板凳上的瘦子一樣，精簡型協定不會佔很大的空間，或者說它不會在網路上佔據太大的頻寬。

UDP 不像 TCP 提供那麼豐富的功能，但對於傳送那些不需要可靠遞送的資訊時，它可是運作得很好，而且耗費較少的網路資源 (有關 UDP 的完整說明，請參考 RFC (Request for Comments) 768)。

在某些情況下，開發者以 UDP 來取代 TCP 其實是比較明智的選擇。例如當「應用層」已經處理了可靠性問題的情況。以網路檔案系統 (NFS) 為例，它已經自行處理了它的可靠性議題，此時再使用 TCP 就不太實際且多餘。不論如何，最終主導要使用 UDP 或 TCP 的還是應用程式開發人員，而不是想要更快速傳送資料的使用者。

UDP 不會為資料段排序，也不管資料段抵達目的地的順序。UDP 將資料段傳送出去之後就馬上遺忘它的存在，不會再去追蹤、檢查或是提供安全抵達的確認機制 —— 完全放任。也因為這樣，所以我們稱它為不可靠 (unreliable) 的協定。這並不表示 UDP 沒有效率，只是說它不處理可靠性的議題罷了。

UDP 甚至也不建立虛擬電路，或在傳送資訊之前先聯繫目的端。因為這樣，我們稱它為**無連線式** (connectionless) 協定。因為 UDP 假設應用程式會自行處理可靠性，所以 UDP 並不採取任何措施。這讓應用程式的開發者在運用網際網路協定堆疊時有所選擇：選擇 TCP 的可靠性或 UDP 的快速傳輸。

因此，您要記住它是如何運作的。因為如果資料段沒有依序抵達 (這在 IP 網路是很常見的)，UDP 卻只是將資料段傳給下一層，而不管它們抵達的順序，則會產生嚴重的亂碼。另一方面，TCP 會安排它所收到的封包，依照它們原來的順序組回去，這是 UDP 做不到的。

UDP 資料段格式

從圖 2.13 可以很清楚地看出 UDP 耗費的額外負擔遠比 TCP 要少。仔細地檢視這張圖，您發現到 UDP 在 UDP 標頭中並沒有使用視窗或確認的機制了嗎？

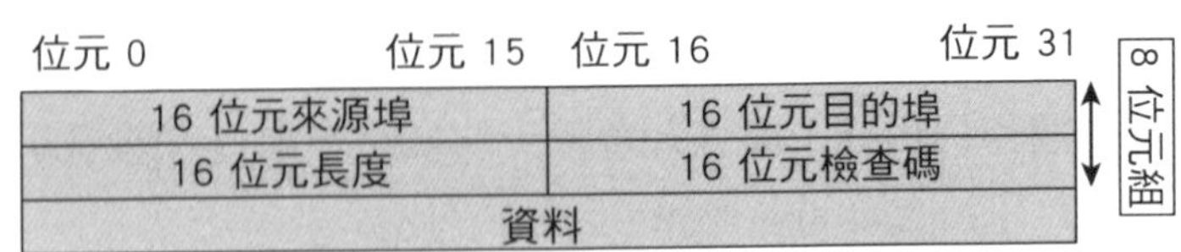

圖 2.13 UDP 資料段

您必須瞭解 UDP 資料段中的每個欄位，這點很重要，UDP 資料段包含以下的欄位：

- **來源埠 (source port)**：傳送資料之主機上的應用程式埠號。
- **目的埠 (destination port)**：在目的主機上接收資料的應用程式埠號。
- **長度 (length)**：UDP 標頭與 UDP 資料的長度。

- **檢查碼 (checksum)**：UDP 標頭與 UDP 資料欄位的檢查碼。
- **資料 (data)**：上層資料。

就像 TCP 一樣，UDP 並不信任下層，所以會執行它自己的 CRC，請注意**訊框查核序列** (Frame Check Sequence，FCS) 是儲存 CRC 的欄位，這也是為什麼您會看到 FCS 資訊的原因。

以下是在網路分析儀上捕捉到的 UDP 資料段：

```
UDP - User Datagram Protocol
Source Port: 1085
Destination Port: 5136
Length: 41
Checksum: 0x7a3c
UDP Data Area:
..Z......00 01 5a 96 00 01 00 00 00 00 00 11 0000 00
...C..2._C._C  2e 03 00 43 02 1e 32 0a 00 0a 00 80 43 00 80
Frame Check Sequence: 0x00000000
```

您不妨注意一下，它的額外負擔多麼少啊！您可以試著在 UDP 資料段中尋找序號、確認號碼以及視窗大小，但肯定找不到，因為它們不會出現在這裡！

主機對主機協定的重要觀念

說明 TCP 與 UDP 的運作後，在此做個總結。表 2.1 是有關這兩個協定的一些重要觀念，請您熟記。

表 2.1 TCP 與 UDP 的重要特色

TCP	UDP
循序的	非循序的
可靠的	不可靠的
連線導向式	無連線式
虛擬電路	低額外負擔
確認	無確認
視窗流量管制	無視窗機制或流量管制

以電話來比喻，也許可以幫助您瞭解 TCP 的運作。我們都知道要跟某人講電話之前，不管他在哪裡都必須先與他建立一條連線，這就像 TCP 協定的虛擬電路一樣。如果您在對話中想要跟某人表達重要的資訊，您可能會說「您知道了嗎？」或者問「您聽到了嗎？」這些問法就像 TCP 的確認機制，它的目的都是為了讓您能確認資訊有正確地傳達。有時 (特別是用手機時) 人們也會問「您還在嗎？」他們以「再見」之類的話語來結束對話，然後掛斷電話。TCP 也會執行這類的功能。

相對地，使用 UDP 就像寄明信片一樣，您不需要先跟對方連線，而只要寫下您的訊息，在明信片上寫好地址，就可寄出去了。這很類似 UDP 的無連線式特性。因為明信片的訊息不是那麼重要，您不需要確認它是否有被收到。同樣地，UDP 也不包含確認的機制。

接下來讓我們來檢視圖 2.14，其中包含了 TCP 與 UDP，以及對應到每個協定的應用 (稍後會說明)。

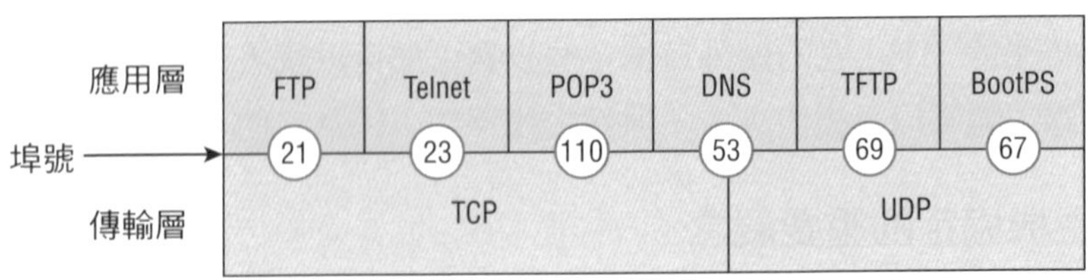

圖 2.14 供 TCP 與 UDP 使用的埠號

埠號

TCP 與 UDP 都必須使用埠號 (port number) 來與上層溝通，因為它們會同時追蹤各個不同的對話。發起者的來源埠號是由來源主機動態指定，是從 1024 開始往上遞增的某個號碼。而 RFC 3232 (參考 www.iana.org) 中定義了 1023 及其以下的號碼，它們是保留給已知的特定應用，一般稱為 well-known 埠號。

不是搭配 well-known 埠號應用的虛擬電路，會從特定範圍中隨機指定一個埠號給它。TCP 資料段中的這些埠號可以用來識別來源及目標的應用程式。

圖 2.14 列出 TCP 與 UDP 利用埠號的方式。下面是埠號範圍的說明：

- 1024 以下的號碼即所謂的 well-known 埠號，定義於 RFC 3232。
- 1024 及其以上的號碼供上層與其他主機建立會談時使用，也供 TCP 在資料段中用來當作來源與目的位址。

TCP 會談：來源埠

以下是利用分析儀所捕捉的一段 TCP 會談：

```
TCP - Transport Control Protocol
Source Port: 5973
Destination Port: 23
Sequence Number: 1456389907
Ack Number: 1242056456
Offset: 5
Reserved: %000000
Code: %011000
Ack is valid
Push Request
Window: 61320
Checksum: 0x61a6
Urgent Pointer: 0
No TCP Options
TCP Data Area:
vL.5.+.5.+.5.+.5 76 4c 19 35 11 2b 19 35 11 2b 19 35 11
2b 19 35 +. 11 2b 19
Frame Check Sequence: 0x0d00000f
```

來源埠是由來源主機決定的，這個例子是 5973。而目的埠是 23，是要用來告訴接收端主機這次連線的意圖 (Telnet)。

檢視這個會談，可以發現來源主機會使用 1024 到 65535 間的一個數字來當作來源埠。為什麼來源端需要產生一個埠號呢？這是為了要區分連到不同主機的不同會談，對伺服器而言，如果沒有不同的號碼，它怎麼分辨資訊是從某台主機的那裡傳送過來的呢？TCP 與其上層並不會像「資料鏈結層」與「網路層」協定那樣使用硬體與邏輯位址來解釋傳送端主機的位址，它們使用的是埠號。

TCP 會談：目的埠

有時當您檢視分析儀時，會發現只有來源埠大於 1024，而目的埠是眾所周知的埠號，例如以下的例子：

```
TCP - Transport Control Protocol
Source Port: 1144
Destination Port: 80 World Wide Web HTTP
Sequence Number: 9356570
Ack Number: 0
Offset: 7
Reserved: %000000
Code: %000010
Synch Sequence
Window: 8192
Checksum: 0x57E7
Urgent Pointer: 0
TCP Options:
Option Type: 2 Maximum Segment Size
Length: 4
MSS: 536
Option Type: 1 No Operation
Option Type: 1 No Operation
Option Type: 4
Length: 2
Opt Value:
No More HTTP Data
Frame Check Sequence: 0x43697363
```

來源埠必定超過 1024，但目的埠是 80，或者說是 HTTP 服務。伺服器(或者接收主機) 可能會視需要變更目的埠。

在上面的輸出中，有個 "SYN" 封包被傳給了目的裝置。輸出裡面的 **Synch Sequence** 就是用來告訴遠端的目的裝置，它想要建立會談。

TCP 會談：Syn 封包的確認

以下顯示 syn 封包的確認：

```
TCP - Transport Control Protocol
Source Port: 80 World Wide Web HTTP
Destination Port: 1144
Sequence Number: 2873580788
Ack Number: 9356571
Offset: 6
Reserved: %000000
Code: %010010
Ack is valid
Synch Sequence
Window: 8576
Checksum: 0x5F85
Urgent Pointer: 0
TCP Options:
Option Type: 2 Maximum Segment Size
Length: 4
MSS: 1460
No More HTTP Data
Frame Check Sequence: 0x6E203132
```

請注意其中的 **Ack is valid**，這表示來源埠已被接受，而且該裝置同意與啟始主機建立虛擬電路。同樣地，從伺服器回應的封包顯示來源埠是 80，而目的埠是當初從啟始主機傳來的 1144。

表 2.2 列出 TCP/IP 協定組中常見的應用程式，它們的 well-known 埠號，以及每個應用程式所使用的傳輸層協定。

請注意 DNS 同時用到 TCP 與 UDP，至於要選擇哪一個，得依據它當時要做什麼而定。雖然用到兩種傳輸層協定的應用不只是 DNS，但您得特別記住它。

表 2.2 利用 TCP 與 UDP 的重要協定

TCP	UDP
Telnet 23	SNMP 161
SMTP 25	TFTP 69
HTTP 80	DNS 53
FTP 20, 21	BootP/DHCP 67
DNS 53	
HTTPS 443	NTP 123
SSH 22	
POP3 110	
IMAP4 143	

讓 TCP 變成可靠的機制包括封包排序、確認和流量控制 (視窗機制)。UDP 不提供可靠的服務。

在繼續介紹「網際網路層」之前，我們先說明**會談多工**(session multiplexing) 這個觀念。TCP 和 UDP 都會用到會談多工。基本上會談多工是要讓主機能對單一 IP 位址同時進行多個會談。例如，你到 www.lammle.com 網站瀏覽網頁，然後點選鏈結連到另一個網頁，這樣會在你的主機上開啟另一個會談。現在你從另一個視窗連到 www.lammle.com/forum，而這個網站又開啟了另一個視窗。於是現在你對單一 IP 位址開啟了 3 個不同的會談。「會談層」會根據「傳輸層」埠號來區分不同的請求，「會談層」的任務就是要區隔「應用層」資料！

網際網路層協定

在 DoD 模型中，「網際網路層」的存在有 2 個主要目的：遶送與提供單一的網路介面給上層協定。

其他任何層級的協定都沒有遶送的功能，這個複雜且重要的工作完全屬於「網際網路層」。「網際網路層」的第 2 項任務是，提供上層協定單一的介面。如果沒有這一層，則應用程式設計者就得在他們的應用程式中，為每個不同的網路存取協定撰寫掛鉤 (hook) 程式。這樣不只痛苦，而且每個應用程式都會有很多版本，例如：Ethernet 版、Token Ring 版等等。為了避免這種情況發生，IP 會提供單一的網路介面給其上層協定，並且與不同的網路存取協定一起合作來達成這項任務。

條條網路不是通羅馬，而是通往 IP！這一層的所有其他協定，以及上層的所有協定都會使用 IP。請記住：DoD 模型的每條路徑都一定會經過 IP。以下是「網際網路層」的重要協定，包括：

- **IP** (Internet Protocol)。
- **ICMP** (Internet Control Message Protocol)。
- **ARP** (Address Resolution Protocol)。

IP (Internet Protocol)

「網際網路層」最主要的協定就是 IP，這裡的其他協定都只是為了支援它而存在。IP 掌握了網路的整體大局。這是因為網路上的所有機器都會有稱為 IP 位址的軟體或邏輯位址，本章稍後會更仔細地說明。

IP 檢視各個封包的位址，然後利用**路徑表** (routing table) 決定封包的下一站，選出最佳路徑。DoD 模型底層的網路存取層協定並不處理 IP 所面對的整體網路，它們只處理實體鏈路 (區域網路)。

要識別網路上的裝置，必須回答以下 2 個問題：它在那個網路上？它在該網路上的 ID 是什麼？第一個答案是軟體位址或邏輯位址 (正確的街道)，而第二個答案是硬體位址 (正確的信箱)。網路上的所有主機都有一個稱為 IP 位址的邏輯位址，這是一種軟體位址，包含有用的編碼資訊，以簡化遶送的複雜工作 (關於 IP 的討論，請參考 RFC 791)。

IP 從「主機對主機層」接收資料段，視需要將它們分割為資料包 (封包)，然後在接收端將資料包重組成資料段。這些資料包會指定傳送端與接收端的 IP 位址，而收到資料包的路由器 (第 3 層裝置) 則根據封包的目的 IP 位址來決定要如何遶送。

圖 2.15 是 IP 的標頭，藉此可以對上層送出使用者資料之後，傳送到遠端網路之前，IP 協定會做些什麼有個比較通盤的了解。

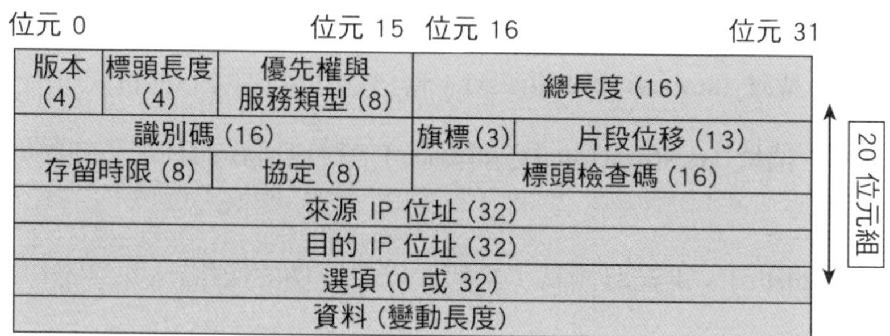

圖 2.15 IP 標頭

IP 標頭由以下的欄位組成：

- **版本 (version)**：IP 的版本號碼。
- **標頭長度 (header length)**：以 32 位元的字組為長度單位。
- **優先權與服務類型 (Priority and Type of Service)**：服務類型 (Type of Service，ToS) 告訴我們要如何處理該資料包。這個欄位的前 3 個位元是優先權位元。
- **總長度 (total length)**：封包的長度，包括標頭與資料。
- **識別碼 (identification)**：具唯一性的 IP 封包值，用來區分從不同資料包切割出來的封包。
- **旗標 (flags)**：指示是否有做切割。
- **片段位移 (fragment offset)**：如果封包太大無法填入一個訊框中，就會進行切割與重組。這樣就可容許網際網路上有不同的最大傳輸單元 (Maximum Transmission Unit，MTU)。
- **存留時限 (TTL)**：封包一開始產生時會設定一個存留時限 (Time to Live，TTL)，如果它無法在 TTL 終了之前抵達它所要到的目的地，就會消失。這樣可避免封包在網路上無止境地繞來繞去。
- **協定 (protocol)**：上層協定編號；例如 TCP 是 6，UDP 是 17。本欄也支援網路層協定，例如 ARP 與 ICMP。有些分析儀稱此欄位為**類型** (Type)，稍後我們會說明這個欄位。
- **標頭檢查碼 (header checksum)**：只作用在標頭上的 CRC。
- **來源 IP 位址 (source IP address)**：傳送端工作站的 32 位元 IP 位址。
- **目的 IP 位址 (destination IP address)**：封包所要前往之工作站的 32 位元 IP 位址。
- **選項 (option)**：供網路測試、偵錯、安全等功能使用。
- **資料 (data)**：IP 選項欄位之後就是上層的資料。

以下是從網路分析儀捕捉到的一個 IP 封包 (上述的標頭資訊全都在此)：

```
IP Header - Internet Protocol Datagram
Version: 4
Header Length: 5
Precedence: 0
Type of Service: %000
Unused: %00
Total Length: 187
Identifier: 22486
Fragmentation Flags: %010 Do Not Fragment
Fragment Offset: 0
Time To Live: 60
IP Type: 0x06 TCP
Header Checksum: 0xd031
Source IP Address: 10.7.1.30
Dest. IP Address: 10.7.1.10
No Internet Datagram Options
```

Type 欄位是很重要的 (我們通常稱它為「協定欄位」，但這部分析儀稱它為 IP Type)，如果標頭沒有次一層的協定資訊，那麼 IP 就不知道要如何處理封包中的資料。這個例子告訴 IP 要將資料段交給 TCP。圖 2.16 顯示出當網路層需要將封包交給上層協定時，它是如何看到傳輸層協定的。

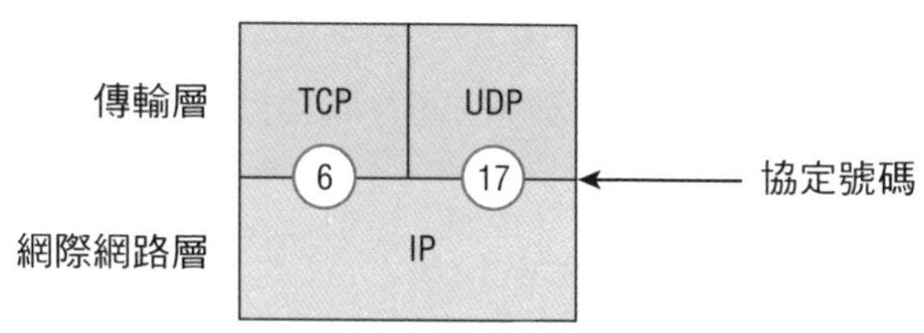

圖 2.16 IP 標頭中的協定欄位

在此例子中，協定欄位告訴 IP 要將資料傳送給 TCP (6 號埠) 或 UDP (17 號埠)。如果該資料屬於上層服務或應用程式之資料串流的一部份，則協定欄位只會是 UDP 或 TCP。但它也可能是 ICMP、ARP 或其它網路層協定。

表 2.3 是協定欄位中一些常見的協定清單。

表 2.3 IP 標頭協定欄位中一些常見的協定

協定	協定號碼
ICMP	1
IP 內的 IP (隧道)	4
TCP	6
UDP	17
EIGRP	88
OSPF	89
IPv6	41
GRE	47
L2TP	115

若要查詢完整的協定欄位號碼清單，請連到 https://www.iana.org/assignments/protocol-numbers 網站。

ICMP (Internet Control Message Protocol)

ICMP 在網路層運作，供 IP 用來提供許多不同的服務。ICMP 是個為 IP 設計的管理協定與訊息服務提供者，它的訊息是以 IP 資料包來運送的。RFC 1256 是 ICMP 的附件，它提供主機尋找通往閘道路徑的擴充能力。

ICMP 封包有以下的特徵：

- 它們能提供網路問題的相關資訊給主機。
- 它們被封裝在 IP 資料包內。

以下是一些 ICMP 相關的常見事件與訊息：

- **目的地無法抵達 (destination unreachable)**：如果路由器無法再繼續向前傳送特定 IP 資料包，就利用 ICMP 回傳訊息給封包的傳送端，告訴它這個情況。例如，圖 2.17 中的 Lab_B 路由器的 E0 介面當掉了。

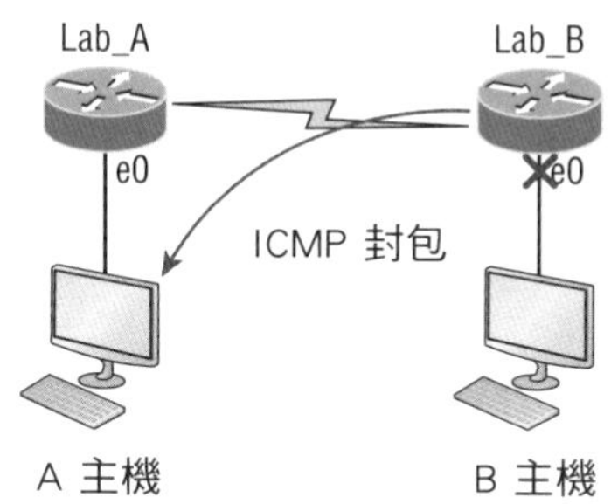

圖 2.17　從遠端路由器傳回 ICMP 錯誤訊息給傳送端主機

當 A 主機送出目的地為 B 主機的封包後，Lab_B 路由器會傳回目的地無法抵達的 ICMP 訊息給傳送端裝置 (A 主機)。

- **緩出區已滿/來源端抑制 (buffer full/source quence)**：如果路由器接收進入之資料包的記憶體緩衝區滿溢時，就會利用 ICMP 送出這個訊息，直到擁擠的情況緩和為止。
- **超出中繼站/逾時 (hops/time exceeded)**：IP 資料包中都會指定最多可以經過多少部路由器。如果資料包在抵達目的地之前就已經超過這個限制，則收到該資料包的路由器就會將它丟掉，然後透過 ICMP 傳送死亡訊息給封包的傳送端機器。
- **Ping**：Ping 會利用 ICMP 的回聲 (echo) 訊息，來檢查互連網路上某部機器的實體與邏輯連線。
- **Traceroute**：Traceroute 利用 ICMP 的逾時 (timeout) 訊息來找出封包穿越互連網路時所經過的路線。

Traceroute 通常簡稱為 Trace。Microsoft Windows 的 tracert 讓您可以檢查互連網路的位址組態。

以下是從網路分析儀捕捉下來的 ICMP 回聲請求：

```
Flags: 0x00
Status: 0x00
Packet Length: 78
Timestamp: 14:04:25.967000 12/20/03
```

```
Ethernet Header
Destination: 00:a0:24:6e:0f:a8
Source: 00:80:c7:a8:f0:3d
Ether-Type:  08-00 IP
IP Header - Internet Protocol Datagram
Version: 4
Header Length: 5
Precedence: 0
Type of Service: %000
Unused: %00
Total Length: 60
Identifier: 56325
Fragmentation Flags: %000
Fragment Offset: 0
Time To Live: 32
IP Type: 0x01 ICMP
Header Checksum: 0x2df0
Source IP Address: 100.100.100.2
Dest. IP Address: 100.100.100.1
No Internet Datagram Options
ICMP - Internet Control Messages Protocol
ICMP Type: 8 Echo Request
Code: 0
Checksum: 0x395c
Identifier: 0x0300
Sequence Number: 4352
ICMP Data Area:
abcdefghijklmnop 61 62 63 64 65 66 67 68 69 6a 6b 6c 6d 6e 6f 70
qrstuvwabcdefghi 71 72 73 74 75 76 77 61 62 63 64 65 66 67 68 69
Frame Check Sequence: 0x00000000
```

您是否注意，雖然 ICMP 是在「網際網路層」(網路層) 運作，但它仍然用 IP 來進行 Ping 請求。IP 標頭中的類型欄位是 0x01，表示所攜帶的資料是 屬於 ICMP 協定。請記住，就像條條大路通羅馬一樣，所有的資料段或資料都必須經過 IP！

Ping 程式使用封包中的英文字母資料部份當作它的有效負載 (Payload)，預設是大約 100 個位元組。如果您是從 Windows 裝置送出 Ping，則它的資料會停在 W 字母，摒除 X、Y、Z，再回到 A。請參考前面的輸出畫面。

「資料鏈結層」有各種訊框類型，你應該要有能力從以上的記錄知道它是屬於哪一種乙太網路訊框。這裡的相關欄位是目的硬體位址、來源硬體位址以及 Ether-Type。唯一使用 Ether-Type 欄位的訊框就是 Ethernet_II 訊框。

在討論 ARP 之前，讓我們再看另外一個 ICMP 的運作情況。圖 2.18 是一個互連網路，它包含了路由器，所以是互連網路，不是嗎？

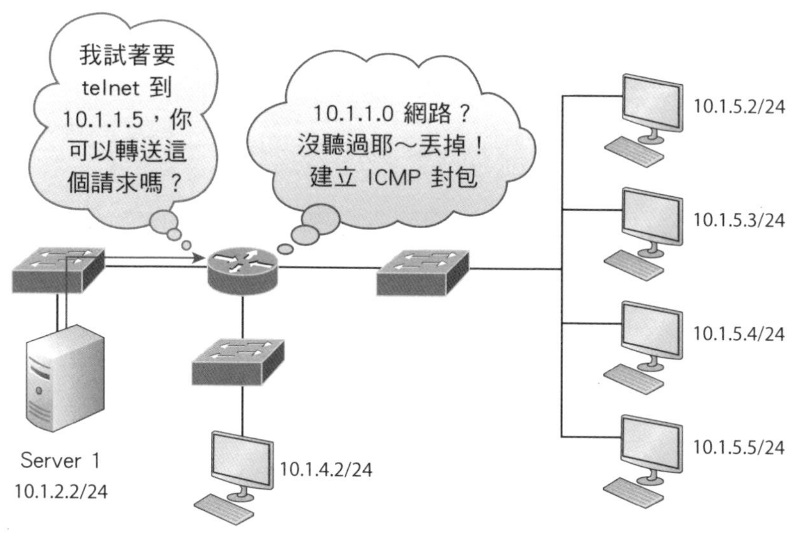

圖 2.18 ICMP 的運作

我們從 Server1 (10.1.2.2) 的 DOS 提示列 telnet 到 10.1.1.5，您認為 Server1 會收到回應嗎？因為 Server1 會傳送 telnet 資料給預設閘道，也就是圖中的路由器，而由於路徑表中沒有 10.1.1.0 網路，所以路由器會丟掉該封包。因此，Server1 會收到路由器送出來的 ICMP 回應："目的地無法抵達"。

ARP (Address Resolution Protocol)

位址解析協定 (Address Resolution Protocol，ARP) 根據主機的 IP 位址來尋找它的硬體位址。當 IP 有資料包要傳送時，它必須告訴網路存取層協定 (例如乙太網路或無線網路)，在區域網路上的目標硬體位址。別忘了，上層協定已經告知了目標 IP 位址。如果 IP 無法在 ARP 快取中找到目的主機的硬體位址，就會使用 ARP 來找尋這項資訊。

ARP 扮演 IP 的小偵探，會送出廣播來詢問區域網路上具有指定 IP 位址的機器，回應它的硬體位址。因此基本上，ARP 是要將軟體 (IP) 位址轉換成硬體位址，例如目的機器的乙太網路卡位址。所以藉由廣播該位址來找出它在區域網路上的位置。圖 2.19 說明了 ARP 如何在區域網路上運作。

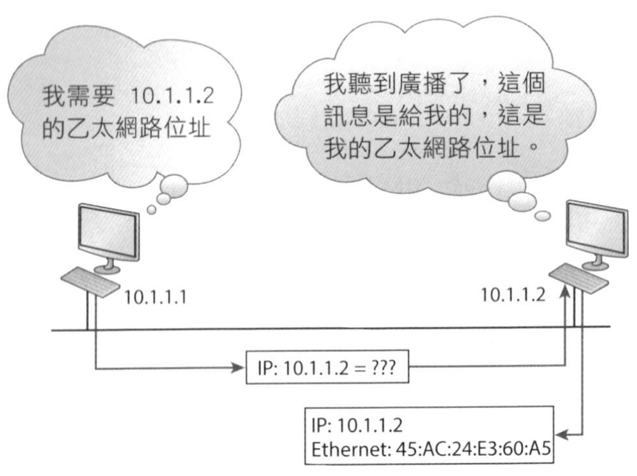

圖 2.19 本地的 ARP 廣播

 ARP 會將 IP 位址解析成乙太網路 (MAC) 位址。

下面是一個 ARP 廣播，請注意目的硬體位址未知，所以都是十六進位的 F，代表硬體廣播位址：

```
Flags: 0x00
Status: 0x00
Packet Length: 64
Timestamp: 09:17:29.574000 12/06/03
Ethernet Header
Destination: FF:FF:FF:FF:FF:FF Ethernet Broadcast
Source: 00:A0:24:48:60:A5
Protocol Type: 0x0806 IP ARP
ARP - Address Resolution Protocol
Hardware: 1 Ethernet (10Mb)
Protocol: 0x0800 IP
Hardware Address Length: 6
Protocol Address Length: 4
Operation: 1 ARP Request
```

```
Sender Hardware Address: 00:A0:24:48:60:A5
Sender Internet Address: 172.16.10.3
Target Hardware Address: 00:00:00:00:00:00 (ignored)
Target Internet Address: 172.16.10.10
Extra bytes (Padding):
................ 0A 0A 0A 0A 0A 0A 0A 0A 0A 0A 0A 0A 0A
0A 0A 0A 0A 0A
Frame Check Sequence: 0x00000000
```


2-3 IP 定址

IP 定址是 TCP/IP 中非常重要的主題之一，IP 位址是指定給 IP 網路上每部機器的一個數值識別碼，標示裝置在網路上的特定位置。

IP 位址是軟體位址，而非硬體位址，硬體位址是燒在網路介面卡上的，用來尋找區域網路上的主機。IP 位址的設計是要讓網路上的主機，可以和位於不同網路上的其他主機互相通訊，而不管參與通訊的主機是位於哪種區域網路中。

在說明有關 IP 定址中比較複雜的觀念之前，您必須先瞭解一些基本的觀念。首先是一些 IP 位址的基礎及專用術語，然後是十六進位的 IP 位址結構與私有 IP 位址。

IP 術語

讀完本章後，您將瞭解 IP 相關的一些重要術語，讓我們從以下幾個開始：

- **位元 (Bit)**：一個位元就是一個 0 或 1 的數字。
- **位元組 (Byte)**：位元組是 7 或 8 個位元，取決於是否用到同位 (parity) 位元。以下我們都假設 1 個位元組是 8 個位元。
- **八位元 (Octet)**：Octet 由 8 個位元所組成，它就只是一般的 8 位元二進位數字。在本章中，這個術語與位元組是完全可互換的。(譯註：本書一律將它們意譯成位元組)。

- **網路位址**：遶送機制將封包傳送到遠端網路時所使用的目標網路位址，例如 10.0.0.0、172.16.0.0 與 192.168.10.0。

- **廣播位址**：應用程式與主機想要傳送資訊給網路上之所有節點時所用的位址，稱為廣播位址。例如 255.255.255.255 包括所有網路與所有節點，172.16.255.255 則是 172.16.0.0 網路中的所有子網路與主機，而 10.255.255.255 則是 10.0.0.0 網路中的所有子網路與主機。

階層式的 IP 位址結構

IP 位址包含 32 位元的資訊，這些位元可切分成 4 段，每段包含 1 個位元組 (8 個位元)。您可利用以下的任何一種方法來描寫 IP：

- 以點號隔開的十進位，如 172.16.30.56。

- 二進位，如 10101100.00010000.00011110.00111000。

- 十六進位，如 AC.10.1E.38。

這些例子都代表同一個 IP 位址，當我們在討論 IP 位址時，十六進位比較不常用，但您還是可能在一些程式中發現 IP 位址是以十六進位的形式儲存的。

32 位元的 IP 位址是結構化 (亦即階層式) 的位址。階層式位址架構的優點是它可以處理很大量的位址，也就是 43 億個位址 (32 位元位址空間，每個位置有 2 個可能的值，不是 0 就是 1，所以有 2^{32}，也就是 4,294,967,296 個)。非階層式 (亦即扁平式) 位址架構的缺點與遶送有關。如果網路上都是唯一性的 IP 位址，則網際網路上的每一台路由器都需要儲存所有機器的位址。這會造成遶送無法有效率地進行，即使只用到部份的位址也不可行。

這個問題的解決方式就是使用 2 或 3 層的階層式定址結構，也就是分成網路與主機，或網路、子網路與主機。這種 2 或 3 層的結構可比擬成電話號碼，第一個部份是區碼，代表非常大的區域；第二個部份則將範圍縮小到地方局，最後一部份則是用戶碼，代表連接特定線路的位置。IP 位址使用相同的分層結構，而非像扁平式位址將所有 32 位元看成一個唯一的識別碼。IP 位址其中一部份代表網路位址，其它部份則代表子網路與主機，或者只是代表節點位址。

以下討論 IP 的位址與不同級別的位址。

網路位址

網路位址 (network address，又稱為「網路號碼」) 唯一地識別每個網路。同一個網路上的每部機器共享相同的網路位址，作為它們 IP 位址的一部份。例如在 172.16.30.56 的 IP 位址中，172.16 就是網路位址。

節點位址 (node address) 是要指派給網路上的各個機器，做唯一性地識別。它要識別的是特定的機器，而非一個網路。這個號碼也稱為主機位址，例如在 172.16.30.56 的 IP 位址中，30.56 就是節點位址。

網際網路的設計者當初決定要依據網路的規模來建立網路的級別 (class)。針對少數需要非常大量節點數目的網路，他們建立了 A 級網路。而在另一個極端則是 C 級網路，它保留了眾多含有少量節點的網路。在這兩類極大與極小網路之間的是 B 級網路。

IP 位址分割成網路與節點位址的方式，是依據網路的級別，圖 2.20 摘要了 3 個網路級別的定址方式，這也是接下來要詳細說明的主題。

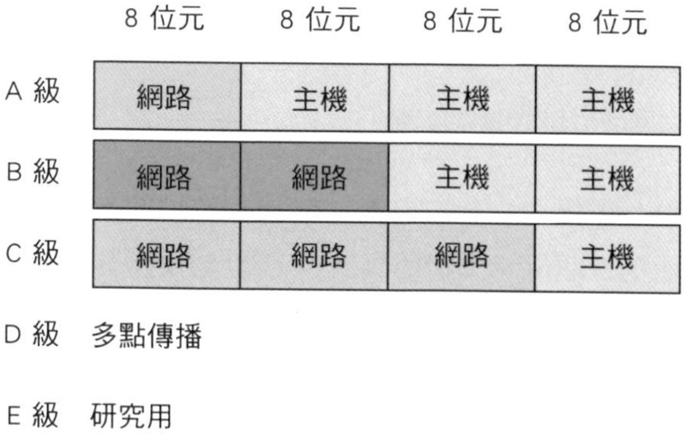

	8 位元	8 位元	8 位元	8 位元
A 級	網路	主機	主機	主機
B 級	網路	網路	主機	主機
C 級	網路	網路	網路	主機
D 級	多點傳播			
E 級	研究用			

圖 2.20 3 個網路級別的摘要

為了確保遶送的效率，網際網路設計者針對每個不同的網路級別，規範了位址前面幾個位元的特定模式。例如，因為 A 級網路位址的第一個位元一定是 0，所以路由器只要讀到這種位址的第一個位元，就可能加速該封包的遶送工作。這也是位址結構所定義的 A 級、B 級、C 級位址的不同之處。下一節我們將討論這 3 個級別的差異性，並討論 D 與 E 級網路位址。

網路位址範圍：A 級

IP 位址結構設計者規定：A 級網路位址的第一個位元組的第一個位元一定要是 0，這表示 A 級位址的第一個位元組一定要介於 0 與 127 之間。

考量以下的網路位址：

```
0xxxxxxx
```

如果將其餘的 7 個位元全部設為 0，然後全部設為 1，就可得到 A 級網路位址的範圍：

```
00000000 = 0
01111111 = 127
```

所以 A 級網路的第一個位元組是介於 0 到 127 之間，不能更多，也不能更少。不過，0 和 127 並不是 A 級位址中的有效位址，這兩個是保留位址，稍後將會說明。

網路位址範圍：B 級

根據 RFC 的定義，B 級網路位址第一個位元組的第一個位元一定要為 1，而第二個位元一定要為 0。所以如果將其餘 6 個位元全設為 0，然後全部設為 1，就可找出 B 級網路的範圍：

```
10000000 = 128
10111111 = 191
```

所以 B 級網路的第一個位元組介於 128 與 191 之間。

網路位址範圍：C 級

根據 RFC 的定義，C 級網路位址第一個位元組的前 2 個位元一定要為 1，而第 3 個位元一定要為 0。使用前面的算法，C 級網路的範圍是：

```
11000000 = 192
11011111 = 223
```

因此，如果有個 IP 位址的第一個位元組值在 192 到 223 之間，我們就知道它是個 C 級 IP 位址。

網路位址範圍：D 與 E 級

224 與 255 之間的網路是保留給 D 與 E 級網路使用的，D 級 (224-239) 是要用來進行多點傳播，而 E 級 (240-255) 是要作為科學用途，本書將不會討論這些位址，它們超過 CCNA 檢定的範圍。

網路位址：特殊用途

有些 IP 位址是要保留做特殊用途，所以網路管理員不可以將這些位址分配給節點。表 2.4 列出這些號碼，以及為什麼會被列入的理由。

表 2.4 保留的 IP 位址

位址	功能
網路位址全部為 0	代表 "這個網路或網段"。
網路位址全部為 1	代表 "所有網路"。
127.0.0.1 網路	保留給 loopback 測試使用，代表本地節點，讓節點能傳送測試封包給它自己，而不會產生網路流量。
節點位址全部為 0	代表 "網路位址" 或特定網路上的任何主機。
節點位址全部為 1	代表特定網路上的 "所有節點"，例如 128.2.255.255 表示 128.2 網路上的所有節點 (B 級位址)。
整個 IP 位址都設成 0	Cisco 路由器用它來指定預設路徑，也可解釋成 "任何網路"。
整個 IP 位址都設成 1	廣播給目前網路上的所有節點；有時候又稱為 "全部為 1 的廣播" 或本地廣播。

A 級位址

在 A 級網路位址中，第一個位元組是要分配給網路位址，其餘 3 個位元組則是作為節點位址。A 級的格式是：

```
網路.節點.節點.節點
```

例如，在 IP 位址 49.22.102.70 中，49 是網路位址，而 22.102.70 是節點位址。在這個網路上的每部機器都會有網路位址 49。

A 級網路位址的長度是 1 個位元組，而且第一個位元已經固定住了，能運用的只剩下其餘的 7 個位元，因此，最多只能產生 128 個 A 級網路，因為這 7 個位元的每個位元各有 0 或 1 兩種可能性，所以共有 2^7，也就是 128 種。

更精確地說，全部為 0 的網路位址 (0000 0000) 是要保留給預設路徑用的(請參考表 2.4 的說明)，而 127 的位址則是要保留給網路診斷用的，也不能使用。也就是說，我們只能使用 1 到 126 的號碼來分配給 A 級網路位址，因此可用的 A 級網路位址實際上只有 128 - 2 = 126 個。

IP 位址 127.0.0.1 是用來測試個別節點上的 IP 堆疊，所以不可以當做有效的主機位址。不過這個 loopback 位址也提供了一個捷徑，讓那些在同一部裝置上運行的 TCP/IP 應用程式與服務可以彼此溝通。

每個 A 級位址都有 3 個位元組 (24 個位元) 可用來分配給機器的節點位址，這表示共有 2^{24}，也就是 16,777,216 個組合，因此每個 A 級網路確實有非常多的節點位址可用。因為全部為 0 或全部為 1 的位址是保留的節點位址，所以每個 A 級網路實際上可用的節點數目是 16,777,214 個。不管怎麼說，這種網段的主機數目實在非常龐大！

A 級網路的有效主機 ID

接下來是計算 A 級網路位址中可以有多少有效主機 ID 的例子。

- 所有主機位元都為 0 的網路位址：10.0.0.0。
- 所有主機位元都為 1 的廣播位址：10.255.255.255。

有效的主機是在網路位址與廣播位址之間的數字，也就是 10.0.0.1 到 10.255.255.254。請注意，當您在找尋有效的主機位址時，0 與 255 都可以是有效的主機 ID，只要不是全部為 0 或全部為 1 即可。

B 級位址

在 B 級網路位址中，前 2 個位元組是要分配給網路位址，而其餘的 2 個位元組才是供節點位址使用。其格式為：

```
網路.網路.節點.節點
```

例如，在 172.16.30.56 IP 位址中，網路位址是 172.16，而節點位址是 30.56。

因為網路位址有 2 個位元組 (16 個位元)，因此會有 2^{16} 個組合。但因為 B 級網路位址應該要使用二進位的數字 10 開頭，所以實際上能運用的只有 14 個位元，也就是 2^{14} (即 16,384) 個唯一的 B 級網路位址。

B 級位址使用 2 個位元組當作節點位址，因此，每個 B 級網路的節點位址數目是 2^{16} - 2 (也就是全部為 0 或全部為 1 的情況)，也就是 65,534 種可能。

B 級位址的有效主機 ID

以下是計算 B 級網路位址中有多少有效主機 ID 的例子。

- 所有主機位元都為 0 的網路位址：172.16.0.0。
- 所有主機位元都為 1 的廣播位址：172.16.255.255。

有效的主機是在網路位址與廣播位址之間的數字，也就是 172.16.0.1 到 172.16.255.254 之間。

C 級位址

C 級網路位址的前 3 個位元組是位址的網路部份，只留一個位元組給節點位址。其格式為：

```
網路.網路.網路.節點
```

以 192.168.100.102 為例，其網路位址是 192.168.100，節點位址是 102。

在 C 級網路位址中，最前面的 3 個位元一定是 110，所以共有 3 * 8 - 3 = 21 個位元可運用。因此，總共有 2^{21}，即 2,097,152 個可能的 C 級網路。每個 C 級網路都有一個位元組供節點位址使用，因此每個 C 級網路總共會有 2^{8} - 2，也就是 254 個節點位址。

C 級網路的有效主機 ID

以下是計算 C 級網路位址中有多少有效主機 ID 的例子。

- 所有主機位元都為 0 的網路位址：192.168.100.0。
- 所有主機位元都為 1 的廣播位址：192.168.100.255。

有效的主機是在網路位址與廣播位址之間的數字，也就是 192.168.100.1 到 192.168.100.254 之間。

私有 IP 位址 (RFC 1918)

建立 IP 位址架構的那些人，也同時定義了所謂的私有 IP 位址。這些位址只能用在私有網路上，無法在網際網路上遶送。它的設計目的是為了安全性，但同時也節省了寶貴的 IP 位址空間。

如果每個網路上的每部主機都擁有真實可遶送的 IP 位址，我們幾年前就已經耗盡可用的 IP 位址了。但藉由私有 IP 位址的運用，ISP、公司以及家庭用戶都只需要相當少量的真實 IP 位址就可連結到網際網路上。他們可以在內部網路使用私有 IP 位址，並且運作得很好。

為了達成這樣的任務，ISP 與用戶需要利用稱為**網路位址轉換** (Network Address Translation，NAT) 的技術。基本上，NAT 技術就是接受私有 IP 位址，將它轉換成網際網路上可用的位址，讓許多人可以使用相同的真實 IP 位址來傳送封包到網際網路上。這樣可以節省非常可觀的位址空間。

表 2.5 列出這些保留的私有位址。

表 2.5 保留的 IP 位址空間

位址級別	保留的位址空間
A 級	10.0.0.0 至 10.255.255.255
B 級	172.16.0.0 至 172.31.255.255
C 級	192.168.0.0 至 192.168.255.255

我應該使用何種私有 IP 位址呢？

這真是個好問題：您應該使用 A 級、B 級或 C 級私有位址來建立您的網路？讓我們以舊金山的 Acme 公司為例。這家公司正遷移至新大樓，而且需要一個全新的網路 (真難得！)。他們有 14 個部門，每個部門大約有 70 個員工，您可以很節省地使用 1 或 2 個 C 級網路，或者隨您高興地使用 1 個 B 級網路，甚至是 A 級網路。

在顧問界的經驗法則是這樣的，當您在建置企業網路時，無論它有多小，都應該使用 A 級網路，因為它提供最大的彈性與擴充性。例如，假設您使用含 /24 遮罩的 10.0.0.0 網路位址，那麼您將會有 65,536 個網路，每個網路可容納 254 部主機。這種網路將會有很大的成長空間！

但假設您正在建置的是家庭網路，那麼最好使用 C 級位址，因為這一種最容易瞭解與設定。利用預設的 C 級遮罩可提供您一個容納 254 部主機的網路，這對家庭網路而言，已經非常足夠了。

就 Acme 公司而言，/24 遮罩的 10.1.x.0 (x 是每個部門的子網路)，會讓它非常容易設計、安裝與除錯。

2-4 IPv4 位址型態

大多數人把廣播 (broadcast) 當作一般性術語，而且我們也大致了解他們的意思，但有時候卻不然。例如，您可能說：「主機透過路由器廣播給 DHCP 伺服器」。但這其實不大可能發生，您真正的意思如果用專業方式來表達，可能是：「主機透過廣播尋找一個 IP 位址，然後路由器用單點傳播的封包轉送這個訊息給 DHCP 伺服器」。請記住，在 IPv4 中，廣播是非常重要的。但在 IPv6 的世界中，不會傳送任何廣播。

雖然前面的章節一直提到 IP 位址，甚至也示範了一些範例，但我們尚未詳細探討相關的各種術語與用途。因此，現在我們要介紹各種位址的種類：

- **Loopback (localhost)**：用來測試電腦本身的 IP 堆疊。可以是 127.0.0.1 到 127.255.255.254 之間的任意位址。
- **第 2 層廣播**：送往 LAN 上的所有節點。
- **第 3 層廣播**：送往網路上的所有節點。
- **單點傳播 (unicast)**：單一介面的位址，用來傳送封包給單一目的主機。
- **多點傳播 (multicast)**：從單一個來源端送出封包，並傳送給不同網路上的多個裝置。

第 2 層廣播

首先，第 2 層廣播又稱為硬體廣播，它們只在區域網路上廣播，無法穿越區域網路的邊界 (路由器)。

典型的硬體位址是 6 個位元組 (48 個位元)，如 45:AC:24:E3:60:A5，而第 2 層廣播位址則是全部為二進位的 1 或十六進位的 F，如圖 2.21 的 ff:ff:ff:ff:ff:ff。

因為這是第 2 層廣播，所以包括路由器在內的所有網路介面卡 (NIC) 都會接收與讀取這些訊框，不過路由器並不會轉送它們。

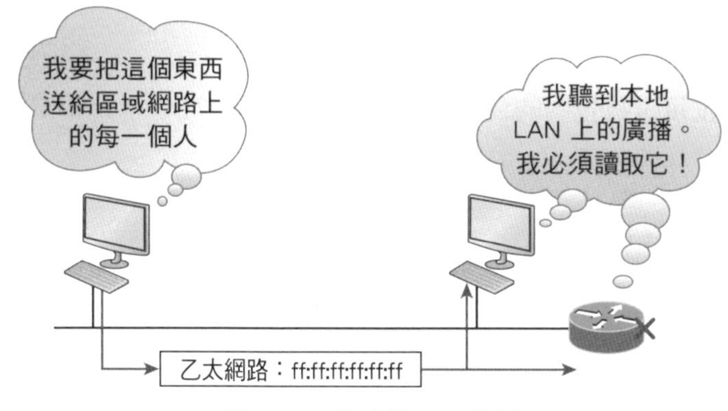

圖 2.21　本地第 2 層廣播

第 3 層廣播

接下來是第 3 層廣播位址，廣播訊息的目標是廣播網域上的所有主機，這些是所有主機位元都為 1 的網路廣播。

舉個您應該已經很熟悉的例子：若網路位址為 172.16.0.0 255.255.0.0，則其廣播位址將會是 172.16.255.255 —— 所有的主機位元都為 1。如果是 "所有網路與所有主機" 的廣播，則表示為 255.255.255.255，如圖 2.22。

在圖 2.22 中，LAN 上包括路由器在內的所有主機的 NIC 都會取得這個廣播，但根據預設，路由器將不會轉送這個封包。

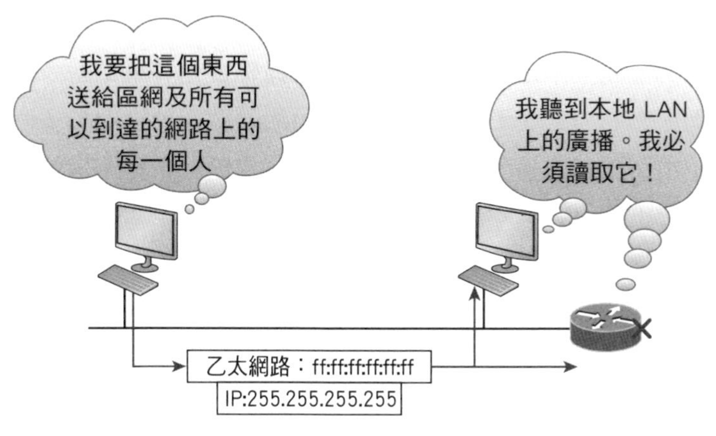

圖 2.22　第 3 層廣播

單點傳播位址

單點傳播位址是封包內的目的 IP 位址，這個位址是指定給某個網路介面卡的單一 IP 位址。換句話說，它直接指向特定的主機。

在圖 2.23 中，MAC 位址和目標 IP 位址都是屬於網路上的同一個 NIC。所有位於廣播網域中的主機都會收到這個訊框。但是只有 IP 位址為 10.1.1.2 的目標 NIC 才會接受這個封包，其他的 NIC 則會丟棄這個封包。

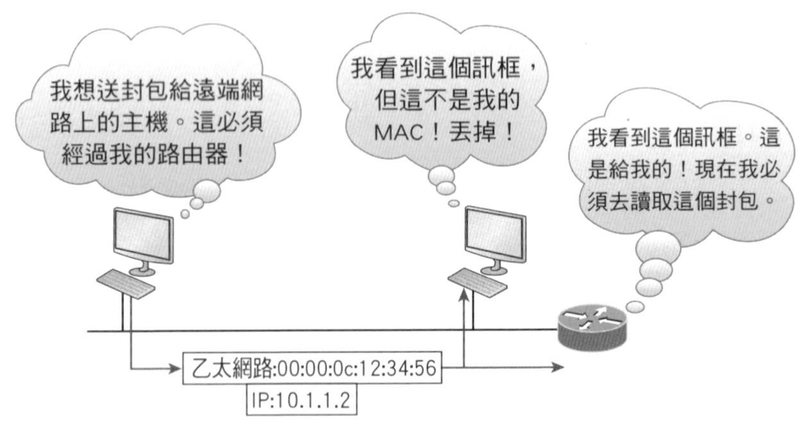

圖 2.23 單點傳播位址

多點傳播位址

多點傳播則是完全不同的領域。乍看之下，您可能以為它是單點傳播與廣播通訊的混合，其實完全不是這麼回事。多點傳播確實允許單點對多點的通訊，類似於廣播，但運作的方式並不一樣。多點傳播的關鍵在於它能讓多個接收點都收到訊息，卻不須將訊息廣播到廣播網域上的所有主機。不過，這並不是網路的預設行為，得要有正確的設定才行。

多點傳播是將訊息或資料傳往 IP **多點傳播群組位址** (multicast group)。只要路由器的任何介面會通往已經訂閱 (subscribe) 該群組位址的主機，路由器就會將封包從該介面轉送出去。這也就是多點傳播與廣播訊息不同之處。就多點傳播的通訊而言，理論上封包只會傳送給有訂閱的主機。強調「理論上」，是因為主機還會接收目標位址為 224.0.0.10 的多點傳播封包。這是 EIGRP 封包，並且只有執行 EIGRP 協定的路由器會去讀取這些封包。廣播式 LAN (例如乙太網路) 上的所有主機都會接收這些訊框，讀取目的位址，然後立即丟棄這些訊框，除非它們本身是屬於該多點傳播群組。

這會節省 PC 的處理資源，而不是 LAN 的頻寬。要小心，如果多點傳播的實作不夠謹慎，有時候可能會引起嚴重的 LAN 壅塞。圖 2.24 中有 1 台 Cisco 路由器在 LAN 中傳送 EIGRP 的多點傳播封包，並且只有其他的 Cisco 路由器會去接受和讀取這個封包。

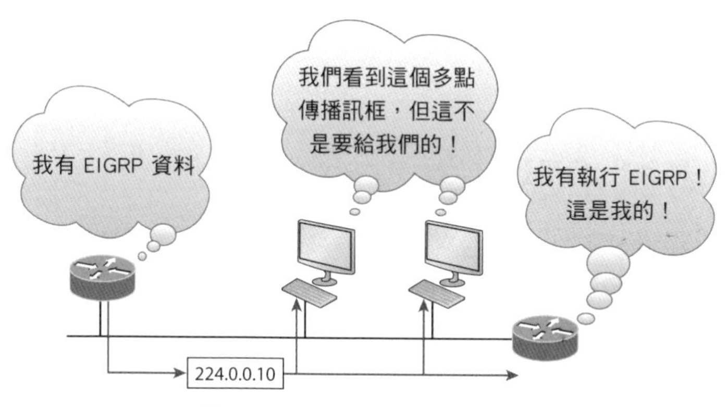

圖 2.24 EIGRP 多點傳播範例

一個使用者或應用程式可以加入多個不同的群組，多點傳播位址的範圍從 224.0.0.0 到 239.255.255.255，以 IP 的級別分配而言，這個位址範圍是落在 D 級的 IP 位址空間中。

2-5 摘要

如果您已經讀到這裡，而且第一次就全都瞭解，那麼您應該要覺得相當自豪。本章真的涵蓋了非常多的基礎，而瞭解這些資訊對於研讀本書的其餘部份是非常重要的。但如果您第一遍閱讀時未能完全理解，也不要覺得有壓力，再多讀一次不就得了。因為還有許多地基要打，請確定您已經瞭解全部內容，而且準備好能夠再吸收更多。我們現在正在做的就是要為繼續前進打下堅固的基礎。

學過 DoD 模型、層級以及相關的協定之後，我們討論了非常重要的 IP 定址，非常詳細地說明每種級別位址之間的差異，以及如何尋找網路位址、廣播位址以及有效的主機位址範圍。在進入第 3 章之前，這是非常重要、一定要瞭解的知識。

2-6 考試重點

- **辨別 DoD 與 OSI 網路模型**：DoD 模型是 OSI 模型的濃縮版，從 7 層濃縮到 4 層。不過還是可用來描述封包的產生，裝置與協定都可以對應到其中的層級。
- **記住主機對主機層協定**：TCP 是連線導向的協定，藉由確認與流量控制來提供可靠的網路服務。UDP 是一種無連線式的協定，提供低額外負擔的傳輸，但非常不可靠。
- **記住網際網路層協定**：IP 是無連線式的協定，提供互連網路上的網路位址與遶送。ARP 根據 IP 位址來找尋硬體位址，而反向的 ARP (RARP) 則根據硬體位址來找尋 IP 位址。ICMP 提供診斷與無法抵達等資訊。
- **描述網路中 DNS 與 DHCP 的功能**：DHCP 提供網路組態資訊 (包含 IP 位址) 給主機，免除了手動設定的麻煩。DNS 會將主機名稱，例如網際網路名稱 www.lammle.com 與裝置名稱 Workstation 2，解析為 IP 位址，免除了裝置在連線時必須先知道 IP 位址的不便。

- **說明在連線導向式傳輸中的 TCP 標頭中，包含哪些資訊**：TCP 標頭的欄位包含了來源埠、目的埠、序號、確認號碼、標頭長度、預留欄位、代碼位元、視窗、檢查碼、緊急指標、選項以及資料欄位。
- **說明在非連線導向式傳輸中的 UDP 標頭中，包含哪些資訊**：UDP 標頭的欄位只包含了來源埠、目的埠、長度、檢查碼以及資料欄位。它的欄位數量比 TCP 標頭少，因此，也無法提供像 TCP 訊框中一些更進階的功能。
- **說明 IP 標頭的內容**：IP 標頭的欄位包含了版本、標頭長度、優先權與服務類型、總長度、識別碼、旗標、片段位移、存留時限、協定、標頭檢查碼、來源 IP 位址、目的 IP 位址、選項以及資料。
- **比較 UDP 與 TCP 的特性和功能**：TCP 是連線導向式，提供確認、排序以及流量與錯誤控制；UDP 則是非連線導向式，不提供排序，也沒有流量或錯誤控制。
- **了解埠號的角色**：埠號是用來辨識傳輸中所要使用的協定或服務。
- **了解 ICMP 的角色**：ICMP (Internet Control Message Protocol) 是在網路層運作，並且由 IP 應用於許多不同的服務中。ICMP 是一種管理協定，以及 IP 的訊息服務提供者。
- **記住 A 級網路範圍**：A 級網路的 IP 範圍是 1-126，它預設上提供 8 位元的網路位址與 24 位元的主機位址。
- **記住 B 級網路範圍**：B 級網路的 IP 範圍是 128-191，它預設上提供 16 位元的網路位址與 16 位元的主機位址。
- **記住 C 級網路範圍**：C 級網路的 IP 範圍是 192-223，它預設上提供 24 位元的網路位址與 8 位元的主機位址。
- **記住私有 IP 範圍**：A 級的私有位址範圍是 10.0.0.0 到 10.255.255.255，B 級的私有位址範圍是 172.16.0.0 到 172.31.255.255，C 級的私有位址範圍是 192.168.0.0 到 192.168.255.255。
- **區分廣播位址、單點傳播以及多點傳播之間的差異**：廣播位址是子網路中的所有裝置，單點傳播是其中的一部裝置，而多點傳播是其中的幾部裝置。

2-7 習題

習題解答請參考附錄。

(　　) 1. 如果發生 DHCP IP 衝突，會如何？

- **A.** 代理 ARP 會解決這個問題。
- **B.** 客戶端會用無償 ARP 來解決這個問題。
- **C.** 管理員必須在 DHCP 伺服器手動地解決這樣的衝突。
- **D.** DHCP 伺服器會重新指派新的 IP 位址給發生衝突的兩部電腦。

(　　) 2. 以下哪個應用層協定會建立類似 Telnet 的安全會談？

- **A.** FTP
- **B.** SSH
- **C.** DNS
- **D.** DHCP

(　　) 3. 客戶端使用下面何種機制來避免 DHCP 過程中有重複的 IP 位址？

- **A.** ping
- **B.** Traceroute
- **C.** 無償 ARP
- **D.** Pathping

(　　) 4. 以下哪些敘述可描述「尋找 DHCP」訊息？(請選擇 2 個答案)

- **A.** 使用 ff:ff:ff:ff:ff:ff 當作第 2 層的廣播。
- **B.** 使用 UDP 當作傳輸層協定。
- **C.** 使用 TCP 當作傳輸層協定。
- **D.** 不使用第 2 層的目的位址。

(　　) 5. 以下哪些服務使用 TCP？(選擇 3 個答案)

A. DHCP

B. SMTP

C. SNMP

D. FTP

E. HTTP

F. TFTP

(　　) 6. 以下何者是多點傳播位址的範例？

A. 10.6.9.1

B. 192.168.10.6

C. 224.0.0.10

D. 172.16.9.5

(　　) 7. 以下哪兩個 IP 是私有 IP 位址？

A. 12.0.0.1

B. 168.172.19.39

C. 172.20.14.36

D. 172.33.194.30

E. 192.168.24.43

(　　) 8. TCP/IP 堆疊的哪一層等同於 OSI 模型的傳輸層？

A. 應用層

B. 主機對主機層

C. 網際網路層

D. 網路存取層

(　　) 9. 關於 ICMP 封包，以下哪些敘述是對的？(選擇 2 個答案)

A. ICMP 保證資料包能確實抵達。

B. ICMP 提供網路問題的資訊給主機。

C. ICMP 封裝在 IP 資料包內。

D. ICMP 封裝在 UDP 資料包內。

(　　)10. 以二進位表示的 B 級網路位址的位址範圍？

A. 01xxxxxx

B. 0xxxxxxx

C. 10xxxxxx

D. 110xxxxx

子網路切割

本章涵蓋的 CCNA 檢定主題

1.0 網路基本原理

- 1.6 設定並驗證 IPv4 位址與子網路切割

本章將延續上一章的主題，討論 IP 的定址。我們從 IP 網路的子網路切割開始，這是要精通網路技術中不可或缺的關鍵技能！首先要特別提醒您：您必須非常專心，因為要瞭解子網路切割必須花不少時間與大量的練習，所以要耐心地將它弄懂，千萬不要放棄，直到您能確實掌握這項技能。

本章一開始的內容對您來說可能有些奇怪，但是如果您能試著先忘記對子網路切割原有的知識，特別是正式的 Cisco 或微軟課程內容，對您會有很大的幫助。筆者認為這些形式的 "折磨" 往往敝多於利，甚至會全然使人對網路技術卻步。那些倖存的人，則至少會質疑繼續鑽研這個領域是否會 "有害健康"。如果您正是如此，請先放輕鬆，深呼吸；筆者會提供全新、更簡單的方法來征服子網路切割這個怪獸！

3-1 子網路切割的基礎

我們已經在第 2 章學習了如何藉由將主機位元全部設為 0，再全部設為 1，來定義與尋找 A 級、B 級與 C 級網路位址所用的有效主機範圍。這樣很不錯，但卻只定義出一個網路。如圖 3.1。

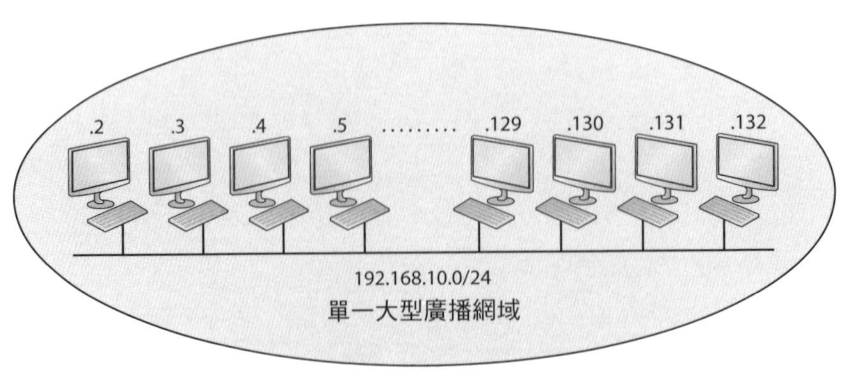

圖 3.1 單一網路

現在您已經知道單一的大型網路並不是個好東西，但是您要如何修正圖 3.1 這種失控的問題呢？如果能將 1 個大型的網路位址切開，變成多個比較好管理的網路，不是很棒嗎？要達成這件事，就必須使用子網路切割技巧，因為它是將巨大網路分解成一組較小網路的最佳選擇。請先觀察圖 3.2。

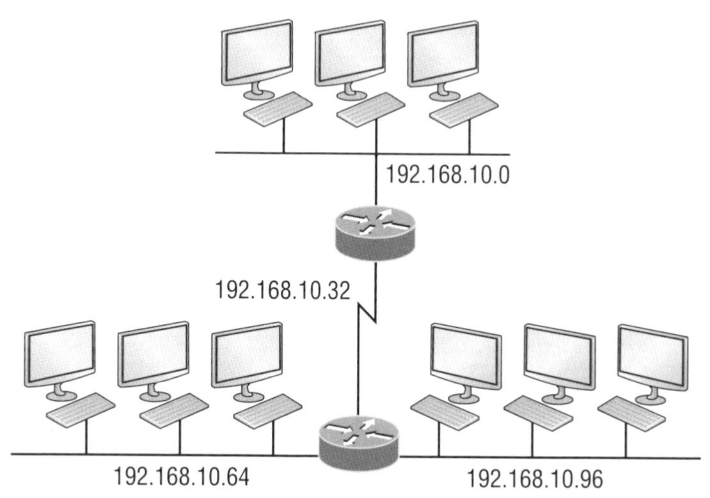

圖 3.2 連在一起的多個網路

圖中那些 192.168.10.x 的位址是什麼？它們就是本章要說明的重點，如何將一個網路變成多個！讓我們接續第 2 章的內容，從網路位址的主機部份 (主機位元) 說起，這些位元會被借用來建立子網路。

如何建立子網路？

要建立子網路，必須用到 IP 位址的主機位元，保留它們來定義子網路位址。這意味著給主機的位元越少，可產生的子網路就越多。相對地，可用來定義主機的位元也就越少。

本章稍後會從 C 級網路位址開始，學習如何建立子網路。但您在實際操作子網路切割之前，必須先決定目前與未來可能面臨的需求，然後依據以下的 3 個步驟來進行：

1. 決定所需的網路 ID 個數：
   - 每個子網路 1 個。
   - 每條廣域網路連線 1 個。
2. 決定每個子網路所需的主機 ID 個數：
   - 每部 TCP/IP 主機 1 個。
   - 每個路由器介面 1 個。
3. 根據以上的需求來產生如下的資訊：
   - 為整個網路產生子網路遮罩。
   - 為每個實體網段產生唯一的子網路 ID。
   - 產生每個子網路的主機 ID 範圍。

子網路遮罩

為了要讓子網路位址的結構能運作，網路上的每部機器必須知道主機位址的哪一部份是要用來當作子網路位址，這是藉由指定一個稱為**子網路遮罩** (subnet mask) 的資訊給每部機器。子網路遮罩是一個 32 位元的值，讓 IP 封包的接收者得以從 IP 位址的主機 ID 中，分辨出 IP 位址的網路 ID。這個 32 位元的子網路遮罩由 1 與 0 組成，其中 1 的部分表示該位置對應的是網路中的子網路位址。

並非所有的網路都需要子網路，他們可能使用預設的子網路遮罩，也就是說那些網路沒有子網路位址。表 3.1 顯示 A、B、C 級的預設子網路遮罩。

表 3.1 預設的子網路遮罩

級別	格式	預設子網路遮罩
A	網路.節點.節點.節點	255.0.0.0
B	網路.網路.節點.節點	255.255.0.0
C	網路.網路.網路.節點	255.255.255.0

雖然您可以在介面上以任意方式使用這些遮罩，但通常搞亂預設遮罩並不是個好的做法。換句話說，您不會希望建立一個 255.0.0.0 的 B 級子網路遮罩。如果試著這樣做，有些主機甚至會拒絕您的設定 (不過現代的大多數裝置是允許這樣做的)。對於 A 級網路而言，您不會想去更改子網路遮罩中的第 1 個位元組，它至少必須是 255.0.0.0。同樣地，您不會去指定 255.255.255.255，因為這是全為 1 的廣播位址。B 級位址必須從 255.255.0.0 開始，而 C 級則必須從 255.255.255.0 開始。特別是在 CCNA 認證中，沒有理由去變更預設。

了解 2 的次方

2 的次方對於 IP 的子網路切割非常重要，您必須牢記。當您看到有個數字，其右上方有另一個數字 (稱為指數)，這表示您應該讓底下的數字自身相乘，而相乘的次數就是它的指數。例如，2^3 就是 2 * 2 * 2 = 8。以下是 2 的次方的列表，您應該要記住：

$2^1 = 2$	$2^5 = 32$	$2^9 = 512$	$2^{13} = 8,192$
$2^2 = 4$	$2^6 = 64$	$2^{10} = 1,024$	$2^{14} = 16,384$
$2^3 = 8$	$2^7 = 128$	$2^{11} = 2,048$	
$2^4 = 16$	$2^8 = 256$	$2^{12} = 4,096$	

背誦這個列表不失為是個好主意，不過也不是絕對必要。只要知道後面的每個數，都是前一個乘以 2 就好了。

例如，如果要知道 2^9 的值，只要記住 2^8 的值是 256 即可。因為您只要計算 2^8 (256) 的兩倍，就可得到 2^9 (或 512)。如果要算出 2^{10}，則只要從 2^8 =256 開始，加倍兩次即可得到解答。

您也可以往另一個方向算。如果要算出 2^6，則只要將 256 減半兩次即可：第一次減半得到 2^7，第二次就是 2^6。

無級別的跨網域遶送 (CIDR)

另一個您必須熟悉的術語是**無級別的跨網域遶送** (Classless Inter-Domain Routing，CIDR)，基本上這是 ISP 用來配置特定數量的位址給其客戶的方法。

當您從 ISP 收到一組位址時，它看起來可能類似這樣：192.168.10.32/28，斜線後面的數字其實已經告訴您子網路遮罩了，它表示有多少位元的值是 1。很明顯地，這個數字最大可能是 32，因為 IP 位址總共也只有 4 個位元組 (4 * 8 = 32)。不過最大可行的子網路遮罩 (無論其位址級別為何) 只能是 /30，因為您至少得留下 2 個位元當作主機位元吧。

以 A 級的預設子網路遮罩 255.0.0.0 為例，這表示子網路遮罩的第 1 個位元組全部為 1。如果以斜線來表示時，您需要計算所有值為 1 的位元來描述遮罩。255.0.0.0 相當於 /8，因為有 8 個位元其值為 1。

B 級的預設遮罩是 255.255.0.0，相當於 /16，因為有 16 個位元的值為 1：11111111.11111111.00000000.00000000。

表 3.2 列出每個可用的子網路遮罩，以及它對等的 CIDR 斜線表示法。

表 3.2 CIDR 值

子網路遮罩	CIDR 值
255.0.0.0	/8
255.128.0.0	/9
255.192.0.0	/10
255.224.0.0	/11
255.240.0.0	/12
255.248.0.0	/13
255.252.0.0	/14
255.254.0.0	/15
255.255.0.0	/16
255.255.128.0	/17

子網路遮罩	CIDR 值
255.255.192.0	/18
255.255.224.0	/19
255.255.240.0	/20
255.255.248.0	/21
255.255.252.0	/22
255.255.254.0	/23
255.255.255.0	/24
255.255.255.128	/25
255.255.255.192	/26
255.255.255.224	/27
255.255.255.240	/28
255.255.255.248	/29
255.255.255.252	/30

/8 到 /15 只能給 A 級網路位址使用，/16 到 /23 可以給 A 級或 B 級網路位址使用，而 /24 到 /30 可以給 A、B、C 級的網路位址使用。這也就是為什麼大部分的公司都要使用 A 級網路位址，因為這樣就可以利用所有的子網路遮罩，在網路設計上可以有最大的彈性。

不！您不能用斜線的格式來設定 Cisco 路由器。但這是非常好的表示方式，瞭解斜線格式的子網路遮罩 (CIDR) 真的非常重要。

IP Subnet-Zero

IP subnet-zero 並非新的命令，但過去 Cisco 的教育軟體與 Cisco 的考試目標都沒有涵蓋這個命令。該命令允許您在網路設計中使用第一個子網路。例如，C 級遮罩 255.255.255.192 提供子網路 64，128 及 192 (稍後會詳細說明)，但透過 **ip subnet-zero** 命令，就會有 0，64，128，與 192 的子網路可用。每個子網路遮罩都多了 1 個子網路可用。

雖然我們在此不討論命令列介面 (Command Line Interface，CLI)，不過熟悉這個命令是非常重要的：

```
Router#sh running-config
Building configuration...
Current configuration : 827 bytes
!
hostname Pod1R1
!
ip subnet-zero
!
```

以上的路由器輸出顯示，路由器上的 **ip subnet-zero** 命令是開啟的。Cisco 從 Cisco IOS 12.x 版開始，預設上就已經把這個命令打開了。在此我們使用的是 15.x 版。在考 Cisco 認證的時候，請注意 Cisco 是否要求您不要使用 **ip subnet-zero**，有時候真的可能會發生這種情況。

切割 C 級位址的子網路

對網路進行子網路切割的方法有許多種，哪一種最好呢？這取決於哪種最適合您。C 級位址只有 8 個位元可用來定義主機。請記住子網路位元一定要從左邊開始，然後往右移動，不可以跳過某個位元。這表示 C 級的子網路遮罩只可能有以下幾種：

```
二進位          十進位              CIDR
---------------------------------------
00000000 = 255.255.255.0       /24
10000000 = 255.255.255.128     /25
11000000 = 255.255.255.192     /26
11100000 = 255.255.255.224     /27
11110000 = 255.255.255.240     /28
11111000 = 255.255.255.248     /29
11111100 = 255.255.255.252     /30
```

/31 與 /32 不能使用，因為至少需要 2 個主機位元來指派 IP 位址給主機。當然，/32 其實不可能用到，因為這表示沒有任何可用的主機位元。但是 Cisco 有多種型式的 IOS，以及新的 Cisco Nexus 交換器作業系統，都支援 /31。/31 已經超出了 CCNA 的範圍，所以本書將不討論這個部分。

接下來我們要教您一種很快、也很容易的子網路切割法，同時適用於真實網路世界及認證考試。

切割 C 級位址的子網路：快速法！

當您已經選好一個可能的子網路遮罩，而且要決定該遮罩所提供的子網路號碼、有效主機與子網路的廣播位址時，所要做的就是回答 5 個簡單的問題：

- 所選的子網路遮罩可產生多少子網路？
- 每個子網路有多少可用的有效主機？
- 有效的子網路為何？
- 每個子網路的廣播位址為何？
- 每個子網路的有效主機為何？

這時 2 的次方換算就會變得非常重要。以下告訴您如何得到這 5 大問題的答案：

- **多少子網路？** 2^x = 子網路數目。x 是值為 1 的位元個數。例如，在子網路遮罩 255.255.255.192 中，我們在意的是第 4 個位元組 192 (亦即 11000000)。在 11000000 中，位元為 1 的個數為 2，所以共有 $2^2 = 4$ 個子網路。
- **每個子網路有多少主機？** $2^y - 2$ = 每個子網路中的主機數目。y 是值為 0 的位元個數。例如，在 11000000 中，位元為 0 的個數為 6，所以每個子網路中共有 $2^6 - 2 = 62$ 部主機。您必須減掉子網路位址與廣播位址，它們並不是有效的主機。

- **有效的子網路為何？**256 － 子網路遮罩 ＝ 區塊大小或基礎號碼。例如，在子網路遮罩 255.255.255.192 中的第 4 個位元組為 192。256 － 192 ＝ 64，所以 192 遮罩的區塊大小固定是 64。子網路就是從 0 開始，以區塊大小為單位遞增，直到抵達遮罩的值為止。也就是 0，64，128，192。很簡單吧！
- **每個子網路的廣播位址為何？**現在這部份其實非常簡單。因為我們前面已經算出子網路是 0，64，128，192，而廣播位址總是下一個子網路的前一個號碼。例如，0 號子網路的下一個子網路是 64，所以它的廣播位址是 63。同理，64 號子網路的廣播位址是 127，因為下一個子網路號碼是 128。依此類推，而且請記得最後一個子網路的廣播位址一定是 255。
- **有效主機為何？**有效主機是子網路之間的號碼，扣掉全部為 0 與全部為 1 的部份。例如，如果子網路號碼是 64，廣播位址是 127，則有效主機範圍就是 65-126，有效主機是子網路位址與廣播位址之間的號碼。

這似乎讓人有點迷惑，但它並非真如第一眼的感覺那麼難，不要氣餒！為什麼不實際試試看呢？

子網路切割練習範例：C 級位址

現在該是利用剛才的方法來練習切割 C 級位址的時候了。我們從第 1 個 C 級子網路遮罩開始，逐一切割 C 級位址可用的所有子網路遮罩。完成之後，再把這個方法應用在 A 級與 B 級網路上，到時您就會發現那是多麼容易啊！

練習範例 #1C：255.255.255.128 (/25)

因為 128 的二進位是 10000000，只有 1 個位元可做子網路切割，有 7 個位元給主機位址用。現在我們要切割的子網路位址是：192.168.10.0。已知：

```
192.168.10.0 = 網路位址
255.255.255.128 = 子網路遮罩
```

讓我們來回答前述的 5 大問題：

- **多少子網路？**因為 128 有 1 個位元為 1 (10000000)，所以答案是 $2^1 = 2$。
- **每個子網路有多少主機？**有 7 個主機位元 (10000000)，所以等式為 $2^7 - 2 = 126$ 部主機。
- **有效的子網路為何？**256 － 128 = 128。請記住，我們從 0 開始，依區塊大小遞增，所以子網路是 0，128。
- **每個子網路的廣播位址為何？**下個子網路的前一個數字就是所有主機位元都打開的廣播位址。對於 0 號子網路，下個子網路是 128，所以 0 號子網路的廣播位址是 127。
- **有效主機為何？**就是子網路與廣播位址之間的號碼。找尋主機的最簡單方法就是寫下子網路位址與廣播位址。下表顯示 0 與 128 子網路、有效主機範圍、以及其廣播位址：

子網路	0	**128**
第一部主機	1	129
最後一部主機	126	254
廣播位址	**127**	**255**

在進入下個範例之前，讓我們看一下圖 3.3 中 C 級的 /25 網路，其中的確有 2 個子網路。這份資訊的重要性在哪呢？

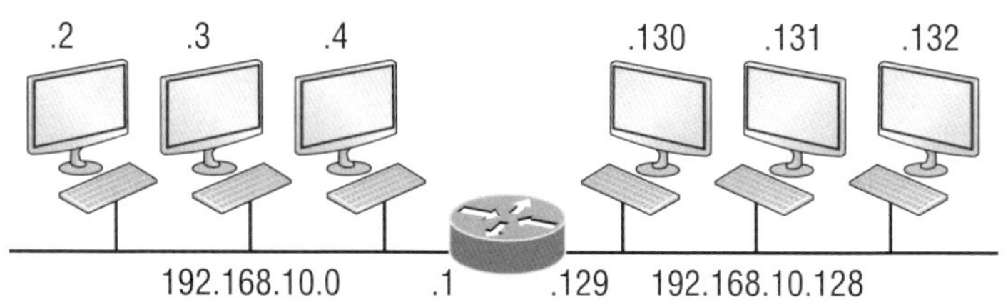


```
Router#show ip route
 [output cut]
C 192.168.10.0 is directly connected to Ethernet 0
C 192.168.10.128 is directly connected to Ethernet 1
```

圖 3.3 實作 C 級的 /25 邏輯網路

要瞭解子網路切割，最重要的就是要知道我們需要它的理由，我們藉由建置一個實體網路的過程來說明這個理由。

因為我們在圖 3.3 中加了一部路由器，為了讓互連網路上的主機能互相通訊，它們必須有一個邏輯網路位址架構。我們可以也可以使用 IPv6，但 IPv4 仍然是目前最常用的，而且也是我們目前正在研究的對象，所以就用它吧！

現在讓我們回頭看一下圖 3.3，圖上有 2 個實體網路，所以我們要實作的邏輯位址架構，必須能容納 2 個邏輯網路。網路設計時最好要往未來看，同時考慮短期和長期的成長可能。不過針對這個例子，/25 就可以應付了。

從圖 3.3 可以看到兩個子網路都已經指派給路由器的介面，建立了廣播網域和子網路。使用 **show ip route** 命令可以檢視路由器上的路徑表。請注意現在已經不是 1 個大型廣播網域，而是 2 個較小的廣播網域，每個網域最多可以容納 126 台主機。路由器輸出中的 C 代表的是 "直接連到網路"，而圖中的 2 個 C 表示我們建立了 2 個廣播網域。這表示您已經成功完成子網路切割並且應用在網路設計上！現在讓我們再練習下一題。

練習範例 #2C：255.255.255.192 (/26)

這個例子使用的網路位址是 192.168.10.0，子網路遮罩是 255.255.255.192。

```
192.168.10.0 = 網路位址
255.255.255.192 = 子網路遮罩
```

現在，讓我們來回答這 5 大問題：

- **多少子網路？**因為 192 有 2 個位元為 1 (**11**000000)，所以答案是 $2^2 = 4$。
- **每個子網路有多少主機？**有 6 個主機位元為 0 (11000000)，所以等式為 $2^6 - 2 = 62$ 部主機。
- **有效的子網路為何？**256 – 192 = 64。請記住，我們從 0 開始，依區塊大小遞增，所以子網路是 0，64，128 與 192。

- **每個子網路的廣播位址為何？**下個子網路的前一個數字就是所有主機位元都打開的廣播位址。對於 0 號子網路，下個子網路是 64，所以 0 號子網路的廣播位址是 63。
- **有效主機為何？**就是子網路與廣播位址之間號碼。找尋主機的最簡單方法就是寫下子網路位址與廣播位址。下表顯示 0，64，128 與 192 子網路、有效主機範圍、以及其廣播位址：

子網路 (最先算)	0	64	128	192
第一部主機 (最後計算)	1	65	129	193
最後一部主機	62	126	190	254
廣播位址 (第 2 個算)	63	127	191	255

同樣地，在進入下個範例之前，我們已經可以切割 /26 的子網路了，那麼這份資訊可用來幹嘛呢？實作吧！讓我們利用圖 3.4 來練習 /26 網路的實作。

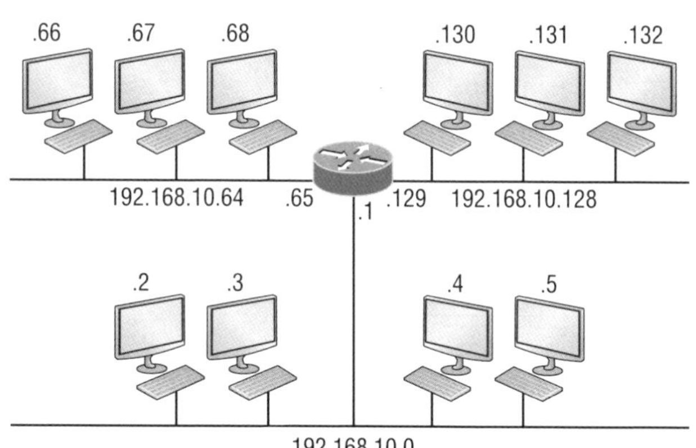
.66
.67
.68
.130
.131
.132
192.168.10.64
.65
.1
.129
192.168.10.128
.2
.3
.4
.5
192.168.10.0
Router#show ip route
[output cut]
C 192.168.10.0 is directly connected to Ethernet 0
C 192.168.10.64 is directly connected to Ethernet 1
C 192.168.10.128 is directly connected to Ethernet 2

圖 3.4 實作 C 級的 /26 邏輯網路

/26 遮罩提供 4 個子網路，而每個路由器介面都需要一個子網路。因此在這個範例中，這個遮罩讓我們還有空間可增加另一個路由器介面，記得一定要盡可能預留成長空間！

練習範例 #3C：255.255.255.224 (/27)

這次要切割的網路位址是 192.168.10.0，而子網路遮罩是 255.255.255.224。

```
192.168.10.0 = 網路位址
255.255.255.224 = 子網路遮罩
```

- **多少子網路？**224 = 11100000，所以等式是 $2^3 = 8$。
- **每個子網路有多少主機？**$2^5 - 2 = 30$。
- **有效的子網路為何？**256 – 224 = 32，所以從 0 開始，以區塊大小 32 遞增至子網路遮罩的值：0，32，64，96，128，160，192 及 224。
- **每個子網路的廣播位址為何？**(這總是下個子網路的前一個數字)
- **有效主機為何？**(這總是子網路與廣播位址之間的號碼)

要回答最後兩個問題，首先只要寫出所有的子網路，然後寫出所有的廣播位址，也就是下個子網路的前一個號碼。最後再填入主機位址。下表列出 C 級子網路遮罩 255.255.255.224 的所有子網路：

子網路位址	0	32	64	96	128	160	192	224
第一部有效主機	1	33	65	97	129	161	193	225
最後一部有效主機	30	62	94	126	158	190	222	254
廣播位址	31	63	95	127	159	191	223	255

在練習 #3C 時，我們使用的是 255.255.255.224 (/27) 網路，提供 8 個子網路 (如上所示)。我們可以實作其中任何可用的子網路，如圖 3.5。

請注意我使用了上述 8 個可用子網路中的 6 個。圖中的閃電符號代表廣域網路 (WAN)，可能是透過 ISP 或電信公司的序列連線。換句話說，這些是不屬於您，但仍然像路由器上任何 LAN 連線一樣的子網路。通常我會使用子網路上的第一個有效主機做為路由器的介面位址。這只是個經驗法則。您可以使用有效主機範圍內的任意位址。只要您記得住這個位址，能用來在主機上設定通往路由器位址的預設閘道就好了。

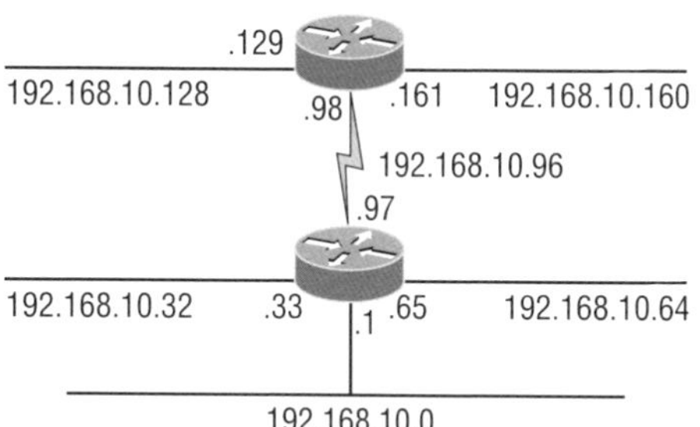


```
Router#show ip route
 [output cut]
C 192.168.10.0 is directly connected to Ethernet 0
C 192.168.10.32 is directly connected to Ethernet 1
C 192.168.10.64 is directly connected to Ethernet 2
C 192.168.10.96 is directly connected to Serial 0
```

圖 3.5 實作 C 級的 /27 邏輯網路

練習範例 #4C：255.255.255.240 (/28)

讓我們進行另一個練習：

```
192.168.10.0 = 網路位址
255.255.255.240 = 子網路遮罩
```

- **子網路？**240 = 11110000，2^4 = 16。
- **主機？**4 個主機位元或 2^4 − 2 = 14。
- **有效的子網路？**256 − 240 = 16，從 0 開始，0 + 16 = 16。16 + 16 = 32。32 + 16 = 48。48 + 16 = 64。64 + 16 = 80。80 + 16 = 96。96 + 16 = 112。112 + 16 = 128。128 + 16 = 144。144 + 16 = 160。160 + 16 = 176。176 + 16 = 192。192 + 16 = 208。208 + 16 = 224。224 + 16 =240。
- **每個子網路的廣播位址？**
- **有效主機？**

要回答最後兩個問題，只要檢查下表即可。它列出了子網路、有效主機及每個子網路的廣播位址。首先找出每個子網路的廣播位址 (它一定是下個子網路的前一個號碼)，然再填入主機位址即可。下表列出 C 級子網路遮罩 255.255.255.240 的可用子網路、主機與廣播位址：

子網路	0	16	32	48	64	80	96	112	128	144	160	176	192	208	224	240
第一主機	1	17	33	49	65	81	97	113	129	145	161	177	193	209	225	241
最後主機	14	30	46	62	78	94	110	126	142	158	174	190	206	222	238	254
廣播位址	15	31	47	63	79	95	111	127	143	159	175	191	207	223	239	255

Cisco 發現大部分的人不習慣用 16 來計算，所以在找出 C 級遮罩 255.255.255.240 的有效子網路、主機和廣播位址時有點困難。您不妨花點時間研究一下這個遮罩。

練習範例 #5C：255.255.255.248 (/29)

讓我們繼續練習：

```
192.168.10.0 = 網路位址
255.255.255.248 = 子網路遮罩
```

- **子網路？**248 = 11111000。2^5 = 32。
- **主機？**2^3 － 2 = 6。
- **有效的子網路？**256 － 248 = 8，所以是 0，8，16，24，32，40，48，56，64，72，80，88，96，104，112，120，128，136，144，152，160，168，176，184，192，200，208，216，224，232，240 及 248。
- **每個子網路的廣播位址？**
- **有效主機？**

下表列出 C 級子網路遮罩 255.255.255.248 的一些子網路 (前 4 個與後 4 個)、有效主機與廣播位址：

子網路	0	8	16	24	...	224	232	240	248
第一主機	1	9	17	25	...	225	233	241	249
最後主機	6	14	22	30	...	230	238	246	254
廣播位址	7	15	23	31	...	231	239	247	255

Tip 如果您嘗試用 192.168.10.6 255.255.255.248 來設定路由器的介面時，並且收到如下的錯誤：

```
Bad mask /29 for address 192.168.10.6
```

這表示路由器的 ip subnet-zero 功能選項是沒有啟動的。您必須要能夠看得出這個位址就是屬於子網路 0。

練習範例 #6C：255.255.255.252 (/30)

讓我們繼續練習：

```
192.168.10.0 = 網路位址
255.255.255.252 = 子網路遮罩
```

- **子網路？**64。
- **主機？**2。
- **有效的子網路？**0，4，8，12，……，一直到 252。
- **每個子網路的廣播位址？**(下個子網路之前一個號碼)
- **有效主機？**(子網路號碼與廣播位址之間的號碼)

下表列出 C 級子網路遮罩 255.255.255.252 的一些子網路 (前 4 個與後 4 個)、有效主機與廣播位址：

子網路	0	4	8	12	...	240	244	248	252
第一主機	1	5	9	13	...	241	245	249	253
最後主機	2	6	10	14	...	242	246	250	254
廣播位址	3	7	11	15	...	243	247	251	255

真實情境

我們真的應該使用只容納 2 部主機的遮罩嗎？

您是舊金山 Acme 公司的網路管理員，公司用成打的 WAN 鏈路來連接各個分公司。現在公司的網路是有級別的網路，這表示所有主機與路由器的每個介面都有相同的子網路遮罩。您已經研讀過有關無級別的遶送，知道可以使用不同大小的遮罩，但不知道如何用在點對點的 WAN 鏈路上。在這種情況下，255.255.255.252(/30) 是個有用的遮罩嗎？

是的，在廣域網路和任何點對點的鏈路中，這是一個非常有價值的遮罩。

如果使用 255.255.255.0 遮罩，則每個網路就可容納 254 部主機，但在 WAN 或點對點鏈路中卻只使用了 2 個位址！這樣每個子網路就浪費了 252 個主機位址。如果您使用 255.255.255.252 遮罩，則每個子網路只能容納 2 部主機，剛剛好不會浪費寶貴的位址。

用心算切割子網路：C 級位址

用心算切割子網路真的是有可能的，即使您不相信，我們還是要示範給您看，其實這並不難。讓我們來看看這個範例：

```
192.168.10.50 = 節點位址
255.255.255.224 = 子網路遮罩
```

首先，算出這個 IP 位址的子網路與廣播位址，您可藉由回答 5 大問題中的第 3 題來算出這個答案：256 – 224 = 32。0，32，64。33 落在 32 與 64 這 2 個子網路之間，所以它必定是 192.168.10.32 子網路的一部份。下個子網路是 64，所以 32 子網路的廣播位址是 63 (請記住，子網路的廣播位址一定是下個子網路的前一個號碼)。有效的主機範圍是 33-62 (介於子網路與廣播位址之間的數字)，這真是太簡單了，不是嗎？

讓我們再試另一個 C 級位址：

```
192.168.10.50 = 節點位址
255.255.255.240 = 子網路遮罩
```

這個 IP 位址屬於哪個子網路，廣播位址為何呢？256 － 240 = 16。現在每次加 16 直到超過主機位址: 0，16，32，48，64。找到了！這個主機位址就是介於 48 與 64 子網路之間。所以其子網路是 192.168.10.48，而廣播位址是 63 (下個子網路是 64)。有效的主機範圍是介於子網路與廣播位址之間的數字，也就是 49-62。

好的，我們需要再多練習一些，目的就是為了確定您確實能學會。

假設節點位址是 192.168.10.174，而遮罩是 255.255.255.240，其有效的主機範圍為何？

遮罩是 240，所以 256 － 240 = 16，這是我們的區塊大小，所以只要一直用 16 來累加，直到通過主機位址 174 為止：0，16，32，48，64，80，96，112，128，144，160，176。主機位址 174 就介於 160 與 176 之間，所以子網路是 160，而廣播位址是 175，因此有效的主機範圍是 161-174。這已經是個比較棘手的例子。

再舉個例子，只是為了好玩。這是所有 C 級子網路切割中最簡單的一個：

```
192.168.10.17 = 節點位址
255.255.255.252 = 子網路遮罩
```

這個 IP 位址屬於哪個子網路，其廣播位址為何呢？256 － 252 = 4，所以是 0 (除非特別聲明，否則就從 0 開始)。0，4，8，12，16，20。找到了！這個主機位址就介於 16 與 20 之間，所以子網路是 192.168.10.16，而廣播位址是 19。其有效的主機範圍是 17-18。

我們已經對 C 級網路進行夠多的子網路切割了，現在就讓我們切割 B 級網路吧。但繼續之前，讓我們很快地複習一下。

我們知道什麼？

現在請將您到目前為止所學到的應用上來，並且全部記到腦海中。根據筆者多年來的教學經驗，這是非常棒的一節，它真的可以幫助您搞定子網路切割！

當您看到子網路遮罩或斜線符號 (CIDR) 時，應該要知道以下幾件事：

/25

關於 /25，我們應該知道什麼呢？

- 128 遮罩
- 1 個 1 位元和 7 個 0 位元 (10000000)
- 區塊大小為 128
- 子網路為 0 和 128
- 2 個子網路，每個子網路有 126 部主機

/26

關於 /26，我們應該知道什麼呢？

- 192 遮罩
- 2 個 1 位元和 6 個 0 位元 (11000000)
- 區塊大小為 64
- 子網路為 0、64、128 和 192
- 4 個子網路，每個子網路有 62 部主機

/27

關於 /27，我們應該知道什麼呢？

- 224 遮罩
- 3 個 1 位元和 5 個 0 位元 (11100000)
- 區塊大小為 32
- 子網路為 0、32、64、96、128、160、192 和 224
- 8 個子網路，每個子網路有 30 部主機

/28

關於 /28，我們應該知道什麼呢？

- 240 遮罩
- 4 個 1 位元和 4 個 0 位元 (11110000)
- 區塊大小為 16
- 子網路為 0、16、32、48、64、80、96、112、128、144、160、176、192、208、224 和 240
- 16 個子網路，每個子網路有 14 部主機

/29

關於 /29，我們應該知道什麼呢？

- 248 遮罩
- 5 個 1 位元和 3 個 0 位元 (11111000)
- 區塊大小為 8
- 子網路為 0、8、16、24、32、40、48 等等
- 32 個子網路，每個子網路有 6 部主機

/30

關於 /30，我們應該知道什麼呢？

- 252 遮罩
- 6 個 1 位元和 2 個 0 位元 (11111100)
- 區塊大小為 4
- 子網路為 0、4、8、12、16、20、24 等等
- 64 個子網路，每個子網路有 2 部主機

表 3.3 是上述資訊的摘要整理。您應該找張紙練習寫出本表。如果可能的話，最好在考試前再寫一遍。

表 3.3 我們知道什麼？

CIDR 表示法	遮罩	位元	區塊大小	子網路	主機
/25	128	1 位元 on 7 位元 off	128	0 和 128	2 個子網路 每個可容納 126 主機
/26	192	2 位元 on 6 位元 off	64	0, 64, 128, 192	4 個子網路 每個可容納 62 主機
/27	224	3 位元 on 5 位元 off	32	0, 32, 64, 96, 128, 160, 192, 224	8 個子網路 每個可容納 30 主機
/28	240	4 位元 on 4 位元 off	16	0, 16, 32, 48, 64, 80, 96, 112, 128, 144, 160, 176, 192, 208, 224, 240	16 個子網路 每個可容納 14 主機
/29	248	5 位元 on 3 位元 off	8	0, 8, 16, 24, 32, 40, 48…等	32 個子網路 每個可容納 6 主機
/30	252	6 位元 on 2 位元 off	4	0, 4, 8, 12, 16, 20, 24…等	64 個子網路 每個可容納 2 主機

不論您使用的是 A 級、B 級或 C 級位址，/30 遮罩就只能提供 2 部主機。這個遮罩幾乎只適合用在點對點的鏈結 (這也是 Cisco 建議的)。如果您能記住這一節的內容，對您日常的工作或者學習之路將會有很大的幫助。

切割 B 級位址的子網路

在深入討論之前，先讓我們看看所有可能的 B 級子網路遮罩，它比 C 級網路位址多出許多的子網路遮罩：

```
255.255.0.0     (/16)
255.255.128.0   (/17)    255.255.255.0     (/24)
255.255.192.0   (/18)    255.255.255.128   (/25)
255.255.224.0   (/19)    255.255.255.192   (/26)
255.255.240.0   (/20)    255.255.255.224   (/27)
255.255.248.0   (/21)    255.255.255.240   (/28)
255.255.252.0   (/22)    255.255.255.248   (/29)
255.255.254.0   (/23)    255.255.255.252   (/30)
```

B 級網路位址有 16 個位元可供主機位址使用，這表示我們最多有 14 個位元可用來進行子網路切割 (因為至少必須留 2 個位元供主機位址使用)。使用 /16 表示您並沒有對 B 級位址進行子網路切割，但這是您可以用的遮罩。

順帶一提，您注意到上列的子網路遮罩的值有什麼有趣的地方嗎？也許有什麼特別的規則？這就是為什麼本節一開始要您記住二進位轉換至十進位數字的原因。因為子網路遮罩位元從左邊開始，然後往右移動，而且不可以跳過任何位元，所以不管是哪一種級別的位址，數字都一定是一樣的。請記住這個規則。

切割 B 級網路的程序與 C 級網路是一樣的，只是會有比較多的主機位元。您可以在 B 級位址的第 3 個位元組使用與 C 級位址的第 4 個位元組一樣的子網路號碼，但要在第 4 個位元組補 0 給網路位址，補 255 給廣播位址。下表顯示在 B 級 240 (/20) 子網路遮罩的 3 個子網路的主機範圍：

子網路位址	16.0	32.0	48.0
廣播位址	31.255	47.255	63.255

只要在數字之間增加有效的主機，這樣就對了！

這個說明只能適用在 /24 以下的遮罩，超過 /24 之後，數字看起來就會類似 C 級網路的切割。

子網路切割練習範例：B 級位址

本節讓您練習切割 B 級位址，技巧就跟切割 C 級位址一樣，只不過要從第 3 個位元組開始。

練習範例 #1B：255.255.128.0 (/17)

```
172.16.0.0 = 網路位址
255.255.128.0 = 子網路遮罩
```

- **子網路？**$2^1 = 2$。
- **主機？**$2^{15} - 2 = 32,766$ (第 3 個位元組的 7 個位元，再加上第 4 個位元組的 8 個位元)。
- **有效的子網路？**256 － 128 = 128。0，128。記住，子網路切割要在第 3 個位元組上進行。因此，子網路號碼其實是 0.0 以及 128.0，如下表所示。這些號碼就跟我們處理 C 級位址時完全一樣，我們將它們放在第 3 個位元組，然後在第 4 個位元組補 0，這就是網路位址的答案。
- **每個子網路的廣播位址？**
- **有效主機？**

下表列出這 2 個子網路，以及其有效主機與廣播位址：

子網路	0.0	128.0
第一主機	0.1	128.1
最後主機	127.254	255.254
廣播位址	127.255	255.255

請注意我們只是加上第 4 個位元組的最低與最高值，就可得到答案。其實這與 C 級子網路的做法是一樣的，我們只是在第 4 個位元組中加上 0 與 255 罷了。

問題：就拿前一個子網路遮罩來說，您認為 172.16.10.0 是個有效的主機位址嗎？那 172.16.10.255 呢？第 4 位元組的 0 和 255 可以是有效的主機位址嗎？答案是肯定的，它們絕對可以是有效的主機位址。任何介於子網路編號和廣播位址之間的號碼都是有效的主機位址。

練習範例 #2B：255.255.192.0 (/18)

```
172.16.0.0 = 網路位址
255.255.192.0 = 子網路遮罩
```

- **子網路？**2^2 = 4。
- **主機？**2^{14} － 2 = 16,382 (第 3 個位元組的 6 個位元，再加上第 4 個位元組的 8 個位元)。
- **有效的子網路？**256 － 192 = 64。0，64，128，192。記住，子網路切割要在第 3 個位元組上進行。因此，子網路號碼其實是 0.0，64.0，128.0 以及 192.0，如下表所示。
- **每個子網路的廣播位址？**
- **有效主機？**

下表列出這 4 個子網路，以及其有效主機與廣播位址：

子網路	0.0	64.0	128.0	192.0
第一主機	0.1	64.1	128.1	192.1
最後主機	63.254	127.254	191.254	255.254
廣播位址	63.255	127.255	191.255	255.255

同樣地，這與 C 級子網路的做法是一樣的，我們只是在第 4 個位元組中加上 0 與 255 罷了。

練習範例 #3B：255.255.240.0 (/20)

```
172.16.0.0 = 網路位址
255.255.240.0 = 子網路遮罩
```

- **子網路？**2^4 = 16。
- **主機？**2^{12} – 2 = 4094。
- **有效的子網路？**256 – 240 = 16，所以是 0，16，32，48，……，直到 240。請注意這些數字與 C 級遮罩 240 的完全一樣，我們只是將它們放在第 3 個位元組，然後在第 4 個位元組補上 0 與 255 罷了。
- **每個子網路的廣播位址？**
- **有效主機？**

下表列出前 4 個子網路，以及其有效主機與廣播位址：

子網路	**0.0**	**16.0**	**32.0**	**48.0**
第一主機	0.1	16.1	32.1	48.1
最後主機	15.254	31.254	47.254	63.254
廣播位址	15.255	31.255	47.255	63.255

練習範例 #4B：255.255.248 .0 (/21)

```
172.16.0.0 = 網路位址
255.255.248.0 = 子網路遮罩
```

- **子網路？**2^5 = 32。
- **主機？**2^{11} – 2 = 2046。
- **有效的子網路？**256 – 248 = 0，8，16，24，32 等等……，直到 248。
- **每個子網路的廣播位址？**
- **有效主機？**

下表列出在 B 級 255.255.248.0 遮罩下的前 5 個子網路，以及其有主機與廣播位址：

子網路	0.0	8.0	16.0	24.0	32.0
第一主機	0.1	8.1	16.1	24.1	32.1
最後主機	7.254	15.254	23.254	31.254	39.254
廣播位址	7.255	15.255	23.255	31.255	39.255

3

練習範例 #5B：255.255.252.0 (/22)

```
172.16.0.0 = 網路位址
255.255.252.0 = 子網路遮罩
```

- **子網路？**2^6 = 64。
- **主機？**2^{10} − 2 = 1022。
- **有效的子網路？**256 − 252 = 0，4，8，12，16 等等……，直到 252。
- **每個子網路的廣播位址？**
- **有效主機？**

下表列出在 B 級 255.255. 252.0 遮罩下的前 5 個子網路，以及其有效主機與廣播位址：

子網路	0.0	4.0	8.0	12.0	16.0
第一主機	0.1	4.1	8.1	12.1	16.1
最後主機	3.254	7.254	11.254	15.254	19.254
廣播位址	3.255	7.255	11.255	15.255	19.255

練習範例 #6B：255.255.254.0 (/23)

```
172.16.0.0 = 網路位址
255.255.254.0 = 子網路遮罩
```

- **子網路？** 2^7 = 128。
- **主機？** 2^9 – 2 = 510。
- **有效的子網路？** 256 – 254 = 2，所以是 0，2，4，6，8……，直到 254。
- **每個子網路的廣播位址？**
- **有效主機？**

下表列出前 5 個子網路，以及其有效主機與廣播位址：

子網路	0.0	2.0	4.0	6.0	8.0
第一主機	0.1	2.1	4.1	6.1	8.1
最後主機	1.254	3.254	5.254	7.254	9.254
廣播位址	1.255	3.255	5.255	7.255	9.255

練習範例 #7B：255.255.255.0 (/24)

當一個 B 級網路位址使用遮罩 255.255.255.0 時，不能就因此稱它為使用 C 級子網路遮罩的 B 級網路。很多人將這個 B 級網路所用的遮罩視為是一個 C 級子網路遮罩，但它其實是一個利用 8 位元來切割子網路的 B 級子網路遮罩，它與 C 級遮罩是相當不一樣的。切割這個位址其實非常簡單：

```
172.16.0.0 = 網路位址
255.255.255.0 = 子網路遮罩
```

- **子網路？** 2^8 = 256。
- **主機？** 2^8 – 2 = 254。
- **有效的子網路？** 256 – 255 = 1，所以是 0，1，2，3……，直到 255。

- **每個子網路的廣播位址？**
- **有效主機？**

下表列出前 4 個與最後 2 個子網路，以及其有效主機與廣播位址：

子網路	0.0	1.0	2.0	3.0	...	254.0	255.0
第一主機	0.1	1.1	2.1	3.1	...	254.1	255.1
最後主機	0.254	1.254	2.254	3.254	...	254.254	255.254
廣播位址	0.255	1.255	2.255	3.255	...	254.255	255.255

練習範例 #8B：255.255.255.128 (/25)

這是個很難切割的子網路遮罩，但它真的是很好用的子網路，因為它可以產生超過 500 個子網路，而每個子網路可容納 126 部主機，真是個不錯的組合。所以不要跳過這個練習！

```
172.16.0.0 = 網路位址
255.255.255.128 = 子網路遮罩
```

- **子網路？**2^9 = 512。
- **主機？**2^7 – 2 = 126。
- **有效的子網路？**針對第 3 個位元組，256 – 255 = 1，所以是 0，1，2，3……。但您不可以忘記第 4 個位元組也用了一個子網路位元。還記得我們在 C 級遮罩時如何算出一個子網路位元的嗎？這裡可以用同樣的方法來計算 (現在您知道為什麼我們剛才要在 C 級網路的切割時舉 1 個位元的子網路遮罩例子嗎？就是為了讓這個部份較容易瞭解)。對於每個第 3 位元組的值都會有 2 個子網路，所有共有 512 個子網路。例如，如果第 3 個位元組的子網路位址是 3，則這 2 個子網路實際上是 3.0 與 3.128。
- **每個子網路的廣播位址？**
- **有效主機？**

下表列出前 8 個與最後 2 個子網路，以及其有效主機與廣播位址：

子網路	0.0	0.128	1.0	1.128	2.0	2.128	3.0	3.128	···	255.0	255.128
第一主機	0.1	0.129	1.1	1.129	2.1	2.129	3.1	3.129	···	255.1	255.129
最後主機	0.126	0.254	1.126	1.254	2.126	2.254	3.126	3.254	···	255.126	255.254
廣播位址	0.127	0.255	1.127	1.255	2.127	2.255	3.127	3.255	···	255.127	255.255

練習範例 #9B：255.255.255.192 (/26)

現在 B 級位址的子網路切割變得容易多了，因為遮罩的第 3 個位元組是 255，所以第 3 個位元組的所有號碼都是子網路號碼。不過，既然第 4 個位元組也有子網路號碼，那麼我們就可以像切割 C 級位址那樣地切割這個位元組。

```
172.16.0.0 = 網路位址
255.255.255.192 = 子網路遮罩
```

- **子網路？** $2^{10} = 1024$。
- **主機？** $2^6 - 2 = 62$。
- **有效的子網路？** 256 － 192 ＝ 64。子網路如下表所示，這些號碼看起來是不是很眼熟呢？
- **每個子網路的廣播位址？**
- **有效主機？**

下表列出前 8 個子網路，以及其有效主機與廣播位址：

子網路	0.0	0.64	0.128	0.192	1.0	1.64	1.128	1.192
第一主機	0.1	0.65	0.129	0.193	1.1	1.65	1.129	1.193
最後主機	0.62	0.126	0.190	0.254	1.62	1.126	1.190	1.254
廣播位址	0.63	0.127	0.191	0.255	1.63	1.127	1.191	1.255

請注意每個子網路的第 3 個位元組，每個值都可與第 4 個位元組中的 0，64，128 與 192 進行組合。

練習範例 #10B：255.255.255.224 (/27)

這題的計算方式與前一題相同，只是這題會有較多的子網路，而每個子網路可用的主機則較少。

```
172.16.0.0 = 網路位址
255.255.255.224 = 子網路遮罩
```


- **子網路？** 2^{11} = 2048。
- **主機？** 2^5 － 2 = 30。
- **有效的子網路？** 256 － 224 = 32，所以是 0，32，64，96，128，160，192，224。
- **每個子網路的廣播位址？**
- **有效主機？**

下表列出前 8 個子網路，以及其有效主機與廣播位址：

子網路	0.0	0.32	0.64	0.96	0.128	0.160	0.192	0.224
第一主機	0.1	0.33	0.65	0.97	0.129	0.161	0.193	0.225
最後主機	0.30	0.62	0.94	0.126	0.158	0.190	0.222	0.254
廣播位址	0.31	0.63	0.95	0.127	0.159	0.191	0.223	0.255

下表顯示最後 8 個子網路：

子網路	255.0	255.32	255.64	255.96	255.128	255.160	255.192	255.224
第一主機	255.1	255.33	255.65	255.97	255.129	255.161	255.193	255.225
最後主機	255.30	255.62	255.94	255.126	255.158	255.190	255.222	255.254
廣播位址	255.31	255.63	255.95	255.127	255.159	255.191	255.223	255.255

用心算切割子網路：B 級位址

其實用心算要比寫出來容易，不相信嗎？示範給您看：

- **問題：**IP 位址 172.16.10.33 255.255.255.224 (/27) 所屬的子網路與廣播位址為何？

  答案：關注的位元組是第 4 個位元組。256 – 224 = 32。32 + 32 = 64。33 剛好就介於 32 與 64 之間，不過您要記得第 3 個位元組只是子網路的一部份，所以子網路的答案應該是 10.32，而因為下個子網路是 10.64，所以廣播位址是 10.63。

- **問題：**IP 位址 172.16.66.10 255.255.192.0 (/18) 所屬的子網路與廣播位址為何？

  答案：這題關注的位元組是第 3 個位元組，而非第 4 個。256 – 192 = 64。0，64，128。所以子網路的答案應該是 172.16.64.0，而因為下個子網路是 128.0，所以廣播位址是 172.16.127.255。

- **問題：**IP 位址 172.16.50.10 255.255.224.0 (/19) 所屬的子網路與廣播位址為何？

  答案：256 – 224 = 32。0，32，64 (請注意，我們總是要從 0 開始算起)。所以子網路的答案應該是 172.16.32.0，而因為下個子網路是 64.0，所以廣播位址是 172.16.63.255。

- **問題：**IP 位址 172.16.46.255 255.255.240.0 (/20) 所屬的子網路與廣播位址為何？

  答案：256 – 240 = 16。這題關注的位元組是第 3 個位元組。0，16，32，48。所以子網路的答案應該是 172.16.32.0，而因為下個子網路是 48.0，所以廣播位址是 172.16.47.255，因此，172.16.46.255 是有效的主機位址。

- **問題：**IP 位址 172.16.45.14 255.255.255.252 (/30) 所屬的子網路與廣播位址為何？

  答案：關注的位元組在哪裡呢？256 – 252 = 4。0，4，8，12，16 (第 4 個位元組)。所以子網路的答案應該是 172.16.45.12，而因為下個子網路是 172.16.45.16，所以廣播位址是 172.16.45.15。

- **問題：**IP 位址 172.16.88.255 (/20) 所屬的子網路與廣播位址為何？

  答案：什麼是 /20？先回答這點，才能找出這題的答案。/20 就是 255.255.240.0，所以第 3 個位元組的區塊大小是 16。因為第 4 個位元組沒有子網路位元，所以第 4 個位元組的答案一定是 0 和 255。0，16，32，48，64，80，96……找到了！88 就在 80 與 96 之間，所以子網路號碼是 80.0，而廣播位址是 95.255。

- **問題：**如果路由器從介面收到一個目的 IP 位址為 172.16.46.191 (/26) 的封包，路由器要如何處理這個封包呢？

  答案：丟棄！為什麼呢？172.16.46.191/26 的網路遮罩是 255.255.255.192，所以區塊大小是 64，子網路是 0，64，128，192。因此，191 是 128 子網路的廣播位址，而路由器的預設會丟棄廣播封包。

造訪 www.lammle.com/ccna 可以取得更多的子網路切割練習。

3-2 摘要

您第一次讀第 2、3 章就全懂了嗎？如果是，那真是太神了！恭喜您！不過大部分都不是這樣的，您可能會有許多不懂的地方，所以不要沮喪。如果每一章都需要研讀一遍以上，不要太難過，甚至讀上十遍也不為過，這樣您一定可以進行得很好。

本章教您如何進行 IP 的子網路切割，讀完本章後，您應該能夠在心裡進行 IP 子網路切割運算。本章對於 CCNA 認證是非常重要的，請您詳細研讀，並且務必完成本章的所有的練習。

3-3 考試重點

- **了解切割子網路的優點**：切割實體網路的優點包括：減少網路交通、最佳化網路效能、簡化管理、有利於跨越較大的地理距離等。
- **說明 ip subnet-zero 命令的影響**：此命令允許您在網路設計中使用第一個與最後一個子網路。
- **確實知道切割有級別子網路的步驟**：瞭解 IP 定址與子網路切割如何運作。首先，利用「256 － 子網路遮罩」的數學公式來決定區塊大小，然後算出子網路，並找出每個子網路的廣播位址，它一直就是下個子網路位址的前一個號碼。有效主機就是子網路位址與廣播位址之間的號碼。
- **決定可能的區塊大小**：這是瞭解 IP 位址與子網路切割的重要部份。有效的區塊大小是 2，4，8，12，16，32，64，128 等，您可以利用「256 － 子網路遮罩」的公式來決定區塊大小。
- **描述子網路遮罩在 IP 位址中的角色**：子網路遮罩是一個 32 位元的值，讓 IP 封包的接收者得以從 IP 位址的主機 ID，分辨出 IP 位址的網路 ID。

3-4 習題

習題解答請參考附錄。

(　　) 1. 子網路遮罩為 255.255.255.224 的子網路，最多可以分配多少個 IP 位址給主機？

A. 14　　**B.** 15
C. 16　　**D.** 30
E. 31　　**F.** 62

(　　) 2. 有個網路需要 29 個子網路，如果要最大化每個子網路上可容納的主機位址數目，那麼要從主機欄位借用多少的位元，才能提供正確的子網路遮罩？

A. 2　　**B.** 3
C. 4　　**D.** 5
E. 6　　**F.** 7

(　　) 3. IP 位址為 200.10.5.68/28 的主機其子網路位址為何？

A. 200.10.5.56　　**B.** 200.10.5.32
C. 200.10.5.64　　**D.** 200.10.5.0

(　　) 4. 網路位址 172.16.0.0/19 可提供多少子網路與主機？

A. 7 個子網路，每個子網路有 30 部主機
B. 7 個子網路，每個子網路有 2,046 部主機
C. 7 個子網路，每個子網路有 8,190 部主機
D. 8 個子網路，每個子網路有 30 部主機
E. 8 個子網路，每個子網路有 2,046 部主機
F. 8 個子網路，每個子網路有 8,190 部主機

( ) 5. 以下哪 2 個敘述是在描述 IP 位址 10.16.3.65 /23？(選擇 2 個答案)

A. 子網路位址是 10.16.3.0 255.255.254.0

B. 此子網路的最低主機位址是 10.16.2.1 255.255.254.0

C. 此子網路的最後一個有效主機位址是 10.16.2.254 255.255.254.0

D. 此子網路的廣播位址是 10.16.3.255 255.255.254.0

E. 這個網路並沒有做子網路切割

( ) 6. 假設網路上有個主機的位址是 172.16.45.14 /30，這部主機所屬的子網路是什麼？

A. 172.16.45.0

B. 172.16.45.4

C. 172.16.45.8

D. 172.16.45.12

E. 172.16.45.16

( ) 7. 為了減少 IP 位址的浪費，應該用什麼遮罩給點對點的 WAN 鏈路？

A. /27

B. /28

C. /29

D. /30

E. /31

( ) 8. IP 位址 172.16.66.0/21 的子網路號碼為何？

A. 172.16.36.0

B. 172.16.48.0

C. 172.16.64.0

D. 172.16.0.0

( ) 9. 假設您的路由器上有一個介面的 IP 位址是 192.168.192.10/29，則連結到這個路由器介面的 LAN 上可分配多少個 IP 位址給主機 (包括這個路由器介面)？

A. 6

B. 8

C. 30

D. 62

E. 126

( )10. 假設您需要將一部伺服器設定在 192.168.19.24/29 的子網路上，路由器佔據了第一個可用的主機位址。應該設定下列哪個位址給伺服器？

A. 192.168.19.0 255.255.255.0

B. 192.168.19.33 255.255.255.240

C. 192.168.19.26 255.255.255.248

D. 192.168.19.31 255.255.255.248

E. 192.168.19.34 255.255.255.240

MEMO

IP 位址的檢修

本章涵蓋的 CCNA 檢定主題

1.0 網路基本原理

- 1.6 設定並驗證 IPv4 位址與子網路切割
- 1.10 檢查客戶端作業系統 (Windows、Mac OS、Linux) 的 IP 參數

本章將根據 Cisco 建議的 IP 網路檢修步驟，說明 IP 位址的問題檢測。因此，本章是淬鍊 IP 定址和建立網路的利器，並且能讓您目前為學到的東西更上一層樓。

4-1 Cisco 的 IP 位址故障排除方法

很顯然地，檢修 IP 位址是非常重要的技能，因為麻煩總是會發生，這只是遲早的問題！不論是在公司或在家裡，您都必須要有能力找出並修復 IP 網路上的問題。

本節教您如何以「Cisco 方式」檢修 IP 位址。讓我們以圖 4.1 來當作基本 IP 問題的範例：可憐的莎麗無法登入 Windows 伺服器。您的處理方式可以打電話給微軟，說他們的伺服器簡直就是垃圾，因為它帶給您這些問題。但這可能不是好主意，先讓我們檢查一下自己的網路吧！

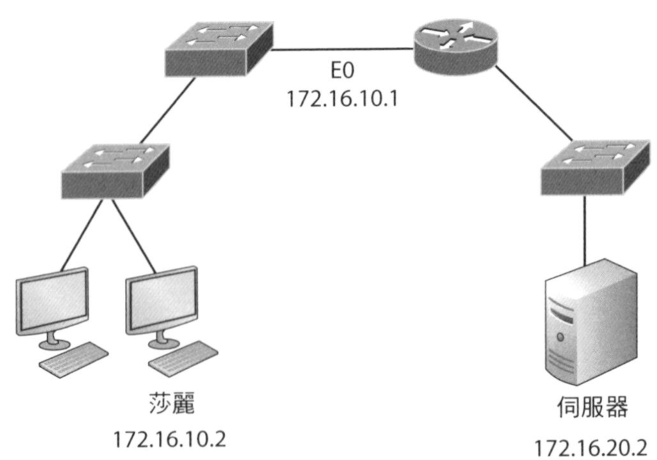

圖 4.1 基本的 IP 檢修

首先，讓我們瀏覽一遍 Cisco 所使用的檢修步驟。這些步驟非常簡單，但卻很重要。假設您在用戶的主機上，而他們抱怨主機無法連上伺服器，而該伺服器是位於一個遠端網路上。以下是 Cisco 建議的 4 個檢修步驟：

1. 打開 CMD 視窗，ping 127.0.0.1，這是診斷或 loopback 位址。如果可以 ping 成功，表示您的 IP 堆疊已初始化成功；否則，這意味著您的 IP 堆疊根本沒有正常運作，這時您需要重新在這部主機上安裝 TCP/IP。

```
C:\>ping 127.0.0.1
Pinging 127.0.0.1 with 32 bytes of data:
Reply from 127.0.0.1: bytes=32 time
Reply from 127.0.0.1: bytes=32 time
Reply from 127.0.0.1: bytes=32 time
Reply from 127.0.0.1: bytes=32 time
Ping statistics for 127.0.0.1:
Packets: Sent = 4, Received = 4, Lost = 0 (0% loss),
Approximate round trip times in milli-seconds:
Minimum = 0ms, Maximum = 0ms, Average = 0ms
```

2. 從 CMD 視窗 ping 本地主機的 IP 位址。如果成功，表示您的網路介面卡 (Network Interface Card，NIC) 可正常運作；否則表示網路介面卡有問題。但這並不表示網路線與網路介面卡已經接好，只是表示主機上的 IP 協定堆疊可以與網路介面卡通訊 (透過 LAN 驅動程式)。

```
C:\>ping 172.16.10.2
Pinging 172.16.10.2 with 32 bytes of data:
Reply from 172.16.10.2: bytes=32 time
Reply from 172.16.10.2: bytes=32 time
Reply from 172.16.10.2: bytes=32 time
Reply from 172.16.10.2: bytes=32 time
Ping statistics for 172.16.10.2:
Packets: Sent = 4, Received = 4, Lost = 0 (0% loss),
Approximate round trip times in milli-seconds:
Minimum = 0ms, Maximum = 0ms, Average = 0ms
```

3. 從 CMD 視窗 ping 預設閘道 (路由器)。如果成功，表示網路介面卡已經連到網路，而且可以與本地網路通訊；否則，從網路介面卡到路由器之間的某處可能有實體網路問題。

```
C:\>ping 172.16.10.1
Pinging 172.16.10.1 with 32 bytes of data:
Reply from 172.16.10.1: bytes=32 time
Reply from 172.16.10.1: bytes=32 time
Reply from 172.16.10.1: bytes=32 time
Reply from 172.16.10.1: bytes=32 time
Ping statistics for 172.16.10.1:
Packets: Sent = 4, Received = 4, Lost = 0 (0% loss),
Approximate round trip times in milli-seconds:
Minimum = 0ms, Maximum = 0ms, Average = 0ms
```

4. 如果步驟 1 到 3 都成功，請試著 ping 遠端的伺服器。如果成功，表示本地主機與遠端伺服器可以進行 IP 通訊，而且也由此知道遠端的實體網路目前仍正常地運作。

```
C:\>ping 172.16.20.2
Pinging 172.16.20.2 with 32 bytes of data:
Reply from 172.16.20.2: bytes=32 time
Reply from 172.16.20.2: bytes=32 time
Reply from 172.16.20.2: bytes=32 time
Reply from 172.16.20.2: bytes=32 time
Ping statistics for 172.16.20.2:
Packets: Sent = 4, Received = 4, Lost = 0 (0% loss),
Approximate round trip times in milli-seconds:
Minimum = 0ms, Maximum = 0ms, Average = 0ms
```

如果這 4 個步驟都成功，而用戶仍然無法與遠端伺服器通訊，那麼也許有某種名稱解析問題，必須檢查您的 DNS 設定。但如果無法 ping 到遠端伺服器，表示存在某種遠端實體網路問題，這時就必須到伺服器上進行步驟 1 到 3 的檢修，直到找到問題為止。

查驗作業系統 (OS) 的 IP 參數

在我們繼續說明如何判斷 IP 位址問題，以及如何修正之前，先來介紹幾個基本的 DOS 命令，協助您在 PC 和 Cisco 路由器以及 MAC 和 Linux 主機上進行網路的檢修 (這些命令在 PC 和 Cisco 路由器上的實作方式不同，但是可以做相同的事)。

- **ping**：使用 ICMP 回聲請求和回覆，以測試某個網點的 IP 堆疊是否已經開啟，並且還在網路上運行。
- **traceroute**：使用 TTL 逾時和 ICMP 錯誤訊息，找出通往網路目的地所經路徑上的所有路由器。
- **tracert**：跟 traceroute 相同功能的命令，但這是微軟 Windows 的命令，並且無法在 Cisco 路由器上運作。
- **arp –a**：在 Windows PC 上顯示 IP 對 MAC 的位址對應。
- **show ip arp**：跟 arp –a 相同功能的命令，Cisco 路由器用它來顯示 ARP 表格。就像 traceroute 和 tracert 命令一樣，arp –a 跟 show ip arp 無法在 Windows 和 Cisco 之間交換使用。
- **ipconfig /all**：只能在 Windows **命令提示字元**下使用，用來顯示 PC 的網路設定。
- **ifconfig**：在 MAC 和 Linux 之下，用來取得本地機器的 IP 位址詳細資訊。
- **ifconfig getifaddr en0**：在 MAC 和 Linux 之下連到無線網路時，用來找出 IP 位址；如果是連到乙太網路，則使用 en1。
- **curl ifconfig.me**：在 MAC 和 Linux 之下，這個命令可以在終端機上顯示全域的網際網路 IP 位址。
- **curl ipecho.net/plain ; echo**：在 MAC 和 Linux 之下，這個命令可以在終端機上顯示全域的網際網路 IP 位址。

如果您已經嘗試了這些步驟，必要時也用了適當的命令，並且發現了問題，然後該怎麼辦呢？如何修復 IP 位址的組態錯誤呢？讓我們繼續討論如何找出 IP 位址的問題，並加以修復。

找出 IP 位址的問題

在主機、路由器或其他的網路裝置上設錯 IP 位址、子網路遮罩或預設閘道是很平常的事。因為這太常發生了，所以您得學會如何找出 IP 位址的問題，並加以修復。

比較好的方式是先畫出網路與 IP 位址架構。如果您很幸運地已經有這些資訊，那簡直就可以去買樂透了。雖然這本來就是應該要做的事，但人們很少這樣做；即使有，經常是已經過期或不正確了。這件工作通常都付之闕如，而且您得從頭開始。

一旦精確地畫出包含 IP 位址架構的網路後，必須確認每部主機的 IP 位址、遮罩以及預設閘道位址，以找出問題 (假設您沒有實體的網路問題，即使有，也已經修復了)。

讓我們來檢查圖 4.2 的範例。業務部門的一位用戶打電話告訴您，他無法連到行銷部門的 A 伺服器，您詢問他是否能連到行銷部門的 B 伺服器，但他不知道，因為他沒有登入該伺服器的權利。您該怎麼辦呢？

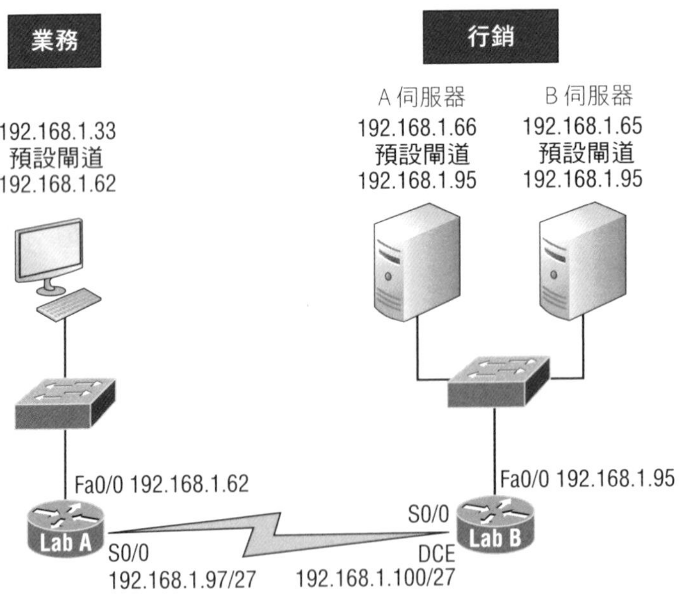

圖 4.2 第 1 個 IP 位址問題

您要求用戶進行我們上節所學的 4 個檢修步驟，結果步驟 1 到步驟 3 都成功，而步驟 4 則失敗。仔細地檢視這張圖，您能瞧出端倪嗎？讓我們從網路圖中找尋線索。首先，Lab A 路由器與 Lab B 路由器之間的廣域網路鏈路顯示遮罩是 /27，您應該已經有能力知道這個遮罩是 255.255.255.224，然後判斷所有網路都是使用這個遮罩。網路位址是 192.168.1.0，那麼有效子網路與主機為何呢？256 – 224 = 32，所以子網路是 0，32，64，96，128……等。檢視網路圖，我們發現業務部門使用的子網路是 32，廣域網路鏈路使用的子網路是 96，行銷部門使用的子網路是 64。

接著我們應該找出每個子網路的有效主機範圍。依據本章開始所學到的，您應該很容易就能決定子網路位址、廣播位址以及有效的主機範圍。業務部區域網路的有效主機是 33 到 62，而因為下個子網路是 64，所以廣播位址是 63，對吧？對於行銷部區域網路，有效的主機是 65 到 94 (廣播是 95)，而廣域網路的鏈路是 97 到 126 (廣播是 127)。仔細地檢視網路圖，就可發現 Lab B 路由器這個預設閘道的位址是錯誤的，它是 64 子網路的廣播位址，因此絕對不會是一部有效的主機。

Tip 如果您嘗試在 Lab B 路由器介面上設定這樣的位址，就會收到 "bad mask error" 訊息，Cisco 路由器是不會讓您輸入子網路或廣播位址當作有效主機位址的。

您完全瞭解了嗎？也許我們應該再試試另一個，確定您已經瞭解。圖 4.3 有一個網路問題，業務部區域網路上的一個用戶無法抵達 B 伺服器。您請用戶執行 4 個檢修步驟，並且發現該主機可以在區域網路上通訊，但無法連上遠端網路。請找出並定義這個 IP 位址問題。

如果利用解決上個問題所用的步驟，首先可以發現廣域網路鏈路所使用的子網路遮罩為 /29 或 255.255.255.248。您必須找出有效的子網路、廣播位址以及有效的主機範圍為何，以解決這個問題。

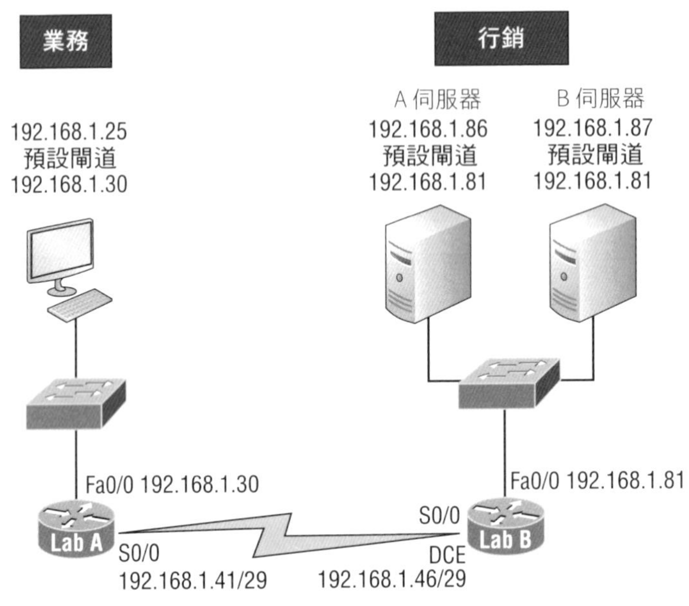

圖 4.3 第 2 個 IP 位址問題

248 遮罩的區塊大小為 8 (256 - 248 = 8)，所以子網路從 0 開始，並且會以 8 的倍數增加。瀏覽這張圖，業務部區域網路的子網路是 24，廣域網路的子網路是 40，而行銷部區域網路的子網路是 80。您發現問題了嗎？業務部區域網路的有效主機範圍是 25-30，而圖上的設定似乎是正確的。廣域網路鏈路的有效主機範圍是 41-46，這似乎也是正確的。80 子網路的有效主機範圍是 81-86，而因為下個子網路位址是 88，所以其廣播位址是 87，我們發現 B 伺服器誤設成子網路的廣播位址。

好的，您已經能夠找出主機上的 IP 位址沒有設好。那麼，如果主機甚至連 IP 位址都沒有，需要您指定一個，那要怎麼做呢？這時您要檢視一下 LAN 上其他主機的設定，找出網路、遮罩以及預設閘道。讓我們舉一些例子，看看如何為主機尋找並應用有效的 IP 位址。

如果您要指定 LAN 上的伺服器與路由器的 IP 位址，而該網段上的子網路位址是 192.168.20.24/29。假設我們要指定第一個可用的位址給路由器，並指定最後一個有效的主機給伺服器，那麼伺服器的 IP 位址、遮罩以及預設閘道應該如何指定？

要回答這個問題，您必須知道 /29 就是 255.255.255.248，它提供的區塊大小是 8。這個子網路是 24，所以下個子網路是 24 + 8 = 32，因此 24 號子網路的廣播位址是 31，所以有效的主機範圍是 25-30。

```
伺服器 IP 位址：192.168.20.30
伺服器遮罩：255.555.255.248
預設閘道：192.168.20.25 (路由器的 IP 位址)
```

接著，再看另一個例子，請看圖 4.4，讓我們來解決這個問題。

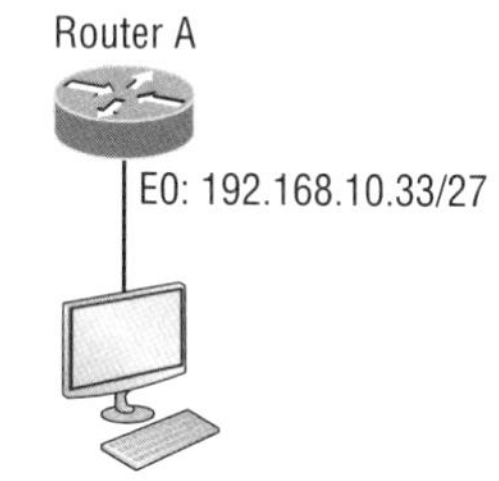

圖 4.4 尋找有效的主機 #1

根據路由器在 Ethernet0 介面上的 IP 位址，我們可以指定給主機的 IP 位址、子網路遮罩以及有效的主機範圍為何？

路由器在 Ethernet0 介面上的 IP 位址是 192.168.10.33/27，因為 /27 就是遮罩 224，且區塊大小為 32，所以路由器的介面屬於 32 號子網路。下個子網路是 64，所以 32 子網路的廣播位址是 63，有效的主機範圍是 33-62。

主機 IP 位址：192.168.10.34-62 (除了 33 要指定給路由器以外，主機範圍中的其它位址都可以)。

```
遮罩：255.255.255.224
預設閘道：192.168.10.33
```

圖 4.5 顯示兩部路由器，其乙太網路介面卡已經指定好 IP 位址。請問 Host A 與 Host B 主機的主機位址與子網路遮罩應該為何？

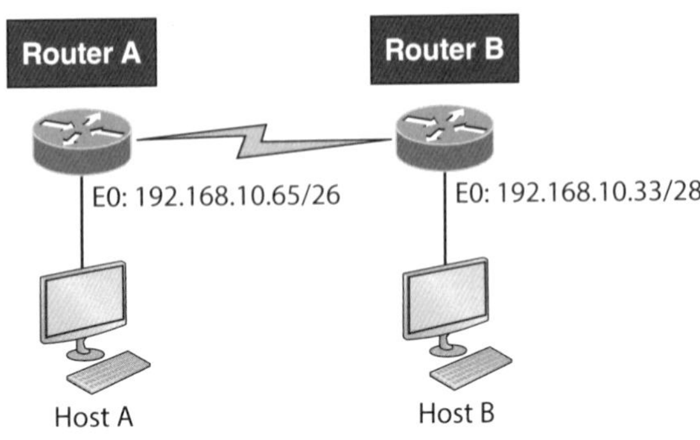

圖 4.5 尋找有效的主機 #2

Router A 有 IP 位址 192.168.10.65/26，而 Router B 有 IP 位址 192.168.10.33/28，那麼主機應該如何設定？Router A 的 Ethernet0 屬於 192.168.10.64 子網路，而 Router B 的 Ethernet0 則是屬於 192.168.10.32 子網路。

```
Host A IP 位址：192.168.10.66-126
Host A 遮罩：255.255.255.192
Host A 預設閘道：192.168.10.65
Host B IP 位址：192.168.10.34-46
Host B 遮罩：255.255.255.240
Host B 預設閘道：192.168.10.33
```

讓我們再多舉幾個例子！

圖 4.6 顯示 2 部路由器，您需要設定 Router B 上的 S0/0 介面。Router A 用以連接序列鏈路的 S0/0 介面分配到的網路 IP 是 172.16.17.0/22，那麼我們可以指定什麼 IP 位址給 Router B 的 S0/0 介面呢？

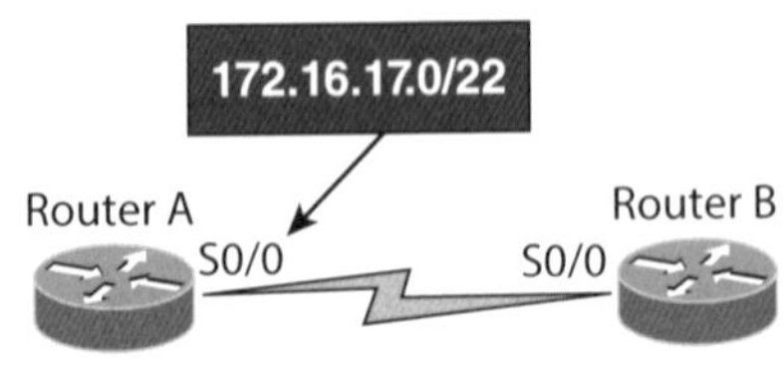

圖 4.6 尋找有效的主機 #3

首先，您必須知道 CIDR /22 就是 255.255.252.0，它在第 3 個位元組的區塊大小是 4。因為圖上列出的 IP 位址是 17，所以可用的主機範圍是 16.1 到 19.254。因此，舉例而言，S0/0 的 IP 位址可以是 172.16.18.255，因為它落在可用的範圍內。

好的，最後一個例子囉！假設您有一個 C 級的網路 ID，並且需要提供每個城市辦事處各一個可用的子網路，以及足夠的主機位址；條件如圖 4.7 所示。那麼遮罩要如何設定呢？

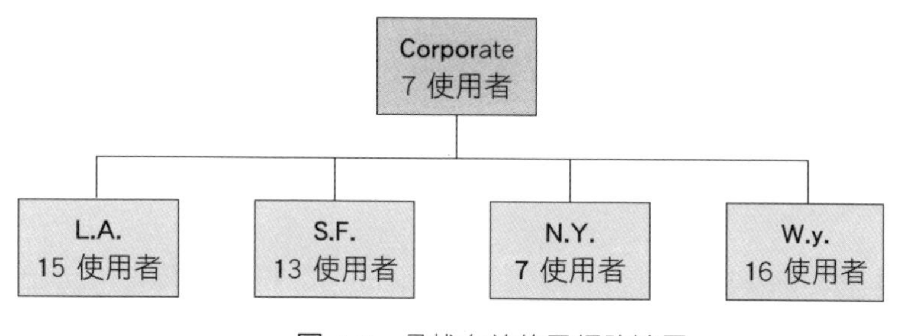

圖 4.7 尋找有效的子網路遮罩

事實上，這可能會是您今天所完成的事情中最簡單的一件！圖中共需要 5 個子網路，而且 Wy. 分公司需要 16 個使用者 (一定要從主機需求最多的網路下手)。Wy. 分公司需要多大的區塊呢？32 (請記住，您不可以使用大小為 16 的區塊，因為必須減 2！)。大小為 32 的區塊需要什麼遮罩呢？224。答對了，這提供 8 個子網路，且每個子網路有 30 部主機可用。

4-2 摘要

您第一次從頭讀到這裡就全懂了嗎？如果是，那真是太神了！恭喜您！不過大部分都不是這樣的，您可能會有許多不懂的地方，所以不要沮喪。只要多讀幾次，一定可以瞭解的。

請務必瞭解 Cisco 的檢修方法，牢記 Cisco 所建議的 4 個步驟，嘗試縮小網路或 IP 位址發生問題的原因，就能有系統地進行修復的工作。此外，您應該要有能力根據網路圖找出有效的 IP 位址與子網路遮罩。

4-3 考試重點

- **記住 4 個診斷步驟**：Cisco 建議的 4 個簡易的檢修步驟是：ping loopback 位址、ping NIC、ping 預設閘道、ping 遠端裝置。

- **必須有能力找出並修復 IP 位址的問題**：一旦試過 Cisco 建議的 4 個檢修步驟之後，還必須有能力藉由畫出網路圖，並找出網路中的有效與無效主機位址，以找出 IP 位址的問題。

- **瞭解檢修工具，並且能夠在主機和 Cisco 路由器上使用 ping 127.0.0.1**。可以測試您自己的本地 IP 堆疊。**Tracert** 是 Windows 命令，能夠追蹤封包穿越互連網路抵達目的地的路徑。Cisco 路由器會使用 **traceroute**，或是簡寫為 **trace**。不要將 Windows 和 Cisco 的命令搞混。雖然它們會產生相同的輸出，但卻不能在相同的命令提示下執行。**Ipconfig /all** 會在 DOS 的命令提示列下顯示 PC 的網路設定，而 **arp –a** (也是在 DOS 的命令提示列) 則會顯示 Windows PC 上的 IP 對 MAC 的位址對應。

4-4 習題

習題解答請參考附錄。

( ) 1. 在 VLSM 網路上，為了減少 IP 位址的浪費，點對點的 WAN 鏈路上應該要用何種遮罩？

A. /27　　B. /28　　C. /29
D. /30　　E. /31

( ) 2. 如果主機 A 的預設閘道不正確，所有其他電腦及路由器的設定則是正確的。下列何者為真？

A. 主機 A 無法與路由器通訊
B. 主機 A 可以與同一子網路上的其他主機通訊
C. 因為有不正確的閘道，使得主機 A 無法與路由器或路由器外部的網路通訊，但是可以與子網路內的其他主機通訊
D. 主機 A 無法與任何其他系統通訊

( ) 3. 下列何者檢修步驟如果成功，代表其他步驟也會成功？

A. ping 遠端電腦
B. ping loopback 位址
C. ping NIC
D. ping 預設閘道

( ) 4. 如果 ping 本地主機的 IP 位址失敗，代表什麼？

A. 本地主機的 IP 位址不對
B. 遠端主機的 IP 位址不對
C. NIC 不正常
D. IP 堆疊啟動失敗

(　　) 5. 如果 ping 本地主機的 IP 位址成功，但 ping 預設閘道的 IP 位址失敗，那麼您可以排除哪些問題？(選擇所有可能的答案)

A. 本地主機的 IP 位址不對　　B. 閘道的 IP 位址不對

C. NIC 不正常　　D. IP 堆疊啟動失敗

(　　) 6. 如果可以用 IP 位址來 ping 某部電腦，卻不能用名稱來 ping 它，那最有可能出問題的網路服務為何？

A. DNS　　B. DHCP

C. ARP　　D. ICMP

(　　) 7. ping 命令使用的協定為何？

A. DNS　　B. DHCP

C. ARP　　D. ICMP

(　　) 8. 哪一項命令會顯示到達目的網路的整個過程？

A. ping　　B. traceroute

C. pingroute　　D. pathroute

(　　) 9. 哪一項命令會產生如下的輸出？

```
Reply from 172.16.10.2: bytes=32 time<1ms
Reply from 172.16.10.2: bytes=32 time<1ms
Reply from 172.16.10.2: bytes=32 time<1ms
Reply from 172.16.10.2: bytes=32 time<1ms
```

A. traceroute　　B. show ip route

C. ping　　D. pathping

(　　)10. 在 PC 上用 ipconfig 命令時，必須加上哪個選項來確認 DNS 的設定？

A. /dns　　B. -dns

C. /all　　D. showall

IP 遶送

5

Chapter

本章涵蓋的 CCNA 檢定主題

3.0 IP 的連結

- 3.1 解釋路徑表的組成
  - 3.1.a 遶送協定編碼
  - 3.1.b 前置位址
  - 3.1.c 網路遮罩
  - 3.1.d 下一中繼站
  - 3.1.e 管理性距離
  - 3.1.f 衡量指標
  - 3.1.g 最後一站閘道
- 3.2 判斷路由器如何根據預設做轉送決策
  - 3.2.a 最長的匹配
  - 3.2.b 管理性距離
  - 3.2.c 遶送協定衡量指標
- 3.3 設定與查驗 IPv4 和 IPv6 的靜態遶送
  - 3.3.a 預設路徑
  - 3.3.b 網路路徑
  - 3.3.c 主機路徑
  - 3.3.d 浮動靜態

4.0 IP 服務

- 4.3 說明 DHCP 和 DNS 在網路中的角色
- 4.6 設定與查驗 DHCP 客戶端與中繼

本章討論 IP 遶送流程。這個主題非常重要，與路由器及其設定息息相關。IP 遶送係指使用路由器將某個網路的封包移往另一網路的基本過程。當然，此處所討論的仍是 Cisco 的路由器。不過，路由器與第 3 層裝置這 2 個詞彙可以交替使用，本章使用「路由器」一詞時，其實是泛指所有第 3 層的裝置。

在閱讀本章之前，您應該已經瞭解**遶送協定** (routing protocol) 與**被遶送協定** (routed protocol) 間的差異；路由器使用遶送協定來動態找出互連網路中的所有網路，並且確保所有路由器擁有相同的路徑表。遶送協定也被用來判斷封包要穿越互連網路抵達目的地時的最佳路徑。RIP、RIPv2、EIGRP 與 OSPF 都是最常見的遶送協定。

一旦所有路由器都知道每一個網路之後，就可以使用被遶送協定來傳送使用者資料 (封包)。我們會指定被遶送協定給介面，並且用它來判斷封包的遞送方式。IP 與 IPv6 都是被遶送協定。

根據前面的討論，您可以看出這些東西真的非常重要。Cisco 路由器基本上就是在做 IP 遶送，而且它們的表現相當不錯，所以對這個主題的基礎有深入瞭解，是非常重要的，對您順利通過考試也是不可或缺的。

本章將教您設定與檢驗 Cisco 路由器的 IP 遶送，包括：

- 遶送基本觀念
- IP 遶送流程
- 靜態遶送 (static routing)
- 預設遶送 (default routing)
- 動態遶送 (dynamic routing)

首先我們從較基本的遶送開始，看看封包實際上如何在互連網路上移動。

5-1 遶送基礎

當您將 WAN 與 LAN 連到路由器而建立互連網路時，就必須為互連網路上的所有主機設定邏輯網路位址，例如 IP 位址，這樣它們才能跨越互連網路來進行通訊。

遶送 (routing) 一詞是指將某裝置的封包，透過網路傳送給位於不同網路上的另一裝置。路由器實際上並不太在意主機，而只關心網路和通往每個網路的最佳路徑。目的主機的邏輯網路位址是用來讓封包能透過遶送網路抵達某個網路，然後再用主機的硬體位址將封包從路由器送往正確的目的主機。

路由器要能夠有效遶送封包，就至少必須知道下列資訊：

- 目的位址
- 能夠從該處取得遠端網路資訊的鄰接路由器
- 通往所有遠端網路的可能路徑
- 通往每個遠端網路的最佳路徑
- 如何維護與驗證遶送資訊

路由器會從鄰接路由器或管理者取得遠端網路的資訊，然後建立起如何抵達遠端網路的路徑表 (互連網路地圖)。如果某個網路直接相連，則路由器原本就會知道要如何抵達該網路。但如果該網路與路由器不是直接相連，路由器有 2 種方式取得如何抵達該遠端網路的資訊。**靜態遶送**需要有人手動將所有網路位置輸入路徑表；除非是在極小的網路上，否則這項工作都是很令人畏懼的。

在**動態遶送**時，某台路由器上的協定會與其相鄰路由器上執行的相同協定互相溝通，接著這些路由器再相互更新彼此所知道的網路資訊，並且將資訊放入各自的路徑表中。如果網路發生變化，動態遶送協定會自動通知所有路由器，而如果是使用靜態遶送，管理者就要手動為所有路由器更新所有的改變。通常在大型網路中會同時使用動態與靜態遶送。

在我們往下討論遶送流程之前，先來看一個簡單的例子，在此說明路由器如何利用路徑表把封包從介面遶送出去。請看圖 5.1，以便對整個流程有個大略的瞭解。

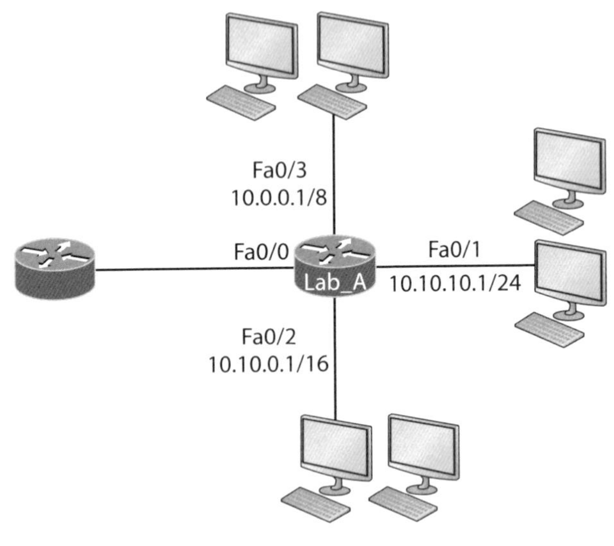

圖 5.1 簡單的遶送範例

圖 5.1 是一個簡單的網路。Lab_A 有 4 個介面。您可以看出 Lab_A 會使用哪一片介面來轉送目的地為 10.10.10.30 之主機的 IP 封包嗎？

藉由使用 **show ip route** 命令，就可看到 Lab_A 做轉送決策所依據的路徑表 (互連網路地圖)：

```
Lab_A#sh ip route
Codes: L - local, C - connected, S - static,
[output cut]
10.0.0.0/8      is variably subnetted, 6 subnets, 4 masks
C 10.0.0.0/8    is directly connected, FastEthernet0/3
L 10.0.0.1/32   is directly connected, FastEthernet0/3
C 10.10.0.0/16  is directly connected, FastEthernet0/2
L 10.10.0.1/32  is directly connected, FastEthernet0/2
C 10.10.10.0/24 is directly connected, FastEthernet0/1
L 10.10.10.1/32 is directly connected, FastEthernet0/1
S* 0.0.0.0/0    is directly connected, FastEthernet0/0
```

路徑表輸出中的 C 表示所列出的網路是直接相連的，除非我們互連網路的路由器上加入遶送協定，例如 RIPv2 或 OSPF 等，或是使用靜態路徑，否則它的路徑表中就只會有直接相連的網路。不過，路徑表中的 L 呢？這是新的 Cisco IOS 15 中定義的另一種路徑，稱為本地主機路徑。每條本地路徑都具有 /32 的前綴，表示只針對一個位址定義的路徑。在本例中，路由器依賴這些列有本地 IP 位址的路徑，以便更有效率的轉送給路由器自己的封包。

讓我們回到原來的問題：根據這張圖與路徑表輸出，當 IP 收到目的地為 10.10.10.30 的封包時，要如何處理？路由器會將這個封包交換到 FastEthernet 0/1 介面，該介面再將這個封包封裝成訊框，然後從該網段傳送出去。讓我們演練一下這個匹配的過程是如何進行的：IP 會先從路徑表中尋找 10.10.10.30；如果找不到，接著就會尋找 10.10.10.0，然後再找 10.10.0.0……依此類推，一直到找到一條路徑為止。

下面再來看另一個例子：根據下個路徑表的輸出，目的位址為 10.10.10.14 的封包將會從哪個介面轉送出去？

```
Lab_A#sh ip route
[output cut]
Gateway of last resort is not set
C 10.10.10.16/28 is directly connected, FastEthernet0/0
L 10.10.10.17/32 is directly connected, FastEthernet0/0
C 10.10.10.8/29  is directly connected, FastEthernet0/1
L 10.10.10.9/32  is directly connected, FastEthernet0/1
C 10.10.10.4/30  is directly connected, FastEthernet0/2
L 10.10.10.5/32  is directly connected, FastEthernet0/2
C 10.10.10.0/30  is directly connected, Serial 0/0
L 10.10.10.1/32  is directly connected, Serial0/0
```

首先，您可以看到這個網路被分割為子網路，而且每個介面有不同的遮罩，如果您不懂子網路分割，您就無法回答這個問題！10.10.10.14 應該是 FastEthernet0/1 介面連結的 10.10.10.8/29 子網路中的一台主機。如果您不懂的話，請別驚慌。直接回頭重讀第 3 章，然後再來看這個應該就沒有問題了。

5-2 IP 遶送流程

IP 的遶送流程相當簡單，而且不會因為網路規模不同而有所改變。在此以圖 5.2 為例，逐步描述 Host_A 如何與不同網路上之 Host_B 進行通訊的過程。

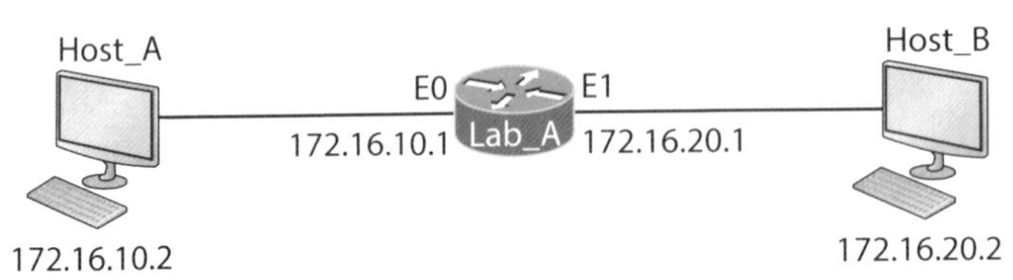

圖 5.2 兩台主機與一台路由器的 IP 遶送範例

在本例中，Host_A 上的使用者對 Host_B 的 IP 位址進行 ping 的動作；這是最簡單的遶送，但是仍然涉及許多步驟，包括：

1. ICMP (Internet Control Message Protocol) 產生 echo 請求的有效負載 (payload)。
2. ICMP 將有效負載傳給 IP 以建立封包，這個封包中至少包含 IP 來源位址、IP 目的位址和內容為 01h 的協定欄位 (Cisco 習慣在十六進位數字前加上 0x，所以它也可以表示為 0x01)。當封包抵達目標時，這個資訊能告訴接收端主機應該將此有效負載交給誰 (在本例為 ICMP)。
3. 一旦建立封包後，IP 會判斷目標 IP 位址是位於本地網路或遠端網路。
4. 由於 IP 判定這是遠端請求，所以封包必須送往預設閘道以便遶送至遠端網路。於是藉由解析 Windows 中的 Registry，以找出設定的預設閘道。
5. 主機 172.16.10.2 (Host_A) 的預設閘道是 172.16.10.1。為了要將該封包送到預設閘道，必須先知道路由器介面 Ethernet 0 的硬體位址。為什麼呢？因為如此該封包才能往下送給「資料鏈結層」來建立訊框，並且送往路由器上連到 172.16.10.0 網路的介面。因為本地 LAN 上的主機間只會透過硬體位址進行通訊，所以當 Host_A 要與 Host_B 進行通訊時，必須先將封包送往本地網路上預設閘道的 MAC 位址。

Note MAC 位址的作用只在 LAN 當地，從不會穿越路由器。

6. 接著，檢查 ARP 快取記憶體，看預設閘道的 IP 位址是否已被解析為硬體位址。如果已有這項資訊，封包就可以送往「資料鏈結層」建立訊框。硬體目的位址也會隨著該封包向下傳。若要檢視主機上的 ARP 快取，可利用以下的命令：

```
C:\>arp -a
Interface: 172.16.10.2 --- 0x3
Internet Address Physical Address Type
172.16.10.1 00-15-05-06-31-b0 dynamic
```

如果主機的 ARP 快取記憶體中還沒有該硬體位址，則會對區域網路送出 ARP 廣播，以搜尋 172.16.10.1 的硬體位址。路由器會回應這個請求，並且提供它的 Ethernet0 硬體位址。該主機則會將此位址放入快取中。

7. 當封包與目標硬體位址傳給「資料鏈結層」後，就會利用 LAN 驅動程式透過所使用的區域網路類型 (在本例為乙太網路) 來提供媒介存取。接著使用控制資訊封裝這個封包而產生訊框；在本例中，該訊框除了包含硬體的目的與來源位址外，還包含 Ether-Type (乙太類型) 欄位，用來描述將該封包傳給「資料鏈結層」的網路層協定 (在此為 IP)。訊框的結尾是 FCS 欄位，存放 CRC 的值。訊框看起來會像圖 5.3 的樣子，它包含 Host_A 主機的硬體位址 (MAC) 與預設閘道的目標硬體位址。但並不包括遠端主機的 MAC 位址 —— 切記！

目的 MAC (路由器 E0 的 MAC 位址)	來源 MAC (Host_A 的 MAC 位址)	乙太類型 欄位	封包	FCS CRC

圖 5.3 ping Host_B 時從 Host_A 到 Lab_A 路由器所用的訊框

8. 一旦完成訊框的裝填，就會交由「實體層」逐一將每個位元放入實體媒介中 (本例為雙絞線)。

9. 碰撞網域中的每個裝置都會收到這些位元，建立訊框、執行 CRC，並且檢查 FCS 欄位中的結果。如果結果不符，訊框就會被丟棄。

- 如果 CRC 相符，則檢查硬體目的位址，判斷是否也符合 (在本例為路由器的 Ethernet 0 介面)。
- 如果符合，則檢查 Ether-Type 欄位以找出「網路層」所使用的協定。

10. 將封包由訊框中取出，傳給 Ether-Type 欄位中所指定的協定 (亦即 IP)，並且丟棄訊框的剩餘部份。
11. IP 收到封包，並且檢查 IP 目的位址。因為該封包的目的位址並不符合路由器本身所設定的任何位址，該路由器會在它的路徑表中尋找目的 IP 的網路位址。
12. 路徑表必須包含網路 172.16.20.0 的資料，否則封包會立刻被丟棄，並且將包含「destination network unreachable」訊息的 ICMP 訊息回送給最初的裝置。
13. 如果路由器在表中找到目的網路，則封包會被交換到離開的介面，本例為 Ethernet1。以下的輸出顯示 Lab_A 路由器的路徑表。C 表示直接相連。這個網路並不需要遶送協定，因為所有網路 (圖 5.2 中的兩個網路) 都是直接相連的。

```
Lab_A>sh ip route
C 172.16.10.0    is directly connected, Ethernet0
L 172.16.10.1/32 is directly connected, Ethernet0
C 172.16.20.0    is directly connected, Ethernet1
L 172.16.20.1/32 is directly connected, Ethernet1
```

14. 路由器透過封包交換，將封包送入 Ethernet1 的緩衝區。
15. Ethernet1 緩衝區必須知道目的主機的硬體位址，所以會先檢查它的 ARP 快取。
    - 如果過去已經解析過 Host_B 的硬體位址，並且放在路由器的 ARP 快取中，這時就會將封包與硬體位址向下傳給「資料鏈結層」建立訊框。讓我們利用 **show ip arp** 命令來檢視 Lab_A 路由器上的 ARP 快取：

```
Lab_A#sh ip arp
Protocol  Address       Age(min) Hardware Addr   Type  Interface
Internet  172.16.20.1     -      00d0.58ad.05f4  ARPA  Ethernet1
Internet  172.16.20.2     3      0030.9492.a5dd  ARPA  Ethernet1
Internet  172.16.10.1     -      00d0.58ad.06aa  ARPA  Ethernet0
Internet  172.16.10.2     2      0030.9492.a4ac  ARPA  Ethernet0
```

破折號 (-) 表示它是路由器上的實體介面。從以上的路由器輸出可看出路由器知道 172.16.10.2 (Host_A) 與 172.16.20.2 (Host_B) 的硬體位址。Cisco 路由器對於 ARP 表格中的記錄會保存 4 小時。

- 如果尚未解析過該硬體位址，路由器會從 Ethernet1 送出 ARP 請求，以尋找 172.16.20.2 的硬體位址。Host_B 會回應自己的硬體位址，接著封包與目的位址會送往「資料鏈結層」建立訊框。

5

16. 「資料鏈結層」建立的訊框，包含目的與來源硬體位址、Ether-Type 欄位與訊框尾端的 FCS 欄位。將該訊框送往「實體層」以便逐一將位元送到實體媒介中。
17. Host_B 收到訊框，並且立即執行 CRC。如果結果與 FCS 欄位相符，就檢查目的硬體位址。如果仍然相符，就檢查 Ether-Type 欄位以判斷封包應該送往網路層的哪個協定 (本例為 IP)。
18. 在「網路層」中，IP 會接收這個封包，並且檢查 IP 目的位址。當確定符合後會檢查協定欄位，以找出其有效負載要交給誰。
19. 將有效負載交給 ICMP，它能瞭解這是個 echo 請求，並且加以回應 (立即丟棄這個封包)，產生新的有效負載作為 echo 的回應。
20. 接著建立封包，包含來源與目的位址、協定欄位以及負載；現在的目的裝置為 Host_A。
21. IP 接著檢查目的 IP 位址是位於本地 LAN 或遠端網路上的裝置。因為目的裝置是位於遠端網路，所以該封包必須送往預設的閘道。
22. 在 Windows 裝置的 Registry 中找到預設的閘道 IP，並且檢查 ARP 快取以檢查該 IP 位址是否已經解析為硬體位址。

23. 一旦找到預設閘道的硬體位址，將封包與目的硬體位址向下傳給「資料鏈結層」以建立訊框。

24. 「資料鏈結層」的訊框標頭中包含下列資訊：

    - 目的與來源硬體位址
    - 值為 0x800 (IP) 的 Ether-Type 欄位
    - 包含 CRC 結果的 FCS 欄位

25. 將訊框下傳給「實體層」以逐一將每個位元送到網路媒介上。

26. 路由器的 Ethernet 1 介面會接收這些位元並且建立訊框，執行 CRC，檢查 FCS 欄位以確保結果相符。

27. 如果 CRC 正確，接著檢查目的硬體位址。因為符合路由器的介面，所以將封包由訊框中取出，並且檢查 Ether-Type 欄位，以找出應該將封包遞送給「網路層」的哪個協定。

28. 判定協定為 IP，所以由它取得封包。IP 會先對 IP 標頭執行 CRC 檢查，然後檢查目的 IP 位址。

IP 並不會像「資料鏈結層」進行那麼完整的 CRC 檢查；它只會檢查標頭是否有錯誤。

因為 IP 目的位址並不符合路由器的任何介面，所以會檢查路徑表以找出是否有通往 172.16.10.0 的路徑。如果沒有通往目的網路的路徑，封包就會立刻被丟棄 (這是許多管理者發生混淆的地方，當 ping 失敗時，大多數人會認為是因為封包並沒有抵達目的主機。但是在此可以看出，事實上未必如此。它可能只是因為某個遠端路由器中少了一條回到原始主機網路的路徑罷了！此時，封包是在回程、而不是前往主機的途中被丟棄的)。

當封包是在回程中遺失時，通常會看到「request timed out」訊息，因為它是個未知的錯誤。如果是因為已知問題所造成的錯誤，例如路由器的路徑表中沒有通往目的裝置的路徑，則會看到「destination unreachable」的訊息。這應該有助於判斷問題是發生在前往目的途中，或是在回程的路上。

29. 在這個例子中，路由器確實知道如何抵達網路 172.16.10.0，離開的介面是 Ethernet0，所以封包被交換到介面 Ethernet0。

30. 路由器檢查 ARP 快取，以判斷是否已經解析過 172.16.10.2 的硬體位址了。

31. 因為 172.16.10.2 的硬體位址已經在前往 Host_B 的旅程中就放入快取了，所以將硬體位址與封包傳給「資料鏈結層」。

32. 「資料鏈結層」使用目的硬體位址與來源硬體位址建立訊框，並且將 IP 放入 Ether-Type 欄位。對訊框執行 CRC，將結果放入 FCS 欄位中。

33. 接著將訊框傳給「實體層」，以便逐一將每個位元送入區域網路中。

34. 目的主機收到訊框，執行 CRC，檢查目的硬體位址，並且檢視 Ether-Type 欄位以找出要將封包傳給誰。

35. IP 是被指定的接收者，當封包傳給「網路層」的 IP 時，它會檢查協定欄位尋求更進一步的指示。IP 根據指示將有效負載交給 ICMP，而 ICMP 接著判斷出這個封包是 ICMP 的 echo 回應。

36. ICMP 送出驚嘆號（!）到使用者介面以確認它已經收到回應，接著再嘗試傳送另外 4 個 echo 請求給目的主機。

您剛剛經歷了 Todd 式 36 步驟的簡化版 IP 遶送說明。重點在於即使您擁有非常大的網路，這個流程仍然不變。在大型的互連網路中，封包只是在找到目的主機之前，經過了更多的中繼站罷了。

請務必記住當 Host_A 傳送封包給 Host_B 時，所使用的目的硬體位址是預設閘道的乙太網路介面；這是因為訊框只能送往本地網路，不能送往遠端網路，且送往遠端網路的封包必須要經過預設的閘道。

現在讓我們來檢視 Host_A 的 ARP 快取：

```
C:\ >arp -a
Interface: 172.16.10.2 --- 0x3
Internet Address    Physical Address      Type
172.16.10.1         00-15-05-06-31-b0     dynamic
172.16.20.1         00-15-05-06-31-b0     dynamic
```

您注意到 Host_A 用來抵達 Host_B 所用的硬體位址 (MAC) 是 Lab_A E0 介面嗎？硬體位址一定是當地的，它從不會穿越路由器的介面。瞭解這個流程是非常重要的，植入您的記憶中吧！

Cisco 路由器內部流程

在測試您對 IP 遶送 36 步驟的瞭解之前，我們要先說明路由器內部的封包轉送方式。要在路由器的路徑表中查詢目標 IP 位址，路由器必須進行一些處理，如果表中有數萬筆路徑，就會需要非常大量的 CPU 時間。這可能會導致相當大的額外負擔。想像一下 ISP 的路由器，每秒必須處理數百萬筆封包，甚至處理子網路來找出正確的離開介面！即使是本書中使用的小網路，只要有連上真正的主機並且傳送資料，都需要大量的處理。

Cisco 使用 3 種封包轉送技術。

- **程序交換技術** (process switching)：這是現今許多人看待路由器的方式，因為當 Cisco 在 1990 年開始推出最早期路由器的時候，路由器真的會執行這種單純的封包交換技術。但是這種小小流量的美好時光已經一去不回了！這個流程現在已經極度複雜，涉及在路徑表中尋找每個目標位址，並且為每個封包找出離開的介面，差不多就是上述 36 步驟所說明的流程。但是即使上述步驟在觀念上是正確的，因為每秒必須處理的數百萬封包數，現今實際內部流程需要的已不僅止於封包交換技術。所以 Cisco 提出一些其他技術來協助因應這個「大型程序問題」。
- **快速交換技術** (fast switching)：這是為了加速程序交換的效能所提出的解決方案。快速交換使用快取儲存最近使用的目標，所以不再需要為每個封包進行查詢。藉由將目標裝置的離開介面和第 2 層標頭放入快取，可以大幅改善效能。但隨著網路成長到需要更快的速度，Cisco 又建立了另一種技術！
- **Cisco 快速轉送技術** (Cisco Express Forwarding，CEF)：這是 Cisco 較新的發明，也是所有新型 Cisco 路由器所使用的預設封包轉送方法。CEF 建立許多不同的快取表來協助改善效能，並且是採用變動觸發，而非封包觸發，這意謂著當網路拓樸改變時，快取也會隨之而變。

Tip 若想知道路由器介面使用哪一種封包交換技術，請用 **show ip interface** 命令。

測試您對 IP 遶送的瞭解

我們希望您能確實瞭解 IP 遶送，因為這非常非常重要。因此本節藉由讓您檢視一些網路圖，並且回答一些非常基本的 IP 遶送問題，以確定您真的瞭解 IP 遶送流程。

圖 5.4 顯示一個連到 RouterA 的 LAN，然後透過 WAN 鏈路連到 RouterB。RouterB 所連結的 LAN 上有一部 HTTP 伺服器。

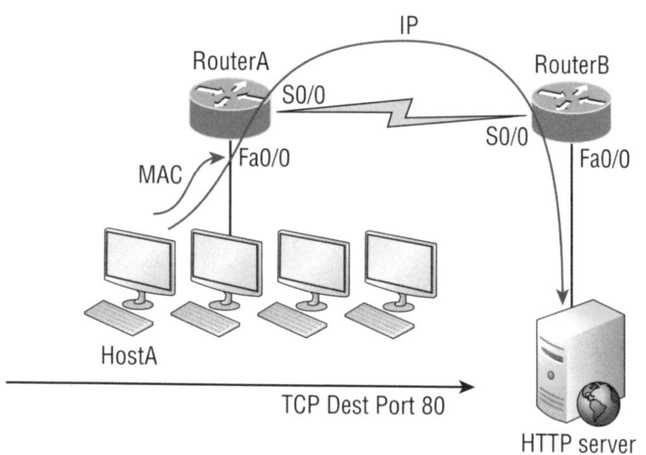

圖 5.4 IP 遶送範例 1

您需要從這張圖收集到的重要資訊，就是這個範例如何發生 IP 遶送。這題我們會先給答案，但您應該好好研究一下，看是否能不看答案就回答出範例 2。

1. 從 HostA 送出的訊框目標位址是 RouterA 路由器之 Fa0/0 介面的 MAC 位址。
2. 封包的目標位址是 HTTP 伺服器網路介面卡的 IP 位址。
3. 資料段標頭中目的埠號的值是 80。

這個範例相當簡單扼要。要記住當多台主機使用 HTTP 和伺服器溝通時，必須各自使用不同的來源埠號。伺服器利用來源及目標的 IP 位址和埠號來區分傳輸層的資料。

因此讓我們再加入更多互連網路裝置到網路中，然後看您是否還能找到答案。圖 5.5 顯示一個只有 1 部路由器，但有 2 部交換器的網路。

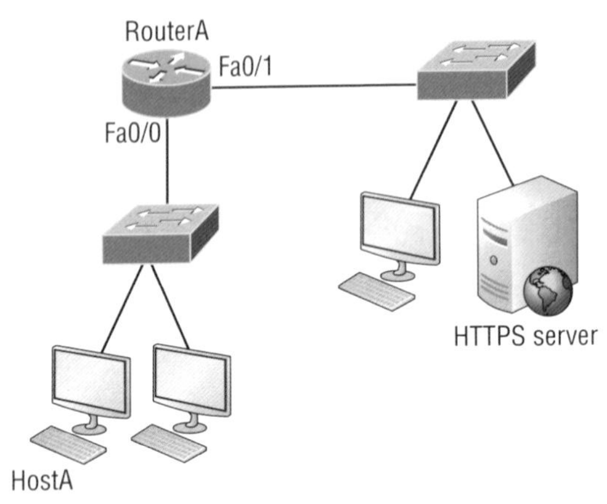

圖 5.5 IP 遶送範例 2

這裡對於 IP 遶送流程所要瞭解的是當 HostA 傳送資料到 HTTPS 伺服器時，會發生什麼事：

1. 從 HostA 送出訊框的目的位址是 RouterA 路由器之 Fa0/0 介面的 MAC 位址。
2. 封包的目標位址是 HTTPS 伺服器之網路介面卡的 IP 位址。
3. 資料段標頭中目的埠號的值是 443。

請注意交換器並沒有被用來當作預設閘道或其他目的地，因為交換器與遶送無關。筆者很好奇會有多少讀者選擇交換器當作 HostA 的預設閘道 (目標) MAC 位址？如果您就是這樣，不要放在心上，只要再多注意一下正確觀念即可。如果封包的目的地是外部的 LAN，就如同前 2 個例子一樣，目的 MAC 位址永遠是路由器的介面。

在我們往下討論更進階的 IP 遶送觀念之前，先來看另一個問題，請看路由器路徑表的輸出：

```
Corp#sh ip route
[output cut]
R 192.168.215.0 [120/2] via 192.168.20.2, 00:00:23, Serial0/0
R 192.168.115.0 [120/1] via 192.168.20.2, 00:00:23, Serial0/0
R 192.168.30.0 [120/1] via 192.168.20.2, 00:00:23, Serial0/0
C 192.168.20.0 is directly connected, Serial0/0
L 192.168.20.1/32 is directly connected, Serial0/0
C 192.168.214.0 is directly connected, FastEthernet0/0
L 192.168.214.1/32 is directly connected, FastEthernet0/0
```

假設 Corp 路由器收到一個來源 IP 位址為 192.168.214.20、目的位址為 192.168.22.3 的 IP 封包，您認為 Corp 路由器會如何處理這個封包？

假如您說：「該封包來自 FastEthernet 0/0 介面，但由於路徑表並沒有顯示任何可抵達 192.168.22.0 的路徑 (也沒有預設路徑)，所以路由器會丟掉這個封包，並且從 FastEthernet 0/0 介面送出「目的地無法抵達」的 ICMP 訊息。」，那您就說對啦！不過正確的理由，其實是因為那是送出封包的來源 LAN。

現在讓我們檢視另一張圖，並且討論訊框和封包的細節。事實上，我們並沒有談到什麼新東西；只是要確定您真的完完全全地瞭解基本的 IP 遶送。因為本書重點和考試方向都與 IP 遶送有關，所以您對此必須非常熟悉！我們要使用圖 5.6 來進行下面幾個問題。

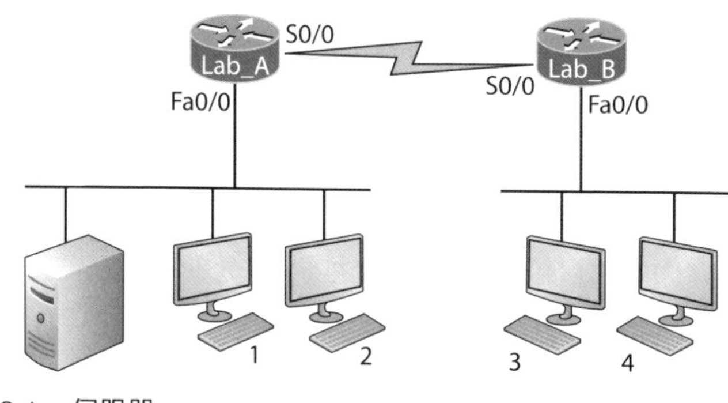

圖 5.6 使用 MAC 和 IP 位址的基本 IP 遶送

根據圖 5.6，下面是您要回答的一些問題：

1. 為了與 Sales 伺服器開始通訊，Host 4 送出一個 ARP 請求。這個拓樸中的裝置會如何回應這個請求？
2. Host 4 收到 ARP 回應。它現在會建立封包，然後將這個封包放入訊框中。如果 Host 4 要與 Sales 伺服器溝通，則 Host 4 送出的封包標頭中會放入甚麼資訊呢？
3. 最後，Lab_A 路由器收到封包，並且從 Fa0/0 送出到伺服器的 LAN 中。訊框標頭中的來源和目的位址是什麼呢？
4. Host 4 會同時在兩個瀏覽器視窗中顯示來自 Sales 伺服器的兩份網站文件。資料如何找到正確的瀏覽器視窗呢？

下面的答案或許應該以很小的字體書寫在本書的另一部分，讓您無法偷看解答。不過如果您真的偷看的話，那可是您自己的損失喔。下面是解答：

1. **為了與 Sales 伺服器開始通訊，Host 4 送出一個 ARP 請求。這個拓樸中的裝置會如何回應這個請求？**因為 MAC 位址必須保留在本地網路中，所以 Lab_B 路由器會回應 Fa0/0 介面的 MAC 位址，而且 Host 4 在傳送封包給 Sales 伺服器時，會將所有的訊框送往 Lab_B 路由器 Fa0/0 介面的 MAC 位址。
2. **Host 4 收到 ARP 回應。它現在會建立封包，然後將這個封包放入訊框中。如果 Host 4 要與 Sales 伺服器溝通，則這個離開 Host 4 的封包標頭中會放入甚麼資訊呢？**因為我們現在討論的是封包，而不是訊框，所以來源位址會是 Host 4 的 IP 位址，而目的位址則是 Sales 伺服器的 IP 位址。
3. **最後，Lab_A 路由器收到封包，並且從 Fa0/0 送出到伺服器的 LAN 中。訊框標頭中的來源和目的位址是什麼呢？**來源的 MAC 位址是 Lab_A 路由器的 Fa0/0 介面，而目標的 MAC 位址則是 Sales 伺服器的 MAC 位址 (所有 MAC 位址都必須限制在本地的 LAN 中)。
4. **Host 4 會同時在兩個瀏覽器視窗中顯示來自 Sales 伺服器的兩份網站文件。資料如何找到正確的瀏覽器視窗呢？**會用 TCP 埠號來指引資料到正確的應用視窗。

在真正的網路上設定遶送之前，請再多練習幾個問題。準備好了嗎？圖 5.7 是基本的網路，而 Host 4 想要收取電子郵件。當訊框離開 Host 4 時，它的目標位址欄位中應該放什麼呢？

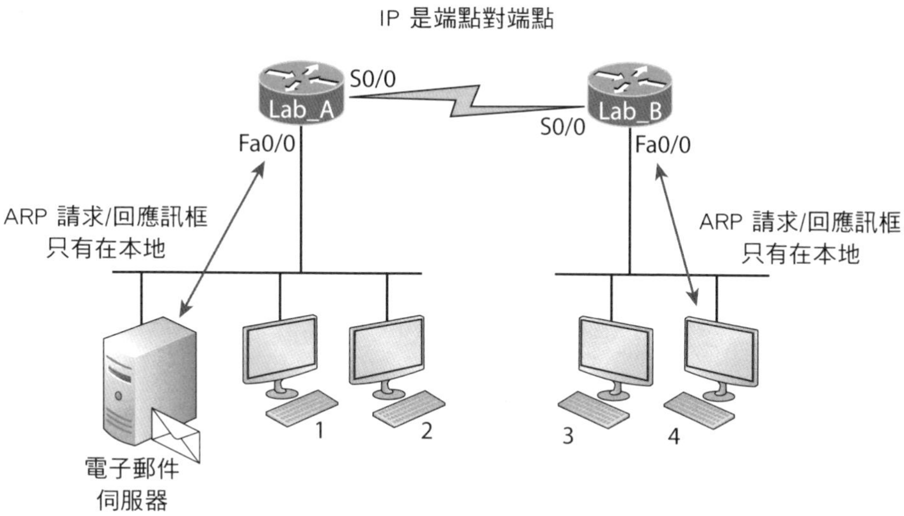

圖 5.7 測試基本的遶送知識

答案是 Host 4 會使用 Lab_B 路由器 Fa0/0 介面的 MAC 位址。

再次檢視圖 5.7：Host 4 必須與 Host 1 通訊，則當封包抵達 Host 1 時，標頭中的 OSI 第 3 層來源位址會放什麼呢？

在第 3 層，封包的來源 IP 位址會是 Host 4，而目的位址則是 Host 1 的 IP 位址。當然，Host 4 的目標 MAC 位址一定會是 Lab_B 路由器 Fa0/0 的位址。因為我們的路由器不只一台，所以需要有在它們之間互相溝通的遶送協定，讓交通可以轉送到正確的方向，以抵達 Host 1 所連結的網路。

還有一個問題，您就可以開始踏上成為 IP 遶送高手的路途了。同樣使用圖 5.7，Host 4 正要將檔案傳送給連到 Lab_A 路由器的電子郵件伺服器。離開 Host 4 的第 2 層目的位址是什麼？是的，這個問題已經問過好幾遍了，但是下面這個可沒有：當電子郵件伺服器收到這個訊框時，它的來源 MAC 位址又是什麼？

希望您會回答離開 Host 4 的第 2 層目的位址是 Lab_B 路由器 Fa0/0 的 MAC 位址，而電子郵件伺服器收到的第 2 層來源位址則是 Lab_A 路由器的 Fa0/0 介面。如果您真的是這樣回答，表示您已經準備好要瞭解大型網路環境如何處理 IP 遶送了。

5-3 設定 IP 遶送

該是真正地設定路由器的時候了！圖 5.8 顯示 3 部路由器：Corp、SF 與 LA。請記住，預設情形下這些路由器只會知道與它們直接相連的網路。本章接下來的部分都會運用這張圖和這個網路。隨著本書的進展，這張圖中還會加入越來越多的路由器和交換器。

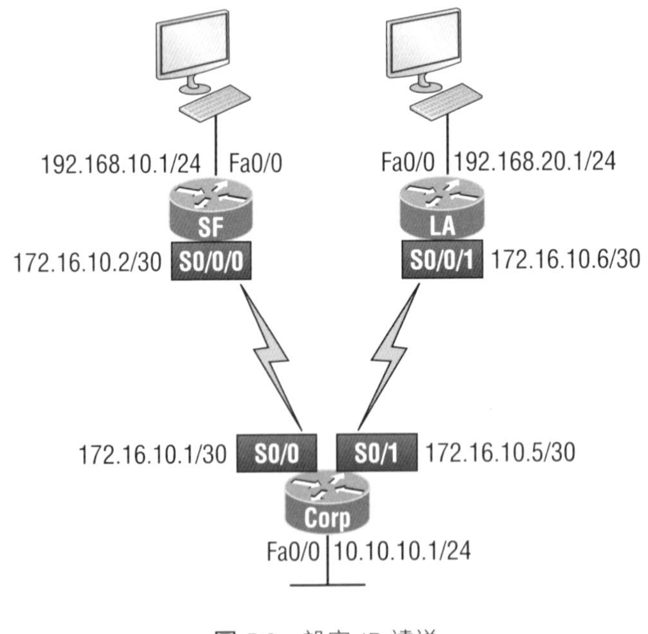

圖 5.8 設定 IP 遶送

您可能會想，筆者一定有一組不錯的路由器可以拿來玩。但是其實並不需要一大堆的裝置，就能練習本書的大多數命令。您幾乎可以用任何路由器，或甚至是不錯的路由器模擬程式，就能達到相同的效果。

回到正題，Corp 路由器有 2 個序列介面，提供到 SF 和 LA 路由器的 WAN 連線，以及 1 片 FastEthernet 介面。而兩部遠端路由器則各有一個序列介面和 1 個 FastEthernet 介面。

這個專案的第 1 步是要先正確地為每台路由器上的每個介面設定一個 IP 位址。下面的清單列出用來設定網路的 IP 架構。我們先說明網路的組態設定之後，再介紹 IP 遶送的設定方式。請注意那些子網路遮罩，它們非常重要！LAN 都是使用 /24 遮罩，而 WAN 則使用 /30。

- **Corp**
  - Serial 0/0：172.16.10.1/30
  - Serial 0/1：172.16.10.5/30
  - Fa0/0：10.10.10.1/24
- **SF**
  - S0/0/0：172.16.10.2/30
  - Fa0/0：192.168.10.1/24
- **LA**
  - S0/0/0：172.16.10.6/30
  - Fa0/0：192.168.20.1/24

其實路由器的組態設定是個相當直接的過程，只需為介面加上 IP 位址，然後在這些介面上執行 **no shutdown**。之後會稍微複雜一些，不過現在讓我們先來設定網路的 IP 位址。

Corp 的組態設定

針對 Corp 路由器需要設定 3 個介面。若為每台路由器設定主機名稱，會讓我們較容易辨識它們。另外，也順便設定一下介面說明、標題訊息、與路由器密碼，能養成習慣在每台路由器上設定這些命令是不錯的做法。

首先，在路由器上執行 **erase startup-config** 命令，並重載路由器，以便從裝配模式開始。選擇 **n**，不要進入安裝模式，然後直接進入控制台的使用者模式提示列。之後我們會用這樣的方法來設定所有的路由器。以下就是執行的過程：

```
--- System Configuration Dialog ---
Would you like to enter the initial configuration dialog? [yes/no]: n
Press RETURN to get started!
Router>en
Router#config t
Router(config)#hostname Corp
Corp(config)#enable secret GlobalNet
Corp(config)#no ip domain-lookup
Corp(config)#int f0/0
Corp(config-if)#desc Connection to LAN BackBone
Corp(config-if)#ip address 10.10.10.1 255.255.255.0
Corp(config-if)#no shut
Corp(config-if)#int s0/0
Corp(config-if)#desc WAN connection to SF
Corp(config-if)#ip address 172.16.10.1 255.255.255.252
Corp(config-if)#no shut
Corp(config-if)#int s0/1
Corp(config-if)#desc WAN connection to LA
Corp(config-if)#ip address 172.16.10.5 255.255.255.252
Corp(config-if)#no shut
Corp(config-if)#line con 0
Corp(config-line)#password console
Corp(config-line)#logging
Corp(config-line)#logging sync
Corp(config-line)#exit
Corp(config)#line vty 0 ?
<1-181> Last Line number
<cr>
Corp(config)#line vty 0 181
Corp(config-line)#password telnet
Corp(config-line)#login
Corp(config-line)#exit
Corp(config)#banner motd # This is my Corp Router #
Corp(config)#^Z
Corp#copy run start
Destination filename [startup-config]?
Building configuration...
[OK]
Corp# [OK]
```

現在來討論 Corp 路由器的組態設定。首先，設定主機名稱並啟用密碼。使用 **no ip domain-lookup** 命令，讓路由器停止解析主機名稱的嘗試，除非已經設定了主機表或 DNS，否則這會是個煩人的功能。接著，設定 3 個介面的描述與 IP 位址，並且使用 **no shutdown** 命令啟動它們。然後是控制台與 VTY 密碼，但是控制台設定下方的 **logging sync** 命令又是什麼呢？它會讓控制台訊息不會覆蓋掉您的輸入；這是個保持潔淨的好命令！最後，設定標題訊息並儲存設定。

使用 **show ip route** 命令，可以檢視在 Cisco 路由器上建立的 IP 路徑表。該命令的輸出如下：


```
Corp#sh ip route
Codes: L - local, C - connected, S - static, R - RIP, M - mobile, B - BGP
D - EIGRP, EX - EIGRP external, O - OSPF, IA - OSPF inter area
N1 - OSPF NSSA external type 1, N2 - OSPF NSSA external type 2
E1 - OSPF external type 1, E2 - OSPF external type 2
i - IS-IS, su - IS-IS summary, L1 - IS-IS level-1, L2 - IS-IS level-2
ia - IS-IS inter area, * - candidate default, U - per-user static route
o - ODR, P - periodic downloaded static route, H - NHRP, l - LISP
+ - replicated route, % - next hop override
Gateway of last resort is not set
10.0.0.0/24 is subnetted, 1 subnets
C 10.10.10.0 is directly connected, FastEthernet0/0
L 10.10.10.1/32 is directly connected, FastEthernet0/0
Corp#
```

請注意只有經過設定、直接相連的網路才會顯示在路徑表中；那麼為什麼路徑表中只看到 FastEthernet0/0 介面呢？別擔心，這只是因為我們一直要等到序列鏈路的另外一端也在運作時，才會看到序列介面。一旦我們設定好 SF 與 LA 路由器，所有這些介面應該就會出現。

您注意到路由器輸出左邊的 C 嗎？當它出現時，表示該網路是直接相連的。在 **show ip route** 命令輸出的開頭會列出每種連線的代碼與說明。

為了精簡起見，本章後續部份將會移除輸出開頭的這些代碼。

SF 的組態設定

現在開始設定下個路由器 —— SF。若要順利完成這個工作，請記住我們有 2 片介面要處理：serial 0/0/0 及 FastEthernet 0/0。請確定您沒有忘記在路由器組態中加入主機名稱、密碼、介面說明與標題訊息。如同之前設定 Corp 路由器一樣，因為這台路由器已經做過設定，所以開始前要先消除組態，然後重載路由器；如下所示：

```
R1#erase start
% Incomplete command.
R1#erase startup-config
Erasing the nvram filesystem will remove all configuration files!
Continue? [confirm][enter]
[OK]
Erase of nvram: complete
R1#reload
Proceed with reload? [confirm][enter]
[output cut]
%Error opening tftp://255.255.255.255/network-confg (Timed out)
%Error opening tftp://255.255.255.255/cisconet.cfg (Timed out)
--- System Configuration Dialog ---
Would you like to enter the initial configuration dialog? [yes/no]: n
```

在繼續之前，讓我們先來討論以上的畫面。首先，請注意新型的 12.4 ISR 路由器不再接受 **erase start** 命令。以 **erase s** 開頭的命令只有一個，如：

```
Router#erase s?
startup-config
```

您一定在想，IOS 應該會繼續接受這個命令，不過很抱歉，答案是否定的。其次要特別提出的地方是，這個輸出告訴我們路由器正在尋找 TFTP 主機，看是否能下載組態檔。如果尋找失敗，就直接進入裝配模式。

好的，讓我們再回去設定路由器吧：

```
Press RETURN to get started!
Router#config t
Router(config)#hostname SF
SF(config)#enable secret GlobalNet
SF(config)#no ip domain-lookup
SF(config)#int s0/0/0
SF(config-if)#desc WAN Connection to Corp
SF(config-if)#ip address 172.16.10.2 255.255.255.252
SF(config-if)#no shut
SF(config-if)#clock rate 1000000
SF(config-if)#int f0/0
SF(config-if)#desc SF LAN
SF(config-if)#ip address 192.168.10.1 255.255.255.0
SF(config-if)#no shut
SF(config-if)#line con 0
SF(config-line)#password console
SF(config-line)#login
SF(config-line)#logging sync
SF(config-line)#exit
SF(config)#line vty 0 ?
<1-1180> Last Line number
<cr>
SF(config)#line vty 0 1180
SF(config-line)#password telnet
SF(config-line)#login
SF(config-line)#banner motd #This is the SF Branch router#
SF(config)#exit
SF#copy run start
Destination filename [startup-config]?
Building configuration...
[OK]
```

讓我們使用下面 2 個命令來設定介面。

```
SF#sh run | begin int
interface FastEthernet0/0
description SF LAN
ip address 192.168.10.1 255.255.255.0
duplex auto
speed auto
!
interface FastEthernet0/1
no ip address
shutdown
```

```
duplex auto
speed auto
!
interface Serial0/0/0
description WAN Connection to Corp
ip address 172.16.10.2 255.255.255.252
clock rate 1000000
!
SF#sh ip int brief
Interface IP-Address OK? Method Status Protocol
FastEthernet0/0 192.168.10.1 YES manual up up
FastEthernet0/1 unassigned YES unset administratively down down
Serial0/0/0 172.16.10.2 YES manual up up
Serial0/0/1 unassigned YES unset administratively down down
SF#
```

現在序列鏈結的兩端都已經完成設定，所以鏈結就啟用了。介面上的 up/up 狀態是實體/資料鏈結層的狀態指示子，而不是第 3 層的狀態！如果問您鏈結顯示 up/up，可以 ping 到直接相連的網路嗎？答案不是：「可以！」，正確答案是：「不知道」，因為從這個命令看不到第 3 層的狀態；我們只能看到第 1、2 層的狀態，並且檢查 IP 位址是否打錯 —— 千萬別誤會了這些狀態的意義喔！

show ip route 命令在 SF 路由器上的輸出如下：

```
SF#sh ip route
C 192.168.10.0/24 is directly connected, FastEthernet0/0
L 192.168.10.1/32 is directly connected, FastEthernet0/0
172.16.0.0/30 is subnetted, 1 subnets
C 172.16.10.0 is directly connected, Serial0/0/0
L 172.16.10.2/32 is directly connected, Serial0/0/0
```

請注意 SF 路由器知道如何抵達 172.16.10.0/30 與 192.168.10.0/24 網路。現在可以從 SF 路由器 ping 到 Corp 路由器了：

```
SF#ping 172.16.10.1
Type escape sequence to abort.
Sending 5, 100-byte ICMP Echos to 172.16.10.1, timeout is 2 seconds:
!!!!!
Success rate is 100 percent (5/5), round-trip min/avg/max = 1/3/4 ms
```

現在回到 Corp 路由器，並且檢視一下它的路徑表：

```
Corp>sh ip route
172.16.0.0/30 is subnetted, 1 subnets
C 172.16.10.0 is directly connected, Serial0/0
L 172.16.10.1/32 is directly connected, Serial0/0
10.0.0.0/24 is subnetted, 1 subnets
C 10.10.10.0 is directly connected, FastEthernet0/0
L 10.10.10.1/32 is directly connected, FastEthernet0/0
```

SF 序列介面 0/0/0 是 DCE 連線，表示需要在介面上設定時脈。請記住您不必在正式網路中使用 **clock rate** 命令。

使用 **show controllers** 命令可以看到時脈速率：

```
SF#sh controllers s0/0/0
Interface Serial0/0/0
Hardware is GT96K
DCE V.35, clock rate 1000000

Corp>sh controllers s0/0
Interface Serial0/0
Hardware is PowerQUICC MPC860
DTE V.35 TX and RX clocks detected.
```

因為 SF 路由器有 DCE 纜線連結，且 DTE 會接收時脈，所以必須在介面加上時脈速率。請記住新的 ISR 路由器會自動偵測，並且自動設定時脈速率為 2000000。當然，您還是要學會如何找到 DCE 介面，並且設定時脈速率，以滿足認證的目標！

因為序列鏈路啟用了，所以現在這 2 個網路都在 Corp 的路徑表中。等到我們設好 LA 之後，Corp 路由器的路徑表中還可以再多看到 1 個網路。Corp 路由器無法看到 192.168.10.0 網路，因為我們還沒有設定遶送，路由器預設只能看到直接相連的網路。

LA 的組態設定

LA 的組態設定與另外 2 台路由器非常類似。它有 2 片介面要處理：serial 0/0/1 與 FastEthernet 0/0。同樣地，請記得在路由器組態中加入主機名稱、密碼、介面說明與標題訊息：

```
Router(config)#hostname LA
LA(config)#enable secret GlobalNet
LA(config)#no ip domain-lookup
LA(config)#int s0/0/1
LA(config-if)#ip address 172.16.10.6 255.255.255.252
LA(config-if)#no shut
LA(config-if)#clock rate 1000000
LA(config-if)#description WAN To Corporate
LA(config-if)#int f0/0
LA(config-if)#ip address 192.168.20.1 255.255.255.0
LA(config-if)#no shut
LA(config-if)#description LA LAN
LA(config-if)#line con 0
LA(config-line)#password console
LA(config-line)#login
LA(config-line)#loggin sync
LA(config-line)#exit
LA(config)#line vty 0 ?
<1-1180> Last Line number
<cr>
LA(config)#line vty 0 1180
LA(config-line)#password telnet
LA(config-line)#login
LA(config-line)#exit
LA(config)#banner motd #This is my LA Router#
LA(config)#exit
LA#copy run start
Destination filename [startup-config]?
Building configuration...
[OK]
```

下面是 **show ip route** 命令的輸出，顯示出直接相連的網路有 192.168.20.0 與 172.16.10.0：

```
LA#sh ip route
172.16.0.0/30 is subnetted, 1 subnets
C 172.16.10.4 is directly connected, Serial0/0/1
L 172.16.10.6/32 is directly connected, Serial0/0/1
C 192.168.20.0/24 is directly connected, FastEthernet0/0
L 192.168.20.1/32 is directly connected, FastEthernet0/0
```

現在這 3 台路由器都已經設定好 IP 位址和管理功能，可以開始處理遶送了。但是我還要在 SF 和 LA 路由器上做一件事。因為這是個很小的網路，讓我們在 Corp 路由器上為這些 LAN 建立 DHCP 伺服器。

在我們的路由器上設定 DHCP

我們的確可以在每台遠端路由器上建立位址池，來完成這項任務；但是既然我們可以輕易地在 Corp 路由器上建立 2 個位址池，並且讓遠端路由器轉送請求給 Corp 路由器，幹嘛還要這麼麻煩呢！讓我們試試看：

```
Corp#config t
Corp(config)#ip dhcp excluded-address 192.168.10.1
Corp(config)#ip dhcp excluded-address 192.168.20.1
Corp(config)#ip dhcp pool SF_LAN
Corp(dhcp-config)#network 192.168.10.0 255.255.255.0
Corp(dhcp-config)#default-router 192.168.10.1
Corp(dhcp-config)#dns-server 4.4.4.4
Corp(dhcp-config)#exit
Corp(config)#ip dhcp pool LA_LAN
Corp(dhcp-config)#network 192.168.20.0 255.255.255.0
Corp(dhcp-config)#default-router 192.168.20.1
Corp(dhcp-config)#dns-server 4.4.4.4
Corp(dhcp-config)#exit
Corp(config)#exit
Corp#copy run start
Destination filename [startup-config]?
Building configuration...
```

在路由器上建立 DHCP 位址池是個相當簡單的流程，任何路由器的設定都一樣。要在路由器上建置 DHCP 伺服器，您只要建立位址池名稱，加入網路/子網路和預設閘道，並且排除您不想提供的位址 (例如預設閘道的位址)。此外，通常還會再加入 DNS 伺服器。我通常會先加入要排除的位址，當然，您也可以很輕易地在 1 行命令中排除一段位址範圍。不過首先，讓我們先找出 Corp 路由器仍舊無法根據預設找到遠端網路的原因。

我們的 DHCP 設定十分正確，但是我總有種不好的感覺，好像忘了甚麼重要的事情！嗯…這些主機是跨越路由器的遠端主機，所以我要做什麼讓它們能從 DHCP 伺服器取得位址呢？如果您的回答是：必須設定 SF 和 LA 的 F0/0 介面去轉送 DHCP 客戶端請求給 DHCP 伺服器，那麼恭喜您答對了！下面是它的做法：

```
LA#config t
LA(config)#int f0/0
LA(config-if)#ip helper-address 172.16.10.5

SF#config t
SF(config)#int f0/0
SF(config-if)#ip helper-address 172.16.10.1
```

這樣的做法應該是正確的，但是除非我們完成某種遶送設定，並且使它運作，否則就是無法確認是否成功。所以，讓我們繼續往下囉！

5-4 在我們的網路中設定 IP 遶送

現在我們的網路已經準備好了，不是嗎？畢竟我們已經設定好了 IP 位址、管理性功能、而時脈在 ISR 路由器上是自動偵測、自動設定的。但是當路由器只能透過檢查路徑表來找出如何將封包傳送到遠端網路的時候，我們路由器的路徑表中只擁有直接相連網路的資訊，它要如何傳送呢？當路由器收到目的網路不在路徑表中的封包時，路由器並不會送出廣播來尋找遠端網路，它只是將這些封包丟棄罷了。

所以我們還沒有真正完成呢！不過別擔心，有好幾種路徑表的設定方法，都能夠應付我們這個小小的互連網路，以便能適當地轉送封包。每種網路適合的方式並不相同，所以瞭解不同的遶送類型，將有助您針對特定環境與企業需求找出最佳的解決方案。

本節所介紹的遶送類型包括：

- 靜態遶送
- 預設遶送
- 動態遶送

我們從靜態遶送的實作開始，因為如果您能夠實作靜態遶送，並且讓它成功地運作，就表示您對互連網路已經有了紮實的瞭解。

靜態遶送

靜態遶送是指在每台路由器的路徑表中手動地加入路徑。靜態遶送有其優點與缺點，不過每種遶送程序都是如此。

靜態遶送具有下列優點：

- **不會造成路由器 CPU 資源的額外負擔**；這意謂著您購買這種路由器所花的錢可能要比使用動態遶送所需的路由器便宜。

- **路由器之間沒有消耗額外的頻寬**；這表示您可以節省 WAN 線路上的花費。
- **增加安全性**；因為管理者可以選擇讓遶送只能存取某些特定的網路。

靜態遶送具有下列缺點：

- 管理者必須確實熟悉整個互連網路，以及每台路由器的連結方式，才能正確地設定路由器。
- 如果要新增網路到互連網路中，管理者必須手動在所有路由器中加入通往新網路的路徑。當網路成長的時候，這項工作會越來越瘋狂。
- 因為上述原因，靜態遶送在大型網路中並不可行。單單維護這些靜態路徑就是很繁重的全天候工作。

但是上述缺點並不表示您應該直接跳過對靜態遶送的學習，因為正如第 1 項缺點所言，要能夠適當的設定網路，就必須先對它有紮實的瞭解。下面是在整體組態下，為路徑表加入靜態路徑的命令語法：

```
ip route [目的網路] [遮罩] [下一中繼站位址或離開介面] [管理性距離] [permanent]
```

下面是字串中每個命令的解說：

- **ip route**：用來建立靜態路徑的命令。
- **目的網路**：要放在路徑表中的網路。
- **遮罩**：該網路使用的子網路遮罩。
- **下一中繼站位址**：負責接收封包並轉送至遠端網路的下一中繼路由器位址，這是位於直接相連網路的路由器介面。在新增路徑前，必須先能夠 ping 到該路由器介面；如果輸入錯誤的下一中繼站位址，或是通往該路由器的介面沒有啟用，則路由器組態中會包含該靜態路徑，但路徑表中卻不會有這條路徑。
- **離開介面**：可以用它來取代下一中繼站位址，這會顯示成直接相連的路徑。

- **管理性距離**：根據預設，靜態路徑的**管理性距離** (Administrative Distance，AD) 為 1，如果您使用離開介面取代下一中繼站位址，則管理性距離甚至為 0。您可以在命令最後面加入管理權重以改變預設值，這部份在稍後的**動態遶送**中會做說明。
- **permanent**：如果介面被關閉，或者路由器無法與下一中繼站路由器通訊，該路徑將會自動從路徑表中移除。反之若選擇這個選項，就能夠在任何情況下都將這個項目保留在路徑表中。

在我們進一步討論靜態路徑的設定之前，先檢視一下簡單的靜態路徑，看我們能發現什麼。


```
Router(config)#ip route 172.16.3.0 255.255.255.0 192.168.2.4
```

- **ip route** 命令告訴我們它是一條靜態路徑。
- 172.16.3.0 是我們想要將封包送達的遠端網路。
- 255.255.255.0 是遠端網路的遮罩。
- 192.168.2.4 是我們送出封包的下個中繼站 (或路由器) 位址。

然而，如果靜態路徑看起來像這樣：

```
Router(config)#ip route 172.16.3.0 255.255.255.0 192.168.2.4 150
```

結尾的 150 將預設的管理性距離由 1 改成 150。別擔心，當我們討論動態路徑時，會更詳細地說明 AD。現在您只要記住，AD 是路徑的可信賴程度，0 最好，而 255 最差。

再舉一個範例，就要開始設定我們的路由器了：

```
Router(config)#ip route 172.16.3.0 255.255.255.0 s0/0/0
```

我們可以用離開介面來取代下一中繼站位址，然後路徑會顯示成直接相連的網路。在功能上，下個中繼站和離開介面的運作是一模一樣的。

為了協助您瞭解靜態路徑的運作方式，接下來要說明稍早圖 5.8 互連網路的組態設定。為了便於查閱，我們在圖 5.9 中再次重複圖 5.8 的互連網路圖，這樣您就不必再往前翻閱。

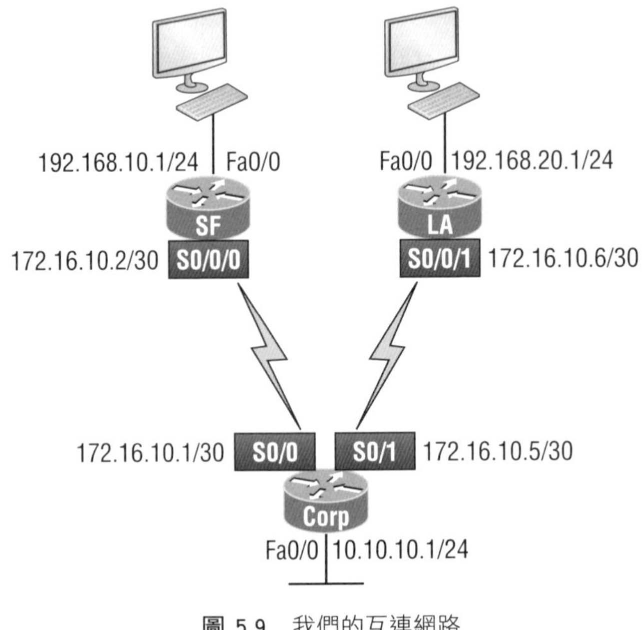

圖 5.9 我們的互連網路

Corp

每個路徑表中都會自動包含直接相連的網路。為了能夠遶送到互連網路中的所有網路，路徑表中還必須包含描述其他網路位置和如何抵達這些網路的資訊。

Corp 路由器直接連到 3 個網路，要讓它能夠遶送到所有網路時，還必須在其路徑表中設定下列網路：

- 192.168.10.0
- 192.168.20.0

從下面的路由器輸出可以看到 Corp 路由器的靜態路徑，以及完成設定之後的路徑表。為了讓 Corp 路由器找到某個遠端網路，就必須在路徑表中加入一筆記錄，描述該遠端網路、遠端遮罩以及封包要往何處轉送。我們會在每一列尾端加上「150」來增加管理性距離 (當我們討論到動態遶送時，您就會知道為什麼要這麼設)。很多時候我們會稱這個為**浮動靜態路徑** (floating static route)，因為這種靜態路徑擁有比任何繞送協定還大的管理性距離，只有當繞送協定所找到的路徑掛掉時，這種路徑才會起作用。

```
Corp#config t
Corp(config)#ip route 192.168.10.0 255.255.255.0 172.16.10.2 150
Corp(config)#ip route 192.168.20.0 255.255.255.0 s0/1 150
Corp(config)#do show run | begin ip route
ip route 192.168.10.0 255.255.255.0 172.16.10.2 150
ip route 192.168.20.0 255.255.255.0 Serial0/1 150
```

對於 192.168.10.0 與 192.168.20.0 網路，必須使用不同的路徑，所以筆者對 SF 路由器使用了下一中繼站位址，而 LA 路由器則是使用離開介面。設定好路由器之後，可以用 **show ip route** 命令來檢視這些靜態路徑：

```
Corp(config)#do show ip route
S 192.168.10.0/24 [150/0] via 172.16.10.2
172.16.0.0/30 is subnetted, 2 subnets
C 172.16.10.4 is directly connected, Serial0/1
L 172.16.10.5/32 is directly connected, Serial0/1
C 172.16.10.0 is directly connected, Serial0/0
L 172.16.10.1/32 is directly connected, Serial0/0
S 192.168.20.0/24 is directly connected, Serial0/1
10.0.0.0/24 is subnetted, 1 subnets
C 10.10.10.0 is directly connected, FastEthernet0/0
L 10.10.10.1/32 is directly connected, FastEthernet0/0
```

Corp 路由器上的路徑設定完成，並且知道抵達所有網路的所有路徑。您有看出在路徑表中，SF 和 LA 路由器的路徑有何不同嗎？是的，下一中繼站的設定會顯示「via」，而離開介面的設定會顯示為靜態，且直接相連。本例是用來顯示這 2 者雖然運作效果相同，但在路徑表的呈現方式不同。

請記得如果某條路徑沒有出現在路徑表中，表示路由器無法與您在該路徑記錄所設定的「下一中繼站位址」通訊。您可以使用 **permanent** 參數讓路徑保留在路徑表中，而不論是否能夠聯繫到下一中繼站的裝置。

上面路徑表項目中的 S 表示該網路屬於靜態項目，[150/0] 則是到遠端網路的管理性距離與衡量指標 (稍後會討論)。

Corp 路由器現在擁有它與其他遠端網路溝通所需的所有資訊。然而，如果 SF 與 LA 路由器沒有設定相同的資訊，封包就只會被丟棄。我們使用靜態路徑來解決這個問題。

你不用對靜態路徑設定結尾的 150 感到緊張，本章稍後會討論這個主題，現在請不必擔心。

SF

SF 路由器直接連到 172.16.10.0/30 與 192.168.10.0/24 網路，所以必須在 SF 路由器上設定如下的靜態路徑：

- 10.10.10.0/24
- 192.168.20.0/24
- 172.16.10.4/30

下面是 SF 路由器的組態設定。記住，我們從來不須為直接相連的網路產生靜態路徑。此外，我們只能使用下個中繼站的 172.16.10.1，因為這是僅有的路由器連線。

```
SF(config)#ip route 10.10.10.0 255.255.255.0 172.16.10.1 150
SF(config)#ip route 172.16.10.4 255.255.255.252 172.16.10.1 150
SF(config)#ip route 192.168.20.0 255.255.255.0 172.16.10.1 150
SF(config)#do show run | begin ip route
ip route 10.10.10.0 255.255.255.0 172.16.10.1 150
ip route 172.16.10.4 255.255.255.252 172.16.10.1 150
ip route 192.168.20.0 255.255.255.0 172.16.10.1 150
```

從路徑表中可以看到 SF 路由器現在已經知道如何找到每個網路了：

```
SF(config)#do show ip route
C 192.168.10.0/24 is directly connected, FastEthernet0/0
L 192.168.10.1/32 is directly connected, FastEthernet0/0
172.16.0.0/30 is subnetted, 3 subnets
S 172.16.10.4 [150/0] via 172.16.10.1
C 172.16.10.0 is directly connected, Serial0/0/0
L 172.16.10.2/32 is directly connected, Serial0/0
S 192.168.20.0/24 [150/0] via 172.16.10.1
10.0.0.0/24 is subnetted, 1 subnets
S 10.10.10.0 [150/0] via 172.16.10.1
```

SF 路由器現在擁有完整的路徑表了，只要 LA 路由器的路徑表中也有所有的網路資訊後，SF 就能夠與所有的遠端網路通訊了。

LA

LA 路由器直接連到 192.168.20.0/24 與 172.16.10.4/30 網路，所以需要加入下列路徑：

- 10.10.10.0/24
- 172.16.10.0/30
- 192.168.10.0/24

下面是 LA 路由器的組態設定：

```
LA#config t
LA(config)#ip route 10.10.10.0 255.255.255.0 172.16.10.5 150
LA(config)#ip route 172.16.10.0 255.255.255.252 172.16.10.5 150
LA(config)#ip route 192.168.10.0 255.255.255.0 172.16.10.5 150
LA(config)#do show run | begin ip route
ip route 10.10.10.0 255.255.255.0 172.16.10.5 150
ip route 172.16.10.0 255.255.255.252 172.16.10.5 150
ip route 192.168.10.0 255.255.255.0 172.16.10.5 150
```

下面是 LA 路由器的路徑表輸出：

```
LA(config)#do sho ip route
S 192.168.10.0/24 [150/0] via 172.16.10.5
172.16.0.0/30 is subnetted, 3 subnets
C 172.16.10.4 is directly connected, Serial0/0/1
L 172.16.10.6/32 is directly connected, Serial0/0/1
S 172.16.10.0 [150/0] via 172.16.10.5
C 192.168.20.0/24 is directly connected, FastEthernet0/0
L 192.168.20.1/32 is directly connected, FastEthernet0/0
10.0.0.0/24 is subnetted, 1 subnets
S 10.10.10.0 [150/0] via 172.16.10.5
```

LA 現在能顯示出互連網路中的 5 個網路，並且能夠與所有路由器與網路通訊了。但是在測試這個網路和 DHCP 伺服器之前，我們還有個主題要談。

預設遶送

連結 Corp 路由器的 SF 和 LA 路由器，其實被視為是**殘根路由器** (stub router)。所謂殘根網路就是它只有一條路徑可抵達所有其他的網路；也就是說，我們可以只使用單一預設路徑，而不需要建立多條靜態路徑。IP 會將所有目的位址不在路徑表中的封包，使用這條預設路徑轉送，所以它又稱為**閘道**。以下就是基於這種殘根特性，在 LA 路由器上取代靜態路徑的設定方式：

```
LA#config t
LA(config)#no ip route 10.10.10.0 255.255.255.0 172.16.10.5 150
LA(config)#no ip route 172.16.10.0 255.255.255.252 172.16.10.5 150
LA(config)#no ip route 192.168.10.0 255.255.255.0 172.16.10.5 150
LA(config)#ip route 0.0.0.0 0.0.0.0 172.16.10.5
LA(config)#do sho ip route
[output cut]
Gateway of last resort is 172.16.10.5 to network 0.0.0.0
172.16.0.0/30 is subnetted, 1 subnets
C 172.16.10.4 is directly connected, Serial0/0/1
L 172.16.10.6/32 is directly connected, Serial0/0/1
C 192.168.20.0/24 is directly connected, FastEthernet0/0
L 192.168.20.0/32 is directly connected, FastEthernet0/0
S* 0.0.0.0/0 [1/0] via 172.16.10.5
```

我們移除了先前設定的靜態路徑。設定預設路徑似乎比設定一堆靜態路徑容易許多！您看到路徑表最後一行的預設路徑嗎？S* 表示它是候選的預設路徑。路由器接收到的所有東西，只要在路徑表中找不到目的位址，都會轉送到 172.16.10.5。在加入預設路徑時務必小心，否則很容易造成網路迴圈。

大功告成！所有路由器都有正確的路徑表了，若是所有路由器與主機沒有故障的話，目前應該都能夠順利地進行通訊了。但如果您要在互連網路中新增一個網路或是另一台路由器，就必須手動更新所有路由器的路徑表。天啊！如前所述，如果您的網路很小，這當然不成問題。但如果是個大型的互連網路，這個任務就非常費時費力了。

檢查組態設定

工作還沒完成呢！當所有路由器的路徑表組態設定完成後，還得進行檢查。檢查設定的最佳方法，除了使用 **show ip route** 命令外，就是使用 ping 程式。接下來讓我們從 Corp 路由器 ping 到 SF 路由器。

這是它的輸出：

```
Corp#ping 192.168.10.1
Type escape sequence to abort.
Sending 5, 100-byte ICMP Echos to 192.168.10.1, timeout is 2 seconds:
!!!!!
Success rate is 100 percent (5/5), round-trip min/avg/max = 4/4/4 ms
Corp#
```

您可以看到我從 Corp 路由器 ping 到 SF 路由器的遠端介面。現在先 Ping 到 LA 路由器的遠端網路；接著，就可以測試 DHCP 伺服器是否運作正常。

```
Corp#ping 192.168.20.1
Type escape sequence to abort.
Sending 5, 100-byte ICMP Echos to 192.168.20.1, timeout is 2 seconds:
!!!!!
Success rate is 100 percent (5/5), round-trip min/avg/max = 1/2/4 ms
Corp#
```

既然我們是在 Corp 路由器上，為何不就在它上面測試 DHCP 伺服器是否正常呢？我們將使用 SF 和 LA 路由器上的每台主機當作 DHCP 客戶端。為了便於習作，使用一台舊的路由器當作 "主機群"。做法如下：

```
SF_PC(config)#int e0
SF_PC(config-if)#ip address dhcp
SF_PC(config-if)#no shut
Interface Ethernet0 assigned DHCP address 192.168.10.8, mask 255.255.255.0
LA_PC(config)#int e0
LA_PC(config-if)#ip addr dhcp
LA_PC(config-if)#no shut
Interface Ethernet0 assigned DHCP address 192.168.20.4, mask 255.255.255.0
```

很好！當初次嘗試就一切順利時，真是令人開心。可惜在網路世界中，這通常是不切實際的期望，所以我們必須具備偵錯與查核網路的能力。現在讓我們使用一些命令來檢查 DHCP 伺服器。

```
Corp#sh ip dhcp binding
Bindings from all pools not associated with VRF:
IP address Client-ID/ Lease expiration Type
Hardware address/
User name
192.168.10.8 0063.6973.636f.2d30. Sept 16 2013 10:34 AM Automatic
3035.302e.3062.6330.
2e30.3063.632d.4574.
30
192.168.20.4 0063.6973.636f.2d30. Sept 16 2013 10:46 AM Automatic
3030.322e.3137.3632.
2e64.3032.372d.4574.
30
```

從上例可以看到我們的小小 DHCP 伺服器運作得很好！現在讓我們嘗試其他命令：

```
Corp#sh ip dhcp pool SF_LAN
Pool SF_LAN :
Utilization mark (high/low) : 100 / 0
Subnet size (first/next) : 0 / 0
Total addresses : 254
```

```
Leased addresses : 3
Pending event : none
1 subnet is currently in the pool :
Current index IP address range Leased addresses
192.168.10.9 192.168.10.1 - 192.168.10.254 3
Corp#sh ip dhcp conflict
IP address Detection method Detection time VRF
```

最後一個命令會顯示是否有 2 台主機使用相同的 IP 位址，所以沒有回報任何位址衝突是件好事！另外 2 個用來確認的偵測方法為：

- 從 DHCP 伺服器執行 ping，確定在發出位址之前，沒有其他主機會回應。
- 從伺服器接收到 DHCP 位址的主機送出無償 ARP (gratuitous ARP)。

DHCP 客戶端會使用新的 IP 位址傳送 ARP 請求，看看是否有任何人回應；如果有的話，它就會跟伺服器回報衝突。

既然我們可以進行端點對端點的通訊，並且在每台主機向伺服器接收 DHCP 位址都沒有問題，那麼就可以確定靜態和預設路徑的設定是成功的！

5-5 動態遶送

動態遶送是使用協定來尋找網路，並且更新路由器上的路徑表。當然，這比使用靜態或預設遶送簡單，但是會消耗路由器的 CPU 處理資源與網路鏈結的頻寬。遶送協定會定義路由器與其鄰接路由器間溝通路徑資訊時所使用的一組規則。本章討論 2 種遶送協定：**遶送資訊協定** (Routing Information Protocol，RIP) 第一版與第二版。

互連網路中使用的遶送協定有 2 種，包括：**內部閘道協定** (Interior gateway protocol，IGP) 與**外部閘道協定** (Exterior gateway protocol，EGP)。IGP 是位於**相同自治系統** (Autonomous System，AS) 中的路由器用來交換遶送資訊的協定；AS 是在相同行政管理網域之下的一組網路，基本上相同 AS 中的所有路由器應該共享相同的路徑表資訊。EGP 用在 AS 之間的溝通。

邊界閘道協定 (Border Gateway Protocol，BGP) 就是 EGP 的一個例子，不過這已超出本書的討論範圍。

由於遶送協定對動態遶送而言非常重要，所以接著要提供您一些基本資訊，稍後再來專心地設定它們。

遶送協定基礎

在更深入鑽研遶送協定之前，您必須先瞭解一些重要觀念，特別是管理性距離、3 種不同的遶送協定。以下就詳細地說明這幾個部份。

管理性距離

管理性距離 (Administrative Distance，AD) 是用來評比路由器從鄰接路由器所收之路徑資訊的可信度，其值為 0 到 255 間的整數，0 代表最值得信任，255 則表示沒有交通會透過這條路徑傳送。

如果路由器收到兩筆關於相同遠端網路的路徑更新，它會先檢查 AD。如果其中一筆被通告路徑有較低的 AD，則最低 AD 的路徑會被放入路徑表中。

如果所收到之通往相同網路的 2 條路徑具有相同的 AD，則會使用遶送協定的衡量指標 (例如中繼站數目或是線路頻寬) 來找出通往該網路的最佳路徑。被通告的路徑中具有最低衡量指標者會被放入路徑表中。但是如果兩者同時具有相同的 AD 與衡量指標，則遶送協定會去平衡通往遠端網路的負載 (亦即它會同時使用這 2 條線路來傳送封包)。

表 5.1 是 Cisco 用來判斷要選擇哪條路徑來抵達遠端網路時的管理性距離。

表 5.1 預設的管理性距離

路徑來源	預設 AD
相連的介面	0
靜態路徑	1
外部 BGP	20
EIGRP	90
OSPF	110
RIP	120
外部 EIGRP	170
內部 BGP	200
未知	255 (這條路徑絕不會被使用)

如果是直接相連的網路，路由器一定會使用連到該網路的介面。如果管理者有設定靜態路徑，則路由器對這條路徑的信任會高過從其他來源學到得的任何路徑資訊。您也可以更改靜態路徑的管理性距離，但是它們的預設 AD 值為 1。在我們前面的靜態路徑設定中，每條路徑的 AD 不是 150 就是 151。這可讓我們在設定遶送協定時，不必先移除靜態路徑。萬一遶送協定因某種原因失敗時，先前設定的靜態路徑還可以用來當作備援路徑。

例如，如果某個網路同時有靜態路徑、由 RIP 通告的路徑和由 EIGRP 通告的路徑，則除非您更改靜態路徑的 AD (我們就是這麼做)，否則根據預設，路由器一定會使用靜態路徑。

遶送協定

遶送協定共有 3 類，包括：

- **距離向量**：距離向量協定 (distance-vector protocol) 會根據距離找出通往遠端網路的最佳路徑。封包每經過一台路由器，稱為一個**中繼站** (hop)。向量會指示通往遠端網路的方向。RIP 屬距離向量遶送協定，它會將整個路徑表傳送給直接相連的鄰居。

- **鏈路狀態**：鏈路狀態協定 (link-state protocol) 又稱為**最短路徑優先協定** (shortest-path-first protocol)；在這種協定中，每台路由器會建立 3 個獨立的表格，其中之一會追蹤直接相連的鄰居，一個會決定整個互連網路的拓樸，而最後一個則是路徑表。鏈路狀態路由器對互連網路的瞭解會比距離向量遶送協定清楚。OSPF 是完全屬於鏈路狀態的 IP 遶送協定。這種協定不會定期交換鏈路狀態的路徑表，而是在觸發式的路徑更新封包中傳送特定的鏈路狀態資訊。直接相連的鄰居之間會定期交換 hello 訊息，這種訊息小而有效，可得知對方是否還存活著，用來建立與維護鄰居關係。

- **進階的距離向量**：進階的距離向量同時使用到距離向量和鏈路狀態協定的觀念，EIGRP 就是這樣的例子。EIGRP 有類似鏈路狀態繞送協定的行為，因為它使用 Hello 協定來發現鄰居，形成鄰居關係，而且發生異動時只傳送部分的更新資訊。然而，EIGRP 仍然依據距離向量繞送協定的重要原則，從直接相連的鄰居學習網路其他部分的資訊。

沒有一種遶送協定的設定方式適合所有情況，您只能視情況見招拆招。如果能瞭解不同遶送協定的運作方式，就能夠做出良好決策，真正符合任何情況之獨特需求。

5-6 RIP (Routing Information Protocol)

遶送資訊協定 (Routing Information Protocol，RIP) 是個純正的距離向量協定，它會每隔 30 秒從所有作用中的介面送出完整的路徑表。RIP 只使用中繼站數目來判斷通往遠端網路的最佳路徑，但是預設的最大中繼站數目為 15，亦即 16 代表無法抵達。RIP 在小型網路中運作情況良好，但是在設有緩慢之 WAN 鏈路的大型網路，或是安裝大量路由器的網路上，則缺乏效率。如果是在具有變動頻寬鏈路的網路上，那就完全無用了。

RIPv1 只使用**有級別遶送** (classful routing)，亦即網路上的所有裝置必須使用相同的子網路遮罩；這是因為 RIPv1 在傳送路徑更新時並沒有附帶子網路遮罩的資訊。RIPv2 提供所謂**前置位址遶送** (prefix routing)，並且在路徑更新中包含了子網路遮罩的資訊 —— 這稱為**無級別遶送** (classless routing)。

現在，讓我們在目前的網路上設定 RIPv2。

設定 RIP 遶送

要設定 RIP 遶送，只要使用 **router rip** 命令來開啟協定，並且告訴 RIP 遶送協定要通告哪些網路就成了。還記得在設定靜態遶送時，我們只設定遠端網路，並且從不輸入通往直接相連網路的路徑嗎？動態遶送則剛好相反。我們不會在遶送協定中輸入遠端網路，只輸入直接相連的網路！現在讓我們回到圖 5.9，在 3 台路由器的互連網路中進行 RIP 遶送的設定。

Corp

RIP 的管理性距離為 120，而靜態路徑預設的管理性距離為 1。由於目前已經設定了靜態路徑，所以並不會靠 RIP 資訊來傳播路徑表。不過因為我們在每條靜態路徑的尾端都加上了 150，所以應該沒問題。

我們可以使用 **router rip** 命令與 **network** 命令來新增 RIP 遶送協定。**network** 命令會告訴遶送協定要通告哪個有級別的網路。這個設定流程啟動了該介面的 RIP 遶送程序，並且用 RIP 遶送程序之下的 network 命令，設定該介面座落的有級別網路位址。

看看 Corp 路由器的設定，就會發現這是多麼容易啊！不過等一下，首先，我想檢查直接連結的網路，才知道要怎麼設定 RIP：

```
Corp#sh ip int brief
Interface          IP-Address   OK? Method Status                Protocol
FastEthernet0/0    10.10.10.1   YES manual up                    up
Serial0/0          172.16.10.1  YES manual up                    up
FastEthernet0/1    unassigned   YES unset  administratively down down
Serial0/1          172.16.10.5  YES manual up                    up

Corp#config t
Corp(config)#router rip
Corp(config-router)#network 10.0.0.0
Corp(config-router)#network 172.16.0.0
Corp(config-router)#version 2
Corp(config-router)#no auto-summary
```

這樣就完成了！只需 2 或 3 個命令就完工了，比使用靜態路徑更簡單，不是嗎？不過請記住，代價是會消耗掉額外的路由器 CPU 資源與頻寬。

上面究竟做了什麼事呢？筆者開啟了 RIP 遶送協定，加入直接相連網路，確定只有執行 RIPv2 這個無級別遶送協定，然後關閉自動總結功能。我們通常不希望遶送協定進行總結，因為這最好是手動進行，而 RIP 和 EIGRP 預設都會自動總結。所以根據經驗法則，應該要關閉自動總結，讓它們去通告子網路。

請注意我們並沒有輸入子網路，而只是輸入有級別的網路位址 (所有子網路位元與主機位元都是關閉的)。找尋子網路並產生路徑表是遶送協定的工作。但因為目前還沒有其他的路由器夥伴在執行 RIP，所以路徑表中還看不到任何 RIP 路徑。

請記住，在設定網路位址時，RIP 使用的是有級別的位址。以我們的網路為例；它的位址是 172.16.0.0/16 且子網路為 172.16.10.0/30 與 172.16.10.4/30，所以只要輸入有級別網路位址 172.16.0.0，就可以讓 RIP 找出子網路，並且將它們放入路徑表中。這並不表示您在執行的是有級別的遶送協定；這只是 RIP 和 EIGRP 的設定方式。

SF

下面是 SF 路由器的組態設定。SF 路由器連接了 2 個網路，而我們需要設定所有直接相連的有級別網路 (而非子網路)。

```
SF#sh ip int brief
Interface          IP-Address     OK? Method Status                Protocol
FastEthernet0/0    192.168.10.1   YES manual up                    up
FastEthernet0/1    unassigned     YES unset  administratively down down
Serial0/0/0        172.16.10.2    YES manual up                    up
Serial0/0/1        unassigned     YES unset  administratively down down
SF#config
SF(config)#router rip
SF(config-router)#network 192.168.10.0
SF(config-router)#network 172.16.0.0
SF(config-router)#version 2
SF(config-router)#no auto-summary
SF(config-router)#do show ip route
```

```
C 192.168.10.0/24 is directly connected, FastEthernet0/0
L 192.168.10.1/32 is directly connected, FastEthernet0/0
172.16.0.0/30 is subnetted, 3 subnets
R 172.16.10.4 [120/1] via 172.16.10.1, 00:00:08, Serial0/0/0
C 172.16.10.0 is directly connected, Serial0/0/0
L 172.16.10.2/32 is directly connected, Serial0/0
S 192.168.20.0/24 [150/0] via 172.16.10.1
10.0.0.0/24 is subnetted, 1 subnets
R 10.10.10.0 [120/1] via 172.16.10.1, 00:00:08, Serial0/0/0
```

這樣的設定非常直接了當。我們來討論一下這個路徑表。因為現在已有一個 RIP 夥伴可以彼此交換路徑表，我們可以看到來自 Corp 路由器的 RIP 網路。所有其他路徑仍然以靜態及本地狀態顯示。RIP 也發現了透過 Corp 路由器的兩條連線，通往網路 10.10.10.0 與 172.16.10.4。不過我們還沒有完工！

5

LA

現在來設定 LA 路由器的 RIP。首先我要先移除預設路徑 (雖然這並不是必要的步驟)。您很快就會看到原因：

```
LA#config t
LA(config)#no ip route 0.0.0.0 0.0.0.0
LA(config)#router rip
LA(config-router)#network 192.168.20.0
LA(config-router)#network 172.16.0.0
LA(config-router)#no auto
LA(config-router)#vers 2
LA(config-router)#do show ip route
R 192.168.10.0/24 [120/2] via 172.16.10.5, 00:00:10, Serial0/0/1
172.16.0.0/30 is subnetted, 3 subnets
C 172.16.10.4 is directly connected, Serial0/0/1
L 172.16.10.6/32 is directly connected, Serial0/0/1
R 172.16.10.0 [120/1] via 172.16.10.5, 00:00:10, Serial0/0/1
C 192.168.20.0/24 is directly connected, FastEthernet0/0
L 192.168.20.1/32 is directly connected, FastEthernet0/0
10.0.0.0/24 is subnetted, 1 subnets
R 10.10.10.0 [120/1] via 172.16.10.5, 00:00:10, Serial0/0/1
```

當我們增加 RIP 夥伴後，路徑表的 R 記錄也跟著增加了。我們仍然可以看到路徑表中有所有的路徑。

從上面的輸出可以看到路徑表中除了大寫的 **R** 字之外，所有項目都與使用靜態路徑時相同。R 表示該網路是使用 RIP 遶送協定所動態加入的，而 [120/1] 則是路徑的管理性距離 (120) 與抵達遠端網路的中繼站數目 (1)。從 Corp 路由器出去，所有路都是相隔 1 個中繼站。

因此，RIP 已經在我們小小的互連網路上運作了，它並不是適用於所有企業的解決方案。因為這項技術的最大中繼站數目只有 15 (絕對到不了 16)。此外，它每隔 30 秒就會進行整個路徑表的更新，很快就會讓較大型的互連網路進入痛苦的爬行速度！

關於 RIP 路徑表和用來通告遠端網路的參數方面，還有一件事情需要說明。以下面的例子來說，請注意其路徑表的 10.1.3.0 網路的衡量指標顯示 [120/15]；這表示它的管理性距離是 120 (RIP 的預設值)，但是中繼站數目是 15。請記住，每次路由器送出更新給鄰居路由器時，都會為每條路徑的中繼站數目加 1。下面是它的輸出：

```
Router#sh ip route
10.0.0.0/24 is subnetted, 12 subnets
C 10.1.11.0 is directly connected, FastEthernet0/1
L 10.1.11.1/32 is directly connected, FastEthernet0/1
C 10.1.10.0 is directly connected, FastEthernet0/0
L 10.1.10.1/32 is directly connected, FastEthernet/0/0
R 10.1.9.0 [120/2]  via 10.1.5.1, 00:00:15, Serial0/0/1
R 10.1.8.0 [120/2]  via 10.1.5.1, 00:00:15, Serial0/0/1
R 10.1.12.0 [120/1] via 10.1.11.2,00:00:00, FastEthernet0/1
R 10.1.3.0 [120/15] via 10.1.5.1, 00:00:15, Serial0/0/1
R 10.1.2.0 [120/1]  via 10.1.5.1, 00:00:15, Serial0/0/1
R 10.1.1.0 [120/1]  via 10.1.5.1, 00:00:15, Serial0/0/1
R 10.1.7.0 [120/2]  via 10.1.5.1, 00:00:15, Serial0/0/1
R 10.1.6.0 [120/2]  via 10.1.5.1, 00:00:15, Serial0/0/1
C 10.1.5.0 is directly connected, Serial0/0/1
L 10.1.5.1/32 is directly connected, Serial0/0/1
R 10.1.4.0 [120/1] via 10.1.5.1, 00:00:15, Serial0/0/1
```

這個 [120/15] 實在不好，因為下一個從這個路由器收到這份路徑表的路由器，就會因為接續的中繼站數目為無效的 16，而把 10.1.3.0 網路丟棄。

如果路由器收到一筆路徑更新記錄，而更新記錄中抵達某個網路的路徑成本比路徑表中既存路徑的成本還高，則路由器就會忽視這筆更新。

限制 RIP 的傳播

您可能並不希望您的 RIP 網路被通告到 LAN 與 WAN 上的每個地方，至少，把您的 RIP 網路傳到網際網路上可就不是什麼好事吧！要阻止某些 RIP 更新資訊在您的 LAN 與 WAN 上到處傳播，有幾種不同的方式。最簡單的是使用 **passive-interface** 命令。這個命令會阻止 RIP 的更新廣播從某個介面中送出，但是該介面仍舊可以接收 RIP 更新。

5

下面是在 Corp 路由器 Fa0/1 介面上設定 **passive-interface** 的範例 (假設該介面是連到某個不希望開啟 RIP 的網路)：

```
Corp#config t
Corp(config)#router rip
Corp(config-router)#passive-interface FastEthernet 0/1
```

這個命令會阻止 RIP 更新從 FastEthernet 介面 0/1 中傳播出去，但該介面仍然可以接收 RIP 更新。

真實情境

我們真的應該在互連網路中使用 RIP 嗎？

有人雇您擔任顧問，負責在一個成長中的網路安裝數台 Cisco 路由器。他們仍希望保留幾台舊的 Unix 路由器在網路中。這些路由器只支援 RIP 遶送協定。我猜這表示您只能在整個網路上執行 RIP。

這種說法只對了一半。您可以連到舊網路的路由器上執行 RIP，但不必在整個互連網路上執行 RIP。您可以利用所謂的 "重分送" (redistribution)，基本上就是將一種遶送協定轉換成另一種。這表示您可以使用 RIP 支援這些舊的路由器，但是在網路的其他部份使用 EIGRP 等。

這會阻止 RIP 路徑在整個互連網路上傳送，並且吃掉珍貴的頻寬。

使用 RIP 通告預設路徑

現在要說明從自治系統通告到其他路由器的方法，您會看到它的做法和 OSPF 完全相同。想像 Corp 路由器的 Fa0/0 介面是連到某種都會乙太網路，以連結網際網路，這種連結在今日十分常見，例如使用 LAN 介面、而非序列介面連往 ISP。

如果我們真的新增一條網際網路連線到 Corp，AS 中的所有路由器 (SF 和 LA) 都必須知道要如何傳送目的地為網際網路的封包，否則它們在收到遠端請求的封包時，就會將它丟棄。解決方案之一是在每台路由器中放入預設路徑，將資訊送到 Corp；Corp 中則包含通往 ISP 的預設路徑。大多數人會在中小型網路中用這種方式設定，因為這樣確實可以運作得不錯。

不過，因為所有路由器都有執行 RIPv2，所以只要在 Corp 路由器加入通往 ISP 的預設路徑 (筆者平常都是這樣做)，然後新增一個命令將這個網路通告到 AS 的其他路由器做為預設路徑，讓它們知道要將目的地為網際網路的封包往哪裡送。

下面是 Corp 的新組態：

```
Corp(config)#ip route 0.0.0.0 0.0.0.0 fa0/0
Corp(config)#router rip
Corp(config-router)#default-information originate
```

現在讓我們來看看 Corp 的路徑表：

```
S* 0.0.0.0/0 is directly connected, FastEthernet0/0
```

接著，再看看 LA 路由器是否可以看到相同的項目：

```
LA#sh ip route
Gateway of last resort is 172.16.10.5 to network 0.0.0.0
R 192.168.10.0/24 [120/2] via 172.16.10.5, 00:00:04, Serial0/0/1
172.16.0.0/30 is subnetted, 2 subnets
C 172.16.10.4 is directly connected, Serial0/0/1
```

```
L 172.16.10.5/32 is directly connected, Serial0/0/1
R 172.16.10.0 [120/1] via 172.16.10.5, 00:00:04, Serial0/0/1
C 192.168.20.0/24 is directly connected, FastEthernet0/0
L 192.168.20.1/32 is directly connected, FastEthernet0/0
10.0.0.0/24 is subnetted, 1 subnets
R 10.10.10.0 [120/1] via 172.16.10.5, 00:00:04, Serial0/0/1
R 192.168.218.0/24 [120/3] via 172.16.10.5, 00:00:04, Serial0/0/1
R 192.168.118.0/24 [120/2] via 172.16.10.5, 00:00:05, Serial0/0/1
R* 0.0.0.0/0 [120/1] via 172.16.10.5, 00:00:05, Serial0/0/1
```

請觀察最後一個項目，代表它是由 RIP 注入的路徑，不過它也是預設路徑。這表示 **default-information originate** 命令發揮作用！最後，請注意閘道現在也已經設定好了。

今日，大家都知道要盡可能避免在正式網路中使用任何類型的 RIP。因此，我們下一章將會討論 CCNA 的明星繞送協定 OSPF。

5-7 摘要

本章涵蓋了 IP 遶送的細節，您務必要確實瞭解本章所涵蓋的這些基本原理，因為在 Cisco 路由器上所作的任何事情，通常都會設定與執行某種類型的 IP 遶送。

本章教您 IP 遶送如何使用訊框在路由器間傳送封包，以及送到目的主機。之後，我們在路由器上設定了靜態遶送，並且討論 IP 用來決定通往目的網路路徑的管理性距離。如果您擁有殘根型網路，就可以設定預設遶送，在路由器上設定預設閘道。

最後，我們討論了動態遶送，特別是 RIPv2，以及它在互連網路上的運作方式一不是非常的好！

5-8 考試重點

- **瞭解基本的 IP 遶送程序**：您必須記住訊框會在每個中繼站改變，但是封包在抵達目的裝置前將不會做任何改變 (IP 標頭中的 TTL 欄位會在每個中繼站遞減，就只有這樣！)。

- **列出路由器成功遶送封包所需的資訊**：路由器若要遶送封包，至少需要知道封包的目的位址、透過它可抵達該遠端網路之鄰接路由器的位置、到所有遠端網路的可能路徑、抵達每個遠端網路的最佳路徑、以及如何維護與確認遶送資訊。

- **描述遶送過程中如何使用 MAC 位址**：MAC 位址只對本地的 LAN 有用，它從不會穿越路由器的介面。訊框使用 MAC (硬體) 位址在 LAN 上傳送封包，訊框會將封包運送到 LAN 上的主機，或路由器的介面 (如果封包的目的地是遠端網路)。當封包從一台路由器移往另一台路由器時，所使用的 MAC 位址會改變，但通常封包最原始的來源與目的 IP 位址則不會改變。

- **檢視並解譯路由器上的路徑表**：使用 **show ip route** 命令來檢視路徑表。它會列出每條路徑及相關遶送資訊的來源。路徑左方的 C 代表直接連結的路由器，路徑旁的其他字母則可能是代表提供資訊的特定繞送協定，例如 R 就是指 RIP。

- **區分三種不同類型的遶送**：遶送的三種類型包含**靜態** (路徑是透過 CLI 手動設定)，**動態** (路由器透過遶送協定分享遶送資訊)，以及**預設遶送** (為所有那些在表格中找不到其他更特定目的網路之交通設定一條特定路徑)。

- **比較靜態與動態遶送**：**靜態遶送**不會產生路徑更新交通，並且對路由器及網路鏈結所產生的額外負擔最少，但是它必須手動設定，而且在鏈結故障時無法做出回應。**動態遶送**會產生路徑更新交通，並且會在路由器與網路鏈結上產生更多額外負擔，但是它可以回應鏈結的故障，並且在相同網路具有多條路徑時，選擇使用最佳路徑。

- **在 CLI 設定靜態路徑**：要新增路徑的命令語法為：**ip route [目的網路] [遮罩] [下個中繼站位址或離開介面] [管理性距離] [permanent]** 。

- **建立預設路徑**：要新增預設路徑的命令語法為：**ip route 0.0.0.0 0.0.0.0 ip 位址或離開介面 類型和數值**。

- **了解管理性距離與它在選擇最佳路徑時所扮演的角色**：管理性距離 (Administrative Distance，AD) 是用來賦予路由器從其他路由器所接收之遶送資訊的可信任度。管理性距離是從 0 到 255 的整數；0 代表最受信任，255 則表示不會有資訊透過這條路徑傳送。所有遶送協定都有指定預設的 AD，但是也可以透過 CLI 變更。

- **區分距離向量、鏈路狀態與混合式遶送協定**：「距離向量」遶送協定是根據中繼站數目來做出遶送決策 (例如 RIP)，而「鏈路狀態」遶送協定則能夠考量多重因素 (例如可用頻寬與延遲) 來選擇最佳路徑。「混合式」遶送協定則同時具備這兩種特徵。

- **設定 RIPv2 遶送**：要設定 RIP 遶送，首先必須進入整體設定模式，然後輸入命令 **router rip**。再新增所有直接相連的網路，請務必使用有級別的位址，以及 **version 2** 命令，並且使用 **auto-summary** 命令來關閉自動總結。

5-9 習題

習題解答請參考附錄。

( ) 1. 哪個命令會產生下列輸出？

```
Codes: L - local, C - connected, S - static,
[output cut]
10.0.0.0/8 is variably subnetted, 6 subnets, 4 masks
C 10.0.0.0/8 is directly connected, FastEthernet0/3
L 10.0.0.1/32 is directly connected, FastEthernet0/3
C 10.10.0.0/16 is directly connected, FastEthernet0/2
L 10.10.0.1/32 is directly connected, FastEthernet0/2
C 10.10.10.0/24 is directly connected, FastEthernet0/1
L 10.10.10.1/32 is directly connected, FastEthernet0/1
S* 0.0.0.0/0 is directly connected, FastEthernet0/0
```

A. show routing table　　**B.** show route

C. show ip route　　**D.** show all route

( ) 2. 您正在檢視路徑表，並且看到一項為 10.1.1.1/32。您認為這條路徑旁會標示哪個符號？

A. C　　**B.** L

C. S　　**D.** D

( ) 3. 關於 **ip route 172.16.4.0 255.255.255.0 192.168.4.2** 命令，以下那些敘述是對的？(請選擇 2 個答案)

A. 這是用來建立靜態路徑的命令

B. 它使用預設的管理性距離

C. 這是用來設定預設路徑的命令

D. 來源位址的子網路遮罩是 255.255.255.0

E. 這是用來建立殘根型網路的命令

( ) 4. 根據下面的輸出，請問它是使用何種協定來取得 172.16.10.1 的 MAC 位址？

```
Interface: 172.16.10.2 --- 0x3
Internet Address Physical Address Type
172.16.10.1 00-15-05-06-31-b0 dynamic
```

A. ICMP **B.** ARP
C. TCP **D.** UDP

( ) 5. 下列何者被稱為進階的距離向量遶送協定？

A. OSPF **B.** EIGRP
C. BGP **D.** RIP

( ) 6. 當封包被遶送穿越網路時，封包的 _______ 會在每個中繼站改變，但 ________ 則不會。

A. MAC 位址，IP 位址
B. IP 位址，MAC 位址
C. 埠號，IP 位址
D. IP 位址，埠號

( ) 7. 路由器在路徑表中尋找每個封包的目的位址，被稱為？

A. 動態交換 **B.** 快速交換
C. 行程交換 **D.** Cisco 快速轉送

( ) 8. 下列路徑是哪種路徑？請選擇所有符合的答案。

```
S* 0.0.0.0/0 [1/0] via 172.16.10.5
```

A. 預設 **B.** 子網路分割
C. 靜態 **D.** 本地

(　　) 9. 網路管理員檢視 **show ip route** 命令的輸出，發現有個同時由 RIP 與 OSPF 通告的網路出現在路徑表中，而且標示為 OSPF 路徑。為什麼路徑表不使用抵達該網路的 RIP 路徑？

A. OSPF 有比較快的更新計時器

B. OSPF 有比較低的管理性距離

C. 對於該路徑 RIP 有比較高的衡量指標值

D. OSPF 路徑有較少的中繼站

E. RIP 路徑有遶送迴圈

(　　)10. 下列何者不是靜態遶送的優點？

A. 路由器 CPU 的額外負擔較少

B. 路由器間沒有用到頻寬

C. 增加安全性

D. 自動地復原遺失路徑

開放式最短路徑優先協定 (OSPF)

6

Chapter

本章涵蓋的 CCNA 檢定主題

3.0 IP 的連結

3.4 設定與查驗單一區域 OSPFv2

- 3.4.a 鄰居緊鄰關係
- 3.4.b 點對點
- 3.4.c 廣播 (DR/BDR 選舉)
- 3.4.d 路由器 ID

OSPF (Open Shortest Path First) 是目前最普遍和最重要的遶送協定，所以我們將用一整章來說明。本章先透過基礎介紹讓您熟悉 OSPF 術語，之後再說明 OSPF 的內部運作，以及它優於 RIP 的許多特性。

本章將充滿許多重要資訊，並且會探討許多實作 OSPF 的關鍵因素和重要議題！我們會逐步完成在不同網路環境下的單一區域 OSPF 實作，以及確認設定正確並順利運作所需的一些重要技術。

6-1 OSPF 基礎

OSPF (Open Shortest Path First) 屬於開放標準的遶送協定，包含 Cisco 在內的許多網路廠商都有提供實作。OSPF 屬開放標準的特性，也是它彈性和普及的關鍵。

大多數人都選擇使用 OSPF。因為它是使用 Dijkstra 演算法初始化一棵最短路徑樹，然後利用所產生的最佳路徑填入路徑表。OSPF 收斂速度很快，或許沒 EIGRP 那麼快，不過它的收斂速度的確是它受歡迎的理由之一。此外，OSPF 還有 2 大優點：包括支援相同目的地且成本相等的多條路徑，以及和 EIGRP 一樣支援 IPv4 與 IPv6 等被遶送協定。

OSPF 的一些優點如下：

- 允許建立區域與自治系統。
- 使路徑更新交通減到最少。
- 非常有彈性、用途廣泛且具有擴充性。
- 支援 VLSM/CIDR。
- 不限制中繼站數目。
- 可佈建多種廠牌的設備 (開放式標準)。

OSPF 是大部分人學到的第一個鏈路狀態遶送協定，很適合拿它來與傳統的**距離向量協定**進行比較，如 RIPv2 與 RIPv1。表 6.1 列出這 3 個協定的比較結果。

表 6.1 OSPF 與 RIP 的比較

特性	OSPF	RIPv2	RIPv1
協定類型	鏈路狀態	距離向量	距離向量
支援無級別	是	是	否
支援 VLSM	是	是	否
自動總結	否	是	是
手動總結	是	是	否
支援非連續網路	是	是	否
路徑的散播	異動時多點傳播	定期多點傳播	定期廣播
路徑衡量指標	頻寬	中繼站	中繼站
中繼站計數限制	無	15	15
收斂	快	慢	慢
認證對等節點	是	是	否
階層式網路	是 (利用區域)	否 (展平的)	否 (展平的)
更新	事件驅動	定期	定期
路徑的計算	Dijkstra	Bellman-Ford	Bellman-Ford

除了表 6.1 以外，OSPF 還有許多其他的特性，所有這些特性造就出一個快速、可擴充以及強健的協定，活躍地應用在大量的營運網路中。

OSPF 最有用的特性是它的設計是針對階層式的應用，可以將較大型的互連網路分割成幾個稱為區域 (area) 的較小型互連網路。筆者推薦您多使用這種非常有用的功能，本章稍後會說明如何做。

充分利用階層式設計來建置 OSPF 的 3 大理由包括：

- 降低遶送引起的額外負擔 (overhead)
- 加速收斂
- 將網路的不穩定性限制在單個區域的網路內。

因為天下沒有白吃的午餐，所以這項很棒的功能也是要付出代價的。OSPF 的設定並不容易。不過別擔心，我們會擊敗它的！

圖 6.1 是一個典型而簡單的 OSPF 設計。請注意每部路由器如何連結骨幹 (稱為區域 0，或骨幹區域)。OSPF 一定要有區域 0，而所有其它區域都應該要連結這個區域 (除了藉由虛擬鏈路而不直接與區域 0 相連的那些區域，不過這部分已超出本書的範圍)。在 AS 內部連結其他區域到骨幹區域的路由器稱為**區域邊界路由器** (Area Border Router，ABR)，ABR 至少也得有一片介面屬於區域 0。

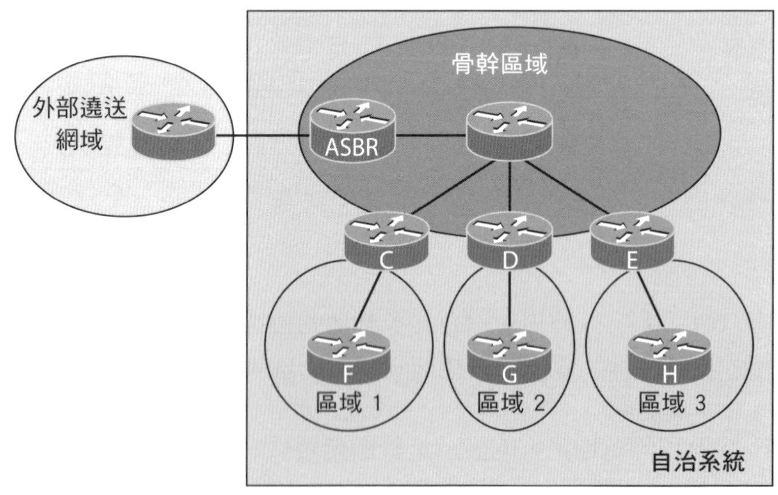

圖 6.1 OSPF 設計範例。OSPF 階層式設計會讓路徑表的項目減至最少，並且讓任何拓樸變動限制在特定區域內

OSPF 在自治系統內部執行得很好，但也可以將多個自治系統連結在一起，將這些 AS 連結在一起的路由器稱為**自治系統邊界路由器** (Autonomous

System Boundary Router，ASBR)。理想上，您要產生其他區域的網路，儘量讓路徑更新的量維持最小，並且避免問題擴散至整個互連網路。不過這已超出本章的討論範圍，您只要先記住這點即可。

首先，我們介紹一些瞭解 OSPF 時必須知道的術語。

OSPF 術語

想像一下，如果給您一張地圖和一個指南針，但您卻對東西南北、河流或山川、湖泊或沙漠等完全沒有概念，事情會變得多麼艱鉅。如果對相關事物沒有概念，就不可能好好利用手上的工具來完成任務。因此，我們一開始花比較多篇幅介紹 OSPF 的相關術語，以免您迷失於之後的內容中。以下是一些很重要的 OSPF 術語，繼續往後研讀之前請先熟讀。

- **鏈路 (link)**：鏈路是一個網路或指定給某個網路的路由器介面。當增加一片介面到 OSPF 程序時，OSPF 就會將該片介面視為一條鏈路。這條鏈路或介面就會有相關的狀態資訊 (開啟或關閉)，以及一或一個以上的 IP 位址。
- **路由器 ID**：路由器 ID (RID) 是用來識別路由器的 IP 位址。Cisco 挑選路由器 ID 的方式是使用所有設定之 loopback 介面中 IP 位址最高的那一個。但如果沒有設定位址的 loopback 介面，就選擇所有運作中之實體介面中，IP 位址最高的那一個。對 OSPF 而言，基本上這可以說是每部由器的"名稱"。
- **鄰居 (neighbor)**：鄰居是有介面在相同網路上的 2 部或更多部路由器，例如連到點對點序列鏈路的 2 部路由器。OSPF 鄰居必須有一些共同的設定選項，才能夠成功地建立鄰居關係。而且這些選項的設定全部都要一樣：
  - 區域 ID
  - 殘根區域旗標
  - 認證密碼 (如果有採用)
  - Hello 與 Dead 計時器的間隔

- **緊鄰關係 (adjacency)**：緊鄰關係是能直接交換路徑更新的兩部 OSPF 路由器之間的關係。OSPF 在分享路徑資訊方面真的非常挑剔，不像 EIGRP 就直接與所有的鄰居分享路徑。相對地，OSPF 只與那些也建立緊鄰關係的鄰居直接分享路徑。並非所有的鄰居都可建立緊鄰關係，要根據網路的類型與路由器的組態而定。在**多重存取** (multi-access) 網路中，路由器與委任 (designed) 路由器及備援委任 (backup designed) 路由器形成緊鄰關係。在點對點及點對多點網路，路由器則與連線另一端的路由器形成緊鄰關係。

- **委任路由器 (designated router，DR)**：每當 OSPF 路由器連到相同的廣播網路時，就會選出一部 DR 以最小化形成的緊鄰關係數量，並且將接收到的遶送資訊公告給廣播網路或鏈路上的其餘路由器。選舉的勝負取決於路由器的優先等級，具有最高優先權者獲勝。如果遇到平手，就使用路由器 ID。共用網路上的所有路由器都會與 DR 及 BDR 建立緊鄰關係，以確保所有路由器拓樸表的同步。

- **備援委任路由器 (backup designated router，BDR)**：BDR 是多方存取鏈路 (請記住 Cisco 有時候喜歡稱它為「廣播網路」) 上的 DR 熱備援，BDR 只會從 OSPF 緊鄰路由器接收所有的遶送更新，但不會散播 LSA (Link State Advertisement，鏈路狀態通告) 的更新。

- **Hello 協定**：OSPF 的 Hello 協定可動態地發現鄰居，並維護鄰居關係。Hello 封包與 LSA 會建構並維護拓樸資料庫。hello 封包的位址是 224.0.0.5。

- **鄰居關係資料庫 (neighborship database)**：這是從一份 Hello 封包看到的所有 OSPF 路由器的清單，資料庫維護了每部路由器的各種細節，包括路由器 ID 與狀態。

- **拓樸資料庫 (topology database)**：拓樸資料庫包含路由器針對某個區域所接收之所有 LSA 封包中的資訊。路由器利用拓樸資料庫中的資訊當作 Dijkstra 演算法的輸入，計算出抵達每個網路的最短路徑。

Note LSA 的作用是要更新與維護拓樸資料庫。

- **LSA (Link State Advertisement，鏈路狀態通告)**：這是一種 OSPF 資料封包，包含要與其他 OSPF 路由器分享的鏈路狀態與路徑資訊。OSPF 路由器只與那些與它已經建立緊鄰關係的路由器交換 LSA 封包。

- **OSPF 區域 (OSPF area)**：OSPF 區域是一群鄰近的網路與路由器。相同區域中的所有路由器共享一個區域 ID，但因為路由器可以同時屬於一個以上的區域，所以區域 ID 要關聯到路由器上的介面。於是就有可能同一部路由器上的某些介面屬於區域 0，而其餘的介面屬於區域 1。同一個區域內的所有路由器會有相同的拓樸表。在設定 OSPF 時，必須記住一定要有區域 0，而這通常會設定在連結骨幹網路的路由器上。區域也扮演建立階層式網路結構的角色 —— 有時這真的加強了 OSPF 的擴充能力！

- **廣播 (多方存取，multi-access)**：廣播 (多方存取) 網路如乙太網路，可允許多個裝置連結 (或存取) 相同的網路，並提供廣播的能力，將單個封包傳送給網路上的所有節點。在 OSPF 中，每個廣播多方存取網路必須選出一部 DR 與一部 BDR。

- **非廣播多方存取 (Nonbroadcast Multi-Access，NBMA)**：NBMA 網路如訊框中繼 (frame relay)、X.25 與 ATM (Asynchronous Transfer Mode) 等，這些網路允許多方存取，但沒有如乙太網路的廣播能力。因此 NBMA 網路需要特殊的 OSPF 設定才能正確地運作。

- **點對點 (point-to-point)**：這種網路拓樸由兩部路由器之間的直接連線組成，提供單一的通訊線路。點對點連線可以是實體的線路，如直接連結兩部路由器的序列纜線，也可以是邏輯的線路，例如當兩部路由器相隔千里之遠，仍然可以由訊框中繼網路中的電路連結在一起。無論是實體或邏輯，點對點的組態並不需要 DR 或 BDR。

- **點對多點 (point-to-multipoint)**：這種網路拓樸由一部路由器上的單個介面，與多部目的路由器之間的一組連線所組成，共享點對多點連線之所有路由器上的介面都屬於同一個網路。點對多點網路還可以再分為是否支援廣播。這很重要，因為它定義了可以建置的 OSPF 組態。

這些術語對於瞭解 OSPF 的運作非常重要，因此，請確定您都已經非常熟悉。接下來要幫助您適當地應用這些術語。

OSPF 的運作

根據新學到的術語和技術，現在是開始鑽研 OSPF 如何發掘、傳播和選擇路徑的時候了。一旦知道 OSPF 如何達成這些任務，就可以深入瞭解 OSPF 的內部運作方式。

OSPF 的運作基本上可以分成 3 個部份：

- 鄰居和緊鄰關係的初始化。
- LSA 的洪泛 (flooding)。
- SPF 樹 (SPF Tree) 的計算。

OSPF 最初的鄰居／緊鄰關係形成階段是它運作的重要部分。當 OSPF 在路由器上啟始時，路由器會為它配置記憶體，並且維護鄰居表與拓樸表。一旦路由器判斷哪個介面設定為使用 OSPF 之後，就會去檢查該介面是否有啟用，並且開始傳送 Hello 封包；如圖 6.2 所示。

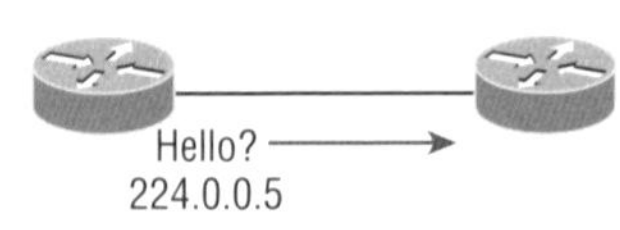

圖 6.2 Hello 協定

Hello 封包是用來發掘鄰居，建立緊鄰關係，並且維護與其他 OSPF 路由器的關係。啟用 OSPF 的介面與支援多點傳播的環境會定期送出 Hello 封包。

Hello 封包使用的位址是 224.0.0.5，而傳送頻率則取決於網路型態與拓樸。廣播與點對點網路每 10 秒傳送一次，而非廣播與點對多點網路網路則是每 30 秒傳送一次。

LSA Flooding

OSPF 使用 LSA flooding (洪泛法) 來分享遶送資訊。透過**鏈路狀態更新** (Link State Update，LSU) 封包，包含鏈路狀態資料的 LSA 資訊會分享給區域內的所有 OSPF 路由器。網路拓墣是透過 LSA 更新來建立，而洪泛法則用來讓所有 OSPF 路由器都有相同的拓樸圖以進行 SPF 計算。

有效率的洪泛是透過保留的多點傳播位址：224.0.0.5 (所有 SPF 路由器)。用來指示拓樸發生變動的 LSA 更新，則有略為不同的處理方法。傳送更新的多點傳播位址是由網路型態決定。表 6.2 是 LSA 洪泛法對應的多點傳播位址。點對多點網路則是使用緊鄰路由器的單點傳播 IP 位址。

表 6.2 LSA 更新的多點傳播位址

網路型態	多點傳播位址	描述
點對點	224.0.0.5	所有 SPF 路由器
廣播	224.0.0.6	所有委任路由器
點對多點	NA	NA

一旦 LSA 更新透過洪泛法傳遍網路，每個接收者都必須確認已經收到傳來的更新。接收者還必須驗證 LSA 更新。

計算 SPF 樹狀結構

在區域內的每部路由器會計算它抵達同一個區域內之每個網路的最佳／最短路徑。這種計算乃根據拓樸資料庫中所收集的資訊，以及**最短路徑優先** (Shortest Path First，SPF) 演算法。利用區域中的每部路由器建構出一個樹狀結構 (非常像族譜)，路由器是根部，而所有其他網路則沿著樹枝與樹葉排列。這是路由器用來新增路徑到路徑表所用的最短路徑樹。

重要的是，這種樹只包含與該路由器位於相同區域內的網路，如果路由器有分屬多個區域的介面，則得為每個區域建構各自的樹，SPF 演算法在挑選路徑的程序中，有個很重要的條件是考量每條通往網路之可能路徑的衡量指標或成本。但這種 SPF 計算並不應用在從其他區域來的路徑。

OSPF 衡量指標

OSPF 利用成本 (cost) 當作衡量指標，SPF 樹中的每個離開介面會結合一個成本，而整條路徑的成本則是沿著該路徑所經過之離開介面的成本總和。因為成本就如 RFC 2338 所定義的那樣，是個任意值，Cisco 實作了它自己的方法來計算每個運行 OSPF 介面的成本。Cisco 使用的計算公式是 10^8 / 頻寬；其中頻寬是為該介面的設定頻寬。根據這個規則，100Mbps 快速乙太網路介面的預設 OSPF 成本是 1，而 1000Mbps 乙太網路介面的成本是 0.1。

這個值可利用 **ip ospf cost** 命令加以更改，成本的值可更改為 1 到 65,535 的範圍。因為成本是要指定給每個鏈路的，所以更改成本時要注意是否有針對您所想要的介面。

Cisco 的鏈路成本以頻寬為根據，而其他廠商可能使用其他的衡量指標來計算鏈路的成本。因此在連結不同廠商之路由器間的鏈路時，可能必須調整這些成本，以匹配其他廠商的路由器。兩部路由器必須對鏈路指定相同的成本，OSPF 才能正確地運作。

6-2 設定 OSPF

設定基本的 OSPF 並不像 RIP 與 EIGRP 那麼容易，因為 OSPF 中納入許多要加以考量的選項，可能變得非常複雜。不過沒關係，我們只對基本單一區域的 OSPF 做設定。以下將描述如何設定單一區域的 OSPF。

設定 OSPF 的 2 個基本項目為啟用 OSPF，以及設定 OSPF 區域。

啟用 OSPF

最簡單也最沒有擴充性的 OSPF 設定方式是只利用單一區域，它所需要的命令最少只要 2 個命令即可。

第 1 個命令用來啟用 OSPF 遶送協定：

```
Router(config)#router ospf ?
<1-65535> Process ID
```

OSPF 程序 ID 的識別碼範圍從 1 到 65,535，它是路由器上的一個獨一無二的值，把一系列的 OSPF 設定命令歸類於某個特定的運行程序內。不同的 OSPF 路由器不必使用相同的程序 ID 才能通訊，它純粹只是一個對本機有意義的值，而且其實意義不大。但您仍需記住它不可以從 0 開始，因為 0 是保留給骨幹，所以至少必須從 1 開始。

同一部路由器上可同時執行一個以上的 OSPF 程序，但這並不等同於執行多個區域的 OSPF。第 2 個程序會完整地維護它自己個別的拓樸表，並獨立地管理它的通訊。您可以運用它，讓 OSPF 能將多個 AS 連接在一起。因為此時 Cisco 的認證目標只涵蓋到單一區域的 OSPF 與執行單個 OSPF 程序的路由器，所以本書只專注在這部份的主題。

OSPF 程序 ID 是為了識別 OSPF 資料庫裡的特定實例，它只對本機有意義。

設定 OSPF 區域

指定 OSPF 程序之後，還需要指定您想要啟用 OSPF 通訊的介面，以及該介面屬於那個區域，同時也須設定該路由器要通告給其他路由器的網路。

下面是基本的 OSPF 設定範例，用來顯示所需的第 2 個命令 **network**：

```
Router#config t
Router(config)#router ospf 1
Router(config-router)#network 10.0.0.0 0.255.255.255 area ?
  <0-4294967295> OSPF area ID as a decimal value
  A.B.C.D        OSPF area ID in IP address format
Router(config-router)#network 10.0.0.0 0.255.255.255 area 0
```

區域號碼可以從 0 到 42 億，請不要跟程序 ID 混淆了；程序 ID 是從 1 到 65,535。

記住，OSPF 程序 ID 的編號是無關緊要的，網路上每部路由器的編號可以相同也可以不同。它只對本機有意義，只是要在該路由器上啟用 OSPF 遶送。

network 命令的參數是網路號碼 (10.0.0.0) 與通配遮罩 (0.255.255.255)，這 2 個號碼的組合是要指定運行 OSPF 的介面，而且也要加到 OSPF LSA 的通告中。OSPF 將使用這個命令來找出設定在 10.0.0.0 網路中的路由器介面，並將它發現到的介面放在區域 0。

即使您可以建立大約 42 億個區域，但是也沒有任何路由器可以真正讓我們設定那麼多個區域。不過您確實可用 42 億個號碼來為它們命名，或者也可以使用 IP 位址的格式來標示區域。

我們快速地複習一下通配字元：通配遮罩中的 0 位元組代表網路中所對應的位元組必須完全符合，而 255 則表示網路號碼中所對應的位元組無關緊要。例如 1.1.1.1 0.0.0.0 的網路與通配遮罩組合，意味著只有 1.1.1.1 可以匹配，其他都不行。如果您想要以非常清楚且簡單的方式在特定介面上啟用 OSPF，這真的非常有用。如果您堅持要匹配一個範圍的網路，例如 1.1.0.0 0.0.255.255 的組合表示能夠匹配的網路範圍是 1.1.0.0 到 1.1.255.255。堅持使用 0.0.0.0 的通配遮罩，並個別地指定每個 OSPF 介面其實是比較簡單且安全的做法。不過不管哪一種設定方式，功能都是一樣的，並沒有優劣之分。

最後一個參數是區域號碼，它顯示該網路與通配遮罩所指的介面屬於那個區域。請記住 OSPF 路由器只有當它們的介面共享一個設為相同區域號碼的網路時，才能成為鄰居。區域號碼的格式可以是從 0 到 4,294,967,295 的十進位值，或表示成以點號隔開的十進位符號。例如 0.0.0.0 是個合法的區域號碼，它的值其實與 0 是相同的。

通配字元的範例

在設定網路組態之前，我們快速地瞄一下更難的 OSPF 網路組態，以瞭解如果我們使用子網路和通配字元時，我們的 OSPF 網路敘述會是什麼樣。

假設一台路由器有 4 個不同的介面分別連到下面 4 個子網路：

- 192.168.10.64/28
- 192.168.10.80/28
- 192.168.10.96/28
- 192.168.10.8/30

所有介面都必須在區域 0 中。對筆者而言，最簡單的組態設定方式如下：

```
Test#config t
Test(config)#router ospf 1
Test(config-router)#network 192.168.10.0 0.0.0.255 area 0
```

前一個範例非常簡單，但最簡單未必最好，特別是在 OSPF 方面！所以雖然這種 OSPF 的設定方式很簡單，但並沒有善用它的能力，而且也沒有什麼樂趣。更糟的是認證大概也不會有這麼簡單的題目！所以讓我們使用子網路編號和通配字元為每個介面建立單獨的網路敘述，如下：

```
Test#config t
Test(config)#router ospf 1
Test(config-router)#network 192.168.10.64 0.0.0.15 area 0
Test(config-router)#network 192.168.10.80 0.0.0.15 area 0
Test(config-router)#network 192.168.10.96 0.0.0.15 area 0
Test(config-router)#network 192.168.10.8 0.0.0.3 area 0
```

現在這看起來像是個不同的組態！老實說，OSPF 的運作方式會跟之前那種簡單的設定完全相同，但是與簡單設定不同的是，這涵蓋了認證目標！

雖然這看起來好像很複雜，其實不然。只要了解您所需的區塊大小，接著記得在設定通配字元時，它們一定會比區塊的長度少 1。/28 的區塊長度為 16，所以我們的網路敘述中會使用子網路編號，然後在焦點位元組中加入通配字元 15。至於區塊長度為 4 的 /30，則是使用通配字元 3。只要練習過幾次，它就會變得非常簡單。請務必要練習，因為稍後在討論存取清單的時候，我們還需要再處理它們。

下面以圖 6.3 為例，使用通配字元來設定網路的 OSPF。圖 6.3 是一個有 3 台路由器的網路，以及每個介面的 IP 位址。

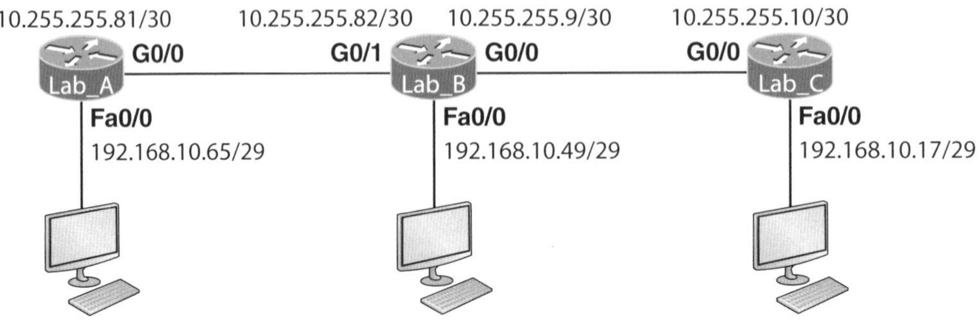

圖 6.3 OSPF 通配字元的組態設定範例

首先您必須能夠檢視每個介面，並且判斷其位址所屬的子網路。別急，筆者知道您正在想：「為什麼我不能直接使用介面的 IP 位址和 0.0.0.0 通配字元？」，當然可以，但我們在此考慮的是 Cisco 的認證目標，而不是最簡單的方法！

圖中顯示了每個介面的 IP 位址。Lab_A 路由器有兩個直接相連的子網路 192.168.10.64/29 和 10.255.255.80/30。下面是使用通配字元的 OSPF 組態：

```
Lab_A#config t
Lab_A(config)#router ospf 1
Lab_A(config-router)#network 192.168.10.64 0.0.0.7 area 0
Lab_A(config-router)#network 10.255.255.80 0.0.0.3 area 0
```

Lab_A 路由器在 Fa0/0 介面上使用 /29 或 255.255.255.248 遮罩。這個區塊長度為 8，通配字元為 7。G0/0 介面的遮罩為 255.255.255.252，區塊長度為 4，通配字元為 3。請注意這裡輸入的是網路號碼，而非介面號碼。如果您看不懂 IP 位址和斜線的表示法，並且無法推論出子網路、遮罩和通配字元，就無法用這種方式設定 OSPF，是吧？在學會這些設定之前，千萬不要去參加認證檢定。

下面是另外兩個組態設定：

```
Lab_B#config t
Lab_B(config)#router ospf 1
Lab_B(config-router)#network 192.168.10.48 0.0.0.7 area 0
Lab_B(config-router)#network 10.255.255.80 0.0.0.3 area 0
Lab_B(config-router)#network 10.255.255.8 0.0.0.3 area 0

Lab_C#config t
Lab_C(config)#router ospf 1
Lab_C(config-router)#network 192.168.10.16 0.0.0.7 area 0
Lab_C(config-router)#network 10.255.255.8 0.0.0.3 area 0
```

如同在 Lab_A 設定中所言，您必須要能藉由檢視介面的 IP 位址，就判斷出子網路、遮罩和通配字元。否則，您將無法如前述般使用通配字元來設定 OSPF 組態。所以請反覆研究，直到您真的很熟悉為止。

用 OSPF 來設定我們的網路

接下來讓我們只用區域 0 來設定運行 OSPF 的互連網路。OSPF 的管理性距離是 110。讓我們先來移除路由器上的 RIP，因為筆者不希望您有在網路上執行 RIP 的習慣。

設定 OSPF 的方法有許多種，如同之前所說的，最簡單的一種就是使用 0.0.0.0 通配遮罩。不過筆者希望在每個路由器上示範不同的設定方法，而同時仍能達到相同的結果。這也是為什麼 OSPF 比其他遶送協定更有趣、也更有挑戰性的地方。

接下來我們要用圖 6.4 的網路來設定 OSPF。順道一提，圖中新增了一台路由器！

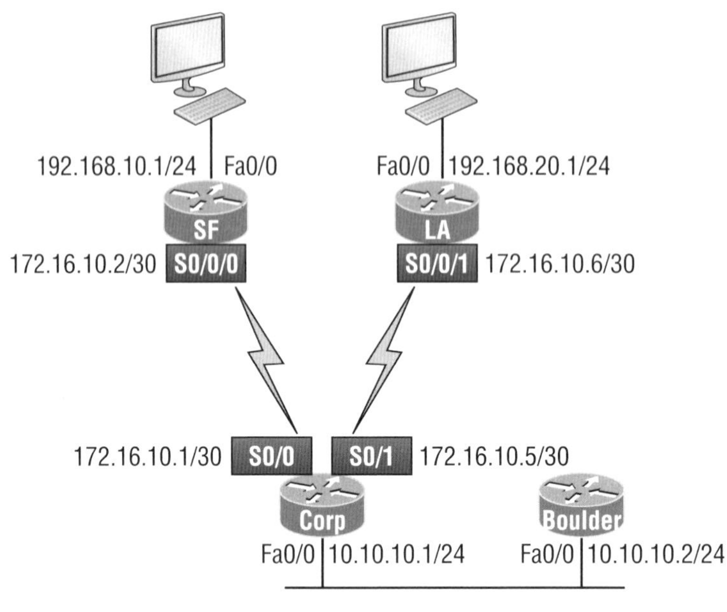

圖 6.4 新的網路設計

Corp

以下是 Corp 路由器的設定：

```
Corp#sh ip int brief
Interface          IP-Address    OK? Method Status                 Protocol
FastEthernet0/0    10.10.10.1    YES manual up                     up
Serial0/0          172.16.10.1   YES manual up                     up
FastEthernet0/1    unassigned    YES unset administratively down down
Serial0/1          172.16.10.5   YES manual up                     up
Corp#config t
Corp(config)#no router rip
Corp(config)#router ospf 132
Corp(config-router)#network 10.10.10.1 0.0.0.0 area 0
Corp(config-router)#network 172.16.10.1 0.0.0.0 area 0
Corp(config-router)#network 172.16.10.5 0.0.0.0 area 0
```

嗯！這裡似乎有需要討論的地方。首先，我們移除了 RIP，然後加上 OSPF。那為什麼要用 OSPF 132 呢？這其實不重要，這個號碼是無關緊要的。筆者只是單純覺得 132 這個數字不錯。但是請注意，就和設定 RIP 時一樣，筆者先用了 **show ip int brief** 命令，檢查直接相連的有哪些東西是很重要的。這有助於避免輸入錯誤！

network 命令是非常直覺的，我們輸入每個介面的 IP 位址，並利用通配遮罩 0.0.0.0，這表示 IP 位址的每個位元組都必須完全符合才行。但如果有更簡單的方式，為何不用呢：

```
Corp(config)#router ospf 132
Corp(config-router)#network 172.16.10.0 0.0.0.255 area 0
```

很好！現在 172.16.10.0 網路只有 1 列，而不是 2 列了。希望您能瞭解，此處不管是以哪種方式來設定網路敘述，OSPF 都能一樣地運作。現在，讓我們繼續往 SF 前進，但為了簡單起見，我們會使用相同的範例組態。

6

SF

SF 路由器有 2 個直接相連的網路。筆者將在每個介面上使用 IP 位址來設定這台路由器。

```
SF#sh ip int brief
Interface          IP-Address     OK? Method Status                Protocol
FastEthernet0/0    192.168.10.1   YES manual up                         up
FastEthernet0/1    unassigned     YES unset  administratively down down
Serial0/0/0        172.16.10.2    YES manual up                         up
Serial0/0/1        unassigned     YES unset  administratively down down
SF#config t
SF(config)#no router rip
SF(config)#router ospf 300
SF(config-router)#network 192.168.10.1 0.0.0.0 area 0
SF(config-router)#network 172.16.10.2 0.0.0.0 area 0
*Apr 30 00:25:43.810: %OSPF-5-ADJCHG: Process 300, Nbr 172.16.10.5 on Serial0/0/0
from LOADING to FULL, Loading Done
```

首先關閉 RIP，開啟 OSPF 遶送程序 300。然後加入 2 個直接相連的網路。接下來往 LA 進軍吧！

LA

以下設定直接連接 2 個網路的 LA 路由器：

```
LA#sh ip int brief
Interface     IP-Address    OK? Method Status                Protocol
FastEthernet0/0 192.168.20.1 YES manual up                   up
FastEthernet0/1 unassigned   YES unset administratively down down
Serial0/0/0     unassigned   YES unset administratively down down
Serial0/0/1     172.16.10.6  YES manual up                   up
LA#config t
LA(config)#router ospf 100
LA(config-router)#network 192.168.20.0 0.0.0.255 area 0
LA(config-router)#network 172.16.0.0 0.0.255.255 area 0
*Apr 30 00:56:37.090: %OSPF-5-ADJCHG: Process 100, Nbr 172.16.10.5 on Serial0/0/1
from LOADING to FULL, Loading Done
```

請記住在設定動態遶送時，先使用 **show ip int brief** 命令會讓它容易得多！

別忘了我們可以使用任何介於 1 到 65,535 的程序 ID，因為即使所有路由器都使用相同的程序 ID 也沒關係。此外，請注意本例中使用不同的通配，這樣做也是可行的。

在我們往更進階的 OSPF 主題前進之前，筆者希望您再想一個問題：如果 LA 路由器的 Fa0/1 介面連到一個我們不想開啟的鏈路，又不要影響 OSPF 運作時 (如圖 6.5)，要怎麼辦呢？

圖 6.5 在 LA 路由器新增非 OSPF 網路

```
LA(config)#router ospf 100
LA(config-router)#passive-interface fastEthernet 0/1
```

即使這相當簡單，您在路由器上設定這個命令時仍須相當小心！筆者在介面 Fa0/1 上加入這個命令做為範例，這個介面剛好是這個網路沒有使用的介面，因為筆者希望 OSPF 能在其它路由器的介面上運作。

現在是設定 Corp 路由器通告預設路徑給 SF 和 LA 路由器的時機了。這樣做會讓我們過得輕鬆些！我們不需要設定所有的路由器，只要設定 1 台路由器，然後通告這台路由器擁有預設路徑就好了，多有效率啊！

在圖 6.4 中，請先記住 Corp 路由器是透過 Fa0/0 連到網際網路。我們會建立通往這個假想網際網路的預設路徑，並且告訴其他路由器它們將使用這台路由器通往網際網路。下面是我們的設定：

```
Corp#config t
Corp(config)#ip route 0.0.0.0 0.0.0.0 Fa0/0
Corp(config)#router ospf 1
Corp(config-router)#default-information originate
```

現在讓我們來檢查其它路由器是否有從 Corp 路由器接收到這條預設路徑：

```
SF#show ip route
[output cut]
E1 - OSPF external type 1, E2 - OSPF external type 2
[output cut]
O*E2 0.0.0.0/0 [110/1] via 172.16.10.1, 00:01:54, Serial0/0/0
SF#
```

SF 路由器的最後一行顯示它收到 Corp 路由器的通告 (advertisement)，指示 Corp 路由器擁有離開 AS 的預設路徑。

但是稍等一下！我還必須設定新的路由器來建立後續範例所需的網路。下面是新路由器的設定；它與 Corp 路由器的 Fa0/0 介面連到相同的網路。

```
Router#config t
Router(config)#hostname Boulder
Boulder(config)#int f0/0
Boulder(config-if)#ip address 10.10.10.2 255.255.255.0
Boulder(config-if)#no shut
*Apr 6 18:01:38.007: %LINEPROTO-5-UPDOWN: Line protocol on Interface
FastEthernet0/0, changed state to up
Boulder(config-if)#router ospf 2
Boulder(config-router)#network 10.0.0.0 0.255.255.255 area 0
*Apr 6 18:03:27.267: %OSPF-5-ADJCHG: Process 2, Nbr 223.255.255.254 on
FastEthernet0/0 from LOADING to FULL, Loading Done
```

在此，筆者必須確定您沒有誤解這個範例。此處只是快速的啟動 1 台路由器而沒有先設定密碼，因為這不是正式的企業網路，所以才能這樣；在需要安全性的真實世界，千萬別這麼做！

無論如何，現在新路由器已經擁有基本的組態，並且完成連結了。下面將討論 loopback 介面；最後則是如何查驗 OSPF。

6-3 OSPF 與 Loopback 介面

在使用 OSPF 時，設定 loopback 介面是很重要的，Cisco 建議，在路由器上設定 OSPF 時最好使用它們以求穩定。

loopback 介面是一種邏輯介面，它是虛擬的、純軟體式的介面，這表示它們並非實體的路由器介面。在 OSPF 設定中使用 loopback 介面，可確保介面會為了 OSPF 程序而一直處於作用中。

它們在診斷或設定 OSPF 上也相當方便。如果沒有在路由器上設定 loopback 介面，則在開機時，路由器上作用中的最高 IP 位址就會變成路由器的 RID！

圖 6.6 顯示路由器如何藉由其路由器 ID 來知道彼此的存在。

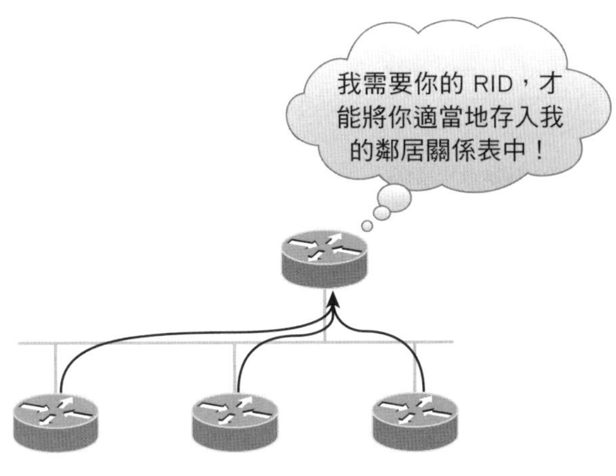

圖 6.6 OSPF 路由器 ID (RID)

RID 不只用來通告路徑，它也用來選出委任路由器 (DR) 與備援委任路由器 (BDR)。當新的路由器啟用，並且交換 LSA 來建立拓樸資料庫時，這些委任路由器會建立緊鄰關係。

根據預設，OSPF 啟動時會使用任何作用中介面的最高 IP 位址。然而，這可以被邏輯介面給蓋過去，任何邏輯介面之最高 IP 位址總是會成為路由器的 RID。

以下將教您如何設定 loopback 介面，以及如何確認 loopback 位址與 RID。

設定 Loopback 介面

設定 loopback 介面是 OSPF 設定中最容易的部份，輕鬆一下！

首先，讓我們以 **show ip ospf** 命令檢視一下 Corp 路由器的 RID：

```
Corp#sh ip ospf
 Routing Process "ospf 1" with ID 172.16.10.5
[output cut]
```

你可以看到 RID 是 172.16.10.5，路由器的序列 0/1 介面。因此，讓我們以完全不同的 IP 位址結構來設定 loopback 介面：

```
Corp(config)#int loopback 0
*Mar 22 01:23:14.206: %LINEPROTO-5-UPDOWN: Line protocol on Interface
  Loopback0, changed state to up
Corp(config-if)#ip address 172.31.1.1 255.255.255.255
```

這裡使用什麼樣的 IP 結構其實無關緊要，但每部路由器得屬於不同的子網路才行。藉由使用 /32 遮罩，我們可以用任何 IP 位址，只要任兩部路由器上的位址不要一樣就行。

接著來設定其它路由器：

```
SF#config t
SF(config)#int loopback 0
*Mar 22 01:25:11.206: %LINEPROTO-5-UPDOWN: Line protocol on Interface
  Loopback0, changed state to up
SF(config-if)#ip address 172.31.1.2 255.255.255.255
```

下面是 LA 路由器的 loopback 介面設定：

```
LA#config t
LA(config)#int loopback 0
*Mar 22 02:21:59.686: %LINEPROTO-5-UPDOWN: Line protocol on Interface
  Loopback0, changed state to up
LA(config-if)#ip address 172.31.1.3 255.255.255.255
```

您一定很好奇 IP 位址遮罩 255.255.255.255 (/32) 到底是什麼意思，為什麼不用 255.255.255.0？其實這兩種都可以，但 /32 叫做主機遮罩，並且很適合用在 loopback 介面上。它可以讓我們節省子網路。注意到我們如何利用 172.31.1.1、.2、.3 和 .4 嗎？如果沒有使用 /32，就必須為每台路由器使用獨立的子網路 —— 這可不太妙！

在我們繼續往下之前，看看我們剛才設了 loopback 位址之後是否真的改變了路由器的 RID？讓我們以 Corp 路由器為例檢查看看：

```
Corp#sh ip ospf
Routing Process "ospf 1" with ID 172.16.10.5
```

發生什麼事了？您會想說，因為我們設定了邏輯介面，所以邏輯介面下的 IP 位址就自動成為路由器的 RID，對嗎？嗯，也算對啦！但這只有在您有做下列兩個動作其中之一的時候成立：路由器重新開機或是刪除 OSPF 並且重建路由器上的資料庫。這兩者其實都不是很好的做法。

筆者選擇將 Corp 路由器重新開機，因為它是兩者中比較簡單的一種。

現在讓我們來檢視 RID：

```
Corp#sh ip ospf
Routing Process "ospf 1" with ID 172.31.1.1
```

好了，完成了。Corp 路由器現在有一個新的 RID 了！因此，只要繼續將所有路由器重新開機，就可以將它們的 RID 重設為我們的邏輯位址。

或者還有另一種方法。您覺得就在 **router ospf 程序 ID** 命令之後為路由器新增一個 RID 如何？下面是在 Corp 路由器上的範例：

```
Corp#config t
Corp(config)#router ospf 1
Corp(config-router)#router-id 223.255.255.254
Reload or use "clear ip ospf process" command, for this to take effect
Corp(config-router)#do clear ip ospf process
Reset ALL OSPF processes? [no]: yes
*Jan 16 14:20:36.906: %OSPF-5-ADJCHG: Process 1, Nbr 192.168.20.1
on Serial0/1 from FULL to DOWN, Neighbor Down: Interface down
or detached
*Jan 16 14:20:36.906: %OSPF-5-ADJCHG: Process 1, Nbr 192.168.10.1
on Serial0/0 from FULL to DOWN, Neighbor Down: Interface down
or detached
*Jan 16 14:20:36.982: %OSPF-5-ADJCHG: Process 1, Nbr 192.168.20.1
on Serial0/1 from LOADING to FULL, Loading Done
*Jan 16 14:20:36.982: %OSPF-5-ADJCHG: Process 1, Nbr 192.168.10.1
on Serial0/0 from LOADING to FULL, Loading Done
Corp(config-router)#do sh ip ospf
Routing Process "ospf 1" with ID 223.255.255.254
```

看看它，真的可行耶！我們不用重新載入路由器就可以改變 RID！但是等一下，我們之前已經設定了 loopback 位址 (邏輯介面)，那 loopback 介面會贏 **router-id** 命令嗎？好的，從輸出就可以看到我們的答案：邏輯 (loopback) 介面不會覆蓋 **router-id** 命令，而且我們不需要將路由器重開機就能讓它作用成 RID。

所以我們得到這樣的順序：

1. 預設是最高的作用中介面。
2. 最高的邏輯介面覆蓋過實體介面。
3. **router-id** 覆蓋過介面和 loopback 介面。

剩下的事情就是我們是否要讓 OSPF 通告這些 loopback 介面。通告或不通告其實各有優缺點，使用不被通告的位址可節省實際的 IP 位址空間，但因為這些位址不會出現在 OSPF 表中，所以也就 ping 不到。

所以基本上，這裡的考量就是要讓網路的除錯比較容易，或是要節省位址空間，怎麼辦呢？最好的策略就是使用之前的所說過的私有 IP 位址，這樣做，兩者都可兼顧！

現在我們已經在所有路由器上設定 OSPF，接著呢？當然是要驗證囉！我們必須確認 OSPF 真的在運作。

6-4 確認 OSPF 的設定

有幾種方法可確認 OSPF 的設定與運作是否正確。接下來我們就要介紹這些方法所需的 **show** 命令。我們從檢視 Corp 路由器的路徑表開始。

現在讓我們在 Corp 路由器上執行 **show ip route** 命令。

```
O 192.168.10.0/24 [110/65] via 172.16.10.2, 1d17h, Serial0/0
  172.31.0.0/32    is subnetted, 1 subnets
  172.31.0.0/32    is subnetted, 1 subnets
C 172.31.1.1       is directly connected, Loopback0
  172.16.0.0/30    is subnetted, 4 subnets
C 172.16.10.4      is directly connected, Serial0/1
L 172.16.10.5/32   is directly connected, Serial0/1
C 172.16.10.0      is directly connected, Serial0/0
L 172.16.10.1/32   is directly connected, Serial0/0
O 192.168.20.0/24 [110/65] via 172.16.10.6, 1d17h, Serial0/1
  10.0.0.0/24      is subnetted, 2 subnets
C 10.10.10.0       is directly connected, FastEthernet0/0
L 10.10.10.1/32    is directly connected, FastEthernet0/0
```

Corp 路由器只顯示互連網路的兩條動態路徑，以 O 代表 OSPF 的內部路徑。C 顯然是直接相連的網路，此外還有 2 個遠端網路！請注意上例中的 110/65，這是管理距離/衡量指標。

現在這是個看來很不錯的 OSPF 表。要讓 OSPF 網路比較易於除錯與修正是很重要的；所以筆者在設定遶送協定時，總是會使用 **show ip int brief** 命令。OSPF 很容易發生小小的錯誤，所以請注意細節。

接下來介紹的是所有您必須知道的 OSPF 確認命令。

show ip ospf 命令

show ip ospf 命令是要顯示路由器上正在運行的一或所有 OSPF 程序的 OSPF 資訊，這些資訊包括路由器 ID、區域資訊、SPF 統計以及 LSA 計時器的資訊。以下就來檢視 Corp 路由器的輸出：

```
Corp#sh ip ospf
Routing Process "ospf 1" with ID 223.255.255.254
Start time: 00:08:41.724, Time elapsed: 2d16h
Supports only single TOS(TOS0) routes
Supports opaque LSA
Supports Link-local Signaling (LLS)
Supports area transit capability
Router is not originating router-LSAs with maximum metric
Initial SPF schedule delay 5000 msecs
```

```
 Minimum hold time between two consecutive SPFs 10000 msecs
 Maximum wait time between two consecutive SPFs 10000 msecs
 Incremental-SPF disabled
 Minimum LSA interval 5 secs
 Minimum LSA arrival 1000 msecs
 LSA group pacing timer 240 secs
 Interface flood pacing timer 33 msecs
 Retransmission pacing timer 66 msecs
 Number of external LSA 0. Checksum Sum 0x000000
 Number of opaque AS LSA 0. Checksum Sum 0x000000
 Number of DCbitless external and opaque AS LSA 0
 Number of DoNotAge external and opaque AS LSA 0
 Number of areas in this router is 1. 1 normal 0 stub 0 nssa
 Number of areas transit capable is 0
 External flood list length 0
 IETF NSF helper support enabled
 Cisco NSF helper support enabled
 Area BACKBONE(0)
 Number of interfaces in this area is 3
   Area has no authentication
        SPF algorithm last executed 00:11:08.760 ago
        SPF algorithm executed 5 times
        Area ranges are
        Number of LSA 6. Checksum Sum 0x03B054
        Number of opaque link LSA 0. Checksum Sum 0x000000
        Number of DCbitless LSA 0
        Number of indication LSA 0
        Number of DoNotAge LSA 0
        Flood list length 0
```

請注意 RID 是 223.255.255.254，這是路由器組態中最高的 IP 位址。希望您同時也注意到筆者將 Corp 路由器的 RID 設定為 IPv4 可用位址中的最高 IP 位址。

show ip ospf database 命令

show ip ospf database 命令顯示的資訊包括該互連網路 (AS) 中的路由器號碼，以及其鄰居路由器的 ID (這是之前我們所提的拓樸資料庫)。這個命令只顯示「OSPF 路由器」，而不像 **show ip eigrp topology** 命令那樣會如 EIGRP 一樣地顯示 AS 中的每一條鏈路。

這個命令的輸出會以區域來分類，例如以下是 Corp 路由器上的輸出範例：

```
                OSPF Router with ID (223.255.255.254) (Process ID 1)
Router Link States (Area 0)

Link ID         ADV Router      Age         Seq#       Checksum Link count
10.10.10.2      10.10.10.2      966         0x80000001 0x007162 1
172.31.1.4      172.31.1.4      885         0x80000002 0x00D27E 1
192.168.10.1    192.168.10.1    886         0x8000007A 0x00BC95 3
192.168.20.1    192.168.20.1    1133        0x8000007A 0x00E348 3
223.255.255.254 223.255.255.254 925         0x8000004D 0x000B90 5

                Net Link States (Area 0)

Link ID         ADV Router      Age         Seq#       Checksum
10.10.10.1      223.255.255.254 884         0x80000002 0x008CFE
```

6

您可以看到全部的路由器，以及每台路由器的 RID (每部路由器上的最高 IP 位址)。例如新的 Boulder 路由器顯示 2 次鏈路 ID 與 ADV 路由器：一次是直接相連 IP 位址 (10.10.10.2)；一次是筆者在 OSPF 程序中設定的 RID (172.31.1.4)。

路由器的輸出會顯示鏈路 ID (請記住介面也是一種鏈路)，並且在「ADV Router」(通告路由器) 欄位顯示鏈路上的路由器 RID。

show ip ospf interface 命令

show ip ospf interface 命令顯示所有與介面相關的 OSPF 資訊，可能是指定或所有啟動 OSPF 之介面的 OSPF 資訊。下面將指出一些比較重要的因素：

```
Corp#sh ip ospf int f0/0
FastEthernet0/0 is up, line protocol is up
  Internet Address 10.10.10.1/24, Area 0
  Process ID 1, Router ID 223.255.255.254, Network Type BROADCAST, Cost: 1
  Transmit Delay is 1 sec, State DR, Priority 1
  Designated Router (ID) 223.255.255.254, Interface address 10.10.10.1
  Backup Designated router (ID) 172.31.1.4, Interface address 10.10.10.2
  Timer intervals configured, Hello 10, Dead 40, Wait 40, Retransmit 5
    oob-resync timeout 40
    Hello due in 00:00:08
```

```
Supports Link-local Signaling (LLS)
Cisco NSF helper support enabled
IETF NSF helper support enabled
Index 3/3, flood queue length 0
Next 0x0(0)/0x0(0)
Last flood scan length is 1, maximum is 1
Last flood scan time is 0 msec, maximum is 0 msec
Neighbor Count is 1, Adjacent neighbor count is 1
  Adjacent with neighbor 172.31.1.  Suppress hello for 0 neighbor(s)
```

這個命令顯示的資訊包括：

- 介面 IP 位址
- 區域號碼
- 程序 ID
- 路由器 ID
- 網路類型
- 成本
- 優先權
- DR/BDR 選舉資訊 (如果需要)
- Hello 與 Dead 計時器的間隔
- 緊鄰鄰居的資訊

這裡使用 **show ip ospf interface f0/0** 命令，是因為 Corp 和 Boulder 路由器之間的是廣播式多方存取的高速乙太網路，所以會選舉委任路由器。這裡強調的資訊都非常重要，所以請確定有記住它們。現在，特別要考您一個問題：Hello 與 Dead 計時器的預設值為何？

輸入 **show ip ospf interface** 命令，並且收到如下的輸出：

```
Corp#sh ip ospf int f0/0
%OSPF: OSPF not enabled on FastEthernet0/0
```

這個錯誤發生在路由器有啟動 OSPF，但介面卻沒有。您應該要檢查一下 **network** 敘述，因為您所確認的介面並沒有在 OSPF 程序中。

show ip ospf neighbor 命令

show ip ospf neighbor 命令非常有用，因為它總結了有關鄰居與緊鄰狀態的 OSPF 資訊。如果有 DR 或 BDR 存在，則也會顯示這類資訊。例如：

```
Corp#sh ip ospf neighbor

Neighbor ID   Pri State     Dead Time  Address       Interface
172.31.1.4      1 FULL/BDR  00:00:34   10.10.10.2    FastEthernet0/0
192.168.20.1    0 FULL/ -   00:00:31   172.16.10.6   Serial0/1
192.168.10.1    0 FULL/ -   00:00:32   172.16.10.2   Serial0/0
```

6

真實情境

一位管理者使用 OSPF 將 2 台路由器連在一起，
但是它們之間的鏈路一直沒有啟動

好些年前，一位快瘋了的管理者打電話給我，因為他沒辦法讓 2 台路由器間的 OSPF 運作；其中 1 台是較舊的路由器，他們正在等新的路由器送來。

OSPF 可以使用在多廠牌的網路上，所以他很迷惑為什麼這邊無法運作。他開啟 RIP，發現可以運作，所以他更迷惑為什麼 OSPF 沒辦法建立緊鄰關係。我請他使用 **show ip ospf interface** 命令來檢查 2 台路由器之間的鏈路，並且確認了 hello 和 dead 計時器兩者不符。我請他設定不符合的參數，讓它們相符，但是還是無法建立緊鄰關係。更詳細檢視了 **show ip ospf interface** 命令，我發現成本也不符合。Cisco 計算頻寬的方式和其他廠商不同。一旦將兩者的值設定相同之後，鏈路就啟動了！請記住， OSPF 雖然可以用在多廠牌的網路上，並不表示它一開機就可以用了！

這是非常重要的命令，因為它在營運網路中非常有用。讓我們檢視一下 Boulder 路由器的輸出：

```
Boulder>sh ip ospf neighbor
Neighbor ID      Pri State     Dead Time   Address       Interface
223.255.255.254  1  FULL/DR   00:00:31    10.10.10.1  FastEthernet0/0
```

因為 Boulder 和 Corp 路由器之間是乙太網路鏈路 (廣播式多方存取)，所以要進行選舉決定誰是委任路由器 (DR)，誰是備援委任路由器 (BDR)。我們可以看到 Corp 變成了委任路由器，它會贏得選舉是因為它有網路上最高的 IP 位址 —— 最高的 RID。

Corp 與 SF、LA 的連線沒有 DR 或 BDR 列在輸出中，理由是因為根據預設，點對點的鏈路上不會發生選舉，輸出中顯示的是 FULL/-。不過我們從輸出中可以看到 Corp 路由器完全緊鄰著所有 3 部路由器。

show ip protocols 命令

無論是執行 OSPF、EIGRP、RIP、BGP、IS-IS 或任何其他路由器上可以設定的遶送協定，都可使用 **show ip protocols** 命令，對於目前路由器上正在執行的所有協定，提供實際運作的概況。

以下是 Corp 路由器上的輸出範例：

```
Corp#sh ip protocols
Routing Protocol is "ospf 1"
  Outgoing update filter list for all interfaces is not set
  Incoming update filter list for all interfaces is not set
  Router ID 223.255.255.254
  Number of areas in this router is 1. 1 normal 0 stub 0 nssa
  Maximum path: 4
  Routing for Networks:
    10.10.10.1 0.0.0.0 area 0
    172.16.10.1 0.0.0.0 area 0
    172.16.10.5 0.0.0.0 area 0
 Reference bandwidth unit is 100 mbps
  Routing Information Sources:
    Gateway          Distance       Last Update
    192.168.10.1          110       00:21:53
    192.168.20.1          110       00:21:53
  Distance: (default is 110) Distance: (default is 110)
```

根據這些輸出，我們就可得知 OSPF 程序 ID、OSPF 路由器 ID、OSPF 區域的類型、設定 OSPF 的網路與區域以及鄰居的 OSPF 路由器 ID 等，資訊非常豐富，而且解讀起來也很有效率！

6-5 摘要

本章提供不少有關 OSPF 的資訊。要囊括 OSPF 的所有知識著實不容易，因為有許多超出本章與本書的範圍，但我們已經提供了所有 CCNA 考試所需要知道的部份，並隨時提供一些訣竅，只要您確實瞭解書中所說的，一定沒問題！

我們討論了許多 OSPF 的主題，包括術語、運作、設定以及確認與監視。每個主題都包含非常多的資訊，術語部份只涵蓋了 OSPF 的皮毛。但同樣地，我們已經提供了考試所需的所有素材，設定單一區域的 OSPF 能力。最後，介紹了檢視 OSPF 運作相關的命令，因此您可以確認 OSPF 的運作是否正常。

6

6-6 考試重點

- **比較 OSPF 與 RIPv1**：OSPF 是一種鏈路狀態協定，支援 VLSM 與無級別遶送；而 RIPv1 則是一種距離向量協定，不支援 VLSM，而且只支援有級別的遶送。
- **瞭解 OSPF 路由器如何變成鄰居以及 (或) 建立緊鄰關係**：當每部路由器看到其他路由器的 Hello 封包，這些 OSPF 路由器就成為鄰居。
- **有能力設定單一區域的 OSPF**：最基本的單一區域設定只涉及 2 個命令：**router ospf process-id** 與 **network x.x.x.x y.y.y.y area Z**。
- **有能力確認 OSPF 的運作**：有許多 **show** 命令可提供關於 OSPF 的細節，完全瞭解它們的輸出是非常有幫助的：**show ip ospf**、**show ip ospf database**、**show ip ospf interface**、**show ip ospf neighbor** 以及 **show ip protocols**。

6-7 習題

習題解答請參考附錄。

(　　) 1. 以下哪些敘述可描述路由器上執行 OSPF 所用的程序識別碼？(選擇 2 個答案)

A. 具有本機的意義

B. 具有全域的意義

C. 識別 OSPF 資料庫中的特定實例所需的

D. 選擇性的參數，只有當路由器執行多份 OSPF 程序時才是必要的

E. 同一個 OSPF 區域中的所有路徑都必須有相同的程序 ID，才能交換路徑資訊

(　　) 2. 兩台 OSPF 路由器要成為鄰居，除了下列何者以外都必須相同？

A. 區域 ID

B. 路由器 ID

C. 殘根區域旗標

D. 驗證密碼 (如果有使用的話)

(　　) 3. 有個網路管理員打電話給您，說他在路由器上輸入以下的命令：

```
Router(config)#router ospf 1
Router(config-router)#network 10.0.0.0 255.0.0.0 area 0
```

但他仍然無法在路徑表中看到任何路徑，請問他哪裡做錯了？

A. 通配遮罩不正確

B. OSPF 區域不正確

C. OSPF 程序 ID 不對

D. AS 的設定錯了

(　　) 4. 根據下面的輸出，下列何者為真？

```
Corp#sh ip ospf neighbor
Neighbor ID   Pri  State       Dead Time  Address       Interface
172.31.1.4      1  FULL/BDR    00:00:34   10.10.10.2    FastEthernet0/0
192.168.20.1    0  FULL/  -    00:00:31   172.16.10.6   Serial0/1
192.168.10.1    0  FULL/  -    00:00:32   172.16.10.2   Serial0/0
```

A. 通往 192.168.20.1 的鏈路上沒有 DR。

B. Corp 路由器是通往 172.31.1.4 鏈路上的 BDR。

C. Corp 路由器是通往 192.168.20.1 的 DR。

D. 通往 192.168.10.1 的鏈路距離為 32 個中繼站。

(　　) 5. OSPF 的管理距離為何？

A. 90　　**B.** 100

C. 120　　**D.** 110

(　　) 6. 在 OSPF 中，Hello 會送往哪個 IP 位址？

A. 224.0.0.5　　**B.** 224.0.0.9

C. 224.0.0.10　　**D.** 224.0.0.1

(　　) 7. 送往 224.0.0.6 的更新目的地是哪種 OSPF 路由器？

A. DR　　**B.** ASBR

C. ABR　　**D.** 所有 OSPF 路由器

(　　) 8. 因為某種理由，您無法在兩部路由器之間的一般乙太網路鏈路上建立緊鄰關係，請檢視以下的輸出，查看問題的原因？

```
RouterA#
 Ethernet0/0 is up, line protocol is up
 Internet Address 172.16.1.2/16, Area 0
 Process ID 2, Router ID 172.126.1.2, Network Type BROADCAST, Cost: 10
 Transmit Delay is 1 sec, State DR, Priority 1
 Designated Router (ID) 172.16.1.2, interface address 172.16.1.1
 No backup designated router on this network
 Timer intervals configured, Hello 5, Dead 20, Wait 20, Retransmit 5
```

6

```
RouterB#
 Ethernet0/0 is up, line protocol is up
 Internet Address 172.16.1.1/16, Area 0
 Process ID 2, Router ID 172.126.1.1, Network Type BROADCAST, Cost: 10
 Transmit Delay is 1 sec, State DR, Priority 1
 Designated Router (ID) 172.16.1.1, interface address 172.16.1.2
 No backup designated router on this network
 Timer intervals configured, Hello 10, Dead 40, Wait 40, Retransmit 5
```

A. OSPF 區域的設定不對

B. A 路由器上的優先權應該設高一點

C. A 路由器上的成本應該設高一點

D. Hello 與 Dead 計時器的設定不對

E. 需要增加備援委任路由器到網路上

F. OSPF 程序 ID 的號碼必須匹配

(　　) 9. 根據下面的輸出，哪個 (或哪些) 敘述為真？(選擇所有正確答案)

```
RouterA2# show ip ospf neighbor
Neighbor ID Pri State Dead Time Address Interface
192.168.23.2 1 FULL/BDR 00:00:29 10.24.4.2 FastEthernet1/0
192.168.45.2 2 FULL/BDR 00:00:24 10.1.0.5 FastEthernet0/0
192.168.85.1 1 FULL/-   00:00:33 10.6.4.10 Serial0/1
192.168.90.3 1 FULL/DR  00:00:32 10.5.5.2 FastEthernet0/1
192.168.67.3 1 FULL/DR  00:00:20 10.4.9.20 FastEthernet0/2
192.168.90.1 1 FULL/BDR 00:00:23 10.5.5.4 FastEthernet0/1
<<output omitted>>
```

A. 連到 Fa0/0 之網路的 DR 具有高於 2 的介面優先等級。

B. 該路由器 (A2) 是子網路 10.1.0.0 的 BDR。

C. 連到 Fa0/1 網路的 DR 具有路由器 ID10.5.5.2。

D. 序列子網路的 DR 為 192.168.85.1。

(　　)10. ______ 是 OSPF 資料封包，包含在 OSPF 路由器間共用的鏈路狀態及遶送資訊。

A. LSA　　**B.** TSA

C. Hello　　**D.** SPF

第 2 層交換

7

Chapter

本章涵蓋的 CCNA 檢定主題

1.0 網路基本原理

- **1.13 說明交換觀念**
  - 1.13.a MAC 學習與時效
  - 1.13.b 訊框交換
  - 1.13.c 訊框氾濫
  - 1.13.d MAC 位址表

5.0 安全性基本原理

- **5.7 設定第 2 層安全性功能 (DHCP 位址欺騙、動態 ARP 檢查與埠安全性)**

Cisco 認證目標中如果談到交換，除非特別說明，否則指的就是第 2 層交換。第 2 層交換是利用區域網路上裝置的硬體位址來分割網路的處理程序，因為您已經有基本概念了，所以接下來就讓我們專注於第 2 層交換的部份，確定您能完全瞭解它的運作。

假設您已經知道交換是要將較大的**碰撞網域** (collision domain) 分割成較小的區域，而碰撞網域則是含有分享相同頻寬的 2 或 2 部以上裝置的網段 (network segment)；集線器網路就是這類拓樸的典型例子。但因為交換器的每個埠實際上都是在它自己的碰撞網域中，您只要將集線器換成交換器，就可得到一個優良許多的乙太區域網路！

交換器真的已經改變了網路的設計與實作方式，如果正確地實作純粹的交換式設計，絕對會產生一個符合成本效益、復原性佳的互連網路 (internetwork)。在本章中我們會對應用交換技術之前與之後的網路設計，進行評估與比較。

我們會利用 3 部交換器來學習如何設定交換網路，然後第 8 章「虛擬區域網路 (VLAN) 與跨 VLAN 遶送」再延續這些設定。

7-1 交換服務

橋接器使用軟體來產生與管理**內容可定址記憶體** (Content Addressable Memory，CAM) 過濾表格 (filter table)，而交換器則以應用專屬的積體電路 (Application-Specific Integrated Circuits，ASIC) 來建構與維護它們的過濾表格。不過您仍然可以將第 2 層交換器想成是多埠號的橋接器，因為它們基本的存在理由是相同的：分割碰撞網域。

第 2 層交換器與橋接器的速度比路由器快，因為它們不需要花時間檢查網路層的標頭資訊，只檢查訊框的硬體位址，以決定要轉送、廣播或丟棄。

交換器跟集線器不同，它會在每個埠上產生各自專屬的碰撞網域，並提供獨立的頻寬。

第 2 層交換提供 4 項重要優點：

- 硬體式的橋接 (ASIC)
- 線路速度 (wire speed)
- 低延遲 (latency)
- 低成本

第 2 層交換會如此有效率的重要原因，是因為它不會對資料封包進行任何修改，交換器裝置只會讀取將封包封裝起來的訊框，這使得交換程序比遶送程序還快，而且比較不易出錯。

如果您使用第 2 層交換來連結工作群組，並且分割網路 (分割碰撞網域)，那麼與傳統的遶送網路相比，您會有一個階層較少且含有許多網段的網路設計。此外，第 2 層交換會增加每個使用者的頻寬，因為每條進入交換器的連線 (介面) 都有它自己的碰撞網域，這種特性使得您能夠連接多部裝置到每個介面。

第 2 層的三項交換功能

第 2 層交換有 3 個不同的功能 (您必須牢記！)：學習位址、決定轉送或過濾以及避免迴圈。

- **位址學習**：第 2 層交換器與橋接器會記住它從介面接收每個訊框的來源硬體位址，然後輸入這種資訊到一個稱為**轉送／過濾表**的 MAC 資料庫。這個表格舊稱**內容可定址記憶體** (Content Addressable Memory，CAM)，現在有時也會交替使用這兩個名稱。
- **轉送或過濾決策**：當交換器從介面收到訊框時，會檢視其目的硬體位址，找尋它在 MAC 資料庫中所學到的離開介面，該訊框只會從特定的目的埠轉送出去。

- **避免迴圈**：如果為了達到冗餘的目的而在交換器之間建置多重連線，則有可能發生網路迴圈。**擴展樹協定** (Spanning Tree Protocol，STP) 就是讓我們在提供網路冗餘性的同時又能防止網路迴圈。

以下將討論「位址學習」與「轉送／過濾決策」。「避免迴圈」功能則超出了本章所涵蓋的目標。

位址學習

交換器一開機時，其 MAC 轉送／過濾表是空的，如圖 7.1 所示。

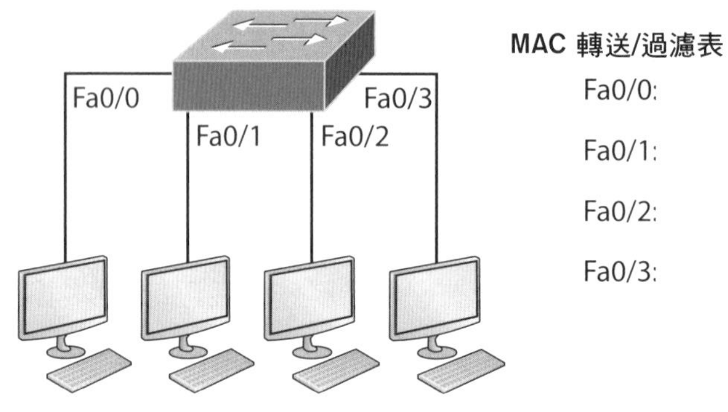

圖 7.1　交換器上空的轉送/過濾表

當裝置傳送訊框，而介面收到訊框時，交換器會將訊框的來源位址放入 MAC 轉送/過濾表中，以記住傳送端裝置是位於哪個介面。然後交換器別無選擇，只能將這個訊框往其來源埠之外的每個埠廣播到網路上，因為這時還不知道目的裝置實際上位於何處。

如果有個裝置回答這個廣播的訊框，並傳送一個訊框回來，之後交換器就會取得該訊框的來源位址，將該 MAC 位址放入資料庫中，並且將該位址與收到該訊框的介面對應在一起。之後交換器就會在它的過濾表中有這 2 個相關的 MAC 位址，於是這兩部裝置就可進行點對點的連線。交換器不再需要如第一次那樣地廣播訊框，因為現在這種訊框可以、而且只會在這 2 部裝置之間轉送；這也是為什麼第 2 層交換器比集線器好的原因。在集線器的網路中，每次所有的訊框都會轉送到所有的連接埠。

圖 7.2 示範交換器如何建構 MAC 資料庫的程序。

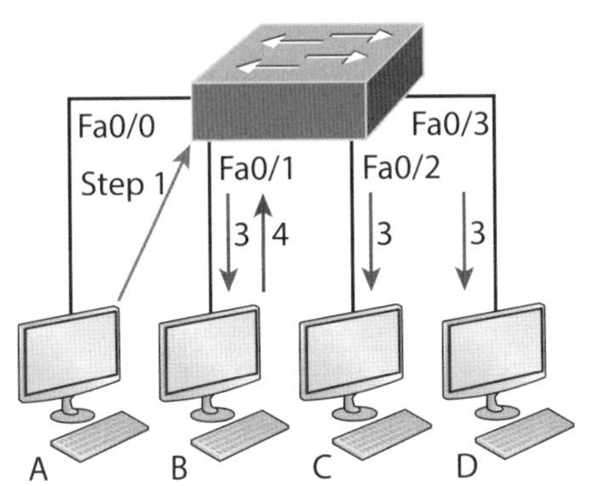

圖 7.2 交換器如何學習主機的位置

從圖中可以看到有 4 部主機連結一部交換器，當交換器開機時，它的 MAC 位址轉送/過濾表是空的，就跟圖 7.1 一樣，但是當主機開始通訊之後，交換器會將每個訊框的來源硬體位址，以及它所對應的埠號一起放入表格中。

讓我們利用圖 7.2，以一個範例來示範轉送/過濾表是如何產生的：

1. A 主機送出一個訊框給 B 主機，A 主機的 MAC 位址是 0000.8C01.000A，而 B 主機的 MAC 位址是 0000.8C01.000B。
2. 交換器從 Fa0/0 介面收到訊框，並且將來源位址放入 MAC 位址表中。
3. 因為目的位址不在 MAC 資料庫中，於是將訊框轉送到所有的介面，除了來源埠之外。
4. B 主機收到該訊框並回應給 A 主機，交換器從 Fa0/1 收到這個訊框，並且將其來源硬體位址放入 MAC 資料庫中。
5. A 主機與 B 主機現在可以進行點對點的連線，而且只有這兩部裝置可收到訊框。C 與 D 主機將無法看到這些訊框，資料庫中也找不到它們的 MAC 位址，因為它們還不曾傳送任何訊框給交換器。

如果 A 與 B 主機在一定的時間內都沒有與交換器進行任何通訊，則交換器會清掉它們在資料庫的記錄，以儘可能地保持最新的資料。

轉送/過濾決策

當訊框抵達交換器介面時，會以它的目的硬體位址與轉送/過濾 MAC 資料庫進行比較。如果目的硬體位址是已知的，而且列在資料庫中，交換器就會將訊框傳送到對應的離開介面。除了該目的介面之外，訊框並不會轉送給任何其他的介面，於是保留了其他網段的頻寬，這種機制我們稱為**訊框過濾** (frame filtering)。

但如果目的硬體位址沒有列在 MAC 資料庫中，則該訊框會廣播至所有運作中的介面，除了接收該訊框的介面之外。如果有個裝置回答該廣播的訊框，則會以該裝置的位置 (它的正確介面) 來更新 MAC 資料庫。

如果有主機或伺服器在區域網路上傳送廣播封包，則根據預設，交換器會將訊框廣播到除了來源埠以外的所有埠。請記住，交換器只會產生較小的碰撞網域，但預設上它仍然是一個大的廣播網域。

在圖 7.3 中，A 主機傳送資料訊框給 D 主機。當交換器收到來自 A 主機的訊框時，它會做什麼呢？

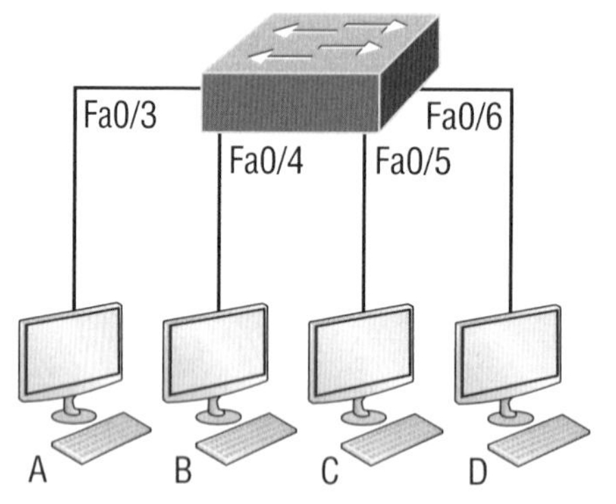

Switch# show mac address-table

VLAN	Mac Address	Ports
1	0005.dccb.d74b	Fa0/4
1	000a.f467.9e80	Fa0/5
1	000a.f467.9e8b	Fa0/6

圖 7.3 轉送/過濾表

讓我們從圖 7.4 中找出答案。

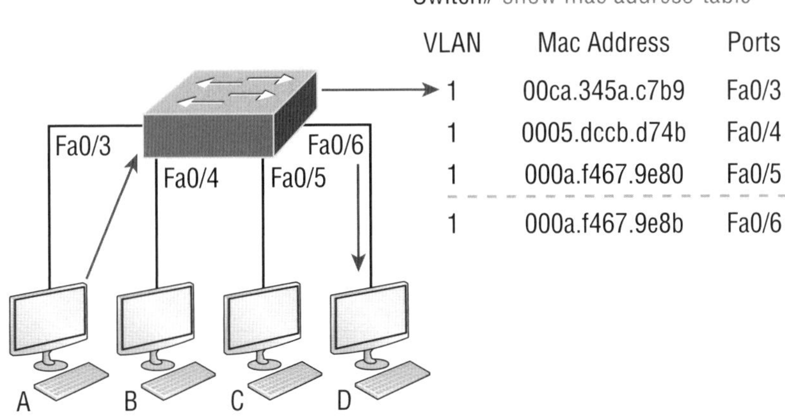

圖 7.4 轉送/過濾表答案

因為 A 主機的 MAC 位址並不在轉送/過濾表中，交換器會將其來源位址和埠號加入 MAC 位址表中，然後將訊框轉送給 D 主機。如果 D 主機的 MAC 位址也不在轉送/過濾表中，則交換器會將訊框從 Fa0/3 之外的所有埠廣播出去。

現在讓我們看看 **show mac address-table** 的輸出：

```
Switch#sh mac address-table
Vlan    Mac Address       Type        Ports
------- ----------------- ----------- --------
   1    0005.dccb.d74b    DYNAMIC     Fa0/1
   1    000a.f467.9e80    DYNAMIC     Fa0/3
   1    000a.f467.9e8b    DYNAMIC     Fa0/4
   1    000a.f467.9e8c    DYNAMIC     Fa0/3
   1    0010.7b7f.c2b0    DYNAMIC     Fa0/3
   1    0030.80dc.460b    DYNAMIC     Fa0/3
   1    0030.9492.a5dd    DYNAMIC     Fa0/1
   1    00d0.58ad.05f4    DYNAMIC     Fa0/1
```

假設前面的交換器接收到具有下列 MAC 位址的訊框：

```
來源 MAC: 0005.dccb.d74b
目的 MAC: 000a.f467.9e8c
```

交換器如何處理這個訊框呢？答案是：它會在 MAC 位址表中找到目的 MAC 位址，然後就只會從 Fa0/3 將訊框轉送出去。請記住如果目的 MAC 位址無法在轉送/過濾表中找到，它就會將訊框從交換器所有的埠 (除了來源埠之外) 轉送出去，以尋找目的裝置。既然我們已經瞭解 MAC 位址表，以及交換器如何將主機位址新增到轉送/過濾表中，那我們要如何保護它不受到未經授權的存取呢？

埠安全性

如果任何人都可以隨便連上交換器，那可不是件好事。我的意思是，我們也會擔心無線方面的安全。所以為什麼不限制交換器的安全性，只開放剛好夠用的就好呢？

您要如何阻止別人將一台主機插入交換器的一個埠中，或者更糟的是將一台集線器、交換器或存取點插入辦公室的乙太網路插孔呢？根據預設，MAC 位址會動態地出現在 MAC 轉送/過濾表中。您可以用埠的安全性功能來阻止攻擊。

圖 7.5 中有 2 台主機透過集線器或存取點 (AP) 連到交換器的 Fa0/3 埠。

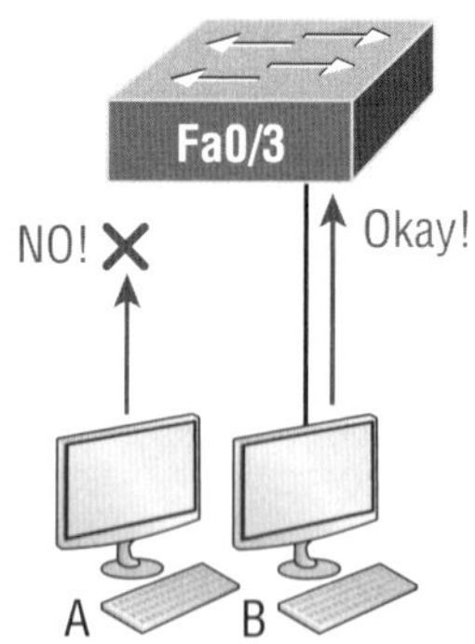

圖 7.5 「埠的安全性」會利用 MAC 位址來限制埠的存取

Fa0/3 埠被設定為只允許特定 MAC 位址連結到該埠，所以在本例中，Host A 被拒絕存取，但是 Host B 則被允許使用該埠。

藉由使用埠的安全性管制，可以限制能夠動態指定給特定埠的 MAC 位址數，設定靜態 MAC 位址，或是設定對違反安全政策者的懲罰 (這是我最喜歡的部分)！筆者個人最喜歡在有人違反安全政策時直接關閉該埠，讓濫用者的主管寫份備忘錄給我，說明為什麼他們要違反安全政策，也算是某種程度的「形式正義」。這種做法似乎也有助於讓人「記得」怎麼做才是對的！

這些都很不錯，不過您還是必須在安全要求與管理他們所需的時間中取得平衡。如果您有很多時間，那儘管去幫您的網路「上鎖」。不過如果您跟我一樣忙碌，我可以保證有一些方法能取得足夠的安全性而不需要大量的管理負擔。首先，而且最無痛的方式，是記得關閉沒有使用的埠，或是將它們指定給未被使用的 VLAN。所有埠的預設都是開啟，所以您必須確定未被使用的交換器埠都沒有辦法存取。

下面是設定埠安全性組態的可能做法：

```
Switch#config t
Switch(config)#int f0/1
Switch(config-if)#switchport mode access
Switch(config-if)#switchport port-security
Switch(config-if)#switchport port-security ?
aging Port-security aging commands
mac-address Secure mac address
maximum Max secure addresses
violation Security violation mode
<cr>
```

大多數 Cisco 的交換器在出貨時都是將交換埠開啟在渴望模式 (desirable mode)，這表示這些埠在感測到另一部剛剛連上的交換器時，就想要與它進行主幹通訊 (trunk)，所以首先要將這些埠從渴望模式變更為存取埠，否則將無法設定該埠的安全性。完成之後，就可以繼續使用 **port-security** 命令。不要忘了要用基本的 **switchport port-security** 命令，來開啟這個介面的埠安全性。請注意我在將交換埠變成存取模式之後，就立即這樣做了！

您可以從前面的輸出中清楚看到 **switchport port-security** 命令具有 4 個選項。您可以用 **switchport port-security MAC_位址 MAC_位址**命令，將個別的 MAC 位址指定給個別的交換器埠，如果選擇這樣做，您最好要有很多時間！

使用 **switchport port-security** 命令來設定設備，要它在發生安全違反狀況時，採取以下其中一種措施：

- **Protect**：保護的違反模式會丟棄來源位址未知的封包，直到您移除足夠的安全 MAC 位址，降到低於最大值為止。
- **Restrict**：限制的違反模式也會丟棄來源位址未知的封包，直到您移除足夠的安全 MAC 位址，降到低於最大值為止。但它同時會產生 log 訊息，導致安全違反計數器的值遞增，並傳送 SNMP trap。
- **Shutdown**：關機是預設的違反模式，會立即將介面變成錯誤關閉的狀態，整個埠就關閉了。同時也會產生 log 訊息，傳送 SNMP trap，並遞增違反計數器。你必須在介面上執行 **shut/no shut** 才能讓該介面成為可用的。

如果您希望將交換器埠設定為每個埠只能有一台主機，而且在違反此項規則時關閉這個埠，則可以使用下列命令：

```
Switch(config-if)#switchport port-security maximum 1
Switch(config-if)#switchport port-security violation shutdown
```

這些可能是最常用的命令，因為他們能夠防止使用者連到辦公室中的交換器或存取點。Maximum 設定為 1 表示該埠只能使用 1 個 MAC 位址；如果使用者嘗試在這個網段中加入另一台主機，這個埠就會被關閉。如果發生這種情況，您必須要手動進入交換器，並且使用 **no shutdown** 命令來開啟這個埠。

筆者最喜歡的命令之一是 **sticky** 命令。它不只會執行很酷的功能，而且還有個很酷的名字！您可以在 **mac-address** 命令之下找到這個命令：

```
Switch(config-if)#switchport port-security mac-address sticky
Switch(config-if)#switchport port-security maximum 2
Switch(config-if)#switchport port-security violation shutdown
```

基本上，它可以提供靜態 MAC 位址安全性，而不必輸入網路上每個人的 MAC 位址。我喜歡這種可以節省時間的功能！

在前面的例子中，前 2 個進入埠中的 MAC 位址會被「黏住」，成為靜態位址，並且會放在運行組態中。但是當第 3 個位址嘗試要連接時，這個埠就會立刻關閉。

下面是另一個例子。圖 7.6 是在企業大廳的一台主機，必須確保除了被授權的那個人之外，其他人都不可以使用到該乙太網路纜線。

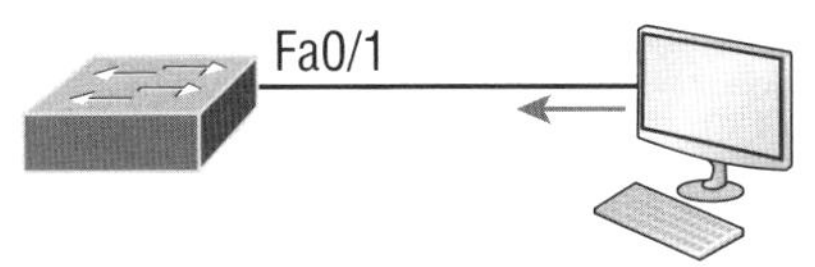

圖 7.6 保護大廳中的 PC

您要怎麼做來確保只有大廳 PC 的 MAC 位址，才能使用交換器埠 Fa0/1 呢？解決方案很直接，因為在這個情況下，藉由埠安全性的預設就可以運作得很好。我們只需要加入靜態 MAC 項目：

```
Switch(config-if)#switchport port-security
Switch(config-if)#switchport port-security violation restrict
Switch(config-if)#switchport port-security mac-address aa.bb.cc.dd.ee.ff
```

要保護大廳中的 PC，必須將 MAC 位址的最大數量設為 1，並且限制違反情形，以免只要有任何人想使用該乙太網路纜線 (這應該經常發生)，這個埠就被關閉。藉由使用 **violation restrict**，未經授權的訊框只是被丟棄而已。您注意到筆者開啟了 **port-security**，然後設定靜態 MAC 位址嗎？請記住只要您在埠上開啟 **port-security**，預設就是 **violation shutdown**，且最大值為 1。所以我們必須變更違反模式，並且新增靜態 MAC 位址。

真實情境

大廳 PC 的纜線成為安全的威脅

在加州聖荷西有家《財星》前 50 大企業，大廳中有台 PC 直接連上公司網路。因為大廳中沒有保全措施，連接 PC 的乙太網路纜線就成為所有在大廳等候的廠商和訪客的娛樂。

埠的安全性正等待拯救！藉由使用 **switchport port-security** 命令開啟該埠的安全性，連到該 PC 的交換器埠自動使用預設，僅允許 1 個 MAC 位址連到該埠，並且在違反時被關閉。不過，只要有人嘗試使用這個乙太網路埠，這個埠就會發生錯誤關閉。藉由限制違反模式，並且用 **switchport port-security mac-address** MAC 位址命令設定該埠的靜態 MAC 位址，只有大廳的 PC 才能連線，並且在網路上進行通訊！問題就此解決！

避免迴圈

在交換器之間建置冗餘的鏈路是不錯的設計，因為它們有助於避免因單一條鏈路停止運作而全然斷線的情況。

這聽起來不錯，但雖然冗餘的鏈路可能非常有幫助，它們所引起的問題卻經常比所解決的問題還多。這是因為訊框可以同時從所有的冗餘鏈路廣播出去，於是產生了網路迴圈與其他的壞事。以下列出一些最嚴重的問題：

- 如果沒有採取任何機制來避免迴圈，交換器會永無止境地將廣播封包廣播至整個互連網路，有時我們稱之為**廣播風暴** (broadcast storm)。圖 7.7 示範了如何將廣播封包傳播至整個互連網路，請您觀察訊框是如何持續地透過互連網路的實體網路媒介來廣播。

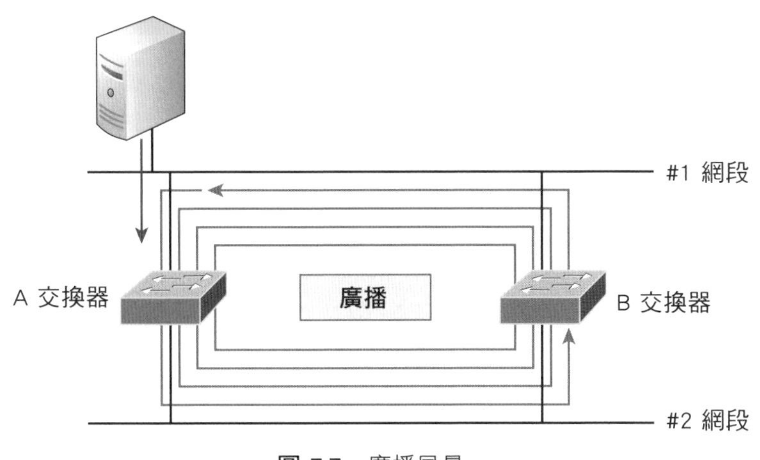

圖 7.7　廣播風暴

- 一個裝置可能收到好幾份相同的訊框，因為該訊框可能同時從不同的網段抵達。圖 7.8 說明如何同時從多個網段抵達一整串的訊框。

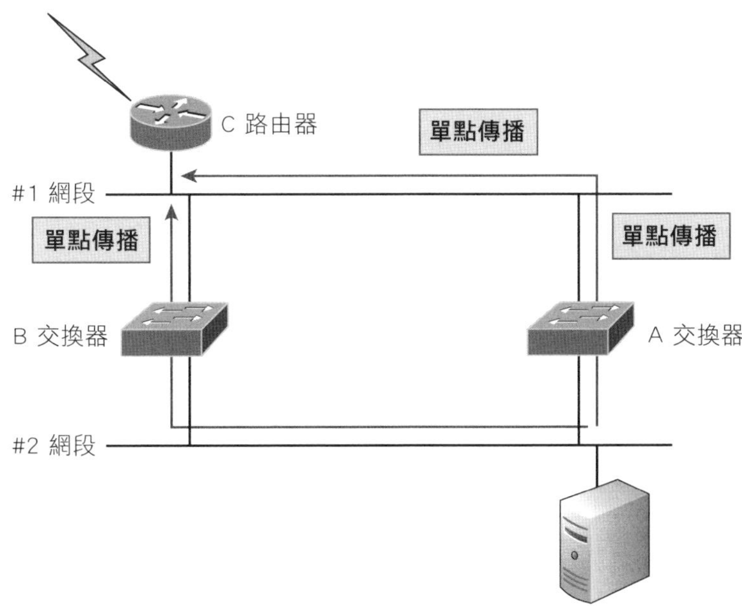

圖 7.8　多份重複的訊框

- 圖 7.8 中的伺服器傳送一個**單點傳播** (unicast) 的訊框到 C 路由器，因為它是一個單點傳播的訊框，所以 A 交換器轉送該訊框，而 B 交換器也提供相同的服務，它會轉送廣播封包。這是不好的，因為這代表 C 路由器會收到單點傳播的訊框 2 次，導致網路上有多餘的額外負擔。
- 您可能已經想到這一點：MAC 位址過濾表格完全混淆了裝置的位置，因為交換器可能從一個以上的鏈路收到該訊框。甚至迷惑的交換器可能會不斷地以某個來源硬體位址的位置來更新 MAC 過濾表，但卻無法從那個位置轉送該硬體位址的訊框。這種現象稱為「MAC 表格垃圾化」。
- 最令人討厭的一件事是，網路的任何地方都可能會產生多重迴圈，亦即迴圈可能發生在其他的迴圈之中，而且如果也發生廣播風暴，則網路將無法執行訊框交換！

所有這些問題會帶來災難 (或至少接近了)，而且絕對是一定要避免或至少要修正的，這也是我們需要**擴展樹協定** (Spanning Tree Protocol，STP) 的地方。STP 的發展就是要解決以上所說的每個問題。

在說明冗餘或不當實作的鏈路可能導致的問題後，您應該已經瞭解它們的預防是多麼重要了吧！不過，最佳解決之道已經超出本章範圍，第 9 章再探討這個更進階的 Cisco 認證目標。目前，讓我們先專注在一些交換組態的設定吧！

7-2 設定 Catalyst 交換器

Cisco Catalyst 交換器有許多類型，有些執行速度為 10 Mbps，有些則搭配雙絞線和光纖的組合，包含高達 10 Gbps 的交換埠。這些較新的交換器如 3850，也是比較智慧型的裝置，可以提供更快速的視訊和語音資料服務。

接下來要說明如何使用 CLI 來開啟和設定 Cisco Catalyst 交換器。下一章再說明如何設定 VLAN，以及**跨交換器鏈路** (Inter-Switch Link，ISL) 和 802.1q 主幹技術。

以下是本節要討論的基本工作清單：

- 管理性功能
- 設定 IP 位址與子網路遮罩
- 設定 IP 預設閘道
- 設定埠的安全性
- 測試與驗證網路

Cisco Catalyst 交換器系列的所有相關資訊，請參考 https://www.cisco.com/c/en/us/products/switches/index.html。

Catalyst 交換器的設定

在真正開始設定 Catalyst 交換器之前，我們要先說明這些交換器的開機流程。圖 7.9 是典型 Cisco Catalyst 交換器。

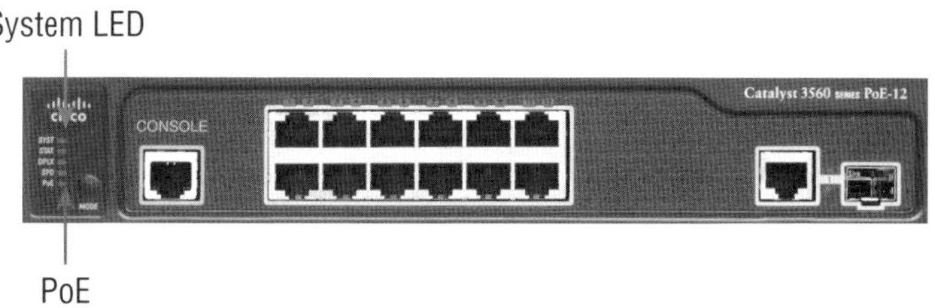

圖 7.9 Cisco Catalyst 交換器

首先希望您知道的是：Catalyst 交換器的控制台埠通常都位於交換器的背面。但是如圖中的 3560 之類較小型交換器中，控制台埠則是位於前面右方以便於使用。8 埠的 2960 看起來也完全一樣。

如果 POST 成功地完成，則系統 LED 會變成綠色；如果 POST 失敗，則會轉成橘黃色。看到橘黃光是很慘的事情 —— 通常代表致命的故障。因此，您可能會希望有個備用的交換器在手邊，特別是當呻吟的那台是在營運網路上的交換器！

底部的按鈕用來顯示哪些燈正在提供乙太網路電源 (Power over Ethernet，PoE)，按下 **Mode** 按鈕就可以看到。PoE 是這些交換器的一項好功能，它讓我們只要使用乙太網路纜線將存取點或電話插入交換器就可以使用了。

圖 7.10 是我們將要使用的交換網路。

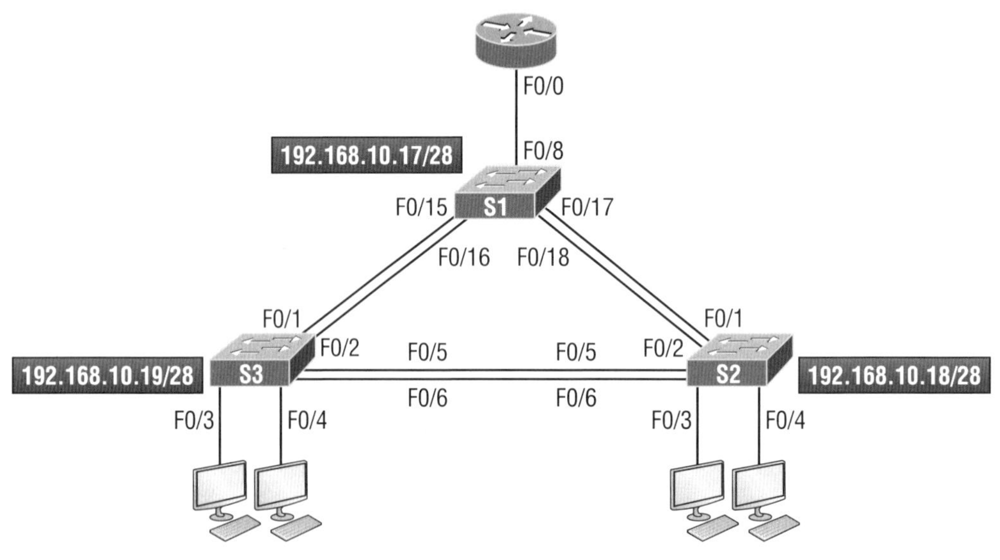

圖 7.10 我們的交換網路

您在本章可以使用任何第 2 層交換器來進行設定，但在第 8 章中，您需要至少 1 台路由器和一台第 3 層交換器，例如 3560。

現在將交換器如圖 7.10 般地相互連結；首先請記住交換器間必須使用交叉式纜線。筆者的 3560 交換器會自動偵測連線類型，所以也可以使用直穿式纜線。但並非所有的交換器都會自動偵測纜線類型。不同交換器有不同的需要和能力，所以在您將各種交換器連在一起的時候一定要記住這點。也別忘了，在 Cisco 的認證目標中，交換器是不會自動偵測的。

當您一開始將交換器的埠彼此相連時，鏈路的燈是橘黃色，然後再轉為綠色表示運作正常。這代表擴展樹的收斂，如您所知，如果沒有開啟延伸功能的話，這個過程大約要 50 秒。但是如果您連上交換器的埠之後，這個埠的燈輪流閃爍綠色和橘黃色，就表示它遇到錯誤了。此時，請檢查主機的 NIC 卡或纜線，甚至於埠上面的雙工設定，以確定他們符合主機的設定。

我們必須在交換器上設定 IP 位址嗎？

當然不用！交換器的所有埠都是開啟並且隨時可以運作的。開箱插電之後，交換器就開始在 CAM 中學習 MAC 位址。當交換器已經在提供第 2 層的服務時，為什麼還需要 IP 位址呢？這是因為您需要**頻內管理** (in-band management)！Telnet、SSH、SNMP 等等都需要 IP 位址，才能透過網路 (在頻內) 與交換器進行通訊。請記住，因為所有埠預設都是開啟，為了安全性，您必須關閉未使用的埠，或是將他們指定給未使用的 VLAN。

交換器的管理用 IP 要放在哪裡呢？放在所謂的管理 VLAN 介面上一每台 Cisco 交換器都有的被遶送介面，稱做 VLAN 1 介面。這個管理介面可以變更，而且 Cisco 也建議您為了安全考量，最好是變更到不同的管理介面。

現在讓我們開始設定交換器。

S1

現在讓我們連接每台交換器，並且設定管理功能吧！我們還要指定每台交換器的 IP 位址，不過這並不是為了要讓網路運作的必要工作。這樣做的唯一理由是因為這樣我們才能夠遠端管理它。我們使用像 192.168.10.16/28 這類簡單的 IP 架構。您應該很熟悉這個遮罩。請檢視下面的輸出：

```
Switch>en
Switch#config t
Switch(config)#hostname S1
S1(config)#enable secret todd
S1(config)#int f0/15
S1(config-if)#description 1st connection to S3
S1(config-if)#int f0/16
```

```
S1(config-if)#description 2nd connection to S3
S1(config-if)#int f0/17
S1(config-if)#description 1st connection to S2
S1(config-if)#int f0/18
S1(config-if)#description 2nd connection to S2
S1(config-if)#int f0/8
S1(config-if)#desc Connection to IVR
S1(config-if)#line con 0
S1(config-line)#password console
S1(config-line)#login
S1(config-line)#line vty 0 15
S1(config-line)#password telnet
S1(config-line)#login
S1(config-line)#int vlan 1
S1(config-if)#ip address 192.168.10.17 255.255.255.240
S1(config-if)#no shut
S1(config-if)#exit
S1(config)#banner motd #this is my S1 switch#
S1(config)#exit
S1#copy run start
Destination filename [startup-config]? [enter]
Building configuration...
[OK]
S1#
```

首先請注意在交換器的介面上並沒有設定 IP 位址。因為根據預設，交換器所有的埠都會開啟，所以沒有太多需要設定的。IP 位址是在稱為管理網域或 VLAN 的邏輯介面下設定。您通常應該是使用預設的 VLAN 1 來管理交換網路，就像此處的做法一樣。

剩下的設定基本上跟您在路由器組態設定時的流程相同。請記住交換器介面上沒有 IP 位址，沒有遶送協定等。在這裡要做的是第二層的交換，而不是遶送！此外，請注意 Cisco 交換器上沒有**輔助埠** (AUX port)。

S2

下面是 S2 的組態：

```
Switch#config t
Switch(config)#hostname S2
S2(config)#enable secret todd
S2(config)#int f0/1
S2(config-if)#desc 1st connection to S1
S2(config-if)#int f0/2
S2(config-if)#desc 2nd connection to s1
S2(config-if)#int f0/5
S2(config-if)#desc 1st connection to S3
S2(config-if)#int f0/6
S2(config-if)#desc 2nd connection to s3
S2(config-if)#line con 0
S2(config-line)#password console
S2(config-line)#login
S2(config-line)#line vty 0 15
S2(config-line)#password telnet
S2(config-line)#login
S2(config-line)#int vlan 1
S2(config-if)#ip address 192.168.10.18 255.255.255.240
S2(config)#exit
S2#copy run start
Destination filename [startup-config]?[enter]
Building configuration...
[OK]
S2#
```

我們現在應該可以從 S2 交換器 ping 到 S1 交換器。讓我們試試看：

```
S2#ping 192.168.10.17

Type escape sequence to abort.
Sending 5，100-byte ICMP Echos to 192.168.10.17，timeout is 2 seconds:
.!!!!
Success rate is 80 percent (4/5)，round-trip min/avg/max = 1/1/1 ms
S2#
```

為什麼以上的輸出中只有 4 個 ping、而不是 5 個 ping 能夠成功？(第一個句點「.」是逾時；而驚嘆號「！」則是成功) 。

這是個好問題。下面是答案：第一個 ping 失敗是因為 ARP 需要時間將 IP 位址解析為硬體 MAC 位址。

S3

下面是 S3 交換器的組態設定：

```
Switch>en
Switch#config t
SW-3(config)#hostname S3
S3(config)#enable secret todd
S3(config)#int f0/1
S3(config-if)#desc 1st connection to S1
S3(config-if)#int f0/2
S3(config-if)#desc 2nd connection to S1
S3(config-if)#int f0/5
S3(config-if)#desc 1st connection to S2
S3(config-if)#int f0/6
S3(config-if)#desc 2nd connection to S2
S3(config-if)#line con 0
S3(config-line)#password console
S3(config-line)#login
S3(config-line)#line vty 0 15
S3(config-line)#password telnet
S3(config-line)#login
S3(config-line)#int vlan 1
S3(config-if)#ip address 192.168.10.19 255.255.255.240
S3(config-if)#no shut
S3(config-if)#banner motd #This is the S3 switch#
S3(config)#exit
S3#copy run start
Destination filename [startup-config]?[enter]
Building configuration...
[OK]
S3#
```

現在讓我們從 S3 交換器來 ping S1 和 S2，並且看看發生什麼事：

```
S3#ping 192.168.10.17
Type escape sequence to abort.
Sending 5, 100-byte ICMP Echos to 192.168.10.17, timeout is 2 seconds:
.!!!!
Success rate is 80 percent (4/5), round-trip min/avg/max = 1/3/9 ms
S3#ping 192.168.10.18
Type escape sequence to abort.
Sending 5, 100-byte ICMP Echos to 192.168.10.18, timeout is 2 seconds:
```

```
.!!!!
Success rate is 80 percent (4/5), round-trip min/avg/max = 1/3/9 ms
S3#sh ip arp
Protocol Address Age (min) Hardware Addr Type Interface
Internet 192.168.10.17 0 001c.575e.c8c0 ARPA Vlan1
Internet 192.168.10.18 0 b414.89d9.18c0 ARPA Vlan1
Internet 192.168.10.19 - ecc8.8202.82c0 ARPA Vlan1
S3#
```

在 **show ip arp** 命令的輸出中，分鐘欄位中的減號 (-) 表示它是裝置的實體介面。

在我們繼續往下驗證交換器組態之前，還有一個命令您必須知道，即使目前的網路上還用不到 (因為我們沒有加入路由器)。它就是 **ip default-gateway** 命令。如果您想要從 LAN 的外面管理交換器，就必須在交換器上設定預設閘道，跟在主機上一樣。您要從整體設定模式下做這樣的設定。下面這個範例中，我們使用子網路範圍的最後一個 IP 位址來當做路由器的 IP 位址：

```
S3#config t
S3(config)#ip default-gateway 192.168.10.30
```

現在已經完成 3 台交換器的基本設定，我們用它們來娛樂一下吧！

埠的安全性

有安全性的交換器埠可以關聯 1 到 8,192 個 MAC 位址，但是筆者的 3560 系列只能支援 6,144 個，這對筆者而言也綽綽有餘了！您可以選擇讓交換器動態學習這些值，或是使用 **switchport port-security mac-address mac** MAC 位址命令來設定每個埠的靜態位址。

所以讓我們來設定 S3 交換器的埠安全性。在我們實驗室中，埠 Fa0/3 和 Fa0/4 都只連接一個裝置。藉由使用埠的安全性功能，我們可以確定一旦埠 Fa0/3 和 Fa0/4 的主機都連上之後，就沒有其他裝置可以連上。下面是我們的做法：

```
S3#config t
S3(config)#int range f0/3-4
S3(config-if-range)#switchport mode access
S3(config-if-range)#switchport port-security
S3(config-if-range)#do show port-security int f0/3
Port Security : Enabled
Port Status : Secure-down
Violation Mode : Shutdown
Aging Time : 0 mins
Aging Type : Absolute
SecureStatic Address Aging : Disabled
Maximum MAC Addresses : 1
Total MAC Addresses : 0
Configured MAC Addresses : 0
Sticky MAC Addresses : 0
Last Source Address:Vlan : 0000.0000.0000:0
Security Violation Count : 0
```

第 1 個命令將通訊埠的模式設定為「存取」埠。這些埠必須是存取或主幹埠，才能開啟埠安全性。藉由在介面使用 **switchport port-security** 命令，我們開啟最大 MAC 位址數目為 1，且違反就關閉的埠安全性。這些是預設值，您可以在前面 **show port-security int f0/3** 命令的輸出中看到。

埠安全性已經開啟，如第 1 行所顯示。但第 2 行則顯示 **Secure-down**，因為我還沒有將主機連到這些埠。一旦連上之後，狀態就會是 **Secure-up**；如果發生違反狀況，則會變成 **Secure-shutdown**。

下面這個重點值得一提再提：除非已經在介面層級開啟了埠安全性，否則雖然可以設定埠安全性的參數，但是它並不會運作。請注意 F0/6 埠的輸出：

```
S3#config t
S3(config)#int range f0/6
S3(config-if-range)#switchport mode access
S3(config-if-range)#switchport port-security violation restrict
S3(config-if-range)#do show port-security int f0/6
Port Security : Disabled
Port Status : Secure-up
Violation Mode : restrict
[output cut]
```

Fa0/6 埠已經設定遇到違反狀況要關閉，但是第 1 行顯示這個埠尚未開啟埠安全性。請記住必須在介面層級使用這個命令來開啟特定埠的安全性：

```
S3(config-if-range)#switchport port-security
```

除了關閉埠之外，還有另外 2 種模式。限制與保護模式表示在最大 MAC 數目允許範圍內，另一台主機可以連接；但是在超過最大數目之後，所有訊框就會被丟棄，但埠並不會關閉。此外，限制模式與關閉模式會在通訊埠發生違反狀況時透過 SNMP 提出警告。您就可以聯絡濫用者，並且告訴他們「東窗事發」了！

如果您使用 **violation shutdown** 命令來設定埠，下面是當發生違反狀況時埠的輸出：

```
S3#sh port-security int f0/3
Port Security : Enabled
Port Status : Secure-shutdown
Violation Mode : Shutdown
Aging Time : 0 mins
Aging Type : Absolute
SecureStatic Address Aging : Disabled
Maximum MAC Addresses : 1
Total MAC Addresses : 2
Configured MAC Addresses : 0
Sticky MAC Addresses : 0
Last Source Address:Vlan : 0013:0ca69:00bb3:00ba8:1
Security Violation Count : 1
```

您可以看到該埠目前是處於 **Secure-shutdown** 模式，而且該埠的燈號應該是橘黃色。要重新啟用該埠，必須執行下列命令：

```
S3(config-if)#shutdown
S3(config-if)#no shutdown
```

在我們進入下一章的 VLAN 之前，先來驗證交換器組態。請注意即使有些交換器顯示的是 **err-disabled**，而不是筆者交換器的 **Secure-shutdown**，這兩者其實沒有差別。

確認 Cisco Catalyst 交換器組態

我們要對任何路由器或交換器做的第一件事，就是使用 **show running-config** 命令檢視整個設定。為什麼呢？因為這樣做可以完全瞭解整個裝置。不過它很花時間，而且列出所有組態會佔用本書太多的篇幅。此外，我們還可以執行同樣提供相當不錯資訊的其他命令。

例如要檢查交換器上設定的 IP 位址，可以使用 **show interface** 命令。下面是它的輸出：

```
S3#sh int vlan 1
Vlan1 is up，line protocol is up
Hardware is EtherSVI，address is ecc8.8202.82c0 (bia ecc8.8202.82c0)
Internet address is 192.168.10.19/28
MTU 1500 bytes，BW 1000000 Kbit/sec，DLY 10 usec,
reliability 255/255，txload 1/255，rxload 1/255
Encapsulation ARPA，loopback not set
[output cut]
```

上面的輸出顯示介面是處於 up/up 狀態。記得一定要使用這個命令或 **show ip interface brief** 命令來檢查這個介面。很多人會忘記這個介面的預設為關閉。

請記住交換器並不需要 IP 位址。我們設定 IP 位址、遮罩和預設閘道的唯一理由是為了要管理它。

show mac address-table

本章稍早有用過這個命令；它可用來顯示轉送過濾表，又稱為**內容可定址記憶體** (Content Addressable Memory，CAM) 表格。下面是 S1 交換器的輸出：

```
S3#sh mac address-table
Mac Address Table]]>
-------------------------------------------
Vlan Mac Address Type Ports]]>
---- ----------- -------- -----
All 0100.0ccc.cccc STATIC CPU
[output cut]
```

```
1 000e.83b2.e34b DYNAMIC Fa0/1
1 0011.1191.556f DYNAMIC Fa0/1
1 0011.3206.25cb DYNAMIC Fa0/1
1 001a.2f55.c9e8 DYNAMIC Fa0/1
1 001a.4d55.2f7e DYNAMIC Fa0/1
1 001c.575e.c891 DYNAMIC Fa0/1
1 b414.89d9.1886 DYNAMIC Fa0/5
1 b414.89d9.1887 DYNAMIC Fa0/6
```

交換器使用指定給 CPU 的基底 MAC 位址。第 1 個列出來的就是交換器的基底 MAC 位址。根據前面的輸出，您可以看到我們有 6 個 MAC 位址被動態地指定到 Fa0/1，表示 Fa0/1 埠是連到另 1 台交換器。埠 Fa0/5 和 Fa0/6 只有指定 1 個 MAC 位址，而且所有埠都被指定到 VLAN 1。

讓我們來看看 S2 交換器的 CAM。

```
S2#sh mac address-table
Mac Address Table
-------------------------------------------
Vlan Mac Address Type Ports
---- ----------- -------- -----
All 0100.0ccc.cccc STATIC CPU
[output cut
1 000e.83b2.e34b DYNAMIC Fa0/5
1 0011.1191.556f DYNAMIC Fa0/5
1 0011.3206.25cb DYNAMIC Fa0/5
1 001a.4d55.2f7e DYNAMIC Fa0/5
1 581f.aaff.86b8 DYNAMIC Fa0/5
1 ecc8.8202.8286 DYNAMIC Fa0/5
1 ecc8.8202.82c0 DYNAMIC Fa0/5
Total Mac Addresses for this criterion: 27
S2#
```

我們可以看到前面的輸出中有 7 個 MAC 位址指定到 Fa0/5，這是對 S3 的連結。但是埠 6 在哪裡呢？因為埠 6 是連到 S3 的冗餘鏈路，所以 STP 將 Fa0/6 置於**凍結** (blocking) 模式。

指定靜態 MAC 位址

您可以在 MAC 位址表中設定靜態 MAC 位址，但是就像設定靜態 MAC 埠的安全性一樣，它需要大量的工作。如果您真的想這麼做，下面是它的做法：

```
S3(config)#mac address-table ?
aging-time Set MAC address table entry maximum age
learning Enable MAC table learning feature
move Move keyword
notification Enable/Disable MAC Notification on the switch
static static keyword
S3(config)#mac address-table static aaaa.bbbb.cccc vlan 1 int fa0/7
S3(config)#do show mac address-table
Mac Address Table
-------------------------------------------
Vlan Mac Address Type Ports
---- ----------- -------- -----
All 0100.0ccc.cccc STATIC CPU
[output cut]
1 000e.83b2.e34b DYNAMIC Fa0/1
1 0011.1191.556f DYNAMIC Fa0/1
1 0011.3206.25cb DYNAMIC Fa0/1
1 001a.4d55.2f7e DYNAMIC Fa0/1
1 001b.d40a.0538 DYNAMIC Fa0/1
1 001c.575e.c891 DYNAMIC Fa0/1
1 aaaa.bbbb.0ccc STATIC Fa0/7
[output cut]
Total Mac Addresses for this criterion: 59
```

您可以看到現在有一個靜態 MAC 位址被永久地指定到介面 Fa0/7，並且它也只有被指定到 VLAN 1。

本章包含了許多很棒的資訊，您真的學到很多，而且可能還會覺得有些趣味！您現在已經設定並檢查了所有交換器，也設定了埠安全性。這表示您已經準備好要學習虛擬 LAN 了。

請儲存所有的交換器組態，以便進入第 8 章。

7-3 摘要

本章討論了交換器與橋接器的差異，他們如何在第 2 層運作，以及如何產生 MAC 位址轉送或過濾表，以決定是否轉送或廣播訊框。

本章雖然每個部分都很重要，但我們花了兩節在講埠安全性，一節說明基本原理，一節提供組態設定範例。你必須非常仔細地研讀他們。我們也說明了當橋接器 (交換器) 之間存在多條鏈路時可能發生的問題。

最後，我們也詳細說明 Cisco Catalyst 交換器的設定，以及組態的驗證。

7-4 考試重點

- **記住 3 個交換器功能**：學習位址、決定轉送或過濾、避免迴圈等交換器的功能。
- **記住 show mac address-table 命令**：**show mac address-table** 命令會顯示 LAN 交換器上所使用的轉送/過濾表。
- **瞭解埠安全性**：埠安全性會根據 MAC 位址來限制對交換器的存取。
- **瞭解開啟埠安全性的命令**：要在埠上開啟埠安全性，必須先確認該埠是存取埠，然後在介面層級使用 **switchport port-security** 命令。您可以在開啟埠安全性之前或之後來設定它的參數。
- **瞭解驗證埠安全性的命令**：要驗證埠安全性，可使用 **show port-security**、**show port-security interface 介面編號** 和 **show running-config** 命令。

7-5 習題

習題解答請參考附錄。

(　　) 1. 下面關於第 2 層交換的敘述何者為假？

A. 第 2 層交換器和橋接器比路由器快，因為它們不用花時間檢查資料鏈結層的標頭資訊。

B. 第 2 層交換器和橋接器會先檢查訊框的硬體位址，再決定要轉送、廣播或是丟棄該訊框。

C 交換器會建立私有、專屬的碰撞網域，並在每個埠提供獨立的頻寬。

D. 交換器使用應用專屬的積體電路 (ASIC) 來建立和維護它們的 MAC 過濾表。

(　　) 2. 關於下面輸出的敘述何者為真？(多選題)

```
S3#sh port-security int f0/3
Port Security : Enabled
Port Status : Secure-shutdown
Violation Mode : Shutdown
Aging Time : 0 mins
Aging Type : Absolute
SecureStatic Address Aging : Disabled
Maximum MAC Addresses : 1
Total MAC Addresses : 2
Configured MAC Addresses : 0
Sticky MAC Addresses : 0
Last Source Address:Vlan : 0013:0ca69:00bb3:00ba8:1
Security Violation Count : 1
```

A. F0/3 埠的燈號是橘黃色

B. F0/3 埠正在轉送訊框

C. 這個問題會在數分鐘內自己解決。

D. 這個埠需要 **shutdown** 命令才能運作

(　　) 3. 下列組態設定命令中，何者是其它命令要有作用的先決條件？

```
S3#config t
S(config)#int fa0/3
S3(config-if#switchport port-security
S3(config-if#switchport port-security maximum 3
S3(config-if#switchport port-security violation restrict
S3(config-if#Switchport mode-security aging time 10
```

A. switchport mode-security aging time 10

B. switchport port-security

C. switchport port-security maximum 3

D. switchport port-security violation restrict

(　　) 4. 下列何者不是 STP 要處理的問題？

A. 廣播風暴

B. 閘道冗餘

C. 裝置接收到相同訊框的多份複本

D. MAC 過濾表時常更新

(　　) 5. 下列哪 2 種交換器埠違反模式會透過 SNMP 通知發生違反狀況？(選擇 2 個答案)

A. 限制 restrict　　**B.** 關閉 shutdown

C. 保護 protect　　**D.** 錯誤關閉 err-disable

(　　) 6. 交換器的哪個介面可以設定 IP 位址？

A. int fa0/0　　**B.** int vlan 1

C. int vty 0 15　　**D.** int s/0/0

(　　) 7. 用來驗證交換器埠安全性設定的 Cisco IOS 命令為何？

A. show interfaces port-security　　**B.** show port-security interface

C. show ip interface　　**D.** show interfaces switchport

(　　) 8. 下列哪些方法可以確保只有 1 台特定主機能夠連到交換器的 F0/3 埠？(選擇 2 個答案，每個都是獨立的答案)

A. 設定 F0/3 的埠安全性，以接受該主機 MAC 位址之外的交通

B. 設定主機的 MAC 位址為對應 F0/3 埠的靜態項目

C. 在 F0/3 埠設定進入的存取控制清單，僅允許主機 IP 位址的交通

D. 設定 F0/3 埠安全性，只接受該主機 MAC 位址的交通

(　　) 9. 在 F0/1 埠執行下列命令有什麼作用？

```
switch(config-if)#switchport port-security mac-address 00c0.35F0.8301
```

A. 在 F0/1 埠設定進入存取控制清單，限制僅允許該主機 IP 位址交通。

B. 在 F0/1 埠上不允許 MAC 位址 00c0.35F0.8301 的主機。

C. 該埠會將來自 MAC 位址 00c0.35F0.8301 主機的所有交通加密。

D. 靜態定義 MAC 位址 00c0.35F0.8301 為該交換器埠上的被允許主機。

(　　)10. 會議室有個交換器埠可以供講者在上課時使用，且每位講者都是使用連在該埠的相同 PC。您希望防止其他 PC 使用該埠。假設您已經完全移除先前的設定從頭開始。下面哪個步驟是不必要的？

A. 開啟埠安全性

B. 指定該 PC 的 MAC 位址給該埠

C. 讓該埠成為存取埠

D. 讓該埠成為主幹埠

虛擬區域網路 (VLAN) 與跨 VLAN 遶送

8

Chapter

本章涵蓋的 CCNA 檢定主題

2.0 網路存取

2.1 設定與查驗 VLAN (一般範圍) 的擴展多重交換器

- 2.1.a 存取埠 (資料與語音)
- 2.1.b 預設 VLAN
- 2.1.c 連線

2.2 設定與查驗跨交換器連線

- 2.2.a 主幹埠
- 2.2.b 802.1Q
- 2.2.c 原生 VLAN

根據預設，交換器切割碰撞網域，而路由器則切割廣播網域。

和以前那種以堆疊起來的骨幹為基礎的網路相反，現今網路設計的特徵是階層較少的結構，這多虧交換器的功勞。所以現在要如何設計呢？我們要如何在純粹的交換式互連網路中分割廣播網域呢？答案就是建置**虛擬區域網路** (Virtual Local Area Network，VLAN)。VLAN 是一個邏輯群組的網路使用者與資源，連結到交換器上那些依管理意義而定義出來的埠。當您建立 VLAN 時，其實是藉由指定交換器上的不同埠給不同的子網路，使得我們能夠在第 2 層交換式互連網路中產生較小的廣播網域。VLAN 被視為它自己的子網路或廣播網域，這表示廣播訊框只會在以邏輯分組於相同 VLAN 內的埠之間交換。

因此，這表示我們不再需要路由器了嗎？也許是，也許不是。這真的要看您想要做什麼。根據預設，特定 VLAN 內的所有主機不可以與屬於另一個 VLAN 的其他主機通訊，所以如果您想要有跨 VLAN 的通訊，上述問題的答案就是 —— 您仍然需要路由器或**跨 VLAN 遶送** (Inter-VLAN Routing，IVR)。

本章告訴您 VLAN 到底為何物，以及如何在交換式互連網路中使用 VLAN 成員關係。此外，您也會很熟練主幹鏈路，以及如何設定與驗證它們。最後則示範如何藉由引進路由器到交換式互連網路中，進行跨 VLAN 的通訊。

當然，我們會利用前一章所用的交換網路產生 VLAN，並且藉由在第三層交換器上建立**交換式虛擬介面** (Switched Virtual Interface，SVI) 來實作跨 VLAN 的遶送。

8-1 VLAN 基本原理

如圖 8.1 所示，第 2 層交換式網路通常會設計成平版網路。在這種組態中，廣播封包會被網路上的每部裝置看到，而不管裝置是否需要接收那些資料。

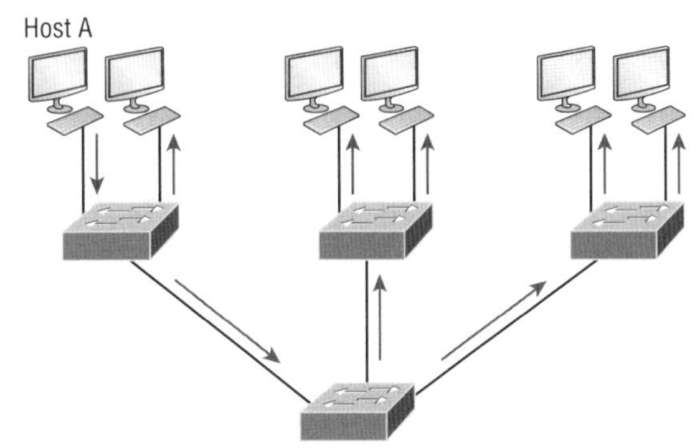

圖 8.1　平版網路結構

根據預設，路由器只允許在發起的網路內進行廣播，但交換器則轉送廣播到所有的網段上。它被稱為**平版網路** (flat network) 的理由是，因為它是一個廣播網域，而不是因為它的設計在實體上是平的。

在圖 8.1 中，我們看到 A 主機傳送了一則廣播，而交換器上除了原先接收到該廣播的埠以外，其他所有埠都會轉送該廣播。

現在讓我們來看看圖 8.2，這是一個交換式網路。它示範的是 A 主機傳送一個以 D 主機為目的地的訊框，而且如您所看到的，該訊框只會轉送到連結 D 主機的埠。

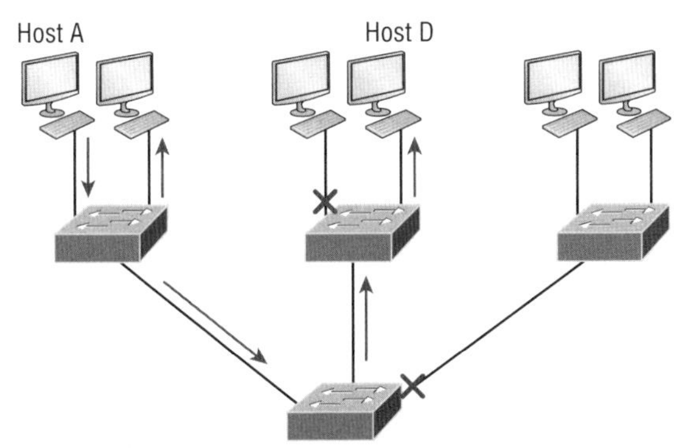

圖 8.2　交換式網路的優點

8

這是針對老式集線器網路預設的單一碰撞網域的重大改良。

第 2 層交換式網路所能得到的最大好處就是：為每個裝置連接交換器的每個埠，以產生個別碰撞網域的網段。這樣也可以解放乙太網路的距離限制，所以現在就可以建置較大的網路。但通常每個新的進步都會遇到新的議題，當使用者與裝置的數目越多，每部交換器必須處理的廣播與封包也越多！

另一個議題是安全性！這真的是個問題。因為在典型的第 2 層交換式互連網路內，所有使用者預設上都可看到所有的裝置。而且您無法阻止裝置送出廣播，也無法阻止使用者回應廣播。這表示您的安全功能只能侷限在伺服器與其他的裝置上設置密碼。

不過，等等，事情還有希望！那就是如果建置 VLAN，就可以解決許多第 2 層交換所帶來的問題 —— 您馬上就會看到。

VLAN 的運作方式如下：圖 8.3 是一間小公司。它的所有主機都連到 1 台交換器上，這表示每部主機都會收到所有的訊框，這是所有交換器預設的行為。

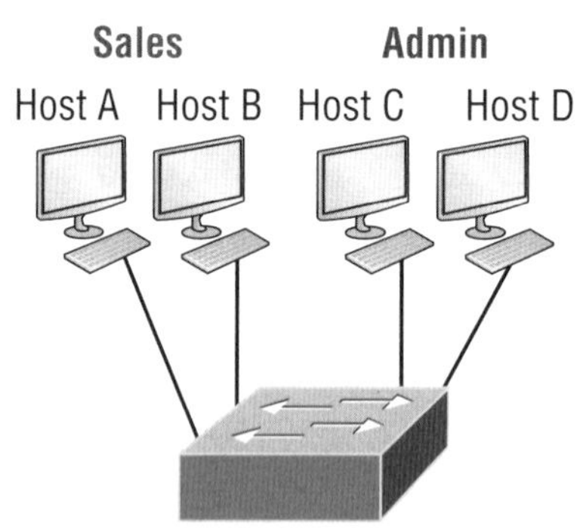

圖 8.3 1 台交換器，1 個 LAN。
在 VLAN 之前，主機間沒有任何分隔

如果我們希望分隔主機的資料，只能另外買 1 台交換器，或是建立虛擬 LAN (VLAN)，如圖 8.4。

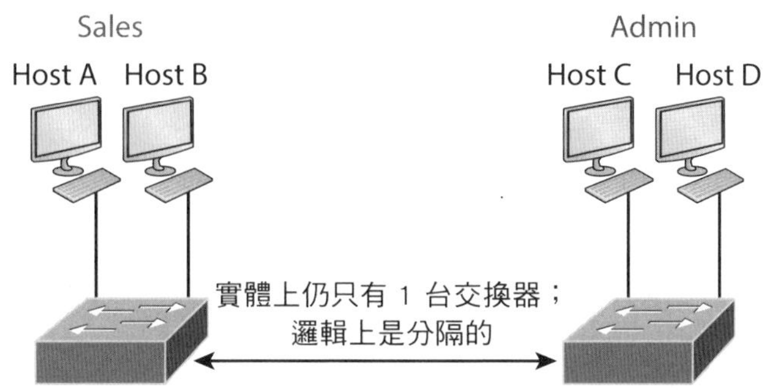

圖 8.4 1 台交換器，2 個 VLAN (主機間有邏輯上的分隔)：實體上仍舊只有 1 台交換器，但是它的行為就像是多台獨立的裝置

在圖 8.4 中，筆者並沒有另外買 1 台交換器，而是將交換器分隔為 2 個獨立的 LAN；也可以說是 2 個子網路、2 個廣播網域或 2 個 VLAN。在大多數 Cisco 交換器上可以這樣做上 1 千次，這可是能節省一大筆錢呢！

請注意即使這種分隔只是邏輯上的，而主機們還是連到相同的交換器，但預設上 LAN 不能彼此傳送資料。這是因為它們已成為分隔的網路。不過請別擔心，本章稍後就會討論 VLAN 間的通訊。

下面簡短列出 VLAN 簡化網路管理的方法：

- 只要設定一個埠到適當的 VLAN 中，就可輕易地完成網路的新增、遷移與修改。
- 可將需要極高安全性的一組使用者放入同一個 VLAN，使得該 VLAN 以外的使用者無法與他們通訊。
- 可對使用者進行功能性的邏輯分組，這樣就可分開來看待 VLAN 與他們的實體或地理位置。
- VLAN 如果能正確實作，可以大大加強網路安全性。
- 藉由縮小 VLAN 的規模，就可增加廣播網域的數目。

以下幾節將討論交換特性，以及交換器如何在網路中提供比集線器更好的網路服務。

管制廣播

每種協定都會發生廣播，但發生的頻率取決以下 3 件事：

- 協定類型
- 在互連網路上執行的應用服務
- 如何使用這些服務

有些老舊的應用服務已被重新改寫，以降低他們的頻寬需求，但卻有新世代的應用服務以驚人的頻寬需求，消耗他們所能得到的所有頻寬。那些濫用頻寬者就是使用廣播與多點傳播的多媒體應用。有缺點的設備、不適當的網路分段以及設計不良的防火牆，只會使得這些極需廣播的應用所產生的問題更加惡化。這些真的為網路設計增加了一個新的範疇，並且為管理員帶來新的挑戰。很重要的是，您要確定網路是否經過正確地分割，以隔離一個網段的問題，防止那些問題擴散至整個互連網路中。最有效的做法就是透過策略性的交換與遶送。

近年來交換器已經變得比較具有成本效益，許多公司都以純粹的交換式網路與 VLAN 環境來取代平版的集線器網路。VLAN 之內的所有裝置都是同一個廣播網域的成員，並且接收所有的廣播。預設上，不屬於相同 VLAN 成員的交換埠都會將廣播過濾掉，這是很不錯的，因為您得到了交換式設計的所有好處，不會有所有使用者都在相同廣播網域而產生的問題！

安全性

讓我們再回到安全性的議題。對於平版網路的安全性，習慣上總是藉由將集線器與交換器連結到路由器來處理，所以基本上維護安全性是路由器的工作。有幾種理由說明這種安排非常沒有效率。首先，任何人只要連上實體網路都可存取到位於該實體區域網路的網路資源。其次，任何人只要在集線器上插入一部網路分析器，就可以看到該網路中的所有交通。同樣地，使用者只要將他們的工作站插入既有的集線器，就可加入一個工作群組。

這也是為什麼 VLAN 這麼酷的原因，藉由建置 VLAN，並產生多個廣播群組，管理員就能控制每個埠與使用者！使用者只要將他們的工作站插入交換埠就可存取網路資源的日子已經不再了，因為現在管理員得以控制每個埠，以及每個埠只能存取哪些資源。

此外，因為 VLAN 可根據使用者要求的網路資源來產生，所以可設定交換器，當它發現到有非授權存取網路資源的狀況時就通知網管工作站。而且如果您需要跨 VLAN 通訊，可在路由器上實作一些限制來達成。您也可以將限制放在硬體位址、協定以及應用服務上。現在我們正在談論的是安全性！

彈性與擴充性

第 2 層交換器只會讀取訊框以進行過濾，它們不會檢視網路層協定。而且根據預設，交換器會轉送所有的廣播。但如果建置與實作 VLAN，其實是在第 2 層建立更小的廣播網域。

這表示從一個 VLAN 的某個節點傳送出去的廣播並不會轉送給設定成不同 VLAN 的埠，所以藉由指定交換埠或使用者給一個或一組相連之交換器上的 VLAN 群組，就可獲得一種彈性，能夠只新增您想要的使用者到廣播網域中，而不管它們的實際位置！這種設置也可用來阻擋那些由故障的網路介面卡所引起的廣播風暴，以及防止中間的裝置將風暴擴散至整個互連網路上。這些災難仍然會發生在引起問題所在的 VLAN 上，但只孤立在這個發生問題的 VLAN 之中。

另一個好處是當 VLAN 變得太大時，您可以產生更多的 VLAN，以避免廣播消耗太多的頻寬。VLAN 上的使用者越少，受廣播影響的使用者也就越少。這是不錯的做法，但當您產生 VLAN 時，絕對要記住您有那些網路服務，並瞭解使用者是如何連上這些服務的。嘗試並且讓所有的服務儘可能地與它的使用者區域化是不錯的對策，但每個人都需要的電子郵件與網際網路存取服務則除外。

8-2 識別 VLAN

交換機埠是結合實體埠的第二層介面。如果該交換機埠是存取埠，則只能屬於一個 VLAN；如果是主幹埠，則可以屬於所有的 VLAN。

交換器肯定是非常忙碌的裝置，因為要將訊框交換至整個網路，所以交換器必須要有能力記錄所有不同的類型，並且能瞭解如何依據硬體位址來處理他們。請記住，要依據訊框所經過的鏈路類型來進行不同的處理。

交換式環境中有 2 種不同的埠；圖 8.5 是第 1 種埠。

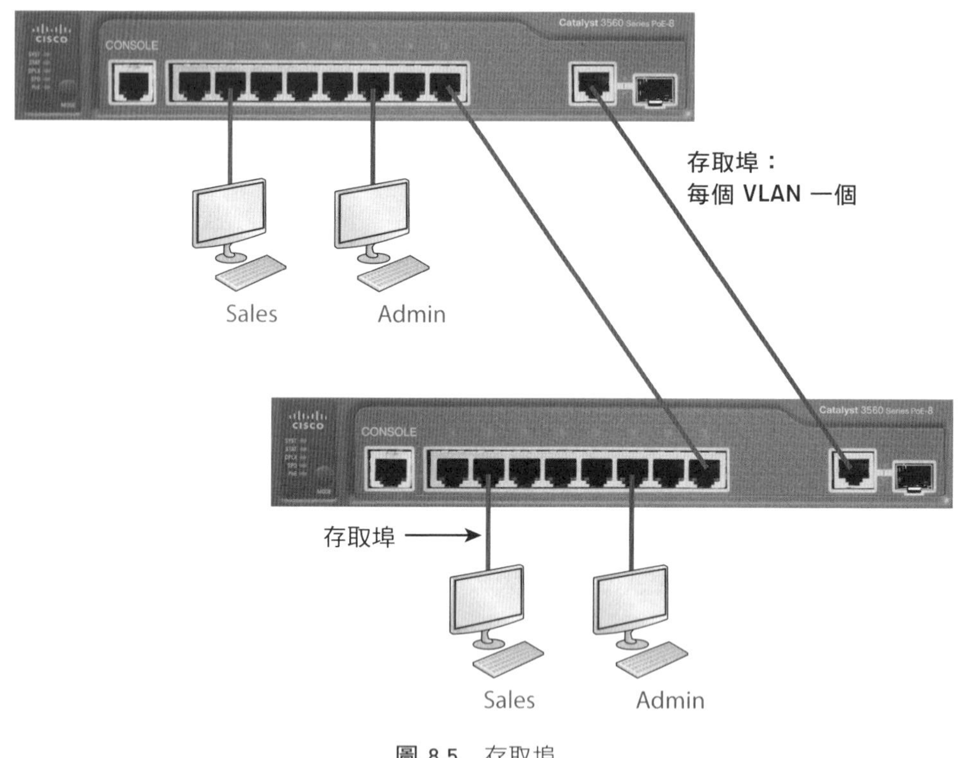

圖 8.5 存取埠

請注意每台主機的存取埠和交換器之間的存取埠 —— 每個 VLAN 一個。

- **存取埠 (access port)：**存取埠只屬於一個 VLAN，而且只傳送一個 VLAN 的交通。這裡的交通完全以原生的格式來收送，不帶任何的 VLAN 標記。所有抵達存取埠的交通只會被認為是屬於該埠所指定的 VLAN。因為存取埠並不檢查來源位址，所以有標記的交通 (加上 VLAN 資訊的訊框) 只能在主幹埠上轉送與接收。

  任何連結至存取鏈路的裝置都不會察覺到它是某個 VLAN 的成員，該裝置只假定它是同一個廣播網域的一部份，但並不瞭解實體的網路拓樸。

  交換器在轉送訊框至存取鏈路的裝置之前，會先移除訊框中的 VLAN 資訊。存取鏈路的裝置無法與他們的 VLAN 以外的裝置通訊，除非經過遶送的方式。而且一個交換埠只能建置成存取埠或主幹埠，不能同時是兩者。所以您只能兩擇一，而且如果設成存取埠的話，也只能指定一個 VLAN 給它。圖 8.5 中，在業務 VLAN 中的主機才能跟相同 VLAN 上的其他主機交談；行政 VLAN 也是如此，它們都能跟其他交換器上的主機溝通，因為在交換器之間有設定每個 VLAN 的存取鏈路。

- **語音存取埠 (voice access port)：**並非要存心把您搞混，但之前所說的，存取埠只能指定一個 VLAN 給它，這件事其實並不完全對。現今大部分的交換器都能讓您在語音交通用的交換埠上增加第二個 VLAN 給存取埠；這種 VLAN 稱為語音 VLAN。語音 VLAN 過去一向稱為輔助 VLAN，可覆蓋在資料 VLAN 之上，讓兩種交通都可通過相同的埠。雖然技術上可視為不同類型的鏈路，但其實就是可將存取埠同時設給資料與語音 VLAN。這讓您可以同時連結電話與 PC 裝置到一個交換埠上，而且讓每部裝置都有個別不同的 VLAN。

- **主幹埠 (trunk port)：**相不相信，這個術語其實是來自電信系統中，同時可運載多筆通話的主幹。同理，主幹埠可同時運載多個 VLAN。

  主幹鏈路是 2 部交換器之間、交換器與路由器之間或交換器與伺服器之間的 100、1,000 或 10,000 Mbps 點對點鏈路，這些鏈路會運載多個 VLAN 的交通 —— 同時有 1 到 4,094 個。不過除非您使用所謂的延伸式 VLAN (extended VLAN)，否則其實最多只有 1,001 個。

在圖 8.6 中，我們將會建立主幹鏈路，而不是在交換器間為每個 VLAN 都各自建立存取鏈路。

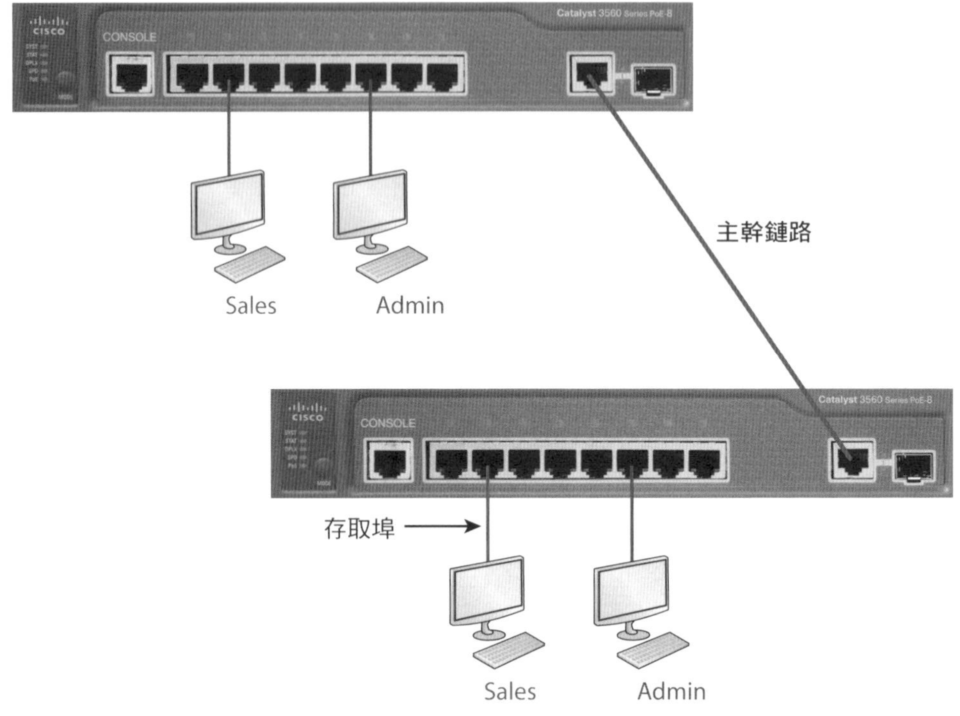

圖 8.6　使用主幹鏈路為多個 VLAN 傳送交通，讓 VLAN 可以橫跨多台交換器

主幹通訊 (trunking) 有個很實在的優點，那就是它讓我們能使一個埠同時成為多個 VLAN 的一部份。這真的很好，因為您可以做一些設定，讓伺服器同時在 2 個廣播網域中，因此您的使用者不需要經過第 3 層裝置 (路由器) 就可登入並存取它。主幹通訊的另一個好處是當您在連接交換器時，主幹鏈路可承載各種不同的 VLAN 資訊。但如果交換器之間的鏈路不是主幹時，預設上就只能交換所設定之 VLAN 的資訊。

所有的 VLAN 都可在主幹鏈路上傳送資訊，除非管理員手動地清除個別的 VLAN。但別擔心，稍後就會跟您解釋如何從主幹中清除個別的 VLAN。

以下將介紹**訊框加標** (frame tagging)，以及在主幹鏈路中的 VLAN 識別方法。

訊框加標

如您所知，您可在相連的多台交換器上設定 VLAN。圖 8.6 中的主機來自跨越 2 台交換器的 2 個 VLAN。這種彈性或許就是實作 VLAN 的主要優點，而且您可以在成千個 VLAN 及數百萬台主機上這樣做！

但這可能會變得有點複雜，即使只是一部交換器，必須有個方法可讓交換器在訊框經過「交換組織」(switch fabric) 與 VLAN 時，能夠記錄所有的使用者與訊框 (基本上交換組織係指一群分享相同 VLAN 資訊的交換器)。這也就是需要標記訊框的原因。訊框的識別方法會為每個訊框指定唯一的使用者自定 VLAN ID。

以下是它的運作方式：每部交換器收到訊框時必須先從訊框的標記中識別出它的 VLAN ID，然後檢視過濾表中的資訊，看要如何處理該訊框。如果訊框抵達的是一部連有其他主幹鏈路的交換器，就會從主幹鏈路的埠轉送出去。

當訊框抵達出口 (由轉送/過濾表來決定它是否符合該訊框之 VLAN ID 的存取鏈路) 時，交換器就會移除 VLAN 識別子，所以目的裝置可以接收訊框，而不必瞭解他們的 VLAN 識別。

有關主幹埠的另一件事是，如果您是使用 802.1q 的主幹通訊，它們同時支援有標記與沒有標記的交通 (下一節會討論)。主幹埠會為所有無標記交通賴以傳輸的 VLAN，指定一個預設的埠 VLAN ID (PVID)，這個 VLAN 又稱為原生 VLAN，預設上總是 VLAN 1 (但可以變更成任何其他的 VLAN 編號)。

同樣地，無標記或 VLAN ID 為 NULL (沒指定) 的有標記交通，都會被視為屬於 ID 為預設 PVID 的 VLAN (同樣地，預設為 VLAN 1)。VLAN ID 和離開埠之原生 VLAN 相等的封包會以無標記的交通送出，而且只能與相同 VLAN 的主機或裝置通訊。其他的所有 VLAN 交通都必須以某個 VLAN 的標籤送出，以便在該標記的對應 VLAN 內通訊。

VLAN 的識別方法

VLAN 識別就是當訊框經過交換組織時，交換器用來記錄他們的憑藉。這是交換器如何辨別哪些訊框屬於哪個 VLAN 的方法，而且有一個以上的主幹通訊方法。

跨交換器鏈路

跨交換器鏈路 (Inter-Switch Link，ISL) 是一種明確地為乙太網路訊框貼上 VLAN 資訊的方法，這種標記資訊讓 VLAN 可以透過一種外部的封裝方法，多工於主幹鏈路上。這使得交換器能識別出主幹鏈路上的訊框是屬於那個 VLAN。

藉由執行 ISL，就可讓多個交換器互相連結，當交通於交換器之間的主幹鏈路上傳輸時，仍能維持 VLAN 的資訊。ISL 在第 2 層運作，利用一個新的標頭與 CRC 來封裝資料訊框。

這是專屬於 Cisco 交換器的方法，只用於快速乙太網路與 Gigabit 乙太網路的鏈路。ISL 遶送是非常多功能的，可用於交換埠、路由器介面以及伺服器介面卡上，以主幹鏈路來連結伺服器。雖然有些 Cisco 交換器仍舊支援 ISL 訊框加標，但 Cisco 已經逐步朝向只使用 802.1q 了。

IEEE 802.1q

這是 IEEE 產生用來在訊框上加標的標準方法。這個方法實際上會插入一個欄位至訊框中，以識別 VLAN。如果您要在 Cisco 交換器與其他廠牌的交換器之間建立主幹鏈路，則必須使用 802.1q，才能讓主幹運作。

ISL 是使用控制資訊來封裝訊框，但 802.1q 則是加入 802.1q 欄位和標記控制資訊，如圖 8.7。

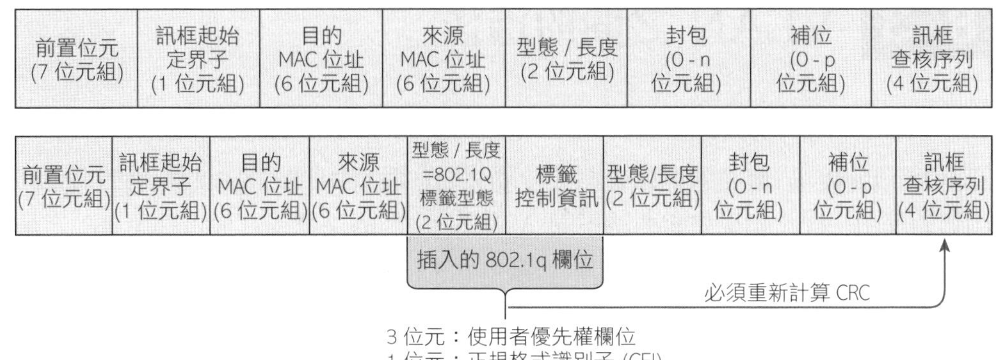

圖 8.7 包含與不含 802.1q 標記的 IEEE 802.1q 封裝

就 Cisco 認證目標而言，只需要注意圖中 12 位元的 VLAN ID。這個欄位用來識別 VLAN；它的值可以到 2^{12} 減 2 (0 和 4,095 是保留的 VLAN)；這代表 802.1q 的加標訊框可以攜帶 4,094 個 VLAN 的資訊。

它的運作方式像這樣：首先您必須為即將成為主幹的每個埠指定 802.1q 封裝，這些埠要一個特定的 VLAN ID，才能彼此通訊。VLAN 1 是預設的原生 VLAN，使用 802.1q 時，原生 VLAN 的交通是沒有標記的。連結相同主幹的埠會產生一個有原生 VLAN 的群組，而每個埠會得到一個反應其原生 VLAN 的識別號碼當作標記，預設是 VLAN 1。原生 VLAN 讓主幹能運載所收到之沒有任何 VLAN 識別或訊框標記的資訊。

大多數 2960 機型交換器只支援 IEEE 802.1q 主幹通訊協定，但 3560 同時支援 ISL 與 IEEE 方法 (您將在本章稍後看到)。

ISL 與 802.1q 這兩種在訊框上加標的方法，其基本的目的是要提供跨交換器的 VLAN 通訊。而且，轉送訊框到存取鏈路之前，要先移除任何 ISL 或 802.1q 的訊框標記，標記只能用在主幹鏈路之間。

8-3 VLAN 之間的遶送

VLAN 內的主機存在他們自己的廣播網域中，可自由地互相通訊。VLAN 在 OSI 的第 2 層產生網路分割並分隔交通，而且如同之前我們說仍然需要路由器的理由一樣，如果您想要讓不同 VLAN 之間的主機或其他可利用 IP 定址的裝置能互相通訊，第 3 層裝置絕對還是必須的。

要達成這樣的目的，您可以使用一部有為每個 VLAN 裝上介面的路由器，或一部支援 ISL 或 802.1q 遶送的路由器。支援 ISL 或 802.1q 遶送的最低價路由器是 2600 系列的路由器 (您可能得去二手商店買這種路由器，因為它們已經停產了)。筆者建議您最起碼要用 2800，而 2800 只支援 802.1q，Cisco 其實正逐漸遺棄 ISL，所以或許您應該只用 802.1q (有些 2800 可能同時支援 ISL 與 802.1q，不過筆者並沒有看過)。

如圖 8.8 所示，如果您已經有 2 或 3 個 VLAN，您可能需要 2 或 3 個快速乙太網路連線的路由器。10Base-T 對家用而言可能可行，但只是家用喔！其他情況則強烈建議使用 Gigabit 介面，這會運作得比較好。

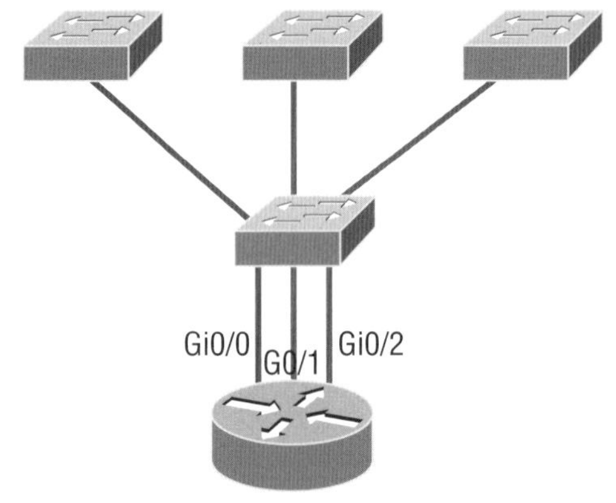

圖 8.8 以路由器連接 3 個 VLAN 進行 VLAN 間通訊；每個 VLAN 連接路由器的 1 個介面

在圖 8.8 中，每個路由器介面都各自連接一條存取鏈路，這表示每個路由器介面的 IP 位址將會成為每個 VLAN 中的每部主機的預設閘道位址。

如果您的 VLAN 數量多於路由器介面，則可以在一個快速乙太網路介面上設定主幹通訊，或是購買一台第 3 層交換器，如 Cisco 3560 或 3850 之類更高階的交換器。甚至於如果您有夠多的錢可以拿來燒的話，還可以選擇 6800！

另外，您也可以使用一個快速乙太網路介面，並且進行 ISL 或 802.1q 主幹通訊。圖 8.9 是在路由器的快速乙太網路介面上設定 ISL 或 802.1q 主幹通訊。這讓所有的 VLAN 能透過一個介面互相通訊，Cisco 稱這個為 **ROAS** (router on a stick)，並且用於 CCNA 關於跨 VLAN 繞送的認證中。

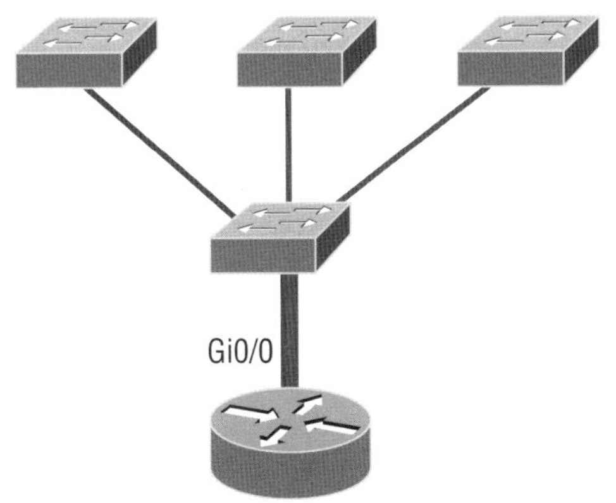

圖 8.9 ROAS：單一路由器介面連結 3 個 VLAN 進行跨 VLAN 的通訊

不過要特別指出的是，這會產生瓶頸以及單一故障點。因此這樣的主機/VLAN 數目會有所限制，多少呢？這取決於您的交通量。若要真正把事情做好，您最好使用一部高階的交換器，並且在骨幹上遶送。但如果您就剛好只有一部路由器可以用，也只能這樣設囉，不是嗎？

圖 8.10 示範如何使用路由器的一片實體介面，藉由為每個 VLAN 建立 1 個邏輯介面，來建立 ROAS。

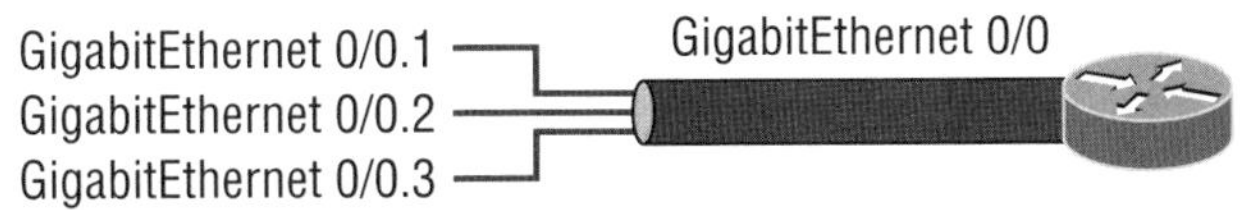

圖 8.10 建立邏輯介面之路由器

圖中的實體介面被分割為多個子介面，藉由為每個 VLAN 指定 1 個子介面，使得子介面成為該 VLAN/子網路的預設閘道位址。每個子介面必須指定 1 個封裝識別子來定義該子介面的 VLAN ID。在下一節設定 VLAN 和跨 VLAN 遶送時，我們將使用 ROAS 來設定交換式網路。

不過關於遶送，這裡還有一點要注意！除了在每個 VLAN 使用 1 個外部路由器介面之外，也可以在第 3 層交換器的基板 (backplane) 上設定邏輯介面；這就是所謂的**跨 VLAN 遶送** (inter-VLAN routing，IVR)，並且是使用**交換式的虛擬介面** (Switched Virtual Interface，SVI) 來設定。

圖 8.11 顯示主機看到的虛擬介面。

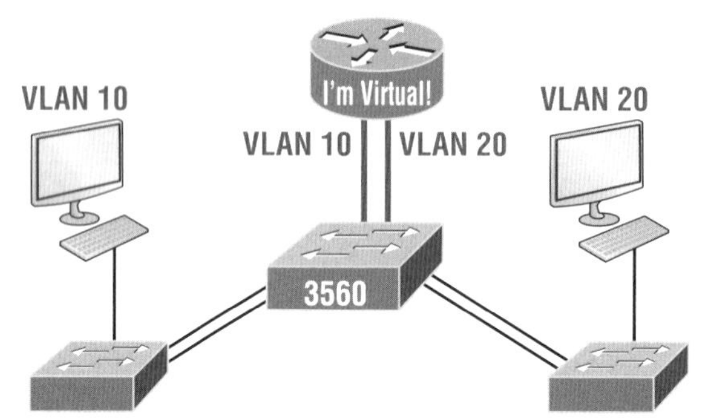

圖 8.11 藉由 IVR，遶送會在交換器的基板上進行；對主機而言，就好像有 1 台路由器一樣

在圖 8.11 中好似有 1 台路由器，但是其實跟使用 ROAS 不同的是，現在圖中並沒有實體的路由器。IVR 程序的實作相當簡單。此外，它在跨 VLAN 遶送方面的效率比外部路由器更好。

要在多層級交換器上實作 IVR，只需要在交換器組態中為每個 VLAN 建立邏輯介面。這個設定可以在 1 分鐘之內完成，不過首先讓我們先回顧第 7 章「第 2 層交換」的交換式網路範例，加入一些 VLAN，設定 VLAN 成員和交換器間的主幹鏈路。

8-4 設定 VLAN

設定 VLAN 其實非常簡單，但整理出每個 VLAN 要加入哪些使用者則非常耗時。一旦您已經決定好所要產生的 VLAN 編號，並且建立好屬於每個 VLAN 的使用者，接下來就是成立您的第一個 VLAN 的時候了。

要在 Cisco Catalyst 交換器上設定 VLAN，請使用 **vlan** 整體設定命令。在以下的範例中，我們要為 3 個不同的部門產生 3 個 VLAN，以示範如何在 S1 交換器上設定 VLAN (根據預設，VLAN 1 是原生的 VLAN，也是管理性的 VLAN)：

```
S1(config)#vlan ?
WORD ISL VLAN IDs 1-4094
access-map Create vlan access-map or enter vlan access-map command mode
dot1q dot1q parameters
filter Apply a VLAN Map
group Create a vlan group
internal internal VLAN
S1(config)#vlan 2
S1(config-vlan)#name Sales
S1(config-vlan)#vlan 3
S1(config-vlan)#name Marketing
S1(config-vlan)#vlan 4
S1(config-vlan)#name Accounting
S1(config-vlan)#vlan 5
S1(config-vlan)#name Voice
S1(config-vlan)#^Z
S1#
```

從上面的輸出中可發現我們可以建立的 VLAN 從 1 到 4094，但這並不全然對。如之前所說的，我們所能產生的 VLAN 最大是 1001，但 VLAN 1 與 1002 到 1005 則是被保留，而不可以使用、變更、改名或刪除。編號超過 1005 的 VLAN 稱為延伸式 VLAN；除非交換器設定為 VTP (VLAN 主幹協定) 透通模式，否則它們不會被儲存在資料庫中。

在正式營運網路，通常很少會看到這些 VLAN 編號。以下是在 S1 交換器設成 VTP 伺服器模式 (預設的 VTP 模式) 時，在它上面設定 VLAN 4000 的範例：

```
S1#config t
S1(config)#vlan 4000
S1(config-vlan)#^Z
% Failed to create VLANs 4000
Extended VLAN(s) not allowed in current VTP mode.
%Failed to commit extended VLAN(s) changes.
```

產生好所要的 VLAN 之後，就可利用 **show vlan** 命令加以檢查。但請注意，預設交換器上的所有埠都是在 VLAN 1 中。若要改變某個埠所對應的 VLAN，必須進入每個介面，告訴它隸屬於那個 VLAN。

請記住，除非有指定交換埠，否則所產生的 VLAN 是沒有用的。而且，除非另外設定，否則所有的埠都是指定給 VLAN 1。

一旦產生好 VLAN，請利用 **show vlan** (或 **sh vlan**) 命令來確認您的設定：

```
S1#sh vlan
VLAN    Name                  Status      Ports
----    ------------------    ---------   ----------------------------
1       default               active      Fa0/1, Fa0/2, Fa0/3, Fa0/4
                                          Fa0/5, Fa0/6, Fa0/7, Fa0/8
                                          Fa0/9, Fa0/10, Fa0/11, Fa0/12
                                          Fa0/13, Fa0/14, Fa0/19, Fa0/20
                                          Fa0/21, Fa0/22, Fa0/23, Gi0/1
                                          Gi0/2
2       Sales                 active
3       Marketing             active
4       Accounting            active
5       Voice                 active
[output cut]
```

也許很嘮叨，但這部份很重要，希望您要確實記得：您不能修改、刪除或重新命名 VLAN 1，因為它是預設的 VLAN；您就是不能改變它！預設上它是所有交換器的原生 VLAN，而且 Cisco 建議您用它來當作管理性目的之 VLAN。基本上，任何沒有特別指定給特定 VLAN 的封包就會傳送給原生 VLAN (VLAN 1)。

在前面的 S1 輸出中，您可以看到 Fa0/1 到 Fa0/14 埠、Fa0/19 到 Fa0/23 埠、以及 Gi0/1 和 Gi0/2 上行鏈路，都屬於 VLAN 1，但 15 到 18 號埠呢？首先，您要了解 **show vlan** 命令只會顯示存取埠。所以 Fa15-18 位於哪裡呢？

沒錯！Fa15-18 正是主幹埠。Cisco 交換器執行一種稱為**動態主幹協定** (Dynamic Trunk Protocol，DTP) 的專屬協定，如果有連上相容的交換器，它們就會自動地啟動主幹通訊，而這正是這 4 個埠的情況。您必須使用 **show interface trunk** 命令來檢視主幹埠，如下例：

```
S1# show interfaces trunk
Port          Mode            Encapsulation    Status        Native vlan
Fa0/15        desirable       n-isl            trunking      1
Fa0/16        desirable       n-isl            trunking      1
Fa0/17        desirable       n-isl            trunking      1
Fa0/18        desirable       n-isl            trunking      1

Port          Vlans allowed on trunk
Fa0/15        1-4094
Fa0/16        1-4094
Fa0/17        1-4094
Fa0/18        1-4094
[output cut]
```

上面的輸出顯示根據預設，VLAN1 到 4094 都被許可通過主幹。另一個有用的命令是 **show interfaces interface switchport**；它也包含在 Cisco 的認證目標之中：

```
S1#sh interfaces fastEthernet 0/15 switchport
Name: Fa0/15
Switchport: Enabled
Administrative Mode: dynamic desirable
Operational Mode: trunk
Administrative Trunking Encapsulation: negotiate
Operational Trunking Encapsulation: isl
```

```
Negotiation of Trunking: On
Access Mode VLAN: 1 (default)
Trunking Native Mode VLAN: 1 (default)
Administrative Native VLAN tagging: enabled
Voice VLAN: none
[output cut]
```

輸出中標示的部分顯示主幹埠的管理模式為 **dynamic desirable**，而且使用 DTP 來協商 ISL 的訊框加標方式。一如預期，它還顯示了原生 VLAN 為預設的 1。

看到所產生的 VLAN 之後，接下來就可以指定交換埠給特定的 VLAN 了。除了語音存取埠之外，每個埠只能屬於一個 VLAN。而之前所提的主幹通訊則可以使一個埠為所有 VLAN 的交通服務。以下就來討論這些設定。

指定交換埠給 VLAN

若要將交換器上的埠設定給某個 VLAN，要先設定成員的模式，以指定該埠運載的交通種類，然後再加上它所要隸屬的 VLAN 號碼。您可以利用 **switchport** 介面命令來設定交換器上的每個埠，讓它屬於特定的 VLAN (存取埠)。您也可以利用 **interface range** 命令同時設定多個埠。

在以下的範例中，我們將 Fa0/3 介面設定給 VLAN 3，這是從 S3 交換器連到主機裝置的連線：

```
S3#config t
S3(config)#int fa0/3
S3(config-if)#switchport ?
  access          Set access mode characteristics of the interface
  autostate       Include or exclude this port from vlan link up calculation
  backup          Set backup for the interface
  block           Disable forwarding of unknown uni/multi cast addresses
  host            Set port host
  mode            Set trunking mode of the interface
  nonegotiate     Device will not engage in negotiation protocol on this
                  interface
  port-security   Security related command
  priority        Set appliance 802.1p priority
```

```
  private-vlan      Set the private VLAN configuration
  protected         Configure an interface to be a protected port
  trunk             Set trunking characteristics of the interface
  voice             Voice appliance attributes voice
```

我們現在有什麼呢？在前面的輸出中有一些新的東西出現。我們可以看到不同的命令，雖然有些目前還沒有談到，但是別擔心，很快就會談到 **access**、**mode**、**nonegotiate**、和 **trunk** 等命令。首先從 S3 的存取埠設定開始，這可能是有設定 VLAN 的營運用交換埠上最常使用的類型：

```
S3(config-if)#switchport mode ?
   access          Set trunking mode to ACCESS unconditionally
   dot1q-tunnel    set trunking mode to TUNNEL unconditionally
   dynamic         Set trunking mode to dynamically negotiate access
                   or trunk mode
   private-vlan    Set private-vlan mode
   trunk           Set trunking mode to TRUNK unconditionally

S3(config-if)#switchport mode access
S3(config-if)#switchport access vlan 3
S3(config-if)#switchport access vlan 5
```

您一開始先藉由使用 **switchport mode access** 命令，告訴交換器這是一個第 2 層的埠。接著，使用 **switchport access** 命令指定某個 VLAN 給該埠。你可以設定同一個埠給另一種稱為語音的 VLAN。

如此一來，你就可以讓筆記型電腦連上電話，然後將該電話插入一個交換埠。請記住，如果您使用 **interface range** 命令，就可以一次選擇多個埠來設定。

現在來看看我們的 VLAN：

```
S3#show vlan
VLAN Name                      Status    Ports
---- ---------------------- ------ ------------------------------
1    default                  active    Fa0/4, Fa0/5, Fa0/6, Fa0/7
                                        Fa0/8, Fa0/9, Fa0/10, Fa0/11,
                                        Fa0/12, Fa0/13, Fa0/14, Fa0/19,
                                        Fa0/20, Fa0/21, Fa0/22, Fa0/23,
                                        Gi0/1 , Gi0/2
```

```
2 Sales                         active
3 Marketing                     active    Fa0/3
5 voice                         active    Fa0/3
```

請注意 Fa0/3 埠現在是 VLAN 3 與 VLAN 5 (兩個不同種類的 VLAN) 的成員了。但是您可以告訴我埠 1 和 2 在哪裡嗎？為什麼它們沒有出現在 **show vlan** 的輸出中呢？沒錯，因為它們是主幹埠！

我們也可以使用 **show interfaces interface switchport** 命令：

```
S3#sh int fa0/3 switchport
Name: Fa0/3
Switchport: Enabled
Administrative Mode: static access
Operational Mode: static access
Administrative Trunking Encapsulation: negotiate
Negotiation of Trunking: Off
Access Mode VLAN: 3 (Marketing)
Trunking Native Mode VLAN: 1 (default)
Administrative Native VLAN tagging: enabled
Voice VLAN: 5 (Voice)
```

輸出中標示的部分顯示 Fa0/3 是存取埠，並且是 VLAN3 (行銷部門) 的成員，同時也是 VLAN 5 (語音) 的成員。

如果您將裝置連上每個 VLAN 埠，他們就只能與同一個 VLAN 中的其他裝置通訊。接下來我們想要啟動跨 VLAN 通訊，不過要這樣做，首先我們得先學習主幹通訊。

設定主幹埠

2960 交換器只執行 IEEE 802.1q 封裝方法。要在快速乙太網路埠上設定主幹通訊，請使用 **switchport mode trunk** 介面命令。在 3560 交換器上的設定方式則有些微差異。

以下的交換器輸出顯示 fa0/15-18 介面上的主幹設定：

```
S1(config)#int range f0/15-18
S1(config-if-range)#switchport trunk encapsulation dot1q
S1(config-if-range)#switchport mode trunk
```

如果您的交換器只能執行 802.1q 封裝方法，則您無法使用前例輸出所下的封裝命令。現在來檢查主幹埠：

```
S1(config-if-range)#do sh int f0/15 swi
Name: Fa0/15
Switchport: Enabled
Administrative Mode: trunk
Operational Mode: trunk
Administrative Trunking Encapsulation: dot1q
Operational Trunking Encapsulation: dot1q
Negotiation of Trunking: On
Access Mode VLAN: 1 (default)
Trunking Native Mode VLAN: 1 (default)
Administrative Native VLAN tagging: enabled
Voice VLAN: none
```

請注意 Fa0/15 埠是主幹，並且執行 802.1q。接下來看看：

```
S1(config-if-range)#do sh int trunk
Port        Mode            Encapsulation  Status      Native vlan
Fa0/15      on              802.1q         trunking    1
Fa0/16      on              802.1q         trunking    1
Fa0/17      on              802.1q         trunking    1
Fa0/18      on              802.1q         trunking    1
Port        Vlans allowed on trunk
Fa0/15      1-4094
Fa0/16      1-4094
Fa0/17      1-4094
Fa0/18      1-4094
```

埠 15-18 現在的主幹模式都是 on，並且都是使用 802.1q 封裝，而不是協商的 ISL。以下說明設定交換器介面時可用的選項：

- **switchport mode access**：這是前一節討論的，但這個選項將介面 (存取埠) 放入永久的非主幹模式，並協商要將鏈路轉換成非主幹鏈路。這個介面會變成非主幹介面，而不管其鄰接介面是否為主幹介面。這個埠將會成為專用的第 2 層埠。

- **switchport mode dynamic auto**：這個模式讓介面能夠將鏈路轉換成主幹鏈路。如果鄰接介面設定為 trunk 或 desirable 模式，該介面就會成為主幹介面。許多 Cisco 交換器的預設就是 **dynamic auto**，但最新的機型則將預設的主幹方法變更為 **dynamic desirable**。

- **switchport mode dynamic desirable**：這個模式讓介面主動地試圖去將鏈路轉換成主幹鏈路。如果其鄰接介面設定為 trunk、desirable 或 auto 模式，這個介面就會變成主幹介面。筆者過去常看到一些交換器的預設為這個模式，但現在已經不是如此了。它現在是所有 Cisco 新交換器之乙太網路介面的預設交換埠模式。

- **switchport mode trunk**：將介面放入永久的主幹通訊模式，並協商要將其鄰接鏈路轉換成主幹鏈路。這個介面會變成主幹介面，而不管其鄰接介面是否為主幹介面。

- **switchport nonegotiate**：阻止介面產生 DTP 訊框。只有當介面的交換埠模式是存取或主幹時，才使用這個命令。您必須手動地將其鄰接介面設定為主幹介面，才能建立起主幹鏈路。

動態主幹通訊協定 (Dynamic Trunking Protocol，DTP) 是用來在兩部裝置之間的鏈路上協商主幹通訊，以及協商出封裝類型是要用 802.1q 或 ISL。當筆者想要專用的主幹埠時，就使用 **nonegotiate** 命令，不再問任何問題。

若想要在介面上關閉主幹通訊，請使用 **switchport mode access** 命令，這會將交換埠設成專用的第 2 層交換埠。

定義主幹上允許的 VLAN

如前所述，根據預設主幹埠會為所有 VLAN 傳送和接收資訊，而且如果遇到沒加標的訊框，則會將它傳送給管理性 VLAN。這也同樣適用於延伸範圍的 VLAN。

但我們也可以從許可清單中移除 VLAN，以防止特定 VLAN 的交通流經主幹鏈路。下面我們將先再次示範主幹鏈路的預設是允許所有 VLAN 通過，之後再說明移除 VLAN 的做法：

```
S1#sh int trunk
[output cut]
Port          Vlans allowed on trunk
Fa0/15        1-4094
Fa0/16        1-4094
Fa0/17        1-4094
Fa0/18        1-4094
S1(config)#int f0/15
S1(config-if)#switchport trunk allowed vlan 4, 6, 12, 15
S1(config-if)#do show int trunk
[output cut]
Port          Vlans allowed on trunk
Fa0/15        4, 6, 12, 15
Fa0/16        1-4094
Fa0/17        1-4094
Fa0/18        1-4094
```

前面的命令影響了 S1 的 F0/15 埠所設定的主幹鏈路，讓它允許 VLAN 4、6、12、15 所傳送與接收的交通。您可以嘗試在主幹鏈路上移除 VLAN 1，但它還是會傳送和接收諸如 CDP、DTP 和 VTP 等管理交通。

要移除某個範圍的 VLAN，只要使用減號：

```
S1(config-if)#switchport trunk allowed vlan remove 4-8
```

如果某人意外地從主幹鏈路移除了某些 VLAN，而您想要將主幹設回預設，只要使用下面命令：

```
S1(config-if)#switchport trunk allowed vlan all
```

接著，在開始討論跨 VLAN 的遶送之前，先說明如何修改主幹的原生 VLAN。

變更或修改主幹的原生 VLAN

您可以把主幹埠的原生 VLAN 從 VLAN 1 改掉；很多人為了安全性的理由而這麼做。要改變原生 VLAN，請使用下列命令：

```
S1(config)#int f0/15
S1(config-if)#switchport trunk native vlan ?
<1-4094> VLAN ID of the native VLAN when this port is in trunking mode
S1(config-if)#switchport trunk native vlan 4
1w6d: %CDP-4-NATIVE_VLAN_MISMATCH: Native VLAN mismatch discovered on
FastEthernet0/15 (4), with S3 FastEthernet0/1 (1).
```

所以我們已經將主幹鏈路上的原生 VLAN 改成 4。使用 **show running-config** 命令，可以看到主幹鏈路的設定：

```
S1#sh run int f0/15
Building configuration...
Current configuration : 202 bytes
!
interface FastEthernet0/15
description 1st connection to S3
switchport trunk encapsulation dot1q
switchport trunk native vlan 4
switchport trunk allowed vlan 4, 6, 12, 15
switchport mode trunk
end
S1#!
```

等一下喔！您不會認為這很簡單，然後就開始動手了吧？這裡有個困難：如果主幹鏈路上所有的交換器沒有設定相同的原生 VLAN，那我們就會收到下面的錯誤 (在筆者輸入命令之後，它就立刻發生了)：

```
1w6d: %CDP-4-NATIVE_VLAN_MISMATCH: Native VLAN mismatch discovered
on FastEthernet0/15 (4),with S3 FastEthernet0/1 (1).
```

事實上這是個沒有任何加密的錯誤訊息。它的修正方法是到主幹鏈路的另一端去改變原生 VLAN，或是將原生 VLAN 改回預設。下面是我們的做法：

```
S1(config-if)#no switchport trunk native vlan
1w6d: %SPANTREE-2-UNBLOCK_CONSIST_PORT: Unblocking FastEthernet0/15
on VLAN0004. Port consistency restored.
```

現在，我們的主幹鏈路正使用預設的 VLAN 1 當作原生 VLAN。您只要記得，所有交換器必須使用相同的原生 VLAN，否則您就會遭遇一些嚴重的問題。現在讓我們連結路由器到我們的交換網路上，並設定跨 VLAN 通訊。

設定跨 VLAN 遶送

根據預設，只有相同 VLAN 上的成員可以互相通訊。要改變這個限制，並且允許跨 VLAN 通訊，您需要路由器或第 3 層交換器。接下來我們就從路由器的方法開始。

要在快速乙太網路上支援 ISL 或 802.1q 遶送，路由器的介面要分割為邏輯介面，每個 VLAN 各一個，這些稱為**子介面** (subinterface)。您可以從 FastEthernet 或 Gigabit 介面，使用 **encapsulation** 命令將介面設定成主幹：

```
ISR#config t
ISR(config)#int f0/0.1
ISR(config-subif)#encapsulation ?
dot1Q IEEE 802.1Q Virtual LAN
ISR(config-subif)#encapsulation dot1Q ?
<1-4094> IEEE 802.1Q VLAN ID
```

請注意筆者的 2811 路由器 (命名為 ISR) 只支援 802.1q。我們需要一部舊型的路由器來執行 ISL 封裝，不過為什麼要這麼費心呢？

子介面的編號只對本機有意義，所以要在路由器上設定哪個子介面編號皆可。筆者通常會將子介面設定為與想要遶送的 VLAN 有相同的編號。因為子介面編號只用於管理，這樣會便於記憶。

請務必瞭解每個 VLAN 事實上都是個別的子網路 (雖然沒有非如此不可)。不過將 VLAN 設定成個別的子網路真的是個好做法。

在繼續之前，我想先定義**上行遶送** (upstream routing)。這個名詞是用來定義 ROAS。這台路由器會提供跨 VLAN 遶送，但也可以用來轉送從交換式網路上行到企業網路其它部份或網際網路的交通。

現在，請確定您已經完全準備好要設定跨 VLAN 遶送，也決定好連到交換式 VLAN 環境之主機的 IP 位址。當然，如果有能力修正問題是最好的！為了協助您成功，下面先舉幾個範例。

首先，以圖 8.12 為例，研究它所顯示的路由器與交換器設定。不過研讀本書到目前為止，您應該已經能夠決定 VLAN 中每部主機的 IP 位址、遮罩以及預設閘道。

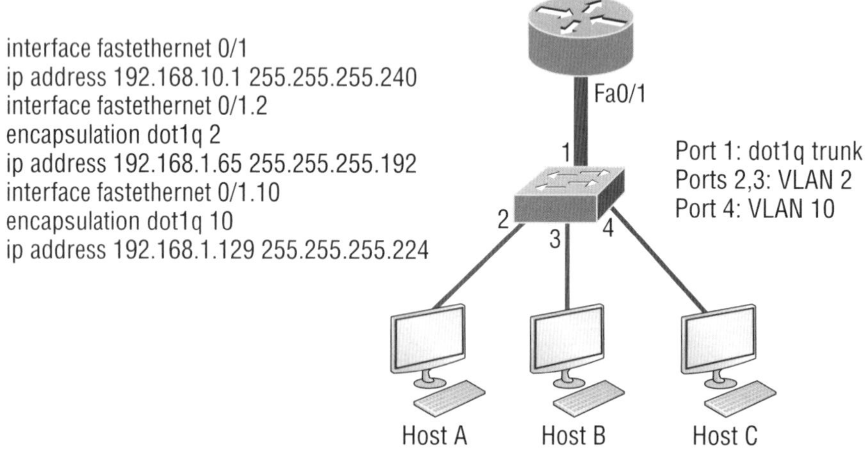
interface fastethernet 0/1
ip address 192.168.10.1 255.255.255.240
interface fastethernet 0/1.2
encapsulation dot1q 2
ip address 192.168.1.65 255.255.255.192
interface fastethernet 0/1.10
encapsulation dot1q 10
ip address 192.168.1.129 255.255.255.224
Fa0/1
1
2
3
4
Port 1: dot1q trunk
Ports 2,3: VLAN 2
Port 4: VLAN 10
Host A
Host B
Host C

圖 8.12 設定跨 VLAN 範例 1

接下來我們要做的是推算出所用的子網路為何。根據圖中的路由器設定，您應該知道 VLAN 2 所用的是 192.168.1.64/26，而 VLAN 10 所用的是 192.168.1.128/27。

根據圖中的交換器設定，埠 2 與埠 3 屬於 VLAN 2，埠 4 屬於 VLAN 10。這表示 HostA 與 HostB 屬於 VLAN 2，而 HostC 屬於 VLAN 10。

等一下！這邊實體介面的 IP 位址是做什麼用的？我們可以這樣做嗎？

當然可以！如果我們在實體介面下加入 IP 位址，則從該 IP 位址傳送的訊框將不會加標。所以這些訊框會是哪個 VLAN 的成員呢？根據預設，它們會屬於管理 VLAN，也就是 VLAN 1。這表示這台交換器的原生 VLAN IP 位址是 192.168.10.1/28。

此處的主機 IP 應該是：

- **HostA**：192.168.1.66，255.255.255.192，預設閘道 192.168.1.65
- **HostB**：192.168.1.67，255.255.255.192，預設閘道 192.168.1.65
- **HostC**：192.168.1.130，255.255.255.224，預設閘道 192.168.1.129

其實主機可以是範圍中的任何位址，這裡只是選定預設閘道位址之後第一個可用的 IP 位址。不難吧！

現在，讓我們利用圖 8.12，練習設定交換埠 1 的命令，以建立與路由器的鏈路，並提供使用 IEEE 封裝版本的跨 VLAN 通訊。請記住這些命令可能因為交換器不同，而有些差異。

2960 交換器所用的命令如下：

```
2960#config t
2960(config)#interface fa0/1
2960(config-if)#switchport mode trunk
```

2960 交換器只支援 802.1q 封裝，所以不需要額外設定。反正，您也沒有辦法設定。對於 3560 交換器，基本上都是一樣的，但因為它可支援 ISL 與 802.1q，所以必須設定我們所要用的主幹通訊協定。

請記住，當您產生主幹鏈路時，預設上可以讓所有 VLAN 傳遞資料。

讓我們研究一下圖 8.13，看看可以得到什麼結論。這張網路圖顯示 3 個 VLAN，每個 VLAN 各有 2 部主機。圖 8.13 中的路由器連到 Fa0/1 交換埠，而 VLAN 4 則是設定在 F0/6 埠上。根據這張圖，以下是 Cisco 預期您會知道的 3 項重點：

- 路由器利用子介面連接交換器，並且被命名為 ISR。
- 連接路由器的交換埠是主幹埠。
- 交換器為 2960，且連接客戶端與集線器的交換埠是存取埠，不是主幹埠。

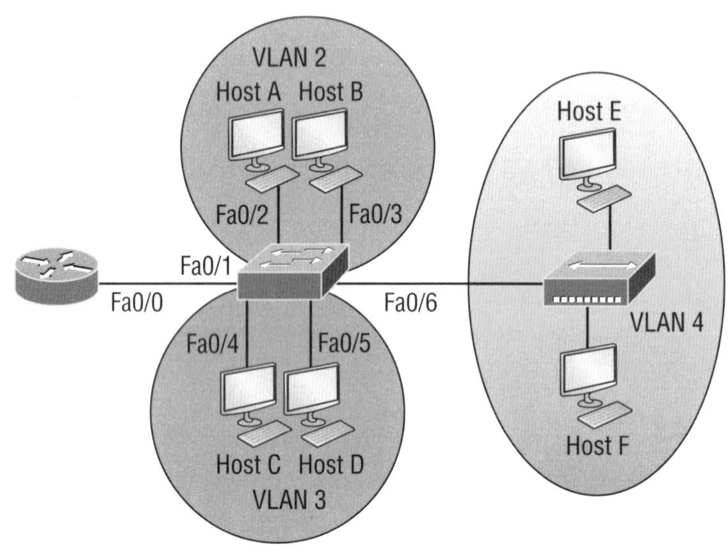

圖 8.13 跨 VLAN 範例 2

交換器的設定類似這樣：

```
2960#config t
2960(config)#int f0/1
2960(config-if)#switchport mode trunk
2960(config-if)#int f0/2
2960(config-if)#switchport access vlan 2
2960(config-if)#int f0/3
2960(config-if)#switchport access vlan 2
2960(config-if)#int f0/4
2960(config-if)#switchport access vlan 3
2960(config-if)#int f0/5
2960(config-if)#switchport access vlan 3
2960(config-if)#int f0/6
2960(config-if)#switchport access vlan 4
```

在設定路由器之前，必須先設計我們的邏輯網路。

- **VLAN 1**: 192.168.10.0/28
- **VLAN 2**: 192.168.10.16/28
- **VLAN 3**: 192.168.10.32/28
- **VLAN 4**: 192.168.10.48/28

路由器的設定應該類似這樣：

```
ISR#config t
ISR(config)#int fa0/0
ISR(config-if)#ip address 192.168.10.1 255.255.255.240
ISR(config-if)#no shutdown
ISR(config-if)#int f0/0.2
ISR(config-subif)#encapsulation dot1q 2
ISR(config-subif)#ip address 192.168.10.17 255.255.255.240
ISR(config-subif)#int f0/0.3
ISR(config-subif)#encapsulation dot1q 3
ISR(config-subif)#ip address 192.168.10.33 255.255.255.240
ISR(config-subif)#int f0/0.4
ISR(config-subif)#encapsulation dot1q 4
ISR(config-subif)#ip address 192.168.10.49 255.255.255.240
```


請注意筆者並沒有幫 VLAN 1 加標。即使我可以建立子介面並且為 VLAN 1 加標，在 802.1q 中並不需要如此，因為沒有加標的訊框就是原生 VLAN 的成員。

每個 VLAN 中的主機都應該指定給他們一個其子網路範圍中的 IP 位址，而且預設閘道要設定成該 VLAN 中之路由器的子介面。

現在，根據另一份圖，看您是否能自己確定交換器與路由器的設定！圖 8.14 顯示一部路由器連結了一部有 2 個 VLAN 的 2960 交換器。每個 VLAN 上的主機都指定了 IP 位址，根據這些 IP 位址，路由器與交換器的設定應該如何？

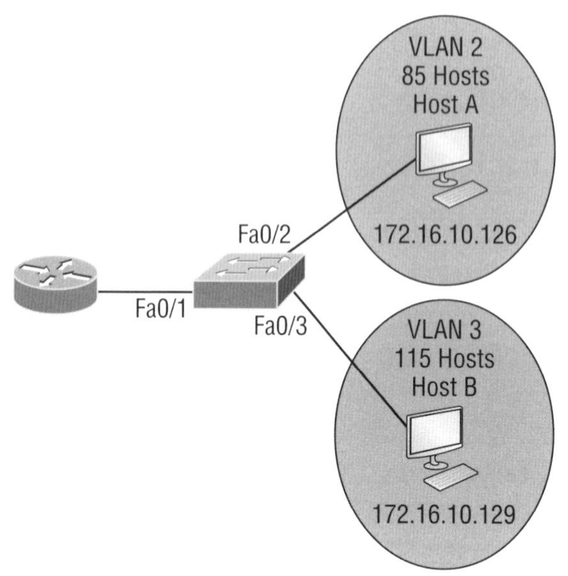

圖 8.14 跨 VLAN 範例 3

因為圖中的主機並沒有列出子網路遮罩，所以必須利用每個 VLAN 使用的主機數目，推算出其區塊大小。VLAN 2 有 85 部主機，而 VLAN 3 有 115 部主機，所以適合他們的區塊大小是 128，也就是/25 遮罩，或 255.255.255.128。

到目前為止，您應該知道子網路是 0 與 128，0 子網路 (VLAN 2) 的主機範圍是 1-126，而 128 子網路 (VLAN 3) 的主機範圍是 129-254。因為 HostA 的 IP 位址是 126，這使得 HostA 與 HostB 看起來好像屬於同一個子網路。但它們其實不在相同子網路上，千萬別被騙了。

以下是交換器的設定：

```
2960#config t
2960(config)#int f0/1
2960(config-if)#switchport mode trunk
2960(config-if)#int f0/2
2960(config-if)#switchport access vlan 2
2960(config-if)#int f0/3
2960(config-if)#switchport access vlan 3
```

以下是路由器的設定：

```
ISR#config t
ISR(config)#int f0/0
ISR(config-if)#ip address 192.168.10.1 255.255.255.0
ISR(config-if)#no shutdown
ISR(config-if)#int f0/0.2
ISR(config-subif)#encapsulation dot1q 2
ISR(config-subif)#ip address 172.16.10.1 255.255.255.128
ISR(config-subif)#int f0/0.3
ISR(config-subif)#encapsulation dot1q 3
ISR(config-subif)#ip address 172.16.10.254 255.255.255.128
```

這裡使用 VLAN 2 主機範圍的第一個位址，以及 VLAN 3 主機範圍的最後一個位址。不過範圍中的任何一個位址都可以，只是您得將主機的預設閘道設成您所設的路由器位址。此外，筆者在實體介面使用了不同的子網路，這是我的管理性 VLAN 路由器的位址。

好的，在我們繼續下個範例之前，必須確定您知道如何設定交換器的 IP 位址。既然 VLAN 1 通常是管理性 VLAN，我們就從可用的位址中選擇一個 IP 位址來設定它。以下是如何設定交換器的 IP 位址。

```
2960#config t
2960(config)#int vlan 1
2960(config-if)#ip address 192.168.10.2 255.255.255.0
2960(config-if)#no shutdown
2960(config-if)#exit
2960(config)#ip default-gateway 192.168.10.1
```

沒錯，您必須在 VLAN 介面上設定 **no shutdown**，並且設定通往路由器的 **ip defaultgateway** 位址。

再舉個例子，然後我們就往下討論如何利用多層級交換器來進行 IVR，這是另一個重要觀念！

圖 8.15 中有 2 個 VLAN，以及管理性 VLAN 1。根據路由器的組態設定，HostA 的 IP 位址、遮罩、預設遮罩為何？這裡利用範圍中的最後一個 IP 位址來當作 HostA 的位址：

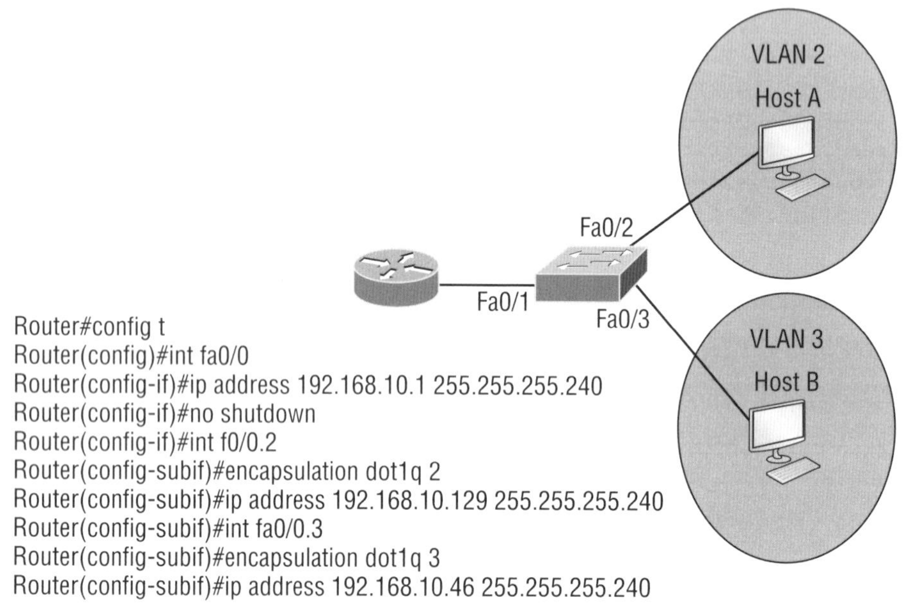

圖 8.15 跨 VLAN 範例 4

如果您仔細地檢視路由器的組態設定 (圖中的主機名稱就只叫做 "Router")，就會發現答案非常簡單。兩個子網路都利用 /28 或 255.255.255.240 遮罩，其區塊大小是 16。路由器針對 VLAN 2 所設的位址屬於 128 子網路，而下個子網路是 144，所以 VLAN 2 的廣播位址是 143，而有效的主機範圍是 129 到 142。因此，主機位址如下：

- **IP 位址**：192.168.10.142
- **遮罩**：255.255.255.240
- **預設閘道**：192.168.10.129

本節可能是整本書中最難的部分，而筆者也如實地建立了最簡單的組態，用來協助您學習。

圖 8.16 是使用多層級交換器來設定跨 VLAN 遶送 (IVR)，這裡用 fa0/0 介面 (通常稱為交換式虛擬介面，SVI)。筆者將使用圖 8.11 中討論多層級交換器的相同網路，並且使用下列 IP 位址結構：192.168.x.0/24，其中的 x 代表 VLAN 子網路。在範例中，它將與 VLAN 的編號相同。

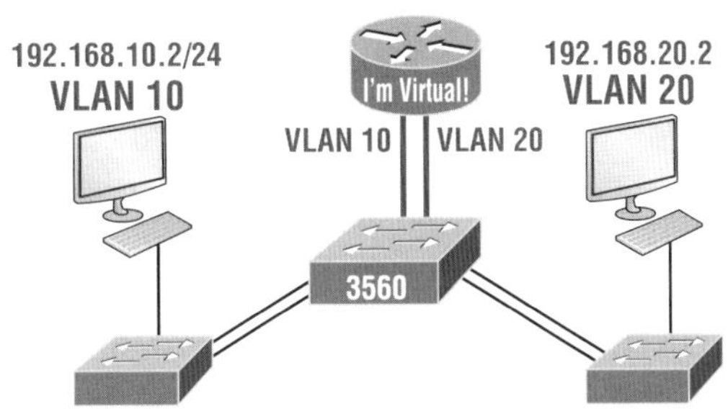

圖 8.16 多層級交換器的跨 VLAN 遶送

主機已經設定了 IP 位址、子網路遮罩以及範圍中的第 1 個位址做為預設閘道位址。現在只需要在交換器上設定遶送：

```
S1(config)#ip routing
S1(config)#int vlan 10
S1(config-if)#ip address 192.168.10.1 255.255.255.0
S1(config-if)#int vlan 20
S1(config-if)#ip address 192.168.20.1 255.255.255.0
```

進行到此就完工了！啟用 IP 遶送並且使用 **interface vlan number** 命令為每個 VLAN 建立 1 個邏輯介面就好了。您現在已經在交換器的基板上完成跨 VLAN 遶送了。

8

8-5 摘要

本章介紹了虛擬區域網路的世界，並說明 Cisco 交換器如何利用它們。我們討論了 VLAN 如何在交換式的互連網路中分割廣播網域，這是非常重要且必要的事情，因為第 2 層交換器只能分割碰撞網域，而且預設上所有交換器會組成一個大的廣播網域。我們也描述了存取鏈路，並討論 VLAN 如何在快速乙太網路或更快的鏈路上進行主幹通訊。

當您正在處理的網路含有執行多個 VLAN 的多個交換器時，主幹通訊是必須瞭解的重要技術。本章還提供了存取埠與主幹埠、主幹通訊設定選項以及 IVR 的重要檢修與設定範例。

8-6 考試重點

- **瞭解「訊框加標」這個術語**：訊框加標與 VLAN 的識別有關，這是當訊框流經交換器組織時，供交換器用來記錄所有訊框的方法。這就是交換器如何能識別哪些訊框屬於哪些 VLAN 的方法。

- **瞭解 802.1q 這種 VLAN 識別方法**：這是在訊框加標的一種非專屬的 IEEE 方法，如果您要在 Cisco 的交換式鏈路與其他廠牌的交換器之間進行主幹通訊，就必須使用 802.1q 才行。

- **記住如何在 2960 交換器上設定主幹埠**：要在 2960 上設定主幹埠，必須使用 **switchport mode trunk** 命令。

- **記住當您連上一部新的主機時，要檢查交換埠所指定的 VLAN**：如果您連結一部新的主機到交換器上，必須確認該交換埠的 VLAN 成員關係。如果不是該主機所需要的，它就無法接取所需要的網路服務，例如工作群組伺服器或印表機。

- **記住如何產生 Cisco 所謂的「ROAS」，以提供跨 VLAN 通訊**：您可以利用 Cisco 的快速乙太網路或 Gigabit 乙太網路介面來提供跨 VLAN 遶送。連結路由器的交換埠必須是主幹埠，然後您得在路由器埠上為每個 VLAN 連線產生虛擬介面 (子介面)，而且每個 VLAN 中的主機要使用這種子介面位址當作它們的預設閘道位址。

- **記住如何使用第 3 層交換器來提供跨 VLAN 遶送**：您可以使用第 3 層 (多層級) 交換器來提供 IVR，就如同 ROAS 一樣；但是使用第 3 層交換器更快、也更有效率。首先使用 **ip routing** 命令來開始遶送程序，然後使用 **interface vlan vlan** 為每個 VLAN 建立虛擬介面，並且在邏輯介面下設定該 VLAN 的 IP 位址。

8-7 習題

習題解答請參考附錄。

(　　) 1. 關於 VLAN，以下何者為真？

A. VLAN 大幅降低了網路的安全性。

B. VLAN 增加了碰撞網域的數目，並縮減了它們的規模。

C. VLAN 減少了廣播網域的數目，並縮減了它們的規模。

D. 只要設定埠到適當的 VLAN，就可以輕鬆達成網路的新增、移動和變動。

(　　) 2. 你只能設定一個資料 VLAN 給設為存取埠的交換埠。但還能在存取埠上加入哪種類型的 VLAN？

A. 次要 (secondary)

B. 語音

C. 主要 (Primary)

D. 主幹

(　　) 3. 在下面的組態中，建立 VLAN 介面的命令中少了什麼命令？

```
2960#config t
2960(config)#int vlan 1
2960(config-if)#ip address 192.168.10.2 255.255.255.0
2960(config-if)#exit
2960(config)#ip default-gateway 192.168.10.1
```

A. no shutdown under int vlan 1

B. encapsulation dot1q 1 under int vlan 1

C. switchport access vlan 1

D. passive-interface

(　　) 4. 下列關於 ISL 與 802.1q 的敘述何者為真？

A. 802.1q 使用控制資訊封裝訊框；ISL 會新增 ISL 欄位和標記控制資訊。

B. 802.1q 是 Cisco 的專屬協定。

C. ISL 使用控制資訊封裝訊框；802.1q 會新增 802.1q 欄位和標記控制資訊。

D. ISL 是一種標準。

(　　) 5. 根據下面的組態，下列敘述何者為真？

```
S1(config)#ip routing
S1(config)#int vlan 10
S1(config-if)#ip address 192.168.10.1 255.255.255.0
S1(config-if)#int vlan 20
S1(config-if)#ip address 192.168.20.1 255.255.255.0
```

A. 這是多層級交換器。

B. 這 2 個 VLAN 位於相同子網路。

C. 必須設定封裝。

D. VLAN 10 是管理性 VLAN。

(　　) 6. 根據下列輸出，何者為真？

```
s1#sh vlan

VLAN Name                 Status    Ports
---- -------------------- ------    ------------------------------
1    default              active    Fa0/1,  Fa0/2,  Fa0/3,  Fa0/4
                                    Fa0/5,  Fa0/6,  Fa0/7,  Fa0/8
                                    Fa0/9,  Fa0/10, Fa0/11, Fa0/12
                                    Fa0/13, Fa0/14, Fa0/19, Fa0/20
                                    Fa0/22, Fa0/23, Gi0/1,  Gi0/2
2    Sales                active
3    Marketing            active    Fa0/21
4    Accounting           active
[output cut]
```

A. 介面 F0/15 是主幹埠。

B. 介面 F0/17 是存取埠。

C. 介面 F0/21 是主幹埠。

D. VLAN 1 是手動產生的。

(　　) 7. 802.1q 的無加標訊框是 ___________ VLAN 的成員。

A. 輔助

B. 語音

C. 原生

D. 私有

(　　) 8. 第 6 題的交換器輸出顯示了多少個廣播網域？

A. 1

B. 2

C. 4

D. 1001

(　　) 9. 下列何者是在 VLAN 中訊框加標的目的？

A. 跨 VLAN 遶送

B. 網路封包加密

C. 主幹鏈路上的訊框識別

D. 存取鏈路上的訊框識別

(　　)10. 下列關於 802.1q 訊框加標的敘述何者為真？

A. 802.1q 會加入 26 位元組的結尾 (trailing) 和 4 位元組的標頭。

B. 802.1q 使用原生 VLAN。

C. 原始的乙太網路訊框沒有修改。

D. 802.1q 只在 Cisco 交換器上運作。

高等交換技術

本章涵蓋的 CCNA 檢定主題

2.0　網路存取

- **2.4　設定與查驗 (第 2 層/第 3 層) EtherChannel (LACP)**
- **2.5　說明快速 PVST+ 擴展樹的必要性及基本運作**
  - 2.5.a　根埠、根橋接器 (主要/次級) 及其他埠名
  - 2.5.b　埠狀態 (轉送/凍結)
  - 2.5.c　PortFast 的效益

從前有家叫做 Digital Equipment Corporation (DEC) 的公司，建立了**擴展樹協定** (Spanning Tree Protocol，STP) 的最初版本。後來 IEEE 建立了它自己的 STP 版本，稱為 802.1d。Cisco 在它的新型交換器上，則是往另一個產業標準 802.1w 發展。本章將會探索 STP 的新舊版本，不過，首先將先定義一些重要的 STP 基礎。

RIP、EIGRP 和 OSPF 之類的遶送協定在網路層都有防範迴圈的程序，但是如果交換器之間存在冗餘的實體鏈路，這些協定將無法防止在資料鏈路層上發生的迴圈。

發展 STP 的主要目的就是要預防發生在交換式網路第 2 層的迴圈。這也是本章要徹底探討這項重要協定特性和在交換式網路上運作方式的原因。在詳細討論過 STP 之後，我們還會探討 PortFast 和 EtherChannel。

9-1 擴展樹協定 (STP)

STP 的主要任務是要防範在第 2 層的網路橋接器或交換器上發生網路迴圈；它會監視網路，追蹤所有的鏈路，並且關閉冗餘的鏈路。STP 會先使用**擴展樹演算法** (Spanning-Tree Algorithm，STA) 建立拓樸資料庫，然後搜尋並關閉冗餘的鏈路。藉由 STP，訊框就只會在經由 STP 挑選後的良好鏈路上進行轉送。

STP 非常適合用在如圖 9.1 網路上的良好協定。

這是具有冗餘拓樸的交換式網路，包含了交換迴圈。如果沒有某種第 2 層機制來防範網路迴圈，這個網路就很容易遭受到廣播風暴、多重訊框複本和 MAC 表劇烈變動等問題。

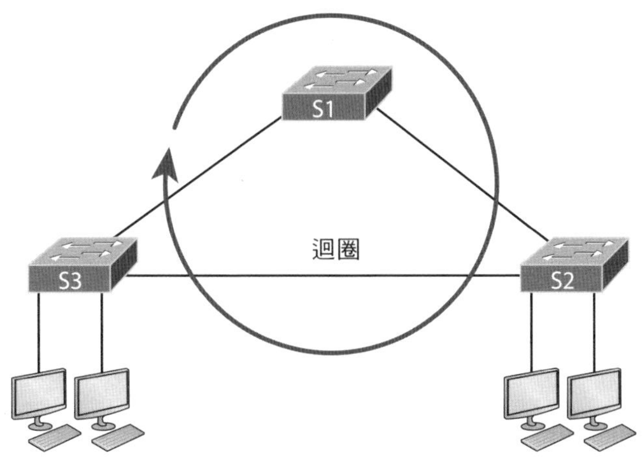

圖 9.1 帶有交換迴圈的交換式網路

圖 9.2 示範這個網路如何搭配交換器上的 STP 一同運作。

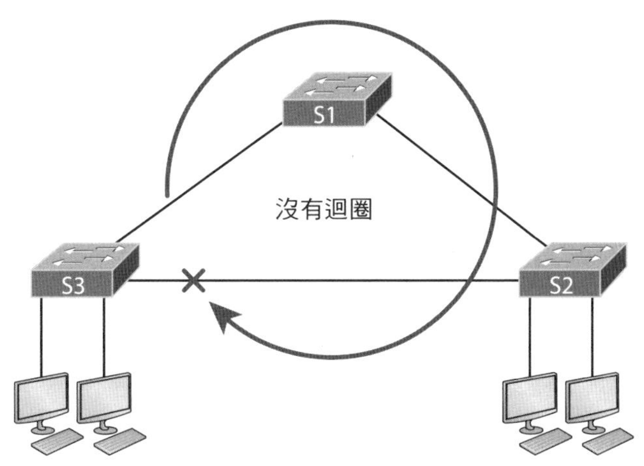

圖 9.2 有 STP 的交換式網路

擴展樹協定有幾種不同的類型，但是本章將從 IEEE 版本 802.1d 開始；這也是所有 Cisco IOS 交換器上的預設。

擴展樹的術語

在討論 STP 如何在網路中運作的細節之前，您需要瞭解一些基本的概念與術語：

- **根橋接器 (root bridge)**：根橋接器是一部有最低、也就是最佳橋接器 ID 的橋接器。STP 網路中的交換器會選舉出根橋接器，成為網路的焦點。網路中所有的其他決定，例如哪個埠要凍結，哪個埠要設在轉送模式，都是從根橋接器的觀點來進行的。一旦選舉出根橋接器後，所有其他橋接器都必須建立通往它的單一路徑，而通往該最佳路徑的通訊埠就稱為根埠。
- **非根橋接器**：根橋接器以外的所有橋接器。非根橋接器會與所有其他橋接器交換 BPDU，並且更新所有交換器上的 STP 拓樸資料庫。這樣可以防範迴圈，並且有助於因應鏈路的故障。
- **BPDU**：所有交換器會交換資訊來進行網路後續的設定。每台交換器會比較它們透過 BPDU(Bridge Protocol Data Unit) 傳送給鄰居、以及從鄰居收到的參數。BPDU 裡面放的是橋接器 ID。
- **橋接器 ID**：STP 用橋接器 ID 來追蹤網路中的所有交換器。它是由橋接器的優先序 (所有 Cisco 交換器上的預設都是 32,768) 與 MAC 位址共同決定的。具有最低橋接器 ID 者會成為網路中的根橋接器。一旦決定根橋接器後，其他交換器都必須建立對它的單一路徑。大多數網路可以藉由將特定橋接器或交換器的優先序設定為低於預設值，就可以強制該台裝置成為根橋接器。
- **埠成本**：當兩部交換器之間有多條鏈路時，會以埠成本來決定最佳路徑。鏈路的成本是由鏈路的頻寬所決定，而該路徑成本則是每台橋接器找出通往根橋接器最有效率路徑的決定性因素。
- **路徑成本**：交換器通往根橋接器路徑上可能有一或多台交換器，並且可能有不只一條的路徑。所有路徑都會被個別分析，並且將該路徑上遇到的個別埠成本相加以得到該路徑的成本。

橋接器埠的角色

STP 使用角色來判斷交換器埠在擴展樹演算法中的行為。

- **根埠 (root port)**：根埠是通往根橋接器之路徑成本最低的鏈路。如果有多條鏈路連到根橋接器，則可以藉由檢查每條鏈路的頻寬來找出埠成本。最低成本的埠就是根埠。如果有多條鏈路連到相同裝置，則使用連到上游交換器中最小埠號者。根橋接器不會指定根埠，但網路中其他台交換器都必須、而且只能擁有 1 個根埠。
- **委任埠 (designated port)**：因為具有通往特定網段之最佳 (最低) 成本而被選定的埠。委任埠會被標示成轉送埠，且每個網段只能有一個轉送埠。
- **非委任埠 (non-designated port)**：成本比委任埠高的埠，這是決定根埠和委任埠之後剩下來的通訊埠。這種埠會被放入**凍結模式** (blocking mode) 或**丟棄模式**，非委任埠不會是轉送埠。
- **轉送埠 (forwarding port)**：轉送埠可轉送訊框，可能是根埠或委任埠。
- **凍結埠 (blocked port)**：凍結埠不會轉送訊框，以預防迴圈。但凍結埠仍會聆聽 BPDU 訊框，並且丟棄所有其他訊框。
- **替代埠 (alternate port)**：這對應到 802.1d 的凍結狀態，也是較新版 802.1w (Cisco 快速擴展樹協定) 所使用的名詞。當 LAN 網段上連接不只一台交換器，且其中一台交換器持有委任埠時，另一台交換器連接該網段的埠即是替代埠。
- **備援埠 (backup port)**：對應到 802.1d 的凍結狀態，並且也是 802.1w 所使用的名詞。當交換器有一個連到 LAN 網段上的一個埠是委任埠時，交換器上另一個連到該網段的埠就是備援埠。

擴展樹的狀態

您將主機插入交換器埠，燈號變成橙色，此時主機還沒有從伺服器取得 DHCP 位址。經過了一陣等待，最後在幾乎一分鐘之後燈號終於變綠。這是 STA 透過不同埠的狀態轉換，來確認新加入的裝置沒有造成迴圈。STP 寧願讓主機逾時，也不會讓網路產生迴圈，因為這會導致網路的癱瘓。

接著，要討論轉換狀態；稍後則會討論如何加速這個流程。

執行 IEEE 802.1d STP 之橋接器或交換器的埠會經歷 5 種不同的狀態：

- **關閉 (disabled)**：並不算是轉換狀態。在技術上處於管理性關閉狀態的埠，並不會參與訊框轉送或 STP。在關閉狀態的埠本質上是沒有在運作的。
- **凍結 (blocking)**：凍結埠不會轉送訊框；它只是聆聽 BPDU。凍結狀態的目的是要防止使用會造成迴圈的路徑。當交換器開機時，所有埠預設都是凍結狀態。
- **聆聽 (listening)**：這種埠會聆聽 BPDU，以便在傳送資料訊框前，先確定網路中沒有發生迴圈。在聆聽狀態的埠只是準備傳送資料訊框，但尚未建立 MAC 位址表。
- **學習 (learning)**：這種交換器埠會聆聽 BPDU，並且學習交換式網路中的所有路徑。學習狀態的埠已經完成 MAC 位址表，但是仍不會轉送資料訊框。轉送延遲是指從聆聽到學習模式、或是從學習到轉送模式的轉換時間；預設為 15 秒，並且可以在 **show spanning-tree** 的輸出中查看。
- **轉送 (forwarding)**：這種埠會接收和傳送該橋接埠上的所有資料訊框。如果該埠在學習狀態結束時仍舊是委任埠或根埠，就會進入轉送狀態。

Note
交換器只會在學習和轉送模式下填寫 MAC 位址表。

交換埠最常處於凍結或轉送狀態。轉送埠通常是已經被判定具有通往根橋接器最低 (最佳) 成本者。但是當網路因為鏈路故障或新交換器加入，造成拓樸變動時，就會看到交換器上的埠經歷了聆聽和學習狀態。

如前所述，凍結埠是防範網路迴圈的一種策略。一旦交換器判斷出根埠和任何委任埠通往根橋接器的最佳路徑，所有其他冗餘埠都會變成凍結模式。凍結埠仍舊可以接收 BPDU，它們只是無法傳送任何訊框。

如果因為拓樸的改變，讓交換器判斷某個凍結埠應該變成委任或根埠，它會先進入聆聽模式，並且檢查所有收到的 BPDU，以確定該埠進入轉送模式時不會造成迴圈。

收斂

當橋接器和交換器上所有埠都轉換為轉送或凍結模式時，就達到**收斂**(convergence)。要一直到收斂完成，才會開始轉送資料。沒錯！在 STP 完成收斂以前，所有主機的資料都會停止透過交換器傳送。所以如果您希望不要因為資料無法傳送而被解雇，就必須確定您的交換式網路實體設計相當良好，能讓 STP 快速收斂。

收斂非常重要，因為它確保所有裝置都有相符的資料庫；而確保它能有效率地收斂，則需要您投注時間和努力。原始的 STP (802.1d) 預設需要 50 秒才能從凍結進入轉送模式，而筆者也不建議改變預設的 STP 計時器。您可以為大型網路調整這些計時器，但是比較好的解決方法，是選擇不要使用 802.1d！稍後將會介紹不同的 STP 版本。

鏈路成本

埠成本是根據鏈路的速度，而表 9.1 列出了必須知道的路徑成本。埠成本是單一鏈路的成本，而路徑成本則是通到根橋接器的各個埠成本的總合。

表 9.1 IEEE STP 鏈路成本

速度	成本
10 Mb/s	100
100 Mb/s	19
1,000 Mb/s	4
10,000 Mb/s	2

這些成本會用於 STP 計算，以便在每台橋接器上選擇單一根埠。這個表是必背的表，不過別擔心，後面會有一大堆例子來幫您記住它。現在讓我們把已經學到的東西兜在一起吧！

9

擴展樹的運作

讓我們使用圖 9.3 的 3 台交換器網路來總結到目前為止學到的內容。

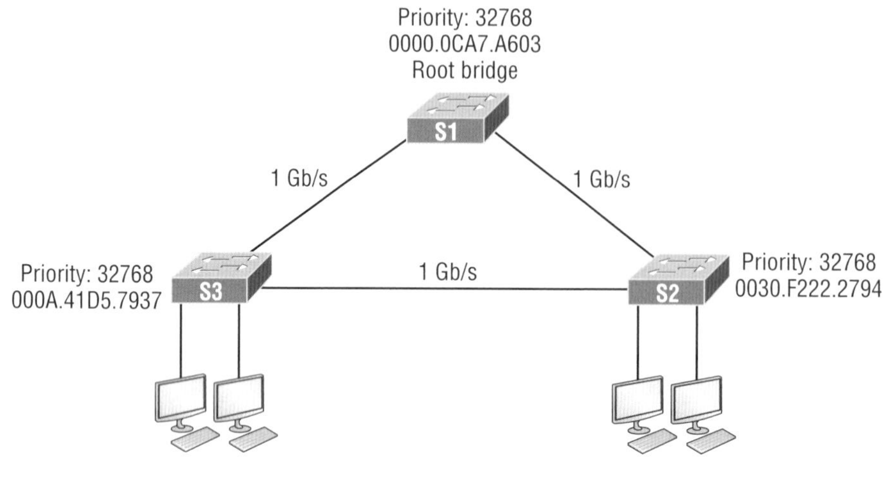

圖 9.3 STP 的運作

基本上，STP 的工作是要找出網路中的所有鏈路，並且關閉冗餘者，以避免發生網路迴圈。為了達成這項任務，STP 首先會挑選根橋接器，讓所有的埠進行轉送，同時扮演 STP 網域中所有其他裝置的參考點。在圖 9.3 中，根據橋接器 ID，S1 被選為根橋接器。因為所有人的優先序都等於 32,768，所以必須比較 MAC 位址，並且發現 S1 的 MAC 位址低於 S2 和 S3，表示 S1 具有較好的橋接器 ID。

一旦所有交換器商定好根橋接器之後，就必須找出自己的唯一根埠，這是通往根橋接器的單一路徑。請記住，橋接器可能經過很多其它的橋接器才抵達根橋接器，所以選擇的並不一定是最短路徑。這個角色會授予提供最快、最高頻寬的埠。圖 9.4 示範兩台非根橋接器的根埠 (RP 代表根埠，F 代表委任轉送埠)。

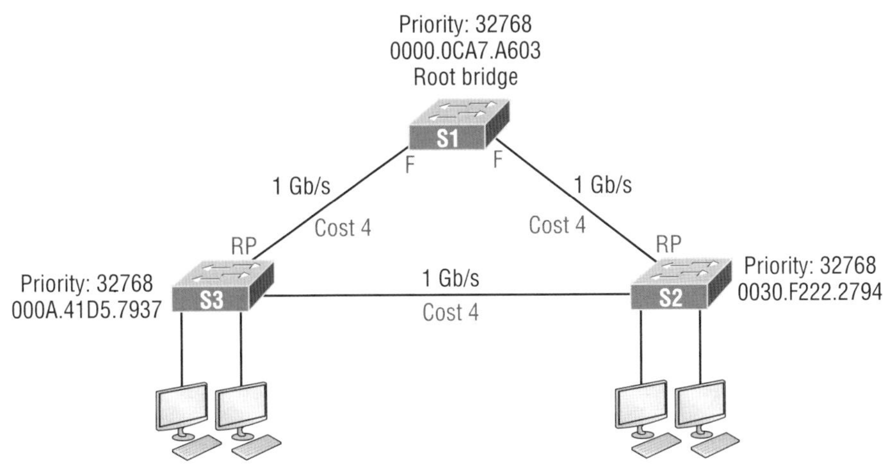

圖 9.4 STP 的運作

檢視每條鏈路的成本，可以清楚看到 S2 和 S3 都是使用直接相連鏈路，因為 Gigabit 鏈路的成本為 4。假設 S3 選擇穿越 S2 的路徑做為根埠，則通往根的每個埠成本相加總合就會是 8 (4 + 4)。

很明顯地，根橋接器上的每個埠都是網段的委任 (轉送) 埠，當所有其他非根橋接器都安頓下來之後，我們可以預測交換器間任何不是根埠或委任埠的連線都會成為非委任埠。然後它們又會被放入凍結模式以防止交換迴圈。

此時，我們根橋接器的所有埠都在轉送狀態，而且每台非根橋接器上都可以找到根埠了。現在唯一剩下的是在 S2 和 S3 間的網段上選擇轉送埠。這兩台橋接器無法同時在網段上進行轉送，因為這樣會造成迴圈。所以具有最佳和最低橋接器 ID 的埠會成為唯一在該網段上轉送的橋接器，而具有最高、最差橋接器 ID 者則被置入凍結模式。

圖 9.5 是在 STP 收斂之後的網路。

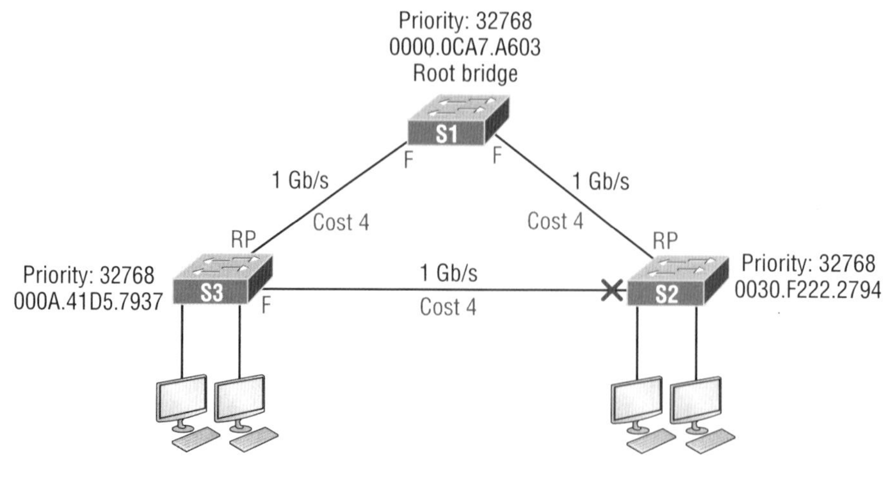

圖 9.5 STP 的收斂

因為 S3 具有較低的橋接器 ID，S2 的埠就進入凍結模式。現在讓我們更完整地討論根橋接器的選舉過程。

挑選根橋接器

在 STP 網域中，橋接器 ID 被用來挑選根橋接器。當其他剩餘裝置有多個相同成本路徑時，它也用來決定何者應該成為根埠。這個重要的橋接器 ID 長度為 8 個位元組，包括裝置的優先序與 MAC 位址，如圖 9.6 所示。請記住執行 IEEE STP 版之所有裝置的預設優先序都是 32,768。

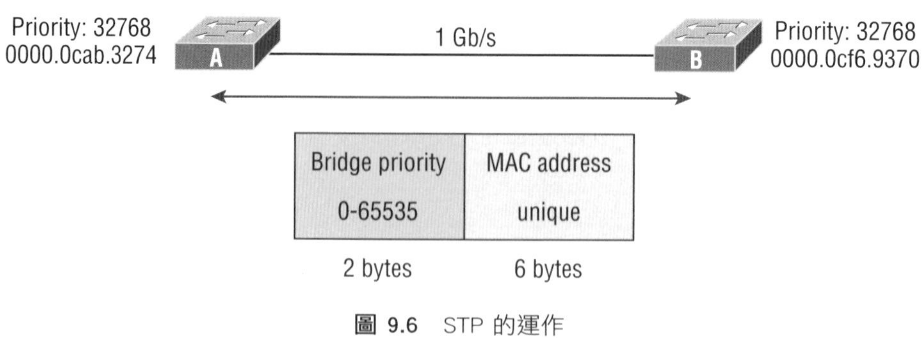

圖 9.6 STP 的運作

要決定根橋接器，必須結合每部橋接器的優先序與 MAC 位址。如果兩部交換器或橋接器的優先序一樣，則它們的 MAC 位址就成為勝負的關鍵，用來決定誰有最低 (最佳) 的 ID。這意謂著在圖 9.6 中的兩台交換器因為都使用預設的優先序 32,768，所以使用它們的 MAC 位址來判斷。因為交換器 A 的 MAC 位址是 0000.0cab.3274，而交換器 B 的 MAC 位址是 0000.0cf6.9370，所以交換器 A 勝出成為根橋接器。要找出最低 MAC 位址最簡單的方法，就是從左往右尋找，直到找到較小的值為止。在本例中，我們只需要看到交換器 A 的 0000.0ca 就可以停止，因為交換器 B 是 0000.0cf。別忘了在選舉根橋接器時，值越低越好。

根據預設，在選出根橋接器之前，橋接器/交換器每隔 2 秒就會從所有作用中的埠送出 BPDU，而所有橋接器都會去接收和處理這些 BPDU。根橋接器的選舉是根據這項資訊。您可以降低橋接器的優先序以改變它的 ID，讓它自動成為根橋接器。這項能力在大型的交換式網路中非常重要，因為它能確保所選擇的路徑成為最佳路徑。在網路中，效率永遠是最重要的！

9-2 擴展樹協定的類型

今日在使用的 STP 有下列幾種：

- **IEEE 802.1d**：橋接和 STP 的最初標準，非常緩慢，但是只需要很少的橋接器資源。它也稱為**一般性擴展樹** (Common Spanning Tree，CST)。
- **PVST+**：Cisco 對 STP 的專屬性改良，對每個 VLAN 提供獨立的 802.1d 擴展樹實例 (instance)。它跟 CST 協定一樣慢，但是可以有多個根橋接器。這會讓網路中的鏈路較有效率，但是需要的橋接器資源比 CST 多。
- **IEEE 802.1w**：也稱為**快速擴展樹協定** (Rapid Spanning Tree Protocol，RSTP)；它改良了 BPDU 交換，並且為更快速的網路收斂鋪路，但是每個網路仍舊只允許有一台根橋接器 (與 CST 相同)。RSTP 使用的橋接器資源比 CST 多，但比 PVST+ 少。

- **802.1s (MSTP)**：這是來自 Cisco 專屬協定 MISTP 的 IEEE 標準。它藉由將多個 VLAN 對映到相同的擴展樹實例，以節省交換器的處理能量，相當於是在擴展樹協定上執行的擴展樹協定。

- **Rapid PVST+**：Cisco 的 RSTP 版本，同樣使用了 PVST+，並且在每個 VLAN 提供個別的 802.1w 實例。它提供相當迅速的收斂時間，以及最佳化的交通流量，但是當然也需要最多的 CPU 和記憶體。

一般性擴展樹 (CST)

如果在有冗餘鏈路的交換式網路中執行 CST，STP 就會設法為網路選出它認為最佳的根橋接器。該交換器也會成為網路中所有 VLAN 的根，且網路中所有橋接器都會建立對它的單一路徑。您可以手動覆蓋這項選舉，並且視需要挑選對該網路最適合的橋接器。

圖 9.7 是在交換式網路執行 CST 時的典型根橋接器。

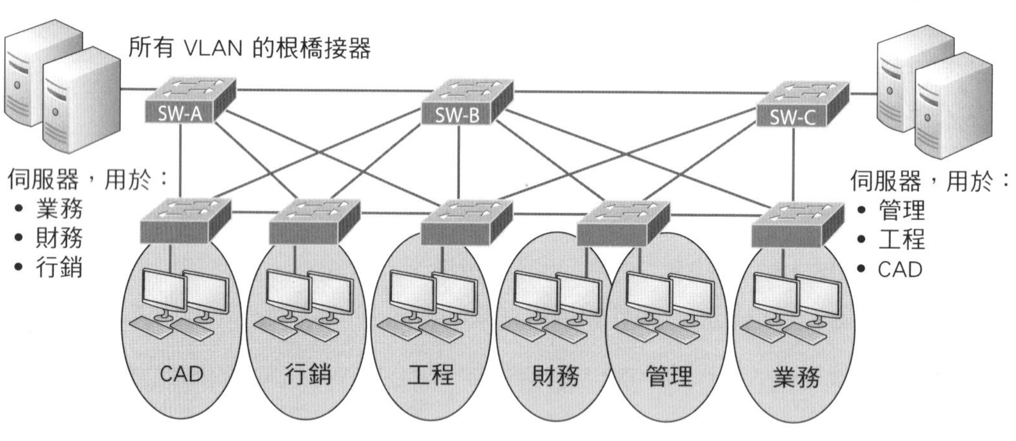

圖 9.7 常見的 STP 範例

請注意交換器 A 是所有 VLAN 的根橋接器，所有交換器都必須建立對它的單一路徑，雖然它對某些 VLAN 而言，未必是最佳路徑。這是 PVST+ 上場的時機！因為它允許對每個 VLAN 建立獨立的 STP 實例，所以提供了分別選擇最佳路徑的機會。

PVST+ (Per-VLAN Spanning Tree+)

PVST+ 是 Cisco 對 801.2d STP 所做的專屬性延伸，對交換器上設定的每個 VLAN 提供獨立的 802.1 擴展樹實例。Cisco 專屬性的延伸是為了改善收斂時間；它的預設為 50 秒。Cisco IOS 交換器的預設是執行 802.1d PVST+；這表示您會有最佳化的路徑選擇，但是收斂時間還是很慢。

為每個 VLAN 建立 STP 實例所需要的 CPU 和記憶體是一項值得的投資，因為它提供了每個 VLAN 的根橋接器。藉由將根橋接器設定在每個 VLAN 的中心，STP 樹就能夠針對每個 VLAN 的交通做最佳化。圖 9.8 是 PVST+ 在有多個冗餘鏈路的交換式網路中的最佳化情況。

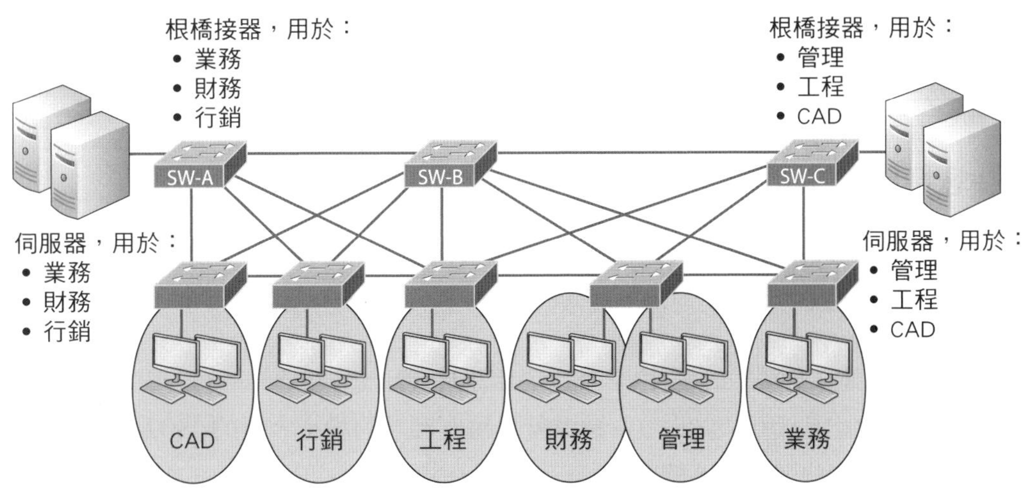

圖 9.8 PVST+ 提供有效率的根橋接器選擇

放置根橋接器讓收斂速度加快，並且最佳化路徑的判斷。這個版本的收斂跟 802.1d 的 CST 非常類似，差別在於 PVST+ 的收斂是以 VLAN 為單位。圖 9.8 顯示每個 VLAN 現在都選擇了良好而有效率的根橋接器。

要讓 PVST+ 運作，須在 BPDU 中加入一個欄位以存放延伸的系統 ID，讓 PVST+ 可以針對每個 STP 實例來設定根橋接器，如圖 9.9。

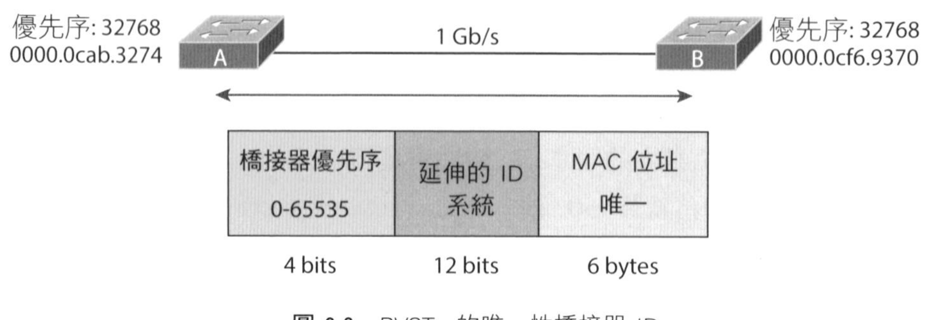

圖 9.9 PVST+ 的唯一性橋接器 ID

橋接器 ID 事實上變得比較小，只有 4 個位元，這表示橋接器的優先序是以 4,096 為單位遞增，而不再是逐一遞增。延伸的系統 ID (VLAN ID) 有 12 位元，可以透過 **show spanning-tree** 命令檢視。

然而，是否有辦法將收斂時間降到 50 秒以下呢？對現在的世界而言，這實在太久了！

快速擴展樹協定 802.1w

有沒有 STP 組態能在交換式網路上運作，不分交換器類型，符合前述所有特性，而且可以在每台交換器上開啟呢？RSTP 就具有這種神奇的能力。

Cisco 建立專屬性的延伸來 "修正" IEEE 802.1d 標準的所有弱點，但是因為是專屬性協定，所以它的主要缺點就是需要額外的設定。新的 802.1w 標準 (RSTP)，則解決了大多數問題。

RSTP 基本上是 STP 的進化版，有更快的收斂速度。但是即使它有處理收斂問題，它仍然只允許單一的 STP 實例，所以無助於解決交通流量非最佳化的問題。如前所述，為了支援較快的收斂速度，CPU 和記憶體的需求會略高於 CST。好消息是 Cisco IOS 可以執行 Rapid PVST+ 協定。Cisco 對 RSTP 的改良，提供每個 VLAN 獨立的 802.1w 擴展樹實例。當然，天下沒有白吃的午餐，它需要的 CPU 和記憶體是所有方案中最高的。不過，Cisco 最新型的交換器可以順利的運行這個協定。

請記住 Cisco 文件可能會使用 STP 802.1d 和 RSTP 802.1w，但是其實是指它們的 PVST+ 改良版。

RSTP 並不是全新的概念，它比較是 802.1d 標準的演進，而不是創新，用於拓樸改變時提供較快的收斂。當建立 802.1w 時，同樣必須提供向後相容性。

所以 RSTP 有助於解決傳統 STP 的收斂問題。Rapid PVST+ 是以 802.1w 標準為基礎，就如同 PVST+ 是以 802.1d 為基礎。Rapid PVST+ 的運作就是為每個 VLAN 建立獨立的 802.1w 實例。現在將前述內容整理如下：

- RSTP 能在第 2 層網路拓樸變動時，加速擴展樹的重新計算。
- 它是 IEEE 的標準，重新定義了 STP 埠的角色、狀態和 BPDU。
- RSTP 非常主動和快速，所以不需要 802.1d 的延遲計時器。
- RSTP (802.1w) 的表現優於 802.1d，但是維持向後的相容性。
- 802.1d 的許多術語和大多數參數都維持不變。
- 802.1w 能夠以埠為基礎回復為 802.1d，以便與傳統交換器互通。

為了避免混淆，下面是 802.1d 的 5 種埠狀態與 802.1w 間的術語對照：

802.1d 狀態		**802.1w 狀態**
關閉	=	丟棄
凍結	=	丟棄
聆聽	=	丟棄
學習	=	學習
轉送	=	轉送

RSTP 基本上只會經歷丟棄、學習和轉送，而 802.1d 則需要 5 個狀態轉換。這兩者在判斷根橋接器、根埠、和委任埠的工作上並沒有改變，每條鏈路的成本也仍舊是決策的關鍵。

圖 9.10 的範例說明如何使用修改後的 IEEE 成本規格來做埠的判斷。

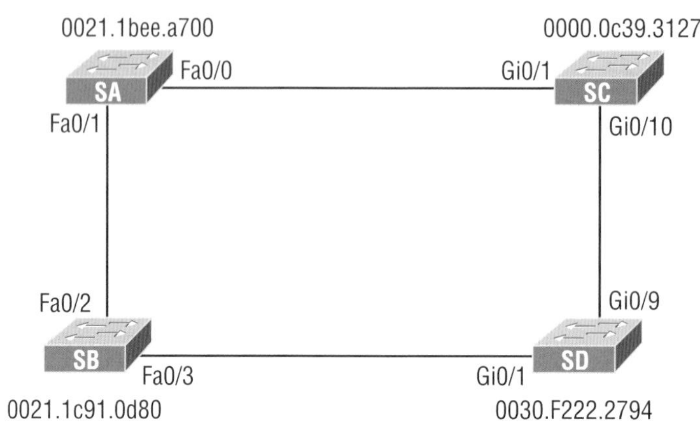

圖 9.10 RSTP 範例 1

您可以找出圖中的根橋接器嗎？哪個埠是根埠，哪些是委任埠呢？因為 SC 具有最低的 MAC 位址，所以它成為根橋接器，而根橋接器的所有埠則都是轉送的委任埠。

但是哪一個是 SA 的根埠呢？要回答這個問題，首先必須找到 SA 和 SC 間直接鏈路的埠成本。雖然根橋接器 (SC) 具有 Gigabit 乙太網路埠，但因為 SA 的是 100 Mbps 埠，所以它是以 100 Mbps 在運作，而得到成本 19。如果 SA 和 SC 之間的路徑都是 Gigabit 乙太網路，則成本就只要 4！

SD 的根埠又是哪一個呢？快速檢視 SC 和 SD 的鏈路，發現它是成本為 4 的 Gigabit 乙太網路鏈路，所以 SD 的根埠是它的 Gi0/9 埠。

SB 和 SD 之間的鏈路成本也是 19，因為它也是快速乙太網路鏈路，使得從 SB 經過 SD 到根 (SC) 的完整成本變成了 19 + 4 = 23。如果 SB 要經過 SA 抵達 SC，則成本會是 19 + 19，所以 SB 的根埠就是 Fa0/3 埠。

SA 的根埠是 Fa0/0 埠，因為它有條成本為 19 的直接鏈路。如果經 SB 到 SD，成本會變成 19 + 19 + 4 = 42，所以我們會用它做為必要時通往根的備援鏈路。

現在我們需要的是 SA 和 SB 間鏈路的轉送埠。因為 SA 具有最低的橋接器 ID，SA 的 Fa0/1 贏得了這個角色。同樣地，SD 上的 Gi0/1 埠也成為委任的轉送埠。這是因為 SB 的 Fa0/3 埠是根埠，而該網段上必須有轉送埠。所以 SB 還剩下 Fa0/2 埠。因為它不是根埠或委任的轉送埠，所以被置入凍結模式，用來防止網路中出現迴圈。

圖 9.11 是範例網路收斂後的情況。

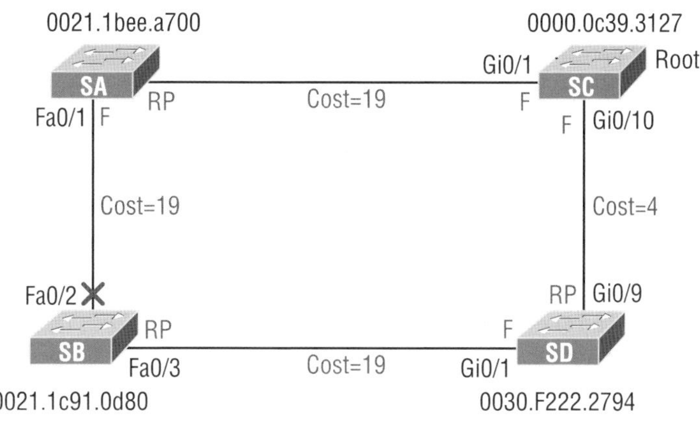

圖 9.11 RSTP 範例 1 的解答

如果您覺得還有些困惑，只要記得在面對這個程序時的 3 步驟：

1. 檢視橋接器 ID 以找出根橋接器。
2. 找出通往根橋接器的最低路徑成本，以判斷根埠。
3. 檢視橋接器 ID，以找出委任埠。

按照慣例，練習是最好的記憶方式，所以讓我們接著來看圖 9.12 的另一個情境。

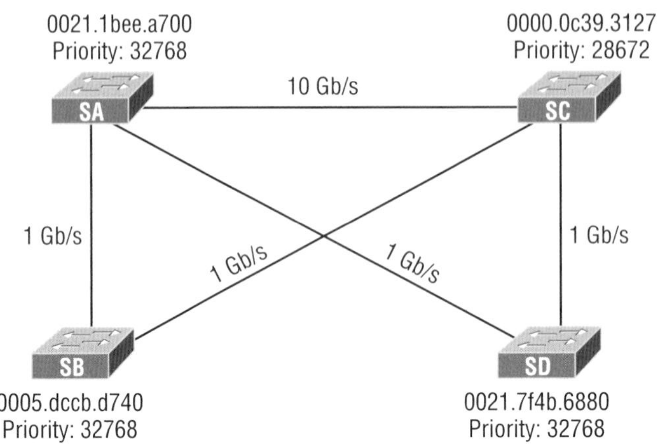

圖 9.12 RSTP 範例 2

哪個橋接器是根橋接器呢？根據優先序，SC 是根橋接器，這也表示 SC 上的所有埠都是委任的轉送埠。接著我們要來找根埠。

我們可以很快找到 SA 有通往 SC 的 10 gigabit 埠，所以它的埠成本為 2，也就是我們的根埠。SD 有直接連到 SC 的 Gigabit 乙太網路埠，所以是 SD 的根埠，而埠成本為 4。SB 的最佳路徑也是埠成本為 4，直接通往 SC 的 Gigabit 乙太網路埠。決定根橋接器和所需的 3 個根埠之後，接著要找出委任埠。其餘剩下的則都是丟棄狀態，參見圖 9.13。

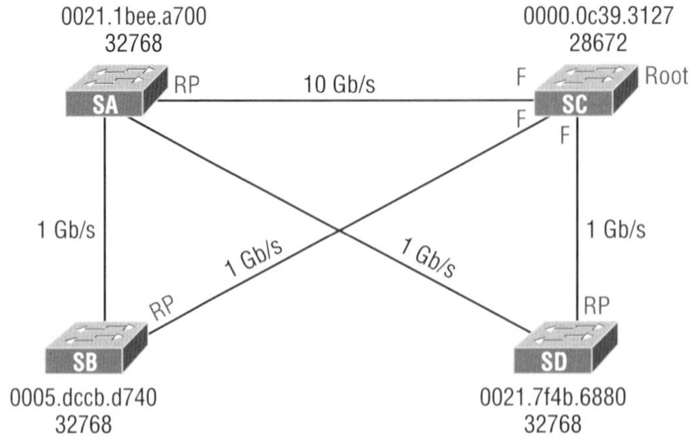

圖 9.13 RSTP 範例 2 的解答 1

看起來必須選擇 2 條鏈路，來幫每個網段找出 1 個委任埠。從 SA 和 SD 的鏈路開始，首先找出哪個有最佳的橋接器 ID？這些都是使用相同的預設優先序，所以必須檢視 MAC 位址。我們可以看到 SD 有較佳的橋接器 ID(較低)，所以通往 SD 的 SA 埠會進入丟棄模式，是嗎？其實，SD 埠才會進入丟棄模式，因為從 SA 到根的鏈路其通往根橋接器的路徑成本 (累計) 最低，在此情況下，它會放在橋接器 ID 之前考慮。讓通往根橋接器的路徑成本最低的橋接器成為委任轉送埠似乎是很合理的，以下我們再更深入說明。

如您所知，一旦選出根橋接器和根埠之後，就必須去找出委任埠。但是如何選擇委任埠呢？它的規則如下：

1. 要選擇在該網段負責轉送的交換器，是根據通往根橋接器的累計路徑成本最低者。我們希望找出通往根橋接器的最快路徑。
2. 如果從 2 台交換器連到根橋接器的累積路徑成本相等，就使用橋接器 ID，這是先前例子的用法 (但並不是指最新這個 RSTP 範例；它沒有通往根橋接器的 10 Gigabit 乙太網路鏈路！)。
3. 如果希望選到特定的埠，可以手動設定埠的優先序。預設的優先序為 32768，但是也可以視需要調低。
4. 如果交換器間有 2 條鏈路，且橋接器 ID 和優先序都相等，具有最低編號的埠則會勝出，例如 Fa0/1 就會勝過 Fa0/2。

在看解答之前，您能夠找出 SA 和 SB 間的轉送埠嗎？圖 9.14 是範例的解答。

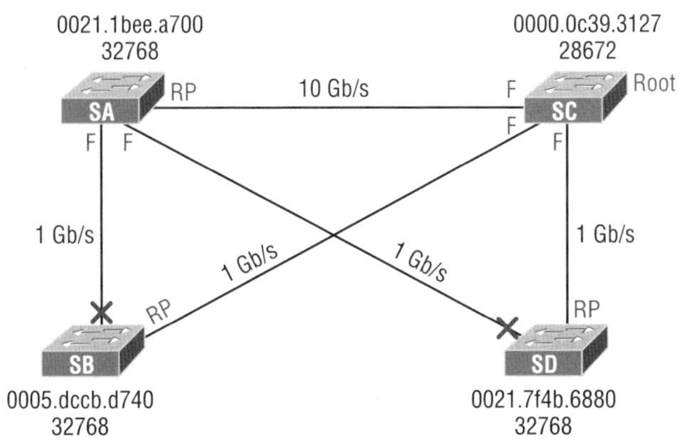

圖 9.14 RSTP 範例 2 的解答 2

要得到正確答案，就要選擇網段中具有通往根橋接器最低累計路徑成本的交換器來負責轉送。這當然是 SA，這也表示 SB 埠會進入丟棄模式！

802.1s (MSTP)

MSTP (多重擴展樹協定) 也就是 IEEE 802.1s，提供跟 RSTP 一樣快速的收斂。但是藉由將多個有相同交通流需要的 VLAN 對映到相同的擴展樹實例，它可以減少所需的 STP 實例數量。基本上，它可以讓我們建立 VLAN 集合，相當於是在擴展樹協定上執行的擴展樹協定。

顯然，如果您必須設定包含多個 VLAN 的組態時，您可以選擇在 RSTP 上使用 MSTP，否則會高度使用 CPU 和記憶體。不過天下沒白吃的午餐，雖然 MSTP 會降低對快速 PVST+ 的要求，但您必須能正確地設定，否則 MSTP 自己是不會完成任何事的！

9-3 修改和確認橋接器 ID

要確認 Cisco 交換器上的擴展樹，只要使用 **show spanning-tree** 命令。根據它的輸出，可以判斷根橋接器、優先序、根埠、委任埠和凍結/丟棄埠。

使用稍早的交換器網路為基礎，進行 STP 的設定，如圖 9.15。

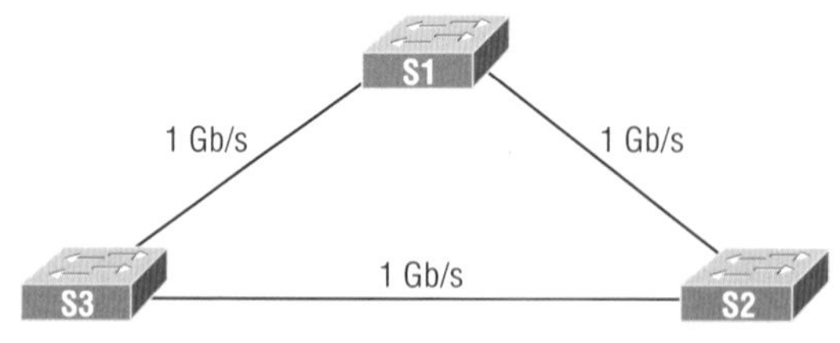

圖 9.15 簡單的 3 台交換器網路範例

首先來檢視 S1 的輸出：

```
S1#sh spanning-tree vlan 1
VLAN0001
  Spanning tree enabled protocol ieee
  Root ID     Priority    32769
              Address     0001.42A7.A603
              This bridge is the root
              Hello Time  2 sec  Max Age 20 sec  Forward Delay 15 sec
  Bridge ID   Priority    32769  (priority 32768 sys-id-ext 1)
              Address     0001.42A7.A603 him
              Hello Time  2 sec  Max Age 20 sec  Forward Delay 15 sec
              Aging Time  20

Interface        Role Sts Cost      Prio.Nbr Type
---------------- ---- --- --------- -------- ----------------------
Gi1/1            Desg FWD 4         128.25   P2p
Gi1/2            Desg FWD 4         128.26   P2p
```

首先，可以看到執行的 STP 版本是預設的 IEEE 802.1d，不過別忘了，它實際上是 802.1d PVST+。根據輸出，可以看到 S1 是 VLAN 1 的根橋接器。這個命令最上方是根橋接器的資訊，而輸出中的 **Bridge ID** 則是指目前在檢視的那台橋接器。在本例中，這兩者是相同的。請注意 **sys-id-ext 1** (給 VLAN 1)。這是在 BPDU 的 12 位元 PVST+ 欄位，用來運送多重 VLAN 的資訊。將優先序與 **sys-id-ext** 相加，以得到 VLAN 的真正優先序。從輸出可以看到 Gigabit 乙太網路介面是委任的轉送埠。此外，在根橋接器上看不到凍結/丟棄埠。接著檢視 S3 的輸出：

```
S3#sh spanning-tree
VLAN0001
  Spanning tree enabled protocol ieee
  Root ID     Priority    32769
              Address     0001.42A7.A603
              Cost        4
              Port        26(GigabitEthernet1/2)
              Hello Time  2 sec  Max Age 20 sec  Forward Delay 15 sec

  Bridge ID   Priority    32769  (priority 32768 sys-id-ext 1)
              Address     000A.41D5.7937
              Hello Time  2 sec  Max Age 20 sec  Forward Delay 15 sec
              Aging Time  20
```

```
Interface        Role Sts Cost      Prio.Nbr Type
---------------- ---- --- --------- -------- ----------------------
Gi1/1            Desg FWD 4         128.25   P2p
Gi1/2            Root FWD 4         128.26   P2p
```

檢視 Root ID，可以很容易辨識出 S3 並不是根橋接器。上例的輸出顯示抵達根橋接器的成本為 4，所以它是位於交換器埠 26 (Gi1/2)。這表示根橋接器 S1 是經由 Gigabit 乙太網路鏈路；我們可以使用 **show cdp neighbors** 命令來確認：

```
Switch#sh cdp nei
Capability Codes: R - Router, T - Trans Bridge, B - Source Route Bridge
                  S - Switch, H - Host, I - IGMP, r - Repeater, P - Phone
Device ID    Local Intrfce    Holdtme    Capability    Platform    Port ID
S3           Gig 1/1           135            S        2960        Gig 1/1
S1           Gig 1/2           135            S        2960        Gig 1/1
```

如果您手邊沒有如上的網路圖，仍舊可以輕鬆地找出根橋接器。使用 **show spanning-tree** 來找出根埠，然後再使用 **show cdp neighbors** 命令。下面是 S2 的輸出：

```
S2#sh spanning-tree
VLAN0001
  Spanning tree enabled protocol ieee
  Root ID    Priority    32769
             Address     0001.42A7.A603
             Cost        4
             Port        26(GigabitEthernet1/2)
             Hello Time  2 sec  Max Age 20 sec  Forward Delay 15 sec

  Bridge ID  Priority    32769  (priority 32768 sys-id-ext 1)
             Address     0030.F222.2794
             Hello Time  2 sec  Max Age 20 sec  Forward Delay 15 sec
             Aging Time  20

Interface        Role Sts Cost      Prio.Nbr Type
---------------- ---- --- --------- -------- ----------------------
Gi1/1            Altn BLK 4         128.25   P2p
Gi1/2            Root FWD 4         128.26   P2p
```

它顯然不是根橋接器，因為從輸出中可以看到凍結埠；這是 S2 到 S3 的連線。接著讓我們來玩點遊戲，讓 S2 成為 VLAN 2 和 VLAN 3 的根橋接器：

```
S2#sh spanning-tree vlan 2
VLAN0002
  Spanning tree enabled protocol ieee
  Root ID     Priority    32770
              Address     0001.42A7.A603
              Cost        4
              Port        26(GigabitEthernet1/2)
              Hello Time  2 sec  Max Age 20 sec  Forward Delay 15 sec

  Bridge ID   Priority    32770  (priority 32768 sys-id-ext 2)
              Address     0030.F222.2794
              Hello Time  2 sec  Max Age 20 sec  Forward Delay 15 sec
              Aging Time  20

Interface        Role Sts Cost      Prio.Nbr Type
---------------- ---- --- --------- -------- --------------------------
Gi1/1            Altn BLK 4         128.25   P2p
Gi1/2            Root FWD 4         128.26   P2p
```

根橋接器的成本為 4，表示根橋接器位於 gigabit 鏈路的另一端。在讓 S2 成為 VLAN 2 和 VLAN 3 的根橋接器之前，另一個必須一提的重點是在輸出中為 2 的 **sys-id-ext**，這是因為上例是 VLAN 2 的輸出。**sys-id-ext** 會與橋接器優先序相加，在本例為 32770 (32768 + 2)。瞭解輸出的涵義之後，接著讓 S2 成為根橋接器：

```
S2(config)#spanning-tree vlan 2 ?
  priority  Set the bridge priority for the spanning tree
  root      Configure switch as root
  <cr>
S2(config)#spanning-tree vlan 2 priority ?
  <0-61440>  bridge priority in increments of 4096
S2(config)#spanning-tree vlan 2 priority 16384
```

優先序的值可以從 0 到 61440，以 4096 為單位遞增。將優先序設為 0 代表跟其他橋接器 ID 設為 0 的交換器相比，只要該交換器具有較低的 MAC 位址，它就一定會成為根。如果想要將某台交換器設為網路中所有 VLAN 的根橋接器，就必須改變所有 VLAN 的優先序，且 0 是可以使用的最低優先序。不過，相信我，將所有交換器的優先序設為 0 絕不是個好主意！

此外，要設定根橋接器未必須要改變優先序。例如：

```
S2(config)#spanning-tree vlan 3 root ?
  primary    Configure this switch as primary root for this spanning tree
  secondary Configure switch as secondary root
S2(config)#spanning-tree vlan 3 root primary
```

請注意您可以將橋接器設定為主要或次要！如果主要和次要交換器都當了，那麼下個有最高優先序的將會接管成為根橋接器。

現在來檢查 S2 是否真的成為 VLAN 2 和 3 的根橋接器了：

```
S2#sh spanning-tree vlan 2
VLAN0002
  Spanning tree enabled protocol ieee
  Root ID    Priority    16386
             Address     0030.F222.2794
             This bridge is the root
             Hello Time  2 sec  Max Age 20 sec  Forward Delay 15 sec

  Bridge ID  Priority    16386  (priority 16384 sys-id-ext 2)
             Address     0030.F222.2794
             Hello Time  2 sec  Max Age 20 sec  Forward Delay 15 sec
             Aging Time  20

Interface        Role Sts Cost      Prio.Nbr Type
---------------- ---- --- --------- -------- ----------------------
Gi1/1            Desg FWD 4         128.25   P2p
Gi1/2            Desg FWD 4         128.26   P2p
```

S2 現在是 VLAN 2 的根橋接器，具有優先序 16386 (16384 + 2)。接著來檢視 VLAN 3。這次筆者使用另一個命令：

```
S2#sh spanning-tree summary
Switch is in pvst mode
Root bridge for: VLAN0002 VLAN0003
Extended system ID           is enabled
Portfast Default             is disabled
PortFast BPDU Guard Default  is disabled
Portfast BPDU Filter Default is disabled
Loopguard Default            is disabled
EtherChannel misconfig guard is disabled
UplinkFast                   is disabled
BackboneFast                 is disabled
Configured Pathcost method used is short

Name                   Blocking Listening Learning Forwarding STP Active
---------------------- -------- --------- -------- ---------- ----------
VLAN0001                      1         0        0          1          2
VLAN0002                      0         0        0          2          2
VLAN0003                      0         0        0          2          2

---------------------- -------- --------- -------- ---------- ----------
3 vlans                       1         0        0          5          6
```

上面的輸出顯示 S2 是這兩個 VLAN 的根，但 S2 上有一個 VLAN 1 的凍結埠，所以它不是 VLAN 1 的根橋接器。這是因為有另一台通往 VLAN 1 的橋接器具有比 S2 更好的 ID。

最後一個問題；如何在 Cisco 交換器上啟用 RSTP？這其實是本章最簡單的部份：

```
S2(config)#spanning-tree mode rapid-pvst
```

這樣就 OK 了，因為它是個整體命令，而不是針對個別 VLAN 的命令。接下來驗證 RSTP 是否有在執行：

```
S2#sh spanning-tree
VLAN0001
  Spanning tree enabled protocol rstp
  Root ID    Priority    32769
             Address     0001.42A7.A603
             Cost        4
             Port        26(GigabitEthernet1/2)
             Hello Time  2 sec  Max Age 20 sec  Forward Delay 15 sec
[output cut]
S2#sh spanning-tree summary
Switch is in rapid-pvst mode
Root bridge for: VLAN0002 VLAN0003
```

看來大功告成了。RSTP 正在運作，S1 是 VLAN 1 的根橋接器，S2 是 VLAN 2 和 3 的根橋接器。這些的確都不困難，但請多練習才能真的落實這些技能。

9-4 STP 故障的後果

很顯然，當一台路由器上的遶送協定失敗時，會有一些不好的後果，主要是與該路由器直接連結的網路會失聯，但是通常不會影響網路的其他部份。因此，這方面的故障檢測與修正也就容易得多了。

STP 有兩種故障類型，其中一種發生在當某些埠原本應該在網段上進行轉送，卻被置於凍結狀態的時候。這會造成該網段無法使用，但網路的其餘部分仍舊能運作。反之，如果應該凍結的埠卻被置於轉送狀態時，又會如何呢？下面將會探討第 2 種故障類型，並使用與上一節相同的網路設計。

讓我們先從圖 9.16 開始，來找出當 STP 故障時會發生什麼情況。根據圖 9.16，您認為如果交換器 SD 將被凍結的埠改變為轉送狀態時，會如何呢？

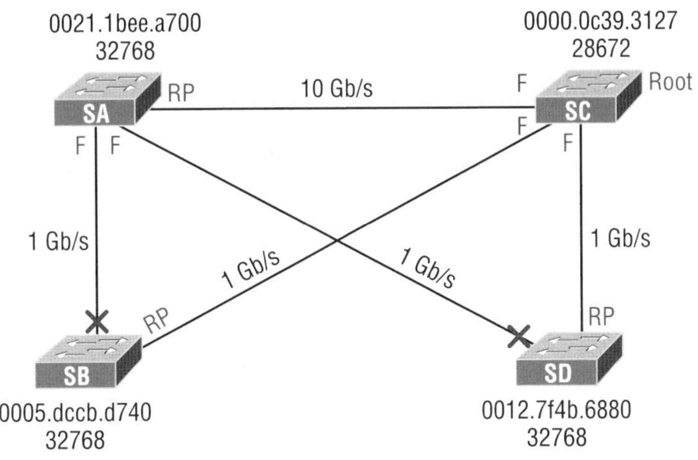

圖 9.16 STP 停止迴圈

根據圖 9.16，如果 SD 將凍結埠轉換為轉送狀態，則整個網路都會發生問題。目的位址已經記錄在交換器之 MAC 位址表的訊框，會被轉送到它們連結的埠；但是不在 CAM 的任何廣播、多點傳播和單點傳播，現在都進入了無窮迴圈。

圖 9.17 顯示了這個情況。當每個埠的燈號都快速地閃爍著橙色/綠色的時候，表示發生了嚴重的問題。

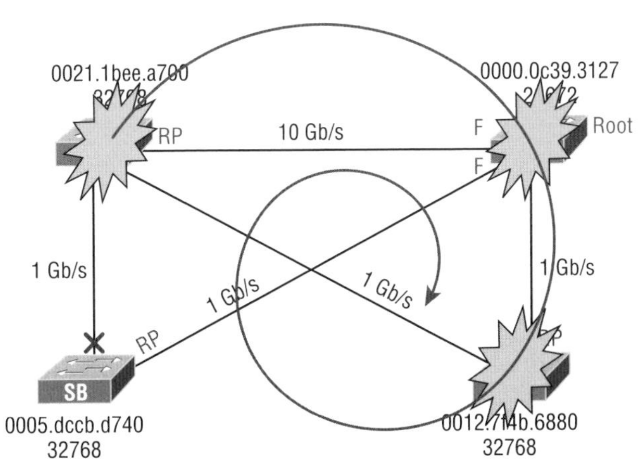

圖 9.17 STP 故障

訊框會跟著在網路上累積，頻寬開始飽和。交換器上的 CPU 使用率逐步飆高，直到它們放棄並且完全停止工作為止，這些全部都會在幾秒鐘內發生。

下面是故障的 STP 網路可能發生的問題。您必須要能夠在您的企業網路中辨識出這些問題，當然，瞭解它們也是認證目標之一：

- 所有鏈路的負載開始增加，有越來越多訊框進入迴圈。這個迴圈影響到網路中所有其他鏈路，因為這些訊框一直從所有的埠中氾濫而出。如果迴圈發生在單一 VLAN 中，這個情境會比較沒那麼可怕。此時，這個問題會侷限在屬於該 VLAN 成員的埠，以及所有為該 VLAN 運送資訊的主幹鏈路上。
- 如果迴圈不只一個，交換器上的交通就會增加，因為所有循環的訊框事實上會被複製。交換器基本上會接收訊框，建立複本，然後從所有埠送出。而且它們會對相同訊框重複做這件事。
- MAC 位址表，現在完全不穩定。它不再知道來源 MAC 位址主機的真實位置，因為相同的來源位址會從交換器上不同的埠進入。
- 因為鏈路和 CPU 的超額負載，裝置開始沒有回應，使得故障檢測無法進行，這是很糟糕的事情！

此時，唯一的選擇是有系統地移除交換器間的每條冗餘鏈路，直到找到問題的來源為止。最後，混亂的網路會安靜下來，並且在 STP 收斂之後回復正常。當然，這個網路還是需要一些重大的治療。

這就是開始進行故障檢測的時候了。一個不錯的策略是逐一將冗餘鏈路放回網路，並且等著看何時又開始發生問題。您可能有個交換器埠故障，或甚至有台交換器壞了。一旦將所有冗餘鏈路替換完畢後，就必須小心監看網路，並且準備一個退場規劃，能在問題再度發生時快速的隔離出問題。

您可能在思索，要如何在第一時間點防止這些 STP 問題。在下一節之後，我們將介紹 EtherChannel，可以阻止冗餘鏈路上的埠被置於凍結/丟棄狀態。但在交換器上加入更多鏈路之前，讓我們先來討論一下 PortFast。

9-5 PortFast 與 BPDU Guard

如果在 STP 關閉的情況下，可以確定連到交換器上的伺服器或其他裝置都不會造成交換迴圈，就可以在這些埠上使用 Cisco 對 802.1d 標準的專屬性延伸，稱為 PortFast。利用這項工具，埠不必像使用 STP 時需要大約 50 秒的收斂時間，才能進入轉送模式。

因為埠會立即從凍結進入轉送狀態，所以 PortFast 可以防止主機因為 STP 的緩慢收斂，而可能無法收到 DHCP 位址。如果主機的 DHCP 請求逾時，或是您不想在每次接上主機時，都要等上 1 分鐘，才能看到交換器埠轉換為轉送狀態並且變成綠色燈號，那 PortFast 就很有用了。

圖 9.18 的網路有 3 台交換器，每台都有條主幹連到其他兩台。S1 交換器還連結 1 台主機和 1 台伺服器。

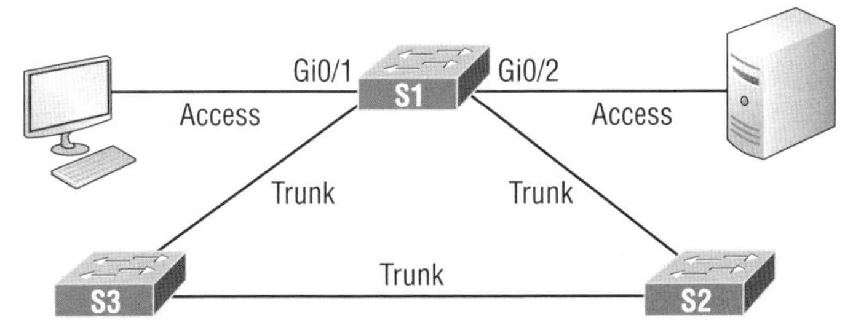

圖 9.18 PortFast

我們可以在 S1 的埠上使用 PortFast，讓它們在一連上交換器的時候，就能立刻轉換到 STP 轉送狀態。

下面是所需的命令。首先是在整體設定模式：

```
S1(config)#spanning-tree portfast ?
  bpdufilter Enable portfast bdpu filter on this switch
  bpduguard  Enable portfast bpdu guard on this switch
  default    Enable portfast by default on all access ports
```

如果輸入 **spanning-tree portfast default**，就會將所有非主幹埠開啟 PortFast。從介面模式則可以指定特定埠，這也是比較好的方式：

```
S1(config-if)#spanning-tree portfast ?
  disable   Disable portfast for this interface
  trunk     Enable portfast on the interface even in trunk mode
  <cr>
```

從介面模式可以在主幹埠上設定，但是您應該只在連到伺服器或路由器的埠上這麼做，而不能針對另一台交換器。所以在本例中不這樣做。下面是在介面 Gi0/1 上開啟 PortFast 的訊息：

```
S1#config t
S1#config)#int range gi0/1 - 2
S1(config-if)#spanning-tree portfast
%Warning: portfast should only be enabled on ports connected to a single
host. Connecting hubs, concentrators, switches, bridges, etc... to this
interface when portfast is enabled, can cause temporary bridging loops.
Use with CAUTION

%Portfast has been configured on GigabitEthernet0/1 but will only
have effect when the interface is in a non-trunking mode.
```

在埠 Gi0/1 和 Gi0/2 上開啟了 PortFast，同時也出現了一長串訊息，提醒您千萬要小心。因為使用 PortFast 的時候，如果因為在交換器埠插入另一台交換器或集線器而造成網路迴圈時，即使網路仍能部份運作，但資料速度會變得極慢。更糟的是，您需要相當長的時間才能找到問題的源頭。所以執行時請務必小心。

幸運的是，有一些命令能在使用 PortFast 時提供一些保障。下面將介紹其中一個非常重要的命令。

BPDU Guard

如果在交換器埠開啟 PortFast，最好也同時開啟 BPDU Guard。筆者個人覺得，最好是當埠設定了 PortFast 時，就預設開啟 BPDU Guard。

這是因為當開啟 PortFast 的交換器埠收到 BPDU 時，它會將該埠置入錯誤關閉狀態，有效地防止任何人意外地將一台交換器或集線器連到設定了 PortFast 的交換器埠。基本上，這是為了防止網路嚴重阻滯，或甚至完全當掉。現在讓我們來為已經設定 PortFast 的 S1 介面，設定 BPDU Guard。

下面是從整體來做設定：

```
S1(config)#spanning-tree portfast bpduguard default
```

如果是在特定介面上：

```
S1(config-if)#spanning-tree bpduguard enable
```

請注意！這個命令只能設定在存取層的交換器上，亦即使用者直接連結的交換器。

真實情境

在超級盃期間，兩面下注產生了不良交換器埠

一位年輕的管理者瘋狂地打電話給我：「我正在主導升級的資料中心裡面，核心的交換器上所有的埠都壞掉了。」，這種事總會發生，但是當時我心愛的球隊正在超級盃爭奪錦標。所以我只好深呼吸，重新聚焦。我需要一些關鍵資訊來判斷到底情況有多糟，而我的客戶則是慌成一團。

我先詢問那位年輕人他做了什麼？當然，他回答說：「我發誓，我什麼都沒做！」，我猜他也會這麼說，所以我繼續逼問更多的資訊，最後，我問到交換器的狀態。這位管理者告訴我所有 10/100/1000 鏈路卡的埠都同時變成橙色，終於得到有用的資訊了。我接著確認 (一如預期)，這些埠是以主幹通訊的模式通往上行鏈路的分送層交換器。這可不太妙！

接下頁

雖然，很難相信所有 24 個埠都同時突然壞掉，但也不無可能，所以我問他是否有多餘的卡可以測試。他說他已經換了一片新卡，但情況依舊。好啦！這表示不是卡或埠的問題，但可能還有其他交換器上發生了什麼事。我知道那邊有一大堆的交換器，所以可能有誰搞砸了什麼，才會讓這場災難發生。或者，光纖配線箱出了什麼問題？果真如此，會是什麼情況？配線箱發生火災？大概只有嚴重的內部惡作劇才可能造成這種情況！

所以我繼續保持耐心，詢問那位管理者他做了什麼，最終，他承認他嘗試將自己的筆電插入核心交換器，以觀賞超級盃，並且很快地補上一句：「不過只有這樣而已，我沒有做其他任何事了！」，筆者在此省略掉這位先生周一早晨的悲慘經歷……來看看發生什麼事。

我知道卡上的埠都會連到分送層交換器，所以在這些埠上都設定了 PortFast，以省略掉 STP 程序的轉換。因為我希望確定沒有人將交換器插入其中任何的埠，所以在整個鏈路卡上設定了 BPDU Guard。

但是主機不會讓這些埠掛掉，所以我詢問這個管理員是直接插入筆電，或是在中間還加了什麼？他承認他的確使用了另一台交換器，因為辦公室裡有一大堆人想連上核心交換器來看超級盃。他是在開玩笑嗎？安全政策不允許他們從辦公室連線，難道利用核心交換器不是更糟糕的越軌行為嗎？

不過，等一下，這不能解釋為什麼所有埠都變成橙色，因為應該只有他插入的那個埠會如此。我想了一下，終於想通他做了什麼。當它插入交換器的時候，這個埠變成橙色，所以他認為這個埠壞了。您想，接著他會怎麼做。如果你一開始不成功，就繼續嘗試吧！那傢伙就是這樣做，而且整整嘗試了所有 24 個埠！這真的是命中註定啊！

當我終於回到電視前面，只來得及看到我最愛的隊伍在最後幾分鐘輸了這場球！這真是個黑暗的日子！

9-6 EtherChannel

現今幾乎所有的乙太網路都有多條鏈路存在於交換器之間，因為這種設計能提供冗餘和彈性。在交換器間設置多條鏈路的實體設計中，STP 會執行它的任務，並且將一或多個埠置於凍結模式。此外，遶送協定如 OSPF 和 EIGRP 可能會將這些冗餘鏈路都視為是個別的鏈路 (取決於組態)，而增加遶送上的額外負擔。

我們可以使用埠通道技術 (port channeling) 來取得交換器間多條鏈路的效益。EtherChannel 這種埠通道技術，最早是由 Cisco 發展出來的一種交換器對交換器技術，用來將數個快速乙太網路或 Gigabit 乙太網路埠組合為一條邏輯通道。

一旦埠通道 (EtherChannel) 開啟並運作之後，第 2 層的 STP 與第 3 層的遶送協定會將這些綁在一起的鏈路視為是一條，STP 將不會進行凍結。另一個好處是因為遶送協定現在只看到一條鏈路，就只需要形成單一的緊鄰關係，這是非常優雅的做法。

圖 9.19 是交換器間的 4 條連線，在設定埠通道之前和之後的情況。

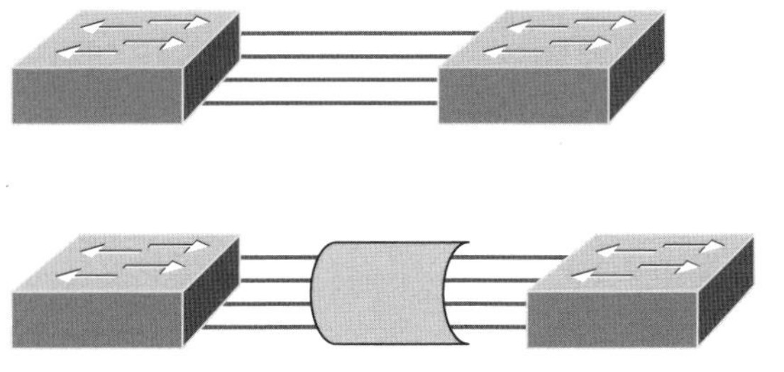

圖 9.19　埠通道之前和之後

如同往常，我們可以在 Cisco 版本和 IEEE 版本的埠通道協商協定中做選擇。Cisco 的版本稱為 PAgP (埠聚合協定，Port Aggregation Protocol)，而 IEEE 802.3ad 標準則稱為 LACP (鏈路聚合控制協定，Link Aggregation Control Protocol)。這兩個版本都運作得不錯，但設定方式略有不同。請記住 PAgP 和 LACP 都是協商協定，而 EtherChannel 也可以使用靜態設定而不需使用它們。當然，最好是使用其中一種協定來處理相容性問題，以及管理交換器間鏈路的新增與故障問題。

Cisco EtherChannel 可將交換器之間最多 8 個作用埠綁在一起。這些鏈路必須具有相同的速度、多工設定和 VLAN 組態；也就是說，同一組中不能混和不同的介面類型和組態。

PAgP 和 LACP 的設定有少許差異，但首先要先搞清楚這些術語：

- **埠通道技術 (Port channeling)**：將 2 台交換器間的 2 到 8 個快速乙太網路或 2 個 Gigabit 乙太網路埠組合成單一的聚合邏輯鏈路，以取得更多的頻寬和彈性。
- **EtherChannel**：Cisco 對埠通道技術的專用名詞。
- **PAgP**：Cisco 專屬的埠通道協商協定，用來協助自動建立 EtherChannel 鏈路。群組中的所有鏈路都必須符合相同的參數 (速度、多工、VLAN 資訊)；當 PAgP 找到符合的鏈路時，就會將這些鏈路組合成 EtherChannel。這會被當作單一橋接器埠加入 STP。此時，PAgP 的任務是每 30 秒傳送封包來管理鏈路的一致性、新增和故障。
- **LACP (802.3ad)**：與 PAgP 的目的相同，但它是非專屬的協定，所以可以在多廠牌網路中運作。
- **channel-group**：在乙太網路介面上的命令，用來將指定的介面加入到單一的 EtherChannel 中。命令後面會跟著埠通道 ID。
- **Interface port-channel**：建立群組介面的命令。使用 **channel-group** 命令可以將埠加入該介面。請記住介面編號必須符合群組編號。

接著我們將實際設定一些東西，來看看這些術語的意義。

設定和確認埠通道

圖 9.20 是設定埠通道的簡單範例。

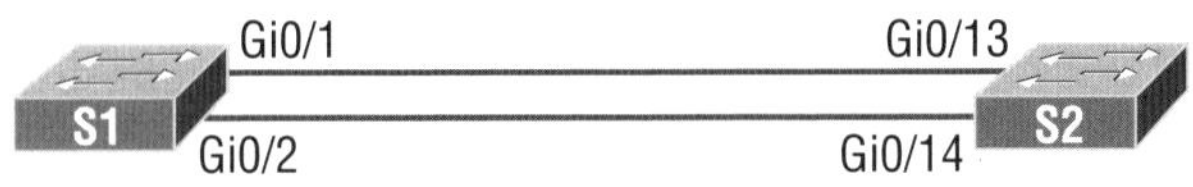

圖 9.20 EtherChannel 範例

如果是使用 LACP，要在通道啟用 **channel-group**，可以在每個介面設定通道模式為 **active** 或 **passive**。當埠設為 **passive** 模式，它會回應收到的 LACP 封包，但不會啟始 LACP 協商。當埠設定為 **active** 模式，它會送出 LACP 封包，啟始與其它埠的協商。

下面是個設定和確認埠通道的簡單範例。首先進入整體設定模式，並且建立埠通道介面，然後將這個埠通道加到實體介面。

別忘了，埠的所有參數和組態都必須相同，所以在設定 EtherChannel 之前，我先開始為介面建立主幹通訊：

```
S1(config)#int range g0/1 - 2
S1(config-if-range)#switchport trunk encapsulation dot1q
S1(config-if-range)#switchport mode trunk
```

群組中所有埠的組態都要一樣，所以我們鏈路兩端的主幹通訊組態都要用相同的設定。接下來我們來設這個群組的所有埠：

```
S1(config-if-range)#channel-group 1 mode ?
  active      Enable LACP unconditionally
  auto        Enable PAgP only if a PAgP device is detected
  desirable   Enable PAgP unconditionally
  on          Enable Etherchannel only
  passive     Enable LACP only if a LACP device is detected
S1(config-if-range)#channel-group 1 mode active
S1(config-if-range)#exit
```

使用 active 或 passive 命令來設定 IEEE 的非專屬性 LACP；如果要使用的是 Cisco PAgP，則使用 auto 或 desirable 命令。通道兩端不可以混用這兩組命令；如果是純 Cisco 環境，選擇哪一組都行 (將模式設定為 **on**，則會設定靜態的 EtherCahnnel 通道)。如果筆者希望這個通道使用 LACP，則必須在 S2 介面上設定模式為 active。現在使用 **interface port-channel** 命令來建立埠通道介面：

```
S1(config)#int port-channel 1
S1(config-if)#switchport trunk encapsulation dot1q
S1(config-if)#switchport mode trunk
S1(config-if)#switchport trunk allowed vlan 1,2,3
```

請注意在埠通道介面下設定主幹通訊的方法就和在實體介面一樣，VLAN 資訊也是如此。

接著要設定 S2 的介面、通道群組和埠通道介面：

```
S2(config)#int range g0/13 - 14
S2(config-if-range)#switchport trunk encapsulation dot1q
S2(config-if-range)#switchport mode trunk
S2(config-if-range)#channel-group 1 mode active
S2(config-if-range)#exit
S2(config)#int port-channel 1
S2(config-if)#switchport trunk encapsulation dot1q
S2(config-if)#switchport mode trunk
S2(config-if)#switchport trunk allowed vlan 1,2,3
```

在每台交換器使用相同的組態來設定想要綁在一起的埠，然後建立埠通道。之後，使用 **channel-group** 命令將埠加入埠通道中，並且建立埠通道。

請記住，在 LACP 中，綁在一起的兩端可以是 active/active，或是 active/passive，但不能是 passive/passive。PAgP 也是如此；您可以使用 desirable/desirable 或是 auto/desirable，但不能使用 auto/auto。

接著使用幾個命令來確認 EtherChannel。使用 **show etherchannel port-channel** 命令來觀察特定埠通道介面的資訊：

```
S2#sh etherchannel port-channel
                Channel-group listing:
                ----------------------

Group: 1
----------
                Port-channels in the group:
                ---------------------------

Port-channel: Po1    (Primary Aggregator)
------------

Age of the Port-channel    = 00d:00h:46m:49s
Logical slot/port    = 2/1        Number of ports = 2
GC                   = 0x00000000      HotStandBy port = null
Port state           = Port-channel
Protocol             =   LACP
Port Security        = Disabled

Ports in the Port-channel:

Index   Load   Port      EC state         No of bits
------+------+------+------------------+-----------
  0     00     Gig0/2    Active                  0
  0     00     Gig0/1    Active                  0
Time since last port bundled:     00d:00h:46m:47s    Gig0/1
S2#
```

我們可以看到有 1 個群組，並且是執行 IEEE LACP 版的埠通道技術。它是處於 **Active** 模式，且 **Port-channel: Port** 中有 2 個實體介面。**Load** 欄位並不是指介面上的負載，而是用來決定要選擇哪個介面來指定交通流的 16 進位值。

show etherchannel summary 命令會為每個埠通道顯示一列資訊：

```
S2#sh etherchannel summary
Flags:  D - down        P - in port-channel
        I - stand-alone s - suspended
        H - Hot-standby (LACP only)
        R - Layer3      S - Layer2
        U - in use      f - failed to allocate aggregator
        u - unsuitable for bundling
        w - waiting to be aggregated
        d - default port

Number of channel-groups in use: 1
Number of aggregators:           1

Group  Port-channel  Protocol    Ports
-----+------------+----------+----------------------------------
 1      Po1(SU)          LACP    Gig0/1(P) Gig0/2(P)
```

這個命令顯示有 1 個群組，執行 LACP，以及 Gig0/1(P) 和 Gig0/2(P)，表示這些埠是處於埠通道模式。這個命令只有在擁有多個通道群組時才比較有用，不過它的確可以告訴我們這個群組現在運作得很好。

第三層 EtherChannel

在結束本章前的最後一個項目，就是第三層 EtherChannel。像是將交換器連到路由器上多個埠的時候，就可能會使用第三層 EtherChannel。請務必瞭解您不是將 IP 位址新增到路由器的實體介面，而是將整束的 IP 位址設定到邏輯的埠通道介面上。

下面的範例建立了邏輯埠通道 1，並且將 20.2.2.2 指定為它的 IP 位址：

```
Router#config t
Router(config)#int port-channel 1
Router(config-if)#ip address 20.2.2.2 255.255.255.0
```

接著增加實體埠至埠通道上：

```
Router(config-if)#int range g0/0-1
Router(config-if-range)#channel-group 1
GigabitEthernet0/0 added as member-1 to port-channel1
GigabitEthernet0/1 added as member-2 to port-channel1
```

現在讓我們來檢視運行組態，請注意看路由器的實體介面並沒有 IP 位址。

```
!
interface Port-channel1
 ip address 20.2.2.2 255.255.255.0
 load-interval 30
!
 interface GigabitEthernet0/0
 no ip address
 load-interval 30
 duplex auto
 speed auto
 channel-group 1
!
 interface GigabitEthernet0/1
 no ip address
 load-interval 30
 duplex auto
 speed auto
 channel-group 1
!
```

任何新增到埠通道組態中的設定，都會繼承到群組的每個介面。我們現在已經將路由器介面綁定到交換器上了！

9-7 摘要

本章以交換技術為主，特別是關於**擴展樹協定** (STP) 和它的演進版本如 RSTP 和 PVST+。您學到在橋接器 (交換器) 間有多條鏈路時可能發生的問題，以及 STP 提供的解決之道。

本章也討論了如何設定 Cisco STP 延伸版，以及如何設定橋接器優先序以改變根橋接器。最後說明了 EtherChannel 技術的設定與確認；它能將交換器間的多條鏈路綁在一起。

9-8 考試重點

- **瞭解在交換式 LAN 中 STP 協定的主要目的**：STP 的主要目的是要防止具有冗餘交換式路徑的網路發生交換迴圈。
- **記住 STP 的狀態**：凍結狀態的目的是要防止使用會產生迴圈的路徑。在聆聽狀態的埠是準備要轉送資料訊框，但還沒填入 MAC 位址表。學習狀態的埠已經完成 MAC 位址表，但還沒轉送資料訊框。轉送埠會傳送與接收該橋接器埠上的所有資料訊框。此外，關閉狀態的埠實際上是沒有在運作的。
- 記住 **show spanning-tree** 命令，您必須熟悉 **show spanning-tree** 命令，以及如何判斷每個 VLAN 的根橋接器。此外，您也可以使用 **show spanning-tree summary** 命令快速瀏覽您的 STP 網路和根橋接器。
- **瞭解 PortFast 和 BPDU Guard 的用途**：PortFast 可以讓埠在連接後立即轉換到轉送狀態。因為您不希望其他交換器連到該埠，BPDU Guard 會在 PortFast 埠收到 BPDU 時將其關閉。
- **瞭解 EtherChannel 及其設定**：EtherChannel 可以將鏈路綁在一起以取得較多頻寬，而不必讓 STP 關閉冗餘的埠。您可以設定 Cisco 的 PAgP 版，或 IEEE 的 LACP 版，建立埠通道介面，並且指定埠通道群組編號給綁定的介面。

9-9 習題

習題解答請參考附錄。

(　　) 1. 您從交換器收到下列輸出：

```
S2#sh spanning-tree
VLAN0001
Spanning tree enabled protocol rstp
Root ID     Priority     32769
            Address      0001.42A7.A603
            Cost         4
            Port         26(GigabitEthernet1/2)
            Hello Time   2 sec  Max Age 20 sec  Forward Delay 15 sec
[output cut]
```

下列關於該交換器何者為真？(選擇 2 個答案)

A. 該交換器是根橋接器

B. 該交換器非根橋接器

C. 根橋接器距離在 4 台交換器之外

D. 該交換器是執行 802.1w

E. 該交換器是執行 STP PVST+

(　　) 2. 您使用了 **spanning-tree vlan x root primary** 和 **spanning-tree vlan x root secondary** 命令來設定交換器。如果這兩台交換器都故障，下列何者會取而代之？

A. 具有優先序 4096 的交換器

B. 具有優先序 8192 的交換器

C. 具有優先序 12288 的交換器

D. 具有優先序 20480 的交換器

9

( ) 3. 下列何者可以用來找出您的交換器為根橋接器的 VLAN？(選擇 2 個答案)

A. show spanning-tree

B. show root all

C. show spanning-tree port root VLAN

D. show spanning-tree summary

( ) 4. 您想在交換器上執行新的 802.1w。下列何者會開啟該協定？

A. Switch(config)#spanning-tree mode rapid-pvst

B. Switch#spanning-tree mode rapid-pvst

C. Switch(config)#spanning-tree mode 802.1w

D. Switch#spanning-tree mode 802.1w

( ) 5. 下列何者是用來維護無迴圈網路的第 2 層協定？

A. VTP

B. STP

C. RIP

D. CDP

( ) 6. 下列何者用來描述已收斂之擴展樹網路？

A. 所有交換器和橋接器埠都處於轉送狀態。

B. 所有交換器和橋接器埠都指定為根或委任埠。

C. 所有交換器和橋接器埠都處於轉送狀態或凍結狀態。

D. 所有交換器和橋接器埠都處於凍結或迴圈狀態。

(　　) 7. 下列哪種模式會開啟 LACP EtherChannel？(選擇 2 個答案)

A. On　　**B.** Prevent

C. Passive　　**D.** Auto

E. Active　　**F.** Desirable

(　　) 8. 下列關於 RSTP 何者為真？(選擇 3 個答案)

A. RSTP 會在第 2 層網路拓墣變動時，加速擴展樹的重新計算。

B. RSTP 是 IEEE 標準，定義 STP 埠的角色、狀態和 BPDU。

C. RSTP 非常主動和快速，因此一定需要 802.1 延遲計時器。

D. RSTP (802.1w) 超越 802.1d，但仍維持專屬性。

E. 所有 802.1d 術語和大多數參數都已經改變。

F. 802.1w 能以埠為單位回復到 802.1d，以便和傳統交換器互通。

(　　) 9. BPDU Guard 的功能為何？

A. 確保埠能從正確的上行交換器接收 BPDU。

B. 確保埠只會從根，而不會從上行交換器接收 BPDU。

C. 如果在 BPDU Guard 埠上接收到 BPDU，就使用 PortFast 來關閉該埠。

D. 如果在埠上看到 BPDU，就關閉該埠。

(　　)10. BPDU 的 sys-id-ext 欄位有幾個位元？

A. 4

B. 8

C. 12

D. 16

MEMO

存取清單

Chapter 10

本章涵蓋的 CCNA 檢定主題

5.0　安全性基本原理

- 5.6　設定與查驗存取控制清單

如果您是系統管理員，我猜您最優先的工作就是保護敏感關鍵的資料和網路資源，不要被人惡意的利用 —— 那您應該會喜歡本章。Cisco 有一些真的很有效的安全方案，能夠提供您所需的工具來保護網路免受威脅。

本章要說明的第 1 項好用工具是**存取控制清單** (Access Control List，ACL)。能夠熟練地執行 ACL 是 Cisco 安全性整體方案的一部份，所以筆者會先說明如何建立和實作簡單的 ACL。接著，再討論更進階的 ACL，以及如何進行策略性的實作，才能在今日高風險的環境下，為互連網路提供嚴肅的防護。

正確地使用與設定存取清單是路由器設定的重要部份，因為存取清單功能非常廣泛。存取清單讓網管人員能大幅地控制遍及企業的交通流，促進網路的效率與運作。藉由存取清單，管理員可以收集封包流量的基本統計，可以實作安全政策，也可以保護敏感的裝置，免於遭到非授權的存取。

本章將討論 TCP/IP 的存取清單，並涵蓋一些工具，用來測試與監視存取清單的應用成效。

首先，我們簡短檢視相關的硬體裝置，接著再介紹 ACL。

10-1 外圍、防火牆和內部路由器

在中型到大型網路中，安全性的各種策略取決於內部和外圍路由器，再加上防火牆設備的組合方式。內部路由器藉由過濾通往受保護企業網路各個部份的交通，以提供額外的安全性 —— 它們透過存取清單來達成這個目的。

從圖 10.1 可以看到這些裝置的位置。

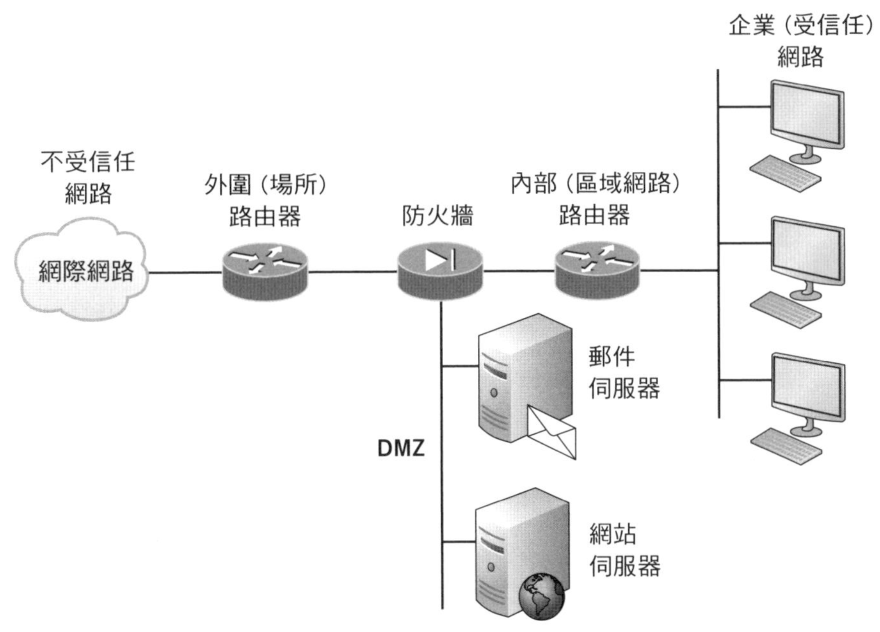

圖 10.1　典型受安全保護的網路

本章會使用到**受信任網路** (trusted network) 和**不受信任網路** (untrusted network) 這兩個術語，所以您必須瞭解在典型受安全保護的網路 (secured network) 中，它們會在哪裡。非軍事區 (DeMilitarized Zone，DMZ) 可能是全域 (真實) 網際網路位址或私有位址，取決於您如何設定防火牆；但是通常您可以在這個區域看到 HTTP、DNS、電子郵件和其他網際網路相關的企業伺服器。

除了路由器之外，我們也可能會在內部受信任網路中使用虛擬區域網路 (VLAN)。多層式交換器包含有自己的安全性功能，有時候也會取代內部 (LAN) 路由器，在 VLAN 架構中提供較高的效能。

現在讓我們討論一些使用存取清單來保護互連網路的方法。

10-2 存取清單簡介

存取清單 (access list) 其實就是一個對封包進行分類的條件清單，當您需要控制網路交通時，它們可能非常有幫助。存取清單將會是供您選擇用來進行決策的工具。

存取清單最常見、也最容易瞭解的用途之一就是用來實作安全政策時，過濾不想要的封包。例如，您可以設置清單來管控交通模式，使得只有特定主機可以存取網際網路的 WWW 資源，而其他的主機則受到限制。藉由正確地組合存取清單，網管人員有足夠的武器可以強制大部分他們所能想到的安全政策。

產生存取清單真的非常像程式設計中一連串的 if-then 敘述，如果符合特定的條件，就採取特定的動作。如果不符合特定的條件，任何事都不會發生，而是繼續評估下個敘述。存取清單敘述基本上是封包過濾器，根據它來對封包進行比對、分類，然後做動作。一旦建好清單，可應用在任何介面上進入或離開方向的交通。應用存取清單會使路由器分析以特定方向通過介面的每個封包，並採取適當的動作。

封包在比對存取清單時，會遵循 3 項重要的規則：

- 總是循序地比對存取清單的每一列，也就是說總是從存取清單的第 1 列開始，然後比對第 2 列，然後第 3 列，依此類推。
- 不斷地比對存取清單，直到符合為止。一旦封包符合存取清單上某列的條件，就會對封包起作用，並且不再進行任何比對。
- 每個存取清單的結尾都會有一列隱含的 "拒絕"，這表示如果封包無法符合存取清單中任何一列的條件，則會被丟掉。

以存取清單過濾 IP 封包時，這些規則的每一條都蘊含很強的意義。所以記住，若要建立有效的存取清單，真的要不斷地練習。

存取清單主要有 2 種：

- **標準式存取清單 (standard access list)**：這些只使用 IP 封包中的來源 IP 位址當作檢驗條件，所有決定都是根據來源 IP 位址進行的。這表示標準式存取清單基本上允許或拒絕整組的協定，他們無法分辨 IP 交通的類型，例如 WWW、Telnet、UDP 等等。

- **延伸式存取清單 (extended access list)**：延伸式存取清單可以比對 IP 封包之第 3 層與第 4 層標頭中的許多其他欄位。他們可以比對網路層標頭中的來源與目的 IP 位址與協定欄位，以及傳輸層標頭中的埠號。這使得延伸式存取清單有能力在控制交通時進行更細緻的決策。

- **名稱式存取清單 (named access list)** 嘿！等一下，我們剛才不是說存取清單的種類有 2 種嗎？怎麼跑出第 3 種！是的，技術上其實只有 2 種，因為「名稱式存取清單」可以是標準式或延伸式的，並非真的是新類型。只因為它們的產生與參考方式與標準或延伸式存取清單不同，所以我們就加以區別。但其實功能是一樣的。

本章稍後會更深入地討論這些類型的存取清單。

一旦產生存取清單之後，除非加以應用，否則不會有任何作用。是的，它們是在路由器上，但除非您告訴路由器要利用它們來做什麼，否則它們是沒有作用的。若要利用存取清單來當交通過濾器，必須將存取清單應用在路由器的介面上，也就是想要過濾交通的地方，而且必須明確指定出存取清單要應用在哪個方向的交通。有個很好的理由要這樣做，那就是您可能希望對於從您的企業往網際網路的交通，以及從網際網路進入您企業的交通，進行不一樣的控制。因此，藉由設定交通的方向，您可能、而且經常會有此需要，得為一個介面上的進入與離開方向的交通分別使用不同的存取清單。

- **進入的存取清單 (Inbound access list)**：當存取清單應用在介面上的進入封包時，那些封包在遶送給離開介面之前，要先經過存取清單的處理。任何被拒絕的封包就不會被遶送，因為他們在呼叫遶送程序之前就被丟掉了。

- **離開的存取清單 (outbound access list)**：當存取清單應用在介面上的離開封包時，那些封包要先遶送到離開介面，然後在儲存於佇列之前得先經過存取清單的處理。

10

在路由器上產生與實作存取清單時，應該要遵循一些通用的存取清單指引：

- 每個介面的每個協定的每個方向只能指定一個存取清單。這表示在產生 IP 存取清單時，每個介面只能有一個進入的存取清單與一個離開的存取清單。

如果您考慮到任何存取清單的結尾都隱含著一條拒絕的規則，就會發現不可以在同一個介面上為同一個協定的相同方向應用多個存取清單，這是很有道理的。因為封包如果無法符合第 1 個存取清單中的條件，就會被拒絕，根本沒有機會去比對第 2 個存取清單。

- 安排您的存取清單，使得比較明確的核對會出現在存取清單的頂端。
- 任何時候規則被新增到存取清單時，會被放在清單的底部。強烈建議您使用文字編輯器來編輯存取清單。
- 您無法從存取清單中移除一列，如果您試著如此做，就會移除整個清單。所以最好是在編輯清單之前，先將存取清單拷貝到文字編輯器中。唯一的例外是使用名稱式存取清單。

您可以從名稱式存取清單中編輯、新增刪除一列，我們馬上就會教您如何做。

- 除非您的存取清單以 **permit any** 命令當結尾，否則封包如果沒有符合清單的任何條件，就會被丟棄。每個清單至少應該有一個 **permit** 敘述，否則會拒絕所有的交通。
- 產生存取清單，然後應用至介面上。存取清單如果沒有應用在任何介面上，根本就不會起作用。
- 存取清單的設計是要過濾經過路由器的交通，他們不會過濾那些從路由器發起的交通。
- 儘可能地將 IP 標準式存取清單配置在靠近目的地的地方，這就是我們真的不是很想要在網路中使用標準式存取清單的原因。您不能將標準式存取清單放在靠近來源主機或網路的地方，因為您只能根據來源位址去過濾，這樣就沒有任何封包會被轉送。

- 儘可能地將 IP 延伸式存取清單配置在靠近來源的地方。因為延伸式存取清單可過濾每個特定的位址與協定，您並不想要讓您的交通流經整個網路，然後再被拒絕。如果將這種清單配置在儘可能靠近來源位址的地方，就可在交通消耗您寶貴的頻寬之前先加以過濾。

在繼續討論如何設定基本和進階的存取清單之前，讓我們先討論一下 ACL 要如何用來減輕稍早提到的那些安全威脅。

使用 ACL 減輕安全性問題

最常見的攻擊是**拒絕服務攻擊** (Deny Of Service，DoS)。雖然 ACL 可以協助處理 DoS，但是要防範網路攻擊，真正需要的是**入侵偵測系統** (Intrusion Detection System，IDS) 和**入侵防護系統** (Intrusion Prevention System，IPS) 來協助防範這些攻擊。Cisco 提供的全新 Firepower 與 Firepower Threat Defense (FTD) 產品，是業界最佳的下一代防火牆 (Next Generation Firewall，NGFW)。

下面是可以用 ACL 來減輕的安全性威脅：

- 進入方向的 IP 位址偽造
- 離開方向的 IP 位址偽造
- 服務阻絕的 TCP SYN 攻擊，阻隔外部的攻擊
- DoS TCP SYN 攻擊，使用 TCP 攔截 (Intercept)
- DoS smurf 攻擊
- 進入方向的 ICMP 訊息過濾
- 離開方向的 ICMP 訊息過濾
- traceroute 過濾

本章並不是討論安全的專書，所以如果您對前面的術語有所疑惑，可能得自己找書來研究。

一般說來，最好不要讓任何來源位址是內部主機或內部網路的 IP 封包進入私有網路 —— 就這麼處理吧！

下面的規則是關於如何設定從網際網路連到您營運網路之 ACL，以減輕安全性問題：

- 拒絕來源位址是您內部網路的位址。
- 拒絕本地主機位址 (127.0.0.0/8)。
- 拒絕保留的私有位址 (RFC 1918)。
- 拒絕任何落在 IP 多點傳播位址範圍內的位址 (224.0.0.0/4)。

上述位址都不應該被允許進入您的互連網路。好啦！終於可以開始設定一些基本和進階的存取清單了。

10-3 標準式存取清單

標準式存取清單藉由檢查封包的來源 IP 位址來過濾網路交通。您要利用存取清單編號 1-99 或 1300-1999 (延伸範圍) 來產生標準式 IP 存取清單，存取清單的種類是靠編號來區別的，路由器根據清單產生時所用的編號，就知道在輸入清單時它應該預期到什麼樣的語法。利用 1-99 或 1300-1999 的號碼，告訴路由器您想要產生的是標準式 IP 存取清單，所以路由器就會預期清單的規則中只能指定來源 IP 位址。

以下是可用來過濾網路交通的各種存取清單的編號範圍。IOS 的版本會限制您能夠指定存取的協定：

```
Corp(config)#access-list ?
<1-99> IP standard access list
<100-199> IP extended access list
<1000-1099> IPX SAP access list
<1100-1199> Extended 48-bit MAC address access list
<1200-1299> IPX summary address access list
<1300-1999> IP standard access list (expanded range)
```

```
<200-299> Protocol type-code access list
<2000-2699> IP extended access list (expanded range)
<2700-2799> MPLS access list
<300-399> DECnet access list
<700-799> 48-bit MAC address access list
<800-899> IPX standard access list
<900-999> IPX extended access list
dynamic-extended Extend the dynamic ACL absolute timer
rate-limit Simple rate-limit specific access list
```

嗯，上面列出一大堆很老的協定！現在已經沒有網路在使用 IPX 或 DECnet 了。以下是產生標準式存取清單所用的語法：

```
Corp(config)#access-list 10 ?
  deny     Specify packets to reject
  permit   Specify packets to forward
  remark   Access list entry comment
```

如前所述，使用存取清單編號 1-99 或 1300-1999，是告訴路由器我們想要產生的是標準式存取清單；這表示您只能針對來源 IP 位址進行過濾。

選好存取清單號碼之後，就要決定是否要產生 **permit** 或 **deny** 敘述。例如，以下是要產生 **deny** 敘述：

```
Corp(config)#access-list 10 deny ?
  Hostname or A.B.C.D  Address to match
  any                  Any source host
  host                 A single host address
```

接下來的步驟需要詳細說明，因為這邊有 3 個可用的選項：

1. 使用 **any** 參數來允許或拒絕任何主機或網路。
2. 使用一個 IP 位址來設定單機或一個範圍的主機。
3. 使用 **host** 命令來設定一部特定的主機。

any 命令很直接，任何來源位址都會符合該敘述，所以每個與這道敘述比對的封包都會符合。相對地 **host** 敘述就很簡單，以下是它的一個範例：

```
Corp(config)#access-list 10 deny host ?
  Hostname or A.B.C.D  Host address
Corp(config)#access-list 10 deny host 172.16.30.2
```

這告訴清單要拒絕任何從 172.16.30.2 主機來的封包。預設的參數是 host，換句話說，如果您輸入 **access-list 10 deny 172.16.30.2**，路由器就假設您的意思是 172.16.30.2 主機。

但還有其他的方法可用來設定特定主機或某個範圍的主機，那就是利用通配遮罩 (wildcard mask)。事實上，要設定任何範圍的主機，都得在存取清單中利用通配遮罩。

通配遮罩到底為何物？接下來您就可以藉由標準式存取清單的範例，以及如何控制對虛擬終端機的存取中，學習到所有與它相關的知識。

通配遮罩

在存取清單中可用通配遮罩來設定個別的主機、一個網路或特定範圍的一個網路或多個網路。您稍早所學、用來指定 1 段位址的區塊大小 (block size)，就是瞭解通配字元的關鍵。

現在讓我們先稍為複習一下區塊大小。可用的區塊大小是 64、32、16、8 與 4。當您需要設定一個範圍的位址時，得選擇您所需之次個最大的區塊大小。例如，您需要 34 個網路，則要選擇的區塊大小是 64。如果您想要設定 18 部主機，則需要的區塊大小是 32。如果您只要設定 2 個網路，則要 4 的區塊大小才能運作。

通配遮罩是要與主機或網路位址合用，以告訴路由器您所要過濾的是一個範圍的可用位址。若要設定主機，則位址看起來如下：

```
172.16.30.5 0.0.0.0
```

這 4 個 0 表示位址的每個位元組，每當出現 0 時，就表示位址中的該位元組必須完全符合。如果要設定成位址中該位元組可以為任何值，則要用 255。例如，以下利用通配遮罩來設定一個 /24 子網路：

```
172.16.30.0 0.0.0.255
```

這告訴路由器只要符合前 3 個位元組，但第 4 個位元組可以為任何值。

那如何只設定一小範圍的子網路呢？這就需要引入區塊大小的觀念了，您所設定的範圍必須落在區塊大小的值，換句話說，您不能選擇只設定 20 個網路，而只能設定與區塊大小剛好一樣的值。例如，範圍可以是 16 或 32，但就不可以是 20。

假設您想要擋住對於 172.16.8.0 到 172.16.15.0 之網路的存取，這是區塊大小 8，而網路號碼是 172.16.8.0，通配遮罩是 0.0.7.255。哇！這是什麼？7.255 就是讓路由器用來決定區塊大小的。這個網路與通配遮罩告訴路由器要從 172.16.8.0 開始，往上 8 個區塊大小的位址，到 172.16.15.0 網路為止。

其實比它看起來的樣子簡單多了，對吧！我們當然可以為您展示二進位的比對，但應該沒有人需要，因為實際上您只要記住通配遮罩總是比區塊大小少 1 即可。因此，在我們的例子中，因為區塊大小是 8，所以通配遮罩會是 7。如果區塊大小是 16，則通配遮罩會是 15。很簡單，對吧？

但我們還是要舉一些例子，幫助您學會它。以下的範例告訴路由器只要符合前 3 個位元組，但第 4 個位元組可以為任何值：

```
Corp(config)#access-list 10 deny 172.16.10.0 0.0.0.255
```

下個例子告訴路由器要符合前 2 個位元組，而後 2 個位元組可以為任何值：

```
Corp(config)#access-list 10 deny 172.16.0.0 0.0.255.255
```

接下來請試著理解下一列：

```
Corp(config)#access-list 10 deny 172.16.16.0 0.0.3.255
```

這個例子告訴路由器從 172.16.16.0 網路開始，利用區塊大小 4，所以範圍將會是從 172.16.16.0 開始，直到 172.16.19.255。

以下的例子顯示存取清單從 172.16.16.0 開始，經過區塊大小 8，直到 172.16.23.255：

```
Corp(config)#access-list 10 deny 172.16.16.0 0.0.7.255
```

以下的例子從 172.16.32.0 開始，經過區塊大小 16，直到 172.16.47.255：

```
Corp(config)#access-list 10 deny 172.16.32.0 0.0.15.255
```

下一個例子從 172.16.64.0 開始，經過區塊大小 64，直到 172.16.127.255：

```
Corp(config)#access-list 10 deny 172.16.64.0 0.0.63.255
```

最後一個例子從 192.168.160.0 開始，經過區塊大小 32，直到 192.168.191.255：

```
Corp(config)#access-list 10 deny 192.168.160.0 0.0.31.255
```

當您運用區塊大小與通配遮罩時，還有 2 件事要記住：

- 每個區塊大小必須從 0 或區塊大小的倍數開始。例如，您不可以說您想要區塊大小 8，然後卻從 12 開始，您必須使用 0-7，8-15，16-23 等。對於區塊大小 32，則範圍會是 0-31，32-63，64-95 等。
- **any** 命令等同於通配遮罩 0.0.0.0 255.255.255.255。

在產生 IP 存取清單時，通配遮罩是個值得下工夫精通的重要技巧，產生標準式與延伸式存取清單時，它的用法是一樣的。

標準式存取清單範例

本節教您如何利用標準式存取清單，阻止特定使用者存取財務部門的區域網路。在圖 10.2 中，路由器有 3 條區域網路連線，以及一條通往網際網路的廣域網路連線。業務部區域網路上的使用者不應該存取財務部區域網路，但應該要能存取網際網路與行銷部區域網路。行銷部區域網路需要存取財務部區域網路的應用服務。

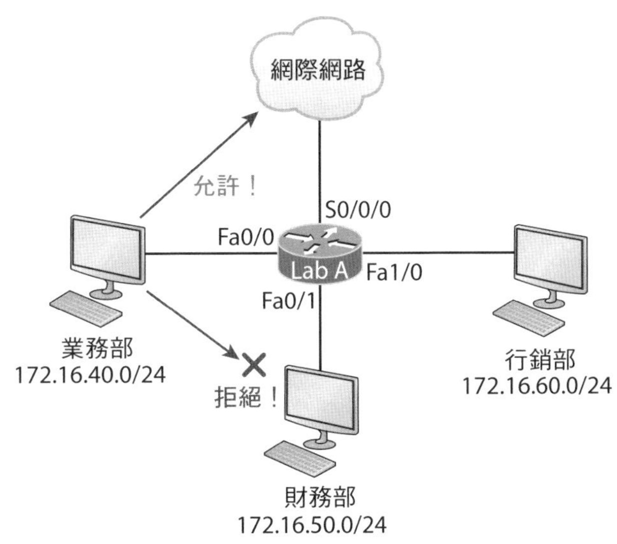

圖 10.2 含 3 條區域網路與 1 條廣域網路連線的 IP 存取清單範例

在圖中的路由器上，設定以下的標準式存取清單：

```
Lab_A#config t
Lab_A(config)#access-list 10 deny 172.16.40.0 0.0.0.255
Lab_A(config)#access-list 10 permit any
```

10

很重要的是您要瞭解 **any** 命令與以下的通配遮罩是一樣的：

```
Lab_A(config)#access-list 10 permit 0.0.0.0 255.255.255.255
```

因為通配遮罩說不需要評估任何位元組，因此每個位址都能符合這個測試條件，所以這一列的作用與 **any** 關鍵字是一樣的。

此時我們要將存取清單設定成拒絕來自業務部區域網路的來源位址存取財務部區域網路，並允許所有其他的交通。但請記住，除非將存取清單應用在特定方向的特定介面上，否則不會有任何作用。

但這份存取清單應該要配置在哪裡呢？如果您將它放在 Fa0/0 的進入方向，就相當於關閉該介面一樣，因為所有業務部裝置對所有連結到路由器之網路的存取都因此被拒絕。最佳的位置應該是將這份存取清單應用在 Fa0/1 介面的離開方向上：

```
Lab_A(config)#int fa0/1
Lab_A(config-if)#ip access-group 10 out
```

這完全阻止了來自 172.16.40.0 並且要從 fa0/1 介面出去的交通。這對於從業務部區域網路去存取行銷部區域網路或網際網路的交通不會起任何作用，因為要到那些目的地的交通並不會經過 fa0/1 介面。任何嘗試要從 fa0/1 介面離開的封包都要先經過這份存取清單的過濾。如果在 fa0/0 介面上配置進入的存取清單，則任何嘗試要進入 fa0/0 介面的封包，在遶送給離開介面之前都得先經過這份清單的過濾。

接下來讓我們研究另一個標準式存取清單的範例。圖 10.3 顯示一個有 2 部路由器和 4 個區域網路的互連網路。

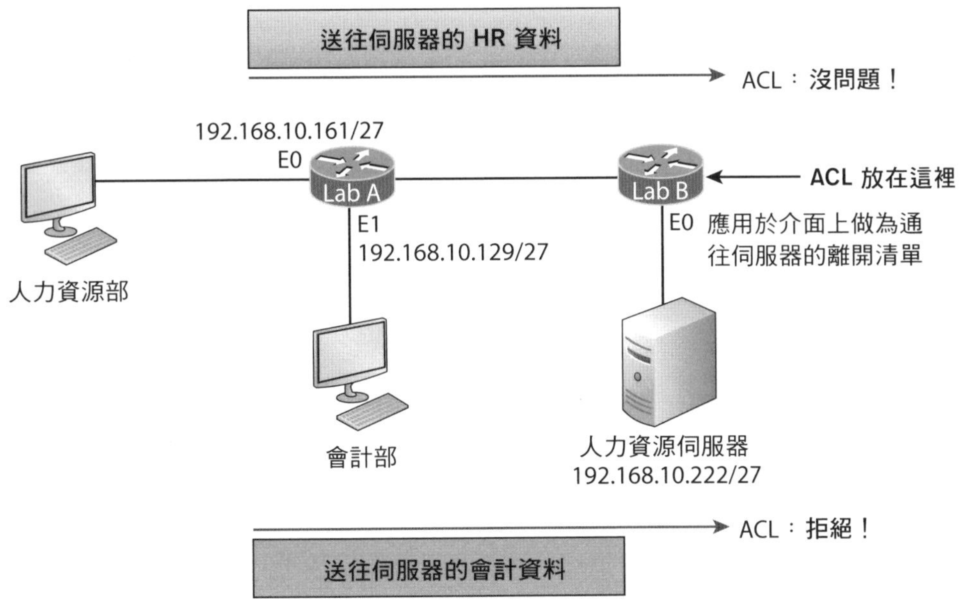

圖 10.3 IP 標準式存取清單範例 2

假設您想要使用標準式存取清單，來阻止會計部門使用者存取與 Lab_B 路由器相連的人力資源伺服器，但允許所有其他的使用者存取該區域網路。那麼應該要產生什麼樣的標準式存取清單，而且要配置在哪裡呢？

其實真正的答案應該是利用延伸式存取清單，並且配置在最靠近來源端。但題目指定要使用標準式存取清單，而根據規則，標準式存取清單的配置應該要靠近目的地。在本例中，就是在 Lab_B 路由器之乙太網路介面 0 的離開方向：

```
Lab_B#config t
Lab_B(config)#access-list 10 deny 192.168.10.128 0.0.0.31
Lab_B(config)#access-list 10 permit any
Lab_B(config)#interface Ethernet 0
Lab_B(config-if)#ip access-group 10 out
```

要回答這個問題，您需要了解子網路切割、通配遮罩，以及如何設定與實作 ACL。會計部子網路是 192.168.10.128/27；通配遮罩是 255.255.255.224，且第 4 個位元組所包含的區塊大小為 32。

在我們往下討論如何限制路由器的 Telnet 存取之前，再來多研究一個標準式存取清單的例子，不過這個例子可能需要多花一點心思。圖 10.4 中的路由器擁有 4 條 LAN 連線與 1 條連到網際網路的 WAN 連線。

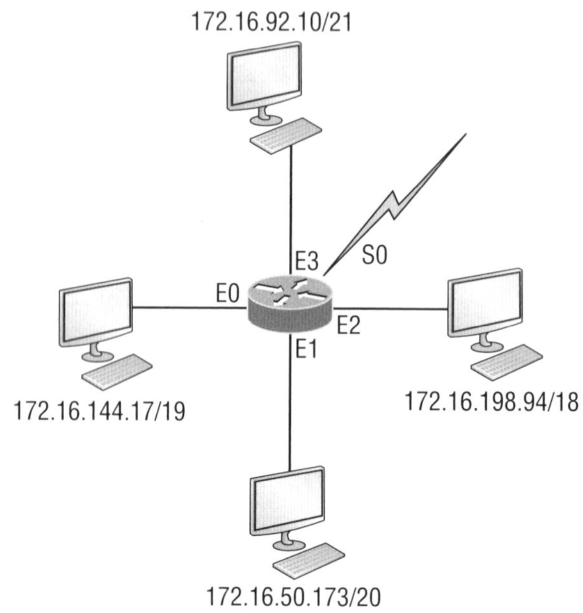

圖 10.4 IP 標準式存取清單範例 3

假設您需要設計一個存取清單，以阻止圖中的 4 個區域網路存取網際網路。圖中的每個區域網路用 1 個主機的 IP 位址來代表，您必須從中找出子網路，並且利用通配遮罩來設定存取清單。

以下是這個範例的答案 (從 E0 的網路開始，一直到 E3 網路)：

```
Router(config)#access-list 1 deny 172.16.128.0 0.0.31.255
Router(config)#access-list 1 deny 172.16.48.0 0.0.15.255
Router(config)#access-list 1 deny 172.16.192.0 0.0.63.255
Router(config)#access-list 1 deny 172.16.88.0 0.0.7.255
Router(config)#access-list 1 permit any
Router(config)#interface serial 0
Router(config-if)#ip access-group 1 out
```

當然，您也可以用一個命令來完成這些事：

```
Router(config)#access-list 1 deny 172.16.0.0 0.0.255.255
```

但這樣有何樂趣呢？

好的，產生這份清單的目的是什麼呢？如果您真的把這份清單配置在路由器上，效果相當於關閉了對網際網路的存取，那麼還要網際網路的連線做什麼呢？其實這個範例的目的只是要您練習如何使用區塊大小來設計存取清單，這對於是否能通過 Cisco 認證也是非常重要。

控制 VTY (Tlnet/SSH) 存取

您可能曾經很難阻止使用者 telnet 或 SSH 到大型路由器，因為對於路由器上的運作介面而言，VTY/SSH 存取是一視同仁的。您可以試著產生一個延伸式 IP 存取清單，限制對這部路由器之每個 IP 位址的存取，但如果這樣做，必須將它應用在每個介面的進入方向。這對於一部有數十或甚至數百個介面的大型路由器而言，真的不好擴充，不是嗎？此外，每部路由器得要檢視所有封包，只是為了防止它們去試圖存取您的 VTY 線路，想想看，這將對您的網路造成多大的延遲啊！

這兒有個更好的解決方式：利用標準式存取清單來控制對 VTY 連線本身的存取。為什麼這樣行得通呢？因為當您應用存取清單到 VTY 連線時，您不需要設定協定，因為對 VTY 的存取就隱含著透過 telnet 或 SSH 協定存取終端機。您也不必設定目的位址，因為到底使用者使用路由器的哪個介面的位址來當作 Telnet 會談的目的地是無關緊要的。您真的只需要控制使用者來自何處即可，也就是他們的來源 IP 位址。

要執行這個功能，請依循以下的步驟：

1. 產生一個標準式存取清單，只允許您想讓他們能夠 telnet 至路由器的主機。
2. 以 **access-class** 命令應用這份存取清單至 VTY 連線上。

以下的範例只允許 172.16.10.3 主機可以 telnet 至路由器：

```
Lab_A(config)#access-list 50 permit 172.16.10.3
Lab_A(config)#line vty 0 4
Lab_A(config-line)#access-class 50 in
```

因為清單的結尾隱含了一個 **deny any** 的敘述，所以除了 172.16.10.3 主機以外，這份清單阻止了所有其他的主機 telnet 至路由器，而不管他們的目的地是這部路由器的哪個 IP 位址。此範例只是要告訴您如何建立 VTY 線路的安全，且不會增加路由器的延遲，其中您也可以用一個管理子網路來取代單一的主機。

真實情境

您何時應該要保護路由器上的 VTY 線路？

您正在監視您的網路，並利用 **show users** 命令注意到有人曾 telnet 到您的核心路由器。於是您使用 **disconnect** 命令，讓他們與路由器斷線，但卻發現他們幾分鐘之後又重新進入路由器。您考慮要在路由器介面上配置存取清單，但不希望大幅增加每個介面的延遲，因為您的路由器已經負荷了大量的封包。您正考慮要在 VTY 連線本身配置存取清單，但在無法確定於每個介面上配置存取清單是否安全之前，不敢貿然行事。在 VTY 連線上配置存取清單對於這個網路而言，是不錯的想法嗎？

是的，絕對是。而且 **access-class** 命令是進行這項任務的最佳方式。為什麼？因為它並不使用那個坐在介面上檢視每個進出封包的存取清單，存取清單會對於被遶送的封包產生額外的負擔。

藉由將 **access-class** 命令配置在 VTY 連線上，只有嘗試進入路由器的封包會加以檢視與比對，這為您的路由器提供了不錯且容易設定的安全性。

Tip　小提醒：Cisco 建議您在路由器的 VTY 連線上用 SSH 來代替 telnet。

10-4 延伸式存取清單

請注意在上述的標準式存取清單範例中，您是如何阻止所有從業務部區域網路到財務部區域網路的。但如果因為安全的理由，您需要讓業務部能存取財務部區域網路上的特定伺服器，但不能存取其他的網路服務，怎麼辦呢？若利用標準式存取清單，您無法只讓使用者能得到一種網路服務，而又限制其他的服務。換個說法，如果您需要同時根據來源與目的位址來下決定，標準式存取清單做不到，因為它只能讓您根據來源位址來作決定，所以我們需要另一種方法來達成這個新目標，是什麼呢？

延伸式存取清單會是我們的新救星，因為它可以讓您設定來源與目的位址，以及分辨上層的協定與埠號。藉由引進延伸式存取清單，您可以有效地讓使用者能存取某個實體的區域網路，又限制他們只能存取特定的主機，或甚至是那些主機上的特定服務。

我們即將檢視我們「彈藥庫」中的命令，但是首先，您要知道延伸式清單的範圍是 100 到 199，以及 2000-2699。

在延伸式範圍中選擇編號之後，就要決定所要建立的清單項目種類。底下筆者將建立 1 個 **deny** 的清單項目：


```
Corp(config)#access-list 110 ?
  deny      Specify packets to reject
  dynamic   Specify a DYNAMIC list of PERMITs or DENYs
  permit    Specify packets to forward
  remark    Access list entry comment
```

決定存取清單的類型之後，接著需要選擇協定欄位。

```
Corp(config)#access-list 110 deny ?
  <0-255>   An IP protocol number
  ahp       Authentication Header Protocol
  eigrp     Cisco's EIGRP routing protocol
  esp       Encapsulation Security Payload
```

```
  gre       Cisco's GRE tunneling
  icmp      Internet Control Message Protocol
  igmp      Internet Gateway Message Protocol
  ip        Any Internet Protocol
  ipinip    IP in IP tunneling
  nos       KA9Q NOS compatible IP over IP tunneling
  ospf      OSPF routing protocol
  pcp       Payload Compression Protocol
  pim       Protocol Independent Multicast
  tcp       Transmission Control Protocol
  udp       User Datagram Protocol
```

如果您想要過濾應用層協定，必須在許可或拒絕的敘述之後選擇適當的第 4 層協定。例如，若要過濾 Telnet 或 FTP，必須選擇 TCP，因為 Telnet 與 FTP 在傳輸層都使用 TCP。如果您選擇 IP，稍後就不能設定特定的應用層協定。

因為您稍後想要過濾使用 TCP 的應用層協定，所以這裡選擇 TCP 協定，稍後就可以設定特定的 TCP 埠。接下來，路由器會提示您設定主機或網路的來源 IP 位址 (您可以選擇 **any** 命令，以允許任何來源位址)：

```
Corp(config)#access-list 110 deny tcp ?
  A.B.C.D   Source address
  any       Any source host
  host      A single source host
```

選好來源位址之後，請選擇目的位址：

```
Corp(config)#access-list 110 deny tcp any ?
  A.B.C.D   Destination address
  any       Any destination host
  eq        Match only packets on a given port number
  gt        Match only packets with a greater port number
  host      A single destination host
  lt        Match only packets with a lower port number
  neq       Match only packets not on a given port number
  range     Match only packets in the range of port numbers
```

以下的範例將拒絕目的 IP 位址為 172.16.30.2 的封包：

```
Corp(config)#access-list 110 deny tcp any host 172.16.30.2 ?
  ack          Match on the ACK bit
  dscp         Match packets with given dscp value
  eq           Match only packets on a given port number
  established  Match established connections
  fin          Match on the FIN bit
  fragments    Check non-initial fragments
  gt           Match only packets with a greater port number
  log          Log matches against this entry
  log-input    Log matches against this entry，including input interface
  lt           Match only packets with a lower port number
  neq          Match only packets not on a given port number
  precedence   Match packets with given precedence value
  psh          Match on the PSH bit
  range        Match only packets in the range of port numbers
  rst          Match on the RST bit
  syn          Match on the SYN bit
  time-range   Specify a time-range
  tos          Match packets with given TOS value
  urg          Match on the URG bit
  <cr>
```

設定好目的主機位址之後，就可使用 **equal** 命令來設定您所要拒絕的服務類型。以下的輔助畫面顯示可用的選項。您可以選擇一個埠號或使用應用的名稱：

```
Corp(config)#access-list 110 deny tcp any host 172.16.30.2 eq ?
  <0-65535>    Port number
  bgp          Border Gateway Protocol (179)
  chargen      Character generator (19)
  cmd          Remote commands (rcmd，514)
  daytime      Daytime (13)
  discard      Discard (9)
  domain       Domain Name Service (53)
  drip         Dynamic Routing Information Protocol (3949)
  echo         Echo (7)
  exec         Exec (rsh，512)
  finger       Finger (79)
  ftp          File Transfer Protocol (21)
  ftp-data     FTP data connections (20)
  gopher       Gopher (70)
  hostname     NIC hostname server (101)
```

```
ident          Ident Protocol (113)
irc            Internet Relay Chat (194)
klogin         Kerberos login (543)
kshell         Kerberos shell (544)
login          Login (rlogin，513)
lpd            Printer service (515)
nntp           Network News Transport Protocol (119)
pim-auto-rp    PIM Auto-RP (496)
pop2           Post Office Protocol v2 (109)
pop3           Post Office Protocol v3 (110)
smtp           Simple Mail Transport Protocol (25)
sunrpc         Sun Remote Procedure Call (111)
syslog         Syslog (514)
tacacs         TAC Access Control System (49)
talk           Talk (517)
telnet         Telnet (23)
time           Time (37)
uucp           Unix-to-Unix Copy Program (540)
whois          Nicname (43)
www            World Wide Web (HTTP, 80)
```

此時，讓我們只阻擋 Telnet (23 號埠) 至 172.16.30.2 主機。如果使用者想要使用 FTP，沒問題，這是允許的。**log** 命令可用來記錄每次比對成功時的訊息，對於監視不當的存取意圖，這是非常酷的方法。不過請千萬小心，因為如果使用在大型網路中，這個命令會讓您的主控台被訊息淹沒。

下面是我們的輸出結果：

```
Corp(config)#access-list 110 deny tcp any host 172.16.30.2 eq 23 log
```

您要記住的是，下一列是預設上隱含的 **deny any** 敘述。如果您將這份存取清單應用在介面上，可能只是相當於把介面關起來罷了，因為每個存取清單的結尾都預設有隱含的 **deny any** 敘述，所以您必須在清單後面再加上以下的命令：

```
Corp(config)#access-list 110 permit ip any any
```

命令中的 IP 很重要，因為它會允許 IP 堆疊。請記住，0.0.0.0 255.255.255.255 相當於 **any** 命令，所以這個命令也可以像這樣：

```
Corp(config)#access-list 110 permit ip 0.0.0.0 255.255.255.255
0.0.0.0 255.255.255.255
```

不過，如果您這樣設定，在檢視運行組態時，這個命令會取代成 **any any**。筆者喜歡用 **any**，因為這樣打的字比較少。一旦產生好存取清單，還需要將它應用至介面上 (與 IP 標準式存取清單一樣)：

```
Corp(config-if)#ip access-group 110 in
```

或

```
Corp(config-if)#ip access-group 110 out
```

下一節讓我們來研究一個如何使用延伸式存取清單的範例。

延伸式存取清單範例 1

圖 10.5 是我們的第一個情境。我們想要拒絕對財務部 LAN 上的 172.16.50.5 主機，存取 Telnet 與 FTP 服務，但這部主機的其他服務與所有其他主機都可讓業務部與行銷部存取。

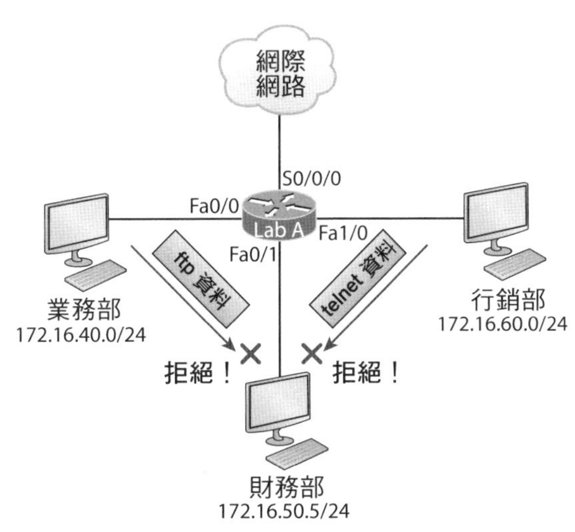

圖 10.5 延伸式 ACL 範例 1

我們必須建立的存取清單：

```
Lab_A#config t
Lab_A(config)#access-list 110 deny tcp any host 172.16.50.5 eq 21
Lab_A(config)#access-list 110 deny tcp any host 172.16.50.5 eq 23
Lab_A(config)#access-list 110 permit ip any any
```

access-list 110 是要告訴路由器我們想要產生的是延伸式存取清單，**tcp** 是網路層標頭中的協定欄位，如果這裡沒有指定 **tcp**，就不能指定要過濾埠號 21 與 23 (這些是 FTP 與 Telnet，他們都是使用 TCP 的連線導向服務)。**any** 命令是來源，表示任何 IP 位址，而 **host** 是目的 IP 位址。這個 ACL 的意義是除了 FTP 與 Telnet 之外，從任何來源的 IP 交通都可以進入 172.16.50.5 主機。

請記住，當我們建立延伸式存取清單時，也可以用 **172.16.50.5 0.0.0.0** 來取代 **host 172.16.50.5** 命令，結果完全一樣。

產生清單之後，需要將它應用在 fa0/1 介面的離開方向，因為我們要擋住所有到 172.16.50.5 主機的 FTP 與 Telnet 交通。但如果這份清單只是要阻擋來自業務部區域網路對 172.16.50.5 主機的存取，就得在儘量靠近來源處或 fa0/0 介面來配置這份清單。而在這種情況下，我們要將這份清單應用在進入的交通。在建立與應用存取清單之前，您必須仔細地檢視每種情況。

以下就讓我們將這份清單應用在 fa0/1 介面，以擋住所有離開 fa0/1 介面，對 172.16.50.5 主機進行 FTP 與 Telnet 存取的交通。

```
Lab_A(config)#int fa0/1
Lab_A(config-if)#ip access-group 110 out
```

延伸式存取清單範例 2

這個範例將再次用到圖 10.4，包含 4 個區域網路與 1 條序列連線。這次我們想要做的是阻止 Telnet 存取到連結 E1 與 E2 介面的區域網路。

路由器上的設定如下 (雖然答案可以不一樣)：

```
Router(config)#access-list 110 deny tcp any 172.16.48.0 0.0.15.255
eq 23
Router(config)#access-list 110 deny tcp any 172.16.192.0 0.0.63.255
eq 23
Router(config)#access-list 110 permit ip any any
Router(config)#interface Ethernet 1
Router(config-if)#ip access-group 110 out
Router(config-if)#interface Ethernet 2
Router(config-if)#ip access-group 110 out
```

這份清單的重點：

- 首先，您必須根據所要產生的存取清單類型，確認它的編號範圍是正確的。這個例子是延伸型存取清單，所以範圍應該是 100-199。
- 其次，您必須確認協定欄位與上層的程序或應用程式相符。這個例子是埠號 23 (Telnet)。

> **Tip** 協定的參數值必須是 TCP，因為 Telnet 是使用 TCP。如果是 TFTP，則協定的參數值就必須是 UDP，因為 TFTP 使用 UDP。

- 第三，確認目的埠號與您所要過濾的應用程式相符。本例的 23 符合 Telnet，這是正確的。不過您也可以在結尾處輸入 **telnet** 來代替 23。
- 最後，清單結尾的 **permit ip any any** 敘述是非常重要的；它會開放 telnet 封包以外的所有封包，通往 Ethernet 1 與 Ethernet 2 介面所連接的 LAN。

延伸式存取清單範例 3

在開始名稱式存取清單之前，還剩下另一個延伸式存取清單範例。圖 10.6 是本範例所使用的網路。

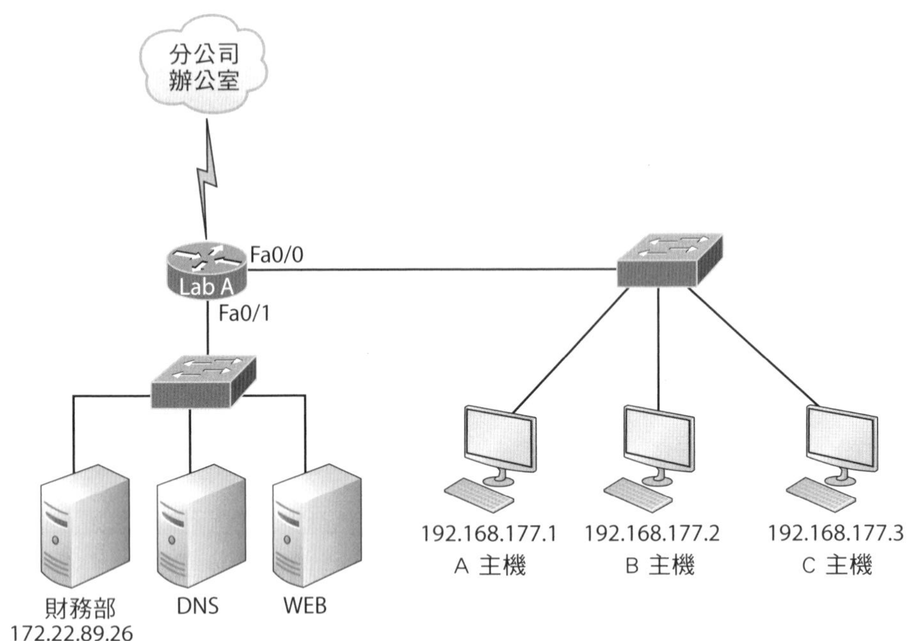

圖 10.6 延伸式存取清單範例 3

在本範例中，我們只允許來源 B 主機對財務伺服器進行 HTTP 存取。所有其他交通都是許可的。我們必須在三個測試敘述中完成這樣的設定，然後新增這個介面組態。

現在根據前面所學來完成這項任務：

```
Lab_A#config t
Lab_A(config)#access-list 110 permit tcp host 192.168.177.2 host
 172.22.89.26 eq 80
Lab_A(config)#access-list 110 deny tcp any host 172.22.89.26 eq 80
Lab_A(config)#access-list 110 permit ip any any
```

這其實相當簡單。首先我們必須允許 B 主機對財務伺服器的存取。不過，因為我們允許其他所有的交通，所以必須詳細說明誰不能用 HTTP 連到財務伺服器；因此，第二個測試敘述拒絕了其他主機對財務伺服器的存取。最後，既然 B 主機可以用 HTTP 連到財務伺服器，而其他台不行，所以使用第三個測試敘述來允許所有其他的交通。

好了，看起來不錯吧！不過等一等，我們還沒搞定呢！我們必須將這個敘述應用在介面上。因為延伸式存取清單通常是應用在最接近來源的地方，所以我們應該把這組進入的敘述放在 F0/0，是嗎？

其實，這是個例外規則的範例。如果我們將這個進入的存取清單放在 F0/0 上，分公司就可以存取財務伺服器，並且執行 HTTP。在本例中，我們要將這個存取清單放在最接近目標的位置。

```
Lab_A(config)#interface fastethernet 0/1
Lab_A(config-if)#ip access-group 110 out
```

好了，現在來看看如何建立名稱式存取清單吧！

名稱式存取清單

如之前所說的，名稱式存取清單只是另一種產生標準式或延伸式存取清單的方法。在中型至大型的企業中，管理清單的工作可能會變得非常麻煩且耗時。例如，當您需要變更某個清單時，實務上的做法通常是拷貝存取清單到文字編輯器，改變編號、編輯清單，然後將新的清單貼回路由器。通常，您很容易想到：「如果我發現新的清單有問題，想要還原這項變動要怎麼辦？」，諸如此類問題，讓人們傾向於囤積沒有使用的 ACL；隨著時間，它們堆積在路由器上，就引發了更多的問題，例如：「這些 ACL 是做什麼的？它們重要嗎？我需要它們嗎？」，這些都是好問題，而名稱式存取清單則是這些問題的答案！

當然，這種東西也可以應用在運作中的存取清單。假設您剛接管一個網路，並且正在檢視路由器上的存取清單。您發現有一份存取清單 177，一份長達 93 行的延伸式存取清單。它可能引發一大堆的疑問！反之，如果它有個名稱叫做「財務部區域網路」，而不是神祕的「177」，情況應該會好得多。

名稱式存取清單讓您用名稱來產生、並應用在標準式或延伸式存取清單。除了讓我們以有意義的方式來參考它們之外，這些存取清單沒有任何新的或不同的意義，但在語法上則有微妙的變化。因此，讓我們以名稱式存取清單重新產生之前為圖 10.2 之測試網路所產生的標準式存取清單：

```
Lab_A#config t
Lab_A(config)#ip access-list ?
extended Extended Access List
log-update Control access list log updates
logging Control access list logging
resequence Resequence Access List
standard Standard Access List
```

請注意我們開始輸入的是 **ip access-list**，而非 **access-list**，這讓我們能輸入名稱式存取清單。接下來，我們要將它設定為一個標準式存取清單：

```
Lab_A(config)#ip access-list standard ?
<1-99> Standard IP access-list number
<1300-1999> Standard IP access-list number (expanded range)
WORD Access-list name

Lab_A(config)#iP access-list standard BlockSales
Lab_A(config-std-nacl)#
```

我們已經指定了一個標準式存取清單，然後加上 BlockSales 的名稱。請注意我們沒有使用標準式存取清單的編號，而是使用一個比較有說明性的名稱。而且在輸入名稱之後，按下 **enter** 鍵，路由器的提示訊息也會改變。現在我們處於名稱式存取清單的設定模式，且進入了名稱式存取清單：

```
Lab_A(config-std-nacl)#?
Standard Access List configuration commands:
  default   Set a command to its defaults
  deny      Specify packets to reject
  exit      Exit from access-list configuration mode
  no        Negate a command or set its defaults
  permit    Specify packets to forward

Lab_A(config-std-nacl)#deny 172.16.40.0 0.0.0.255
Lab_A(config-std-nacl)#permit any
Lab_A(config-std-nacl)#exit
Lab_A(config)#^Z
Lab_A#
```

輸入存取清單，然後離開設定模式。接下來檢視一下運行組態，以確認這份存取清單確實在路由器中：

```
Lab_A#sh running-config | begin ip access
ip access-list standard BlockSales
deny 172.16.40.0 0.0.0.255
permit any
!
```

BlockSales 存取清單真的已經產生，並且在路由器的運行組態中。接下來，我們必須將這份存取清單應用在介面上：

```
Lab_A#config t
Lab_A(config)#int fa0/1
Lab_A(config-if)#ip access-group BlockSales out
```

大功告成，現在我們已經利用名稱式存取清單重新產生了之前完成的工作。現在讓我們使用圖 10.6 的 IP 延伸式範例，重新使用名稱式 ACL 再做一次清單。

相同的企業需求：財務部伺服器只允許從 B 主機送來的 HTTP 存取。

```
Lab_A#config t
Lab_A(config)#ip access-list extended 110
Lab_A(config-ext-nacl)#permit tcp host 192.168.177.2 host
  172.22.89.26 eq 80
Lab_A(config-ext-nacl)#deny tcp any host 172.22.89.26 eq 80
Lab_A(config-ext-nacl)#permit ip any any
Lab_A(config-ext-nacl)#int fa0/1
Lab_A(config-if)#ip access-group 110 out
```

沒錯！筆者的確用編號來為延伸式清單命名，但是有時候這樣做也可以。我猜名稱式 ACL 看起來並沒有那麼神奇，不是嗎？在這段設定中或許如此，不過我不需要在每一行的開頭使用 **access-list 110**，這也不錯啊！名稱式 ACL 真正吸引人的地方是讓我們可以去新增、刪除或編輯某一行。這其實是很棒的！而編號式 ACL 則做不到這個。

Remark 命令

remark 關鍵字這個工具非常重要，因為不論您在 IP 的標準式或延伸式 ACL 中建立什麼項目，它都讓您加入註解或評論。註解能夠很有效率地增進您檢視和瞭解 ACL 的能力。如果沒有這項工具，您會陷入一堆無意義的數字，而沒有任何東西能協助您回憶起這些數字代表什麼。

雖然您可以在 **permit** 或 **deny** 敘述的前面或後面加上註解，但還是建議您選擇一致的位置，以免搞混哪個註解是對應到哪個 **permit** 或 **deny** 敘述。要在標準和延伸式 ACL 中使用註解，只要在標準和延伸式 ACL 中使用 **access-list 存取清單編號 remark 註解** 整體設定命令，如下：

```
R2#config t
R2(config)#access-list 110 remark Permit Bob from Sales Only To Finance
R2(config)#access-list 110 permit ip host 172.16.40.1 172.16.50.0 0.0.0.255
R2(config)#access-list 110 deny ip 172.16.40.0 0.0.0.255 172.16.50.0 0.0.0.255
R2(config)#ip access-list extended No_Telnet
R2(config-ext-nacl)#remark Deny all of Sales from Telnetting to Marketing
R2(config-ext-nacl)#deny tcp 172.16.40.0 0.0.0.255 172.16.60.0 0.0.0.255 eq 23
R2(config-ext-nacl)#permit ip any any
R2(config-ext-nacl)#do show run
[output cut]
!
ip access-list extended No_Telnet
remark Deny all of Sales from Telnetting to Marketing
deny tcp 172.16.40.0 0.0.0.255 172.16.60.0 0.0.0.255 eq telnet
permit ip any any
!
access-list 110 remark Permit Bob from Sales Only To Finance
access-list 110 permit ip host 172.16.40.1 172.16.50.0 0.0.0.255
access-list 110 deny ip 172.16.40.0 0.0.0.255 172.16.50.0 0.0.0.255
access-list 110 permit ip any any
!
```

我們可以在延伸式和名稱式存取清單中使用 **remark**，但是您在 **show access-list** 命令的輸出中看不到這些註解，因為它們只能在運行組態中看到 (稍後會說明)。在 ACL 方面，筆者還必須說明它們的監控與驗證方式。這是很重要的主題，請集中注意喔！

10-5 監控存取清單

確認路由器上的設定是很重要的能力，表 10.1 列出可用來確認設定的命令：

表 10.1 確認存取清單之設定所用的命令

命令	效用
show access-list	顯示路由器上所設定的所有存取清單，以及它們的參數。這個命令並不顯示清單是配置在哪個介面上。
show access-list 110	只顯示 110 存取清單的參數，這個命令也不顯示這份清單配置在哪個介面上。
show ip access-list	只顯示路由器上所設定的 IP 存取清單。
show ip interface	顯示哪些介面設置了存取清單。
show running-config	顯示存取清單與哪些介面設置了存取清單。

我們已經用過 **show running-config** 命令來確認路由器上的名稱式存取清單，現在就讓我們來看看其他命令的輸出。

show access-list 命令列出路由器上的所有存取清單，而不管他們是否有應用在介面上：

```
Lab_A#show access-list
Standard IP access list 10
10 deny 172.16.40.0，wildcard bits 0.0.0.255
20 permit any
Standard IP access list BlockSales
10 deny 172.16.40.0，wildcard bits 0.0.0.255
20 permit any
Extended IP access list 110
10 deny tcp any host 172.16.30.5 eq ftp
20 deny tcp any host 172.16.30.5 eq telnet
30 permit ip any any
40 permit tcp host 192.168.177.2 host 172.22.89.26 eq www
50 deny tcp any host 172.22.89.26 eq www
Lab_A#
```

首先，10 號存取清單與我們的名稱式存取清單都在這份清單上。其次，即使我們當初在 110 號存取清單上輸入的是實際的 TCP 埠號，但 **show** 命令給我們協定的名稱，而非 TCP 埠號，以增加可讀性。

最好的是左邊的那些數字：10、20、30 等等。這些稱為序列編號，讓我們能夠直接編輯名稱式 ACL。下面的範例在名稱式延伸 ACL 110 中新增 1 個項目：

```
Lab_A (config)#ip access-list extended 110
Lab_A (config-ext-nacl)#21 deny udp any host 172.16.30.5 eq 69
Lab_A#show access-list
[output cut]
Extended IP access list 110
10 deny tcp any host 172.16.30.5 eq ftp
20 deny tcp any host 172.16.30.5 eq telnet
21 deny udp any host 172.16.30.5 eq tftp
30 permit ip any any
40 permit tcp host 192.168.177.2 host 172.22.89.26 eq www
50 deny tcp any host 172.22.89.26 eq www
```

您可以看到新增了第 21 行。我也可以刪除或編輯現有的項目，非常好！

接下來是 **show ip interface** 命令的輸出：

```
Lab_A#show ip interface fa0/1
FastEthernet0/1 is up，line protocol is up
Internet address is 172.16.30.1/24
Broadcast address is 255.255.255.255
Address determined by non-volatile memory
MTU is 1500 bytes
Helper address is not set
Directed broadcast forwarding is disabled
Outgoing access list is 110
Inbound access list is not set
Proxy ARP is enabled
Security level is default
Split horizon is enabled
[output cut]
```

請注意粗體那一列顯示介面上的離開清單是 110，但進入的存取清單則沒有設置。BlockSales 要如何呢？筆者有在 Fa0/1 的離開方向做設定，但是我又設定了名稱式延伸 ACL 110，並且應用在 Fa0/1 上。相同介面的相同方向上不能有 2 個存取清單，所以後面的設定就覆蓋掉 BlockSales 的設定。

如前所述，您可以使用 **show running-config** 命令來檢視所有的存取清單。

10-6 摘要

本章討論了如何設定標準式存取清單，以過濾 IP 交通。它教您標準式存取清單是什麼，以及如何應用到 Cisco 路由器上，以增加網路的安全性。此外，也教您如何設定延伸式存取清單以過濾 IP 交通。我們也討論了標準式與延伸式存取清單的差異，以及如何將這些清單應用至 Cisco 路由器上。

本章也說明如何設定名稱式存取清單，並應用至路由器上。名稱式存取清單提供人們容易識別的好處，比起以既難懂又難記的編號來參考存取清單的做法，這使得管理上更容易。最後介紹如何監控與確認特定存取清單在路由器上的運作。

10-7 考試重點

- **記住標準與延伸式存取清單的編號範圍**：用來設定標準式存取清單的編號範圍是 1-99 與 1300-1999。延伸式存取清單的編號範圍是 100-199 與 2000-2699。
- **瞭解 "隱含的拒絕" 這個術語**：每個存取清單的結尾都是一道隱含的拒絕敘述，這表示如果封包不符合存取清單中的所有規則，就會被丟棄。此外，如果您的清單中全都是 **deny** 敘述，則這個清單將不允許任何封包通過。
- **瞭解標準式 IP 存取清單的設定命令**：要設定標準式 IP 存取清單，必須在整體設定模式中使用 access-list，號碼為 1-99 或 1300-1999。先選擇 **permit** 或 **deny**，然後再選擇本章所討論的 3 種技術之一來選擇所要過濾的來源 IP 位址。
- **瞭解延伸式 IP 存取清單的設定命令**：要設定延伸式 IP 存取清單，必須在整體設定模式中使用 access-list，號碼為 100-199 或 2000-2699。先選擇 **permit** 或 **deny**、網路層協定欄位、想要過濾的來源 IP 位址、目的位址，最後則是傳輸層埠號 (如果已經設定了 TCP 或 UDP 協定)。
- **記住在介面上確認存取清單的命令**：要檢視哪個存取清單配置在介面上的哪個方向過濾交通，請使用 **show ip interface** 命令。這個命令並不顯示存取清單的內容，只是顯示介面上應用了那個存取清單。
- **記住確認存取清單之設定的命令**：若要檢視路由器上有哪些存取清單的設定，請使用 **show access-list** 命令，這個命令並不顯示哪個介面配置了這些存取清單。

10-8 習題

習題解答請參考附錄。

( ) 1. 當封包在比對存取清單時，下列何者為偽？

A. 一定是依照序列順序逐行比對存取清單

B. 一旦封包符合存取清單某一列的條件，就會被執行，而不會再繼續進行任何比對。

C. 每個存取清單的結尾都有內隱的「deny」條件。

D. 要到所有項目都分析過之後，比對才會結束。

( ) 2. 假設您要產生一份存取清單，阻止範圍從 192.168.160.0 到 192.168.191.0 之網路中的主機，必須使用以下哪個清單？

A. access-list 10 deny 192.168.160.0 255.255.224.0

B. access-list 10 deny 192.168.160.0 0.0.191.255

C. access-list 10 deny 192.168.160.0 0.0.31.255

D. access-list 10 deny 192.168.0.0 0.0.31.255

( ) 3. 假設您已經產生了一份稱為 Blocksales 的名稱式存取清單，若要將這份清單應用在要進入 Fa0/0 介面的封包，下列何者是有效命令？

A. (config)#ip access-group 110 in

B. (config-if)#ip access-group 110 in

C. (config-if)#ip access-group Blocksales in

D. (config-if)#Blocksales ip access-list in

(　　) 4. 下列哪個存取清單敘述可以允許所有 HTTP 會談進入包含網站伺服器的網路 192.168.144.0/24？

A. access-list 110 permit tcp 192.168.144.0 0.0.0.255 any eq 80

B. access-list 110 permit tcp any 192.168.144.0 0.0.0.255 eq 80

C. access-list 110 permit tcp 192.168.144.0 0.0.0.255 192.168.144.0 0.0.0.255 any eq 80

D. access-list 110 permit udp any 192.168.144.0 eq 80

(　　) 5. 以下哪個存取清單只允許 WWW 交通進入 196.15.7.0 網路？

A. access-list 100 permit tcp any 196.15.7.0 0.0.0.255 eq www

B. access-list 10 deny tcp any 196.15.7.0 eq www

C. access-list 100 permit 196.15.7.0 0.0.0.255 eq www

D. access-list 110 permit ip any 196.15.7.0 0.0.0.255

E. access-list 110 permit www 196.15.7.0 0.0.0.255

(　　) 6. 哪個路由器命令可讓您知道某個 IP 存取清單是否有作用在某個介面上？

A. show ip port

B. show access-lists

C. show ip interface

D. show access-lists interface

(　　) 7. 如果想要拒絕所有對 192.168.10.0 網路的 telnet 連線，要用哪個命令？

A. access-list 100 deny tcp 192.168.10.0 255.255.255.0 eq telnet

B. access-list 100 deny tcp 192.168.10.0 255.255.255.0 eq telnet

C. access-list 100 deny tcp any 192.168.10.0 0.0.0.0.255 eq 23

D. access-list 100 deny 192.168.10.0 0.0.0.255 any eq 23

(　　) 8. 如果您想要拒絕從 200.200.10.0 網路到 200.199.11.0 網路的 FTP 存取，但許可其他任何的交通，應該使用什麼樣的命令？

A. access-list 110 deny 200.200.10.0 to network 200.199.11.0 eq ftp

B. access-list 111 permit ip any 0.0.0.0 255.255.255.255

C. access-list 1 deny ftp 200.200.10.0 200.199.11.0 any any

D. access-list 100 deny tcp 200.200.10.0 0.0.0.255 200.199.11.0 0.0.0.255 eq ftp

E. access-list 198 deny tcp 200.200.10.0 0.0.0.255 200.199.11.0 0.0.0.255 eq ftp

access-list 198 permit ip any 0.0.0.0 255.255.255.255

(　　) 9. 如果您想要產生一份延.伸式存取清單，拒絕以下主機的子網路：172.16.50.172/20。則這份清單的開頭應該為何？

A. access-list 110 deny ip 172.16.48.0 255.255.240.0 any

B. access-list 110 udp deny 172.16.0.0 0.0.255.255 ip any

C. access-list 110 deny tcp 172.16.64.0 0.0.31.255 any eq 80

D. access-list 110 deny ip 172.16.48.0 0.0.15.255 any

10

(　　)10. 下列何者是 /27 遮罩的通配 (反向) 版本？

A. 0.0.0.7

B. 0.0.0.31

C. 0.0.0.27

D. 0.0.31.255

MEMO

網路位址轉換 (NAT)

11

Chapter

本章涵蓋的 CCNA 檢定主題

4.0 IP 服務

- 4.1 使用靜態與儲備池來設定與查驗內部來源 NAT

本章簡介**網路位址轉換** (Network Address Translation，NAT)、**動態 NAT** 與**埠號位址轉換** (Port Address Translation，PAT，亦稱為 **NAT 超載**，NAT Overload)。本章會說明所有 NAT 命令，最後還會提供一些很不錯的動手實驗讓您練習設定。

本章的 Cisco 認證目標很直接：您的企業網路主機使用 RFC 1918 位址，而您必須設定 NAT 轉換，讓這些主機能夠存取網際網路。因為我們會在 NAT 設定中使用 ACL，所以在繼續之前，您必須要真正瞭解前一章的這些技術。

11-1 何時使用 NAT？

NAT 最初的意圖與**無級別的跨網域遶送** (Classless Inter-Domain Routing，CIDR) 類似，都是希望藉由用較少數量的公眾 IP 位址來表示很多的私有 IP 位址，以減少可用 IP 位址空間的消耗。

之後，人們發現 NAT 在網路遷移與合併、伺服器負載分攤、以及建立「虛擬伺服器」時也非常有用。所以，本章將描述 NAT 的基本功能，以及 NAT 的常見術語。

有時候，NAT 的確能降低網路環境中所需的大量公眾 IP 數量。當兩家內部位址架構重複的企業要合併時，NAT 也真的非常方便。當組織改變它的網際網路服務供應商，且網路管理者不想要費力改變內部位址架構時，也很適合使用 NAT。

下面列出最適合應用 NAT 的時機：

- 必須連上網際網路，但是主機又沒有全域唯一的 IP 位址的時候。
- 更換到新的 ISP 而必須重新為網路編號時。
- 必須合併兩個具有重複位址的企業內網路時。

NAT 通常使用在邊界路由器上。為了說明這點，請參考圖 11.1。

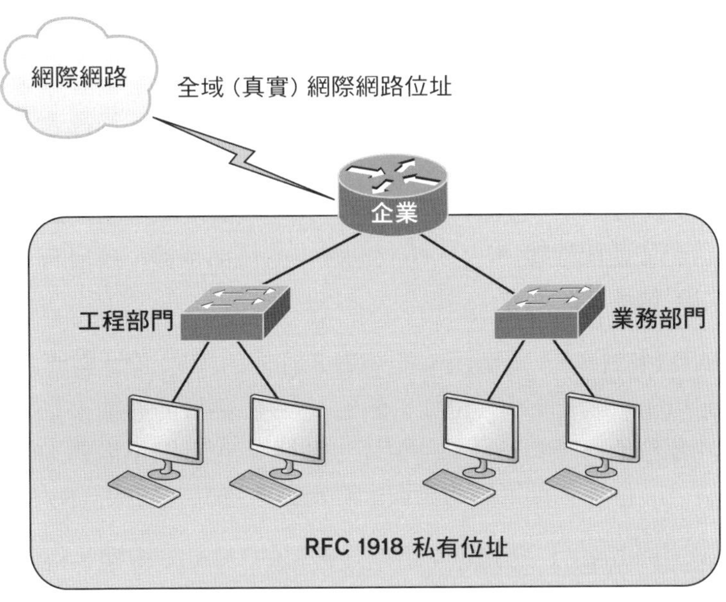

圖 11.1 在哪裡設定 NAT

您現在可能在想：「NAT 真的很酷！這是絕妙的網路玩意兒，我一定要用它。」不過請等一下，關於 NAT 的使用，確實也有些很嚴重的障礙。別誤會，它有時候確實可以節省時間，但您也必須知道它的黑暗面。表 11.1 是關於使用 NAT 的優缺點。

表 11.1 實作 NAT 的優缺點

優點	缺點
節省合法註冊的位址	轉換會增加交換路徑的延遲
減少位址發生重疊的機會	失去端點對端點 IP 的可追溯性
增加連上網際網路的彈性	啟用 NAT 時會造成某些應用程式無法運作
網路變動時不必重編位址	因為 NAT 會修改標頭中的值，使得諸如 IPsec 等隧道協定更加複雜

NAT 最明顯的優點是它可以節省合法註冊的位址架構，但是它的 PAT 版本也可以；這也是為什麼 IPv4 位址到現在還沒用完的原因。如果沒有 NAT/PAT，我們應該在 10 年前就用盡 IPv4 位址了。

11-2 網路位址轉換的類型

本節簡介 3 種 NAT：

- **靜態 NAT (一對一)**：這種 NAT 允許在區域與全域位址之間進行一對一的對應。請記住這種靜態 NAT 需要網路上的每部主機都各自有一個真實的網際網路 IP 位址。
- **動態 NAT (多對多)**：這個版本能夠將未註冊的 IP 位址對應到一堆已註冊 IP 位址中的一個註冊 IP 位址。靜態 NAT 需要靜態地設定路由器，以便將一個內部位址對應到一個外部位址，動態 NAT 則不需要。但您必須有足夠的真實 IP 位址，供每個想要與網際網路收送封包的機器使用。
- **超載 (overloading) (一對多)**：這是最普遍的 NAT 組態。超載是一種特殊形式的動態 NAT，藉由使用不同埠號，將多個未註冊的 IP 位址對應到單一個註冊的 IP 位址 (多對一)。它的特殊之處在於它又稱為**埠號位址轉換** (Port Address Translation，PAT)。藉由 PAT (NAT 超載)，只需要一個真實的全域 IP 位址，就可讓幾千個使用者與網際網路連線，很聰明吧！NAT 超載也是為什麼我們尚未耗盡網際網路的有效 IP 位址的原因。

11-3 NAT 的名稱

用來描述 NAT 位址的名稱非常簡單。經過 NAT 轉換後的位址稱為**全域位址** (global address)，這通常是在網際網路上使用的公眾位址。不過，如果您沒有要連上網際網路，則不需要公眾位址。

區域 (local) **位址**是在 NAT 轉換之前所使用的位址，所以**內部區域位址** (inside local address) 也就是嘗試連上網際網路之傳送主機真正使用的私有位址，而**外部區域位址** (outside local address) 則通常是連到 ISP 的路由器介面的位址，通常也就是封包開始其旅程所用的公眾位址。

在轉換之後，內部位址就稱為**內部全域位址** (inside global address)，而**外部全域位址** (outside global address) 就是目的主機的位址。

表 11.2 列出這些術語，以清楚描述 NAT 所使用的不同名稱。請注意這些名詞和它們的定義會因為實作而略有不同。本表是根據 Cisco 認證目標來說明它們的使用方式。

表 11.2 NAT 術語

名稱	意義
內部區域	轉換前的內部來源位址名稱 —— 通常是 RFC 1918 位址
外部區域	網際網路認識的來源主機位址。這通常是連到 ISP 的路由器介面的位址 —— 實際的網際網路位址
內部全域	轉換後要送往網際網路的內部來源主機位址；這也是真正的網際網路位址
外部全域	轉換後的外部目的主機位址；也是真正的網際網路位址

11-4 NAT 如何運作？

現在是該檢視整個 NAT 如何運作的時機了。一開始，我們用圖 11.2 來描述 NAT 的基本轉換。

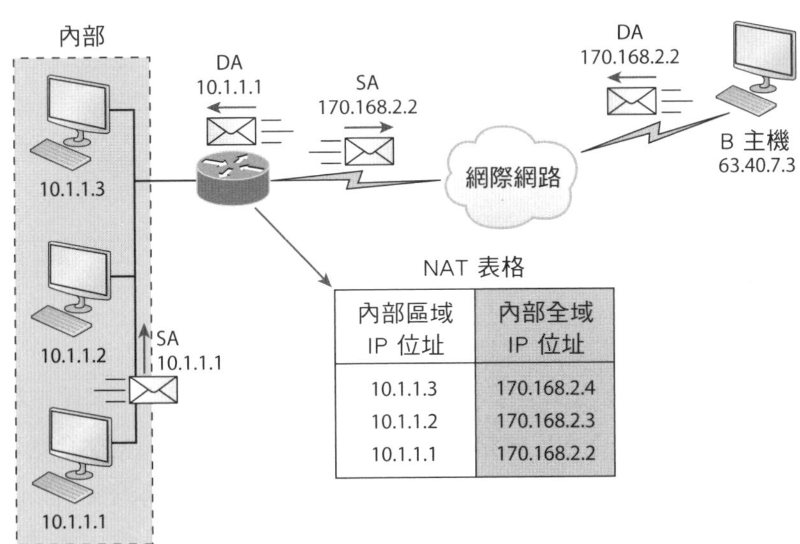

圖 11.2 基本 NAT 轉換

在圖 11.2 的範例中，主機 10.1.1.1 送出封包給設定有 NAT 的邊界路由器。路由器會認出這個 IP 位址是要送往外部網路的內部區域 IP 位址，於是轉換這個位址，然後在 NAT 表格中記錄這項轉換。

這個封包會以轉換後的新來源位址送往外部介面，之後外部主機會將封包傳回，而 NAT 路由器則會使用 NAT 表格將內部全域 IP 位址轉換回內部區域 IP 位址。就是這麼簡單！

讓我們看看另一個使用超載 (PAT)、更複雜的組態。圖 11.3 示範 PAT 的運作方式，將內部主機 HTTP 轉換給網際網路上的伺服器。

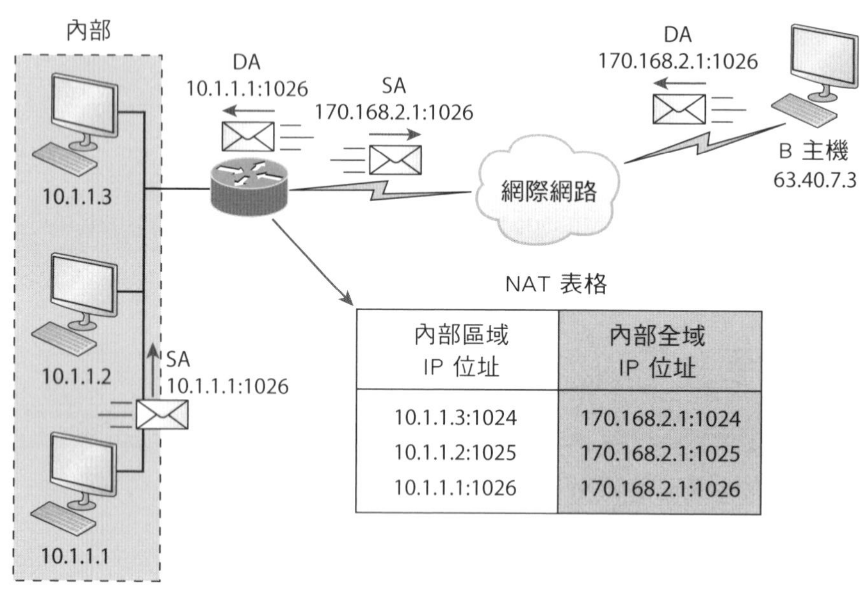

內部區域 IP 位址	內部全域 IP 位址
10.1.1.3:1024	170.168.2.1:1024
10.1.1.2:1025	170.168.2.1:1025
10.1.1.1:1026	170.168.2.1:1026

圖 11.3 NAT 超載範例 (PAT)

在 PAT 中，所有內部主機都會轉換成單一的 IP 位址，因此被稱為「超載」。看看圖 11.3 的 NAT 表格。除了內部區域 IP 位址與內部全域 IP 位址之外，我們現在還多了埠號。這些埠號會協助路由器找出回傳的交通該由哪個主機接收。路由器使用每台主機的來源埠碼來區分它們的交通。請注意封包離開路由器時的目的埠碼為 80，而 HTTP 伺服器回傳資料時使用的目的埠碼在本例中則為 1026。這讓 NAT 轉換路由器能區別 NAT 表中的主機，然後將目的 IP 位址轉換回內部區域位址。

在本例中，埠號是「傳輸層」用來辨識本地主機用的。如果我們使用真實的全域 IP 位址來辨識來源主機，就稱為靜態 NAT，而我們的位址很快就會用完。PAT 讓我們利用「傳輸層」來辨識主機，而我們只靠一個真實 IP 位址，理論上就可以使用最多 65,000 台主機。

設定靜態的 NAT

讓我們來看看簡單、基本靜態 NAT 的組態設定：

```
ip nat inside source static 10.1.1.1 170.46.2.2
!
interface Ethernet0
ip address 10.1.1.10 255.255.255.0
ip nat inside
!
interface Serial0
ip address 170.46.2.1 255.255.255.0
ip nat outside
!
```

在這個路由器的輸出中，**ip nat inside source** 命令會指定哪些 IP 位址要被轉換。在本例中，**ip nat inside source** 命令設定內部區域 IP 位址 10.1.1.1 與內部全域 IP 位址 170.46.2.2 之間的靜態轉換。

如果我們更細看這個組態，可以看到在每個介面下都有一個 **ip nat** 命令。**ip nat inside** 命令會指定該介面為內部介面，而 **ip nat outside** 命令則會將該介面指定為外部介面。當您回頭看 **ip nat inside source** 命令時，可以看到該命令參考到內部介面作為轉換的來源或起點。您也可以使用 **ip nat outside source** 命令，這樣您是將這個介面設為外部介面，將它設為轉換的來源或起點。

設定動態的 NAT

基本上，動態 NAT 意味著我們有一堆位址用來提供真實 IP 位址給內部的一群使用者。我們並不使用埠號，所以必須要有真實的 IP 位址給每個嘗試連到區域網路之外的使用者。

下面是動態 NAT 組態的輸出範例：

```
ip nat pool todd 170.168.2.3 170.168.2.254
netmask 255.255.255.0
ip nat inside source list 1 pool todd
!
interface Ethernet0
ip address 10.1.1.10 255.255.255.0
ip nat inside
!
interface Serial0
ip address 170.168.2.1 255.255.255.0
ip nat outside
!
access-list 1 permit 10.1.1.0 0.0.0.255
!
```

ip nat inside source list 1 pool todd 命令會告訴路由器將符合 access-list 1 的 IP 位址轉換到稱為 todd 的 IP NAT 儲備池 (pool)。本例中的存取清單並非是要用來允許或拒絕交通，以達成過濾交通的安全理由，而是要用來選擇或指定我們所謂的「關注的交通」(interesting traffic)。當關注的交通與存取清單匹配時，就會被拉到 NAT 程序中進行轉換。這是存取清單的一般性用法，它們並非永遠都扮演在介面阻擋交通的黑暗角色。

ip nat pool todd 170.168.2.3 170.168.2.254 netmask 255.255.255.0 命令會建立位址的儲備池 (pool)，用來分配給那些需要 NAT 的主機。在 Cisco 認證目標的 NAT 故障檢測方面，記得一定要檢查這個儲備池來確認裡面有足夠的位址提供所有內部主機的轉換。最後，確認儲備池名稱在兩條命令列上的輸入是一樣的 (大小寫必須一樣)；否則，儲備池將無法運作！

認證考試中最常見的問題之一，就是介面內部與外部的錯誤設定。

設定超載 (PAT)

最後的範例是用來示範如何設定內部全域位址超載。這是今日最常使用的典型 NAT。除非是要靜態地對應一台伺服器，否則我們通常很少會使用靜態或動態 NAT。

下面是 PAT 組態的一個輸出範例：

```
ip nat pool globalnet 170.168.2.1 170.168.2.1
netmask 255.255.255.0
ip nat inside source list 1 pool globalnet overload
!
interface Ethernet0/0
ip address 10.1.1.10 255.255.255.0
ip nat inside
!
interface Serial0/0
ip address 170.168.2.1 255.255.255.0
ip nat outside
!
access-list 1 permit 10.1.1.0 0.0.0.255
```

PAT 最棒的地方在於它的設定和前面動態 NAT 組態只有少許差異：

- 我們的位址儲備池已經縮減為只有單一的 IP 位址。
- 我們在 **ip nat inside source** 命令結尾加上了 **overload** 關鍵字。

請注意在本例中，IP 儲備池內的那一個 IP 位址就是外部介面的 IP 位址。如果您設定 NAT 超載的網路是在自己的家或小型辦公室，而 ISP 只提供一個 IP 位址給您時，這樣就很完美了。不過，如果您有額外的可用位址 (例如 170.168.2.2)，也可以一併使用。當您是在非常大型的實作環境，使用者數目多到必須要有不只一個超載的 IP 位址對外時，這就相當有用了。

簡單地確認 NAT 組態

一旦設定了要使用的 NAT 類型 (通常是超載) 之後，還得要驗證它的組態設定。

若要檢視基本的 IP 位址轉換資訊，請使用下面的命令：

```
Router#show ip nat translations
```

當檢視 IP NAT 轉換時，可能會看到有許多轉換都是從相同主機到相同的目的主機 —— 存在許多連到網站的連線時的典型情況。

此外，您可以使用 **debug ip nat** 命令來驗證您的 NAT 組態。它的輸出會在每一列偵錯訊息中顯示傳送端位址、轉換、以及目的位址。

```
Router#debug ip nat
```

要如何從轉換表格中清除 NAT 項目呢？請使用 **clear ip nat translation** 命令。若要清除 NAT 表格中的所有項目，請在命令的結尾使用星號 (*)。

11-5 測試與檢修 NAT

Cisco 的 NAT 給了您一些重要的力量，而且不需要花太多力氣，因為它的組態設定實在很簡單。但是我們都知道世界上沒有十全十美的事，所以在事情不太順利的時候，下面這個清單告訴您一些最常見的可能原因：

- 檢查動態儲備池，它們是否包含了正確的位址範圍？
- 檢查動態儲備池是否有重疊。
- 檢查靜態對應及動態儲備池中所使用的位址是否有重疊。
- 確定您的存取清單確實指定了待轉換的位址。
- 確定沒有任何應該在裡面的位址被遺漏，並且確定沒有不該在的卻被包含進去。
- 檢查您是否有適當地劃定內部與外部介面。

NAT 設定中最常見的問題之一跟 NAT 完全無關，通常都涉及遶送上的問題。所以，因為您正在改變封包中的來源或目的位址，請務必確定您的路由器知道要怎麼處理轉換後的新位址！

您通常會用的第一個命令是 **show ip nat translations** 命令：

```
Router#show ip nat trans
Pro Inside global Inside local Outside local Outside global
--- 192.2.2.1      10.1.1.1 --- ---
--- 192.2.2.2      10.1.1.2 --- ---
```

從以上的輸出可以看出路由器上的設定是靜態或動態的嗎？答案是：可以。靜態或動態 NAT 是設定出來的，因為它的內部區域與內部全域之間會有一個一對一的轉換。基本上，從輸出可以看到它是靜態或動態；還可以確定並沒有使用 PAT，因為裡面沒有埠碼。

接下來讓我們看另一份輸出：

```
Router#sh ip nat trans
Pro Inside global      Inside local     Outside local    Outside global
tcp 170.168.2.1:11003 10.1.1.1:11003  172.40.2.2:23    172.40.2.2:23
tcp 170.168.2.1:1067  10.1.1.1:1067   172.40.2.3:23    172.40.2.3:23
```

好的，我們很容易就可以從以上的輸出發現它使用的是 PAT。輸出中的協定是 TCP，而且兩筆資料中的內部全域位址是一樣的。

據說，NAT 表格能存放的對應數目應該難以計數，但實際上，總是會有像 CPU、記憶體、可用位址或埠號範圍之類的東西來加以限制，使得能存放的項目數有所限制。每個 NAT 對應會吃掉大約 160 位元組的記憶體。有的時候(但不是很常)，還必須因為效能或是政策限制，而限制項目的數量。在這類情況下，可以使用 **ip nat translation max-entries** 命令來協助。

另一個很好用的檢修命令是 **show ip nat statistics**。它會提供 NAT 組態的摘要，並且計算作用中 (active) 的轉換類型數目。它還會計算現有對應的擊中數 (hit) 和失誤數 (miss)，失誤的後果就是嘗試建立一個新的對應。這個命令還會揭露逾時的轉換。如果您想要檢查動態儲備池、它們的類型、可用的位址總數、已經配置了多少位址、配置失敗的次數、以及已經發生的轉換數目，只要使用 **pool** 關鍵字即可。

以下是一個基本 NAT 除錯命令的範例：

```
Router#debug ip nat
NAT: s=10.1.1.1->192.168.2.1，d=172.16.2.2 [0]
NAT: s=172.16.2.2，d=192.168.2.1->10.1.1.1 [0]
NAT: s=10.1.1.1->192.168.2.1，d=172.16.2.2 [1]
NAT: s=10.1.1.1->192.168.2.1，d=172.16.2.2 [2]
NAT: s=10.1.1.1->192.168.2.1，d=172.16.2.2 [3]
NAT*: s=172.16.2.2，d=192.168.2.1->10.1.1.1 [1]
```

請注意輸出中的最後一列，其中 NAT* 中的星號代表該封包已被轉換，而且快速交換到目的地。何謂「快速交換」呢？它又稱為以交換為基礎的快取 (cache)，或者一個更具解釋力的名稱："遶送一次，交換多次 (route one switch many)"。Cisco 路由器使用快速交換程序來產生第三層繞送資訊的快取，然後供第二層使用，以便讓路由器快速地轉送封包，而不需要每個封包都去解析路徑表。

您知道可以手動清除 NAT 表格中的動態 NAT 項目嗎？如果您想要丟棄某個討厭的項目，但不想傻傻地等到它逾時，這樣做就相當方便。當您想清除整個 NAT 表格來重設位址儲備池時，手動清除也很有用。

如果儲備池中有任何位址在 NAT 表格中存在對應時，Cisco 的 IOS 軟體就不會讓您變更或刪除位址儲備池。**clear ip nat translations** 命令會清除表格項目，您可以藉由全域與區域位址、並透過 TCP 與 UDP 轉換 (包含埠號) 來指定單一項目，也可以直接輸入星號 (*) 清除整個表格。因為這個命令並不會移除靜態項目，所以要記住這樣做只會清除動態的項目。

還有一點，如果有任何外部裝置的封包之目的位址剛好對應到任何內部裝置時，(這個目的位址也就是所謂的內部全域位址) 代表最初的對應必須保存在 NAT 表格中，以便從該連線來的所有封包都能夠有一致的轉換。當同一部機器經常傳送封包給同一台外部目的主機時，在 NAT 表格中保留該對應項目也可以削減重複搜尋的次數。

每當新產生一個 NAT 項目到 NAT 表格時，該項目的計時器就開始計時；計時器的持續時間稱為**轉換逾時** (translation timeout)。而每次有該項目的封包經由路由器轉換時，該計時器就會重新計時。如果計時器逾時，該項目就會悄悄地從 NAT 表格中移除，而這個動態指定的位址也會還回儲備池中。Cisco 預設的轉換逾時為 86,400 秒 (24 小時)，但是您可以使用 **ip nat translation timeout** 命令來變更。

在前進到組態設定的章節、並且真正使用前述命令之前，我們先來看一些 NAT 範例，並且看看您是否能想出必須使用的設定為何。首先，請觀察圖 11.4，並且問自己兩件事：您要在這個設計的哪裡實作 NAT，以及您想設定哪種類型的 NAT？

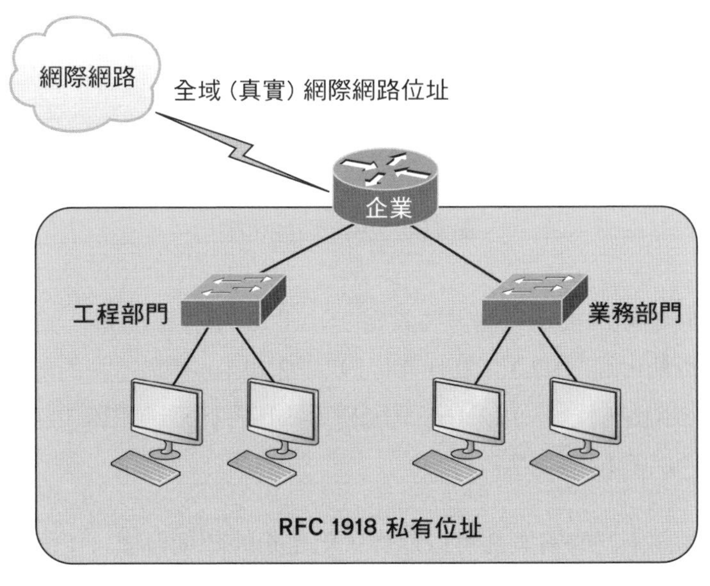

圖 11.4 NAT 範例

在圖 11.4 中，NAT 組態應該要放在企業路由器上，並且使用有超載的動態 NAT (PAT)。

在下面的 NAT 設定中，使用的是哪種 NAT 呢？

```
ip nat pool todd-nat 170.168.10.10 170.168.10.20 netmask 255.255.255.0
ip nat inside source list 1 pool todd-nat
```

其實命令中的 **pool** 已漏了餡，儲備池中不只一個位址呢！這表示我們可能不是使用 PAT。上述命令使用的正是動態 NAT。在下一個 NAT 範例中，我們會使用圖 11.5 來看看是否能想出所需的組態設定。

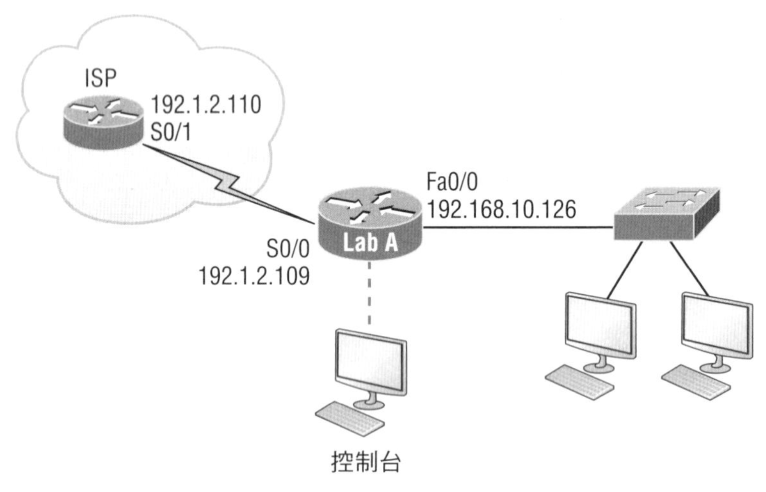

圖 11.5 另一個 NAT 範例

圖 11.5 的範例顯示一個需要設定 NAT 的邊界路由器，並且可以使用 6 個公眾 IP 位址，從 192.1.2.109 到 192.1.2.114。不過，在內部網路中，您有 62 台主機使用私有位址 192.168.10.65 到 192.168.10.126。您會如何設定邊界路由器的 NAT 組態呢？

這裡有兩個不同的答案都可以運作，但是根據認證目標，下面是筆者的第一選擇：

```
ip nat pool Todd 192.1.2.109 192.1.2.109 netmask 255.255.255.248
access-list 1 permit 192.168.10.64 0.0.0.63
ip nat inside source list 1 pool Todd overload
```

命令 **ip nat pool Todd 192.1.2.109 192.1.2.109 netmask 255.255.255.248** 將儲備池的名稱設為 Todd，並且使用位址 192.1.2.109 為 NAT 建立位址的動態儲備池。您也可以使用 **prefix-length 29** 敘述來取代 **netmask** 命令 (為了避免您多想：路由器介面是沒辦法這樣設定的)。

第二種做法會得到完全相同的結果，同樣只有 192.1.2.109 是您的內部全域位址，但是您可以用下面這種方式輸入：**ip nat pool Todd 192.1.2.109 192.1.2.114 netmask 255.255.255.248**。但這是一種浪費，因為第 2 到第 6 個位址都只有在 TCP 埠號發生衝突時才會用到。如果您有上萬部主機以及一個網際網路連線，那麼這樣的設定可能還有點用，因為它有助於解決 TCP-Reset 的問題 (兩部主機嘗試使用相同的來源埠號和 NAK)。但我們這個例子同時只有 62 部主機會連上網際網路，一個以上的內部全域位址並不能給您什麼好處。

要瞭解前述設定其實不難，因為存取清單的這一列命令只有用到網路編號和通配字元。一如筆者常說的：「所有問題都是子網路問題」，這裡也不例外。本例的內部區域為 192.168.10.65-126；這是個 64 的區塊，也就是 255.255.255.192 的遮罩。就像我們在每一章不斷提醒的：您務必要能快速地完成子網路運算。

ip nat inside source list 1 pool Todd overload 命令使用 **overload** 命令將動態儲備池設定為使用埠號位址轉換 (PAT)。

請確定要在適當的介面上加入 **ip nat inside** 與 **ip nat outside** 敘述。

再看一個範例。

圖 11.6 中網路的 IP 位址已經如圖所示的設定，圖中只設了一部主機，但我們要在這個區域網路上增加 25 部主機，而且所有 26 部主機要能夠同時連上網際網路。

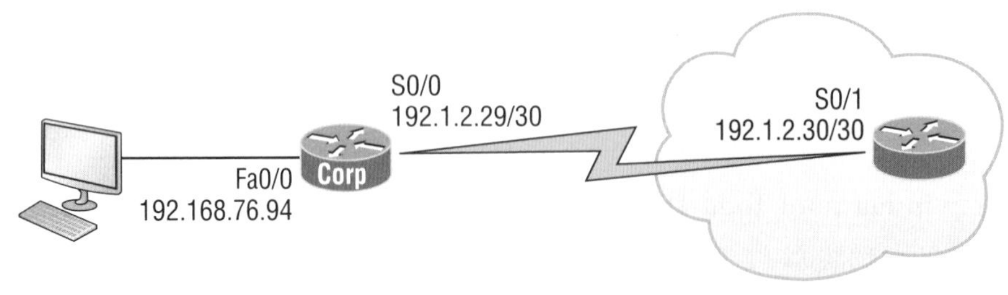

圖 11.6 最後一個 NAT 範例

檢視這個網路，並且只使用如下的內部位址來設定 Corp 路由器的 NAT，讓所有主機都能連上網際網路。

- **內部全域位址**：198.18.41.129 至 198.18.41.134。
- **內部區域位址**：192.168.76.65 至 192.168.76.94。

現在我們所知道的資訊就是這些內部區域與內部全域位址，不過加上圖中路由器介面的 IP 位址，還是能夠正確地完成設定。

首先要了解我們的區塊大小，這樣才能得知 NAT 儲備池的子網路遮罩，以及設定存取清單的通用遮罩。

您應該很容易就可以看出內部全域的區塊大小是 8，而內部區域的區塊大小是 32，這個基礎很重要，不可不會。

好的，既然有了區塊大小，就可以設定 NAT 了：

```
ip nat pool Corp 198.18.41.129 198.18.41.134 netmask 255.255.255.248
ip nat inside source list 1 pool Corp overload
access-list 1 permit 192.168.76.64 0.0.0.31
```

因為儲備池的區塊大小是 8，所以必須使用 **overload** 命令，讓 26 部主機可以同時連上網際網路。還有另外一個簡單的方法來設定 NAT，家用辦公室可以用這種設定來連結到 ISP：

```
ip nat inside source list 1 int s0/0/0 overload
```

哇！一行就搞定！這個命令的意思是說：請使用外部區域來當作內部全域，並且對它進行超載。很好，但您還是得產生 ACL 1，並且加入內部與外部介面命令。不過如果您沒有一堆位址可用時，這種設定 NAT 的方法又好、又快。

11-6 摘要

本章介紹了關於網路位址轉換 (NAT)，以及如何設定靜態、動態及埠號位址轉換 (PAT) —— 也稱為 NAT 超載。本章也描述了每種 NAT 在網路的應用方式，以及它們在網路上的設定方式。本章還提到一些驗證與檢修命令。別忘了練習所有的實驗，直到您能完全地掌握它們。

11-7 考試重點

- **瞭解 NAT 術語**：NAT 有幾個小名，在業界它被稱為**網路偽裝** (network masquerading)、**IP 偽裝** (IP masquerading)。另外，也有些人稱它為**原生位址轉換** (Native Address Translation)。不論您想如何稱呼它，基本上它們都是指在 IP 封包經過路由器或防火牆時，重新改寫來源或目的位址的過程。您只要關心它所發生的事情，以及您對它的瞭解即可。
- **記得 NAT 的 3 種方法**：包括靜態、動態及超載 (也稱為**埠號位址轉換**，PAT)。
- **瞭解靜態 NAT**：這種 NAT 進行區域與全域位址間的一對一對應。
- **瞭解動態 NAT**：這種 NAT 讓您能夠將未註冊的 IP 位址對應到已註冊 IP 位址儲備池中的某個已註冊 IP 位址。
- **瞭解超載**：超載其實是動態 NAT 的一種特殊形式，使用不同埠號將多個未註冊 IP 對應到單一的已註冊 IP 位址 (多對一)。它也稱為**埠號位址轉換** (PAT)。

11-8 習題

習題解答請參考附錄。

( ) 1. 下列哪些是使用 NAT 的缺點 (請選 3 項)？

A. 轉換會造成交換路徑延遲。

B. NAT 會節省合法註冊的位址。

C. NAT 會遺失端點對端點 IP 的可追蹤性。

D. NAT 會增加連上網際網路的彈性。

E. 有些應用程式無法在 NAT 開啟的情況下運作。

F. NAT 會減少位址發生重疊。

( ) 2. 下列哪些是使用 NAT 的優點 (請選 3 項)？

A. 轉換會造成交換路徑延遲。

B. NAT 會節省合法註冊的位址。

C. NAT 會遺失端點對端點 IP 的可追蹤性。

D. NAT 會增加連上網際網路的彈性。

E. 有些應用程式無法在 NAT 開啟的情況下運作。

F. NAT 會減少位址發生重疊。

( ) 3. 哪個命令可以看到路由器上的即時轉換？

A. show ip nat translations

B. show ip nat statistics

C. debug ip nat

D. clear ip nat translations *

( ) 4. 哪個命令可以顯示路由器上所有作用中的轉換？

A. show ip nat translations

B. show ip nat statistics

C. debug ip nat

D. clear ip nat translations *

( ) 5. 哪個命令會清除路由器上所有作用中的轉換？

A. show ip nat translations

B. show ip nat statistics

C. debug ip nat

D. clear ip nat translations *

( ) 6. 哪個命令會顯示 NAT 組態的摘要？

A. show ip nat translations

B. show ip nat statistics

C. debug ip nat

D. clear ip nat translations *

E. clear ip nat sh config sum *

( ) 7. 哪個命令會建立稱為 Todd 的動態儲備池，提供您 30 個全域位址？

A. ip nat pool Todd 171.16.10.65 171.16.10.94 net 255.255.255.240

B. ip nat pool Todd 171.16.10.65 171.16.10.94 net 255.255.255.224

C. ip nat pool todd 171.16.10.65 171.16.10.94 net 255.255.255.224

D. ip nat pool Todd 171.16.10.1 171.16.10.254 net 255.255.255.0

11

(　　) 8. NAT 的 3 種方法是哪些？(選擇 3 個)

A. 靜態

B. IP NAT 儲備池

C. 動態

D. NAT 雙重轉換

E. 超載

(　　) 9. 當建立全域位址的儲備池時，下面何者可以用來取代 netmask 命令？

A. / (斜線符號)

B. prefix-length

C. no mask

D. block-size

(　　)10. 如果您的路由器無法轉換時，下列何者是故障排除的第一步？

A. 重新開機

B. 打電話給 Cisco

C. 檢查介面的組態設定是否正確

D. 執行 **debug all** 命令

IP 服務

12

Chapter

本章涵蓋的 CCNA 檢定主題

2.0 網路存取

- 2.3 設定與查驗第 2 層發現協定 (Cisco 發現協定 CDP 和 LLDP)

4.0 IP 服務

- 4.2 在主從式模式下設定與查驗 NTP 的運作
- 4.4 說明 SNMP 在網路運作中的功用
- 4.5 說明 syslog 的使用和等級
- 4.8 設定網路裝置使用 SSH 進行遠端存取

本章一開始將說明如何使用 Cisco 專屬的**發現協定** (Cisco Discovery Protocol，CDP)，和業界標準的**鏈結層發現協定** (Link Layer Discovery Protocol，LLDP) 來找出鄰居裝置的資訊。接著將說明如何使用**網路時間協定** (NTP) 來進行裝置時間的同步。之後，我們將檢視簡單**網路管理協定** (SNMP)，和它傳送到**網路管理工作站** (NMS) 警報類型。您還會學到重要的 Syslog 日誌記錄與設定。最後，本章將說明如何設定 SSH。

12-1 運用 CDP 和 LLDP 來探索相連的設備

CDP (Cisco Discovery Protocol，Cisco 發現協定) 是 Cisco 設計的專屬協定，用來幫助管理員收集本地與遠端裝置的相關資訊。藉由 CDP 可收集鄰居裝置的硬體與協定資訊，這對網路的檢修與書面說明是很有助益的！另一個動態的發現協定是**鏈結層發現協定** (Link Layer Discovery Protocol，LLDP)，但它不像 CDP 那樣，它不是專屬的協定，而是與非廠商專屬的獨立協定。

以下幾節將討論 CDP 計時器，以及用來確認網路的 CDP 命令。

取得 CDP 計時器與保留期限

show cdp 命令 (縮寫成 **sh cdp**) 提供 2 個可在 Cisco 裝置上設定的 CDP 整體參數：

- **CDP 計時器** (timer)：這是從所有運作介面送出 CDP 封包的頻率。
- **CDP 保留期限** (holdtime)：這是裝置對它從鄰居裝置接收之封包的保留時間。

Cisco 路由器與 Cisco 交換器都使用相同的參數。圖 12.1 顯示 CDP 在交換網路中的運作方式。

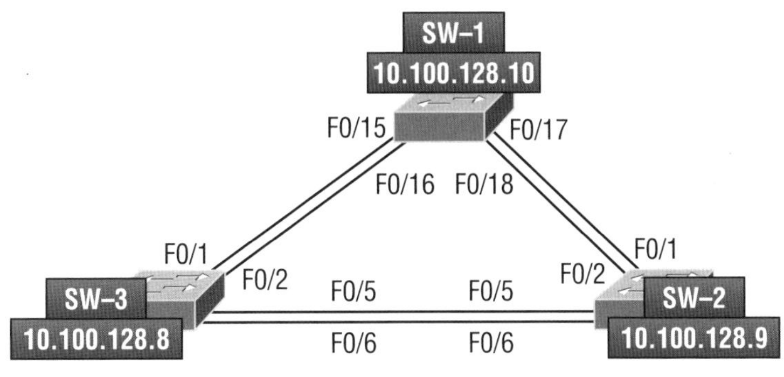

圖 12.1 Cisco 發現協定

3560 SW-3 的輸出如下：

```
SW-3#sh cdp
Global CDP information:
        Sending CDP packets every 60 seconds
        Sending a holdtime value of 180 seconds
        Sending CDPv2 advertisements is enabled
```

輸出中顯示預設為每 60 秒傳送一次，並且會將鄰居的封包保存在 CDP 表中 180 秒。利用 **cdp holdtime** 與 **cdp timer** 這 2 個整體命令，可以設定路由器上的 CDP 保留期限與計時器，例如：

```
SW-3(config)#cdp ?
  advertise-v2  CDP sends version-2 advertisements
  holdtime      Specify the holdtime (in sec) to be sent in packets
  run           Enable CDP
  timer         Specify the rate at which CDP packets are sent (in sec)
  tlv           Enable exchange of specific tlv information

SW-3(config)#cdp holdtime ?
  <10-255>  Length of time (in sec) that receiver must keep this packet

SW-3(config)#cdp timer ?
  <5-254>  Rate at which CDP packets are sent (in sec)
```

12

您可以使用整體設定模式下的 **no cdp run** 命令來關閉所有介面的 CDP，或是 **cdp run** 命令來開啟 CDP。

```
SW-3(config)#no cdp run
SW-3(config)#cdp run
```

要關閉或開啟某個介面上的 CDP，使用 **no cdp enable** 或 **cdp enable** 命令。

收集鄰居資訊

show cdp neighbors 命令 (縮寫成 **sh cdp nei**) 提供直接相連之裝置的相關資訊。CDP 封包無法穿過 Cisco 交換器，所以您只能看到直接相連的裝置。這表示如果您的路由器連到交換器，就無法看到插入該交換器的任何裝置。

以下是在筆者 SW-3 路由器上使用 **show cdp neighbors** 命令所產生的輸出：

```
SW-3#sh cdp neighbors
Capability Codes: R - Router, T - Trans Bridge, B - Source Route Bridge
S - Switch, H - Host, I - IGMP, r - Repeater, P - Phone,
D - Remote, C - CVTA, M - Two-port Mac Relay Device ID
Local Intrfce Holdtme Capability Platform Port ID
SW-1 Fas 0/1 150 S I WS-C3560- Fas 0/15
SW-1 Fas 0/2 150 S I WS-C3560- Fas 0/16
SW-2 Fas 0/5 16 S I WS-C3560- Fas 0/5
SW-2 Fas 0/6 162 S I WS-C3560- Fas 0/6
```

好的，上例是直接以控制台纜線直接連結到 SW-3 交換器，而 SW-3 還另外直接連結了 2 部交換器。CDP 讓我們可以看到誰是直接相連的鄰居，並且收集到關於它們的資訊。從 SW-3 交換器，可以看到有 2 條到 SW-1 交換器的連線，和 2 條到 SW-2 的連線。SW-3 使用 Fas 0/1 和 Fas 0/2 埠連到 SW-1，以及本地介面 Fas 0/5 和 0/6 連到 SW-2。SW-1 和 SW-2 都是 3650 交換器；SW-1 使用 Fas 0/15 及 Fas 0/16 連到 SW-3，SW-2 則是使用 Fas 0/5 and Fas 0/6 埠。

總之，裝置識別碼 (Device ID) 會顯示相連裝置的主機名稱，本地介面 (Local Intrace) 指的是這部路由器的介面，而埠識別碼 (port ID) 則是另一端裝置上直接來連結的介面。這份輸出所看到的都是直接相連的裝置。

表 12.1 摘要了 **show cdp neighbors** 命令為每個裝置顯示的資訊：

表 12.1　**show cdp neighbors** 命令的輸出

欄位	說明
裝置 ID	直接相連之裝置的主機名稱
本地介面	收到 CDP 封包的本機埠或介面
保留期限	路由器收到 CDP 封包後保留該資訊的時間長度，如果之後還沒收到更多的 CDP 封包，就會摒棄相關資訊
能力	該鄰居的能力，例如路由器、交換器或中繼器。性能代碼列在命令輸出的頂端
平台	直接相連之 Cisco 裝置的機型。前一個輸出範例顯示出 SW-3 與兩部 3560 交換器直接相連
埠 ID	鄰居裝置的埠或介面，CDP 封包就是由它利用多點傳播傳來的

您一定要能看懂 **show cdp neighbors** 命令的輸出，要能解讀鄰居的裝置能力 (也就是路由器或交換器)、機型編號 (平台)、連結遠端裝置的連接埠 (本地介面)、以及鄰居裝置連結過來的連接埠 (埠 ID)。

另一個提供鄰居資訊的命令是 **show cdp neighbors detail** (縮寫成 **show cdp nei de**)，這個命令可以在路由器與交換器上執行，而且會顯示相連之每部裝置的詳細資訊。例如下面的輸出：

```
SW-3#sh cdp neighbors detail
----------------------------
Device ID: SW-1
Device ID: SW-1
Entry address(es):
  IP address: 10.100.128.10
Platform: cisco WS-C3560-24TS, Capabilities: Switch IGMP
Interface: FastEthernet0/1, Port ID (outgoing port): FastEthernet0/15
Holdtime : 135 sec
```

```
Version :
Cisco IOS Software, C3560 Software (C3560-IPSERVICESK9-M), Version
12.2(55)SE5, RELEASE SOFTWARE (fc1)
Technical Support: http://www.cisco.com/techsupport
Copyright (c) 1986-2013 by Cisco Systems, Inc.
Compiled Mon 28-Jan-13 10:10 by prod_rel_team

advertisement version: 2
Protocol Hello:  OUI=0x00000C, Protocol ID=0x0112; payload len=25,
value=00000000FFFFFFFF010221FF00000000000001C555EC880Fc00f000
VTP Management Domain: 'NULL'
Native VLAN: 1
Duplex: full
Power Available TLV:

    Power request id: 0, Power management id: 1, Power available: 0,
Power management level: -1
Management address(es):
  IP address: 10.100.128.10
-------------------------

[ouput cut]

-------------------------
Device ID: SW-2
Entry address(es):
  IP address: 10.100.128.9
Platform: cisco WS-C3560-8PC, Capabilities: Switch IGMP
Interface: FastEthernet0/5, Port ID (outgoing port): FastEthernet0/5
Holdtime : 129 sec

Version :
Cisco IOS Software, C3560 Software (C3560-IPBASE-M), Version 12.2(35)
SE5, RELEASE SOFTWARE (fc1)
Copyright (c) 1986-2005 by Cisco Systems, Inc.
Compiled Thu 19-Jul-05 18:15 by nachen

advertisement version: 2
Protocol Hello:  OUI=0x00000C, Protocol ID=0x0112; payload len=25,
value=00000000FFFFFFFF010221FF000000000000B41489D91880Fc00f000
VTP Management Domain: 'NULL'
Native VLAN: 1
Duplex: full
Power Available TLV:

    Power request id: 0, Power management id: 1, Power available: 0,
Power management level: -1
```

```
Management address(es):
  IP address: 10.100.128.9
[output cut]
```

從這份輸出可看到什麼呢？首先，它提供了每部直接相連裝置的主機名稱與 IP 位址。除了 **show cdp neighbors** 命令所提供的相同資訊之外，**show cdp neighbors detail** 命令還提供鄰居裝置的 IOS 版本和 IP 位址。

show cdp entry * 命令會顯示與 **show cdp neighbors detail** 命令相同的資訊。這 2 個命令的效果完全一樣。

真實情境

CDP 可以救命！

Karen 剛剛受雇為德州達拉斯一家大型醫院的資深網路顧問。院方期望她能處理所有可能產生的問題，這裡就不加以強調；她只是擔心如果網路當掉，人們就可能無法得到正確的醫療！這攸關潛在的生死風險！

剛開始 Karen 工作得很愉快，然後，當然網路出了一些問題。 Karen 跟資淺的管理員要網路圖，以便能檢修網路。但他們說網路圖一直在一位資深管理員 (剛剛被解雇) 那兒，現在沒有人能找得到……天啊！

醫生每幾分鐘就會來呼喊一下，因為他們無法得到必要的資訊，他們需要照顧他們的病人。Karen 該怎麼辦？

這時 CDP 成了救命仙丹！幸虧這家醫院的設備全是 Cisco 路由器與交換器，而且預設上所有 Cisco 裝置上的 CDP 都是開啟的。此外，所幸這位剛被解雇的管理員在離開之前並沒有關閉任何裝置上的 CDP。

現在 Karen 必須做的就是利用 **show cdp neighbor detail** 命令找出所有她需要知道之每部裝置的資訊，幫助她畫出醫院網路，拯救生命！

接下來的障礙可能是不知道那些裝置的密碼，那麼只好期待能找出這些密碼，或在他們上面執行密碼復原的工作。

因此，使用 CDP —— 您從來不知道何時可能會用到它來解救生命！

附註：這可是真實的故事！

利用 CDP 製作網路拓樸的書面文件

如本節標題所示，現在我們要說明如何使用 CDP 來製作一個範例網路的書面文件。您會學到如何只使用 CDP 命令和 **show running-config** 命令，來判斷路由器的類型、介面種類和各個介面的 IP 位址。

這個練習的規則如下：

- 只能透過 Lab_A 路由器來製作網路文書。
- 所有遠端路由器必須指派為各網路位址範圍的下一個 IP 位址。

我們使用另一個圖來做為範例。圖 12.2 是用來協助您完成文件。

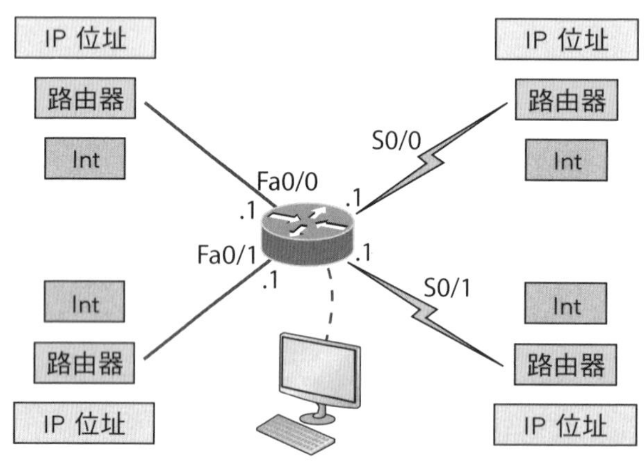

圖 12.2 使用 CDP 來製作網路文書

在這個輸出中，可以看到路由器有 4 個介面：2 個 FastEthernet 和 2 個序列介面。首先，使用 **show running-config** 命令找出每個介面的 IP 位址。

```
Lab_A#sh running-config
Building configuration...

Current configuration : 960 bytes
!
version 12.2
```

```
service timestamps debug uptime
service timestamps log uptime
no service password-encryption
!
hostname Lab_A
!
ip subnet-zero
!
!
interface FastEthernet0/0
ip address 192.168.21.1 255.255.255.0
duplex auto
!
interface FastEthernet0/1
ip address 192.168.18.1 255.255.255.0
duplex auto
!
interface Serial0/0
ip address 192.168.23.1 255.255.255.0
!
interface Serial0/1
ip address 192.168.28.1 255.255.255.0
!
ip classless
!
line con 0
line aux 0
line vty 0 4
!
end
```

這個步驟完成後，您現在可以寫下 Lab_A 路由器 4 個介面的 IP 位址。接著，您必須決定連接每個介面之另一端裝置的種類。這很簡單，只要使用 **show cdp neighbors** 命令即可：

```
Lab_A#sh cdp neighbors
Capability Codes: R - Router, T - Trans Bridge, B - Source Route Bridge
S - Switch, H - Host, I - IGMP, r - Repeater
Device ID Local Intrfce Holdtme Capability Platform Port ID
Lab_B Fas 0/0 158 R 2501 E0
Lab_C Fas 0/1 135 R 2621 Fa0/0
Lab_D Ser 0/0 158 R 2514 S1
Lab_E Ser 0/1 135 R 2620 S0/1
```

哇！看起來我們連到一些舊型的路由器囉！不過這可不關我們的工作。我們的任務是要畫出網路，所以現在我們已經取得很多資訊了！藉由使用 **show running-config** 和 **show cdp neighbors** 命令，可以知道 Lab_A 路由器的所有 IP 位址，以及連到每條 Lab_A 路由器鏈路的路由器種類，以及遠端路由器的所有介面。

而且，透過從 **show running-config** 和 **show cdp neighbors** 蒐集到的資訊，我們就能夠建立圖 12.3 的拓樸了。

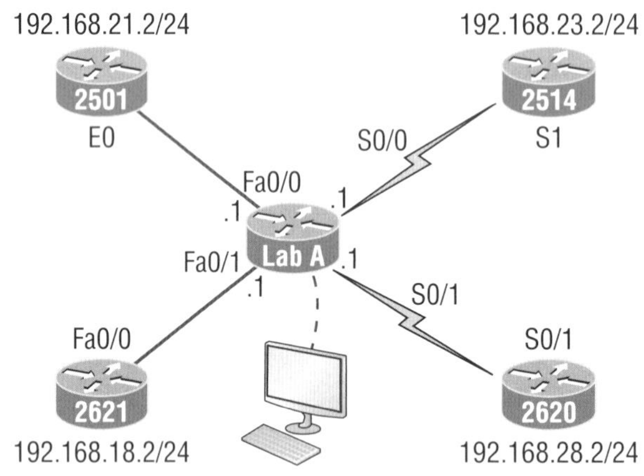

圖 12.3 記錄下來的網路拓樸

如果有需要的話，我們也可以使用 **show cdp neighbors details** 命令來檢視鄰居的 IP 位址。但是由於我們知道 Lab_A 路由器所有鏈路的 IP 位址，所以根據這個網路的規定，我們已經知道下個可用的 IP 位址是多少了。

鏈結層發現協定 (LLDP)

在結束 CDP 之前，必須先討論一項非專屬性的發現協定，能提供與 CDP 幾乎相同的資訊，而且可以在多廠商的網路中運作。

IEEE 建立了新的標準化發現協定，稱為 802.1AB「站台與媒介存取控制連線發現」(Station and Media Access Control Connectivity Discovery)，在此則稱為 LLDP (Link Layer Discovery Protocol，鏈結層發現協定)。

LLDP 定義基本的發現能力，但它也針對語音應用做了改進，這個版本稱為 LLDP-MED (媒介端點發現，Media Endpoint Discovery)。LLDP 與 LLDP-MED 並不相容。

LLDP 有以下的設定指引和限制：

- 必須先在設備上啟動 LLDP，然後才能在介面上啟動或關閉 LLDP。
- 只有實體介面才支援 LLDP。
- LLDP 在每個埠上最多能發現一部設備。
- LLDP 能夠發現 Linux 伺服器。

你可以在設備的整體設定模式下使用 **no lldp run** 命令完全地關閉 LLDP，以及使用 **lldp run** 命令來啟動它，亦即啟動所有介面的 LLDP。

```
SW-3(config)#no lldp run
SW-3(config)#lldp run
```

若要關閉或開啟一個介面的 LLDP，請使用 **lldp transmit** 和 **lldp receive** 命令。

```
SW-3(config-if)#no lldp transmit
SW-3(config-if)#no lldp receive

SW-3(config-if)#lldp transmit
SW-3(config-if)#lldp receive
```

接著將討論網路時間協定 (NTP)，用以確保所有裝置的時間同步。

12-2 NTP (Network Time Protocol，網路時間協定)

NTP 的功能就跟它的名稱一樣：提供時間給網路上的所有裝置。更精確來說，NTP 可以同步那些透過封包交換以及會有變動延遲之資料網路來運作的電腦系統。

通常，您會將 NTP 伺服器透過網際網路連到電子鐘。這個時間會透過網路進行同步，讓所有路由器、交換器、伺服器等等都接收到相同的時間資訊。

維持網路內的正確時間是很重要的：

- 正確的時間才可以正確追蹤到網路上各事件的發生順序。
- 時鐘同步才能正確解讀 syslog 內的事件。
- 時鐘同步對數位憑證非常重要。

確定所有裝置都同步到正確的時間，對分析路由器與交換器日誌特別有用，不論是針對安全性或是其它的維護議題。路由器及交換器會在不同事件發生時送出日誌訊息；例如當介面當掉及是否恢復等。您已經知道 IOS 產生的所有訊息預設都只會進入控制台埠；不過，這些控制台訊息可以重導到 syslog 伺服器。

Syslog 伺服器會儲存控制台訊息，並且加上時戳，以方便之後的檢視。它的做法其實很簡單。下面是在 SF 路由器上的設定：

```
SF(config)#service timestamps log datetime msec
```

然而，即使使用 **service timestamps log datetime msec** 命令取得加入時間戳記的訊息，如果是使用預設的時鐘來源，則未必就是真正的時間。

要確定所有裝置都以相同的時間資訊達成同步，必須要設定這些裝置從 1 台中央伺服器上接收精確的時間資訊，如圖 12.4：

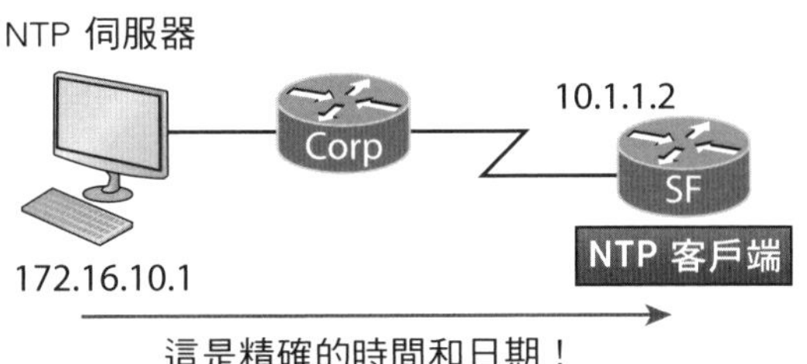

圖 12.4　時間資訊的同步

```
SF(config)#ntp server 172.16.10.1 version 4
```

只要在所有裝置上使用 1 個簡單的命令，每台裝置就會擁有相同而精確的時間和日期資訊。您也可以使用 **ntp master** 命令讓路由器或交換器成為 NTP 伺服器。要驗證 NTP 客戶端是否有接收到時脈資訊，可以使用下列命令：

```
SF#sh ntp ?
  associations   NTP associations
  status         NTP status  status     VTP domain status

SF#sh ntp status
Clock is unsynchronized, stratum 16, no reference clock
nominal freq is 119.2092 Hz, actual freq is 119.2092 Hz, precision is 2**18
reference time is 00000000.00000000 (00:00:00.000 UTC Mon Jan 1 1900)
clock offset is 0.0000 msec, root delay is 0.00 msec
S1#sh ntp associations

address     ref clock   st   when   poll reach  delay  offset   disp
 ~172.16.10.1   0.0.0.0      16      -    64    0    0.0     0.00    16000.
 * master (synced), # master (unsynced), + selected, - candidate, ~ configured
```

在範例中，藉由 **show ntp status** 命令，可以看到位於 SF 的 NTP 客戶端並沒有跟伺服器同步。stratum 的值介於 1 到 15 之間，較低的值代表較高的 NTP 優先順序；16 表示沒有接收到時脈資訊。

NTP 客戶端還有許多其他不同的組態設定方式，例如 NTP 驗證，以防範入侵者改變路由器或交換器受到攻擊的時間。

12

12-3 SNMP

雖然 SNMP (簡易網路管理協定，Simple Network Management Protocol) 不是最老的協定，但它建立於 1988 年的 SNMP (RFC 1065) 也算是相當老了！

SNMP 是應用層協定，提供訊息格式，讓各種裝置上的代理程式跟網路管理工作站 (NMS) 溝通，例如 Cisco Prime 或 SolarWinds 都是 NMS。這些代理程式傳送訊息給 NMS，由它們將資訊讀取或寫入儲存在 NMS 上的資料庫，稱為**管理資訊庫** (MIB，Management Information Base)。

NMS 會使用 GET 訊息定期查詢或輪詢 (poll) 裝置上的代理程式，以蒐集並分析統計資訊。執行 SNMP 代理程式的終端裝置會在發生問題時，傳送 SNMP 的 TRAP 訊息給 NMS，如圖 12.5。

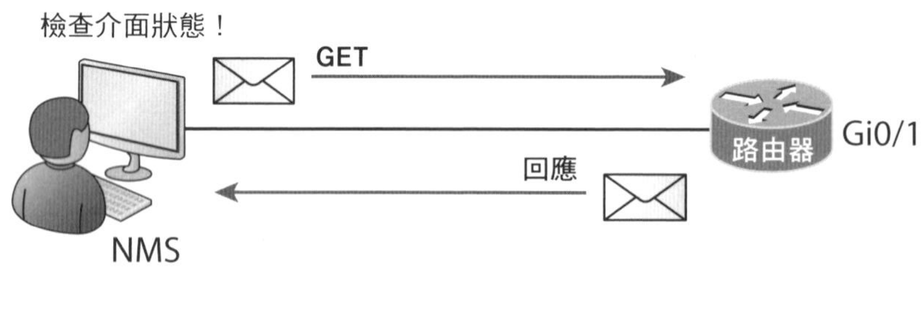

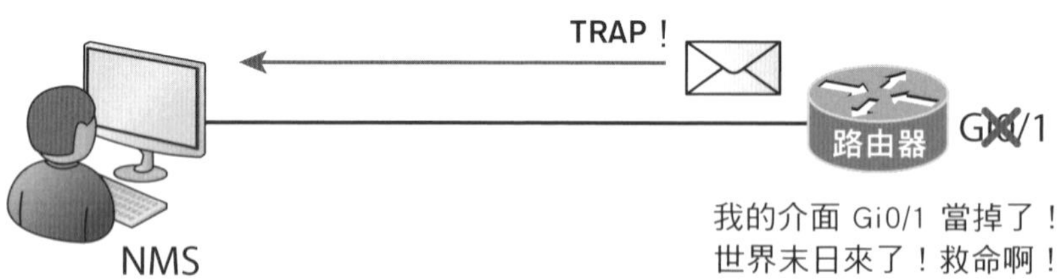

圖 12.5 SNMP 的 GET 與 TRAP 訊息

我們也透過 SNMP，使用 SET 訊息提供資訊給代理程式。SNMP 除了輪詢以取得統計資訊外，也可以用來分析資訊，並且將結果編輯為報表，甚至於圖表。它可以設定臨界值，以便在超過臨界值時觸發通知流程。有圖形化工具可以用來監督 Cisco 裝置 (如核心路由器) 的 CPU 統計值。CPU 應該要被持續監看，且 NMS 能夠將統計值做成圖表。當超過任何設定的臨界值時，就會送出通知。

SNMP 有 3 種版本，但第 1 版非常罕見。下面是這 3 種版本的摘要：

- **SNMPv1**：支援明文社群字串認證，只使用 UDP。
- **SNMPv2c**：支援明文社群字串認證而沒有加密，但提供 GET BULK，可以同時蒐集許多類型的資訊，並且將 GET 請求的數目最小化。它提供更詳細的錯誤訊息回報方法，但是沒有比 v1 更安全。雖然可以設定為使用 TCP，但它還是使用 UDP。
- **SNMPv3**：支援 MD5 或 SHA 的強認證，藉由在代理程式與管理程式間的 DES 或 DES-256 加密，以提供訊息的機密性 (加密) 和資料整合性。SNMPv3 也支援 GET BULK。此外，它是使用 TCP。

管理資訊庫 (Management Information Base，MIB)

有這麼多種裝置和如此多的資料可以存取，就需要一種標準的方法來組織這些資料，這就是 MIB 的功用。MIB 是一組資訊的集合，以階層方式組織，並且可以透過 SNMP 之類的協定存取。RFC 定義了一些常用的公共變數，但大多數組織會在基本的 SNMP 標準之外，定義自己的分支。組織 ID (Organizational ID，OID) 是以樹狀排列，不同組織會指定不同的等級，而 MIB 最上層的 OID 則是屬於不同的標準組織。

廠商會為自己的產品指定私有分支。以 Cisco 的 OID 為例，它是以文字或編號來找出樹狀結構中的特定變項，如圖 12.6。

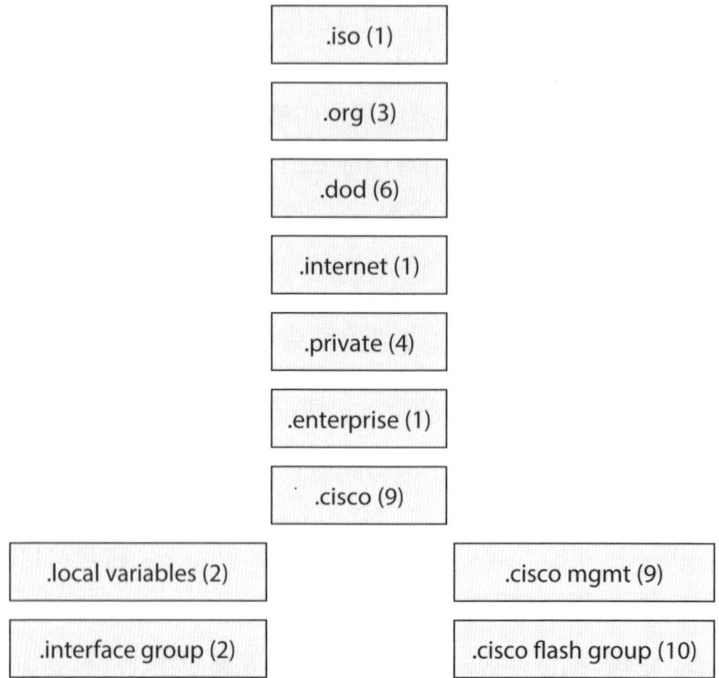

圖 12.6 Cisco 的 MIB OID

還好 Cisco 考試並不要求您背誦圖 12.6 的 OID。

要從 SNMP 代理者的 MIB 中取得資訊，可以使用以下數種不同的動作：

- **GET**：用來從 MIB 取得資訊給 SNMP 代理者。
- **SET**：用來從 SNMP 管理者處取得資訊。
- **WALK**：用來從指定之 MIB 中列出連續的 MIB 物件資訊。
- **TRAP**：SNMP 代理者用來傳送被觸發的資訊片段給 SNMP 管理者。
- **INFORM**：與 trap 相同，但是增加了 trap 沒有的確認 (acknowledgement)。

設定 SNMP

設定 SNMP 的程序相當直接，只需要幾個命令。要設定 Cisco 裝置的 SNMP 存取，必須執行下列步驟：

1. 開啟路由器的 SNMP 讀寫存取。
2. 設定 SNMP 連絡資訊。
3. 設定 SNMP 位置。
4. 設定 ACL 來限制對 NMS 主機的 SNMP 存取。

唯一必要的組態是社群字串，因為其他 3 項都是選擇性的。下面是典型 SNMP 路由器的組態範例：

```
Router(config)#snmp-server community ?
  WORD  SNMP community string

Router(config)#snmp-server community Todd ?
  <1-99>        Std IP accesslist allowing access with this community string
  <1300-1999>   Expanded IP accesslist allowing access with this community
                string
  WORD          Access-list name
  ipv6          Specify IPv6 Named Access-List
  ro            Read-only access with this community string
  rw            Read-write access with this community string
  view          Restrict this community to a named MIB view
  <cr>

Router(config)#snmp-server community Todd rw
Router(config)#snmp-server location Boulder
Router(config)#snmp-server contact Todd Lammle
Router(config)#ip access-list standard Protect_NMS_Station
Router(config-std-nacl)#permit host 192.168.10.254
```

輸入 **snmp-server** 命令會開啟 Cisco 裝置上的 SNMPv1。您可以直接在 SNMP 組態中，使用編號或名稱輸入 ACL 以提供安全性。例如：

```
Router(config)#snmp-server community Todd Protect_NMS_Station rw
```

請注意即使 SNMP 有一大堆組態選項，要在路由器上完成 SNMP 的基本 trap 設定，實際上只需要用到其中的幾項。首先設定 NMS 工作站的 IP 位址，也就是路由器要傳送 trap 的地方。其次選擇社群名稱 Todd，以及讀寫存取；表示 NMS 可以向路由器取得與修改 MIB 物件。位置和連絡資訊在進行組態問題檢測時會很方便。ACL 是用來保護 NMS 不會受到不當存取，而不是要保護有代理程式的裝置。

下面是 SNMP 的讀、寫選項：

- **唯讀 (read-only)**：提供被授權的管理站可以對 MIB 中社群字串以外的所有物件進行唯讀存取，但不允許寫入存取。
- **讀寫 (read-write)**：提供被授權的管理站可以對 MIB 中的所有物件進行讀取和寫入存取，但不允許對社群字串的存取。

還有其他方法可以從 Cisco 裝置蒐集資訊，接著我們將討論使用 Syslog 來記錄日誌。相對於 SNMP，筆者個人比較喜歡 Syslog，因為 IOS 中可以取得的 Syslog 訊息遠多於 SNMP 的 TRAP 訊息。

12-4 Syslog

從交換器或路由器的內部緩衝區讀取系統訊息，是瞭解網路在特定時間發生什麼事，最常用也最有效率的方法。但是最好的方式是將訊息寫到 syslog 伺服器；它不僅可以儲存訊息，甚至還可以加上時戳和排序，而且很容易配置與設定。

Syslog 可以顯示、排序和搜尋訊息，所以是個很棒的故障檢測工具。它的搜尋功能尤其好用，您可以使用關鍵字，甚至用嚴重等級來搜尋。此外，伺服器也可以根據訊息的嚴重等級傳送電子郵件給管理者。

網路裝置可以設定為產生 syslog 訊息，並且轉送到不同的目的地。下面 4 個範例是從 Cisco 裝置蒐集訊息的常見方式：

- 緩衝區記錄 (預設開啟)
- 控制台線路 (預設開啟)
- 終端機線路 (使用 **terminal monitor** 命令)
- Syslog 伺服器

所有 IOS 產生的系統訊息和偵錯輸出，預設都只會送到控制台埠，並且記錄在 RAM 中的緩衝區。此外，如您所知，Cisco 路由器在提供訊息方面向來很大方！要傳送訊息到 VTY 線路，必須使用 **terminal monitor** 命令。Syslog 則需要少許的組態設定，稍後將會說明。

根據預設，控制台線路上可以看到類似下面的輸出：

```
*Oct 21 15:33:50.565:%LINK-5-CHANGED:Interface FastEthernet0/0, changed
state to administratively down
*Oct 21 15:33:51.565:%LINEPROTO-5-UPDOWN:Line protocol on Interface
FastEthernet0/0, changed state to down
```

Cisco 路由器會傳送一般性訊息到 syslog 伺服器，以類似下面的格式：

```
Seq no:timestamp: %facility-severity-MNEMONIC:description
```

系統訊息格式可以分解如下：

- **Seq no**：標示日誌訊息的序列編號，但不是預設。如果需要這項輸出，必須特別設定。
- **Timestamp**：訊息或事件的時間和日期，同樣需要設定才會顯示。
- **Facility**：訊息相關的設施。
- **Severity**：0 到 7 的一位數字，表示訊息的嚴重等級。
- **MNEMONIC**：唯一性的訊息說明字串。
- **Description**：關於回報訊息的詳細說明字串。

表 12.2 說明從最高到最輕的嚴重等級。預設為偵錯等級，會將所有訊息送到緩衝區和控制台。

表 12.2　嚴重等級

嚴重等級		說明
緊急 (emergency)	嚴重等級 0	系統無法使用
警報 (alert)	嚴重等級 1	需要立即採取行動
危急 (critical)	嚴重等級 2	危急狀況
錯誤 (error)	嚴重等級 3	錯誤狀況
警告 (warning)	嚴重等級 4	警告狀況
通知 (notification)	嚴重等級 5	正常但重大狀況
資訊 (information)	嚴重等級 6	正常資訊訊息
偵錯 (debugging)	嚴重等級 7	偵錯訊息

Tip 如果您是為了 Cisco 認證研讀本書，請務必牢記本表。

如果設定為嚴重等級 0，則只會顯示緊急等級的訊息。但是如果選擇等級 4，從 0 到 4 級的訊息都會顯示；您將會看到緊急、警報、危急、錯誤和警告訊息。等級 7 是最高等級的安全性選項，會顯示所有的訊息，但這也會對裝置的效能產生嚴重的影響。所以在使用偵錯命令時請務必小心，要留意企業真正需要的訊息到底有哪些。

設定與驗證 Syslog

Cisco 裝置會根據選擇的嚴重等級，將所有日誌訊息顯示在控制台。它們也會送進緩衝區 —— 這兩者都是預設。要關閉或開啟這些功能，可以用下列命令：

```
Router(config)#logging ?
Hostname or A.B.C.D IP address of the logging host
buffered Set buffered logging parameters
buginf Enable buginf logging for debugging
cns-events Set CNS Event logging level
console Set console logging parameters
count Count every log message and timestamp last occurrence
esm Set ESM filter restrictions
exception Limit size of exception flush output
```

```
facility Facility parameter for syslog messages
filter Specify logging filter
history Configure syslog history table
host Set syslog server IP address and parameters
monitor Set terminal line (monitor) logging parameters
on Enable logging to all enabled destinations
origin-id Add origin ID to syslog messages
queue-limit Set logger message queue size
rate-limit Set messages per second limit
reload Set reload logging level
server-arp Enable sending ARP requests for syslog servers when
first configured
source-interface Specify interface for source address in logging
transactions
trap Set syslog server logging level
userinfo Enable logging of user info on privileged mode enabling

Router(config)#logging console
Router(config)#logging buffered
```

如上例所示，**logging** 命令有許多選項可以使用。前面的設定開啟了控制台和緩衝區來接收所有等級的日誌訊息；這也是所有 Cisco IOS 裝置的預設。如果想要關閉預設，可以使用下列命令：

```
Router(config)#no logging console
Router(config)#no logging buffered
```

筆者喜歡讓控制台和緩衝區保持開啟，以接收日誌資訊，不過這是隨您決定。使用 **show logging** 命令可以看到緩衝區資訊：

```
Router#sh logging
Syslog logging: enabled (11 messages dropped, 1 messages rate-limited,
 0 flushes, 0 overruns, xml disabled, filtering disabled)
    Console logging: level debugging, 29 messages logged, xml disabled,
                     filtering disabled
    Monitor logging: level debugging, 0 messages logged, xml disabled,
                     filtering disabled
    Buffer logging:  level debugging, 1 messages logged, xml disabled,
                     filtering disabled
```

12

```
    Logging Exception size (4096 bytes)
    Count and timestamp logging messages: disabled
No active filter modules.

    Trap logging: level informational, 33 message lines logged

Log Buffer (4096 bytes):
*Jun 21 23:09:35.822: %SYS-5-CONFIG_I: Configured from console by console
Router#
```

請注意預設的 trap 等級 (從裝置到 NMS 的訊息) 是偵錯 (debugging)，但是這也可以變更。在看過 Cisco 裝置預設的系統訊息格式之後，接下來要說明如何在訊息格式中加入序列編號和時戳 (非預設)。從圖 12.7 的簡單範例開始。

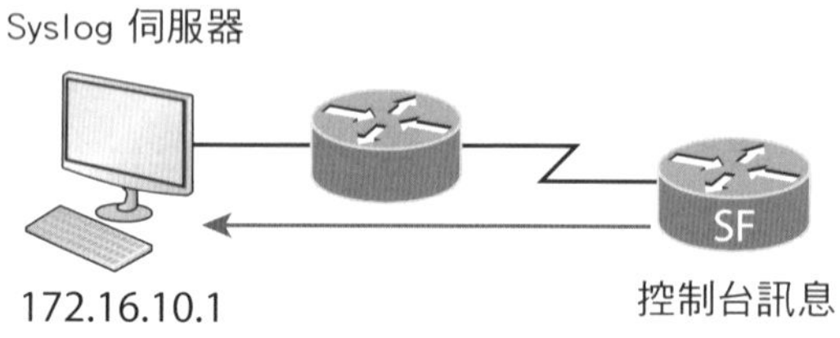

圖 12.7　送往 syslog 伺服器的訊息

Syslog 伺服器會儲存控制台訊息複本，並且加上時戳供稍後檢視。它的設定很簡單，下面是在 SF 路由器上的設定：

```
SF(config)#logging 172.16.10.1
SF(config)#logging trap informational
```

現在所有控制台訊息都儲存在相同位置供您檢視！筆者通常會使用 **logging host ip_address** 命令，但 **logging ip_address** 命令也有相同的效果。

我們可以根據嚴重程度來限制送往 syslog 伺服器的訊息數量：

```
SF(config)#logging trap ?
<0-7> Logging severity level
alerts Immediate action needed (severity=1)
critical Critical conditions (severity=2)
```

```
debugging Debugging messages (severity=7)
emergencies System is unusable (severity=0)
errors Error conditions (severity=3)
informational Informational messages (severity=6)
notifications Normal but significant conditions (severity=5)
warnings Warning conditions (severity=4)
<cr>
SF(config)#logging trap warnings
```

請注意我們可以使用嚴重等級的名稱或編號。因為我設定了等級 6 (Informational)，所以會收到從等級 0 到 6 的訊息。這些又稱為 local 等級，例如 local6，兩種都一樣。

現在來設定路由器使用序列標號：

```
SF(config)#no service timestamps
SF(config)#service sequence-numbers
SF(config)#^Z
000038: %SYS-5-CONFIG_I: Configured from console by console
```

離開組態設定模式時，路由器會傳送類似上例輸出的訊息。如果沒有開啟時戳，就不會看到日期和時間，但是會看到序列編號。

以上的訊息包括了：

- **序列編號**：000038
- **設施**：%SYS
- **嚴重等級**：5
- **MNEMONIC**：CONFIG_I
- **說明**：Configured from console by console

再次強調：就 Cisco 認證以及控制 syslog 伺服器訊息量而言，都請務必注意嚴重等級！

12-5 Secure Shell (SSH)

筆者強烈建議使用更安全的 Secure Shell (SSH) 來連接網路裝置，而不要使用 Telnet。Telnet 應用使用未加密的資料流，SSH 則是使用加密金鑰建立更安全的會談來傳送資料，所以使用者名稱和密碼不會以明文傳送，也就不會被其他人偷窺。

下面是在 Cisco 裝置上設定 SSH 的步驟：

1. 設定主機名稱：

```
Router(config)#hostname Todd
```

2. 設定網域名稱 (要產生加密金鑰必須要有主機名稱和網域名稱)：

```
Todd(config)#ip domain-name Lammle.com
```

3. 設定使用者名稱讓 SSH 客戶端能夠存取：

```
Todd(config)#username Todd password Lammle
```

4. 產生安全會談所需要的加密金鑰：

```
Todd(config)#crypto key generate rsa
The name for the keys will be: Todd.Lammle.com
Choose the size of the key modulus in the range of 360 to
4096 for your General Purpose Keys. Choosing a key modulus
Greater than 512 may take a few minutes.
How many bits in the modulus [512]: 1024
% Generating 1024 bit RSA keys, keys will be non-exportable...
[OK] (elapsed time was 6 seconds)
Todd(config)#
1d14h: %SSH-5-ENABLED: SSH 1.99 has been enabled*June 24
19:25:30.035: %SSH-5-ENABLED: SSH 1.99 has been enabled
```

5. 啟動路由器上的第 2 版 SSH，雖然沒有一定要這樣設，但強烈建議您這麼做：

```
Todd(config)#ip ssh version 2
```

6. 連到交換器或路由器的 vty 線路：

```
Todd(config)#line vty 0 15
```

7. 告訴線路要使用本地資料庫的密碼：

```
Todd(config-line)#login local
```

8. 設定存取協定：

```
Todd(config-line)#transport input ?
all All protocols
none No protocols
ssh TCP/IP SSH protocol
telnet TCP/IP Telnet protocol
```

要注意千萬不要在正式營運環境中使用下列命令，因為它會造成很大的安全性風險：

```
Todd(config-line)#transport input all
```

建議使用下面命令，以 SSH 來保護 VTY 線路：

```
Todd(config-line)#transport input ssh ?
telnet TCP/IP Telnet protocol
<cr>
```

事實上，筆者的確會在某些特定情況下短暫使用 Telnet，但絕不會經常如此做。如果要使用 Telnet 時，可以使用如下方式：

```
Todd(config-line)#transport input ssh telnet
```

如果在命令字串的結尾沒有使用關鍵字 telnet，則只有 SSH 會在路由器上運作。筆者並非要建議您兩者擇一使用，只是您一定要知道 SSH 比 Telnet 安全。

12-6 摘要

本章一開始是關於如何使用 Cisco 專屬的 CDP 和產業標準的 LLDP 來發掘相鄰裝置資訊。接著說明如何使用 NTP 來同步裝置的時間。

之後，我們探索了應用層的協定 SNMP，用來為不同裝置的代理程式提供與網路管理工作站 (NMS) 溝通的訊息格式。同時也說明了送往 NMS 的警報類型。接著我們詳細說明了重要的 Syslog。最後，則是 SSH 的設定。

12-7 考試重點

- **描述 CDP 和 LLDP 的價值**：CDP 可用來幫助您檢修網路，以及為網路製作書面文件。而 LLDP 則是一個非專屬的協定，可以提供如 CDP 一般的資訊。
- **了解 show cdp neighbors 命令輸出所提供的資訊**：**show cdp neighbors** 命令提供以下的資訊：裝置 ID、本地介面、保留期限、功能、平台以及埠 ID (遠端介面)。
- **了解如何設定 NTP**：設定 NTP 很簡單，不必記住一大堆選項。只要告訴 syslog 標記時間和日期，並啟動 NTP 就好了。

```
SF(config)#service timestamps log datetime msec
SF(config)#ntp server 172.16.10.1 version 4
```

- **了解各等級的 syslog**：要設定 syslog 很簡單，但為認證考試，它有許多選項要背起來。您可以利用這句話來協助記憶下表：**Every Awesome Cisco Engineer Will Need Icecream (眨眼) Daily**。

嚴重程度	說明
Emergencies(severity=0)	系統無法使用
Alerts(severity=1)	需要立即採取行動
Critical(severity=2)	危急情況
Error(severity=3)	錯誤情況
Warning(severity=4)	警告情況
Notification(severity=5)	正常但重大的情況
Informational(severity=6)	正常資訊訊息
Debugging(severity=7)	偵錯訊息

- **記住 SNMPv2 與 SNMPv3 的差異**：SNMPv2 使用 UDP，但是也可以使用 TCP。SNMPv2 和 SNMPv1 一樣，都是使用明文來傳送資料給 NMS 工作站。SNMPv2 實作了 GETBULK 和 INFORM 訊息。SNMPv3 使用 TCP 並且會驗證用戶身份，還可以在 SNMP 字串中使用 ACL 來保護 NMS 工作站不會受到未經授權的使用。
- **說明 SSH 的優點，並條列它所需的設定**：SSH 利用加密金鑰來傳送資料，這樣才不會用明文傳送使用者名稱與密碼。使用 SSH 前要設定主機名稱與網域名稱，也才能產生加密金鑰。

12-8 習題

習題解答請參考附錄。

( ) 1. 您如何根據 IP 位址，限制請求的 SNMP 管理工作站只有唯讀功能？

A. 在邏輯控制面板上加入 ACL。

B. 在設定 RO 社群字串時，在線路上放置 ACL。

C. 在 VTY 線路上放置 ACL。

D. 在所有路由器介面上放置 ACL。

( ) 2. 使用 **snmp-server community Cisco RO** 命令設定的交換器在執行 SNMPv2c。某台 NMS 正嘗試透過 SNMP 跟這台路由器溝通，這台 NMS 可以執行什麼呢？(選擇 2 個答案)

A. NMS 只能畫出取得的結果。

B. NMS 可以畫出取得的結果並且改變路由器的主機名稱。

C. NMS 只能改變路由器的主機名稱。

D. NMS 可以使用 GETBULK，並且回傳許多結果。

( ) 3. 下列關於 SNMP 的敘述何者為是？(選擇 2 個答案)

A. SNMPv2c 提供比 SNMPv1 更高的安全性。

B. SNMPv3 使用 TCP，並且加入了 GETBULK 運算。

C. SNMPv2c 加入了 INFORM 運算。

D. SNMPv3 提供三個版本中最好的安全性。

( ) 4. 哪個命令可以用來判斷直接相連之鄰居的 IP 位址？

A. show cdp　　**B.** show cdp neighbors

C. show cdp neighbors detail　　**D.** show neighbor detail

(　　) 5. 根據下面的輸出，判斷 SW-2 使用哪個介面連到 SW-3？

```
SW-3#sh cdp neighbors
Capability Codes: R - Router, T - Trans Bridge, B - Source Route BridgeS -
Switch, H - Host, I - IGMP, r - Repeater, P - Phone, D - Remote, C - CVTA,
M - Two-port Mac Relay Device ID
Local Intrfce  Holdtme  Capability  Platform  Port ID
SW-1  Fas 0/1    170        S I       WS-C3560- Fas 0/15
SW-1  Fas 0/2    170        S I       WS-C3560- Fas 0/16
SW-2  Fas 0/5    162        S I       WS-C3560- Fas 0/2
```

A. Fas 0/1　　**B.** Fas 0/16

C. Fas 0/2　　**D.** Fas 0/5

(　　) 6. 以下哪個命令可以啟動 Cisco 設備 debugging 等級的 syslog？

A. syslog 172.16.10.1

B. logging 172.16.10.1

C. remote console 172.16.10.1 syslog debugging

D. transmit console messages level 7 172.16.10.1

(　　) 7. syslog 的預設等級為何？

A. local4　　**B.** local5

C. local6　　**D.** local7

(　　) 8. 關於 syslog 以下哪 3 個敘述是正確的？(請選擇 3 個答案)

A. 運用 syslog 可以增進網路效能。

B. syslog 伺服器會自動通知網管人員網路問題。

C. syslog 伺服器提供必要的儲存空間來存放存錄檔，而不需使用到路由器的磁碟空間。

D. 與 SNMP trap 訊息相比，Cisco IOS 內有更多 syslog 訊息可用。

E. 在路由器上啟動 syslog 會自動啟動 NTP，以得到正確的時戳。

F. syslog 伺服器有助於整合存錄和告警。

( ) 9. 您必須設定所有的路由器和交換器，讓它們的時鐘與單一時間來源同步。您要在每台裝置上輸入什麼命令？

A. clock synchronization ip_address

B. ntp master ip_address

C. sync ntp ip_address

D. ntp server ip_address version number

( )10. 假如網管人員在路由器上輸入以下命令：logging trap 3，那麼會有哪 3 種訊息傳送到 syslog 伺服器？(請選擇 3 個答案)

A. Informational

B. Emergency

C. Warning

D. Critical

E. Debug

F. Error

( )11. 在路由器上設定 SSH 需要什麼命令？(選 2 個答案)

A. enable secret password

B. exec-timeout 0 0

C. ip domain-name 名稱

D. username 姓名 password 密碼

E. ip ssh version 2

安全性

本章涵蓋的 CCNA 檢定主題

5.0 安全性基本原理

- 5.1 定義重要安全性觀念 (威脅、弱點、漏洞利用與緩解技術)
- 5.2 說明安全計畫要素 (使用者安全意識、教育訓練與實體存取控制)
- 5.3 使用本地密碼設定裝置存取控制
- 5.4 說明安全密碼政策要素，例如管理、複雜度與密碼替代選擇 (多重要素認證、憑證與生物辨識技術)
- 5.7 設定第 2 層安全性功能 (DHCP 位址欺騙、動態 ARP 檢查與埠安全性)
- 5.8 區分認證、授權與記帳的觀念

網路安全性已經成長為不可或缺的基本要求了。身處對網際網路的依賴日益加深的時代，從個人、小公司到大企業和全球性組織，幾乎所有人都是駭客和電子犯罪的可能受害者。雖然我們的防護技術也與時俱進，但是這些壞蛋使用的工具也日益複雜而厲害。

今日最嚴密的安全性，在三年前幾乎完全不存在，使得管理者必須要緊緊地跟隨這個產業的快速演進趨勢。在傳統的重要技術方面，本章將以 AAA為主。AAA 是**認證** (Authentication)、**授權** (Authorization) 與**記帳** (Accounting) 的縮寫，提供對使用者和他們網路權限的充分控制。除此之外，我們還有其他的招數！RADIUS 和 TACACS+ 安全性伺服器，例如**整合式服務引擎** (Integrated Services Engine)，能協助我們實作集中式安全計畫，在安全伺服器中記錄網路事件，或是透過日誌服務記錄在 Syslog 伺服器。

堅強的安全防護不單只是不可或缺，而且日益複雜。Cisco 持續在開發和延伸它的功能，以滿足這些要求，提供一整套的軟硬體方案。

身分識別安全引擎 (Identity Security Engine，ISE)、Cisco Prime、Tetration、ACI 和其他強大的工具，如又稱為 Cisco Firepower 與 Firepower Threat Defense (FTD) 的下一代防火牆 (Next Generation Firewall，NGFW)，都將涵蓋在筆者的新書「CCNP 安全性」中。在此，您只要知道新的 FTD、甚至比較早的 ASA 裝置，都可以用來傳送認證給伺服器。

本章還將討論使用者帳戶、密碼安全性和使用者認證的方法，並且示範如何在 Cisco 裝置上設定密碼。這些聽起來相當複雜，它們也確實如此。因此，筆者才會使用這一整章來處理這些重要主題。

首先，讓我們來看看可能傷害您網路的威脅類型。

13-1 網路安全威脅

有四種網路安全的主要威脅，是您必須熟悉並且能定義出它們的攻擊者類型：

- **非結構化威脅 (Unstructured Threats)**：這種威脅通常是源自好奇的民眾，從網際網路上下載了資訊，然後試圖感受它所提供的權力感。的確，這些人之中有些是亂搞事的**腳本小子** (Script Kiddies)，但是大多數都只是因為衝動、刺激或者吹噓的快感。他們並不是技術精熟且經驗豐富的駭客。

- **結構化威脅 (Structured Threats)**：這種駭客比較熟練，具有技術能力，並且精於算計。他們專注在自己的工作，並且通常很瞭解網路設計，以及如何利用遶送和網路的弱點。他們能夠建立入侵腳本，深入滲透到網路系統中，並且可能是重複犯罪者。結構化和非結構化威脅通常都是來自網際網路。

- **外部威脅**：這些通常是來自網際網路，或是從外部發現您網路漏洞的人。對於所有連上網際網路的企業而言，這種嚴重的威脅今日已經無所不在。外部威脅通常也是透過網際網路進入您的網路。

- **內部威脅**：這種攻擊來自您網路的使用者，通常都是員工。這些可能是所有威脅中最恐怖的，因為它們很難被發現和阻止。更糟的是，因為這些駭客在網路上是經過授權的，不僅位於其中而且熟門熟路，所以他們可以在更少的時間內造成嚴重的損害。再加上憤怒不滿的員工或是想要報復的約聘人員，真的是個大問題！我們都知道這是違法的，但有些人也知道要快速造成大量損害其實並不困難，而且如果能順利脫身的話，報酬也相當不錯。

13-2 網路攻擊的三大主要類別

您現在瞭解您的敵人了，但是您知道他們想做什麼嗎？您越能瞭解，就越能處理他們的攻擊。大多數的網路攻擊落在下面三種類型中：

- **偵察式攻擊**：偵察式攻擊基本上是未經授權的摸底過程。偵察式攻擊者會進行探索，對照網路、資源、系統和弱點。這通常是第一步。收集到的資訊通常會在稍後用來攻擊網路。

- **存取攻擊**：存取攻擊是針對網路或系統，用來取得資料、獲得存取能力或是提升存取權限。有些攻擊可能簡單的只是找出沒有密碼的網路。有些存取攻擊的目的可能只是智力上的挑戰。比較黑暗的動機則包括真正的竊取機密、企業間諜或是做為跳板，誤導別人認為他們的卑劣勾當是來自您的網路。
- **拒絕服務攻擊 (Denial of Service，DoS)**：拒絕服務攻擊通常都很卑鄙。它們拒絕合法用戶來存取網路資源，唯一的目標是要阻止或破壞網路服務。拒絕服務攻擊的結果通常是讓系統崩潰，或是拖慢系統直到無法使用。這種攻擊一般是針對網站伺服器，而且非常容易執行。

13-3 網路攻擊

有許多方法能收集網路資訊，破解企業資訊，或是破壞企業網站伺服器與服務。大多數都相當常見。TCP/IP 搭配作業系統一同提供網路大量的弱點和漏洞利用，有些可能糟到完全就像是個邀請！

下面是一些常見的威脅：

- 竊聽 (Eavesdropping)
- 拒絕服務攻擊 (Denial-of-Service Attacks)
- 未經授權存取
- WareZ
- 偽裝攻擊／IP 位址欺騙 (Masquerade Attack／IP Spoofing)
- 會談劫持或重送 (Session Hijacking or Replaying)
- 重遶送 (Rerouting)
- 否認性攻擊 (Repudiation)
- Smurfing
- 密碼攻擊
- 中間人攻擊 (Man-in-the-Middle Attacks)

- 應用層攻擊
- 特洛伊木馬、病毒和蠕蟲
- HTML 攻擊

您的責任是要保護公司網路不受到這些攻擊。您必須有效地阻止對公司敏感資訊的竊取、破壞或竄改，還要阻止竄改資訊被導入造成無法彌補的損害。

竊聽 (Eavesdropping)

竊聽又稱為**網路窺探** (network snooping) 或**封包監聽** (packet sniffing)，是指駭客 "偷聽" 您的系統的行為。封包監聽軟體 sniffer 是個很不錯的產品，能夠讓我們讀取網路上傳送的資訊封包，因為網路上的封包預設是沒有加密。您可以想像在網路最佳化和故障排除時它是多麼好用！但同樣不難想像駭客將它們用於歧途，並且闖入網路收集企業的敏感資訊。

有些應用會使用明文在網路上傳送所有的資訊，這對於想要找到帳號密碼來存取企業資源的人來說，更是特別便利的功能。壞傢伙只需要取得正確的帳號，就可以在您的網路上暢行無阻。更糟的是，如果他們設法取得管理者或 root 的存取能力，他們甚至可以建立一個可以隨時使用的新用戶 ID，作為取得您網路和資源的後門。此時，網路已經是駭客的囊中物 —— 跟它吻別吧～

簡單的竊聽

下面的範例是在我檢查電子郵件時進行竊聽；可以看到要找出帳號密碼是件非常容易的事。我使用的網路分析器輸出中顯示，第一個封包中包含明文形式的使用者名稱：

```
TCP - Transport Control Protocol
  Source Port:          3207
  Destination Port:     110  pop3
  Sequence Number:      1904801173
  Ack Number:           1883396251
```

接下頁

```
  Offset:                    5  (20  bytes)
  Reserved:                 %000000
  Flags:                    %011000
                            0. .... (No Urgent pointer)
                            .1 .... Ack
                            .. 1... Push
                            .. .0.. (No Reset)
                            .. ..0. (No SYN)
                            .. ...0 (No FIN)
  Window:                   64166
  Checksum:                 0x078F
  Urgent Pointer:           0
  No TCP Options
POP - Post Office Protocol
  Line  1:                  USER tlammle1<CR><LF>
FCS - Frame Check Sequence
  FCS (Calculated):         0x0CFCA80E
```

下個封包中則包含密碼。要入侵系統所需要的所有資訊已經完全揭露；在本例中，就是電子郵件位址和帳號密碼：

```
TCP - Transport Control Protocol
  Source Port:              3207
  Destination Port:         110  pop3
  Sequence Number:          1904801188
  Ack Number:               1883396256
  Offset:                   5  (20  bytes)
  Reserved:                 %000000
  Flags:                    %011000
                            0. .... (No Urgent pointer)
                            .1 .... Ack
                            .. 1... Push
                            .. .0.. (No Reset)
                            .. ..0. (No SYN)
                            .. ...0 (No FIN)
  Window:                   64161
  Checksum:                 0x078F
  Urgent Pointer:           0
  No TCP Options
POP - Post Office Protocol
  Line  1:                  PASS secretpass<CR><LF>
```

使用者名稱 "tlammle1" 和密碼 "secretpass"，都是以明文型式示範給所有人賞玩。

更糟的是，竊聽也用來竊取資訊和身分識別資料。想像入侵者駭入某金融機構後，從網路上的電腦或是網路中穿梭的資料中，想辦法取得了信用卡號、帳號和其他的個人資訊。駭客現在就擁有足夠進行更嚴重的身分詐欺所需的所有資訊。

當然，我們還是有些可以做的措施；解決之道來自良好嚴謹的網路安全政策。要應付竊聽，必須建立政策禁止使用具有已知易受竊聽威脅的協定，並且確保所有敏感的重要網路交通都經過加密。

拒絕服務攻擊 (Denial-of-Service Attacks)

所有攻擊中最具殺傷力的拒絕服務攻擊，能夠嚴重削弱企業經營業務的能力，而迫使企業屈服。

不幸的是，這種攻擊在設計與執行上驚人地容易。基本的概念就是讓重要伺服器所支援的全部連線都維持開啟狀態。這樣就可以擋住所有有效的存取請求，因為合法用戶如顧客和員工，都會因為所有服務和頻寬都被占據而被拒於門外。

DoS 攻擊通常是使用一般的網際網路協定，如 TCP 和 ICMP。Cisco 針對 TCP/IP 的弱點提供了一些安全防護，但是沒有一項可以說是無懈可擊的。

TCP 攻擊就是指駭客開啟的會談超過被鎖定伺服器能處理的數量，使得其他人都無法存取。ICMP 攻擊又稱為「死亡之 Ping」，有兩種執行方式：第一種方式是傳送許多 ping 給伺服器；也就是讓伺服器完全淹沒在 ping 的處理中，而無暇服務企業的需要。第二種方法是修改標頭的 IP 部分，讓伺服器相信封包中包含的資料量比實際資料量大。如果這些封包傳送的數量足夠，它們就會淹沒伺服器，讓它掛掉。

下面是一些您應該知道的其他類型 DoS 攻擊：

- **Chargen**：傳送大量 UDP 封包給裝置，導致網路嚴重壅塞。
- **SYN 洪泛 (SYN flood)**：隨機開啟大量的 TCP 埠，用惡意請求綑綁網路設備，從而拒絕真正使用者的會談。

- **封包切片與重組**：這種攻擊利用主機或互聯網路設備緩衝區溢出的程式錯誤 (bug)，建立無法重組的碎片，讓系統掛掉。在介面重組封包對網路而言很有效率；然而，在對外的介面/區域中，則應該要關閉這項功能。
- **意外**：對服務的 DoS 攻擊也可能因為合法使用者誤用了組態設定錯誤的網路裝置所引起。
- **電子郵件炸彈**：網路上有許多免費程式能夠讓使用者傳送大量電子郵件給特定的人、團體、清單或網域，佔據所有的電子郵件服務。
- **Land.c**：使用 TCP SYN 封包，將目標主機位址同時指定為來源及目標。它還會將目標主機上相同的埠指定給來源與目標，從而造成目標主機掛掉。

Cisco IOS 提供一些不錯的防火牆功能，能協助阻止 DoS 攻擊，但是目前您仍舊無法完全阻止它們阻隔合法使用者。下面是 Cisco 的安全防護清單：

- **基於上下文的存取控制 (Context-Based Access Control，CBAC)**：CBAC 提供進階的交通過濾服務，可以整合為網路防火牆的一部分。
- **Java 阻絕 (java blocking)**：協助阻止有敵意的 Java applet 攻擊。
- **DoS 偵測與監控**：您必須確切瞭解自己網路究竟需要這項功能來提供多少的保護，因為它會同時阻絕攻擊者和合法使用者！謹慎地評估具體的網路需求，權衡利弊，才能聰明地使用 DoS 監控系統。
- **稽核軌跡**：稽核軌跡對於追蹤攻擊者的足跡相當有用，因為您可以將這些日誌送交相關的警政單位。
- **即時警告日誌**：即時保存攻擊者的日誌，就跟稽核軌跡一樣有用；它們可以協助有關當局追捕壞人。

Cisco TCP 攔截功能靠實作軟體來保護 TCP 伺服器，免受 TCP SYN 洪泛的 DoS 攻擊。

未經授權的存取

入侵者喜歡取得 root 或 administrator 的存取權限，因為他們可以藉此存取到強大的特權。UNIX 主機上的 /etc/password 檔案讓他們可以檢視重要的密碼。加入額外的帳號當作後門，以便日後隨時存取。

有時候入侵者取得對網路的存取之後，會將未經授權的檔案或資源放在另一個系統上，供其他入侵者存取。其他的目的還可能包括竊取和散布軟體等等。

在這方面，Cisco IOS 提供了**鎖與金鑰** (Lock and Key)。另一項工具則是 TACACS+ (Terminal Access Controller Access Control System) 伺服器 —— 遠端認證伺服器。還有 CHAP (Challenge Handshake Authentication Protocol) 認證協定。所有這些技術提供對嘗試進行未經授權存取的額外安全防護。

除了 TACACS+ 伺服器和 CHAP 之外，您也可以實作 IP 網路位址之外的用戶認證機制。它支援如密碼代符 (token) 卡，並且建立其他盤問 (challenge) 來取得存取。這個機制還要求在閒置期間的遠端重新認證 —— 一項安全防護。

WareZ

WareZ 是針對軟體未經授權的散播。入侵者的目標是竊取與剽竊，他們可能是想要販售他人的軟體，或是免費將未經授權的版本散播在網際網路上。這是現有或前任員工的最愛，但是也可能是網際網路上任何一位持有軟體破解版的人。您可以想見，WareZ 是個大問題。

有許多方式可以在網際網路上提供免費軟體，而在遠東區有一些伺服器公然提供盜版的免費軟體下載，因為他們知道沒有人可以制裁他們。對 WareZ 唯一的防範方法是加入某種啟用金鑰與授權，以防止非法使用。

偽裝攻擊／IP 位址欺騙 (Masquerade Attack／IP Spoofing)

偽裝攻擊又稱為「IP 位址欺騙」。如果您瞭解它的運作方式，其實不難防範。IP 位址欺騙攻擊是指位於網路外面的某個人，使用屬於您網路 IP 位址範圍的 IP 位址，來偽裝成可信任的電腦。攻擊者的計畫是從可信任來源處竊取 IP 位址，以便取得對網路資源的存取。可信任的電腦是指您具有管理者權限，或是已經判定在您網路上是可以信任的電腦。

您可以在企業路由器對網際網路的介面上安排存取控制清單 (ACL)，拒絕來自該介面到內部位址的存取，以攔截這種攻擊。這個方法可以輕易地阻止 IP 位址欺騙，但是只對來自網路外部的攻擊者有效。

為了偽裝網路 ID，駭客必須改變您路由器的路徑表來接收任何的封包。一旦他們成功了，就有很大的機率可以取得使用者的帳號和密碼。如果這個駭客剛好懂得訊息收發協定，他們可以加以改編，然後從公司內某個倒楣員工的電子郵件帳號送信給公司的另一個員工。這樣看起來就好像是那個使用者送出的訊息；許多駭客覺得讓企業內的使用者尷尬，是件很有娛樂性的事情。IP 位址欺騙可以讓他們達到這個目的。

會談劫持或重送 (Session Hijacking or Replaying)

當兩台主機溝通時，通常會使用傳輸層的 TCP 協定來建立可靠的會談。這個會談可能被「劫持」，讓主機們相信自己正在傳送封包給有效的主機，但是事實上卻是將封包傳送給綁匪。

因為網路封包監聽器可以收集到更多的資訊，所以現在已經不太常見到這種攻擊；不過偶爾還是會看到，所以您還是應該要知道它的存在。您可以使用經過較強認證與加密的管理協定，來防範會談劫持或重送攻擊。

重遶送 (Rerouting)

重遶送攻擊是由瞭解 IP 遶送的駭客所發動的攻擊。駭客闖入企業路由器，然後改變路徑表，以更改 IP 封包的路徑，讓它們轉而前往駭客的未經授權目的地。有些類型的 cookies 和 Java 或 Active X 腳本也可以用來操弄主機上的路徑表。要阻止重遶送攻擊，可以使用 ASA 或 Cisco Firepower 裝置的存取控制。

否認性攻擊 (Repudiation)

這種攻擊是用來否認交易，藉由刪除或修改日誌以隱藏造成拒絕的軌跡，而無法追蹤相關通訊。這樣可以使得第三方無法證明另外兩方曾經發生過通訊。

它的相反是**不可否認性** (non-repudiation)，第三方可以證明另外兩方之間有發生過通訊。因為您通常希望能夠追蹤通訊，並且證明它們確實發生過，所以不可否認性是比較適合交易的特性。

想要製造否認性攻擊的人，可以使用 Java 或 Active X 腳本來進行。他們也可以使用掃描工具來確認特定服務、網路、系統架構或 OS 的 TCP 埠。一旦取得資訊，攻擊者會嘗試找出它們相關的弱點。

要阻止否認性攻擊，請將瀏覽器的安全性等級設為「高」。您也可以阻止企業對公共電子郵件服務的任何存取。此外，在網路上加入存取控制和認證。不可否認性可以與數位簽章搭配。

Smurfing

攻擊遊戲的最新趨勢是 smurf 攻擊。這種攻擊會從可追蹤的有效主機，傳送大量的 ICMP echo (ping) 交通到 IP 廣播位址。被栽贓的主機則被當作攻擊的罪魁禍首。目標 IP 位址被用來當作 ping 的來源位址，而所有系統都回覆給該目標位址的主機則消耗掉了它的資源。

Smurf 攻擊會傳送第二層 (資料鏈結層) 廣播。大多數位於被攻擊 IP 所在網路的主機都會回應每個 ICMP echo 請求，使得交通量會乘上回應主機的總數。這會消耗大量的頻寬，並且因為網路流量飆高，而導致合法用戶被拒絕服務。

Smurf 攻擊的親戚是 **Fraggle** 攻擊；它使用和 ICMP echo 封包相同的方式，來使用 UDP echo 封包。Fraggle 只是簡單修改 smurf，改寫成使用第 4 層 (傳輸層) 的廣播。要阻止 smurf 攻擊，所有網路都必須在連接顧客或是上游供應商的網路邊緣 (存取層) 進行過濾。您的目標是阻止來源位置被偽造的封包進入下游網路，或是前往上游網路。

密碼攻擊

近年來，已經很少使用者不清楚密碼的問題，但是他們仍舊會選擇自己的寵物、配偶或是小孩的名字，因為這些比較容易記住。但是您已經很明智地制定政策來阻止這種容易被猜到的密碼了，是嗎？

大致如此吧！您確實為自己做了件好事。不過即使您的使用者選擇了真正厲害的密碼，還是有程式可以用來收集使用者帳號和密碼。如果駭客建立了能夠重複嘗試找出帳號及密碼的程式，就稱為**暴力式攻擊** (brute-force attack)。如果成功了，駭客就能存取到提供給這名使用者的所有資源。您可以想像，如果有個壞蛋劫持了系統管理者的帳號密碼，那將是多麼慘烈的一天。

中間人攻擊 (Man-in-the-Middle Attacks)

中間人攻擊就是有個人藏在您和您的網路之間，收集所有您傳送與接收的資料。要進行這種攻擊，攻擊者必須能存取網路上流經的封包。這表示那位中間人可能是內部用戶、偽裝位址的人或甚至於 ISP 的員工。中間人攻擊通常是使用網路封包監聽軟體、遶送協定、甚至是傳輸層協定來實作。

中間人攻擊者的目標可能是：

- 竊取資訊。
- 劫持進行中的會談以取得對內部網路資源的存取。
- 流量分析以取得關於網路及使用者的資訊。
- 拒絕服務。
- 破壞傳送的資料。
- 在網路會談中安插新的資訊。

應用層攻擊

應用層攻擊涉及利用已知弱點的應用系統。例如 Sendmail、PostScript、和 FTP 都是很好的例子。這種攻擊是要利用執行應用系統的帳號權限來存取電腦；這種帳號通常是系統層級的特權帳號。

特洛伊木馬、病毒、和蠕蟲

雖然很不想承認，但是如果您去看特洛伊木馬攻擊的實作方式，這真的是很酷的一種攻擊方式 —— 而且更重要的是，您不是受害者的話。特洛伊木馬會建立正常程式的替身，並且誘使用戶相信他們用的是有效的程式。敵人正是躲在木馬裡！它讓攻擊者能夠去監看登入的行為，並且捕捉使用者的帳號密碼。這種攻擊甚至可以搭配程式缺口，讓攻擊者能修改應用系統的行為，並且取代您接收所有公司傳來的電子郵件。

蠕蟲和病毒都會傳播和感染多個系統。兩者的差異在於病毒需要某種形式的人為介入才能傳播，但蠕蟲可以完全靠自己。因為病毒、特洛伊木馬和蠕蟲在觀念上很相似，所以被視為同一種型式的攻擊。它們都是針對破壞資料所建立的軟體程式。有些變種則能夠拒絕合法用戶對資源的存取，並且消耗頻寬、記憶體、磁碟空間和 CPU 運算。

所以要聰明點一使用防毒軟體，並且定期更新。

HTML 攻擊

網際網路上的另一種新攻擊型式利用了幾種新的技術：HTML 規格、網站瀏覽器功能與 HTTP。HTML 攻擊包含 Java applet 和 Active X 控制項。它們的作案手法是透過網路傳送有破壞性的程式，並且透過用戶的瀏覽器載入。

微軟針對 ActiveX 控制項推出了**程式碼簽章** (Authenticode) 技術。但是它除了提供用戶虛假的安全性錯覺外，並沒有太大的用處。這是因為攻擊者可以使用經過適當簽章和完全沒有程式錯誤的 ActiveX 控制項來建立特洛伊木馬。

這個方法獨特之處在於它是由攻擊者和您一同合作的結果。攻擊的第一幕是壞人登場，修改並設定程式。接著您這位使用者登場，在開啟程式或點選其中功能的時候，正式啟動攻擊。這些攻擊與硬體無關。由於程式的可攜性，使得它們非常有彈性。

13-4 安全計畫要素

背後有安全政策支持的安全計畫，是一直能維持安全的最佳方法之一。良好的計畫包含許多要件，但是最關鍵的三者為：

- 使用者安全意識
- 教育訓練
- 實體存取控制

使用者安全意識

攻擊會成功，通常是因為使用者對面臨的社交工程不夠敏銳。除了察覺到自己被玩弄之外，使用者還必須具備足以避免陷入危機的技能。社交工程攻擊和攻擊者會使用令人信服的語言、操弄和使用者的輕信，來取得他們想要的東西。例如憑證或其他敏感的機密資訊。您會希望相關人員瞭解並且能夠辨識出來的常見威脅，包括網路釣魚 (phishing) 和網址嫁接 (pharming)、肩窺衝浪 (shoulder surfing)、身分竊取 (identity theft)、和垃圾搜尋 (dumpster diving)。

網路釣魚/網址嫁接

網路釣魚的攻擊者會嘗試取得個人資訊，包括信用卡和財務資料。常見的釣魚手法是設置與合法網站非常相似的偽造網站。使用者造訪該網站，輸入他們的資料，包括憑證，相當於親手交出他們珍貴的身分。**魚叉式網路釣魚** (Spear phishing) 則是針對特定對象去瞭解他的習慣和喜好來進行攻擊。因為需要詳細的背景資訊，這種攻擊需要較長的時間來執行。

網址嫁接與釣魚類似，只不過它的做法是去汙染電腦的 DNS 快取，讓送往合法網站的請求，被遶送到另一個位址。

惡意軟體 (malware)

惡意軟體泛指為了進行惡意行為所設計的任何軟體。

下面是四種您應該瞭解的惡意軟體：

- **病毒**：將自己依附在其它應用之上，以複製或散播的惡意軟體。
- **蠕蟲**：能夠自行複製自己，不需要其它應用或人類互動就可以進行散播的惡意軟體。
- **特洛伊木馬**：將自己偽裝為所需的應用，同時進行惡意行為的惡意軟體。
- **間諜軟體**：收集使用者私人資料，包含瀏覽歷史或鍵盤輸入的惡意軟體。

對惡意軟體的最佳防禦就是防毒與防惡意軟體程式。今日多數廠商會將這兩種防護包裝在一起出售。保持這些軟體隨時更新非常重要，特別是要保證最新的病毒與惡意軟體定義都已經安裝完成。

教育訓練

對社交工程威脅的最佳反制措施就是提供使用者安全意識的教育訓練。這種訓練應該是必備，而且必須定期舉行，因為社交工程技術也會持續演進。

提醒使用者避免使用內嵌在電子郵件中的連結，即使這封訊息看似來自合法單位。使用者在遇到需要填寫個人資訊的網站時，應該小心檢查位址列，確定該網站是真的，而且有使用 SSL。後者會在 URL 位址的開頭寫成 HTTPS，或是顯示出一把鎖的形狀。

實體存取控制

如果沒有實體的安全性，那邏輯或技術方法也很難發揮用途。例如，假設某人可以實體存取到您的路由器和交換器，他就可以清除您的設定，並且主宰這些裝置。同樣地，對工作站的實體存取也能讓駭客使用 USB 上的作業系統開機，並且存取資料。

實體的安全性需要在環境中加入多種元素來共同防護。下面是幾個例子。

防盜門

防盜門就像是兩扇門中間有個狹小的空間。想要進入的人先在第一扇門接受認證，然後被許可進入空間。接著進行額外的查驗，例如由警衛目視檢驗身分，然後才允許進入第二扇門。大多數時間，防盜門只使用在非常高安全性的情境，並且通常只有在第一扇門關閉之後，才能開啟第二扇門。

圖 13.1 是防盜門的設計。

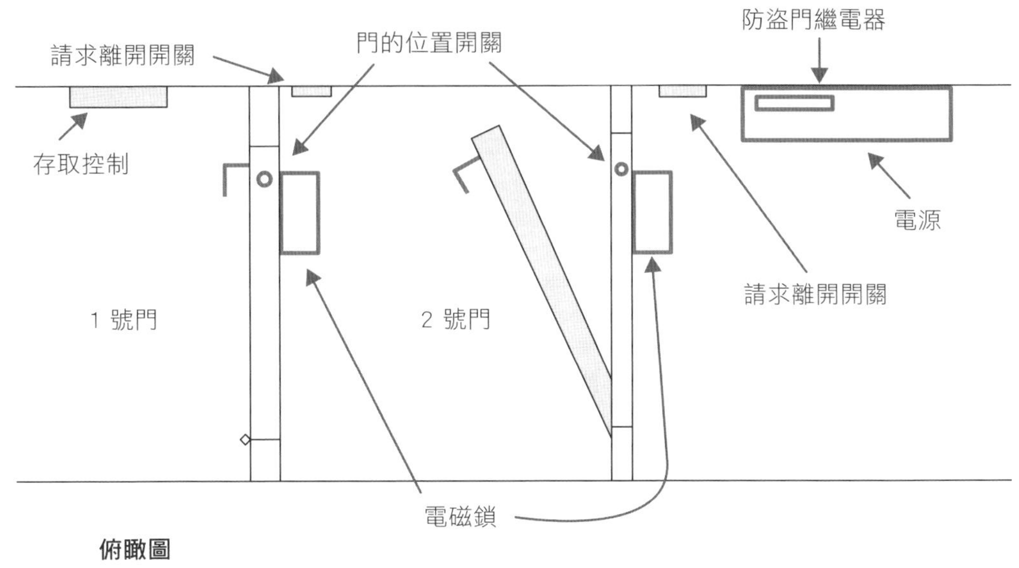

圖 13.1 防盜門俯瞰圖

讀卡機

RFID 是非接觸式的無線技術，使用於識別證或卡片，以及搭配的讀卡機。讀卡機會連到工作站，並且使用安全系統驗證。這是安全認證程序的升級，因為使用者必須擁有實體的卡片才能存取到資源。它的明顯缺點就是如果卡片遺失或被竊，拿到卡片的人就可以存取到這些資源。讀卡機用來提供對裝置的存取和開門。

智慧卡

智慧卡基本上是進階版識別卡片，可以提供您對各種資源的存取，包括建築物、停車場與電腦。它內嵌有您的身分識別與存取權限資訊，而您要存取的區域或裝置則配備有智慧卡讀卡機，讓您可以插入或刷過卡片。

智慧卡很難偽造，但很容易偷竊；一旦被竊，持有人就能存取卡片許可的所有東西。為了反制這個問題，大多數組織都會避免將識別性圖案列印在智慧卡上，讓竊賊更難使用。此外，最新的智慧卡通常還要求輸入密碼或 PIN 來啟用，並使用加密來保護卡片內容。

保全

在有些情況下，人是無可取代的。保全人員憑藉自動系統所不具備的訓練、直覺和常識來對付闖入者。他們甚至可能配備武器。

門鎖

要防止心懷惡意的人進入您的環境，最簡單的方法就是鎖門。門鎖是最普遍的實體屏障，也是保護網路系統和設備的關鍵點。一扇門可能不錯，但門多一點更好，而最有效的實體障礙就是**多級屏障系統** (multiple-barrier system)。

理想上，您應該至少有三項實體屏障。第一項是建築物的邊界，由警報、圍牆、籬笆、巡邏之類措施來保護。精確地保管可進出名單，並且由保全或管理當局負責查驗。第二項屏障是建築物的出入口。由警衛檢查識別証來允許通行。第三項屏障是電腦室本身的出入口，使用諸如鑰匙扣或智慧卡等來管理進出 (如果真的很擔心，又有足夠的財力，甚至可以考慮生物辨識系統)。當然，這些入口都應該個別加以保護、監控並且加上警報系統。

Tip 這三項屏障可以看做是：外部=籬笆，中間=警衛、鎖、防盜門，內部=鑰匙扣/智慧卡。

當然，真正下定決心的人還是可能闖入，但是這三重屏障很可能拖慢入侵者腳步，讓執法者有機會在他們逃離之前做出應對。

13-5 第二層安全功能

要設計、實作和維護一個具有成本效益的大型可靠互連網路，Cisco 階層式模型是很好的參考。

這個模型最底層的存取層控制使用者和工作群組對互連網路資源的存取。有時候，它也稱為桌面層。大多數使用者需要的網路資源都是本地就可以取得的，因為之上的分送層處理的是對遠端服務的交通。

下面是存取層的一些功能：

- 延續使用來自分送層的存取控制清單和政策
- 使用微切割 (microsegmentation) 建立獨立的碰撞網域。
- 對分送層的工作群組連結。
- 裝置連結。
- 彈性和安全性服務。
- 進階的技術能力 (語音/視訊、PoE、埠安全性、QoS 等等)。
- Gigabit 交換。

存取層是用戶裝置連到網路的地方，也是網路和客戶端裝置的連結點。因此，這層的安全防護對於保護用戶、應用和網路不受攻擊非常重要。

圖 13.2 是保護存取層的一些方法。

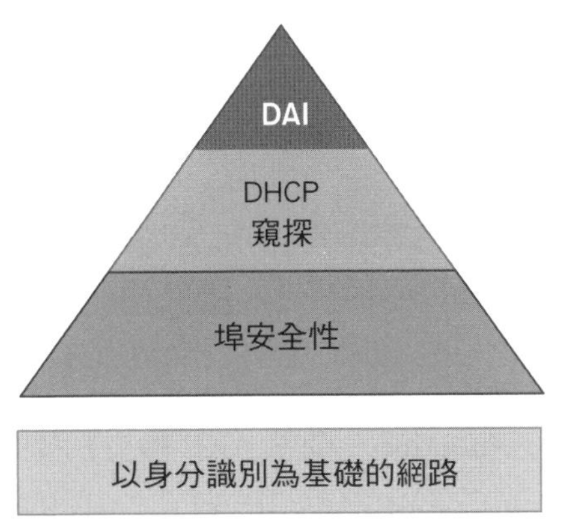

圖 13.2 存取層緩解威脅的方法

- **埠安全性**：您已經很熟悉埠安全性了。它是最常見的存取層防護方法，限制通訊埠僅能對應到特定一組 MAC 位址。
- **DHCP 窺探 (DHCP Snooping)**：DHCP 窺探是第二層的安全性功能，在被信任主機與不被信任的 DHCP 伺服器間扮演類似防火牆的角色來驗證 DHCP 訊息。

為了阻止網路中的惡意 DHCP 伺服器，交換器介面會設定為被信任或不被信任。被信任介面允許所有類型的 DHCP 訊息，但不被信任的介面只允許請求。被信任介面會連到合法的 DHCP 伺服器或是通往合法伺服器的上行鏈路，如圖 13.3。

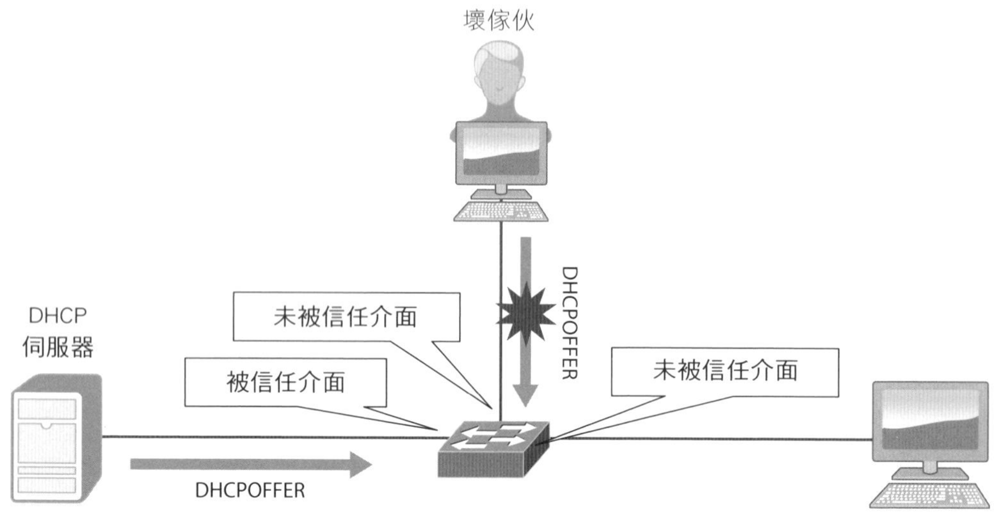

圖 13.3 DHCP 窺探

啟用 DHCP 窺探時，交換器也會建立 DHCP 窺探的繫結 (binding) 資料庫。每筆登錄項中包括主機的 MAC 與 IP 位址、DHCP 使用時間、繫結類型、VLAN 與介面。動態 ARP 檢查也會使用 DHCP 窺探繫結資料庫。

- **DAI (Dynamic ARP Inspection，動態 ARP 檢查)：**與 DHCP 窺探一同運作的 DAI，會從 DHCP 交易中追蹤 IP 對 MAC 的繫結，以防範 ARP 毒化 (ARP poisoning) 攻擊。要進行 DAI 驗證，需要 DHCP 窺探來建立 MAC 對 IP 的繫結關係。

- **以身分識別為基礎的網路 (Identity Based Networking)：**這個觀念結合了認證、存取控制和用戶政策等元件，以限制用戶只能存取您希望他們存取的網路服務。

過去，假設用戶要存取財務服務，他們必須先連上財務部門的 LAN 或 VLAN。但是隨著今日網路對行動性的核心要求，這已經不再實際，也無法提供足夠的安全性。

以身分識別為基礎的網路讓我們能在用戶連上交換器埠時進行認證，將他們安置到正確的 VLAN，並且根據他們的身分實施安全性與 QoS 政策，參見圖 13.4。無法通過認證程序的用戶可能只是被安排到訪客 VLAN，但是他們的存取也可能會被拒絕。

 請注意：ISE 和 DNA 中心都是 Cisco 以身分識別為基礎的網路產品。

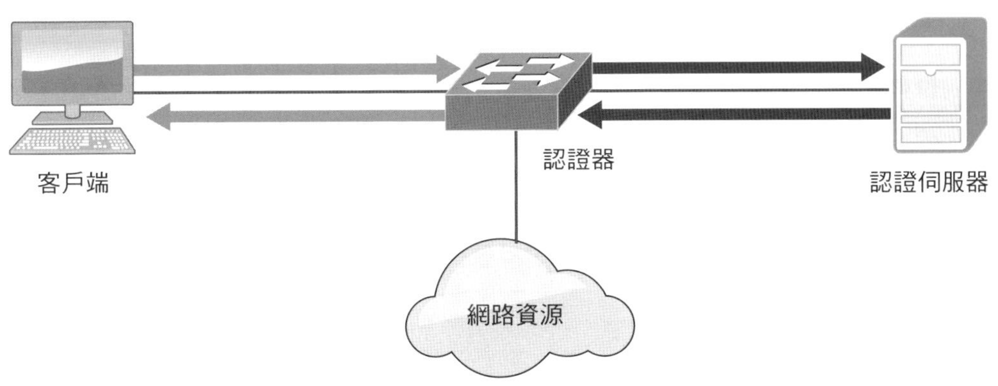

圖 13.4 以身分識別為基礎的網路

IEEE 802.1x 標準允許使用主從式存取控制，在有線及無線主機上實作身分識別為基礎的網路。下面是三種角色：

- **客戶端**：也稱為請求者 (supplicant)，是在客戶端上運行、而且符合 802.1x 的軟體。
- **認證者**：通常是交換器、VPN 伺服器或無線 AP，負責控制對網路的實體存取，以及在客戶端與認證伺服器間的**代理人** (proxy)。
- **認證伺服器** (RADIUS)：在提供任何服務之前，負責認證客戶端的伺服器。

使用 Cisco AAA 保護網路存取

認證、授權與記帳架構 (Authentication、authorization、accounting，AAA) 有一個很好的優點，就是它可以提供本地與遠端的系統存取安全性。AAA 技術在遠端客戶系統與安全伺服器中運行，以保護存取安全。下面是對每個 A 的定義：

- **認證**：要求使用者透過三種方式其中之一來證明他們是誰：
  - 名稱與密碼
  - 挑戰與回應
  - 代符卡
- **授權**：只有在認證有效之後才會進行。授權提供針對特定使用者所許可的資源，和該使用者可以執行的運算。
- **記帳**：記帳與稽核會記錄使用者在網路上究竟做了什麼，以及他們存取了哪些資源。它也會追蹤他們使用網路資源的時間。

13-6 認證方法

在終端機伺服器的組態下，路由器會去確認使用者的連線嘗試是有效而且被許可的存取，以認證進入的使用者。最常見的方式是透過密碼或帳號密碼的組合。首先使用者提交必要的資訊給路由器，接著路由器檢查資訊是否正確。如果正確的話，使用者就通過認證並且允許存取主控台。

但是這只是路由器認證來自外部使用者的方法之一。除此之外，您還有好幾種方法可以應用，分別涉及作業系統、安全性伺服器、PAP 和 CHAP 認證。CHAP 現在已經很少使用。我們稍後將介紹這些方法，但首先，我想先詳細介紹一般取得認證的方法 —— 使用帳號和密碼。

帳號/密碼方法的認證強度從弱到強，取決於您希望的警惕程度。帳號和密碼的資料庫屬於較簡單的一端，而一次性密碼、多重要素驗證、憑證和生物識別技術則屬於比較進階的一端。

下面是由弱到強的認證方式：

- **沒有帳號或密碼**：顯然這是最不安全的方法。它提供簡便的連線，但是沒有任何網路設備或網路資源的安全性。攻擊者只需要找到伺服器或網路位址就可以取得存取。
- **帳號/密碼 (靜態)**：由網路管理者設定，並且一直保持原樣，直到網路管理者變更為止。它比完全不設定要好一點，但是駭客可以使用窺探裝置輕易解密帳號和密碼。
- **有期限的帳號/密碼**：這種帳號密碼在一段時間之後會到期 (通常是 30 到 90 天)，必須重置，通常是使用者負責重設。管理者會設定到期的時間。這比靜態帳密方法更嚴格，但仍然會受到重送的攻擊、竊聽、盜竊和密碼破解的威脅。
- **一次性密碼 (One-time password，OTP)**：這是非常安全的帳號/密碼方法。大多數 OTP 系統是以 "passphrase" 為基礎，用來產生一組密碼。它們只有在單次登入時有效，所以對任何想要窺探和捕捉密碼的人都是無用的。可存取密碼清單通常是由 S/KEY 伺服器軟體所產生，然後分送給使用者。
- **代符卡/軟體代符**：這是最安全的認證方法。管理者傳送代符卡和 PIN 碼給每位使用者。代符卡通常是信用卡大小，並且由廠商提供給採購了代符卡伺服器的管理者。這種安全性通常包含了遠端的客戶端電腦、安全性設備如 Cisco ASA/FTD 和運行了代符安全軟體的安全性伺服器。

圖 13.5 是典型的 RSA 代符卡，不過現在常見的是在手機上的認證 APP。

圖 13.5　典型的 RSA 代符卡

- 代符卡和伺服器通常的運作方式如下：
  - 持有代符卡的使用者使用安全演算法產生 OTP。
  - 使用者在客戶端產生的認證畫面上輸入這個密碼。
  - 透過網路和設備將密碼傳送到代符伺服器。
  - 代符伺服器使用與客戶端相同的演算法，來查驗密碼並且認證該名使用者。

您所建立的網路安全政策，就是您選擇網路要實作哪種認證方式的指導原則。

Windows 認證

所有人都知道微軟很 "殷勤" 地將許多迷人的程式錯誤和瑕疵放進它的作業系統中，但是它至少努力要提供最開始的認證畫面，而且使用者必須要認證才能登入 Windows。

如果這些是本地使用者，他們是透過 Windows 的登入對話框進入設備。如果是遠端使用者，則是傳輸線路上使用 PPP 和 TCP/IP 連到安全伺服器登入 Windows 的遠端對話框。

一般來說，安全伺服器負責認證使用者，但未必需要如此。使用者的身分 (帳密) 也可以使用 AAA 安全性伺服器來驗證。AAA 伺服器接著可以存取 MS AD 伺服器的使用者資料庫。

安全性伺服器認證

Cisco AAA 存取控制提供您選擇本地或遠端的安全性資料庫。您的 Cisco 設備，例如 ASA 或新的 Cisco FTD 會為小群組的使用者運行本地資料庫；如果您只有一兩台裝置，您也可以選擇透過它進行本地認證。所有遠端安全性資料都是位於運行 AAA 安全性協定的獨立伺服器上，提供網路設備和大群組服務。

雖然本地認證和線路安全提供適當的安全性等級，但是可能只適合很小的網路，因為它需要很大量的管理。想像一個擁有 3 百台路由器的龐大網路。每次要變更密碼的時候，整整 3 百台路由器就必須人工逐一變更，以反應這項變動，而做這件事的人，就是您這位管理者！

因此，即使網路只是有點大，使用安全性伺服器都是個明智的做法。安全性伺服器提供帳密的集中式管理。它的做法是：當路由器需要認證使用者時，它會收集帳密資訊，並且提交給 ISE 安全性伺服器。這個伺服器接著將資訊與使用者資料庫進行比對，檢查是否應該允許這名使用者存取該台路由器。所有帳密都集中儲存在單台或有冗餘備份的安全性伺服器上。

圖 13.6 是 AAA 的 4 步流程。

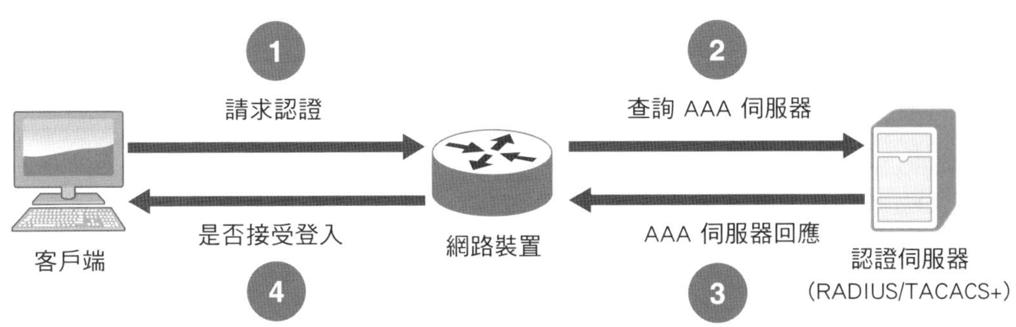

圖 13.6 外部認證選項

像這樣將管理整合在單一裝置上，管理上百萬使用者就輕鬆愜意得多了！

Cisco 路由器支援三種安全性伺服器協定：RADIUS、TACACS+ 與 Kerberos。現在我們將分別討論。

外部認證選項

我們顯然希望只給 IT 人員管理性權限來存取網路裝置，如路由器與交換器，在中小型網路中，使用本地認證就足夠了。

但是如果您擁有數百台裝置，手動進行管理性連線的管理就不太可行了。因為在大型網路中，為每台網路裝置個別維護本地資料庫是不明智的，您可以使用外部 AAA 伺服器來管理所有使用者和管理者的網路存取需求。最常見的外部 AAA 有兩種：RADIUS 與 TACACS+。

RADIUS

RADIUS (Remote Authentication Dial-In User Service) 是由 IETF 開發。它基本上是防護未經授權使用網路的安全系統。RADIUS 只使用 UDP，是大多數主要廠商都有實作的開放標準。它是最常見的安全性伺服器之一，因為它將認證與授權服務整合到單一流程中。所以，在使用者認證通過之後，通常會接著被授權網路服務的存取。

RADIUS 實作了主從式架構，其中典型的客戶端是路由器、交換器或 AP，而典型的伺服器則是執行 RADIUS 軟體的 Windows 或 Unix 設備。

認證流程有三個階段：

- 首先，使用者會被提示輸入帳號和密碼。
- 接著，帳號和加密的密碼會透過網路送到 RADIUS 伺服器。
- 最後，RADIUS 伺服器回應下列其中之一：

回應	意義
Accept	使用者認證成功
Reject	帳號和密碼無效
Challenge	RADIUS 伺服器請求額外的資訊
Change Password	使用者應該選擇新密碼

要記得 RADIUS 只會將客戶端送往伺服器的存取請求封包中的密碼加密。封包的其他部分都沒有加密。

設定 RADIUS

要設定 RADIUS 伺服器的控制台與 VTY 存取，首先必須啟用 AAA 服務，並且設定所有的 AAA 命令。在整體組態模式下設定 **aaa new-model** 命令：

```
Router(config)#aaa new-model
```

aaa new-model 命令會立刻應用本地認證在所有線路和介面上，除了 line con 0。因此，要避免被鎖在路由器或交換器之外，在開始 AAA 組態設定之前，應該要先定義本地帳號和密碼。

現在設定本地使用者：

```
Router(config)#username Todd password Lammle
```

建立這個使用者非常重要，因為在外部認證伺服器故障時，您可以使用這個本地建立的使用者來取得存取。如果沒有這樣做，並且無法進入伺服器，那您最後就只有進行密碼還原一途了。

接著設定 RADIUS 伺服器的名稱與伺服器的 RADIUS 金鑰：

```
Router(config)#radius-server SecureLogin
Router(config-radius-server)#address ipv4 10.10.10.254
Router(config-radius-server)#key MyRadiusPassword
```

現在將新建立的 RADIUS 伺服器加入某個名稱的 AAA 群組：

```
Router(config)# aaa group server radius MyRadiusGroup
Router(config-sg-radius)# server name SecureLogin
```

最後，將新建立的群組設定為使用 AAA 登入認證。如果 RADIUS 伺服器失敗，應該要設定為退回本地認證：

```
Router(config)#aaa authentication login default group MyRadiusGroup local
```

TACACS+

TACACS (Terminal Access Controller Access Control System) 也是 Cisco 專屬的安全性伺服器；它使用的是 TCP。它與 RADIUS 在許多方面很類似，並且能完成 RADIUS 能做的所有任務，還可以做得更多，包括支援多重協定。

TACACS+ 最早是由 Cisco 開發，之後才公開為開放標準，所以一開始的設計是針對與 Cisco AAA 服務的互動。如果您在使用 TACACS+，您有完整的 AAA 功能可以選擇，而且它和 RADIUS 不同，是獨立處理每項功能：

- 認證功能除了登入和密碼功能外，還包括訊息支援。
- 授權功能可以對用戶能力施行明確的控制。
- 記帳功能提供關於使用者活動的詳細資訊。

要記住認證和授權是分開獨立的程序。

設定 TACACS+

TACACS+ 的設定方式與 RADIUS 相當一致。要設定 TACACS+ 伺服器的控制台與 VTY 存取，首先必須啟用 AAA 服務，並且設定所有的 AAA 命令。在整體組態模式下設定 **aaa new-model** 命令：

```
Router(config)#aaa new-model
```

如果之前沒有設定本地使用者的話，現在進行設定：

```
Router(config)#username Todd password Lammle
```

接著在伺服器上設定 TACACS+ 伺服器名稱與金鑰：

```
Router(config)#tacacs-server SecureLoginTACACS+
Router(config-radius-server)#address ipv4 10.10.10.254
Router(config-radius-server)#key MyTACACS+Password
```

現在將新建立的 TACACS+ 伺服器加入某個名稱的 AAA 群組：

```
Router(config)#aaa group server tacacs+ MyTACACS+Group
Router(config-sg-radius)#server name SecureLoginTACACS+
```

最後，將新建立的群組設定為使用 AAA 登入認證。如果 TACACS+ 伺服器失敗，應該要設定為退回本地認證：

```
Router(config)#aaa authentication login default group MyTACACS+Group local
```

13-7 管理使用者帳戶

今日有許多的認證架構，雖然您應該要知道它們和它們的運作方式，但是如果您的網路用戶不擅長正確管理帳號密碼，這些知識其實也沒那麼有用。

顯然，如果讓不對的人取得他們覬覦的帳號密碼，就能夠進入您的網路。更糟的是，如果駭客取得的是網路管理者的帳號密碼，您用什麼認證協定或伺服器都沒用。取得高權限的駭客將進入網路之後，可能會造成很嚴重的損失。

所以，讓我們來檢視一些管理使用者帳密的有效方法，然後討論目前使用的金鑰認證方法。帳號和密碼對網路安全性重要的原因在於，它們的目的就是要控制對裝置最初的存取。即使系統管理者指定個人的帳號密碼，使用者通常都可以變更，所以必須確保您的使用者瞭解好壞密碼的差異，以及融合保護他們的密碼免於被盜竊。

您在管理網路資源存取的第一步，是為網路資源指派帳號和權限。系統管理者通常會對帳號進行每日的管理，執行帳號或群組的重新命名，以及設定同時連線數等。您也可以指定使用者可以從何處登入、多頻繁登入、何時登入以及密碼或帳號多久逾期等。

關閉帳戶

這是一個重要的主題：當使用者離職時，您有下列三種選擇：

- 將帳號留在原處
- 刪除帳號
- 關閉帳號

第一種選擇並不好，因為任何人 (包括原本的使用者) 只要知道密碼，都可以用這個身分登入。但是刪除帳號會有另外的問題，因為如果您刪除帳號後又新建一個帳號，對應這個使用者的數字 ID (在 Unix 為 UID，在 Windows Server 為 SID) 就會遺失。不論是密碼或對網路資源的存取都是透過這個神奇的數字來對應於使用者帳號。即使您建立的新帳號與刪除的帳號擁有相同的名稱，新帳號的識別 ID 仍舊與原本的不同，所以所有原本的設定都會不見。

您剩下最後的選擇就是先關閉這個帳號。這可能是最好的做法，因為您可能希望在新人到職時，將這個帳號改名。當您關閉帳號時，它仍舊存存在，只是沒有人能用它登入。關閉帳號的另一個時間是當某人要暫離職務一段時間，例如休育嬰假的時候。

另外一個常見的情境是當公司有僱用約聘人員的時候。這些人會需要臨時帳號，使用一段時間然後關閉。所以知道如何管理它們非常重要。如果您預先知道，就可以將帳號逾期日期設定在他們的最後工作日。

設定匿名帳戶

匿名帳號允許所有人使用，例如：anonymous 或 guest 之類的相同帳號登入，但只提供相當有限的存取。這些登入帳號通常是用來存取公眾 Wi-Fi 服務與 FTP 檔案，登入的帳號名稱為 anonymous，密碼則是您的電子郵件位址。

使用匿名帳號提供一般的網路存取是很不好的做法，因為您將無法追蹤它們。從 Windows NT 開始的所有 Windows Server 產品，出廠時都是關閉匿名帳號 Guest，而且最好也一直保持這樣。當您想要啟用這個帳號，例如在公共 WiFi 資訊站上，請確定您有實施嚴格的群組政策來限制它的存取能力。

有些伺服器會建立網際網路使用者帳號來允許匿名存取網站伺服器。它的密碼通常是空白，而且也不會看到要求登入伺服器，因為這些都會自動完成。沒有這種帳號，大家就無法存取到網頁。

限制連線

限制使用者可以連上網路的次數，是種明智的做法。因為使用者在一個時間點只可能出現在一個地方，所以使用者正常應該只有一個登入。如果系統告訴您有人同時從不只一個地方登入，就可能是其他人在使用他的帳號。藉由將同時連線數限制為 1，就只有在單台工作站上的單一使用者能夠使用該帳號存取網路。

有時候有些使用者必須登入數次以使用特定應用或執行某些任務，您可以允許該使用者多次的同時存取。

有些人會限制特定使用者只能從特定位置的特定工作站登入。聽起來好像不錯，但筆者通常不這樣做，因為使用者可能會到處移動，卻未必帶著他們的電腦，有時候還會在他人的電腦上登入以完成某些工作或是共同合作。所以除非您需要特別嚴格的安全性，否則這項規則只是徒增您工作的複雜度，因為它需要大量的管理。Windows Server 產品可以限制使用者能夠登入哪幾台主機，但是它們預設不會這樣做。Windows 預設會啟用的是防止一般使用者登入伺服器主控台的功能。這樣做甚至可能會意外地造成嚴重的損失。

更改維護帳戶名稱

網路作業系統會自動賦予網路管理者預設的帳號名稱。在 Windows Server 上是 Administrator，在 Unix 上是 root。顯然，如果不變更這些帳號名稱，壞蛋就已經掌握了闖入網路所需的一半資訊，唯一缺少的只是密碼。

所以，最好將這些帳號重新命名為其他人很難猜到，但您很容易記住的名稱；而且千萬不要把它寫在便利貼上，然後貼在伺服器上。下面是「千萬不要用」的帳號名稱：

- Admin
- Administrator
- Analyst
- Audit
- Comptroller
- Controller
- Manager
- Root
- Super
- Superuser
- Supervisor
- Wizard
- 上述任一的改編版

13-8 安全密碼政策要素

管理密碼是存取管理最重要的部分之一。本節將討論常見的考量，並提出陽春密碼的其他替代選擇。

密碼管理

保持系統安全最有效的辦法之一，就是使用高強度的密碼，並且教育使用者最好的安全習慣。在本節中，我們會探索可以改善使用者密碼安全性的各種技術。

設定高強度密碼

密碼的長度越長越好。大多數安全專家相信，如果認真考慮安全性，則密碼長度至少要 10 個字元才夠。如果您只使用小寫字母，那就只有 26 個字元可以使用。如果加上數字 0 到 9，就又多了 10 個字元。如果再加上大寫字母，就會有額外的 26 個字元；這樣就總共有 62 個字元可以用來建構密碼。

Tip 大多數廠商會建議您使用非英文字母的字元，例如：#、$ 和 %，作為密碼的一部分，有些甚至強制要求得包含它們。

如果您使用 4 個字元的密碼，就有 62x62x62x62 (62^4)、將近 1 千 4 百萬種可能的密碼。如果您在密碼中使用 5 個字元，就差不多有 9 億 2 千萬種密碼組合。如果使用的是 10 個字元的密碼，最終會有 8.4×10^{17} 這麼龐大的可能性。

可以看到，這些數字隨著字元數增加，呈指數成長。要破解 4 個字元的密碼，大約需要一天中的一小段時間，而 10 個字的密碼需要的時間相對長了許多，而且需要消耗更多的處理資源。

如果密碼只使用 26 個小寫字母，則 4 個字密碼只有 26 的 4 次方、約 456,000 種組合；5 個字密碼只有 26 的 5 次方、超過一千一百萬種組合；而 10 個字元密碼則有 26 的 10 次方，也就是 1.4×10^{14} 種可能性，這個數字已經不小，但需要的時間還是相對少了許多。

密碼逾期

密碼使用的時間越長，被破解的可能性就越大。因此定期要求使用者變更密碼，可以增加密碼的安全性。您應該要求使用者每 30 天設定一次新密碼 (安全性越高的網路，就越頻繁)，而且還必須防止他們再次使用之前的密碼。大多數的密碼管理系統都能夠追蹤之前使用的密碼，並且拒絕使用者重複循環舊的密碼。

密碼複雜度

您可以設定許多不同的參數和標準，來強迫組織中的同仁符合安全性做法。在建立這些參數時，您必須考慮到人員與這些政策配合的能力。如果您工作的環境中，人們對電腦並不熟練，您可能要花很多時間協助他們記憶與還原密碼。許多組織在投資大量時間和金錢實作高安全性系統後，最終必須重新評估它們的安全指導原則。

設定認證安全性，特別是在支援使用者方面，可能會成為網路管理者的重要維護活動。一方面，您希望使用者能輕易地完成自己的認證；另一方面，您希望建立能保護公司資源的安全性。在 Windows 伺服器領域，密碼政策可以在網域層級使用群組政策 (Group Policy) 物件來設定。您可以設定的變數包括密碼複雜度、長度和變更之間的時間。

良好的密碼包括大小寫字母、數字和符號。過去接受的做法是讓密碼複雜化 (使用至少 3 到 4 個字，包含大小寫、數字和非數字符號)，但是近年來，NIST 建議較長且簡單的密碼，比起較短而複雜的密碼更安全。

螢幕保護需要密碼

螢幕保護程式應該在閒置一小段時間後自動啟動，並且在使用者可以重新開始會談之前，先要求輸入密碼。這個方法能鎖住工作站，增加多一層的保護。

BIOS/UEFI 密碼

所有裝置上 BIOS 或 UEFI 設定的存取，都應該設定密碼。否則，別人就可以重新開機，輸入設定，變更開機順序，使用 USB 或光碟機上的作業系統開機，並且以這個作業系統當作平台來存取位於其他磁碟上的資料。雖然這是最糟情況，但除此之外，惡意人士也能夠在 BIOS 或 UEFI 中造成比較不重要的混亂。

要求密碼

確認您有要求所有帳號都要有密碼 (在小型網路上，這件簡單的事經常被忽略)，並且要變更系統帳號的預設密碼。

管理密碼

跟網路安全性的其他面向一樣，密碼也必須管理，而且涉及確保所有帳號的密碼都循規範原則，讓黑帽駭客無法輕易破解它們。您也必須在網路作業系統上實作特定的功能，以防止未經授權的存取。

高強度的密碼是文數字和特殊字元的組合，要讓您容易記憶但別人不易猜到。就像伺服器的帳號一樣，它們絕對不能被寫下來然後塞入您的抽屜或機器的某處。在完美的世界中，任何人都很聰明，而且不會做這種事，但事實上，使用者往往傾向於挑選容易被猜到的密碼。下面是高強度密碼的一些特徵。

最小長度

高強度密碼應該至少有 8 個字元，而且越多越好，但是不應該超過 15 個字，否則不容易記住。您絕對必須指定密碼的最小長度，因為短密碼很容易破解。畢竟，3 個字元的組合數量並不多。長度上限取決於您的作業系統和使用者記憶複雜密碼的能力。下面是密碼的「薄弱清單」，請千萬不要用。

- **password** 這個字，不是開玩笑，真的有人會這樣做
- 專有名詞
- 寵物名稱
- 配偶姓名
- 小孩姓名
- 字典裡的某個字
- 車牌號碼
- 生日
- 結婚紀念日
- 帳號名稱
- **server** 這個字
- 電腦或螢幕上的任何文字或標籤

- 公司名稱
- 職務
- 最喜歡的顏色
- 上述任一項前面加上一個字元
- 上述任一項後面加上一個字元
- 上述任一項倒過來拚

其實還有很多，但是您應該可以抓到它的精神了。

真實情境

安全稽核

要開始基本的安全稽核，並且瞭解網路任何潛在的威脅，最好的方式就是閒步走過公司的大廳和辦公室。我做過許多次，並且每次都物超所值，因為毫無例外地會發現人們「打擊」安全系統的一些新方法。這並不表示有使用者想要故意造成損失。只不過遵照規定就會造成不便，特別是與嚴格的密碼政策相關的時候。一般使用者並沒有體認到遵循網路安全政策，在維護網路安全 (甚至於工作安全) 時的重要角色，所以您必須要確保他們能瞭解。

想想看，如果您在工作場合隨意走走，就可以輕易發現使用者的密碼，那麼其他人也可以。一旦他們擁有帳號和密碼，就很容易駭入資源。我說人們會將寫有帳號和密碼的便利貼黏在螢幕上，這可不是個玩笑，它發生的比例只怕高出您的想像。有些使用者認為他們把它貼在鍵盤下方，應該是非常謹慎的了。但是您不需要是福爾摩斯，也可以想到要檢查那裡，不是嗎？人們不會想把車留下來但是不關窗，而且鑰匙還插在車上，但是他們把敏感的資訊留在自己的工作站附近，不就是在做一樣的事嗎？

即使在工作附近、甚至抽屜中尋找紙條，可能會使您有點不討人喜歡，您還是要這樣做。人們會嘗試將這些東西藏在任何地方。有時候，雖然比較不常見，我會發現有使用者用麥克筆把密碼寫在螢幕邊框上；當密碼到期時，他就把它劃掉，然後在下面寫上新的密碼。很天才吧！但我個人最「讚嘆」的做法，是在檢查鍵盤的時候，發現有些字母旁邊寫著數字。

接下頁

您只要依照數字順序就可以直接找到密碼 (驚不驚喜 ?!)。當然，他有遵循政策，而且選擇了隨機的字母和數字，但是儘管他做的這麼好，他必須幫自己在鍵盤上畫個地圖來記住密碼。

所以不管您是否喜歡，都必須堅決地去檢查使用者是否有適當地管理他們的帳號。如果發現某人做的很正確，請公開表揚他。反之，則需要更多的訓練；或者，更糟的情況下就是解僱。

使用字元來建立高強度密碼

好消息是強力密碼不必像古代馬雅文字那麼困難，才不容易破解。它們只需要包含數字、字母和特殊符號的組合就可以了。特殊符號是像 $、%、^、#、@、……之類的符號。下面是高強度密碼的例子：tqbf4#jotld。看起來像是胡言亂語，但是其實它是有名的全字母句 (包含 26 個字母的句子) "The quick brown fox jumped over the lazy dog" 中每個字的開頭字母，加上中間的 4#。您也可以使用自己喜愛的名句、歌詞等等來編造密碼，堅強又好記。順帶一提，不要只是在一般單字前面或結尾加上特殊字元，因為好的破解程式會在嘗試解密過程中裁掉開頭與結尾的字元。

密碼管理功能

所有網路作業系統都包含內建的密碼管理功能，來協助確保系統的安全，並保護密碼無法輕易破解。這些功能通常包含了自動帳號鎖定和密碼逾期管理。

自動帳號鎖定

駭客甚至是忘了密碼的人，都會在登入時嘗試猜出密碼。所以多數網路作業系統會在幾次失敗嘗試後將您的帳號鎖住。一旦發生鎖定，使用者即使輸入了正確密碼也無法登入。這項功能可以防止潛在的駭客使用自動腳本透過不同字元組合持續嘗試來破解密碼。

當帳號被鎖住之後，如果網路作業系統沒有設定為固定時間後重新解鎖，則網路人員就必須負責解鎖。在高安全性網路中，選擇讓管理者人工解鎖不失為是個好主意。這樣您就可以確認任何可能的安全缺口。

請小心不要把自己鎖住了。許多網路作業系統只有管理者能重置密碼，所以如果您是管理者而且恰巧讓自己的帳號被鎖住，那就只有另一位管理者能救你了。很尷尬吧！的確，但是如果您是唯一的管理者就更慘了。雖然許多網路作業系統廠商有辦法解決這種丟臉的情況，但是這些方案的成本都不便宜。

Tip

Windows 的伺服器讓您可以設定帳號要在幾次登入失敗後鎖住，但是預設的 Administrator 帳號則是例外。雖然聽起來方便多了，不過這也是個安全上的風險。您一定要將這個帳號重新命名，並且最好不要在日常管理工作中使用。建立新的管理者帳號 (當然是不同的名稱)，然後用它來進行管理。

密碼逾期管理

密碼不像好酒，越陳越香；它們只會越來越可能被破解。所以最好將密碼設定為經過特定時間後就會過期。多數組織將密碼期限設為 30 到 45 天，之後網路的使用者就必須立刻或在指定時間內重置他們的密碼。指定的緩衝時間通常是幾天，或者是特定次數的登入嘗試之後。

Tip

根據預設，每個網路作業系統會設定特定的密碼逾期時間，而許多駭客也都知道這件事。所以請確定變更預設的逾期時間。

較早期的網路 OS 允許使用者在短暫變更密碼之後就可以設回原本的密碼。現在的網路作業系統則使用密碼歷史檔案來記錄特定使用者過去幾次的密碼，以防止他們使用儲存在歷史檔中的近期密碼。如果他們試著這樣做，密碼將會失敗，而作業系統會要求變更密碼。這表示如果您的安全政策要求每兩周重設一次密碼，則您要確定密碼歷史可以保存至少 20 組密碼。這樣可以迫使使用者只能重複使用至少 10 個月之前的密碼 (每個月 2 次變更)。

因為想出一個真正嚴格的密碼確實需要思考，當使用者好不容易想出一個覺得不錯的密碼時，就會很不想換掉。所以，如果是個比較有經驗、知道歷史功能的使用者，他們可能會想找出方法來規避密碼的歷史功能。有個案例的使用者承認，他會根據歷史檔的要求，一口氣做完所需次數的密碼變更，然後再換回自己心愛的原始密碼，一共也只需要 5 分鐘的時間。

您可以強迫使用者每次都變更成不同的密碼，並且儲存超過 20 筆密碼，但是使用者仍舊可能設法變更密碼期限，所以請不要完全依賴這個機制。

單一簽入

在今日的現代化組織中，使用者有時候會被網路上必須識別身分的次數感到厭煩。通常，員工必須登入網域來存取網路，而公司的網站也需要認證程序來存取資料庫、SharePoint 網站、有安全防護的硬碟、個人資料夾等等。

當使用者必須記住多個密碼，而密碼數量又逐漸增加時，他們就開始訴諸一些不安全的手段，例如用便利貼寫下密碼、把密碼藏在抽屜、甚至於跟其他同事共用密碼。所有這些做法都會破壞網路的安全。

單一簽入 (Single sign-on，SSO) 能夠解決這個問題，因為當使用者登入網域時，網域控制器會發出一個存取代符。這個存取代符中有使用者可以存取的所有資源清單，包括資料夾、磁碟、網站、資料庫等等。因此，當使用者要存取資源的時候，代符會在背景進行驗證，讓使用者不必提供多個密碼。

本地認證

使用者會對網域或本地主機進行認證。本地認證會使用本地用戶資料庫來驗證使用者的本地帳號和密碼。這個本地用戶資料庫稱為**安全性帳戶管理員** (Security Accounts Manager，SAM)，位於 c:\windows\system32\config\。

在 Linux 中，這個資料庫是文字檔，/etc/passwd (稱為「密碼檔案」)，列出所有有效帳號和它們對應的資訊。

LDAP

LDAP (微軟 Active Directory) 是常見的用戶資料庫，用來集中管理網路人員和物件的資料。典型的目錄中包含使用者、群組、系統、伺服器、客戶工作站等等的階層。因為目錄服務包含關於使用者和其他網路項目的資料，許多需要存取該資訊的應用都可以使用。常見的目錄服務標準是以較早的 X.500 標準為基礎的 LDAP (Lightweight Directory Access Protocol)。

X.500 使用 DAP 協定 (Directory Access Protocol)。在 X.500 中，DN (distinguished name) 提供在 X.500 資料庫中找到項目的完整路徑。X.500 中的 RDN (relative distinguished name) 則是不包含完整路徑的項目名稱。

LDAP 比 X.500 簡單。它支援 DN 與 RDN，但是包含更多屬性，例如 CN (common name)、DC (domain component) 與 OU (organizational unit) 屬性。LDAP 使用主從式架構，透過 TCP 埠 389 來進行通訊。如果需要進階的安全性，則可以透過 TCP 埠 636 進行 SSL 上的 LDAP 通訊。

密碼替代選擇

密碼被認為是最低型式的認證，但是在結合其他方法之後也可以很有效。現在讓我們來看看其中一些方法。

憑證

除了笨拙的帳號與密碼之外，也可以使用憑證當作開門的鑰匙。數位憑證提供憑據 (credential) 來證明自己的身份及公開金鑰。數位憑證至少必須提供序號、發行者、主體 (持有人) 公開金鑰。

憑證是一份文字文件，將使用者帳號與憑證伺服器或憑證簽發機構 (CA) 建立的一對公開和私密金鑰聯結在一起。

X.509 憑證包含下列欄位：

- 版本
- 序號
- 演算法 ID
- 發行者
- 有效性
- 主體 (subject)
- 主體公開金鑰資訊
- 公開金鑰演算法
- 主體公開金鑰
- 發行者的唯一識別子 (選擇性欄位)
- 主體唯一識別子 (選擇性欄位)
- 延伸選項 (選擇性欄位)

VeriSign 最早引入下列數位憑證等級：

- 第一級：給個人的電子郵件用。這些憑證是由網站瀏覽器儲存。
- 第二級：給必須提供身分識別的組織用。
- 第三級：給伺服器與軟體登入用。由發行的 CA 進行獨立的身分識別和機構檢查。

多重要素認證

多重要素認證是在允許存取資源之前，對使用者進行超過一項的特徵查驗，而在認證流程中增加額外的安全等級。使用者可能透過下列方式認證：

- 根據他們知道的某些東西 (密碼)。
- 根據他們本身的某些東西 (虹膜、指紋、人臉辨識)。

- 根據他們擁有的某些東西 (智慧卡)。
- 根據他們所在的地方 (位置)。
- 根據他們在做的事情 (行為)。

兩項要素的認證是使用上列其中兩項進行檢測，而多重要素則是檢測超過兩項以上的要素。兩項要素認證的例子之一，是用智慧卡加 PIN 來登入網路。只擁有其中一項將不足以通過認證。這能夠保護卡片的遺失和被竊，以及密碼的遺失。多重要素的例子是要求智慧卡、PIN、加上指紋掃描的三項認證。

這個流程可能根據安全性的要求來抉擇。在極端的高安全性情況下，您可能要求智慧卡、密碼、虹膜掃描、再加上指紋掃描。對安全性提升的代價就是對使用者的不便性增加，以及生物辨識技術的設備成本。

生物識別技術

在額外成本和管理需求的許可下，高安全性情境可以使用生物辨識技術。生物辨識設備使用物理性特徵來辨識使用者。這種設備在企業環境中越來越常見。生物辨識系統包含手部掃描器、虹膜掃描器和不久後可能會出現的 DNA 掃描器。要取得對資源的存取，必須通過物理性掃描程序。在手部掃描的情境中，它可能包括辨識手部的指紋、疤痕和胎記等。虹膜掃描器會對眼睛的視網膜模式和資料庫中存放的視網膜模式進行比對；它和指紋一樣具有唯一性。DNA 掃描器會檢查 DNA 結構中具唯一性的部分，來檢測您就是本人。

隨著時間過去，生物辨識技術的定義已經從單純的物理屬性辨識，擴展到個人行為模式的描述。在根據個人輸入密碼的關鍵模式上，例如輸入每個字的間隔停頓時間、按下每個鍵盤的時間等等，近年來進行認證的能力已經有了進展。採取生物識別技術的公司，必須考慮可能會面對的爭議；有些認證方法被認為比其他方法更有侵犯性。公司還必須考慮錯誤率，和偽陽性與偽陰性的問題。

13-9 使用者認證方法

目前有不少認證系統，但是本節將專注在認證中最有可能碰到的那些系統。

公開金鑰基礎建設 (PKI)

PKI (Public Key Infrastructure) 是將使用者與公開金鑰聯結，並且使用憑證機構 (CA) 來驗證使用者身份的系統。CA 可以視為是線上的公證人；這種組織負責驗證使用者 ID，並發出唯一識別子證實這個人的身份是可以信任的。圖 13.7 是 CA 流程在兩名使用者之間運作的方式。

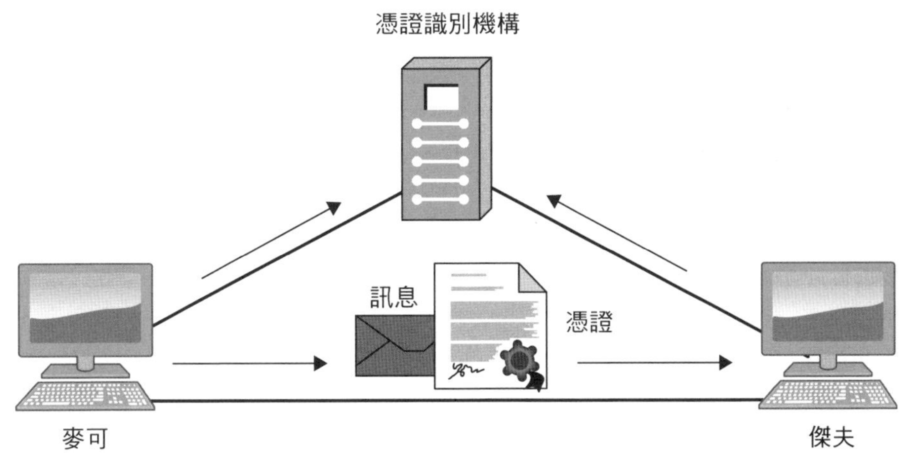
憑證識別機構
訊息
憑證
麥可
傑夫
傑夫如果信任 CA 的話，
就可以使用麥可的憑證來
驗證這個訊息是有效的

圖 13.7 憑證機構流程

PKI 讓人們可以彼此溝通，同時相信在溝通的人就是他們認為的那個人。它被用來建立憑據，並且確保訊息的完整性，但不需要在對話之前先知道對方的任何資訊。它也用來驗證私密金鑰擁有者的數位簽章。

公開金鑰加密是使用非對稱式加密，使用不同的金鑰分別對訊息進行加密與解密。對稱式加密是使用相同的金鑰來加解密，所以比較不安全。下面是 PKI 的運作方式：如果我使用 PKI 傳送訊息給你，我會使用你的公開金鑰來加密。當你收到訊息，就使用你的私密金鑰來解密，變回可讀的訊息。如果需要數位簽章，可以使用雜湊演算法產生訊息的訊息摘要 (message digest)，然後使用私密金鑰加密雜湊值。任何能取得你的公開金鑰的人，都能夠驗證只有你才能夠加密的雜湊，並且使用雜湊來驗證訊息本身的完整性。圖 13.8 就是上述的流程。

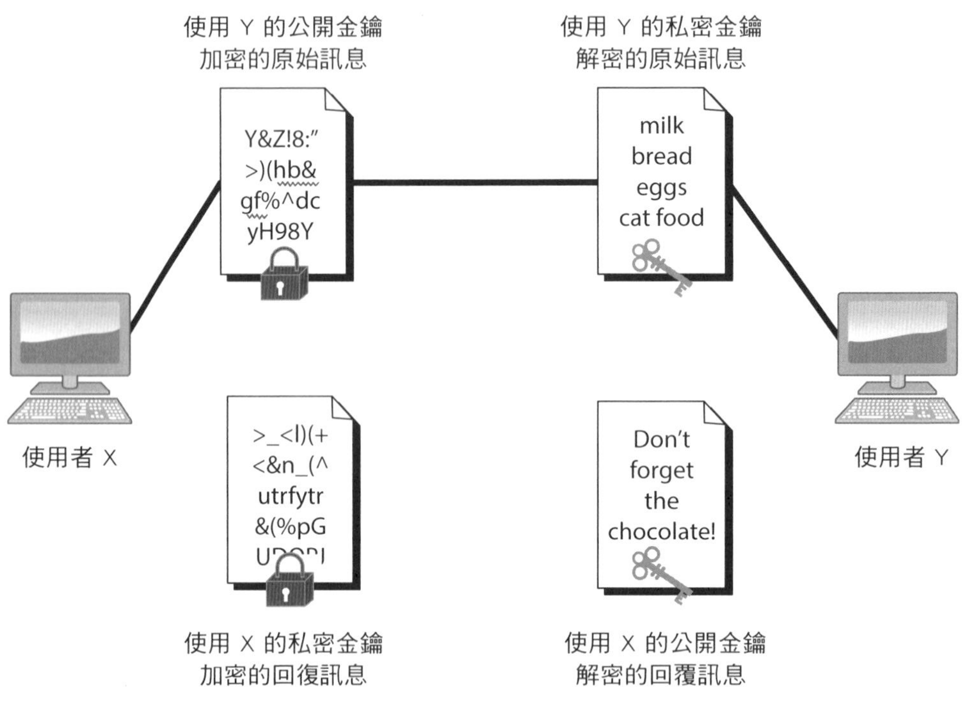

圖 13.8 PKI 加密流程

這種認證通常是躲在進行交易的網站背後執行。您可能曾經在線上購物，並且看到跳出錯誤訊息通知您該網站的憑證已經過期，詢問您是否要繼續交易。如果您選擇繼續，那現在是重新思考的時機了。您會不會太輕信對方了呢？請說不要吧！

Kerberos

由 MIT 建立的 Kerberos，不僅僅是個協定，而且是套完整的系統，用來在使用者首次登入系統時確立使用者的身分識別。它對所有的交易和通訊都使用強加密。Kerberos 的程式碼可以從網際網路上的很多地方免費下載。

圖 13.9 是 Kerberos 認證使用者的五個步驟。

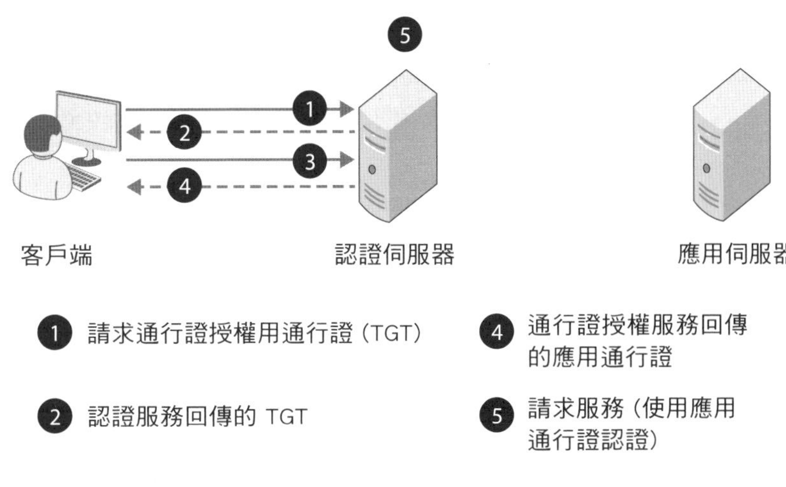
5
1
2
3
4
客戶端
認證伺服器
應用伺服器
1 請求通行證授權用通行證 (TGT)
2 認證服務回傳的 TGT
3 請求應用通行證 (使用 TGT 認證)
4 通行證授權服務回傳的應用通行證
5 請求服務 (使用應用通行證認證)

圖 13.9 Kerberos 認證流程

Kerberos 會發給登入的使用者通行證，類似主題樂園一樣，只要持有通行證就可以暢行無阻。即使通行證會很快到期，只要您一直維持登入，它們會自動刷新。因為這個刷新功能，所有參與 Kerberos 網域的系統都必須有同步的時脈。這種同步的設定有點複雜，不過在微軟伺服器和網域中，這個流程是自動的，只需要存取已知的時間伺服器即可。真正的問題其實是當您只有一台 Kerberos 認證伺服器的時候，萬一它當掉了，就沒有人能登入網路。

所以當執行 Kerberos 的時候，必須要有冗餘的伺服器。您還應該知道，因為所有使用者的私密金鑰都儲存在一個集中式資料庫中，如果它被破解，您就面臨安全性海嘯了。幸運的是，這些金鑰是以加密的狀態儲存。

13-10 設定密碼

要保護 Cisco 路由器，您需要五個密碼：主控台、輔助、VTY、enable password 和 enable secret。enable password 和 enable secret 是用來設定保護特權模式的密碼。一旦設定了 **enable** 命令，使用者在進入特權模式時會被提示輸入密碼。

另外三個是用來設定透過主控台埠、輔助埠和 Telnet 存取使用者模式時的密碼。最常見的路由器認證型態是線路認證，也稱為**字元模式存取** (character-mode access)。它會根據使用者連線的線路，使用不同的密碼來認證使用者。

下面讓我們來設定 Cisco 設備的 enable password。

enable 密碼

從整體設定模式設定 enable 密碼：

```
Todd(config)#enable ?
last-resort Define enable action if no TACACS servers
respond
password Assign the privileged level password
secret Assign the privileged level secret
use-tacacs Use TACACS to check enable passwords
```

下面說明 **enable** 的參數：

- **last-resort**：這個參數讓您在使用 TACACS 伺服器認證，但是卻無法取得該伺服器時，仍舊可以進入該設備。如果 TACACS 伺服器還在運作，它將不會被使用。
- **password**：在 10.3 之前較舊的系統上，它會設定 enable 密碼。如果有設定 enable secret 時，這個參數將不會被使用。
- **secret**：較新、經過加密的密碼，如果設定之後，會覆蓋掉 **enable password**。

- **use-tacacs**：告訴路由器或交換器使用 TACACS 伺服器來進行認證。當您擁有很多路由器的時候，它真的很方便，因為要搞定這麼多台路由器真的是相當繁瑣。透過 TACACS 伺服器來做會簡單得多，而且改變密碼只需要做一次變更就好了。

下面是設定 enable 密碼的例子：

```
Todd(config)#enable secret todd
Todd(config)#enable password todd
The enable password you have chosen is the same as your
enable secret. This is not recommended. Re-enter the
enable password.
```

如果您嘗試設定相同的 enable secret 和 enable password，設備會有禮貌地提示警告，要求變更第二個密碼。請提醒自己，如果沒有舊型路由器，您甚至不需花時間設定 enable 密碼。

使用者模式的密碼是透過 **line** 命令來設定：

```
Todd(config)#line ?
<0-16> First Line number
console Primary terminal line
vty Virtual terminal
```

上面這兩個 line 參數對認證特別重要：

- **console**：設定主控台使用者模式的密碼。
- **vty**：設定設備的 Telnet 密碼。如果沒有設定這個密碼，根據預設就無法使用 Telnet。
- **Aux**：設定輔助線路的密碼，用於數據機連線。

要設定使用者模式密碼，請選擇想要設定的線路，並且使用 **login** 命令來顯示認證提示。現在讓我們分別設定這些線路。

主控台密碼

我們使用 **line console 0** 命令來設定主控台密碼。但是在下例中，我在 (config-line)# 提示下輸入 **line console ?**，卻收到錯誤訊息！

```
Todd(config-line)#line console ?
% Unrecognized command
Todd(config-line)#exit
Todd(config)#line console ?
<0-0> First Line number
Todd(config)#line console 0
Todd(config-line)#password console
Todd(config-line)#login
```

如果輸入的是 **line console 0** 就會被接受，但是在這個提示下，help 沒有作用。輸入 **exit** 回到上一層，help 就可以使用了。

因為主控台埠只有一個，所以只能選擇 line console 0。您可以將所有線路的密碼都設為相同的密碼，但這樣做並不是很好的安全行為。

另外，還要記住執行 **login** 命令，否則主控台埠不會提示要認證。Cisco 的這個流程設計，代表您在執行 **login** 命令之前必須要先設定密碼；因為如果您執行 **login** 但沒有設定密碼，這條線路將無法使用。您會被提示要求輸入不存在的密碼。

請記住 Cisco 的這項「密碼功能」，只出現在 IOS 12.2 與之後版本的路由器上。

關於主控台埠，您還有一些其他的重要命令需要知道。

exec-timeout 0 0 命令會將主控台 EXEC 會談的逾時設定為 0，確保它不會逾時。預設的時間是 10 分鐘。

如果您想要搗蛋，可以嘗試在人們工作的時候這樣做：將 exec-timeout 命令設為 0 1。這會讓主控台在 1 秒後逾時。如果要修復它，必須持續的按向下鍵，同時用另一隻手變更逾時的設定。

logging synchronous 是個很酷的命令，它應該被當作預設，可惜沒有。它能夠解決不斷干擾您輸入的那些主控台訊息。這些訊息仍舊會跳出來，但是至少會回到裝置的提示之下，並且沒有打亂您的輸入。這能讓輸入訊息比較容易閱讀。

下面是這兩個命令的設定範例：

```
Todd(config-line)#line con 0
Todd(config-line)#exec-timeout ?
<0-35791> Timeout in minutes
Todd(config-line)#exec-timeout 0 ?
<0-2147483> Timeout in seconds
<cr>
Todd(config-line)#exec-timeout 0 0
Todd(config-line)#logging synchronous
```

您可以將主控台設定為永遠不逾時 (0 0)，到 35,791 分鐘及 2,147,483 秒後逾時。請記住預設為 10 分鐘。

Telnet 密碼

很難相信，但是就像我之前提到的，即使我強力建議使用 SSH，我的很多顧客仍舊還在使用 telnet。為什麼呢？因為它簡單！這也是我在自己私下練習時使用它的原因。

要設定使用者模式下 Telnet 存取路由器或交換器的密碼，請使用 **line vty** 命令。IOS 交換器通常有 16 條線路，但是企業版路由器的數量更多。要找出有多少條線路最好的方式，是使用問號：

```
Todd(config-line)#line vty 0 ?
% Unrecognized command
Todd(config-line)#exit
Todd(config)#line vty 0 ?
<1-15> Last Line number
<cr>
Todd(config)#line vty 0 15
Todd(config-line)#password telnet
Todd(config-line)#login
```

顯然，這個輸出表示不能從 (config-line)# 提示下取得 help。您必須回到整體設定模式去使用問號。

提醒一下，要啟用 SSH 請在 line 下使用下列命令：

```
Todd(config)#line vty 0 15
Todd(config-line)#transport input ssh
```

它能有效地在您的設備上關閉 telnet，並且只開啟 SSH。

如果您嘗試 telnet 到一台沒有設定 VTY 密碼的設備，會怎麼樣呢？您會收到錯誤訊息，表示因為沒有設定密碼，所以連線被拒絕了。因此，如果您在 telent 到交換器或路由器時收到類似下面的訊息：

```
Todd#telnet SwitchB
Trying SwitchB (10.0.0.1)...Open
Password required, but none set
[Connection to SwitchB closed by foreign host]
Todd#
```

上面從交換器 B 得到的訊息，表示該台交換器並沒有設定 VTY 密碼。但是您還是可以規避它，並且使用 **no login** 命令告訴交換器讓 Telnet 不需要密碼就進行連線。

```
SwitchB(config-line)#line vty 0 15
SwitchB(config-line)#no login
```

我絕對不建議使用 **no login** 來允許不用密碼的 telnet 連線，除非您是在測驗或教室的環境下。在營運網路中，請務必設定 VTY 密碼。

在 IOS 裝置設定 IP 位址之後，您可以使用 Telnet 程式來設定和檢查路由器，而不必使用主控台連線。您可以在任何命令列提示下 (DOS 或 Cisco)，輸入 telent 來使用這個程式。

輔助密碼

要設定路由器上的輔助密碼，請進入整體設定模式，並且輸入 **line aux ?**。您可以藉此找出交換器上的這些埠。下面的輸出顯示您只有 0-0 的選擇，因為這邊只有 1 個埠：

```
Todd#config t
Todd(config)#line aux ?
<0-0> First Line number
Todd(config)#line aux 0
Todd(config-line)#login
% Login disabled on line 1, until 'password' is set
Todd(config-line)#password aux
Todd(config-line)#login
```

密碼加密

因為只有 enable secret 的密碼預設上會加密，但對於使用者模式和 enable password 的密碼，您必須手動設定來為它們加密。

在交換器上執行 **show running-config** 命令的時候，您可以看到除了 enable secret 之外的所有密碼：

```
Todd#sh running-config
Building configuration...
Current configuration : 1020 bytes
!
! Last configuration change at 00:03:11 UTC Mon Mar 1 1993
!
version 15.0
no service pad
service timestamps debug datetime msec
service timestamps log datetime msec
no service password-encryption
!
hostname Todd
!
enable secret 4 ykw.3/tgsOuy9.6qmgG/EeYOYgBvfX4v.S8UNA9Rddg
enable password todd
!
```

```
[output cut]
!
line con 0
password console
login
line vty 0 4
password telnet
login
line vty 5 15
password telnet
login
!
end
```

要手動加密您的密碼，使用 **service password-encryption** 命令：

```
Todd#config t
Todd(config)#service password-encryption
Todd(config)#exit
Todd#show run
Building configuration...
!
!
enable secret 4 ykw.3/tgsOuy9.6qmgG/EeYOYgBvfX4v.S8UNA9Rddg
enable password 7 1506040800
!
[output cut]
!
!
line con 0
password 7 050809013243420C
login
line vty 0 4
password 7 06120A2D424B1D
login
line vty 5 15
password 7 06120A2D424B1D
login
!
end
Todd#config t
Todd(config)#no service password-encryption
Todd(config)#^Z
Todd#
```

幾乎完工了！密碼現在已經加密了。您需要做的只是將密碼加密，執行 **show run**，然後如果您想要的話，就關閉這個命令。上面的輸出清楚地顯示了 enable password 和線路的密碼都已經加密了。

在結束這章之前，我想再次強調密碼加密的重點。如前所述，如果您設定密碼，然後開啟 **service password-encryption** 命令，就必須在關閉加密服務之前先執行 **show running-config**，否則密碼將不會被加密。

然而，您大可不必關閉加密服務，除非您的交換器執行得太慢。如果您在設定密碼前開啟這個服務，甚至不需要去檢視它們就已經完成它們的加密了。

13-11 摘要

本章一開始介紹了安全計畫要素。接著我們討論了認證、授權和記帳的 AAA 服務；這個技術可以提供對使用者和他們在網路中能做什麼，有很好的控制。本章中，還涵蓋了用戶帳號、密碼安全性以及使用者認證方法。最後說明了在 Cisco 設備上設定密碼的方法。

13-12 考試重點

- **瞭解哪些攻擊是因為 TCP/IP 的弱點造成的**：有很多攻擊能夠發生，是因為 TCP/IP 本身的弱點。最重要的是/IP 位址欺騙、中間人攻擊以及會談重送。

- **瞭解安全計畫要素**：三項安全計畫要素為：使用者安全意識、教育訓練與實體安全性。

- **牢記安全性密碼政策要素**：密碼管理很重要，要考慮密碼強度、逾期時間、複雜度、螢幕保護密碼與 BIOS 密碼。

- **練習設定 Cisco 密碼**：在 Cisco 設備上練習設定主控台、Telnet、輔助、與 enable secret 密碼。

- **瞭解如何緩解存取層的威脅**：您可以使用埠安全性、DHCP 窺探、動態 ARP 檢查和以身分識別為基礎的網路。
- **瞭解 TACACS+ 與 RADIUS**：TACACS+ 是 Cisco 專屬、使用 TCP 並且提供個別獨立的服務。RADIUS 是開放標準、使用 UDP 並且無法分成獨立的服務。
- **瞭解 PKI**：PKI 系統將使用者繫結到公開金鑰，並且使用 CA 來驗證使用者身份。
- **瞭解 Kerberos**：由 MIT 建立，不僅是協定，也是完整的安全系統，能在使用者第一次登入時建立使用者的身分識別。

13-13 習題

習題解答請參考附錄。

(　　) 1. 下列命令中，何者能啟用路由器上的 AAA？

A. aaa enable

B. enable aaa

C. new-model aaa

D. aaa new-model

(　　) 2. 下列何者可以緩解存取層威脅？(選擇兩項)

A. 埠安全性

B. 存取清單

C. 動態 ARP 檢查

D. AAA

(　　) 3. 下列關於 DHCP 窺探，何者不正確？(選擇兩項)

A. 驗證從非信任來源收到的 DHCP，並且過濾送出的無效訊息

B. 建立和維護 DHCP 窺探繫結資料庫，包含關於受信任主機 IP 位址的資訊

C. 來自信任和非信任來源的限速 DHCP 交通

D. DHCP 窺探是第 2 層的安全功能，扮演類似主機間防火牆的角色

(　　) 4. 下列關於 TACACS+ 的敘述何者為真？(選擇兩項)

A. TACACS+ 是 Cisco 專屬的安全性機制

B. TACACS+ 使用 UDP

C. TACACS+ 將認證和授權服務結合為單一流程，在使用者認證後，就會被授權

D. TACACS+ 提供多重協定支援

( ) 5. 下列關於 RADIUS 何者不正確？

A. RADIUS 是開放標準協定

B. RADIUS 的 AAA 服務是獨立分開的

C. RADIUS 使用 UDP

D. RADIUS 只會加密從客戶端到伺服器的存取請求封包中的密碼。封包的其餘部分不會加密

( ) 6. 您希望設定 RADIUS 讓網路裝置進行外部認證，但是您還必須確定有辦法退回本地認證。您要使用下列哪個命令？

A. aaa authentication login local group MyRadiusGroup

B. aaa authentication login group MyRadiusGroup fallback local

C. aaa authentication login default group MyRadiusGroup external local

D. aaa authentication login default group MyRadiusGroup local

( ) 7. 下列關於 DAI 何者為真？

A. 它必須使用 TCP、BootP 及 DHCP 窺探來運作。

B. 需要 DHCP 窺探來建立 DAI 驗證所需的 MAC 對 IP 繫結。

C. 需要 DAI 來建立 MAC 對 IP 繫結，以防護中間人攻擊。

D. DAI 追蹤 DHCP 的 ICMP 對 MAC 繫結。

( ) 8. IEEE 802.1x 標準讓您能使用主從式存取控制，在有線及無線主機上實作以身分識別為基礎的網路。下列哪些是它所包含的三種角色？

A. 客戶端

B. 轉送者

C. 安全性存取控制

D. 認證者

E. 認證伺服器

(　　) 9. 下列何者不是密碼的替代方式？

A. 多重要素認證

B. 惡意程式查找

C. 生物辨識技術

D. 憑證

(　　)10. 下列何者不屬於安全性意識？

A. 智慧卡

B. 使用者安全意識

C. 教育訓練

D. 實體安全性

(　　)11. 下列何者是 TCP/IP 弱點的例子？ (選擇三項)

A. 特洛伊木馬

B. HTML 攻擊

C. 會談重送

D. 應用層攻擊

E. SNMP

F. SMTP

(　　)12. 下列哪種 Cisco IOS 功能可以用來保護 TCP 伺服器不受 TCP SYN 洪泛的攻擊？

A. 遶送

B. TCP 攔截

C. 存取控制清單

D. 加密

(　　)13. 下列何者可以用來對抗未經授權的存取企圖？(選擇三項)

A. 加密的資料

B. Cisco 鎖與金鑰

C. 存取清單

D. PAP

E. CHAP

F. IKE

G. TACACS

(　　)14. 下列威脅中，何者是窺探和網路監聽的例子

A. 否認

B. 偽裝威脅

C. 竊聽

D. DoS

(　　)15. 在偽裝攻擊中，攻擊者會竊取下列何者來偽裝自己來自被信任主機？

A. 帳號識別

B. 用戶群組

C. IP 位址

D. CHAP 密碼

第一中繼站冗餘協定 (FHRP)

本章涵蓋的 CCNA 檢定主題

3.0 IP 的連結

- 3.5 說明 FHRP 的目的

本章要開始討論如何將冗餘及負載平衡功能，利用路由器流暢地整合到網路中。您未必需要購買一些高價的負載平衡裝置；知道如何適當地設定和使用**熱備援路由器協定** (Hot Standby Router Protocol，HSRP)，通常也可以滿足您的需要。一開始我們要告訴你為什麼需要第三層的冗餘協定。

如果您想要知道本章的更新細節，請連上 www.lammle.com/ccna 或本書在 www.sybex.com/go/ccna 的網頁。

14-1 客戶端冗餘問題

如果您曾經想過：當某個客戶端的預設閘道路由器當機時，要怎麼設定讓它可以從本地鏈路將資料傳送出去，那您真的鎖定了一個關鍵的議題。它的答案是：通常沒辦法。因為大多數主機作業系統並不允許您改變資料的遶送。當然，如果主機的預設閘道路由器當機，網路的其餘部分仍舊會收斂，但是它不會與這些主機分享資訊。

您可以從圖 14.1 瞭解我在說什麼。本地子網路上其實有 2 台路由器可以轉送資料，但是主機只知道其中 1 台。它們在您以靜態或 DHCP 方式提供預設閘道時，學到有這台路由器。

但是有別的方法可利用這第 2 台可用的路由器嗎？答案有點複雜。在 Cisco 路由器上有一項預設開啟的功能，稱為**代理位址解析協定** (Proxy Address Resolution Protocol，Proxy ARP)。對於不知道有其它遶送可能的主機，代理 ARP 可以讓它們取得閘道路由器的 MAC 位址，來為它們轉送封包。

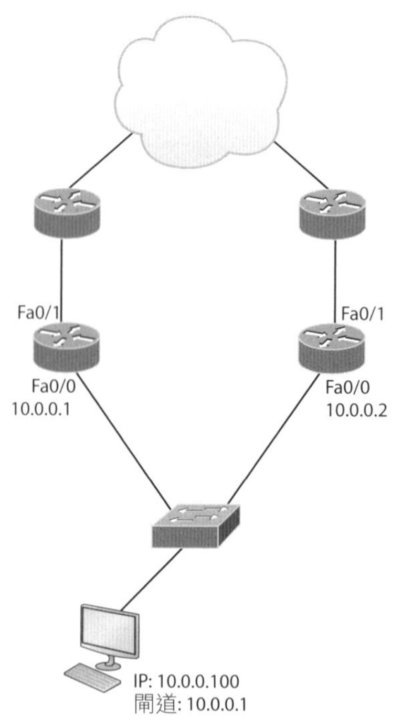

圖 14.1 預設閘道

您可以在圖 14.2 看到這個過程。如果開啟代理 ARP 功能的路由器收到某個 IP 位址的 ARP 請求，而且它知道這個位址跟請求的主機不在相同的子網路，就會送回 ARP 回應封包給該主機；它會將自己的本地 MAC 位址 (與該主機相同子網路之介面的 MAC 位址) 做為該主機尋找之 IP 的目的 MAC 位址。主機收到目的 MAC 位址後，就會將所有封包傳送給路由器，而全然不知目地主機其實是路由器。路由器接著會將封包轉送給真正的目的主機。

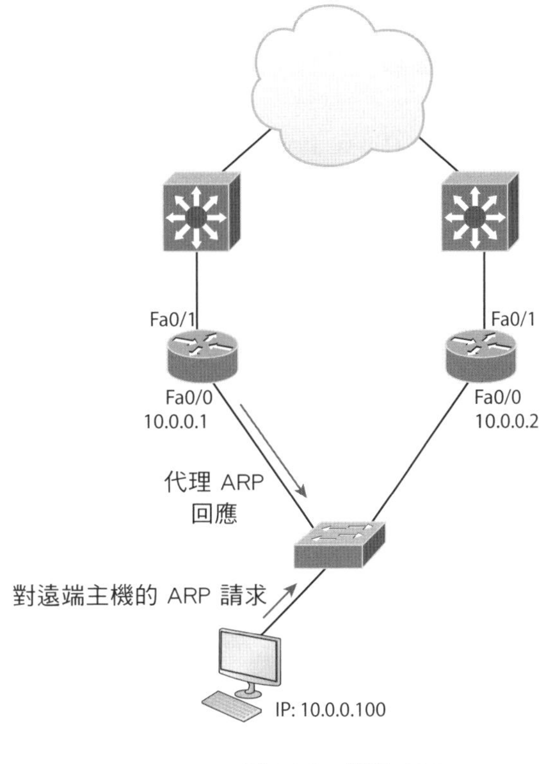

圖 14.2 代理 ARP

因此，藉由代理 ARP，主機裝置傳送資料就好像目的裝置位於相同網段一樣。如果回應 ARP 請求的路由器故障，來源主機會繼續將這台目的主機的封包傳送到相同的 MAC 位址。但因為封包要送往的路由器故障了，所以封包將會送給另一部也回應該遠端主機之 ARP 請求的路由器。

在主機上的 ARP 快取逾時之後，代理 ARP 的 MAC 位址會從 ARP 快取中清掉。主機接著可以再送出目的位址的 ARP 請求。因為另一台路由器故障，所以這些封包會被送到另一台還在回應 ARP 請求的路由器，而主機就取得了另一台代理 ARP 路由器的位址。當然，在移轉過程中，主機是無法將封包送到它的子網路之外。這當然不算是個完美的解答，所以還有更好的方式，這也就是冗餘協定存在的目的！

14-2 第一中繼站冗餘協定 (FHRP)

FHRP (First hop redundancy protocol) 讓您能夠設定多台實體路由器，看起來就好像是單一的邏輯路由器。這讓客戶端的設定和通訊比較簡單，因為您只需要設定單一的預設閘道，而且主機只要使用標準協定就可以進行通訊。「第一中繼站」是指封包必須通過的第一台路由器。

冗餘協定如何達成這項任務呢？下面將說明的這些協定，基本上是對所有客戶端呈現為單一的虛擬路由器。虛擬路由器有自己的 IP 和 MAC 位址；虛擬 IP 位址會設定在所有主機上做為預設閘道，虛擬 MAC 位址則是在主機送出 ARP 請求時回傳的位址。主機並不知道、也不在乎實際上是哪台實體路由器在轉送交通，如圖 14.3。

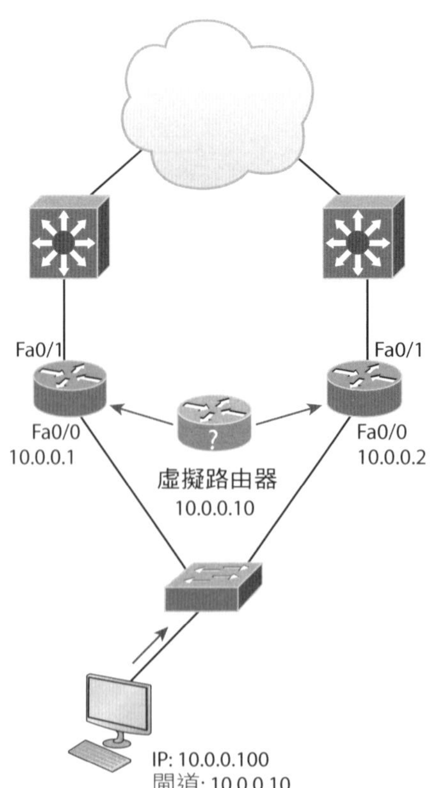

圖 14.3 FHRP 使用具有虛擬 IP 位址和虛擬 MAC 位址的虛擬路由器

決定要由哪台實體路由器轉送交通，以及哪台路由器先待命備援，是冗餘協定的責任。即使作用中的路由器故障，主機並不會察覺移轉到備援路由器的過程，因為由虛擬 IP 和 MAC 位址所識別的虛擬路由器，現在是由待命路由器來使用。主機並不會改變預設閘道資訊，所以交通仍持續進行。

容錯方案提供裝置故障時仍能持續運作的能力，而負載平衡方案則會將工作分散在多台裝置之間。

接著我們要來探討 3 個重要的冗餘協定，但目前只有 HSRP 涵蓋在 CCNA 的認證目標中：

- **熱備援路由器協定 (Hot Standby Router Protocol，HSRP)**：這是目前 Cisco 最心愛的協定！別只買一台路由器；您最多可以買 8 台路由器提供相同的服務，並且讓 7 台處於備援狀態！HSRP 是 Cisco 專屬協定，提供本地子網路主機的冗餘閘道，但並沒有負載平衡功能。HSRP 讓您可以將多台路由器設定為備援群組，共享 IP 位址和 MAC 位址，並提供預設閘道。當 IP 和 MAC 位址從路由器的實體位址獨立出來 (對應到實體介面) 之後，就可以在目前作用中的路由器故障時，進行位址的置換。事實上，您也有辦法利用 HSRP 達到某種程度的負載平衡 — 使用多個 VLAN，並且指定特定路由器作用在某個 VLAN，再透過主幹通訊，指定另一台路由器作用在另一個 VLAN。這當然不是真正的負載平衡，而且也不如使用 GLBP 那麼實在。

- **虛擬路由器冗餘協定 (Virtual Router Redundancy Protocol，VRRP)**：VRRP 也是提供本地子網路主機冗餘閘道，而非負載平衡。VRRP 是開放標準協定，而它的運作方式幾乎與 HSRP 完全相同。

- **閘道負載平衡協定 (Gateway Load Balancing Protocol，GLBP)**：筆者實在想不通為什麼 GLBP 不再是 CCNA 的認證目標。GLBP 是真正的路由器負載平衡方案，每個轉送群組最多允許 4 台路由器。根據預設，作用中路由器會將主機的交通，依照輪流的方式導向到群組中的下一台路由器。GLBP 會依序將下一台路由器之 MAC 位址傳給主機，將主機要傳送的交通導向特定的路由器。

14-3 熱備援路由器協定 (HSRP)

HSRP 是 Cisco 專屬協定，可以在大多數、但不是全部的 Cisco 路由器和多層級交換器機型上執行。它定義了備援群組；每個備援群組包含下列路由器：

- 作用中路由器 (active router)
- 備援路由器 (standby router)
- 虛擬路由器 (virtual router)
- 任何其他連到子網路的路由器

HSRP 的問題在於只有 1 台路由器是作用中，其它路由器都只是坐在旁邊，只有在發生故障時才會用到，很沒有成本效益。圖 14.4 顯示在 HSRP 群組中，一次只使用到 1 台路由器。

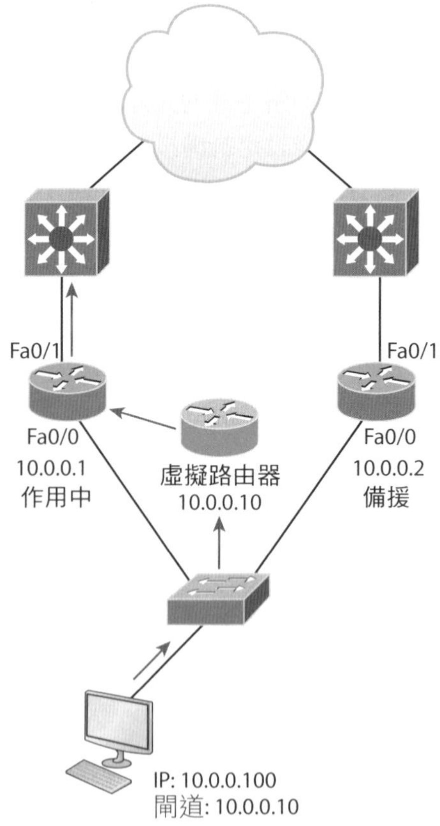

圖 14.4 HSRP 作用中與備援路由器

備援群組至少要 2 台路由器。群組中的主要角色是 1 台作用中路由器，和 1 台備援路由器，透過多點傳播的 Hello 訊息彼此溝通。Hello 訊息提供交換器間所有需要的溝通。Hello 訊息包含用來決定作用與備援路由器位置所需的選舉資訊。它們也是故障移轉過程的關鍵。如果備援路由器沒有收到作用中路由器的 Hello 封包，它就會開始扮演作用中路由器的角色，如圖 14.5。

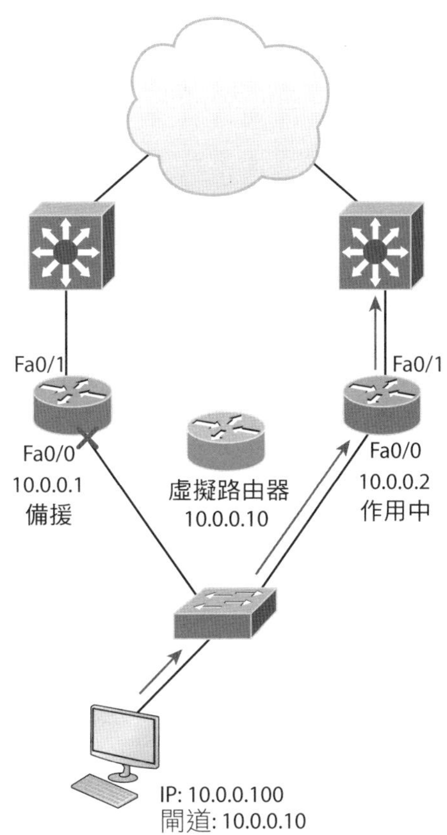

圖 14.5 HSRP 作用中與備援路由器的介面置換範例

一旦作用中路由器停止回應 Hello，備援路由器自動成為作用中路由器，並且開始回應主機請求。

虛擬 MAC 位址

HSRP 群組中的虛擬路由器具有虛擬 IP 位址和虛擬 MAC 位址。虛擬 IP 位址必須是與主機定義之相同子網路內的某個唯一 IP 位址。MAC 位址呢？在 HSRP 中，您會建立全新的虛構 MAC 位址。

HSRP 的 MAC 位址中只有 1 個變數。前 24 位元仍舊是裝置製造商的識別碼 (組織為一識別子，OUI)，之後的 16 位元是 HSRP 的 MAC 位址，最後的 8 位元位址則是以 16 進位表示的 HSRP 群組編號。下面是 HSRP MAC 位址的一個範例：

```
0000.0c07.ac0a
```

- 前 24 位元 (0000.0c) 是廠商 ID；因為 HSRP 是 Cisco 協定，所以 ID 指定為 Cisco。
- 中間 16 位元 (07.ac) 是 HSRP ID。這是 Cisco 在協定中指定的值，所以很容易辨識這是 HSRP 使用的位址。
- 最後 8 位元 (0a) 是唯一的變動位元，用來表示指定的群組編號。本例的群組編號是 10，並且轉換為 16 進位放入 MAC 位址中成為 0a。

您可以看到 HSRP 群組中所有路由器的 ARP 快取中的每個 MAC 都伴隨這個位址。它包含 IP 位址與 MAC 位址的轉換，以及它所在的介面。

HSRP 計時器

HSRP 計時器在 HSRP 運作中非常重要。它們被用來確保路由器間的通訊，如果出了問題，它們會讓備援路由器取而代之。HSRP 計時器包含 Hello、保留 (hold)、作用 (active) 和備援 (standby) 四種。

- **Hello 計時器**：定義每台路由器送出 Hello 訊息的時間間隔。預設間隔為 3 秒，用來辨識每台路由器的狀態。因為狀態會決定每台路由器的角色，以及它們在群組中採取的行動。在圖 14.6 中有 Hello 訊息被傳送，而路由器則使用 Hello 計時器，在發生故障時讓網路保持流動。

這個計時器可以變更，但是一般認為降低 hello 值會為路由器增加不必要的負擔，所以通常會避免這麼做。其實就今日大多數路由器而言，未必如此；事實上，它可以使用毫秒 (millisecond) 為單位來設定，意謂著故障移轉時間可以用毫秒來計算！當然，當作用中路由器故障或無法進行通訊時，這個值越大表示備援路由器會等待越久才開始接手。

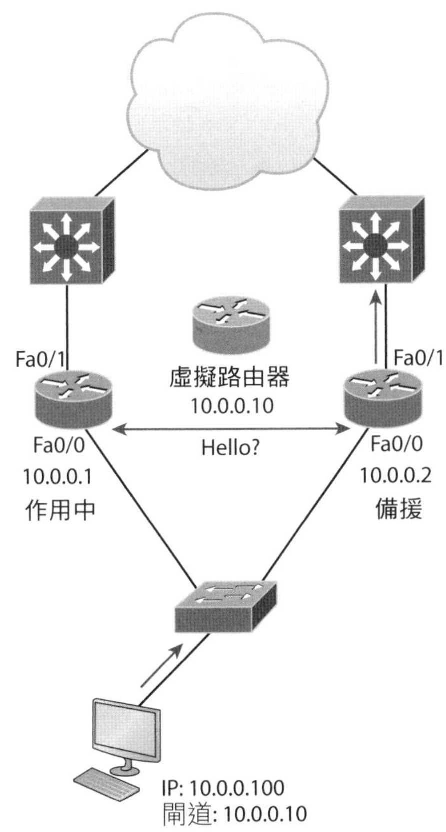

圖 14.6 HSRP 的 Hello

- **hold 計時器**：定義備援路由器用來判斷作用中路由器是否故障或失去通訊的時間間隔。預設間隔為 10 秒，大約是 hello 計時器預設值的 3 倍。如果其中一個計時器因為某些理由調整，筆者建議使用這個倍率同時調整另一個計時器。藉由將保留計時器設定為 hello 計時器的 3 倍，可以確保備援路由器不會在每次發生短暫通訊問題時，就去扮演作用中的角色。

- **active 計時器**：監督作用中路由器的狀態。備援群組中的路由器每次從作用中路由器接收到 Hello 封包時，就會重置作用計時器。這個計時器是否逾時，是根據 HSRP Hello 訊息中對應欄位所設定的保留時間值。
- **standby 計時器**：用來監督備援路由器的狀態。備援群組中的路由器每次從備援路由器接收到 Hello 封包時，就會重置該計時器。這個計時器是否逾時，是根據對應 Hello 訊息中設定的保留時間值。

真實情境

大型企業網路故障與 FHRP

數年前，當 HSRP 非常流行，而且 VRRP 與 GLBP 還沒出現之前，企業會使用數以百計的 HSRP 群組。在 hello 計時器設為 3 秒、備援計時器設為 10 秒的情況下，這些計時器運作得很好，而我們的核心路由器中有大量的冗餘備援。

然而在最近幾年，甚至在未來，10 秒已經有點「天長地久」了！筆者的一些顧客已經在抱怨故障移轉時間太久，以及無法連線到伺服器的問題了。

所以最近筆者開始將計時器調至預設以下。Cisco 已經修改了計時器，所以現在可以用少於秒的時間來進行故障移轉。因為這些是多點傳播封包，它所造成的額外負擔對現在的高速網路而言，真的是微不足道。

現在 Hello 計時器通常是設為 200 毫秒，保留計時器則是 700 毫秒。它的命令如下：

```
(config-if)#Standby 1 timers msec 200 msec 700
```

這幾乎可以確保在發生故障時，不會有任何封包遺失。

群組角色

備援群組中的每台路由器都有特定的功能和角色。主要的 3 個角色是虛擬路由器、作用中路由器和備援路由器。群組中也可以加入其他額外的路由器。

- **虛擬路由器**：一如其名，虛擬路由器並不是個實體物。它其實只是定義了某台實體路由器所扮演的角色。擔任虛擬路由器的實體路由器，就是目前的作用中路由器。虛擬路由器只是一個供封包傳送的獨立 IP 位址和 MAC 位址罷了。

- **作用中路由器**：作用中路由器是實體路由器，負責接收傳送給虛擬路由器以及通往相關目的地的資料。該路由器除了接受傳送給本身實體 MAC 位址的資料外，還會接受所有送往虛擬路由器 MAC 位址的資料。作用中路由器會處理要轉送的資料，以及回應針對虛擬路由器 IP 位址的 ARP 請求。

- **備援路由器**：作用中路由器的備援。它的任務是監督 HSRP 群組的狀態，並且在作用中路由器故障或失去通訊時，迅速接管封包轉送的任務。作用中和備援路由器都會傳送 Hello 訊息，通知群組中其他路由器它們的角色和狀態。

- **其它路由器**：HSRP 群組中可以包括其它路由器；它們是群組的成員，但是不會扮演作用中或備援角色。這些路由器會監督作用中與備援路由器的 Hello 訊息，確保在所屬的 HSRP 群組中存在有作用中及備援路由器。它們會轉送針對本身 IP 位址的資料，但是除非被選舉為作用中或備援狀態，否則它們不會轉送屬於虛擬路由器位址的資料。這些路由器會根據 hello 計時器的時間間隔傳送訊息「發言」，以通知其他路由器它們在選舉中的位置。

介面追蹤

現在您應該已經瞭解為什麼在 LAN 上建置虛擬路由器是個不錯的主意。作用中路由器可以動態變更，提供內部網路所需的冗餘性。但是對於 HSRP 路由器之外的上行網路或網際網路連線呢？內部主機如何知道是外部介面故障，或是它們傳送封包的作用中路由器無法繞送到遠端網路呢？這是很重要的問題，而且 HSRP 的確提供了稱為「介面追蹤」(interface tracking) 的解決方法。

圖 14.7 是啟動 HSRP 的路由器如何追蹤外部介面狀態，以及如何視情況切換內部的作用中路由器，以保持內部主機的上行連線。

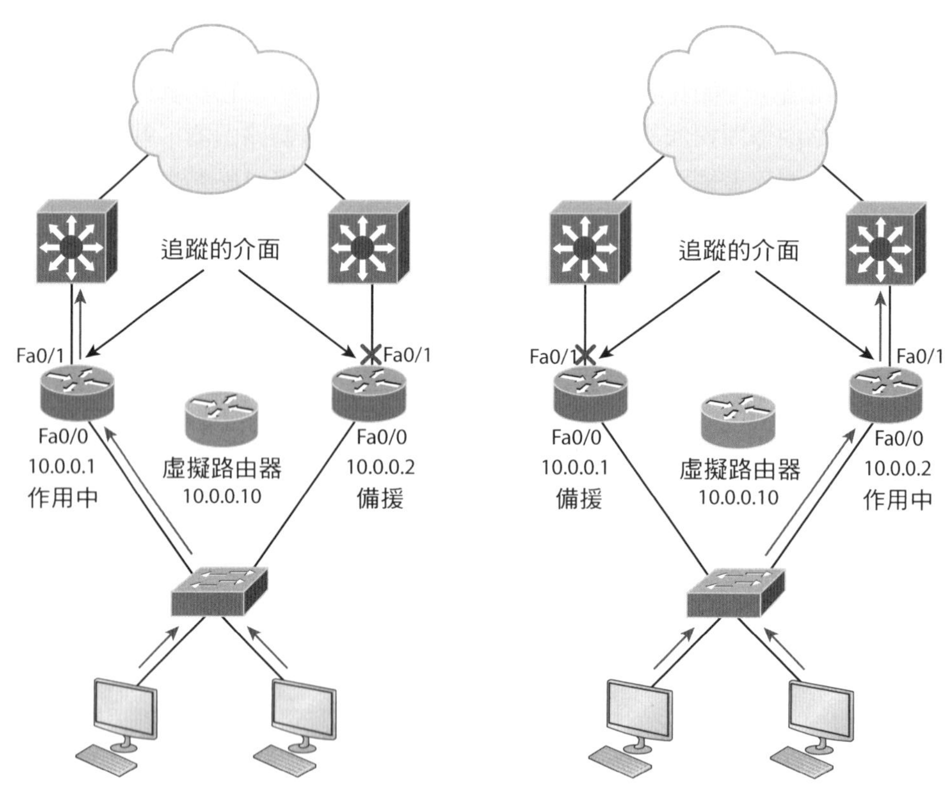

圖 14.7 介面追蹤設定

如果作用中路由器的外部鏈路當掉，備援路由器會接管成為作用中路由器。設定 HSRP 介面的路由器之預設優先順序為 100，如果提高這個優先順序 (稍後我們就會這樣做)，該路由器就有較高的優先順序來成為作用中路由器。當被追蹤的介面當掉時，它會降低這個路由器的優先順序。

設定及認證 HSRP

設定及認證不同的 FHRP 相當容易，特別是在 Cisco 認證目標方面，但就像大多數的技術一樣，您可能很快就會碰到進階設定以及不同的 FHRP 領域。Cisco 認證目標對 FHRP 的設定著墨不多，但是它的認證和檢修非常重要，所以下面將在 2 台路由器上進行簡單的設定。圖 14.8 是 HSRP 的範例網路。

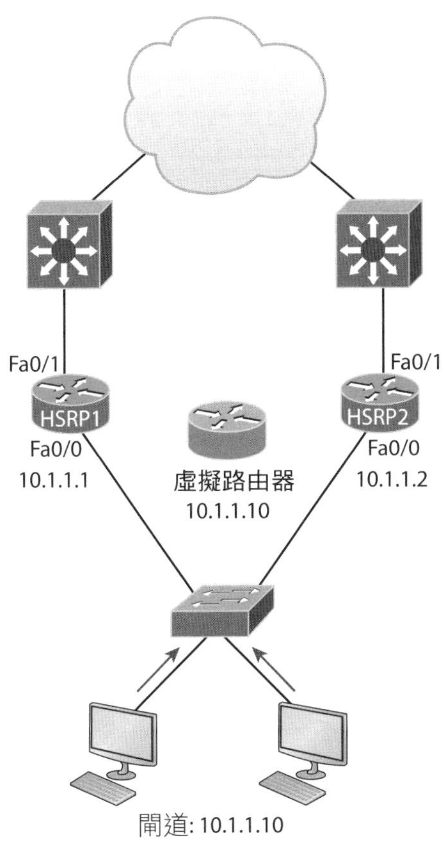

圖 14.8 HSRP 的組態設定與認證

這個設定非常簡單，只需要一個命令：**standby group ip virtual_ip**。使用這個命令之後，筆者將為群組命名，並且在 HSRP 1 路由器上設定介面，讓它贏得選舉，成為預設的作用中路由器。

```
HSRP1#config t
HSRP1(config)#int fa0/0
HSRP1(config-if)#standby ?
  <0-255>         group number
  authentication  Authentication
  delay           HSRP initialisation delay
  ip              Enable HSRP and set the virtual IP address
  mac-address     Virtual MAC address
  name            Redundancy name string
  preempt         Overthrow lower priority Active routers
  priority        Priority level
  redirect        Configure sending of ICMP Redirect messages with an HSRP
                  virtual IP address as the gateway IP address
  timers          Hello and hold timers
  track           Priority tracking
  use-bia         HSRP uses interface's burned in address
  version         HSRP version

HSRP1(config-if)#standby 1 ip 10.1.1.10
HSRP1(config-if)#standby 1 name HSRP_Test
HSRP1(config-if)#standby 1 priority ?
  <0-255>  Priority value

HSRP1(config-if)#standby 1 priority 110
000047: %HSRP-5-STATECHANGE: FastEthernet0/0 Grp 1 state Speak -> Standby
000048: %HSRP-5-STATECHANGE: FastEthernet0/0 Grp 1 state Standby -> Active110
```

standby 命令有一些進階的設定選項，但是這裡我們將依照 Cisco 認證目標，專注在簡單的命令上。首先，設定群組編號 (1)；屬於 HSRP 群組的所有路由器必須共用相同的編號。接著加入 HSRP 群組中所有路由器共用的虛擬 IP 位址。下面的步驟不是必要步驟：為 HSRP 群組命名，將 HSRP1 優先順序設為 110，但保持 HSRP2 是預設的 100。具有最高優先序的路由器會贏得選舉，成為作用中路由器。現在來設定 HSRP2 路由器：

```
HSRP2#config t
HSRP2(config)#int fa0/0
HSRP2(config-if)#standby 1 ip 10.1.1.10
HSRP2(config-if)#standby 1 name HSRP_Test
*Jun 23 21:40:10.699:%HSRP-5-STATECHANGE:FastEthernet0/0 Grp 1 state
Speak -> Standby
```

實際上只需要第 1 個命令，命名只是為了易於管理。請注意鏈路已經啟動，且 HSRP2 成為備援路由器，因為它具有較低的優先序 100 (預設值)。優先序只有在兩台路由器同時啟動時才有用。也就是說，如果 HSRP2 先開機，不論優先序是多少，它都會成為作用中路由器。

搶先 (preemption)

搶先一詞是指 "以其它被認為有更大值或優先權者來取代"。一部路由器只能透過搶先在選舉期間接管另一部路由器。當裝置還沒有當機，強迫選舉的唯一方法就是透過搶先這個功能。

藉由 **standby 1 preempt** 命令，可以讓特定裝置一定是作用中 (轉送) 裝置。因為我希望如果可能的話一定要讓編號 1 路由器成為轉送路由器，所以我們 1 號路由器的組態就會像這樣：

```
HSRP1(config-if)#standby 1 ip 10.1.1.10
HSRP1(config-if)#standby 1 name HSRP_Test
HSRP1(config-if)#standby 1 priority 110
HSRP1(config-if)#standby 1 prempt
```

確認 HSRP 組態

使用 **show standby** 與 **show standby brief** 命令觀察組態設定：

```
HSRP1(config-if)#do show standby
FastEthernet0/0 - Group 1
  State is Active
    2 state changes, last state change 00:03:40
  Virtual IP address is 10.1.1.10
  Active virtual MAC address is 0000.0c07.ac01
    Local virtual MAC address is 0000.0c07.ac01 (v1 default)
  Hello time 3 sec, hold time 10 sec
    Next hello sent in 1.076 secs
  Preemption disabled
  Active router is local
  Standby router is 10.1.1.2, priority 100 (expires in 7.448 sec)
  Priority 110 (configured 110)
  IP redundancy name is "HSRP_Test" (cfgd)
```

```
HSRP1(config-if)#do show standby brief
                     P indicates configured to preempt.
                     |
Interface   Grp Prio P State    Active      Standby       Virtual IP
Fa0/0       1   110    Active   local       10.1.1.2      10.1.1.10
```

請注意輸出中的群組編號，這是故障檢測的重點！每台路由器必須設定為相同的群組，否則無法運作。此外，可以看到虛擬 MAC 與設定的虛擬 IP 位址，以及 3 秒的 hello 計時。輸出中還有備援 IP 位址。

HSPR2 的輸出顯示它是在備援模式：

```
HSRP2(config-if)#do show standby brief
                     P indicates configured to preempt.
                     |
Interface   Grp Prio P State    Active      Standby       Virtual IP
Fa0/0       1   100    Standby  10.1.1.1    local         10.1.1.10
HRSP2(config-if)#
```

到目前為止您看到的 HSRP 狀態有作用中 (active) 和備援 (standby)，但當我們關閉 Fa0/0 時會發生甚麼事呢？

```
HSRP1#config t
HSRP1(config)#interface Fa0/0
HSRP1(config-if)#shutdown
*Nov 20 10:06:52.369: %HSRP-5-STATECHANGE: Ethernet0/0 Grp 1 state Active -> Init
```

HSRP 的狀態會變成 Init (初始)，這代表它正試圖去和對等節點進行初始化。HSRP 所有可能的介面狀態如表 14.1 所示。

表 14.1 HSRP 狀態

狀態	說明
初始(INIT)	剛開始的狀態。這個狀態表示 HSRP 還沒有在運作。當組態設定異動或介面第一次轉變成可用時，就會進入這個狀態
學習 (Learn)	路由器還沒有決定出虛擬 IP 位址，也還沒有看到來自作用中路由器之認證的 Hello 訊息。在這個狀態的路由器仍然在等著聆聽作用中路由器
聆聽 (Listen)	路由器已經知道虛擬 IP 位址，但這部路由器不是作用中路由器，也不是備援路由器。它會聆聽來自那些路由器的 Hello 訊息
發言 (Speak)	路由器定期地傳送 Hello 訊息，並且積極地參與作用中及 (或) 備援路由器的選舉。路由器必須有虛擬 IP 位址才能進入發言狀態。
備援 (Standby)	路由器是下個作用中路由器的候選者，而且會定期傳送 Hello 訊息。若不考慮某些瞬間的情況，一個群組最多只會有一個路由器處於備援狀態
作用中 (Active)	目前由這部路由器負責轉送那些傳給該群組虛擬 MAC 位址的封包，而且會定期傳送 Hello 訊息。若不考慮某些瞬間的情況，一個群組最多只會有一個路由器處於作用中狀態

在研究 HSRP 時，可以使用 **debug** 命令，並且改變作用中和備援路由器。從輸出中可以清楚看到發生什麼情況。

```
HSRP2#debug standby
*Sep 15 00:07:32.344:HSRP:Fa0/0 Interface UP
*Sep 15 00:07:32.344:HSRP:Fa0/0 Initialize swsb, Intf state Up
*Sep 15 00:07:32.344:HSRP:Fa0/0 Starting minimum intf delay (1 secs)
*Sep 15 00:07:32.344:HSRP:Fa0/0 Grp 1 Set virtual MAC 0000.0c07.ac01
type: v1 default
*Sep 15 00:07:32.344:HSRP:Fa0/0 MAC hash entry 0000.0c07.ac01, Added
Fa0/0 Grp 1 to list
*Sep 15 00:07:32.348:HSRP:Fa0/0 Added 10.1.1.10 to hash table
*Sep 15 00:07:32.348:HSRP:Fa0/0 Grp 1 Has mac changed? cur 0000.0c07.ac01
new 0000.0c07.ac01
*Sep 15 00:07:32.348:HSRP:Fa0/0 Grp 1 Disabled -> Init
*Sep 15 00:07:32.348:HSRP:Fa0/0 Grp 1 Redundancy "hsrp-Fa0/0-1" state
Disabled -> Init
*Sep 15 00:07:32.348:HSRP:Fa0/0 IP Redundancy "hsrp-Fa0/0-1" added
```

```
*Sep 15 00:07:32.348:HSRP:Fa0/0 IP Redundancy "hsrp-Fa0/0-1" update,
Disabled -> Init
*Sep 15 00:07:33.352:HSRP:Fa0/0 Intf min delay expired
*Sep 15 00:07:39.936:HSRP:Fa0/0 Grp 1 MAC addr update Delete from
SMF 0000.0c07.ac01
*Sep 15 00:07:39.936:HSRP:Fa0/0 Grp 1 MAC addr update Delete from SMF
0000.0c07.ac01
*Sep 15 00:07:39.940:HSRP:Fa0/0 ARP reload
```

HSRP 負載平衡

HSRP 並不會真正進行負載平衡，但是可以設定在不同 VLAN 上同時使用多台路由器。這跟 GLBP 能提供的真正負載平衡並不一樣，但是 HSRP 還是能達到某種程度的負載平衡。圖 14.9 是 HSRP 的負載平衡方式。

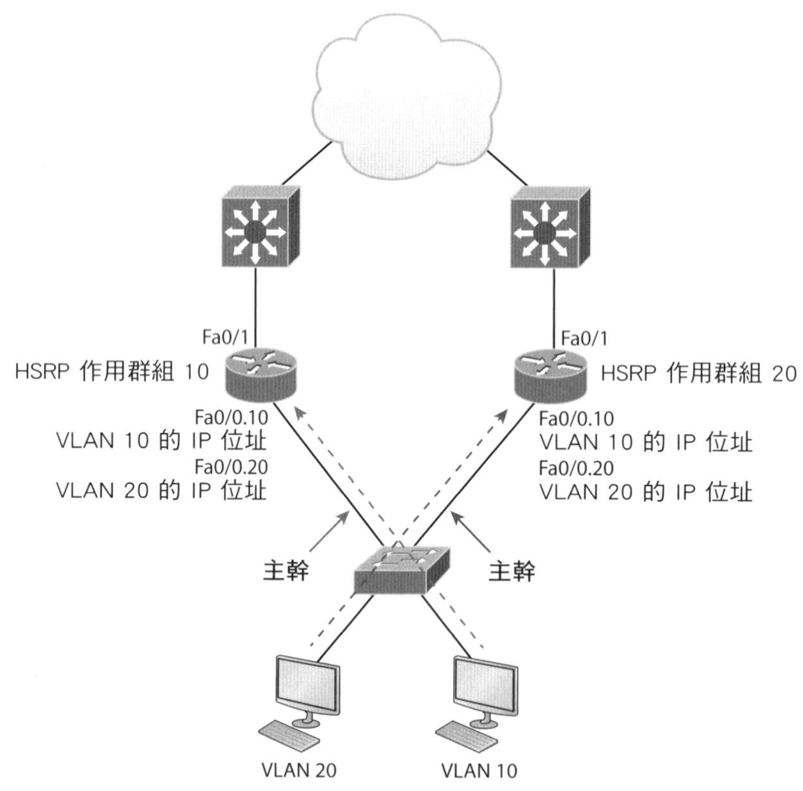

圖 14.9 HSRP 對各 VLAN 的負載平衡

要如何讓 2 台 HSRP 路由器同時作用？這在單一子網路的簡單組態中無法做到，但是藉由在每台路由器間建立主幹鏈路，可以設定成 ROAS 組態來運作。每台路由器會成為不同 VLAN 的預設閘道，但是每個 VLAN 還是只有 1 台作用中路由器。通常，在更進階的設定中不會使用 HSRP 來做負載平衡；而會使用 GLBP。但是 HSRP 仍舊可以用來分擔負載，而且這也是認證目標。這相當方便，可以預防單點故障造成交通的中斷。HSRP 的這項功能改善網路恢復力，讓子網路與 VLAN 間具有負載平衡和冗餘的能力。

HSRP 故障檢測

除了 HSRP 的驗證之外，Cisco 認證的一個重點是本節的故障檢測。HSRP 大多數的組態設定錯誤，都可以透過 **show standby** 命令的輸出來檢查。在輸出中可以看到作用中的 IP 和 MAC 位址、計時器、作用中的路由器和其他資訊，如前節所示。

HSRP 有幾種可能的設定錯誤，但是在 CCNA 認證中，下面幾種特別需要注意：

- **在對等節點上設定了不同的 HSRP 虛擬 IP 位址**：控制台當然會發送相關的訊息，但是如果您做了這樣的設定，且作用中的路由器故障，則備援的路由器會使用與原本不同、並且也和終端裝置設定的預設閘道位址不同的虛擬 IP 位址來接管，因此造成主機停止運作，並且破壞了 FHRP 的目的。
- **在對等節點上設定了不同的 HSRP 群組**：這項錯誤導致對等節點都變成作用中，所以會收到 IP 位址重複的警報。這乍看之下好像很容易排除，但下個問題也會產生相同的警告。
- **在對等節點或被阻擋的埠上設定了不同的 HSRP 版本**：HSRP 有版本 1 和 2。如果版本不符，則兩台路由器都會成為作用中，而您也會再次收到 IP 位址重複的警報。

在第 1 版 HSRP 中，訊息會傳送到多點傳播 IP 位址 224.0.0.2 與 UDP 埠 1985。第 2 版 HSRP 使用多點傳播位址 224.0.0.102 與 UDP 埠 1985。在進入的存取清單中必須要允許這些 IP 位址和埠。如果封包被阻擋，對等節點就無法看見彼此，並且不會有 HSRP 冗餘。

14-4 摘要

本章說明如何將冗餘及負載平衡功能，利用既有的路由器整合到網路中。HSRP 和 GLBP 是 Cisco 專屬協定，您已學習了如何適當地設定和使用**熱備援路由器協定** (Hot Standby Router Protocol，HSRP)。

14-5 考試重點

- **瞭解 FHRP，特別是 HSRP**：FHRP 是 HSRP、VRRP 和 GLBP；其中的 HSRP 和 GLBP 是 Cisco 的專屬協定。

- **記住 HSRP 虛擬位址**：HSRP 的 MAC 位址只有一個變動部分。前面 24 位元仍舊是用來識別製造該裝置的廠商 (組織的唯一識別子 OUI)。其次的 16 位元用來表示該 MAC 位址是已知的 HSRP MAC 位址。最後 8 位元是 HSRP 群組編號的 16 進位數值。

  下面是 HSRP MAC 位址的一個範例：

```
0000.0c07.ac0a
```

14-6 習題

習題解答請參考附錄。

( ) 1. HSRP 路由器上預設的優先序是多少？

A. 25

B. 50

C. 100

D. 125

( ) 2. 關於 FHRP，下列何者為真？(選擇 2 個答案)

A. FHRP 提供主機遶送資訊。

B. FHRP 是一種遶送協定。

C. FHRP 提供預設的閘道冗餘。

D. FHRP 是以標準為基礎的 (standard-based)。

( ) 3. 下列何者是 HSRP 狀態？(選擇 2 個答案)

A. INIT

B. Active

C. Established

D. Idle

( ) 4. 下列哪個命令會設定介面使用虛擬路由器 IP 位址 10.1.1.10 來開啟 HSRP？

A. standby 1 ip 10.1.1.10

B. ip hsrp 1 standby 10.1.1.10

C. hsrp 1 ip 10.1.1.10

D. standby 1 hsrp ip 10.1.1.10

(　　) 5. 下列哪個命令會顯示 Cisco 路由器或第 3 層交換器的所有 HSRP 群組？

A. show ip hsrp

B. show hsrp

C. show standby hsrp

D. show standby

E. show hsrp groups

(　　) 6. 有兩台路由器是 HSRP 備援群組的一部分，而且在 HSRP 群組中的路由器上並沒有設定優先序。下列敘述何者為是？

A. 兩台路由器都會在作用中的狀態。

B. 兩台路由器都會在備援的狀態。

C. 兩台路由器都會在聆聽的狀態。

D. 一台路由器在作用中的狀態，另一台是備援狀態。

(　　) 7. 下列關於 HSRP 版本 1 的 Hello 封包的敘述何者為是？

A. HSRP Hello 封包會送往多點傳播位址 224.0.0.5。

B. HSRP Hello 封包會送往多點傳播位址 224.0.0.2，TCP 埠 1985。

C. HSRP Hello 封包會送往多點傳播位址 224.0.0.2，UDP 埠 1985。

D. HSRP Hello 封包會送往多點傳播位址 224.0.0.10，TCP 埠 1986。

(　　) 8. 路由器 HSRP1 與 HSRP2 屬於 HSRP 群組 1。HSRP1 的優先序為 120，是作用中的路由器；而 HSRP2 則具有預設的優先序。當 HSRP1 重新開機時，HSRP2 會成為作用中的路由器。一旦 HSRP1 開完機後，下列何者為是？(選擇 2 個答案)

A. HSRP1 會成為作用中的路由器。

B. HSRP2 會繼續擔任作用中的路由器。

C. HSRP1 如果有設定為搶先 (preempt)，則會成為作用中的路由器。

D. 兩台路由器都會進入發言 (speak) 狀態

(　　) 9. 下列何者是 HSRP 版本 2 所使用的多點傳播位址和埠號？

A. 224.0.0.2，UDP 埠 1985

B. 224.0.0.2，TCP 埠 1985

C. 224.0.0.102，UDP 埠 1985

D. 224.0.0.102，TCP 埠 1985

MEMO

虛擬私密網路 (VPN)

15

Chapter

本章涵蓋的 CCNA 檢定主題

5.0　安全性基本原理

- 5.5　描述遠端存取與站對站 (site-to-site) VPN

本章將深入討論 VPN。您會學到一些聰明的解決方案，能協助您滿足企業的網路外部存取需求。我們將鑽研這些網路如何利用 IP 的安全性，在公共網路上透過 VPN 與 IPSec 來提供安全的通訊。本章的最後會示範如何使用 GRE (Generic Routing Encapsulation)。

15-1 虛擬私密網路

虛擬私密網路 (virtual private network，VPN) 可以在網際網路上建立私密網路，提供私密性和非 TCP/IP 協定的隧道。VPN 是日常用來提供遠端使用者或分離的網路，能透過網際網路之類的公共媒介來連結，而不需要使用更昂貴的永久性措施。

VPN 其實並不難理解。VPN 介於 LAN 和 WAN 之間，而且通常是用 WAN 來模擬 LAN 的鏈路，因為在某個 LAN 上的電腦，必須連到遠端的 LAN 並且使用它的資源。使用 VPN 的主要議題是「安全性」。VPN 的定義聽起來很像是將 LAN (或 VLAN) 連到 WAN，但其實 VPN 遠不止於此。

主要差異在於：典型的 WAN 會使用路由器和其他人的網路 (例如 ISP)，將兩個或更多的 LAN 連在一起。本地主機和路由器將這些網路視為是遠端網路，而不是本地網路或本地資源。這是 WAN 常見的定義。VPN 事實上是使用 WAN 鏈路將本地主機與遠端網路連在一起，讓本地主機成為遠端網路的一部分。這表示我們現在可以存取到遠端 LAN 的資源，並且是非常安全的存取。

這聽起來很像 VLAN 的定義，事實上，觀念是相同的：「讓我的主機對遠端資源而言，看起來像是位於它的區域內」。主要的差異在於：對於實際上位於本地的網路而言，使用 VLAN 是個好方法；但是對於實際上橫跨 WAN 的遠端網路而言，則選擇使用 VPN。

舉個簡單的 VPN 範例：讓筆者使用自己位於科羅拉多的辦公室為例。我的個人主機在此，但是我希望它看起來就像位於達拉斯總部的 LAN 上，以便使用遠端的伺服器，所以我選擇使用 VPN 來達成這個目的，如圖 15.1。

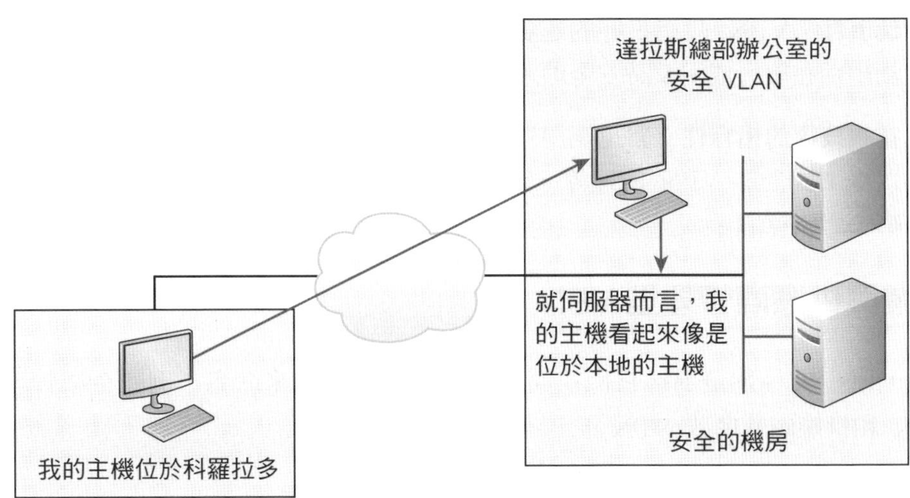

圖 15.1 VPN 範例

為什麼這很重要呢？因為安全性的設計，達拉斯的伺服器只有位於相同 VLAN 的主機才能存取並且使用它們的資源。VPN 讓我可以穿越 WAN，以本地的形式連到 VLAN。另一種選擇是開放網路和伺服器給 WAN 上的人，這樣會造成安全性的大問題。所以顯然我必須使用 VPN！

VPN 的效益

在企業、甚至於家用網路上使用 VPN，有許多好處。Cisco 認證目標中提到的優點包括：

- **安全性**：VPN 使用先進的加密和認證協定，可以提供非常優良的安全性，有助於保護網路免於未經授權的存取。IPsec 和 SSL 都屬於這個類別。SSL (Secure Socket Layer) 是用於瀏覽器的加密技術，具有原生的 SSL 加密，稱為網站 VPN (Web VPN)。您也可以使用安裝在 PC 上的 Cisco AnyConnect SSL VPN 客戶端，以提供 SSL VPN 解決方案和 Clientless Cisco SSL VPN。
- **節省成本**：藉由將企業遠端辦公室連到最近的網際網路供應商，然後建立具有加密和認證的 VPN 隧道，比起租用傳統的點對點專線要便宜得多。它也提供了較高頻寬的鏈路和安全性，而且比傳統的連線省錢。

- **延展性**：VPN 具有良好的延展性，可以在新的辦公室快速啟用，或是讓行動用戶在旅行或回家時安全地連線。
- **寬頻技術的相容性**：對遠端用戶和遠端辦公室而言，任何網際網路存取都可以提供對企業 VPN 的連線。它讓用戶可以利用 DSL 或纜線數據機的高速網際網路存取。

企業與供應商管理型 VPN

VPN 的種類是根據它們在商業中所扮演的角色來命名，例如企業管理型 VPN 和供應商管理型 VPN。

如果您的公司管理自己的 VPN，那您用的是企業管理型 VPN。這種提供服務的方式很常見，如圖 15.2 所示。在主要站台的 ASA 是用來當作 VPN 的**集中器** (concentrator)。

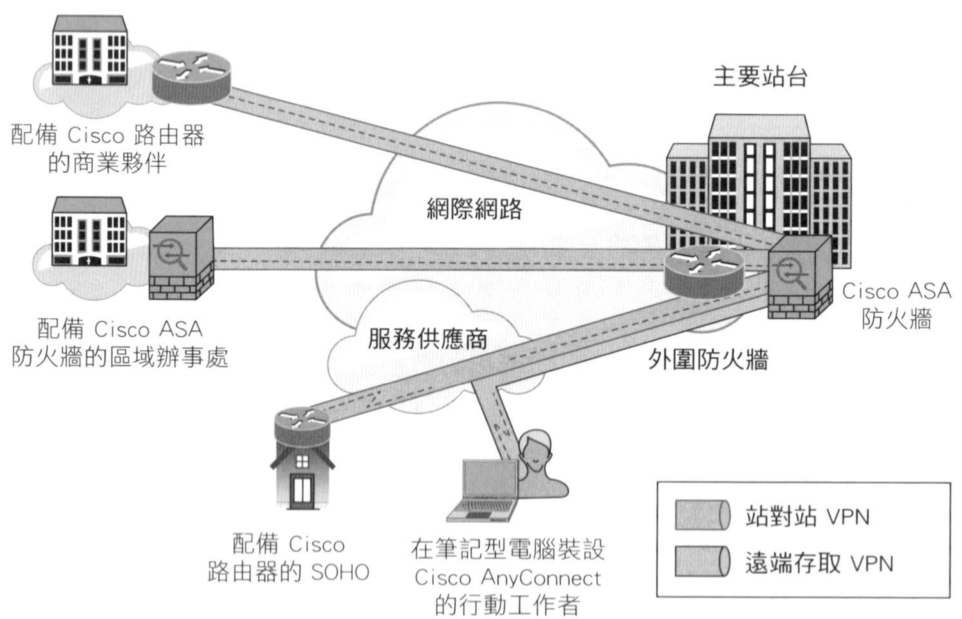

圖 15.2　企業管理型 VPN

企業管理型 VPN 有三類：

- **遠端存取 VPN (remote access VPN)**：讓遠端使用者 (如在家上班者) 能在任何地點任意時間安全地存取企業網路。
- **站對站 VPN (site-to-site VPN)**：又稱為企業內網路 VPN (intranet VPN)，讓公司能安全地透過網際網路之類的公共媒介，將遠端的點安全地連到公司的骨幹，而不需要使用像訊框中繼等更昂貴的 WAN 連線。
- **企業間網路 VPN (extranet VPN)**：企業間網路 VPN 讓組織的供應商、合作夥伴和顧客能以受限制的方式連到企業網路進行企業對企業 (B2B) 通訊。

供應商管理型 VPN 的概觀如圖 15.3 所示。

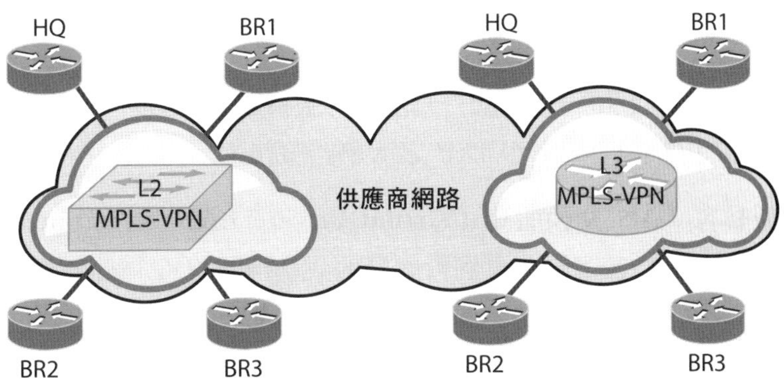

第二層 MPLS VPN (VPLS 和 VPWS)：

- 顧客路由器直接交換路徑
- 有些應用需要第二層的連線才能運作

第三層 MPLS VPN：

- 顧客路由器與 SP 路由器交換路徑
- 提供跨骨幹的第三層服務

圖 15.3 供應商管理型 VPN

供應商管理型 VPN 有兩種不同的類型：

- **第二層 MPLS VPN**：第二層的 VPN 是使用 MPLS 標籤來傳輸資料的一種虛擬私有網路 (VPN)。溝通發生在稱為供應商**邊緣路由器** (PE，provider edge router) 的路由器之間；邊緣路由器的名稱源自它們位於供應商網路的邊緣，緊接著顧客的網路。

  已經擁有第二層網路的網際網路供應商，在其他常見的第三層 MPLS VPN 之外，也可以選擇使用這種 VPN。

  第二層的 MPLS VPN 有兩種典型的技術：

  - **虛擬私有線路服務 (Virtual Private Wire Service，VPWS)**：VPWS 是在 MPLS 上啟用乙太網路服務最簡單的形式。它也稱為 ETHoMPLS (Ethernet over MPLS)，或 VLL (虛擬專線，Virtual Leased Line)。VPWS 在**附加虛擬電路** (attachement-virtual circuit) 和**模擬虛擬電路**間具有固定的關係。VPWS 為基礎的服務是點對點的服務，例如在 IP/MPLS 上的訊框中繼 /ATM/ 乙太網路服務。
  - **虛擬私有 LAN 交換服務 (Virtual Private LAN Switching service，VPLS)**：因為多個服務實例會虛擬地共享相同的乙太網路廣播網域，所以是虛擬的點對點服務。然而，每條連線都是獨立的，並且與網路上其他連線隔離。附加的虛擬電路和模擬的虛擬電路間存在有動態的 "學習" 關係，由顧客的 MAC 位址決定。

    在這種網路類型中，顧客會管理自己的遶送協定。第二層 VPN 相對於第三層 VPN 的一個優點是，某些應用的節點如果不是位於相同的第二層網路上，就無法運作。

- **第三層 MPLS VPN**：第三層 MPLS VPN 提供跨骨幹的第三層服務，不同的 IP 子網路再連到各自的站。因為您通常會在 VPN 上佈建遶送協定，所以您必須跟服務供應商溝通，以參與路徑交換。您的路由器 (稱為 CE) 和供應商路由器 (稱為 PE) 間會建立鄰居的緊鄰關係。服務供應商網路有很多稱為 P 路由器的核心路由器，這些 P 路由器的任務則是提供 PE 路由器間的連線。

如果您想要完全將第三層 VPN 委外，您的服務供應商將會負責維護和管理您所有站的遶送。從您身為顧客的觀點來看，您的 ISP 網路就好像是一個很大的虛擬交換器。

因為它們不但安全而且不貴，您現在應該很想瞭解如何設定 VPN 吧？要建立 VPN 的方法不只一種。第一種方法是使用 IPSec 在 IP 網路端點間建立驗證和加密服務。第二種方式是透過隧道協定，在網路端點間建立隧道。隧道本身就是將資料或協定封裝在另一種協定之中的一種方法，這是非常俐落的做法！

我們馬上就會說明第一種的 IPSec 方法了，但首先要先說明 4 種最常用的隧道協定：

- **第二層轉送 (Layer 2 Forwarding，L2F)**：L2F 是 Cisco 專屬的隧道協定，也是它們為**虛擬私密撥接網路** (Virtual Private Dial-up Network，VPDN) 所建立的第一種隧道協定。VPDN 允許裝置使用撥接連線來建立連到企業網路的安全連線。L2F 後來被 L2TP 所取代，但 L2TP 仍然對 L2F 有向後的相容性。
- **點對點隧道協定 (Point-to-Point Tunneling Protocol，PPTP)**：PPTP 是微軟所建立的協定，可以讓遠端網路安全地傳送資料到企業網路。
- **第二層隧道協定 (Layer 2 Tunneling Protocol，L2TP)**：由 Cisco 和微軟所建立的 L2TP 是要用來取代 L2F 與 PPTP。L2TP 將 L2F 和 PPTP 的能力合併在單一的隧道協定中。
- **通用遶送封裝 (Generic Routing Encapsulation，GRE)**：這是另一個 Cisco 專屬的隧道協定。它會形成虛擬的點對點鏈結，可以將多種協定封裝在 IP 隧道中。

好啦！現在您已經瞭解 VPN 是什麼，以及 VPN 的各種類型，讓我們開始瞭解 IPSec 吧！

Cisco IOS IPSec 簡介

簡而言之，IPSec 是一組產業標準的協定和演算法，可以在 OSI 模型第三層的網路層運作，在 IP 網路上進行安全的資料傳輸。

您有注意到上面特別提到「IP 網路」嗎？這非常重要，因為 IPSec 本身無法用來加密非 IP 的交通。對於非 IP 交通，則必須先為它建立 GRE 隧道，然後使用 IPSec 來對隧道加密。

IPSec 轉換

IPSec 轉換 (IPSec transform) 會指定單一安全性協定和它對應的安全性演算法；沒有這些轉換，IPSec 將無法運作。您必須熟悉這些技術，所以讓我們先花一分鐘定義安全性協定，並且介紹支援 IPSec 的加密和雜湊演算法。

安全性協定

IPSec 使用的兩個主要安全性協定是**驗證標頭** (Authentication Header，AH) 和**封裝安全性有效負載** (Encapsulating Security Payload，ESP)。

驗證標頭 (AH)

AH 協定使用**單向雜湊** (one-way hash) 來提供封包資料和 IP 標頭的驗證。它的運作方式如下：傳送端產生單向的雜湊；然後接收端產生相同的單向雜湊。如果封包發生任何改變，就不能通過驗證，而且會被丟棄。所以，基本上 IPSec 依賴 AH 來鑑別來源端，如圖 15.4。

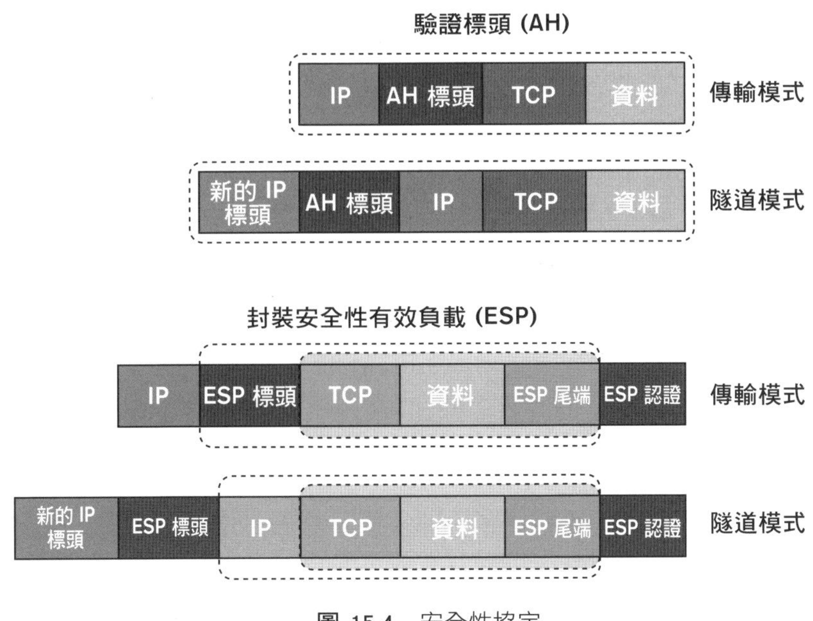

圖 15.4　安全性協定

在隧道模式下，AH 會檢查整個封包，但是並不提供任何加密服務。然而，在傳輸模式下使用 AH 只會檢查**有效負載** (payload) 的部分。

ESP 則不一樣，在傳輸模式下，它只提供封包資料的完整性查核。然而在隧道模式下使用 AH，ESP 會加密整個封包。

ESP

ESP 可以提供機密性 (confidentiality)、資料來源驗證、無連線式完整性 (connectionless integrity)、防封包重送服務 (anti-replay service) 和藉由破壞交通流分析以達到有限的交通流機密性，這效果大致和可能沒有加密的 AH 差不多。ESP 共有五個部分：

- **機密性(加密)**：使用諸如 DES 或 3DES 等對稱式加密演算法來提供機密性。其他所有服務都可以個別選擇所要的機密性，但 VPN 所有端點都必須選擇相同的機密性。

- **資料完整性**：資料完整性讓接收端能確認資料在傳送過程中沒有被竄改。IPsec 使用 checksum 來做簡單的資料檢查。
- **認證**：認證確保是和正確的對象建立連線。接收端透過確保和授權資訊的來源，以認證封包的來源正確。
- **防封包重送服務**：只有在已選擇資料來源認證服務的情況下，才能使用防封包重送服務。防封包重送的選擇是以接收端為基礎，也就是說，只有接收端檢查序號時，這個服務才會有效。封包重送攻擊就是駭客攔截一份認證過的封包，並且在稍後將它傳送給預期的目的地。當這個重複的已認證 IP 封包抵達目的時，可能會破壞服務或做其他的壞事。序號 (sequence number) 欄位的目的就是要應付這種攻擊。
- **交通流**：若要進行交通流的保密，則必須選擇隧道模式。如果是在累積大量交通的安全性閘道中實作，則最為有效。因為在這種大量交通的情況下，最容易遮蔽掉真正的來源 —— 目的模式，也就是壞蛋嘗試要破壞網路安全性所要的東西。

加密

VPN 在公共的網路基礎建設上建立私密網路，但如果要維持機密性與安全性，則需要靠 IPSec 的作用。IPSec 使用各種協定來執行加密的動作，目前使用的加密演算法有下列幾種：

- **對稱式加密**：這種加密方法需要一個共享的秘密來進行加密與解密的動作，電腦在傳送資訊到網路之前會先對資料進行加密，而且會用同一把金鑰來對資料進行加密與解密。對稱式加密的標準有資料加密標準 (Data Encryption Standard，DES)、triple DES (3DES)、以及先進加密標準 (Advanced Encryption Statndard，AES) 等。
- **非對稱式加密**：這種加密方式使用不同的金鑰來加密與解密，這些金鑰稱為私密金鑰與公開金鑰。

私密金鑰可用來對訊息的雜湊值 (hash) 加密，以產生數位簽章，然後再用公開金鑰來解密驗證。公開金鑰可用來將對稱式金鑰加密，以安全地分送給接收主機，然後接收主機再用它自己獨有的私密金鑰來解開該對稱式金鑰。加密與解密不能使用同一把金鑰，這是變種的公開金鑰加密法，它利用了公開金鑰與私密金鑰的組合。這種非對稱式加密的最佳例子就是 RSA (Rivest，Shamir，Adleman)。

圖 15.5 是這個複雜的加密流程。

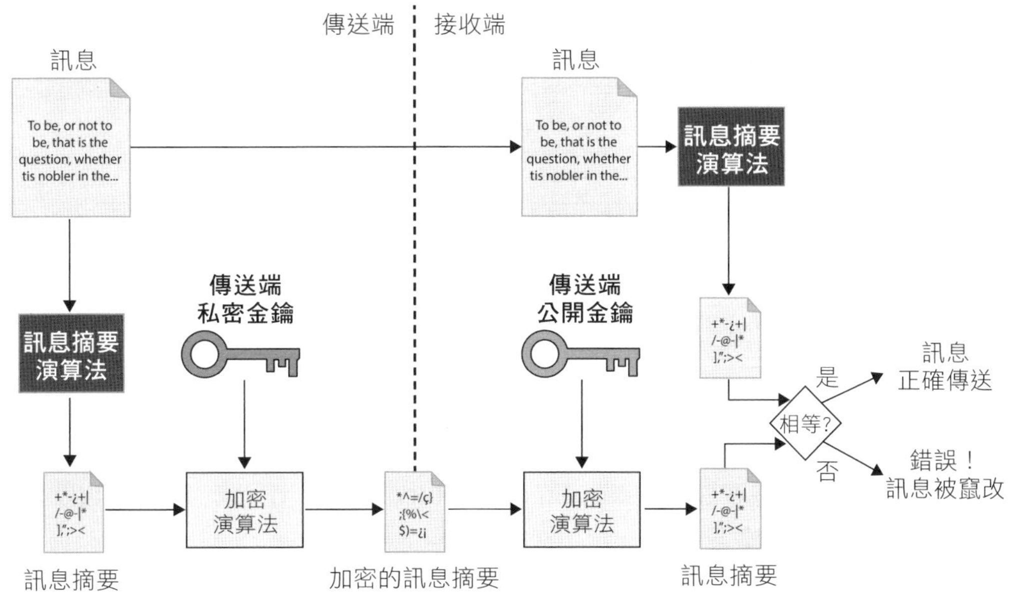

圖 15.5 加密流程

其實這裡只做了很粗淺的介紹，要在兩個站之間建立 VPN 連線需要相當多的研讀、時間和練習，有時還得要很有耐心。Cisco 有一些 GUI 介面可幫助您處理這個過程，而且對於設定 IPSec 的 VPN 有很大的助益，只是這已經超出本書的範圍。

15-2 GRE 隧道

GRE (通用性遶送封裝，Generic Routing Encapsulation) 是一種隧道協定，可以將許多協定封裝在 IP 隧道中，例如遶送協定 EIGRP 和 OSPF，以及被遶送協定 IPv6。圖 15.6 是 GRE 標頭的不同部分。

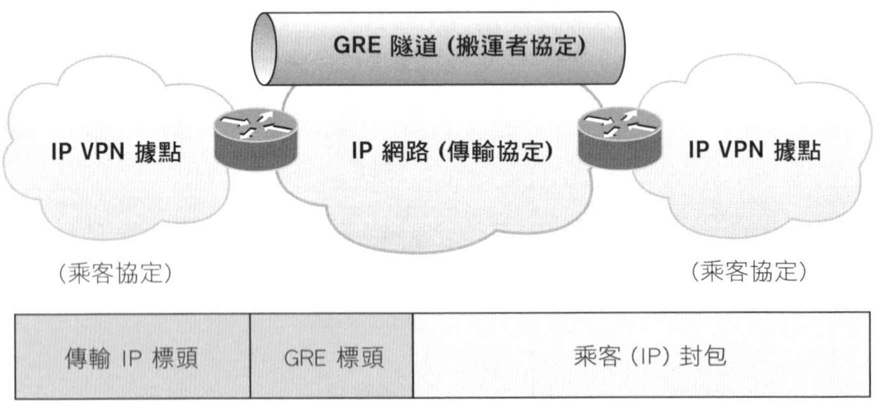

圖 15.6 GRE 隧道結構

GRE 隧道介面支援下面各種標頭：

- 被封裝協定或乘客協定 (passenger protocol)，如 IP 或 IPv6；也就是 GRE 所封裝的協定。
- GRE 封裝協定。
- 傳輸協定，通常是 IP。

GRE 隧道具有下列特徵：

- GRE 使用標頭中的協定類型欄位，所以任何第 3 層協定都可以用在隧道中。
- GRE 是無狀態 (stateless)，並且沒有提供流量控制。
- GRE 沒有提供安全性。
- GRE 會為隧道內的封包產生額外的負載，至少 24 位元組。

GRE over IPsec

如前所述，GRE 本身並沒有提供安全性，沒有任何形式的有效負載機密性或加密能力。如封包在公共網路上被監聽，它們的內容都是明文。雖然 IPsec 提供在 IP 網路上用隧道形式傳輸資料的安全方法，但仍然有其限制。

IPsec 並不支援 IP 廣播或 IP 多點傳播，導致需要這些功能的協定 (如遶送協定) 無法使用。IPsec 也不支援使用多重協定的交通。GRE 是可以 "承載" 其他乘客協定 (如 IP 廣播、IP 多點傳播以及其他非 IP 協定) 的協定。因此，使用 GRE 隧道搭配 IPsec，讓您可以執行遶送協定、IP 多點傳播以及在網路上的多重協定交通。

在一般的軸輻式拓樸 (例如企業對分公司) 中，您可以在企業總部和分公司之間實作靜態隧道，通常是在 IPsec 上的 GRE。當您想要在網路上增加新的輻條時，只要在中樞路由器上進行設定就好了。輻條間的交通必須經由中樞路由器，先離開一條隧道，再進入另一條。靜態隧道是小型網路的適當解決方案，但在輻條數量逐漸增加之後，這個方案就越來越不可行了。

Cisco DMVPN (Cisco 專屬)

Cisco 的 DMVPN (動態多點虛擬私有網路，Dynamic Multipoint Virtual Private Network) 功能讓您可以輕鬆地建置大型及小型的 IPsec VPN。Cisco DMVPN 是 Cisco 對企業總部到分公司間，為了建立低成本、易於設定及具有彈性的連線，所提出的解決方案。DMVPN 有一台中樞路由器，例如總部路由器，稱為**中軸** (hub)，而分公司則稱為**輻條** (spoke)。

因此，企業對分公司的連線又稱為軸輻式互連。如果您覺得這種設計聽起來很類似訊框中繼網路，那您就對了！DMVPN 能夠讓您在中樞路由器上設定單一 GRE 隧道界面和單一 IPsec 基本資料檔案，以管理所有輻條路由器，並且讓中樞路由器上的組態大小基本上不會隨著更多輻條路由器加入網路而增加。DMVPN 也讓網路資料從某個輻條路由器送到另一個輻條路由器時，能夠動態地在它們之間建立 VPN 隧道。

Cisco IPSec VTI (Cisco 專屬)

IPsec 組態的 IPsec 虛擬隧道介面 (Virtual Tunnel Interface，VTI) 模式，可以在遠端存取需要保護的時候，大幅簡化 VPN 的組態。它提供比 GRE 或 L2TP 更簡單的 IPsec 封裝與加密地圖。它就像 GRE 一樣會傳送遶送協定和多點傳播交通，但是並不需要 GRE 協定以及與其相關的額外負擔。在 VTI 上進行簡易的組態設定和直接遶送緊鄰關係，提供了許多的好處。請記住所有交通都已經過加密，並且只支援 Ipv4 或 IPv6 協定，就像標準的 IPsec。現在，讓我們來看看如何設定 GRE 隧道。這真的相當簡單。

設定 GRE 隧道

在設定 GRE 隧道之前，必須先建立實作計畫。下面是設定和實作 GRE 的查核清單：

- 使用 IP 位址。
- 建立邏輯隧道介面。
- 在隧道介面指定要使用 GRE 隧道模式 (選擇性的，這是預設的隧道模式)。
- 指定隧道的來源和目的 IP 位址。
- 設定隧道介面的 IP 位址。

接著，來看看如何啟用簡單的 GRE 隧道。圖 15.7 是包含兩台路由器的網路。

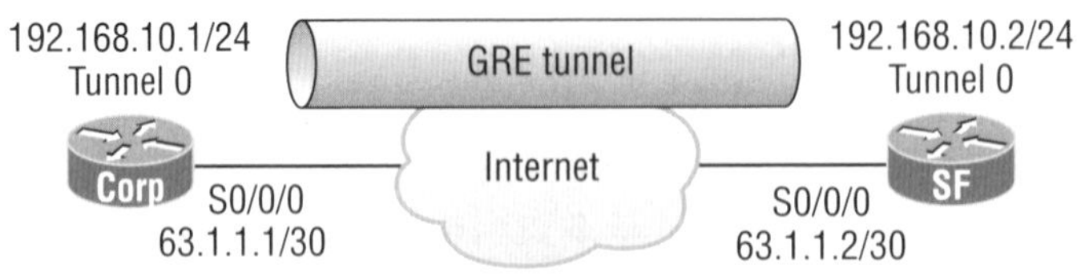

圖 15.7 GRE 組態範例

首先必須使用介面隧道編號命令來建立邏輯隧道，可用數目最高達 21.4 億。

```
Corp(config)#int s0/0/0
Corp(config-if)#ip address 63.1.1.1 255.255.255.252
Corp(config)#int tunnel ?
  <0-2147483647>  Tunnel interface number
Corp(config)#int tunnel 0
*Jan 5 16:58:22.719:%LINEPROTO-5-UPDOWN: Line protocol on Interface
Tunnel0, changed state to down
```


一旦設定好介面，並且建立了邏輯隧道，就要設定模式和傳輸協定。

```
Corp(config-if)#tunnel mode ?
  aurp    AURP TunnelTalk AppleTalk encapsulation
  cayman  Cayman TunnelTalk AppleTalk encapsulation
  dvmrp   DVMRP multicast tunnel
  eon     EON compatible CLNS tunnel
  gre     generic route encapsulation protocol
  ipip    IP over IP encapsulation
  ipsec   IPSec tunnel encapsulation
  iptalk  Apple IPTalk encapsulation
  ipv6    Generic packet tunneling in IPv6
  ipv6ip  IPv6 over IP encapsulation
  nos     IP over IP encapsulation (KA9Q/NOS compatible)
  rbscp   RBSCP in IP tunnel
Corp(config-if)#tunnel mode gre ?
  ip          over IP
  ipv6        over IPv6
  multipoint  over IP (multipoint)

Corp(config-if)#tunnel mode gre ip
```

建立隧道介面、類型和傳輸協定之後，就要設定隧道內部所使用的 IP 位址。當然，隧道必須使用真正實體介面 IP 來傳送交通到網際網路，但是您還必須設定隧道的來源和目的位址。

```
Corp(config-if)#ip address 192.168.10.1 255.255.255.0
Corp(config-if)#tunnel source 63.1.1.1
Corp(config-if)#tunnel destination 63.1.1.2

Corp#sho run interface tunnel 0
Building configuration...

Current configuration : 117 bytes
!
interface Tunnel0
 ip address 192.168.10.1 255.255.255.0
 tunnel source 63.1.1.1
 tunnel destination 63.1.1.2
end
```

現在來設定序列鏈路的另一端，並且觀察隧道是否出現：

```
SF(config)#int s0/0/0
SF(config-if)#ip address 63.1.1.2 255.255.255.252
SF(config-if)#int t0
SF(config-if)#ip address 192.168.10.2 255.255.255.0
SF(config-if)#tunnel source 63.1.1.2
SF(config-if)#tun destination 63.1.1.1
*May 19 22:46:37.099: %LINEPROTO-5-UPDOWN: Line protocol on Interface
Tunnel0, changed state to up
```

我們是不是忘了在 SF 路由器上設定 GRE 的隧道模式和 IP 呢？其實，這是不必要的，因為它是 Cisco IOS 的預設隧道模式。所以首先設定實體介面 IP 位址 (此處使用的是全域位址，非必要)，接著建立隧道介面，並且設定隧道介面的 IP 位址。請務必記住使用真正的來源和目的 IP 位址來設定隧道介面，否則隧道將無法啟動。在上例中，來源為 63.1.1.2，而目的地則是 63.1.1.1。

確認 GRE 隧道

首先從筆者最愛的故障查測命令 **show ip interface brief** 開始：

```
Corp#sh ip int brief
Interface         IP-Address    OK? Method Status                Protocol
FastEthernet0/0 10.10.10.5      YES manual up                    up
Serial0/0         63.1.1.1      YES manual up                    up
FastEthernet0/1 unassigned      YES unset  administratively down down
Serial0/1         unassigned    YES unset  administratively down down
Tunnel0           192.168.10.1 YES manual up                     up
```


在輸出中可以看到隧道介面現在已經顯示為路由器的一個介面了。您可以看到隧道介面的 IP 位址，且實體層和資料鏈結層的狀態顯示為 up/up。接著使用 **show interfaces tunnel 0** 命令來檢查介面：

```
Corp#sh int tun 0
Tunnel0 is up, line protocol is up
  Hardware is Tunnel
  Internet address is 192.168.10.1/24
  MTU 1514 bytes, BW 9 Kbit, DLY 500000 usec,
     reliability 255/255, txload 1/255, rxload 1/255
  Encapsulation TUNNEL, loopback not set
  Keepalive not set
  Tunnel source 63.1.1.1, destination 63.1.1.2
  Tunnel protocol/transport GRE/IP
    Key disabled, sequencing disabled
    Checksumming of packets disabled
  Tunnel TTL 255
  Fast tunneling enabled
  Tunnel transmit bandwidth 8000 (kbps)
  Tunnel receive bandwidth 8000 (kbps)
```

show interfaces 命令會顯示組態設定、介面狀態、IP 位址以及隧道的來源和目的位址。輸出中還有隧道協定 GRE/IP。最後，使用 **show ip route** 命令來檢查路徑表：

```
Corp#sh ip route
[output cut]
     192.168.10.0/24 is subnetted, 2 subnets
C       192.168.10.0/24 is directly connected, Tunnel0
L       192.168.10.1/32 is directly connected, Tunnel0
     63.0.0.0/30 is subnetted, 2 subnets
C       63.1.1.0 is directly connected, Serial0/0
L       63.1.1.1/32 is directly connected, Serial0/0
```

Tunnel0 介面被顯示為直接相連介面；雖然它是邏輯介面，路由器仍將它當作實體介面，就像是路徑表中的 Serial 0/0。

```
Corp#ping 192.168.10.2
Type escape sequence to abort.
Sending 5，100-byte ICMP Echos to 192.168.10.2，timeout is 2 seconds:
!!!!!
Success rate is 100 percent (5/5)
```

您有沒有注意到我們是透過網際網路 ping 到 192.168.10.2？但願您有看到。不論如何，這是在繼續前進到 EBGP 之前，您必須注意的最後一件事；這是對隧道遶送錯誤的輸出所進行的故障排除。如果您設定了 GRE 隧道，並且收到這個反覆的 GRE 訊息：

```
           Line protocol on Interface Tunnel0，changed state to up
07:11:55: %TUN-5-RECURDOWN:
           Tunnel0 temporarily disabled due to recursive routing
07:11:59: %LINEPROTO-5-UPDOWN:
           Line protocol on Interface Tunnel0，changed state to down
07:12:59: %LINEPROTO-5-UPDOWN:
```

這表示隧道的設定錯誤，造成路由器使用隧道本身的介面來嘗試並遶送到隧道目的位址。

15-3 摘要

本章完整說明了 VPN 的觀念，以及符合您公司外部站台存取網路需求的一些解決方案。您瞭解了這些網路如何利用 IP 安全性，使用 VPN 與 IPSec，在網際網路之類的公共網路上提供安全的通訊。我們接著繼續探索了 IPSec 與加密。本章最後介紹了 GRE，以及如何使用 GRE 在 VPN 上建立隧道，並且進行驗證。

15-4 考試重點

- **瞭解什麼是 VPN**：您必須瞭解為什麼以及如何在兩個站之間使用 VPN。
- **瞭解如何設定和確認 GRE 隧道**：要設定 GRE，首先使用 **interface tunnel number** 命令設定邏輯隧道。視需要，使用 **tunnel mode mode protocol** 命令設定模式和傳輸，然後設定隧道介面、隧道來源和隧道目的 IP 位址，並且用全域位址設定實體介面。使用 **show interface tunnel** 命令和 ping 協定進行確認。

15-5 習題

習題解答請參考附錄。

(　　) 1. 下列哪些是 GRE 的特徵？(選擇 2 個答案)

A. GRE 封裝是使用 GRE 標頭的協定型態欄位，以支援任何 OSI 第三層協定的封裝。

B. GRE 本身是有狀態的。它預設包含流量控制機制。

C. GRE 包含強固安全機制以保護它的有效負載。

D. GRE 標頭以及隧道的 IP 標頭，會在隧道封包中額外增加至少 24 個位元組。

(　　) 2. GRE 隧道反覆出現下列錯誤訊息：

```
07:11:49: %LINEPROTO-5-UPDOWN:
          Line protocol on Interface Tunnel0，changed state to up
07:11:55: %TUN-5-RECURDOWN:
          Tunnel0 temporarily disabled due to recursive routing
07:11:59: %LINEPROTO-5-UPDOWN:
          Line protocol on Interface Tunnel0，changed state to down
07:12:59: %LINEPROTO-5-UPDOWN:
```

它的原因可能是：

A. 隧道介面沒有開啟 IP 遶送。

B. 隧道介面有 MTU 問題。

C. 路由器正在嘗試使用隧道介面本身來遶送到隧道目的位址。

D. 存取清單正在阻斷隧道介面的交通。

(　　) 3. 下列哪個命令不會告訴您 GRE 隧道 0 是處於 "up/up"狀態？

A. show ip interface brief

B. show interface tunnel 0

C. show ip interface tunnel 0

D. show run interface tunnel 0

(　　) 4. 您在公司路由器的序列介面上使用 GRE IP 命令，設定了一條通往遠端辦公室的點對點鏈路。什麼命令可以顯示該介面的 IP 位址，以及來源和目的位址？

A. show int serial 0/0

B. show ip int brief

C. show interface tunnel 0

D. show tunnel ip status

E. debug ip interface tunnel

(　　) 5. 您想要讓遠端用戶傳送受保護的封包到企業內部，但是不希望在遠端的客戶端機器上安裝軟體。您可以使用的最佳解決方案為何？

A. GRE 隧道

B. Web VPN

C. VPN Anywhere

D. IPsec

(　　) 6. 以下何者是在互連網路中使用 VPN 的效益？(選擇 3 個答案)

A. 安全性

B. 私有的高頻寬鏈路

C. 節省成本

D. 與寬頻技術不相容

E. 延展性

(　　) 7. 下列哪兩種是第二層 MPLS VPN 的技術範例？(選擇 2 個答案)

A. VPLS

B. DMVPN

C. GETVPM

D. VPWS

(　　) 8. 下列何者是產業標準的協定與演算法，讓我們可以在 OSI 模型的第 3 層 (網路層)，以 IP 為基礎的網路上進行安全的資料傳輸？

A. HDLC

B. Cable

C. VPN

D. IPSec

E. xDSL

(　　) 9. 下列何者可用來描述這段敘述：「建立跨網際網路的私密網路，提供隱私，而且能嵌入非 TCP/IP 協定。」？

A. HDLC

B. Cable

C. VPN

D. IPSec

E. xDSL

(　　)10. 下列哪兩種 VPN 是服務供應商管理 VPN 的範例？(選擇 2 個答案)

A. 遠端存取 VPN

B. 第二層 MPLS VPN

C. 第三層 MPLS VPN

D. DMVPN

服務品質 (QoS)

16

Chapter

本章涵蓋的 CCNA 檢定主題

4.0 IP 服務

- 4.7 說明 QoS 的個別中繼站轉送行為 (PHB)，例如分類、標記、佇列、壅塞、管制、塑形

服務品質 (Quality of service，QoS) 是指控制資源以維持服務品質的方法。本章將說明 QoS 如何藉由分類與標記工具、管制、塑形和重新標記，提供壅塞管理與排程工具，來解決問題，並且最終連結到特定的工具。

16-1 服務品質 (QoS)

QoS 能夠針對不同的應用程式、資料流或使用者，為各種層級上之不同類型的交通提供不同的優先序，以保證它們能達到特定的效能等級。QoS 是用來管理網路資源間的競爭，以取得較好的終端用戶經驗。

QoS 方法專注在當資料穿越網路線路時，可能會受到影響的五項問題：

1. **延遲**：資料可能會穿越壅塞的線路，或是採用了較不理想的路徑，因此造成的延遲可能會讓某些應用發生問題，例如 VoIP。當網路上使用了即時性的應用時，這就是實作 QoS 的好理由，提升對延遲敏感之應用的優先序。
2. **封包丟棄**：有些路由器就在緩衝區滿了之後，將收到的封包丟棄。如果接收的應用一直在等候封包，通常就會要求重傳封包。另一種常見的服務延遲原因。當鏈路發生競爭狀況時，如果有 QoS，比較不重要的交通就會被延遲或丟棄，讓對延遲敏感或是具有優先性的交通先通過。
3. **錯誤**：封包在傳送過程中可能會損壞，以無法接收的形式抵達目的地 ——這同樣需要重傳，並且可能會造成延遲。
4. **信號波動 (jitter)**：不是所有封包都選用相同路徑來抵達目的地，有些如果穿越較慢或較忙碌的網路連線，就可能比其他的更晚抵達。封包延遲時間的變動稱為信號波動，可能會對需要即時通訊的應用造成負面衝擊。
5. **順序錯誤**：這同樣是因為封包採取不同網路路徑來抵達目的地所造成的。接收端的應用程式必須將它們用正確的順序重新組合，才能完成這個訊息。因此，如果發生嚴重延遲，或是封包重組的順序不對，使用者就可能會注意到應用的品質下降。

QoS 可以確保應用具有所需等級的可預測性，能夠接收必要的頻寬以適當運作。顯然，這對具有額外頻寬的網路並不是個問題，但是當頻寬的限制越大時，這樣的觀念也就越重要。

交通特徵

在現今的網路中，您會發現資料、語音和視訊交通混雜在一起。每種交通類型都有不同的屬性。圖 16.1 是在今日網路上可以看到的資料、語音和視訊交通特徵。

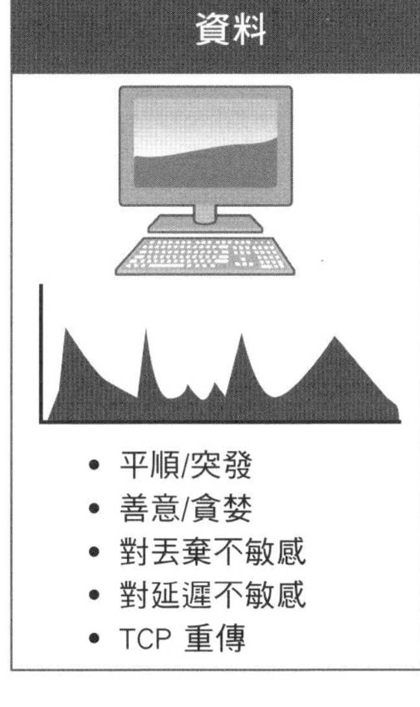

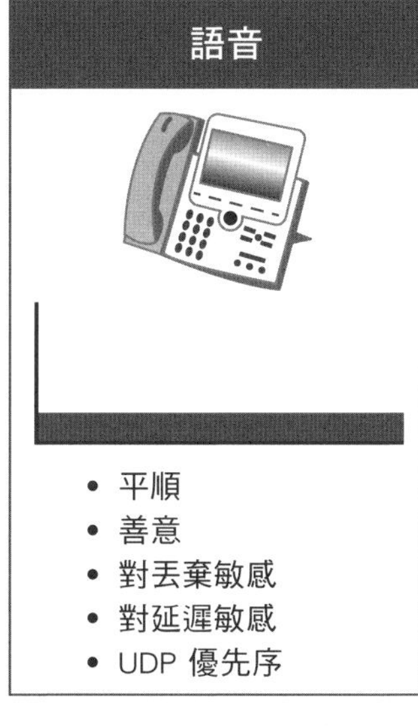

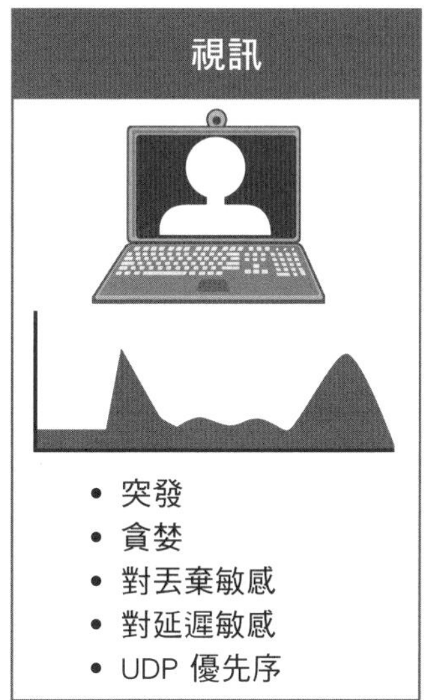

圖 16.1 交通特徵

資料交通並不是即時性；它包含突發式 (無法預測) 的交通，且抵達時間的變動度大。

下面是圖 16.1 中，網路上的資料特徵：

- 平順/突發
- 善意/貪婪
- 對丟棄不敏感

- 對延遲不敏感
- TCP 重傳

資料交通在今日的網路中並不需要特殊的處理，特別是在使用 TCP 的情況下。語音交通則是具有不變動與可預測的頻寬，以及封包抵達時間已知的即時性交通。

下面是網路上的語音特徵：

- 平順
- 善意
- 對丟棄敏感
- 對延遲敏感
- UDP 優先序

單向語音交通的要求：

- 延遲少於或等於 150 毫秒
- 波動少於或等於 30 毫秒
- 封包遺失率少於或等於 1%
- 頻寬只有 128 Kbps

今日的網際網路上有好幾種不同的視訊交通。Netflix、Hulu 和其他 APP、線上遊戲和遠端協作等，需要影音串流、即時互動式視訊以及視訊會議。

單向的視訊交通需求如下：

- 延遲少於或等於 200-400 毫秒
- 波動少於或等於 30-50 毫秒
- 封包遺失率少於或等於 0.1%-1%
- 頻寬為 384 Kbps 到 20 Mbps 或更高

16-2 信任邊界 (trust boundary)

信任邊界是指封包被標記為不受信任的位置，也是我們可以建立、移除或重寫標記的位置。您可以在該點建立、移除或重寫標記。受信任網域的邊界是封包標記被接受和運作的網路位置。圖 16.2 是典型的信任邊界。

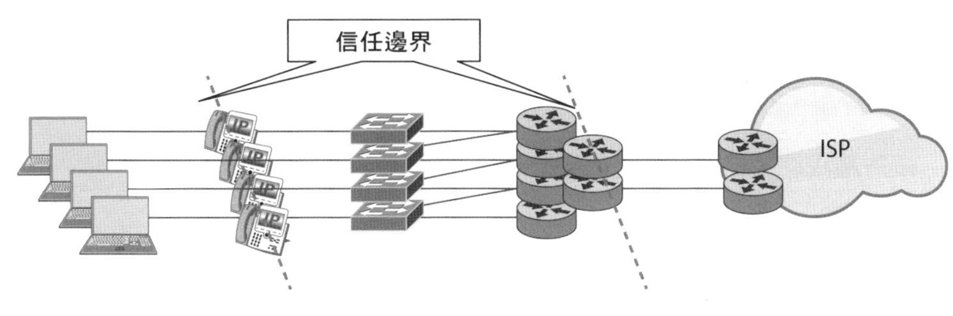

圖 16.2　信任邊界

圖中的 IP 電話和路由器介面通常是受信任的，但是超過特定點之外則不是。這些點就是信任邊界。

下面是 Cisco 認證必須知道的三項名詞：

- **不受信任網域 (Untrusted domain)**：這是您沒有主動管理的網路部分，充斥著 PC、印表機等等。
- **受信任網域 (Trusted domain)**：這部分網路中只有受到管理者管理的裝置，例如交換器、路由器等。
- **信任邊界 (Trust boundary)**：封包被分類和標記的地方。在企業網路中，信任邊界幾乎都是在邊緣交換器。

信任邊界上的交通在轉送到信任網域之前，會被分類和標記。來自不受信任網域交通上的標記通常會被忽略，以免終端用戶控制的標記不公平地利用了網路的 QoS 組態設定。

16-3 QoS 機制

在本節中，我們將討論下列重要機制：

- 分類和標記工具
- 管制 (policing)、塑形 (shaping) 和重新標記 (re-marking)
- 壅塞管理 (或排程) 工具
- 鏈路專用工具

接著讓我們來更深入檢視每個機制。

分類與標記

分類器是 IOS 的一項工具，用來檢視封包欄位以識別它所攜帶的交通類型。QoS 藉此來判斷交通所屬類別和處理方式。這並不是交通的一般處理方式，因為它會消耗時間和資源。

政策的實施機制 (policy enforcement mechanism) 包含標記、排隊、管制和塑形。訊框和封包中有不同的第二層和第三層欄位用來標記交通。後面將會逐一介紹這些 Cisco 認證內容。

- **服務類別 (Class of Service，CoS)**：第二層的乙太網路訊框標記，包含 3 個位元。當使用 IEEE 802.1Q 定義的 VLAN 標籤識別 (tagging) 訊框時，它在乙太網路訊框的標頭中就稱為 PCP (Priority Code Point)。
- **服務型態 (Type of Service，ToS)**：ToS 由 8 個位元所組成，在 Ipv4 封包標頭中是 IP 的優先序欄位。
- **DSCP (Differentiated Services Code Point，也稱為 DiffServ)**：在現代 IP 網路上用來分類和管理網路交通，並提供服務品質的方法之一，就是 DSCP。這項技術在 IP 標頭的 8 位元**差別服務欄位** (DS field，Differentiated Services field) 使用 6 位元**差異服務代碼點** (DSCP，Differentiated Servcie Code Point) 來進行封包分類。DSCP 可以建立交

通類別以指定優先序。過去標記 ToS 是利用 IP 的優先序，新的方式則是利用 DSCP。DSCP 具有對 IP 優先序的向後相容性。

IP 優先序和 DSCP 是最常用來做第三層封包標記的方法，因為第三層封包標記具有端點對端點的重要性。

- **類別選擇器 (Class Selector)**：類別選擇器使用與 IP 優先序相同的 3 個位元，用來指示 DSCP 值的 3 位元子集合。
- **交通識別子 (Traffic Identifier，TID)**：使用在無線訊框的 TID，描述了 802.11 之 QoS 控制欄位中的 3 位元欄位。它很類似 CoS，只不過 CoS 是針對有線的乙太網路，而 TID 是無線的。

分類標記工具

如前一節的討論，交通的分類決定了封包或訊框屬於哪種類型的交通，因此能對它使用標記、塑形及管制的政策。請盡可能在接近信任邊界的地方進行交通的標記。

交通分類有三種常見的方法：

- **標記**：檢查現有第 2 或 3 層設定的標頭資訊，並且根據現有標記來做分類。
- **定址**：這項分類技術是使用標頭資訊中的來源和目的介面，第 2 或 3 層位址及第 4 層埠號。您可以使用裝置 IP 將交通分群，或是使用埠號分類。
- **應用簽章 (application signature)**：這項技術是檢查有效負載裡的資訊，稱為**深層封包檢查** (deep packet inspection)。

現在讓我們更深入瞭解深度封包檢視中的 NBAR(網路式應用辨識，Network Based Application Recognition)。

NBAR 提供第 4 到 7 層的深度封包檢視，不過它比使用位址 (IP 或埠) 或存取控制清單 (ACL) 需要更多的 CPU 運算。

因為單從第 3、4 層未必一定能識別應用，所以 NBAR 會更深入檢視封包的有效負載，並且跟它的簽名資料庫 PDLM (封包描述語言模型，Packet Description Language Model) 做比對。

下面是 NBAR 使用的兩種不同的運作模式：

- **被動模式**：使用被動模式會提供應用的協定、介面、位元速率、封包和位元組數量的即時統計。
- **主動模式**：將應用的交通分類，以便應用 QoS 政策。

管制 (policing)、塑形 (shaping)、重新標記 (re-marking)

在能夠識別和標示交通後，就是對封包採取行動的時間了，包括指定頻寬、管制、塑形、排隊或丟棄。舉例而言，如果某些交通超出頻寬，它可能會被延遲、丟棄、甚至重新標記，以避免壅塞。

管制器與塑形器是用來識別和回應交通問題的兩種工具，並且都包含速率限制器。圖 16.3 是它們的差異。

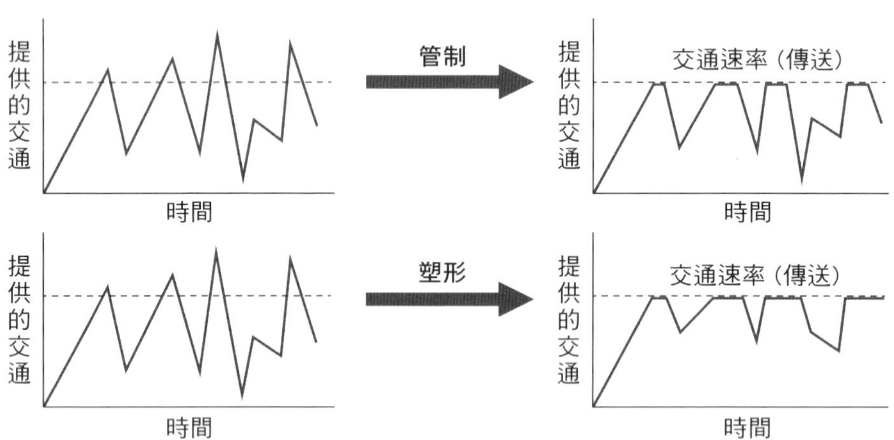

圖 16.3 管制器與塑形器的速率限制器

管制器和塑形器辨識交通 "違紀" 的方式類似，但是回應方式不同：

- **管制器**：為了讓管制器盡可能立即判定，所以通常會佈置在進入端，因為如果交通最終會被丟棄，那就盡早丟棄。即使如此，您還是可以把它應用在離開的交通，以控制每個類別的交通量。當交通超量時，管制器不會延緩它；這表示它不會造成波動或延遲，而只是去檢查交通，並且可能會加以丟棄或重新標記。這代表較高的丟棄機率，所以可能會導致大量 TCP 的重送。
- **塑形器**：塑形器通常是放在企業網路到服務供應商網路的離開方向，以確保流量是在供應商的合約速率範圍內。如果交通超出速限，供應商會透過管制將它丟棄。這讓交通能符合**服務等級合約** (Service Level Agreement，SLA)，並且讓 TCP 重傳的比例會低於管制器。要注意塑形器是會造成波動和延遲的。

Tip 請記住管制器會丟棄封包，而塑形器會延遲封包。管制器會造成大量 TCP 的重傳，而塑形器不會。塑形器會造成延遲和波動，而管制器不會。

管理壅塞的工具

接著將會討論壅塞的相關議題。如果交通超過網路資源 (經常如此)，交通就會被放入佇列排隊，也就是暫時儲存塞住的封包。排隊 (queuing) 的目的是為了避免封包被丟棄，但這不是壞事。事實上，這其實是好事，否則如果封包無法無法被立即處理，所有交通就會被立刻丟棄。不過像 VoIP 之類的交通，如果無法保證沒有延遲，其實還不如立刻丟棄的好。

當壅塞發生時，壅塞管理工具就會啟動。這種工具有兩種類型，如圖 16.4。

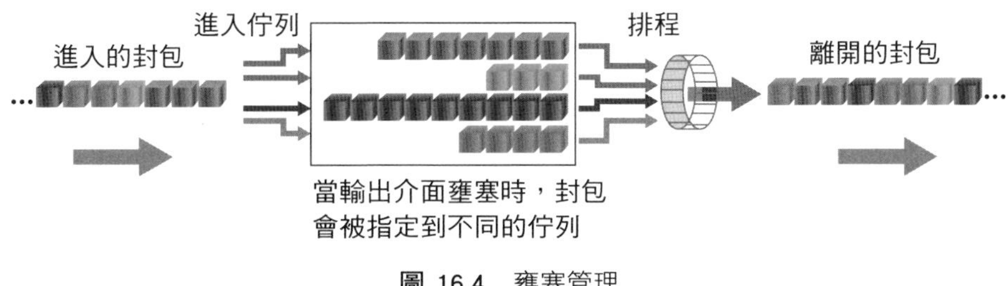

圖 16.4　壅塞管理

下面將更詳細地討論壅塞管理：

- **排隊 (或緩衝)**：將封包依序存放在輸出緩衝區。它只有在壅塞發生時才會啟動。當佇列填滿後，封包可能會被重新排序，讓最高優先序的封包可以比低優先序封包更快送出去。
- **排程**：用來判斷接著應該送出哪個封包；不論鏈路是否壅塞都可能執行這個程序。

先介紹一下您必須要熟悉的幾個排程機制，包括：

- **嚴格優先權排程 (strict priority scheduling)**：低優先權佇列只有在高優先權佇列都清空的時候，才會得到服務。如果您是傳送高優先權交通的人，鐵定很開心，不過低優先權佇列有可能永遠沒有被處理，這稱為交通或佇列餓死現象。
- **輪替式排程 (round-robin scheduling)**：排隊是依照設定的序列來服務，所以是個相當公平的技術。不會有**佇列餓死** (queue starvation)，但是即時性的交通可能會受到很大的影響。
- **權重式公平排程 (weighted fair scheduling)**：相當於輪替式排程的升級，藉由設定佇列權重，使得某些佇列獲得較多的服務。它同樣不會有佇列餓死，但與輪替式排程不同的是，您可以賦予即時性交通較高的優先權。不過，它無法保證可以取得足夠的頻寬。

回到排隊的討論；這通常是第 3 層的程序，但是某些排隊程序也可能發生在第 2 層，甚至於第 1 層。有趣的是，如果第 2 層的佇列填滿了，資料可以被推向第 3 層的佇列，當第 1 層佇列 (傳輸環佇列，TX-ring queue) 填滿的時候，資料也可能會被推向第 2、3 層的佇列。這是在裝置開啟 QoS 的時候。

排隊機制的種類很多，今日最常用的只有兩種，但是首先讓我們先來看一下以前的排隊方法：

- **先進先出 (FIFO)**：單一佇列，每個封包依照抵達的順序來處理。

- **優先權式排隊 (PQ)**：這並不是很好的排隊機制，因為只有當高優先權的佇列都清空時，低優先權的佇列才會被處理。它只有 4 個佇列，而低優先權的交通可能永遠都不會被傳送。
- **自訂式排隊 (Custom queuing，CQ)**：CQ 採用輪替式排程，加上最多 16 個佇列，可以防止低階佇列餓死問題，並提供交通保證，但是沒有針對即時交通提供嚴格優先權，所以 VoIP 交通也有可能被丟棄。
- **權重式公平排隊 (WFQ)**：有段時間這是相當普遍的方法，因為它依照流量數來分割頻寬，以提供所有應用程式頻寬。它對即時性交通很有用，但是無法對特定流量提供任何保證。

因為這些都不是很好的排隊方法，現在讓我們來看看針對今日多媒體網路比較適合的兩個較新排隊機制：CBWFQ (以等級為基礎的權重式公平排隊，Class Based Weighted Fair Queuing) 和 LLQ (低延遲排隊，Low Latency Queuing)，如圖 16.5。

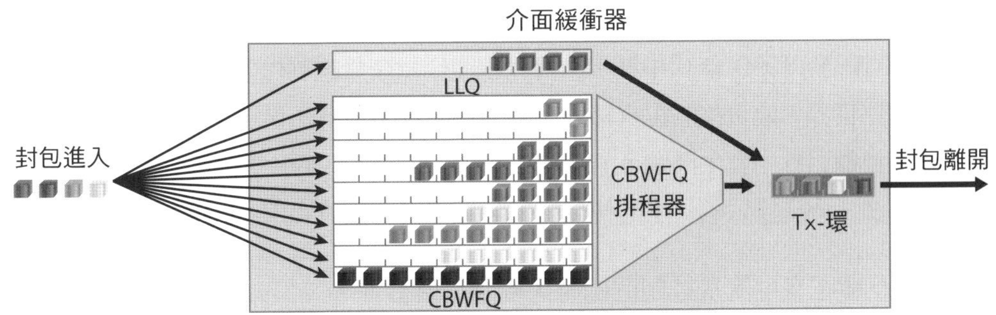

圖 16.5 當前的排隊機制

下面是 CBWFQ 與 LLQ 的簡單說明：

- **CBWFQ**：提供所有交通公平性和頻寬保證，但是不提供延遲保證，通常只用於資料交通的管理。
- **LLQ**：其實跟 CBWFQ 是同一回事，只是對即時性交通加上更嚴格的優先權。LLQ 對資料和即時性交通都很適合，因為它同時提供了延遲和頻寬的保證。

在圖 16.6 中，可以看到 LLQ 排隊機制，非常適合有即時性交通的網路。

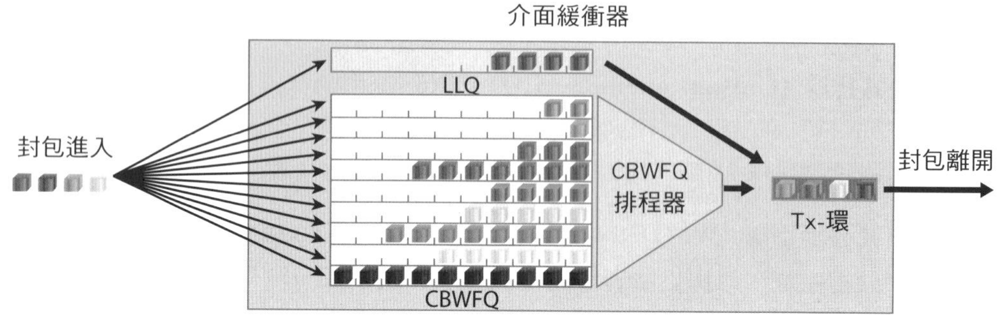

圖 16.6 LLQ 排隊機制

如果移除低延遲佇列 (最頂端)，只剩下 CBWFQ，就變成只用於資料交通的網路了。

避免壅塞的工具

當 TCP 於 1990 年代中期引入滑動視窗作為流量控制機制的時候，它改變了我們的網路世界。流量控制提供接收裝置一種控制來自傳送裝置交通量的方法。如果在資料傳輸過程中發生問題，TCP 和其他第四層協定 (如 SPX) 之前使用的流量控制方法，會造成只剩一半的傳輸速率，這確實會造成使用者間的爭執。

TCP 會在發生流量控制問題時大幅降低傳輸速率，但是一旦遺失的資料段獲得解決，或是封包最後處理完成之後，它就會增加傳輸速率。雖然這種做法在當時很令人讚嘆，但是它可能導致所謂的**尾部丟棄** (tail drop)，造成無法有效使用頻寬；這在今日的網路是無法接受的。

尾部丟棄是指當接收介面的佇列被填滿時，封包會在抵達就被丟棄。這會浪費珍貴的頻寬，因為 TCP 會一直重傳資料，直到它收到 ACK 為止。所以現在出現新的名詞：「**TCP 全域同步**」(TCP global synchronization)，傳送方會在發生封包遺失的時候，同步降低它的傳輸速率。

避免壅塞的機制會在佇列填滿之前，就開始丟棄封包，並且是依照交通權重來進行丟棄。Cisco 使用 WRED (加權式隨機早期偵測，weighted random early detection)；這是一種排隊方法，用來確保在壅塞期間，高優先序交通具有較低的遺失速率。它可以讓更重要的交通，如 VoIP，取得高優先序，並且丟棄您認為較不重要的交通，例如對臉書的連線。

Tip 排隊演算法會管理佇列的前端，而壅塞機制則管理佇列的後端。

圖 16.7 是避免壅塞的運作方式。

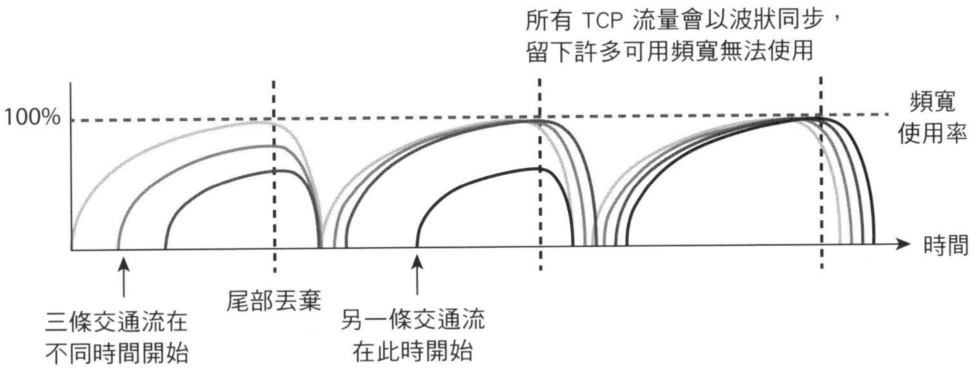

圖 16.7 避免壅塞

我們可以看到 3 條交通流在不同的時間開始，並且導致壅塞發生。此時，TCP 可能會先造成尾部丟棄，也就是在緩衝區填滿後，只要接收到交通就會丟棄。同時，TCP 可能會開始另一條交通流，以波狀同步這些 TCP 流量，造成許多可用頻寬無法使用。

16-4 摘要

QoS 是指控制資源以維持服務品質的方法。本章說明 QoS 如何藉由分類與標記工具、管制、塑形和重新標記，提供壅塞管理與排程工具來解決問題。

16-5 考試重點

- **深入瞭解服務品質**：您務必要瞭解 QoS，特別是標記、裝置信任以及語音、視訊和資料的優先序。您還必須知道塑形、管制和壅塞管理。對這些主題都需要有詳細的瞭解。
- **記住今日網路使用的兩種排隊機制**：您應該在今日網路中使用的兩種排隊機制為 CBWFQ 與 LLQ。
- **記住用來辨識和回應交通問題的兩種工具**：管制器和塑形器能辨識和回應交通問題，並且都是速率限制器。

16-6 習題

習題解答請參考附錄。

(　　) 1. 下列何者是避免壅塞的機制？

A. LMI

B. WRED

C. QPM

D. QoS

(　　) 2. 下列哪三者是語音交通的特性和單向需求？(選擇 3 個答案)

A. 突發式語音交通

B. 平順的語音交通

C. 延遲必須少於 400ms

D. 延遲必須少於 150ms

E. 頻寬大致介於 30 到 128 kbps

F. 頻寬大致介於 0.5 到 20 Mbps

(　　) 3. 下列關於 QoS 信任邊界或網域的敘述何者為真？

A. 信任邊界一定是路由器。

B. PC、印表機和平板通常都是受信任網域的一部分。

C. IP 電話是常見的信任邊界。

D. 除非服務供應商和企業網路是位於單一信任網域，否則遶送將無法運作。

(　　) 4. 哪個進階的分類工具可以用來將資料應用分類？

A. NBAR

B. MPLS

C. APIC-EM

D. ToS

(　　) 5. IP 標頭中的 DSCP 欄位有幾個位元？

A. 3

B. 4

C. 6

D. 8

(　　) 6. 下列何者是第二層的 QoS 標記？

A. EXP

B. QoS 群組

C. DSCP

D. CoS

(　　) 7. 當會談使用的頻寬超過分配時，哪種 QoS 機制會將交通丟棄？

A. 壅塞管理

B. 塑形

C. 管制

D. 標記

網際網路協定第 6 版 (IPv6)

17 Chapter

本章涵蓋的 CCNA 檢定主題

1.0 網路基本原理

- 1.8 設定與驗證 IPv6 的位址和前綴
- 1.9 比較 IPv6 位址類型
  - 1.9.a 全域單點傳播
  - 1.9.b 唯一的本地
  - 1.9.c 鏈路本地
  - 1.9.d 任意點傳播
  - 1.9.e 多點傳播
  - 1.9.f 修訂的 EUI 64

3.0 IP 的連結

- 3.3 設定與查驗 IPv4 和 IPv6 的靜態遶送

本書已經討論了相當多的基礎，現在我們將要探索一塊相當重要的新疆土，那就是 Ipv6。這個新主題還有不少擴張中的領域，而且非常重要。本章將會涵蓋您需要知道的 IPv6 所有知識，讓您更能面對今日的真實世界網路挑戰，以及 Cisco 的認證。

如果您對 IPv4 還有些不瞭解，請先回去複習 TCP/IP 和子網路切割。如果對 IPv4 的位址問題不清楚，則請先複習第 11 章的網路位址轉換 (NAT)。

人們將 IPv6 稱為「下一代網際網路協定」，而且它最初是源自 IPv4 那無可避免、而且隱約可見的位址問題。雖然您可能已經對 IPv6 略知一二，但是它現在已經有了更大的改進，以回應我們日益需要的彈性、效率、能力和最佳化的功能。它的前輩 IPv4 的能力幾乎無法與它相比。因此，它終將在歷史上完全隱退。

IPv6 標頭和位址結構已經完全翻修，而且 IPv4 後續所增補的許多功能，現在都已經包含在 IPv6 的完善標準中。它有完善的配備、均衡、而且準備好要管理網際網路未來那些令人興奮的需要。

筆者保證會讓這章和它的重量級主題不要太困難。事實上，您甚至可能發現您自己會覺得相當有趣，至少筆者自己確實如此！因為 IPv6 是如此複雜而優雅、創新並且塞滿了功能，它讓筆者想到全新藍寶堅尼跑車和引人入勝的未來主義小說所構成的神秘組合。希望您在閱讀時，也感受到像筆者撰寫時的快樂。

17-1 為什麼需要 IPv6？

簡言之，因為我們必須要溝通，而且目前的系統已經完全無法再往前一步了，這就有點像驛馬快信無法與航空信件競爭一樣。看看我們花了多少時間和努力來想出一些節省頻寬和 IP 位址的妙點子，在掙扎克服日益嚴重的位址饑荒過程中，我們甚至想出了 **VLSM** (Variable Length Subnet Mask)。

這一點都不誇張。現實的情況是，連到網路上的人和裝置數目每天都在增加。這並不是件壞事，我們一直在發掘令人驚喜的新方法，來跟更多的人溝通；

而這可是件好事。事實上，這是基本的人性需求。但前景並不是一片晴朗，因為如同在本章簡介中所隱約提到的，目前我們溝通能力所依賴的 IPv4 只有大約 43 億個位址。理論上，而且並不是所有的都用到。事實上大約只有 2.5 億個位址可以指定給裝置。當然，利用 CIDR (Classless Inter-Domain Routing) 和 NAT (Network Address Translation) 可以協助我們延長無可避免的位址匱乏，但是不出幾年，位址終將完全用盡。中國目前的上線數目非常少，而我們知道那邊有大量的人口和企業絕對有此需要。有大量報告提出各式的數據，但只要想想全世界大約有 65 億人口，您就可以瞭解我們並不是無的放矢，而且根據估計，大約只有超過 10% 的人口已經連上網際網路！

基本上，統計數字是在對我們尖叫一項討厭的事實：IPv4 的容量還不夠每個人分一台電腦，更別提我們使用的其他所有裝置。例如筆者有不只一台電腦，您可能也是。我們甚至還沒有把網路電話、筆記型電腦、遊戲主機、傳真機、路由器、交換器和一大堆我們每天使用的其他東西都算進去。所以，事實已經說得夠清楚了，我們必須在位址用盡，並且失去彼此連結能力之前做些打算，而 IPv6 就是這個「打算」。

17-2 IPv6 的效益和用途

IPv6 有什麼驚人之處？它真的能解決我們所面臨的困境嗎？從 IPv4 升級真的值得嗎？這都是好問題，您可能還想到更多。當然，總會有一群人相信時間會證明一切，並且有「拒絕改變症候群」，但是別聽他們的。如果我們過去也是如此，那可能還必須等上好幾週、甚至好幾個月，才能拿到從馬背上送來的一封信。反之，只要知道答案是很響亮的一聲：「是的！」，IPv6 不只給我們大量的位址 (3.4×10^{38} = 絕對夠)，而且這個版本還加入了許多其他功能，值得我們升級時所需的成本、時間和努力。

今日的網路和網際網路都有一大堆未曾預見的需求，是在建立 IPv4 時所沒有考慮到的。我們已經嘗試利用許多附加功能來加以補充，這也造成它們目前在實作上要比當初標準如果有直接規範更困難許多。IPv6 預設上就會在此基礎進行改善，並且將許多功能納入標準和強制性規範中。其中一項可愛的新標準就是 IPSec，它提供「端點對端點」的安全性功能。

但是真正重要的特色是它的效率。IPv6 封包的標頭只有一半的欄位，並且與 64 位元對齊，相對於 IPv4 大幅提升了處理速度，這看起來就好像是光速！大多數 IPv4 標頭中包含的資訊都被移除，並且可以選擇以延伸性標頭的形式將其中一些放回標頭中，延伸性標頭會附加在基本標頭之後。

當然，它還有全新的位址空間 (3.4×10^{38})。但我們要從哪裡得到它呢？這麼多的位址總不可能憑空得來。所以，IPv6 給我們龐大的位址空間，表示它的位址本身就大得多，事實上比 IPv4 大了 4 倍。IPv6 的位址長度為 128 位元，而且別擔心，在下一節「IPv6 的定址和表示法」，我們會一塊塊地分解這個位址，並且說明它像什麼樣子。目前，您可以假設這些額外的長度可以讓位址空間有更多的階層和更彈性的位址架構。它也讓遶送更有效率、而且也更具規模調整性 (scalable)，因為這些位址可以更有效地聚合起來。IPv6 還允許主機和網路有多個位址，這對於重視可用性 (availability) 的企業來說尤其重要。此外，新版本的 IP 還擴展了多點傳播通訊 (一個裝置傳送給多個主機或特定群組) 的使用。因為通訊可以更特定化，所以也能夠提昇網路的效率。

IPv4 大量地使用廣播，造成了很多問題，其中最糟的當然是恐怖的廣播風暴，不受控制地蜂擁而來的廣播轉送交通，可能造成整個網路癱瘓，並且吞噬掉每一點頻寬。廣播交通另一個討厭的地方是它會干擾網路中的每台裝置；當廣播送出之後，不論它針對的對象是誰，每台主機都必須停下手邊的工作回應。

但是請保持微笑：IPv6 沒有廣播這種東西，因為它使用多點傳播交通來代替。另外還有其他兩種通訊方式：跟 IPv4 相同的**單點傳播** (unicast)，以及一種新的**任意點傳播** (anycast)。任意點通訊可以將同一個位址放在不只一台裝置上，所以若傳送交通給這種位址的裝置時，就會遶送到共享該位址的裝置中最近的一台。這只是開始而已，在說明「位址類型」時會介紹更多不同類型的通訊。

17-3 IPv6 的定址和表示法

就像在 IPv4 中瞭解 IP 位址的結構和用法是很重要的，在 IPv6 上也是一樣。您已經知道 IPv6 的位址有 128 位元，比 IPv4 長得多。因為如此，再加上一些新的位址用法，您可能會猜，IPv6 的管理比較複雜。但是別擔心！之前已說過，我們會將它分解，並說明這個位址看起來是什麼樣，您要如何表示它，以及它的一般性用法有哪些。

我們來看看圖 17.1，這個例子是一個分解成幾個段落的 IPv6 位址。

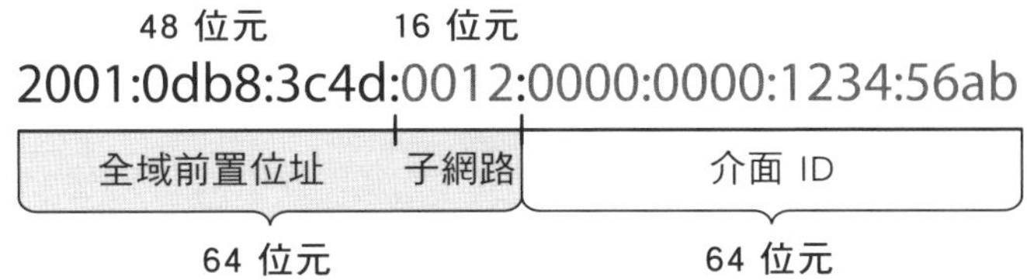

圖 17.1 IPv6 位址範例

就像您所看到的，這個位址真的很長，但除了這個以外還有什麼不同嗎？首先，請注意它分成 8 組數字，而不是 4 組，而且各組之間是以冒號而非點號分開。再等一等……位址中還有英文字母！是的，它的位址是以 16 進位來表示，就像 MAC 位址一樣。因此，您可以說這個位址有 8 個以冒號分開的 16 進位區塊。

 每個 IPv6 欄位有 4 個 16 進位的字元 (16 位元)，並且以冒號分開。

縮寫的表示法

好消息是在輸入這些怪獸般的位址時，有一些技巧可以幫助我們。您可以利用縮寫省略位址的一些部分，但必須遵循一些規則。首先，您可以去掉每一區塊開頭的 0。這樣做之後，前面的樣本位址就變成：

```
2001:db8:3c4d:12:0:0:1234:56ab
```

這的確有改善，至少我們不必再寫那麼多個 0！但是對於那些除了 0 以外什麼都沒有的區塊呢？我們至少可以不管其中的東西吧。所以，我們現在把樣本位址那兩個為 0 的區塊移除，並使用兩個冒號代替。

```
2001:db8:3c4d:12::1234:56ab
```

現在我們把全部為 0 的區塊用雙冒號代替。此處，您必須遵循的規則是只能移除 1 個連續且全部為 0 區塊。所以，如果位址有 4 個全部為 0 的區塊，但卻分開成 2 個各自連續的區塊群組，那就不能把它們全部移除。以下面的位址為例：

```
2001:0000:0000:0012:0000:0000:1234:56ab
```

我們無法用下面這種方法來表示它：

```
2001::12::1234:56ab
```

最佳情況下，也只能做到下面這樣：

```
2001::12:0:0:1234:56ab
```

上面這種寫法是最佳做法，原因是如果我們移除兩組 0，檢視位址的裝置就無法知道要把 0 放回哪裡。基本上，路由器會檢視這個不正確的位址，然後說：「我要將 2 個區塊放進第 1 組雙冒號，另 2 個區塊放進第 2 組雙冒號呢？還是要將 3 個區塊放進第 1 組雙冒號，然後將剩下的 1 個區塊放進第 2 組雙冒號呢？」因為路由器所需的資訊不足，所以它會不斷地遇到這類問題。

位址類型

我們都很熟悉 IPv4 的單點傳播、廣播和多點傳播位址，基本上這些是定義我們正在跟誰或至少跟多少其他裝置在進行通訊。但是如前所述，IPv6 在其中加入了任意點傳播。廣播則因為缺乏效率，所以已經從 IPv6 中移除了。

現在讓我們來看看 IPv6 的這些定址和通訊方式。

- **單點傳播 (unicast)**：使用單點傳播位址的封包會遞送到單一介面。為了負載平衡，多個介面可以使用相同的位址。單點傳播的位址有好幾種，但我們現在先不討論。
- **全域單點傳播位址 (global unicast address) (2000::/3)**：這是典型可公開遞送的位址，與 IPv4 相同。全域位址以 2000::/3 開頭，圖 17.2 是單點傳播位址的分割圖。ISP 可以提供最小 /48 的網路 ID；這個網路 ID 又提供您 16 位元來建立唯一的 64 位元路由器介面位址。最後 64 位元是唯一性主機 ID。

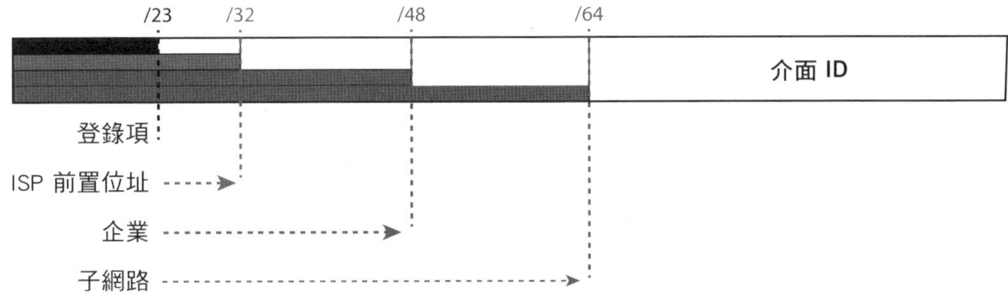

圖 17.2　IPv6 全域單點傳播位址

- **鏈路本地位址 (link-local address)(FE80::/10)**：這些就像微軟的**自動私有 IP 位址** (Automatic Private IP Address，APIPA)，用來自動提供不打算被遞送的 IPv4 位址。在 IPv6 中，它們是以 FE80::/10 開頭，如圖 17.3。這些位址就像是個方便的工具，讓您能為某場會議臨時建立個 LAN，或是建立沒有要被遞送、但仍然需要本地共享和存取檔案及服務的小型 LAN。

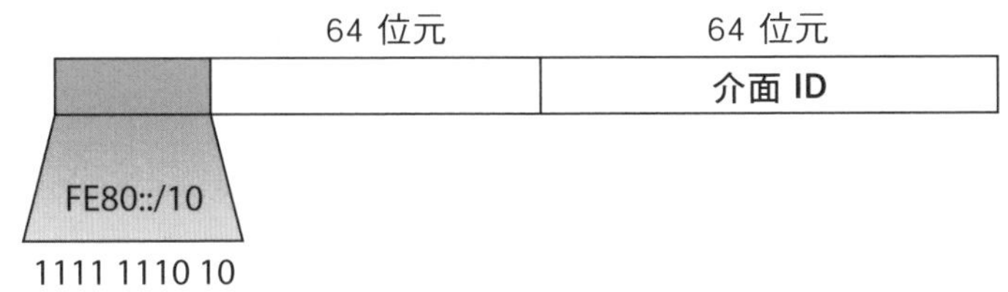

圖 17.3　IPv6 鏈路本地 FE80::/10：前 10 個位元用來定義位址類型

- **唯一的本地位址 (unique local address)(FC00::/7)**：這些位址也是為了非遶送目的，但它們幾乎是全域唯一的，所以您可能不會讓它們重疊。唯一的本地位址的設計是要用來取代**站台本地位址** (site-local address)，所以它們的用途基本上跟 IPv4 的私有位址相同，可讓通訊流經整個站台，同時也能遶送到多個本地網路。站台本地位址在 2004 年 9 月宣告廢止。
- **多點傳播 (multicast)(FF00::/8)**：跟 IPv4 相同，使用多點傳播位址的封包會遞送到該位址所指定的所有介面。它們有時也被稱為一對多位址。在 IPv6 中要辨認多點傳播位址非常簡單，因為它們一定是以 FF 開頭。在「IPv6 如何在互連網路中運作」一節中會更詳細地討論多點傳播的運作。
- **任意點傳播 (anycast)**：就像多點傳播位址，任意點傳播位址也會辨識多個介面，但是它只會遞送給一個位址，更精確來說，它只送往根據遶送距離所定義的第一個位址。這個位址的特別之處，在於它讓您可以在多個介面上應用單一的位址。您也可以把它叫做一對多個其中之一 (one-to-one-of-many) 位址，不過叫做任意點傳播要容易得多。任意點傳播位址通常只設定在路由器上，而不會在主機上，而且來源位址永遠不會是任意點傳播位址。IETF 保留了每個 /64 中的前 128 位址，用來當作任意點傳播位址。

您可能會想，在 IPv6 中有沒有什麼特殊的保留位址？是的，不但有，而且很多。現在讓我們來看看這些特殊位址。

特殊位址

接下來要列出一些您應該要牢牢記住的位址和位址範圍 (如表 17.1)，因為您最終會用到它們。它們都是有特定用途的特殊或保留位址，但是跟 IPv4 不同的是，IPv6 的位址如銀河般浩瀚，所以保留幾個其實沒什麼關係！

表 17.1 特殊的 IPv6 位址

位址	意義
0:0:0:0:0:0:0:0	相當於 ::。這等同於 IPv4 的 0.0.0.0，而且這通常是您在使用 DHCP 驅動之狀態式組態時，主機在還沒有收到位址之前所用的來源位址
0:0:0:0:0:0:0:1	相當於::1。這等同於 IPv4 的 127.0.0.1
0:0:0:0:0:0:192.168.100.1	這是在 IPv6/IPv4 混合的網路環境下，IPv4 位址的寫法
2000::/3	全域的單點傳播位址範圍
FC00::/7	唯一的本地單點傳播位址範圍
FE80::/10	鏈路本地的單點傳播位址範圍
FF00::/8	多點傳播位址範圍
3FFF:FFFF::/32	保留供範例和文件記錄用
2001:0DB8::/32	同樣保留供範例和文件記錄用
2002::/16	在 IPv4 過渡到 IPv6 的系統中，用來當作 6 轉 4 的隧道，它的結構可以讓 IPv6 的封包在 IPv4 的網路上傳送，而不需要設定額外的隧道

當你在路由器上同時跑 IPv4 和 IPv6 時，你就會有所謂的**雙堆疊** (Dual-Stack)。

目前讓我們先來說明 IPv6 在互連網路上是如何運作的。我們都已知道 IPv4 如何運作，但讓我們來看看這裡有什麼新東西。

17-4 IPv6 如何在互連網路中運作？

接著要更詳細地探索 IPv6 了。我們從如何為主機定址，以及賦予它尋找網路上其他主機和資源的能力談起。並說明裝置自動為自己定址的能力，有時也稱為**無狀態式自動組態設定** (stateless autoconfiguration)。以及另一種稱為狀態式的自動組態設定。請記住狀態式自動組態設定使用 DHCP 伺服器的方式，與在 IPv4 中的方式很像。接著還會說明 ICMP (Internet Control Message Protocol) 和多點傳播在 IPv6 網路上如何運作。

手動指派位址

要在路由器上開啟 IPv6，必須使用 **ipv6 unicast-routing** 的整體組態命令：

```
Corp(config)#ipv6 unicast-routing
```

根據預設，IPv6 交通的轉送是關閉的，所以要使用這個命令將它開啟。此外，IPv6 預設並不會在任何介面開啟，所以必須去個別介面開啟它。

有一些方法可以完成這項任務，但一個很簡單的方法是在介面上新增一個位址。這可以靠介面組態命令 **ipv6 address <ipv6prefix>/<prefix-length> [eui-64]** 來達成，例如：

```
Corp(config-if)#ipv6 address 2001:db8:3c4d:1:0260:d6ff:FE73:1987/64
```

您可以像前例一樣，指定完整的 128 位元全域 IPv6 位址，也可以用 EUI-64 的方法。請記住 EUI-64 (extended unique identifier，延伸式唯一識別子) 格式可以允許裝置使用 MAC 位址，並加上填補字元來建立介面 ID，例如：

```
Corp(config-if)#ipv6 address 2001:db8:3c4d:1::/64 eui-64
```

除了在路由器上輸入 IPv6 位址之外，也可以讓介面許可應用自動鏈路本地位址。若要設定路由器只使用鏈路本地位址，請使用 **ipv6 enable** 介面組態設定命令：

```
Corp(config-if)#ipv6 enable
```

請記住如果只有一個鏈路本地位址，那就只能在那個本地子網路上進行通訊。

無狀態式自動組態設定 (eui-64)

自動組態設定是個令人難以置信的有用方案，因為它讓網路上的裝置可以使用鏈路本地單點傳播位址來幫自己定址。這個流程首先會先從路由器找到前置位址 (prefix) 資訊，然後把裝置自己的介面位址當作介面 ID 附加在後面。但是它從哪裡取得介面 ID 呢？您知道每個乙太網路上的裝置都有實體 MAC 位址，這會被用來當作介面 ID。但是因為 IPv6 的介面 ID 長度為 64 位元，而 MAC 位址只有 48 位元，所以 MAC 位址的中間會使用 FFFE 來補足額外的位元。

例如假設有個裝置的 MAC 位址如下：0060.d673.1987。在補足之後，它看起來會是：0260.d6FF.FE73.1987。如圖 17.4。

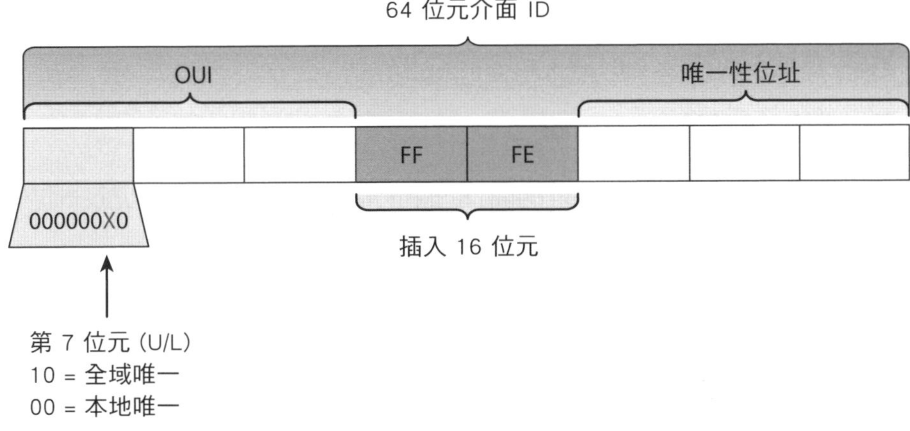

圖 17.4 EUI-64 介面 ID 指派

開頭那個 2 是從哪裡來的啊？這是個好問題。您可以看到在填補 (稱為修改的 eui-64 格式) 的過程中，還會改變 1 個位元來指定這個位址是本地唯一或全域唯一。被改變的是位址中的第 7 個位元

在介面上使用人工指派位址時，修改 U/L 位元讓您可以只指定 2001:db8:1:9::1/64，而不是更長的 2001:db8:1:9:0200::1/64。此外，如果要手動指定鏈路本地位址時，也可以使用短位址 fe80::1，而不需要長的 fe80::0200:0:0:1，或是 fe80:0:0:0:0200::1。即使乍看之下，IETF 的這項設計好像讓 IPv6 標準定址更難懂，但事實上，它讓定址變得比較簡單。此外，因為大多數人通常不會去覆蓋內建的位址；U/L 位元為 0，表示大多數情況下，您會看到它被反向設定為 1。但是為了 Cisco 認證目標，您必須兩者都瞭解。

下面是一些範例：

- **MAC 位址**：0090:2716:fd0f
- **IPv6 EUI-64 位址**：2001:0db8:0:1:0290:27ff:fe16:fd0f

就 Cisco 認證來說，這些例子太容易了，下面是其它的範例：

- **MAC 位址**：aa12:bcbc:1234
- **IPv6 EUI-64 位址**：2001:0db8:0:1:a812:bcff:febc:1234

10101010 代表 MAC 位址的前 8 個位元 (aa)，當第 7 位元反向時，就變成 10101000(A8)。這邊非常的重要，所以讓我們再看一些例子：

- **MAC 位址**：0c0c:dede:1234
- **IPv6 EUI-64 位址**：2001:0db8:0:1:0e0c:deff:fede:1234

0c 代表 MAC 位址的前 8 個位元 00001100，當第 7 位元反向時，就變成 00001110 (0e)。再看一組範例：

- **MAC 位址**：0b34:ba12:1234
- **IPv6 EUI-64 位址**：2001:0db8:0:1:0934:baff:fe12:1234

0b 代表 MAC 位址的前 8 個位元 00001011，反向時就變成 00001001 (09)。

為了執行自動組態設定，主機會經歷一個 2 個步驟的流程：

1. **首先，主機需要前置位址資訊** (類似 IPv4 位址的網路部分)：來設定它的介面，所以它會先傳送路由器召喚 (router solicitation，RS) 的請求。RS 的傳輸是以多點傳播的方式傳送給每台路由器的多點傳播位址。真正送出的資訊是某種 ICMP 訊息，並且，就像是網路中的所有東西一樣，這個 ICMP 訊息也有一個識別用的編號，這個 RS 訊息是類型為 133 的 ICMP。

2. **路由器會透過路由器通告** (RA，router advertisement)：送回所請求的前置位址資訊。RA 訊息也是個多點傳播封包，會送往每個節點的多點傳播位址，並且是類型為 134 的 ICMP。RA 訊息會定期傳送出去，但是主機會送出 RS 以要求立即的回應，而不用一直等著收到下一次定期的 RA 才能取得所需的資訊。圖 17.5 說明這兩個步驟。

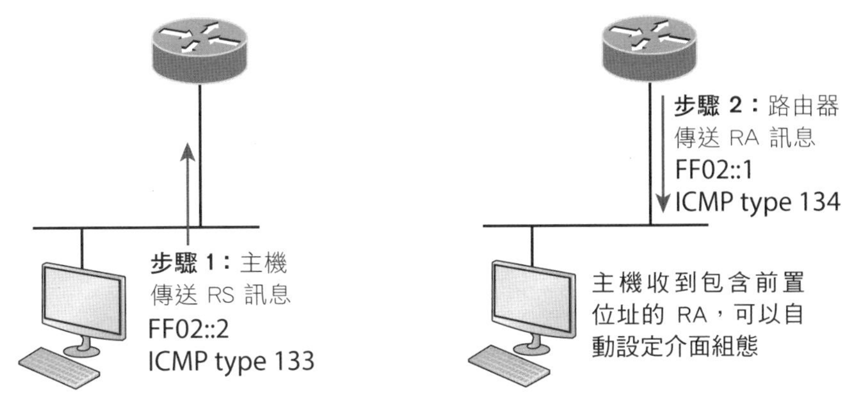

圖 17.5 IPv6 自動組態設定的兩個步驟

順帶一提，這種自動組態設定也稱為無狀態式自動組態設定，因為它並不用接觸或連線，並且可從其他裝置接收更多的資訊。等稍後介紹 DHCPv6 時，我們就會討論到**狀態式的組態設定** (stateful configuration)。

在此之前，先來看圖 17.6。圖中的 Branch 路由器需要設定，但筆者並不想在連到 Corp 路由器的介面上輸入 IPv6 位址，也不想輸入任何遶送命令。但是筆者在該介面上需要的不僅僅是鏈路本地位址，所以還是得做一些事。基本上，我們希望以最小的工夫，讓 Branch 路由器能在互連網路上使用 IPv6。讓我們來看看要如何達成。

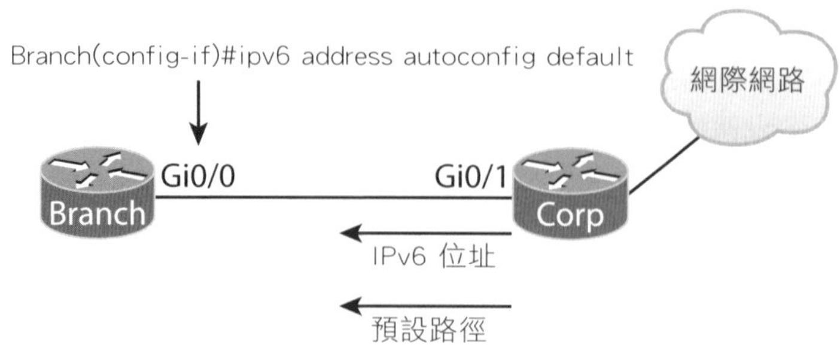

圖 17.6 IPv6 自動組態設定範例

這個方法非常簡單！我喜歡 IPv6，因為它讓我在處理網路某些部分時相當輕鬆。藉由使用 **ipv6 address autoconfig** 命令，介面就會聆聽 RA，並且透過 EUI-64 格式，為自己指派全域位址。

命令結尾的 **default** 是這個命令很棒的一個選項，能夠很順利地遞送從 Corp 路由器接收到的預設路徑，自動注入到路徑表並且設為預設路徑。

DHCPv6 (狀態式)

DHCPv6 的運作方式跟 DHCPv4 很相似；最明顯的差異就是它支援 IPv6 的新定址架構。您可能會覺得驚訝，但是 DHCP 還是提供了一些自動組態無法提供的選擇。不用說，DHCP 一直透過 IPv4 提供給我們 DNS 伺服器、網域名稱或是其他許多選項的自動組態。這也是為什麼我們在 IPv6 中還可能會持續使用 DHCP，甚至可能是在大部分的情況下。

在使用 IPv4 開機時，客戶端會送出 DHCP 發現訊息來尋找伺服器，要求伺服器提供客戶端所需的資訊。但是請記住，在 IPv6 中，RS 和 RA 流程會先發生。如果網路上有 DHCPv6 伺服器，則客戶端收到的 RA 會告訴它是否有 DHCP 可以使用。如果沒有找到路由器，客戶端會送出 DHCP 召喚訊息 (DHCP solicit message) 來回應，召喚訊息其實就是多點傳播訊息，但其目的為址為 ff02::1:2，代表所有的 DHCP 代理人，包括伺服器和中繼器 (relay)。

Cisco IOS 對 DHCPv6 提供一些支援，但是僅限於無狀態式的 DHCP 伺服器，表示它並不提供儲備池 (pool) 的位址管理，而且設定位址儲備池的可用選項也侷限在 DNS、網域名稱、預設閘道、以及 SIP 伺服器而已。

這意謂著您還需要一些其他的伺服器來供應與分配其他需要的資訊，甚至於管理位址的配置。

在 CCNA 認證中，請注意無狀態和有狀態的自動組態設定都可以動態指定 IPv6 位址。

IPv6 標頭

IPv4 的標頭長度為 20 位元組，因為 IPv6 的位址是 IPv4 的 4 倍 (128 位元)，所以它的標頭長度應該是 80 位元組，是嗎？雖然很符合直覺，但其實完全錯誤。當 IPv6 設計者在設計標頭時，它們會建立較少、且串流式的欄位，因此也得到較快速的被遞送協定。

圖 17.7 是串流式的 IPv6 標頭。

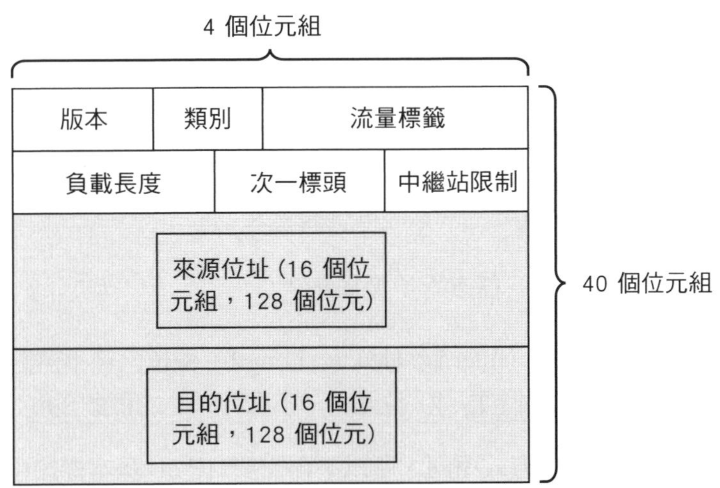

圖 17.7 IPv6 標頭

基本的 IPv6 標頭包含 8 個欄位，讓它只是 IP 標頭的的 2 倍長 (40 位元組)。下面是這些欄位：

- **版本**：這個 4 位元欄位包含的是 6；IPv4 包含的則是 4。
- **交通類別**：這個 8 位元欄位就如同 IPv4 中的服務類別 (ToS) 欄位。
- **流量標籤**：這個 24 位元的新欄位用來標示封包和交通流。交通流是指從單一個來源流到單一目的主機、任意點位址或多點傳播位址的一系列封包。這個欄位促使 IPv6 能有效率地進行流量分類。
- **負載長度**：IPv4 標示的是封包長度的全長欄位。IPv6 負載長度只包含負載本身的長度。
- **次一標頭**：因為 IPv6 可以選擇性地延伸標頭，這個欄位定義了要讀取的下個標頭。反之，IPv4 則要求每個封包都是固定的標頭。
- **中繼站限制**：指定 IPv6 可以穿越的最大中繼站數目。

Tip 在 CCNA 認證中，請記住中繼站限制欄位相當於 IPv4 標頭中的 TTL 欄位，而延伸標頭 (在目的位址之後，圖中未顯示) 則是用來取代 IPv4 的分割 (fragmentation) 欄位。

- **來源位址**：這 16 個位元組或 128 個位元的欄位是封包的來源。
- **目的位址**：這 16 個位元組或 128 個位元的欄位是封包的目的地。

這 8 個欄位之後還有一些選擇性延伸標頭，用來攜帶其它的網路層資訊。這些標頭的長度並不固定 — 它們是可變長度。

IPv6 標頭與 IPv4 標頭的差異為何？

- 網際網路標頭長度 (Internet Header Length) 欄位已經不再需要，而被移除。IPv6 標頭的長度固定為 40 位元組，不像 IPv4 的標頭長度是變動的。
- IPv6 的分割處理方式不同，所以不再需要 IPv4 基本標頭中的旗標 (Flags) 欄位。在 IPv6 中，路由器不再處理分割：由主機負責分割工作。

- IP 層的標頭檢查碼 (Header Checksum) 欄位被移除，因為大多數資料鏈結層技術已經執行了檢查碼和錯誤控制；這使得原本是選擇性的上層檢查碼 (例如 UDP) 成為強制性的要求。

Tip 就 CCNA 認證而言，請記住 IPv6 標頭不像 IPv4 標頭，具有固定長度；使用延伸標頭取代 IPv4 分割欄位；並且移除了 IPv4 的檢查碼欄位。

接著要討論 IPv4 的另一個熟悉面向，並且說明一個非常重要的內建協定在 IPv6 的演進。

ICMPv6

IPv4 使用 ICMP 來做很多事，例如像無法抵達目的地的錯誤訊息，以及像 Ping 和 Traceroute 等故障檢測功能等。ICMPv6 還是會做這些事，但是跟 ICMPv4 不同的是，ICMPv6 並不是實作為單獨的第 3 層協定。它是 IPv6 的一部分，它是跟在基本 IPv6 標頭資訊後面的延伸標頭。ICMPv6 還新增另一項很酷的功能，那就是它可以透過稱為**發現路徑 MTU** (path MTU discovery) 的 ICMPv6 程序，讓 IPv6 不用分割封包 (fragmentation)。圖 17.8 展示了 ICMPv6 如何演化為 IPv6 封包的一部分。

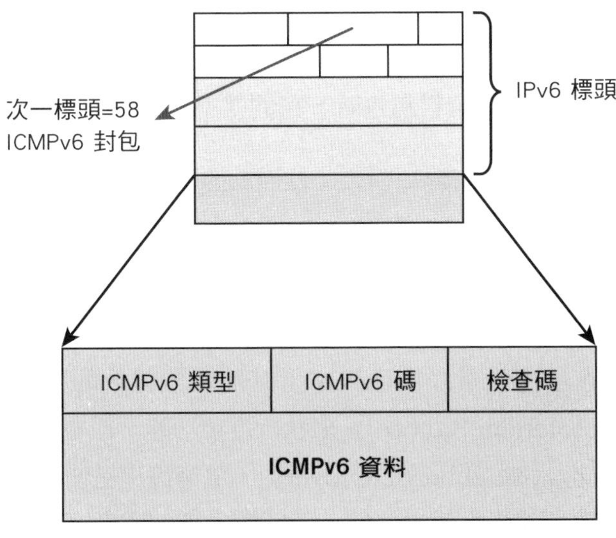

圖 17.8 ICMPv6

ICMPv6 封包的辨識是透過次一標頭欄位值 58。類型欄位用來辨識傳送的 ICMP 訊息類別，而 ICMPv6 碼欄位則進一步指定訊息的細節。資料欄位中包含的是 ICMPv6 的負載。

表 17.2 顯示 ICMP 的類型編號。

表 17.2 ICMPv6 類型

ICMPv6 類型	說明
1	目的地無法抵達
128	回聲請求
129	回聲回應
133	路由器召喚，RS
134	路由器通告，RA
135	鄰居召喚，NS
136	鄰居通告，NA

它的運作方式如下：連線的來源節點傳送長度相當於本地鏈路 MTU 的封包。當封包穿越路徑前往目的地時，任何 MTU 小於目前封包長度的鏈路會迫使居間的路由器傳送 "封包過長" 的訊息給來源機器。這個訊息會告訴來源節點關於那條受限鏈路的 MTU，並且要求來源機器傳送可以通過的較小封包。這個過程會持續到終於抵達目的地為止，而來源節點則根據其結果來調整路徑的 MTU。因此，當傳送其餘的資料封包時，它們就不再需要分割。

ICMPv6 也用於路由器召喚和通告，鄰居召喚和通告 (亦即找出 IPv6 鄰居的 MAC 資料位址)，以及將主機重新導向到最佳路由器 (預設閘道)。

發現鄰居協定 (NDP)

ICMPv6 現在承擔了尋找本地鏈路上其他裝置位址的任務。IPv4 使用 ARP (Address Resolution Protocol) 來執行這項功能，但在 ICMPv6 中則重新命名為「發現鄰居」(Neighbor Discovery)。這個流程是使用稱為被召喚節點 (solicited node) 位址的多點傳播位址，而所有主機在連到網路時就會加入這個多點傳播群組。

發現鄰居提供下列功能：

- 找出鄰居的 MAC 位址
- **路由器召喚** (Router Solicitation，RS) FF02::2，類型編號 133
- **路由器通告** (Router Advertisement，RA) FF02::1，類型編號 134
- **鄰居召喚** (Neighbor Solicitation，NS)，類型編號 135
- **鄰居通告** (Neighbor Advertisement，NA)，類型編號 136
- **重複位址偵測** (Duplication Address Detection，DAD)

IPv6 的部份位址 (最右邊 24 個位元) 會加到多點傳播位址 FF02:0:0:0:0:1:FF/104 前置位址的結尾，並且稱為**召喚節點位址** (solicited-node address)。當有裝置查詢這個位址時，對應的主機會送回它的第 2 層位址。裝置可以用類似的方式找到並記錄網路上其他的鄰居裝置。在稍早提到 RA 和 RS 訊息時，曾經說過它們使用多點傳播交通來請求和傳送位址資訊，這也是 ICMPv6 的功能之一，更具體來說，這就是發現鄰居。

在 IPv4 中，主機裝置使用 IGMP 協定告知本地路由器它加入了多點傳播群組，想要接收該群組的交通。這項 IGMP 功能已經被 ICMPv6 取代，而且也被重新命名為**發現多點傳播聆聽者** (multicast listener discovery)。

IPv4 的主機只能設定 1 個預設閘道，如果該台路由器當機，解決之道只有修復路由器、改變預設閘道或是使用其他協定來運行某種型態的虛擬閘道。在圖 17.9 中示範了 IPv6 裝置如何使用發現鄰居協定來找到預設的閘道。

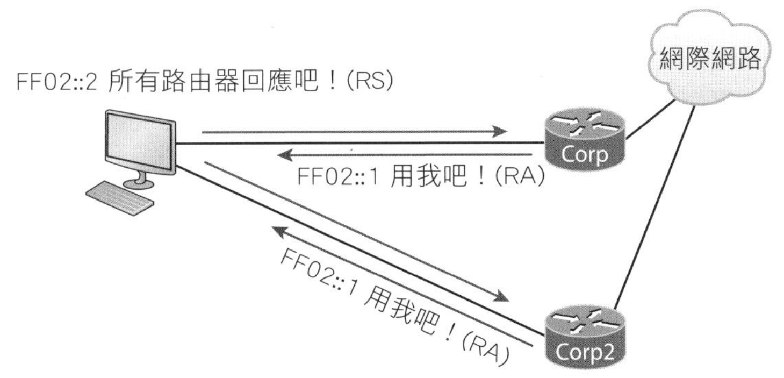

圖 17.9 路由器召喚 (RS) 和路由器通告 (RA)

IPv6 主機會在鏈路上使用多點傳播位址 FF02::2 送出路由器召喚 (RS)，要求所有路由器回應。相同鏈路上的路由器則會使用單點傳播或 FF02::1 的路由器通告 (RA) 來回應。

此外，主機也可以使用鄰居召喚 (NS) 和鄰居通告 (NA) 在彼此之間傳送召喚和通告，如圖 17.10。請記住 RA 和 RS 是收集或提供路由器資訊，而 NS 和 NA 則是收集主機的資訊。「鄰居」就是在相同資料鏈路或 VLAN 上的主機。

圖 17.10 鄰居召喚 (NS) 和鄰居通告 (NA)

乙太網路上的召喚節點和多點傳播的對應

如果已經知道 IPv6 位址，就能知道對應的 IPv6 召喚節點的多點傳播位址；而如果知道 IPv6 的多點傳播位址，就能知道對應的乙太網路 MAC 位址。例如 IPv6 位址 2001:DB8:2002:F:2C0:10FF:FF18:FC0F 就會有已知的召喚節點位址 FF02::1:FF18:FC0F。

現在可以在 IPv6 多點傳播位址加上 32 位元 33:33 構成多點傳播的乙太網路位址。例如假設 IPv6 召喚節點的多點傳播位址是 FF02::1:FF18:FC0F，則對應的乙太網路 MAC 位址就是 33:33:FF:18:FC:0F —— 這是個虛擬位址。

重複位址偵測 (DAD，Duplicate Address Detection)

您可能會好奇，如果這 2 台主機隨機幫自己指定了相同的 IPv6 位址要怎麼辦？筆者個人認為這就像是要每天中樂透彩，而且還連中一年的機率一樣。不過，為了確保它不會發生，所以有重複位址偵測 (DAD) 的機制；它不是真正的協定，而是 NS/NA 訊息的一個功能。

圖 17.11 示範了一台主機在建立 IPv6 位址時，傳送 NDP NS 的過程。

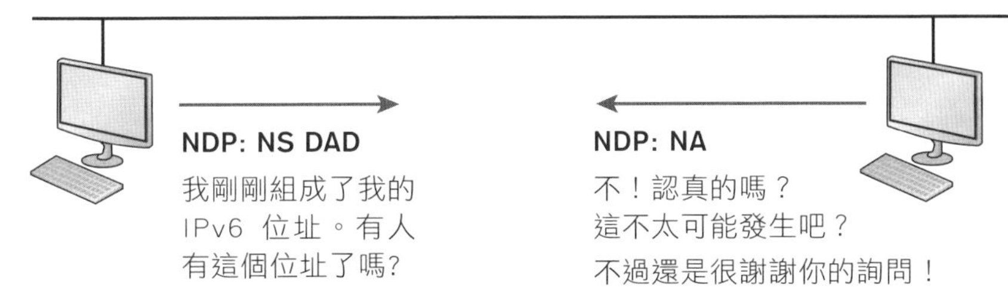
NDP: NS DAD
我剛剛組成了我的
IPv6 位址。有人
有這個位址了嗎?
NDP: NA
不！認真的嗎？
這不太可能發生吧？
不過還是很謝謝你的詢問！

圖 17.11 重複位址偵測 (DAD)

當主機組成或接收 IPv6 位址時，它們會透過 NDP NS 傳送 3 個 DAD 出去，詢問是否有人擁有相同的位址。即使發生的機率很低，它們還是一定會進行這個詢問。

Tip

為了準備認證，請記得 ICMPv6 在路由器通告訊息是中使用類型 134，且通告的前綴長度必須是 64 位元。

17-5 IPv6 遶送協定

我們目前討論過的大多數遶送協定都已經升級供 IPv6 網路使用。此外，我們學過的許多功能和組態也和目前的用法相同。由於 IPv6 已經廢除了廣播，任何完全使用廣播的協定也就跟著過時了。在 IPv6 中仍然使用的遶送協定都有新的名稱跟改版，雖然本章的重點是 Cisco 認證目標，只涵蓋了靜態遶送和預設路徑，但筆者仍希望稍稍討論其中比較重要的一些協定。

首先是 RIPng (下一代，next generation)。已經從事 IT 產業一陣子的人都知道 RIP 在較小的網路上運作得很好，這也是它仍然存在於 IPv6 的原因。另外我們也還有 EIGRPv6，因為它已經有協定相依模組，而我們要做的就是為 IPv6 協定新增一個模組。另外一個倖存者是 OSPFv3，這可不是打錯了，它真的是 v3。IPv4 的 OSPF 其實是 v2，所以升級到 IPv6 就變成了 OSPFv3。最後，在新的 CCNA 認證中，我們將 MP-BGP4 列在 IPv6 多重協定的 BGP-4 協定。目前在本書的這個部分，我們只需要了解靜態和預設繞送。

IPv6 的靜態遶送

靜態遶送通常是個令人不愉快的主題，因為它很笨拙、困難、而且容易出錯。但即使是 IPv6 的長位址，我們仍舊可以達成這項任務的。

不論是 IP 或 IPv6，要讓靜態遶送運作都需要下面這 3 項工具：

- 精確、而且最新的完整互連網路圖。
- 每個鄰居連線的下一中繼站位址和離開介面。
- 所有的遠端子網路 ID。

當然，動態遶送不需要這些，所以我們大多會使用動態遶送，讓遶送協定負責找出所有遠端的子網路，並且自動將它們放入路徑表中。

圖 17.12 是在 IPv6 中使用靜態遶送的絕佳範例。它並沒有那麼困難，但是就像在 IPv4 一樣，您必須要有精準的網路圖才能讓靜態遶送成功！

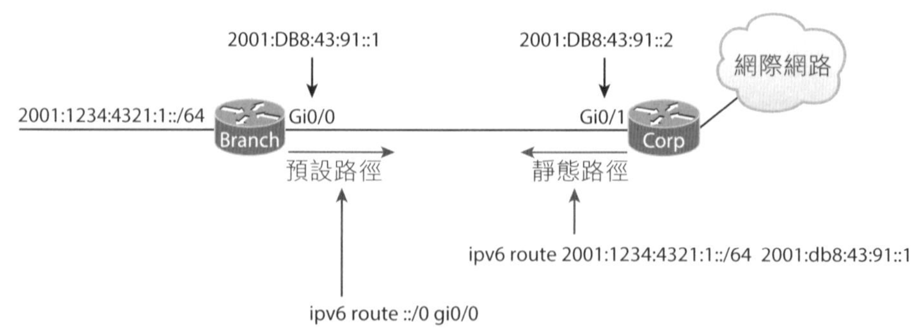

圖 17.12 IPv6 的靜態和預設遶送

首先在 Corp 路由器使用下一中繼站位址，建立通往遠端網路 2001:1234:4321:1::/64 的靜態路徑。我們也可以簡單使用 Corp 路由器的離開介面。接著使用 ::/0 設定 Branch 路由器的預設路徑，以及 Branch 的離開介面 Gi0/0。

17-6 在互連網路上設定 IPv6

我們將在與之前相同的互連網路範例上進行設定，如圖 17.13。首先，使用簡單的子網路結構 11、12、13、14 和 15，在 Corp、SF 和 LA 路由器上新增 IPv6。然後加入 OSPFv3 遶送協定。注意，圖 17.13 中 WAN 鏈路兩端的子網路編號是相同的。本章的最後將會執行一些確認命令。

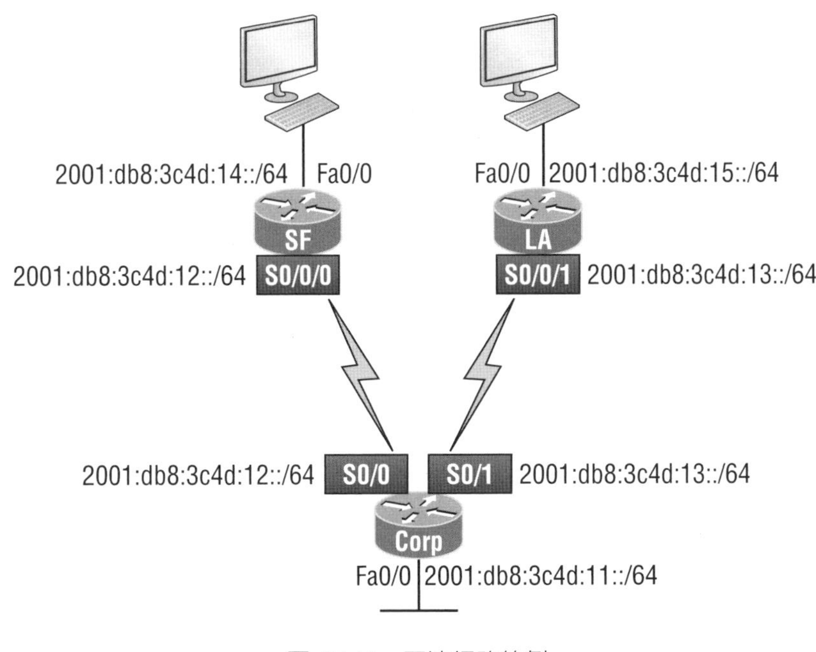

圖 17.13　互連網路範例

一如往常，從 Corp 路由器開始：

```
Corp#config t
Corp(config)#ipv6 unicast-routing
Corp(config)#int f0/0
Corp(config-if)#ipv6 address 2001:db8:3c4d:11::/64 eui-64
Corp(config-if)#int s0/0
Corp(config-if)#ipv6 address 2001:db8:3c4d:12::/64 eui-64
Corp(config-if)#int s0/1
Corp(config-if)#ipv6 address 2001:db8:3c4d:13::/64 eui-64
Corp(config-if)#^Z
Corp#copy run start
Destination filename [startup-config]?[enter]
Building configuration...
[OK]
```

在上面的設定中，只略為改變每個介面的子網路位址。下面是它的路徑表：

```
Corp(config-if)#do sho ipv6 route
C 2001:DB8:3C4D:11::/64 [0/0]
via ::，FastEthernet0/0
L 2001:DB8:3C4D:11:20D:BDFF:FE3B:D80/128 [0/0]
via ::，FastEthernet0/0
C 2001:DB8:3C4D:12::/64 [0/0]
via ::，Serial0/0
L 2001:DB8:3C4D:12:20D:BDFF:FE3B:D80/128 [0/0]
via ::，Serial0/0
C 2001:DB8:3C4D:13::/64 [0/0]
via ::，Serial0/1
L 2001:DB8:3C4D:13:20D:BDFF:FE3B:D80/128 [0/0]
via ::，Serial0/1
L FE80::/10 [0/0]
via ::，Null0
L FF00::/8 [0/0]
via ::，Null0
Corp(config-if)#
```

每個介面上有 2 個位址；一個顯示 C，表示已連線，另一個為 L。已連線位址是我們在介面上設定的 IPv6 位址，L 則是自動指派的鏈路本地位址。請注意鏈路本地位址有插入 FF:FE 以建立 EUI-64 位址。

接著設定 SF 路由器：

```
SF#config t
SF(config)#ipv6 unicast-routing
SF(config)#int s0/0/0
SF(config-if)#ipv6 address 2001:db8:3c4d:12::/64
% 2001:DB8:3C4D:12::/64 should not be configured on Serial0/0/0, a
subnet router anycast
SF(config-if)#ipv6 address 2001:db8:3c4d:12::/64 eui-64
SF(config-if)#int fa0/0
SF(config-if)#ipv6 address 2001:db8:3c4d:14::/64 eui-64
SF(config-if)#^Z
SF#show ipv6 route
C 2001:DB8:3C4D:12::/64 [0/0]
via ::, Serial0/0/0
L 2001:DB8:3C4D:12::/128 [0/0]
via ::, Serial0/0/0
L 2001:DB8:3C4D:12:21A:2FFF:FEE7:4398/128 [0/0]
via ::, Serial0/0/0
C 2001:DB8:3C4D:14::/64 [0/0]
via ::, FastEthernet0/0
L 2001:DB8:3C4D:14:21A:2FFF:FEE7:4398/128 [0/0]
via ::, FastEthernet0/0
L FE80::/10 [0/0]
via ::, Null0
L FF00::/8 [0/0]
via ::, Null0
```

您注意到上例在序列鏈路兩端都是使用 IPv6 子網路位址嗎？等等，在 SF 路由器上進行設定時收到的任意點傳播錯誤是怎麼回事？這並不是蓄意製造的錯誤；它是因為我們忘記在位址的結尾加上 eui-64。任意點傳播位址的主機位址全部為 0，表示最後 64 位元都是 off；但是當輸入/64 而沒有 eui-64 時，相當於是告知該介面其唯一識別子全數為 0，這是不被許可的。

接著設定 LA 路由器：

```
SF#config t
SF(config)#ipv6 unicast-routing
SF(config)#int s0/0/1
SF(config-if)#ipv6 address 2001:db8:3c4d:13::/64 eui-64
SF(config-if)#int f0/0
```

```
SF(config-if)#ipv6 address 2001:db8:3c4d:15::/64 eui-64
SF(config-if)#do show ipv6 route
C 2001:DB8:3C4D:13::/64 [0/0]
via ::, Serial0/0/1
L 2001:DB8:3C4D:13:21A:6CFF:FEA1:1F48/128 [0/0]
via ::, Serial0/0/1
C 2001:DB8:3C4D:15::/64 [0/0]
via ::, FastEthernet0/0
L 2001:DB8:3C4D:15:21A:6CFF:FEA1:1F48/128 [0/0]
via ::, FastEthernet0/0
L FE80::/10 [0/0]
via ::, Null0
L FF00::/8 [0/0]
via ::, Null0
```

請注意從 Corp 路由器到 SF 路由器和到 LA 路由器的鏈路兩端都使用了相同的 IPv6 子網路位址。

17-7 在互連網路上設定遶送

首先在 Corp 路由器上加入簡單的靜態路徑：

```
Corp(config)#ipv6 route 2001:db8:3c4d:14::/64
2001:DB8:3C4D:12:21A:2FFF:FEE7:4398 150
Corp(config)#ipv6 route 2001:DB8:3C4D:15::/64 s0/1 150
Corp(config)#do sho ipv6 route static
[output cut]
S 2001:DB8:3C4D:14::/64 [150/0]
via 2001:DB8:3C4D:12:21A:2FFF:FEE7:4398
```

第 1 條靜態路徑設定很長，因為它使用的是下一中繼站位址；第 2 項使用的則是離開介面。但是要建立較長的靜態路徑仍舊比較困難。接著在 SF 路由器上使用 **show ipv6 int brief** 命令，然後複製並貼上下一中繼站使用的介面位址。您會逐漸習慣 IPv6 位址 (以及習慣去做很多的複製與貼上)。

因為我們在靜態路徑上設定的 AD 為 150，一旦設定了諸如 OSPF 等繞送協定，它們會被 OSPF 注入的路徑取代。接著在 SF 和 LA 路由器上加入通往遠端子網路 11 的一個路徑。

```
SF(config)#ipv6 route 2001:db8:3c4d:11::/64 s0/0/0 150
```

接著在 LA 上加入預設路徑：

```
LA(config)#ipv6 route ::/0 s0/0/1
```


接著檢查 Corp 路由器的路徑表中是否包含我們設定的靜態路徑：

```
Corp#sh ipv6 route static
[output cut]
S 2001:DB8:3C4D:14::/64 [150/0]
via 2001:DB8:3C4D:12:21A:2FFF:FEE7:4398
S 2001:DB8:3C4D:15::/64 [150/0]
via ::，Serial0/1
```

路徑表中包含了我們的 2 條靜態路徑，所以 IPv6 現在可以繞送到這些網路。接著，我們應該要測試這個網路。首先到 SF 路由器，並且取得 Fa0/0 介面的 IPv6 位址：

```
SF#sh ipv6 int brief
FastEthernet0/0 [up/up]
FE80::21A:2FFF:FEE7:4398
2001:DB8:3C4D:14:21A:2FFF:FEE7:4398
FastEthernet0/1 [administratively down/down]
Serial0/0/0 [up/up]
FE80::21A:2FFF:FEE7:4398
2001:DB8:3C4D:12:21A:2FFF:FEE7:4398
```

接著回到 Corp 路由器，透過複製和貼上對遠端介面執行 ping。

```
Corp#ping ipv6 2001:DB8:3C4D:14:21A:2FFF:FEE7:4398
Type escape sequence to abort.
Sending 5，100-byte ICMP Echos to 2001:DB8:3C4D:14:21A:2FFF:FEE7:
4398，timeout is 2 seconds:
!!!!!
Success rate is 100 percent (5/5)，round-trip min/avg/max = 0/0/0 ms
Corp#
```

我們可以看到這條靜態路徑運作正常。接著取得 LA 路由器的 IPv6 位址，然後 ping 這個遠端介面：

```
LA#sh ipv6 int brief
FastEthernet0/0 [up/up]
FE80::21A:6CFF:FEA1:1F48
2001:DB8:3C4D:15:21A:6CFF:FEA1:1F48
Serial0/0/1 [up/up]
FE80::21A:6CFF:FEA1:1F48
2001:DB8:3C4D:13:21A:6CFF:FEA1:1F48
```

從 Corp 對 LA 執行 ping：

```
Corp#ping ipv6 2001:DB8:3C4D:15:21A:6CFF:FEA1:1F48
Type escape sequence to abort.
Sending 5，100-byte ICMP Echos to 2001:DB8:3C4D:15:21A:6CFF:FEA1:
1F48，timeout is 2 seconds:
!!!!!
Success rate is 100 percent (5/5)，round-trip min/avg/max = 4/4/4 ms
Corp#
```

接著是筆者最愛的命令之一：

```
Corp#sh ipv6 int brief
FastEthernet0/0 [up/up]
FE80::20D:BDFF:FE3B:D80
2001:DB8:3C4D:11:20D:BDFF:FE3B:D80
Serial0/0 [up/up]
FE80::20D:BDFF:FE3B:D80
001:DB8:3C4D:12:20D:BDFF:FE3B:D80
FastEthernet0/1 [administratively down/down]
unassigned
Serial0/1 [up/up]
```

```
FE80::20D:BDFF:FE3B:D80
2001:DB8:3C4D:13:20D:BDFF:FE3B:D80
Loopback0 [up/up]
unassigned
Corp#
```

所有的介面都是 up/up，並且可以看到鏈路本地位址和指定的全域位址。

IPv6 的靜態遶送其實沒那麼糟吧！此外，複製與貼上的確是個好幫手！在結束本章之前，讓我們在網路中新增另一台路由器，並且連到 Corp Fa0/0 LAN。新路由器這邊我實在不想再多做什麼，所以只有輸入下列命令：


```
Boulder#config t
Boulder(config)#int f0/0
Boulder(config-if)#ipv6 address autoconfig default
```

簡單搞定！這樣會在介面上設定無狀態的自動組態，而 **default** 關鍵字會將本地鏈路當作預設路徑來通告。希望您能從本章得到許多。要學習 IPv6 的最佳方式就是找到一些路由器，然後去用它。千萬別放棄，它值得您的投入。

17-8 摘要

本章介紹了一些非常重要的 IPv6 結構性元素，以及如何讓 IPv6 在 Cisco 互連網路中運作。您現在知道即使是 IPv6 基本設定，都還有許多需要瞭解，而這裡只是一點皮毛而已。但是這邊仍舊提供了 Cisco 認證目標所需的內容。

一開始先說明為什麼需要 IPv6，以及它的好處。接著討論 IPv6 的定址，以及如何使用縮寫。在討論 IPv6 定址的時候，我們說明了不同的位址類型，以及 IPv6 所保留的特殊位址。大部分的 IPv6 會自動建置，這表示主機會使用自動組態設定，所以我們說明了 IPv6 如何使用自動組態設定，以及它在設定 Cisco 路由器時如何發生作用。之後，還介紹了如何將 DHCP 伺服器加入路由器，讓它可以提供選項給主機 —— 不是位址，而是像 DNS 伺服器位址之類的選項。

之後，還介紹了一些更具整合性的常用協定如 ICMP 的演進。它們都已經升級到可以在 IPv6 環境中運作；本章詳細說明了 ICMP 在 IPv6 的運作方式。最後說明了查核 IPv6 網路運行是否正常的一些重要方法。

17-9 考試重點

- **瞭解我們為什麼需要 IPv6**：沒有 IPv6，這個世界很快就會發生 IP 位址匱乏。
- **瞭解鏈路本地位址**：鏈路本地位址就像 IPv4 中的 APIPA IP 位址，並且完全無法被遶送，即使在您的組織內也不行。
- **瞭解唯一的本地位址**：很像鏈路本地位址，而且就像 IPv4 中的私有 IP 位址，完全無法被遶送到網際網路。不過，鏈路本地位址和唯一的本地位址兩者之間的差異在於唯一的本地位址可以在您組織或公司之內遶送。
- **記住 IPv6 的定址**：IPv6 定址方式跟 IPv4 並不相同。IPv6 的定址具有更大的位址空間，並且長度為 128 位元，以 16 進位表示；IPv4 則只有 32 位元，並且是以 10 進位表示。
- **瞭解並且能夠讀取第 7 位元反向的 EUI-64 位址**：主機可以使用自動組態來取得 IPv6 位址，其中一種方式是透過 EUI-64。它採取主機的唯一 MAC 位址，並且在中間插入 FF:FE，將 48 位元 MAC 位址轉變成 64 位元的介面 ID。它除了將 16 位元插入介面 ID 之外，還會將第 7 個位元反向，通常是由 0 變成 1。

17-10 習題

習題解答請參考附錄。

(　　) 1. 如何從 48 位元 MAC 位址建立 EUI-64 格式的介面 ID？

A. 在 MAC 位址後面附加 0xFF

B. 在 MAC 位址前面加上 0xFFEE

C. 在 MAC 位址前面加上 0xFF，在後面附加 0xFF

D. 在 MAC 位址的 3 個高位元組和 3 個低位元組間插入 0xFFFE

(　　) 2. 下列何者是有效的 IPv6 位址？

A. 2001:0000:130F::099a::12a

B. 2002:7654:A1AD:61:81AF:CCC1

C. FEC0:ABCD:WXYZ:0067::2A4

D. 2004:1:25A4:886F::1

(　　) 3. 下列關於 IPv6 前置位址的哪三個敘述為真？(請選擇 3 個答案)

A. FF00:/8 是用於 IPv6 的多點傳播

B. FE80::/10 是用於鏈路本地的單點傳播

C. FC00::/7 是用於私有網路

D. 2001::1/17 是用於 loopback 位址

E. FE80::/8 是用於鏈路本地的單點傳播

F. FEC0::/10 是用於 IPv6 的廣播

(　　) 4. 下列哪三種方法可以用來將 IPv4 定址結構轉換為 IPv6 結構？(請選擇 3 個答案)

A. 開啟雙堆疊繞送

B. 直接設定 IPv6

C. 在 IPv6 孤島之間設定 IPv4 隧道

D. 使用代理和轉換，將 IPv6 封包轉換成 IPv4 封包

E. 使用 DHCPv6 將 IPv4 位址映射到 IPv6 位址

(　　) 5. 下面關於 IPv6 路由器通告訊息的哪兩個敘述為真？(請選擇 2 個答案)

A. 它們使用 ICMPv6 類型 134。

B. 通告的前置位址長度必須是 64 位元。

C. 通告的前置位址長度必須是 48 位元。

D. 它們源自設定的 IPv6 介面位址。

E. 它們的目的地一定是鄰居節點的鏈路本地位址。

(　　) 6. 對於 IPv6 任意點傳播位址的描述，下列何者為真？(請選擇 3 個答案)

A. 一對多的溝通模型

B. 一對最近 (nearest) 的溝通模型

C. 任意對許多的溝通模型

D. 群組中每個裝置有唯一的 IPv6 位址。

E. 群組中的多個裝置有相同的 IPv6 位址。

F. 封包會遞送到群組中最接近傳送裝置的介面。

(　　) 7. 若您想要 ping 到 IPv6 本地主機的 loopback 位址，要輸入什麼呢？

A. ping 127.0.0.1　　B. ping 0.0.0.0

C. ping ::1　　D. trace 0.0.::1

(　　) 8. 下列何者是 IPv6 協定的 3 個特性？(請選擇 3 個答案)

A. 選擇性 IPsec

B. 自動組態設定

C. 沒有廣播

D. 複雜的標頭

E. 隨插即用

F. 檢查碼

(　　) 9. 下面哪兩項敘述描述了 IPv6 單點傳播位址的特性？(請選擇 2 個答案)

A. 全域位址以 2000::/3 開頭。

B. 鏈路本地位址以 FE00:/12 開頭。

C. 鏈路本地位址以 FF00:/10 開頭。

D. loopback 位址只有一個，就是 ::1

E. 如果介面指定了全域位址，則它就是該介面唯一允許的位址。

(　　)10. 某台主機在資料鏈路上傳送了路由器召喚 (RS)。這個請求會使用下列何者目的位址：

A. FF02::A

B. FF02::9

C. FF02::2

D. FF02::1

E. FF02::5

MEMO

IP、IPv6 和 VLAN 的故障檢測

18 Chapter

本章涵蓋的 CCNA 檢定主題

1.0 網路基本原理

- 1.4 識別介面和纜線問題 (碰撞、錯誤、不匹配的雙工、速度)
- 1.6 設定並驗證 IPv4 位址與子網路切割
- 1.8 設定與驗證 IPv6 的位址和前綴
- 1.10 檢查客戶端作業系統 (Windows、Mac OS、Linux) 的 IP 參數

2.0 網路存取

- 2.2 設定與查驗跨交換器連線
    - 2.2.a 主幹埠
    - 2.2.b 802.1Q
    - 2.2.c 原生 VLAN

本章 (特別是一開始) 好像是在重複其他章節已經談過的相同基礎和觀念。這是因為故障檢測是 Cisco CCNA 的主要認證目標，所以筆者必須對此有深入的解說。因此，我們現在要徹底檢視 IP、IPv6 和虛擬 LAN (VLAN) 的故障檢測。您必須對 IP、IPv6 的遶送，以及 VLAN 和主幹通訊有紮實而根本的瞭解，才能通過這項認證。

雖然很難預測 CCNA 認證會出什麼題目，但我們將透過細心規劃的情境，引導您瞭解 Cisco 的故障檢測步驟。透過這些情境練習，您將能成功地解決認證中與現實生活上，可能碰到的問題。本章的設計正是要為您打下所需的基礎，首先我們會先檢視要連上網路的那些元件，並且瞭解如何快速將它們上線，以進行測試。

18-1 端點裝置 (Endpoints)

基本上，端點就是指透過有線或無線連結上網的裝置。大多數廠商會根據網路上有多少作用中端點在使用服務來進行授權。首先快速地檢視常見的端點。

桌機/筆電

桌機和筆電目前是網路上最常見的端點，因為幾乎每位員工都至少會配置一台。多數企業目前使用的可能是微軟 Windows 10，或是正在從 Windows 7 升級的過程中。有些公司也混合使用蘋果的 Mac 電腦，不過在終端用戶這邊，通常不會看到 Linux。當然，所有電腦都可以交換使用有線或無線連線。

手機/平板

很多員工也可能有公司配發的手機或平板，連上辦公室提供的 SSID。多數企業也允許員工使用自己的裝置連上網路，不過會透過安全性政策來管控它們的存取。常見的行動裝置包括蘋果的 iPhone/iPad，以及安卓手機；基本上都是使用無線連線。

存取點 (AP)

雖然存取點本身提供端點的無線存取，但是它們也必須連到網路上，所以同樣也算是端點。存取點通常使用有線連線來提供電力，並且連上網路，但是在更進階的組態設定下，它們也可以使用無線連線。

IP 電話

目前大多數公司可能已經在使用 VoIP (Voice over IP)，或是正在考慮要採用。因此，電話會占用很多交換器埠。為了節省佈線的需要，辦公室電腦可能會連到 IP 電話的內建交換器。如此，則只有電話需要連到存取交換器。

IP 電話通常使用有線乙太網路來取得電力供應，不須插在牆壁上。

物聯網物件

因為 IoT 的萌芽，現在從燈泡、冰箱、到警報系統都被連上網路。它們也都是端點！

18-2 伺服器

基本上，伺服器就是比較高階的電腦，用來提供基礎建設或應用服務給用戶，通常分為下列三種型式：

- **塔式 (tower)**：塔式端點伺服器其實就是提供較多資源的標準塔式電腦。
- **機架伺服器 (Rack Server)**：最常見的伺服器是機架式的簡單伺服器，通常大小為一個機架單位 (RU)，但是也有可能更大。人們經常把機架伺服器稱為披薩盒，因為它們通常是大大的矩形。
- **刀鋒伺服器 (Blade Server)**：這是最複雜的伺服器。它是將單板型態的伺服器插入大型的機櫃中。這種系統的設計通常具有相當的冗餘性和彈性。

伺服器的角色

伺服器的角色種類繁多，本書無法一一列舉，不過下面是網路中最常見的一些伺服器：

- **Active Directory**：微軟的 AD 是 Windows 伺服器中，扮演用戶與電腦管理的旗艦角色。大多數公司或多或少都會用到它。
- **DNS**：DNS 對於是否有效使用網際網路是非常重要的；如果沒有它的話，我們就必須靠記憶 IP 位址來上網了。
- **DHCP**：如前所述，DHCP 讓端點能動態取得它們的 IP 位址上網。
- **Hypervisor**：Hypervisor 讓我們能運行虛擬機器；詳細內容將在未來虛擬化的討論中說明。
- **RADIUS**：主要是用來進行無線連線的認證。
- **TACACS+**：用來進行設備管理，並且可以在用戶登入設備時，控制他可以存取的對象。
- **電子郵件**：這種伺服器負責管理電子郵件的收發。
- **檔案**：檔案伺服器儲存大量檔案供使用者存取。
- **資料庫**：這種伺服器將資料儲存在由 DBA 管理的神祕表格中。
- **網站**：我們在網際網路上瀏覽的都是由網站伺服器執行的網頁。

18-3 IP 設定

在研讀 Cisco 的過程中，經常得要在作業系統上檢查和變更 IP 位址的需要。這對在電腦上進行實作練習也很有幫助，因為您可以調整 IP 來配合練習的環境。

顯然，在真實環境中精通這個部分也很重要，因為多數伺服器使用靜態 IP 位址，不是所有子網路都有 DHCP，而且您可能有時也必須檢測終端用戶的連線情況。

Windows 10

在 Windows 作業系統中，可以透過**網路連線**來設定 IP 位址。最簡單的方式是在搜尋列輸入 **ncpa.cpl**。

您也可以透過控制台，選擇**網路和共用中心**，再選擇**變更介面卡設定**，然後在想設定 IP 的網路介面卡上按下右鍵，點選**內容**，如圖 18.1 的畫面。

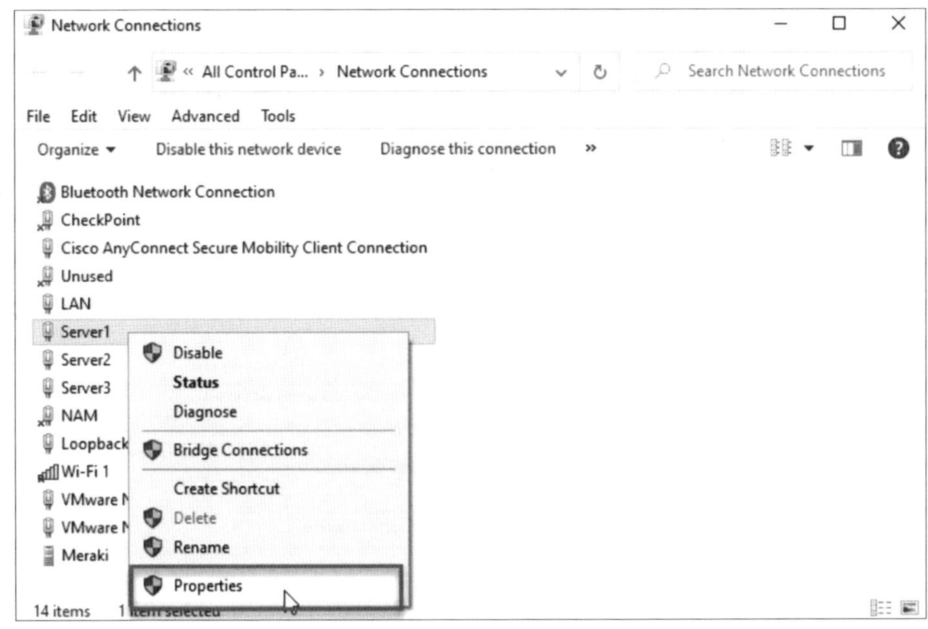

圖 18.1 網路連線頁面

內容頁面包含了網卡的協定資訊，可以進行設定。筆者先選擇 IPv4 (TCP/IPv4)，點選**內容**，如圖 18.2。

如果要改變 IPv6 的位址，就選擇 TCP/IPv6 的內容設定。

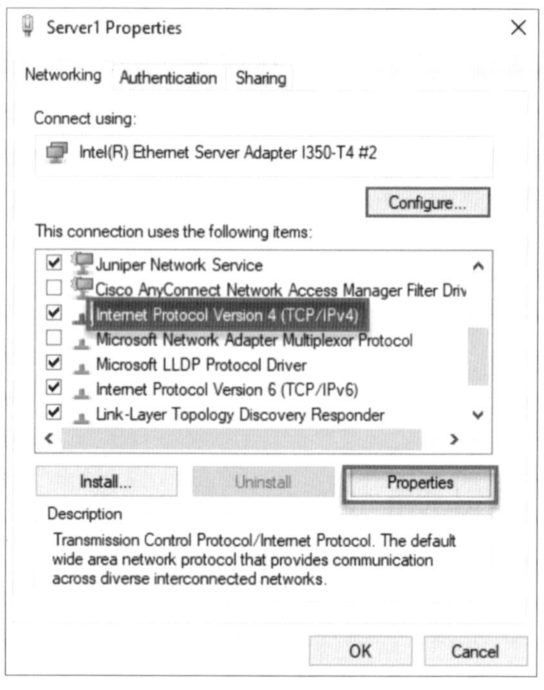

圖 18.2 IPv4 內容頁面

在 IPv4 設定頁面中，可以設定網卡使用的 IP 位址、子網路遮罩和預設閘道。因為我們做了靜態 IP 設定，網卡無法從 DHCP 中取得 DNS 位址，所以還必須靜態設定 DNS 位址以解析網域名稱 (如圖 18.3)。

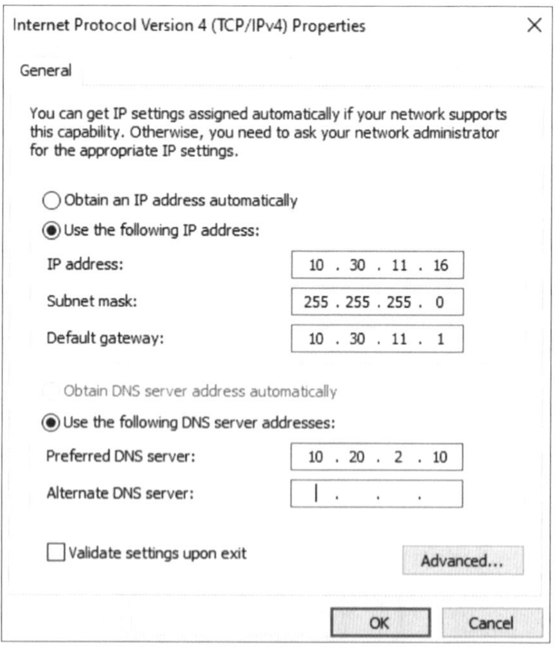

圖 18.3 設定 IP 與 DNS 位址

完成網卡的 IP 與 DNS 設定後，只要按下 **OK** 鈕，就可以進行變更。不過此處要先介紹**進階**按鈕。您可以在此為介面加入額外的 IP 位址。這就好像是在 Cisco 路由器介面上增加第二 IP 位址一樣，您可以新增多筆 IP。請參考圖 18.4。

圖 18.4　進階頁面

這對可能需要綁定多個 IP 位址的網站伺服器而言，相當方便。

Windows 和 Cisco 路由器一樣擁有路徑表。所以如果電腦上有多個作用中的介面，您可以選擇調整**介面計量**，讓電腦在選擇介面來遶送交通時，可以更偏愛或更不偏愛某個介面。最後要提到的是 DNS 頁次。如果您有超過兩台的 DNS 伺服器，可以在此加入，如圖 18.5。

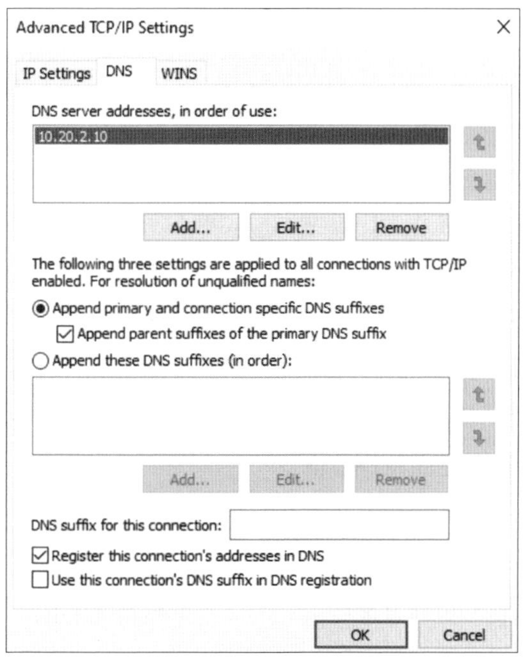

圖 18.5　DNS 頁面

另外，也可以選擇在 DNS 查詢中附加網域名稱。如果加入 **testlab.com**，則只要輸入 **web01**，就可以抵達 **web01.testlab.com**。完成這些之後，連續按 **OK** 鈕，直到回到網路連線的畫面。如果我想要從網路連線畫面檢查 IP 的變更，只要雙按對應的網卡，然後點選**詳細資料**，就可以看到如圖 18.6 的 IP 資訊。

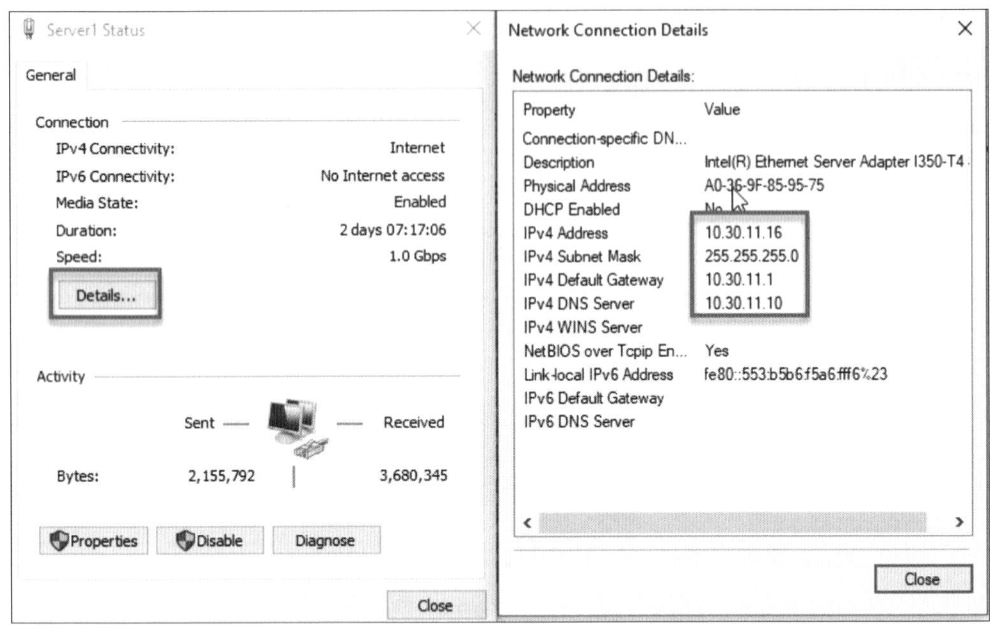

圖 18.6 檢查 IP 資訊

您也可以在 Windows 的**命令提示**視窗中，使用 **ipconfig** 命令來取得 IP 位址資訊。它會提供每個介面的 IP 位址、子網路遮罩和預設閘道，如圖 18.7。

```
PS C:\> ipconfig

Windows IP Configuration

Ethernet adapter LAN:

   Connection-specific DNS Suffix  . :
   Link-local IPv6 Address . . . . . : fe80::c8f:7f3f:e84:4953%11
   IPv4 Address. . . . . . . . . . . : 10.30.10.16
   Subnet Mask . . . . . . . . . . . : 255.255.255.0
   Default Gateway . . . . . . . . . : 10.30.10.1

Ethernet adapter Server1:

   Connection-specific DNS Suffix  . :
   Link-local IPv6 Address . . . . . : fe80::553:b5b6:f5a6:fff6%23
   IPv4 Address. . . . . . . . . . . : 10.30.11.16
   Subnet Mask . . . . . . . . . . . : 255.255.255.0
   Default Gateway . . . . . . . . . : 10.30.11.1
```

圖 18.7 Ipconfig

如果您還想檢視 DNS 伺服器資訊，則使用 **ipconfig /all** 命令，就可以看到系統上網卡的所有資訊，如圖 18.8。

```
PS C:\> ipconfig /all

Windows IP Configuration

   Host Name . . . . . . . . . . . . : home01
   Primary Dns Suffix  . . . . . . . : testlab.com
   Node Type . . . . . . . . . . . . : Hybrid
   IP Routing Enabled. . . . . . . . : No
   WINS Proxy Enabled. . . . . . . . : No
   DNS Suffix Search List. . . . . . : testlab.com


Ethernet adapter LAN:

   Connection-specific DNS Suffix  . :
   Description . . . . . . . . . . . : Intel(R) Ethernet Server Adapter I350-T4
   Physical Address. . . . . . . . . : A0-36-9F-85-95-74
   DHCP Enabled. . . . . . . . . . . : No
   Autoconfiguration Enabled . . . . : Yes
   Link-local IPv6 Address . . . . . : fe80::c8f:7f3f:e84:4953%11(Preferred)
   IPv4 Address. . . . . . . . . . . : 10.30.10.16(Preferred)
   Subnet Mask . . . . . . . . . . . : 255.255.255.0
   Default Gateway . . . . . . . . . : 10.30.10.1
   DHCPv6 IAID . . . . . . . . . . . : 111163039
   DHCPv6 Client DUID. . . . . . . . : 00-01-00-01-25-0B-09-00-40-8D-5C-FF-2C-34
   DNS Servers . . . . . . . . . . . : 10.30.11.10
                                       10.20.2.10
   NetBIOS over Tcpip. . . . . . . . : Enabled

Ethernet adapter Server1:

   Connection-specific DNS Suffix  . :
   Description . . . . . . . . . . . : Intel(R) Ethernet Server Adapter I350-T4 #2
   Physical Address. . . . . . . . . : A0-36-9F-85-95-75
   DHCP Enabled. . . . . . . . . . . : No
   Autoconfiguration Enabled . . . . : Yes
   Link-local IPv6 Address . . . . . : fe80::553:b5b6:f5a6:fff6%23(Preferred)
   IPv4 Address. . . . . . . . . . . : 10.30.11.16(Preferred)
   Subnet Mask . . . . . . . . . . . : 255.255.255.0
   Default Gateway . . . . . . . . . : 10.30.11.1
   DHCPv6 IAID . . . . . . . . . . . : 211826335
   DHCPv6 Client DUID. . . . . . . . : 00-01-00-01-25-0B-09-00-40-8D-5C-FF-2C-34
```

圖 18.8 IPConfig /all

在 CMD 視窗中使用 **ipconfig** 確實運作得很好，不過這是個老命令了。在微軟產品上的最新方式，是使用 **Powershell** 來取代 CMD。它的主要好處是您可以過濾取得的輸出，而不必在每次輸入 ipconfig 時都拿到所網卡的資訊。

在 Powershell 中，可以使用 **Get-NetIPAddress** 命令來取得 IP 位址與網路遮罩，還可以選擇只看我的 Server1 介面和 IPv4 位址，如圖 18.9。

```
PS C:\> Get-NetIPAddress -InterfaceAlias Server1 -AddressFamily ipv4

IPAddress         : 10.30.11.16
InterfaceIndex    : 23
InterfaceAlias    : Server1
AddressFamily     : IPv4
Type              : Unicast
PrefixLength      : 24
PrefixOrigin      : Manual
SuffixOrigin      : Manual
AddressState      : Preferred
ValidLifetime     : Infinite ([TimeSpan]::MaxValue)
PreferredLifetime : Infinite ([TimeSpan]::MaxValue)
SkipAsSource      : False
PolicyStore       : ActiveStore
```

圖 18.9 Powershell

這樣做不會回傳預設閘道或 DNS 資訊，因為 powershell 會盡量讓命令聚焦。所以必須使用 **Get-DnsClientServerAddress** 命令來取得 DNS 資訊，並且使用 **Get-NetRoute** 命令來檢視遶送資訊。

MacOS

要在 Mac 上檢視 IP 資訊，可以點選桌面右上方的無線符號，或是開啟 **System Preferences** 進行選取，如圖 18.10。

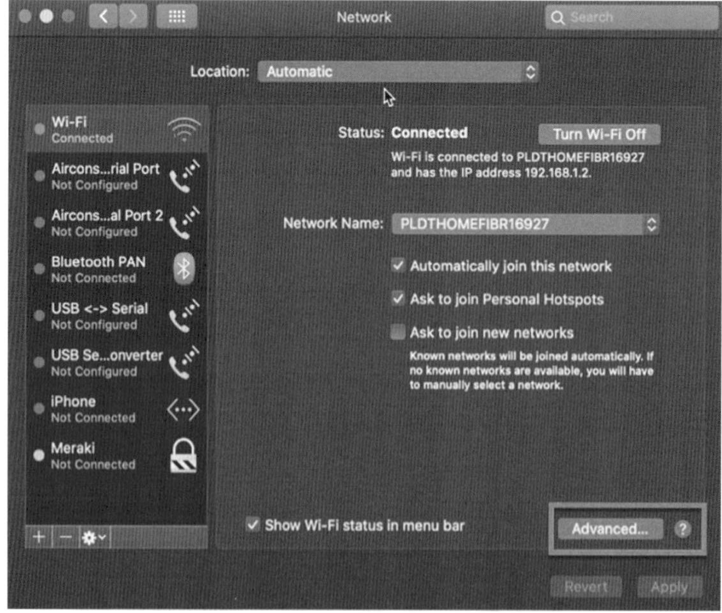

圖 18.10 Mac OS

接著選擇連線的網路來檢視 IP 位址。除非您點選 **Advanced**，否則將不會看到其他任何資訊。點選之後，則會看到如圖 18.11。

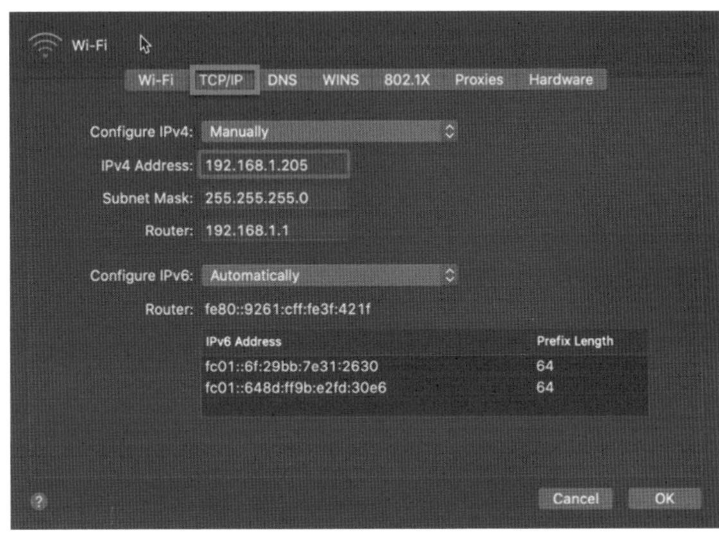

圖 18.11　MAC TCP/IP 畫面

在圖 18.12 的 DNS 頁次下，可以新增 DNS 伺服器；它會將網域名稱附加到 DNS 查詢中，就跟 Windows 一樣。

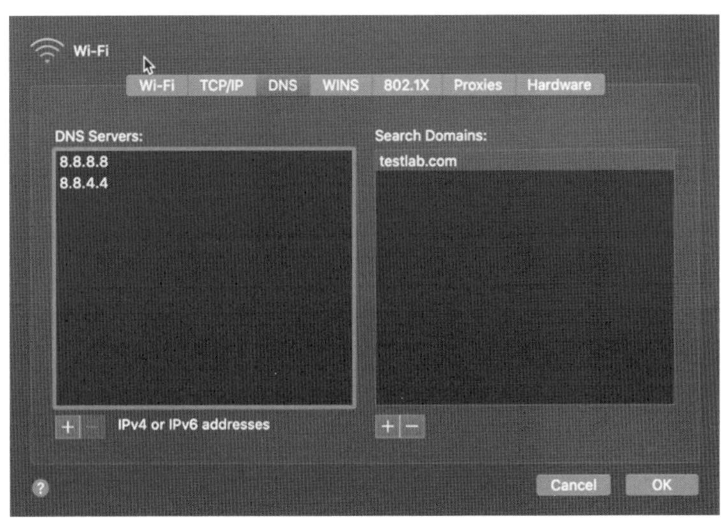

圖 18.12　MAC DNS 頁次

如果要從命令列檢視 IP 資訊，請使用 **ifconfig** 命令；它也可以用來設定 IP 位址。參見圖 18.13。

```
Donalds-MacBook-Pro:~ drobb$ ifconfig en0
en0: flags=8863<UP,BROADCAST,SMART,RUNNING,SIMPLEX,MULTICAST> mtu 1500
        options=400<CHANNEL_IO>
        ether a4:83:e7:c4:e8:b8
        inet6 fe80::b8:9238:1f3c:a398%en0 prefixlen 64 secured scopeid 0x6
        inet 10.30.10.114 netmask 0xffffff00 broadcast 10.30.10.255
        nd6 options=201<PERFORMNUD,DAD>
        media: autoselect
        status: active
Donalds-MacBook-Pro:~ drobb$
```

圖 18.13　MAC ifconfig

Ubuntu/Red Hat

以 Ubuntu 與 Red Hat 為基礎的 Linux，在透過 GUI 變更 IP 時的步驟完全相同。只有在透過 Linux shell 變更 IP 位址的時候才有不同。

在 Ubuntu 或 Fedora/Centos 下變更或檢查 IP 位址，需開啟 **Settings**，然後選擇 **Network**。您也可以在畫面右上方點選網路，然後選擇連線的設定，如圖 18.14。

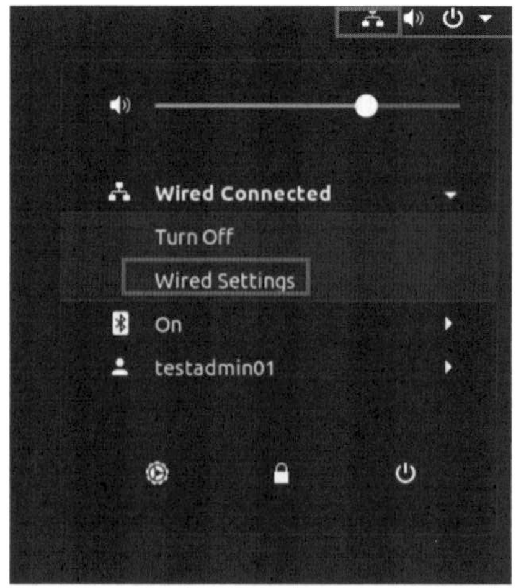

圖 18.14　Ubuntu IP 設定

點選齒輪圖示，檢視 Linux 中的網路資訊，如圖 18.15。您可在此調整 IP 位址、子網路遮罩、預設閘道以及 DNS 伺服器。

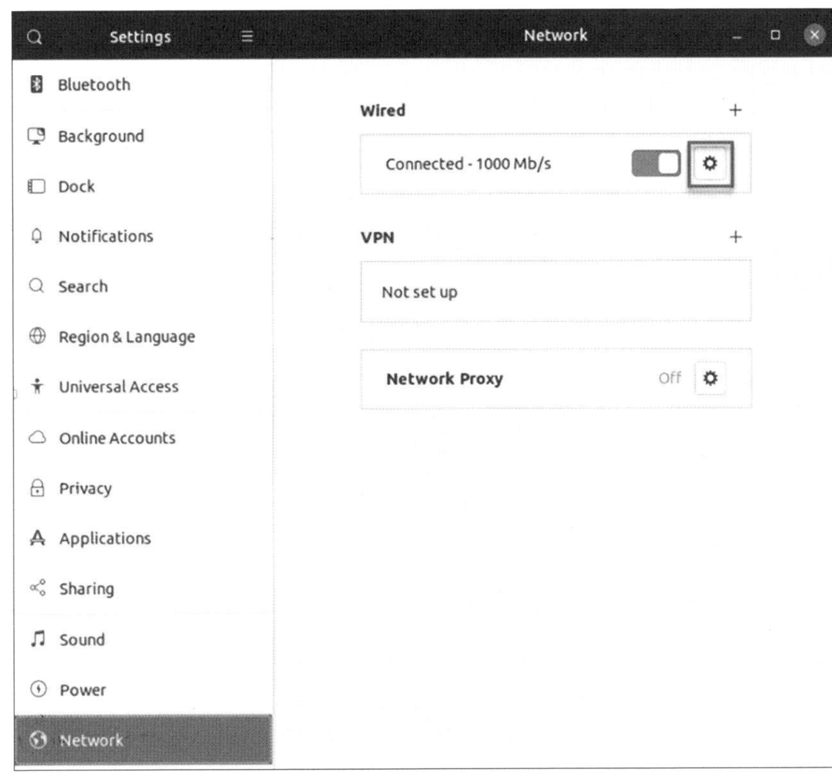

圖 18.15　Linux 齒輪圖示

完成之後，點選 **Apply** 按鈕讓變更生效。最後，要檢查 IP 位址，請使用 **ifconfig** 命令，就跟在 Mac OS 一樣。

18-4 IP 網路連線的故障檢測

在開始故障檢測之前，讓我們先簡單回顧一下 IP 遶送。當主機想要傳送封包時，IP 會檢查目的位址並且判斷這是本地或遠端請求。如果是本地請求，IP 會傳送廣播訊框到本地網路，使用 ARP 請求來尋找本地主機。如果這是遠端請求，主機會傳送 ARP 給預設閘道以尋找路由器的 MAC 位址。

一旦主機擁有預設閘道位址後，它們會將每個要傳送的封包送到資料鏈結層封裝為訊框；這個封裝為訊框的封包接著會被傳送到本地碰撞網域。路由器會收到這個訊框，並且從訊框中移出封包。IP 接著在路徑表中尋找路由器的離開介面。如果在路徑表中找到目的位址，就會進行封包交換將封包送到離開介面。此時，封包會再度加上新的來源和目的 MAC 位址，封裝為新的訊框。

簡單回顧之後，如果有人打電話給您，說他們無法連到遠端網路的伺服器時，您會說什麼呢？您會請這位使用者做的第一件事 (除了把 Windows 重新開機之外) 是什麼呢？或者，您自己會做什麼來測試網路連線呢？如果您想到的是要使用 ping，這是個很好的起點。Ping 這支程式利用簡單的 ICMP 回聲請求和回聲回應來找出主機是否仍存活在網路上；這是個很好的工具。但是能 ping 到主機和伺服器，不保證網路就諸事平安。別忘了，ping 可不僅僅只能用來當做快速測試的協定。

針對認證目標，最好是養成習慣連到各台路由器，並且從它們那裡執行 ping。當然，從路由器執行 ping，不如從回報問題的主機處執行 ping，但是這不表示我們無法從路由器那裡解析出問題。

讓我們使用圖 18.16 做為基礎，進行一些故障檢測。

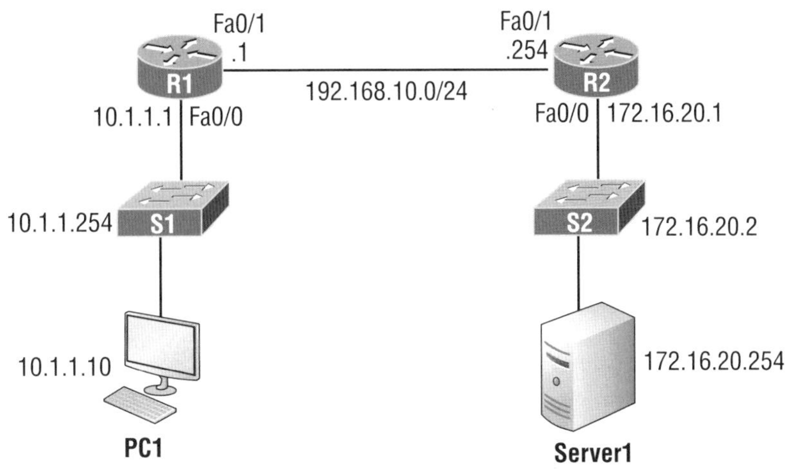

圖 18.16　故障檢測情境

在第 1 個情境中，一位經理打電話給您，說他無法從 PC1 登入到 Server1。您的工作就是要找出原因，並且解決。Cisco 認證目標清楚說明當有人回報問題時，必須採取的故障檢測步驟：

1. 檢查纜線，找出是否有損壞的纜線，或是搞混的介面，並且確認介面的統計資訊。
2. 確定裝置能判斷出從來源到目的地的正確路徑。視需要操弄遶送資訊。
3. 確認預設閘道正確。
4. 確認名稱解析設定正確。
5. 確認沒有存取控制清單 (ACL) 在阻絕交通。

為了有效查驗這個問題，我們透過消去法縮減可能性。首先從 PC1 開始，確認它的設定正確，且 IP 的運作正常。

檢查 PC1 組態共有 4 個步驟：

1. Ping loopback 位址，測試本地 IP 堆疊運作是否正常。
2. Ping 本地 IP 位址，測試本地 IP 堆疊是否有與資料鏈結層交談。

3. Ping 預設閘道，測試主機是否有在 LAN 上運作。

4. Ping 遠端 Server1，測試主機是否可以抵達遠端網路。

我們用 **ipconfig** 命令 (在 MAC 上為 ifconfig) 來檢查 PC1 的組態設定：

```
C:\Users\Todd Lammle>ipconfig

Windows IP Configuration

Ethernet adapter Local Area Connection:

   Connection-specific DNS Suffix . . : localdomain
   Link-local IPv6 Address . . . . . : fe80::64e3:76a2:541f:ebcb%11
   IPv4 Address. . . . . . . . . . . : 10.1.1.10
   Subnet Mask . . . . . . . . . . . : 255.255.255.0
   Default Gateway . . . . . . . . . : 10.1.1.1
```

也可以用 **route print** 命令檢查主機上的路徑表是否真的知道預設的閘道：

```
C:\Users\Todd Lammle>route print
[output cut]
IPv4 Route Table
===========================================================================
Active Routes:
Network Destination        Netmask          Gateway       Interface    Metric
          0.0.0.0          0.0.0.0         10.1.1.10      10.1.1.1      10
[output cut]
```

根據 **ipconfig** 命令和 **route print** 命令的輸出，我們可以確定主機知道正確的預設閘道。

就 Cisco 認證目標而言，檢查和確認主機預設閘道，以及該位址是否與路由器介面相搭配，是非常重要的能力。

現在我們來 ping loopback 位址，確認本地 IP 堆疊已初始化成功：

```
C:\Users\Todd Lammle>ping 127.0.0.1

Pinging 127.0.0.1 with 32 bytes of data:
Reply from 127.0.0.1: bytes=32 time<1ms TTL=128
Reply from 127.0.0.1: bytes=32 time<1ms TTL=128
Reply from 127.0.0.1: bytes=32 time<1ms TTL=128
Reply from 127.0.0.1: bytes=32 time<1ms TTL=128

Ping statistics for 127.0.0.1:
    Packets: Sent = 4, Received = 4, Lost = 0 (0% loss),
Approximate round trip times in milli-seconds:
    Minimum = 0ms, Maximum = 0ms, Average = 0ms
```

前面的輸出確認了主機的 IP 位址以及設定的預設閘道，接著確認了本地 IP 堆疊也有運作。下一步是要 ping 本地 IP 位址，確認 IP 堆疊有跟 LAN 的驅動程式交談。


```
C:\Users\Todd Lammle>ping 10.1.1.10

Pinging 10.1.1.10 with 32 bytes of data:
Reply from 10.1.1.10: bytes=32 time<1ms TTL=128
Reply from 10.1.1.10: bytes=32 time<1ms TTL=128
Reply from 10.1.1.10: bytes=32 time<1ms TTL=128
Reply from 10.1.1.10: bytes=32 time<1ms TTL=128

Ping statistics for 10.1.1.10:
    Packets: Sent = 4, Received = 4, Lost = 0 (0% loss),
Approximate round trip times in milli-seconds:
    Minimum = 0ms, Maximum = 0ms, Average = 0ms
```

現在我們知道本地堆疊很正常，並且有和 LAN 驅動程式進行溝通。接著該 ping 預設閘道，確認本地 LAN 的連線狀況。

```
C:\Users\Todd Lammle>ping 10.1.1.1

Pinging 10.1.1.1 with 32 bytes of data:
Reply from 10.1.1.1: bytes=32 time<1ms TTL=128
Reply from 10.1.1.1: bytes=32 time<1ms TTL=128
Reply from 10.1.1.1: bytes=32 time<1ms TTL=128
Reply from 10.1.1.1: bytes=32 time<1ms TTL=128
```

```
Ping statistics for 10.1.1.1:
    Packets: Sent = 4, Received = 4, Lost = 0 (0% loss),
Approximate round trip times in milli-seconds:
    Minimum = 0ms, Maximum = 0ms, Average = 0ms
```

看起來很好！我必須說：我們的主機狀況良好。讓我們試著 ping 遠端伺服器，看看主機是否能離開本地 LAN，跟遠端進行溝通：

```
C:\Users\Todd Lammle>ping 172.16.20.254

Pinging 172.16.20.254 with 32 bytes of data:
Request timed out.
Request timed out.
Request timed out.
Request timed out.

Ping statistics for 172.16.20.254:
    Packets: Sent = 4, Received = 0, Lost = 4 (100% loss),
```

看起來，我們確認了本地連線能力，但是遠端連線有問題。所以我們必須再更深入找出問題。不過，現在很重要的事，是先記下來已經排除了哪些可能性：

1. PC 設定了正確的 IP 位址，且本地 IP 堆疊運作正常。
2. 預設閘道的設定正常，且 PC 的預設閘道組態設定符合路由器介面的 IP 位址。
3. 本地交換器運作正常，因為我們可以透過交換器 ping 到路由器。
4. 我們沒有本地 LAN 問題；因為我們可以 ping 到路由器，表示實體層良好。如果無法 ping 到路由器，可能就必須去檢查實體纜線和介面。

接著，來看看是否可以使用 **traceroute** 命令進一步縮小問題範圍：

```
C:\Users\Todd Lammle>tracert 172.16.20.254

Tracing route to 172.16.20.254 over a maximum of 30 hops

1       1 ms      1 ms    <1 ms   10.1.1.1
2       *         *       *       Request timed out.
3       *         *       *       Request timed out.
```

我們無法越過預設閘道，所以連到 R2 看看是否可以在本地與伺服器交談：

```
R2#ping 172.16.20.254

Pinging 172.16.20.254 with 32 bytes of data:
Reply from 172.16.20.254: bytes=32 time<1ms TTL=128
Reply from 172.16.20.254: bytes=32 time<1ms TTL=128
Reply from 172.16.20.254: bytes=32 time<1ms TTL=128
Reply from 172.16.20.254: bytes=32 time<1ms TTL=128

Ping statistics for 172.16.20.254:
    Packets: Sent = 4, Received = 0, Lost = 4 (100% loss),
```

我們從 R2 路由器連到 Server1，排除了本地 LAN 問題。目前已知：

1. PC1 的設定正確。
2. 位於 LAN 10.1.1.0 的交換器運作正常。
3. PC1 預設閘道的設定正確。
4. R2 可以與 Server1 溝通，所以遠端 LAN 沒有問題。

但是很明顯就是有問題，所以現在應該要檢查什麼呢？此刻是檢查 Server1 的 IP 設定和預設閘道組態的最好時機：

```
C:\Users\Server1>ipconfig

Windows IP Configuration

Ethernet adapter Local Area Connection:

   Connection-specific DNS Suffix . . . : localdomain
   Link-local IPv6 Address . . . . . . : fe80::7723:76a2:e73c:2acb%11
   IPv4 Address. . . . . . . . . . . . : 172.16.20.254
   Subnet Mask . . . . . . . . . . . . : 255.255.255.0
   Default Gateway . . . . . . . . . . : 172.16.20.1
```

Server1 的組態看起來很好，而且 R2 路由器可以 ping 到伺服器，所以伺服器的本地 LAN 似乎很好，本地交換器運作正常，而且沒有纜線或介面問題。

但是讓我們再細看 R2 的 Fa0/0 介面，並且討論一下如果這個介面有問題時會看到什麼：

```
R2#sh int fa0/0
FastEthernet0/0 is up, line protocol is up
[output cut]
  Full-duplex, 100Mb/s, 100BaseTX/FX
  ARP type: ARPA, ARP Timeout 04:00:00
  Last input 00:00:05, output 00:00:01, output hang never
  Last clearing of "show interface" counters never
  Input queue: 0/75/0/0 (size/max/drops/flushes); Total output drops: 0
  Queueing strategy: fifo
  Output queue: 0/40 (size/max)
  5 minute input rate 0 bits/sec, 0 packets/sec
  5 minute output rate 0 bits/sec, 0 packets/sec
     1325 packets input, 157823 bytes
     Received 1157 broadcasts (0 IP multicasts)
     0 runts, 0 giants, 0 throttles
     0 input errors, 0 CRC, 0 frame, 0 overrun, 0 ignored
     0 watchdog
     0 input packets with dribble condition detected
     2294 packets output, 244630 bytes, 0 underruns
     0 output errors, 0 collisions, 3 interface resets
     347 unknown protocol drops
     0 babbles, 0 late collision, 0 deferred
     4 lost carrier, 0 no carrier
     0 output buffer failures, 0 output buffers swapped out
```

您必須要能分析介面統計資訊來找出問題，所以現在讓我們找出相關的重要因素。

- **速度與雙工設定**：介面錯誤最常見的原因就是乙太網路鏈路兩端的雙工模式不相符。所以確認交換器和主機（PC、路由器介面等）具有相同的速度設定是很重要的。否則，它們就無法連結。如果它們的雙工設定不一致，就會收到大量的錯誤，造成不良的效能問題，間歇的斷線，甚至完全無法通訊。

使用速度和多工的自動協商，是非常普遍的做法，而且預設就是開啟。但是如果它因為某些原因失靈，就必須手動設定如下：

```
Switch(config)#int gi0/1
Switch(config-if)#speed ?
  10    Force 10 Mbps operation
  100   Force 100 Mbps operation
  1000  Force 1000 Mbps operation
  auto  Enable AUTO speed configuration
Switch(config-if)#speed 1000
Switch(config-if)#duplex  ?
  auto  Enable AUTO duplex configuration
  full  Force full duplex operation
  half  Force half-duplex operation
Switch(config-if)#duplex  full
```

如果雙工不匹配，通常會看到碰撞計數器增加。

- **Input queue drops**：如果輸入佇列丟棄計數器增加，表示送到路由器的交通超過它的處理能力。如果持續很高，嘗試這些計數器增加的時間點，以及這些事件與 CPU 使用狀況的關係。您也會看到 **ignored** 和 **throttle** 計數器增加。
- **Output queue drops**：這個計數器表示封包因為介面壅塞而丟棄，導致佇列延遲。當它發生時，諸如 VoIP 之類應用會發生效能問題。如果您觀察到它持續增加，請考慮 QoS。
- **Input errors**：通常表示高錯誤率，例如 CRC。它可能是纜線問題、硬體問題或是雙工不匹配。
- **Output errors**：在碰撞之類問題發生時，該埠嘗試傳送的訊框總數。

我們將回到前面的故障排除程序，分析路由器的組態。下面是 R1 的路徑表：

```
R1>sh ip route
[output cut]
Gateway of last resort is 192.168.10.254 to network 0.0.0.0

S*    0.0.0.0/0 [1/0] via 192.168.10.254
      10.0.0.0/8 is variably subnetted, 2 subnets, 2 masks
C        10.1.1.0/24 is directly connected, FastEthernet0/0
L        10.1.1.1/32 is directly connected, FastEthernet0/0
      192.168.10.0/24 is variably subnetted, 2 subnets, 2 masks
C        192.168.10.0/24 is directly connected, FastEthernet0/1
L        192.168.10.1/32 is directly connected, FastEthernet0/1
```

看起來很不錯！直接相連的網路都在路徑表中，並且可以看到通往 R2 路由器的預設路徑。現在讓我們檢查從 R1 到 R2 的連線：

```
R1>sh ip int brief
Interface          IP-Address     OK? Method Status                Protocol
FastEthernet0/0    10.1.1.1       YES manual up                        up
FastEthernet0/1    192.168.10.1 YES manual up                        up
Serial0/0/0        unassigned     YES unset  administratively down down
Serial0/1/0        unassigned     YES unset  administratively down down
R1>ping 192.168.10.254
Type escape sequence to abort.
Sending 5, 100-byte ICMP Echos to 192.168.10.254, timeout is 2 seconds:
!!!!!
Success rate is 100 percent (5/5), round-trip min/avg/max = 1/2/4 ms
```

這看起來也很好！我們的介面也都設定了正確的 IP 位址，而且實體和資料鏈結層也都是開啟的。此外，我也透過對 R2 的 Fa0/1 介面執行 ping，測試了第 3 層的連線。

因為到目前為止一切都好，下一步是檢查 R2 的介面狀態：

```
R2>sh ip int brief
Interface          IP-Address        OK? Method Status              Protocol
FastEthernet0/0    172.16.20.1       YES manual up                     up
FastEthernet0/1    192.168.10.254    YES manual up                     up
R2>ping 192.168.10.1
Type escape sequence to abort.
Sending 5, 100-byte ICMP Echos to 192.168.10.1, timeout is 2 seconds:
!!!!!
Success rate is 100 percent (5/5), round-trip min/avg/max = 1/2/4 ms
```

看起來也很好。IP 位址正確，實體和資料鏈結層都有開啟。我還 ping 了 R1 來測試第 3 層連線。所以，接下來該檢查路徑表：

```
R2>sh ip route
[output cut]
Gateway of last resort is not set

     10.0.0.0/24 is subnetted, 1 subnets
S       10.1.1.0 is directly connected, FastEthernet0/0
```

```
     172.16.0.0/16 is variably subnetted, 2 subnets, 2 masks
C       172.16.20.0/24 is directly connected, FastEthernet0/0
L       172.16.20.1/32 is directly connected, FastEthernet0/0
     192.168.10.0/24 is variably subnetted, 2 subnets, 2 masks
C       192.168.10.0/24 is directly connected, FastEthernet0/1
L       192.168.10.254/32 is directly connected, FastEthernet0/1
```

可以看到所有的本地介面都在路徑表中，還有通往 10.1.1.0 網路的靜態路徑。不過，您看出問題了嗎？仔細看看這條靜態路徑。這路徑輸入的離開介面是 Fa0/0，而通往 10.1.1.0 網路的路徑應該是要透過 Fa0/1。啊！終於找到問題了！讓我們來修正 R2：

```
R2#config t
R2(config)#no ip route 10.1.1.0 255.255.255.0 fa0/0
R2(config)#ip route 10.1.1.0 255.255.255.0 192.168.10.1
```


這樣應該就可以了。讓我們從 PC1 來確認：

```
C:\Users\Todd Lammle>ping 172.16.20.254

Pinging 172.16.20.254 with 32 bytes of data:
Reply from 172.16.20.254: bytes=32 time<1ms TTL=128
Reply from 172.16.20.254: bytes=32 time<1ms TTL=128
Reply from 172.16.20.254: bytes=32 time<1ms TTL=128
Reply from 172.16.20.254: bytes=32 time<1ms TTL=128

Ping statistics for 172.16.20.254
    Packets: Sent = 4, Received = 4, Lost = 0 (0% loss),
Approximate round trip times in milli-seconds:
    Minimum = 0ms, Maximum = 0ms, Average = 0ms
```

問題看起來解決了，但是為了保險起見，我們還需要用更高階的協定，如 Telnet，來確認一下：

```
C:\Users\Todd Lammle>telnet 172.16.20.254
Connecting To 172.16.20.254...Could not open connection to the host, on
port 23: Connect failed
```

不妙耶！我們可以 ping 到 Server1，但是無法 telnet 到它。過去我曾經確認過能夠 telnet 到這台伺服器。伺服器端可能還有問題。要找出原因，讓我們來驗證網路，先從 R1 開始：

```
R1>ping 172.16.20.254
Type escape sequence to abort.
Sending 5, 100-byte ICMP Echos to 172.16.20.254, timeout is 2 seconds:
!!!!!
Success rate is 100 percent (5/5), round-trip min/avg/max = 1/1/4 ms
R1>telnet 172.16.20.254
Trying 172.16.20.254 ...
% Destination unreachable; gateway or host down
```

這看起來是個不妙的輸出！讓我們從 R2 試試看：

```
R2#telnet 172.16.20.254
Trying 172.16.20.254 ... Open

User Access Verification

Password:
```

老天！我可以從遠端網路 ping 到伺服器，沒辦法 Telnet 到它，但是從本地路由器 R2 可以。這些因素排除了伺服器有問題，因為從本地 LAN 可以 telent 到伺服器。

我們也知道沒有遶送問題，因為我們已經修正它了。所以接下來呢？讓我們檢查 R2 上是否有 ACL：

```
R2>sh access-lists
Extended IP access list 110
    10 permit icmp any any (25 matches)
```

真的？路由器上的存取清單真糟！這個可笑的清單允許 ICMP，但是就此而已。因為每個 ACL 結尾內含的 **deny ip any any**，除了 ICMP 之外其它都會被拒絕。但是在我們解除這個問題之前，必須先檢查這個笨清單是否有真的應用在 R2 的介面上，以確定這真的是我們的問題：

```
R2>sh ip int fa0/0
FastEthernet0/0 is up, line protocol is up
  Internet address is 172.16.20.1/24
  Broadcast address is 255.255.255.255
  Address determined by setup command
  MTU is 1500 bytes
  Helper address is not set
  Directed broadcast forwarding is disabled
  Outgoing access list is 110
  Inbound  access list is not set
```

是的！這的確就是我們的問題。您或許懷疑為什麼 R2 可以 telent 到 Server1？這是因為 ACL 只會過濾嘗試要通過路由器的封包，而不是路由器產生的封包。讓我們來著手修正吧：

```
R2#config t
R2(config)#no access-list 110
```

我已經檢查過可以從 PC1 用 telent 連到 Server1，但是讓我們再嘗試從 R1 連連看：

```
R1#telnet 172.16.20.254
Trying 172.16.20.254 ... Open

User Access Verification

Password:
```

很好！看來我們成功了。再用名稱來試試看：

```
R1#telnet Server1
Translating "Server1"...domain server (255.255.255.255)

% Bad IP address or host name
```

看來還沒完工呢。讓我們修正 R1，使它能夠提供名稱解析：

```
R1(config)#ip host Server1 172.16.20.254
R1(config)#^Z
R1#telnet Server1
Trying Server1 (172.16.20.254)... Open

User Access Verification

Password:
```

很好！從路由器來看，一切都很好，但是如果使用者無法從遠端主機使用名稱來 telnet，我們就必須檢查 DNS 伺服器，以確認連線和通往伺服器的正確項目。另一個選擇是在 PC1 上手動設定本地主機表。

最後一件事是檢查伺服器，看它是否可以透過 telnet 命令回應 HTTP 請求：

```
R1#telnet 172.16.20.254 80
Trying 172.16.20.254, 80 ... Open
```

耶！終於完工！Server1 會回應埠 80 的請求了。

使用 SPAN 進行故障檢測

網路交通的封包監聽軟體 sniffer，是網路監控和故障檢測的好工具。不過，因為交換器已經深入網路二十餘年，所以故障排除變得越來越困難，因為我們已經沒辦法僅僅把分析器插入交換器埠，然後就讀得到網路上的所有交通。在有交換器之前，我們是使用集線器；而當集線器在某個埠接收到數位信號時，它會把信號送給其他所有的埠。因此，連接在集線器埠上的 sniffer 就可以接收到網路上所有的交通。

現代的區域網路基本上已經是交換式的網路。在交換器開機後，它會根據接收到的不同封包之來源 MAC 位址來建立第二層的轉送表。這種預設做法會讓連接在另一個埠的 sniffer 無法收到其他單點傳播的交通。

所以，交換器中引入了 SPAN 功能，以協助解決這個問題，參見圖 18.17。

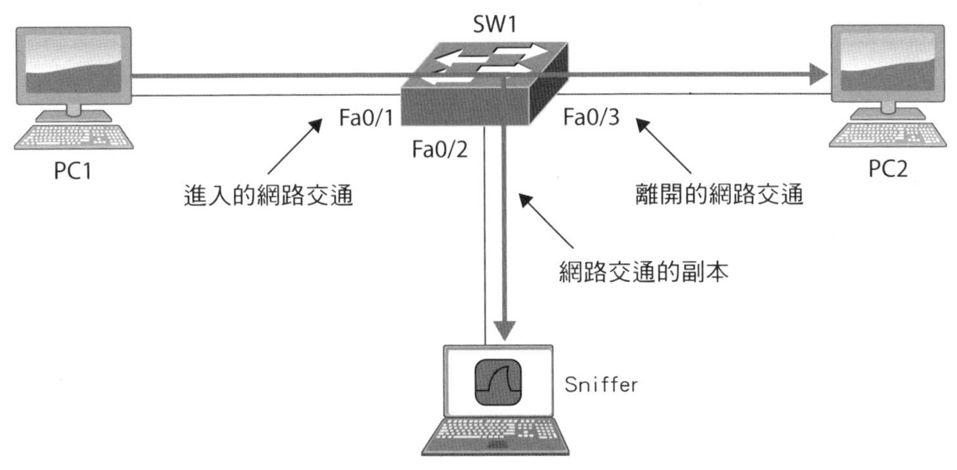

圖 18.17　使用 SPAN 進行故障檢測

SPAN 功能讓你可以分析流經該埠的網路交通，並且將該網路交通的副本，送往交換器上連接有網路分析器或其他監控裝置的埠。SPAN 會複製來源埠對目的埠所傳送或接收的網路交通，以做為分析之用。

例如，假設想要分析從 PC1 流到 PC2 的網路交通，如圖 18.17，必須先指定想要用來擷取該資料的來源埠。您可以設定介面 Fa0/1 以捕捉進入的交通，或是設定介面 Fa0/3 以捕捉離開的交通。接著指定 sniffer 要連接、並捕捉封包的目的埠介面，在本例中為 Fa0/2。從 PC1 流到 PC2 的網路交通就會被複製到該介面，之後就可以使用網路交通的 sniffer 來進行分析。

步驟一：在想要監控的來源埠指定一個 SPAN 會談編號 (session number)。

```
S1(config)#monitor session 1 source interface f0/1
```

步驟二：在 sniffer 的目的埠上指定一個 SPAN 會談編號。

```
S1(config)#monitor session 1 dest interface f0/2
```

步驟三：確認 SPAN 會談的設定是正確的。

```
S1(config)#do sh monitor
Session 1
---------
Type                    : Local Session
Source Ports            :
    Both                : Fa0/1
Destination Ports       : Fa0/2
    Encapsulation       : Native
          Ingress       : Disabled
```

現在可以將網路分析器連接到 F0/2 了。

設定和驗證延伸式存取清單

本章稍早對 ACL 做了一些非常基本的故障檢測，但是在進入 IPv6 之前，還要繼續深入地確認我們真的已經瞭解延伸名稱式 ACL (extended named ACL)。如您所知，標準存取清單只專注在 IP 或 IPv6 的來源位址。然而，延伸式 ACL 則基本上是根據來源與目的地的第三層位址來進行過濾；此外，它還能使用 IP 標頭的協定欄位 (IPv6 的 Next Header)，以及第四層的來源與目的埠碼來進行過濾。如圖 18.18。

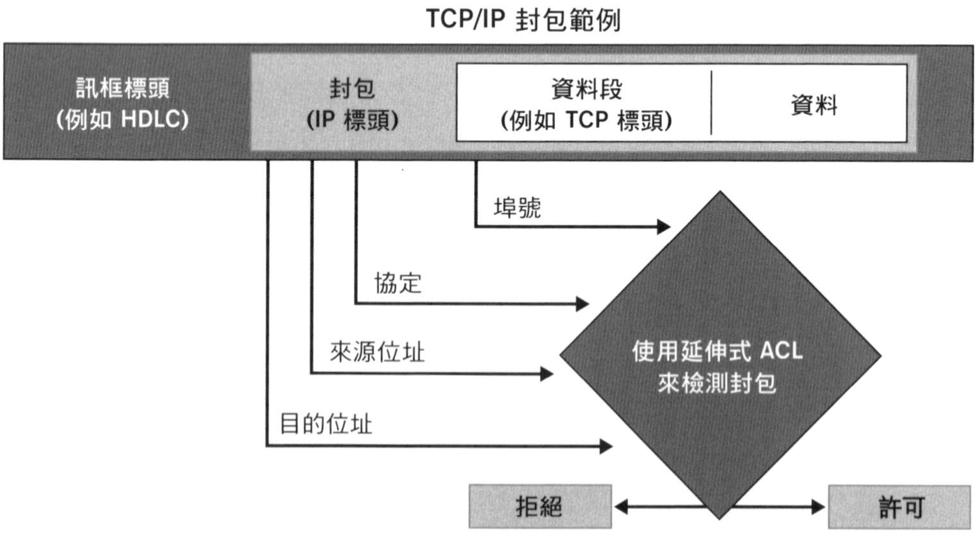

圖 18.18 延伸式 ACL

使用圖 18.16 的網路架構，先建立延伸名稱式 ACL，用來阻擋從 10.1.1.10 到伺服器 172.16.20.254 的 telnet。這是個延伸式清單，所以我們會盡可能將它放在最接近來源位址的地方。

- 步驟一：試著 telnet 到遠端主機：

```
R1#telnet 172.16.20.254
Trying 172.16.20.254 ... Open
Server1>
```

- 步驟二：在 R1 建立 ACL。用來阻止到遠端主機 172.16.20.254 的 telnet。使用名稱式 ACL，從協定開始 (IP 或 IPv6)，選擇標準式或延伸式清單，然後命名。在介面上使用這個名稱時，是有區分大小寫的。

```
R1(config)#ip access-list extended Block_Telnet
R1(config-ext-nacl)#
```

18

- 步驟三：一旦建立名稱式清單後，加入測試參數。

```
R1(config-ext-nacl)#deny tcp host 10.1.1.1 host 172.16.20.254 eq 23
R1(config-ext-nacl)#permit ip any any
```

- 步驟四：確認存取清單。

```
R1(config-ext-nacl)#do sh access-list
Extended IP access list Block_Telnet
    10 deny tcp host 10.1.1.1 host 172.16.20.254 eq telnet
    20 permit ip any any
```

請注意每個測試敘述左邊的編號 10 與 20。這些是**序列編號** (sequence number)。之後可以使用這些編號來編輯或刪除單一敘述，甚至於在兩個序列編號間再加入新的一列。名稱式 ACL 可以編輯，但編號式 ACL 不行。

- 步驟五：在路由器介面上設定 ACL。

因為我們要將這個加到圖 18.18 的 R1 路由器上，所以要將它加在 FastEthernet 0/0 介面的進入方向，以阻絕最接近來源的網路交通。

```
R1(config)#int fa0/0
R1(config-if)#ip access-group Block_Telnet in
```

● 步驟六：測試存取清單。

```
R1#telnet 172.16.20.254
Trying 172.16.20.254 ... Open
Server1>
```

嗯！它沒有作用。我們還是可以 telnet 到遠端主機。讓我們再檢視一下清單，確認介面，然後修正這個問題。

```
R1#sh access-list
Extended IP access list Block_Telnet
    10 deny tcp host 10.1.1.1 host 172.16.20.254 eq telnet
    20 permit ip any any
```

檢查序列編號 10 的拒絕敘述，可以發現來源位址是 10.1.1.1，而不是預期的 10.1.1.10。

● 步驟七：修正與編輯存取清單。刪除錯的那行，並且將 ACL 重新設定到正確的 IP。

```
R1(config)#ip access-list extended Block_Telnet
R1(config-ext-nacl)#no 10
R1(config-ext-nacl)#10 deny tcp host 10.1.1.10 host 172.16.20.254 eq 23
```

確認清單有在運作。

```
R1#telnet 172.16.20.254
Trying 172.16.20.254 ...
% Destination unreachable; gateway or host down
```

● 步驟八：再次顯示 ACL，觀察每一列更新後的匹配數目，並且確認介面上已經設定好這個 ACL 了。

```
R1#sh access-list
Extended IP access list Block_Telnet
    10 deny tcp host 10.1.1.10 host 172.16.20.254 eq telnet (58 matches)
    20 permit ip any any (86 matches)
```

```
R1#sh ip int f0/0
FastEthernet0/0 is up, line protocol is up
  Internet address is 10.10.10.1/24
  Broadcast address is 255.255.255.255
  Address determined by non-volatile memory
  MTU is 1500 bytes
  Helper address is not set
  Directed broadcast forwarding is disabled
  Multicast reserved groups joined: 224.0.0.10
  Outgoing access list is not set
  Inbound  access list is Block_Telnet
  Proxy ARP is enabled
[output cut]
```

因為介面已經啟動並且在運作中，所以此時的驗證比較複雜，但是您必須要能夠檢查介面並且排除問題，例如介面上設定的 ACL。因此，請務必記住 **show ip interface** 命令。現在，讓我們再增加一些複雜度，把 Ipv6 加入網路，並且再走一次相同的故障檢測步驟。

18-5 IPv6 網路連線的故障檢測

本節的步驟與前面 IPv4 的障礙檢測步驟並沒有太大的差異。當然，除了位址之外！所以除了重要考量之外，我們將採取相同的做法。以圖 18.19 為例，因為筆者希望能突顯 IPv6 的不同之處。問題的情境仍舊是 PC1 無法連到 Server1。

請注意圖 18.19 同時記錄了指定給每個路由器介面的鏈路本地位址和全域位址。我們需要這兩者來進行故障檢測；因為較長的位址和每個介面的多個位址，所以目前看起來有些複雜。

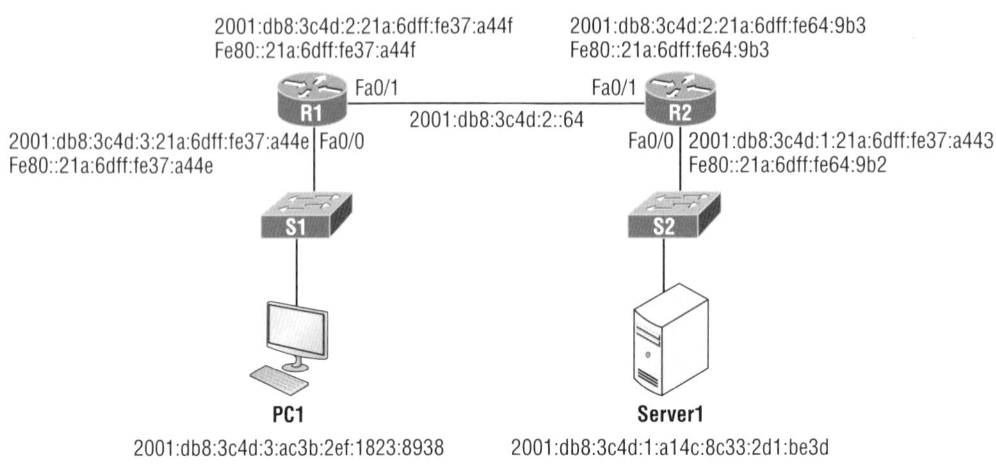

圖 18.19　IPv6 故障檢測情境

在開始進行 IPv6 網路的故障檢測之前，我們先回顧一下 ICMPv6 協定—它在我們的故障檢測中是個重要的協定。

ICMPv6

IPv4 使用 ICMP 做很多事，包括像無法抵達目的地的錯誤訊息，和 Ping 與 Traceroute 之類的故障檢測功能。ICMPv6 也會做這些事，但是跟它的前輩不同的是，v6 版本並不是實作為獨立的第 3 層協定。反之，它是 IPv6 的一部分，並且是附在基本的 IPv6 標頭資訊之後做為延伸標頭。

ICPMv6 用於路由器的請求和通告，鄰居的召喚和通告 (例如尋找 IPv6 鄰居的 MAC 位址)，以及將主機重新導向到最佳的路由器 (預設閘道)。

鄰居發現協定 (NDP)

ICMPv6 現在承擔了尋找本地鏈路上其他裝置位址的任務。IPv4 使用 ARP (Address Resolution Protocol) 來執行這項功能，但在 ICMPv6 中則重新命名為「發現鄰居」(Neighbor Discovery)。這個流程是使用稱為被召喚節點 (solicited node) 位址的多點傳播位址，而所有主機在連到網路時就會加入這個多點傳播群組。

「發現鄰居」具有下列功能：

- 決定鄰居的 MAC 位址
- **路由器召喚** (Router solicitation，RS) FF02::2
- **路由器通告** (Router advertisements，RA) FF02::1
- **鄰居召喚** (Neighbor solicitation，NS)
- **鄰居通告** (Neighbor advertisement，NA)
- **重複位址偵測** (Duplicate address detection，DAD)

IPv6 的部份位址 (最右邊 24 個位元) 會加到這個多點傳播位址 FF02:0:0:0:0:1:FF/104 的結尾。當有裝置查詢這個位址時，對應的主機會送回它的第 2 層位址。裝置可以用幾乎相同的方式來找到並且記錄網路上其他的鄰居裝置。在稍早第 17 章中提到 RA 和 RS 訊息時，曾經說過它們使用多點傳播交通來請求和傳送位址資訊，這也是 ICMPv6 的功能之一，更具體來說，這就是發現鄰居。

IPv4 使用 IGMP 協定來讓主機裝置告訴區域路由器它加入了多點傳播群組，並且想要接收該群組的交通。這項 IGMP 功能已經被 ICMPv6 取代，而且也被重新命名為**發現多點傳播聆聽者** (multicast listener discovery)。

在 IPv4 下，主機只能設定 1 個預設閘道；如果那台路由器當機，就只能選擇去修復路由器，改變預設閘道，或是使用其他協定來建立某種虛擬預設閘道。圖 18.20 說明 IPv6 裝置如何使用發現鄰居技術來尋找預設閘道。

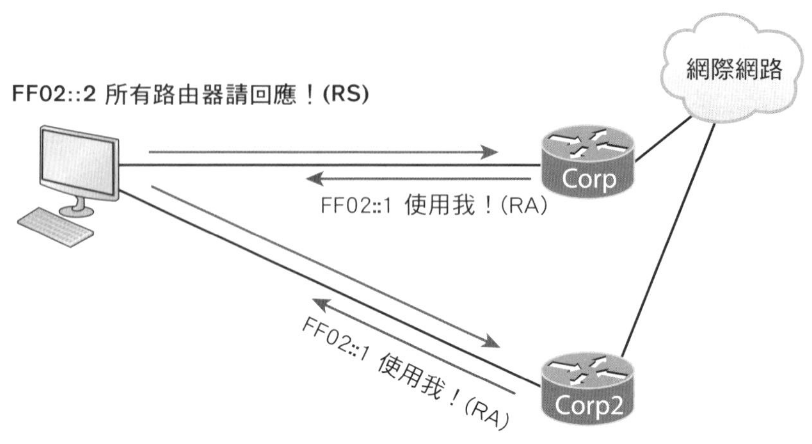

圖 18.20 路由器召喚 (RS) 與路由器通告(RA)

IPv6 主機傳送路由器召喚 (RS) 到資料鏈路上，要求所有路由器回應，使用多點傳播位址 FF02::2 來進行。相同鏈路上的路由器會使用單點傳播，或是以 FF02::1 的路由器通告 (RA) 來回應該主機。

但不僅如此！主機之間也可以使用鄰居召喚 (NS) 和鄰居通告 (NA) 來傳送召喚和通告，如圖 18.21。

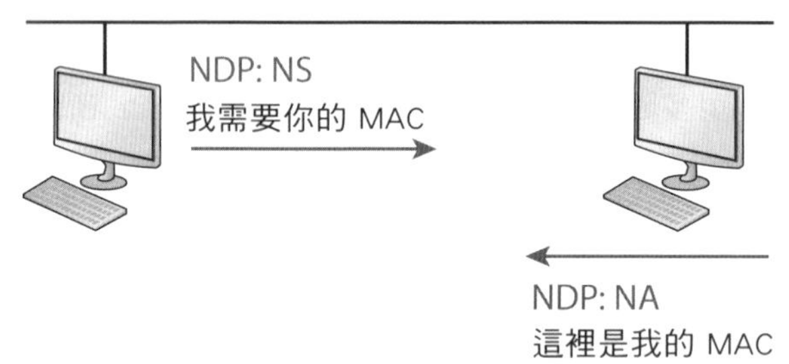

圖 18.21 鄰居召喚 (NS) 和鄰居通告 (NA)

請記住 RA 和 RS 會蒐集和提供路由器的資訊，而 NS 和 NA 則會蒐集主機的資訊。此外，「鄰居」是指位於相同資料鏈路或 VLAN 的主機。

做了基本回顧之後，以下是我們要進行的故障檢測步驟：

1. 檢查纜線，因為可能會有纜線或介面故障。確認介面的統計資訊。
2. 確定裝置的來源到目的地是使用正確的路徑。視需要操弄遶送資訊。
3. 確認預設閘道正確。
4. 檢查名稱解析設定正確，特別是針對 IPv6，確定 DNS 伺服器可以透過 IPv4 和 IPv6 抵達。
5. 檢查沒有 ACL 阻擋交通。

為了檢測問題，我們將使用相同的排除程序--從 PC1 開始。我們必須確認它的設定正確，且該 IP 的運作正常。讓我們先 ping loopback 位址以確認 IPv6 堆疊：


```
C:\Users\Todd Lammle>ping ::1

Pinging ::1 with 32 bytes of data:
Reply from ::1: time<1ms
Reply from ::1: time<1ms
Reply from ::1: time<1ms
Reply from ::1: time<1ms
```

IPv6 堆疊檢查完畢，接著 ping R1 (位於與 PC1 直接相連的 LAN 上) 的 Fa0/0；從鏈路本地位址開始：

```
C:\Users\Todd Lammle>ping fe80::21a:6dff:fe37:a44e

Pinging fe80:21a:6dff:fe37:a44e with 32 bytes of data:
Reply from fe80::21a:6dff:fe37:a44e: time<1ms
Reply from fe80::21a:6dff:fe37:a44e: time<1ms
Reply from fe80::21a:6dff:fe37:a44e: time<1ms
Reply from fe80::21a:6dff:fe37:a44e: time<1ms
```

接著 ping Fa0/0 的全域位址：

```
C:\Users\Todd Lammle>ping 2001:db8:3c4d:3:21a:6dff:fe37:a44e

Pinging 2001:db8:3c4d:3:21a:6dff:fe37:a44e with 32 bytes of data:
Reply from 2001:db8:3c4d:3:21a:6dff:fe37:a44e: time<1ms
```

```
Reply from 2001:db8:3c4d:3:21a:6dff:fe37:a44e: time<1ms
Reply from 2001:db8:3c4d:3:21a:6dff:fe37:a44e: time<1ms
Reply from 2001:db8:3c4d:3:21a:6dff:fe37:a44e: time<1ms
```

看起來 PC1 的設定沒有問題，並且在與 R1 router 相同的本地 LAN 上運作正常，所以我們已經確認了 PC1 與 R1 路由器的 Fa0/0 介面。

下一步是檢查 Server1 對 R2 路由器的本地鏈路來確認該 LAN 的運作。首先我們先從 Server1 來 ping 路由器的鏈路本地位址：

```
C:\Users\Server1>ping fe80::21a:6dff:fe64:9b2

Pinging fe80::21a:6dff:fe64:9b2 with 32 bytes of data:
Reply from fe80::21a:6dff:fe64:9b2: time<1ms
Reply from fe80::21a:6dff:fe64:9b2: time<1ms
Reply from fe80::21a:6dff:fe64:9b2: time<1ms
Reply from fe80::21a:6dff:fe64:9b2: time<1ms
```

接著，再 ping R2 的 Fa0/0：

```
C:\Users\Server1>ping 2001:db8:3c4d:1:21a:6dff:fe37:a443

Pinging 2001:db8:3c4d:1:21a:6dff:fe37:a443 with 32 bytes of data:
Reply from 2001:db8:3c4d:1:21a:6dff:fe37:a443: time<1ms
Reply from 2001:db8:3c4d:1:21a:6dff:fe37:a443: time<1ms
Reply from 2001:db8:3c4d:1:21a:6dff:fe37:a443: time<1ms
Reply from 2001:db8:3c4d:1:21a:6dff:fe37:a443: time<1ms
```

讓我們簡短地總結一下目前為止的發現：

1. 藉由在 PC1 與 Server1 上使用 **ipconfig /all** 命令，可以知道它們的全域與鏈路本地位址。
2. 我們知道每個路由器介面的 IPv6 鏈路本地位址。
3. 我們知道每個路由器介面的 IPv6 全域位址。
4. PC1 可以 ping 到 R1 路由器的 Fa0/0 介面。
5. Server1 可以 ping 到 R2 路由器的 Fa0/0 介面。

6. 我們可以排除 2 個 LAN 有本地問題。

接下來，我要到 PC1 去檢查是否有通往 Server1 的路徑：

```
C:\Users\Todd Lammle>tracert 2001:db8:3c4d:1:a14c:8c33:2d1:be3d

Tracing route to 2001:db8:3c4d:1:a14c:8c33:2d1:be3d over a maximum
of 30 hops

  1     Destination host unreachable.
```

看起來我們好像有遶送方面的問題。在這個小網路上，我們是使用靜態 IPv6 遶送，所以要追根究底需要花點力氣。不過在檢查遶送之前，讓我們先來檢查 R1 與 R2 間的鏈路。我們將從 R1 對 R2 執行 ping，以測試它們直接相連的鏈路。

在 ping 路由器之前，必須先確認位址 —— 是的，再次確認！讓我們檢查這兩台路由器，然後從 R1 執行 ping 到 R2：

```
R1#sh ipv6 int brief
FastEthernet0/0              [up/up]
    FE80::21A:6DFF:FE37:A44E
    2001:DB8:3C4D:3:21A:6DFF:FE37:A44E
FastEthernet0/1              [up/up]
    FE80::21A:6DFF:FE37:A44F
    2001:DB8:3C4D:2:21A:6DFF:FE37:A44F

R2#sh ipv6 int brief
FastEthernet0/0              [up/up]
    FE80::21A:6DFF:FE64:9B2
    2001:DB8:3C4D:1:21A:6DFF:FE37:A443
FastEthernet0/1              [up/up]
    FE80::21A:6DFF:FE64:9B3
    2001:DB8:3C4D:2:21A:6DFF:FE64:9B3

R1#ping 2001:DB8:3C4D:2:21A:6DFF:FE64:9B3
Type escape sequence to abort.
Sending 5, 100-byte ICMP Echos to ping 2001:DB8:3C4D:2:21A:6DFF:FE64:9B3, timeout
is 2 seconds:
!!!!!
Success rate is 100 percent (5/5), round-trip min/avg/max = 0/2/8 ms
```

在前面的輸出中，可以看到 R1 與 R2 直接相連介面的 IPv6 位址。此外，它也包含了使用 Ping 程式確認第 3 層連線的輸出。跟 IPv4 一樣，我們必須能將邏輯 (IPv6) 解析為 MAC 位址，才能在本地 LAN 上溝通。但與 IPv4 不同的是，IPv6 並不是使用 ARP；它是使用 ICMPv6 的鄰居召喚。所以在成功執行 ping 之後，現在我們可以檢視 R1 上的鄰居解析表：

```
R1#sh ipv6 neighbors
IPv6 Address                        Age Link-layer Addr State Interface
FE80::21A:6DFF:FE64:9B3              0  001a.6c46.9b09  DELAY Fa0/1
2001:DB8:3C4D:2:21A:6DFF:FE64:9B3 0  001a.6c46.9b09  REACH Fa0/1
```

讓我們先迅速瞭解一下被解析位址的可能狀態：

- **INCMP (incomplete，未完成)**：該項目已經執行了位址解析。送出鄰居召喚訊息，但是還沒有收到鄰居的訊息。
- **REACH (reachable，可抵達)**：已經收到確認，通往鄰居的這條路徑運作正常。REACH 是好的狀態！
- **STALE (呆滯)**：當介面在鄰居可抵達時間範圍 (neighbor reachable time frame) 內沒有進行通訊時，就是 STALE 狀態。下次鄰居進行通訊時，狀態就會變回 REACH。
- **DELAY (延遲)**：發生在 STALE 狀態之後；在所謂 **DELAY_FIRST_PROBE_TIME** 時間內都沒有收到可抵達確認的時候。這表示這條路徑之前運作正常，但是在鄰居可抵達時間範圍內沒有任何通訊。
- **PROBE (探測)**：在 PROBE 狀態下，設定的介面會回應鄰居召喚，並且等待鄰居的可抵達確認。

現在可以使用 **ipconfig** 命令來檢查 IPv6 的預設閘道了：

```
C:\Users\Todd Lammle>ipconfig
   Connection-specific DNS Suffix. : localdomain
   IPv6 Address. . . . . . . . . . : 2001:db8:3c4d:3:ac3b:2ef:1823:8938
   Temporary IPv6 Address. . . . : 2001:db8:3c4d:3:2f33:44dd:211:1c3d
   Link-local IPv6 Address .. . . : fe80::ac3b:2ef:1823:8938%11
   IPv4 Address. . . . . . . . . . : 10.1.1.10
   Subnet Mask . . . . . . . . . . : 255.255.255.0
```

```
Default Gateway . . . . . . . . : Fe80::21a:6dff:fe37:a44e%11
    10.1.1.1
```

請務必瞭解預設閘道是路由器的鏈路本地位址，在此例中，可以看到主機學到的位址的確是 R1 路由器 Fa0/0 介面的鏈路本地位址。%11 是用來辨識介面，並不是 IPv6 位址的一部分。

臨時性 IPv6 位址

列在單點傳播 IPv6 位址下的臨時性 IPv6 位址 **2001:db8:3c4d:3:2f33:44dd:211:1c3d,** 是由 Windows 建立，用來提供 EUI-64 格式的隱私。藉由使用 MAC 位址為介面產生亂數並進行雜湊，它會為主機建立全域位址附加在路由器產生的 /64 前置位址之後。您可以使用下列命令關閉這項功能：

```
netsh interface ipv6 set global randomizeidentifiers=disabled
netsh interface ipv6 set privacy state-disabled
```

除了 **ipconfig** 命令之外，也可以使用 **netsh interface ipv6 show neighbor** 來檢查預設閘道位址：

```
C:\Users\Todd Lammle>netsh interface ipv6 show neighbor
[output cut]

Interface 11: Local Area Connection

Internet Address                         Physical Address   Type
---------------------------------------- -----------------  ---------
2001:db8:3c4d:3:21a:6dff:fe37:a44e       00-1a-6d-37-a4-4e  (Router)
Fe80::21a:6dff:fe37:a44e                 00-1a-6d-37-a4-4e  (Router)
ff02::1                                  33-33-00-00-00-01  Permanent
ff02::2                                  33-33-00-00-00-02  Permanent
ff02::c                                  33-33-00-00-00-0c  Permanent
ff02::16                                 33-33-00-00-00-16  Permanent
ff02::fb                                 33-33-00-00-00-fb  Permanent
ff02::1:2                                33-33-00-01-00-02  Permanent
ff02::1:3                                33-33-00-01-00-03  Permanent
ff02::1:ff1f:ebcb                        33-33-ff-1f-eb-cb  Permanent
```

我也檢查了 Server1 的預設閘道位址是正確的。它們理應正確，因為這是路由器透過 ICMPv6 的 RA (路由器通告) 訊息直接提供的。此處沒有顯示這項檢查的輸出。

我們現在已知的資訊如下：

1. 已經確認 PC1 和 Server1 的設定運作正常。
2. 已經確認 LAN 在運作中，所有實體層沒有問題。
3. 預設閘道正確。
4. 已經確認 R1 與 R2 間的鏈路運作正常。

以上這些資訊說明，檢查路徑表的時候到了！我們先從 R1 開始：

```
R1#sh ipv6 route
C   2001:DB8:3C4D:2::/64 [0/0]
     via FastEthernet0/1, directly connected
L   2001:DB8:3C4D:2:21A:6DFF:FE37:A44F/128 [0/0]
     via FastEthernet0/1, receive
C   2001:DB8:3C4D:3::/64 [0/0]
     via FastEthernet0/0, directly connected
L   2001:DB8:3C4D:3:21A:6DFF:FE37:A44E/128 [0/0]
     via FastEthernet0/0, receive
L   FF00::/8 [0/0]
     via Null0, receive
```

從輸出中可以看到路由器上設定了 2 個直接相連的介面，這無法協助我們將 IPv6 封包送到 R2 路由器 Fa0/0 介面的 2001:db8:3c4d:1::/64 子網路上。所以讓我們看看 R2：

```
R2#sh ipv6 route
C   2001:DB8:3C4D:1::/64 [0/0]
     via FastEthernet0/0, directly connected
L   2001:DB8:3C4D:1:21A:6DFF:FE37:A443/128 [0/0]
     via FastEthernet0/0, receive
C   2001:DB8:3C4D:2::/64 [0/0]
     via FastEthernet0/1, directly connected
L   2001:DB8:3C4D:2:21A:6DFF:FE64:9B3/128 [0/0]
     via FastEthernet0/1, receive
```

```
S   2001:DB8:3C4D:3::/64 [1/0]
     via 2001:DB8:3C4D:2:21B:D4FF:FE0A:539
L   FF00::/8 [0/0]
     via Null0, receive
```

這邊提供比 R1 更多的資訊！路徑表設定了直接相連的 LAN (Fa0/0 和 Fa0/1)，以及通往 2001:DB8:3C4D:3::/64 的靜態路徑—這是 R1 遠端 LAN 的 Fa0/0。這些設定很好，所以讓我們來修正 R1 的路徑問題，新增可以存取 Server1 網路的路徑，然後就可以前進到 VLAN 與主幹的主題了：

```
R1(config)#ipv6 route ::/0 fastethernet 0/1 FE80::21A:6DFF:FE64:9B3
```

此處要特別說明，其實並不需要做得這麼麻煩。筆者輸入了離開介面及下一中繼站的鏈路本地位址，但其實只需要離開介面或下一中繼站的全域位址擇一即可，但不是鏈路本地位址喔！接著來做個驗證，PC1 現在可以 ping 到 Server1 了：

```
C:\Users\Todd Lammle>ping 2001:db8:3c4d:1:a14c:8c33:2d1:be3d

Pinging 2001:db8:3c4d:1:a14c:8c33:2d1:be3d with 32 bytes of data:
Reply from 2001:db8:3c4d:1:a14c:8c33:2d1:be3d: time<1ms
Reply from 2001:db8:3c4d:1:a14c:8c33:2d1:be3d: time<1ms
Reply from 2001:db8:3c4d:1:a14c:8c33:2d1:be3d: time<1ms
Reply from 2001:db8:3c4d:1:a14c:8c33:2d1:be3d: time<1ms
```

很好！當然，還是有可能有名稱解析的問題。果真如此，只要去檢查 DNS 伺服器或本地主機表即可。

如同在上節 IPv4 的故障檢測一樣，這是檢查 ACL 的好時機了，特別是當您完成所有本地 LAN 和其他可能遞送問題的故障檢測，但是還有問題的時候。使用 **show ipv6 access-lists** 命令來檢查路由器上設定的所有 ACL，並且使用 **show ipv6 interface** 命令來檢查是否有 ACL 連到介面。一旦確定 ACL 都合理之後，就可以繼續前進了。

18-6 VLAN 連線的故障檢測

您已經知道 VLAN 是用於第 2 層交換式網路，用來分隔廣播網域。使用 **switchport access vlan** 命令，可以將交換器的埠指定到 VLAN 的廣播網域。

存取埠會傳送該埠所屬 VLAN 的交通。如果 VLAN 的成員想要跟位於不同交換器、但屬於相同 VLAN 的成員進行通訊，則這 2 台交換器之間必須有通訊埠設定為該 VLAN 的成員，或是設定為預設會為所有 VLAN 傳送資訊的主幹鏈路。

我們將使用圖 18.22 做為 VLAN 與主幹通訊故障檢測的範例。

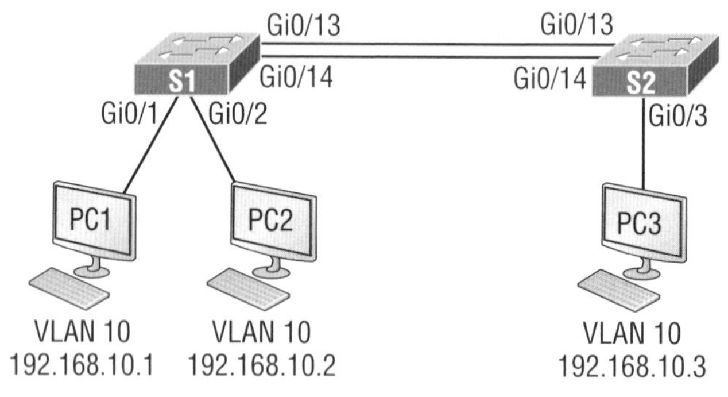

圖 18.22 VLAN 的連線

我們將先進行 VLAN 的故障檢測，然後再做主幹的故障檢測。

VLAN 故障檢測

當主機間無法連線或是把新主機加入 VLAN 但是無法運作的時候，就是進行 VLAN 故障檢測的時候到了。

下面是 VLAN 故障檢測的步驟：

1. 檢查所有交換器上的 VLAN 資料庫。
2. 檢查 CAM (內容可定址記憶體) 表。

3. 檢查 VLAN 埠的指派是否設定正確。

下面是後續章節要使用的命令：

```
Show vlan
Show mac address-table
Show interfaces interface
switchport switchport access vlan vlan
```

VLAN 故障檢測情境

一位經理打電話說他們無法跟剛連上網路的業務團隊新人溝通。您要如何解決這個問題呢？因為業務主機都位於 VLAN 10，我們將先檢查這 2 台交換器的資料庫是否正確。

首先使用 **show vlan** 或 **show vlan brief** 命令來檢查資料庫中是否真的有預期的 VLAN。下面是 S1 的 VLAN 資料庫：

```
S1#sh vlan

VLAN Name                             Status    Ports
---- -------------------------------- --------- -------------------------------
1    default                          active    Gi0/3, Gi0/4, Gi0/5, Gi0/6
                                                Gi0/7, Gi0/8, Gi0/9, Gi0/10
                                                Gi0/11, Gi0/12, Gi0/13, Gi0/14
                                                Gi0/15, Gi0/16, Gi0/17, Gi0/18
                                                Gi0/19, Gi0/20, Gi0/21, Gi0/22
                                                Gi0/23, Gi0/24, Gi0/25, Gi0/26
                                                Gi0/27, Gi0/28
10   Sales                            active    Gi0/1, Gi0/2
20   Accounting                       active
26   Automation10                     active
27   VLAN0027                         active
30   Engineering                      active
170  VLAN0170                         active
501  Private501                       active
502  Private500                       active
[output cut]
```

輸出顯示 VLAN 10 的確在本地資料庫中，並且有 Gi0/1 與 Gi0/2 關連到 VLAN 10。

接著，進入第 2 步，使用 **show mac address-table** 命令來檢查 CAM：

```
S1#sh mac address-table
          Mac Address Table
-------------------------------------------

Vlan    Mac Address       Type        Ports
----    -----------       --------    -----
 All    0100.0ccc.cccc    STATIC      CPU
[output cut]
   1    000d.2830.2f00    DYNAMIC     Gi0/24
   1    0021.1c91.0d8d    DYNAMIC     Gi0/13
   1    0021.1c91.0d8e    DYNAMIC     Gi0/14
   1    b414.89d9.1882    DYNAMIC     Gi0/17
   1    b414.89d9.1883    DYNAMIC     Gi0/18
   1    ecc8.8202.8282    DYNAMIC     Gi0/15
   1    ecc8.8202.8283    DYNAMIC     Gi0/16
  10    001a.2f55.c9e8    DYNAMIC     Gi0/1
  10    001b.d40a.0538    DYNAMIC     Gi0/2
Total Mac Addresses for this criterion: 29
```

交換器會在輸出的上方顯示相當多指定給 CPU 的 MAC 位址；交換器通常使用這些 MAC 位址來管理埠。上例列出來的第 1 個 MAC 位址是交換器的基底 MAC 位址；用於 STP 的橋接器 ID。上例有 2 個動態學習到的 MAC 位址是關連到 VLAN 10。我們也可以確認對應到 Gi0/1 的 MAC 位址。S1 看起來很好。

接著來看看 S2。首先要確認 PC3 埠有連上，並且檢查它的組態。我將使用 **show interfaces interface switchport** 命令：

```
S2#sh interfaces gi0/3 switchport
Name: Gi0/3
Switchport: Enabled
Administrative Mode: dynamic desirable
Operational Mode: static access
Administrative Trunking Encapsulation: negotiate
```

```
Operational Trunking Encapsulation: native
Negotiation of Trunking: On
Access Mode VLAN: 10 (Inactive)
Trunking Native Mode VLAN: 1 (default)
[output cut]
```

很好，可以看到該埠已經開啟，並且設為 **dynamic desirable**。這表示如果它連到另一台 Cisco 交換器，就會試圖將鏈路轉換為主幹。不過別忘了，我們要用它當作存取埠，這可以經由運作模式為靜態存取來確認。輸出的結尾顯示 **Access Mode VLAN: 10 (Inactive)**。這並不好！讓我們檢查 S2 的 CAM：

```
S2#sh mac address-table
          Mac Address Table
-------------------------------------------

Vlan    Mac Address       Type        Ports
----    -----------       --------    -----
 All    0100.0ccc.cccc    STATIC      CPU
 [output cut]
   1    001b.d40a.0538    DYNAMIC     Gi0/13
   1    0021.1bee.a70d    DYNAMIC     Gi0/13
   1    b414.89d9.1884    DYNAMIC     Gi0/17
   1    b414.89d9.1885    DYNAMIC     Gi0/18
   1    ecc8.8202.8285    DYNAMIC     Gi0/16
Total Mac Addresses for this criterion: 26
```

回到圖 18.22，可以看到主機連到 Gi0/3。這邊的問題是：我們在 MAC 位址表中看到動態關連到 Gi0/3 的 MAC 位址。目前我們已知的有哪些呢？

首先，我們看到 Gi0/3 有設定到 VLAN 10，但是這個 VLAN 沒有在作用中。其次，Gi0/3 的主機沒有出現在 CAM 表中。現在是檢視 VLAN 資料庫的時候了：

```
S2#sh vlan brief

VLAN Name                             Status    Ports
---- -------------------------------- --------- -------------------------------
1    default                          active    Gi0/1, Gi0/2, Gi0/4, Gi0/5
                                                Gi0/6, Gi0/7, Gi0/8, Gi0/9
                                                Gi0/10, Gi0/11, Gi0/12, Gi0/13
                                                Gi0/14, Gi0/15, Gi0/16, Gi0/17
                                                Gi0/18, Gi0/19, Gi0/20, Gi0/21
                                                Gi0/22, Gi0/23, Gi0/24, Gi0/25
                                                Gi0/26, Gi0/27, Gi0/28
26   Automation10                     active
27   VLAN0027                         active
30   Engineering                      active
170  VLAN0170                         active
[output cut]
```

讓我們看看：資料庫中沒有 VLAN 10。真的有問題，但是也很容易解決。只要在資料庫中建立這個 VLAN：

```
S2#config t
S2(config)#vlan 10
S2(config-vlan)#name Sales
```

好，再來檢視一次 CAM：

```
S2#sh mac address-table
          Mac Address Table
-------------------------------------------

Vlan    Mac Address       Type        Ports
----    -----------       --------    -----
 All    0100.0ccc.cccc    STATIC      CPU
[output cut]
   1    0021.1bee.a70d    DYNAMIC     Gi0/13
  10    001a.6c46.9b09    DYNAMIC     Gi0/3
Total Mac Addresses for this criterion: 22
```

Gi0/3 的 MAC 位址已經出現在 MAC 位址表，設定為 VLAN 10 了。

這很簡單，但是如果是埠被指定到錯誤的 VLAN，就可使用 **switch access vlan** 命令來修正 VLAN 的成員，例如：

```
S2#config t
S2(config)#int gi0/3
S2(config-if)#switchport access vlan 10
S2(config-if)#do sh vlan

VLAN Name                             Status    Ports
---- -------------------------------- --------- -------------------------------
1    default                          active    Gi0/1, Gi0/2, Gi0/4, Gi0/5
                                                Gi0/6, Gi0/7, Gi0/8, Gi0/9
                                                Gi0/10, Gi0/11, Gi0/12, Gi0/13
                                                Gi0/14, Gi0/15, Gi0/16, Gi0/17
                                                Gi0/18, Gi0/19, Gi0/20, Gi0/21
                                                Gi0/22, Gi0/23, Gi0/24, Gi0/25
                                                Gi0/26, Gi0/27, Gi0/28
10   Sales                            active    Gi0/3
```

您可以看到 Gi0/3 出現在 VLAN 10 的成員中。現在嘗試從 PC1 執行 ping 到 PC3：

```
PC1#ping 192.168.10.3
Type escape sequence to abort.
Sending 5, 100-byte ICMP Echos to 192.168.10.3, timeout is 2 seconds:
.....
Success rate is 0 percent (0/5)
```

不太妙。試試看 PC1 能不能 ping 到 PC2；

```
PC1#ping 192.168.10.2
Type escape sequence to abort.
Sending 5, 100-byte ICMP Echos to 192.168.10.2, timeout is 2 seconds:
!!!!!
Success rate is 100 percent (5/5), round-trip min/avg/max = 1/2/4 ms
PC1#
```

成功了！可以 ping 到連接相同交換器的同一 VLAN 成員，但是無法 ping 到連接另一交換器的同一 VLAN (VLAN 10) 成員。讓我們簡單整理一下：

1. 每台交換器上的 VLAN 資料庫現在是正確的。
2. MAC 位址表顯示每台主機的 ARP 項目，以及對每台交換器的連線。
3. 所有用到的埠都關連到正確的 VLAN。

但是因為我們無法 ping 到另一台交換器的主機，所以必須開始檢查交換器間的連線。

主幹故障檢測

當相同 VLAN 上，位於不同交換器的主機間無法連線時，就必須進行主幹鏈路的故障檢測。Cisco 將這個現象稱為「VLAN 滲漏」(VLAN leaking)；有點像是我們在交換器之間流失了 VLAN 10。

下面是 VLAN 主幹的故障檢測步驟：

1. 確認介面組態設定了正確的主幹參數。
2. 確認埠的設定正確。
3. 確認每台交換器上的原生 VLAN。

下面是用來進行主幹故障檢測的命令：

```
Show interfaces trunk
Show vlan
Show interfaces interface trunk
Show interfaces interface switchport
Show dtp interface interface
switchport mode
switchport mode dynamic
switchport trunk native vlan vlan
```

讓我們先檢查每台交換器上的 Gi0/13 和 Gi0/14 埠，因為在圖中顯示它們是用來形成交換器間的連線。先從 **show interfaces trunk** 命令開始：

```
S1>sh interfaces trunk

S2>sh interfaces trunk
```

沒有任何輸出，這絕對是不好的徵兆！讓我們看看 **show vlan** 在 S1 的輸出：

```
S1>sh vlan brief

VLAN Name                             Status    Ports
---- -------------------------------- --------- -------------------------------
1    default                          active    Gi0/3, Gi0/4, Gi0/5, Gi0/6
                                                Gi0/7, Gi0/8, Gi0/9, Gi0/10
                                                Gi0/11, Gi0/12, Gi0/13, Gi0/14
                                                Gi0/15, Gi0/16, Gi0/17, Gi0/18
                                                Gi0/19, Gi0/20, Gi0/21, Gi0/22
                                                Gi0/23, Gi0/24, Gi0/25, Gi0/26
                                                Gi0/27, Gi0/28
10   Sales                            active    Gi0/1, Gi0/2
20   Accounting                       active
[output cut]
```


跟我們前幾分鐘檢查的情況一樣，但是看看 VLAN 1，裡面有 Gi0/13 和 Gi0/14 介面。這表示我們交換器間的埠是 VLAN 1 的成員，所以只會讓 VLAN 1 的訊框通過！

通常我會跟學生說：如果你輸入 **show vlan** 命令，其實相當於輸入不存在的 "show access ports" 命令，因為它的輸出會顯示存取模式的介面，但是不會顯示主幹介面。這表示我們交換器間的埠是存取埠，而不是主幹埠，所以它們只會傳送 VLAN 1 的資訊。

讓我們回到 S2 交換器來檢查 Gi0/13 和 Gi0/14 介面是什麼的成員：

```
S2>sh vlan brief

VLAN Name                             Status    Ports
---- -------------------------------- --------- -------------------------------
1    default                          active    Gi0/1, Gi0/2, Gi0/4, Gi0/5
                                                Gi0/6, Gi0/7, Gi0/8, Gi0/9
                                                Gi0/10, Gi0/11, Gi0/12, Gi0/13
                                                Gi0/14, Gi0/15, Gi0/16, Gi0/17
                                                Gi0/18, Gi0/19, Gi0/20, Gi0/21
                                                Gi0/22, Gi0/23, Gi0/24, Gi0/25
                                                Gi0/26, Gi0/27, Gi0/28
10   Sales                            active    Gi0/3
```

跟 S1 一樣，交換器之間的鏈路出現在 **show vlan** 命令的輸出，表示它們不是主幹埠。我們也可以用 **show interfaces interface switchport** 命令來檢查：

```
S1#sho interfaces gi0/13 switchport
Name: Gi0/13
Switchport: Enabled
Administrative Mode: dynamic auto
Operational Mode: static access
Administrative Trunking Encapsulation: negotiate
Operational Trunking Encapsulation: native
Negotiation of Trunking: On
Access Mode VLAN: 1 (default)
Trunking Native Mode VLAN: 1 (default)
```

上面的輸出告訴我們 Gi0/13 介面是 **dynamic auto** 模式。但是它的運作模式是靜態存取，表示他不是主幹埠。我們可以使用 **show interfaces interface trunk** 命令來進一步檢視它的主幹通訊能力：

```
S1#sh interfaces gi0/1 trunk

Port        Mode         Encapsulation  Status        Native vlan
Gi0/1       auto         negotiate      not-trunking  1
[output cut]
```

可以確定：這個埠不是主幹。當然我們已經知道，只是再確認一次。請注意我們可以看到原生 VLAN 是 VLAN 1；這是預設的原生 VLAN，表示 VLAN 1 是未加標交通的預設 VLAN。

在我們檢查 S2 上的原生 VLAN 之前，筆者想先指出關於主幹通訊的一項重點，以及如何在交換器之間取得運作所需的埠。

許多 Cisco 交換器支援 Cisco 專屬的動態主幹協定 (DTP)，用來管理交換器間的自動主幹協商。Cisco 建議您不要使用這項功能，而是自行手動設定。筆者也非常同意！

現在，讓我們檢查 S1 上的交換器埠 Gi0/13，並且觀察它的 DTP 狀態。我們要使用 **show dtp interface interface** 命令來檢查 DTP 的統計資訊：

```
S1#sh dtp interface gi0/13
DTP information for GigabitEthernet0/13:
  TOS/TAS/TNS:                              ACCESS/AUTO/ACCESS
  TOT/TAT/TNT:                              NATIVE/NEGOTIATE/NATIVE
  Neighbor address 1:                       00211C910D8D
  Neighbor address 2:                       000000000000
  Hello timer expiration (sec/state):       12/RUNNING
  Access timer expiration (sec/state):      never/STOPPED
```

從 S1 到 S2 的 Gi0/13 埠是個存取埠，並且設定為使用 DTP 自動協商。這很有趣，所以筆者打算再稍微說明一下不同的埠組態，以及它們對主幹通訊能力的影響。

- **Access**：存取模式的埠不允許進行主幹通訊。
- **Auto**：只有當遠端埠設為 **on** (開啟主幹) 或 **desirable** 模式，才會跟鄰居交換器建立主幹。它會根據鄰居交換器的 DTP 請求來建立主幹。
- **Desirable**：除了存取模式之外的所有模式都會建立主幹。設為 **dynamic desirable** 的埠會透過 DTP 跟鄰居交換器溝通，嘗試在對方的介面許可時成為主幹。
- **Nonegotiate**：這種介面不會產生 DTP 訊框。只有當鄰居介面被手動設為主幹或存取時，才會被使用。
- **Trunk (on)**：除了存取模式之外都會建立主幹。自動開啟主幹通訊，無論鄰居交換器的狀態以及任何 DTP 請求。

使用 **switchport mode Dynamic** 命令來檢查 S1 交換器上可用的不同選擇：

```
S1(config-if)#switchport mode ?
  access        Set trunking mode to ACCESS unconditionally
  dot1q-tunnel  set trunking mode to TUNNEL unconditionally
  dynamic       Set trunking mode to dynamically negotiate access or trunk mode
  private-vlan  Set private-vlan mode
  trunk         Set trunking mode to TRUNK unconditionally

S1(config-if)#switchport mode dynamic ?
  auto       Set trunking mode dynamic negotiation parameter to AUTO
  desirable  Set trunking mode dynamic negotiation parameter to DESIRABLE
```

從介面模式，使用 **switch mode trunk** 命令開啟主幹通訊。您也可以使用 **switch mode dynamic** 命令將埠設為 **auto** 或 **desirable** 主幹模式。要關閉 DTP 和任何類型的協商，則使用 **switchport nonegotiate** 命令。

現再來檢查 S2，看是否能找出 2 台交換器沒有建立主幹的原因：

```
S2#sh int gi0/13 switchport
Name: Gi0/13
Switchport: Enabled
Administrative Mode: dynamic auto
Operational Mode: static access
Administrative Trunking Encapsulation: negotiate
Operational Trunking Encapsulation: native
Negotiation of Trunking: On
```

好了，我們可以看到這個埠是 **dynamic auto**，並且以存取模式運作。再進一步檢查：

```
S2#sh dtp interface gi0/13
DTP information for GigabitEthernet0/3:
  DTP information for GigabitEthernet0/13:
  TOS/TAS/TNS:                              ACCESS/AUTO/ACCESS
  TOT/TAT/TNT:                              NATIVE/NEGOTIATE/NATIVE
  Neighbor address 1:                       000000000000
  Neighbor address 2:                       000000000000
  Hello timer expiration (sec/state):       17/RUNNING
  Access timer expiration (sec/state):      never/STOPPED
```

看到問題了嗎？別被愚弄了。不是因為它們以存取模式運行，而是因為 2 個 **dynamic auto** 的埠無法形成主幹。還需要注意和檢查的另一個問題是訊框加標方法。有些交換器執行 802.1q，有些同時執行 802.1q 和 ISL 遶送，所以請確定所有交換器使用相同的加標方法。

現在是修正 S1 與 S2 主幹埠問題的時候了。我們只需要修正每條鏈路的一端，因為 **dynamic auto** 會自動與 **desirable** 或 **on** 的埠形成主幹：

```
S2(config)#int gi0/13
S2(config-if)#switchport mode dynamic desirable
23:11:37:%LINEPROTO-5-UPDOWN:Line protocol on Interface GigabitEthernet0/13, changed state to down
23:11:37:%LINEPROTO-5-UPDOWN:Line protocol on Interface Vlan1, changed state to down
23:11:40:%LINEPROTO-5-UPDOWN:Line protocol on Interface GigabitEthernet0/13, changed state to up
23:12:10:%LINEPROTO-5-UPDOWN:Line protocol on Interface Vlan1, changed state to up
S2(config-if)#do show int trunk

Port        Mode         Encapsulation  Status        Native vlan
Gi0/13      desirable    n-isl          trunking      1
[output cut]
```

很好！一邊是 **auto**，另一邊現在是 **desirable**，所以會交換 DTP 並形成主幹。在前述輸出中，S2 的 Gi0/13 鏈路的模式為 **desirable**，而且該交換器是使用協商的 ISL 做為主幹封裝。另外，別忘了注意原生 VLAN。我們隨後就要處理訊框加標方法和原生 VLAN，但首先，先來設定另一條鏈路：

```
S2(config-if)#int gi0/14
S2(config-if)#switchport mode dynamic desirable
23:12:%LINEPROTO-5-UPDOWN:Line protocol on Interface GigabitEthernet0/14, changed state to down
23:12:%LINEPROTO-5-UPDOWN:Line protocol on Interface GigabitEthernet0/14, changed state to up
S2(config-if)#do show int trunk

Port        Mode         Encapsulation  Status        Native vlan
Gi0/13      desirable    n-isl          trunking      1
Gi0/14      desirable    n-isl          trunking      1

Port        Vlans allowed on trunk
Gi0/13      1-4094
Gi0/14      1-4094
[output cut]
```

很好，現在交換器間有 2 條主幹鏈路了。但是如前所述，筆者並不喜歡 ISL 的訊框加標方法，因為它無法透過這些鏈路傳送未加標訊框。讓我們將原生 VLAN 從預設的 1 改為 392 (392 是隨意選的一個數字)。下面是筆者在 S1 的輸入：

```
S1(config-if)#switchport trunk native vlan 392
S1(config-if)#
23:17:40: Port is not 802.1Q trunk, no action
```

看到了嗎？筆者試著改變原生 VLAN，而 ISL 基本上回應的是「什麼是原生 VLAN？」，真的很惱人。所以我現在要來處理：

```
S1(config-if)#int range gi0/13 - 14
S1(config-if-range)#switchport trunk encapsulation ?
  dot1q      Interface uses only 802.1q trunking encapsulation when trunking
  isl        Interface uses only ISL trunking encapsulation when trunking
  negotiate  Device will negotiate trunking encapsulation with peer on
               interface

S1(config-if-range)#switchport trunk encapsulation dot1q
23:23:%LINEPROTO-5-UPDOWN:Line protocol on Interface GigabitEthernet0/13, changed state to down
23:23:%LINEPROTO-5-UPDOWN: Line protocol on Interface GigabitEthernet0/14, changed state to down
23:23:%CDP-4-NATIVE_VLAN_MISMATCH: Native VLAN mismatch discovered on GigabitEthernet0/13 (392),
with S2 GigabitEthernet0/13 (1).
23:23:%LINEPROTO-5-UPDOWN: Line protocol on Interface GigabitEthernet0/14, changed state to up
23:23:%LINEPROTO-5-UPDOWN: Line protocol on Interface GigabitEthernet0/13, changed state to up
23:23:%CDP-4-NATIVE_VLAN_MISMATCH: Native VLAN mismatch discovered on GigabitEthernet0/13 (392),
with S2 GigabitEthernet0/13 (1).
```

這比較像話了！在 S1 的封裝類型改變之後，與 S2 之間的 DTP 訊框的加標方法就改成了 802.1q。因為我們已經改變了 S1 上 Gi0/13 埠的原生 VLAN，交換器現在透過 CDP 回報有原生 VLAN 不匹配的問題。讓我們使用 **show interface trunk** 命令進一步檢查介面：

```
S1#sh int trunk
Port        Mode          Encapsulation  Status        Native vlan
Gi0/13      auto          802.1q         trunking      392
Gi0/14      auto          802.1q         trunking      1

S2#sh int trunk

Port        Mode          Encapsulation  Status        Native vlan
Gi0/13      desirable     n-802.1q       trunking      1
Gi0/14      desirable     n-802.1q       trunking      1
```

現在注意兩條鏈路都是執行 802.1q，且 S1 是在 **auto** 模式，而 S2 是在 **desirable** 模式。我們可以看到 Gi0/13 埠的原生 VLAN 不匹配。我們也可以在鏈路兩端使用 **show interfaces interface switchport** 命令看到不相符的原生 VLAN：

```
S2#sh interfaces gi0/13 switchport
Name: Gi0/13
Switchport: Enabled
Administrative Mode: dynamic desirable
Operational Mode: trunk
Administrative Trunking Encapsulation: negotiate
Operational Trunking Encapsulation: dot1q
Negotiation of Trunking: On
Access Mode VLAN: 1 (default)
Trunking Native Mode VLAN: 1 (default)

S1#sh int gi0/13 switchport
Name: Gi0/13
Switchport: Enabled
Administrative Mode: dynamic auto
Operational Mode: trunk
Administrative Trunking Encapsulation: dot1q
Operational Trunking Encapsulation: dot1q
Negotiation of Trunking: On
Access Mode VLAN: 1 (default)
Trunking Native Mode VLAN: 392 (Inactive)
```

好像不太好，是嗎？讓我們看看現在是否可以從 S1 到 S2 執行 ping：

```
PC1#ping 192.168.10.3
Type escape sequence to abort.
Sending 5, 100-byte ICMP Echos to 192.168.10.3, timeout is 2 seconds:
!!!!!
Success rate is 100 percent (5/5), round-trip min/avg/max = 1/1/4 ms
```

是的，它通了！好像沒這麼糟。我們解決了問題；至少，大部份解決了。原生 VLAN 不相符只代表您無法透過鏈路傳送未加標的訊框，基本上是管理性訊框，例如 CDP。雖然這不算世界末日，但是會讓我們無法遠端管理交換器，或是在這個 VLAN 中傳送其他類型的交通。

所以，我可沒說我們可以把這個問題留著不管。您一定得修正它，因為 CDP 會每隔 1 分鐘就送出訊息「指責」您這邊存在著不匹配的問題，這會把您搞瘋！所以我們要阻止它發生：

```
S2(config)#int gi0/13
S2(config-if)#switchport trunk native vlan 392
S2(config-if)#^Z
S2#sh int trunk

Port        Mode          Encapsulation  Status      Native vlan
Gi0/13      desirable     n-802.1q       trunking       392
Gi0/14      desirable     n-802.1q       trunking       1
[output cut]
```

好多啦！交換器間相同鏈路的兩端現在都在 Gigabit Ethernet 0/13 上使用原生 VLAN 392。如果有需要，在每條鏈路上設定不同的原生 VLAN 是可行的。每個網路都不相同，您必須根據您的企業需求，決定最佳的做法。

18-7 摘要

本章涵蓋從基礎到進階的故障檢測技術。雖然本書大多數章節都涵蓋故障檢測，但本章是針對 IPv4、IPv6 和 VLAN/ 主幹的故障檢測。您學到如何從主機到遠端裝置逐步進行故障檢測。從 IPv4 開始，您學到測試主機與本地連線，以及檢測遠端連線的步驟。

接著進行到 IPv6，並且使用與 IPv4 相同的技術進行故障檢測。您務必要學會使用本章每個步驟所使用的驗證命令。最後是 VLAN 和主幹的故障檢測，以及如何在交換式網路中，逐步使用驗證命令並縮小問題範圍。

18-8 考試重點

- **瞭解如何在客戶端 OS (Windows、Mac OS、Linux) 檢查 IP 參數：**要在不同的 OS 進行設定和檢查，請使用 ipconfig、ipconfig /all 和 ifconfig。
- **記住 Cisco 在 IPv4 及 IPv6 網路中的故障檢測步驟：**

1. 檢查纜線，找出是否有損壞的纜線，或是搞混的介面，並且確認介面的統計資訊。

2. 確定裝置能判斷出從來源到目的地之正確路徑。視需要操弄遶送資訊。

3. 確認預設閘道是否正確。

4. 確認名稱解析設定正確。

5. 確認沒有存取控制清單 (ACL) 在阻絕交通。

- **記住 IPv4 及 IPv6 的查驗及故障檢測命令**：您必須熟記並練習本章所使用的命令，特別是 ping 和 traceroute (Windows 上為 tracert)。我們還使用了 Windows 的命令 **ipconfig** 與 **route print**，以及 Cisco 的命令 **show ip int brief**、**show interface** 與 **show route**。

- **記住如何確認 IPv6 的 ARP 快取 show ipv6 neighbors**：命令會顯示 Cisco 路由器的 IP 對 MAC 位址解析表。

- **記住要檢視路由器和交換器介面的統計資訊，以判斷問題**：您必須能分析介面統計資訊，以找出可能存在的問題。這包括速度和雙工設定、輸入佇列丟棄值、輸出佇列丟棄值、以及輸入/輸出錯誤。

- **瞭解原生 VLAN 是什麼，以及如何變更**：原生 VLAN 只在 802.1q 主幹上運作，允許未加標交通穿越主幹鏈路。在所有 Cisco 交換器上預設的是 VLAN 1，但是因為安全考量，也可以使用 **switchport native vlan vlan** 加以變更。

18-9 習題

習題解答請參考附錄。

( ) 1. 您必須檢查路由器上 IPv6 的 ARP 快取，並且確認項目的狀態為 REACH。請問 REACH 的意義為何？

A. 路由器會取得位址。

B. 這個項目還沒完成。

C. 這個項目已經抵達生命盡頭，並且會從表中丟掉

D. 已經收到鄰居的確認，且路徑的運作正常。

( ) 2. 介面錯誤最常見的原因為何？

A. 速度不匹配

B. 雙工不匹配

C. 緩衝區溢位

D. 專用的交換器埠與 NIC 間的碰撞

( ) 3. 什麼命令會檢查交換器介面的 DTP 狀態？

A. sh dtp status

B. sh dtp status interface interface

C. sh interface interface dtp

D. sh dtp interface interface

( ) 4. 什麼模式不允許交換器器產生 DTP 訊框？

A. 協商

B. 主幹

C. 存取

D. 自動

( ) 5. 什麼命令會產生下列輸出？

```
IPv6 Address                              Age Link-layer Addr State Interface
FE80::21A:6DFF:FE64:9B3                     0 001a.6c46.9b09  DELAY Fa0/1
2001:DB8:3C4D:2:21A:6DFF:FE64:9B3           0 001a.6c46.9b09  REACH Fa0/1
```

A. show ip arp

B. show ipv6 arp

C. show ip neighbors

D. show ipv6 neighbors

( ) 6. 下列哪個狀態表示介面沒有在鄰居可抵達時間範圍內進行通訊？

A. REACH

B. STALE

C. TIMEOUT

D. CLEARED

( ) 7. 您接到使用者的電話，說他們無法登入遠端伺服器。這台伺服器上只有執行 IPv6。根據下列輸出，可能發生了什麼問題？

```
C:\Users\Todd Lammle>ipconfig
  Connection-specific DNS Suffix . : localdomain
  IPv6 Address. . . . . . . . . . : 2001:db8:3c4d:3:ac3b:2ef:1823:8938
  Temporary IPv6 Address. . . . . : 2001:db8:3c4d:3:2f33:44dd:211:1c3d
  Link-local IPv6 Address . . . . : fe80::ac3b:2ef:1823:8938%11
  IPv4 Address. . . . . . . . . . : 10.1.1.10
  Subnet Mask . . . . . . . . . . : 255.255.255.0
  Default Gateway . . . . . . . . : 10.1.1.1
```

A. 全域位址是在錯的子網路。

B. 沒有設定或是沒有從路由器處接收到 IPv6 的預設閘道。

C. 鏈路本地位址沒有被解析，所以主機無法與路由器溝通。

D. 設定了 2 個 IPv6 全域位址。必須從組態中移除其中 1 個。

18

(　　) 8. 您的主機無法連到遠端網路。根據下列輸出，發生了什麼問題？

```
C:\Users\Server1>ipconfig

Windows IP Configuration

Ethernet adapter Local Area Connection:

Connection-specific DNS Suffix . : localdomain
Link-local IPv6 Address . . . : fe80::7723:76a2:e73c:2acb%11
IPv4 Address. . . . . . . . . . : 172.16.20.254
Subnet Mask . . . . . . . . . . : 255.255.255.0
Default Gateway . . . . . . . . : 172.16.2.1
```

A. 鏈路本地 IPv6 位址錯誤。

B. 遺漏 IPv6 全域位址。

C. 沒有設定 DNS 伺服器。

D. IPv4 預設閘道位址設定錯誤。

(　　) 9. 哪兩個命令可以顯示原生 VLAN 是否相符？

A. show interface native vlan

B. show interface trunk

C. show interface interface switchport

D. show switchport interface

(　　)10. 您將 2 台新的 Cisco3560 交換器連在一起，並且預期它們使用 DTP 並建立主幹。可是當您檢查統計資訊，發現它們都是存取埠，而且沒有進行協商。為什麼 DTP 在這些 Cisco 交換器上沒有作用呢？

A. 鏈路兩端的埠設為 **auto**。

B. 鏈路兩端的埠設為 **on**

C. 鏈路兩端的埠設為 **dynamic**

D. 鏈路兩端的埠設為 **desirable**

(　　)11. 什麼命令可以用來檢視 Mac 上的 IP 位址？

A. ipconfig

B. ifconfig

C. iptables

D. Get-NetIPAddres

E. show ip int brief

MEMO

無線技術

19 Chapter

本章涵蓋的 CCNA 檢定主題

1.0　網路基本原理

- **1.11　說明無線原理**
  - 1.11.a　非重疊無線頻道
  - 1.11.b　SSID
  - 1.11.c　RF
  - 1.11.d　加密

2.0　網路存取

- **2.6　比較 Cisco 無線架構與 AP 模式**
- **2.7　說明 WLAN 元件 (AP、WLC、存取/主幹埠與 LAG) 的實體基礎建設連線**
- **2.8　說明 AP 與 WLC 管理存取連線 (Telnet、SSH、HTTP、HTTPS、控制台以及 TACACS+/RADIUS)**

5.0　安全性基本原理

- **5.9　說明無線安全協定 (WPA、WPA2、WPA3)**

在今日的世界中，無線連線已經是無所不在了。事實上，很多時候筆者已經不想入住沒有提供無線上網的旅館了。

顯然，所有正在或將要進入 IT 領域的人，都應該去瞭解無線網路相關元件和安裝。基本上，今日使用的**無線區域網路** (Wireless LAN，WLAN)，可以類比為使用集線器的乙太網路連線，只是其中的無線裝置是連到稱為**存取點** (access point，AP) 的設備上。這也表示 WLAN 是使用半雙工的傳輸方式，所有的人共享相同的頻寬，而每個頻道一次只能讓 1 台裝置進行通訊。這不算壞，但也不夠好。我們不僅希望它快，而且希望它安全！

要了解無線網路，首先必須對網路交換和 VLAN 有深入的瞭解 (如果不清楚的話，請先回顧關於交換的那兩章)。這是因為 AP 橫豎必須要連接某些東西，否則如何能將無線網路中的那些主機，連上有線網路中的資源或是網際網路。

您也可能會很驚訝地發現，AP 和無線客戶端之間，預設是沒有任何安全性。這是因為最初的 802.11 委員會並沒有預見到無線主機的數量有一天會超過有線主機。這就像是 IPv4 的遶送協定一樣，工程師和研發人員並沒有納入足夠因應企業環境的無線安全標準。這些因素導致我們必須選擇某些專屬性產品方案來建立安全的無線網路。好消息是有些標準確實提供了一些無線安全性，而且相當簡單，只需要少許練習就可以實作。

首先讓我們定義基本的無線網路和無線原理。我們將討論不同類型的無線網路，建立簡單無線網路所需的最少裝置，以及一些基本的無線技術。之後，我們將討論 WPA、WPA2、和 WPA3 的基本安全性討論。

19-1 無線網路

無線網路依據安裝類型，有許多不同的形式，涵蓋不同距離，並且提供相當大的頻寬範圍。今日典型的無線網路是乙太網路的延伸；它的無線主機同樣使用 MAC 位址和 IP 位址，就像是在有線網路一樣。圖 19.1 是簡單的典型 WLAN。

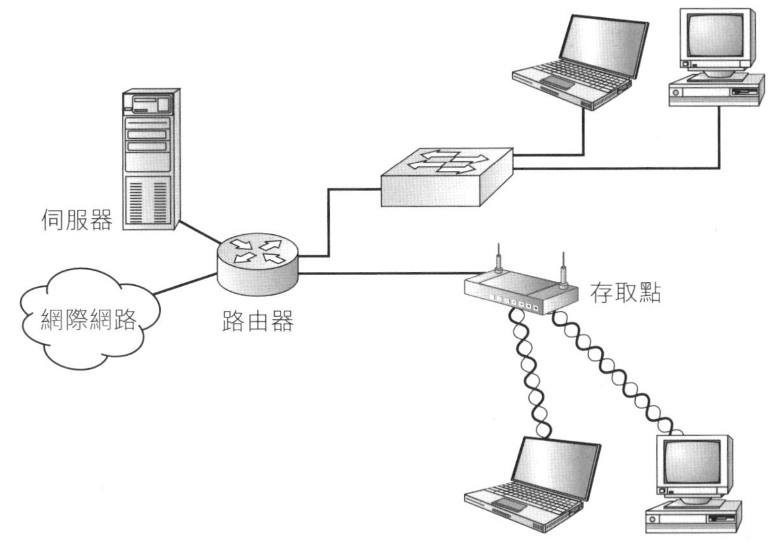

圖 19.1 無線區域網路是現有區域網路的延伸

無線網路與一般的 LAN 略有不同；它們覆蓋的範圍包括從短距離的個人區域網路，到相當遠的廣域網路。圖 19.2 是現有不同類型的無線網路和其相對距離。

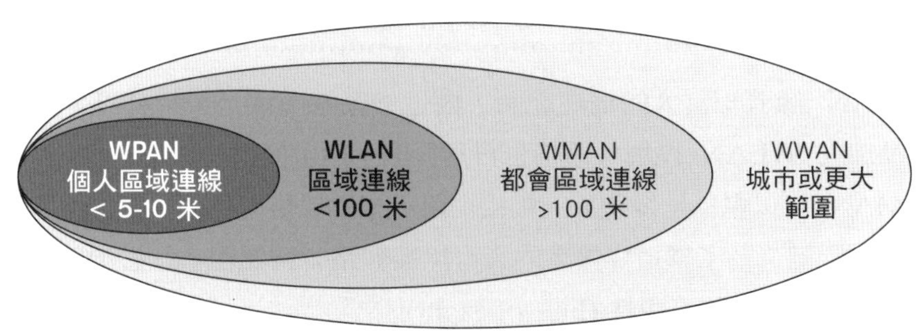

圖 19.2 今日的無線網路

有了大致的概念後，我們來詳細地檢視這些網路。

無線個人區域網路 (Wireless Personal Area Network，WPAN)

無線個人區域網路 (personal area network，PAN) 只在很小的區域運作，並且只是用來將滑鼠、鍵盤、PDA、耳機和手機之類的裝置連上電腦。它可以避免過去一堆線路糾結在一起的情況。例如藍芽就是目前最常見的 PAN。

PAN 是低功率、小範圍的小型網路，最多可以覆蓋到 30 呎，所以常見於小型或家庭辦公室。有時候，大未必美；你不會希望自己的 PAN 裝置干擾到別人或自己的其他無線網路。此外，再加上安全性考量。所以 PAN 是將小型裝置連到電腦的最佳方案。

無線區域網路 (Wireless LAN，WLAN)

WLAN 比 PAN 涵蓋更長的距離，並且提供較高的頻寬。它們是今日最常見的無線網路類型。最初的 WLAN 最多只有 2Mbps 的資料傳輸速率，取決於區域狀況，可以延伸大約 200-300 呎，稱為 802.11。今日通用的資料速率比較高，IEEE 802.11b 是 11Mbps，而 801.11g/a 則是 54Mbps。

WLAN 的理想目標是將多個使用者同時連上網路，但這樣也可能會因為所有用戶都在競爭相同頻寬而造成干擾和碰撞。WLAN 跟 PAN 一樣，使用沒有執照的頻帶；這表示您不需要付費來傳送資料。同樣地，這也造成 WLAN 領域各種應用的爆炸性成長。

無線都會網路 (Wireless Metro Area Network，WMAN)

WMAN 涵蓋相當大的地理範圍，像是一座城市或是一片郊區。隨著越來越多產品加入 WLAN 區塊，價格也日益低廉，連帶使得 WMAN 也越來越普遍。WMAN 可以視為是低預算的橋接網路。相對於租用專線，它們便宜很多，但是也有個限制：為了讓這條優惠的長途無線網路能夠運作，您必須確保在兩個中轉站或建築物之間的**直視性** (line of sight)。

光纖連線很適合作為網路骨幹，所以只要區域情況許可，請盡量選擇使用光纖。如果 ISP 不提供光纖方案，或是真的沒有這個預算的時候，WMAN 就是連接兩個校園或一大片區域的經濟實惠方案。

無線廣域網路 (Wireless Wide Area Network，WWAN)

目前的 WWAN 很少能提供與 WLAN 相同的速度，但是的確有很多相關的討論。最好的 WWAN 例子是最新的蜂巢式網路，能夠以相當好的效果來傳輸資料。但是即使 WWAN 能夠覆蓋相當大的區域，它們的速度仍然不足以取代目前隨處可見的 WLAN。

我們的確可能在不久後看到 WWAN 的成長和更有效率，但是因為 WWAN 是用來提供橫跨地理區的連線，實作的費用可能相當高昂。所以重點在於動機：如果有更多的人想要這種服務，並且願意為此付錢，電信公司就可能會去取得資源來擴充和改善這些網路。

WWAN 成長的另一個優勢是它們能滿足企業的很多需求，而且技術的成長方向也日益需要這種長距離的無線網路。所以可以合理猜測，WLAN 和 WWAN 間的連結，對未來的許多發展非常重要。例如當越來越多 IPv6 網路時，這兩種網路間的連結可能就可以無縫接軌了。

19-2 基本無線裝置

簡單的無線網路 (WLAN)，對比於它們的有線伙伴，其實沒那麼複雜，因為它們需要的元件比較少。要讓基本的無線網路能適當運作，只需要 2 個主要裝置：無線 AP 和無線網路介面卡 (NIC)。這也讓建置無線網路簡單的多，因為基本上，您只需要瞭解這兩個元件就夠了。

無線存取點 (Wireless Access Points，AP)

在大多數有線網路中都有集中式元件，如集線器或交換器。無線亦是如此，只是此時稱為無線存取點 (AP)。無線 AP 至少具備 1 座天線。通常包含 2 座天線 (稱為**天線分集**，diversity)，以改善接收效果，以及用來連到有線網路的 1 個連接埠。圖 19.3 是筆者相當喜歡的 Cisco 無線 AP。

圖 19.3　無線 AP

AP 具有下列特性：

- AP 扮演無線工作站的集中連接點，就像有線網路中的交換器和集線器。因為無線網路的半雙工特性，集線器的比喻可能更為適當 (雖然現在的有線網路中已經很少集線器了)。
- AP 至少具有一座天線，也可能是兩座。
- AP 扮演通往有線網路的橋樑，提供無線工作站對有線網路或網際網路的存取。
- SOHO AP 扮演兩種角色：獨立 AP 和無線路由器。它們通常包含諸如網路位址轉換 (NAT) 和 DHCP 等功能。

雖然集線器的比喻不夠完美，但 AP 的確也不會在每個埠上建立碰撞網域—這點與交換器確實不同。話說回來，AP 比集線器聰明的多。AP 是個入口裝置，可以將網路交通導向到有線骨幹，或是導回到無線網路中。在圖 19.1 中連回有線網路的連線稱為 DS (分送系統，distribution system)，並且會在 802.11 訊框中維護 MAC 位址。在使用無線 DS 的情況下，這些訊框能夠保存最多 4 個 MAC 位址。

您可以透過網站式的 AP 管理軟體來檢視 AP 維護的對照表。基本上，這個對照表就是目前連上或綁定 AP 的所有工作站的 MAC 清單。AP 能夠將無線路由器當作 NAT 路由器，並且提供工作站的 DHCP 位址。

Cisco 將 AP 分為兩種：**自主型** (autonomous) 與**輕量型** (lightweight)。自主型 AP 需要獨立進行設定、管理、和維護，與網路上的其他 AP 無關。輕量型 AP 則會從稱為**無線控制器** (wireless controller，WLC) 的集中式裝置取得組態。此時，所有資訊都會送回給 WLC，而 AP 扮演的則是天線的角色。這種做法有很多優點，例如集中式管理，以及無縫銜接的無線漫遊。本書將會完整介紹如何使用 WLC 和輕量型 AP。

AP 可以被視為是無線客戶端和有線網路間的橋梁。依照其設定方式，AP 甚至可以扮演無線橋接器，將 2 個有線網段連在一起。

除了獨立型 AP 之外，還有些 AP 包含內建路由器，可以將有線和無線客戶端連到網際網路。這些裝置通常也扮演 NAT 路由器，如圖 19.3 的機型。

無線網路介面卡 (無線網卡，Wireless Network Interface Card，NIC)

每台要連上無線網路的主機都需要無線網卡。基本上，無線網卡跟傳統網卡的功能相同，只是沒有插入纜線的插槽，而是有無線天線。圖 19.4 中的裝置就是無線網卡。

圖 19.4 無線網卡

圖 19.4 的無線網卡適用於筆電或桌機，不過絕大多數筆電都已經將無線網卡內建在主機板上了。

現在已經很少有人使用外接式無線網卡，因為所有筆電都已經內建，而桌機也可以在訂購時加裝。但是在收訊不良的區域，還是可以購買如圖 19.4 的網卡，或是用來搭配網路分析儀；這是因為根據網卡所使用的天線不同，可能擁有較好的涵蓋範圍。

無線天線

無線天線包含發射器和接收器。目前市面上有兩種天線：**全向性** (omni-directional) 天線 (點對多點) 和**指向性** (directional) 天線 (點對點)。圖 19.3 是 Cisco 800 AP 的全向性天線。

在相同增益的情況，**八木** (Yagi) 天線的範圍通常大於全向性天線。因為八木天線將所有功率集中在單一方向，而全向性天線必須將相同的功率同時分散到所有方向，像大型甜甜圈一樣。

使用指向性天線的缺點在於通訊兩端間的校準必須更精確。因此，大多數 AP 使用全向式天線，因為客戶端或其他 AP 有可能位於任一方向。

汽車天線就是全向式天線的一個例子。不論您在收聽的是哪個無線電台，車子的行進方向都不會影響信號的接收。當然，如果您在信號範圍之外，就無法收聽。無線網路中的全向式天線亦是如此。

19-3 無線原理

接著我們將討論當無線網路成長時，需要設計和實作的不同類型網路：

- IBSS
- BSS
- ESS
- 工作群組橋接器
- 中繼 AP
- 橋接 (點對點/點對多點)
- 網狀網路

下面將詳細討論這些網路。

獨立基本服務集 (Independent Basic Service Set，Ad hoc)

獨立基本服務集 (independent basic service set，IBSS) 是安裝 802.11 無線裝置的最簡單方式。在這種模式下，無線網卡 (或其他裝置) 間可以直接通訊，無須透過 AP。例如 2 台安裝無線網卡的筆電，如果各自的網卡都設定為以 ad hoc 模式運作，只要其他的網路設定 (例如協定) 也互相匹配，就可以相連並傳輸檔案。

要建立 IBSS 這種臨時性網路，只需要 2 台以上的無線裝置。一旦彼此的距離在 20-40 米之內，只要它們共用相同的基本組態參數，就能夠互相連結。一台電腦可以跟群組中的其他人共享網際網路連線。

圖 19.5 是臨時性無線網路的範例。請注意其中並沒有 AP。

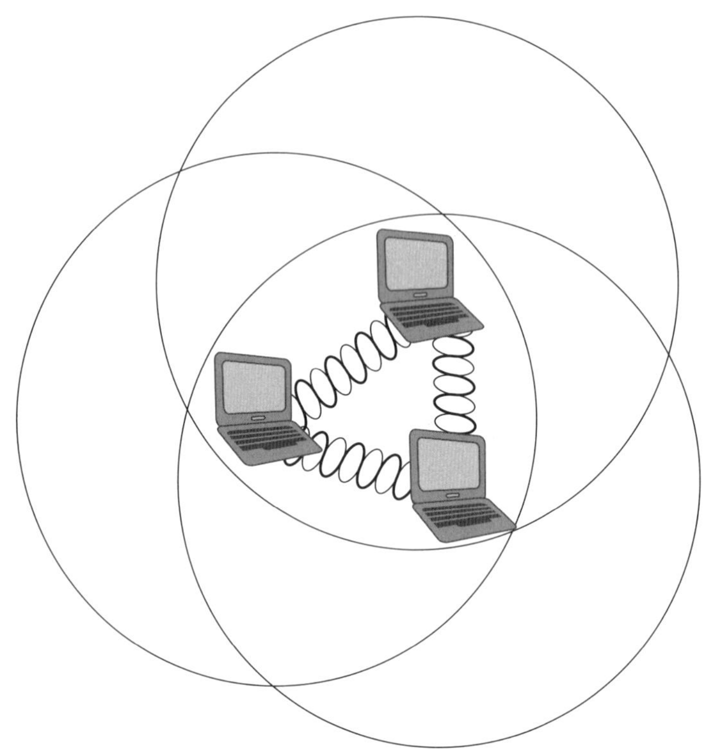

圖 19.5 臨時模式下的無線網路

臨時網路也稱為點對點 (peer-to-peer) 網路，無法輕易擴充；考慮它的碰撞和組織問題，不建議用於企業網路中。因為 AP 的成本低廉，其實不太需要使用這種網路。

臨時網路的另一個缺點是非常不安全，所以在連到有線網路之前，請將臨時性的設定關閉。

基本服務集 (BSS)

基本服務集 (basic service set，BSS) 是由 AP 無線信號所界定的區域 (細胞，cell)。它也稱為基本服務區 (basic service area，BSA)。BSS 和 BSA 是相同意思，但 BSS 比較常用。圖 19.6 中有 1 台 AP 為區域內的主機提供 BSS，以及該 AP 所覆蓋的基本服務區 (細胞)。

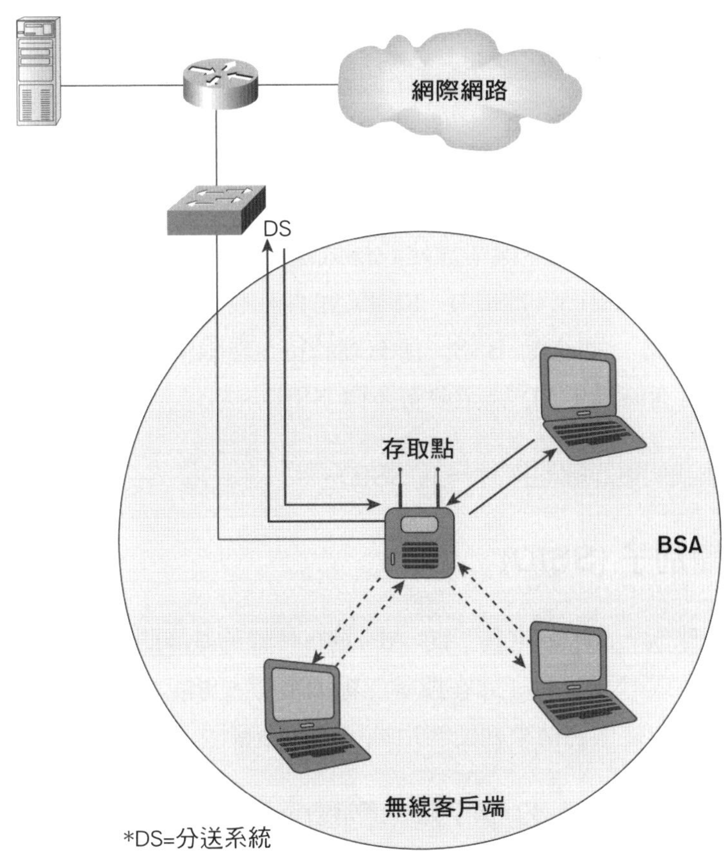

圖 19.6 基本服務集/基本服務區

在本例中，AP 並沒有連到有線網路，但是提供了無線訊框管理，讓主機可以進行通訊。這個網路不同於臨時網路，具有較好的擴充性，因為有 AP 管理所有的網路連線，所以也能提供更多的主機進行傳輸。

基礎建設基本服務集

在基礎建設模式下，無線網卡只會跟 AP 進行通訊，而不會像在臨時模式下，直接與其他裝置溝通。所有主機間的傳輸，以及與網路中有線部分的溝通，都是透過 AP。請記住：在基礎建設模式下，對網路上其他主機而言，無線客戶端就相當於是標準的有線主機。

圖 19.6 是典型的基礎建設模式無線網路。請特別注意其中的 AP 也有連到有線網路。從 AP 到有線網路的連線稱為 DS (分送系統，Distribution System)，AP 之間會透過它來進行 BSA 內主機的通訊。基本的獨立型 AP 之間只會透過 DS 溝通，而不會透過無線網路溝通。

在設定客戶端使用無線基礎建設模式運行之前，必須先瞭解**服務集識別子** (Service set identifier，SSID)。SSID 是具有唯一性的 32 字元識別子，代表特定的無線網路，並定義 BSS。所有屬於特定無線網路的裝置都可以設定為相同的 SSID。有時候，AP 甚至會有多個 SSID。

下面讓我們更詳細的探討一下 SSID。

服務集識別子 (SSID)

技術上來說，SSID 定義了從 AP 進行傳輸的基本服務區 (BSA) 名稱，例如 Linksys 或 Netgear。您在搜尋無線網路時，可能看過這個名稱從主機上彈出來。AP 送出這個名稱來判斷客戶端可以連結哪個 WLAN。

SSID 最長可以到 32 個字元，通常會選擇人類可以辨識的 ASCII 字元，但是標準上只要求 SSID 是任意值的 1-32 個位元組。

SSID 是設定在 AP 上，並且可以對外廣播或隱藏。如果選擇廣播，則無線工作站使用它們的客戶端軟體掃描無線網路時，這個網路就會出現在 SSID 清單中。如果是隱藏的，在不同的客戶端作業系統下，這個網路可能完全不出現在清單上，也可能會顯示為「未知的網路」。

客戶端必須設定好無線選項，包括 SSID，才有辦法連上隱藏的 SSID。這項要求高於其他正常的認證步驟或安全性要求。

AP 會將 MAC 位址對應到 SSID。這可能是無線介面本身的 MAC 位址一稱為 BSSID (基本服務集識別子，Basic SSID)；或者當無線介面有多個 SSID 時，它也可能是由介面 MAC 衍生出來的位址--稱為虛擬 MAC 位址，或 MBSSID (多重基本服務集識別子，MBSSID)，如圖 19.7。

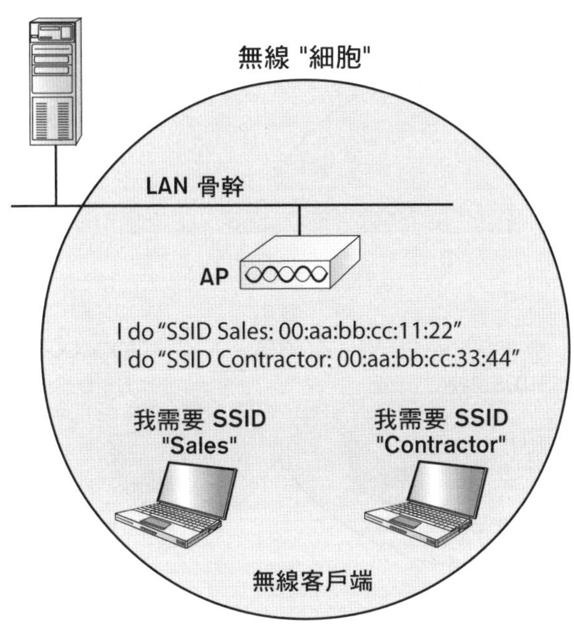

圖 19.7 設定 MBSSID 的 AP 的網路

圖中有兩點需要特別注意：1. 網路包含了「Sales」和「Contractor」；2. 每個 SSID 都有獨立的虛擬 MAC 位址。在 AP 上建立多重 SSID 的目的，是為了能對連上 AP 的不同客戶端使用不同等級的安全防護。

延伸服務集

如果將所有 AP 設成相同 SSID，行動無線客戶端就可以在這個網路中自在的漫遊。這是今日企業中最常見的無線網路設計。這種做法會建立延伸服務集 (Extended Service Set，ESS)，提供比單一 AP 更大的覆蓋範圍，並且讓用戶可以在 AP 間漫遊而不會斷網。

圖 19.8 是在辦公室內，使用相同 SSID 的 2 台 AP，來建立 ESS 網路。

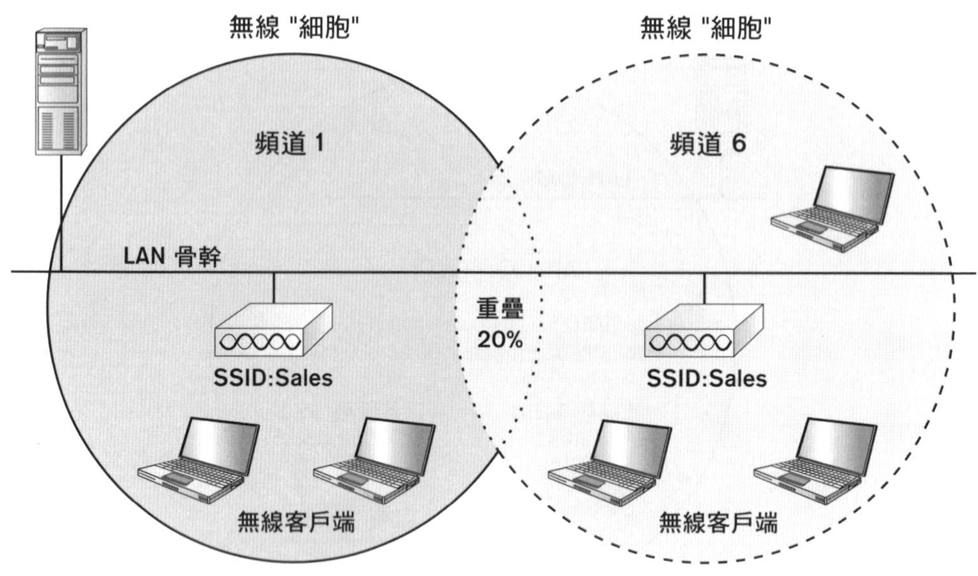

圖 19.8 延伸服務集(ESS)

要讓用戶能在無線網路中漫遊，在 AP 間切換而不斷線，所有 AP 的信號都必須與相鄰 AP 重疊至少 20%。

中繼器 (repeater)

如果想要延伸 AP 的覆蓋範圍，可以增加指向天線，或是在區域內新增另一台 AP。如果這兩者都無法解決問題，可以考慮在網路中新增 1 台中繼器 AP，以延伸覆蓋範圍，而不用再透過乙太網路線連到新的 AP。圖 19.9 就是這種形式的網路設計。

無線中繼 AP 並不是連到有線骨幹上。它使用天線來接收直接連上網路的 AP 送出的信號，然後重複該信號給距離原 AP 太遠的客戶端。

如圖 19.9，要達到這個效果，AP 間必須有適當的重疊。另一種方式則是使用具有 2 個無線電的中繼 AP，1 個負責接收，另 1 個負責傳送。這種方式有點像雙重的半雙工中繼器。

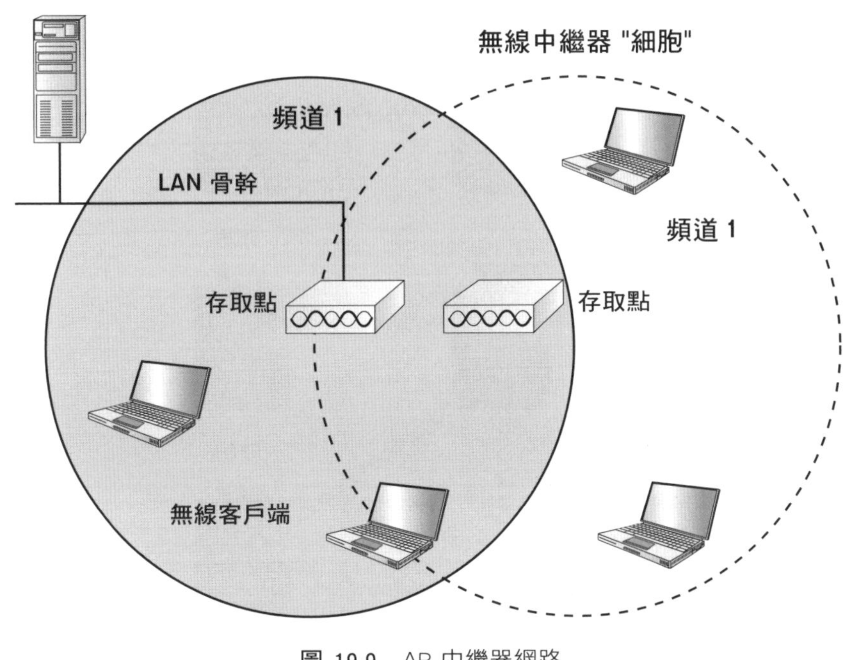

圖 19.9 AP 中繼器網路

這種設計貌似優秀，但有個隱憂—安裝的每台中繼器都會損失大約一半的通訊量。因為大家都不喜歡損失頻寬，所以中繼器網路只應該使用在低頻寬的裝置，例如倉庫的條碼掃描器。

橋接器

橋接器是用來連結兩個以上的有線區域網路，通常各自位於獨立建築物內，以建立 1 個大型的 LAN。橋接器是在 MAC 層 (資料鏈結層) 運作，因此，它們並沒有遶送能力。如果想要在網路內進行任何 IP 子網路切割，就必須加入路由器。基本上，橋接器只是用來擴大網路上的廣播網域。清楚瞭解橋接器的運行原理，有助於改善您的網路能力。

要正確地建立無線網路，重要的是要瞭解**根橋接器**與**非根橋接器** (root/nonroot，有時也稱為父橋接器與子橋接器)。有些橋接器可以直接連結客戶端，有些則不行；所以在採購無線橋接器之前，務必先瞭解企業本身的需求。圖 19.10 是今日網路中常見的典型橋接器情境。

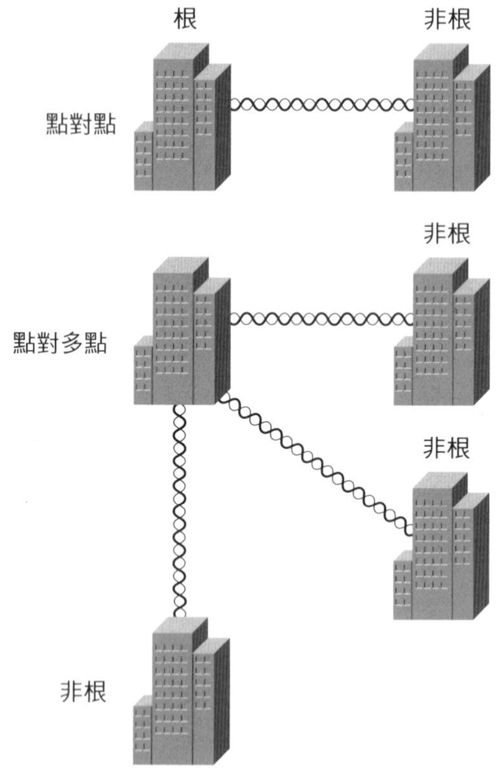

圖 19.10 典型橋接器情境

點對點的無線網路，通常是用於戶外，用來連接兩棟建築物或 LAN。點對多點的設計則是用於類似校園環境，擁有 1 棟主建物，和一些需要彼此相連、還必須連回主建物的輔助建物。無線橋接器經常用來進行這些連結，並且比一般 AP 昂貴。在這種設計中，每棟輔助建物間並不能直接通訊，而是必須先連上主建物，然後再連到其他輔助建物 (多點)。

現在回到根/非根的主題上。這個主題非常重要，在設計戶外網路時尤其如此。回到圖 19.10，找到根和非根的位置。這是典型的點對點和點對多點網路，其中的根橋接器只接受來自非根裝置的通訊。

根裝置會連到有線網路，讓非根裝置 (如客戶端) 能透過根裝置存取有線網路上的資源。下面是設計無線網路的一些重要原則：

- 非根裝置只能跟根裝置進行通訊。非根裝置包括非根橋接器、工作群組橋接器、中繼 AP 和無線客戶端。
- 根裝置不能跟其他的根裝置溝通。根裝置包括 AP 和橋接器。
- 非根裝置不能和其他非根裝置溝通。

不過，最後一點有個例外。如果將橋接器設定為具有兩個無線電的中繼器 AP，該裝置就必須設定成非根裝置。它會中繼並延伸戶外橋接網路的距離，如圖 19.11。

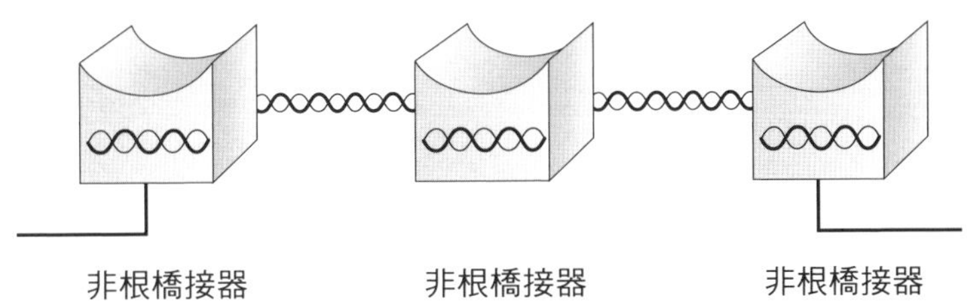

圖 19.11 設定為非根橋接器的中繼 AP 橋接器

圖 19.11 顯示非根橋接器只有在另一台非根橋接器的上行鏈路有連接根橋接器的時候，才會跟它溝通。

網狀網路 (Mesh Network)

隨著越來越多廠商遷移到網狀階層式設計，且越來越多網路開始使用由控制器管理的輕量型 AP 時，我們開始需要標準化的協定，用來控制輕量型 AP 與 WLAN 系統的溝通方式。IETF (網際網路工程任務組) 最新的規格草案**輕量型 AP 協定** (Lightweight Access Point Protocol，LWAPP) 就是希望扮演這個角色。

網狀網路基礎建設不僅是分散式，而且相對於它所提供的各種好處來說，因為每台主機最遠只需要傳送到下一台主機，所以成本也算相當便宜。主機扮演中繼器的角色，將資料從附近的主機，傳送到對有線連結而言太遠的其他主機。這使得網路可以橫跨很大的區域，特別是崎嶇的環境。

在網狀網路這種拓樸下，主機節點間有多條冗餘連線，並且適用於大型的無線環境。圖 19.12 是 Cisco 戶外管理的 AP 所建立的網狀環境，用來提供涵蓋戶外區域的無線連線。

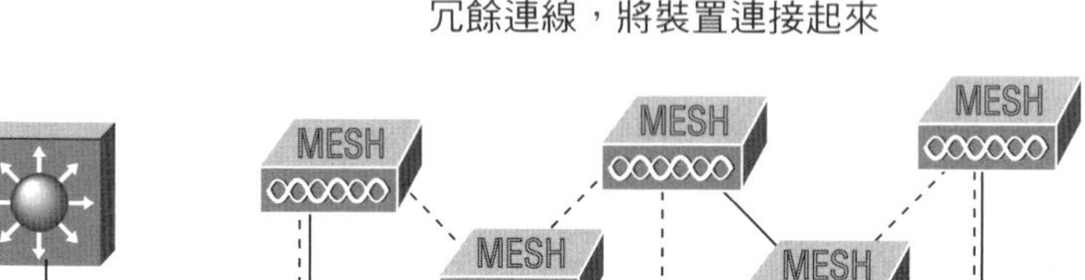

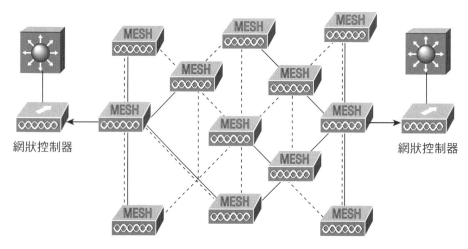

圖 19.12 典型的網狀戶外環境

網狀網路非常穩定可靠。因為每台主機可能連上其他好幾台主機，如果某台 AP 因為故障脫離網路，它的鄰居只需要找出另一條路徑即可。所以只要加入更多的主機，就可以自動取得額外的容量和容錯能力。

AP 主機間的無線網狀連線提供兩台主機間許多可能的路徑，而網狀網路上的路徑可能會因為交通負載、無線狀況或是交通優先序而發生改變。目前，由於預算的考量，網狀網路還不適合家庭或小型企業使用。但是隨著它的功能越來越多，越來越物有所值，網狀網路遲早會進入這個領域。

19-4 非重疊無線頻道

802.11 相關標準規範了 2.4GHz 和 5GHz 頻帶中的頻道。標準 802.11、802.11b、和 802.11g 使用的是 2.4GHz 頻帶，也稱為工業、科學和醫療頻帶 (Industrial、scientific and medical band，ISM band)。802.11a 則是使用 5GHz 頻帶。當 2 台 AP 在同一區域使用相同頻道、或甚至相鄰頻道運作時，它們就會彼此干擾。干擾會降低通訊流量。因此，使用頻道管理來避免干擾，對於確保穩定運行非常重要。本節將會討論影響頻道管理的相關議題。

2.4 GHz 頻帶

在 2.4GHz (ISM) 頻帶中，美國分到 11 個頻道，歐洲 13 個，日本則是 14 個。每個頻道是用中心頻率定義，但是信號是展延在 22MHz 上。在中心頻率兩邊各有 11MHz，所以每個頻道都會侵犯到相鄰的頻道，甚至是更遠的頻道，只是程度較小，參見圖 19.13。

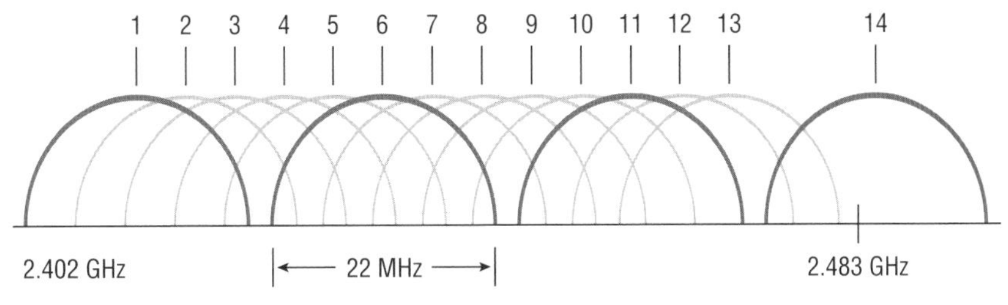

圖 19.13 2.4 GHz 頻帶與寬 22 MHz 的頻道

這意味著在美國，只有頻道 1、6、11 是不重疊的。當相同區域的 2 台 AP 在重疊頻道上運行時，傳輸結果將取決於它們是在相同頻道或相鄰頻道上。

當 AP 是在相同頻道上，它們會聽到彼此傳送的封包，並且在傳輸時相互延遲。這是因為無線封包標頭中的資訊會指示區域中的所有工作站 (包含 AP) 暫停傳輸，直到目前的傳輸完成為止。AP 的做法有部分是基於**持續時間** (duration) 欄位。不論如何，最終的結果是這 2 個網路都會變慢，因為它們的傳輸會被切割成一些片段。

當 AP 是在相鄰頻道，或只間隔 1 個頻道的時候，情況更加微妙。因為在這種情況下，它們可能無法聽清楚彼此的封包，以至於讀不到持續時間欄位。結果是它們可能會同時傳送，造成碰撞和重傳，並且嚴重影響最終的傳輸效率！因此，雖然這兩種情境的行為不逕相同，最終結果都是流量的降低。

5GHz 頻帶

802.11a 使用 5GHz 頻率，分成 3 個免執照頻帶，稱為 UNII (Unlicensed National Information Infrastructure) 頻帶；其中有 2 個頻帶相鄰，但是在第 2 與第 3 頻帶間則有段頻率間隙。這些頻帶稱為 UNII-1、UNII-2 和 UNII-3；亦即較低、中間和較高的 UNII 頻帶。每個頻帶都跟 ISM 一樣，包含多個獨立的頻道。

802.11a 修正案中規範了每個頻率的中心點位置，以及中心點頻率之間的最小距離，但是沒有規範每個頻率的精確寬度。還好每個頻道只與相鄰頻道重疊，所以在 802.11a 中比較容易找到不重疊的頻道。

在較低 (lower) UNII 頻帶的中心點之間相距 10 MHz，另外兩者的中心點間則是相距 20MHz。圖 19.14 是 UNII 頻帶 (最高與最低) 間的重疊情況；中間則是用來對照的 2.4 GHz 頻帶。

較低 UNII 中的頻道編號為 36、40、44 及 48，中間 UNII 頻帶中的頻道編號為 52、56、60、64，而 UNII-3 則是 149、153、157 和 161。

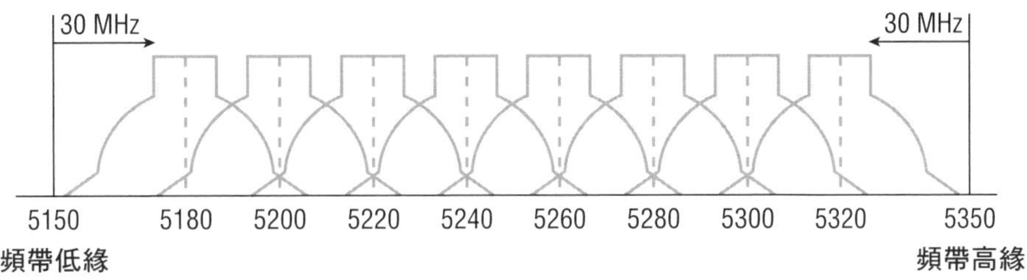

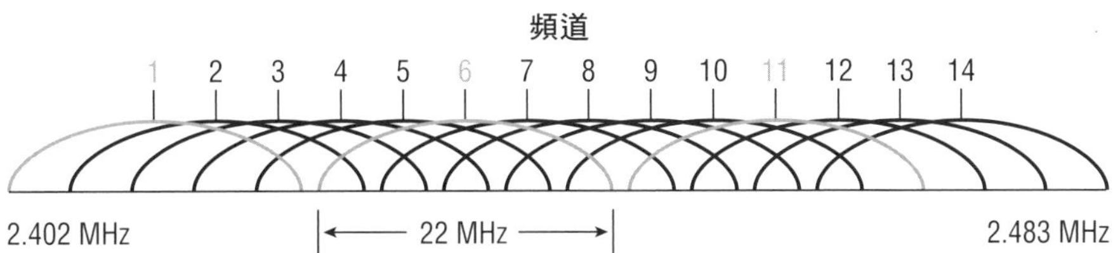

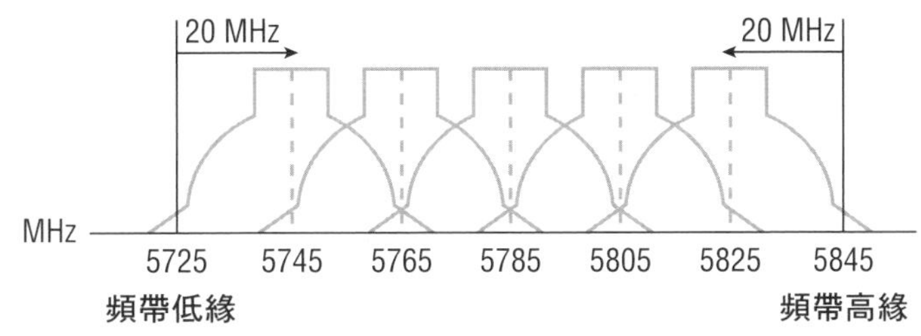

圖 19.14 5GHz 頻帶的 20 MHz 寬頻道

頻道重疊技術

在必須建置多台 AP 的情況下，有 2 種情境必須使用**頻道重疊技術** (Channel Overlap Techniques)：

- 在一個小區域中有相當多的用戶。由於 WLAN 的競爭特性，越多用戶使用同一台 AP，效能就會越差。藉由在區域中放置使用不同頻道的多台 AP，可以改善工作站對 AP 的比例，以及網路的效能表現。
- 當需要涵蓋的區域超出單台 AP 的範圍，同時希望讓用戶在區域中能無縫漫遊的時候。

因為 2.4GHz 和 5GHz 頻帶的頻道重疊特性，當必須在相同區域建置多台 AP 時，必須要考慮頻道的再利用。如果是要在大型區域中提供多台 AP 的最大覆蓋範圍，同樣也必須考慮。

相同區域，多台 AP

在相同區域建置多台 AP 時，必須選擇不重疊的頻道。在 2.4GHz 頻帶中，頻道間至少要相距 4 個頻道，而且別忘了，只有 1、6、11 間不重疊。

當在 5GHz 頻帶 (802.11a) 建置 AP 時，在不重疊的前提下，頻道間的距離可以是 2 個頻道。

此外，在大區域中選擇頻道時，只有在每個頻道的使用區域 (細胞) 間有足夠的空間時，才能夠再利用。例如圖 19.15 中的頻道 6 使用了 8 次，但是所有使用頻道 6 的區域都沒有重疊。

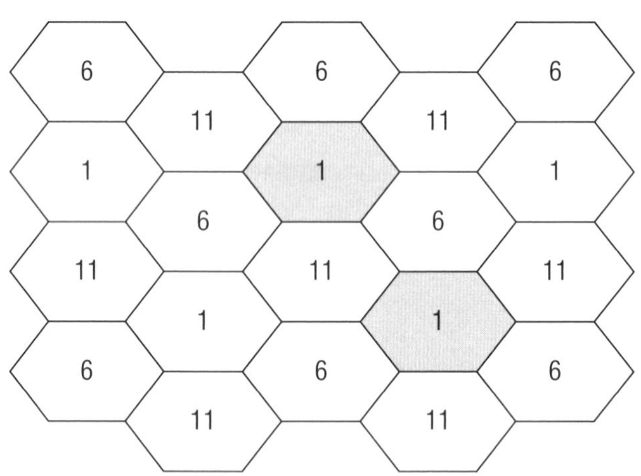

圖 19.15 在 2.4 GHz 範圍內的頻道重疊

在 5GHz 頻帶中，相同頻道的 2 個細胞間要相距 2 個細胞，如圖 19.16。

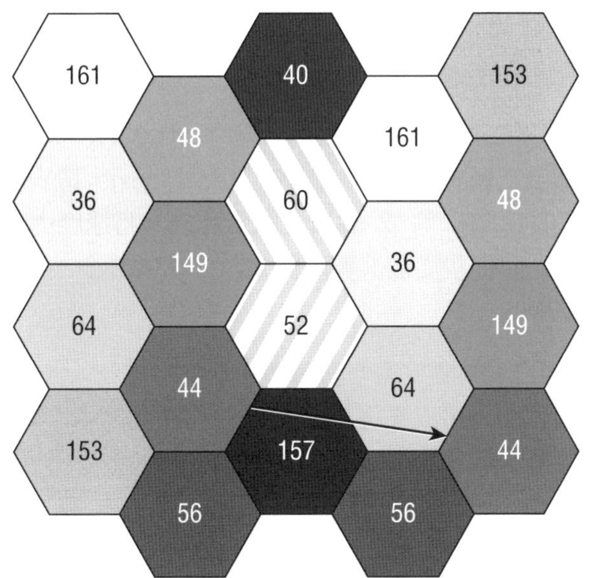

圖 19.16 在 5GHz 頻帶的頻道重疊

2.4GHz/5GHz (802.11n)

802.11n 是在 802.11 標準上，再增加**多輸入多輸出** (Multiple-Input Multiple-Output，MIMO)，使用多個發射和接收天線，來增加資料流通量和範圍。802.11n 最多可使用 8 個天線，但目前的 AP 通常只使用 4 到 6 個。這種設定提供比 802.11a/b/g 更高的資料速率。

802.11n 的效能改善包含下面 3 項重要因素：

- 實體層的信號傳送方式改變，將反射與干擾從阻力轉成助力。
- 結合兩個 20MHz 寬度的頻道以提高傳輸量。
- 在 MAC 層，使用不同的封包傳輸管理方式

802.11n 並不真的跟 802.11b、802.11g、甚至 802.11a 相容，但是它的設計中有考慮向後相容性。它改變了封包的傳送方式，讓 802.11a/b/g 能夠解讀，以達成向後相容性。

下面是 802.11n 的一些主要元件；它們聯手將 802.11n 變得更穩定和可以預測：

- **40Mhz 頻道**：802.11g 和 802.11a 使用 20 MHz 頻道；為了保護主要載波，每個頻道還都留有未使用的**側音** (side tones)。這表示有 11Mbps 基本上是浪費的。802.11n 將 2 個載波組合起來，將速度由 54Mbps 增加到超過 108Mbps。而那些從被浪費的側音救回來的許多 11Mbps，加起來可以得到總共 119Mbps！
- **MAC 效率**：802.11 協定需要對每個訊框進行確認 (ACK)。802.11n 在取得第 1 個確認前，可以先送出多個封包，因此節省了大量的等待時間。這稱為**塊狀確認** (block acknowledgment)。
- **MIMO**：數個訊框透過數根天線從不同路徑送出，然後由另一組天線重新組合，以最佳化傳輸量和降低多路徑的干擾。

接著，我們將更深入研究無線射頻 (RF)。

19-5 無線射頻 (Radio Frequency，RF)

讓我們從 LAN 中資料信號要透過無線電波送出的情境開始。首先，信號會送往天線，根據這種天線的類型，以特定模式發射出去。天線發送的模式是交流電的電氣信號；也就是說，信號電流的方向會循環改變。在模式中會重複出現波型的波峰與波谷，而波峰/谷與下個波峰/谷的距離稱為波長。波長決定了信號的某些特性，例如環境中障礙的影響。

有些 AM 無線電台使用的波長有 4、5 百米，但是無線網路使用的波長則比你伸出來的手還小。衛星使用的波長更是只有大約 1 公厘 (mm)。

因為銅纜、光纖和其他實體媒介會對資料傳輸造成不同的限制，所以我們的最終目的是改用無線電波來傳送資訊。無線電波可以定義為從傳送端發出的電磁場，希望能由預期的接收端收到送出的能量。這個觀念的一個例子是我們稱為光線的電磁能量，經由我們眼睛解讀並且送入腦中，轉換成色彩的印象。

圖 19.17 是目前用來傳送無線資料的 RF 頻譜。

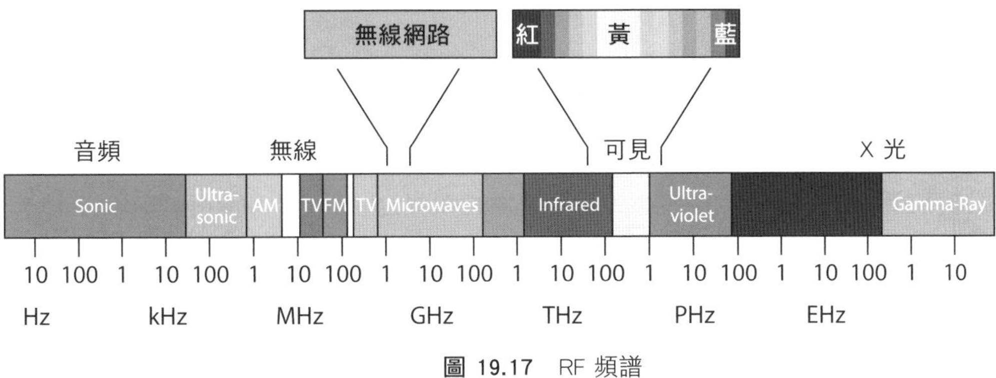

圖 19.17 RF 頻譜

在穿越空氣時，有些電磁波比其他更有效率；這取決於要傳送的資訊。因為資訊具有不同的特性，所以傳送端將信號送往天線，以產生電子在電場中的移動時，會使用不同的條件。這個過程會產生電磁波，並且用頻率和波長這兩個條件來定義它們。

頻率決定信號被 "看見" 的頻繁程度，每個頻率週期稱為 1 赫茲 (Hz)。每個周期模式 (cycle pattern) 的長度 (距離) 稱為波長。波長越短，信號重複的越頻繁，相對於在相同時間內重複次數較少的信號而言，它的頻率也就越高，如圖 19.18。

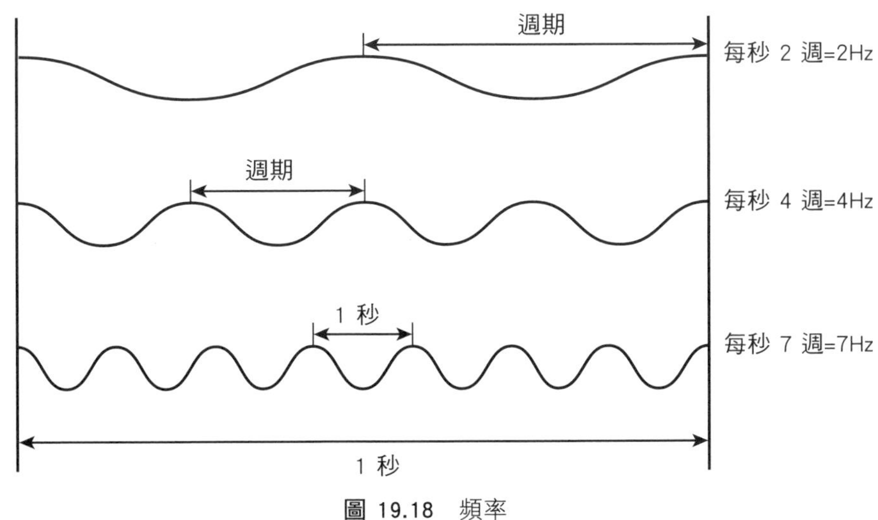

圖 19.18 頻率

下面是一些重要的 RF 名詞：

- 1Hz = RF 信號週期每秒 1 次
- 1MHz = RF 信號週期每秒 1 百萬次
- 1GHz = RF 信號週期每秒 10 億次

較低的頻率可以走得較遠，但是提供的頻寬也較少。較高頻率的波長重複次數多，表示雖然它們走的距離較短，卻可以攜帶較高的頻寬。另一個重要的名詞是振幅。振幅是指信號的強度，並且通常是用希臘符號 α 來表示。

它對信號強度有很深的影響，因為它代表的是在一個周期內注入的能量等級。注入的能量越多，振幅就越高。**增益** (gain) 就是用來描述 RF 信號的增加。

在圖 19.19 中，最頂端的信號具有最小的振幅 (信號強度)，而底部的範例具有最大的振幅。這是這些信號的唯一差異，這 3 者具有相同的頻率，因為它們的波峰和波谷間具有相同的距離。

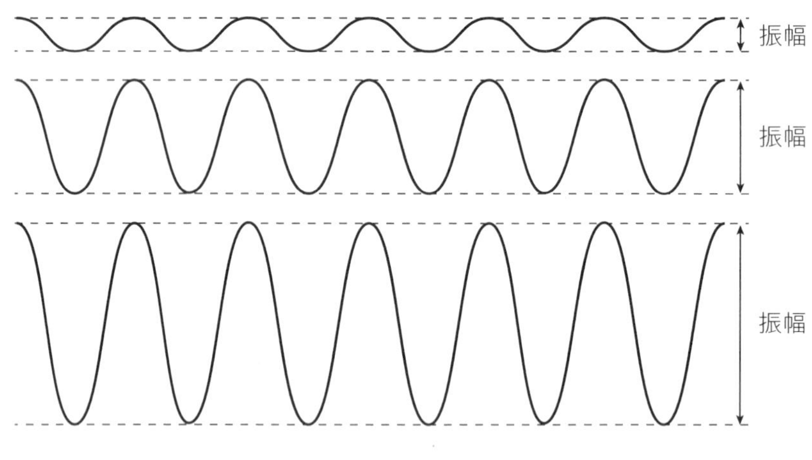

圖 19.19 振幅

假設您把電吉他接上音箱。如果轉動音量旋鈕，放大的信號看起來會像底部的那組信號。當信號遠離發射端時，就會發生衰減，這也是使用音箱的原因之一。我們甚至可以使用特定天線來提高增益，與發射器功率結合來共同決定信號可以傳達的距離。

音箱的缺點是它們會扭曲信號；如果太大的功率被推向接收端，還可能會使接收器過載並損壞。要找到適當的平衡，需要經驗，甚至需要投資較佳的設備。

無線射頻行為

瞭解 RF 信號後，就更能夠理解無線網路本質上的挑戰，以及如何緩和這些影響傳輸的負面因素。因此，接著將先說明 RF 的重要特性。

自由空間路徑損失

衰減 (attenuation) 是指纜線或其他媒介上的信號，隨著時間或傳播長度減弱的效應。**自由空間路徑損失** (free space path loss) 類似衰減，是 RF 信號能成功穿越並且被接收的距離限制因素。它被稱為自由空間路徑損失，是因為它不是由環境中的障礙物造成的，而是由於信號經過一段距離後逐漸減弱所造成的正常衰減。圖 19.20 是自由空間路徑損失的一個例子。

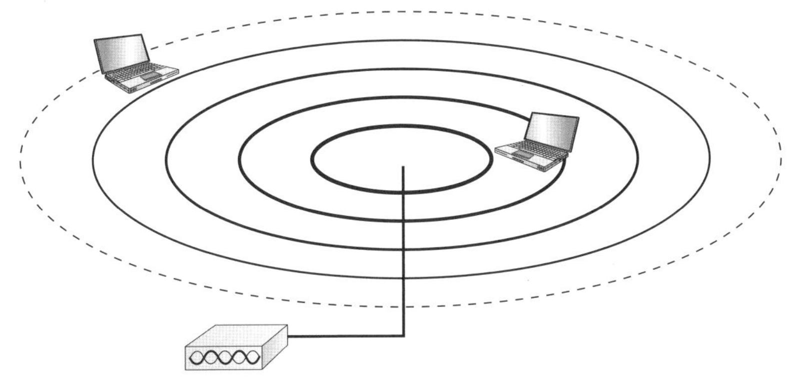

隨著電磁波從發射端擴展開來，它也逐漸地減弱

圖 19.20 自由空間路徑損失

對傳輸的兩端而言，有兩個主要因素會決定自由空間路徑損失的效應：送到天線的信號強度和天線的種類。AP 能夠放大信號到某種程度，因為大多數的 AP 和許多客戶端裝置都能夠控制信號強度。這種信號增益稱為**主動式增益** (active gain)。

全向性天線將能量水平傳送到所有方向，而指向性天線則是將相同的能量投射在單一方向，導致相同強度的信號可以傳得更遠。此時，天線提供的是所謂的**被動式增益** (passive gain)，來自於特定型式的天線模式。

在接收端，也有同樣的影響。首先，接收器具有特定的接收強度，稱為接收靈敏度 (received sensitivity)。其次，如同傳送端天線，接收天線的型式對信號也有一樣的效果。這意味著相對於 2 座全向性天線而言，2 座完美對準彼此的高指向性天線，可以將相同強度的信號傳送得更遠。

吸收

因為地並不是平的，並且有很多物體在它上面，所以當信號從天線送出時，無可避免地會遇到牆壁、天花板、樹木、人、建築物、車輛等等。即使信號可以穿越大多數障礙物，還是會付出振幅降低的代價，而較早曾經說過，振幅代表信號的強度。

所以當信號努力穿越障礙物後，它出現在另一端都會比較衰弱。這種現象稱為**吸收** (absorption)。不論人或東西，在信號穿越的時候，都會主動吸收它的一些能量轉變為熱。圖 19.21 是吸收現象。

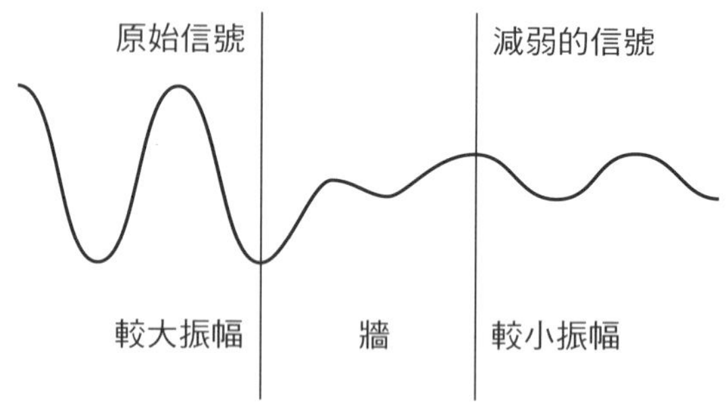

圖 19.21 吸收

信號減少的程度，取決於通過的物體性質。顯然，石膏板所造成的信號衰減程度，與混凝土絕對不同。而且，確實有些材質可以完全遮蔽信號。因此，我們要進行場地探勘，以界定問題區域，並且找出適當的 AP 放置位置，以盡可能避開障礙。

反射

當信號以某種角度撞擊到物體的時候，會發生**反射** (reflection) 現象。此時，有些能量會被吸收，另外一些則會以對稱角度反射回來，如圖 19.22。

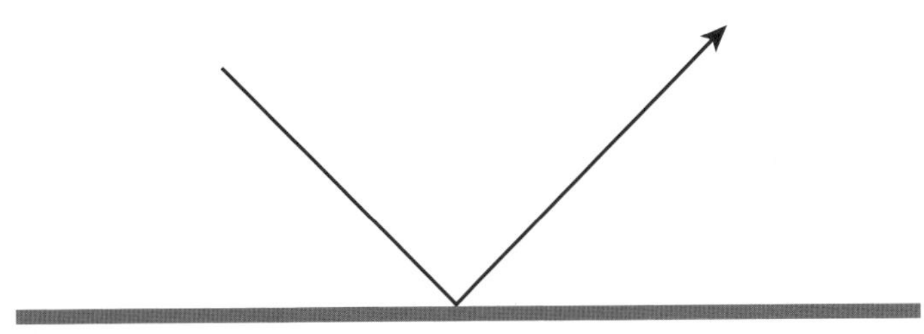

當 RF 從物體反彈，並且彈向
另一個方向時，就發生了反射

圖 19.22 反射

吸收量和反射量的比例取決於材質表面粗糙程度，和它撞擊時的角度。越是多孔性的材質，被吸收的信號能量就越多。

另一項影響信號反射和吸收的因素則是頻率。2.4GHz 範圍內的信號行為，會跟 5GHz 的不同。下面是影響吸收/反射比例的 3 項因素：

- 信號角度
- 信號頻率
- 材質表面的性質

反射造成的主要問題是稱為**多路徑** (multipath) 的現象。

多路徑

當反射發生時，會產生多重路徑。因為反射的信號在抵達接收端之前會被反彈，所以它們在抵達接收端之前比直進路線走得更遠，也到的更晚。圖 19.23 是多路徑的一個例子。

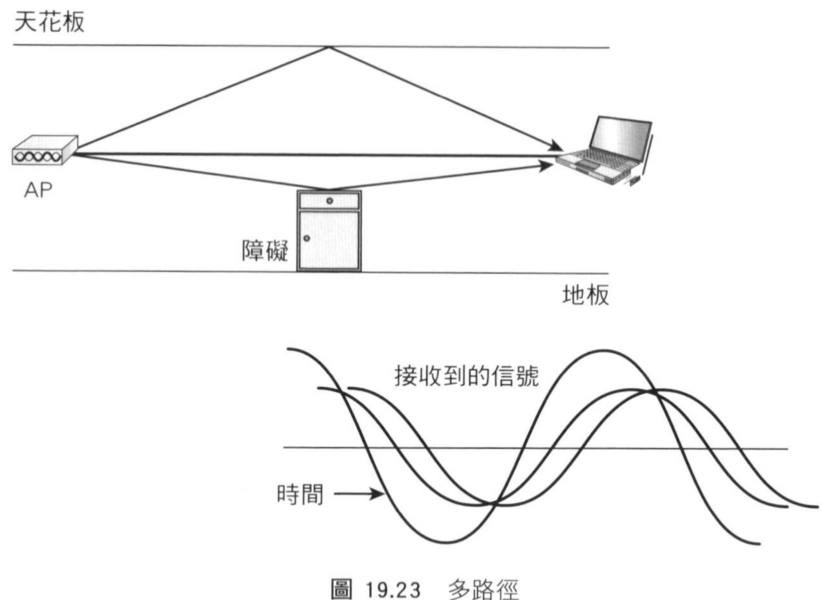

圖 19.23 多路徑

這並不是件好事，因為它們到的比較晚，所以會與主信號產生相位差，如圖 19.23。因為信號的波長是重複的模式，如果主信號與反射信號無法對準，有相位差的信號會使信號**劣化** (degraded)，如果這些信號的差距是 120-170 度，就會減弱信號。這個觀念稱為 **downfade**。

更糟的是，如果抵達時的相位差為 180 度，它們會完全抵消，稱為**相位歸零** (nulling)。如果幸運的是它們差距為 360 度，則它們抵達時會是相同相位。這會放大信號強度，稱為 **upfade**。

顯然，因為多路徑會造成問題，所以妥善處理多路徑事件是很重要的技巧。但是也別忘了，IEEE 的 802.11n 可以反過來利用多路徑取得更高的速度。

折射

折射 (refraction) 是指信號在通過不同媒介時，傳播方向的改變。因為這通常發生在信號從乾空氣進到濕空氣，或是相反的情況，所以它對遠距離的戶外無線線路影響特別值得注意。圖 19.24 是折射的觀念。

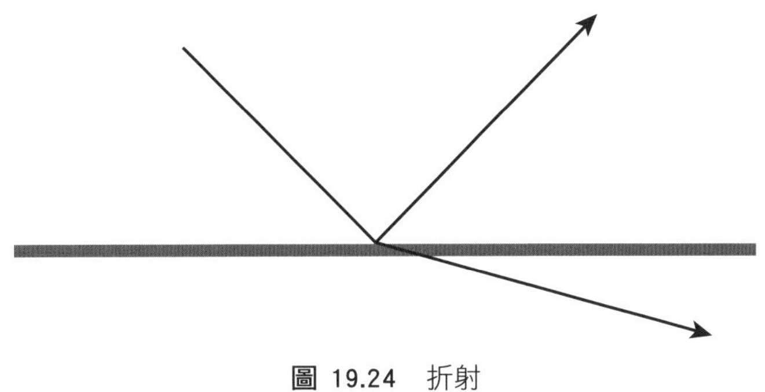

圖 19.24　折射

如圖所示，折射發生在電磁波穿越異質媒介的時候，有些波會被反射，有些則會彎曲。乾空氣傾向於將信號往天空偏斜，而溼空氣則會將信號往地面彎曲。

繞射

繞射 (diffraction) 發生在信號繞著物體彎曲的情況。想像一下，把石頭丟進水裡的情況。當石頭進入水面時，會泛起一圈圈的漣漪。如果這些漣漪碰到池塘裡的東西，原本完美的圓形水波，就會環繞著物體改變方向。RF 信號也是如此，例如建物背後收不到信號的地方，就是繞射的效果。圖 19.25 是 RF 信號繞射的簡單示意圖。

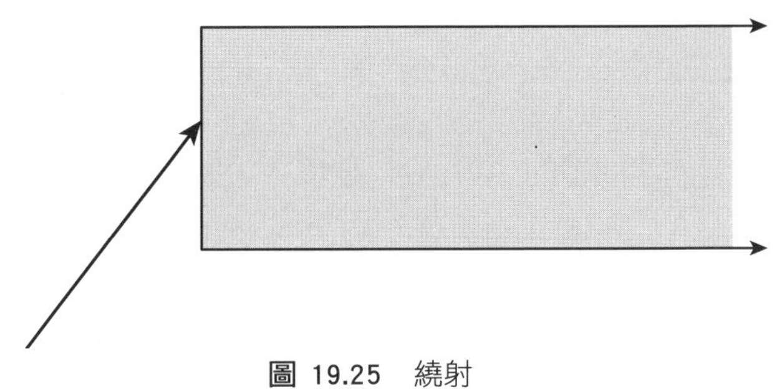

圖 19.25　繞射

散射

散射 (scattering) 與反射很像，差別在於當信號撞到物體時，散射的信號會反彈到四面八方，無法預期，而反射的入射角則會約略等於反射角。散射是由物體的性質所造成的，下面是造成散射的一些條件：

- 灰塵、濕度、和空氣與雨中的懸浮水滴。
- 物體的密度不均，且表面不規則。
- 不平坦的表面，如流水和樹上的葉子等。

圖 19.26 是 RF 信號散射的示意圖。

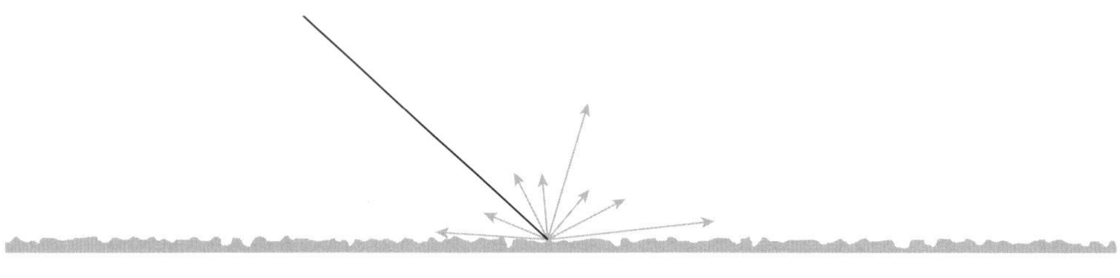

圖 19.26 散射

散射最糟的問題在於它無法預測，以至於很難採取因應措施。

上面這些直接呼應了前面說的場地探勘重要性。在設計 WLAN 前後，最重要的就是進行完整的調查。這樣才能精確地辨識、預測、和減輕 RF 運行問題，決定適當的 AP 位置，選擇正確的天線類型，甚至於調整實體環境 (例如修剪一些樹木)。

RF 運行要求

即使是在沒有前述問題的 WLAN 環境中，要讓 WLAN 運作良好，還是有些要求必須考量。這些要求會影響 WLAN 效能，有時候甚至直接造成它們無法運作。下面我們將逐一探討。

直視性

不論是在室內或室外，信號都有可能穿越一些物體，或甚至經過反彈，然後最終還是抵達接收端。但是在使用全向性或半指向性天線的大型覆蓋區域，例如室外，特別是像建築物間的點對點無線橋接，**直視性** (line of sight)，就變得非常重要。如果是要使用高指向性或碟形天線時來建立長途無線連線時，直視性就更為關鍵。

WLAN 需要 RF 直視性。但直視性並不只是單純地將兩座天線的中心適當的排列就行了。為了更瞭解這個議題，我們先回顧一下展頻技術的原理。

在窄頻 RF 中，信號會一直維持在設定的單一頻率上。在展頻技術中，雖然人們還是會提到頻道之類的東西，但是信號事實上是開展在一段頻率範圍上。也就是說，當我們說某台裝置正在使用頻道 6 時，該頻道的寬度其實有 22MHz，且信號是展開在整個 22MHz 範圍內。此外，當信號如此展開時，接收端必須收到全部、或至少相當比例的信號，才能夠正確地解讀。

下面的障礙都可能遮蔽具直視性的鏈路：

- 地形，例如高山
- 地球的曲率
- 建物和其他人造物
- 樹木

即使視覺上的直視性極佳，如果距離遠到被地球曲率所影響，RF 的直視性可能還是有問題，如圖 19.27。

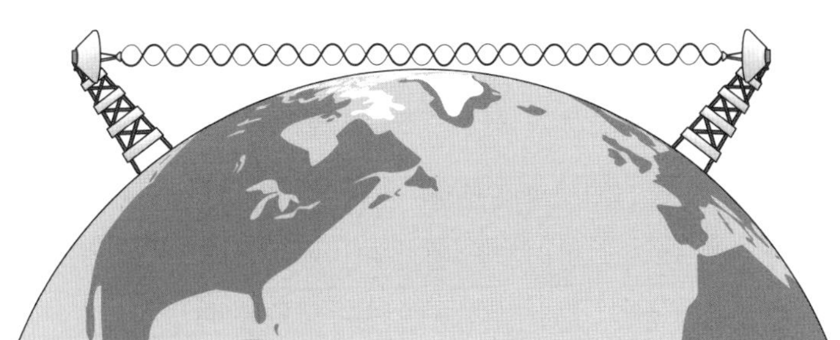

地球曲率導致直視性消失在 6 哩 (9.7公里) 處

圖 19.27 直視性

接著看看圖 19.28 的那些樹。

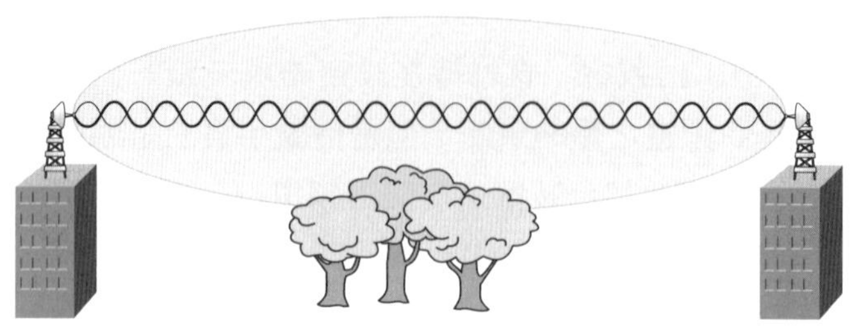

圖 19.28 菲涅耳區

當然，圖中的比例並不正確，不過它的重點是在凸顯物體可能只障蔽了跟 RF 直視性相關的一小塊區域，稱為**菲涅耳區** (Fresnel zone)。

菲涅耳區 (Fresnel zone)

菲涅耳區是在發射器與接收器之間的橢圓形區域，信號至少必須有 60% 是清晰的，才能保證正確的接收。

在圖 19.28 中，即使視覺上看起來沒問題，但是在信號中心線周圍的橄欖球形區域中有障礙物。如果您家裡的樹在夏天生長得過於快速，您可能會發現它干擾了您的衛星天線碟。

有趣的是，這些區域是交錯的頻帶；其中最內層頻帶是同相，次一頻帶是異相，再次一頻帶又是同相。所以，如果能想出辦法來屏蔽異相頻帶，只留下同相頻帶，那將會是技術上的一大突破 (可惜目前還沒有發生！)。

RSSI 與 SNR

關於信號強度，有兩個重要術語：RSSI (接收的信號強度指標，Received Signal Strength Indicator) 和 SNR (信號雜訊比，Signal-to-Noise Ratio)。RSSI 是用來描述收到的信號強度，而 SNR 則是信號與周遭環境中 RF 雜訊的比值。

RSSI 是真正抵達接收裝置的信號強度等級，介於 0 到 255 之間，以 dBm (分貝/毫瓦) 來表示。例如等級 0 相當於 -95dBm，而 100 則是 -15dBm。因此，0 的信號損失大於 100。

dBm 並不是絕對的衡量值，而是相對值；也就是說，它是相對於毫瓦的參考值。分貝是用來衡量功率相對於某絕對數值的增減，所以分貝值可能從正 (增益) 到負 (損失)。RSSI 值為負，是用來表示要能夠正確接收信號時，可接受的信號損失程度。大多數廠商會提供表格，列出在每個頻率下需要的 RSSI。

不同介面卡廠商之間的 RSSI 值不能拿來比較，因為每家公司使用的尺度未必相同。例如 A 公司可能使用 0 到 100，而 B 公司則是使用 0 到 60。因為尺度的差異，造成 RSSI 的值無法比較。

圖 19.29 是這些值之間的關係。

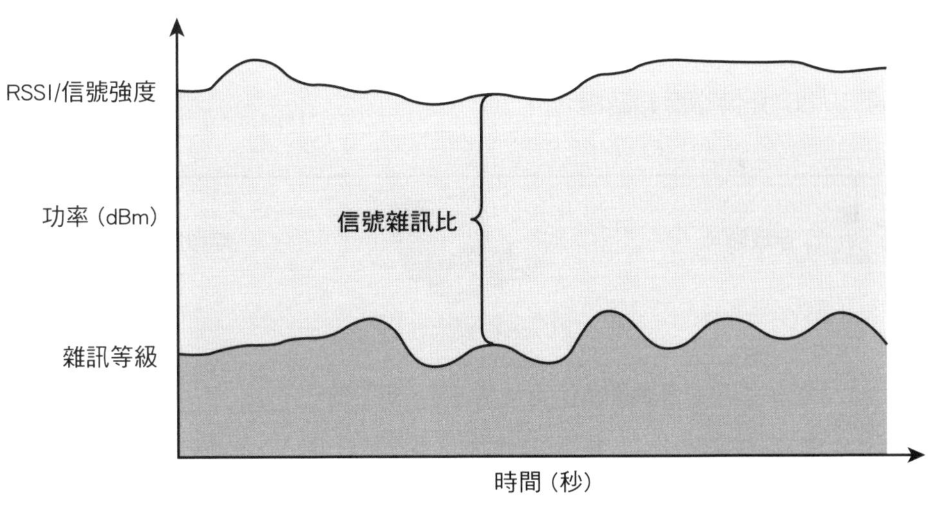

圖 19.29 SNR

SNR 是信號與環境雜訊的重要比值。如果雜訊等級太接近信號，則將無法從雜訊中識別信號。SNR 的值越高越好。

19-6 無線安全性

在討論過目前網路中使用的基本無線裝置後，接著要討論無線的安全性。在最基礎等級上，認證能唯一識別使用者與機器。加密過程則能透過將資訊打散，讓捕捉到訊框的人無法閱讀，以保護資料，或是提供認證程序。

認證與加密

IEEE 802.11 委員會規範了兩種認證方式：**開放認證** (open authentication) 和**共享金鑰認證** (shared-key authentication)。開放認證其實只需要提供正確的 SSID，不過這是目前最常見的方法。

共享金鑰認證則是由 AP 傳送**盤問** (challenge) 文字封包給客戶裝置，由客戶端使用正確的 WEP (Wired Equivalent Privacy) 金鑰加密後回傳給 AP。如果沒有正確的金鑰，認證就會失敗，而客戶端將無法連上 AP。

圖 19.30 是共享金鑰認證。

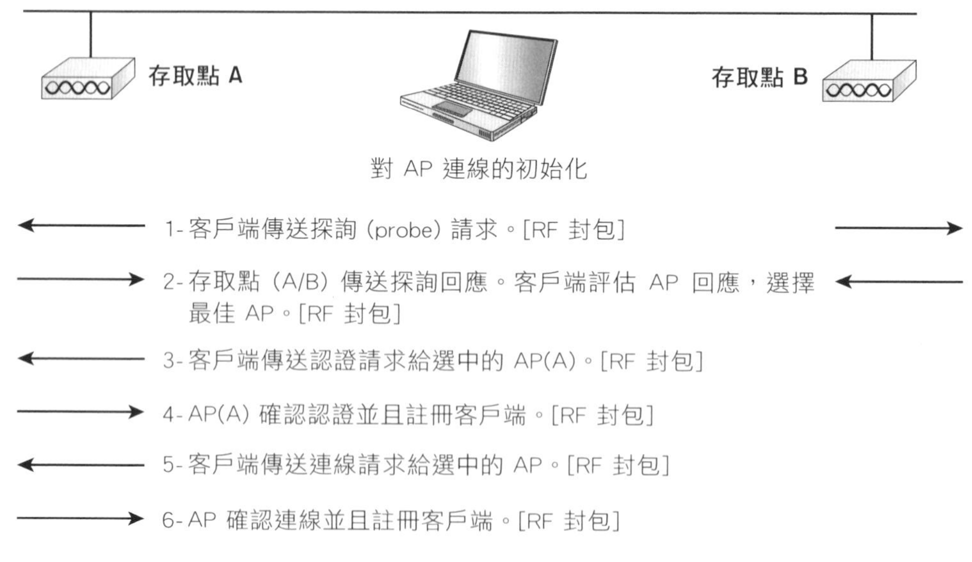

圖 19.30　開放存取流程

共享金鑰認證其實也不算安全，因為惡意人士只需在附近偵測明文形式的盤問，以及使用 WEP 金鑰加密後的結果，再解密出 WEP 金鑰即可。因此，今日的 WLAN 其實也沒有使用共享金鑰。

所有經過認證的無線網路產品出貨時都是設定為**開放存取** (open access) 模式，並且關閉安全功能。雖然開放存取或沒有安全保護聽起來很恐怖，但是對公共場所提供的熱點來說，這確實是可接受的。當然，這對企業而言絕不可行，對您的私人家用網路來說，也不是個好的做法。

圖 19.31 是開放存取的無線流程。

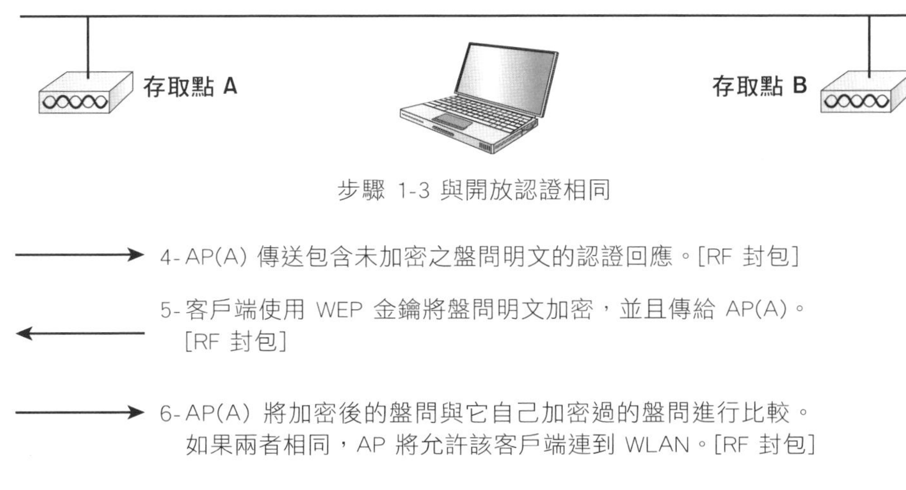

圖 19.31 開存存取流程

認證請求會被送往 AP 進行驗證。但是當使用開放認證，或是在無線控制器中設定為「none」時，這個請求幾乎肯定不會被拒絕。請注意這個認證是在 MAC 層 (第 2 層) 進行，千萬不要跟稍後會說明的較高層級認證混淆，高層級的認證是發生在客戶端連上 AP 之後。

這些產品會以開放存取模式出貨，是因為要讓任何一個非 IT 人員買回 AP 後，只要接上有線或 DSL 數據機就可以正常運作。這是行銷考量，簡單明確，但是不表示您應該就這樣使用預設模式，除非您希望將網路開放給大眾使用。

WEP

在開放認證下，即使客戶端能夠完成認證並連上 AP，還是可以使用 WEP 來確保只有擁有正確 WEP 金鑰的客戶端，才能對 AP 傳送和接收資料。

WEP 金鑰包含 40 或 128 個位元；它的基本形式是由網路管理者靜態定義於 AP 中。當使用靜態 WEP 金鑰時，網管必須在 WLAN 上的每台裝置上輸入相同的金鑰。

顯然，因為今日企業龐大的無線網路不可能讓人去手動完成這項任務，所以現在已經有解決這個麻煩的方法了。

WPA 與 WPA2 概論

WPA (Wi-Fi Protected Access) 與 WPA2 的制定是為了回應 WEP 的缺陷。WPA 是 Wi-Fi 聯盟所採取的權宜措施，用來在 IEEE 802.11i 標準定案之前，暫時提供較好的安全性。在 802.11i 通過時，WPA2 納入了它的改良，所以在 WPA 與 WPA2 間有一些相當大的差距。

在基本的無線安全措施中，WPA/WPA2 的預先共享金鑰算是其中比較好的形式一當然，此處說的只是 "基本" 的安全性。

WPA 是由 Wi-Fi 聯盟開發，提供 WLAN 認證和加密的標準，以解決已知的安全性問題。它考慮了眾所周知的 AirSnort 和中間人 (Man-in-the-Middle) WLAN 攻擊。所以，我們當然選擇使用 WPA2 來處理今日的安全性問題。它可以使用 AES 加密，並且提供比 WPA 更好的金鑰快取能力。WPA 只需要軟體更新，而 WPA2 則需要硬體更新，不過，目前大多數的筆電或桌機幾乎都已經內建支援 WPA2 了。

預先共享金鑰 (PSK) 是在客戶端裝置和 AP 上，使用密碼或代碼來驗證使用者，通常稱為**通行密碼** (passphrase)。客戶端只有在持有的密碼符合 AP 端密碼時，才能存取網路。PSK 也提供 TKIP 或 AES 用來產生資料封包加密金鑰的原料。

雖然 PSK 比靜態 WEP 安全，但是它和靜態 WEP 一樣，也是儲存在客戶端機器上，並且可能在客戶端設備遺失或被竊時被破解—雖然要找到金鑰並不是非常容易。這也是筆者強烈建議使用高強度 PSK 通行密碼 (包含文數字、大小寫、符號等) 的原因。反之，WPA 能夠指定使用動態加密金鑰，並且在客戶端每次建立連線時加以改變。

WPA 金鑰優於靜態 WEP 金鑰的原因，在於 WPA 金鑰可以動態改變

WPA 是朝著 IEEE 802.11i 標準發展，並且使用許多相同的元件，只有加密不是。802.11i (WPA2) 使用 AES-CCMP 加密，也就是稱為 CCMP (Counter Mode with Cipher Block Chaining Message Authentication Code Protocol) 的特殊模式 AES，來取代 WEP。AES-CCMP 能同時提供機密性 (加密) 與資料完整性。

Wi-Fi 存取保護 (WPA)

WPA (Wi-Fi Protected Access) 的目的是提供兩種認證方法的實作。第一種稱為 **WPA 個人版** (WPA Personal) 或 WPA (PSK)，是使用通行密碼來做認證，同時也改善認證和資料加密的保護程度。

WPA PSK 和 **WPA 企業版** (WPA Enterprise) 使用相同的加密—PSK 被用來取代 RADIUS 伺服器的認證檢查。PSK 有下列優點：

- 初始向量 (Initialization vector，IV) 是 48 位元，而不是 24 位元。因此將向量值的數量從 1 千 6 百萬種組合，直接推到了 2 百 8 十兆。此外，它們必須依序使用，而不可以隨機取用。這種特性因為避免了 IV 的再利用 (稱為碰撞)，反而很弔詭地增加了安全性。
- 每個訊框的金鑰都會改變，所以有所謂「當下的」(temporal) 金鑰，也稱為「臨時性」(temporary) 金鑰。每個訊框有一個序號，IV 會使用這些序號和當下的金鑰來為每個訊框建立唯一的金鑰。此外，每個訊框都會以封包為單位執行金鑰雜湊運算。

- AP 的集中式金鑰管理，包括廣播和單點傳播的金鑰。廣播金鑰會經過旋轉，以確保它們不會始終維持不變，即使在特定時間點上，基本服務集 (BSS) 中所有的工作站會有相同的廣播金鑰。當使用 PSK 認證時，它會被用來衍生 PMK (Pairwise Master key) 和最終的 PTK (Pairwise Transient Key)，稍後將會討論。

- 最後，我們會取得新形式的 **FCS** (訊框檢查序列)。FCS 是指封包中用來確保封包完整性的欄位。它也用來判斷封包中是否有發生任何改變。例如：在位元翻轉 (bit flipping) 攻擊中，駭客會產生 TCP 的重傳訊息。AP 會將這個 TCP 訊息轉送到無線空間，藉此產生新的初始向量。位元翻轉攻擊會人為地增加 IV 的數量，藉由提高重複或碰撞的發生機率，加速 WEP 攻擊。TKIP 使用的是 MIC (message integrity code)，而不是一般的 FCS。MIC 幾乎可以偵測到訊框中位元的所有變動，所以它比 FCS 更能阻止位元翻轉攻擊。如果偵測到 MIC 錯誤，它會將事件回報給 AP。如果 AP 在 60 秒內收到 2 個這種錯誤，就會切斷所有工作站的連線，並且暫停 60 秒不傳送交通。這可以阻止駭客及時找出金鑰。

WPA PSK 唯一已知的缺陷是在 AP 和工作站使用的密碼/金鑰複雜度。如果太容易猜到，就很容易受到字典式攻擊。這種攻擊會使用字典檔案，不斷嘗試大量的密碼，直到找到正確密碼為止。對駭客而言，這是非常耗時的工作。WPA3 的最大差異就是它可以防止字典式攻擊。

因此，WPA PSK 主要應該應用在 SOHO 環境，或是有裝置限制、不支援 RADIUS 認證 (例如語音 IP 電話)的企業環境。

WPA2 企業版

無論 AP 和工作站間建立初始連線時是使用 WPA 或是 WPA2，兩者都要使用共同的安全性要求。在這種協作中，有一系列重要的金鑰相關活動會依照特定順序發生：

1. 認證伺服器取得稱為 PMK 的金鑰。在整個會談中，這個金鑰都會保持不變。工作站也會取得相同的金鑰。伺服器會將 PMK 移到需要的 AP 端。

2. 下個步驟是**四步斡旋** (four-way handshake)。它的目的是要得到稱為 PTK 的另一把金鑰。這個步驟是發生在 AP 和工作站之間，並且需要 4 個步驟來完成：

   a. AP 傳送一個稱為 nonce 的亂數給工作站。

   b. 工作站使用這個值與 PMK 建立一個金鑰，將稱為 snonce 的另一個 nonce 加密，然後傳送給 AP。Snonce 中包含對稍早協商的安全性參數的再確認請求，並且使用 MIC 保護訊框的完整性。這種 nonce 的雙向交換是金鑰產生流程中的關鍵部分。

   c. AP 取得客戶端 nonce 之後，會產生與該工作站進行單點傳播的金鑰。它會將 nonce、群組臨時金鑰 (group transient key) 和安全參數的確認，一併送回工作站。

   d. 第 4 個訊息是跟 AP 確認**臨時性金鑰** (temporal key,TK) 已經收到了。

   四步斡旋的最後一個功能是用來確認兩者都還 "活" 著。

802.11i

雖然 WPA2 是以 802.11i 為目標建構的，但是在定稿的時候，802.11i 標準還是增加了一些功能。

- 可以與標準搭配的 EAP 方法清單。
- 以 AES-CCMP 取代 RC4 的加密。
- 更好的金鑰管理；主金鑰可以被快取，允許工作站更快的重新連線。

除此之外，安全軍團中還有另一位成員：WPA3。

WPA3

在 2018 年，Wi-Fi 聯盟公布了新的 WPA3，是用來取代 WPA2 的無線安全標準。WPA2 標準做得不錯，但是它已經從 2004 年服役到現在了！WPA3 為 WPA2 加上了更多安全功能，就如同 WPA2 對 WPA 一樣。

關於 WPA3 的斡旋架構和漏洞的命名都相當有趣。WPA2 使用 PSK，但是 WPA3 升級到 128 位元的加密，並且使用了 SAE(Simultaneous Authentication of Equals) 系統，稱為**蜻蜓斡旋** (dragonfly handshake)。它會在登入時強制進行網路的互動，讓駭客無法透過字典攻擊下載加密的雜湊值，然後使用破解軟體來進行破解。

更有趣的名稱是 WPA3 已知的漏洞**龍血** (dragonblood)。龍血漏洞這麼快出現，一方面是因為 WPA3 並沒有對 WPA2 的防護機制作太大的變動，另一方面則是 WPA3 的向後相容性—這表示如果某人想要進行攻擊，只要在攻擊中使用 WPA2，就相當於是將您的 WPA3 降級為 WPA2！

WPA 安全性包含個人和企業網路兩種，但是 WPA3 還提供一些相當不錯的新特性，具有更強大的認證和加密能力。它也透過更乾淨而有彈性的安全措施來協助保護重要的網路。

下面是所有 WPA3 網路共有的特徵：

- 使用最新的安全方法
- 不允許使用過時的協定
- 必須使用 PMF (被保護的管理訊框，Protected Management Frame)

根據無線網路的類型和目的不同，它們對風險的容忍度也不同。對私人的家用或企業網路，WPA3 提供一些不錯的工具來關閉猜測密碼的攻擊。對於需要更高等級保護的網路，WPA3 也可以與更高的安全性協定一同運作。

如前所述，WPA3 標準具有向後相容性，能提供與 WPA2 裝置的互通性，但是對於開發符合規範裝置的企業而言，這並不具有強制性。但是隨著市場的成長，筆者相信這個條件將越來越重要。

WPA3 個人版

WPA3 個人版透過 SAE (Simultaneous Authentication of Equals) 提供堅強的密碼認證能力。這是 WPA2 PSK 的重大升級，即使是用戶選擇了簡單易破的密碼，它都還能運作得相當良好。

WPA3 也能抵抗駭客透過字典式攻擊來破解密碼。下面是其他的優點：

- **比較自然的密碼選擇**：讓用戶可以選擇比較容易記憶的密碼。
- **容易使用**：提供更好的保護，但用戶不需要改變連上網路的方式。
- **前向保密** (forward secrecy)：即使密碼在資料送出後被破解，還是能保護資料流。

WPA3 企業版

基本上，所有的無線網路都能在 WPA3 中取得相當的安全性，但是對於具有敏感性資料的網路，例如金融機構、政府機關、乃至於企業網路，獲益尤其明顯。WPA3 企業版改善了 WPA2 提供的各項功能，並且讓安全性協定在整個網路上運作得更流暢。

WPA3 企業版甚至允許使用最小長度為 192 位元的安全協定，加上一些很不錯的加密工具，來保障安全性。

下面是 WPA3 對安全性的加強支援：

- **甜蜜功能警告** (sweet feature alert)：WPA3 使用無線 DPP (Device Provisioning Protocol) 系統，讓用戶可以利用 NFC 標籤或 QR 碼來允許裝置上網。
- **經過認證的加密**：256 位元的 GCMP (Galois/Counter Mode Protocol)。
- **金鑰推衍與確認** (derivation and confirmation)：384 位元的 HMAC (Hashed Message Authentication Mode)，與 SHA (Secure Hash Algorithm) 演算法 (HMAC-SHA384)。

- **金鑰確立與認證** (establishment and authentication)：ECDH (Elliptic Curve Diffie-Hellman) 交換，與使用 384 位元橢圓曲線的 ECDSA (Elliptic Curve Digital Signature Algorithm) 演算法。
- **堅強的管理訊框保護**：256 位元的廣播/多點傳播完整性協定 BIP-GMAC-256 (Broadcast/Multicast Integrity Protocol Galois Message Authentication Code)。
- WPA3 企業版提供的 192 位元安全模式，可以確保密碼工具的正確組合，並且在 WPA3 網路中設立了一致的安全基礎。

WPA3 還提供了稱為 OWE (Opportunistic Wireless Encryption)，以改善 802.11i 的開放性認證。OWE 試圖賦予網路上每個裝置屬於自己的唯一金鑰，以提供不用密碼的加密通訊。

這項實作有時也稱為 IDP (Individualized Data Protection)，對於使用密碼保護的網路十分方便--因為即使攻擊者取得網路上的密碼，仍舊無法存取其他加密的資料！

下面表 19.1 是 WPA、WPA2、WPA3 的比較。

表 19.1 WPA、WPA2、WPA3 的比較

安全性類型	WPA	WPA2	WPA3
企業模式：企業、教育機構、政府	認證：IEEE 802.1X/EAP 加密：TKIP/MIC	認證：IEEE 802.1X/EAP 加密：AES-CCMP	認證：IEEE 802.1X/EAP 加密：GCMP-256
個人模式：SOHO、家用、個人	認證：PSK 加密：TKIP/MIC	認證：PSK 加密：AES-CCMP	認證：SAE 加密：AES-CCMP
	128 位元 RC4 及 TKIP 加密	128 位元 AES 加密	128 位元 AES 加密
	不支援 ad hoc	不支援 ad hoc	不支援 ad hoc

19-7 摘要

本章包含了大量的無線技術資料。對於我們這些越來越依賴無線技術的人而言，真的難以想像一個沒有無線網路的世界。

因此，本章一開始探討了無線網路運作的基本原理。以此為基礎，介紹了基本的無線射頻與 IEEE 標準。我們介紹了 802.11 的源起，演進現況，和不久將來的標準，並且討論了建立標準的子委員會。最後是無線安全性的討論，也可以說大部分是不安全的討論，帶領我們進入了 WPA、WPA2 和 WPA3 標準。

19-8 考試重點

- **瞭解 IEEE 802.11a 規範**：802.11a 在 5GHz 頻譜上運行；如果使用 802.11h 延伸功能，則會擁有 23 個非重疊頻道。802.11a 最高可以到 54Mbps，但是僅限於距離 AP 小於 50 呎的位置。
- **瞭解 IEEE 802.11b 規範**：802.11b 在 2.4GHz 的範圍運行，具有 3 個非重疊頻道。它可以提供遠距離傳輸，但是最高的資料速率只有 11Mbps。
- **瞭解 IEEE 802.11g 規範**：802.11g 是 802.11b 的兄弟，同樣是在 2.4GHz 的範圍上運行，但是在距離 AP 小於 100 呎的位置內，具有最高 54Mbps 的資料傳輸速率。
- **瞭解 IEEE 802.11n 規範**：802.11n 使用寬度為 40MHz 的頻道來提供更多的頻寬，使用塊狀確認來提供 MAC 效率，並且使用 MIMO 的高速來提供較佳的流量和距離。
- **瞭解 WPA、WPA2、和 WPA3 的差異。**

19-9 習題

習題解答請參考附錄。

(　　) 1. WPA3 企業版使用下列何種加密方式？

A. AES-CCMP　　B. GCMP-256
C. PSK　　D. TKIP/MIC

(　　) 2. 下列何者是 IEEE 802.11b 標準的頻率範圍？

A. 2.4Gbps　　B. 5Gbps
C. 2.4GHz　　D. 5GHz

(　　) 3. 下列何者是 IEEE 802.11a 標準的頻率範圍？

A. 2.4Gbps　　B. 5Gbps
C. 2.4GHz　　D. 5GHz

(　　) 4. 下列何者是 IEEE 802.11g 標準的頻率範圍？

A. 2.4Gbps　　B. 5Gbps
C. 2.4GHz　　D. 5GHz

(　　) 5. 您已經在辦公室天花板上裝了一台 AP，現在至少要設定 AP 的哪些參數，才能讓無線客戶端使用它？

A. AES
B. PSK
C. SSID
D. TKIP
E. WED
F. 802.11i

( ) 6. WPA2 使用下列何種加密方式？

A. AES-CCMP **B.** PPK via IV

C. PSK **D.** TKIP/MIC

( ) 7. 802.11b 有幾個非重疊頻道？

A. 3 **B.** 12

C. 23 **D.** 40

( ) 8. 下列何者內建有對字典式攻擊的防護？

A. WPA **B.** WPA2

C. WPA3 **D.** AES

E. TKIP

( ) 9. 下列何者是 802.11a 標準的最大資料速率？

A. 6Mbps **B.** 11Mbps

C. 22Mbps **D.** 54Mbps

( )10. 下列何者是 802.11g 標準的最大資料速率？

A. 6Mbps **B.** 11Mbps

C. 22Mbps **D.** 54Mbps

( )11. 下列何者是 802.11b 標準的最大資料速率？

A. 6Mbps **B.** 11Mbps

C. 22Mbps **D.** 54Mbps

( )12. WPA3 使用下列何種改良來取代預設的開放式認證？

A. AES **B.** OWL

C. OWE **D.** TKIP

(　　)13. 有一台無線客戶端無法使用 802.11b/g 的無線網卡連到 802.11b/g 的 BSS，且該裝置所在區域的 AP 中並沒有任何作用中的 WLAN 客戶端。下列何者是可能的原因？

A. 客戶端設定的頻道不正確

B. 客戶端的 IP 位址是位於錯誤的子網路

C. 客戶端的預先分享金鑰不正確

D. 客戶端的 SSID 設定有誤

(　　)14. WPA 增加了下列哪兩項功能來處理 WEP 中的弱點 (選擇兩項)？

A. 更強的加密演算法

B. 利用暫時性金鑰來混合金鑰

C. 共享金鑰認證

D. 較短的初始向量

E. 各個訊框的序號計數器

(　　)15. 下列哪兩種無線加密方法是以 RC4 加密演算法為基礎 (選擇兩項)？

A. WEP

B. CCKM

C. AES

D. TKIP

E. CCMP

(　　)16. 有兩名員工在他們的筆電之間直接建立了無線通訊。下列何者是他們兩人建立的無線拓樸類型？

A. BSS

B. SSID

C. IBSS

D. ESS

(　　)17. 下列哪兩項描述了 WPA 定義的無線安全標準 (選擇兩項)？

A. 它規範了動態加密金鑰，會在使用者連線期間變動

B. 它要求所有裝置必須使用相同的加密金鑰

C. 它可以使用 PSK 認證

D. 必須使用靜態金鑰

(　　)18. 下列何種無線 LAN 設計能確保行動中的無線客戶端，在 AP 間移動時不會斷線？

A. 使用相同廠商生產的介面卡和 AP

B. 無線細胞覆蓋範圍至少要重疊 20%

C. 設定所有 AP 都使用相同頻道

D. 利用 MAC 位址過濾，來讓周圍的 AP 認證客戶端 MAC 位址

(　　)19. 您正在連線到 AP，而且是一台根 AP。請問延伸服務集 ID 是什麼意思？

A. 有不只一台 AP，由分送系統相連，並且有相同的 SSID。

B. 有不只一台 AP，由分送系統相連，並且有各自的 SSID。

C. 有多台 AP，位於不同的建築物中。

D. 有多台 AP，其中一台是中繼 AP。

(　　)20. 下列哪 3 項是設定無線 AP 的基本參數 (選擇 3 項)？

A. 認證方法

B. RF 頻道

C. RTS/CTS

D. SSID

E. 抗微波干擾

MEMO

設定無線技術

20

Chapter

本章涵蓋的 CCNA 檢定主題

1.0 網路基本原理

- 1.1.e 控制器 (Cisco DNA 中心與 WLC)

2.0 網路存取

- 2.9 設定無線區域網路存取元件，以提供客戶端連線，在 GUI 執行諸如建立 WLAN、安全性設定、服務品質側寫 (profile)，以及進階的 WLAN 設定

5.0 安全性基本原理

- 5.10 在 GUI 中使用 WPA2 PSK 設定 WLAN

知道無線運作原理之後，在本章中，我們將從頭到尾完整地完成無線網路的組態設定。從將筆電連上無線接點，到真正成功上網，中間包含了許多的步驟與龐大的基礎建設。

本章一開始，將先討論如何讓 Cisco **無線區域網路控制器** (Wireless LAN Controller，WLC) 運作，再說明如何將 AP 加入新的 WLC 中。接著我們會深入鑽研如何設定 WLC，以支援無線網路。在本章最後，我們會將實際的端點加入到無線區域網路中。

20-1 WLAN 建置模型

CUWN (Cisco 的整合式無線網路，Cisco's Unified Wireless Network) 大幅簡化了 WLAN 的管理難題，例如：

- 在 WLAN 中整合了不同類型的裝置，並且確保它們可以在一起共同運作。
- 在企業持續新增 AP 的同時，維護一致的安全性組態設定。
- 監視環境中是否有新出現的干擾源，並且視需要重新安排現有的裝置。
- 適當地管理頻道配置，以最小化**同頻干擾** (co-channel) 與**鄰頻干擾** (adjacent channel)，並且確保在需要高容量的區域中佈建了足夠的 AP。

別忘了，讓事情更複雜的是，所有這些問題都必須在持續變動的三度空間中進行管理。這整個謎團的重要關鍵在於，上述大多數的問題主要是因為過去使用的建置模型是所謂的**獨立式模型** (stand-alone model)，或稱為**自主式模型** (autonomous model) 設計。我們很快就會談到這個模型，目前您只需知道，在這種模型中，AP 是以獨立的元件進行運作，而沒有集中式管理的能力。您可能會奇怪，這樣的設計有什麼問題呢？

典型的獨立式設計都是始於靜態的環境勘查，基本上是反映特定時間點的無線射頻 (RF) 環境現況。管理者根據這個現況來安排裝置，以減緩現有干擾，並提供所需的覆蓋範圍。因為 RF 空間經常會有變動，問題的關鍵就在 "靜態"

這兩個字上。例如當一家新公司遷入隔壁的閒置辦公室時，RF 環境就發生了變動。顯然，這種變動相當常見，但即使是將 1 個新的金屬物體搬進這個區域，仍舊可能造成相當大的影響！

因此有了新的**輕量型模型** (lightweight)，這個詞也被用來描述其中所使用的 AP。它不只提供了集中式的管理，也帶來了處理前述問題的新能力。更棒的是，這個模型可以用來建立能夠即時回應變動的基礎建設。現在讓我們來比較這兩種模型。

獨立式模型

不是所有的 AP 都能在獨立式模型下運作-只有自主型 AP 可以。稍後會列出各種不同的 AP 類型。圖 20.1 是 1 台 Cisco AP。

圖 20.1 Cisco 獨立式 AP

自主型 AP 使用與 Cisco 路由器相同的 IOS，只是內建了更多的無線功能。每台都是獨立設置，並且沒有集中式管理點。

老實說，僅僅幾台自主型 AP 的管理，很快就可以變成脫韁野馬。因為您不僅需要保持 AP 間組態的一致性，還必須手動處理每台的安全性政策，甚至調配無線頻道與功能以改善效能和穩定性，這可不是件小工程！Cisco 有提供一些解決方案，用來協助組態設定與管理問題，但這些方案在輕量型方案之前就不值一提了。

基本上，您可以在 AP 或 Cisco 交換器上設定無線網域服務 (Wireless Domain Service，WDS)，至少可以達成有限的集中式控制和管理。

輕量型模型

實務上，獨立式模型的所有問題，都可以靠集中式管理來解決。透過集中式管理，控制器可以將組態推送給 AP，並且聰明地調校無線效能，因為它能更大範圍地看到無線網路的輪廓。

CUWN 的輕量型模型中肯定有集中式控制—這是透過稍後會討論的 Cisco WLC (WLAN 控制器) 來達成。WLC 會控制和監看所有的 AP。客戶端和 AP 都會將資訊傳回 WLC，包括覆蓋率、干擾、甚至於客戶端資料等資訊。圖 20.2 是輕量型 AP

圖 20.2 Cisco 的輕量型 AP

所有傳輸的資料都會透過複雜的封裝協定 CAPWAP(Control And Provisioning of Wireless Access Point) 在 AP 和 WLC 間傳送。CAPWAP 會傳送和封裝 AP 與 WLC 之間的資訊；它使用 UDP 5246 的加密隧道 (tunnel) 傳送控制資訊，並且使用 UDP 5247 傳送資料。客戶端資料會使用 CAPWAP 標頭封裝，包含客戶收到的信號強度 (RSSI) 和信號雜訊比 (SNR) 等重要資訊。WLC 收到資料的時候，它可以視需要轉送。這種集中式控制的重要好處，包括安全性的改善和交通量的調節。例如交通會直接重新導向到 WLC，所以只需要使用中央防火牆來保護所有的無線交通，而不需要保護每個節點。

實體和邏輯的安全性在 CUWN 中變得更緊密，因為要確保只有經過授權的 AP 可以連到 WLC，這兩台裝置間必須交換憑證和相互認證。任何無法與 CAPWAP 相容的 AP 都被視為是 "惡意" (rogue) 的無線基地台。基本上，網路會強迫具有 CAPWAP 能力的 AP 在能夠從 WLC 下載任何組態之前，必須先進行認證。這有助於減少那些惡意 AP。為了實體的安全性，AP 在運作和連到 WLC 的期間，它的組態只存在 RAM 中。因此，當 AP 從網路移除時，它的組態也不會被竊探到。

CUWN 包含 5 個共同運作的元素，以提供整合式企業解決方案：

- 客戶端裝置
- AP
- 網路整合
- 網路管理
- 行動服務

市面上有很多支援這些元素的裝置，包括 Cisco Aironet 客戶端裝置，Cisco 安全性服務客戶端 (Cisco Secure Service Client，CSSC)，和其他 Cisco 相容裝置。在 AP 方面，我們可以選擇由 WLC 設定和管理的機型，或是以獨立模式運作的機型。

一台 Cisco WLC 可以管理許多 AP，只要新增幾台 Cisco WLC，就可以大幅增加管理能力。您也可以將其他裝置加入基本的 CUWN 中，以增加更多的功能和管理能力，例如 Cisco 無線控制系統 (Wireless Control System，WCS) 能夠協助多台 WLC 的集中式管理。您也需要 WCS 來新增 Cisco 無線定位設備 (wireless location appliance)。這些都是很好的工具，提供諸如客戶端和 RFID 標籤的即時位置追蹤。

不只如此。Cisco 也提供 Mobility Express 控制器，這是台較小的無線控制器，可以在 Cisco 交換器 (如 3850) 和某些 Cisco AP 上運行，以提供虛擬管理。無線控制器的最新機型是 Cisco 9800；它是完整建立在 ISO-XE 上，而不是像 WLC 使用 AireOS。

分割 MAC

更好的是，輕量型架構具有在輕量型 AP 和 WLC 之間分割 802.11 資料鏈結層的功能。

輕量型 AP 會處理即時部分的通訊，而 Cisco WLC 則會處理對時間比較不敏感的項目。這項技術通常稱為**分割 MAC** (Split MAC)。

下面是協定中由 AP 處理的即時部分：

- 客戶端和 AP 在每個訊框傳輸期間所交換的斡旋訊框。
- 訊框傳輸時的**信標** (beacon)。
- 處理在節電模式下運作的客戶端訊框 (包含緩衝及傳輸)。
- 回應客戶端的探詢請求訊框，並且將接收到的探詢請求轉送給控制器。
- 將所有收到訊框的即時信號品質資訊傳送給控制器。
- 監看 RF 頻道的雜訊、干擾、其他 WLAN 和惡意 AP。
- VPN 和 IPSec 客戶端除外的加解密 (僅限第 2 層的無線傳輸)。

剩下那些對時間要求沒那麼高的任務，則是由 WLC 負責。WLC 提供的 MAC 層功能包括：

- 802.11 認證
- 802.11 聯結與再聯結 (移動性)
- 802.11 對 802.3 的訊框轉換與橋接
- 所有 802.11 訊框在控制器的**終結** (termination)

雖然控制器處理認證，但是 WPA2 或 EAP 的無線加密金鑰還是保留在 AP 與客戶端。

雲端模型

現在使用 Cisco 的 AP，可以獲得一種全新的無線基礎建設管理方式。Cisco Meraki 解決方案是完全透過雲端管理，所以只需要確保 AP 能夠連上網際網路就行了。透過公開存取的網站介面，就可以管理整個 Meraki 網路。

這表示您可以隨時隨地變動您的網路。讓我們來看看圖 20.3。

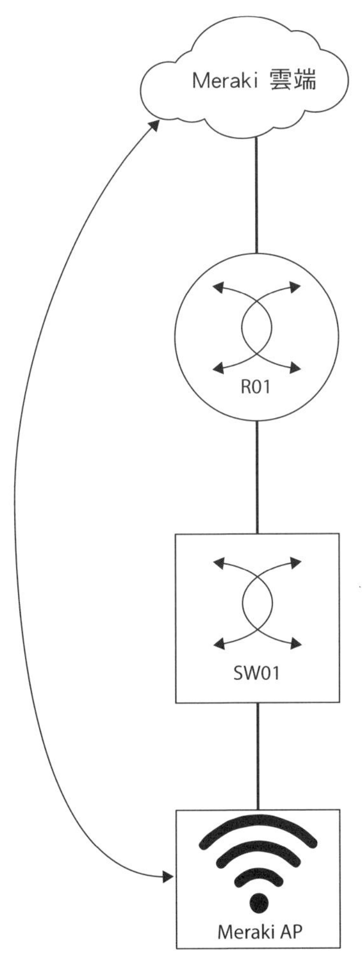

圖 20.3　雲端模型

管理用的雲端控制面板，提供監控資訊以協助進行故障排除和其他功能。雲端並提供了自動化韌體升級、分析、安全性功能與更新以及自動化的集中點。

雲端模型的缺點在於 AP 並不會提供裝置太多的本地管理能力，它不支援命令列介面 (CLI)。所以如果辦公室的網際網路斷線，就必須等到 Meraki 裝置重新連線，才有辦法對網路進行任何變動。

Meraki 的另一個缺點是因為它著重在易於使用，所以並沒有提供像其他 Cisco 控制器那麼多的功能。所以基本上，Meraki 是針對沒有高深 IT 技術團隊來建置複雜方案的企業，或是沒有 IT 人員來協助設定或故障排除的分公司。

圖 20.4 是 Meraki 在設定 SSID 的範例畫面。

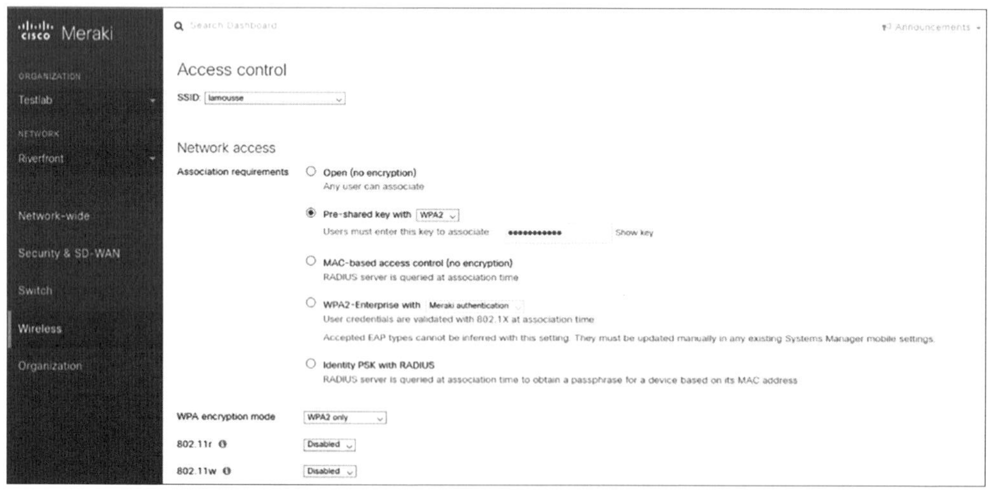

圖 20.4 Meraki 無線管理

20-2 設定無線區域網路控制器 (WLC)

本節將說明如何真正讓一台 WLC 上線，所以現在我們將開始進行無線網路實驗的組態設定。

設定交換器

要將 WLC 連到交換器，我們先建立一些 VLAN 以及主幹埠，用來聯結 WLC。這個環境將使用 3 個介面，以便在稍後建立圖 20.5 中的埠通道。

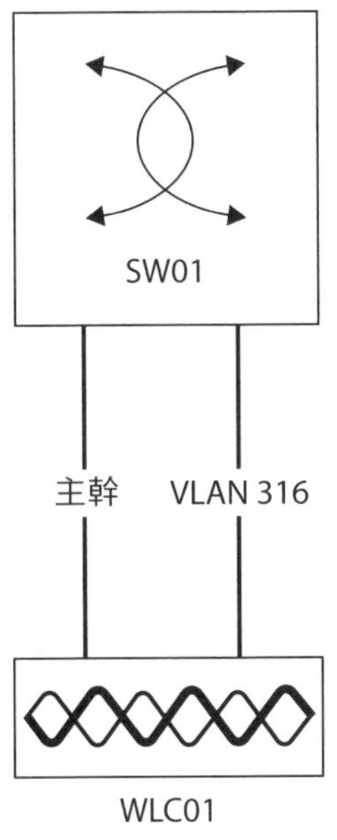

圖 20.5　無線網路範例

我們還需要 1 個存取埠來使用服務埠 (本章稍後說明)。

現在先建立要給 WLC 管理介面使用的 VLAN，以及給服務埠做**帶外** (out of band) 管理所需的 VLAN：

```
C3750X-SW01(config)#vlan 311
C3750X-SW01(config-vlan)#name Wireless-Controller
C3750X-SW01(config-vlan)#vlan 316
C3750X-SW01(config-vlan)#name Wireless-ServicePort
```

順便，再建立 WLC 在本章稍後會用到的其他 VLAN：

```
C3750X-SW01(config-vlan)#vlan 101
C3750X-SW01(config-vlan)#name WLAN101
C3750X-SW01(config-vlan)#vlan 102
C3750X-SW01(config-vlan)#name WLAN102
C3750X-SW01(config-vlan)#vlan 103
C3750X-SW01(config-vlan)#name WLAN103
```

當然，交換器還需要 SVI 來提供對 WLC 的連線：

```
C3750X-SW01(config)#interface vlan 311
C3750X-SW01(config-if)#description Wireless Controller
C3750X-SW01(config-if)#ip add 10.30.11.1 255.255.255.0
C3750X-SW01(config-if)#no shut

C3750X-SW01(config-if)#interface vlan 316
C3750X-SW01(config-if)#description Wireless-SP Port
C3750X-SW01(config-if)#ip add 10.10.16.1 255.255.255.0
C3750X-SW01(config-if)#no shut
C3750X-SW01(config-if)#exit

C3750X-SW01(config-if)#interface vlan 101
C3750X-SW01(config-if)#description WLAN101
C3750X-SW01(config-if)#ip add 10.30.101.1 255.255.255.0
C3750X-SW01(config-if)#no shut

C3750X-SW01(config-if)#interface vlan 102
C3750X-SW01(config-if)#description WLAN102
C3750X-SW01(config-if)#ip add 10.30.102.1 255.255.255.0
C3750X-SW01(config-if)#no shut

C3750X-SW01(config-if)#interface vlan 103
C3750X-SW01(config-if)#description WLAN103
C3750X-SW01(config-if)#ip add 10.30.103.1 255.255.255.0
C3750X-SW01(config-if)#no shut
```

交換器上最後還需要做的設定，是將交換器埠設定為主幹。筆者的 WLC 是連到埠 G1/0/37-39，服務埠則是連到 G1/0/40。

首先，在每個介面新增說明，以便在幾周之後能輔助記憶：

```
C3750X-SW01(config)#int g1/0/37
C3750X-SW01(config-if)#description Connection to WLC Port 1
C3750X-SW01(config-if)#int g1/0/38
C3750X-SW01(config-if)#description Connection to WLC Port 2
C3750X-SW01(config-if)#int g1/0/39
C3750X-SW01(config-if)#description Connection to WLC Port 3
```

為了少打幾個字，這邊會使用命令 **range** 來設定主幹。因為 WLC 並沒有執行 STP，所以可以放心地開啟介面上的 portfast：

```
C3750X-SW01(config-if)#int ra g1/0/37-39
C3750X-SW01(config-if-range)#switchport trunk encapsulation dot1q
C3750X-SW01(config-if-range)#switchport mode trunk
C3750X-SW01(config-if-range)#spanning-tree portfast trunk
%Warning: portfast should only be enabled on ports connected to a single
host. Connecting hubs, concentrators, switches, bridges, etc... to this
interface  when portfast is enabled, can cause temporary bridging loops.
Use with CAUTION
```

服務埠必須是存取埠，所以我們將介面放到 VLAN 316：

```
C3750X-SW01(config-if-range)#int g1/0/40
C3750X-SW01(config-if)#description Connection to WLC Service Port
C3750X-SW01(config-if)#switchport mode access
C3750X-SW01(config-if)#switchport access vlan 316
C3750X-SW01(config-if)#spanning-tree portfast
%Warning: portfast should only be enabled on ports connected to a single
host. Connecting hubs, concentrators, switches, bridges, etc... to this
interface  when portfast is enabled, can cause temporary bridging loops.
Use with CAUTION
%Portfast has been configured on GigabitEthernet1/0/40 but will only
have effect when the interface is in a non-trunking mode.
```

WLC 初始設定

現在交換器已經設定完成，可以連上 WLC 並且開機。在幾分鐘之後，它會進入設定精靈：

```
(Cisco Controller)
Welcome to the Cisco Wizard Configuration Tool
Use the '-' character to backup

AUTO-INSTALL: starting now...
Would you like to terminate autoinstall? [yes]: yes
```

精靈會詢問是否要設定系統的主機名稱、帳號、和密碼：

```
System Name [Cisco_5e:ba:e4] (31 characters max): WLC01
Enter Administrative User Name (24 characters max): admin
Enter Administrative Password (3 to 24 characters): **********
Re-enter Administrative Password : **********
```

接著開始詢問服務埠 IP 位址。稍後會說明該埠的作用，不過目前只須將它設定在與管理埠不同的子網路中，所以我們將它設為 **10.10.16.220/24**：

```
Service Interface IP Address Configuration [static][DHCP]: static
Service Interface IP Address: 10.10.16.220
Service Interface Netmask: 255.255.255.0
```

將**鏈路聚合** (link aggregation) 關閉 (稍後將會說明)。之後您隨時可以將它開啟：

```
Enable Link Aggregation (LAG) [yes][NO]: no
```

除了帳號密碼之外，最重要的是管理介面的設定。我們將它的 IP 位址設為 **10.30.11.40/24**，並且使用 VLAN311 SVI IP 作為預設路由器，也稱為預設閘道。因為這是主幹鏈路，所以除非我們想變更原生 VLAN，否則還必須將該埠的 VLAN 設為 311。要記得告訴 WLC，管理介面要使用的埠號，此處為 Port 1。

這個介面還需要設定 DHCP 請求的轉送。此處將它設到 SVI：

```
Management Interface IP Address: 10.30.11.40
Management Interface Netmask: 255.255.255.0
Management Interface Default Router: 10.30.11.1
Management Interface VLAN Identifier (0 = untagged): 311
Management Interface Port Num [1 to 8]: 1
Management Interface DHCP Server IP Address: 10.30.11.1
```

我們還需要提供虛擬閘道 IP，但這部分將留待稍後再說。現在，我們先將高可用性 (high availability) 關閉—這不在本書的涵蓋範圍之內：

```
Enable HA [yes][NO]: no
Virtual Gateway IP Address: 192.0.2.1
```

Mobility/RF 群組名稱能協助幾台 WLC 一同運作，在此先不討論，但它是必填欄位，所以請隨意輸入一個名稱：

```
Mobility/RF Group Name: Testlab
```

接著，設定精靈要求我們設定 SSID，可惜在到達這個步驟之前，我們還有一堆地基要打。所以此處先使用預設選項來設定 **Temp-SSID**，並且在 WLC 開始運作後再刪除它：

```
Network Name (SSID): Temp-SSID
Configure DHCP Bridging Mode [yes][NO]:
Allow Static IP Addresses [YES][no]:
```

接著，WLC 同樣試圖先行一步，並設定 RADIUS 伺服器。所以先選擇 no，將來再手動完成：

```
Configure a RADIUS Server now? [YES][no]: no
```

無線網路必須知道是在哪個國家運作，因為不同國家會稍有不同。筆者位於加拿大，所以輸入 CA 做為國碼：

```
Enter Country Code list (enter 'help' for a list of countries) [US]: CA
```

準備好連按數個 Enter 鍵，來將接受數個選項的預設值，以開啟不同類型的無線網路：

```
Enable 802.11b Network [YES][no]:
Enable 802.11a Network [YES][no]:
Enable 802.11g Network [YES][no]:
Enable Auto-RF [YES][no]:
```

WLC 使用憑證來註冊 AP，所以最好能確認系統的時間是正確的。這裡使用 **10.30.11.10** 做為這個實驗的 NTP 伺服器：

```
Configure a NTP server now? [YES][no]:
Enter the NTP server's IP address: 10.30.11.10
Enter a polling interval between 3600 and 604800 secs: 3600
```

接著我們將跳過 IPv6，因為一旦選擇開啟，接下來就是一堆 IPv6 的組態設定：

```
Would you like to configure IPv6 parameters[YES][no]: no
```

執行到最後，設定精靈會詢問是否一切正確—記得回答 **yes**，否則一切都必須重來一次！接著 WLC 會重新開機並開始運作：

```
Configuration correct? If yes, system will save it and reset. [yes]
[NO]: yes
Cleaning up DHCP Server
Configuration saved!
Resetting system with new configuration...
```

20-3 加入存取點 (AP)

加入 AP 並不是 CCNA 的主題，但是 WLC 必須要加上 AP 才有作用。前面逐步設定了 WLC 介面的組態，接著我們來把一些 AP 新增到控制器中。

要將新的 AP 註冊到控制器中的方法不止一種，本節將說明透過 DNS、DHCP、以及從命令列進行手動註冊的不同方法。

手動

手動註冊是最快、也最簡單的方法，但是如果必須登入數台 AP 並且連到控制器，它也可能很快就變得很麻煩。

如果 AP 具有 IP 位址，您可以透過序列埠或 SSH 連上 Cisco AP。登入的帳號密碼為 Cisco/Cisco，enable 的密碼也是 Cisco：

```
AP7c69.f6ef.6d5f> enable
Password:
AP7c69.f6ef.6d5f#
```

一旦登入 AP，它的預設名稱為 "AP"，後面跟著裝置的 MAC 位址。假設 AP 收到 DHCP 位址，則只需使用下面的命令連上位於 10.30.11.40 的 WLC：

```
AP7c69.f6ef.6d5f#capwap ap controller ip address 10.30.11.40
```

如果沒有 DHCP，也可以使用下面命令設定靜態 IP：

```
AP7c69.f6ef.6d5f#capwap ap ip address 10.30.20.101 255.255.255.0
AP7c69.f6ef.6d5f#capwap ap ip default-gateway 10.30.20.1
```

DNS 方法

如果要設定較多 AP，比較簡單的方法是建立 DNS 項目，讓 AP 可以找到 WLC，並且進行註冊。

要使用 DNS 方法，必須先在 DNS 伺服器上，為 **CISCO-CAPWAP-CONTROLLER** 建立 **DNS A**，指向 WLC 的 AP 管理器 IP，如圖 20.6。

圖 20.6 使用 DNS 設定 AP

我們還必須確認 DHCP 有指定適當的網域名稱給 AP，以便它們在進行查詢時能找到正確的 DNS 記錄。

DHCP 方法

DHCP 方法必須使用 16 進位來設定，所以比較困難些。首先，我們先建立 16 進位的字串。如果清單中只有 1 台 WLC，則在 F1 之後跟著的是 04 (4×1)。如果有 2 台 WLC，則會是 08 (4×2)。

接著來轉換 WLC 的 IP。本例中的 WLC IP 為 10.30.11.40，所以轉換結果為：

```
10 = 0A
30 = 1E
11 = 0B
40 = 28
```

合在一起就是 **F104A1E0B28**。

如果本例中使用的是 2 台 WLC，且第 2 台 WLC 為 10.30.12.40，則 IP 為：

```
10 = 0A
30 = 1E
12 = 0C
40 = 28
```

所得到的完整 16 進位字串為：**F1080A1E0B280A1E0C28**。

只要做過幾次之後，其實也沒真的那麼難，所以如果需要的話，多多練習即可。現在，使用得到的字串，來設定 DHCP 和選項 43 (Option 43)。

在本例中，在 Cisco 交換器上設定 DHCP 如下：

```
C3750X-SW01(config)# ip dhcp pool Wireless-AP
C3750X-SW01(dhcp-config)# network 10.30.20.0 255.255.255.0
C3750X-SW01(dhcp-config)# default-router 10.30.20.1
C3750X-SW01(dhcp-config)# domain-name testlab.com
C3750X-SW01(dhcp-config)# dns-server 10.30.11.10 10.20.2.10
C3750X-SW01(dhcp-config)# option 43 hex f104.0a1e.0b28
C3750X-SW01(dhcp-config)# exit
C3750X-SW01(config)# ip dhcp excluded-address 10.30.20.1 10.30.20.100
```

設定 VLAN

在網路中新增 AP 時，可以考慮建立新的 VLAN，以保持它的交通獨立，並且在檢查網路組態時可以被突顯出來。因此，在這個設定範例中，我們將建立 VLAN 320，並且命名為 Wireless-AP，加上說明。同時，為 VLAN 建立 SVI：

```
C3750X-SW01(config)#vlan 320
C3750X-SW01(config-vlan)#name Wireless-AP
C3750X-SW01(config-vlan)#exit

C3750X-SW01(config)#interface vlan 320
C3750X-SW01(config-if)#description Wireless-AP
C3750X-SW01(config-if)#ip add 10.30.20.11 255.255.255.0
C3750X-SW01(config-if)#no shut
```

設定交換埠 (Switchport)

設定連結 AP 的交換埠，需要做的事並不多。如果 AP 是在本地模式，或是正在使用故障檢測介面，則該埠只需要是存取埠。因為無線交通是透過 CAPWAP 經過隧道送往控制器，它並不需要知道 SSID 所使用的 VLAN。

我也將埠上的 Portfast 開啟，讓 AP 在嘗試取得 IP 和註冊時，不會被 STP 所影響：

```
C3750X-SW01(config)#interface g1/0/7
C3750X-SW01(config-if)#description LAB-AP01
C3750X-SW01(config-if)#switchport mode access
C3750X-SW01(config-if)#switchport access vlan 320
C3750X-SW01(config-if)#spanning-tree portfast
```

如果 AP 在 FlexConnect 模式下運行，情況會比較複雜。因為在設定時，網路交通只做本地交換，所以 AP 必須是主幹埠。這種情況下有個小技巧，是將原生 VLAN 變更為 Wireless-AP VLAN。這樣就可以讓 AP 上線，而不用在 AP 埠上設定 VLAN 標記。同時別忘了，portfast 要在主幹鏈路上運作，必須加上關鍵字 **truck**：

```
C3750X-SW01(config)#int g1/0/1
C3750X-SW01(config-if)#description LAB-AP03
C3750X-SW01(config-if)#switchport trunk encap dot1q
C3750X-SW01(config-if)#switchport trunk native vlan 320
C3750X-SW01(config-if)#switchport mode trunk
C3750X-SW01(config-if)#spanning portfast trunk
```

20-4 無線區域網路控制器 (WLC)

在無線的世界中有兩種 AP：自主型 AP 與輕量型 AP。自主型 AP 是獨立設定、管理和維護，完全與網路中的其他 AP 無關。輕量型 AP 則是從稱為無線控制器的中央裝置取得組態。AP 基本上是扮演天線的角色，所有資訊都會送回 **WLC** (Wireless LAN Controller)。這種做法有很多好處，包括集中式管理與更無縫銜接的無線漫遊。

在實作輕量型模型時，WLC 是擔任中央控制系統。所有裝置的組態設定都是在 WLC 上完成，然後下載到適當的裝置上。WLC 有不同的功能和價格，它的型式包含從獨立式 WLC，到可以整合至路由器和多層式交換器的模組等。一台 WLC 可以支援從 6 台到最多 300 台的 AP。圖 20.7 是 Cisco 的 WLC。

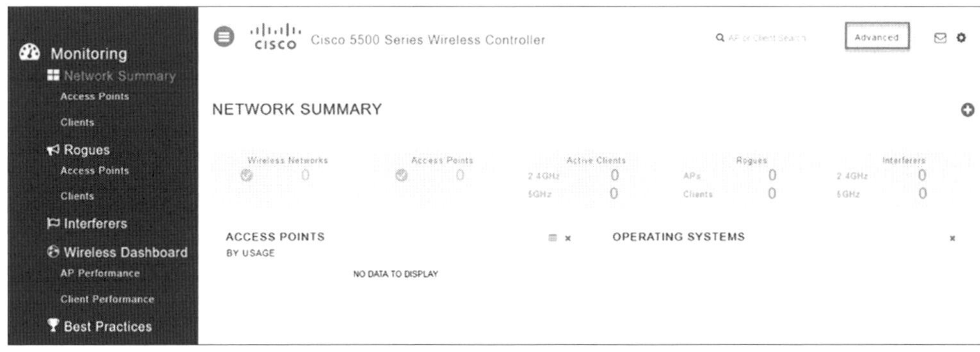

圖 20.7 Cisco WLC

一台 WLC 上的每台 AP 都可以設定和控制最多 16 個 WLAN，真是令人印象深刻！在 WLC 中定義的 WLAN 很像組態資訊 (profile)，具有獨立的 WLAN ID (1-16)，以及獨立的 WLAN SSID (WLAN 名稱)。WLAN SSID 對應了唯一的安全性和服務品質設定。

連到同一台 AP 的客戶端共享相同的 RF 空間和頻道，但是如果它們是連到不同的 SSID，就是位於不同的邏輯網路上。

當然，這也表示在不同 SSID 的客戶端，彼此在 RF 空間中也是隔離的，並且可能有不同的 VLAN 和 QoS 標記。不過，它們仍是位於相同的碰撞網域，就像 VLAN 的自主型 AP 組態設定。在 WLC 設定中，會將 SSID 映射到 VLAN 上。

即使 CCNA 並不要求，但筆者仍然在本章中加上網站介面之外的 WLC 命令列介面設定。這是因為 WLC AireOS 與您所熟悉的 Cisco IOS 並不相同，所以多接觸一下總是好的。

20-5 WLC 的埠類型

WLC 有多種不同的埠可以用來將 WLC 連到網路上，或是建置組態設定。下面列出它們的類型：

- 控制台埠
- 服務埠
- 冗餘埠
- 分散式系統埠
- 管理介面
- 冗餘管理
- 虛擬介面
- 服務埠介面
- 動態介面

- **控制台埠：**我猜您應該已經熟悉控制台埠了。在本例中，該埠的運作方式與您處理路由器或交換器的方式相同，可以透過帶外存取使用 CLI 來設定 WLC。

您可以透過控制台纜線和下列預設組態來連線：

- 9600 baud
- 8 資料位元
- 1 停止位元
- 無流量控制
- 無同位位元

您在一開始，或是 WLC 因為某些原因遺失網路存取的時候，就必須使用控制台埠來設定 WLC。如果想要變更序列埠設定，請按下圖 20.8 管理選單中的 **Serial Port**。

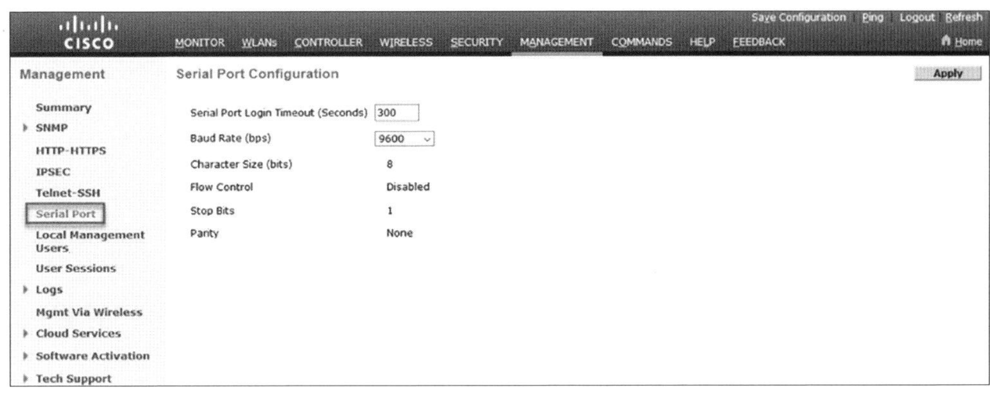

圖 20.8 Cisco WLC 序列埠組態設定

您也可以使用下列命令調整 baudrate：

```
(WLC01) >config serial baudrate
[1200/2400/4800/9600/19200/38400/57600/115200] Enter serial speed.
(WLC01) >config serial baudrate 115200
```

- **服務埠：**服務埠是用來做 WLC 的帶外管理 (out of band management)。這個埠用起來有點麻煩，因為它使用獨立的路徑表，而且不能使用預設閘道。這表示必須使用該埠來新增靜態路徑，才能讓它知道如何抵達管理網路。圖 20.9 是新增路徑的畫面。

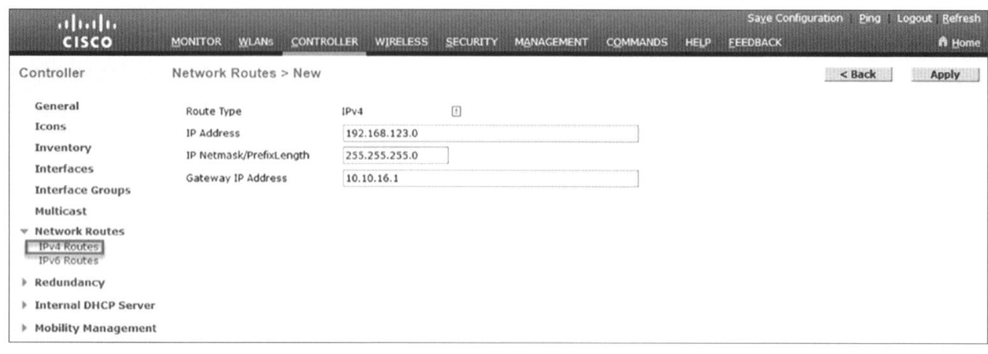

圖 20.9　WLC 新增路徑

要新增路徑，可以透過 CLI 執行下列命令：

```
(WLC01) >config route add 192.168.124.0 255.255.255.0 10.10.16.1
(WLC01) >show route summary
Number of Routes................................ 5
Destination Network          Netmask          Gateway
------------------- ----------------- ------------------
192.168.121.0         255.255.255.0     10.10.16.1
192.168.122.0         255.255.255.0     10.10.16.1
192.168.123.0         255.255.255.0     10.10.16.1
192.168.124.0         255.255.255.0     10.10.16.1
```

- **冗餘埠**：冗餘埠可以連到第 2 台 WLC，以達成高可用性，確保 WLC 可以持續服務您的無線網路。這部分在介面類型一節會有更詳細的討論。
- **分散式系統埠**：這只是對 WLC 的一般介面比較好聽的說法；根據 WLC 控制器的類型，可能是乙太網路或 SFP 連線。您可以在 **Controller** 頁面下點選 **Ports** 檢視該埠，如圖 20.10。

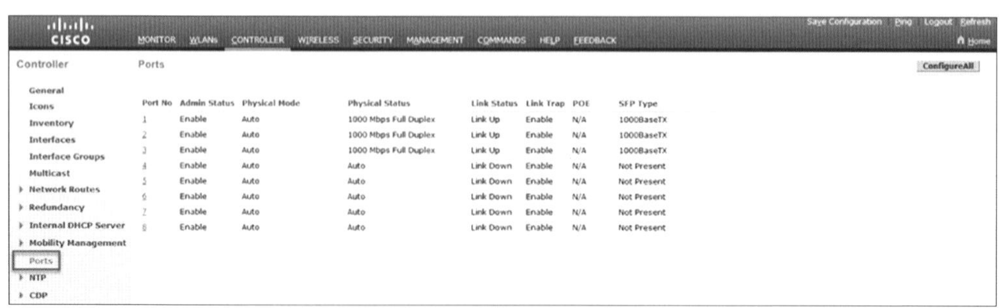

Port No	Admin Status	Physical Mode	Physical Status	Link Status	Link Trap	POE	SFP Type
1	Enable	Auto	1000 Mbps Full Duplex	Link Up	Enable	N/A	1000BaseTX
2	Enable	Auto	1000 Mbps Full Duplex	Link Up	Enable	N/A	1000BaseTX
3	Enable	Auto	1000 Mbps Full Duplex	Link Up	Enable	N/A	1000BaseTX
4	Enable	Auto	Auto	Link Down	Enable	N/A	Not Present
5	Enable	Auto	Auto	Link Down	Enable	N/A	Not Present
6	Enable	Auto	Auto	Link Down	Enable	N/A	Not Present
7	Enable	Auto	Auto	Link Down	Enable	N/A	Not Present
8	Enable	Auto	Auto	Link Down	Enable	N/A	Not Present

圖 20.10　分散式系統埠

您也可以使用下面的 CLI 命令來檢視系統上的埠：

```
(WLC01) >show port summary
   STP     Admin   Physical    Physical    Link    Link
Pr Type    Stat   Mode      Mode      Status    Status  Trap     POE      SFPType
-- ------ ---- ------- --------- ---------- ------ ------- ------- ----------
1  Normal Forw Enable  Auto      1000 Full  Up      Enable  N/A     1000BaseTX
2  Normal Forw Enable  Auto      1000 Full  Up      Enable  N/A     1000BaseTX
3  Normal Forw Enable  Auto      1000 Full  Up      Enable  N/A     1000BaseTX
4  Normal Disa Enable  Auto      Auto       Down    Enable  N/A     Not Present
5  Normal Disa Enable  Auto      Auto       Down    Enable  N/A     Not Present
6  Normal Disa Enable  Auto      Auto       Down    Enable  N/A     Not Present
7  Normal Disa Enable  Auto      Auto       Down    Enable  N/A     Not Present
8  Normal Disa Enable  Auto      Auto       Down    Enable  N/A     Not Present
RP Normal Disa Enable  Auto      Auto       Down    Enable  N/A     1000BaseTX
SP Normal Forw Enable  Auto      Auto       Up      Enable  N/A     1000BaseTX
```

- **管理介面**：管理介面是用於正常的管理性交通，包括 RADIUS 用戶認證，WLC 對 WLC 通訊，網站會談與 SSH 會談，SNMP，NTP，syslog 等等。管理介面也用來做為控制器與 AP 間 CAPWAP 隧道的終結。
- **冗餘管理**：這是冗餘 WLC 的管理性 IP 位址，屬於高可用性控制器配對的一部分。作用中的 WLC 使用管理介面位址，而備援 WLC 則使用冗餘管理位址。
- **虛擬介面**：當控制器轉送客戶端 DHCP 請求，執行客戶端網站認證，以及支援客戶端移動的時候，無線客戶端所面對的 IP 位址。
- **服務埠介面**：綁定在服務埠，用於帶外管理。
- **動態介面**：用來將 VLAN 連到 WLAN。

20-6 WLC 介面類型

WLC 也有將不同介面類型連結到不同的埠，並且提供無線網路的服務。您可以在 **Controller** 下選擇 **Interfaces** 來檢視 WLC 的介面，如圖 20.11。

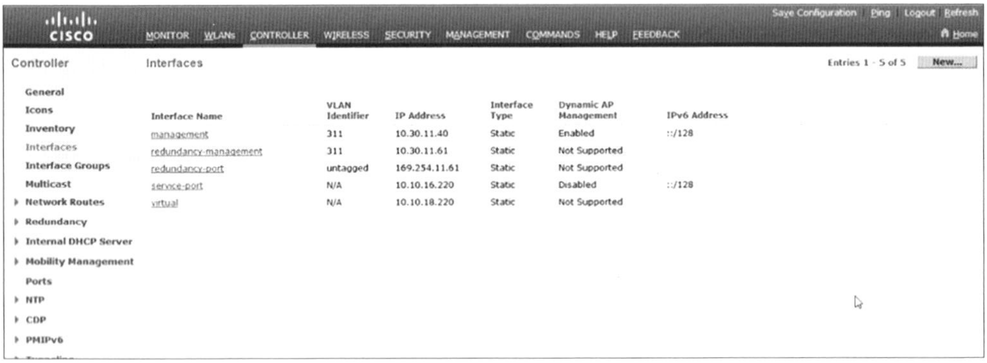

圖 20.11 WLC 介面

您也可以使用下列命令來檢查介面：

```
(WLC01) >show interface summary

 Number of Interfaces.......................... 8

Interface Name           Port Vlan Id  IP Address    Type   Ap Mgr Guest
-------------------- ---- -------- ------------- ------ ------ -----
management               LAG  311      10.30.11.40   Static Yes    No
redundancy-management LAG  311      10.30.11.61   Static No     No
redundancy-port          -    untagged 169.254.11.61 Static No     No
service-port             N/A  N/A      10.10.16.220  Static No     No
virtual                  N/A  N/A      192.0.2.1     Static No     No
```

管理介面

通常您會透過網站介面或 CLI 存取管理介面來連上 WLC。它必須有 IPv4 或 IPv6 位址；由於我們通常是從交換器透過主幹連接，所以也必須為該介面設定 VLAN 標記。根據預設，無線交通是透過 CAPWAP 送到控制器，所以我們還要在介面上設定 DHCP 協助器 (helper)，以便無線客戶端可以取得它的 IP 位址。

管理介面除了可以讓您在 WLC 上進行設定之外，預設還會開啟動態 AP 管理員 (Dynamic AP Manager) 的角色。它讓 AP 能對 WLC 註冊，並且是 CAPWAP 對控制器隧道的終結。

如果想要將這個角色移到其他介面，可以取消勾選 **Enable Dynamic AP Management**，但是它的複雜度通常不值得這樣大費周章，同時也不在本書的討論範圍。圖 20.12 是 WLC 管理介面。

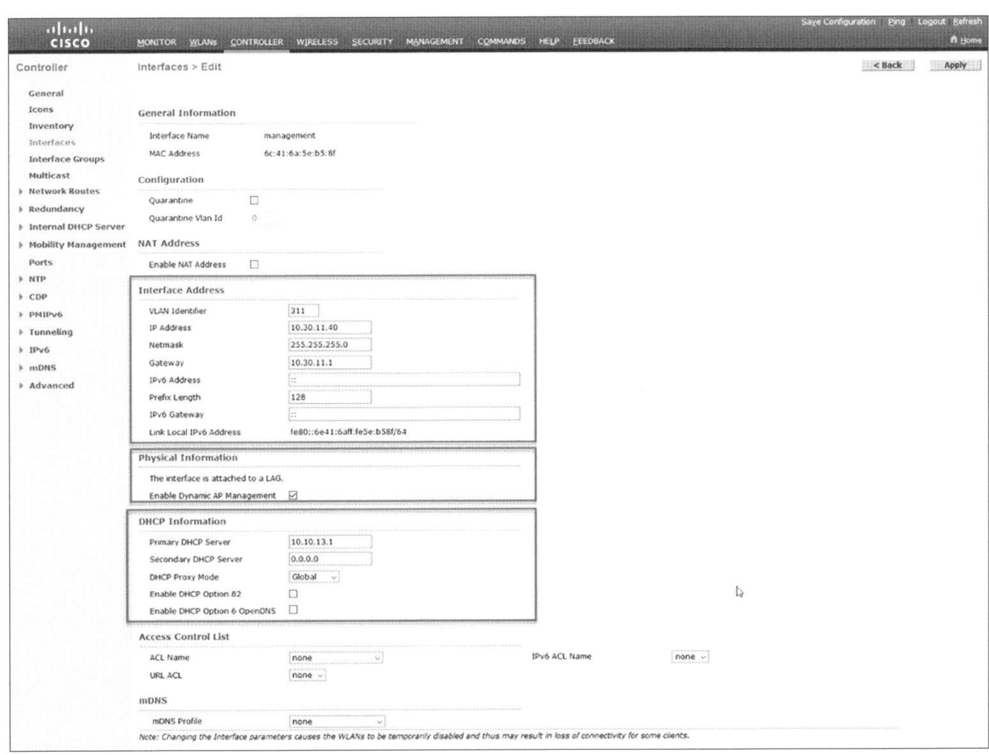

圖 20.12 WLC 管理介面

下面這些 CLI 命令也可以完成這項設定：

```
(WLC01) >config interface address management 10.30.11.40
<netmask>       Enter the interface's netmask.
(WLC01) >config interface address management 10.30.11.40 255.255.255.0
<gateway>       Enter the interface's gateway address.
(WLC01) >config interface address management 10.30.11.40 255.255.255.0 10.30.11.1
```

服務埠介面

上節提過如何使用這個介面來設定服務埠。與管理介面相比，這個介面的選項少得多，如圖 20.13。您可以設定 IPv4 或 IPv6 位址，也可以直接在埠上使用 DHCP 來取得位址。

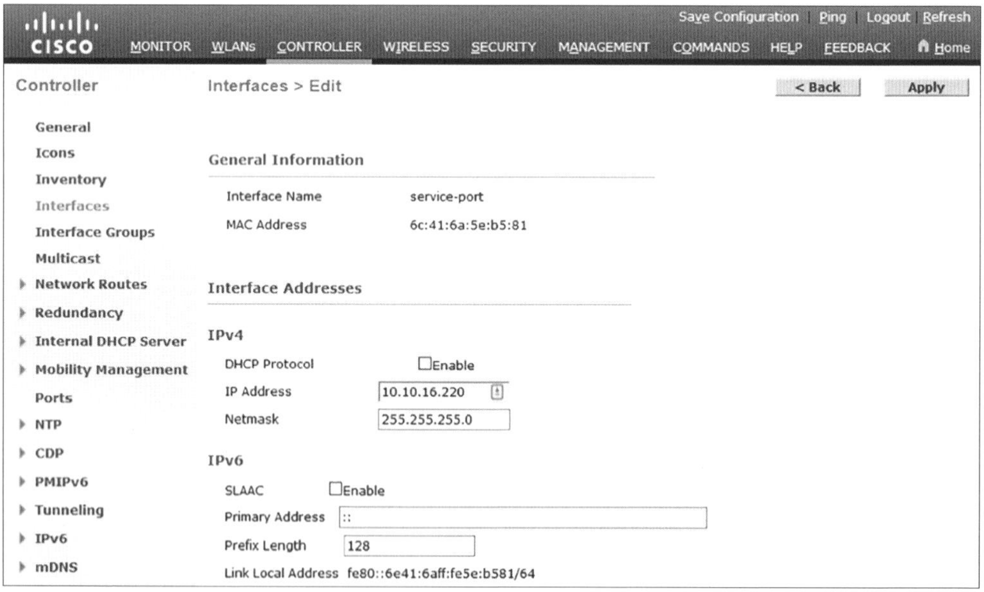

圖 20.13　WLC 服務埠介面

SP 介面並不支援 VLAN 標記，所以您必須將這個介面設定為使用未標記 VLAN。我們也可以透過 CLI 設定服務埠：

```
(WLC01) >config interface address service-port
<IP address>    Enter the interface's IP Address.
(WLC01) >config interface address service-port 10.10.16.220
<netmask>       Enter the interface's netmask.
(WLC01) >config interface address service-port 10.10.16.220 255.255.255.0
```

冗餘管理

冗餘管理介面是用來設定前述的冗餘埠。它其實與服務埠是相同的，也在兩處都有被參考。無論如何，該埠是用來在 2 台無線控制器間設定高可用性。它的 IP 位址必須與管理介面位於相同的子網路。

其他的步驟超出了本書的範圍，但是您可以從 **Controller** 頁面的選項中推知一二。圖 20.14 是 WLC 的冗餘管理介面。

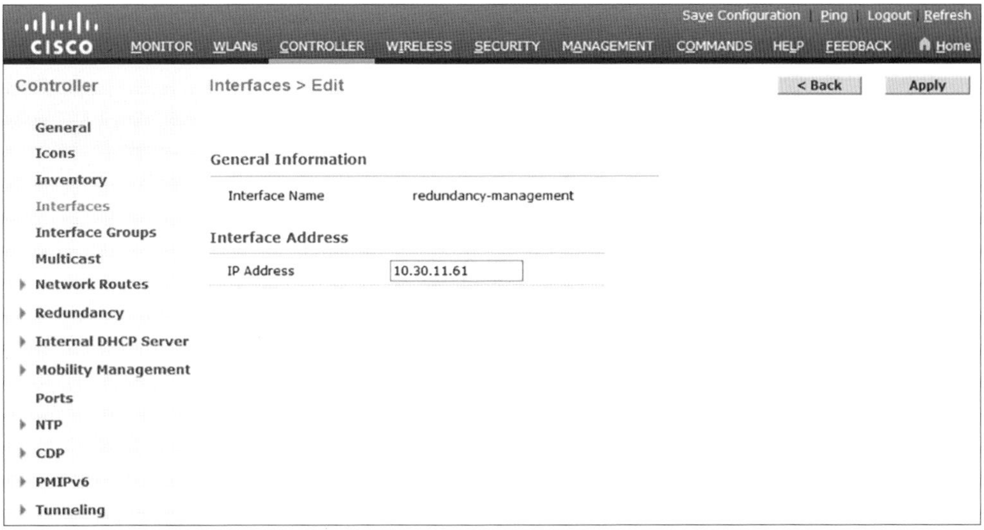

圖 20.14 WLC 冗餘管理介面

此處將不提供該介面的 CLI 命令，因為這需要完全深入高可用性的組態設定—您只要知道它跟前述的介面設定模式類似即可。

虛擬介面

當 WLC 必須將無線客戶端交通重新導向回控制器時，虛擬介面就會跳出來工作。您是不是曾經在旅館或某處剛連上 Wi-Fi，就有網頁跳出來要求您同意某些使用規範或輸入登入資訊？這就是虛擬介面的功勞。

回到很早以前的日子，那時候大家都用 1.1.1.1 作為重新導向用的 IP 位址，因為這個位址幾乎不可能被當作什麼重要的位址。然後有一天，Cloudflare 公司突然決定推出使用該 IP 位址的 DNS 服務。

所以，在 IT 社群憤怒鼓譟之後，最終決定使用 **192.0.2.1** 做為供重新導向使用的新虛擬 IP。

設定該介面的 CLI 如下：

```
(WLC01) >config interface address virtual 192.0.2.1
```

圖 20.15 是設定的 GUI 畫面。

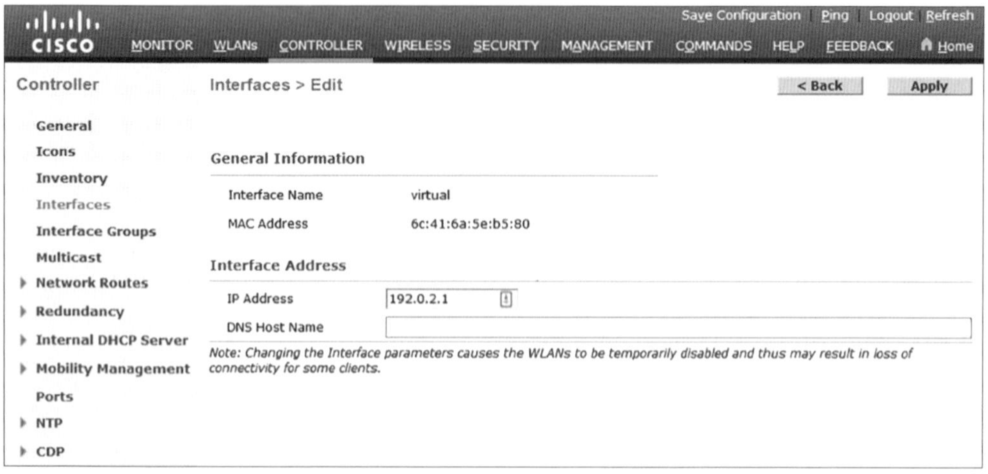

圖 20.15 WLC 虛擬介面

動態介面

當 WLC 終結掉透過 CAPWAP 送往控制器的無線交通時，預設會停在管理介面上。這表示所有無線的 SSID 都會使用管理介面的 VLAN 來做 IP 定址。我們可以選擇建立動態介面來取得更高的彈性；這種邏輯式介面類似交換器上的 SVI，能夠將交通終止在不同 VLAN，而不僅限於管理介面的 VLAN。

在 **interfaces** 頁面點選 **new** 按鈕，就可以建立動態介面。在 VLAN ID 之外，最好還能給它一個名稱，以便日後檢視。在本例中，我將介面命名為 WLAN101，並且使用 VLAN 101。

根據控制器的模型，WLC 可以支援從 16 到 4096 個動態介面！圖 20.16 是建立動態介面的畫面。

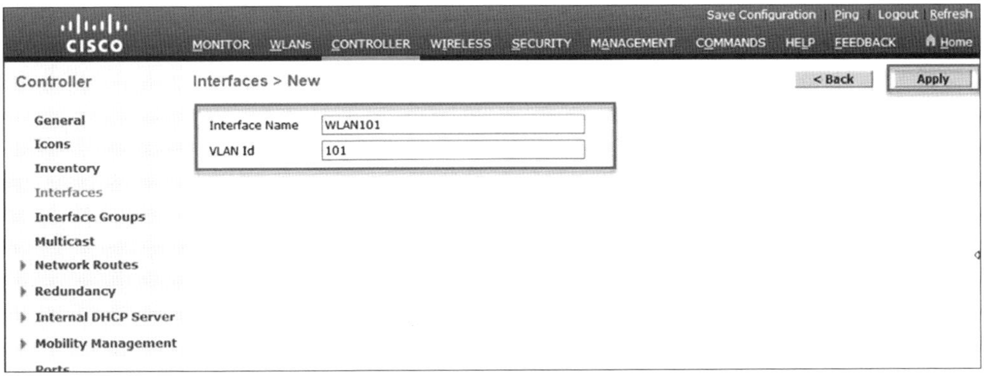

圖 20.16 WLC 動態介面

它的 CLI 命令如下：

```
(WLC01) >config interface create

<interface-name> Enter interface name.

(WLC01) >config interface create WLAN101

<vlan-id>       Enter VLAN Identifier.

(WLC01) >config interface create WLAN101 101
```

一旦建立好介面，它的組態設定就真的很像管理介面，只是預設會關閉 **Dynamic AP Management**。

因為 WLC 不支援動態遶送，而服務埠只有靜態路徑，所以最好是將閘道 IP 放在交換器網路，而不要直接放在 WLC。畢竟，它會很難通告到網路上。圖 20.17 是動態介面設定畫面。

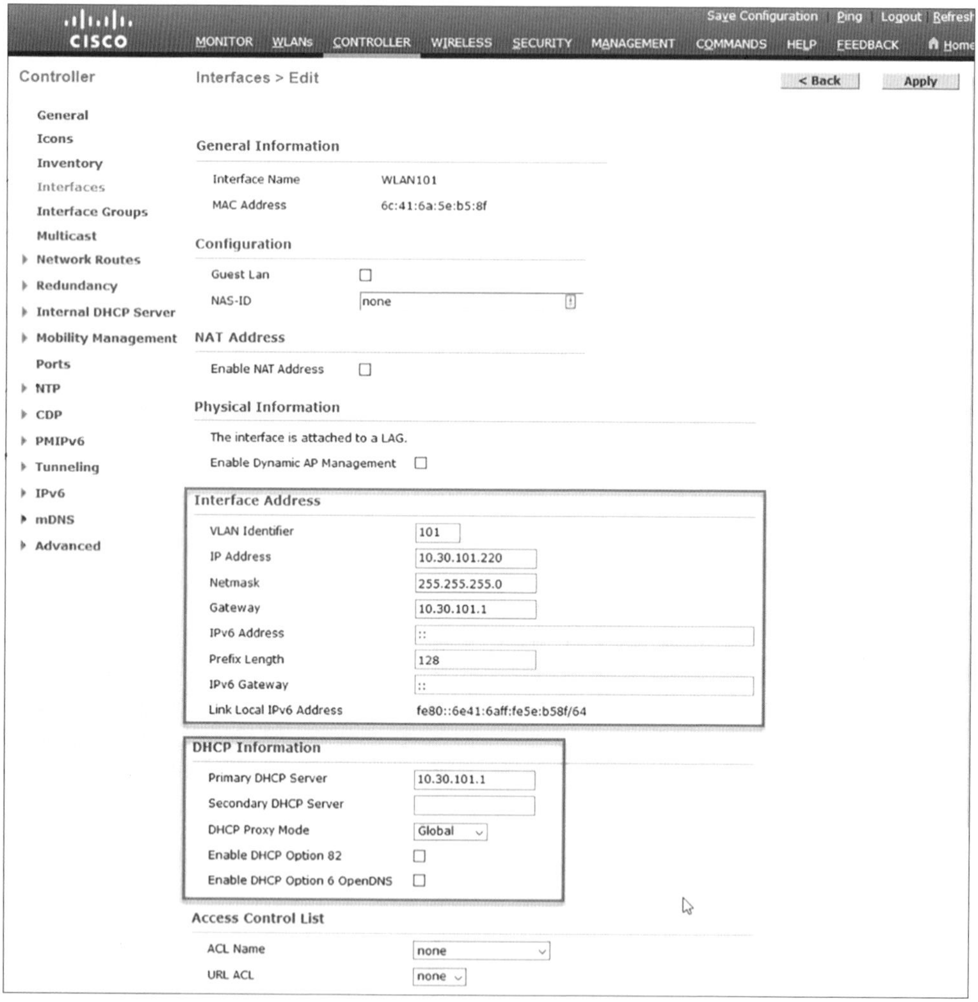

圖 20.17 WLC 動態介面設定

設定動態介面 IP 的 CLI 如下：

```
(WLC01) >config interface address dynamic-interface wlan101 10.30.101.220

<netmask>      Enter the interface's netmask.
(WLC01) >config interface address dynamic-interface wlan101 10.30.101.220
255.255.255.0

<gateway>      Enter the interface's gateway address.

(WLC01) >config interface address dynamic-interface wlan101 10.30.101.220
255.255.255.0 10.30.101.1
```

介面群組

介面群組是組織介面的一種方式。如果您的 SSID 已經用完了 IP 位址，而您又想在新增的時候不變動介面的子網路遮罩，這個就相當方便。您可以不需煩惱這些，直接新增更多的動態介面。您甚至可以在其中加入管理介面，讓客戶端可以在線上取得。相較於建立一個龐大的子網路，這個工具可以讓子網路變得比較小。圖 20.18 是介面群組設定。

20

它對應的 CLI 命令如下：

```
<Interface Group name> Enter interface group name.
(WLC01) >config interface group create int-group
```

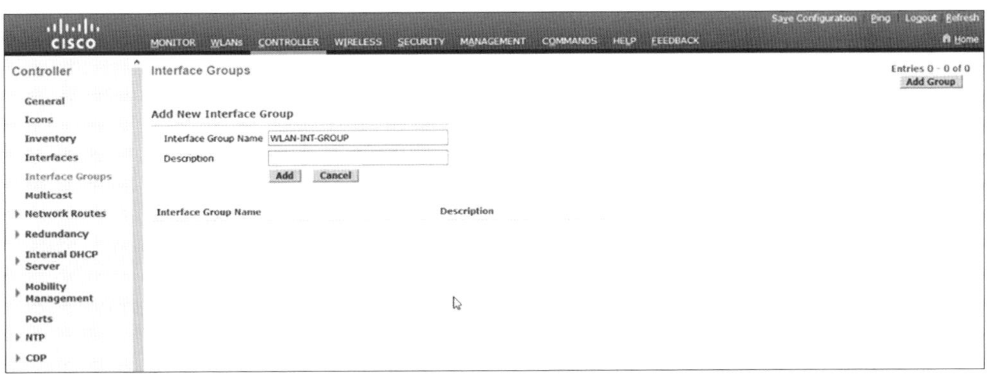

圖 20.18 WLC 介面群組

接著只需挑選要歸屬於該群組的介面。當我們真正建立 SSID 的時候，還會再建立一些動態介面以展示它的做法。

目前，我們只需要選取每個介面，並點選圖 20.19 中的 **Add Interface** 按鈕。

新增介面群組的 CLI 如下：

```
WLC01) >config interface group interface add wlan-int-group wlan101
WLC01) >config interface group interface add wlan-int-group wlan102
WLC01) >config interface group interface add wlan-int-group wlan103
WLC01) >show interface group summary
Interface Group Name  Total Interfaces  Total Wlans  Total AP Groups  Quarantine
-------------------- ---------------- ----------- ---------------
wlan-int-group            3                 2           2                 No
```

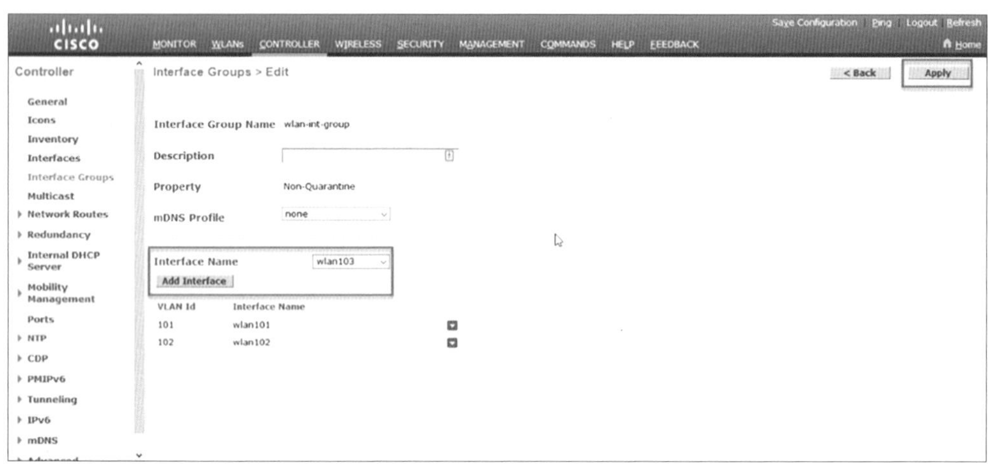

圖 20.19 WLC 介面群組設定

網路聚合群組 (Link Aggregation Group, LAG)

因為大家都希望網路能夠有高效能、而且穩定，所以本節將說明如何建立埠通道，以增加容錯能力，並且最佳化 WLC 網路的連線。可惜它目前的表現並不如在 Cisco 交換器上那麼有彈性，不過還是值得一做。

在 WLC 上，所有分散式系統埠都是新增到網路聚合群組 (LAG)。因為 WLC 不支援 LACP 或 PAGP，所以必須在交換器端使用 **channel-group # mode on**。WLC 必須重新啟動，LAG 才能生效，所以千萬不要在上班時間在正式系統上執行。

我們在 **Controller** 頁面開啟 LAG；它會貼心提醒要先儲存組態，然後重新開機。請注意如果您的無線交通是使用未標記介面，則它們在重新開機後將會被刪除。圖 20.20 是 LAG 組態設定。

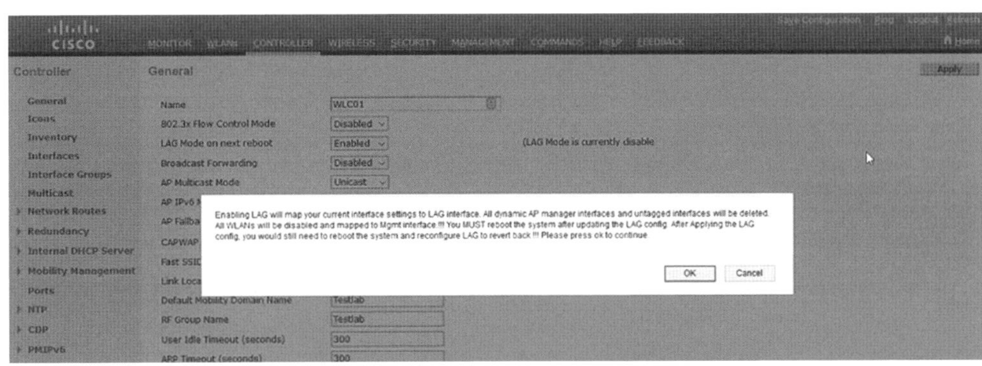

圖 20.20 WLC LAN 聚合群組

選擇頁面右上方的 **Save Configuration**，然後去 **Commands**，點選 **Reboot** 頁面，並點擊 **Reboot** 按鈕，如圖 20.21。

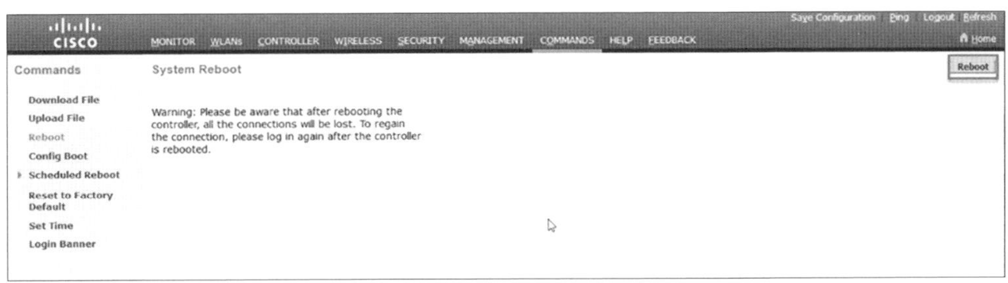

圖 20.21 WLC 重新開機

它的 CLI 命令如下：

```
(WLC01) >config lag enable
Enabling LAG will map your current interfaces setting to LAG interface,
All dynamic AP Manager interfaces and Untagged interfaces will be deleted
All WLANs will be disabled and mapped to Mgmt interface
!!! You MUST reboot the system after updating the LAG config. !!!
!!! After Applying the LAG config, you would still need to !!!
!!! reboot the system and reconfigure LAG to revert back !!!
Are you sure you want to continue? (y/n) y
You MUST now save config and reset the system.
(WLC01) >save config
Are you sure you want to save? (y/n) y
Configuration Saved!
(WLC01) >reset system
Are you sure you would like to reset the system? (y/N) y
System will now restart!
```

在交換器上，我將從介面 Gig1/0/37 到 Gig1/0/39 設定連到 WLC 的埠通道：

```
C3750X-SW01(config)#interface range g1/0/37-39
C3750X-SW01(config-if-range)#switchport trunk encapsulation dot1q
C3750X-SW01(config-if-range)#switchport mode trunk
C3750X-SW01(config-if-range)#spanning portfast trunk
%Warning: portfast should only be enabled on ports connected to a single
host. Connecting hubs, concentrators, switches, bridges, etc... to this
 interface when portfast is enabled, can cause temporary bridging loops.
Use with CAUTION
C3750X-SW01(config-if-range)#channel-group 11 mode on
*Jan 2 14:26:43.320: %LINK-3-UPDOWN: Interface Port-channel11,
changed state to
up
*Jan 2 14:26:44.326: %LINEPROTO-5-UPDOWN: Line protocol on Interface
Portchannel11, changed state to up
```

因為所有的介面都新增到 LAG，所以能夠連接另一條纜線，並設定交換埠加入頻道群組，新增更多的鏈路。

設定 AP

現在我們的 WLC 上已經有 2 台 AP 了。接著我們進入 **Wireless**、**All APs**，然後選擇想要編輯的 AP 名稱。請參考圖 20.22。

圖 20.22　WLC AP 設定畫面

在 **General** 頁面設定有意義的 AP 名稱，並且將 IP 變更為靜態，以便在後面連結其他東西的時候，容易追蹤這台 AP。在按下 **apply** 儲存變更之後，才能夠調整 DNS 位址。參見圖 20.23。

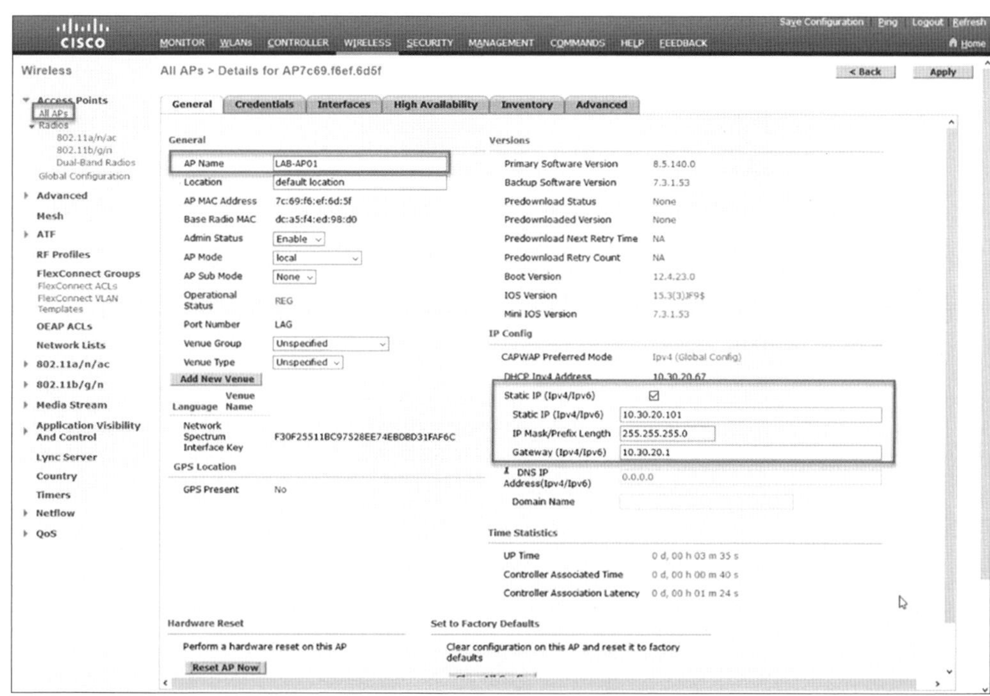

圖 20.23　WLC AP IP 位址設定

現在可以輸入 DNS 伺服器和 AP 的網域名稱，如圖 20.24。

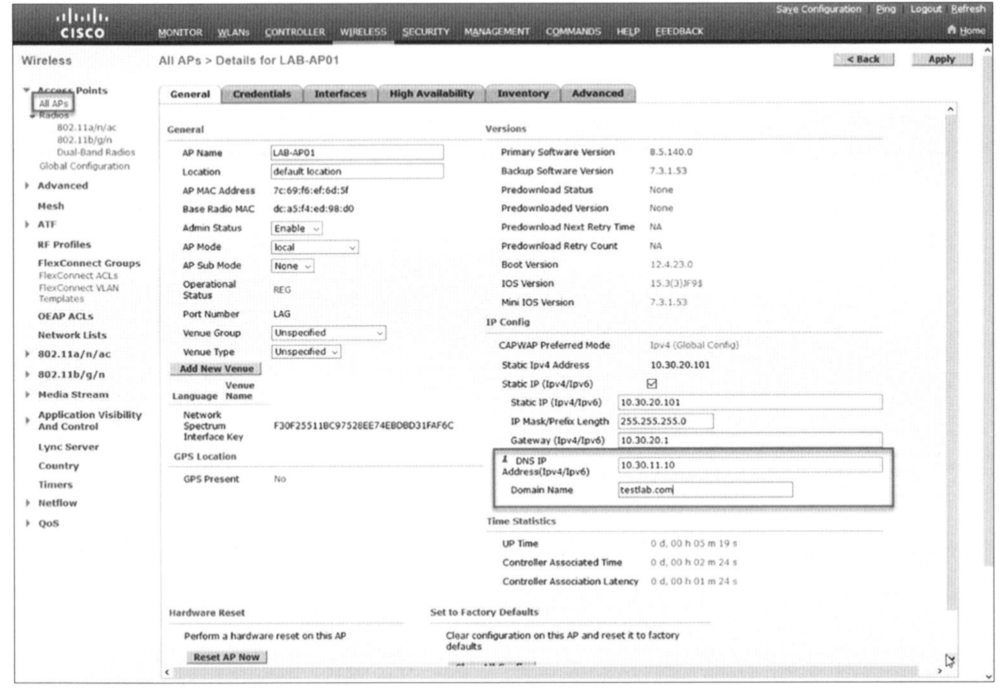

圖 20.24 WLC AP DNS 設定畫面

哇！畫面上可以設定的項目真多！接著我們要關注的是圖 20.25 的 **High Availability** 頁次。我們可以在此設定 AP 應該連結的 WLC；最多可以定義 3 台。因此，當 AP 遺失對主控制器的連線時，它會再嘗試清單中的下一台 WLC。參見圖 20.25。

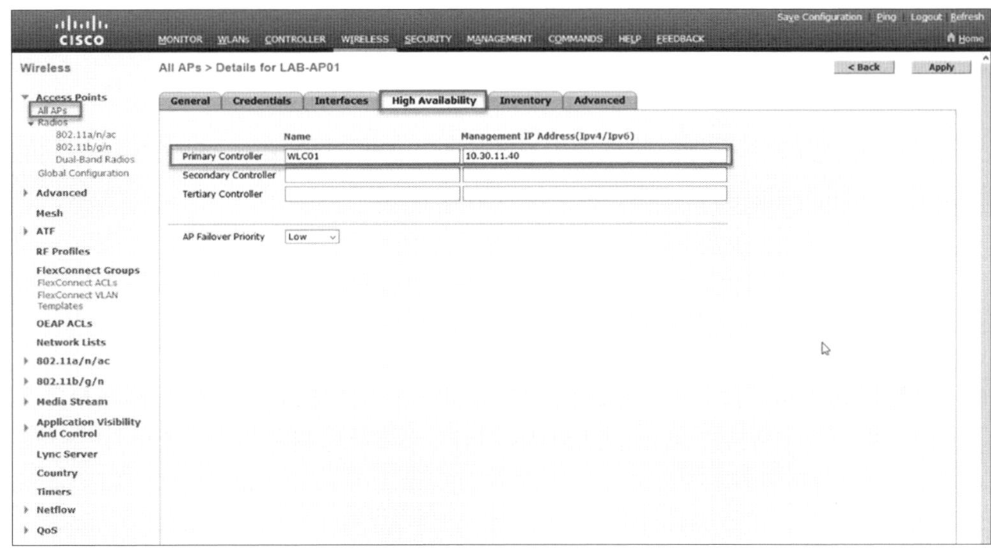

圖 20.25　WLC 的高可用性

圖 20.26 顯示設定完成後，其他 AP 的最終組態。我還會再加入一些 AP，但步驟都大致相同。

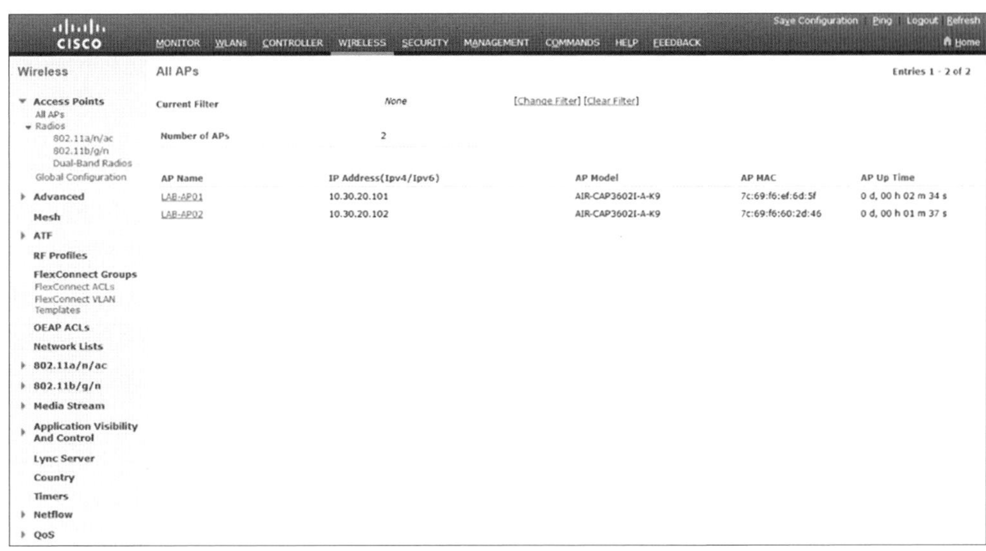

圖 20.26　WLC 完成後的 AP 組態

20-7 AP 模式

AP 可以做的不僅僅是將您連上無線網路；它們還支援不同的功能和不同的連線方式。這些不同的選擇稱為模式 (mode)。

WLC 支援 9 種 AP 模式，取決於您的 AP 機型。下面將介紹這些模式，不過請注意，CCNA 認證只關注本地模式。

- **本地模式 (local)]**：AP 預設的運行模式。在這種模式下，所有網路交通都會透過 CAPWAP 隧道送回無線控制器。如果想讓主要辦公室的中央防火牆處理所有的無線交通，這是種很方便的模式。此外，當 AP 沒有忙於傳送網路交通時，它也會去掃描其他頻道的干擾情況，測量雜訊等級，檢查是否有惡意 AP，並且檢查入侵偵測事件。這個模式還會運行無線入侵防護系統的子模式 (submode)，比對無線傳輸和 IPS 事件，並且防範惡意交通，以改善無線安全性。
- **監控模式 (Monitor)**：基本上，這個模式並不會傳送任何無線網路交通，而是扮演網路的專用感測器。它就像本地模式一樣，會去檢查雜訊、干擾、惡意裝置和入侵偵測事件。它還會找出網路端點的位置，嚐試提供位置相關服務。通常只有在有多餘 AP 閒置的時候，或是在排除效能問題並且需要更多資訊的時候，才會使用這個模式。
- **FlexConnect 模式**：本地模式的問題在於，對於擁有自己的網際網路連線和防火牆的地點而言，將所有無線交通都送往無線控制器可能不是最理想的做法。FlexConnect 讓 AP 可以在本地交換網路交通，而不需要送給控制器，讓 AP 所在網路依照合適的方式來遶送交通。這個模式比本地模式複雜，但是也提供更高的彈性。它也可以運行無線偵測防護系統子模式，藉由比對無線交通與 IPS 事件，並且防範惡意交通，來提供更好的無線安全性。
- **封包監聽模式 (Sniffer)**：當排除無線網路問題而需要捕捉封包的時候，這個模式非常好用。它不提供傳輸服務，但會捕捉可以送往 Wireshark 的封包，讓您能了解網路上究竟發生了什麼事。一旦 AP 處於封包監聽模式，只需選擇希望捕捉的頻道，並且指定被捕捉的封包要送往哪裡即可。圖 20.27 是監聽畫面。

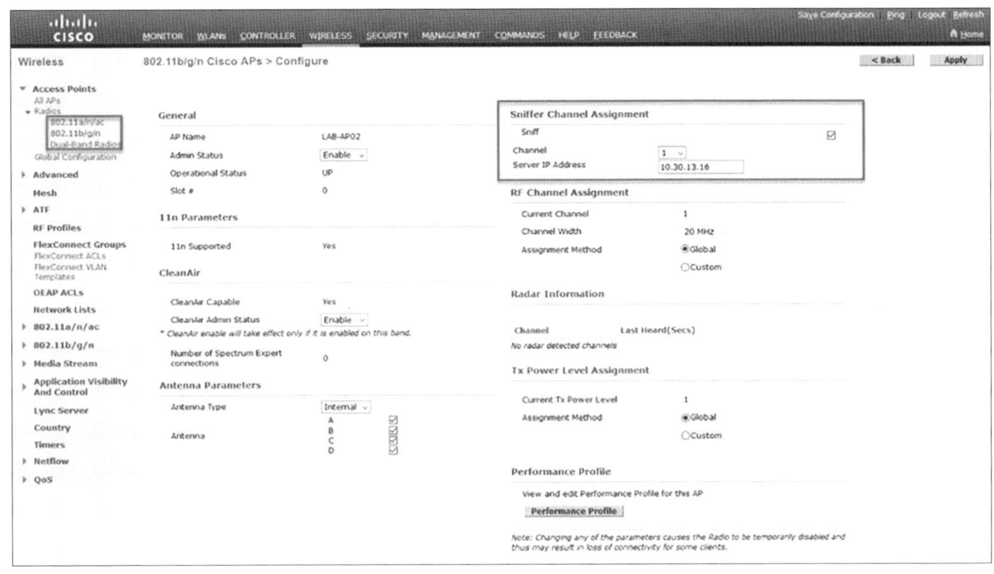

圖 20.27 WLC 無線網路監聽

- **惡意偵測器模式 (Rogue Detector)**：這個模式也無法傳送無線交通，只是專門用來追蹤可能位於網路中，但是並沒有加入 WLC 的 AP。舉例而言，可能有名員工不喜歡 IT 制定的安全性規範，就從家裡帶來自己的廉價無線路由器，並且連到辦公室網路的乙太網路埠上。相信我，這真的發生過。一旦 WLC 偵測到這台惡意 AP，它會通知您或嘗試牽制這台 AP，讓它無法使用。

Note 在某些地區，干擾無線連線可能會違反法律，所以在實作安全性功能之前，請先和法務團隊進行確認。

- **SE-Connect 模式**：這個模式可以將 AP 連到頻譜分析儀，以檢視真正的無線頻譜。它讓您能夠找出是否有雜訊或干擾在影響頻道，並且協助找出可以給無線網路使用的更好頻道。Cisco 提供工具「頻譜專家」(Spectrum Expert)，可以用來連上這個模式的 AP，不過這項工具有點過時，最近的一次更新還是在 2012。所以最好還是使用其他的方案，例如 Metageek's Chanalyzer。同樣地，這個模式也不提供無線交通服務。

圖 20.28 是 Cisco 頻譜專家的範例，以 SE-Connect 模式連到 AP。

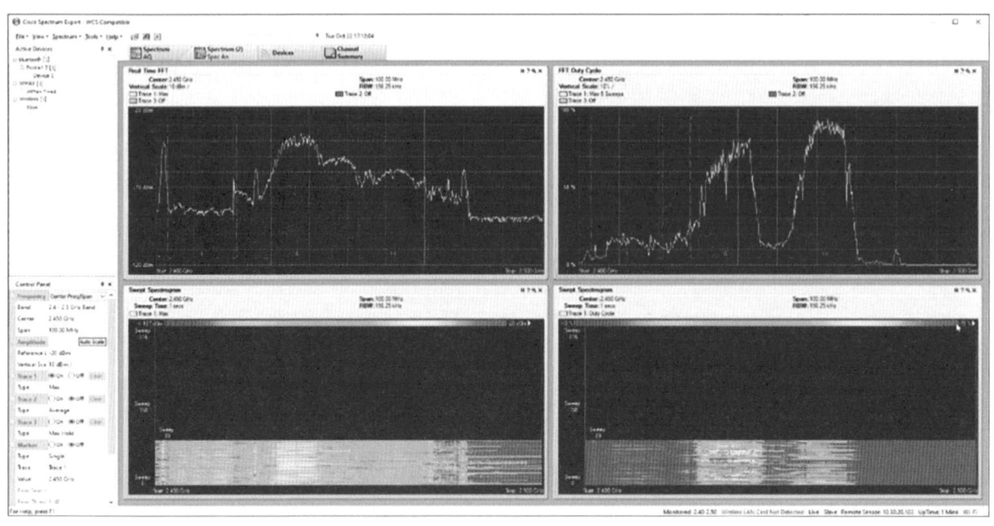

圖 20.28 Cisco 頻譜專家

圖 20.29 則是 Metageek 的 Chanalyzer 工具的畫面範例，它也以相同模式連到 AP。

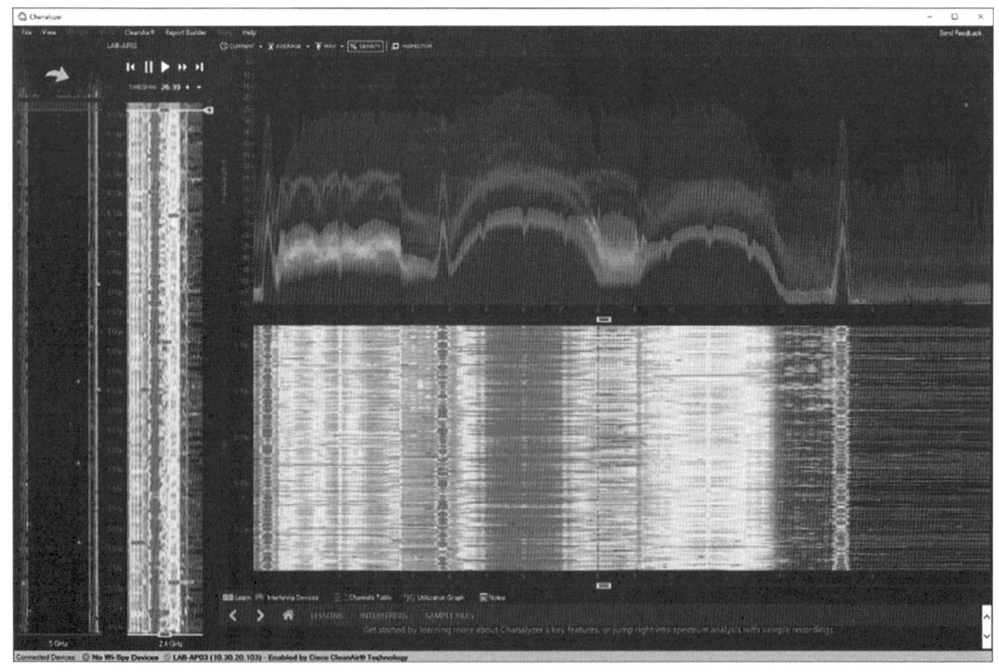

圖 20.29 Metageek 的 Chanalyzer

- **感測器模式 (sensor)**：這是較新的模式，可以讓 AP 協助 DNA 中心的 Assurance) 功能，並且提升決策的精確度。它也是不能傳輸交通的專用模式。只有在較新的 AP 上可以使用這種模式。
- **橋接模式 (bridge)**：這個模式也稱為網狀 (mesh) 模式，並且允許 AP 與 AP 相連，形成點對點或點對多點的連線。如果因為距離或管轄範圍，無法在兩個地點間以纜線相連的時候，這種模式可以協助使用無線來連接兩地。網狀模式通常是透過乙太網路連到交換器，但是也可以使用無線 SSID。網狀網路頂端的 AP 稱為 RAP (根存取點, Root Access Point)。當交通抵達 RAP 時，就會如同本地模式一樣，透過 CAPWAP 隧道送給控制器。圖 20.30 是橋接的架構。

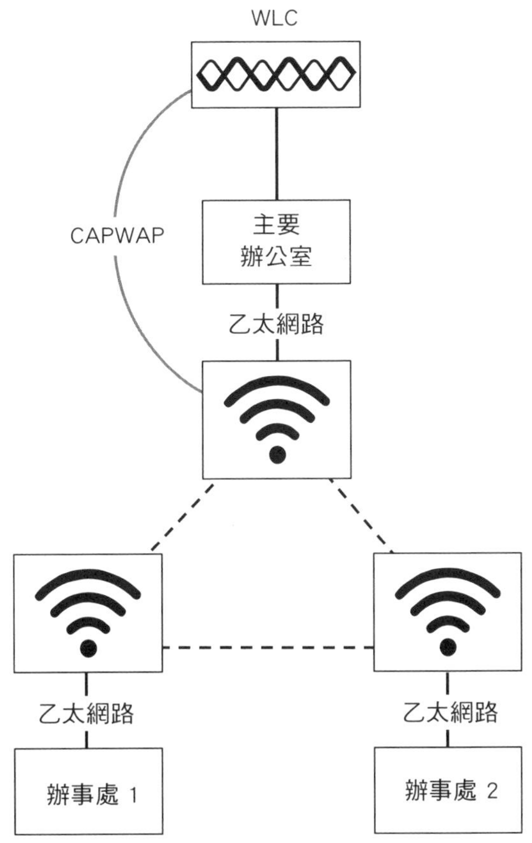

圖 20.30　橋接模式

- **Flex+橋接**：這個模式在網狀網路中加入 FlexConnect。交通會在 RAP 進行本地交換，然後重新進入網路。它也支援乙太網路和無線連線。圖 20.31 是一種 Flex+ 橋接的架構。

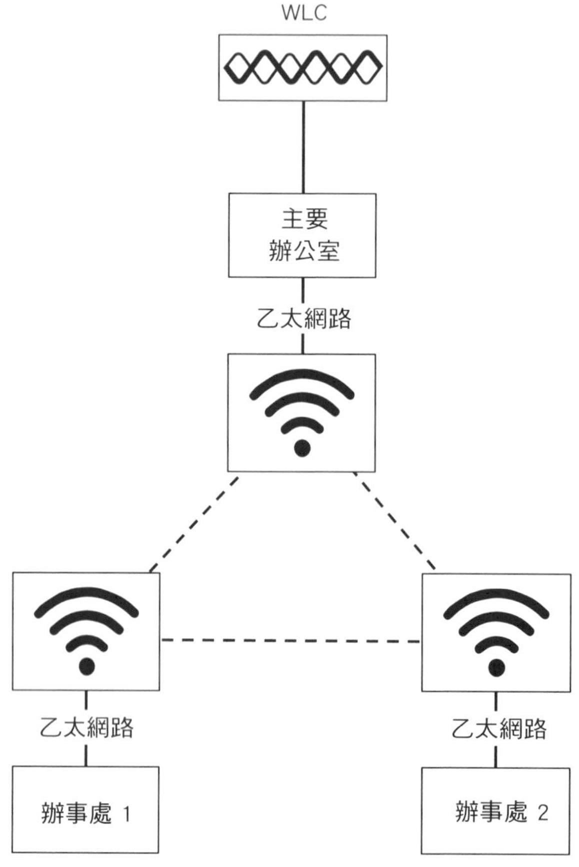

圖 20.31 FlexConeect 架構

20-8 AP 與 WLC 管理的存取連線

現在我們已經設定了 WLC，並且在它上面註冊了幾台 AP，正好可以開始研究 WLC 和 AP 上不同類型的管理存取連線。下面列出本節將討論的類型：

- CDP
- Telnet
- SSH
- HTTP
- HTTPS
- 控制台
- RADIUS

CDP

即使從技術上來說，CDP 並不提供管理存取，但如果在 Cisco 網路上需要找出 WLC 和 AP 是如何連到 Cisco 交換器時，它還是相當有用。WLC 和 AP 預設都會開啟 CDP，所以不需要額外做些什麼。如果需要設定時，可以在控制器上選擇 **CDP**，來調整它的設定，如圖 20.32。

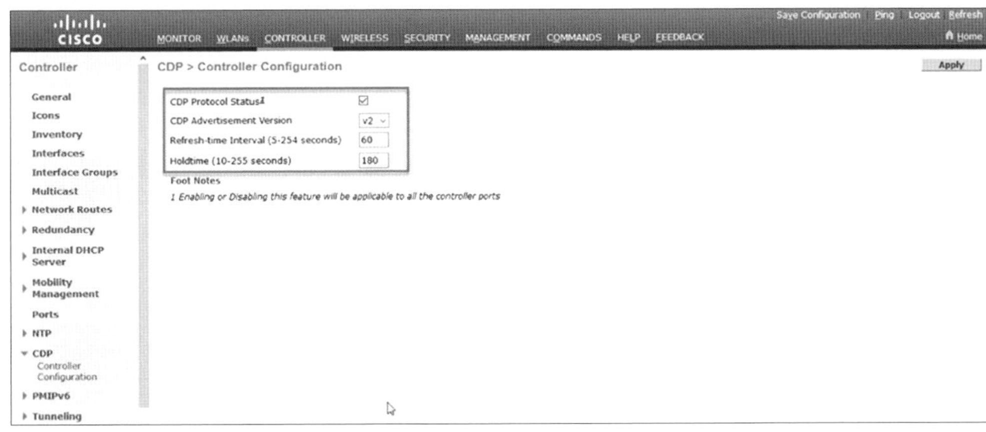

圖 20.32 WLC CDP 組態設定

CLI 也同樣可以用來開啟因為某些原因關閉的 CDP：

```
(WLC01) >config cdp enable
```

您可以從 WLC 的 **Monitor** 頁面的 **CDP** 下的 **Interface Neighbors**，來檢查 CDP 資訊，如圖 20.33。

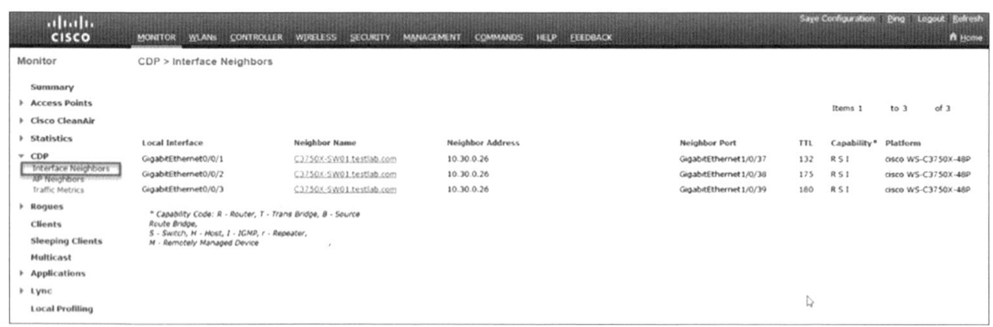

圖 20.33　檢視 WLC 的 CDP 資訊

它的命令與 Cisco 交換器或路由器上使用的相同：

```
(WLC01) >show cdp neighbors
Capability Codes: R - Router, T - Trans Bridge, B - Source Route Bridge
      S - Switch, H - Host, I - IGMP, r - Repeater,
      M - Remotely Managed Device
Device ID      Local   Intrfce   Holdtme  Capability Platform Port ID
C3750X-SW01.testlab.com Gig 0/0/1   176    R S I  WS-C3750X Gig 1/0/37
C3750X-SW01.testlab.com Gig 0/0/2   152    R S I  WS-C3750X Gig 1/0/38
C3750X-SW01.testlab.com Gig 0/0/3   130    R S I  WS-C3750X Gig 1/0/39
```

就像在交換器或路由器一樣，您也可以點選頁面上的 **neighbor** (如圖 20.34)，或是輸入 **show cdp neighbor detail**，來取得更詳細的資訊。

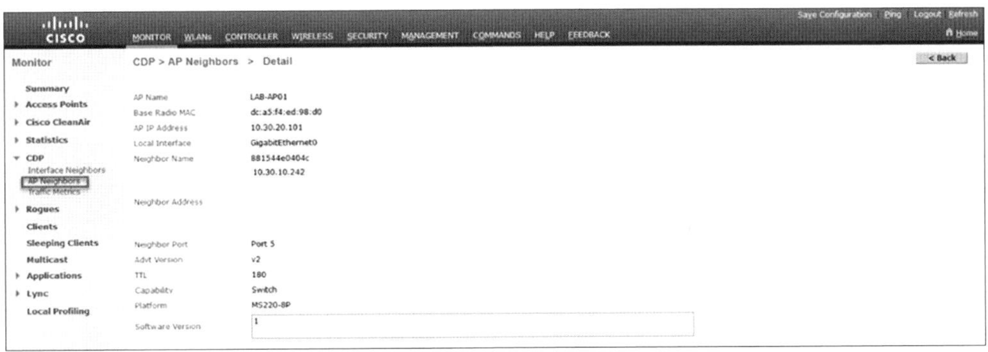

圖 20.34 顯示 CDP 鄰居

Cisco AP 上的命令也是一樣：

```
LAB-AP03#show cdp neighbors
Capability Codes: R - Router, T - Trans Bridge, B - Source Route Bridge
        S - Switch, H - Host, I - IGMP, r - Repeater, P - Phone,
        D - Remote, C - CVTA, M - Two-port Mac Relay
Device ID    Local Intrfce    Holdtme  Capability  Platform Port ID
C3750X-SW01.testlab.com Gig 0     148  R S I WS-C3750X Gig 1/0/1
```

下面的輸出可以看到完整的架構。請注意，如果我在交換器上檢視 CDP 的輸出，可以看到 WLC 和 AP。因此，在需要編輯交換埠時，可以很容易在交換器上追蹤 AP。

```
C3750X-SW01#show cdp nei
Capability Codes: R - Router, T - Trans Bridge, B - Source Route Bridge
   S - Switch, H - Host, I - IGMP, r - Repeater, P - Phone,
   D - Remote, C - CVTA, M - Two-port Mac Relay
Device ID     Local Intrfce    Holdtme  Capability  Platform Port ID
WLC01 Gig 1/0/37                128     H       AIR-CT550 Gig 0/0/1
WLC01 Gig 1/0/38                128     H       AIR-CT550 Gig 0/0/2
WLC01 Gig 1/0/39                128     H       AIR-CT550 Gig 0/0/3
LAB-AP03.testlab.com Gig 1/0/1  149     T B I   AIR-CAP37 Gig 0
LAB-AP02.testlab.com Gig 1/0/6  141     T B I   AIR-CAP36 Gig 0
LAB-AP01.testlab.com Gig 1/0/7  134     T B I   AIR-CAP36 Gig 0

Total cdp entries displayed : 11
```

Telnet

用 Telnet 來管理並不是個好主意，因為它是明文，而且 WLC 預設就會關閉 telnet。

但是如果您想在實驗中將它開啟，可以利用 **Management** 頁面，點選選單中的 **Telnet-SSH**，並且將 **Allow New Telnet Sessions** 設為 **yes**。圖 20.35 是 WLC 的 telnet 設定畫面。

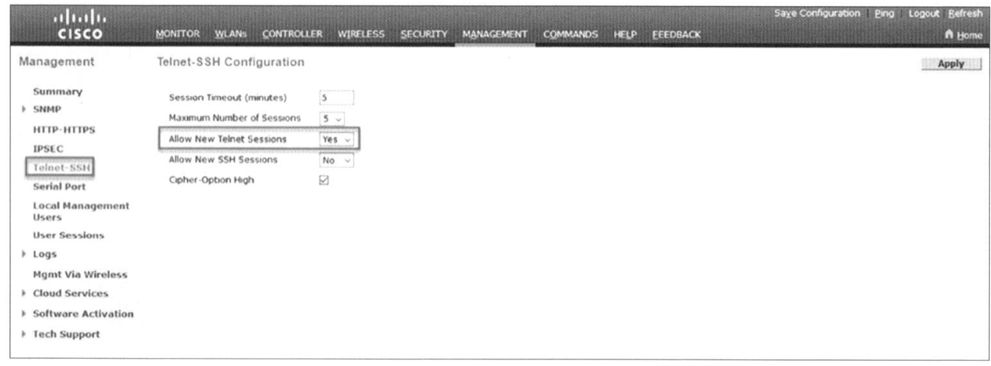

圖 20.35 WLC 的 telnet 設定

這也可以透過 CLI：

```
(WLC01) >config network telnet
enable          Enables this setting.
disable         Disables this setting.
(WLC01) >config network telnet enable
```

SSH

SSH 預設已經開啟，所以不需要額外的動作。如果想要進行變更，請進入 telnet 相同頁面，點選 **Telnet-SSH**，將 **Allow New SSH Sessions** 設為 **yes**，如圖 20.36。

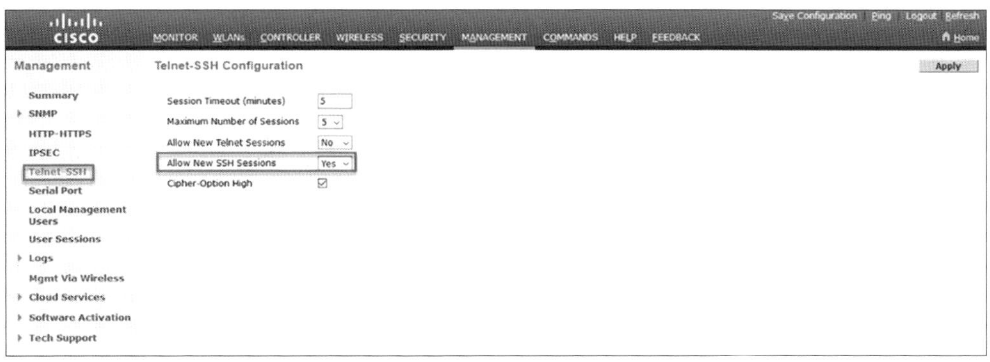

圖 20.36 WLC SSH 組態設定

當然，您也可以透過 CLI 來設定 SSH。但是因為通常要連到 WLC 的 CLI，可能就是透過 SSH，所以在關閉 SSH 前，請務必先想清楚：

```
(WLC01) >config network ssh
cipher-option Configure cipher requirements for SSH.
delete        delete ssh public keys .
disable       Disallow new ssh sessions.
enable        Allow new ssh sessions.
host-key      Configure SSH access host key
(WLC01) >config network ssh enable
```

HTTP

HTTP 預設也是關閉，因為它是明文，而且只應該在實驗環境下使用。畢竟，沒有什麼使用它的理由。不過此處還是說明一下，HTTP 可以在 **Management** 頁面的 **HTTP Access** 中開啟或關閉，如圖 20.37。

圖 20.37 WLC HTTP 組態設定

CLI 的命令稍稍不太一樣，因為此處的 http 存取稱為 webmode：

```
(WLC01) >config network webmode
enable          Enables this setting.
disable         Disables this setting.
```

HTTPS

HTTPS 是設定 WLC 最常用的方式。您也可以開啟 HTTPS 重新導向，這樣如果您不小心用到 HTTP 來存取 WLC，它也會自動切換為 HTTPS。HTTPS 的設定頁面與 HTTP 相同，如圖 20.38。

圖 20.38 WLC HTTPS 組態設定

CLI 使用的關鍵字也跟想像不太一樣，是 secureWeb：

```
(WLC01) >config network secureweb
cipher-option Configure cipher requirements for web admin and web auth.
csrfcheck     Enable or disable Cross-Site Request Forgery for web mode.
disable       Disable the Secure Web (HTTPS) management interface.
enable        Enable the Secure Web (HTTPS) management interface.
ocsp          Configure OCSP requirements for web admin in format
              http://<ip>/path
sslv3         Configure SSLv3 for web admin and web auth
(WLC01) >config network secureweb enable
```

控制台

當 WLC 剛開箱時，我們會使用控制台埠來設定它。之後，這主要是用於故障檢測，如本章稍早所述。

RADIUS

無線網路在使用 802.1X 來保護 SSID 安全性時，通常會用 RADIUS 伺服器來協助保護無線連線。WLC 支援最多 32 台 RADIUS 伺服器，且每個 SSID 可以指定 6 台 RADIUS 伺服器。這讓我們有相當的彈性，因為我們可以在不同的 SSID 上選擇不同的 RADIUS 伺服器。

AAA 包含 3 個要件：認證 (Authentication)、授權 (Authorization) 和記帳 (Accounting)。所以在讓它運作之前，必須先完成認證和記帳的設定工作。還好，至少 Cisco 不需要我們設定授權－它會直接複製認證的組態。

要設定 RADIUS，先選取 **Security** 頁面，在 **AAA** 下面找到 **RADIUS**，然後選擇 **Authentication**。進入之後，點選 **new** 開始新增伺服器到 WLC。

本章將設定 2 台 RADIUS 認證伺服器，必須注意的主要欄位包括：

- **Server Index**：這是 RADIUS 伺服器的優先序。它控制伺服器出現在選取清單中的順序。Server Index 必須是唯一值，所以在選擇 1 之後，下一台伺服器就是 2。

- **Server Address**：這是 RADIUS 伺服器的 IP 位址，可以是 IPv4 或 IPv6。WLC 有支援 DNS 名稱，但是這略為超出了 CCNA 的範圍。
- **Shared Secret Format**：決定 Shared Secret 的格式是 ASCII 文字或是 16 進位。
- **Shared Secret**：在 RADIUS 伺服器和客戶端之間使用的密碼。
- **Port Number**：這其實是預設欄位；現代的 RADIUS 是使用 1812 來連線。有些過去的 RADIUS 設定，可能會使用 UDP 1645；這是過去 RADIUS 認證的埠號。
- **Support for CoA**：CoA 代表改變授權 (Change of Authorization)，CCNA 的選修範圍。它讓 802.1X 伺服器 (如 Cisco Identity Service Engine, ISE) 可以改變 RADIUS 會談的授權結果。其他的欄位在 CCNA 等級都維持預設即可。

現在我們來新增 2 台 RADIUS 伺服器。第一台的優先序為 1，使用 IP 為 10.20.11.32，如圖 20.39。

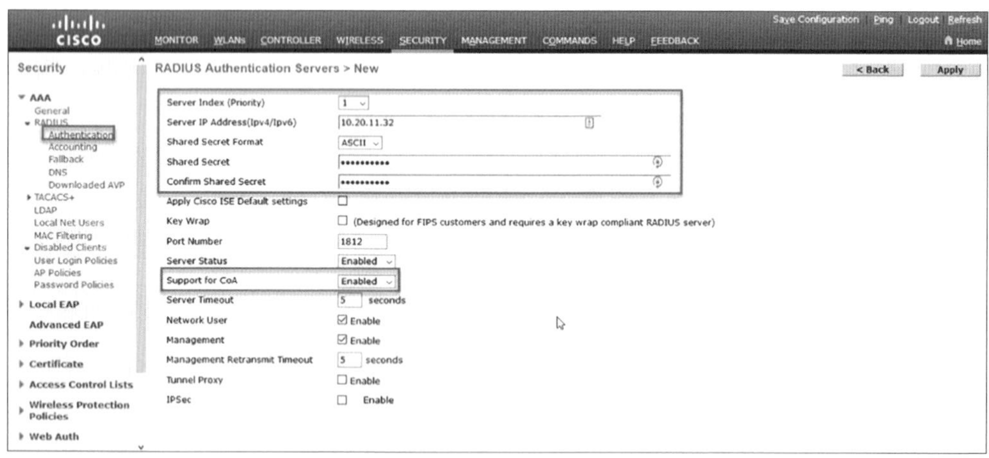

圖 20.39 WLC RADIUS 組態設定

下一台伺服器的優先序為 2，IP 位址 10.20.12.32，如圖 20.40。

圖 20.40　WLC 的第 2 台 RADIUS 組態設定

完成伺服器的新增後，可以在 **Authentication** 頁面看到設定的摘要，如圖 20.41。

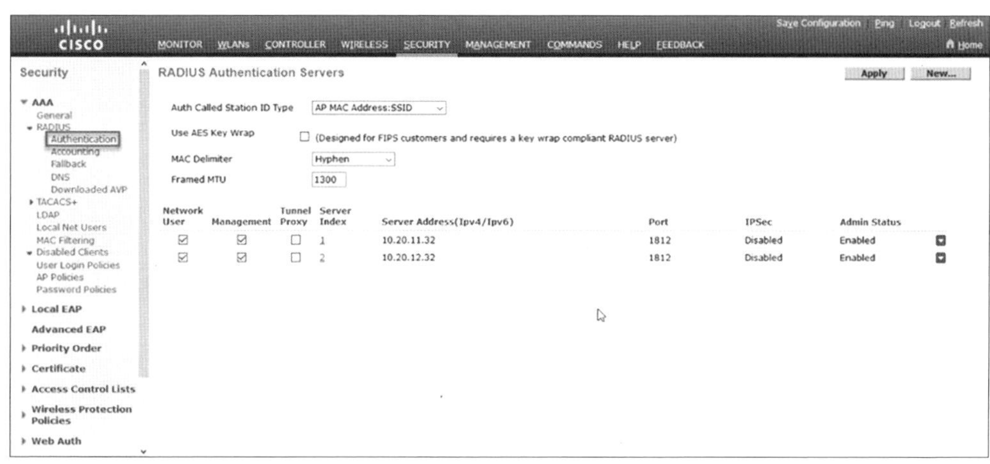

圖 20.41　RADIUS 組態摘要

設定 RADIUS 認證伺服器的 CLI 命令如下：

```
(WLC01) >config radius auth add 1

<IP addr>        Enter RADIUS Server IP (ipv4 or ipv6) Address.

(WLC01) >config radius auth add 1 10.20.11.32

<port>           Configures a RADIUS Server's UDP port.

(WLC01) >config radius auth add 1 10.20.11.32 1812

[ascii/hex]      The type of RADIUS Server's secret is ascii or hex.

(WLC01) >config radius auth add 1 10.20.11.32 1812 meowcatAAA

<secret>         Enter the RADIUS Server's secret.

(WLC01) >config radius auth add 1 10.20.11.32 1812 ascii

<secret>         Enter the RADIUS Server's secret.

(WLC01) >config radius auth add 1 10.20.11.32 1812 ascii meowcatAAA

(WLC01) >config radius auth add 2 10.20.12.32 1812 ascii meowcatAAA
```

很好，現在 RADIUS 認證設定已經完成，接著要設定它的記帳管理。這部分非常重要，因為它讓 RADIUS 伺服器能追蹤會談細節，以了解誰、在何時、做了什麼。

點選 **RADIUS** 底下的 **Accounting**，然後點選 **New**，進入如圖 20.42 的設定頁面。

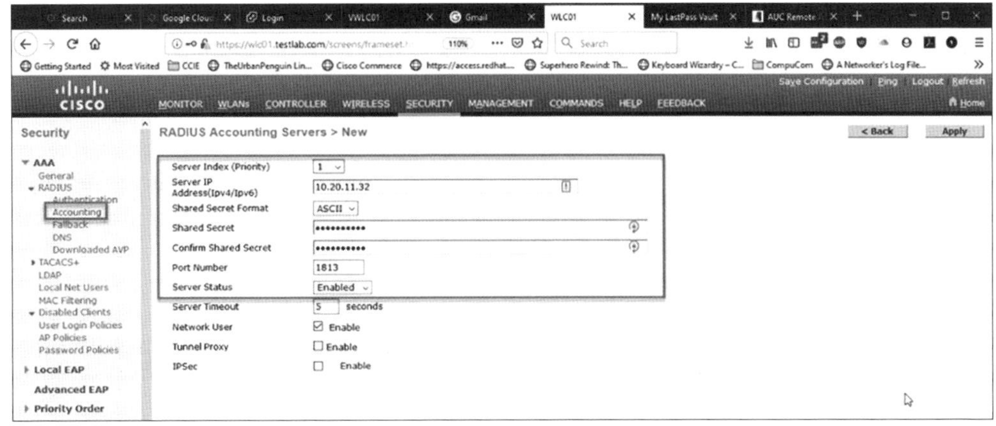

圖 20.42 WLC RADIUS 記帳管理組態設定

我們要設定 2 台 RADIUS 的記帳管理伺服器。與前面唯一的差別在於預設使用的是 UDP 1813，而過去的設定則是使用 UDP 1646。此處伺服器 IP 的設定與認證伺服器相同，參見圖 20.42。

同樣地，在 **Accounting** 頁面可以看到設定摘要，如圖 20.43。

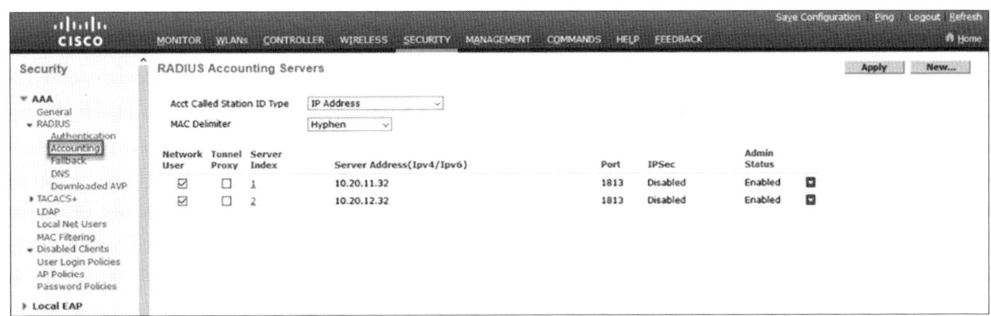

圖 20.43 WLC RADIU 記帳設定摘要

CLI 的命令與認證設定非常相似，只是改用關鍵字 **acct**：

```
(WLC01) >config radius acct add 1 10.20.11.32 1813 ascii meowcatAAA
(WLC01) >config radius acct add 2 10.20.12.32 1813 ascii meowcatAAA
```

TACACS+

比起認證無線用戶而言，TACACS+ 其實更適合做裝置管理。WLC 支援最多 3 台伺服器，而且必須獨立設定認證和授權。

要建立 TACACS+認證伺服器，先點選 **TACAC** 的 **AAA** 下之 **authentication**，然後點選 **New**，如圖 20.44。

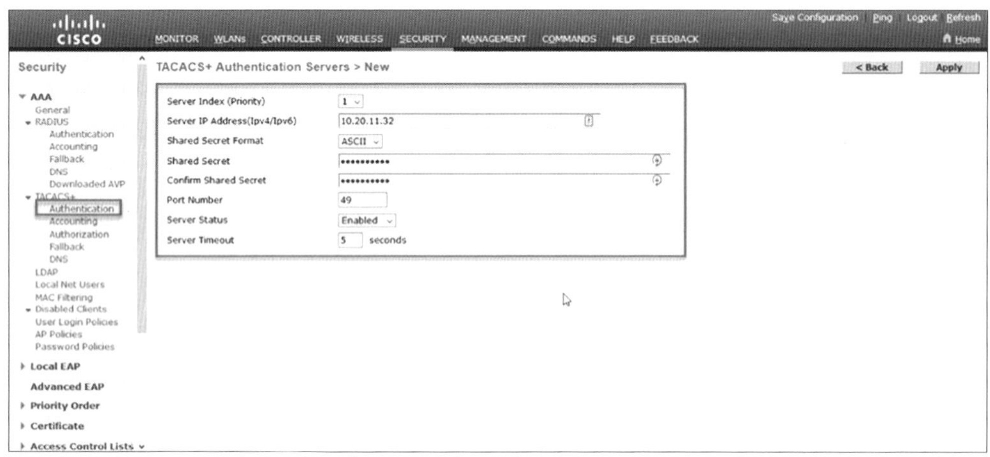

圖 20.44 WLC TACACS+ 組態設定

它的設定選項比 RADIUS 要少。請記得 TACACS+ 使用的是 TCP 49。因為我使用的是 Cisco ISE，而同時它支援 RADIUS 和 TACACS+，所以在這裡將 TACACS+ 的 IP 設定為跟 RADIUS 相同，都是 10.20.11.32 和 10.20.12.32。

CLI 的命令與 RADIUS 相同，只是使用的關鍵字為 **tacacs**：

```
(WLC01) >config tacacs auth add
<1-3>          Enter the TACACS+ Server index.
(WLC01) >config tacacs auth add 1
<IP addr>      Enter TACACS+ Server IP (v4 or v6) Address.
```

```
(WLC01) >config tacacs auth add 1 10.20.11.32

<port>          Configures a TACACS+ Server's TCP port.

(WLC01) >config tacacs auth add 1 10.20.11.32 49

[ascii/hex]     The type of TACACS+ Server's secret is ascii or hex.

(WLC01) >config tacacs auth add 1 10.20.11.32 49 ascii

<secret>        Enter the TACACS+ Server's secret.

(WLC01) >config tacacs auth add 1 10.20.11.32 49 ascii meowcatAAA
```

跟 RADIUS 一樣，您也可以在 **TACACS+** 的認證頁面檢視設定摘要，如圖 20.45。

圖 20.45 WLC TACACS+ 組態設定摘要

最後，我們也將記帳伺服器設定為相同 IP。請注意 TACACS+ 的所有運作都是使用 TCP 49，如圖 20.46 所示。

圖 20.46 WLC TACACS+ 記帳組態設定畫面

CLI 命令跟前面一樣，只是改用關鍵字 **acct**：

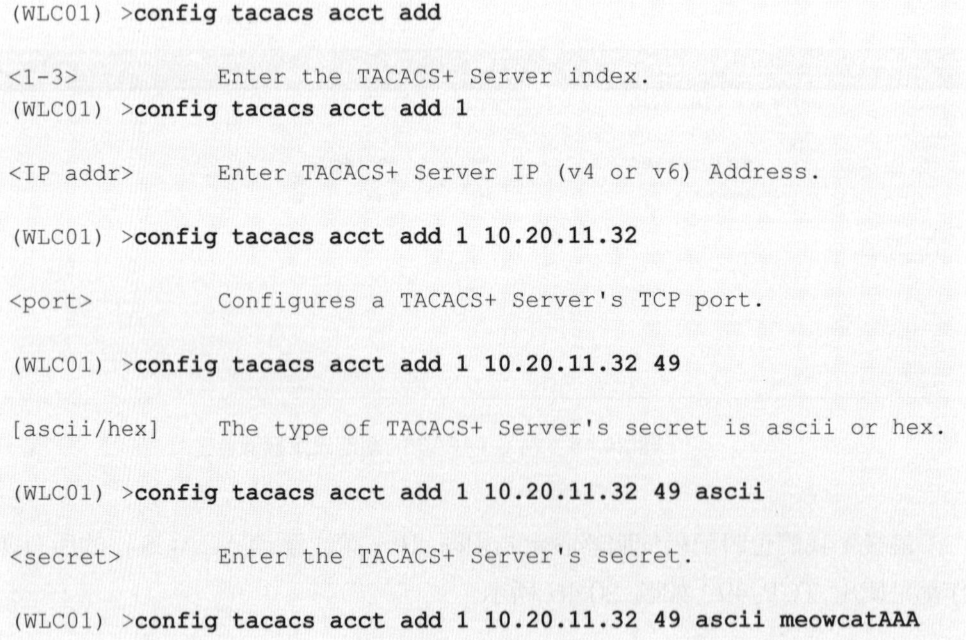

```
(WLC01) >config tacacs acct add

<1-3>          Enter the TACACS+ Server index.
(WLC01) >config tacacs acct add 1

<IP addr>      Enter TACACS+ Server IP (v4 or v6) Address.

(WLC01) >config tacacs acct add 1 10.20.11.32

<port>         Configures a TACACS+ Server's TCP port.

(WLC01) >config tacacs acct add 1 10.20.11.32 49

[ascii/hex]    The type of TACACS+ Server's secret is ascii or hex.

(WLC01) >config tacacs acct add 1 10.20.11.32 49 ascii

<secret>       Enter the TACACS+ Server's secret.

(WLC01) >config tacacs acct add 1 10.20.11.32 49 ascii meowcatAAA
```

當然，我們可以透過 **Accounting** 頁面來檢視所做的變動，如圖 20.47。

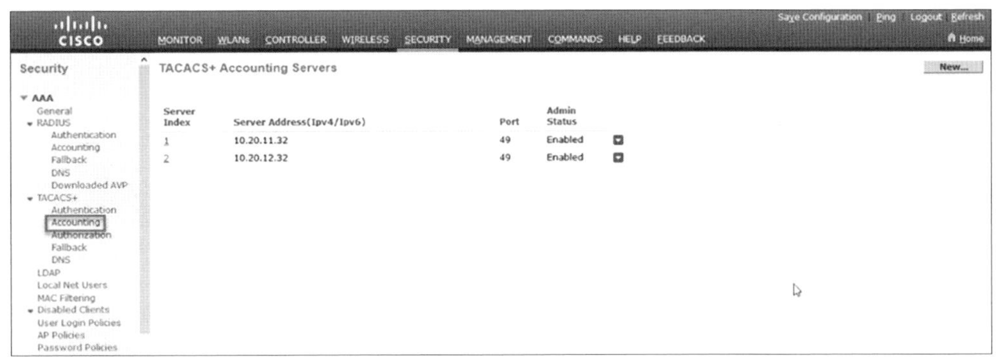

圖 20.47　WLC TACACS+ 記帳組態設定

要設定 WLC 使用 TACACS+ 來管理使用者認證，是在 **Security** 頁面下點選 **Management User under Priority Order**。然後將 TACACS+ 從 **Not Used** 改變為 **Order Used for Authentication**，並調整順序。

請注意：如果將 LOCAL 從最高順位移走，換成 RADIUS 或 TACACS+，則 LOCAL 只有在所有遠端伺服器都無法使用時，才會被使用。所以如果遇到伺服器組態問題造成您無法登入時，就必須先解決這個情況，才有辦法登入 WLC。

圖 20.48 是筆者設定的認證順序。

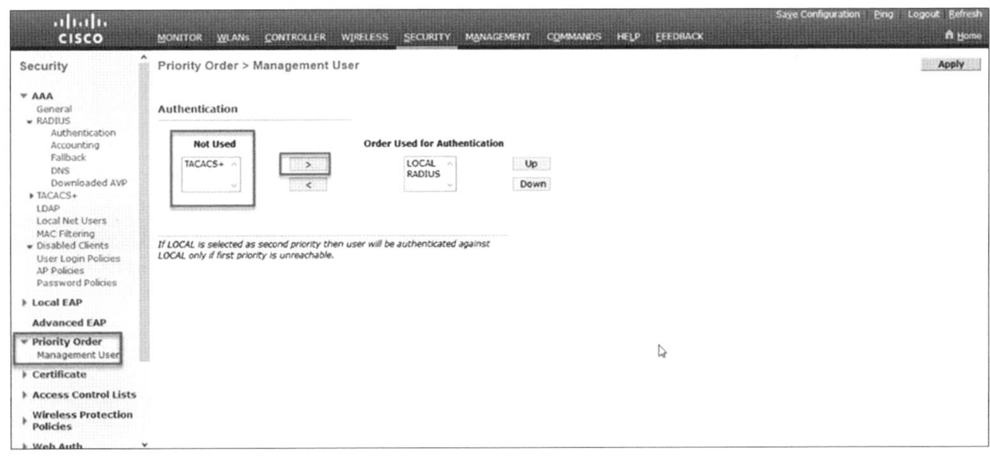

圖 20.48　WLC 認證順序

設定 WLAN

終於到了建立一個可以真正連結到主機的 WLAN 的時間了！

建立 WLAN

要建立 WLAN，首先要到 **WLAN** 頁面。確定 **Create New** 位於畫面的右上方，然後點選 **Go**，如圖 20.49 所示。

圖 20.49 在 WLC 建立 WLAN

在 **New WLAN** 頁面，要輸入一些 WLAN 資訊：

- **Type**：決定建立的無線網路類型。在 CCNA 範圍中只有考慮 WLAN。
- **Profile Name**：WLAN 的名稱，用來幫助記憶，可隨意自訂。
- **SSID**：WLAN 所使用的真正 SSID 名稱，一般人通常會使用跟 Profile name 相同的名稱。當然也可以隨意自訂。
- **ID**：每個 WLAN 都需要介於 1 到 512 之間的唯一 ID。除非有特殊需要，不然通常都是使用預設。

圖 20.50 是 WLAN 的組態。

圖 20.50 WLC 的 WLAN 組態設定

```
(WLC01) >config wlan create
<WLAN id>       Enter WLAN Identifier between 1 and 512.
(WLC01) >config wlan create 1
<name>          Enter Profile Name up to 32 alphanumeric characters.
(WLC01) >config wlan create 1 test-wlan-wpa
<ssid>          Enter SSID (Network Name) up to 32 alphanumeric characters.
(WLC01) >config wlan create 1 test-wlan-wpa test-wlan-wpa
General settings
```

WLAN 有其他的管理功能是在 **General** 頁面進行設定。除了改變 profile 和 SSID 名稱之外，這裡還有一些其他的選項：

- **Status**：這類似於 Cisco 路由器上的 **shutdown** 命令，可以在需要的時候開啟或關閉 WLAN。
- **Interface/InterfaceGroup**：這個選項將 WLAN 綁定到 WLC 的介面或介面群組上。它可以控制客戶端 IP 會連到哪個 VLAN。
- **Broadcast SSID**：這個選項控制是否所有的無線裝置都可以看到該 SSID。一般比較常用的是廣播大多數的 SSID，但是不廣播 802.1X 的無線連線，它們通常是透過群組政策推送到筆電上。

圖 20.51 是 WLC **WLAN** 頁面上的 **General** 頁次。

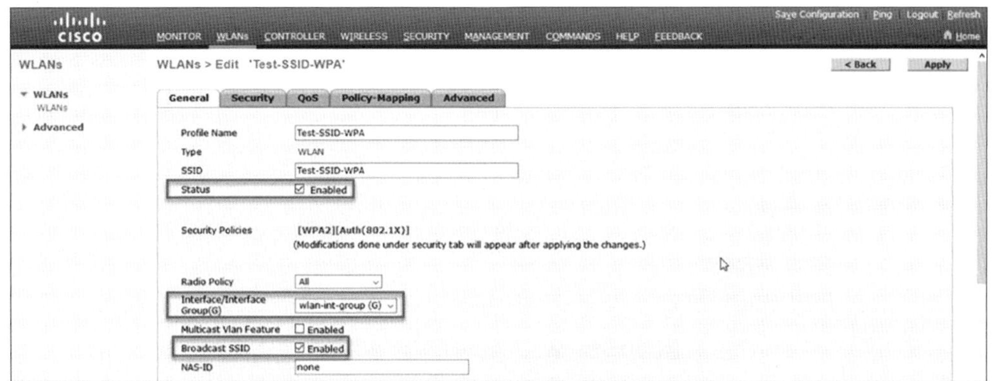

圖 20.51 WLC 的 WLAN **General** 頁次

這裡的 CLI 跟之前略有不同。我們使用功能對應的關鍵字，並且參照 WLAN ID 編號將它應用在正確的 WLAN 上：

```
(WLC01) >config wlan broadcast-ssid enable 1
(WLC01) >config wlan interface 1 wlan-int-group
(WLC01) >config wlan enable 1
```

安全性設定-第 2 層

Security 頁次控制 WLAN 的安全性設定，而且有相當多的選項。還好 CCNA 只關心其中的部分選項。WLAN 預設支援 WPA2 連線，所以不用變動第 2 層的安全性類型。主要調整的是屬於 **Authentication Key Management** 的部分：

- **802.1X**：這個選項讓您可以使用類似 Cisco ISE 伺服器來控制 WLAN 連線。它不在 CCNA 範圍，但是必須確定它是關閉的，PSK 才能運作。
- **PSK**：這個選項告訴 WLAN 使用**預先共享金鑰** (Pre-Shared Key) 來認證無線客戶端。
- **PSK Format**：您可以使用 ASCII 格式或 16 進位來輸入預先共享金鑰。PSK 的長度至少要 8 個字元，如圖 20.52。

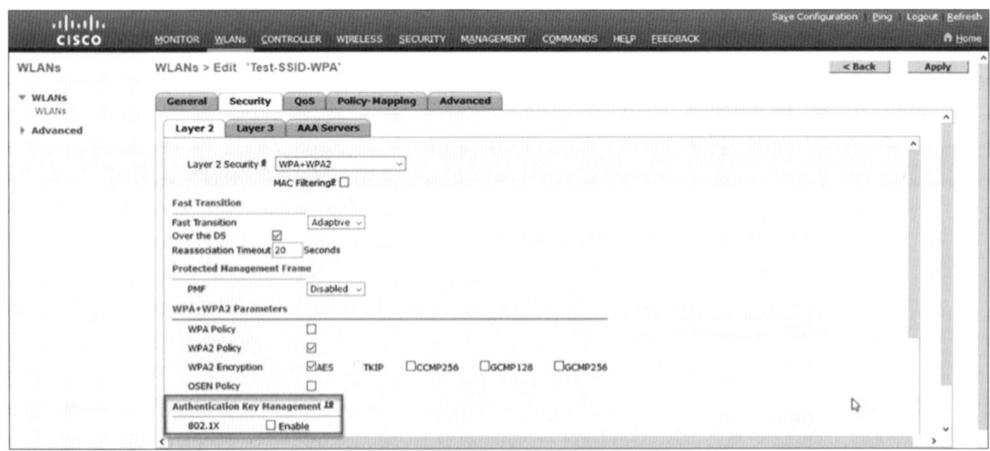

圖 20.52 WLC WLAN 安全性頁次

圖 20.53 是 PSK 的組態設定。

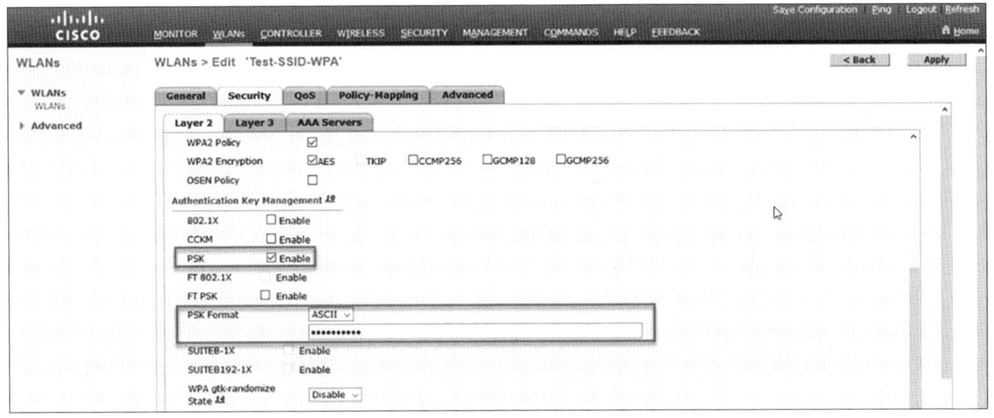

圖 20.53 WLC WLAN PSK 組態設定

下面是處理 PSK 設定的命令：

```
(WLC01) >config wlan security wpa akm psk enable 1
(WLC01) >config wlan security wpa akm psk set-key ascii meowcatPSK 1
```


安全性設定-AAA 伺服器

如果想要使用 WPA2-Enterprise，WLAN 必須能與 RADIUS 伺服器對談，並且在 **Security** 下的 **AAA Server** 子頁次中設定。因為我們的 WLAN 是使用預先共享金鑰，所以此處將建立新的範例 WLAN 來說明如何進行。

選擇剛剛建立的 RADIUS 認證和記帳伺服器，安排適當的順序。Server 1 的使用優先序在 Server 2 之前。別忘了，WLAN 最多可支援 6 台伺服器。除非特別勾選了 **RADIUS Server Override Interface**，否則 WLC 會使用管理介面來連結 RADIUS。

圖 20.54 是 AAA Server 頁次。

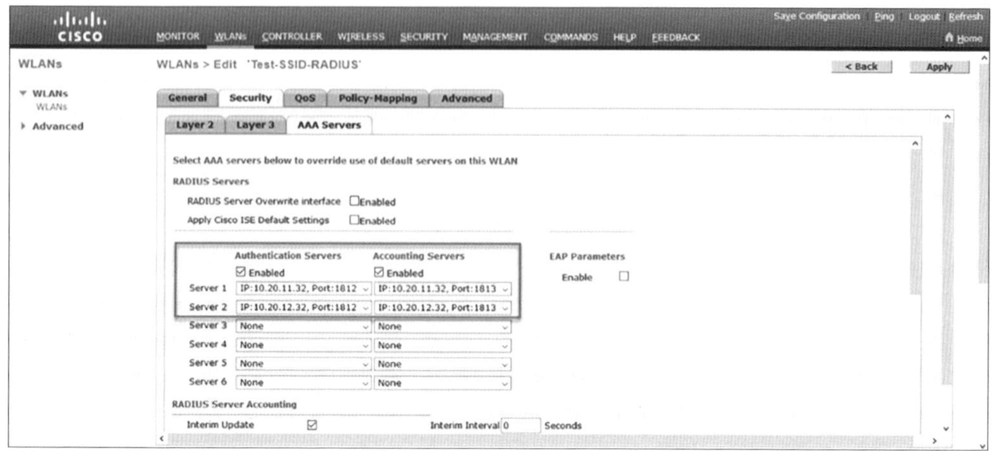

圖 20.54 WLC WLAN AAA Server 頁次

要在 CLI 中設定，只需將 WLAN 與 Radius 伺服器 ID 綁定：

```
(WLC01) >config wlan radius_server auth add

<WLAN id>        Enter WLAN Identifier between 1 and 512.

(WLC01) >config wlan radius_server auth add 1

<Server id>     Enter the RADIUS Server Index.

(WLC01) >config wlan radius_server auth add 1 1

(WLC01) >config wlan radius_server auth add 1 2

(WLC01) >config wlan radius_server acct add 1 1

(WLC01) >config wlan radius_server acct add 1 2
```

QoS 設定檔案 (profile)

無線網路也支援服務品質 (Quality of Service, QoS)，以協助安排無線交通 (例如無線手機) 的優先序。它預設是使用最佳努力 (Best-effort) 佇列。這相當於是沒有品質政策，但是可以手動或透過 DNA 中心的 EasyQoS。稍後的章節會在討論這部分。

WLC 有 4 種佇列：

- **青銅級 (Bronze)**：這是最低等級的頻寬，提供給訪客服務，或是不重要的交通。它也稱為背景佇列。
- **白銀級 (Silver)**：這個等級提供客戶端正常的頻寬，也就是最佳努力佇列。
- **黃金級 (Gold)**：支援高頻寬的視訊應用，稱為視訊佇列 (video queue)。
- **白金級 (Platinum)**：最高等級的服務品質，用於無線連線中的語音，也稱為語音佇列。

QoS 頁次也支援手動調整頻寬、WMM、呼叫許可控制 (Call Admission Control) 和 Lync (這是微軟的整合式通訊解決方案，一般也稱為企業版 Skype)。圖 20.55 是 QoS 頁次畫面。

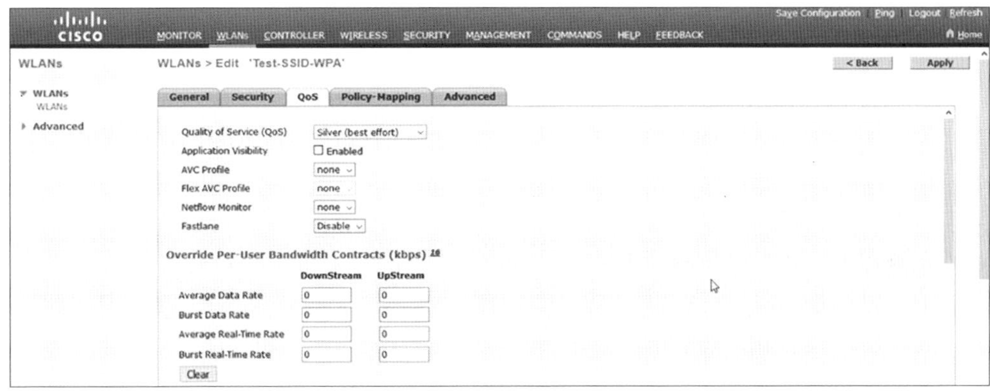

圖 20.55 WLC WLAN QoS 頁次

政策映射設定

因為 CCNA 範圍不包含 **Policy Mapping** 頁次，所以在此只稍稍提及。基本上，它可以用不同的方式來處理不同類型的端點，因此，iPad 跟安卓手機可以有不同的行為。

進階 WLAN 設定

顧名思義，**Advance** 頁次是一組 WLAN 的進階選項，如圖 20.56。

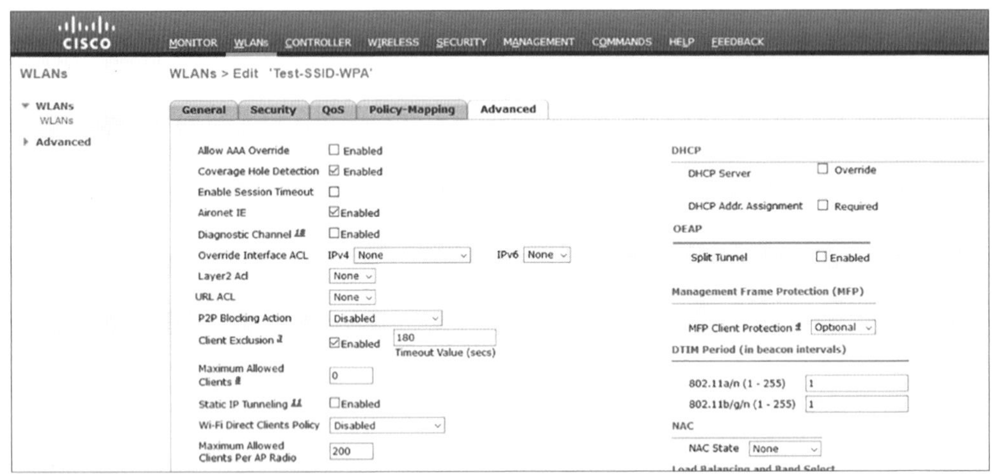

圖 20.56 WLC WLAN Advance 頁次

這裡面幾乎所有選項都不在 CCNA 範圍，但是它們在實際生活中相當有趣而重要，如圖 20.56：

- **允許覆蓋 AAA (Allow AAA Override)**：使用在對 RADIUS 伺服器的連線上，讓伺服器告知 WLC 連線時使用的正確 VLAN 標記。它也可以設定 QoS，並且在會談上使用 ACL。

- **Enable Session Timeout (啟用會談逾時)**：這是指會談在沒有重新認證之前，可以維持的時間限制。當使用預先共享金鑰連線時，它預設會被關閉，因為客戶端已經擁有連線所需的金鑰。但是在使用第 2 層的其他安全性選項時，預設則是 1800 秒 (30 分鐘) 後就需要再次認證。

- **DHCP Addr. Assignment (指定 DHCP 位址)**：這個選項可以防止客戶端使用靜態 IP。如果啟用，則客戶端必須先透過無線連線取得 DHCP 位址，才能夠連上網路。這個小選項確實能幫助改善安全性，避免終端用戶嘗試規避您的安全政策。

- **DHCP/HTTP Profiling (使用情況側寫)**：WLC 可以藉由檢視 DHCP 程序，並觀察 HTTP 封包來辨識連線，以嘗試瞭解連到 WLAN 的端點是哪些。

連結客戶端

現在 WLAN 建立完成，終於可以把我的筆電聯上無線網路了！因為它是 WPA2-PSK 連線，只需要輸入預先共享金鑰就可以登入網路了。圖 20.57 是客戶端對 WLAN 的連線。

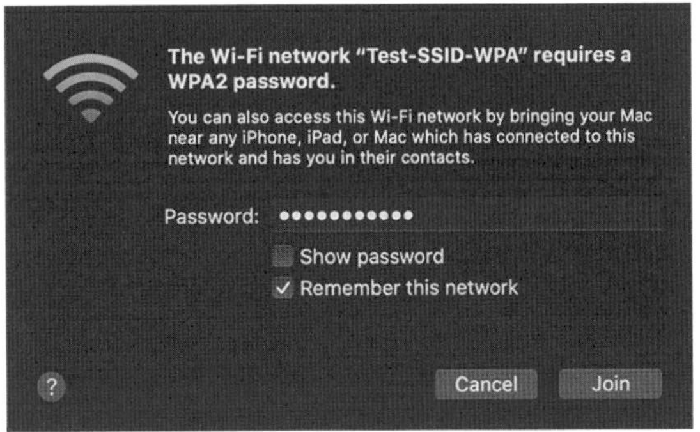

圖 20.57 將客戶端連上 WLAN

因為 WLAN 使用介面群組來指定 IP，所以會從 WLAN102 動態介面取得 IP 位址。因為 WLC 會嚐試將客戶端交通負載平均分擔在介面群組的所有介面上，所以如果現在再連上我的 iPhone，可能就會從 WLAN103 動態介面取得 IP。圖 20.58 是客戶端的設定畫面。

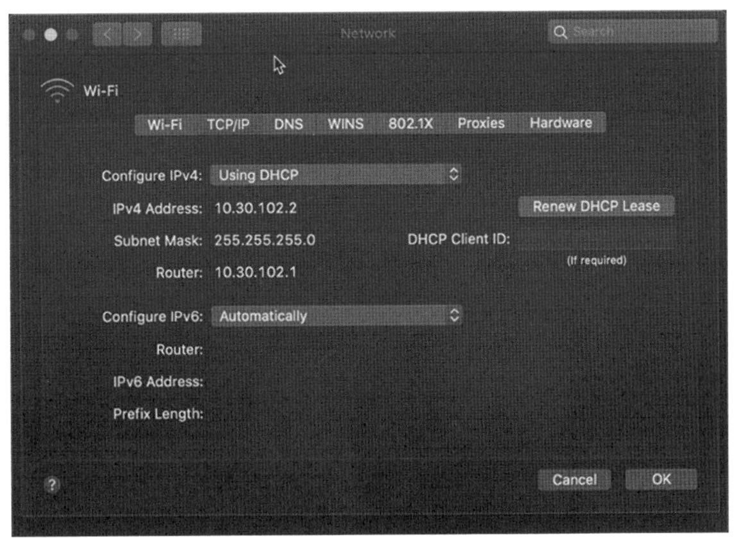

圖 20.58 WLC 客戶端設定畫面

在 WLC 上可以看到很多客戶端會談的細節，包括連線使用的 CAPWAP 隧道和連線狀態的網路圖。

圖 20.59 是連線客戶端的認證畫面。

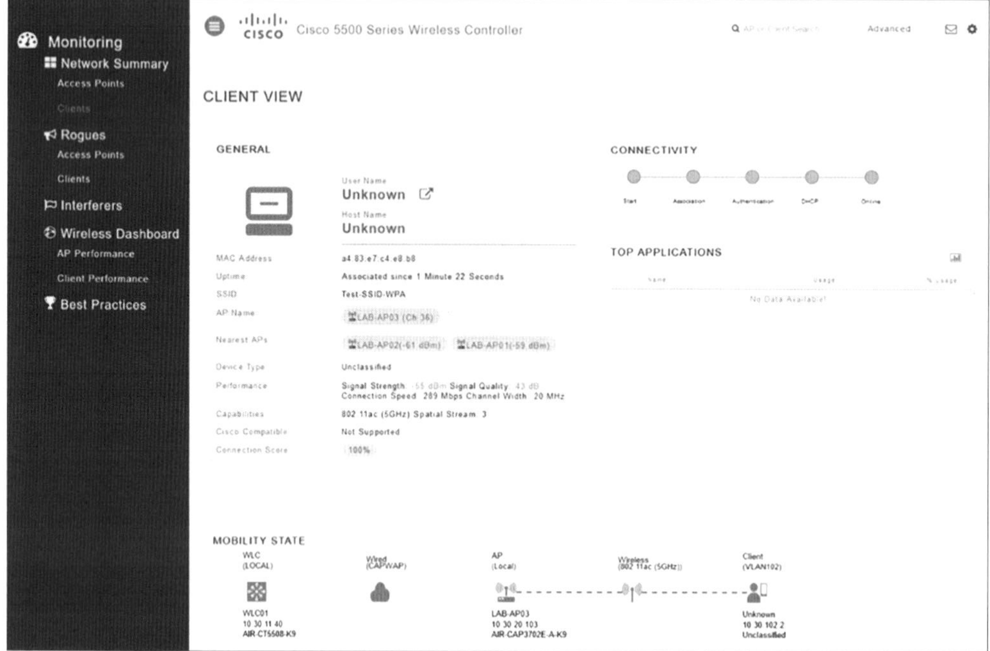

圖 20.59 WLC 客戶端認證畫面

CLI 也可以提供很多資訊：

```
(WLC01) >show client detail a4:83:e7:c4:e8:b8
Client MAC Address............................... a4:83:e7:c4:e8:b8
Client Username ................................. N/A
Hostname: .......................................
Device Type: .................................... Unclassified
AP MAC Address................................... 7c:95:f3:31:68:00
AP Name.......................................... LAB-AP02
AP radio slot Id................................. 1
Client State..................................... Associated
Client User Group................................
Client NAC OOB State............................. Access
Wireless LAN Id.................................. 1
Wireless LAN Network Name (SSID)................. Test-SSID-WPA
Wireless LAN Profile Name........................ Test-SSID-WPA
Hotspot (802.11u)................................ Not Supported
BSSID............................................ 7c:95:f3:31:68:0f
```

```
Connected For ................................ 476 secs
Channel....................................... 52
IP Address.................................... 10.30.102.2
Gateway Address............................... 10.30.102.1
Netmask....................................... 255.255.255.0
IPv6 Address.................................. fe80::1073:3a59:a857:4647
Association Id................................ 1
Authentication Algorithm...................... Open System
Reason Code................................... 1
Status Code................................... 0
Session Timeout............................... 0
Client CCX version............................ No CCX support

Output Omitted for brevity
```

20-9 摘要

本章涵蓋的內容相當廣；從網路常見的各種端點開始，以及如何檢視和變更桌上型作業系統的 IP 位址。接著討論了 Cisco 提供的不同類型無線控制器，以及無線網路可以使用的幾種建置模式。然後我們簡單描述了 CAPWAP 隧道和它的用法，詳述 WLC 包含的所有介面和連接埠。

無線控制器必須要搭配 AP 才能發揮作用，所以我們描述了數種將 AP 連上 WLC 的方法。完成之後，接著探討在 WLC 上可以使用的各種管理存取連線方式。最後則說明了如何設定可以運作的 WLAN。

20-10 考試重點

- **端點 (Endpoints)**：連上網路的裝置，包括桌機、筆電、IP 電話、AP、和 IoT 裝置。
- **伺服器**：伺服器提供服務給網路上的用戶與裝置，可以分為幾種形式：

  機架 (flat) 伺服器通常是尺寸 1RU、裝置在機架上的伺服器，而塔式 (tower) 伺服器基本上就是內含較多資源的桌上型電腦。另外還有連到

更大機殼的刀鋒 (blade) 伺服器。此外,伺服器角色也相當多元,包含 DHCP、網站、資料庫與 Active Directory 等。

- **在 Windows、Mac、和 Linux 上查驗 IP 位址**:您可能會花不少時間在介面上設定 IP 位址,或是檢查裝置上的設定是否正確。因此,也因為它是 CCNA 認證的主題,所以我們逐步檢視了如何在 Windows、Mac、和 Linux 上查驗 IP。
- **WLAN 建置模型**:Cisco 有 3 種 WLAN 建置模型。獨立式模型的 AP 會獨立運作,並且必須手動設定。輕量型 AP 會透過加密的 CAPWAP 隧道向控制器註冊,可以進行集中式管理,並且比較容易進行效能調校。雲端模式的控制器位於雲端,AP 只要連上網路就可以管理。Cisco 的雲端網路解決方案是 Meraki。
- **WLC 連接埠類型**:WLC 有幾種不同的連接埠,例如控制台埠用來進行組態初始化,服務埠用於頻外管理、冗餘埠提供高可用性、而分散式系統埠也就是一般介面比較好聽的說法。
- **WLC 介面類型**:WLC 也有幾種不同的介面,提供服務給 WLAN。服務埠介面提供對服務埠的存取,冗餘管理埠則提供對冗餘埠的存取。管理埠提供對 WLC 的存取,預設是執行 AP-Manager,讓 AP 能對介面註冊,並且終止 CAPWAP 隧道。最後,動態介面可以用來將 WLAN 終結在特定 VLAN。
- **WLC 和 AP 管理存取連線**:Cisco 無線控制器和 AP 支援幾種不同的管理存取方法,包括 telnet、SSH、HTTP、HTTPS、控制埠、RADIUS、和 TACACS+。CDP 對這些系統的管理相當有用。
- **加入 AP**:無線控制器需要 AP 才能提供網路存取。本章提到幾種連接 AP 的方法:手動方式是登入 AP 並且輸入命令,DNS 方式是建立 DNS A (DNS A record) 紀錄讓 AP 能自行找到無線控制器。DHCP 方法則是使用 16 進位技巧,透過選項 43 提供 WLC 位址。
- **設定 WLAN 組態**:WLC 組態設定主要是用來建立讓客戶端連上的 WLAN,包括 SSID、安全性、和其他在無線網路上想要啟用的選項。

20-11 習題

習題解答請參考附錄。

( ) 1. 在 Windows 10 的 CMD 中會使用下列哪個命令來檢查 IP 位址？

A. ifconfig
B. ipconfig
C. iwconfig
D. Get-NetIpAddress
E. iptables

( ) 2. 下列何者是在 WLC 上使用服務埠所必需的 (選擇 3 項)？

A. 服務埠介面必須連上交換器。
B. 交換器埠必須設定為主幹。
C. 必須將靜態路徑新增到 WLC。
D. 交換器埠必須設定為存取埠。
E. 服務埠介面設定的子網路 IP，必須跟管理埠位於相同子網路。

( ) 3. 要讓 AP 自動找到 WLC，必須建立哪種 DNS 記錄?

A. CISCO-WLC-CONTROLLER
B. WLC-CONTROLLER
C. CISCO-AP-CONTROLLER
D. CISCO-DISCOVER-CONTROLLER
E. CISCO-CAPWAP-CONTROLLER

( ) 4. 下列何者是 WLAN 預設的 QoS 佇列?

A. 黃金級
B. 白金級
C. 青銅級
D. 白銀級
E. 鑽石級

(　　) 5. 下列何者是針對視訊的 QoS 佇列?

A. 黃金級　　B. 白金級

C. 青銅級　　D. 白銀級

E. 鑽石級

(　　) 6. 您被告知用戶三不五時會無法連上辦公室的 WLAN。在進行故障檢測後，發現 VLAN 的 IP 位址有時會不敷使用。下列何者是最好的解決方案？

A. 建立新的 WLAN，讓一半的用戶連上新網路

B. 將子網路遮罩調整為較大的值

C. 建立額外的動態介面，並且在 WLAN 上使用介面群組

D. 設定會談逾時，以丟棄閒置連線

E. 在區域中新增更多的 AP

(　　) 7. 在 WLC 啟用 LAG 的 3 項要求為何 (選擇 3 項)？

A. LACP 必須設定在直接相連的交換器

B. WLC 必須重啟

C. 所有的分散式系統介面必須新增到 LAG

D. LAG 中最多只能有 2 個介面

E. 交換器必須使用 **channel-group # mode on**

(　　) 8. 使用自主式 AP 的 3 項缺點為何 (選擇 3 項)？

A. 需要集中式管理

B. 必須獨立設定

C. AP 無法看到無線網路的完整圖像

D. 安全性政策比較難以維護

E. 支援 CAPWAP

( ) 9. WLC 的哪項功能可以使用 TACACS+？

A. WLAN 組態設定
B. 管理用戶
C. 介面組態設定
D. 連接埠設定

( )10. 下列何者是 TACACS+ 用來進行記帳的埠？

A. UDP 49
B. UDP 1645
C. UDP 1812
D. UDP 1813
E. TCP 49

( )11. 下列何者是現在 RADIUS 伺服器用來進行認證的埠？

A. UDP 1645
B. TCP 1645
C. UDP 1812
D. TCP 1812
E. UDP 1700

( )12. 下列何者是早期 RADIUS 伺服器用來進行認證的埠？

A. UDP 1645
B. TCP 1645
C. UDP 1812
D. TCP 1812
E. UDP 1700

( )13. 下列何者是虛擬介面的目的？

A. 管理
B. 將客戶端重新導向到 WLC
C. 註冊 AP
D. 終結 CAPWAP
E. 遶送

( )14. 下列何者是虛擬介面建議使用的 IP 位址？

A. 1.1.1.1
B. 2.2.2.2
C. 192.168.0.1
D. 192.0.2.1
E. 10.10.10.10

(　　)15. 下列何者是在 Mac 上用來查驗 IP 位址的命令？

A. ipconfig　**B.** ifconfig
C. iptables　**D.** Get-NetIPAddress
E. show ip int brief

(　　)16. WLC 預設會啟用 Telnet？

A. 是　**B.** 否　**C.** 取決於版本

(　　)17. 動態介面類似 Cisco 交換器上的哪種介面？

A. 乙太網路　**B.** loopback 位址
C. 交換的虛擬介面　**D.** 隧道
E. 埠通道

(　　)18. 在 IP 位址為 192.168.123.100 的 WLC 中，下列何者是 DHCP 選項 43 的 16 進位值？

A. F104C0A87B64　**B.** F102C0A87B64
C. F102C0A99B70　**D.** F104C0A99B70
E. F10211BBCC88

(　　)19. 下列何者是預設的 AP 模式？

A. 本地　**B.** 監控
C. FlexConnect　**D.** 監聽
E. SE-Connect

(　　)20. 下列哪種 AP 模式會服務無線交通 (選擇 2 項)？

A. 本地　**B.** 監控
C. FlexConnect　**D.** 監聽
E. SE-Connect

虛擬化、自動化、可程式化

21 Chapter

本章涵蓋的 CCNA 檢定主題

1.0　網路基本原理

- 1.12　說明虛擬化基本原理

6.0　自動化與可程式化

- 6.1　說明自動化如何衝擊網路管理
- 6.5　說明 REST API 的特徵 (CRUD、HTTP verb (動詞) 和資料編碼)
- 6.7　解答 JSON 編碼資料

近年來，每個 IT 領域都在飛速成長，從各個層面改變了我們的生活。各種應用越來越複雜，經常需要多台伺服器協同運作，才能提供有用的解決方案。當然，企業現在也希望它的應用可以持續的運行不輟。因此，虛擬技術對企業而言日益重要，因為它們可以簡化將新的伺服器加入網路的複雜度。最重要的就是讓這種瘋狂的成長能夠比較易於管理！自動化同樣也快速地吸引了大眾的注意，因為今日 IT 環境的各種變動，讓手動完成所有事情不僅過於費時，風險也太高。

本章的目的是要討論今日的這些挑戰。我們首先將介紹虛擬技術的基本觀念，包括它的常見元件和功能，並且比較目前市面上的一些虛擬化商品。接著探索重要的自動化概念和元件，做為後續 SDN 和組態管理章節的基礎。

21-1 虛擬機器基本原理

就在不久之前，IT 基礎建設還是一片平靜，甚至有些單調。如果網路中需要一台新的 DHCP 伺服器，您只需要：

- 從 HP 或 Dell 採購 1 台新伺服器。彼時，Cisco 尚未進入伺服器市場。
- 和同事一起將沉重的伺服器抬到機架上。
- 確認伺服器已經插上電源，並且接上網路—當然是有線網路。
- 花上一整天來燒機，確認它的運作正常。
- 通常可能會更新伺服器的韌體，以確保是最新的狀態。
- 安裝 Windows Server。

一旦所有實體任務完成，接著是 DHCP 部分：

- 規劃伺服器的 VLAN 和 IP。
- 在開始使用伺服器前先安裝修補程式 (patch)，以降低安全威脅。
- 通常，還需要將它加入 Active Directory。
- 安裝並設定 DHCP。

顯然，僅僅是讓 1 台簡單的 DHCP 伺服器運作，都需要很多步驟，而且相當費時。雖然可以透過諸如微軟的**系統中心配置管理員** (Microsoft System Center Configuration Manager，SCCM) 之類的工具來佈建作業系統、安裝修補程式、並且加入網域，然後再使用 SCCM 或其他工具，如 Ansible 來設定任務，但是大多數的時間和精力，仍舊必須花在那些無法自動化的工作，例如等待新伺服器到貨、搬上機架、燒機等等。

回到剛剛的舊時情境，我們有了 1 台 DHCP 伺服器，然後發現我們必須建置 1 個標準的 3 層式應用。這可是個「組隊打怪」的任務，我們需要資料庫伺服器、網站伺服器、和應用伺服器一同運作來支援這個應用。

所以，要怎麼做呢？我們可以考慮在 DHCP 伺服器上安裝所有的東西，但是 3 層式應用架構理應位於不同伺服器上，以避免單點故障的問題。此外，將東西加在基礎架構伺服器也不是個好主意。因此，最終只剩下再買 3 台伺服器，並且重複類似前述步驟的做法了。在一週過去之後，全部完成後的網路看起來就如圖 21.1。

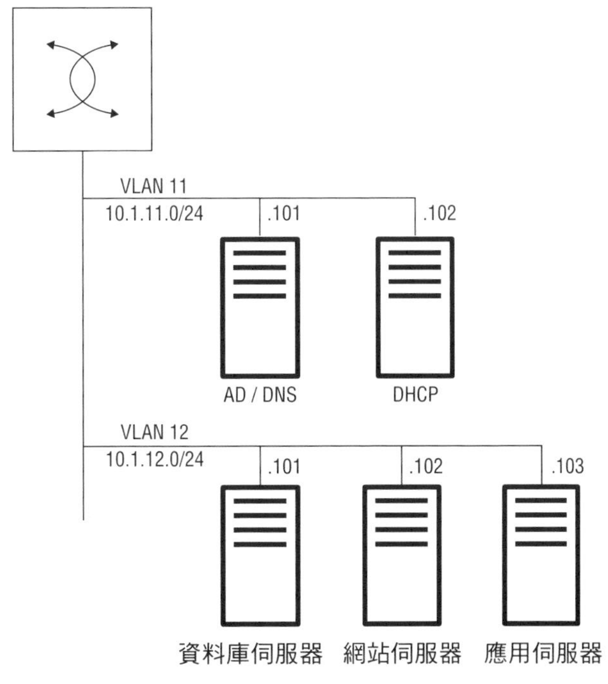

圖 21.1 五台伺服器

目前網路上至少有 5 台實體伺服器。隨著逐漸增多的新伺服器都連上交換器，我們最終會需要加入新的交換器，以確保有足夠的通訊埠供所有伺服器使用。

幸運的是，虛擬技術閃亮出場，將我們從這種艱辛而昂貴的道路中解救出來。它讓我們可以在**虛擬化主機** (virtualization host) 上，以**虛擬機器** (virtual machine) 形式來執行所有的伺服器。這表示我們不必再採取前述一個蘿蔔一個坑的策略，而是可以在執行虛擬技術方案的單一伺服器上運行所有的東西。現在我們如果需要在網路中新增更多的伺服器，只要建立新的虛擬機器，而不需要去採購/搬運/和燒機了。如果我們需要更好的冗餘性或效能，也只需要增加更多虛擬化主機來分擔負載即可。

圖 21.2 是我們精簡後的新世界。可以看到其中有骨幹鏈路通向虛擬主機的虛擬交換器。如果想要更多的冗餘性，只要新增更多乙太網路連線，並且在主機上執行 LACP 之類的協定就好了。

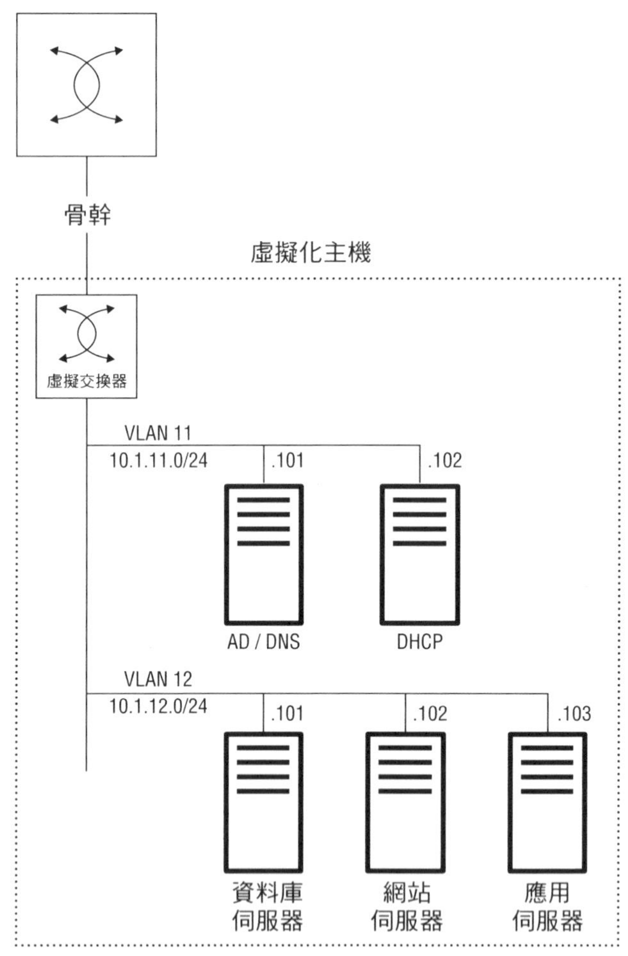

圖 21.2 精簡後的伺服器

21-2 虛擬化元件

虛擬技術方案有賴於下面的元件：

- 虛擬機器監視器 (Hypervisor)
- Guest 虛擬機
- 虛擬設備 (virtual appliance)
- 虛擬交換器
- 共享儲存裝置
- 虛擬儲存裝置

下面將逐一說明這些元件：

- **Hypervisor**：Hypervisor 就是執行虛擬技術方案的伺服器，大多數時候只是簡稱為**主機** (host)。通常主機具有很多運算資源，如處理器、核心和記憶體，以運行多台虛擬機器。
- **Guest 虛擬機**：在主機上運行的虛擬機器，通常也簡稱 **guest**。guest 基本上能夠執行今日常見的任何一種作業系統，端視所需的虛擬方案而定。
- **虛擬設備**：由廠商提供的虛擬解決方案。幾乎所有廠商在您採購產品的時候，都會提供虛擬的選擇。

  以 Cisco 而言，它們具有一系列的虛擬設備。其中最有用的包括：

  - **雲端服務路由器 CSR1000v**：執行 IOS-XE 軟體的虛擬路由器。
  - **ASAv**：虛擬版的 Cisco ASA 防火牆。
  - **Firepower Threat Defense Virtual**：虛擬版的 Cisco Firepower 防火牆解決方案。

- **虛擬交換器**：所有虛擬解決方案都包含主機要使用的虛擬交換器 (vSwitch)。虛擬交換器的行為就跟一般交換器一樣，只是沒有執行 STP。

  虛擬交換器基本上具有讓主機為虛擬機器指定 VLAN 的能力。它們也可能提供更進階的功能，例如主幹功能，甚至支援交換器功能，例如 CDP、LLDP、和 SPAN，以及安全性，如私有 VLAN 等。

  虛擬交換器有兩種形式：

  - **標準式**：免費版本的交換器，提供基本功能。每台主機有自己獨立的虛擬交換器，如果在主機的虛擬交換器上設定了 VLAN11 和 VLAN12，則新加入網路、用來分擔負載的新主機也必須設定相同的 VLAN。這就跟沒有使用 VTP 的時候，將交換器新增到網路時的情況一下。

  - **分散式**：這個形式會建立在所有主機上運行的單一邏輯虛擬交換器。它支援進階功能，並且在所有主機間共享組態。分散式虛擬交換器就像是交換器堆疊，其中所有交換器都共用單一的組態。

- **共享儲存裝置**：雖然您可以使用主機的內部儲存裝置來建立虛擬機器，但這個方法在虛擬環境成長時的限制很大，因為其他的虛擬主機沒辦法輕易地存取到這台內部硬碟。

最常見的解決方案是使用共享的儲存技術，例如透過 iSCSI 或光纖通道 (Fiber Channel) 來存取 SAN 或 NAS。它可以讓網路中的所有主機存取相同的共用儲存裝置，並提供更多的功能。

VMware 在儲存裝置上使用特殊的檔案系統，並且把掛載 (mount) 的路徑稱為 **datastore** (資料儲存庫)。因為 Hyper-V 只使用一般的 Windows 檔案結構，所以不需要這個觀念。

本書將不會深入探索儲存技術，畢竟市面上討論這個領域的書籍可以說是汗牛充棟。如果您對此有興趣，也可以參考 Cisco 資料中心系列。

- **虛擬儲存裝置**：其實，不只是伺服器和網路可以虛擬化，儲存裝置也可以。SAN (儲存區域網路) 不僅會讓你的荷包大出血，而且非常複雜。要避免這些缺陷，業界開始擁抱 Hyper Converged 解決方案─在單一伺服器上結合運算、網路和儲存的解決方案。基本上，透過虛擬儲存裝置，網路上所有主機都利用自己的本地儲存裝置來建立邏輯式 SAN，供所有虛擬機器使用。

常見的解決方案包括：

- **Cisco HyperFlex**：Cisco 主要的 Hyper Converged 方案，在它的 Unified Computing System (UCS) 伺服器上運行 VMware 或 Hyper-V 與虛擬儲存裝置。
- **VMware Virtual SAN**：內建於 VMware 中，提供虛擬 SAN 給 VMware 主機。
- **微軟的 Storage Spaces**：微軟的解決方案，提供虛擬儲存裝置。

21-3 虛擬技術特性

下面是虛擬解決方案使用的 3 種成分：

- 硬體抽象化
- 快照
- 遷移

硬體抽象化 (Hardware abstraction)

如果您曾經組過電腦，就會對這項技術格外喜愛。因為硬體需要的驅動程式，可能必須靠 Windows Update 來提供，所以要將公司內的電腦標準化，其實相當不容易。電腦之間總是可能因為升級，或是製造商調整了某個硬體元件，而有些微的差異。

有了虛擬機器，所有硬體都被虛擬化，所以即使將 VM 在數台主機間移動，所有的狀況仍舊是可以預期的。

快照 (snapshot)

快照相當於是虛擬機器的 "還原" 按鈕。它可以在您執行特定任務前先捕捉 VM 的狀態，並且在您需要的時候還原回任務前的狀態。例如在嘗試升級之前，最好能先做個快照；這樣在升級失敗時，只需要還原到快照，而不需要手動地移除更新所造成的所有影響。

備份方案，如 Veeam，也是使用快照來建立虛擬機器的備份。當然，不同廠商有自己的名稱，例如微軟的快照功能稱為 checkpoints。

請注意：快照並不是萬靈丹！在上例中，如果失敗的升級過程中改變了另一台 VM 上的資料庫，則該台 VM 也需要有快照，才能夠完整地復原這些改變。

複製 (clone)

複製可以快速地建立虛擬機器的備份。如果要使用已經修補完成，並且正確設定組態的 "樣本" 映像檔 (image) 來建立數台虛擬機器時，複製功能就非常方便。

遷移 (migration)

虛擬機器可以在主機間遷移，以平衡工作負載，或是在主機需要停機維護時，保持 VM 的運行。這是很棒的功能，因為如果是使用共用儲存裝置，運行中的虛擬機器就可以透過遷移保持不停機的狀態。否則，很可能 VM 在移動時就需要關機。根據效能或主機可用性，遷移可以是手動或自動執行。

遷移有兩種：

- **虛擬機器遷移**：將虛擬機器從一台主機移往另一台主機。
- **儲存裝置遷移**：將虛擬機器從一個儲存位置移往另一個。例如將 VM 從內部儲存位置移到 iSCSI datastore。

21-4 虛擬化類型

Hypervisor 一共有兩種類型。

第 1 型 (Type 1)

第 1 型又稱為**裸機 hypervisor** (bare-metal hypervisor)，當整個伺服器和 OS 都是虛擬化專用時，hypervisor 可以直接存取系統中的所有硬體。這是最常見的企業方案，因為它提供最多的功能和最好的效能。

下面是第 1 型的三個方案：

- VMware ESXi
- Hyper-V
- Xen

第 2 型 (Type 2)

第 2 型也稱為**桌機虛擬化** (desktop virtualization)，虛擬方案是以應用形式在桌機 OS 上運行，因為功能和效能都較差，所以多數是給 IT/開發人員測試用。不過它真的比較簡單而且便宜。

下面是第 2 型的方案：

- Vmware Workstation/Fusion
- VirtualBox
- KVM

硬體虛擬機器

硬體虛擬機器 (Hardware Virtualized Machine，HVM) 是指虛擬機器不知道自己是虛擬機器的情況。Hypervisor 會呈現硬體給 VM 使用--通常網路連線呈現的硬體是 Intel e1000 網卡，這是很常見的網卡，並且在大多數系統中應該可以直接運行。

參數虛擬化

這種虛擬技術的作業系統能察覺到是處於虛擬化。所以 guest 會知道它是台 VM，並且直接和 hypervisor 溝通，而不是使用模擬出來的硬體。參數虛擬化技術可以提供較佳的效能，缺點是 VM 必須支援這項功能，所以通常必須在 guest 的作業系統中安裝驅動程式才能真正的運作。

21-5 虛擬化方案

下面來看看可以用來提供伺服器和主機虛擬技術的解決方案。

VMware ESXi

幾乎所有的人都聽過 VMware，因為它是虛擬市場的領導者。第 1 型的 ESXi 築基於客製化的 Linux OS，是功能完整的 hypervisor。它的管理可以透過 ESXi 的網站介面，或是 WMware 的管理方案 VCenter。雖然 ESXi 不是免費軟體，VMware 還是提供獨立主機的免費授權，以便我們可以做些實驗練習。

Hyper-V

我們都聽過微軟，但未必聽過微軟的虛擬方案 Hyper-V。它也是第 1 型 Hypervisor，可以部署在專用硬體上，也可以安裝在 Windows Server 或桌面上。這讓它貌似兼具第 1 型與第 2 型的特性，不過 Hyper-V 確實具有完整的硬體存取能力，所以還是被歸類為第 1 型。

Xen/KVM

Xen 與 KVM 都是開放原始碼軟體的第 1 型 hypervisor，而且，除非您非常熟悉 Linux，它們也是最困難的虛擬方案。不過，它們完全免費，所以非常適合實驗室之類場所。因為本書不屬於 Linux 課程，它們也不在 CCNA 討論範圍之內，所以在此不再深入討論。

VMware Workstation/Fusion

VMware Workstation 是付費的第 2 型方案，除了 Windows 和 Linux 之外，甚至還有 Mac 版，稱為 VMware fusion。它提供強大的虛擬化支援，以及相當不錯的功能。VMware 也有免費的桌面版稱為 Player，可以執行 1 台虛擬機器。

VirtualBox

VirtualBox 是 Oracle 免費開源軟體的第 2 型方案。它提供的功能不如 VMware Workstation 那麼多，但畢竟是免費的啊~

21-6 自動化元件

想像在某個憂鬱的周一早晨，老闆要求你在 192.168.255.0/24 子網路中的所有路由器上，都新增一個 loopback 位址。如果你只有兩三台路由器，那就不算什麼。你可以輕易地用 SSH 進入裝置，並且使用本書中學到的技巧來新增介面。可惜你的公司有足足兩百多台路由器，如果要逐一設定，感覺可以搞到天長地久。此外，要記錄每台路由器使用哪個 IP，也不是件輕鬆的任務，特別是如果過程中又犯了點小錯的話。

有很多調查顯示，人為錯誤是網路故障的首要原因。有時候，只是因為意外地關閉錯誤的介面，或者是某個隱藏的舊組態對你的變動做出不當的回應。有時候，你真正需要的是在登入路由器之前，先來杯咖啡。

除了前述大範圍網路變動的風險之外，單單是變動所需的時間就是個大問題。新增 200 個介面的工作，委實不那麼有趣。因此，自動化對於拯救時間真的非常重要。

網路自動化有許多形式，通常可以簡化為透過可預期方式，以稍許努力取得正面的結果。這也表示相對於逐一連上 200 台裝置，我們可以撰寫腳本將組態應用在全部的裝置上。

知道如何自動化，不如知道在自動化什麼來得重要。這是因為自動化只會照著指示來做，所以，如果您將錯誤的 OSPF 組態推向正式營運的網路，就注定會有個不眠之夜。

瞭解自動化的重要性後，接著來看看 CCNA 常關注的部分。雖然可能的項目不勝枚舉，但我們將專注在認證考試的三項主要議題。

Python

雖然 Python 並不是 CCNA 認證中的焦點，但是如果不提這個，就像製作火腿三明治卻沒有麵包一樣。這是因為 Python 可以算是網路世界中最常見的腳本語言。它的語法具有可讀性，容易使用，而且很有延伸性。Python 的兩個主要版本是：2x (已經逐漸退場) 和 3x (目前正在使用的版本)。

現在讓我們來接受挑戰：在真正的 Cisco 路由器上完成工作。

首先使用 netmiko 來設定 Cisco 路由器；netmiko 是常見的 Python 模組，可以使用 SSH 連上裝置。Python 模組包含 python 程式的集合，在 Linux 上可以使用 pip 命令來安裝。pip 是 Python 程式包的管理程式，能夠讓我們安裝額外的模組。在 Windows 上，相對於 pip 功能的是 Anaconda，也可以直接用 Windows 10 的 Linux shell：

```
the-packet-thrower@home01:~$ sudo pip3 install netmiko
Collecting netmiko
Downloading
https://files.pythonhosted.org/packages/26/05/
dbe9c97c39f126e7b8dc70cf897dcad557dbd579703f2e3acfd3606d0cee/
```

```
netmiko-2.4.2-py2.py3-none-any.whl (144kB)
100% 153kB 1.9MB/s
Collecting scp>=0.13.2 (from netmiko)
Downloading
https://files.pythonhosted.org/packages/4d/7a/3d76dc5ad8deea79642f50a572e1c057
cb27e8b427f83781a2c05ce4e5b6/scp-0.13.2-py2.py3-none-any.whl

Successfully installed bcrypt-3.1.7 cffi-1.12.3 cryptography-2.7 future-0.17.1
netmiko-2.4.2 paramiko-2.6.0 pycparser-2.19 pynacl-1.3.0 scp-0.13.2
textfsm-1.1.0
```

安裝完畢，就開始撰寫腳本 (script) 了。腳本的目的是在子網路 192.168.255.0/24 中，為我的 3 台路由器設定 loopback 介面，所以先將腳本命名為 configure-loopback.py。

選擇介面 999 做為要建立的 loopback 介面。loopback 的上個 IP 是路由器的編號。因為認證考試不要求 Python，所以這裡只會說明腳本邏輯，而不會解釋語法。

腳本第一行通常都是由 "#!" 開頭，稱為 Shebang 列，用來告知 OS 腳本使用的是哪種直譯器 (interpreter)。在此使用的是 python3：

```
#!/usr/bin/env python3
```

接著匯入要使用的模組 netmiko 來連線路由器。我還要使用 getpass，以避免直接將密碼放進腳本一這永遠不是個好的做法。首先使用 **from** 命令來告知 Python 要使用那些模組，然後接著用 **import** 命令抓取模組的特定部分。其中，netmiko 是剛剛安裝的，而 getpass 則是內建在 Python：

```
from getpass import getpass
from netmiko import ConnectHandler
```

您可以將這些程式都放進 main 函式中，不僅便於使用，也比較容易閱讀：

```
def main():
```

接著將要存放路由器登入資訊的字典定義在函式中。Python 會使用 **key-value** 在字典中查詢資訊。netkmiko 運作需要的 key-value 組合包括：

- **Device_type**：在本例中為 cisco_ios。這是用來告知 netmiko 要連到哪個廠商，以便解讀輸出的形式。如果是連到其他系統，也要在此設定。
- **IP**：要連接的裝置 IP，也是使用 SSH 連上路由器的 IP。
- **Username**：登入路由器所使用的用戶名稱。
- **Secret**：通常就是設定密碼；但是此處會使用 getpass。不過，即使是設為空值，仍需要保留這個欄位。
- **Port**：SSH 使用的埠號；預設為 22。

我們必須定義 3 份字典，每台路由器 1 份，且每份都需要上列的 5 個關鍵字。使用命令 **name={}** 來建立字典，為字典命名，並且在{}之間定義各組 key-value，使用逗號將每一組分開。例如下面：

```
'''
Define the routers we will connect to in dictionaries
'''
csr01 = {
    'device_type': 'cisco_ios',
    'ip': '10.30.10.81',
    'username': 'admin',
    'secret': '',
    'port': 22,
}

csr02 = {
    'device_type': 'cisco_ios',
    'ip': '10.30.10.82',
    'username': 'admin',
    'secret': '',
    'port': 22,
}

csr03 = {
    'device_type': 'cisco_ios',
    'ip': '10.30.10.83',
    'username': 'admin',
```

```
        'secret': '',
        'port': 22,
    }
```

接著要告訴 Python 建立密碼變數，然後呼叫 getpass。因為一開始已經匯入了 getpass，所以現在只需要輸入 **getpass()**，其他的工作 getpass 都會接手。

```
'''
Grab the password for the routers
'''
password = getpass()
```

順帶建立稱為 IP 的變數並且設定為 1，先為後面做準備：

```
'''
Define IP variable as 1
'''
ip = 1
```

很好！現在我們準備好要進入迴圈了，在迴圈中將路由器命令輪流推送給那 3 份字典。

迴圈一開始會先將字典中的密碼值改變為 getpass() 所設定的密碼變數值。迴圈中的 **for** 後面跟著的是要循環的變數名稱 **a_dict**，在 **in** 後面跟著的則是由逗號分開的 3 份字典。接著告訴 python 將 a_dict 中 password 關鍵字的值指定給 password 變數。

```
# Get connection parameters setup correctly
for a_dict in (csr01, csr02, csr03):
    a_dict[ 'password'] = password
    a_dict[ 'verbose'] = False
```

下個迴圈會將組態推送給路由器。這次用的循環變數名稱為 **a_device**。使用 netkmiko 的 **send_config_set** 功能，將包含組態命令的 **config_commands** 變數推送出去。

config_commands 變數包含建立 loopback999 介面所需的所有命令，並且賦予它 IP 位址。這邊的 IP 位址會隨著迴圈遞增；IP 變數的第 1 個值是 192.168.255.1，接著是 192.168.255.2，然後是 192.168.255.3：

```
    # Push Configuration
    for a_device in (csr01, csr02, csr03):
        config_commands = ['interface loopback 999', 'ip address
192.168.255.' + str(ip) + ' 255.255.255.255']
        net_connect = ConnectHandler(**a_device)
        net_connect.send_config_set(config_commands)
        ip += 1
```

最後使用特殊的 if 呼叫主函式，以運行腳本：

```
if __name__ == "__main__":
    main()
```

順帶一提，當您自行實驗的時候，要注意每行的縮排對 python，或其他類似語言如 YAML 等的正確執行非常重要。下面是完整的腳本：

```
#!/usr/bin/env python

from getpass import getpass
from netmiko import ConnectHandler

def main():
    '''
    Define the routers we will connect to in dictionaries
    '''
    csr01 = {
        'device_type': 'cisco_ios',
        'ip': '10.30.10.81',
        'username': 'admin',
        'secret': '',
        'port': 22,
    }
```

```
    csr02 = {
        'device_type': 'cisco_ios',
        'ip': '10.30.10.82',
        'username': 'admin',
        'secret': '',
        'port': 22,
    }

    csr03 = {
        'device_type': 'cisco_ios',
        'ip': '10.30.10.83',
        'username': 'admin',
        'secret': '',
        'port': 22,
    }

    '''
    Grab the password for the routers
    '''
    password = getpass()

    '''
    Define IP variable as 1
    '''
    ip = 1

    # Get connection parameters setup correctly
    for a_dict in (csr01, csr02, csr03):
        a_dict['password'] = password
        a_dict['verbose'] = False

    # Push Configuration
    for a_device in (csr01, csr02, csr03):
        print ('Creating Loopback on ' + str(a_device['ip']))
        config_commands = ['interface loopback 999', 'ip address 
192.168.255.' + str(ip) + ' 255.255.255.255']
        net_connect = ConnectHandler(**a_device)
        net_connect.send_config_set(config_commands)
        ip += 1

if __name__ == "__main__":
    main()
```

現在來試試執行結果！

要運行腳本，只需要使用 python3 來呼叫它：

```
the-packet-thrower@home01:~$ python3 configure-loopback.py
Password:
Creating Loopback on 10.30.10.81
Creating Loopback on 10.30.10.82
Creating Loopback on 10.30.10.83
```

為了避免混淆，腳本中並沒有加上任何顯示用的命令。但是您仍舊可以使用老辦法來檢視狀態：

```
CSR01#show ip int br | in 999
Loopback999            192.168.255.1 YES manual up          up
CSR02#show ip int br | in 999
Loopback999            192.168.255.2 YES manual up          up
CSR03#show ip int br | in 999
Loopback999            192.168.255.3 YES manual up          up
```

很好！Python 已經幫忙建立好介面了。

此時，很適合停下來想一想：我們寫了 60 行的程式，來節省在每台裝置輸入 3 到 4 行命令的時間 (enable，conf t，interface loopback999 和 IP address)。這很自然引發下面的問題：「究竟要有幾台裝置之後，才值得咱們花力氣寫個腳本?」就像這個領域的其他問題一樣，答案是「視情況而定」。這是因為當您越熟悉腳本撰寫，您的速度就會越快—甚至於只需要編修一下現成的腳本即可。反之，如果您要花上一整天才能完成腳本，那手動執行或許會快上許多，特別是當您沒有數百台路由器要處理的時候。

如果想更熟悉 Python (在這個領域不失為是個好主意)，可以考慮 Cisco 的 DevNet Associate 認證。

JSON

JSON (JavaCript Object Notation) 是大多數系統都認識、用來溝通資料的一種資料交換格式。它的任務是以人類可閱讀的結構化形式來表達資料。

許多 RESTful API 和軟體方案都使用 JSON 做為收發資料的主要格式；其他比較常見的格式還有 XML 和 YAML。

JSON 結構將資料安排成使用逗號分開的 key/value 組合，再放入大括號中。它要求 key/value 必須符合下面的條件：

- 使用雙引號
- 布林值必須全部小寫 (Python 則是以大寫開頭)
- 最後一組不可以跟著逗號 (Python 之類語言則不在乎)

下面的範例是使用 JSON 來表示姓名、年齡和網站。

```
{
  "name" : "Todd Lammle",
  "age" : "40",
  "website" : "www.lammle.com"
}
```

如果希望放入更多的項目，可以在方括號中安排：

```
{
  "Creators": [

    {
      "name" : "Donald Robb",
      "age" : "34",
      "website" : "www.the-packet-thrower.com"
    },

    {
      "name" : "Todd Lammle",
      "age" : "40",
      "website" : "www.lammle.com"
    }
  ]
}
```

這種格式的優點是它非常容易閱讀，因為它就只是單純成對的 key/value 組合。現在來看看在 Cisco 裝置上輸出的 JSON。在 Cisco Nexus 裝置中，只要透過 **pipe** 命令，就可以將 **show** 命令的輸出輕易地轉換成 JSON 格式：

```
DC1-SPINE01# show ip interface brief | json-pretty native
{
        "TABLE_intf":   {
                "ROW_intf":     [{
                                "vrf-name-out": "default",
                                "intf-name":    "Lo0",
                                "proto-state":  "up",
                                "link-state":   "up",
                                "admin-state":  "up",
                                "iod":  5,
                                "prefix":       "192.168.255.11",
                                "ip-disabled":  "FALSE"
                        }, {
                                "vrf-name-out": "default",
                                "intf-name":    "Eth1/1",
                                "proto-state":  "up",
                                "link-state":   "up",
                                "admin-state":  "up",
                                "iod":  6,
                                "prefix":       "10.1.11.254",
                                "ip-disabled":  "FALSE"
                        }, {
                                "vrf-name-out": "default",
                                "intf-name":    "Eth1/2",
                                "proto-state":  "up",
                                "link-state":   "up",
                                "admin-state":  "up",
                                "iod":  7,
                                "prefix":       "10.1.12.254",
                                "ip-disabled":  "FALSE"
                        }]
        }
}
```

這是巢狀輸出的範例；為了存取 Loopback0 的 IP，我們必須從資料中擷取出來所需的部分。

首先從最外層的資料結構開始，再逐步深入。這需要一點時間來熟悉：

- 擷取 TABLE_intf 字典
- 擷取 ROW_inft 字典
- 選擇所需元素的索引，此處為 0
- 最後選擇對應的 key

```
In [10]: pprint(json_data["TABLE_intf"]["ROW_intf"][0]["prefix"])
'192.168.255.11'
```

JSON 本身非常簡單，後面將會看到更多它的範例。

YAML

YAML 的設計是希望能讓人易於閱讀和詮釋資料。越來越多工具開始使用 YAML，例如 Ansible。

YAML 包含 3 個主要部分：

- **映射** (mappings)：簡單的 key-value 組合，例如 Name:Todd。
- **列表** (lists)：就像一般文字的項目列表，每個項目佔據一列，並且使用減號+空白 ("- ") 開頭
- **純量** (scalars)：這是程式語言的術語，代表字串、布林或數字等。在 key-value 組合中，兩者都必須是純量；而列表中的每個項目也必須是純量。

下面是個完整的範例：

```
---                         # All YAML files start with three dashs
name: Todd Lammle           # This is a mapping
books:                      # This is a list
CCNA
Sourcefire
Network+
videos:                      # This is a list
CCNA
Firepower
ISE
```

在 WAML 中的空白很重要，它代表一組資料列的集合；在上例的縮排結構下，books 下面的項目與 videos 下面的項目是不同的。

YAML 檔案並不支援 TAB，所以必須使用空白來表示縮排。此外，在 key-value 的映射中，冒號和值之間也必須有一個空白。

REST API

應用程式介面 (Application Programming Interfaces，API) 讓您能快速地存取應用資源，而不必為了撰寫自己的程式去人工對照應用，並且進行反向工程。假設您希望建立一個根據用戶位置推薦餐廳的 APP，就必須存取地圖資訊，以判斷用戶的附近有哪些餐廳。

如果要自行取得地圖資訊，可以透過自己的地圖取得資料，或是透過自己開發的介面來存取 Google 地圖。這兩種做法都不太實際。好在 Google 提供許多 API，讓您可以直接在應用中取用它們的地圖資訊。

存取 API 最常見的方法是透過 REST (Representational State Transfer)。REST 是以資源為基礎的 API；它的 URI 必須是：

- 物件而非動作
- 名詞而非動詞

  如果逐字檢視 REST，可以看到：

  - **Representational**：在客戶端和伺服端之間傳送的資源狀態。
  - **State Transfer**：每個請求包含完成該次運算所需的全部資訊。

  REST 必須遵守 6 項限制，才能被視為是 RESTful API。

- **客戶端-伺服端**：連線永遠是由客戶端發起，向伺服器請求某項資源。
- **無狀態** (stateless)：伺服器不會儲存先前請求的任何資訊。
- **可快取** (cacheable)：伺服器回應中包含版本編號，客戶端可以判斷是否能使用快取下來的資訊，或是必須送出新的請求。

- **統一介面** (Uniform Interface)：定義客戶端和伺服器間的介面，包含 4 個部分：
  - **資源識別**：每個資源必須有自己唯一的 URI。
  - **資源呈現方式**：資源如何回傳資料給客戶端；通常是 JSON 或 XML。
  - **自我描述訊息**：傳送的每個訊息必須包含足夠判斷如何處理的資訊。
  - **應用程式狀態引擎的超媒體** (Hypermedia as the Engine of Application State，HATEOAS)：基本上表示你應該要能很容易地發現 API 的其他功能。例如假設你正在觀察用來檢視 Cisco 路由器介面的 API，就應該能夠在不需要太多文件的情況下，也找到檢視其他項目的方法
- **分層式系統**：您可以在 API 和伺服器資料間增加額外的層級，例如防火牆或負載平衡器，而不會影響運作。
- **隨選程式碼** (code on demand)：這是選擇性條件，允許 REST 回應可執行程式碼給客戶端。

除此之外，REST API 是建立在 HTTP 之上的框架；所有訊息都是在 HTTP/HTTPS 連線上交換的簡單文字。

現在讓我們來看看 DNA 中心的 URI，做為完整瞭解 REST API 的範例，如圖 21.3。

- **協定**：未加密的 http 或是加密的 https。大多數 restful API 呼叫都是使用 HTTPS。
- **URL**：想要存取之伺服器的 FQDN (Fully Qualified Domain Name)。根據使用的方案，可能會用到 443 以外的通訊埠。
- **資源**：試圖透過 API 存取之資源的具體路徑。
- **參數**：URI 的這個部份讓你能根據資源所支援的欄位，來過濾結果。圖 21.3 的範例中，過濾的條件是主機名稱 cat_9k_2.dcloud.cisco.com。

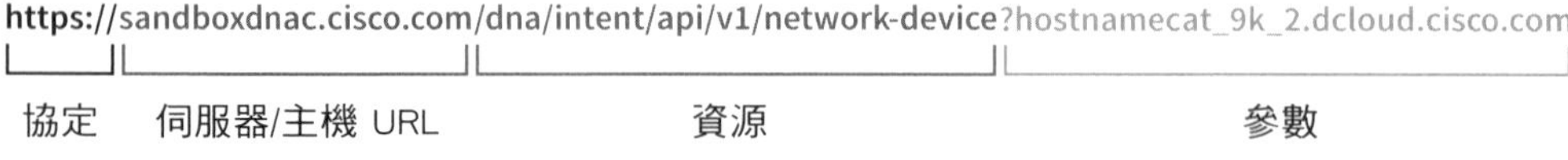

圖 21.3 REST API 整體組成方式

知道 URI 的樣子之後，現在我們來討論它可以搭配的行為。

Restful 架構使用對應 CRUD 的 HTTP verb (動詞) 來定義它的行為。CRUD 是建立 (Create)、讀取 (Read/Retrieve)、更新 (Update) 刪除 (Delete)；用來描述資料庫行為，如表 21.1。

表 21.1

HTTP verb	典型行為 (CRUD)
POST	建立
GET	讀取
PUT	更新/取代
PATCH	更新/修改
DELETE	刪除

REST API 還提供一些常用的 HTTP 狀態碼，可以在遇到問題時檢查，如表 21.2，其中有些您可能在瀏覽網頁時曾經看過。

表 21.2

狀態碼	狀態訊息	意義
200	OK	OK
201	Created	新資源建立完成
400	Bad Request	無效的請求
401	Unauthorized	認證問題
403	Forbidden	請求被收到，但缺乏權限
404	Not Found	資源找不到
500	Internal Server Error	伺服器問題
503	Service Unavailable	伺服器無法完成請求

請求的最後一部分是內容型態；大多數 Cisco 方案都是 **application/json**。

要嘗試 REST API，筆者通常是使用 **Postman** 程式。這個工具可以很容易執行 RESTful 的 API 呼叫。本書的實驗都是使用 Cisco 線上的 DNA 中心。

在執行 RESTful API 之前，必須要先完成認證。對於 DNA 中心，我們會對網址：**https://sandboxdnac.cisco.com/dna/system/api/v1/auth/token** 執行 POST。

在 Postman 的 **Authorization** 頁次下，輸入伺服器的用戶名稱和密碼。

```
Username: devnetuser
Password: Cisco123!
```

按下 **Send** 就會在 **body** 視窗收到代符 (token)，如圖 21.4。複製括號裡面的代符值 (不含括號)。

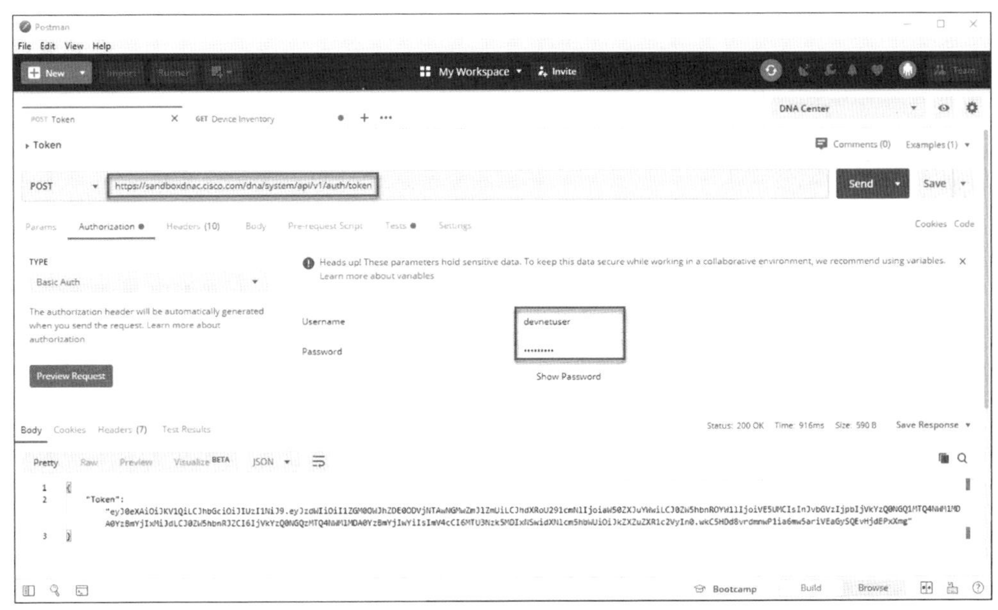

圖 21.4　Token Body 視窗

請注意這個代符是您在 REST API 中唯一擁有的安全防護；在它的有效存活期間，提供對發行代符伺服器的完整存取！因此，請不要與您不信任的人共享 API 代符。複製代符後，可以建立新的請求，送往：

```
https://sandboxdnac.cisco.com/dna/intent/api/v1/network-device?
hostname=cat_9k_2.dcloud.cisco.com
```

它會請求網路裝置資源，並且使用主機名稱 **cat_9k_2.dcloud.com** 過濾。內容型態為 **application/json**。接下來新增 **X-Auth-Token**，貼上剛才複製的代符值。最後，當點按 **Send** 後，就會收到關於該台交換器的資訊，如圖 21.5。

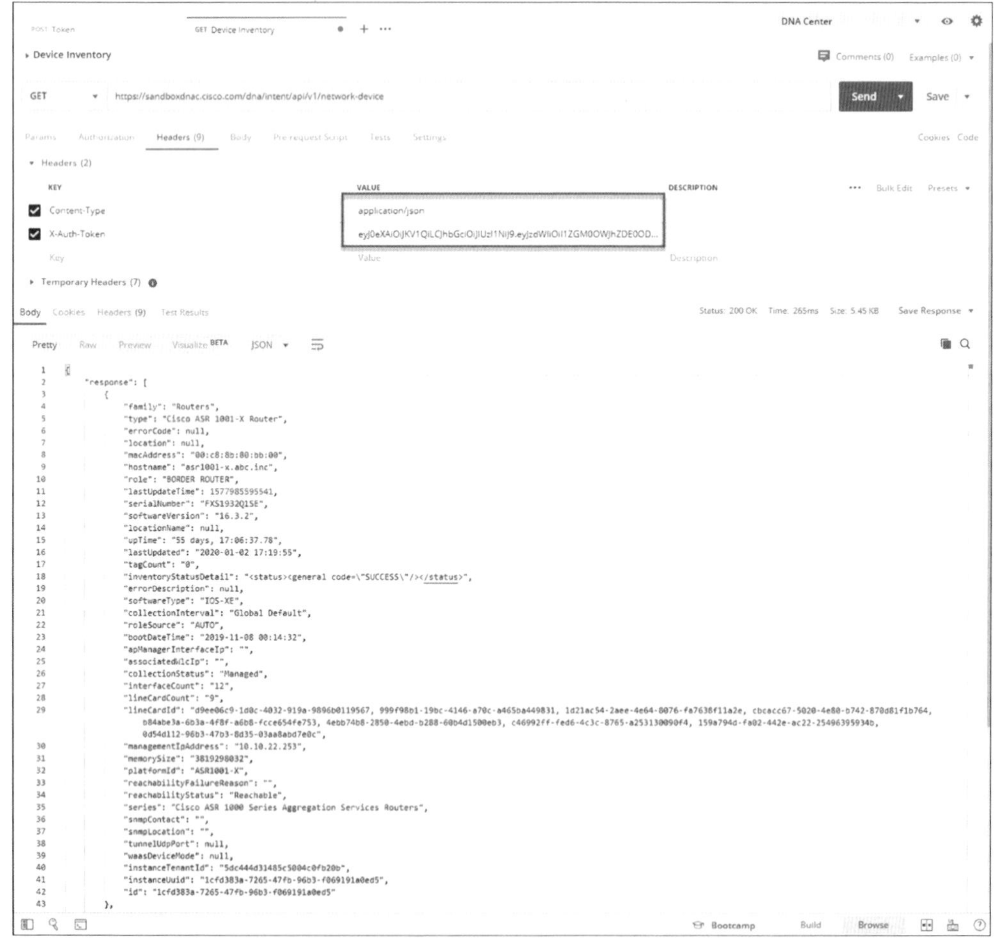

圖 21.5 裝置資訊

21-7 摘要

本章檢視了基礎的虛擬技術，包括它的組成、特性、虛擬化類型，以及市面上常見的一些虛擬技術方案。接著我們說明為什麼自動化越來越受到注意；以及我們必須知道的一些常見的自動化工具，包括 Python、JSON、YAML 和 REST API。

21-8 考試重點

- **虛擬技術**：虛擬技術允許單一伺服器上搭載多台虛擬機器。它將主機資源抽象化，並且分享給 guest 機器。虛擬技術提供一些很有用的功能，例如複製虛擬機器以便快速建立新 VM 的能力。
- **RESTful API**：使用常見的 HTTP 請求來 GET、PUT、POST 與 DELETE 伺服器或裝置的資料。因為 HTTP 的支援非常普遍，幾乎所有自動化方案都可以很方便地使用 RESTful API。
- **JSON**：以人類可閱讀的形式來呈現資料的一種資料交換格式；以 key/value 方式呈現，並且可以視需要以巢狀方式來表現資訊。

21-9 習題

習題解答請參考附錄。

(　　) 1. 如果找不到資源，應該會收到下列何種 HTTP 狀態碼？

A. 200　　B. 201
C. 401　　D. 403
E. 404

(　　) 2. VMware Workstation 是下列何種 hypervisor？

A. Type-1　　B. Type-2
C. Type-3　　D. Type-4
E. Type-5

(　　) 3. 下列何者是 JSON 語法規則？(選擇 3 項)

A. 使用雙引號，不是單引號
B. 使用單引號，不是雙引號
C. 布林值必須小寫
D. 布林值必須大寫
E. 最後結尾不可以加上逗號

(　　) 4. 下列何者是微軟的虛擬產品？

A. ESXi
B. Workstation
C. Xen
D. KVM
E. Hyper-V

(　　) 5. 下列何者是 REST 代表的意思？

A. Really easy stateful ticket

B. Representational stateful transfer

C. Representational state transfer

D. Representational stateless transfer

(　　) 6. 下列何者最適合描述 Restful API 中的資源？

A. 要透過 API 存取之資源的特定路徑

B. 請求的安全性代符

C. 請求的過濾選項

D. 完整的 URL

(　　) 7. Cisco CSR1000v 虛擬路由器是哪種虛擬資源？

A. 虛擬機器

B. 虛擬設備

C. 虛擬網路

D. 虛擬儲存裝置

E. 第 1 型

(　　) 8. YAML 支援 TAB 字元嗎？

A. 是

B. 否

(　　) 9. 下列何者是 YAML 中的映射關係？

A. 簡單的 value-key 組合

B. 簡單的 key-value 組合

C. 複雜的 value-key 組合

D. 複雜的 key-value 組合

(　　)10. 下列虛擬化功能中，何者可以用來還原 VM 上的錯誤變更？

A. 快照

B. 複製

C. 遷移

D. 硬體抽象化

(　　)11. 在 restful API 中，下列哪個 HTTP 運算最接近 Cisco IOS 中的 **show** 命令？

A. POST

B. DELETE

C. GET

D. PATCH

(　　)12. 在 Restful API 中，下列哪個 HTTP 運算最接近 Cisco IOS 中的組態設定命令？

A. POST

B. DELETE

C. GET

D. PATCH

(　　)13. 下列何者是 Restful API 中代符的最佳定義？

A. 用來過濾來自 Restful API 服務的回應

B. 用來儲存來自 Restful API 服務的輸出

C. 用來授權對 Restful API 服務的存取

D. 用來進行對 Restful API 服務的認證

SDN 控制器

22
Chapter

本章涵蓋的 CCNA 檢定主題

1.0　網路基本原理

- 1.1.e　控制器 (Cisco DNA 中心與 WLC)

6.0　自動化與可程式化

- 6.2　比較傳統網路與以控制器為基礎的網路
- 6.3　說明以控制器為基礎和軟體定義的架構 (overlay、underlay、fabric)
  - 6.3.a　控制平面和資料平面的分離
  - 6.3.b　北向與南向 API
- 6.4　比較傳統園區裝置管理與 Cisco DNA 中心促成的裝置管理

從誕生的那一天起，網路技術本身的改變並不大。當然，今日的 Cisco 路由器比之前的路由器多了許多的新的能力、功能和協定，但是我們還是得手動登入來進行設定和變更。

雖說，自動化已經逐漸普遍到連 CCNA 認證也開始將它納入，甚至還有自己的 Devnet 認證。但儘管如此，大多數企業還沒有厲害到能完全透過在共用磁碟上的 Python 腳本，來管理它們的網路。所以更好的解決方案是使用所謂的**軟體定義網路** (Software Defined Networking，SDN) 控制器，來集中管理和監控網路，而不是手動執行所有的工作。

本章將先介紹網路監控方案和組態管理，然後說明軟體定義網路 (SDN) 觀念和基於控制器的架構。我們還會討論由 DNA 中心管理的網路優於傳統網路管理的優點。這將會是很棒的一章。

22-1 傳統的網路監控系統 (NMS)

在網路團隊工作的人們發現出現問題之後，網路會在兩大方面受到影響：一是被憤怒的使用者轟炸，二是被網路監控系統的網路問題警告轟炸。即使當臉書當機時會有大量使用者群聚來提出「警告」，我還是會選擇後者。

我的意思是，有了**網路監控系統** (Network Monitoring System，NMS)，至少我們可以收到預警：暴民即將到來！NMS 的任務是使用 SNMP 持續輪詢網路裝置，以便捕捉到任何行為不良的設備。它也會追蹤效能統計值，例如 ICMP 回應時間，以協助我們做出網路設計決策和故障排除。NMS 還會追蹤流過網路的交通量，並且依所採用的解決方案，而可能追蹤的範圍從應用到 VoIP 呼叫品質無所不包。

根據預設，NMS 會每隔幾分鐘進行一次網路裝置的輪詢。此外，當某台 Cisco 路由器上有介面當掉，路由器也可能會傳送 SNMP trap 給 NMS，警告系統有問題發生。除了這些警告之外，大多數 NMS 解決方案還能傳送電子郵件，以簡訊通知網路支援的值班人員，或是顯示警告讓網路作業中心能進行處理。

下面的範例是中小型企業常用的 NMS 解決方案：Solarwind 的 Network Performance Monitor。Cisco 也有一套完整的方案 Prime Infrastructure，但是本章要詳細討論的是它的後繼者 DNA 中心 (DNA Center)。筆者認為這樣的對比將會非常有趣。

設定 SNMP

此處的 Cisco 裝置組態設定，先從基本的 SNMP 設定開始。它的作法跟之前的做法類似，只是多加上幾個設定 SNMP trap 的命令。

我們將建立基本監控用的唯讀社群 (community)，以及萬一需要更深入的資訊，或是 NMS 必須對該設備進行變更所需的讀寫社群：

```
C3750X-SW01(config)#snmp-server community testlabRO RO
C3750X-SW01(config)#snmp-server community testlabRW RW
To configure SNMP traps, I'll use the following command to tell the switch where
to send the traps. Here's how that looks on my SolarWinds server at 10.20.2.115:
C3750X-SW01(config)#snmp-server host 10.20.2.115 traps testlabTRAPS
```

取決於網路的環境，您可能必須使用 **source-interface** 命令，來變更 SNMP 要用來傳送 trap 的來源介面：

```
C3750X-SW01(config)#snmp-server source-interface traps vlan 310
```

每台 Cisco 裝置都有很多可以開啟的 trap；隨著平台和 IOS 版本而可能有所不同。您可以在 **snmp-server enable traps** 命令後面加上問號，以檢視所有可用的 trap。然後再逐一選擇您想要開啟的 trap 輸入。

```
C3750X-SW01(config)#snmp-server enable traps ?
auth-framework    Enable SNMP CISCO-AUTH-FRAMEWORK-MIB traps
bridge            Enable SNMP STP Bridge MIB traps
bulkstat          Enable Data-Collection-MIB Collection notifications
call-home         Enable SNMP CISCO-CALLHOME-MIB traps
cluster           Enable Cluster traps
<trimmed for brevity>
```

如果您覺得沒關係，比較簡單的方式是直接輸入 **snmp-server enable traps** 命令，而不加上任何選項。這樣會開啟系統支援的所有 trap。如果您稍後想要關閉特定 trap，只要使用 **no** 命令：

```
C3750X-SW01(config)#snmp-server enable traps
C3750X-SW01(config)#do sh run | in enable trap
snmp-server enable traps snmp authentication linkdown linkup coldstart warmstart
snmp-server enable traps flowmon
snmp-server enable traps transceiver all
snmp-server enable traps call-home message-send-fail server-fail
snmp-server enable traps tty
snmp-server enable traps license
snmp-server enable traps auth-framework sec-violation
snmp-server enable traps cluster
<trimmed for brevity>
```

網路健康狀態

一旦 NMS 認識實驗室裡的網路裝置，包括一些 Cisco 路由器、一台 3750X 交換器和一些 Meraki 裝置，**儀表板** (dashboard) 上就會顯示網路健康狀態的整體概況。

NMS 通常會使用 3 種顏色來顯示網路的狀態：

- **綠色**：沒有任何問題回報的健康節點。
- **黃色**：已經啟用但是回報問題的節點，例如介面當掉或是風扇故障之類的硬體錯誤。
- **紅色**：無法聯繫、可能已經當掉的節點。

圖 22.1 是我的網路概觀圖。

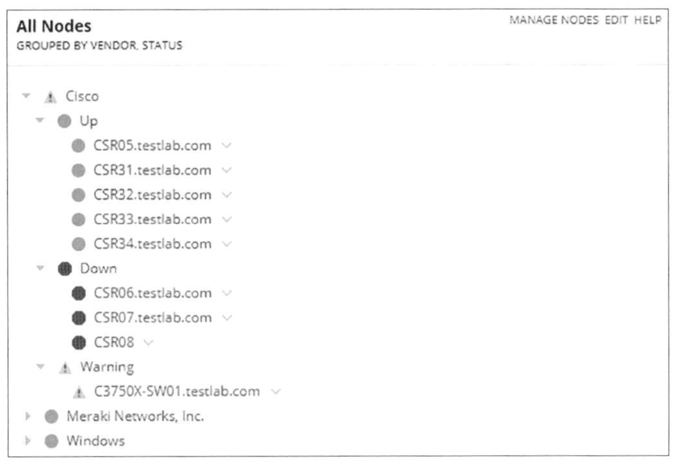

圖 22.1 NMS 的網路概觀圖

您可以在 **Alert** 頁面看到更詳細的資訊，如圖 22.2。

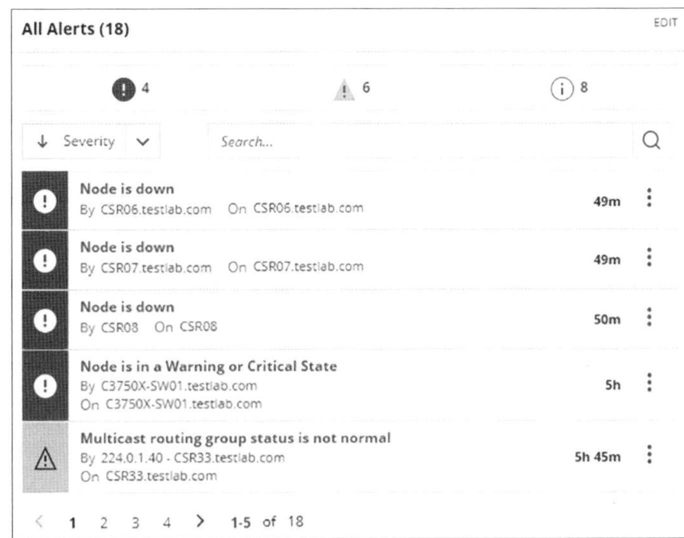

圖 22.2 NMS 的警告組態

當介面當掉，或是路由器重新開機的時候，NMS 如何決定要怎麼處理呢？NMS 可以設定許多預設規則，定義系統應該如何處理在 SNMP 輪詢中發現的不同事件。最酷的是每個 NMS 解決方案都讓您能客製化警報來配合您的環境，如圖 22.3 的頁面。如果是使用 SolarWinds 或是 Prime Infrastructure，這會相當容易，如果是使用開源碼的解決方案，那您可能會發現自己在凌晨三點還在寫 Java 程式。

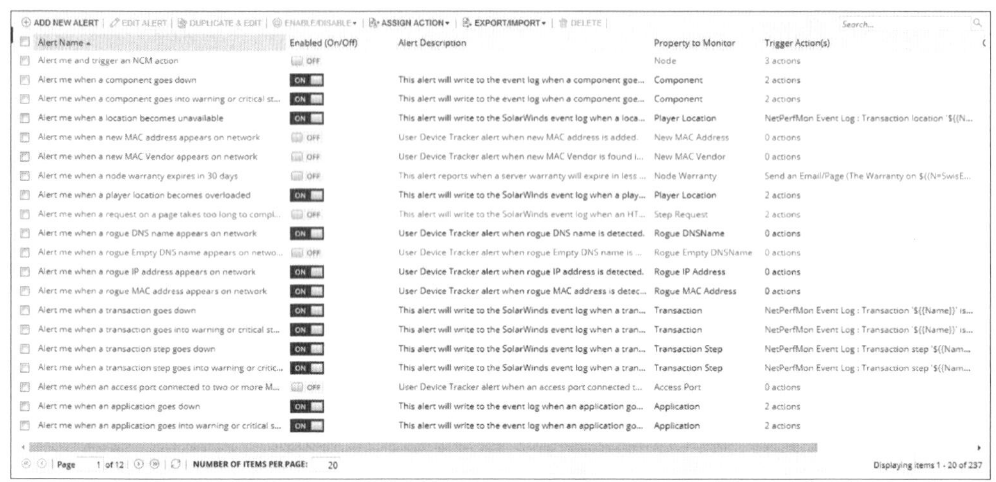

圖 22.3　NMS 的警報組態設定

集中式 Syslog

在進行故障排除時，NMS 解決方案也可以扮演便利的集中式 syslog。在 Syslog 頁面，您可以執行搜尋，過濾出您正在關注的資訊，在不論何時都可能有數百條 syslog 訊息的情況下，這會方便得多。

來自網路裝置的 Syslog 訊息也可以用來通知 NMS 有問題發生。甚至可以設定規則來判斷 syslog 如何回應您想要的 syslog 訊息。這讓您能夠達成想要的效果，例如在 NMS 收到 OSPF 相關訊息時，指示伺服器執行某個腳本。

要設定 Cisco 路由器將 syslog 訊息傳送給 NMS，只需要告訴路由器它應該送出 trap 的日誌等級。這裡會將等級設定為 7，讓 syslog 訊息都傳送過來，以便展示 NMS 這邊會看到的畫面。然後，設定路由器如何抵達 SolarWinds 伺服器如下：

```
CSR31(config)#logging trap debugging
CSR31(config)#logging host 10.20.2.115
```

圖 22.4 是集中式 syslog 頁面的範例。

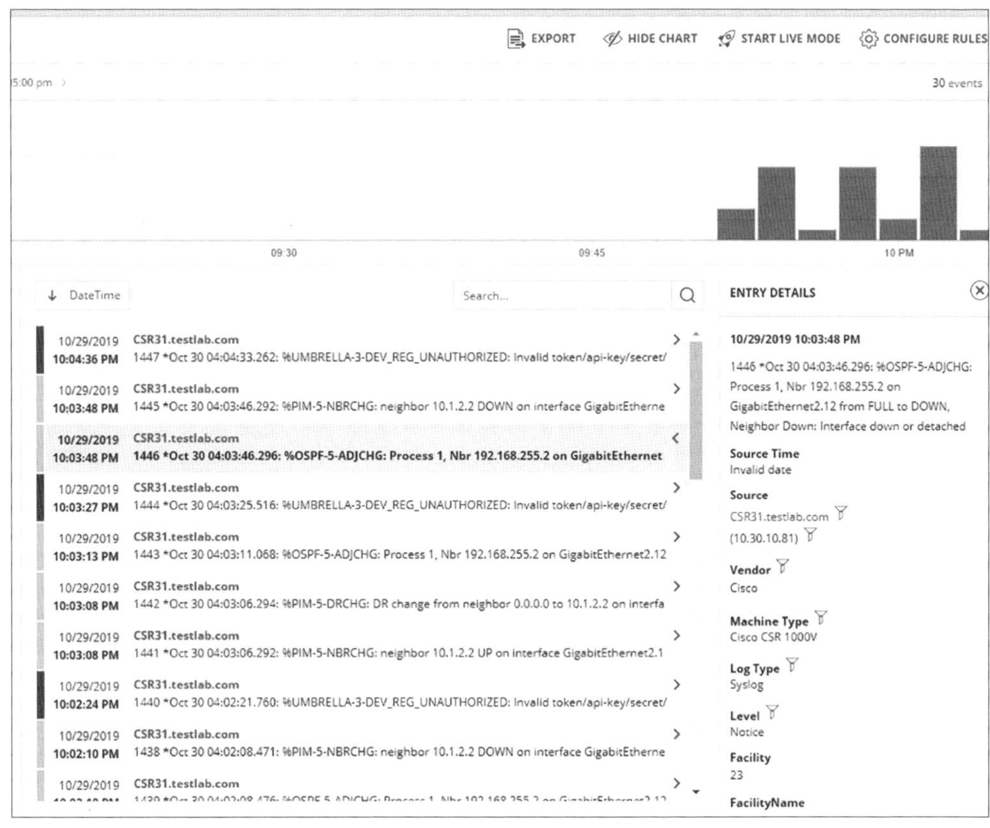

圖 22.4　NMS 集中式 syslog

這邊顯示的主要資訊是從路由器 CSR31.testlab.com 抵達的幾條 syslog 訊息，而被突顯的訊息則表示 OSPF 當掉了。

集中式 SNMP Trap

前面完成了 SNMP trap 設定，並且如同 syslog 訊息一樣在伺服器上顯示。它與日誌訊息的主要差異在於 trap 通常提供更詳盡的資訊。

我們可以搜尋關鍵字或使用裝置名稱來過濾，以簡化尋找資訊的工作。我們也可以設定規則，讓 SoalrWinds 在收到 trap 時執行特定工作。

圖 22.5 顯示集中式的 SNMP trap 頁面。

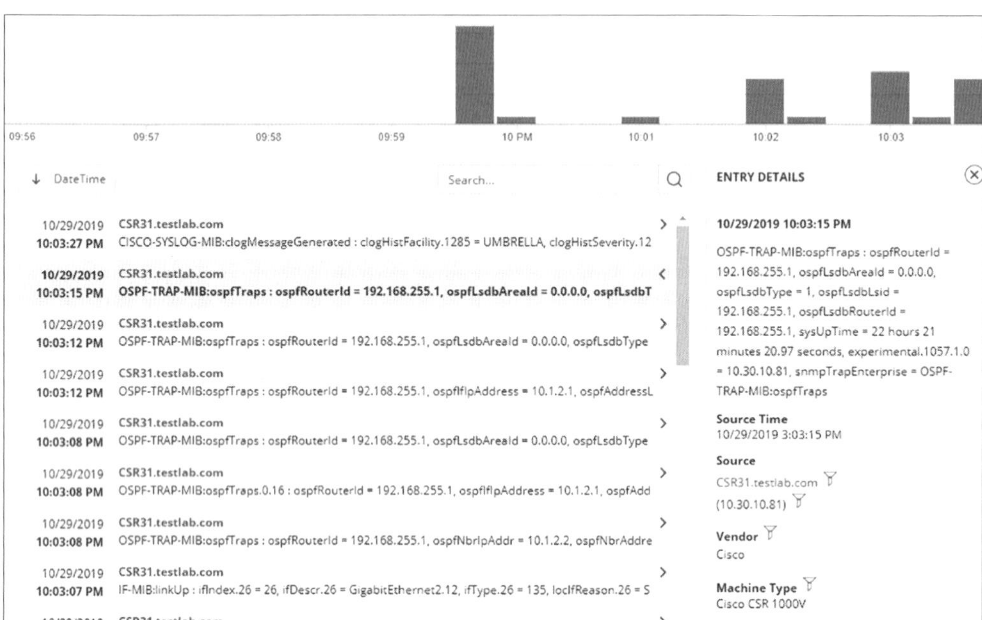

圖 22.5 NMS 的 SNMP trap

介面資訊

用 NMS 監督網路還有個優點，就是您可以很輕鬆地看到不同介面資訊的圖形式呈現。您可以點選介面使用率圖表來檢視介面的忙碌程度；緩衝區未擊中圖表則讓您知道緩衝區是否過載；而看上一眼介面錯誤圖表，就可以知道介面上有多少錯誤。

圖 22.6 是我的交換器上的介面使用率圖表。

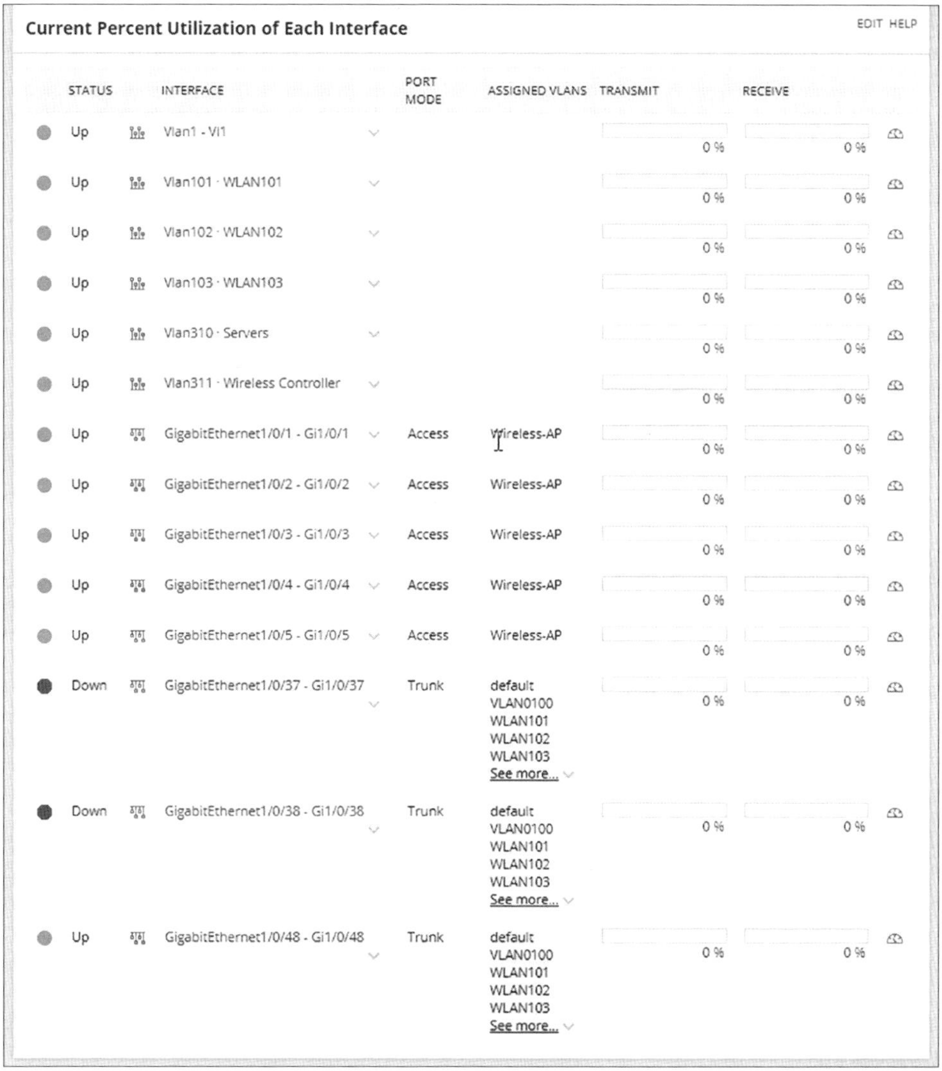

Current Percent Utilization of Each Interface EDIT HELP

STATUS	INTERFACE	PORT MODE	ASSIGNED VLANS	TRANSMIT	RECEIVE
Up	Vlan1 - Vl1			0 %	0 %
Up	Vlan101 · WLAN101			0 %	0 %
Up	Vlan102 · WLAN102			0 %	0 %
Up	Vlan103 · WLAN103			0 %	0 %
Up	Vlan310 · Servers			0 %	0 %
Up	Vlan311 · Wireless Controller			0 %	0 %
Up	GigabitEthernet1/0/1 - Gi1/0/1	Access	Wireless-AP	0 %	0 %
Up	GigabitEthernet1/0/2 - Gi1/0/2	Access	Wireless-AP	0 %	0 %
Up	GigabitEthernet1/0/3 - Gi1/0/3	Access	Wireless-AP	0 %	0 %
Up	GigabitEthernet1/0/4 - Gi1/0/4	Access	Wireless-AP	0 %	0 %
Up	GigabitEthernet1/0/5 - Gi1/0/5	Access	Wireless-AP	0 %	0 %
Down	GigabitEthernet1/0/37 - Gi1/0/37	Trunk	default VLAN0100 WLAN101 WLAN102 WLAN103 See more...	0 %	0 %
Down	GigabitEthernet1/0/38 - Gi1/0/38	Trunk	default VLAN0100 WLAN101 WLAN102 WLAN103 See more...	0 %	0 %
Up	GigabitEthernet1/0/48 - Gi1/0/48	Trunk	default VLAN0100 WLAN101 WLAN102 WLAN103 See more...	0 %	0 %

圖 22.6 NMS 介面使用率

因為這只是個實驗練習，所以圖中都沒有交通量，但是如果我們正在下載某些東西，就會看到每個介面的忙碌程度。此外，為介面使用的 VLAN 指定名稱也是個很好的操作資訊。SolarWinds 也提供良好的介面描述，可以協助辨識重要的資訊。

硬體健康狀態

眾所周知，在手動進行故障排除時，硬體的健康狀態非常難以追蹤。除非您正好在故障點附近，或是剛好注意到故障硬體的日誌訊息，否則可能要直到路由器在凌晨兩點爆炸了，您才會發現那邊出了問題。

藉由提供易於閱讀的硬體健康狀態圖，如圖 22.7，NMS 可以大幅拯救您的人生。

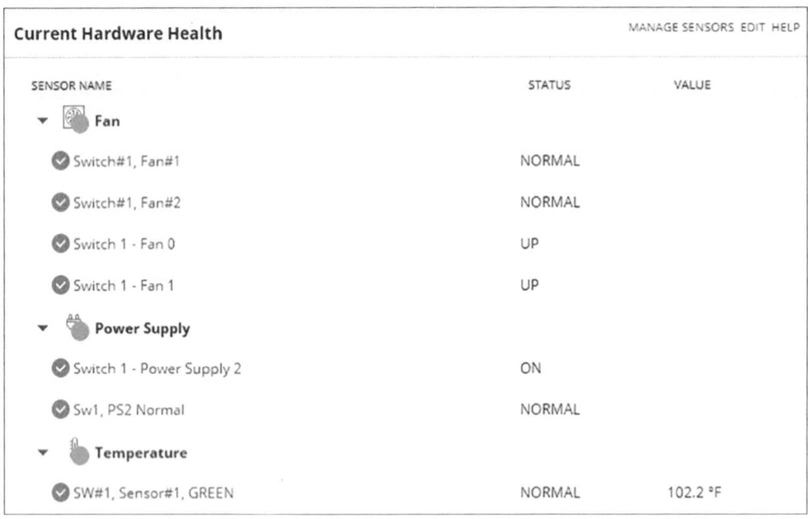

圖 22.7 NMS 硬體建康狀態

網路資訊

網路監督系統確實提供了網路中常態運作裝置的許多資訊。這邊特別要提出的兩個圖表：一個是回應時間與封包遺失圖，它在接到「網際網路很慢」的電話時，特別有助於故障排除；另一個是 CPU 負載與記憶體使用率圖，它是系統資源的快照，可以用來判斷路由器運行的如何，以及是否應該重新設定或升級，如圖 22.8。

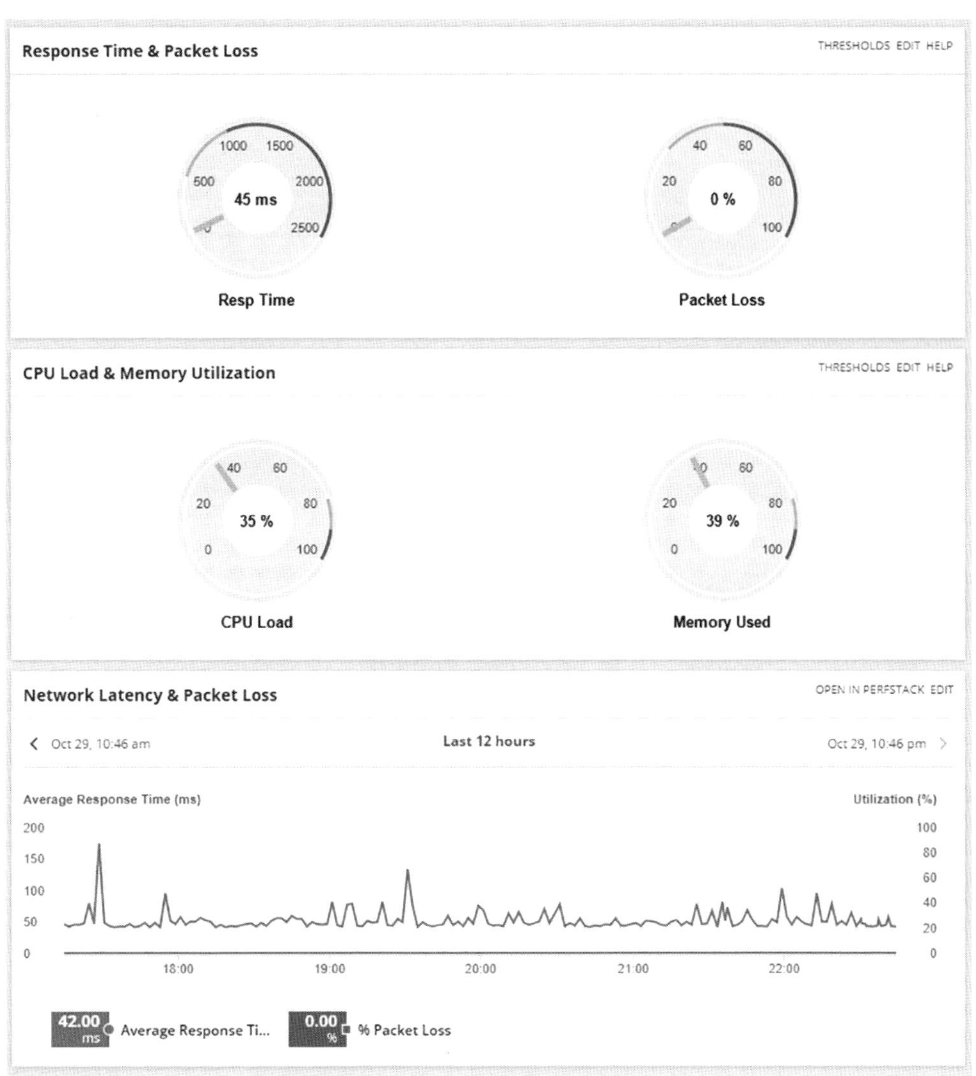

圖 22.8　NMS 網路圖表

NMS 也會收集諸如 CDP 等重要資訊，如哪些裝置直接連到交換器，交換器上有哪些 VLAN 等，以便呈現在其他圖表中。它會分析路徑表中的路徑，以判斷是否有發生振盪 (flapping)；也就是路徑反覆地出現再消失。它甚至可以收割更進階的資訊，如 VLAN 表中的交換器資訊。

圖 22.9 是網路拓樸與 VLAN 表。

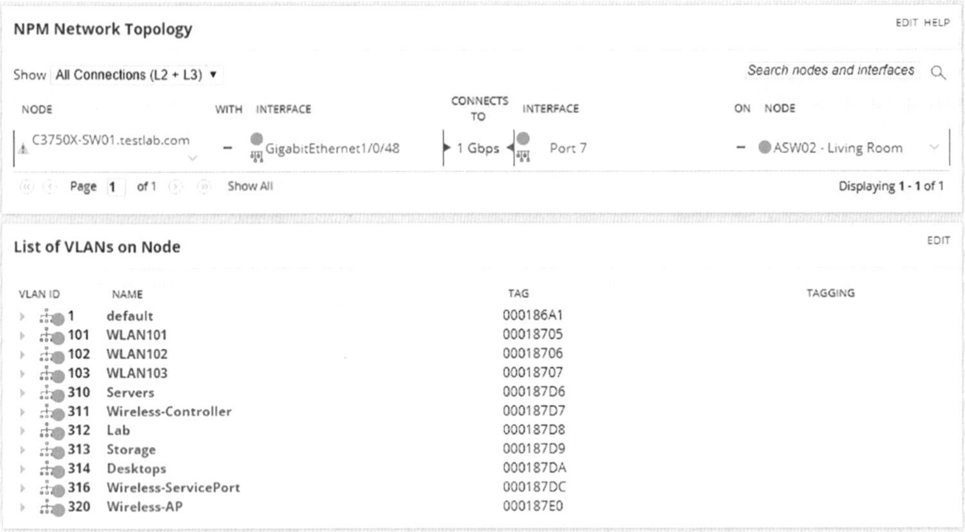

NPM Network Topology EDIT HELP

Show All Connections (L2 + L3) ▾ Search nodes and interfaces

NODE	WITH	INTERFACE	CONNECTS TO	INTERFACE	ON	NODE
C3750X-SW01.testlab.com	–	GigabitEthernet1/0/48	1 Gbps	Port 7	–	ASW02 - Living Room

Page 1 of 1 Show All Displaying 1 - 1 of 1

List of VLANs on Node EDIT

VLAN ID	NAME	TAG	TAGGING
1	default	000186A1	
101	WLAN101	00018705	
102	WLAN102	00018706	
103	WLAN103	00018707	
310	Servers	000187D6	
311	Wireless-Controller	000187D7	
312	Lab	000187D8	
313	Storage	000187D9	
314	Desktops	000187DA	
316	Wireless-ServicePort	000187DC	
320	Wireless-AP	000187E0	

圖 22.9 NMS 網路拓樸

前面只是概略地介紹了 NMS。您可以藉此想像 NMS 的深度，所以市面上有一大堆相關的書和認證。CCNA 認證引入了 DNA 中心，CCNP 和 CCIE 則嚴肅地擴展了這個主題。附帶一提，如果您需要 SolarWinds 的測試教材，它們提供 30 天的試用，可以從 www.SolarWinds.com 下載。

22-2 傳統網路組態管理員 (NCM)

說明監控網路的方式之後，現在將討論如何處理組態的備份。首先請問一個問題：如果您因為某次斷電，而必須汰換主要的網際網路路由器，您會怎麼做？您會將你記在記事本上也許是最新的組態複製黏貼過去嗎？也許吧……不過透過主控台埠黏貼複製大量的組態，有機會因為遺漏了幾行，導致您必須進行故障排除。更糟的情況是，您可能必須從無到有地重新設定整台路由器。如果您的手中有所需的適當 IP 資訊，從頭開始重建一台 CCNA 等級的設備，可能沒有聽起來那麼艱難。但是在真實世界中，一台忙碌的路由器可能會有幾百行、甚至幾千行的組態！所以，您要怎麼避免這種惡夢呢？

網路組態管理員 (Network Configuration Manager，NCM) 就是為了拯救系統管理者而誕生的，顧名思義，它就是負責管理網路的組態。

取決於所使用的解決方案，NCM 可能與 NMS 位於相同伺服器，也可能位於另一台伺服器而完全沒有整合。NCM 會定期連到每台網路設備，複製組態到伺服器，以進行組態備份。網路裝置也可以設置為在發生變動時通知 NCM，以便伺服器收集新的組態。

雖然能儲存組態的確很好，但您可能在想，這不是用個 Python 小腳本就可以搞定的事嗎？但 NCM 的價值在於，一旦組態儲存在伺服器之後，它可以讓您使用關鍵字進行搜尋，比較所儲存的不同版本組態間是否有任何變動等。而且，您還可以推送組態。

下面的命令展示如何設定路由器，將它加入 NCM。NCM 必須要能 telnet 或 SSH 到這台裝置，所以我們必須為 NCM 建立帳號和密碼：

```
CSR31(config)#aaa new-model
CSR31(config)#aaa authentication login default local
CSR31(config)#username ncm secret ncmPass
CSR31(config)#enable sec ncmEnable
```

NCM 也可以使用 SNMP 讀寫社群來進行裝置的變更；這表示它也需要 NMS 組態中看見的 SNMP。

圖 22.10 是 SolarWinds 的網路裝置組態概覽頁面。

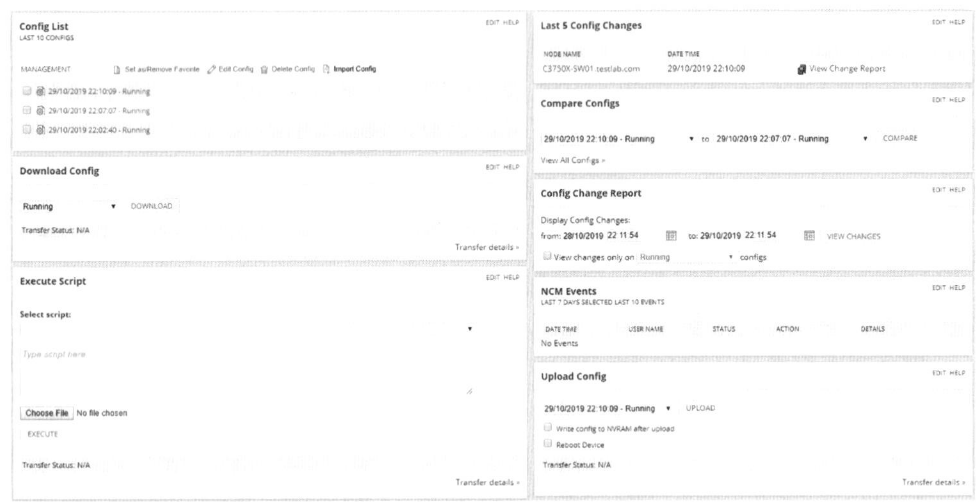

圖 22.10 NCM 組態概覽畫面

如圖 22.11 是組態比較功能的例子，它對於在當機後故障排除遺失的組態，或是嘗試判斷災難發生前裝置的變化，都很重要。

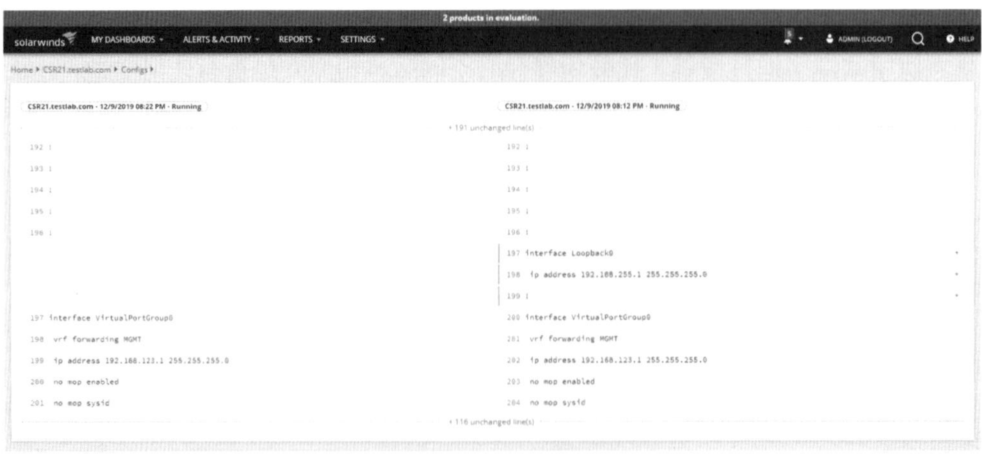

圖 22.11 NCM 組態比較

NCM 也可以推送簡單的組態。此外，您甚至可以使用 NCM 腳本語言來建立組態模板，以便在網路上實施大量的組態變動。每種 NCM 的模板功能都使用不同的腳本引擎。例如 DNA 中心使用 Apache Velocity 來建立模板，而圖 22.12 則是 SolarWind 的腳本語言。

Config Change Template:

```
script ChangeInterfaceDescriptionCiscoIOS (
                                           NCM.Nodes @ContextNode,
                                           NCM.Interfaces[] @PhysicalInterfaces,
                                           string @NewInterfaceDescription        )
{
  // Enter config terminal mode
  CLI
  {
    configure terminal
  }

  foreach (@itf in @PhysicalInterfaces)
  {
     CLI
     {
        interface @itf.InterfaceDescription
        no description
        description @NewInterfaceDescription
        exit
     }
  }
   //Exit Config mode
   CLI {exit}
}
```

圖 22.12 NCM 推送組態

在真實世界中，NCM 其實是相當複雜的東西。我們到目前為止的介紹，只是讓您熟悉這種方案，並且為進入 DNA 中心做準備。

22-3 傳統網路

要真正了解**軟體定義網路** (Software Defined Networking，SDN)，必須先瞭解一般路由器如何傳送交通。當路由器收到封包，它要先完成好些工作才能將封包往目的地送出。現在我們先來探討這個流程。

在路由器能夠送出交通前，它必須先知道所有可行的目標路徑。這些路徑是透過靜態路徑、預設路徑、或是遶送協定取得。因為 CCNA 重點在 OSPF，所以我們必須設定它的組態，並且讓鄰居們也啟動。

一旦完成之後，路由器應該已經填入完善的路徑表。它會在 Cisco Express Forwarding (CEF) 的協助下尋找適當的目標路徑。CEF 是 Cisco 過去用來建立轉送表的工具，它和轉送表的運作方式已經超出 CCNA 的範圍，所以在此就不深入討論了。

取得路徑之後，路由器還需要下個中繼站 IP 的 ARP 資訊。封包在通過路由器的時候，它的 TTL 會減 1，而 IP 標頭和乙太網路訊框的檢查碼也會在送出去之前重新計算。

路由器將這些不同的任務分成三個不同的平面，接著我們會分別說明。

- **管理平面** (management plane)
- **控制平面** (control plane)
- **資料平面** (data plane)

管理平面

管理平面控制登入網路裝置的所有事情，包括 telnet 和 SSH 存取，記得最好不要用 telnet 喔！SNMP 也包含在管理平面，讓 NMS 可以輪詢裝置取得資訊。

HTTP 與 HTTPS 也是管理平面的一部分。您也許在想：Cisco 路由器上一定有網站式介面！不過在早期 IOS 上的網站式介面不是很好看。它只是提供透過網頁來執行一些 IOS 命令的途徑，而您也只有在路由器上的應用 (如 Cisco Unified Call Manager Express) 要求之下，才會用它。但是現在 IOS-XE 的網站式介面就漂亮多了，如圖 22.13。

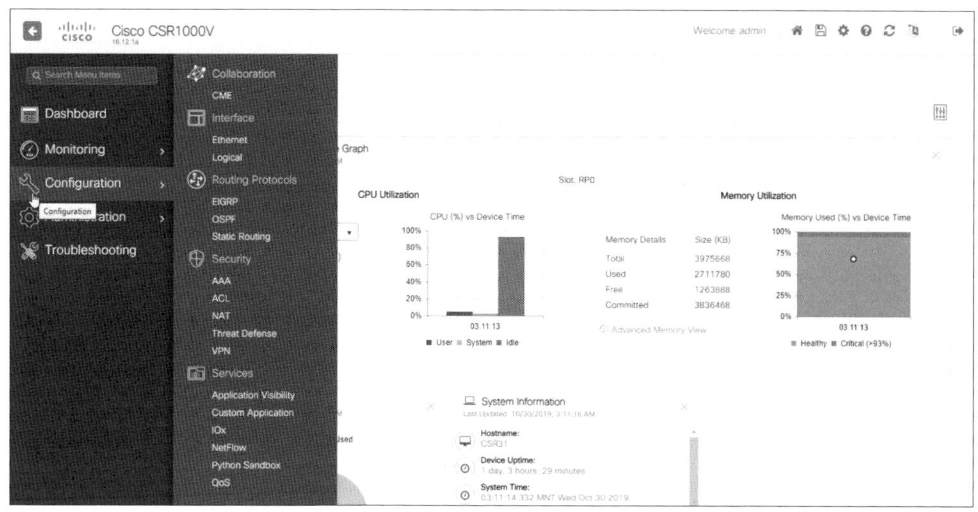

圖 22.13　IOS-XE 網站式介面

API 也被視為是管理平面，包括自動化一章討論的 Restful API。主控台埠、輔助埠和管理埠也都在這一層。

控制平面

控制平面是路由器的大腦，它是執行所有協定和進行所有決策的地方。這一層的目的是要產生將封包送往目的地所需的所有轉送資訊。

所以控制平面中會進行許多重要的事情。它包含安全性功能，如定義 ACL，以及當來源或目標需要的時候，處理 NAT。當然，與遶送協定 (如 OSPF) 相關的所有事宜也都在這一層，包括形成鄰接關係、學習路徑等等。

ARP 也是控制平面很重要的一份子，因為要真正進行遞送，就必須要知道如何抵達下一站的第 2 層位址。控制平面的其他協定還包括 STP、VTP、交換器上的 MAC 位址表、以及 QoS 和 CDP/LLDP。

資料平面

如果說控制平面是路由器的大腦，則資料平面就是它的苦力。資料平面的責任就是使用控制平面提供的資訊，送封包快樂上路。

在資料平面中發生的所有事情都會直接影響交通。這些活動包括在交通進入和離開路由器時進行封裝和解封裝，視需要新增和移除封包標頭，丟棄觸發了 ACL 拒絕敘述的交通等。真正的轉送動作，也就是將封包從進入介面移到離開介面，就是發生在這裡。

轉送

瞭解了各層的目的和作用之後，現在讓我們來看看路由器上的運作情形。我們將先檢視 R02 在收到從 R01 要到 R03 的封包時，所採取的步驟。

首先，檢視圖 22.14 中，從路徑表建立轉送表的流程：

1. R02 上執行的 OSPF 會與 R01 和 R03 建立緊鄰關係。接著，R02 的控制平面會透過 LSA 資訊接收路徑。
2. 鏈路狀態的通告會進入 3 台路由器上的鏈路狀態資料庫。除非 OSPF 網路類型發生改變，否則 LSDB 中會包含通往每台路由器的第 1 類 LSA，和通往委任路由器的第 2 類 LSA。
3. 鄰居表中會保存鄰居資訊。
4. 鄰居表和 LSDB 被推送路徑表，選擇最佳路徑。從這裡開始，就會開始應用您所熟知的規則，如最低衡量指標 (metric)、最低管理距離與最長匹配等。

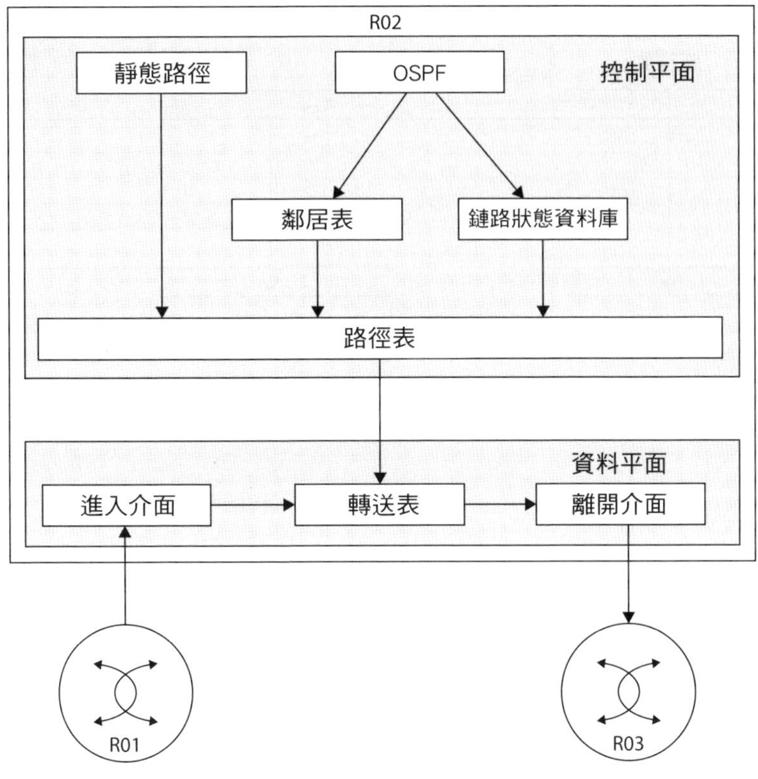

圖 22.14 轉送交通流

在路徑表選擇路徑之後，可以將上圖加以延伸，納入其他表格，如圖 22.15。

1. **CEF** (Cisco Express Forwarding) 會使用路徑表的最佳路徑，並且設定在 FIB 表 (Forwarding Information Base) 中。

2. 使用 ARP 表來建立緊鄰表。轉送表在將路徑視為有效之前，需要先透過 ARP 解析下一站位址。轉送表中也包含 PPP 之類的協定。

3. 將資訊推送到硬體來進行轉送。

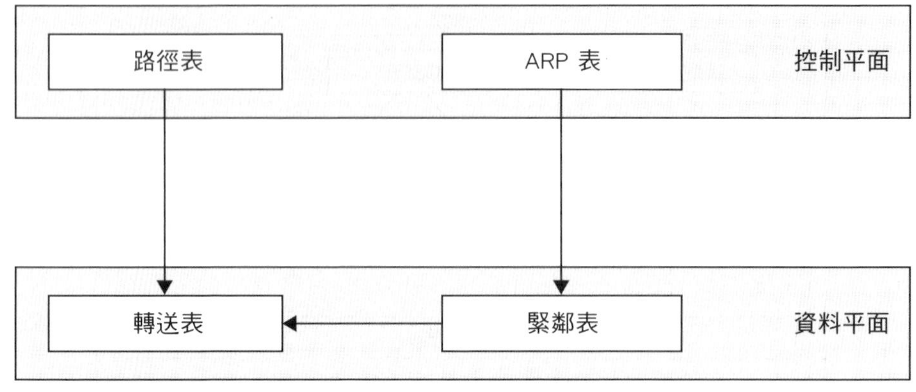

圖 22.15 轉送表

整個運作流程遠遠超出了 CCNA 的等級，但是這些資訊在討論 SDN 時會很有幫助，因為我們會將控制平面移出裝置，重新安排在 SDN 控制器上。

在進入 SDN 之前，還必須瞭解如何新增一台虛擬機器，使用新的子網路，並且需要傳統 3 層式架構的網際網路存取，如圖 22.16。

簡單地說，我們必須要達成如下的任務：

1. 選擇新的 VLAN 與子網路。
2. 確定所有交換器上都有這個新的 VLAN。
3. 可能必須設定 STP 來確保新的 VLAN 具有適當的根交換器。
4. 將新 VLAN 新增到主幹的許可清單。
5. 新的 VLAN 在每台分散式交換器上需要對應的 SVI，並且應該要使用 FHRP。
6. 新的子網路必須加入遶送協定中。
7. 更新防火牆規則，以允許新的子網路通過，NAT 也必須設定。
8. 外部遶送也可能必須視特定需求而進行調整。

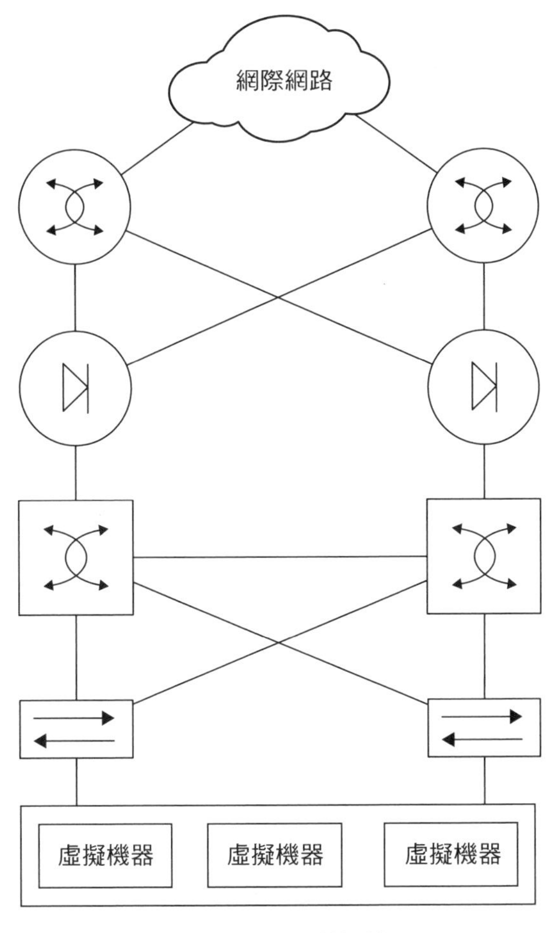

圖 22.16　完整拓樸

不難吧！但想像一下，如果這是常態性的需求，因為企業經常會建立新的 VM，那又如何呢？這對網路團隊來說，是很大的工作量。它需要大量時間來規劃變動，進行變更控制，並且完成實作。此外，這些動作會引入相當的風險，並且在企業不再需要特定 VM 時，增加相當的清理工作量。因此，增加 VM 並不是件無足輕重的小事。

22-4 SDN 簡介

我們的 SDN 之旅，將從介紹它的兩項重要元件開始：北向介面與南向介面。我們透過**北向介面** (Northbound Interface，NBI) 取得 SDN 的解決方案，它就類似前面說的管理平面。

SDN 控制器則是透過**南向介面** (Southbound Interface，SBI) 跟網路層裝置溝通。這個架構請參見圖 22.17。

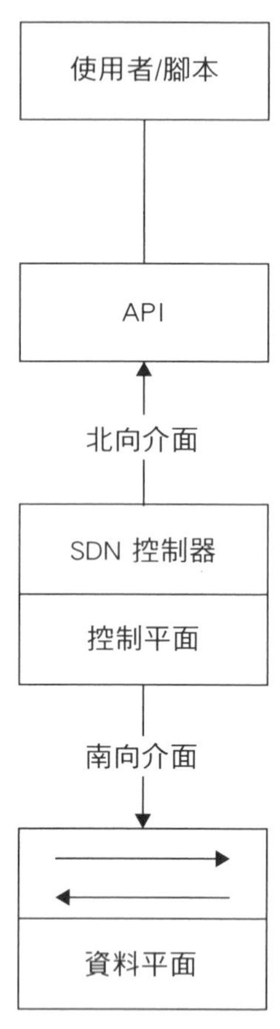

圖 22.17 SDN 架構

北向介面

我們透過 NBI 存取 SDN 控制器，是為了讓 SDN 替我們完成某些任務；大多數情況下，我們是透過 Meraki 的圖形式介面，或是腳本中的 restful API 呼叫來進行。腳本的語言並沒有限制，因為它要做的只是去呼叫 restful API。

我們可以透過 NBI 做的主要工作有建立 VLAN、取得網路裝置清單，以及輪詢網路的健康。我們甚至可以將網路自動化到完全解決本章一開始所提到的情境。

南向介面

SBI 是 SDN 控制器實際上與網路裝置進行溝通之處；它的做法繁多，取決於您所使用的特定解決方案。例如常見的開源 SDN 控制器 OpenDaylight，會使用 OpenFlow 協定來與交換器溝通。Meraki 目前則是使用專屬的解決方案，因為它們完全靠自己管理所有的東西。

下面是一些常見的南向介面協定：

- **OpenFlow**：ONF (opennetworking.org) 定義的業界標準 API。它能設定非專屬性的白牌交換器，並且決定穿越網路的流動路徑。所有組態設定都是透過 NETCONF。OpenFlow 會先傳送詳細而複雜的指令給網路元件的控制平面，以實作新的應用政策。它是**命令式** (imperative) 的 SDN 模型。

- **NETCONF**：即使不是所有裝置都支援 NETCONF，它仍提供了 IETF 標準化的網路管理協定。在 RPC 的協助下，可以使用 XML 來安裝、處理和刪除網路裝置的組態。

- **onePK**：這是 Cisco 專屬的 SBI，能夠檢視或修改網路元件組態而不需要升級硬體。它提供 java、C 及 Python 的軟體開發工具組，以減輕開發人員的工作負擔。OnePK 目前已經落伍了，但是在真實環境中仍舊可能看到。

- **OpFlex**：這是 Cisco ACI 使用的南向 API。OpFlex 使用的是**聲明式** (declarative) 的 SDN 模型，因為它的控制器，Cisco 稱為應用政策基礎建設 (Application Policy Infrastructure Controller，APIC) —— 會傳送更抽象的**總結方針** (summary policy) 給網路元件。總結方針讓控制器相信網路元件會使用自己的控制平面來實施必要的變更，因為裝置會使用部分集中式的控制平面。

SDN 解決方案

目前市面上有許多不同的 SDN 控制器解決方案。下面是您可能見過的一些產品。

- **Cisco APIC-EM**：這是 Cisco 對企業級 SDN 控制器首次認真的嘗試，主要的關注的重點是 Cisco IWAN 解決方案的組態設定。現在已經被視為是前期產品，它的後繼者為 DNA 中心。
- **Cisco DNA 中心**：這是 Cisco 主要的企業級 SDN 控制器，稍後我們就會討論。
- **Cisco ACI**：這是 Cisco 針對資料中心的 SDN 解決方案。它是屬於資料中心的認證範圍。
- **Cisco SD-WAN**：這個解決方案的目的是針對 WAN 的 SDN。在 CCNP 的認證範圍中將會有更多的討論。
- **OpenDaylight**：ODL 是常見的開源 OpenFlow 控制器。Cisco 提供了少許的支援，但是因為 OpenFlow 的侷限性，它顯然更喜歡自己的 SDN 解決方案。圖 22.18 是 OpenDaylight 的範例。

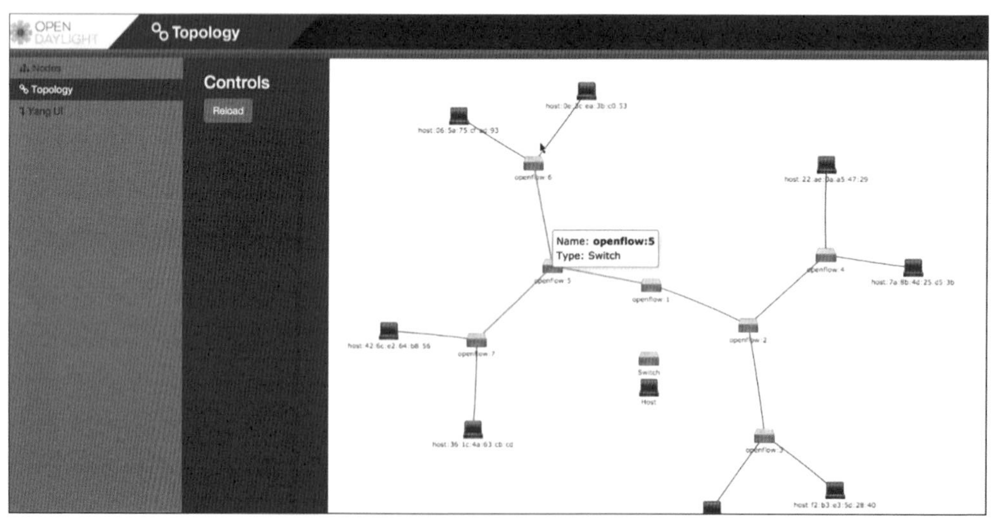

圖 22.18 OpenDaylight 拓樸

22-5 控制平面的分離

軟體定義網路的內涵相當複雜，但是通常是指將控制平面從網路設備的資料平面分離開來。當然，這對裝置管理有很大的幫助，因為設備可以透過控制器、而非手動來管理。

每台裝置上的控制平面是獨立存在，且交通是透過資料平面的介面傳送，如圖 22.19。讓我們來看一下一台單純的交換器如何運作。

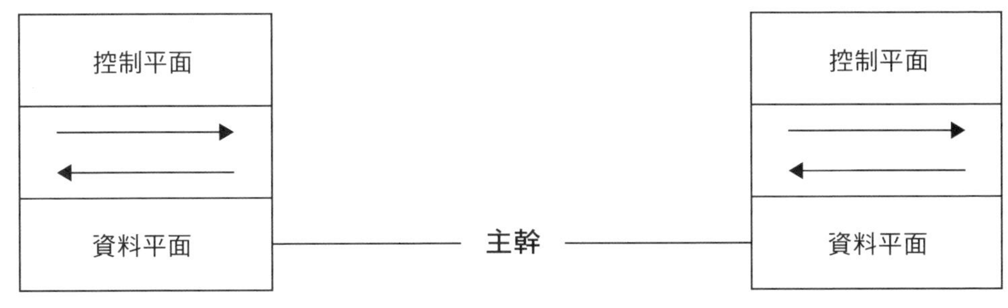

圖 22.19 SDN 控制平面

這是個分離控制平面的好例子，而且不會太深入 Cisco Meraki。Meraki 的所有東西都是透過雲端管理；這表示裝置都只負責提供資料平面。

它的好處是您可以從任何地方集中管理您的設備，它甚至有提供 app，只是目前它的功能還相當有限。可以預見，Meraki 模型的缺點是：在能夠管理裝置之前，裝置必須先能連接到 Meraki 雲端；當您手忙腳亂地試圖解決運行中斷的問題，或是要讓某個有麻煩的機台上線的時候，事情很快就會變得棘手。但是 Meraki 確實也提供了基本的本地管理能力，能夠協助進行連線問題的故障排除，如圖 22.20。

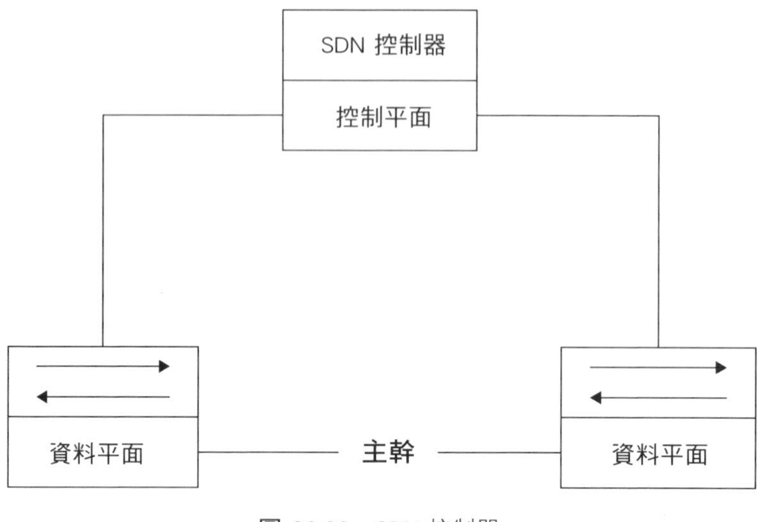

圖 22.20 SDN 控制器

22-6 以控制器為基礎的架構

另一個集中式管理的範例是 Cisco 的無線區域網路控制器 (WLC)。加入 WLC 的存取點就是靠控制器將組態推送給它們，並且告訴它們要做什麼。

Cisco SDN 解決方案，如稍後會討論 的 DNA 中心，可以透過位於 SDN 控制器上的幾個應用來集中管理網路裝置的組態。這比傳統的組態設定要好，因為如果要對網路進行變動，只要在 DNA 中心調整設定，然後複製到網路上相關的裝置。

這樣可以確保所有的組態立刻取得一致，大幅降低因為手動在 50 台交換器上進行變更所造成的輸入錯誤風險。

當然，集中式管理也有不好的一面。例如，假設我在交換器上將 **switchport trunk allowed VLAN add 10** 誤打成 **switchport trunk allowed VLAN 10**，就可能造成運作中斷，需要費盡心力地解決。不過，這也不算是世界末日。反過來說，如果我是在推送給所有交換器的模板上犯了相同的錯誤，那可能就是該重新打開履歷的時候了。

所以，幸運的是，我們通常可以先在控制器上建立組態設定，甚至邀請同儕一同檢查過之後，再將它們送出和實施。

此外，因為控制器通常能夠涵蓋到網路的絕大部分或全部，所以它也提供了一個方便的中心地點來進行監看和自動化。

園區架構

到目前為止，我們討論的都是在傳統的企業網路中最常使用的園區架構。在這種架構中，交換器會以階層的形式彼此連接。這種方式的好處在於故障檢測相當容易，因為模型中每一層的元件都有明確的定義，就像 OSI 模型有助於瞭解網路各個功能和它們執行的地方。

網路中所有的端點都連到存取層，也是 VLAN 指派的地方。通訊埠層級的功能，如埠安全性或 802.1X 都是應用在這一層。因為存取層的交換器並沒有負責很多任務，除了管理交換器之外，並沒有第 3 層的組態設定，所以通常不必去購買比較便宜的第 2 層交換器。

分送層 (distribution layer) 包含所有的 SVI，並且提供以 IP 為基礎的網路服務，如 DHCP 中繼。分送層交換器對存取層交換器使用第 2 層介面來終結 VLAN，並且使用第 3 層介面連到核心交換器。它也會執行遶送協定來與它們共享路徑。

核心層唯一的任務就是要提供分送層交換器間的高速遶送。它並不提供其他的服務，只負責確保封包能從一台交換器送到另一台。圖 22.21 是園區拓樸的例子。

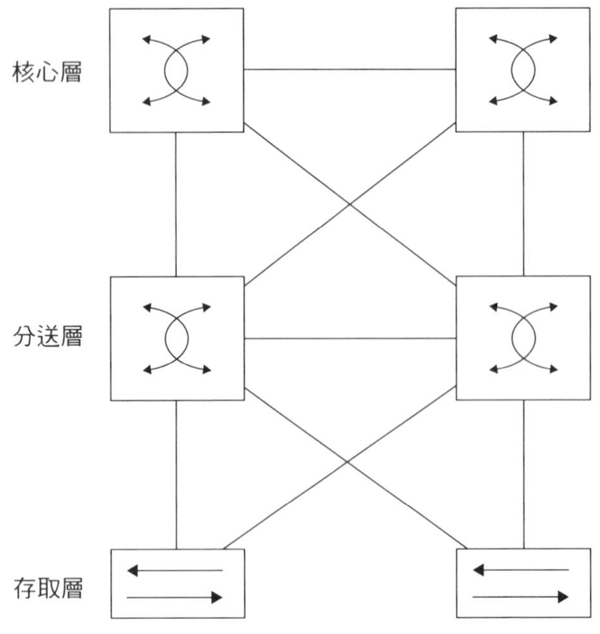

圖 22.21　園區架構

Spine/Leaf 架構

目前，以控制器為基礎的網路與資料中心比較偏愛的新架構稱為 CLOS—這不是什麼縮寫，而是想出這個架構的人的名字。CLOS 是種 Spine/Leaf 設計，包含兩種交換器，分別是脊柱 (Spine) 與葉子 (Leaf)。

Leaf 交換器對應到 Cisco 三層式模型中的存取層與分送層，是設備連接的交換器。每台 leaf 交換器都具有高頻寬的上行鏈路連到每台 spine 交換器。

Spine 交換器非常類似核心，它的唯一任務就是在 leaf 交換器間提供超級快速的傳輸。因為 leaf 交換器只會連到 spine 交換器，而不會連到其他 leaf 交換器，架構中所有目標的交通都是透過相同的「leaf->spine->leaf」路徑，所以交通是可以預測的。因為所有路徑都是經過 3 站，所以交通的負載平衡可以輕易地透過路徑表的相等成本負載平衡 (ECMP) 運算來達成。

此外，網路的擴充也非常容易。如果需要更多通訊埠，只要新增 leaf 交換器即可。需要更多頻寬，就新增 spine 交換器。圖 22.22 是 CLOS 拓樸。

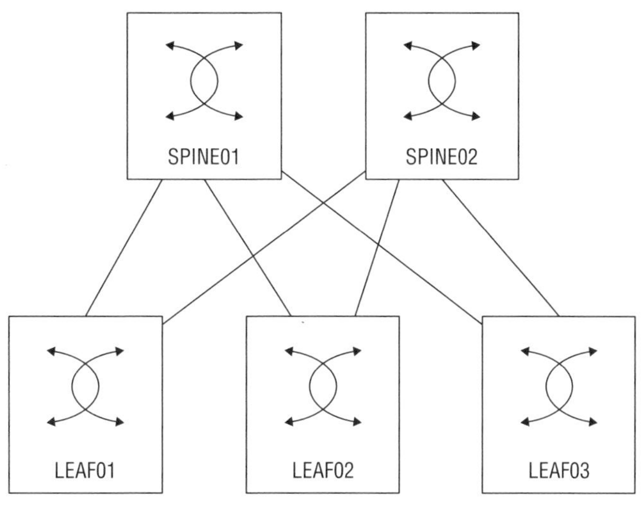

圖 22.22 CLOS 拓樸

22-7 SDN 網路的組成

SDN 的優點之一就是它的控制器可以讓您擺脫那些單調的工作，專注在比較複雜的組態上。

為了達成這個目標，SDN 將網路分成兩個不同的部分。第一個部分是底層 (Underlay)，它是實體網路，著重在提供整個網路上大量的第 3 層連結。底層通常使用的是 spine/leaf 架構，但是依照使用的解決方案不同，也可能使用園區架構。

例如 DNA 中心的軟體定義存取方案就是以典型的園區架構為基礎，因為它針對的是企業網路。軟體定義存取 (SD-Access) 使用的名稱略有不同；它將存取層稱為**邊緣** (edge)，而**中介節點** (intermediate node) 則相當於分送層，不過我們無需太關注這個架構。

第二個部分是頂層 (Overlay)，頂層是 SDN 控制器提供服務的地方，透過隧道抵達底層。下面將分別討論底層與頂層。

底層

底層的要素包括：

- MTU
- 介面組態
- OSPF 或 IS-IS 組態
- 驗證

底層基本上是提供連線的實體網路，供頂層建立於其上。它上面通常是基本的組態，並且專注在通告裝置的 loopback IP 到 OSPF 或 IS-IS。

底層的裝置用纜線連結的方式，通常具有高度冗餘性，能排除單點故障，並且能將效能最佳化。它的一種實作方式是透過完全的網狀拓樸，讓每個裝置都連到其他的所有裝置。雖然全網狀網路提供最大的冗餘性，但是隨著網路的成長，鏈路的數目可能很快就超出了掌控。圖 22.23 是標準底層拓樸的一個例子。

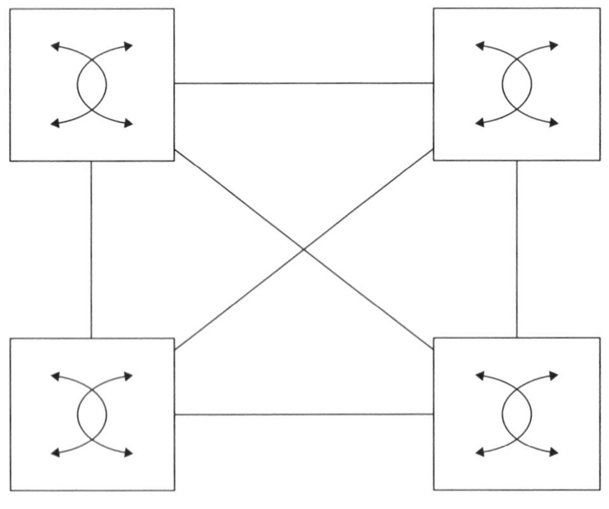

圖 22.23 底層拓樸

MTU

底層的工作所傳送的許多交通，具有比標準網路常見封包更大的有效負載。因此，最好能提高底層交換器的 MTU，以便容納這些較大的封包。

在大多數的 Cisco IOS 或 IOS-XE 交換器上，都可以使用 **system mtu** 命令來改變 MTU。這些改變要在交換器重啟後才會生效：

```
SW01(config)#system mtu ?
 <1500-9198> MTU size in bytes

SW01(config)#system mtu 9000
Global Ethernet MTU is set to 9000 bytes.
Note: this is the Ethernet payload size, not the total
Ethernet frame size, which includes the Ethernet
header/trailer and possibly other tags, such as ISL or
802.1q tags.
SW01(config)#do reload
```

OSPF 要求兩端鄰居的 MTU 必須相同，緊鄰關係才能正常運作，所以當改變 MTU 時，鄰接裝置的 MTU 也必須改變。如果不想改變 MTU，也可以在鄰接介面上使用 **ip ospf mtu-ignore** 命令來修正 OSPF。

因為底層必須執行遶送協定，所以必須在第 3 層交換器上開啟 **ip routing**：

```
SW01(config)# ip routing
```

22

介面組態

底層拓樸並不適合使用 STP，因為它的責任是要阻擋冗餘鏈路，導致底層交換器中時脈介於 10gbs、40gbs、甚至 100gbs 的超高速上行鏈路介面無法完全被使用。這真是太浪費了。如果花些時間調整 STP 組態，將 VLAN 的根分散到幾台交換器上，可以稍微改善這個情況。

但是最好的處理方式是只使用第 3 層的介面。這樣做代表完全不執行 STP，而底層的所有交換器介面則都不會被阻擋。因為只使用 OSPF 或 IS-IS 來進行遶送，也不用擔心會產生迴圈。此外，因為交換器都擁有相同數目的連線，所以路徑表可以使用 ECMP 來做負載平衡。

接著我們要來設定將交換器連在一起的第 3 層介面，和它們的 IP 位址。為了更有效率，我們同時在介面上設定 OSPF 使用點對點網路類型，以省略對委任路由器的需要，如下：

```
SW01(config)#int g3/0
SW01(config-if)#no switchport
SW01(config-if)#ip address 10.1.21.1 255.255.255.0

SW01(config-if)#ip ospf network point-to-point

SW01(config-if)#int g3/1
SW01(config-if)#no switchport
SW01(config-if)#ip address 10.1.22.1 255.255.255.0
SW01(config-if)#ip ospf network point-to-point

SW01(config-if)#int g3/2
SW01(config-if)#no switchport
SW01(config-if)#ip address 10.1.31.1 255.255.255.0
SW01(config-if)#ip ospf network point-to-point

SW01(config-if)#int g3/3
SW01(config-if)#no switchport
SW01(config-if)#ip address 10.1.32.1 255.255.255.0
SW01(config-if)#ip ospf network point-to-point

SW01(config-if)#int g2/2
SW01(config-if)#no switchport
SW01(config-if)#ip address 10.1.41.1 255.255.255.0
SW01(config-if)#ip ospf network point-to-point

SW01(config-if)#int g2/3
SW01(config-if)#no switchport
SW01(config-if)#ip address 10.1.42.1 255.255.255.0
SW01(config-if)#ip ospf network point-to-point
```

底層的每台交換器都應該設定 loopback 介面，以供討論到頂層時使用：

```
SW01(config-if)#interface loopback 0
SW01(config-if)#ip add 192.168.255.1 255.255.255.255
```

OSPF 組態

接著要來設定 OSPF。此處當然也可以使用其它的遶送協定，但是因為 CCNA 關注的是 OSPF，所以這裡也只針對這個協定。我們希望交換器上所有的 IP 都執行 OSPF，所以使用 **network 0.0.0.0 0.0.0.0 area 0** 命令來開啟所有介面：

```
SW01(config-if)#router ospf 1
SW01(config-router)#network 0.0.0.0 0.0.0.0 area 0
SW01(config-router)#exit
```

其它底層組態

底層的主要任務是要確保遶送運作正常，所以除了標準的交換器設定，如 AAA 或 NTP 組態設定外，沒有太多其他的設定需要。有些解決方案還必須設定多點傳播的遶送，但是這已經超出了 CCNA 的範圍了。

驗證

為了節省一些打字的時間，筆者使用如同 SW01 一樣的方式，事先完成了拓樸中的其他交換器的設定。現在，我們可以看到所有交換器介面已經形成 OSPF 的緊鄰關係：

```
SW01#show ip ospf nei

Neighbor ID     Pri State       Dead Time   Address         Interface
192.168.255.3     0 FULL/  -    00:00:38    10.1.32.3       GigabitEthernet3/3
192.168.255.3     0 FULL/  -    00:00:37    10.1.31.3       GigabitEthernet3/2
192.168.255.2     0 FULL/  -    00:00:37    10.1.22.2       GigabitEthernet3/1
192.168.255.2     0 FULL/  -    00:00:37    10.1.21.2       GigabitEthernet3/0
192.168.255.4     0 FULL/  -    00:00:34    10.1.42.4       GigabitEthernet2/3
192.168.255.4     0 FULL/  -    00:00:34    10.1.41.4       GigabitEthernet2/2
```

當檢視路徑表時，可以看到 SW01 已經知道每台交換器的 loopback 位置，並且使用 ECMP 在兩個介面間進行負載平衡：

```
SW01#show ip route ospf | b 192.168.255

    192.168.255.0/32 is subnetted, 4 subnets
O   192.168.255.2 [110/2] via 10.1.22.2, 00:11:52, GigabitEthernet3/1
   [110/2] via 10.1.21.2, 00:12:02, GigabitEthernet3/0
O   192.168.255.3 [110/2] via 10.1.32.3, 00:04:32, GigabitEthernet3/3
   [110/2] via 10.1.31.3, 00:04:42, GigabitEthernet3/2
O   192.168.255.4 [110/2] via 10.1.42.4, 00:01:40, GigabitEthernet2/3
   [110/2] via 10.1.41.4, 00:01:40, GigabitEthernet2/2
```

現在底層已經完成設定，可以進行頂層的設定了。

頂層

基本上，頂層是在底層裝置上執行隧道功能的「虛擬網路」。它讓 SDN 控制器能嚴格控制在網路中流動的交通。隧道的類型依 SDN 解決方案而定，但是通常使用的是 VXLAN (Virtual Extensible LAN)。VXLAN 是在第 3 層上讓第 2 層交通通過的隧道形式，讓您可以跨越被遶送網路連上 VLAN，不過它的細節則超出 CCNA 範圍。

網路的進階組態設定是在頂層進行，如安全性或 QoS。底層看不到隧道內的網路交通，所以無法有效地進行過濾交通之類的功能。頂層的遶送通常是由 BGP 或 EIGRP 來處理。鏈路狀態協定並不適合，因為它們要求區域中的所有裝置都具有相同的 LSA。此外，您也無法輕易地使用路徑總結來改進路徑表。

動態多點 VPN (Dynamic Multipoint Virtual Private Network，DMVPN) 是 WAN 上常見的頂層類型。在這種拓樸中，每個分支透過 DMVPN，使用 10.100.123.0/24 網路連到中樞路由器，讓我們可以在網際網路上執行 IGP，來提供重要而一致的遶送參數。DMVPN 確實提供了很多好處，我們用下頁的圖 22.24 提供一個簡單的頂層範例。

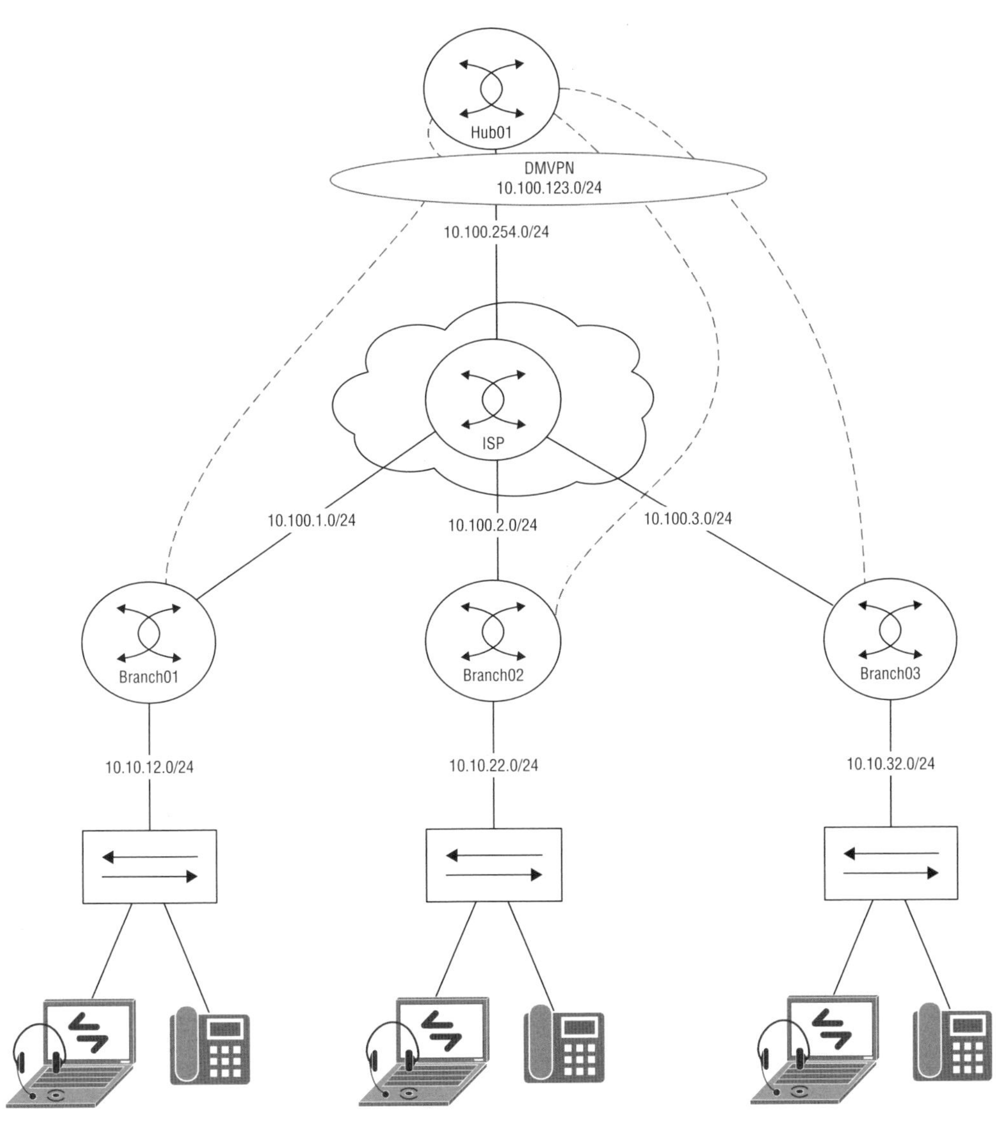

圖 22.24 DMVPN 拓樸

Fabric

fabric 其實是本章最簡單的一部分。它只是解決方案中所有第 3 層網路裝置的簡稱，包括路由器、交換器、防火牆、無線控制器、AP。當我們在討論 SDN 的時候，就將這個網路稱為 fabric，因為該網路的細節都被摘要在 SDN 控制器中。

換個說法，fabric 就是個簡單、高速的第 3 層網路。這個潮流背後的動機在於 IP 網路比第 2 層網路的擴展性好，因為我們不需要進行複雜的工程設定來繞過 STP 的限制。此外，第 3 層的 fabric 如果設定錯誤，通常風險也比較低，因為 SDN 控制器會動態建立和維護底層與頂層網路。

22-8 DNA 中心概論

本章的剩餘部分將討論 DNA 中心。您將會迅速掌握到它所提供的各種服務。基本上，DNA 中心就是希望提供所有網路管理和故障檢測的全套服務。

DNA 中心提供如同 NMS 一節中提到的所有網路監控，甚至還不只於此。除了 SNMP 監控和統計值的儲存外，DNA 中心還可以捕捉最高長達一週的完整網路快照，這是進行網路故障排除時的無價之寶。DNA 中心甚至會利用 AI/大數據分析來協助您進行決策，在解決複雜問題時提供故障排除的建議。

DNA 中心具有全面的 NCM 元件，不但能執行組態應用模板，還能讓新買的交換器只要接上網路，插上電，就可以自動完成設定。

此外，它也是真正的 SDN 控制器，能夠建立底層和頂層網路，以支援 Cisco 的**軟體定義存取** (Software Defined Access) 功能。而且 Cisco 還在持續為它增加新的功能和應用整合。例如 DNA 中心可以取代 APIC-EM，透過 SDN 應用來管理過去的 SD-WAN 解決方案 IWAN。這個伺服器也可以集中管理網路的 WLC，並且之後還將可以管理其它的 Cisco 解決方案，例如 SD-WAN 或 ACI。

圖 22.25 是 DNA 中心儀表板與網路情形的摘要範例。

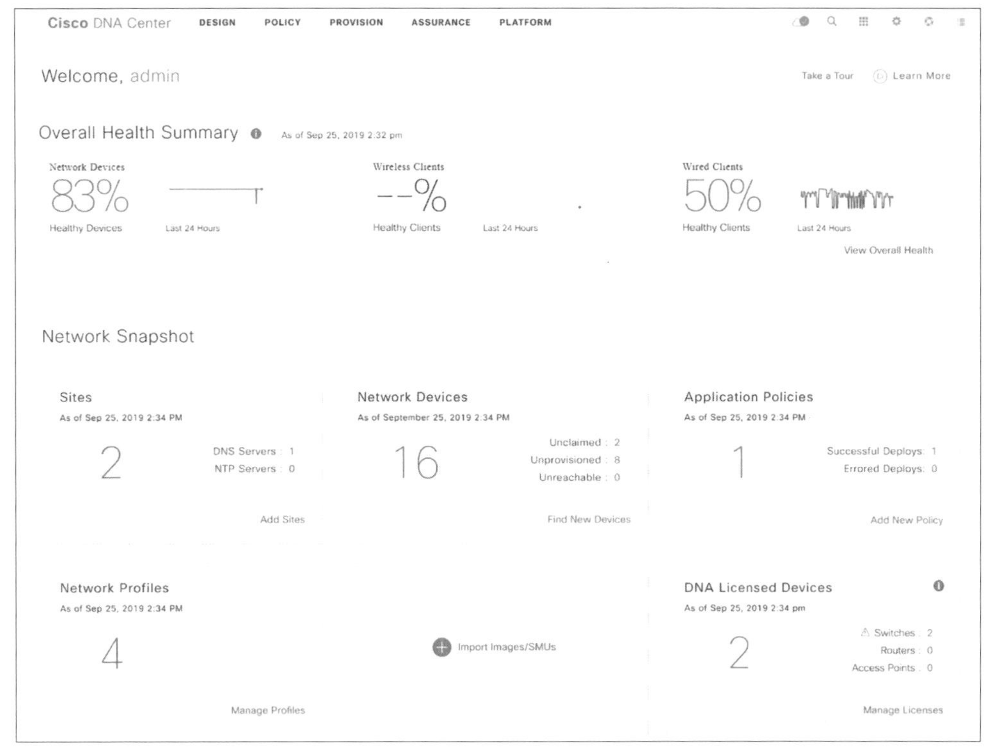

圖 22.25　DNA 畫面

挺不錯的吧！現在讓我們開始檢視 DNA 中心的一些功能，並且跟傳統網路管理的相同工作做些比較。

發現

DNA 中心可以動態搜尋網路上有甚麼裝置必須新增，以省略人工新增的工作。發現 (Discovery) 功能會查詢指定的 IP 範圍，或是登入裝置，並且跟進它的 CDP/LLDP 資訊。

一旦 DNA 中心偵測到裝置，它會嘗試使用 SNMPv2、SNMPv3、Telnet、SSH、HTTP (S) 和 Netconf 來存取它們，以取得裝置的控制權，並且將它加入管理清單。

您可以設定發現任務執行的週期，來確保 DNA 中心能管理到所有的 Cisco 裝置。如果需要在網路的其他部分使用不同的連線選項，您也可以建立多個任務 (job)。

圖 22.26 是發現頁面的例子。

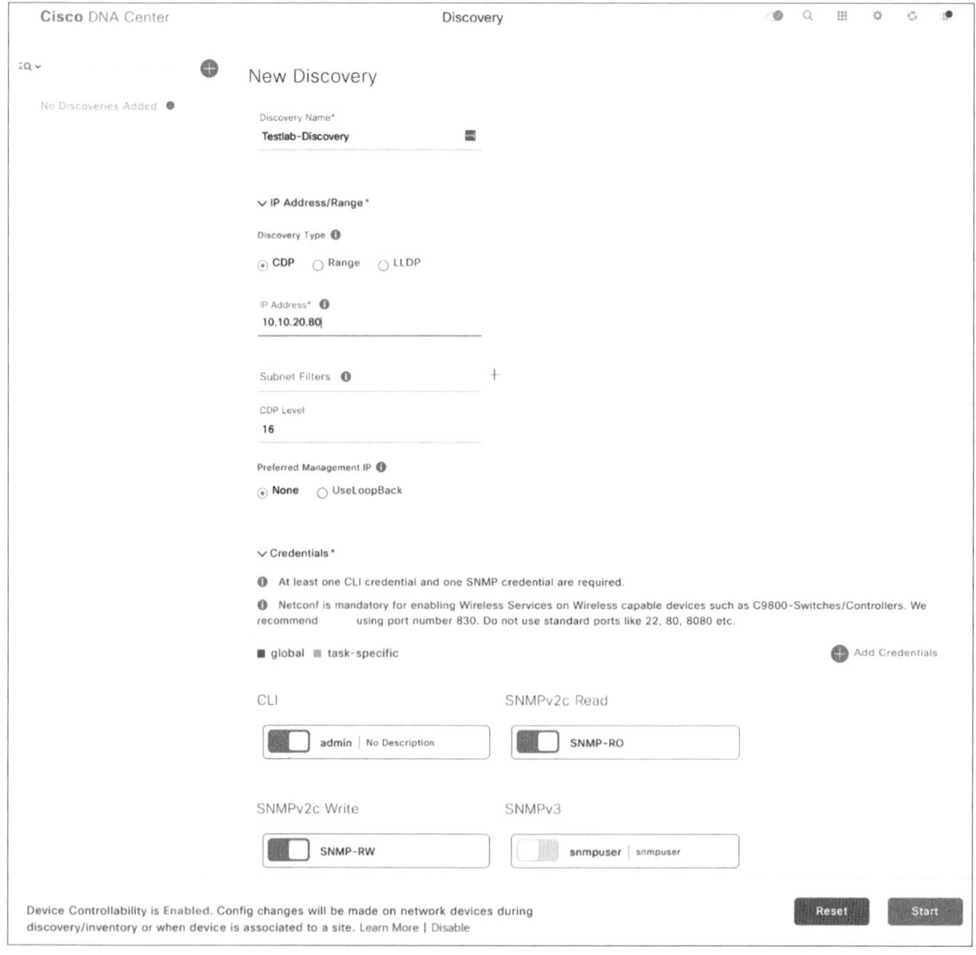

圖 22.26 DNA 的發現功能

雖然其它的 NMS 解決方案通常也能夠找到網路上的節點，但 DNA 中心還能夠進一步提供大量的協定支援選項。

另一個特色是它的授權部分。當您購買 SolarWinds 或 Prime Infrastructure 之類的解決方案時，您要付出相當的代價才能新增節點。此外，每次新增個小東西，即使是微不足道的網路介面，SolarWinds 都要另行收費。想像一下，假設您的堆疊上有 4 台交換器，每台有 48 個介面，要將他們全部加入 SolarWinds 來管理，您就需要 192 個授權！因此，大多數 SolarWinds 的建置只著重在新增重要介面，如上行鏈路埠。

但是在 DNA 中心，每台裝置在向 Cisco 經銷商採購時，就都已經在本地安裝適當的授權了。將上述情形與沒有使用任何 NMS 相比，您必須使用開源方案或甚至 Excel 編輯來手動追蹤網路裝置和它們的變動。

網路階層

DNA 中心有個很棒的功能，是可以使用網路階層功能，將網路組織成站台和位置，如圖 22.27。

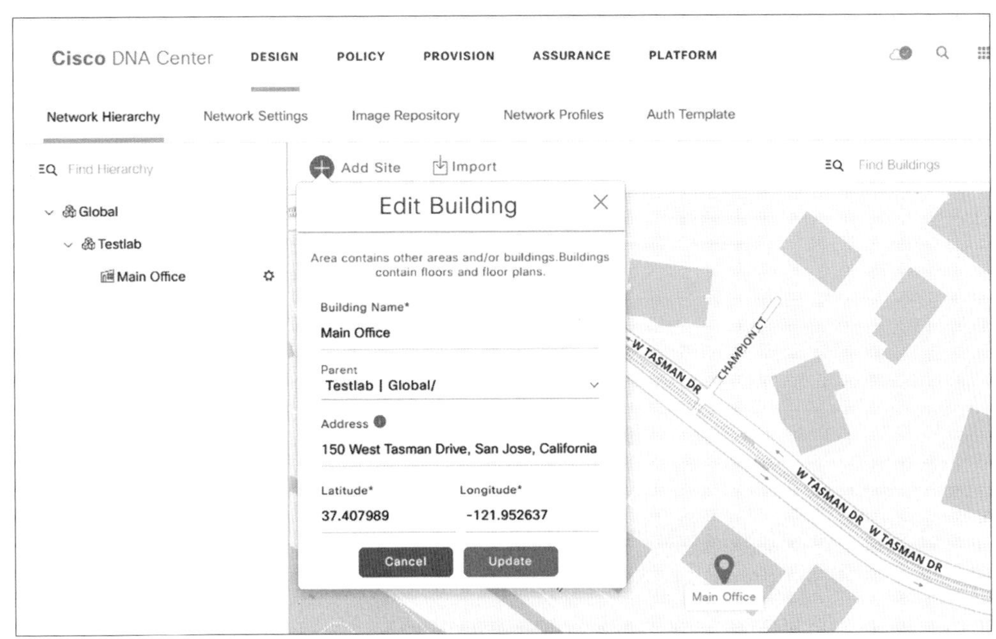

圖 22.27　DNA 網路階層

這是故障檢測的另一個工具，提供站台調查資訊給無線控制器，還提供不同位置間的組態一致性。常見的設定如認證、syslog 伺服器、NTP 伺服器和今日訊息等，都可以在網路裝置新增至清單時，自動推送過去。這項功能確保在 NTP 伺服器變更 IP 後，不會有零星的路由器上還有過時的組態，因為我們只要更新 DNA 的值即可，參見圖 22.28。

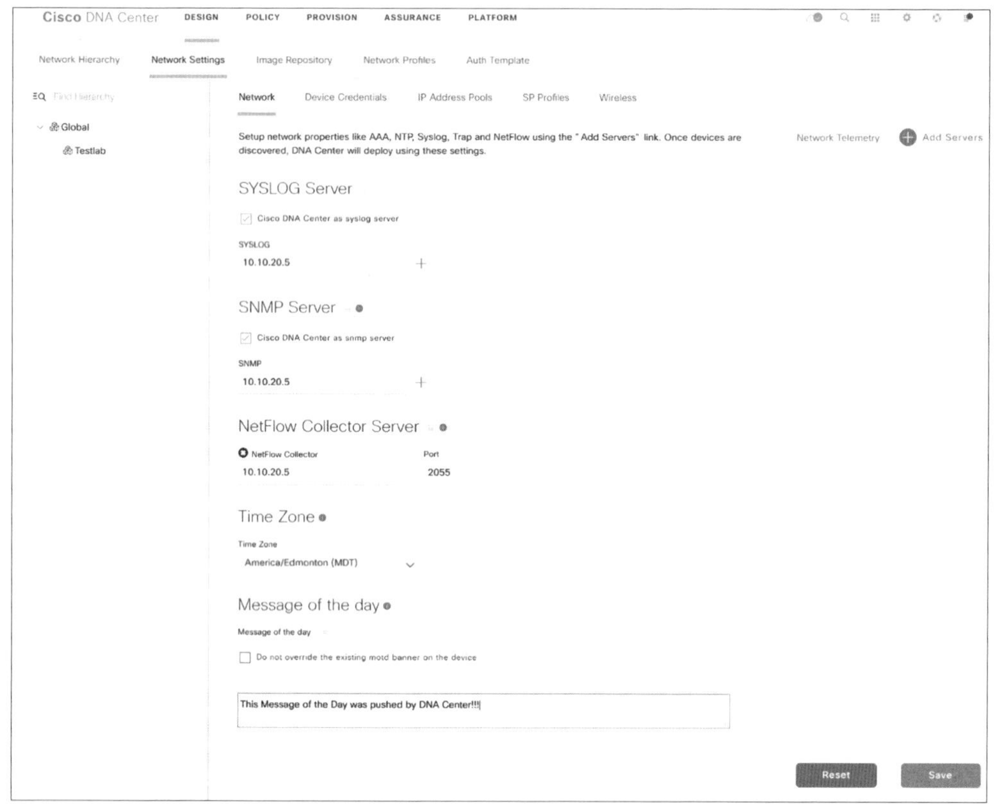

圖 22.28　DNA 網路設定

DNA 中心還可以完整地管理無線環境，所以任何 WLC 組態，例如新增 SSID，都可以在網路階層工具中完成。這使得建立無線組態並應用在多台 WLC 的工作容易得多。圖 22.29 是無線設定。

圖 22.29　DNA 無線設定

傳統的 NCM 如 SolarWinds 具有類似網路階層的功能，稱為 Compliance。它可以定義網路裝置上應有的組態，並且在裝置沒有該組態時送出 NCM 告警。NCM 很少允許以階層的形式來將網路裝置分組。它們通常只提供獨立管理每個裝置的能力。

NCM 通常也無法集中控制無線控制器，因為它們需要更深入的廠商資訊才能夠操作。然而，DNA 中心能夠使用這種深度知識來提供包含無線在內的 Cisco 裝置的大量整合。

DNA 中心的一個缺點是沒有支援裝置組態備份。因此，我們還是需要使用 SolarWinds 或 Prime Infrastructure 來處理裝置的備份。但是 DNA 中心一直在快速發展，所以可能不久之後就會有備份功能了。

當然，如果前述這些都是手動執行，您大概必須持續登入所有的網路裝置，以驗證他們擁有最新的組態，並且符合您的需要。隨著時間的流逝，組態也會因為故障排查或裝置的變動而發生變化。

22

模板 (template)

當需要將特定組態推送到網路裝置時，可以對網路階層的位置使用模板功能。模板可以輸出您希望實施的 IOS 組態，並且支援 Apache Velocity 腳本語言。Apache 有些小工具可以在組態中增加更多功能，讓模板更加強大：

- **變數**：文字加上 $ 就形成變數，可以定義在組態中的任何位置。在圖 22.30 的畫面中，筆者建立了稱為 **loopback0_ip** 的變數，以便在每台網路裝置上指定不同的 loopback 介面。
- **Enable 模式**：根據預設，DNA 中心會假定模板中的所有東西都是組態設定命令。如果你必須推送諸如 **clock set** 之類的 enable 模式命令，可以在命令之前加上 **#MODE_ENABLE**，並且在之後加上 **#MODE_END_ENABLE**，例如：

```
#MODE_ENABLE
clock set Sept 17 2019 00:00:00
#MODE_END_ENABLE
```

- **互動式命令**：IOS 中的大多數命令並不會提示額外的輸入，但是諸如 **banner motd** 或 **crypto key generate rsa general-keys** 之類的一些命令則會如此。

如果需要推送這類命令的時候，可以將 **#INTERACTIVE** 放在上方，並且將 **#ENDS_INTERACTIVE** 放在下方。

下面是個完整的例子，在互動式部分，筆者將 <IQ> 放在命令之後，並且跟著預期的提示值，然後在 <R> 之後輸入回應。

為了說明效果，請先檢視在 CLI 輸入 **crypto key to generate rsa general-keys** 命令後的輸出：

```
CSR11(config)#crypto key generate rsa general-keys
% You already have RSA keys defined named CSR11.testlab.com.
% Do you really want to replace them? [yes/no]:
```

要將這個互動式命令加入模板，我們使用下列方式：

```
#INTERACTIVE
crypto key generate rsa general-keys <IQ>yes/no<R> yes
#ENDS_INTERACTIVE
```

Yes/no 的答案是由 <IQ> 標籤捕捉 (IQ，Interactive question，代表互動式問題)，而回應則是由 <R> 標籤捕捉。

要進行 CCNA 認證並不需要知道如何建立模板，但是還是值得去瞭解它的運用，如圖 22.30。

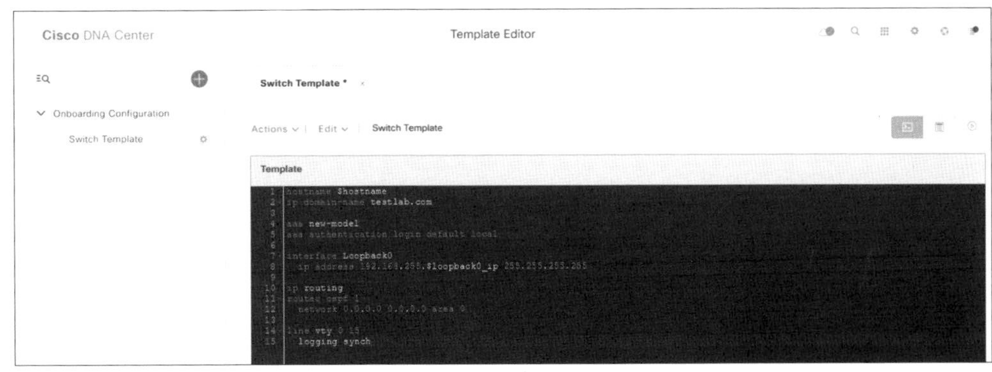

圖 22.30　DNA 交換器模板

模板在 DNA 中心與其他 NCM 解決方案中的運作方式非常類似，唯一的差別在於腳本引擎的能力。我們通常會保存模板組態的文字檔案，以便網路團隊在需要的時候複製到路由器上。

拓樸

DNA 中心會使用已知的網路裝置來建立第 3 層的網路圖。這讓我們在故障檢測時，可以參考到動態網路情況，而不是只能依賴可能已經過期的 Visio 圖形。它使用 CDP 和 LLDP 提供的資訊來建立圖形，同時也會根據 MAC 和 ARP 表來判斷網路上連結的裝置。如果建立的拓樸圖不夠精準，您也可以手動調整。DNA 中心必須知道整個拓樸，以便知會如 SD-Access 等其他功能。

圖 22.31 是拓樸圖的一個例子。

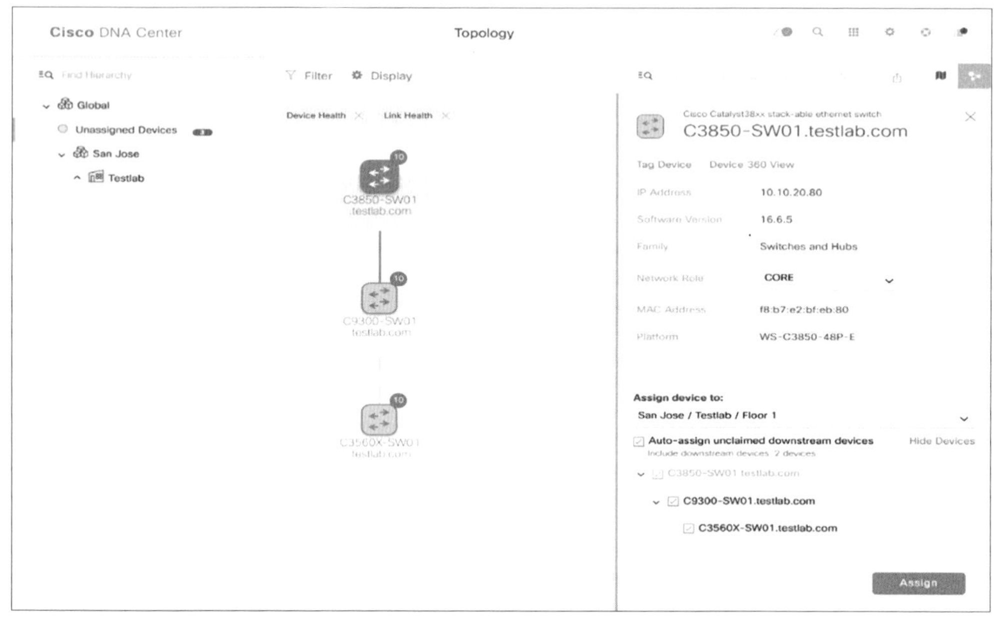

圖 22.31 DNA 拓樸

相對而言，NMS 解決方案雖然可以建立網路圖，但是通常是由網路團隊手動建立。例如 SolarWinds 提供網路圖建立器，可以依照您想看到的方式，在儀表板上顯示網路裝置。

問題是，這樣以手動方式維護網路拓樸，就像使用 Visio 一樣；這也意味著，它們很快就會過時。就我所知，還沒有哪個人會費盡心思地確保文件一直是最新狀態。

還好 DNA 中心會嘗試動態建立網路拓樸。它會去發掘網路裝置，並且勤奮地將它們加入拓樸圖中。雖然您仍然需要調整圖形，以確保它的準確性，但確實省下了很大的力氣。

升級

當需要升級裝置的韌體時，也就是網路團隊必須四處奔波的時候。這可是痛苦而無聊的任務：您必須為裝置找出並下載適當的 IOS 映像檔，將映像檔複製到裝置上，設定開機敘述，重新開機等等。

雖然升級一兩台路由器沒什麼大不了的，但是如果在您使用的 IOS 版本中發現了某個安全性弱點，事情就可能完全失控，您現在可能有上百台的路由器必須盡快升級。當採購新的路由器的時候，升級也可能是其中的重要工作，因為您可能發現它出貨時安裝的 IOS 版本，並不是您想要在所有裝置上使用的相同版本。

還好 DNA 中心可以確保新的網路裝置自動升級到您所需要的版本，以協助將所有網路裝置的 IOS 版本標準化。這項功能允許我們直接從 Cisco.com 下載映像檔，或是手動上傳，同時它還能指出該平台 IOS 的建議版本。圖 22.32 是升級功能所使用的儲存庫 (repository) 範例。

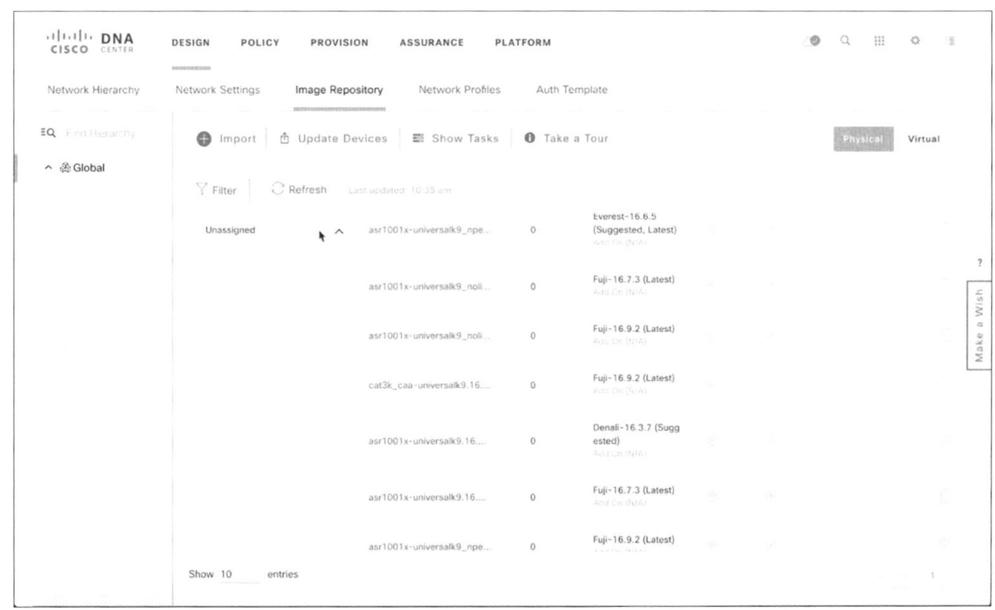

圖 22.32　DNA 升級儲存庫

DNA 中心會使用 SCP 或 HTTPS 將映像檔搬移到裝置上，這比跨越網路使用 TFTP 要有效率得多。圖 22.33 是 DNA 中心推送映像檔到 Cisco 交換器的範例。

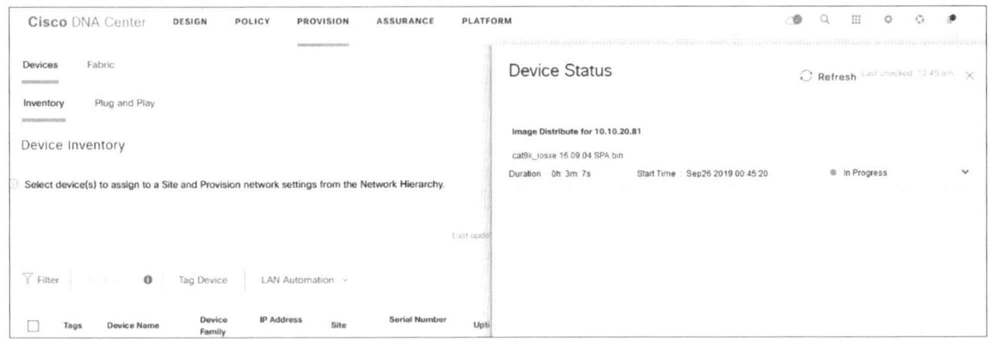

圖 22.33　DNA 升級裝置

此外，當您安排升級時程時，DNA 中心會進行一系列檢查，以確保裝置能夠支援。下面是裝置升級的預先檢查清單：

預先檢查項目	說明
裝置管理狀態	檢查 DNA 中心是否有成功管理該裝置
檔案傳輸檢查	檢查是否能透過 SCP 與 HTTPS 連到該裝置
NTP時脈檢查	比對裝置與 Cisco DNA 中心的時間，以確保來自 DNA 中心的憑證可以安裝在裝置上
快閃記憶體檢查	確認裝置上是否有足夠的空間可以升級。有些裝置能夠自動刪除快閃記憶體中無用的檔案，以容納更新檔
組態暫存器檢查	檢查組態暫存器的值，確保如果在密碼還原後忘了修正組態暫存器，交換器仍能適當地開機
Crypto RSA 檢查	檢查是否安裝了 RSA 憑證。這需要 SSH 和 HTTPS 才能運作
Crypto TLS 檢查	檢查裝置是否支援 TLS 1.2
IP 網域名稱檢查	檢查是否設定了網域名稱；SSH 與 HTTPS 的運作需要網域名稱
啟動組態檢查	檢查裝置中是否存在啟動組態
服務授權檢查	檢查裝置是否包含有效授權
介面檢查	檢查裝置管理介面的狀態
CDP 鄰居檢查	顯示使用 CDP 發現的連線路由器和交換器資訊

接下頁

預先檢查項目	說明
運行組態檢查	檢查目前在裝置上運行的組態
STP 總結檢查	檢查 STP 協定的資訊
AP 總結檢查	顯示對應於 Cisco 無線控制器的 AP 摘要

與 NCM 相比，NCM 也可以將 IOS 映像檔推送至 Cisco 裝置，但是它們通常無法做這麼多的檢查和安全的預先防護。例如 SolarWinds 基本上只是將 **copy tftp** 命令推送到裝置去下載韌體，並且取決於腳本內容，可能還會變更開機敘述並且重新開機。當然，SolarWinds 並不能直接存取 cisco.com 來下載韌體，所以您必須先手動下載檔案，並且儲存到伺服器上。

手動完成這些工作就更費力了，因為您不只需要下載檔案，還可能必須安裝 TFTP/FTP/SCP 伺服器來進行傳輸。之後還必須登入裝置來啟動更新。

命令執行器

集中式管理的一個優點是，可以利用 DNA 中心能立即存取到許多裝置的優點，來完成某些事情。**命令執行器** (command runner) 工具可以針對清單中的裝置執行一段命令，並且儲存結果，參見圖 22.34。當需要快速檢查網路裝置資訊，例如確認所有路由器都能看到一條新的 OSPF 路徑的時候，它就非常方便。另一項優點是它的輸出也可以匯出成文字檔案，來加以儲存或在文件中使用。

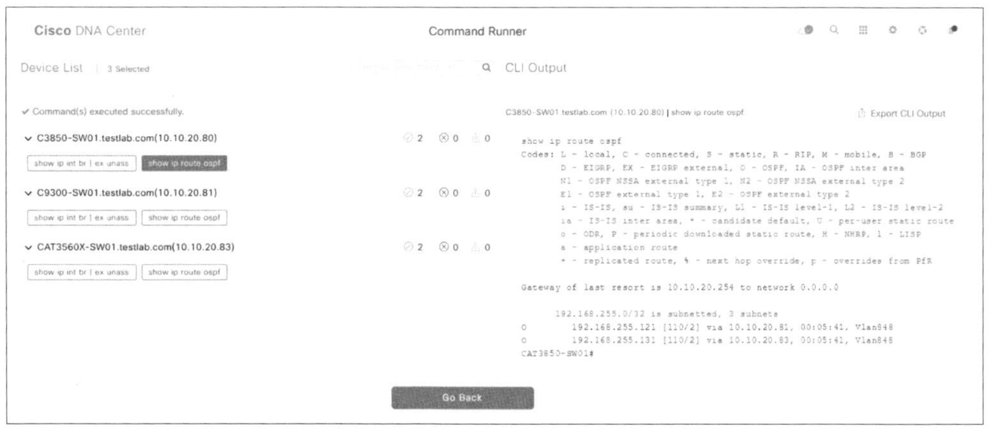

圖 22.34 DNA 命令執行器

不過，它並不支援組態設定命令，所以如果要將變更推送給裝置，則必須使用模板功能。

DNA 中心和 NCM 在這方面都有類似的功能。兩者都能將命令推送給數台裝置，並且將輸出呈現出來。如果沒有使用解決方案，就必須逐一連到每個裝置，並且逐一將輸出貼到 Notepad 或電子郵件之中一真的很麻煩！

確保

不幸的是，這個領域很習慣把過錯都歸咎在網路上。網管人員大部分的時間都是花在根據模糊過時的不正確資訊，來進行網路的故障排除。

想像一下，某天午餐有位經理走過來跟你說，他的筆電前幾天無法連上公司的無線網路，但是現在又好了。您要怎麼辦？當然，您可以檢視查修記錄，看看那時候有沒有任何故障可以解釋這個情況。如果您連查修記錄都沒有，那就只能看看團隊中有沒有人有什麼印象了。

當然，您也可以登入無線控制器，或者 Cisco ISE (如果您用它來管理無線的安全性)，然後檢查它們的日誌。不過，要找到幾天前的相關日誌並不容易，要找出其中的關聯就更難了。

那要在自己的筆電上重現這個問題嘛？除非這個問題持續出現，否則幾乎不太可能。您只能在一天之中的隨意時間，在不同位置嘗試連線，以設法找出這個問題。

但是當您開始使用 DNA 中心的確保 (assurance) 功能之後，事情就不再是這樣了。這是個很棒的工具，能讓您登上時光機器！他會儲存一週內的大量網路資訊，從日誌、網路健康問題、到連線結果等等。圖 22.35 是網路健康情況的概觀。

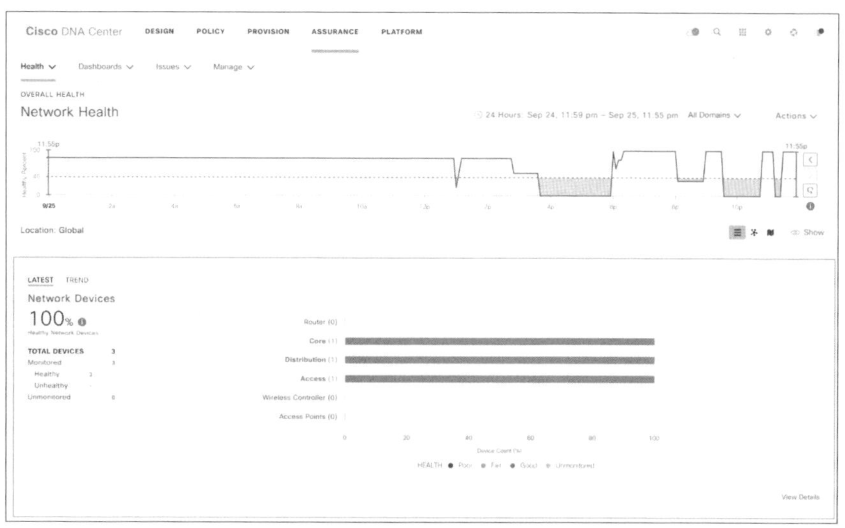

圖 22.35 DNA 網路健康

確保功能會建立問題間的關聯性，並且提出可能的原因，甚至提供可以嘗試的障礙排除步驟。這可以協助找出被您忽略的問題，例如使用者可能習慣了每次都要嘗試三次才能連上 wifi，所以根本沒有跟您報修。圖 22.36 是無線故障檢測的頁面。

DNA 中心的確保功能是獨一無二的，而且功能相當強大。NMS 解決方案可以提供大量資訊，但是現階段只有 DNA 中心可以進行完整的分析，並且提供網路的時光膠囊。

如果要手動進行，那您將會無休止地搜尋資訊，並且困在一堆測試中，試圖找出問題的可能線索。您甚至可能變得只是隨意地在組態中穿梭，希望能瞎貓碰到死耗子地找到什麼問題。

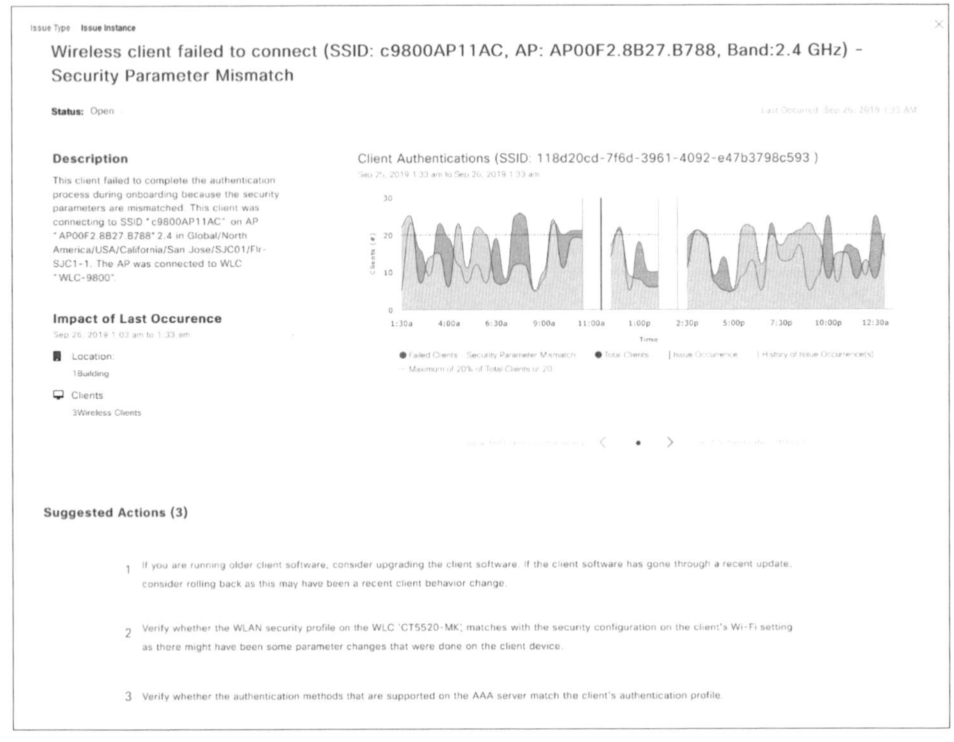

圖 22.36 DNA 無線客戶端

路徑追蹤

要瞭解今日使用者的網路交通路徑，其實沒有那麼直接。早期，使用 traceroute 就可以判斷使用者抵達目的地的路徑。但是它不會顯示透過 CAPWAP 的無線交通，或是透過 VPN 或 DMVPN 連線的站台。Traceroute 也不會顯示封包必須經過的第 2 層交換器。

路徑追蹤 (Path Trace) 是早期 CCNA 認證中 APIC-EM 路徑追蹤功能的演進版。它利用 DNA 中心對網路上裝置的瞭解，視覺化地呈現從來源到目的地路徑。這個工具可以揭露真正行經的路徑隧道，並且顯示網路裝置上是否有任何 ACL 會阻擋交通。您甚至可以指定要測試哪個埠。圖 22.37 是作用中的路徑追蹤。

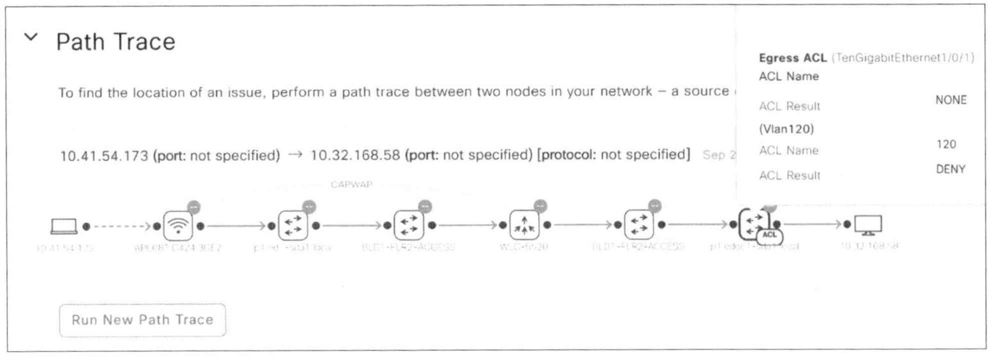

圖 22.37　DNA 路徑追蹤

這是 DNA 中心與 APIC-EM 獨有的另一項功能。Solarwinds 有類似的功能稱為 NetPath，但是它是透過建置在整個網路上的代理程式。DNA 中心是使用它從網路收集來的第一手資訊，並且可以偵測 ACL 問題。SolarWinds 則沒有辦法。

另一個重點是：路徑追蹤是沒辦法手動執行的。當然，您可以使用 Linux 上的 tcptraceroute 或 hping3，但是這些方法對於 UDP 交通是受到限制的，並且無法以圖形方式呈現路徑。

EasyQoS

服務品質是很難實作和維護的。DNA 中心承襲了 APIC-EM 的 EasyQoS 功能，可以將應用分成下面三類，來簡化 QoS 政策：

- **業務相關類別**：對業務運作有重要性的應用，如電子郵件或 Active Directory。
- **非業務相關類別**：與業務運作無關的應用，如 BitTorrent、YouTube 與 Facebook。
- **預設類別**：不屬於上述兩類的應用，如 DNS 或資料庫交通。

您可以將應用移動到任意類別，畢竟，如果您在 YouTube 工作，那 YouTube 應該就屬於業務相關類別。圖 22.38 是 QoS 政策。

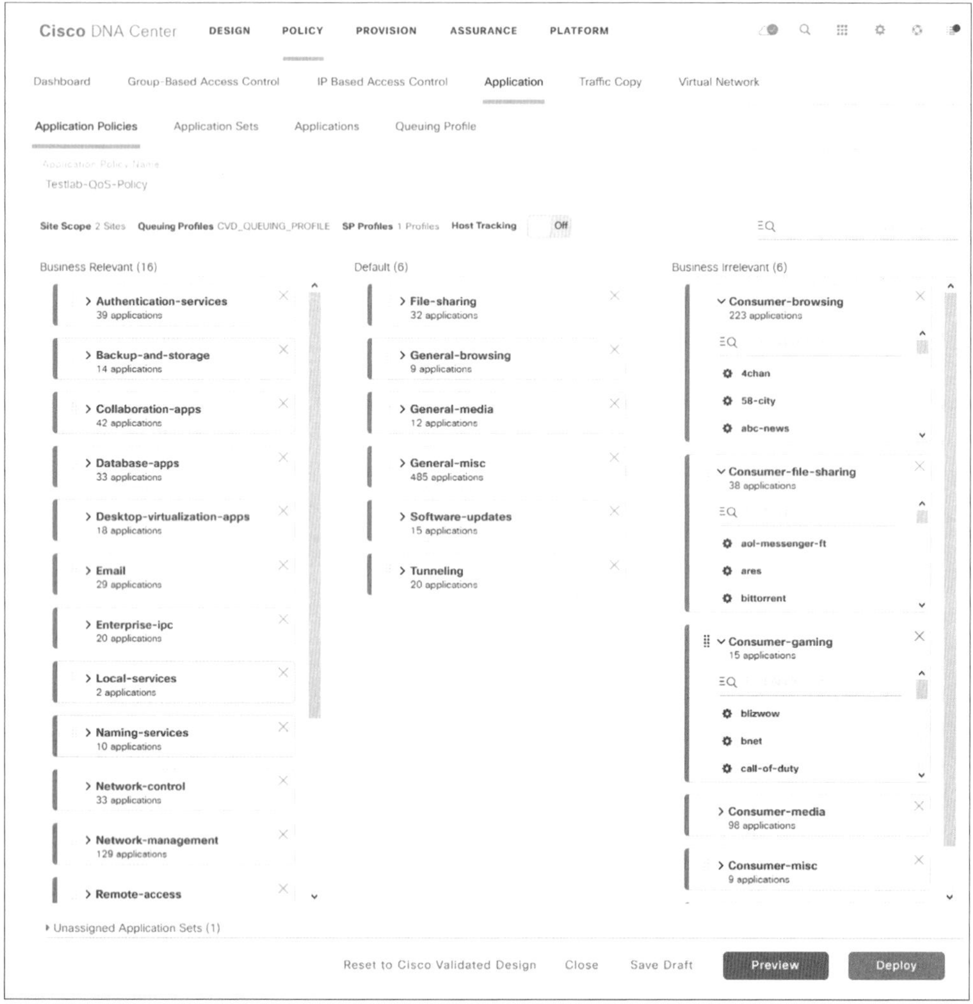

圖 22.38 DNA QoS 政策

DNA 中心會將您的應用系統政策轉換成 QoS。您只需要調整 DSCP 和連線的頻寬配置，並且將一致的 QoS 政策應用在整個網路上。圖 22.39 是服務提供者的設定。

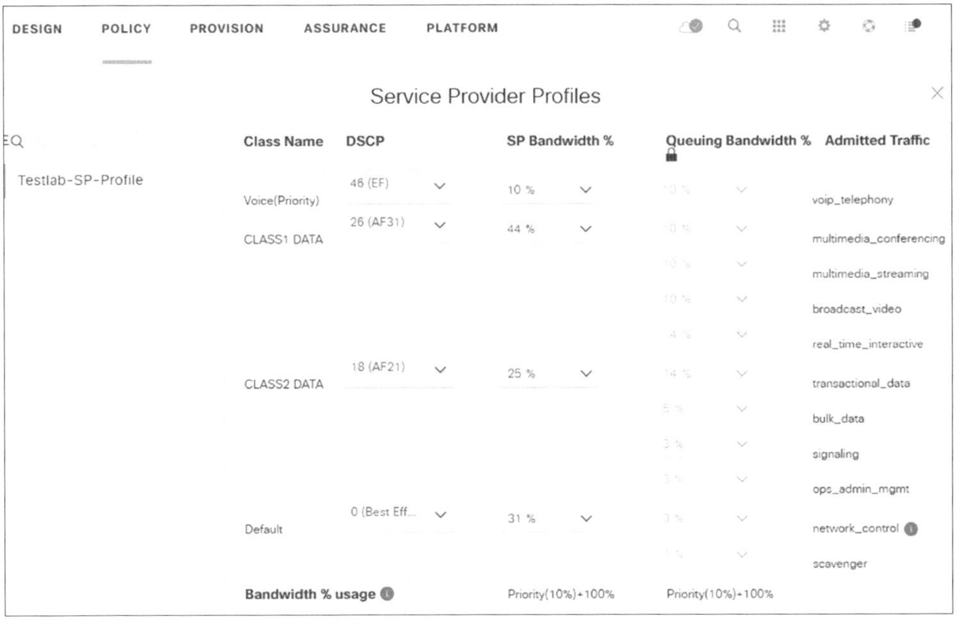

DESIGN POLICY PROVISION ASSURANCE PLATFORM

Service Provider Profiles

Testlab-SP-Profile

Class Name	DSCP	SP Bandwidth %	Queuing Bandwidth %	Admitted Traffic
Voice(Priority)	46 (EF)	10 %	10 %	voip_telephony
CLASS1 DATA	26 (AF31)	44 %	10 %	multimedia_conferencing
			10 %	multimedia_streaming
			10 %	broadcast_video
			4 %	real_time_interactive
CLASS2 DATA	18 (AF21)	25 %	14 %	transactional_data
			5 %	bulk_data
			3 %	signaling
			3 %	ops_admin_mgmt
Default	0 (Best Eff...	31 %	3 %	network_control
			1 %	scavenger
Bandwidth % usage		Priority(10%)+100%	Priority(10%)+100%	

圖 22.39 DNS 服務提供者的設定

此外，這也是 DNA 中心獨有的功能。NCM 可以將您建立的 QoS 政策推送出去，但是它們並不能讓您輕易地管理端點對端點的 QoS 政策。

同樣地，如果要手動執行這項任務，將會非常複雜，而且必須事先經過謹慎的規劃。每台網路裝置，包括路由器、交換器、無線控制器、甚至於防火牆，都可能是 QoS 政策的一部分，所以也都需要調整。

LAN 自動化

到目前為止，如果想要在 DNA 中心增加新的網路裝置，都必須確定該裝置可以連到伺服器。我們還必須設定認證、SSH、和 SNMP，讓伺服器可以連到這台新裝置。

LAN 自動化可以讓新裝置透過 Cisco 的隨插即用 (PNP) 自動完成設定。這項功能的運作，需要在上游網路裝置建立 DHCP 伺服器，然後在新的 Cisco 設備開機時，將 IP 及 PNP 伺服器資訊傳送給它。DNA 中心從這裡開始接手，自動在底層裝置上設定基本的遶送和諸如多點傳播等其它組態。

一旦完成之後，新的裝置就會出現在 DNA 中心的適當站台。圖 22.40 是 LAN 的自動化畫面。

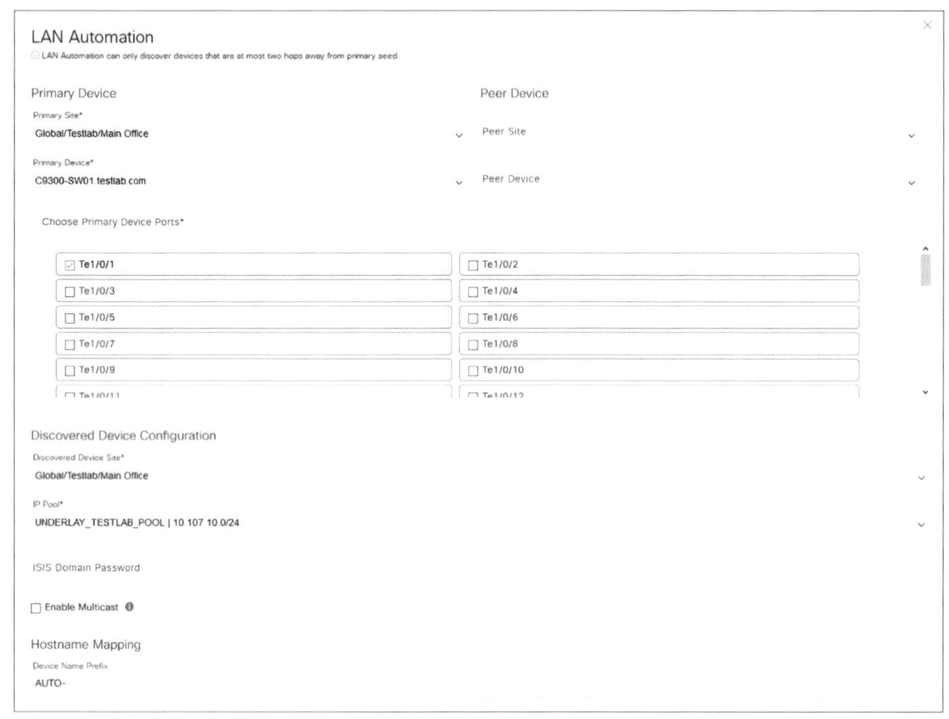

圖 22.40 DNA LAN 自動化

這也是 DNA 中心的獨有功能。因為 PNP 的運作需要深度的整合，這是其它 NCM 無法觸及的領域。

要手動完成這項工作，必須在將路由器送去目的地之前，先將組態設定好，它的風險在於如果有任何組態設定錯誤，就必須要完成故障排除才能真正上線運作。

軟體定義存取

軟體定義存取 (SD-Access) 是 DNA 中心的旗艦級功能。基本上，它相當於讓您陳述期望的網路設計，如「行銷團隊不能存取 IT 團隊的資源」，然後讓 DNA 中心去「想辦法做出來」。

這方面的實際解決方案是非常複雜，並且使用大量超出 CCNA 範圍的功能，需要相當資深的團隊來設定和執行。即使如此，DNA 中心還是將它簡化至即使是相對資淺的網路管理者都能夠完成。

因為 SD-Access 是 Cisco 專屬功能，所以 NMS 或 NCM 都沒有類似的能力。您可以手動設定包含 SD-Access 的網路功能，但是沒辦法使用網站式介面來提供輕鬆的管理。

Restful API

前一章討論過 restful API。在 DNA 中心的所有東西都可以透過 REST 來管理。因此，您的腳本很容易與 DNA 中心溝通，而不必個別連上裝置來取得資訊。

程式碼預覽 (Code Preview) 是一項簡潔的功能。DNA 中心讓您透過網站介面來試用 Restful API，以便瞭解它所能提供的資訊。這個網站介面甚至可以為您建立如 Python 等數種語言的 Restful API 程式碼片段。

圖 22.41 是程式碼預覽的功能。

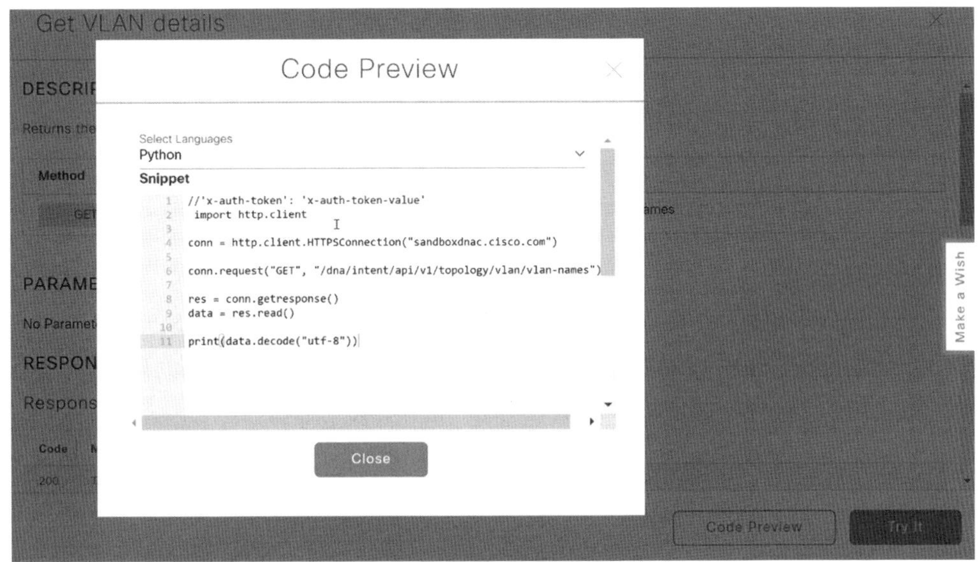

圖 22.41　DNA Restful API

22-9 摘要

本章討論了使用 NMS (Network Monitoring System) 與 NCM (Network Configuration Manager) 的傳統網路管理方式。我們也稍稍細談了路由器傳送封包的流程，因為 SDN 的目標之一就是要將控制平面與資料平面分開，將網路的「智慧」都放在 SDN 控制器中。

本章說明了在控制器為基礎的網路中，幾種常見的網路架構，並且解釋了 fabric 網路，和它使用的元件。最後探討了一些常見的 DNA 中心服務，和它們的運作方式，並且跟 NMS/NCM 解決方案與手動執行方式進行比較。

22-10 考試重點

- **SDN 架構**：軟體定義網路 (SDN) 解決方案運用頂層，在底層之上建立隧道來傳送交通。底層提供隧道形成所需的連線，頂層則提供真正的服務給 fabric。Fabric 只是用來描述使用 SDN 解決方案的所有網路裝置。
- **控制器為基礎的架構**：相對於個別管理網路的每個裝置，您也可以集中管理所有東西。這可以改善效率，一次設定大量裝置的組態，也可以降低組態錯誤的風險，因為您的變動在實施前可以先進行複審。它還能確保網路上所有裝置的組態是一致的。因為控制器知道所有的 fabric 網路，所以它也提供很好的單點來監控或設定腳本。SDN 控制器使用南向介面來跟網路溝通，並且使用北向介面來存取 SDN 控制器。
- **DNA 中心**：DNA 中心是 APIC-EM 的接班人，提供 SDN 和控制器為基礎的網路功能。DNA 中心可以確保一致的組態，確認 QoS 有適當的運作，並且設定在所有的網路裝置上。assurance 功能提供了獨有的時光機器能力，可以檢視一週內發生的各項問題。

22-11 習題

習題解答請參考附錄。

(　　) 1. 下列何者是北向介面的用途？

A. 與網路裝置層溝通

B. 讓使用者與 SDN 控制器互動

C. 追蹤 AP 效能

D. 將交通遶送出網路

(　　) 2. 網路底層是什麼？

A. 在 SDN 網路中代表所有東西的名詞

B. 建立隧道以提供服務的層級

C. 提供遍及 fabric 之連結的層級

(　　) 3. 控制器為基礎網路相對於傳統網路的優點為何？(選擇三項)

A. 中央管理

B. 可以一次進行大量的組態

C. 可以監控連到控制器的整個網路

D. 難以管理

E. 每台裝置都是獨立的

(　　) 4. 下列何種架構使用存取層？

A. Spine/Leaf

B. CLOS

C. 底層

D. 園區式

E. DNA 中心

22

(　　) 5. 下列哪些是管理平面的協定？(選擇三項)

A. SSH　　B. CDP

C. SNMP　　D. Telnet

E. LLDP

(　　) 6. 下列哪些是控制平面的協定？(選擇三項)

A. OSPF　　B. CDP

C. 主控台埠　　D. LLDP

E. 管理埠

(　　) 7. 下列哪些是資料平面的協定？

A. OSPF　　B. CDP

C. NAT　　D. LLDP

E. 資料平面不能執行協定

(　　) 8. 下列何者是 OpenDaylight 所使用的南向協定？

A. onePk　　B. OpenFlow

C. Netconf　　D. Restful API

E. Python

(　　) 9. 下列何者是 ACI 所使用的南向協定？

A. onePk　　B. OpenFlow

C. Netconf　　D. OpFlex

E. Python

(　　)10. 下列何者是北向介面經常使用的協定？(選擇兩項)

A. onePk　　B. OpenFlow

C. Restful　　D. OpFlex

E. Python

( )11. 下列何者是 DNA 中心的 EasyQoS 功能的目的？(選擇三項)

A. 自動設定 QoS 組態

B. 確保 QoS 有使用最佳做法

C. 簡化 QoS 政策的調整

D. 建立可以手動應用在網路裝置上的腳本

E. 複審 QoS 政策並且建議方法來簡化工作

( )12. DNA 中心的 assurance 功能最長可以儲存多久的網路快照？

A. 一天

B. 三天

C. 五天

D. 一週

E. 一個月

( )13. LAN 自動化使用下列哪種功能來設定新交換器組態？

A. SNMP

B. Telnet

C. SSH

D. 隨插即用

E. Restful API.

( )14. NMS 主要使用下列何種協定來監控網路裝置？

A. SNMP

B. Telnet

C. SSH

D. 隨插即用

E. Restful API.

( )15. NCM 主要使用下列何種協定來設定網路裝置的組態？(選擇三項)

A. SNMP

B. Telnet

C. SSH

D. 隨插即用

E. Restful API.

(　　)16. CLOS 架構中可以看到下列何種交換器? (選擇兩項)

A. 存取層交換器　　**B.** leaf 交換器

C. 分送層交換器　　**D.** Spine 交換器

E. 核心交換器

(　　)17. 園區式架構中可以看到下列何種交換器？(選擇三項)

A. 存取層交換器　　**B.** leaf 交換器

C. 分送層交換器　　**D.** Spine 交換器

E. 核心交換器

(　　)18. fabric 網路中是進行下列何種交換?

A. 第 2 層　　**B.** 第 3 層

C. 第 4 層　　**D.** 第 7 層

(　　)19. 下列何者是命令執行器的用途?

A. 推送 OSPF 組態

B. 推送 **show** 命令並且檢視結果

C. 推送 ACL 組態

D. 推送介面組態

E. 推送 banner 組態

(　　)20. 下列何者是 Code Preview 功能的用途?

A. 進行 DNA 中心的 beta 升級

B. 在執行 DNA 中心時檢視程式碼

C. 使用您所選擇的腳本語言產生簡單的程式碼片段以呼叫 Restful API 資源

D. 檢視 DNA 中心應用的原始程式碼

組態管理

本章涵蓋的 CCNA 檢定主題

6.0 自動化與可程式化

- 6.6 瞭解組態管理機制 Puppet、Chef 與 Ansible 的能力

在閱讀完第 22 章之後，您可能已經對 DNA 中心相當有興趣。它透過集中式的網路工作自動化，讓我們的工作輕鬆得多。這些加速組態設定的模板，讓整個網路更具一致性和可預期性。所以，喜歡它、對它好奇，都是很正常的。

我們現在將正式接觸整個 DNA 中心，深入探討它的組態管理工具，如 Ansible、Chef、Puppet。這些很棒的功能幾乎可以讓您將基礎建設的所有工作自動化。大部分的組態管理工具，如 Ansible，當然可以協助我們管控網路，但是它並不僅於此。除了建立 VLAN 外，它甚至可以設定虛擬機器。Ansible 可以安裝和設定它要使用的應用，甚至可以加入監控和備份解決方案的新功能。

一旦您瞭解這些超棒的解決方案，就會發現它們非常容易使用。唯一的缺點是要花些力氣，轉變成更為 DevOp 導向的基礎建設團隊。現在，讓我們開始 Ansible、Puppet、和 Chef 的探索之旅吧！

23-1 團隊轄區

在開始探索組態管理工具之前，讓我們先花一分鐘瞭解一下如何走到這一步。老實說，認為自己的工作只是處理 IT 相關事宜，那可是天方夜譚。只有當您是在一家小公司工作，只擁有一個簡單的 IT 基礎建設時，才有可能是這樣。這種公司的 IT 部門通常只有一兩位 IT 通才，負責所有電腦相關事宜。

您應該不是在這樣的公司工作，但您也只有在出問題時才會被聯絡。圖 23.1 描繪的是 IT 通才的日常。

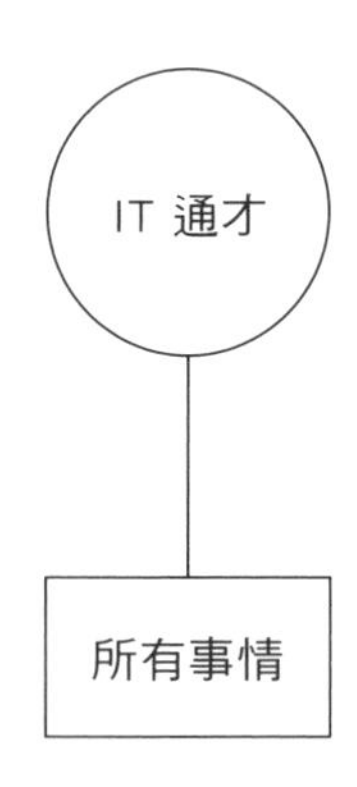

圖 23.1 IT 通才

較大型企業通常比較有組織，會明確定義 IT 部門的責任，並且將所有工作劃分成不同的區塊。組織中的每個部門都有各自的 "轄區"，規範它所負責的設備、任務和專案。這種作法也讓 IT 人員直接有個捷徑，將網路和它的相關人員 (也就是我們) 打包在一起當作各種問題的原因。

IT 人員經常直接將問題歸因在網路團隊，包括本書中所討論的各項主題，從路由器到交換器，再到無線網路，甚至於線路故障。圖 23.2 是典型的網路轄區。

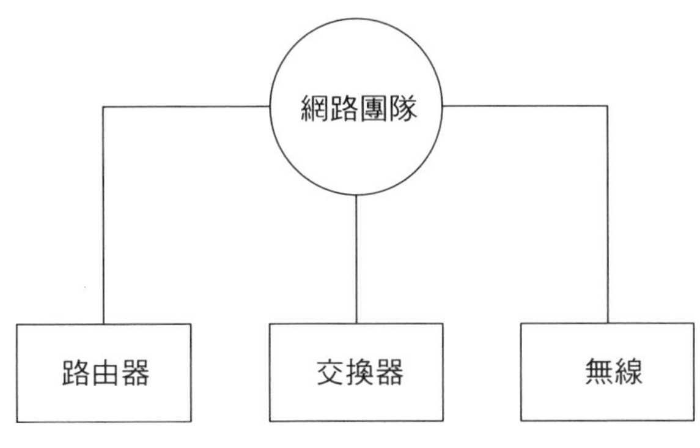

圖 23.2 網路團隊轄區

公司的系統管理者應該要負責基礎建設中的 Windows 和 Linux 伺服器。在真正的大企業中，可能有一整個獨立團隊負責 Windows 和 Linux 環境。圖 23.3 是系統團隊的轄區範例。

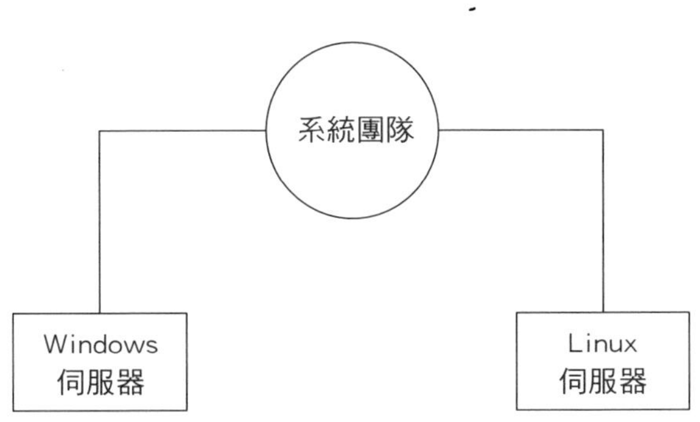

圖 23.3 系統團隊轄區

安全團隊通常專注在公司的防火牆，但是也可能會負責建立公司間連線用的 VPN。遠端存取方案，如客戶端 VPN，和提供環境存取的工具，如 Citrix，通常也歸他們管轄。安全團隊還要監督網路事件，並且處理發現到的弱點。圖 23.4 是安全團隊轄區。

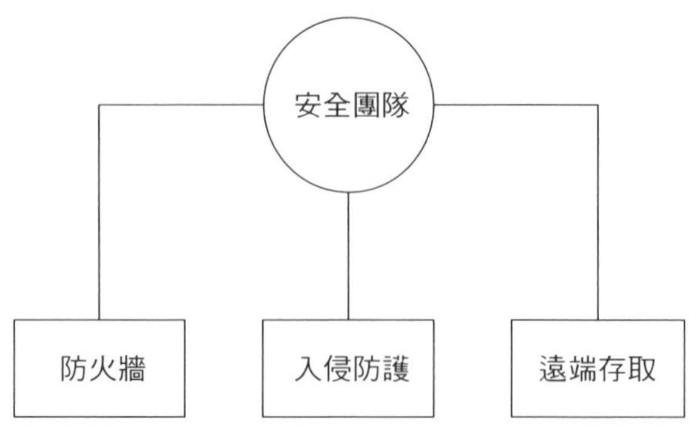

圖 23.4 安全團隊轄區

一般來說，這些轄區的邊界會慢慢變得模糊，因為它們太過狹隘。個別公司需要客製化方案來符合它的需求，所以最終會看到這些轄區縱橫交錯。例如網路團隊可能會負責設定 VPN，因為這項工作需要更深入的網路知識。

如果考慮到在伺服器和網路裝置上運行的所有角色和服務，情況可能就更混亂了。某家企業可能認為 DHCP、DNS、和負載平衡是網路團隊的事，而另一家企業則讓它的系統管理團隊來負責這些工作。團隊之間甚至可能共同分擔服務的責任；由系統管理團隊負責照顧 DHCP 伺服器，而網路團隊則負責離開網路設備(例如無線控制器)的 DHCP 交通。

圖 23.5 是網路服務歸屬於不同轄區的一個例子。

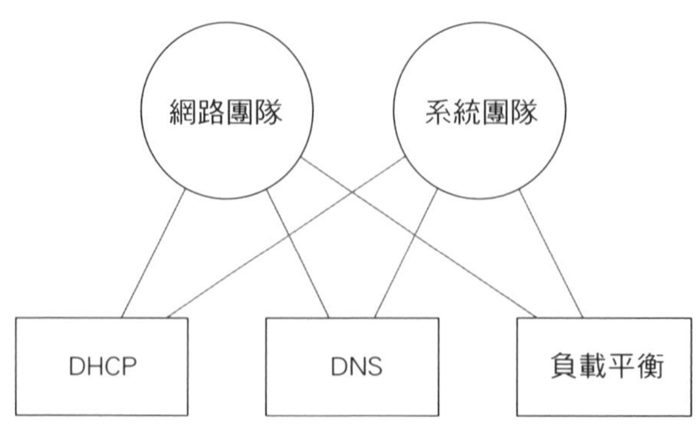

圖 23.5 網路服務

開發團隊的轄區則完全關注在支援他們的軟體版本上。其他 IT 團隊則根據他們的應用需求建立基礎建設。例如假設某位開發人員需要新的網站伺服器，網路團隊就必須確保該伺服器能夠上線。系統團隊會安裝伺服器的作業系統和網站伺服器應用。安全團隊則在建立完成之後，檢查該伺服器是否符規範，確認安裝了防惡意軟體，並且開啟了主機防火牆。圖 23.6 是這個工作流程的例子。

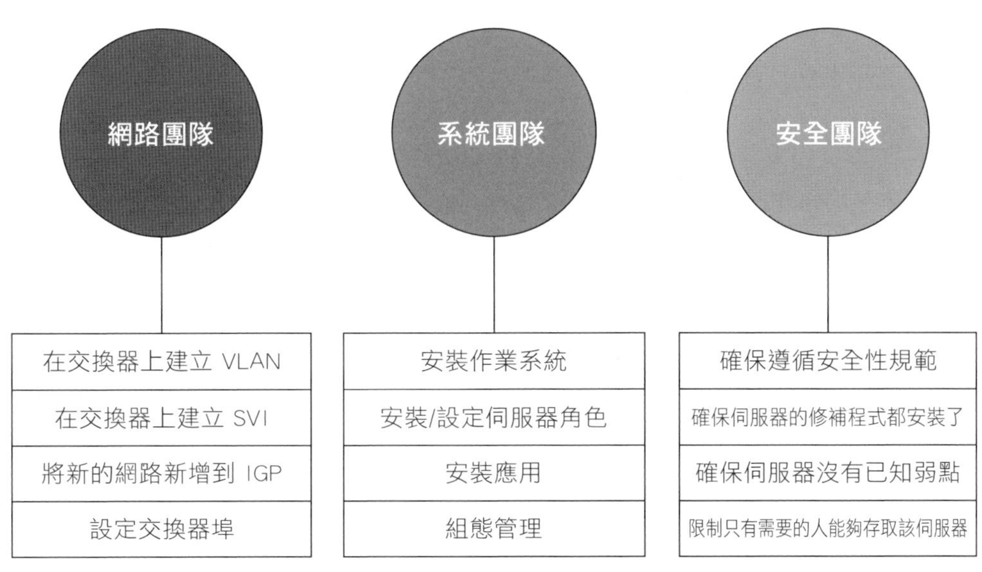

圖 23.6　開發團隊轄區

23-2 DevOp

DevOp 是目前 IT 界最熱門的名詞之一，但是它對不同的人來說，解讀也都不相同。事實上，DevOp 與其說是要在每樣東西都加上資訊，還不如說是組織文化的一種轉變，所以要擁抱它，對新創公司而言，要比大型企業容易得多。即使如此，大多數公司還是努力朝向這個目標邁進，以便能管理日益複雜的 IT 基礎建設和雲端實作。

現在讓我們來定義本書要討論的 DevOp：基本上是將團隊合併以解決前述關於轄區的一些問題的方法。企業可能有 DevOp 工程師正忙著將基礎建設自動化，以便配合應用的需要而迅速運行。

最明顯的好處是企業需要的 IT 資源，現在可以非常快地供應，而不需要等待數週讓不同的 IT 團隊完成它們各自的任務。變更控制也簡化多了，因為 DevOp 方法論讓我們可以在不同環境測試程式碼。它也讓我們在需要的時候，能夠輕易地回復變更。圖 23.7 是 DevOp 的責任。

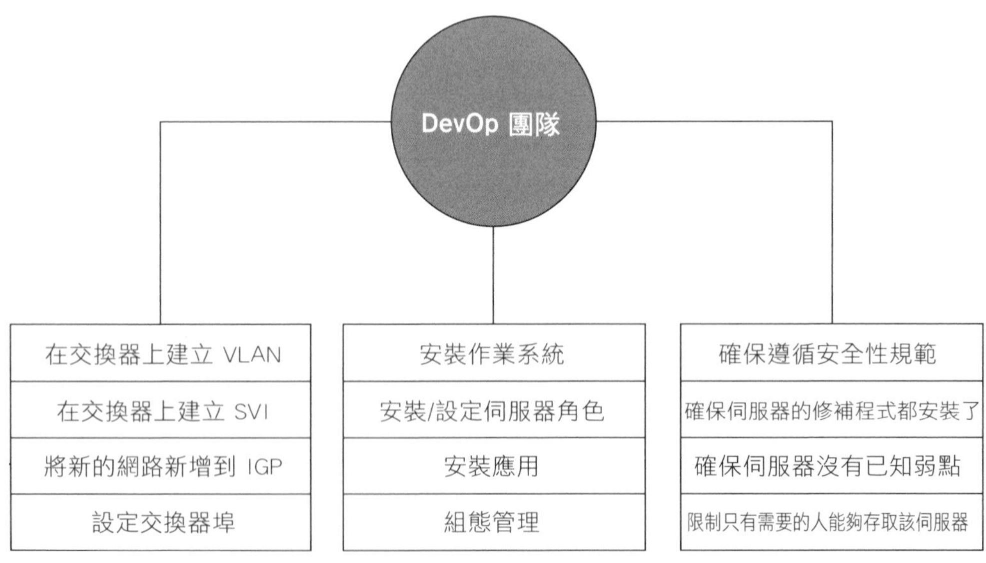

圖 23.7 DevOp 團隊

23-3 IaC (Infrastructure as Code)

您可以將 IaC 是為是採取 DevOp 做法之後的實際產出。IaC 是 DevOp「自動化所有事情」裡面的有趣部分，目標是要使用組態管理程式來建立和維護我們的 IT 基礎建設。

IaC 除了協助改善建置速度之外，還能協助對抗組態的分歧 —— 始於您在某台網路設備或伺服器上做了非預期變動的時候。

很不幸的是，分歧是企業必然會發生的現實情況。它可能發生在當伺服器從網路上移走，但是交換器上的 VLAN 並沒有刪除的時候。也可能是在障礙排除時加入某條防火牆規則，但是稍後忘了移除，而成為規則庫上百條規則中的一條。總是有狀況能進到它不該出現的伺服器，然後在某個月黑風高的夜晚，所有這些例外突然同時爆發！然後您就必須招集 IT 團隊共同商討為什麼某個重要的應用突然當掉，絞盡腦汁地想要盡快修復它。

使用 IaC 的 IT 生活就不會那麼危險。透過這個工具的協助，我們可以直接忽略所有的障礙排除工作，直接刪除有問題的伺服器，然後重新建置一次。沒錯，查出 Apache 為什麼掛掉可能很有成就感，但是在虛擬機器重建後，您可以有很多的時間排查。

所以，您現在可能在想：如果可以定期刪除建立好的基礎建設，然後重建，就可以大幅降低與預期組態分歧的程度，那您可說對了，因為新的資源會根據 IaC 方案的描述，一點不差地建立起來。此外，新的 VM 還會自動修補到建立當時的最新狀態。如果是使用以代理人為基礎的組態管理程式，如 Puppet 或 Chef，分歧會被自動修正，因為伺服器會定期檢查來確保它不會出錯。

IaC 的一項重要原則就是等冪性 (idempotence)，這是一種相當誇張的修辭法，用來表示組態只有在會產生變更時，才會被應用到目標環境中。這代表如果您讓 Ansible 開啟伺服器上的 NTP，則只有當伺服器上沒有安裝 NTP 的時候，它才會執行安裝任務。此外，它也只有在 NTP 目前沒有在運行的時候，才會去執行啟用服務的任務。

23

顯然，這種行為讓 IaC 組態設定比使用 bash 腳本容易得多。下面顯示在 Ansible playbook 中安裝 NTP 是多麼容易—您只需要在 playbook 中加入下面兩列：

```
- name: Install NTP on RHEL
  yum: name=ntp state=present
```

目前先不用管真正的語法，重點是我們將任務命名為 **Install NTP on RHEL**，並且呼叫 **yum** 來將 NTP 安裝在 Linux 上，並且啟動這項服務。因為神奇地等冪性，Ansible 會檢查這個套件是否已經安裝了，並且在安裝過的時後直接略過這個步驟。這可以在執行 playbook 的時候節省我們的時間，並且盡量縮小 playbook 的內容。如果您希望使用 bash 來完成這件事，則必須撰寫類似下面的腳本：

```
if ! rpm -qa | grep -qw ntp; then
yum install -y ntp
fi
```

if 敘述的基本邏輯是要為 NTP 檢查伺服器上已經安裝的套件。如果它不在清單內，則進行安裝。為什麼我們不直接執行 install 命令呢？在這個案例中，它不會造成什麼傷害，但是會得到與預期不同的結果：yum 將不會安裝 NTP，而是丟出訊息表示 NTP 已經安裝過了：

```
Package ntp-4.2.6p5-29.el7.centos.x86_64 already installed and latest version
Nothing to do
```

這樣有點糟糕，因為這個命令並沒有執行腳本預期的任務，它不符合等冪性原則，所以可能在稍後做更進階自動化時，導致非預期的行為。

希望這個例子能協助您瞭解使用 IaC 等冪性，能簡化您的建置工作，因為您不必在腳本邏輯中考慮不同命令的結果。

好了！現在您已經瞭解 IaC 了。接著讓我們來研讀要通過 CCNA 認證和身為現代網路專業人員所必須知道的組態管理工具。

23-4 Ansible

Ansible 是目前網路專業人員最常用的組態管理方案之一。它的工具是以 Python 為基礎，透過 SSH 連線實施 playbook 檔案中的組態設定。

這個解決方案很容易啟動和運行，因為它的目標系統並不需要安裝代理程式並且向中央伺服器註冊，就可以運作。Ansible 甚至不需要中央伺服器—您可以直接從辦公室的筆電執行 playbook。即使如此，我還是建議您從中心位置執行 Ansible，因為它必須能使用 SSH 連到目標節點來實施組態，而您的網路可能有某些安全性措施限制了這樣的存取。

因為 Ansible 基本上是使用 SSH 連到節點，並且不需要代理程式，所以它支援網路社群中幾乎所有的主要廠商系統。所有廠商需要做的就是提供 Ansible 要使用的模組。模組基本上就是一組以 Python 撰寫、由 Ansible 執行的指令。在 IaC 一節中，我們簡短提到的 yum 模組，顯示如何在 Red Hat Linux 系統上安裝 NTP。

Playbook 只是一組指令，指示要對目標設備做些什麼。這個檔案是使用自動化一章中提到的 YAML 格式。

下面是 Ansible 及 Ansible Tower/AWX 與其它方案的比較：

優點：

- 容易安裝與設定
- 協作能力強
- 目前市場上大多數企業級廠商的支援
- 同時支援推送 (push) 與拉出 (pull) 模組
- 無代理人模式的速度較快，並且比較不複雜
- 循序執行順序讓建置結果可以預期

23

缺點：

- 需要對 Linux 節點的根 SSH 存取權
- Ansible 是比較新的平台，沒有 Puppet 或 Chef 那麼成熟
- 因為 Ansible 具有數個腳本元件，所以語法可能有些差異
- 因為 Ansible 專注在組態管理的協作，所以並沒有對組態分歧的防護
- 相對於 Puppet 或 Chef，Ansible 的故障排除可能比較棘手
- 故障時沒有回滾 (rollback) 原生組態的功能

安裝

Ansible 是非常輕量型的解決方案。它的工具是使用 **pip install ansible** 命令來安裝。您也可以使用您的 Linux 安裝套件來安裝 Ansible，但是 yum 和 apt 似乎落後於目前的版本。Pip 通常擁有最新的版本：

```
[ansible@rhel01 ~]$ pip install ansible --user
Collecting ansible
Downloading
Installing collected packages: ansible
Running setup.py install for ansible ... done
Successfully installed ansible-2.9.0
```

一旦安裝好 Ansible 後，只需要兩個設定檔，就可以執行 playbook 了。一個設定檔是 **ansible.cfg**，另一個主機清單檔通常叫做 **hosts**。一但有了這兩個檔案，就可以在 ad-hoc 模式下執行或撰寫 playbook。現在讓我們更詳細檢視這些檔案。在圖 23.8 中，可以看到視覺化的 Ansible 元件。

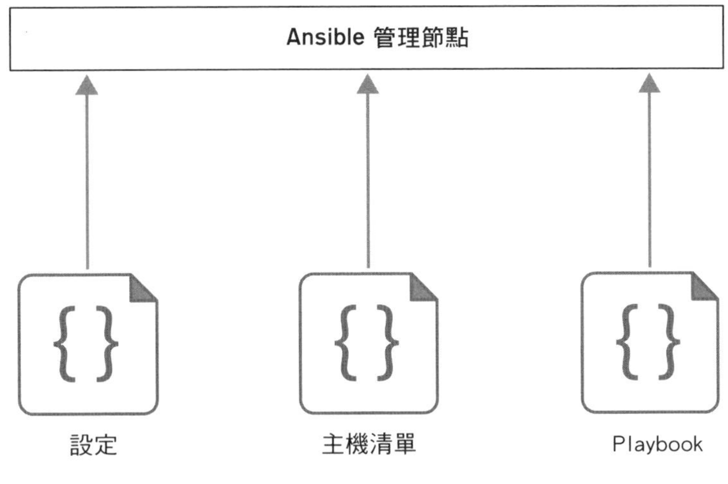

圖 23.8 Ansible 元件

設定

Ansible.cfg 檔案是個選擇性項目；如果 Ansible 找不到這個設定檔，它會直接使用預設值來執行任務。

當您透過 **pip** 安裝某個應用時，它未必會主動建立資料夾或檔案。根據預設，Ansible 要尋找設定檔時，會先檢查 **ANSIBLE_CONFIG** 變數看是否有設定路徑。如果沒有，它會在執行 playbook 的目錄下尋找 ansible.cfg。如果仍舊找不到路徑，它會接著嘗試您的家目錄，最後則是去找 /etc/ansible/。為了讓它易於維護，請盡量使用 /etc/ansible 目錄。

即使 Ansible 可以使用的設定非常多，我們將只建立檔案來將 [defaults] 下的 **host_key_checking** 設定為 false。這樣做可以簡化您的實驗，因為 Ansible 將不會嘗試驗證目標節點的 SSH 金鑰。如果不關閉這個設定，則在 playbook 可以正確運作之前，系統必須先儲存所有的 SSH 主機金鑰。請看下面的範例：

```
[ansible@rhel01 ~]$ sudo mkdir /etc/ansible/
[ansible@rhel01 ~]$ cat /etc/ansible/ansible.cfg
[defaults]
host_key_checking = False
```

主機清單

主機清單檔告訴 Ansible 有哪些目標節點需要連線，並且提供如何連線的資訊。這個檔案也允許您將節點分群，以便於管理。根據預設，Ansible 在嘗試存取節點的時候，會去檢查 /etc/ansible/ 下的 **hosts** 檔案。如果您是使用命令列交換器來執行 Ansible 時，也可以指定其它的位置。

在 hosts 檔案中會建立兩個群組和一個子群組：switch、router 和包含 router 與 switch 的第三個群組，用來方便參考。我們會將 **:vars** 附加在要使用的群組名稱後面，以定義連線要使用的變數。

有三個內建變數可以告訴 Ansible 連到 Cisco 設備的使用者帳號、密碼：

- **ansible_connection**：定義 Ansible 如何連到節點。Local 表示要從 Ansible 電腦使用 SSH。
- **ansible_user**：預設的使用者名稱變數。
- **ansible_password**：預設的密碼變數。

下面是 Ansible 的 Hosts 檔案範例：

```
[root@rhel01 ~]# cat /etc/ansible/hosts
[switch]
sw0[1:2].testlab.com

[router]
r0[1:2].testlab.com

[cisco:children]
switch
router

[cisco:vars]
ansible_connection=local
ansible_user=ansible
ansible_password=ansible
```

設置實驗環境

現在我們可以來玩玩 Ansible 了。下面將要建立能設定圖 23.9 中網路拓樸組態的 playbook。

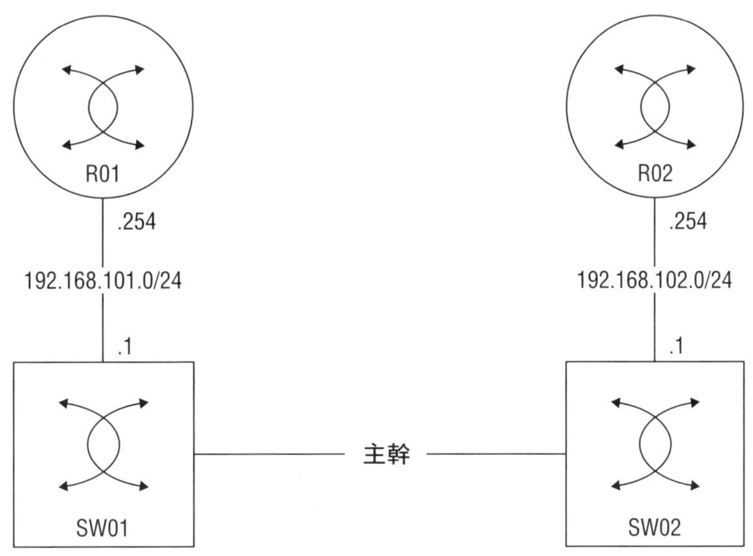

圖 23.9 Ansible 拓樸

我將使用 Ansible 來設定 R01 與 R02 間的遶送，且每台路由器會分別連到 VLAN 101 與 102。路由器會有一條預設路徑指向 SVI。在進行之前，playbook 應該要能從一台路由器 ping 到另一台路由器。

我必須啟用 SSH，並且建立一個使用者讓 Ansible 在所有 Cisco 裝置上使用。我會將該使用者設定為權限 15，以簡化我們的實驗環境：

```
SW01(config)#aaa new-model
SW01(config)#aaa authentication login default local
SW01(config)#aaa authorization exec default local
SW01(config)#username ansible priv 15 secret ansible
SW01(config)#ip domain-name testlab.com
SW01(config)#crypto key generate rsa modulus 2048
The name for the keys will be: SW01.testlab.com
```

```
% The key modulus size is 2048 bits
% Generating 2048 bit RSA keys, keys will be non-exportable...
[OK] (elapsed time was 2 seconds)

SW01(config)#
*Sep 23 05:29:53.728: %SSH-5-ENABLED: SSH 1.99 has been enabled
SW01(config)#line vty 0 15
SW01(config-line)#transport input ssh
SW01(config-line)#do wr
Building configuration..
```

現在網路已經啟用並且順利運行，我將為我的 Cisco 設備建立一些主機紀錄，以便在 Ansible 使用 DNS 名稱。當然，您也可以直接使用 IP 位址。

```
[root@rhel01 ~]# cat /etc/hosts
127.0.0.1   localhost localhost.localdomain localhost4 localhost4.localdomain4
::1         localhost localhost.localdomain localhost6 localhost6.localdomain6
10.10.21.51      sw01.testlab.com
10.10.21.52      sw02.testlab.com
10.10.21.53      r01.testlab.com
10.10.21.54      r02.testlab.com
```

模組

我目前使用的是 Ansible 2.9.0 版，它是搭配 3387 模組。我們可以使用 **ansible-doc -l** 命令來檢視。因為本書是針對 CCNA 認證，下面是經過過濾後的輸出，只顯示與 IOS 相關的模組。

這些告訴 Ansible 如何執行任務的模組通常是由廠商提供，但是您也可以使用 Python 建立客製化的模組。例如您可以使用 **ios_command** 模組將 exec 模式的命令推送給 Cisco 裝置，以便捕捉 show 的輸出。**ios_config** 也會用來將組態命令推送給裝置。

Ansible 與一般推送命令的 Python 腳本的差異在於它有特定的模組，能夠讓您只需要呼叫模組就可以完成某些任務，例如新增橫幅 (banner) 說明，或是啟用 BGP。這部分將在 playbook 範例中說明。

下面是個例子：

```
[root@rhel01 ~]# ansible-doc -l | grep ^ios_
ios_banner             Manage multiline banners on Cisco IOS devices
ios_bgp                Configure global BGP protocol settings on Cisco IOS
ios_command            Run commands on remote devices running Cisco IOS
ios_config             Manage Cisco IOS configuration sections
ios_facts              Collect facts from remote devices running Cisco IOS
ios_interface          Manage Interface on Cisco IOS network devices
ios_interfaces         Manages interface attributes of Cisco IOS network devices
ios_l2_interface       Manage Layer-2 interface on Cisco IOS devices
ios_l2_interfaces      Manage Layer-2 interface on Cisco IOS devices
ios_l3_interface       Manage Layer-3 interfaces on Cisco IOS network devices
ios_l3_interfaces      Manage Layer-3 interface on Cisco IOS devices
ios_lacp               Manage Global Link Aggregation Control Protocol (LACP)
ios_lacp_interfaces Manage Link Aggregation Control Protocol (LACP)
ios_lag_interfaces  Manage Link Aggregation on Cisco IOS devices
```

如果想要取得模組的詳細說明，只需要在 **ansible-doc** 命令後面加上模組名稱。例如下面是 **ansible-doc ios_vlan** 命令輸出的一部分，為了簡潔起見略做了修改：

```
EXAMPLES:
- name: Create vlan
  ios_vlan:
    vlan_id: 100
    name: test-vlan
    state: present

- name: Add interfaces to VLAN
  ios_vlan:
    vlan_id: 100
    interfaces:
      - GigabitEthernet0/0
      - GigabitEthernet0/1
```

Ad-Hoc 範例

現在您已經看到看到 Ansible 如何運作，熟悉了一些模組，並且使用 ad-hoc 命令、而不是 playbook 來進行測試。當您在進行障礙排除，想要迅速知道一切是否運行正常時，這些會很方便。

真正常見的 ad-hoc 模組是 ping，負責嘗試連到指定的群組，並且回報是否成功。下面是使用預設 localhost 群組，執行 Ansible 的範例：

```
[ansible@rhel01 ~]$ ansible localhost -m ping
localhost | SUCCESS => {
    "changed": false,
    "ping": "pong"
}
```

Playbook 範例

下面將根據到目前為止我們所學到的東西，組合成一個 playbook。最終的腳本有 144 行，為了便於您的參考，這邊將完整呈現整個腳本。

因為 playbook 是 YAML，所以每個檔案的開頭都是 **---**。每一小節的命名則與該劇本 (play) 要執行的任務相關。關鍵字 **hosts** 會告訴 Ansible 要在主機清單檔案中的哪個群組或哪台主機來執行任務。

由於我們是使用 Cisco 設備，所以 **gather_facts** 一定是 no。根據預設，Ansible 會嘗試收集關於主機的資訊；如果您想要 IOS 設備的類似表現，Cisco 則提供了 **ios_facts** 模組。

我們要做的是在 All Switches 劇本中，使用迴圈來建立 3 個 VLAN；每台路由器 1 個，另 1 個則是介於路由器之間。我還會在交換器間建立主幹，並且在交換器上啟用 **ip routing** 以便運行 OSPF。這一段的腳本內容如下：

```
######## All Switches ########
- name: Configure Switches
  hosts: switch
  gather_facts: no
  tasks:
  - name: Create VLANs
    ios_vlan:
      vlan_id: "{{ item }}"
      name: "ANSIBLE-VLAN{{ item }}"
    loop:
      - 101
      - 102
      - 123
  - name: Configure Trunk Port between SW01 and SW02
    ios_l2_interface:
      name: GigabitEthernet3/0
      mode: trunk
  - name: Enable IP Routing on Switches
    ios_config:
      lines: ip routing
```

在 All Devices 劇本中，將會開啟主機清單檔中的 cisco 群組內所有裝置上的 OSPF，包含了 routers 與 switch 群組。

請注意：YAML 中的空白非常重要，所以如果您要自行嘗試這個腳本，記得要注意每一列的空白。此外，在 playbook 中千萬不要使用 TAB 鍵，只要使用空白鍵就好了！

```
######## All Devices########
- name: Configure All Devices
  hosts: cisco
  gather_facts: no
  tasks:
  - name: Enable OSPF on All Devices
    ios_config:
      lines:
        - network 0.0.0.0 0.0.0.0 area 0
      parents: router ospf 1
```

腳本的剩餘部分，將對個別節點進行它們各自的獨有設定。在 SW01 中，我將為介面指定 VLAN，使用 IP 建立 SVI，並且啟用它們。

除了使用 **ios_config** 模組進行的遞送命令，大部分任務都有自己專用的模組，可以讓組態設定更清楚些。下面是 SW01 的組態：

```
######## SW01 ############
- name: Configure SW01
  hosts: sw01.testlab.com
  gather_facts: no
  tasks:

  - name: Assign SW01 VLANs
    ios_vlan:
      vlan_id: 101
      interfaces:
      - GigabitEthernet0/1

  - name: Create Vlan101 SVI
    ios_l3_interface:
      name: Vlan101
      ipv4: 192.168.101.1/24

  - name: Create Vlan123 SVI
    ios_l3_interface:
      name: Vlan123
      ipv4: 192.168.123.1/24

  - name: Enable SVIs
    ios_interface:
      name: "{{ item }}"
      enabled: True
    loop:
      - Vlan101
      - Vlan123
```

SW02 與 SW01 的組態相當一致：

```
######## SW02 ############
- name: Configure SW02
  hosts: sw02.testlab.com
  gather_facts: no
  tasks:

  - name: Assign SW02 VLANs
    ios_vlan:
      vlan_id: 102
      interfaces:
```

```
      - GigabitEthernet0/1

  - name: Create Vlan102 SVI
    ios_l3_interface:
      name: Vlan102
      ipv4: 192.168.102.1/24

  - name: Create Vlan123 SVI
    ios_l3_interface:
      name: Vlan123
      ipv4: 192.168.123.2/24

  - name: Enable SVIs
    ios_interface:
      name: "{{ item }}"
      enabled: True
    loop:
      - Vlan102
      - Vlan123
```

接著要在 R01 上將 IP 指定給介面,並且啟用。同時也加入一條預設路徑:

```
######## R01 ############
- name: Configure R01
  hosts: r01.testlab.com
  gather_facts: no
  tasks:

  - name: Create R01 G0/1
    ios_l3_interface:
      name: Gig0/1
      ipv4: 192.168.101.254/24

  - name: Enable G0/1
    ios_interface:
      name: Gig0/1
      enabled: True

  - name: Add Default Route
    ios_static_route:
      prefix: 0.0.0.0
      mask: 0.0.0.0
      next_hop: 192.168.101.1
```

R02 也差不多：

```
######## R02 ############
- name: Configure R02
  hosts: r02.testlab.com
  gather_facts: no
  tasks:

  - name: Create R02 G0/1
    ios_l3_interface:
      name: Gig0/1
      ipv4: 192.168.102.254/24

  - name: Enable G0/1
    ios_interface:
      name: Gig0/1
      enabled: True

  - name: Add Default Route
    ios_static_route:
      prefix: 0.0.0.0
      mask: 0.0.0.0
      next_hop: 192.168.102.1
```

現在 playbook 已經完成，我們使用 **ansible-playbook** 命令來執行。Ansible 會檢查這個檔案然後執行。Playbook 會由上往下一次執行一個任務，並且顯示各段與各項任務執行的回饋資訊：

```
[root@rhel01 ~]# ansible-playbook cisco.yml

PLAY [Configure Switches]
*******************************************************************
*******************************************************************

TASK [Create VLANs]
*******************************************************************
******************************************************************
ok: [sw01.testlab.com] => (item=101)
ok: [sw02.testlab.com] => (item=101)
ok: [sw01.testlab.com] => (item=102)
ok: [sw02.testlab.com] => (item=102)
ok: [sw02.testlab.com] => (item=123)
ok: [sw01.testlab.com] => (item=123)
```

```
TASK [Configure Trunk Port between SW01 and SW02]
*******************************************************************
*************************************************
ok: [sw02.testlab.com]
ok: [sw01.testlab.com]
<Omitted for brevity>
PLAY RECAP
*******************************************************************
*******************************************************************
r01.testlab.com        : ok=4   changed=3  unreachable=0   failed=0
skipped=0  rescued=0  ignored=0
r02.testlab.com        : ok=4   changed=3  unreachable=0   failed=0
skipped=0  rescued=0  ignored=0
sw01.testlab.com       : ok=8   changed=4  unreachable=0   failed=0
skipped=0  rescued=0  ignored=0
sw02.testlab.com       : ok=8   changed=4  unreachable=0   failed=0
skipped=0  rescued=0  ignore
```

因為我已經根據它們做的事情來命名各劇本與任務，所以可以精確分辨執行期間是否有哪個步驟出了問題。這很重要，因為當 Ansible 偵測到錯誤的時候，它只能提供對於錯誤發生位置和發生原因的最佳猜測。這些猜測有時候有用，但有時候沒什麼用。

例如假設我移除了 Create VLAN 底下 **vlan_id** 的縮排，並且執行腳本，Ansible 會找到大致上的錯誤位置，但是直譯器判斷的問題是缺少引號！看看下面的例子：

```
[root@rhel01 ~]# cat broke-cisco.yml
---
######## All Switches ########
- name: Configure Switches
  hosts: switch
  gather_facts: no
  tasks:

  - name: Create VLANs
    ios_vlan:
    vlan_id: "{{ item }}"
      name: "ANSIBLE-VLAN{{ item }}"
    loop:
```

```
      - 101
      - 102
      - 123
[root@rhel01 ~]# ansible-playbook broke-cisco.yml
ERROR! Syntax Error while loading YAML.
  did not find expected key

The error appears to be in '/root/broke-cisco.yml': line 11, column 7, but may
be elsewhere in the file depending on the exact syntax problem.

The offending line appears to be:

    vlan_id: "{{ item }}"
      name: "ANSIBLE-VLAN{{ item }}"
      ^ here
We could be wrong, but this one looks like it might be an issue with
missing quotes. Always quote template expression brackets when they
start a value. For instance:

    with_items:
      - {{ foo }}

Should be written as:

    with_items:
      - "{{ foo }}
```

雖然 CCNA 認證並不期待您是個 Ansible 運作的專家，但是因為 IaC 觀念對於業界很多人來說，都是全新的思考方式，所以如果您能夠觀察它的運行也是很好的。

下面是 Ansible 使用的一些名詞：

- **主機清單 (Inventory)**：定義 Ansible 知道的節點，並且將它們分組以便參考。主機清單也包含連線資訊與變數。
- **Playbook**：包含要執行的一組指令的檔案。
- **劇本：(Play)**：playbook 中可以包含多個劇本，讓 playbook 在不同段落中對不同節點設定組態。

- **變數 (Variable)**：playbook 中可以使用客製化的變數。
- **模板 (Template)**：您可以在 playbook 中使用 Python 的 Jinja2 模板—這在網路管理中非常有用。
- **任務 (Task)**：Playbook 執行的行動，例如在 Linux 上安裝 Apache。
- **Handler** 與任務非常相似，不過只有在特定事件，例如服務啟動時呼叫。
- **角色 (Role)**：讓您能夠將 playbook 分散在數個資料夾中，使得組態更為模組化、可擴充、並且具有彈性。
- **模組 (Module)**：內建在 Ansible，用來描述 Ansible 如何達成特定任務的檔案。您也可以撰寫自己的模組。Cisco 目前的 Ansible 版本有 69 個模組，涵蓋從 IOS 到它們的 UCS 伺服器平台。
- **事實 (Fact)**：關於系統大量資訊的全域變數，包含系統 IP 位址等重要統計。

23-5 Ansible Tower / AWX

如果需要更為集中式的管理和安全性控制，Ansible 還有兩種更聚焦在企業的解決方案。

- **Ansible Tower**：紅帽 (Red Hat) 的付費版本，在 Ansible 加入集中式管理，以改善安全性，因為您可以透過以角色為基礎的存取控制 (Role-Based Access Control，RBAC) 來控制誰能夠執行 playbook。Ansible Tower 也提供與其他工具的單點整合。如果想試用，紅帽也提供支援 10 台主機的免費版本。
- **AWX**：Ansible Tower 的上游開發版本；這有點像 Fedora 對上紅帽企業版 Linux。您可以免費使用，但是它的穩定度較差，因為這個版本可能會頻繁變動，並且測試得較少。請注意，它可用的支援也有限。

23-6 Puppet

在系統管理方面，Puppet 比 Ansible 更為普遍，因為它是以代理為基礎，並且提供更堅強的組態管理。但是因為 Putppet 通常要求代理，使得它只能在支援諸如 Cisco Nexus 的裝置上執行。這在 CCNA 認證中很重要：Cisco 會測試您是否知道 Puppet 通常要求代理，即使這項工具的較新版本現在已經支援無代理的組態設定了。

Puppet 是以 Ruby 為基礎的工具，並且在它的 manifest (譯註：manifest 原意是貨物或旅客清單) 檔案中使用自己的宣告語言。這些檔案就相當於 Ansible 的 playbook。下面是 Puppet 與其他兩項方案的比較：

優點：

- 透過相符性自動化及報告工具防止組態分歧；代理會持續與 Puppet 主服務器進行查核，以確定它能符合 manifest。
- 堅強的網站式 UI。
- 是個比 Ansible 更為成熟的解決方案。
- 設定簡單。

缺點：

- 要能善用 Puppet，必須學習 Ruby，而 Ruby 並不是網路社群的慣用語言。它比較是種特殊技能。
- 缺少推送 (push) 系統，所以只有在節點登錄的時候才會進行變更。
- 主伺服器－代理架構讓冗餘和擴充性變得更複雜。

安裝

Puppet 比 Ansible 複雜，而最重要的差異在於您必須使用中央伺服器讓 Puppet 代理註冊。

現在，我們將先從 Puppet 下載安裝資訊：

```
[root@rhel01 ~]# dnf install https://yum.puppetlabs.com/
puppet-release-el-8.noarch.rpm
Updating Subscription Management repositories.
```

接著使用套件管理來安裝伺服器：

```
[root@rhel01 ~]# dnf install puppetserver
Updating Subscription Management repositories
```

接著編輯 /etc/puppetlabs/puppet/puppet.conf 檔案進行基本的伺服器設定。

先新增段落 [main] 以及幾個欄位：

- **Certname**：伺服器要使用的憑證名稱。
- **Server**：Puppet 伺服器名稱；並不需要符合真正的伺服器 FQDN。
- **Environment**：Puppet 支援不同的開發環境；此處將使用 "Production"。
- **Runinterval**：指示 Puppet 代理登錄的頻率。

```
cat /etc/puppetlabs/puppet/puppet.conf
[master]
vardir = /opt/puppetlabs/server/data/puppetserver
logdir = /var/log/puppetlabs/puppetserver
rundir = /var/run/puppetlabs/puppetserver
pidfile = /var/run/puppetlabs/puppetserver/puppetserver.pid
codedir = /etc/puppetlabs/code
[main]
certname = rhel01.testlab.com
server = rhel01.testlab.com
environment = production
runinterval = 1h
```

現在我們要告訴 Puppet 憑證單位，自動通過來自 testlab.com 網域的節點請求：

```
[root@rhel01 ~]# cat /etc/puppetlabs/puppet/autosign.conf
*.testlab.com
```

最後，啟用伺服器上的服務並開始運行：

```
[root@rhel01 ~]# systemctl enable puppetserver
[root@rhel01 ~]# systemctl start puppetserver
```

設置實驗環境

在這個實驗中，我們將使用 Puppet 來設定搭配 Nexus 9000 交換器的 Cisco 資料中心網路。Puppet 需要代理來進行設定，所以我們需要支援它的平台。在開始之前不需要再特別設定 SSH，因為 Puppet 不需要透過 SSH 連上交換器。

但是我們要在 DC 交換器上設定 VLAN 10，建立介面主幹鏈路和幾個 SVI，指定它們的 IP 位址，然後設定 OSPF。圖 23.10 是我們 Puppet 實驗的網路拓樸。

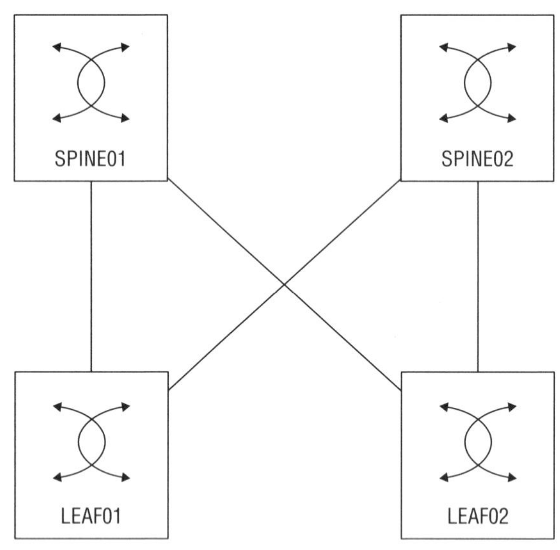

圖 23.10 Puppet 實驗

事實上，Puppet 的設定比 Ansible 複雜很多，並且需要更進階的 Linux 設定。此處的例子只是為了展示 Puppet 的運作方式。

站台 Manifest 檔案

現在我們有一台正在運行的伺服器，所以接著要處理 site.pp 這個 manifest 檔案。這是位於 "頂層/根" 的組態檔，用來決定要設定那些節點。您可以將站台 (site) 的 manifest 檔案想做是 Ansible 的主機清單檔，只不過它同時還扮演 playbook 的角色。

站台 manifest 通常是用來定義變數，之後，它會呼叫其他的 manifest 檔案來進行實際的組態設定。這有助於保持檔案的可讀性。下面是常用的欄位：

- **Node**：要實施組態的節點。
- **$last_octet**：用來建立 IP 位址的客製化變數。
- **$int1_intf**：定義要設定的介面的客製化變數。
- **$int2_intf**：定義要設定的介面的另一個客製化變數。
- **$vlan**：定義 VLAN 編號的客製化變數
- **Include**：讓您可以將組態放入其他 manifest，在需要時匯入，以保持 manifest 的簡潔。

在本例中，我們即將匯入的 manifest 檔是主組態所在的 dc_role.pp：

```
node 'spine01.testlab.com' {
   $last_octet="1"
   $int1_intf="Ethernet1/1"
   $int2_intf="Ethernet1/2"
   $vlan=10
   include dc_role::dc_config
}

node 'spine02.testlab.com' {

   $last_octet="2"
   $int1_intf="Ethernet1/1"
   $int2_intf="Ethernet1/2"
   $vlan=10
   include dc_role::dc_config
}
```

```
node 'leaf01.testlab.com' {

   $last_octet="3"
   $int1_intf="Ethernet1/1"
   $int2_intf="Ethernet1/2"
   $vlan=10
   include dc_role::dc_config
}

node 'leaf02.testlab.com' {

   $last_octet="4"
   $int1_intf="Ethernet1/1"
   $int2_intf="Ethernet1/2"
   $vlan=10
   include dc_role::dc_config
}
```

DC Manifest 檔案

dc_role.pp 檔案是定義 Nexus 組態的地方；這個檔案的基本邏輯是：

- **cisco_interface**：這項資源使用提供的變數來設定 Ethernet1/1 與 Ethernet1/2 為主幹埠，並加上描述說明。這項資源還使用 IP 位址與 loopback 介面來建立 SVI。
- **cisco_vlan**：這項資源是用來在所有交換器上建立 VLAN 10。
- **cisco_ospf**：這項資源開啟 Nexus 交換器上的 OSPF；在 Nexus 平台上，您在設定功能之前，必須先開啟它們。它也在組態中建立了 **router ospf 1**。
- **cisco_interface_ospf**：這項資源將 SVI 及 loopback 加入 OSPF 的區域 0。

```
class dc_role::dc_config {
  cisco_interface { $int1_intf:
      shutdown          => false,
      switchport_mode   => trunk,
      description       => 'Configured by Puppet!',
  }
  cisco_interface { $int2_intf:
      shutdown          => false,
      switchport_mode   => trunk,
```

```
    description      => 'Configured by Puppet!',
  }

  cisco_vlan { "${vlan}":
    ensure                   => present,
  }
  cisco_interface { "Vlan10":
    shutdown                 => false,
    ipv4_address             => "192.168.10.${last_octet}",
    ipv4_netmask_length  => 24,
    description              => 'Created by Puppet!',
  }
  cisco_interface { "Loopback0":
   ipv4_address              => "192.168.254.${last_octet}",
   ipv4_netmask_length       => 32,
  }
  cisco_ospf { "1":
    ensure => present,
  }
  cisco_interface_ospf { "Vlan10 1":
   area => 0,
  }
   cisco_interface_ospf { "Loopback0 1":
    area => 0,
   }}
```

安裝 Puppet 代理

我們使用 Guestshell 這個功能來安裝 Puppet 代理；這是 Centos 7 Linux 的內建容器，現在大多數 Cisco 平台上都有這個功能。我們為了 Puppet 使用它時，必須先調整容器的大小。這是透過 **guestshell resize** 與 **guestshell enable** 命令。

我們可以使用 **guestshell** 命令進入 Linux 環境：

```
SPINE02(config)# guestshell resize rootfs 1500
Note: Root filesystem will be resized on Guest shell enable
SPINE02(config)# guestshell resize memory 500
Note: System memory will be resized on Guest shell enable
SPINE02(config)# guestshell enable
SPINE02(config)# guestshell
```

現在我們已經進入 Centos。CCNA 認證不包括虛擬遶送和轉送，但它確實包含有多個獨立路徑表的裝置。在本例中，我將用 **chvrf management** 告訴 guestshell 使用管理路徑表。

我們還必須設定 DNS，以便下載套件。一旦上線之後，就可以使用 yum 下載 Puppet 代理並且進行安裝：

```
[admin@guestshell ~]$ sudo chvrf management
[root@guestshell admin]# echo "nameserver 10.20.2.10" >> /etc/
resolv.conf
[root@guestshell admin]# yum install http://yum.puppetlabs.com/
puppetlabs-release-pc1-el-7.noarch.rpm
Loaded plugins: fastestmirror
puppetlabs-release-pc1-el-7.noarch.rpm
[root@guestshell admin]# yum install puppet-agent
Loaded plugins: fastestmirror
```

Puppet 代理不會更新路徑變數，所以必須將 Puppet 的資料夾加入路徑。我們還必須在每台交換器使用 **gem** 這個 Ruby 套件管理員來安裝 **cisco_node_utils**：

```
[root@guestshell ~]# echo "export
PATH=/sbin:/bin:/usr/sbin:/usr/bin:/opt/puppetlabs/puppet/bin:/opt/
puppetlabs/puppet/lib:\
/opt/puppetlabs/puppet/bin:/opt/puppetlabs/puppet >> ~/.bashrc
[root@guestshell ~]# source ~/.bashrc
gem install cisco_node_utils
1 gem installed
```

接著要設定 Puppet 代理，讓它知道 Puppet 主伺服器的位置，以及要使用的憑證名稱。因為 Guestshell 未必會設定主機名稱，我們將使用 **certname** 欄位來做為該節點對 Puppet 主伺服器的身分識別。如果沒有這樣做，則代理啟動的時候會使用 FQDN：

```
[root@guestshell ~]# cat /etc/puppetlabs/puppet/puppet.conf
[main]
server = rhel01.testlab.com
certname = spine02.testlab.com
```

我們可以使用 **puppet agent -t** 命令來啟動代理，如果一切順利，應該會看到憑證順利建立。它還會拉出 manifest 檔案，並且開始執行它們：

```
[root@guestshell ~]# puppet agent -t
Info: Creating a new SSL key for spine02.testlab.com
Info: csr_attributes file loading from /etc/puppetlabs/puppet/csr_
attributes.yaml
Info: Creating a new SSL certificate request for spine02.testlab.com
Info: Certificate Request fingerprint (SHA256):
87:A0:6C:26:1B:E2:58:9E:8A:78:2A:25:75:C1:31:4E:EE:0A:93:EC:2C:76:
CD:2E:77:A0:E7:C2:57:5A:8C:81
Info: Caching certificate for spine02.testlab.com
Info: Caching certificate_revocation_list for ca
Info: Caching certificate for spine02.testlab.com
Info: Using configured environment 'production'
Info: Retrieving pluginfacts
Notice: /File[/opt/puppetlabs/puppet/cache/facts.d]/mode: mode
changed '0775' to '0755'
```

確認結果

一旦完成在拓樸中的每台交換器上的設定，就要確認實施的組態。下面的輸出顯示 SVI 與 loopback 已經建立，並且有了正確的 IP：

```
SPINE01(config)# show ip int br
IP Interface Status for VRF "default"(1)
Interface            IP Address      Interface Status
Vlan10               192.168.10.1    protocol-up/link-up/admin-up
Lo0                  192.168.254.1   protocol-up/link-up/admin-up
```

OSPF 也已經啟用並且運行，我們可以從其他所有交換器上看到 loopback：

```
SPINE01(config)# show ip route ospf
IP Route Table for VRF "default"
'*' denotes best ucast next-hop
'**' denotes best mcast next-hop
'[x/y]' denotes [preference/metric]
'%<string>' in via output denotes VRF <string>
```

```
192.168.254.2/32, ubest/mbest: 1/0
    *via 192.168.10.2, Vlan10, [110/41], 00:06:40, ospf-1, intra
192.168.254.3/32, ubest/mbest: 1/0
    *via 192.168.10.3, Vlan10, [110/41], 00:06:38, ospf-1, intra
192.168.254.4/32, ubest/mbest: 1/0
    *via 192.168.10.4, Vlan10, [110/41], 00:09:47, ospf-1, intra
```

下面是您應該熟悉的一些重要 Puppet 術語：

- **Puppet 主伺服器 (Master)**：主伺服器控制被管理節點的組態。
- **Puppet 代理節點 (Agent Node)**：由 Puppet 主伺服器控制的節點。
- **Manifest**：包含要執行指令的檔案。
- **資源 (Resource)**：宣告要執行的任務和執行方式。例如假設我們在 Linux 上安裝 apache，就可以宣告 Apache，並且確定它的狀態設定為 "已安裝"。
- **模組 (Module)**：一組經過良好組織的 manifest 和相關檔案，用來讓工作輕鬆些。
- **類別 (Class)**：您可以使用類別來組織 manifest 檔案，就像您可以使用 Python 等程式語言。
- **事實 (Fact)**：關於系統大量資訊的全域變數，包含系統 IP 位址等重要統計。
- **服務 (Service)**：用來控制節點上的服務。

Puppet 企業版

開源版本的 Puppet 可以免費在任何 Linux 上使用；另外還有一個進階版本稱為 Puppet 企業版 (Enterprise)。Puppet Enterprise 需要付費，但是它加入了網站介面，和更多的企業功能。如果您想要試用，Puppet 提供了支援 10 台主機的免費版本。

23-7 Chef

Chef (譯註：Chef 原意是大廚) 是討論到目前為止最複雜的組態管理工具，但是它跟 Puppet 一樣是以 Ruby 程式語言為基礎，並且使用代理來溝通。Chef 不同之處在於它是分散式架構，加上多了不少的功能，使得它成為開發人員的最愛。

Chef 跟 Puppet 一樣有中央伺服器，但是它還納入了工作站節點的概念。基本上，這也就是安裝了 Chef 工具的標準工作站。它背後的想法是要建立 Chef Cookbook (譯註：cookbook 原意是食譜書)，然後上傳到 Chef 伺服器的 Bookshelf (譯註：Bookshelf 原意是書架)，使得它們可以被所有的 Chef 節點使用。

工作站會建立稱為 chef-repo (repository 的縮寫，意思是儲藏庫) 的資料夾來儲存 Cookbook 和 recipe (譯註：recipe 原意是食譜)。Recipe 就像 Ansible 的 playbook，而 Cookbook 則是存放 recipe 的資料夾。就好像一本食譜書能教你做好幾道菜，Chef 的 Cookbook 則包含了要應用到伺服器節點的指示。Chef 工作站提供與 Chef 伺服器互動的工具，稱為 Knife (譯註：Knife 原意是刀)。

Chef 節點則是 Chef 透過代理所控制的電腦。它的上面要安裝兩個元件：Chef-Client 是註冊節點和執行所有工作的代理，而 Ohai 則是負責監看伺服器有沒有需要報告的組態變更。

關於 Chef 需要學習的很多，下面是它的元件的簡單摘要：

- **Cookbook**：包含一組要執行指令的檔案。
- **Recipe**：Cookbook 要執行的行動，例如在 Linux 安裝 Apache。
- **Chef 節點 (Node)**：Chef 管理的電腦。
- **Knife**：透過伺服器 API 管理 Chef 的命令列工具。

- **Chef 伺服器 (Server)**：管理所有節點和 Cookbook 的主伺服器。
- **Chef 管理 (Manage)**：Chef 伺服器的網站介面，用來通訊的 API。
- **工作站 (Workstation)**：執行組態相關任務的電腦。
- **Bookshelf**：儲存 Cookbook 內容的地方。

圖 23.11 是完整的 Chef 架構。

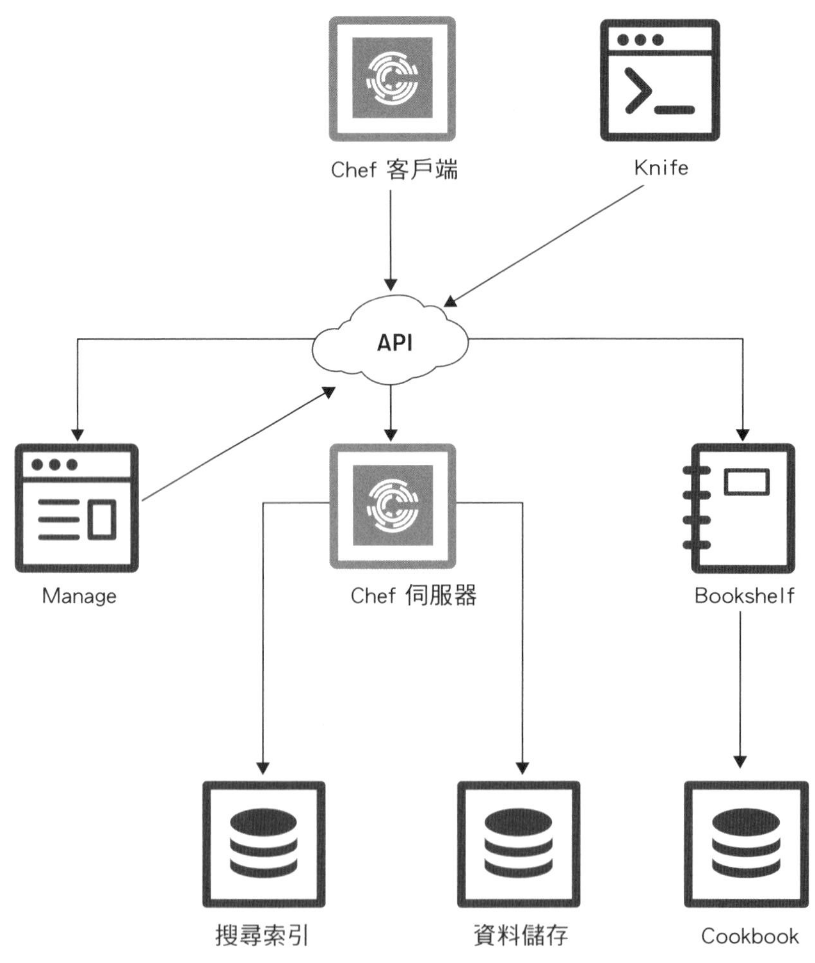

圖 23.11 Chef 架構

Chef 伺服器只有一個版本；這項開源碼工具可以在所有 Linux 上免費使用。Chef 工作站可以在 Windows 和 Linux 上執行。下面是 Chef 的優缺點：

優點：

- 在作業系統和中介軟體管理方面非常有彈性。
- 聚焦在開發人員。
- 架構適合大型的建置。
- 循序執行。
- 報表功能良好。
- 支援代管的雲端功能。

缺點：

- 學習曲線陡峭。
- 複雜的安裝與設定。
- 缺少推送系統，所以變更只會發生在節點登錄的時候。

安裝 — 伺服器

設定 Chef 伺服器的時候到了。如同 Puppet 範例一樣，它實際所需遠超過 CCNA 的認證範圍。

首先從 Chef 下載安裝檔：

```
[root@rhel02 ~]# wget https://packages.chef.io/files/current/
chef-server/13.0.40/el/8/chef-server-core-13.0.40-1.el7.x86_64.rpm
```

接著使用 **dnf localinstall** 命令進行安裝：

```
[root@rhel02 ~]# dnf localinstall chef-server-core-13.0.40-1.el7.x86_64.rpm
Updating Subscription Management repositories.
```


23

接著我們使用 **chef-server-ctl reconfigure** 命令來設定 Chef。它會要求接受授權：

```
[root@rhel01 ~]# chef-server-ctl reconfigure
+---------------------------------------------+
           Chef License Acceptance

Before you can continue, 3 product licenses
must be accepted. View the license at
https://www.chef.io/end-user-license-agreement/

Licenses that need accepting:
  * Chef Infra Server
  * Chef Infra Client
  * Chef InSpec

Do you accept the 3 product licenses (yes/no)?
> yes
Persisting 3 product licenses...
✓ 3 product licenses persisted.
```

我們需要同意 HTTP 與 HTTPS 交通通過主機防火牆：

```
[root@rhel01 ~]# firewall-cmd --permanent --add-service={http, https}
[root@rhel01 ~]# firewall-cmd --reload
success
```

現在來建立 Chef 的管理帳號，稱為 chefadmin。最簡單的方式是以變數形式來輸入使用者資訊與憑證路徑，然後在 **chef-server-ctl user-create** 命令中參考。

將憑證放入根目錄，以備稍後使用：

```
[root@rhel01 ~]# USERNAME="chefadmin"
[root@rhel01 ~]# FIRST_NAME="Todd"
[root@rhel01 ~]# LAST_NAME="Lammle"
[root@rhel01 ~]# EMAIL="todd@lammle.com"
[root@rhel01 ~]# KEY_PATH="/root/chefadmin.pem"
[root@rhel01 ~]# sudo chef-server-ctl user-create ${USERNAME} ${FIRST_
NAME} ${LAST_NAME} ${EMAIL} -f ${KEY_PATH} --prompt-for-password
```

接著使用短名稱與長名稱來建立組織。在此使用 testlab 作為短名稱，而 Testlab 為長名稱。我們還必須告訴 Chef 要從哪裡匯出組織驗證憑證—我同樣將它放在 /root：

```
[root@rhel01 ~]# chef-server-ctl org-create testlab 'Testlab' \
> --association_user chefadmin \
> --filename /root/testlab-validator.pem
```

安裝 — 工作站

現在伺服器已經啟用，接著將設定 Chef 工作站。同樣地先下載 RPM：

```
[root@rhel01 ~]# wget https://packages.chef.io/files/current/
chefworkstation/0.9.31/el/8/chef-workstation-0.9.31-1.el7.x86_64.rpm
```

接著使用 **yum localinstall** 命令來安裝：

```
[root@rhel01 ~]# yum localinstall -y chef-workstation-0.9.31-1.el7.x86_64.rpm
Updating Subscription Management repositories.
```

然後使用 **chef generate repo chef-repo** 命令設定要存放 cookbook 的 chef-repo。它會建立資料夾結構，而我們則在建立之後，**cd** 到這個位置：

```
[root@rhel01 ~]# chef generate repo chef-repo
Generating Chef Infra repo chef-repo
- Ensuring correct Chef Infra repo file content

Your new Chef Infra repo is ready! Type `cd chef-repo` to enter it.
[root@rhel01 ~]# cd chef-repo/
```


接著要建立 .chef 資料夾來儲存伺服器與組織憑證。我們可以使用 **scp** 將它們拷貝到資料夾中：

```
[root@rhel01 chef-repo]# mkdir .chef
[root@rhel01 chef-repo]# cd .chef/
[root@rhel01 .chef]# scp rhel02:chefadmin.pem .
root@rhel02's password:
```

```
chefadmin.pem
100% 1674 674.0KB/s 00:00
[root@rhel01 .chef]# scp rhel02:testlab-org.pem .
root@rhel02's password:
testlab-org.pem
```

當然，我們必須建立參考憑證的 **knife.rb** 檔案，並且將儲存庫指向 Chef 伺服器。檔案還會參考到 cookbook 儲存的位置：

```
[root@rhel01 .chef]#cat knife.rb
current_dir = File.dirname(__FILE__)
log_level :info
log_location STDOUT
node_name "chefadmin"
client_key "#{current_dir}/chefadmin.pem"
validation_client_name 'testlab-validator'
validation_key "#{current_dir}/testlab-org.pem"
chef_server_url "https://rhel02.testlab.com/organizations/testlab"
cookbook_path ["#{current_dir}/../cookbooks"]
```

這些完成之後，可以使用 **knife ssl fetch** 命令拉回 Chef 伺服器的憑證。最後，使用 **knife ssl fetch** 來檢查通訊是否運作：

```
[root@rhel01 .chef]# knife ssl fetch
WARNING: Certificates from rhel02.testlab.com will be fetched and placed in your
        trusted_cert directory (/root/chef-repo/.chef/trusted_certs).
        Knife has no means to verify these are the correct certificates. You should
        verify the authenticity of these certificates after downloading.
Adding certificate for rhel02_testlab_com in /root/chef-repo/.chef/
trusted_certs/rhel02_testlab_com.crt
[root@rhel01 .chef]# knife ssl check
Connecting to host rhel02.testlab.com:443
Successfully verified certificates from `rhel02.testlab.com'
```

設置實驗環境

接下來是 Chef 的實驗設置。我們將使用 Chef 來設定 Ubuntu 和 Fedora 伺服器。Chef 過去和 Puppet 一樣支援 Cisco Nexus，但是目前的 Chef 版本並沒有。

Chef 的基礎建設也比我們之前遇到得更為複雜，所以我們將在我的 RHEL01 主機上安裝 Chef 工作站，並且在 RHEL02 上安裝 Chef 伺服器。

我們這次的目標是要安裝 Apache，並且產生一個網站能顯示我們連到那些主機。圖 23.12 是我們的拓樸。

所以讓我們使用 **chef generate cookbook** 命令來建立 cookbook，命名為 **create-webpage**：

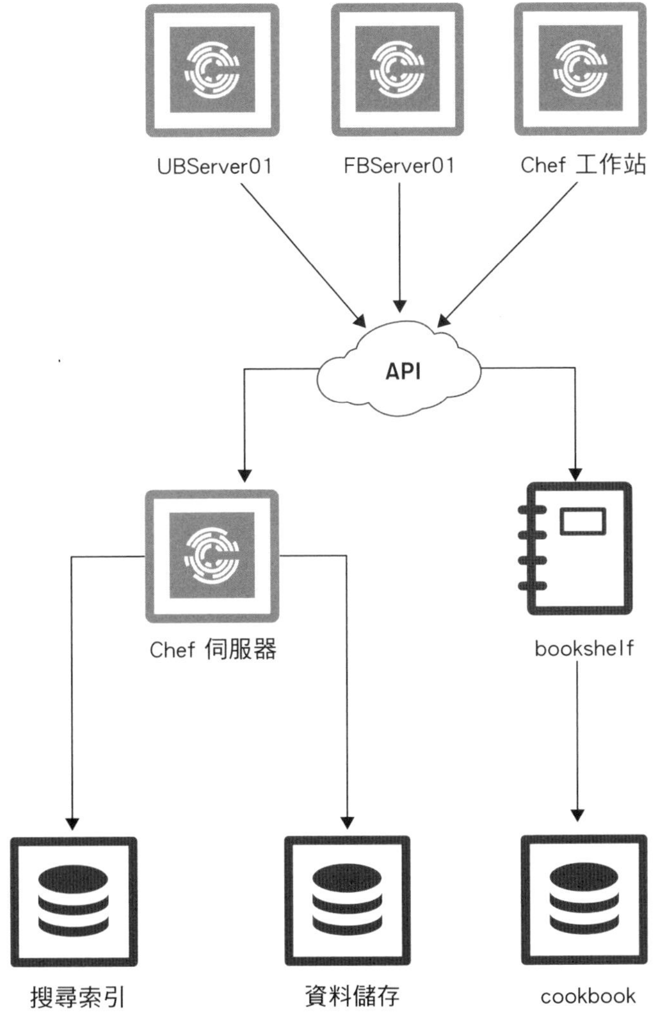

圖 23.12 Chef 實驗

```
[root@rhel01 .chef]# cd /root/chef-repo/
[root@rhel01 chef-repo]# chef generate cookbook cookbooks/create-webpage
```

要產生網頁內容，我們先使用 **chef generate template create-webpage** 來建立內嵌式 Ruby 模板 (Embedded Ruby Template, ERB)。

接著編輯 **index.html.erb** 檔案並且放入網站代碼。使用 **<%= node['fqdn'] %>** 來動態加入節點名稱。

```
[root@rhel01 cookbooks]# chef generate template create-webpage index.html
Recipe: code_generator::template
  * directory[./create-webpage/templates] action create
    - create new directory ./create-webpage/templates
    - restore selinux security context
  * template[./create-webpage/templates/index.html.erb] action create
    - create new file ./create-webpage/templates/index.html.erb
    - update content in file ./create-webpage/templates/index.html.
erb from none to e3b0c4
    (diff output suppressed by config)
    - restore selinux security context

[root@rhel01 cookbooks]# cat create-webpage/templates/index.html.erb
<html>
  <head><title>CCNA Fun!!!</title></head>
  <body>
      <h1>More Cisco!!!</>
      <h2>This node is: <%= node['fqdn'] %></h2>
  </body>
</html>
```

現在來建立 recipe，負責在執行 Linux OS 的節點上安裝 Apache：

```
root@rhel01 cookbooks]# cat create-webpage/recipes/default.rb
#
# Cookbook:: create-webpage
# Recipe:: default
#
# Copyright:: 2019, The Authors, All Rights Reserved.

#Install Web Server
```

```
package 'Install Web Server on Node' do
  case node[:platform]
  when 'redhat', 'fedora'
    package_name 'httpd'

  when 'ubuntu'
    package_name 'apache2'
  end
end


#Enable and Start the Web Service

service 'Enable and Start Web Service' do
  case node[:platform]
  when 'redhat', 'fedora'
    service_name 'httpd'
  when 'ubuntu'
    service_name 'apache2'
  end
  action [:enable, :start]
end

# Create Main Webpage

template '/var/www/html/index.html' do
  source 'index.html.erb'
  mode '0644'
  case node[:platform]
  when 'redhat','fedora'
    owner 'apache'
    group 'apache'
  when 'ubuntu'
    owner 'www-data'
    group 'www-data'
  end
end
```

我們可以編輯 **metadata.rb** 來提供關於 cookbook 更多的資訊：

```
[root@rhel01 cookbooks]# cat create-webpage/metadata.rb
name 'create-webpage'
maintainer 'The Authors'
maintainer_email 'you@example.com'
license 'All Rights Reserved'
description 'Installs/Configures create-webpage'
long_description 'Installs/Configures create-webpage'
version '0.1.0'
chef_version '>= 14.0'

# The `issues_url` points to the location where issues for this cookbook are
# tracked.  A `View Issues` link will be displayed on this cookbook's page when
# uploaded to a Supermarket.
#
# issues_url 'https://github.com/<insert_org_here>/create-webpage/issues'

# The `source_url` points to the development repository for this cookbook.  A
# `View Source` link will be displayed on this cookbook's page when uploaded to
# a Supermarket.
#
# source_url 'https://github.com/<insert_org_here>/create-webpage'
```

接著將 cookbook 上傳到伺服器 bookshelf 上，以便建置到伺服器上：

```
[root@rhel01 cookbooks]# knife cookbook upload create-webpage
Uploading create-webpage [0.1.0]
Uploaded 1 cookbook.
```

要將 cookbook 建置到節點上，要使用 **knife bootstrap** 命令用 SSH 連到主機，安裝代理，並且觸發建置動作。我們首先對 Ubuntu 主機進行：

```
[root@rhel01 ~]# knife bootstrap 10.30.10.150 --ssh-user the-packetthrower
--ssh-password cisco1234 --sudo --use-sudo-password cisco1234 \
> --node-name UBServer01.testlab.com -r 'recipe[create-webpage]'
Connecting to 10.30.10.150
The authenticity of host '10.30.10.150 ()' can't be established.
fingerprint is SHA256:VpH/gzMW9kFZ7NMiWMRgL/B4hukaLsFYdgZhobGlT60.
Are you sure you want to continue connecting
? (Y/N) y
```

接著是 Fedora 伺服器：

```
[root@rhel01 ~]# knife bootstrap 10.30.10.160 --ssh-user the-packetthrower
--ssh-password cisco1234 --sudo --use-sudo-password cisco1234 \
> --node-name UBServer01.testlab.com -r 'recipe[create-webpage]'
Connecting to 10.30.10.160
The authenticity of host '10.30.10.160 ()' can't be established.
fingerprint is SHA256:VpH/gzMW9kFZ7NMiWMRgL/B4hukaLsFYdgZhobGlT60.

Are you sure you want to continue connecting
? (Y/N) y
```

確認結果

要確認成果，首先透過瀏覽器連上頁面。可以看到節點名稱，和「More Cisco!!!」訊息，如圖 23.13。

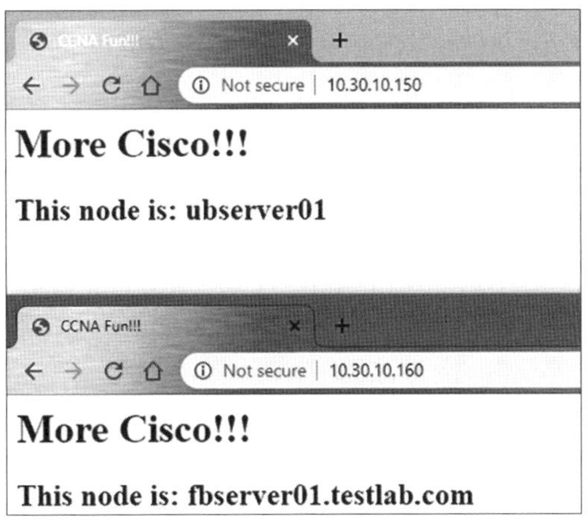

圖 23.13　確認 Chef

23-8 摘要

DevOp 與 IaC 逐漸成為控制網路和伺服器組態的重要方式。本章涵蓋 DevOp 與 IaC 的基本觀念,並展示 Ansible、Puppet 和 Chef 的運作方式,和各自的優缺點。接著,您應該玩玩實驗,逐漸熟悉它們在真實世界的使用方式。

23-9 考試重點

- **Ansible**:Ansible 是以 Python 為基礎的組態管理工具,使用 YAML playbook 來推送組態給節點。這個方案不需要代理,使用 SSH 來連結節點,所以提供對網路裝置的廣泛支援。因為 Ansible 沒有代理,所以只能推送組態給節點。
- **Puppet**:Puppet 是以 Ruby 為基礎的組態管理工具,使用客製化的 manifest 檔案來設定裝置。它需要在節點上安裝代理,所以對網路的支援較少。Puppet 也不支援對節點的推送。反之,組態會在代理登錄時被執行。Puppet 支援 Cisco 的網路裝置,可以在裝置上面安裝 Puppet 代理。
- **Chef**:Chef 是以 Ruby 為基礎的組態管理工具,使用 cookbook 來實施組態。Chef 是本章中最進階的解決方案,並且因為它更為結構化,而且強烈聚焦在開發人員,所以更適合程式人員使用。它也需要在節點安裝代理,以進行管理。Chef 無法推送組態。

23-10 習題

習題解答請參考附錄。

( ) 1. 下列哪種組態管理方案需要代理？(選擇兩項)

- **A.** Puppet
- **B.** Ansible
- **C.** Chef
- **D.** Cisco IOS

( ) 2. Ansible 中存放要實施在節點之組態的檔案為何？

- **A.** Cookbook
- **B.** Manifest
- **C.** Playbook
- **D.** 主機清單檔案 (inventory)

( ) 3. 下列何種組態管理解決方案最適合管理 Cisco 裝置？

- **A.** Puppet
- **B.** Ansible
- **C.** Chef
- **D.** Cisco IOS

( ) 4. Ansible 的 playbook 使用下列何種語言？

- **A.** JavaScript
- **B.** Python
- **C.** Ruby
- **D.** YAML

( ) 5. 下列哪個組態管理方案是使用 manifest 檔案？

A. Puppet

B. Ansible

C. Chef

D. Cisco IOS

( ) 6. 下列哪個組態管理方案最適合開發人員？

A. Ansible

B. Chef

C. Puppet

D. Cisco IOS

( ) 7. 下列哪個方案是使用主機清單檔案 inventory？

A. Puppet

B. Ansible

C. Chef

D. Cisco IOS

( ) 8. Puppet 是以下列何種語言為基礎？

A. JavaScript

B. Python

C. Ruby

D. TCL

(　　) 9. Ansible 使用下列何種連線方式？

A. Telnet

B. SSH

C. Powershell

D. Ping

(　　)10. 在 Chef 建置中，Knife 負責什麼工作？

A. 儲存 recipe 檔案

B. 它是主伺服器的名稱

C. 它是 Chef 的主機清單檔案

D. 它是管理 Chef 的 CLI 程式

(　　)11. 下列何者是 Chef 使用的元件？ (選擇三項)

A. Chef 伺服器

B. Chef 工作站

C. bookshelf

D. Cooktop

(　　)12. 下列哪個組態管理方案最適合系統管理人員？

A. Ansible

B. Puppet

C. Chef

D. Python

23

(　　)13. YAML 檔案不能包含下列何種字元？

A. 空白

B. TAB

C. 問號

D. 斜線

(　　)14. 下列何者可以用來執行 Ansible playbook？

A. Ansible-doc

B. Ansible-execute

C. Ansible-Playbook

D. Run-Playbook

(　　)15. 下列何者可以用來檢視 Ansible 的模組？

A. Ansible-doc

B. Ansible-execute

C. Ansible-Playbook

D. Run-Playbook

附錄

習題解答

第 1 章　網路基礎知識

1. A.　核心層應該愈快愈好，不要做任何會減緩交通的事情。包括確認不要使用存取清單，在虛擬區域網路間進行遶送，或是實作封包過濾。

2. C.　SOHO 代表的是小公司，家用辦公室，以及只有一位或少數幾位使用者的小型網路，連到 1 台交換器，加上 1 台路由器提供對網際網路的連線。

3. A, C.　存取層提供使用者，電話以及其他裝置來存取互聯網路。PoE 和交換器埠安全都在這裡實作。

4. C.　1000Base-ZX (Cisco 標準) 是 Gigabit 乙太網路通訊的 Cisco 專屬標準，1000Base-ZX 在一般的單模態光纖鏈路上運作可達 43.5 英里 (70 公里)。

5. D.　T3 又稱 DS3，由 28 個 DS1 或 672 個 DS0 組成在一起，頻寬是 44.736Mbps。

6. B.　沒有第二層封包這種東西，所以沒有任何設備可以為這種不存在的封包類型進行封包檢測。

7. C.　IEEE 替 PoE 制定了一個稱為 802.3af 的標準，而 PoE+ 的標準稱為 802.3at。

8. B.　2 層式設計是為了要為網路帶來最大化效能和使用者可用性，同時又能有設計上的可擴充性。

9. C.　IEEE 802.3an 委員會提出的 10Gbase-T 標準提供了在傳統 UTP 纜線 (類別 5、6、7 纜線) 上有 10Gbps 的線路。

10. A.　在 spine-leaf 設計中，人們稱這個為 ToR 設計，因為交換器實際上會放在機架頂端。

第 2 章　TCP/IP

1. C.　　藉由在伺服器送出 ping 得到的回應，或者在主機上利用無償式 ARP (arp 自己的 IP 位址，看有沒有其他主機回應)，以偵測是否有 DHCP 的衝突發生。如果偵測到這樣的衝突，伺服器就會扣留該位置，不讓它被使用，直到管理員加以修復。

2. B.　　SSH 協定會建置安全的會談，類似 Telnet 在標準 TCP/IP 上的連線，並且用來執行系統登入、在遠端系統執行程式和在系統間移動檔案之類的事情。

3. C.　　主機使用無償式 ARP 來協助避免可能重複的位址。DHCP 客戶端會使用新指派的位址，在 LAN 或 VLAN 上送出 ARP 廣播，看看是否有其他主機回應，以便在衝突發生之前就先解決這個問題。

4. A, B.　　想要傳送「尋找 DHCP」訊息以接收 IP 位址的客戶端要同時送出第 2 層與第 3 層的廣播。第 2 層廣播是 ff:ff:ff:ff:ff:ff，第 3 層廣播是 255.255.255.255，代表所有的網路與所有的主機。DHCP 是無連線式的，亦即它在傳輸層 (又稱主機對主機層) 使用 UDP。

5. B, D, E.　　SMTP、FTP 以及 HTTP 利用 TCP。

6. C.　　多點傳播位址的範圍始於 224.0.0.0，一直到 239.255.255.255。

7. C, E.　　A 級的私有位址範圍是 10.0.0.0 到 10.255.255.255，B 級的私有位址範圍是 172.16.0.0 到 172.31.255.255，C 級的私有位址範圍是 192.168.0.0 到 192.168.255.255。

8. B.　　TCP/IP 堆疊 (又稱為 **DoD 模型**) 的 4 層是：應用/處理層、主機對主機層、網際網路層、網路存取層。主機對主機層相當於 OSI 模型的傳輸層。

9. B, C.　ICMP 可用來診斷，以及傳送「目的地無法抵達」的訊息，而且 ICMP 負載都必須封裝在 IP 資料包內。因為它的用途是診斷，所以會提供網路問題的資訊給主機。

10. C.　B 級網路位址的範圍是 128-191，其二進位的範圍是 10xxxxxx。

第 3 章　子網路切割

1. D.　/27 (255.255.255.224) 是 3 個位元 On，5 個位元 Off，提供了 8 個子網路，每個子網路有 30 部主機。這種結果與遮罩是和哪一種級別 (A、B、C) 的位址配合有關嗎？一點都沒有。主機位元的數目並不會改變。

2. D.　240 遮罩有 4 個子網路位元，提供 16 個子網路，每個子網路有 14 部主機。我們需要更多的子網路，因此我們得增加子網路位元。多一個子網路位元的遮罩變成 248，提供 5 個子網路位元 (32 個子網路) 與 3 個主機位元 (每個子網路有 6 部主機)。這是最佳的答案。

3. C.　這題相當簡單。/28 是 255.255.255.240，這表示它第 4 個位元組的區塊大小為 16，所以子網路可能是 0，16，32，48，64，80 等。這部主機屬於 64 子網路。

4. F.　CIDR 位址 /19 相當於 255.255.224.0，這是一個 B 級網路，因此只有 3 個子網路位元，但有 13 個主機位元。或者相當於 8 個子網路，每個子網路各 8,190 部主機。

5. B, D.　遮罩為 255.255.254.0 (/23) 的 A 級位址表示有 15 個子網路位元，9 個主機位元。第 3 個位元組的區塊大小是 2 (256-254)，因此焦點位元組的子網路是 0，2，4，6……等，一直到 254。主機 10.16.3.65 屬於 2.0 子網路，而因為它的下個子網路是 4.0，所以它的廣播位址是 3.255。有效的主機位址則是 2.1 到 3.254。

6. D.　不論是哪一種級別的位址，/30 就表示第 4 個位元組是 252，所以區塊大小是 4，因此子網路是 0，4，8，12，16……等。顯然地，14 屬於 12 子網路。

7. D.　點對點的鏈路只使用 2 部主機，而 /30 或 255.255.255.252 遮罩的子網路就提供 2 部主機。

8. C.　/21 就是 255.255.248.0，這表示它第 3 個位元組的區塊大小是 8，因此我們只要用 8 來累加，直到通過 66 為止。題目中的子網路是 64.0，下個子網路是 72.0，所以 64 子網路的廣播位址是 71.255。

9. A.　不論是哪一種級別的位址，/29 (255.255.255.248) 只會有 3 個主機位元，因此該 LAN 可容納的主機數目最多只有 6 個 (包括路由器介面)。

10. C.　/29 就是 255.255.255.248，它第 4 個位元組的區塊大小是 8。它的子網路可能為 0，8，16，24，32，40……等。所以 192.168.19.24 就是 24 子網路，而因為下個子網路是 32，所以 24 子網路的廣播位址是 31。所以正確答案只有 192.168.19.26。

第 4 章　IP 位址的檢修

1. D.　點對點的 WAN 鏈路只用了 2 部主機，而/30 或 255.255.255.252 遮罩為每個子網路提供 2 部主機。

2. B.　當閘道不正確時，Host A 將不能與路由器或路由器以外溝通，但是仍舊可以在子網路內進行通訊。

3. A.　如果任何其他測試都失敗，則對遠端電腦執行 ping 也會失敗。

4. C.　如果 ping 本地主機的 IP 位址失敗，表示 NIC 不正常。

5. C, D.　如果 ping 本地主機的 IP 位址成功，則可以排除 NIC 不正常或 IP 堆疊失敗的狀況。

6. A.　如果可以用 IP 位址來 ping 某部電腦，卻不能用名稱來 ping 它，那最有可能出問題的網路服務為 DNS。

7. D.　**ping** 命令使用的協定為 ICMP。

8. B.　**traceroute** 命令會顯示到達目的網路的整個過程。

9. C.　**ping** 命令會測試對另一台工作站的連線。完整的命令如題目所示。

10. C.　在 PC 上使用 **ipconfig** 命令時，/all 選項可用來確認 DNS 的設定。

第 5 章　IP 遶送

1. C.　**show ip route** 命令用來顯示路由器的路徑表。

2. B.　在新的 IOS 15 中，Cisco 定義了區域路徑的一種路徑；使用 /32 前置位元來定義只有 1 個位址的路徑，也就是路由器的介面。

3. A, B.　雖然答案 D 似乎是對的，但其實不對。命令中的遮罩是用來當作遠端網路的遮罩，而不是來源網路。因為靜態路徑的結尾沒有數字，表示它要使用預設的管理性距離 1。

4. B.　動態學到的對應表示它是透過 ARP 學到的。

5. B.　混合式協定同時使用距離向量和鏈路狀態的特點，例如 EIGRP。雖然 Cisco 通常將 EIGRP 稱為是進階的距離向量遶送協定。

6. A.　因為每個中繼站的目的 MAC 位址都不相同，它必須一直改變。用來遶送的 IP 位址則不必。但不要被敘述問題的方式誤導。是的，我知道 MAC 位址並不在封包中。您必須詳讀整個問題才知道它們究竟在問什麼。

7. C.　這是大多數人看待路由器的方式，而且 Cisco 於 1990 年推出早期路由器且交通流量很慢的時候，它們的確是做這種簡單的封包交換，但今日的網路可不是如此！這個流程涉及檢視路徑表中的每個目的地，並且為每個封包找出離開的介面。

8. A, C.　S* 顯示這是預設路徑的候選者，並且是經由手動設定。

9. B.　RIP 的 AD 是 120，OSPF 的 AD 是 110，因此路由器會忽視 AD 比 110 大的路徑。

10. D.　遺失路徑的復原需要人工替換遺失的路徑。

第 6 章　開放式最短路徑優先協定 (OSPF)

1. A, C.　路由器上的 OSPF 程序 ID 只在本機有意義，您可以在每部路由器上都使用相同或不相同的號碼 —— 無關緊要。而號碼的範圍可以從 1 到 65,535。不要把這個號碼跟區域號碼混淆了，區域號碼的範圍從 0 到 42 億。

2. B.　路由器 ID (RID) 是用來辨識路由器的 IP 位址。它不必也不應該符合。

3. A.　網路管理員設錯了通配遮罩。這裡的通配遮罩應該是 0.0.0.255，或甚至是 0.255.255.255。

4. A.　狀態欄的減號代表沒有 DR 選舉，在序列連線之類點對點鏈路上並不需要。

5. D.　根據預設，OSPF 的管理性距離是 110。

6. A.　Hello 封包的位址是多點傳播位址 224.0.0.5。

7. A.　廣播網路使用 224.0.0.6 來抵達 DR 和 BDR。

8. D.　同一條鏈路上的兩部路由器的 hello 與 dead 計時器必須設一樣，否則就無法形成緊鄰關係。OSPF 預設的 hello 計時器是 10 秒，預設的 dead 計時器是 40 秒。

9. A.　OSPF 介面預設優先序為 1，而最高的介面優先序會決定子網路的委任路由器 (DR)。輸出顯示 ID 為 192.168.45.2 的路由器是該網段目前的備援委任路由器 (DBR)；這表示另一台路由器是 DR。因此，我們可以假設 DR 路由器的介面優先序會高於 2。(DR 路由器並沒有出現在這段輸出樣本中。)

10. A.　LSA 封包用來更新和維護拓樸資料庫。

第 7 章　第 2 層交換

1. A.　第 2 層交換器和橋接器比路由器快，因為它們不需要花時間檢查網路層的標頭資訊。它們會使用資料鏈結層的資訊。

2. A, D.　在輸出中可以看到該埠處於 **Secure-shutdown** 模式，並且有橘黃色的燈號。要再次開啟本埠，必須執行：

```
S3(config-if)#shutdown
S3(config-if)#no shutdown
```

3. B.　switchport port-security 會開啟埠安全性；這是其他命令運作的先決條件。

4. B.　閘道冗餘不是 STP 要處理的問題。

5. A, B.
   - **Protect**：這個保護模式在超過可允許 MAC 位址數量限制時，允許那些從已知 MAC 位址來的交通，繼續轉送它們，但同時會丟棄那些來源 MAC 位址未知的交通。設定成這種模式時，丟掉交通並不會有通知的動作。
   - **Restrict**：這個限制模式在超過可允許 MAC 位址數量限制時，允許那些從已知 MAC 位址來的交通，繼續轉送它們，但同時會丟棄那些來源 MAC 位址未知的交通。設定成這種模式時，丟掉交通時會記錄 syslog 訊息，傳送 SNMP trap，遞增違規計數器。
   - **Shutdown**：關機是預設的違反模式，會立即將介面變成錯誤關閉的狀態，整個埠就關閉了。同時傳送 SNMP trap。

6. B.　IP 位址是設定在邏輯介面上，稱為管理網域或 VLAN 1。

7. B.　**show port-security interface** 命令會顯示目前埠安全性和交換器埠的狀態。

8. B, D.　要限制對特定主機的連線，應該要將主機的 MAC 位址設定為該埠對應的靜態項目。雖然這台主機仍舊可以連到其他任意的埠，但在本例中，沒有其他可以連到 f0/3。根據預設，單一交換器埠可以學習的 MAC 位址數目是沒有限制的；不論它是設定為存取埠或主幹埠。交換器埠的安全性可以藉由定義可以連結的一或多個 MAC 位址，以及當其他主機嘗試連結時，違反政策的措施 (例如關閉該埠)。

9. D.　這個命令定義靜態的 MAC 位址 00c0.35F0.8301 做為可連結該交換器埠的主機。根據預設，單一交換器埠可以學習的 MAC 位址數目是沒有限制的；不論它是設定為存取埠或主幹埠。交換器埠的安全性可以藉由定義可以連結的一或多個 MAC 位址，以及當其他主機嘗試連結時，違反政策的措施 (例如關閉該埠)。

10. D.　您不應該讓該埠成為主幹。在本例中，這個交換埠是 VLAN 的成員之一。您可以在主幹埠設定埠安全性，不過，本題不適用。

第 8 章　虛擬區域網路 (VLAN) 與跨 VLAN 遶送

1. D.　下面是 VLAN 在簡化網路管理上的清單：

- 只要設定一個埠到適當的 VLAN 中，就可輕易地完成網路的新增、遷移與修改。
- 可將需要極高安全性的一組使用者放入同一個 VLAN，使得該 VLAN 以外的使用者無法與他們通訊。
- 可對使用者進行功能性的邏輯分組，這樣就可分開來看待 VLAN 與他們的實體或地理位置。
- VLAN 如果能正確實作，可以大大加強網路安全性。
- 藉由縮小 VLAN 的規模，就可增加廣播網域的數目。

2. B.　在其他案例中，存取埠可能是單一 VLAN 的成員，大多數交換器允許新增第二個 VLAN 到交換器存取埠以提供語音交通 —— 稱為語音 VLAN。語音 VLAN 通常也稱為輔助 VLAN，可以覆蓋在資料 VLAN 上方，透過相同埠來開啟兩種交通。

3. A.　是的，您必須在 VLAN 介面上執行 **no shutdown**。

4. C.　ISL 使用控制資訊來封裝訊框，802.1q 則會新增 802.1q 欄位和標籤控制資訊。

5. A.　在多層級交換器中，開啟 IP 遶送，並且使用 **interface vlan number** 命令為每個 VLAN 建立一個邏輯介面；您現在就是在交換器的基板上進行跨 VLAN 遶送！

6. A.　埠 Fa0/15 - 18 並沒有出現在任何 VLAN 上。它們是主幹埠。

7. C.　未加標訊框是原生 VLAN (預設為 VLAN 1) 的成員。

8. C.　VLAN 是第 2 層交換器上的廣播網域。您需要為每個 VLAN 切割個別的位址空間 (子網路)。有 4 個 VLAN，代表有 4 個廣播網域/子網路。

9. C.　當 VLAN 交通流經主幹鏈路時，會使用訊框加標。主幹鏈路傳送多個 VLAN 的訊框。因此，訊框標籤會用來識別不同 VLAN 的訊框。

10. B.　802.1q 使用原生 VLAN。

第 9 章　高等交換技術

1. B, D.　交換器並不是 VLAN1 的根橋接器，否則輸出中將會顯示。我們可以看到 VLAN 1 的根橋接器是在介面 G1/2，且成本為 4，表示它是直接相連。使用 **show cdp nei** 命令可以找到根橋接器。此外，該交換器是執行 RSTP (802.1d)，而不是 STP。

2. D.　選項 A 似乎是最佳的答案，如果沒有以 **primary** 和 **secondary** 命令來設定交換器，那麼設有優先序 4096 的交換器就會是 root。不過因為 primary 和 secondary 都會有優先序 16384，所以在這個例子中排行老三的交換器的優先序必須高於它。

3. A, D. 找出根橋接器非常重要，而 **show spanning-tree** 命令可以協助這項任務。要快速找出交換器是哪些 VLAN 的根橋接器，則可以使用 **show spanning-tree summary** 命令。

4. A. 802.1w 也就是所謂的 RSTP (快速擴展樹協定)。Cisco 交換器預設並不會開啟這個協定，但它的表現比 STP 好，因為它包含了 Cisco 對 802.1d 的所有修正。別忘了，Cisco 執行的是 RSTP PVST+，而不是 RSTP。

5. B. STP 是用來防止具有冗餘路徑的第 2 層交換式網路產生交換迴圈。

6. C. 收斂發生在橋接器和交換器的所有埠都轉換到轉送或凍結狀態的時候。在收斂完成前，不會有任何的資料轉送。在所有資料可以再次轉送之前，所有裝置都必須被更新。

7. C, E. EtherChannel 有兩種：Cisco 的 PAgP 和 IEEE 的 LACP。它們基本上相同，設定也只有少許差異。PAgP 要使用 **auto** 或 **desirable** 模式，而 LACP 則使用 **passive** 或 **active**。這些模式決定了使用的方法，並且在 EtherChannel 兩端要使用相同的組態。

8. A, B. RSTP 是用來協助傳統 STP 的收斂問題。如同 PVST+ 是以 802.1d 為基礎，Rapid PVST+ 則是以 802.1w 標準為基礎。Rapid PVST+ 運作就像在每個 VLAN 都有獨立的 802.1w 實例一樣。

9. D. BPDU Guard 使用在通訊埠設定了 PortFast，或是應該要用的情況下，因為如果該埠從其他交換器接收到 BPDU，則 BPDU Guard 會關閉該埠以阻止迴圈的發生。

10. C. 要讓 PVST+ 運作，要在 BPDU 中插入欄位來放置延伸的系統 ID，讓 PVST+ 可以在每個 STP 實例上設定根橋接器。延伸的系統 ID (VLAN ID) 是 12 位元長的欄位；我們可以從 **show spanning-tree** 命令的輸出中看到這個欄位的內容。

第 10 章　存取清單

1. D.　封包會跟存取清單逐行比對，直到找到符合的條件就會被執行，而不會再繼續進行任何比對。

2. C.　192.168.160.0 到 192.168.191.0 範圍的區塊大小是 32，網路位址是 192.168.160.0，而遮罩是 255.255.224.0。這對於存取清單而言，必須是 0.0.31.255 的通配遮罩格式。31 是針對 32 的區塊大小，通配遮罩總是區塊大小減 1。

3. C.　當您要將存取清單應用在路由器的介面時，名稱式存取清單的用法就只是取代所用的編號而已。所以正確答案是 **ip access-group Blocksales in**。

4. B.　清單必須指定 TCP 為傳輸層協定，並且使用正確的通配遮罩(本例為 0.0.0.255)，以及指定目的埠 (80)。此外，應該指定全體為允許進行這項存取的電腦集合。

5. A.　像這種問題首先要檢查存取清單編號，馬上您就會發現第 2 個答案是錯的，因為它使用標準式存取清單的編號。第 2 個要檢查的是協定，如果要過濾上層協定，必須設定 UDP 或 TCP，這剔除了第 4 個答案。第 2 與最後一個答案的語法不對。

6. C.　只有 **show ip interface** 命令會告訴您存取清單已經應用於哪些介面埠。**show access-lists** 並不會告訴您存取清單已經應用在哪個介面上。

7. C.　延伸式存取清單的編號範圍是 100-199 與 2000-2699，所以 100 是有效的存取清單編號。telnet 使用 TCP，所以協定 TCP 是有效的。現在，您只需要檢查來源與目的位址。只有第 3 個答案的參數順序是正確的。答案 B 可能可以，但問題特別指出只限制通往 192.168.10.0 網路，所以答案 B 的通配遮罩範圍太廣了。

8. E.　延伸式 IP 存取清單使用 100-199 與 2000-2699 的編號，而且根據來源與目的 IP 位址、協定號碼與埠號來過濾。最後一個答案是正確的，因為第 2 列指定 **permits ip any any** (答案中的 0.0.0.0 255.255.255.255 與 any 是一樣的)。其他答案沒有這一列，所以會拒絕存取，但也不許可其他的交通。

9. D. 首先，您必須知道 /20 就是 255.255.240.0，它的第三個位元組的區塊大小是 16。以 16 來遞增，可推算出第 3 位元組的子網路號碼是 48，而第 3 位元組的通配遮罩是 15，因為通配遮罩一定是區塊大小減 1。

10. B. 要找到遮罩的通配 (反向) 版本，只需要將 0 和 1 位元做反向：11111111.11111111.11111111.11100000 (27 個位元的 1；/27) 00000000.00000000.00000000.00011111 (通配/反向遮罩)。其實答案就是區塊大小減一，因為 /27 的區塊大小是 32，所以答案就是第四個位元組為 31。

第 11 章　網路位址轉換 (NAT)

1. A, C, E. NAT 並不完美，而且可能在某些網路上造成一些問題，但是在大多數網路上的表現還不錯。NAT 可能會造成延遲與故障檢修的困擾，而且有些應用就是無法運作。

2. B, D, F. NAT 並不完美，但還是有其優點。它可以節省全域位址，讓我們加入數百萬台主機到網際網路上而不需要「真實的」IP 位址；這提供了企業網路的彈性。NAT 也可以讓您在同一個網路上多次使用相同的子網路而不會造成網路的重疊。

3. C. **debug ip nat** 命令會即時顯示路由器上發生的轉換。

4. A. **show ip nat translations** 命令會顯示所有作用中 NAT 項目的轉換表。

5. D. **clear ip nat translations *** 命令會清除轉換表格中所有作用中的 NAT。

6. B.　**show ip nat statistics** 命令會顯示 NAT 組態的摘要，以及作用中的轉換類型數目、現有對應的擊中次數、遺漏次數和逾期的轉換記錄。

7. B.　**ip nat pool** 名稱命令會建立儲備池，以供主機用來連到全域網際網路。B 是正確答案的原因在於它的範圍是 171.16.10.65 到 171.16.10.94，包括了 30 台主機，但相對的遮罩也必須是 30 台主機，而它的遮罩正是 255.255.255.224。答案 C 錯誤的原因是儲備池的名稱中包含了小寫的 t。儲備池名稱是有區分大小寫的。

8. A, C, E.　您可以在 Cisco 路由器上以三種方式來設定 NAT，包括靜態、動態與 NAT 超載 (PAT)。

9. B.　除了 **netmask** 命令，您也可以使用 **prefix-length** 長度敘述。

10. C.　為了讓 NAT 提供轉換服務，您必須在路由器介面上設定 **ip nat inside** 與 **ip nat outside**。

第 12 章　IP 服務

1. B.　你可以使用編號或名稱，直接在 SNMP 的組態設定中輸入 ACL，以提供安全性。

2. A, D.　路由器上唯讀的社群字串不能變更，不過 SNMPv2 可以用 GETBULK 一次產生並傳回多個請求。

3. C, D.　SNMPv2 新增 GETBULK 和 INFORM SNMP 訊息，但安全性和 SNMPv1 一樣。SNMPv3 使用 TCP，並提供加密和認證。

4. C.　這個命令可以執行在路由器及交換器上，並且會顯示連到該裝置之每台裝置的詳細資訊，包括 IP 位址。

5. C.　埠 ID 欄位描述連線遠方裝置端的介面。

6. B.　syslog 等級從 0 到 7，如果你在整體設定模式使用 **logging ip_address** 命令，第 7 級 (稱為 Debugging 或 local7) 是預設的。

7. D.　Cisco IOS 設備會使用 local7 當作預設。不過大部分的 Cisco 裝置都提供選項讓你改變 syslog 的等級。

8. C, D, F.　相對於 SNMP Trap 訊息，Cisco IOS 提供更多可用的 syslog 訊息。syslog 是一種從設備收集訊息到執行 syslog 服務伺服器的方法。記錄到中央的 syslog 伺服器有助於存錄和告警的整合。

9. D.　要開啟裝置成為 NTP 客戶端，要在整體組態模式使用 **ntp server IP_address version number** 命令。如果您的 NTP 伺服器有在運作，這樣就可以了。

10. B, D, F.　如果你用 **logging trap level** 命令來設定等級，該等級和所有該等級以上的都會記錄下來。例如，假設你使用 **logging trap 3** 命令，則緊急 (emergency)、警報 (alert)、危急 (critical) 和錯誤 (error) 訊息都會被記錄下來。

11. C, D.　要在路由器上設定 SSH，需要設定 username、ip domain-name、login local、在 VTY 線路之下的 transport input ssh、以及 **crypto key** 命令。SSH version 2 命令可有可無，不過建議您使用它。

第 13 章　安全性

1. D.　在路由器或交換器上使用 AAA 命令，要使用 **aaa new-model** 整體設定命令。

2. A, C.　若要降低存取層的安全威脅，可使用埠安全性、DHCP 調查、動態 ARP 檢查以及身分識別式網路。

3. C, D.　DHCP 調查會認證 DHCP 訊息的合法性。建立和維護 DHCP 調查繫結資料庫，限制信任和未受信任來源之 DHCP 交通速率。

4. A, D.　TACACS+ 使用 TCP，是 Cisco 專屬協定。提供多重協定支援和各自分開的 AAA 服務。

5. B.　不像 TACACS+ 那樣，設定 RADIUS 時不能獨立出各個 AAA 服務。

6. D.　正確答案是 D。採用您新建立的 RADIUS 群組，用它來做認證，並且記得在尾端要使用 local 關鍵字。

7. B.　DAI 搭配 DHCP 調查，會從 DHCP 交易中追蹤 IP 對 MAC 的繫結，以防護 ARP 毒害攻擊。它需要 DHCP 調查來建立 DAI 驗證所需的 MAC 對 IP 繫結關係。

8. A, D, E.　在有線和無線主機上使用主從式存取控制來實作身分識別式網路，包含 3 種角色：客戶端，也稱為請求者 (supplicant)；是執行在客戶端的軟體，必須符合 802.1x。認證器 (authenticator)，通常是交換器；控制對網路的實體存取，並且扮演客戶端和認證伺服器間的代理。認證伺服器 (RADIUS)，在客戶端存取任何服務之前，進行認證的伺服器。

9. B.　MFA、生物辨識技術、憑證等都是密碼的替代方式。

10. A.　受安全政策支持的安全計畫是時時刻刻維護安全的最佳方式之一，這計畫應該包括許多元素，其中三個關鍵是：使用者安全意識、教育訓練、實體安全性。

11. C, E, F.　IP 堆疊有許多問題，特別是微軟的產品。會談重送是 TCP 的弱點。Cisco 將 SNMP 和 SMTP 列為 TCP/IP 堆疊中天生的不安全協定。

12. B.　TCP 攔截功能實作了程式軟體，用來保護 TCP 伺服器不受 TCP SYN 洪泛的攻擊，這是一種 DOS 攻擊。

13. B, E, G.　利用 Cisco 鎖與金鑰，以及 CHAP 和 TACAS，你可以建立更安全的網路，阻止未經授權的存取。

14. C.　網路窺探和封包監聽是最常見的竊聽術語。

15. C.　一旦你了解偽裝的方式，IP 偽裝是很容易防止的。當位於您網路外部的攻擊者藉由利用您內部網路所屬的 IP 位址，偽裝自己來自被信任主機，IP 偽裝攻擊就是這樣發生的。攻擊者想要偷一個來自受信任來源的 IP 位址，以便利用它來存取網路資源。

第 14 章　第一中繼站冗餘協定 (FHRP)

1. C.　100。在路由器上設定一個比預設高的數字，就可以讓它成為作用中的路由器。而設定為先佔則是確保如果作用中的路由器當掉又恢復時，它就能夠再度成為作用中的路由器。

2. C, D.　FHRP 的概念是要為預設閘道提供冗餘性。

3. A, B.　路由器介面可以處於 HSRP 的許多狀態。而 Established 和 Idle 並非 HSRP 的狀態。

4. A.　只有 A 選項有正確的順序來啟動介面上的 HSRP。

5. D.　這是筆者在工作面試時常用的問題。處理 HSRP 時 show standby 命令很好用。

6. D.　讓優先序停留在預設的 100 沒甚麼問題，先啟動的路由器就會成為作用的路由器。

7. C.　版本 1 的 HSRP 訊息是透過 224.0.0.2 的多點傳播位址與 UDP 1985 號傳送，而版本 2 的 HSRP 訊息則是透過 224.0.0.102 的多點傳播位址與 UDP 1985 號傳送。

8. B, C.　如果 HSRP1 設定成先佔，它就會因為有較高的優先序而成為作用的路由器。否則 HSRP2 仍會繼續擔任作用的路由器。

9. C.　版本 1 的 HSRP 訊息是透過 224.0.0.2 的多點傳播位址與 UDP 1985 號傳送，而版本 2 的 HSRP 訊息則是透過 224.0.0.102 的多點傳播位址與 UDP 1985 號傳送。

第 15 章　虛擬私密網路 (VPN)

1. A, D.　GRE 隧道有以下的特徵：使用 GRE 標頭的協定型態欄位，所以任何 OSI 第三層協定都可封裝在隧道中。GRE 本身是無狀態式的，沒有流量控制機制，也不提供安全性。會在隧道封包中額外增加至少 24 個位元組。

2. C. 如果您在設定 GRE 隧道時反覆出現這樣的錯誤訊息，表示您使用的是隧道介面的位址，而不是隧道目的位址。

3. D. **show running-config interface tunnel 0** 命令顯示介面的組態設定，而不是隧道的狀態。

4. C. **show interfaces tunnel 0** 命令會顯示組態設定、介面狀態和隧道的來源及目的 IP 位址。

5. B. 所有瀏覽器都支援 SSL，而 SSL VPN 也稱為 Web VPN。遠端用戶可以使用瀏覽器建立加密連線，而不需要安裝任何軟體。GRE 不會將資料加密。

6. A, C, E. 藉由先進的加密和認證協定，VPN 可以提供非常良好的安全性，協助保護網路不受到未經授權的存取。相對於傳統點對點專線。藉由將企業遠端辦公室連到最近的網際網路供應商，然後使用加密及認證建立 VPN 隧道，可以節省相當龐大的成本。VPN 的擴充性極佳，可以快速啟用新的辦事處，或是讓行動用戶在旅程中或從家中，安全地連線。VPN 與寬頻技術的相容性極高。

7. A, D. 已經有第 2 層網路的網際網路供應商可以選擇第 2 層 VPN，不必非得使用另一種常見的第 3 層 MPLS VPN。VPLS 和 VPWS 是兩種提供第二層 MPLS VPN 的技術。

8. D. IPSec 是協定與演算法的產業標準，讓我們可以在以 IP 為基礎的網路上進行安全的資料傳輸，並且在 OSI 模型的第 3 層，也就是網路層運作。

9. C. VPN 建立跨網際網路的私密網路，提供隱私，而且能嵌入非 TCP/IP 協定。VPN 可以建置在任何一種鏈路上。

10. B, C. 第二層 MPLS VPN 和另一種更為普遍的第三層 MPLS VPN，是兩種服務供應商管理並提供給客戶的 VPN 服務

第 16 章　服務品質 (QoS)

1. B.　封包在抵達時被丟棄稱為**尾部丟棄**。在時間佇列填滿之前，就選擇性地丟棄封包，稱為**壅塞避免** (Congestion Avodiance CA)。Cisco 使用 WRED 當作一種 CA 的機制，它會監視緩衝區的深度，當深度超過最小定義之佇列臨界值時，就會在早期丟棄隨機的封包。

2. B, D, E.　語音交通是具有不變動與可預測的頻寬，以及封包抵達時間已知的即時性交通。單向的需求包括：延遲少於 150ms、波動少於 30ms、封包遺失率少於 1%，且頻寬需求從 30 至 128Kb。

3. C.　信任邊界是封包被分類和標記的地方。例如 IP 電話、ISP 與企業網路之間的邊界，都是常見的信任邊界。

4. A.　NBAR 提供第 4 到 7 層的深度封包檢查，不過它比使用既有標記、位址或 ACL 需要更高的 CPU 運算。

5. C.　DSCP 是一組 6 位元的值，用來描述第三層 IPv4 ToS 欄位的意義。過去標記 ToS 是利用 IP 的優先序，新的方式則是利用 DSCP。DSCP 具有對 IP 優先序的向後相容性。

6. D.　CoS 是用來描述訊框或封包標頭中特定欄位的術語。設備對待網路封包的方式取決於這個欄位的值。CoS 通常用在乙太網路訊框中，含有 3 個位元。

7. C.　當交通超過所配置的速率時，管制器可以採取 2 種措施：丟棄封包，或者重新將它標記為另一種服務等級。新的等級通常會有較高的丟棄率。

第 17 章　網際網路協定第 6 版 (IPv6)

1. D.　修訂的 EUI-64 格式的介面識別碼衍生自 48 位元的鏈結層 (MAC) 位址，方式是在鏈結層位址之較高的 3 個位元組(OUI 欄位) 和較低的 3 個位元組 (序號) 之間插入 16 進位數字 FFFE。

2. D.　IPv6 位址以 8 組數字來表示，每一組有 4 個 16 進位數字，表示 16 個位元 (2 個位元組)。每組由冒號隔開。A 選項有 2 個雙冒號，B 選項沒有 8 個欄位，C 選項含無效的 16 進位字元。

3. A, B, C.　只要你將錯誤的選項挑掉，那這題答案就呼之欲出了。首先，loopback 只有 ::1，所以 D 是錯的。鏈路本地是 FE80::/10，不是 /8，而且 IPv6 沒有廣播。

4. A, C, D.　轉移的方法有：隧道、轉換、雙堆疊。隧道將一個協定包在另一個協定之內，轉換則只是將 IPv6 封包轉換成 IPv4 封包。雙堆疊結合原生的 IPv4 和 IPv6，雙堆疊的設備能同時執行 IPv4 和 IPv6，如果某個通訊用 IPv6 可行，就優先採用。主機可同時觸及 IPv4 和 IPv6 的內容。

5. A, B.　ICMPv6 路由器通告使用類型 134，長度至少要有 64 位元。

6. B, E, F.　任意點傳播可識別多個介面，就像多點傳播一樣；不過，兩者的最大差異是任意點傳播的封包只會遞送給一個位址，也就是根據遶送距離定義所找到的第一個位址。這個位址也可以被稱為「一對多個其中之一」或「一對最近一個」。

7. C.　IPv4 的 loopback 位址為 127.0.0.1，IPv6 則是 ::1。

8. B, C, E.　IPv6 有個重要的功能就是隨插即用。它讓網路設備可以獨立地設定自己，不必人員干預就能將一個節點插入 IPv6 網路中。IPv6 沒有實作傳統的 IP 廣播。

9. A, D.　loopback 位址是 ::1。鏈路本地位址從 FE80::/10 開始。網點本地 (site-local) 位址從 FEC0::/10 開始。全域位址從 200::/3 開始。多點傳播位址從 FF00::/8 開始。

10. C.　路由器召喚是使用所有路由器的多點傳播位址 FF02::2 來傳送。路由器可以使用 FF02::1 多點傳播位址傳送路由器通告給所有主機。

第 18 章　IP、IPv6 和 VLAN 的故障檢測

1. D.　收到正向資訊，能夠確認通往鄰居的路徑有正確運作。REACH 良好！

2. B.　介面錯誤的最常見原因是乙太網路鏈路兩端的雙工模式不符。如果它們的雙工設定不一致，就會收到大量的錯誤，導致效能緩慢、間歇性斷線和大量的碰撞，甚至完全無法傳輸。

3. D.　您可以使用 **sh dtp interface interface** 命令來確認介面的 DTP 狀態。

4. A.　介面沒有產生 DTP 訊框。只有在鄰居介面手動設定為骨幹或存取時，才能使用協商。

5. D.　**show ipv6 neighbors** 提供路由器上的 ARP 快取。

6. B.　當介面沒有在鄰居可抵達時間內溝通時，它的狀態為 **STALE**。當鄰居下一次進行溝通時，它的狀態會回復為 **REACH**。

7. B.　它沒有 IPv6 的預設閘道；這是傳送給主機的路由器通告中的介面鏈路本地位址。當主機收到路由器位址後，主機在區域子網路上將只會使用 IPv6。

8. D.　該主機是使用 IPv4 在網路上溝通；因為沒有 IPv6 全域位址，主機就只能使用 IPv4 和遠端網路溝通。IPv4 位址和預設閘道沒有設定在相同的子網路。

9. B, C.　**show interface trunk** 和 **show interface interface switchport** 會顯示通訊埠的統計值，包括原生 VLAN 資訊。

10. A.　大多數 Cisco 交換器出廠時都預設通訊埠模式為 **auto**；這表示當它連到 **on** 或 **desirable** 的通訊埠時，就會自動成為主幹。請記住不是所有交換器出廠的模式都是 **auto**，但是許多都是，如果要在交換器間行成主幹，必須在某一端設定為 **on** 或 **desirable**。

11. B.　Mac 是以 Unix 為基礎，用 ifconfig 來顯示 IP 位址資訊。

第 19 章 無線技術

1. B. WPA3 企業版使用 GCMP-256 加密，WPA2 使用 AES-CCMP 加密，WPA 使用 TKIP 加密。

2. C. IEEE 802.11b 和 IEEE 802.11g 標準都使用 2.4GHz 的 RF 範圍。

3. D. IEEE 802.11a 標準使用 5GHz 的 RF 範圍。

4. C. IEEE 802.11b 和 IEEE 802.11g 標準都使用 2.4GHz 的 RF 範圍。

5. C. 簡易的 WLAN 安裝是至少要在 AP 上設定 SSID 參數。雖然您也應該要設定頻道和認證方式。

6. A. WPA3 企業版使用 GCMP-256 加密，WPA2 使用 AES-CCMP 加密，WPA 使用 TKIP 加密。

7. A. 802.11b 提供 3 個非重疊頻道。

8. C. WPA3 內建有對字典式攻擊的防護。這種攻擊會使用字典檔案，不斷嘗試大量的密碼來找出正確的網路密碼，但不會有更進一步的網路互動。

9. D. 802.11a 標準的最大資料速率是 54Mbp。

10. D. 802.11g 標準的最大資料速率是 54Mbps。

11. B. 802.11b 標準的最大資料速率是 11Mbps。

12. C. 802.11 的開放式認證已經被 OWE 改良取代，這是一種改良，而非必要的認證設定。

13. D. 雖然這題有點不明確，唯一個可能的答案是 D。如果 SSID 沒有被廣播 (本題我們必須如此假定)，那麼客戶端就得設定正確的 SSID 才能和 AP 連結。

14. B, E.　WPA 使用 TKIP，包括了廣播金鑰輪替 (會更動的動態金鑰) 和訊框排序。

15. A, D.　WEP 和 TKIP (WPA) 使用 RC4 加密演算法。如果可能的話，建議您使用 WPA2 (它使用 AES 加密) 或 WPA3。

16. C.　兩台無線主機以無線的方式直接相連，就像兩台主機以交叉式纜線相連一樣，他們都是 Ad hoc 網路，只不過是以無線的方式，我們稱之為 IBSS。

17. A, C.　WPA 雖然和 WEP 一樣都使用相同的 RC4 加密，但它利用會不斷變動的動態金鑰，以及提供 PSK 認證，增強了 WPA 的功能。

18. B.　建立 ESS 時，每個 AP 的無線 BSA 間至少要重疊 20%，讓涵蓋範圍之間不會有空隙，這樣用戶在 AP 之間漫遊時才不會斷線。

19. A.　延伸服務集 ID 代表您有一個以上的 AP，它們有相同的 SSID，以相同的 VLAN 或分送系統連在一起，使用者可以在它們之間漫遊。

20. A, B, D.　設定無線 AP 的 3 項基本參數是 SSID、RF 頻道、認證方法。

第 20 章　設定無線技術

1. B,　Windows 10 的命令列使用 ipconfig 命令來顯示 IP 資訊。Get-NetIPAddress 是 PowerShell 命令，不能在命令列下使用。

2. A, C, D.　SP 需要遵循三件事：

   (1) 交換埠必須是存取埠，因為不支援 VLAN 加標。

   (2) 必須將通達網路的靜態路徑新增到所管理的 WLC 上。

   (3) 服務埠介面必須連上交換器。

3. E.　要使用 DNS 方法，必須為 CISCO-CAPWAP-CONTROLLER 建立 DNS A 記錄，指向 WLC 管理 IP。

4. D.　WLAN 預設是使用白銀級佇列。這相當於是沒有使用 QoS。

5. A.　WLC 的黃金級佇列又稱為視訊佇列。

6. C.　最佳的解決方式就是運用介面群組來擴展可用的 IP 位址數量。建立新的 WLAN 對員工而言會是個負擔，而且會讓他們混淆。增加更多的 AP 也不能解決問題，因為我們需要更多的 IP 位址。會談逾時並不會釋放 IP 位址。

7. B, C, E.　在 WLC 啟用 LAG 有很大的限制：所有介面都必須是群組的一部份；因為不支援 LACP 或 PAGP，所以要使用 **channel-group # mode on**；WLC 必須重啟才啟用 LAG。

8. B, C, D.　自主式 AP 較輕量型模型不好用，因為它們必須獨立管理，這也意味著安全政策必須要手動調整。因為沒有中央控制器，在制定決策時，自主式 AP 不能看到無線網路的完整圖像。也因為沒有控制器可用隧道抵達，所以也不支援 CAPWAP。

9. B.　TACACS+ 比較適合用來作裝置的行政管理，所以可用來控制管理用戶存取 WLC。

10. E.　TACACS+ 用 TCP 49 埠來進行所有的動作。

11. C.　RADIUS 伺服器用 UDP 1812 來進行認證。

12. A.　早期 RADIUS 伺服器用 UDP 1645 來進行認證。

13. B.　虛擬介面是要用來將客戶端重新導向到 WLC。

14. D.　建議使用的 IP 位址以前是 1.1.1.1，但現在是 192.0.2.1。

15. B.　Mac 是以 Unix 為基礎，用 ifconfig 來顯示 IP 位址資訊。

16. B.　WLC 預設會關閉 Telnet，而且不建議啟用。

17. C.　動態介面類似 Cisco 交換器上的 SVC 介面，因為它是終止 VLAN 的虛擬介面。

18. B.　因為它是單一控制器，其 16 進位值是 F102，而 192.168.123.100 轉換成 A87B64。

19. A.　AP 預設使用本地模式。這會使用 CAPWAP 以隧道傳遞交通到控制器。

20. A, C.　本地和 FlexConnect 這兩種 AP 模式服務無線交通。

第 21 章　虛擬化、自動化、可程式化

1. E.　如果找不到資源，應該會收到下列的 HTTP 狀態碼是 404。

2. B.　VMware Workstation 是 Type-2 解決方案。

3. A, C, E.　JSON 檔案必須使用雙引號，布林值必須小寫，最後結尾不允許逗號。

4. E.　Hyper-V 是微軟的虛擬產品。

5. C.　REST 代表 Representational State Transfer。

6. A.　URI 的資源段會指到該特定路徑。

7. B.　廠商的虛擬網路裝置是一種虛擬設備。

8. B.　YAML 在檔案中不支援 TAB 字元，您不需使用空白字元，否則執行時會出現錯誤。

9. B.　YAML 中的映射關係是簡單的 key-value 組合，例如 Name: Todd。

10. A.　快照可以即時還原 VM 上的狀態，複製也可以作備份，但沒有快照實用。

11. C.　您可以使用 GET 運算從 Restful API 取得資訊，這最接近路由器上的 **show** 命令。

12. A.　您可以使用 POST 運算發佈資訊給 Restful API，這最接近路由器上的組態設定命令。

13. D.　代符可認證您去存取 Restful API 服務。Restful API 並不支援授權。

第 22 章　SDN 控制器

1. B.　北向介面讓使用者與 SDN 控制器互動，可透過網站介面或稱為 RESTful API 的腳本程式。

2. C.　底層的任務是提供連線給頂層，讓隧道得以形成。

3. A, B, C.　控制器提供許多優點，包括中央管理、整個網路的監控、推送組態到多個裝置能力。

4. D.　園區式架構使用存取層、分送層、核心層。

5. A, C, D.　管理平面提供對裝置進行管理上的存取，其協定包括 Telnet、SSH、SNMP。

6. A, B, D.　控制平面提供活躍於路由器上的所有協定，包括 CDP、LLDP、OSPF。

7. E.　資料平面不執行協定，它關心的是轉送交通。

8. B.　OpenDaylight 使用 OpenFlow 和交換器溝通。

9. D.　Cisco ACI 使用 OpFlex 和交換器溝通。

10. C, E.　您通常會透過 Restful API 和 SDN 控制器的北向介面互動，不是直接就是透過 Python 腳本程式。

11. A, B, C.　EasyQoS 是 DNA 中心的應用程式，它根據最佳做法來自動設定遍及網路的 QoS，也藉由讓您告訴 DNA 中心那些應用對您公司是很重要的，因此可很容易地調整 QoS 政策。

12. D.　DNA 中心儲存網路快照一週，也許 DNA 中心隨著時間持續改進，這個數字可能增加。

13.D.　LAN 自動化使用隨插即用功能來設定新交換器。它不能使用任何其它協定，因為在交換器之外不會有任何 SNMP 或登入資訊。

14. A.　NMS 主要使用 SNMP 來輪詢網路裝置的資訊，並依此偵測問題。

15. A, B, C.　NCM 主要使用 Telnet 或 SSH 登入網路裝置進行設定，也可以使用 SNMP 可讀寫社群來作設定。

16. B, D.　CLOS 架構又稱為 spine/leaf 架構，所以它使用 spine 和 leaf 交換器是很有道理的。

17. A, C, E.　園區式架構包含存取層交換器、分送層交換器、核心交換器。

18. B.　fabric 就完全只由第 3 層組成。

19. B.　命令執行器是個好用的工具，可推送 **show** 命令到裝置上，並檢視其結果。

20. C.　程式碼預覽功能可以用多種程式語言來產生簡單的程式碼片段，您可以很快地將它加入您的腳本程式中。

第 23 章　組態管理

1. A, C.　Puppet 和 Chef 要先在節點上安裝代理，才能讓組態伺服器管理它們。

2. C.　Ansible 將 Playbook 應用在節點上。

3. B.　Ansible 是最佳的組態管理解決方案，因為它不需要代理而有最廣泛的支援。

4. D.　Ansible 以 Python 為基礎，而 playbook 是以 YAML 寫成的。

5. A.　Puppet 使用 manifest 檔案將組態應用在節點上。

6. B.　Chef 最適合開發人員，在它比較複雜的同時，它比其他解決方案更友善程式設計師。

7. B.　Ansible 會將組態推送給節點，因此它需要主機清單檔案來追蹤節點，因為它不像 Puppet 和 Chef 要靠代理。

8. C.　Puppet 是以 Ruby 語言為基礎。

9. B, C.　Ansible 使用 SSH 連結 Linux 和網路系統，使用 Powershell 管理視窗系統。

10. D.　Knife 是 CLI 程式的名稱，用來管理 Chef。

11. A, B, C.　Chef 建置使用 Chef 伺服器，用 Chef 工作站管理 recipe，用 bookshelf 來儲存節點要用的 recipe。

12. B.　Puppet 方案最適合系統管理人員，因為它利用代理來確保不會有組態分歧。此外，它也不像 Chef 那麼複雜。

13. B.　YAML 檔案使用空白字元來增加組態的可讀性，但不能包含 TAB，因為那會和空白混淆。

14. C.　Ansible 使用 **ansible-playbook** 命令在一群節點上執行 Ansible playbook。

15. A.　Ansible 使用 **ansible-doc** 命令來檢視模組和如何使用它。

旗 標 FLAG

好書能增進知識 提高學習效率 卓越的品質是旗標的信念與堅持